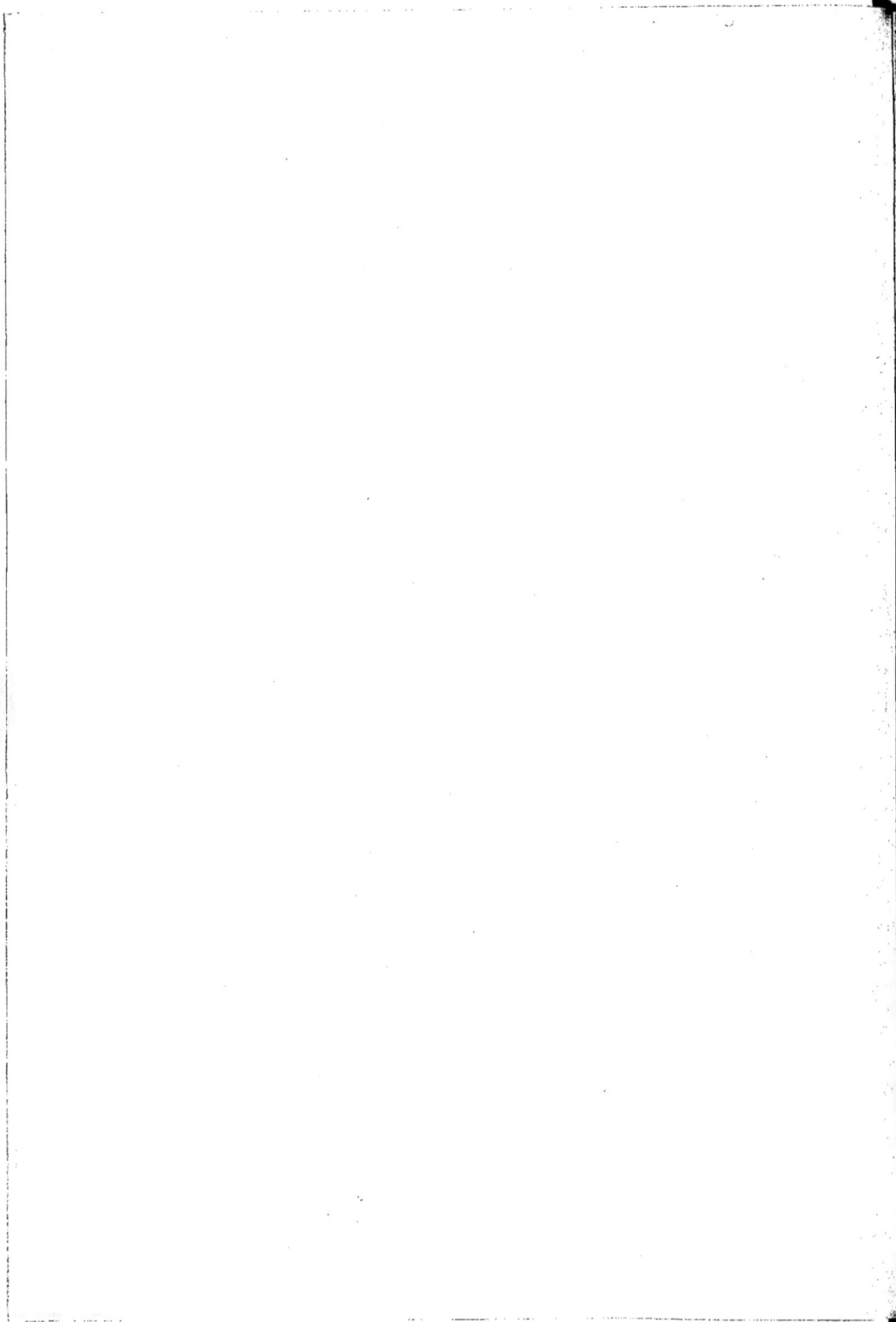

P. VIALA

ET

V. VERMOREL

AMPÉLOGRAPHIE

TOME VII

1909

MASSON ET Cie

120, BOULEVARD SAINT-GERMAIN

PARIS

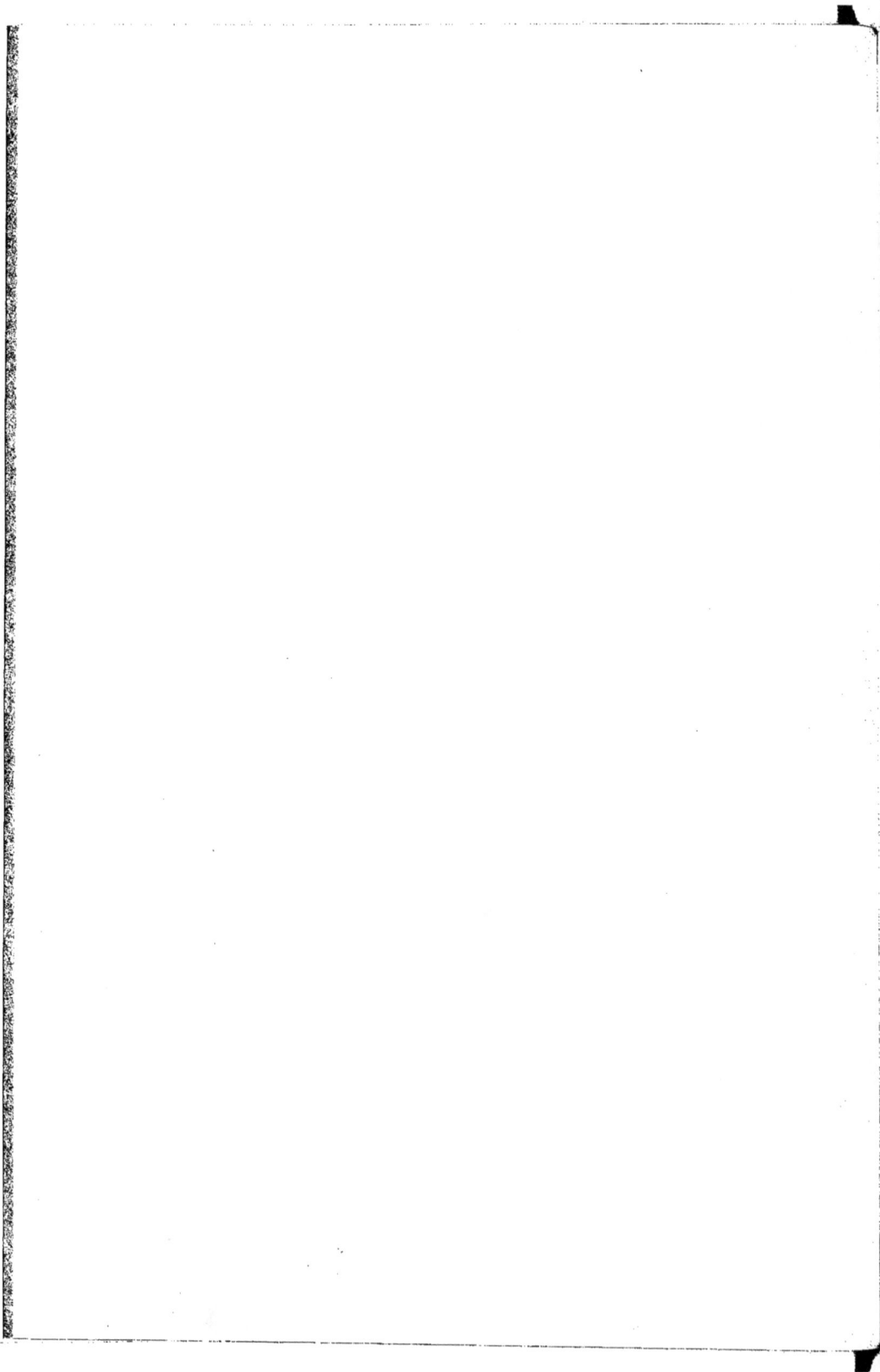

TRAITÉ GÉNÉRAL DE VITICULTURE

AMPÉLOGRAPHIE

TOME VII

MACON, PROTAT FRÈRES, IMPRIMEURS.

TRAITÉ GÉNÉRAL DE VITICULTURE

AMPÉLOGRAPHIE

PUBLIÉE SOUS LA DIRECTION DE

P. VIALA

Inspecteur général de la Viticulture,
Professeur de Viticulture à l'Institut national agronomique,
Membre de la Société nationale d'Agriculture, Docteur ès sciences naturelles.

SECRÉTAIRE GÉNÉRAL

V. VERMOREL

Sénateur,
Président du Comice agricole et viticole du Beaujolais,
Lauréat de la Prime d'honneur du Rhône,
Membre correspondant de la Société nationale d'Agriculture.

AVEC LA COLLABORATION DE

A. Bacon, A. Barbier, L. Belle, A. Berget, P. Besson, A. Bouchard, A. Breil, L. Brun,
F. Buhl, M. Carlucci, D. L. de Castro, G. Cazeaux-Cazalet, L. Chamuron, R. Chandon de Briailles, J.-B. Chapelle,
B. Chauzit, F. Convert, C. Da Costa, G. Couanon, G. Couderc, J. Duarte d'Oliveira, E. Durand, G. Foëx,
V. Ganzin, P. Gervais, R. Gœthe, H. Gorria, J. Grec, J. Guichard, J.-M. Guillon, Gy de Istwanffi, R. Janini,
V. Kosinski, H. de Lapparent, R. Marès, Marquès de Carvalho, Abbé A. Mathieu, C. Michaut,
A. Millardet, N. Minangoin, G. Molon, P. Mouillefert, T.-V. Munson,
G. N. Nicoleanu, J. Niego, G. Nikoloff, Ch. Oberlin, E. Ottavi, P. Pacottet, F. Paulsen, F. Péchoutre,
P. Plamenatz, A. Potebnia, G. Rabault, L. Reich, F. Richter, L.-H. Robredo, L. Rougier, Cte J. de Rovasenda,
J. Roy-Chevrier, G. de los Salmones, E. et R. Salomon, J. A. Sannino, F. Segapeli, T. Simpée,
G. Soncini, A. Tacussel, B. Taïroff, Ch. Tallavignes, D. Tamaro, V. Thiébault, T. Todorovitch, Dr L. Trabut,
V. Vannuccini, A. Verneuil, Cte de Villeneuve, Xanthopoulos, E. Zacharewicz, V. C. M. de Zuñiga.

TOME VII

PARIS

MASSON ET Cie, ÉDITEURS
LIBRAIRES DE L'ACADÉMIE DE MÉDECINE
120, BOULEVARD SAINT-GERMAIN (6e)

1909

AMPÉLOGRAPHIE

DICTIONNAIRE AMPÉLOGRAPHIQUE

PAR

PIERRE VIALA

PRÉFACE

———

J'ai cherché à réunir, dans le *Dictionnaire ampélographique*, tous les noms et synonymes des cépages du Monde entier. Je n'y suis sans doute pas parvenu ; mais, grâce au dévouement des collaborateurs de l'*Ampélographie*, j'ai pu établir une nomenclature aussi complète que possible des vignes actuellement connues et cultivées. Cette nomenclature comprend environ 24.000 noms ou synonymes pour 5.200 cépages. Il n'a pas fallu moins de dix ans pour l'ordonner et la présenter dans la forme où elle est publiée ; le concours de M. G. Rabault m'a été des plus utiles pour faire le travail de sélection et de classement, ainsi que les recherches comparatives qu'a nécessitées l'établissement du *Dictionnaire*; je lui en exprime toute ma reconnaissance.

Le Tome VII comprend, outre le *Dictionnaire*, le classement des principaux cépages par Époques de maturité et une Bibliographie ampélographique établie par M. Paulin Teste, Conservateur adjoint à la Bibliothèque nationale, et par Ch. Tallavignes.

Le nom principal des cépages, espèces et variétés de vignes, est imprimé, dans le *Dictionnaire ampélographique*, en **égyptiennes**; les synonymes sont en PETITES CAPITALES. Les cépages étudiés dans les Tomes II à VI (les plus importants, au nombre de 627) et leurs synonymes sont seulement indiqués à leur place alphabétique, avec renvoi aux tomes et aux pages comme dans une table des matières. Les cépages qui n'ont pas fait l'objet de monographies spéciales sont succinctement décrits à leur place alphabétique, et leurs synonymes renvoient, par la lettre *D*, au nom principal du *Dictionnaire*.

Paris, 13 avril 1909.

PIERRE VIALA.

ABRÉVIATIONS

A. B. — Adrien Berget.
A. Br. — A. Breil.
A^t B. — Albert Barbier.
A. T. — A. Tacussel.
B. T. — B. Tairoff.
C B. — C. Bacon.
C. T. — C. Tallavignes.
D. O. — J. Duarte d'Oliveira.
D. T. — D. Tamaro.
E. et R. S. — E. et R. Salomon.
F. R. — F. Richter.
G. C. C. — G. Cazeaux-Cazalet.
G. I. — Gy de Istwanffi.
G. M. — G. Molon.
G. N. — G. Nicoleanu.
J.-M. G. — J.-M. Guillon.

J. R. — J. de Rovasenda.
J. R.-C. — J. Roy-Chevrier.
L. B. et J. G. — L. Belle et J. Grec.
M. C. — M. Carlucci.
N. M. — N. Minangoin.
P. M. — P. Mouillefert.
P. P. — P. Plamenatz.
R. J. — R. Janini.
S. R. C. — Simon Rojas Clemente.
T. — T. Todorovitch.
T. S. — T. Simpée.
V. M. — V. Malègue.
V. P. — V. Pulliat.
V. T. — V. Thiebault.
X. — Xanthopoulos.

DICTIONNAIRE

AMPÉLOGRAPHIQUE

A

Abaajiche. — Raisin blanc de cuve, à grains moyens, cultivé dans le département de Goudaoutt, en Russie. — V. T.

Aʙᴀᴋᴇ (Bouaky)............................ *D.*

Aʙᴀs (Péloursin noir (?), d'après G. Molon).

Abbadia bianca. — V. Pulliat donne ce cépage comme une variété distincte, de 2ᵉ époque de maturité, originaire de la Sardaigne. Cᵗᵉ de Rovasenda et H. Bouschet l'identifient à l'Ugni blanc; Cᵗᵉ de Rovasenda croit cependant qu'elle est le résultat d'un semis d'Ugni blanc qui s'est reproduit avec des caractères semblables.

Aʙʙᴏɴᴅᴏsᴀ (Nuragus)...................... *D.*

Aʙʙʀᴜᴢᴢᴇsᴇ (Negro amaro).................. *D.*

Abbruzzese bianca. — Cépage italien, cultivé dans les Pouilles. — J. R.

Abbruzzese Campomaggiore. — Cépage italien, cultivé dans la Basilicate. — J. R.

Abbuoto. — Raisin de cuve spécial à l'Italie, de 2ᵉ époque de maturité.

Aʙᴅᴏɴᴀ (Balocchino)...................... *D.*

Aʙʙᴏɴᴇ (Balocchino)...................... *D.*

Aʙᴇᴀᴄɪ (Zurumi)......................... *D.*

Aʙᴇᴀᴄɪ ʙʟᴀɴᴄᴀ (Zurumi)................... *D.*

Abeidi. — Cépage de la Syrie que l'on trouve disséminé dans les plus anciens vignobles, mais sans importance culturale. — At. B.

Abeillane. — Cité par Olivier de Serres comme un des cépages les plus cultivés. — J. R. C.

Abejera. — Cépage espagnol de l'Andalousie, cultivé à Sanlucar, Xérès (d'après Simon de Rojas Clemente).

Aᴍᴘᴇ́ʟᴏɢʀᴀᴘʜɪᴇ. — VII.

Abelhal. — Syn. *Agudanho.* — Cépage du Portugal signalé en 1531 par Ruiz Fernandes, et en 1790 par Lacerda Lobo, à Lamego, Moncorvo et Sabrosa. Il réussit bien dans les terrains profonds et sur les bons coteaux où il donne des vins blancs liquoreux de 13° à 15° d'alcool, et qui s'éclaircissent rapidement; il exige la taille courte et a surtout une bonne affinité pour le Jacquez. — Grappes moyennes et ailées, à court pédoncule ligneux, à longs pédicelles grêles; grains sphériques, surmoyens de grosseur, à peau épaisse d'un jaune doré et peu pruinée, à pulpe charnue, très sucrée et à goût simple. — D. O.

Aʙᴇ́ʟɪᴏɴᴇ (Chasselas doré)............ II. 6

Aʙᴇ́ʟᴏɴᴇ (Chasselas doré) .... II. 6

Aʙᴇʟɪᴏᴜᴍ (Chasselas doré, *in* Collection du Luxembourg).

Aʙᴇɴᴅʀᴏᴛʜ (Blank blauer).................. *D.*

Aʙᴇʀᴄᴀɪʀɴᴇʏ (Wests' Sᵗ Peters)............. *D.*

Abeso. — Ancien cépage du Portugal signalé en 1790 par C. Seabra, et dont on ne retrouve plus trace aujourd'hui. — D. O.

Abistaje. — Cépage russe des départements de Goudaoutt et de Kodorr, à petits raisins blancs sphériques; utilisé pour la cuve. — V. T.

Abkhazouri. — Syn. : *Kattchitchi.* — Variété russe très répandue dans le Caucase et la Haute Mingrélie, très sensible aux maladies cryptogamiques, à raisin noir. — V. T.

Aʙᴏɴᴅᴀɴᴄᴇ ᴅᴇ Dᴏᴜᴀɪ (Gamay d'Orléans). IV. 115

Aborietraube. — Variété blanche médiocre, originaire du Tyrol et peut-être apparentée au

1

Gouais dont elle possède le feuillage feutré et l'acidité caractéristique. Moins fertile et plus coularde, très sujette au mildiou, à l'oïdium et à la pourriture, elle nous paraît, malgré sa maturité assez facile, complètement à rejeter. — A. B.

Aboquel blanco. — Variété de table cultivée en Espagne, surtout à Baza ; à grains moyens, oblongs, obtus, d'un blanc doré (d'après S. R. C.).

Aboquel negro. — Cépage espagnol peu cultivé à Bazo et à los Velez, à grains noirs (d'après S. R. C.).

ABOQUI BLANCA (Aboquel blanco). . . . . *D.*

Aboqui menuda. — Serait un cépage espagnol de Castril.

ABOQUI NEGRA (Aboquel negro). . . . . *D.*

ABUQUI BLANCA (Aboquel blanco). . . . . *D.*

Abuqui gordal. — Cépage espagnol de Somontin.

ABUQUI NEGRA (Aboquel negro). . . . . *D.*

ABUQUI VERDAL (Ciuti). *D.*

Aborral. — Cépage portugais signalé en 1790 par Lacerda Lobo et disparu aujourd'hui. — D. O.

ABORTIVA (Dodrelabi, d'après Kolenati). — C. T.

Abouriou. . . . . IV. 273

ABOURLA (Albourla). . . . . IV. 154

ABRAHAM. — Serait, d'après Pulliat, le Pinot de Pernant et, d'après H. Gœthe, le Gamay de Malain.

Abrahimoff. — Gœthe signale ce cépage, d'après Scharrer, comme originaire de la Perse ; à raisin rouge.

Abrajato bianco. — Cépage cité par J. de Rovasenda comme existant dans les collections italiennes.

Abrofi. — J. de Rovasenda le donne comme cépage sans valeur, jadis cultivé à Saluces, en Italie.

Abrostine. — Sous les noms de *Abrostino, Abrostolo, Abrostine nero, Abrostolo dolce* (catalogue du Luxembourg), *Abrostolo forte* (cat. Lux.). J. de Rovasenda et baron Mendola donnent ce cépage comme originaire de la Toscane, sans autres indications.

Abrunhal. — Syn. *Tinta Brunhal, Brunhal, Abronhal.* — Cépage portugais signalé la première fois par Lacerda Lobo en 1790, et cultivé encore dans la province de Traz-os-Montes, à Pinhel. Son nom lui vient sans doute de ce qu'il est pruiné, la prune sauvage se disant *abrunho* en portugais. Raisin très tardif, bien fructifère à la taille courte, résistant à l'oïdium, d'une alcoolicité de 9° à 10°. — Souche très vigoureuse. Feuilles quinquelobées, à sinus latéraux profonds et arrondis, sinus pétiolaire en U ; limbe bullé, cotonneux en dessous, un peu duveteux à la page supérieure. Fruit à grappes volumineuses, longues, pyramidales, lâches ; grains assez gros, d'un noir bleuté, pruiné, à peau épaisse. — D. O.

Abrusco nero. — Cépage toscan, cité par J. de Rovasenda qui le donne comme identique à l'*Abrusio*, décrit par V. Pulliat, d'après Baron Mendola. Cépage italien, à maturité de troisième époque, à gros grains ellipsoïdes, fermes, constituant un beau raisin de table.

ABRUSIO (Abrusco). . . . . *D.*

ABRUSTANO NERO (Abrostine). . . . . *D.*

ABRUSTINE (Abrostine). . . . . *D.*

ABRUZZESE (Negro amaro). . . . . *D.*

ABSENGER (Heunisch weisser). . . . . *D.*

ABSERKOCHA (Cissus serjanioïdes). . . . . I. 103

ABUNDANS (Nuragus). . . . . *D.*

Abyad. — Raisin blanc de Syrie, à grains très sucrés, utilisé pour la table. — J. M. G.

Acarrena. — Cépage espagnol cité par Abela y Sainz.

Accesetone. — Raisin de cuve italien, à grains gros, noirs violacés, à grappes moyennes, feuilles quinquelobées ; 3e époque de maturité.

ACCESSETONE NERO (Accesetone). . . . . *D.*

ACCHIANCA PALMIENTO (Butta palmento). . . . . I. 52

ACCITAO (Ceita). . . . . *D.*

Acebo. — Cépage espagnol de la région de Salamanque, cité par Abela y Sainz.

Aceituna. — Variété du Vinifera isolée et cultivée au Pérou.

ACERBA (Verdaguilla). . . . . *D.*

ACETO (Prungentile). . . . . *D.*

Achard. — Origine inconnue. Hybride américain, à raisin blanc, à faciès vinifera ; sensible au phylloxéra et au mildiou, assez résistant à l'oïdium ; bon greffon ; a été noté favorablement plusieurs années de suite par M. le professeur Caille pour la beauté de son fruit. Grappes allongées, à grains moyens, ovales, blancs, de maturité précoce, devançant celle du Chasselas, de saveur très fine. — J. R. C.

ACHERFIELD'S EARLY MUSCAT (Muscat d'Alexandrie). . . . . III. 108

Achéria. . . . . VI. 174

Achiassche. — Cépage à raisin blanc, tardif, cultivé pour la cuve à Douripch, département de Goudaoutt, en Russie. — V. T.

ACIDULA (Manzeu). . . . . *D.*

ACIOUTAS (Chasselas persillé, nom donné par Chomel au xviiie siècle).

Acitana. — Cépage à gros raisin blanc, cultivé en Sicile, aux environs de Messine. — J. R.

ACK (Biguichty). . . . . *D.*

Ack-alakhky. — Raisin de table du Caucase, à gros grains légèrement ellipsoïdes, d'un rose foncé, très sensible à l'oïdium. — V. T.

Ack-chaany. — Raisin blanc de table du Caucase. — B. T.

Ack-Chirai. — Raisin blanc de table et de cuve du Caucase. — B. T.

Ack-Khalily. — Raisin de table de Boukhara (Russie) mûrissant mi-juin, à petits grains blancs, très inférieur. — V. T.

Ack-Kichmische. — Syn. *Khan.* — Beau cépage, à raisins d'un jaune clair, cultivé à Samarkande (Russie) où il mûrit fin août et où il est cultivé comme raisin de table et de cuve, et pour la production des raisins secs. Il serait originaire du Daraguelèse, en Perse. — V. T.

Ack-Maïse (Ack-Kichmische)............... *D.*

Ack-Saaly (Ack-alakhky).................. *D.*

Ack-Taïphy. — Raisin de table d'un rose clair, cultivé aux environs de Samarkande, dans le Turkestan. — B. T.

Acquatrello (Pisciancio blanco)............. *D.*

Acqui (Dolceto nero).

Acsai. — Syn. : *Acsai fehér.* — Cépage hongrois cultivé pour la cuve ; à grappes moyennes, à grains ronds, de grosseur moyenne, d'un jaune doré, juteux et sucré, maturité entre 1re et 2e époque. — A. B.

Actonikia aspra (Cornichon blanc).

Actoni maceron (Aëtonyki).................. *D.*

Adago. — Syn. : *Adago fehér.* — Cépage hongrois, à raisins blancs, utilisé pour la cuve.

Adakalka. — Raisin blanc de table de Serbie. — T.

Adanassouri. — Cépage de l'Immérétie russe, à raisin noir, tardif, cultivé pour la cuve. — V. T.

Adani (Amokrane).................... III. 324

Adélaïde. — Hybride de Labrusca × Vinifera, créé par Jos. H. Rickett, entre le Concord et le Muscat de Hamburgh ; ses grappes sont de dimensions moyennes, à grains ovoïdes, d'un rouge violacé foncé et pruiné, à goût peu foxé.

Adelfranke (Savagnin jaune).

Adéline. — Une des nombreuses formes obtenues par T. B. Miner, du New Jersey, et dérivée du semis du Labrusca, dont il conserve le goût foxé ; variété à raisins blancs.

Adelina Colonetti (Muscat à fleurs d'oranger).

Adirondac. — Forme dérivée, par semis, du Labrusca et créée en 1852 à Port Henry (comté d'Essex, État de New-York), par semis probable de l'Isabelle. La grappe est grande, compacte, rarement ailée ; les grains sont sub-ovoïdes, surmoyens de grosseur, noir violacé, à pruine peu épaisse, à pulpe assez fondante, jus à goût foxé. Débourrement et floraison très précoces, maturation hâtive, grande sensibilité au Mildiou.

Adi siyah uzumu. — Cépage de la Turquie, à grain noir, pointu, de grosseur moyenne. — J. M. G.

Adjem-Miskhett (Muscat d'Alexandrie).

Adjim. — Cépage de cuve, à grains rouges, de la Crimée. — V. T.

Admirable. — Hybride obtenu par T. V. Munson du Lincecumii, fécondé par l'Æstivalis. Vigne vigoureuse, à jeunes rameaux couleur pourpre ; feuilles grandes, trilobées ; grappes de dimensions moyennes, ailées, assez compactes ; grains petits, d'un noir violacé foncé, à goût neutre ; production faible.

Admirable de Courtiller (Chasselas de Courtiller)........................ II. 12

Admiral (Frankenthal).

Adobe giant. — Semis de Munson, obtenu du Concord.

Adréouli (Andréouli)..................... *D.*

Adriani. — Variété russe, à raisin noir, cultivée pour la cuve à Douchett. — V. T.

Advance. — Hybride de Clinton et de Black Hamburg obtenu par Rickett. Cépage précoce, à grains sub-ovoïdes, noir violacé, pruinés, fondants ; à grappe grande, allongée et ailée ; les feuilles sont très sensibles au Mildiou et les grains aux divers rots.

Æchter traminer (Savagnin).

Ægia. — Vigne cultivée, citée par Pline l'Ancien. — J. R. C.

Ægyptischer (Frankenthal).

Æstivales........................ I. 301

Æstivalis (V. æstivalis)................. I. 343

Æstivalis a gros grains (V. Lincecumii).. I. 335

Æstivalis-Bicolor..................... I. 345

Æstivalis-Candicans .... I. 345

Æstivalis-Cinerea .... I. 345

Æstivalis-Cinerea-Vinifera. — Groupe d'hybrides comprenant les Jacquez, Herbemont, etc.

Æstivalis-Cordifolia (Cordifolia-Æstivalis). I. 361

Æstivalis de Jæger (V. Lincecumii)....... I. 337

Æstivalis de Spaunhorst. — Forme d'Æstivalis isolée dans les collections, assez fructifère, mais sans valeur culturale.

Æstivalis de Vivie. — Forme pure d'Æstivalis, de collection, où elle est restée confinée.

Æstivalis du Nord (V. bicolor)......... I. 340

Æstivalis du Sud (V. æstivalis)......... I. 343

Æstivalis du Sud-Ouest (V. Lincecumii).. I. 335

Æstivalis-Labrusca.................... I. 345

Æstivalis-Lincecumii................... I. 345

Æstivalis-Riparia .... I. 345

Æstivalis-Rupestris................... I. 345

Æstivalis-Vinifera-Labrusca. — Groupe d'hybrides créés en Amérique, comprenant Duchess, Delaware, Croton.....

Æthale. — Variété de vigne cultivée, citée par les géoponiques grecs. — J. R. C.

Æthalus. — Une des trois vignes qui, au temps de Pline l'Ancien, donnaient le vin Sébennytique. — J. R. C.

Aétonychi blanc et noir. — Cépage cultivé pour la table dans toute la Grèce ; on en connaît une variété blanche et une variété noire. — X.

Afarta polres. — Cépage espagnol de la région de Barcelonne, cité par Abela y Sainz.

Affandt-Josium. — Cépage cultivé pour la cuve, en

Russie, à Élisabethpol; à grains ellipsoïdes. — V. T.

Affenthaler .... VI.   81

Affinis (Monica) .... D.

Aff-Pari. — Cépage du Turkestan, à maturité de 2ᵉ époque tardive. Feuille grande, quinquelobée, à sinus peu profonds; grappe moyenne, dense, longue; grain gros, olivoïde, d'un jaune verdâtre, peau épaisse; peu fertile et peu répandu; sert surtout à faire des moûts sucrés. — V. T.

Affumé (Pinot gris) .... II.   32

Afgolade (Angulato) .... D.

Afouse Ali (Dattier de Beyrouth). — Ce synonyme est spécial à la Bulgarie.

Africana (Chasselas persillé).

Africana bianca. — D'après G. Molon, ce cépage italien serait bien spécial et peu répandu dans le sud de l'Italie.

Africogna. — Cépage cité par Pierre de Crescence au xivᵉ siècle.

Aga-Bachi. — Cépage russe, à raisin noir bleuté, ellipsoïde, cultivé pour la table dans le gouvernement d'Erivan. — V. T.

Agachkourr. — Cépage russe cultivé pour la cuve aux environs de Soukhoum, à très gros grains blancs, sucrés. — V. T.

Agadal. — Variété du Daghestan russe, à raisin blanc, cultivé pour la table et de 2ᵉ époque de maturité. Feuilles grandes, entières, plus larges que longues, très épaisses, peu dentées, incurvées sur les bords. Fruit à grande grappe, à gros grains un peu ellipsoïdes, peau épaisse; variété très fertile, de conserve. — V. T.

Agadella. — Donné par J. de Rovasenda et par Acerbi comme cépage du Frioul (?).

Aga-Guarmass. — Cultivé au Caucase (Erivan) comme raisin de table de 1ʳᵉ époque de maturité, à grains sphériques et blancs. — V. T.

Agadanho (Abelha) .... D.

Agapanthe. — Originaire de Maine-et-Loire, l'Agapanthe est une vigne d'une bonne fertilité, à grappe cylindrique, entière, à grains sur-moyens, sphériques, d'un noir pruiné, de maturité de 3ᵉ époque. — R. S.

Aoas Fark (Vörös vallas kék) .... D.

Agathe (Hybride Castel, 120) .... D.

Agawam. — Hybride de Labrusca-Vinifera, obtenu par Rogers en fécondant le Labrusca par le Black Hamburg : c'est le nᵒ 15 de sa collection (*Hybride de Rogers, nᵒ 15*); ce cépage a conservé le goût foxé du Labrusca qu'il rappelle aussi par sa pulpe charnue et les caractères du pépin. Introduit, au début de la crise phylloxérique, dans diverses collections françaises d'où il n'est jamais sorti; sa résistance phylloxérique est très faible, et il est très sensible au Mildiou et au Black-Rot.

Aux États-Unis, il est une exception dans les vignobles de l'Est et dans ceux du Nord du Texas. Souche vigoureuse, à sarments longs, rugueux et pruineux, d'un brun noisette clair; vrilles discontinues. Feuilles cordiformes, entières, sinus pétiolaire fermé; duvet blanchâtre épais à la face inférieure; profondément dentées. Grappe cylindroconique, moyenne de grosseur; à grains sur-moyens, sphériques, pruinés, d'un rouge violacé clair, pulpe charnue, jus incolore à goût foxé prononcé.

Agbaguny. — Vigne du Caucase cultivée à Erivan pour la table; grains blancs, moyens, ellipsoïdes. — V. T.

Agbèche. — Un des meilleurs raisins blancs, très sucré, cultivé pour la cuve dans l'Abkhasie, au Caucase. — V. T.

Agbije. — Cépage à raisin noir, très chargé en matières colorantes et parfumé, à gros grains sucrés, cultivé pour la cuve dans l'Abkhasie russe, surtout à Koullanourklwa. — V. T.

Agdja-Kara. — Vigne à demi sauvage, à raisin rouge, utilisée pour la table, au Caucase, à Chemakha. — V. T.

Agérié. — Cépage donné par Jules Guyot comme cultivé dans la Corrèze (?).

Agg-Alakhky. — Variété russe, à raisin blanc cultivé, pour la table, à Erivan. — V. T.

Agg-Chaani. — Cultivé à Chemakha et à Bacou (Russie); raisin blanc de table, très sucré et hâtif. — V. T.

Agg-Chiraï. — Cépage blanc de fin de 1ʳᵉ époque, cultivé, pour la cuve, à Chirvan et à Élisabethpol; sa grappe est moyenne, longue et rameuse; son grain moyen, légèrement ellipsoïde, d'un blanc verdâtre, transparent, faiblement parfumé. — V. T.

Agg-Guéloumli. — Raisin de cuve, à grains rosés, cultivé à Élisabethpol (Russie). — V. T.

Agg-Ouzoum. — Raisin blanc de cuve, de 1ʳᵉ époque de maturité, cultivé à Derbentt et à Grossno (Russie). — V. T.

Agg-Saahi (Agg-Alakhky) .... D.

Aghedone. — Cépage cité par J. de Rovasenda comme existant dans le Piémont; à grain rond, noir, utilisé pour la cuve.

Agiras (Bicane).

Agliana (Lignan blanc) .... III.   69

Aglianica (Aglianico) .... V.   81

Aglianica de Pontelotone .... V.   82

Aglianichiella (Aglianico femminile) .... IV.   94

Aglianichiello (Aglianico femminile) ... IV.   94

Aglianico .... V.   81

Aglianico (Piedirosso) .... VI.   360

Aglianico amaro (Aglianico) .... V.   82

Aglianico bianco .... V.   82

Agon mastos. — V. Pulliat indique ce cépage comme
  originaire de Corfou ; il mûrit tardivement à la
  3ᵉ époque ; vigne vigoureuse, à sarments grêles et
  à feuilles peu lobées avec dents finement découpées,
  duveteuses à la page inférieure ; sa grappe moyenne
  est lâche, à grains moyens, ellipsoïdes.

Agostegna Spaccarella. — Cité par J. de Rovasenda
  comme un cépage de la région du Vésuve.
  G. Molon le considère comme synonyme de
  l'Agostinga qui différerait de l'Agostenga.

Agoumastos. — Cépage de Corfou. — X.

Agoustoulidi. — Cépage grec de l'Étolie, à raisin
  blanc, cultivé pour la cuve. — X.

Agracera. — Cépage espagnol de Sanlucar, Xérez,
  Arcos, Paxarete ; à raisins très peu sucrés, sub-
  ovoïdes, gros, d'un rouge clair. — S. R. C.

AGRACERAS. — Nom donné par S. R. Clemente à un
  groupe de vignes espagnoles.

Agracera. — Clémente décrit cette variété comme
  spéciale à l'Andalousie.

Agraço. — L'Agraço ou Verjus, cité, en 1790, par
  Lacerda Lobo comme cultivé en Portugal, a entièrement disparu du vignoble. — D. O.

AGRECONE. — Cépage à raisins noirs d'Italie (Avellino), probablement identique au Grec noir.

Agrestone. — Cépage cité par les anciens auteurs
  latins.

Agrier. — Cité par Odart, comme cultivé dans la
  Corrèze, donné par d'autres auteurs comme identique à la Mérille (?).

Agriffe. — Cépage russe, à raisins noirs, cultivé
  pour la table au monastère d'Affone, dans le
  département de Goudaoutt, au Caucase. — V. T.

Agrifone. — Cépage de la Toscane, à raisins blancs.
  — J. R.

Agrio. — Odart donne cette vigne comme originaire
  de l'Asie mineure ; elle n'existe dans aucune collection.

Agrio mavro. — Serait, d'après J. de Rovasenda et
  Bouschet, un cépage grec, à grains noirs, oblongs,
  rappelant le Cinsaut.

Agriostafida. — Cépage grec, à raisins blancs, cultivé
  pour la cuve dans l'Acarnani. — X.

Agudelho. — Syn. : Agodenho, Agudanho, Agu-
  delha, Godenho, Trincadente. — Cépage portugais déjà signalé, en 1531, par Rui Fernandes
  comme cultivé dans le Douro où il jouait un rôle
  très important ; il a été délaissé à cause de sa
  faible production et il n'existe aujourd'hui qu'à
  l'état de pieds isolés. Débourrement et maturation
  assez précoces. — Souche très vigoureuse, à écorce
  grisâtre. Rameaux de force moyenne, brun clair
  à l'aoûtement. Feuilles petites ou moyennes, aussi
  larges que longues, quinquelobées, à lobes aux
  sinus superposées ; sinus basilaire en lyre ouvert ;
  limbe peu épais, d'un vert métallique à la face
  supérieure, légèrement aranéeux en dessous.
  Fruit à grappe petite, cylindrique, ailée, lâche ;
  grains petits, ellipsoïdes, d'un beau jaune ambré.
  — D. O.

Agudet noir et blanc. — V. Pulliat signale un Agudet noir dans le Tarn-et-Garonne, et Odart cite un
  Agudet blanc. L'Agudet noir est de 2ᵉ époque de
  maturité ; sa feuille est très découpée, duveteuse ;
  les grains sont sous-moyens, elliptiques, d'un noir
  un peu pruiné. L'Agudet blanc est rapproché
  des Sauvignons par Odart, les grains sont plus
  petits, plus elliptiques, et la souche est moins
  vigoureuse.

Ahbee. — A.-F. Barron donne ce cépage comme originaire de l'Inde, d'où il fut envoyé, en 1836, de Deccan, par le colonel Sykes, à la Société d'horticulture de Londres ; il fut compris dans la première collection de vignes plantées à Chiswick, et eut une grande renommée, vers 1861, à cause de la beauté de la couleur de ses grains à fond gris lavé de rose sur les parties exposées à la lumière. Ses défauts de goût inférieur l'ont fait abandonner en Angleterre ; sa maturité tardive et son défaut d'aoûtement des sarments en ont été aussi une des causes. C'est une vigne très robuste, très vigoureuse, à grandes feuilles épaisses, largement dentées, à grandes grappes pesant souvent 1 k. à 1 k. 500 ; les grains sont gros, subovoïdes, à goût neutre.

Aihlo Ter Gumlek.................... II.   80
Ahmeur (Ahmeur-bou-Amheur)........ III.   326
Ahmeur-bou-Ahmeur................. III.   326
Ahmor-bou-Ahmor (pour Ahmeur-bou-Ahmeur).
Ahornthaube (Wippacher)............... D.
Ahumat........................... VI.   171
Aiamis de Totana (Pedro Ximenès).
Aïbatly. — Cépage de la Crimée, tardif, à raisin blanc, cultivé pour la table, à grains olivoïdes, sous-moyens de grosseur ; très sensible à l'Oïdium et à l'Anthracnose. — V. T.
Aïbatly Iszum (Aïbatly).................... D.
Aïdani. — Cépage des îles Cyclades.
Aidonesse. — Nom de cépage relevé dans les catalogues du Luxembourg par divers auteurs, sans autre indication.
Aiga passera (Corinthe noir)......... IV.   286
Aigre blanc (Mondeuse blanche)....... II.   284
Aigrin (Verjus)..................... II.   151
Aiguiselle (Persan).
Aiken. — Semis d'Isabelle, mais si peu différent du type que ce cépage peut plus exactement en être considéré comme un synonyme.
Aïx-Amokrane (Amokrane)........... III.   324
Aïn-Beugra......................... II.   269
Aïn-el-Couma. — Syn. Œil-de-Chouette. — Cité par V. Pulliat comme indigène à Mascara (Algérie) ; beau et bon raisin de table, à grappe moyenne ou sur-moyenne, lâche, cylindro-conique, à gros grains olivoïdes charnus, d'un blanc de cire verdâtre, doré à la maturité qui est de 4e époque.
Aïn-el-hima. — Cépage d'Algérie signalé à Mascara.
Aile de cigale (Altesse).
Aïne-Zitoun. — Cité par Leroux comme cépage indigène de l'Algérie.
Aïn-Kelb......................... II.   267
Aïn-Kelb à gros grains............. II.   267
Aïn-Kelb à petits grains........... II.   267
Al-Ouzoum. — L'Aï-Ouzoum ou Raisin saint du Daghestan russe est une vigne à raisin blanc, à grains petits, ellipsoïdes, sans pépins, mais diffèrent du Corinthe et du Sultanina ; cultivée pour la table et de 1re époque de maturité ; sa peau fine le rend impropre au transport. — V. T.

Aïraboulo. — Cépage blanc de la Bessarabie cultivé pour la cuve, très fertile, à grains ellipsoïdes d'un jaune pâle ; débourrement très précoce. — V. T.

Airelle (Corinthe).................. IV.   292
Aisladas. — Groupe de cépages espagnols établi par S. R. Clemente.
Aitella. — Cépage italien de l'île d'Ischia. — J. R.
Aïtoniki (Aetonyki)...................... D.
Ajaki odia. — Variété à raisin blanc, grappes moyennes, allongées ; grains elliptiques ; 3e époque de maturité ; fertile ; origine (?) — F. R.
Ajapje. — Raisin de cuve, à grains rosés, cultivé au Caucase, à Drandi. — V. T.
Ajchikhvata. — Cépage blanc de cuve, à gros grains, donnant un vin très alcoolique, cultivé dans le district de Goudaoutt, au Caucase. — V. T.
Aje-Ikvatza. — Cépage à petits grains noirs, sucrés, cultivé pour la cuve dans l'Abkhasie russe — V. T.
Ajiche-Gama. — Raisin blanc de cuve du Caucase, à grains ronds, très sucrés et d'une astringence considérable. — V. T.
Ajickhok (Akamchvtall).................. D.
Ajikwa. — Variété noire du Caucase. — B. T.
Ajtchara. — Raisin noir de cuve du district de Goudaoutt (Caucase). — V. T.
Ajtsgôou. — Raisin de table, tardif, à grain ovale, peau épaisse, se conservant longtemps, cultivé au Caucase. — V. T.
Akaboul. — Variété du Caucase, à petits grains noirs, aromatiques, cultivée pour la cuve dans le village d'Apoutskhva. — V. T.
Akamchvtall. — Raisin blanc de cuve, musqué, des districts de Goudaoutt et Kodorr (Caucase). — V. T.
Aka-Moussitall (Akamchvtall)............. D.
Ak-Dere. — Syn. Vallée blanche, Tatarka de Kustendil, Tatarka de Varna. — Ce cépage bulgare est un raisin de table et de cuve important aussi bien dans les montagnes qui confinent à la Macédoine que sur les bords de la mer Noire ; ses grappes volumineuses, à grains moyens, sphériques, d'un rouge violacé clair, donnent un vin neutre sans saveur et peu alcoolique ; la peau épaisse du grain permet les transports à grande distance ; les feuilles sont grandes, épaisses, quinquelobées et vaguement dentées, avec duvet lanugineux clairsemé à la face inférieure, sinus peu profonds et sinus pétiolaire en V largement ouvert. La souche vigoureuse, mais à sarments grêles, a un débourrement tardif et des rameaux qui s'aoûtent de très bonne heure.

Akhal bou Sloubith. — L'Akhal bou Sloubith est un cépage cultivé par les indigènes dans les oasis de la Tunisie au pied des palmiers ; très productif, il a des grappes qui atteignent jusqu'à 35 centimètres de longueur. Feuilles grandes, plus longues que larges, glabres et d'un vert brillant sur les deux faces. Fruit à grosses grappes, cylindriques, ailées, lâches ; grains moyens, ronds, d'un beau noir pruiné, croquant. — N. M.

Akhal-bou-Houbit (Akhal bou Sloubith)...... *D.*

Akhal Meguergueb. — Cépage trouvé dans les vignobles de la Tunisie ; à petits grains ronds, d'un beau noir pruiné ; à maturité tardive ; à feuillage épais et abondant, résistant au sirocco. — N. M.

Akhardann. — Raisin noir, à grains ellipsoïdes, donnant un bon vin ; cultivé au Caucase (Goudaoutt) pour la cuve. — V. T.

Akhioukhjé. — Variété peu améliorée du Caucase (Abkhasie), à petit raisin noir de cuve. — V. T.

Akhlijch. — Raisin blanc, de cuve, à gros grains, très sucrés et de goût agréable, cultivé à Soukhoum (Caucase). — V. T.

Akhmantchkourr. — Variété à très gros grains blancs, sucrés, cultivée pour la cuve, au Caucase (district de Goudaoutt). — V. T.

Akino (Mtevann-Didi)...................... *D.*

Akk (Biguichty)........................... *D.*

Akkacha. — D'après Leroux, l'Akkacha ou *la Perle* serait un cépage algérien authentique, à fruits blancs, cultivé aux environs de Fort-National. Toujours d'après cet auteur, ce serait un excellent raisin de table, à grappe très grosse et donnant même un vin blanc de qualité (?) de 11° à 13° d'alcool, avec des rendements qui peuvent atteindre 120 à 160 hectolitres à l'hectare (?). — La maturité de l'Akkacha est très tardive. Les grappes atteindraient jusqu'à 35 centimètres de longueur ; les grains seraient (?) « longs à la base de la grappe, moyens au centre et petits à l'extrémité » ; ce serait là un caractère bien particulier et bien bizarre, s'il était réel.

Akk-Bichty (Biguichty)..................... *D.*

Akk-Chikirak (Akk Tépe.).................. *D.*

Akk-Isioume. — Variété du Don (Russie), de 1re époque de maturité, fertile, à gros grains blancs ; cultivé pour la table. — V. T.

Akk-Ouzoume. — Cépage de Bessarabie ; fin 1re époque de maturité, fertile, utilisé pour la cuve. Feuille grande, presque entière, d'un blanc lanugineux à la page inférieure. Grappe serrée, conique, à gros grains, ronds, d'un beau verdâtre, tacheté de rouge brique à la maturité. — V. T.

Aklick. — Cépage de la Bessarabie, blanc, utilisé pour la cuve et un des plus estimés ; comparé par quelques auteurs, mais à tort, au Pinot. — V. T.

Akoubb. — Raisin noir de cuve du district de Goudaoutt (Caucase).

Akouchorr. — L'*Akouchorr, Akouchar* ou *Akouchirr*, du Caucase, est un cépage peu important, à raisin noir, utilisé pour la vinification. — V. T.

Alabama (Jacquez)..................... VI. 374

Alabar. — Semis obtenu en 1852 par Moreau-Robert d'Angers ; variété fertile, de vigueur moyenne, de 2e époque de maturité, à grappe surmoyenne, cylindrique, serrée ; à grains ronds, moyens de grosseur, d'un noir pruiné. — E. et R. S.

Alabianca (Albanello)...................... *D.*

Alacastra. — Cépage turc, à grains d'un rouge clair, assez gros, à pellicule mince. — J. M. G.

Alachua. — Forme isolée par T.-V. Munson dans le groupe Simpsoni (hybride de Coriacea-Cinerea) ; sans intérêt cultural.

Aladastouri. — Vigne de l'Irmérétie russe, à raisin noir, utilisée pour la cuve, fertile à la taille longue. Feuille trilobée, très duveteuse en dessous ; grappe cylindrique, moyenne, à grain sphérique. Bien résistante aux maladies cryptogamiques, cultivée en hautains dans la Basse-Imérétie. — T. V.

Alabama (Jacquez, pour Alabama).

Alahgly (Sabalkanskoï, dans le gouvernement d'Erivan, en Russie, d'après échantillons du Muséum de Paris).

Alakiry (Saaby)........................ *D.*

Alameri (Ximenès Zumbon).......... VI. 120

Alamis (Pedro Ximenès).

Alamour (Bello meko)................... *D.*

Allanttermô. — Syn. *Alanttermô fehér, Tieftragende.* — Raisin de cuve de la Hongrie, à raisins blancs de grosseur moyenne sur grosses grappes.

A la reine. — Variété de table à grappe allongée, gros grains ovoïdes, blancs, maturité de 3e époque. — F. R.

Alarixes. — Cépage cité par A. Baccius au xvie siècle, « à raisin sucré, recherché des petits oiseaux, dont les qualités vineuses les rendent les rivales des Hébenes ». — J. R. C.

Alaskana (Vitis alaskana).

Alaxarices. — Vigne citée par Alonso de Herrera, en Espagne, au début du xvie siècle. — J. R. C.

Alb (Basicata, en Roumanie).............. *D.*

Alba canina (Canaiolo).

Albacia. — Donné comme vigne de la Sicile, cultivée (?) aux environs de Syracuse. — J. R.

Albamat nero. — Cité par J. de Rovasenda comme cépage de la région de Brescia, en Italie (?).

Alba matta di Salo (Bianchetto).

Alba moustose. — Cépage très répandu dans la

Bessarabie russe à cause de sa grande fertilité; raisin blanc, cultivé pour la cuve, de 3ᵉ époque de maturité; grappe sur-moyenne, très compacte; grain moyen, sphérique, verdâtre, peu pruiné, transparent; très sensible à la pourriture et aux maladies cryptogamiques. — T. V.

Alban (Listan)............................ *D.*

Albana. — Syn. *Albana bianca, Albana di Forlì, Albana di Cesena, Albana a longo grappolo, Biancame de Jesi, Greco a longo grappolo,* etc. — Raisin blanc italien, assez cultivé dans la Romagne et la province de Forli; à maturité tardive de 3ᵉ époque; grappe de grosseur moyenne, ailée, conique, allongée; grains petits, sphériques, d'un jaune doré légèrement pruiné; feuilles grandes, peu lobées, à duvet blanchâtre épais à la face inférieure. A beaucoup de ressemblances avec l'Ugni blanc ou Trebbiano.

Albana (Albuelis)........................ *D.*
Albana bianca (Albana)................... *D.*
Albana di Romagna (Albana).............. *D.*
Albana di Forli (Albana)................. *D.*
Albana gentile (Albana)......:.......... *D.*
Albana gentile di Ravenna (Albana)....... *D.*
Albana gentile di Faenza (Albana)........ *D.*
Albana a grappo longo (Albana).......... *D.*
Albana di Bologna (Albana).............. *D.*
Albana di Lugo (Albana)................. *D.*
Albana di Montiano (Albana)............. *D.*
Albana di Gatteo (Albana)............... *D.*
Albana di Romagna (Albana)............. *D.*
Albana di Terra del Sole (Albana)........ *D.*

Albana della forcella. — Donné par G. Molon comme différant de l'Albana et comme cultivée surtout dans la Romagne et les Marches.

Albana nera. — D. Cavazza a caractérisé ce cépage, par rapport aux autres Albana; il est surtout cultivé à Bologne et dans la Romagna; ses grains sub-sphériques sont d'un noir violacé foncé, pruiné.

Albana nera di Romagna (Albana nera)....... *D.*
Albana rossa (Albana nera)............... *D.*
Albane (Arbane blanc).............. IV. 59
Albanella (Grec blanc).

Albanello bianco. — Variété italienne, cultivée à Syracuse, à grains sur-moyens, ellipsoïdes, d'un blanc verdâtre, avec ombilic très marqué, très sucrés.

Albania. — Variété créée par T. V. Munson, par hybridation de Post Oak × Nortons × Herbemont. Grappe grande, ailée; grains moyens, d'un blanc transparent, à peau épaisse, chair plutôt juteuse, goût sucré; maturité très tardive.

Albanina (Albana nera)................... *D.*

Albanique. — Cité par Pierre de Crescence, au xiiiᵉ siècle. — J. R. C.

Albano (Ugni blanc)................ II. 255
Alban real. — Cépage de l'Andalousie.
Albaraza. — Cépage espagnol de Ségovie (?).
Albarin blanco (Albillo castellano)..... VI. 125
Albarola (Biancone)................ V. 311
Albaruccio. — Cité comme cépage blanc de Salamanque (?).
Alba Sau Poma Catalui (Tidva)............. *D.*
Albatica. — Cité par P. de Crescence, en Italie, au xiiiᵉ siècle. — J. R. C.
Alba verde. — Cépage très inférieur de la Roumanie, à cause de sa petite grappe, à petits grains blancs, de maturité irrégulière.
Albe (Elbling).................... IV. 163
Albe double (Gemineum eugeneum)......... *D.*
Alben (Elbling).................... IV. 163
Albert. — Semis de Concord, obtenu par Th. Huber; il a conservé les caractères du Labrusca et ceux du type originaire.
Albesa. — Raisin de la Novare (Italie). — J. R.
Albese (Negro amaro)..................... *D.*
Albesi Galioppa. — Cité, au xviiᵉ siècle, par P. Rendella. — J. R. C.
Albeus (Albesi Galioppa)................. *D.*
Albicans (Blanquecina)................... *D.*
Albido. — Nom de cépage du Catalogue du Luxembourg; erreur probable.
Albig (Elbling)................... IV. 163
Albigio. — Nom cité par Rovasenda, du vocabulaire Palma.
Albilla (Abillo castellano)............ VI. 125
Albilla de Bouteleu (Albillogris)...... VI. 126
Albilla de Lucena (Listan)............... *D.*
Albillo (Albillo de Grenade).... ..... VI. 130
Albillo (Albillo castellano)........... VI. 125
Albillo cagalon (Albillo castellano).... VI. 125
Albillo castellano.................. VI. 125
Albillo castellano Béguillet........... VI. 125
Albillo castellano Garcia.............. VI. 125
Albillo castillan (Albillo castellano)... VI. 125
Albillo de Granada (Albillo de Grenade). VI. 130
Albillo de Grenade................... VI. 130
Albillo de Huebla.................... VI. 126
Albillo de Toro (Albillo castellano).
Albillo gris....................... VI. 126
Albilloidea (Chasselas doré).
Albillo loco....................... VI. 126
Albillo noir....................... VI. 126
Albillo pardo. — Clemente différencie cet Albillo, cultivé à Xérez et San Lucar, par ses feuilles plus duveteuses, ses grains sub-sphériques et d'un vert jaunâtre à maturité.
Albillo peco...................... VI. 126
Albillos. — Groupe de cépages établi par J.-R. Clemente pour les cépages espagnols qui portent ce nom.

ALBINA VERDE (Verdeca)..................... *D.*
Albinazza. — Cité par P. de Crescence comme cépage italien, au XIIIᵉ siècle.
Albino. — Syn. : *Garber's Albino.* — Semis probable d'Isabelle obtenu par M. Garber; raisin d'un blanc jaunâtre ambré, à grains subovoïdes; grappe petite; maturité tardive.
Albino de Souza. — Syn. : *Mourisco de semente, Tinta da Barca.* — Ce cépage qui s'est beaucoup répandu dans le Haut-Douro (Portugal) est un semis de Mourisco tinto, fait par M. A. de Souza, vers 1880, au moment où l'on croyait à la résistance phylloxérique du Mourisco. Il est assez précoce, et donne un vin corsé d'assez belle couleur, à bouquet bien marqué, de valeur pour la vinification des Portos. Son débourrement et sa maturité sont précoces, sa résistance aux maladies cryptogamiques est assez élevée. Les produits sont moins fins que ceux des Touriga, mais il est plus productif. — Les grappes sont grandes ou très grandes, ailées, compactes; les grains gros, rouges et légèrement pruinés, ovoïdes, assez peu juteux. — D. O.
ALBIS (Elbling)...................... IV. 165
Albisora. — Cépage de la Roumanie, à grains blancs, de grosseur moyenne, d'après Drutzu.
Alb Mare. — Variété de la Roumanie, à grains blancs, un peu ovoïdes. — G. N.
Alb Mic. — Cépage roumain très semblable au précédent. — G. N.
ALB MIC BATUT (Berbecel)................. *D.*
Albourla........................... IV. 154
ALBOURLAH (Albourla)................ IV. 154
ALBOURLAH ROSSO GROSSO (Albourla).... IV. 154
ALBOURLA ROSE DE CRIMÉE (Albourla)... IV. 154
ALBUELIN COLUMELLA (Elbling).
ALBUELIS (Elbling)................... IV. 163
ALBUERUS (Elbling).
ALBUEZ (Apró fehér) .... *D.*
ALBUMANNA (Albu mannu)................. *D.*
Albu mannu. — Cépage de la Sardaigne, à grappes coniques, ailées, grosses, à grains gros, ronds, d'un jaune blanchâtre, à chair ferme. — G. M.
ALBURLA (Albourla).................. IV. 154
ALCABRIL DE GUALADIN (Forcalla)... IV. 104
Alcalata. — Cépage espagnol de la région de Murcie, cité par Abela y Sainz.
ALCAÑOU (Viura).................... VI. 252
ALCANTINO (Douce noire) .... II. 371
ALCANTINO (Corbeau, par erreur).
Alcázar. — Vigne de la région de Barcelone, d'après Abela y Sainz.
ALDARY (Taïfy) .... *D.*
Aleatico bianco. — Cultivé en petite quantité, dans les provinces de Turin et d'Alexandrie; il se caractérise surtout par ses feuilles petites, quin-

quelobées, lisses et glabres sur les deux pages; la grappe est petite, sub-cylindrique; les grains sont petits, sphériques, espacés, d'un jaune verdâtre. — G. M.
ALEATICO BIANCO (Muscat blanc).
ALEATICO DI CESENA (Muscat blanc).
ALEATICO CILIEGINO (Aleatico rosso) .... *D.*
ALEATICO COMMUNE (Aleatico nero)........... *D.*
ALEATICO DE CORSE (Aleatico nero).......... *D.*
ALEATICO DE FLORENCE (Aleatico nero)........ *D.*
ALEATICO GENTILE (Aleatico nero)........... *D.*
Aleatico nero. — Disséminé dans toute l'Italie, surtout en Toscane, les Romagnes, et même en Sicile; il rappelle par le goût musqué de ses fruits le Muscat noir, dont il diffère peu d'ailleurs, s'il ne lui est pas identique.
Aleatico rosso. — Cépage italien, à raisins musqués, rosés; paraît une variation de l'Aleatico noir, et peut-être une forme identique au Muscat rose.
ALEATICO DE SOLMONA (Aleatico nero).......... *D.*
Alechy. — Cépage du Caucase, utilisé pour la cuve, à grains rosés, d'un goût âpre. — V. T.
Aledo. — Ce cépage est cité dans le « Bushberg Catalogue » comme une variété douteuse du Labrusca, propagée par B. F. Stinger vers 1887; elle serait inférieure au Concord, dont elle est contemporaine de maturité; les grains, de grosseur moyenne, subovoïdes, ont une coloration d'un gris jaunâtre.
Aleksandroouly. — Raisin noir, de cuve, du Caucase, très estimé. — B. T.
ALEMTEJANA (Talia)...................... *D.*
Alençonnaise. — Variété de semis de Coignetiæ, sélectionnée par M. Caplat, dans l'Orne; raisin blanc, précoce, de qualité vinifère très inférieure.
Alèp Bicolor. — Variété de 2ᵉ époque de maturité, bonne vigueur, assez fertile; grappe petite, courte, serrée; grains sous-moyens, ronds, mous, rayés de bandes grises. — E. et R. S.
Alep noir. — Même cépage que le précédent, à grains régulièrement noirs.
Alepou. — Raisin grec, à grains roses, utilisé pour la cuve dans la province d'Achaïe. — X.
ALEPPO (Chasselas persillé).
Aleppo. — Sous ce nom, existe en Bessarabie, un cépage à raisin blanc, utilisé pour la table, à grosse grappe et à grains gros comme une prune. — V. T.
Aletha. — Semis de Catawba, à maturité précoce, peu répandu et même peu connu aux États-Unis, à cause de sa valeur très inférieure. Ses fruits, à grappe moyenne, à peau épaisse, d'un noir pourpré, sont à jus fortement coloré, d'un goût foxé et très astringent.
Alexander. — Syn.: *Cape, Black Cape, Schuylkill Muscadell, Constantia, Springmill Constantia,*

Clifton's Constantia, Tasker's Grape, Vevay, Winne, Rothrock of Prince, York Lisbon. — Ce cépage, semis naturel de Labrusca, a été trouvé par Alexander sur les bords du Schuylkill, près de Philadelphie. Il fut multiplié d'abord, d'après Bush et Meissner, par la colonie suisse de Vevey, dans l'Indiana, vers le commencement du xixe siècle ; longtemps en faveur dans le nord des États-Unis, il ne fut remplacé que par le Catawba. On aurait connu deux types, l'un à fruits noirs, ou Alexander type, *Alexander noir*, l'autre à fruits blancs, *Alexander blanc* ou *Cape blanc* (*White Cape*). Ce nom de Cape provient de ce qu'on le croyait identique au cépage qui donnait le vin de Constance. Voici, d'après le « Bushberg Catalogue », la description qu'en donne Downing : Feuilles plus duveteuses que celles de l'Isabelle ; grappes compactes, non ailées ; grains de moyenne grosseur, ovales ; peau épaisse, d'un noir foncé ; chair ferme, pulpeuse mais assez juteuse, foxée et sucrée.

ALEXANDER (Isabelle)................. V. 203
Alexander blanc (voir Alexander)........... *D.*
Alexander Winter. — Variété de semis accidentel d'origine américaine, obtenue par Alexander en 1884, et propagée en 1892. Les grappes et les grains seraient d'une bonne grosseur, les peaux de couleur ambrée ; la vigueur et la productivité bonnes.

ALEXANDREOULI (Aleksandroouly)............ *D.*
Alexandreouli-tetra. — Bien différent de l'Alexandreouli ; cépage blanc de cuve, cultivé dans le Caucase, très sensible au mildiou. — V. T.
ALEXANDRIAI MUSKOTALY (Muscat d'Alexandrie).
ALEXANDRIE (Muscat d'Alexandrie).
ALEXANDRINA (Corinthes)............ IV. 292
ALEXANDRINER MUSCAT (Muscat d'Alexandrie).
ALEXANDRINISCHE FRONTIGNAC (Muscat d'Alexandrie).
ALFOLDIFÉHÉR (Sarféhér)..................... *D.*
ALFOLDI SZÓLÓ (Sarféhér).................... *D.*
ALFOLDI TRAUBE (Sarféhér)................. *D.*
ALFOLDY (Bakator)............ IV. 182
ALFRUCHEIRO (Alfrocheiro)................. *D.*
Alfrocheiro. — Syn. : *Alfrecheiro, Douradinho* (?). — Cette vigne portugaise a été signalée, en 1791, par Coelho Seabra ; elle est surtout cultivée dans le concelho de Nellas. Cépage à raisins blancs, très productif, à débourrement et maturation tardifs, sujet à la pourriture ; il exige, pour bien végéter, des terrains forts ; il a donné, à l'analyse, 254,20 de sucre et 4,85 d'acidité par litre. — Feuilles quinquelobées, peu dentées, à pétiole court ; grappe de 22 centimètres de long environ ; grains serrés, ovoïdes, peau à coloration blanc ambré à maturité, pulpe fondante à jus doux mais un peu âpre. — D. O.

ALGIANA (Lignan blanc)............... III. 69
ALGNENGA (Lignan blanc)............. III. 69
Algumia. — Vigne de la région de Murcie, d'après Abela y Sainz.
ALIA-KOKY (Ingouddy)..................... *D.*
ALIBRII. (Forcalla).................... VI. 104
ALICANT (Grec rouge)............. III. 277
Alicante. — L'Alicante du Portugal paraît bien différent du Grenache français par ses feuilles allongées en pointe, plutôt cordiformes et planes ; cépage peu important. — D. O.
ALICANTE (Grenache)................. VI. 285
ALICANTE (Ohanez)................... IV. 356
ALICANTE (Teinturier)................. III. 363
ALICANTE (Teinturier mâle)........... III. 362
ALICANTE (Merlot)................. VI. 16
ALICANTE DE PAYS (Grenache).......... VI. 285
ALICANTE (Tintilla)...................... *D.*
ALICANTE BARLETTA (Zagarese)............... *D.*
ALICANTE BLANC (Grenache blanc)....... VI. 292
Alicante-Bouschet................... VI. 426
ALICANTES-BOUSCHET................. VI. 426
Alicante-Bouschet à feuilles découpées. — Hybride résultant de la fécondation du Grenache par le Bouschet à feuilles lisses ; créé, en 1855, par Henri Bouschet ; quoique fructifère et à jus bien coloré, n'a jamais été utilisé par la culture. Ses feuilles planes et lisses sont peu luisantes et glabres sur les deux faces, tri ou quinquelobés, à sinus latéraux profonds.

Alicante-Bouschet à grains oblongs. — C'est l'Alicante-Bouschet qui a les grains les plus gros ; leur forme est plutôt sphérique qu'oblongue. Le seul intérêt de cette variété réside dans la grosseur des baies qui arrivent normalement à maturité ; elle est assez fructifère, mais son jus est moins coloré que celui de la plupart des autres Alicante-Bouschet. Elle a, en outre, le grave défaut d'avoir les fruits millerandés ; parfois la moitié des grains restent avortés. Les feuilles, assez analogues à celles du Grenache, sont planes et lisses, glabres et petites.

Alicante-Bouschet à gros grains ou **à petites feuilles.** — Hybride Bouschet resté toujours confiné dans les collections et sans valeur.

Alicante-Bouschet à longues grappes ou **n° 8.** — Hybride de même origine que tous les Alicante-Bouschet, dont les grains, sous-moyens, ne sont souvent qu'en très petit nombre sur la grappe qui est cependant allongée. Il est donc sans valeur aucune. Son feuillage est un peu spécial ; comme forme, les feuilles ressemblent à celles du Grenache, mais elles sont grandes, plus développées que celles de tous les autres Alicantes-Bouschet. Elles sont planes, lisses, glabres sur les deux faces, nettement plus longues que larges — ce qui n'est pas le cas général pour les Alicantes —, faiblement trilobées, à deux séries de dents, les unes très petites, les autres très larges.

Alicante-Bouschet à sarments érigés. — Créé en 1855 par le croisement du Grenache et du Petit-Bouschet, cet hybride, assez fructifère et donnant un vin bien coloré, s'est un peu répandu dans la culture, surtout pour les sols secs; sa fructification est régulière et soutenue; il a été abandonné à cause de sa grande sensibilité au Mildiou. Il se distingue des autres Alicantes-Bouschet par son port très érigé, ses feuilles très gaufrées, un peu allongées, non révolutées sur les bords; ses grappes pyramidales, compactes; ses grains sous-moyens ou petits, d'un noir violacé; son jus coloré, mais à faible intensité.

Alicante-Bouschet et Piquepoul gris n° 4. — Hybride de même nature que le précédent, sans valeur.

Alicante-Bouschet et Piquepoul gris n° 8. — Variété très semblable au Grenache, à jus rouge, sans valeur, car elle coule beaucoup et est très peu fructifère.

Alicante-Bouschet et Piquepoul gris n° 9. — Hybride de quelque intérêt parce qu'il est fructifère et mûrit assez tôt; les grains sont moyens, d'un noir violacé, globuleux, pruinés; le jus d'un rouge cristallin assez foncé; la feuille finement gaufrée, trilobée, à lobes fermés, aranéeux sur le revers, est intermédiaire à celle des deux générateurs.

Alicante-Bouschet n° 7. — Variété sans valeur, car ses grappes rares coulent beaucoup; le vin est cependant des plus colorés, d'intensité égale à celle du jus de l'Alicante-Bouschet précoce. Ses feuilles ressemblent assez à celles de l'Alicante-Bouschet n° 1; elles sont moins révolutées sur les bords et moins creusées en gouttière.

Alicante-Bouschet n° 12. — Cet hybride teinturier d'Alicante est inférieur aux autres hybrides de Bouschet, malgré sa grosseur de grains, peu colorés; il est peu fructifère.

Alicante-Bouschet n° 13. — Hybride créé par Bouschet, sans valeur; caractérisé surtout par ses petites feuilles et ses petites grappes.

Alicante-Bouschet précoce ou n° 5. — Henri Bouschet a obtenu cette variété, en 1855, par le croisement du Petit-Bouschet et de l'Alicante. Cette vigne n'est pas sans valeur : sa maturité est en effet très précoce, elle mûrit avant tous les autres types d'Alicantes-Bouschet. Le vin en est très alcoolique et d'une coloration très foncée, une des teintes les plus intenses des Hybrides-Bouschet, presque aussi accusée que celle de l'Aspiran-

Bouschet, mais moins belle; elle est peu fructifère.

Alicante-Bouschet tardif ou n° 6. — Créé, en 1855, par H. Bouschet en croisant le Grenache par le Petit-Bouschet; variété tardive, peu productive, sans valeur culturale.

Alicante-Bouschet ✕ Rupestris 136 E. — Cet hybride porte-greffe, créé à l'École d'agriculture de Montpellier en fécondant l'Alicante-Bouschet par le Rupestris, n'est jamais rentré dans la culture à cause de sa grande sensibilité à la chlorose. Sa résistance phylloxérique est assez élevée, sa vigueur très grande. Il a des caractères très nettement intermédiaires entre ses deux générateurs.

Alicante branco. — Cultivé au Portugal, dans le concelho de Villa Flôr, sous le nom d'Alicante ou de Malvasia fina; excellent raisin de cuve pour les coteaux, à maturité tardive et très sujet à la pourriture. Feuilles trilobées, plus longues que larges. Grappe longue, ailée, cylindro-conique; grains ellipsoïdes, assez gros, d'un vert jaunâtre clair. Cépage bien différent du Grenache blanc français. — D. O.

Alicante preto (Cornichon).

Alicante-Ganzin. — Alicante-Bouschet ✕ Aramon-Rupestris. Producteur direct de M. Ganzin, vigoureux, fertile et remarquable par l'intensité colorante de son vin. Il offre une résistance moyenne au Phylloxéra, bonne à la Pourriture grise, mais très faible au Mildiou et à l'Oïdium. Très estimé en Algérie où il a été multiplié, greffé. Dans le coupage intéressant par sa couleur qui égale 46 aramons et par sa richesse en extrait sec. Bourgeonnement bronzé, aranéeux. Rameaux courts, verdâtres, un peu violacés. Feuilles larges, à 5 lobes bien détachés par des sinus étroits et profonds, sinus pétiolaire largement ouvert en U, denture aiguë et profonde. Grappes moyennes, longues, coniques, ailées, assez serrées; grains moyens, faiblement ovoïdes, mais à jus rouge, à peau épaisse, de saveur neutre et fraîche. — J. R. C.

Alicante rose (Grenache rose).

Alicante Terras n° 20. — Alicante-Bouschet ✕ Rupestris, semis de 1881. Hybride obtenu par M. M. Terras, de Pierrefeu (Var), d'une mise à fruit très prompte et d'une grande fertilité, vigoureux, résistant assez bien au Mildiou et au Black-Rot, faiblement à l'Oïdium, et très mal à l'Anthracnose, à la pourriture grise et au phylloxéra. La vinification de son produit a donné des mécomptes, elle nécessite une acidification artificielle considérable; son vin est alors alcoolique, et assez solide.

Rameaux nombreux, buissonnants, d'aoûtement lent et incomplet, de teinte gris noisette, mérithalles courts, nœuds renflés. Feuilles sous-moyennes, triangulaires, à 5 lobes peu saillants, sinus latéraux supérieurs en V peu profond ; inférieurs nuls, pétiolaire en V très ouvert ; limbe mince mais ferme, glabre, vert foncé luisant, uni, révoluté en dessous (alors qu'il est plié en gouttière dans les nᵒˢ 18 et 19 avec lesquels on confond parfois le nᵒ 20), parfois timbré de rouge orange à la défoliation, qui est tardive ; denture obtuse et mucronée de jaune. Grappes courtes et rameuses, rafle verte et pédoncule non ligneux ; grains moyens, ronds, noirs, à jus incolore mais à pellicule très colorée, mêlés de petits grains verts, fondants, juteux, sucrés et de saveur neutre ; maturité de 1ʳᵉ époque. — J. R. C.

ALICANTINA (Grenache)............... VI. 285

Alice. — Semis accidentel de Labrusca, isolé, en 1889, par W. D. Green ; ce cépage a conservé le goût très foxé dans ses grains d'une coloration violacée foncée, maturité contemporaine de celle du Concord ou un peu plus précoce. — Un autre cépage du même nom d'*Alice* a été propagé par J. A. Putnam et obtenu d'un semis de Martha ; le « Bushberg Catalogue » le donne comme peu différent du précédent.

Alice Lee. — Hybride de V. Labrusca et semis de Lady Washington, créé par W. H. Lightfoot. Vigne vigoureuse, de production modérée ; grappe de grosseur moyenne, à gros grains d'une coloration jaune doré ; maturité contemporaine de celle du Concord.

Aligoté .... II. 51
Aligoté rouge .... II. 52
Aligoté vert .... II. 52
ALIGOTÉ VERT (Sacy).

Aline Bury. — Cépage dédié à Mᵐᵉ Bury, et obtenu dans le même semis d'où provient Caroline Bury, à la suite d'une hybridation, *Grosse Perle* × *Chalosse*, faite par M. Bidault, au Jardin de Saumur. Aline a beaucoup de rapport avec Caroline (VI, p. 167), mais elle est moins belle, un peu plus tardive, à peau légèrement plus épaisse, le grain un peu moins gros et moins allongé et à goût moins fin. Elle est remarquable par sa vigueur, sa fructification et sa facilité à se conserver sur souche très avant dans la saison. — C. B.

Alionza. — Syn. : *Alconza, Leonza*. — V. Pulliat a décrit cette vigne dans « Le Vignoble », d'après Ch. Bianconcini. L'Alionza est une très ancienne variété de la province italienne de Bologne, à raisins blancs, donnant un vin sec et corsé ; elle exige la taille longue et une charpente très développée ; maturité de 3ᵉ époque. — Souche très vigoureuse, sarments longs à mérithalles longs ;

feuilles sur-moyennes, d'un vert clair sur les deux faces, avec duvet aranéeux sur la page inférieure, trilobée, sinus supérieurs profonds, sinus pétiolaire ouvert ; vaguement dentées ; grappe grosse, ailée, lâche, pyramidale ; grains gros, sphériques, à longs et grêles pédicelles, à peau d'un beau jaune pruiné, juteux, à saveur sucrée.

Ali Tcheliabi. — Raisin de table et de conserve du Caucase ; à grande grappe ailée, lâche, à grain allongé ; peu juteux, ferme, peau épaisse ; sensible à l'oïdium. — V. T.

Aljami. — Vigne espagnole de la région de Murcie, d'après Abela y Sainz. — C. T.

ALKE (Cissus Hochstetteri)........... I. 83
ALKERMES BLANC (Frankenthal).

Alla Akssouf. — Raisin noir de cuve, cultivé à Elisabetpol (Russie), à gros grains, ronds. — V. T.

ALLABADIA (Abbadia) .... D.
ALLAKIIKI (Saabi)........................ D.

Allakhki rosovoï. — Raisin de table du gouvernement d'Erivan (Russie) ; à très gros grains roses, les plus gros des cépages de cette région, et aussi gros qu'une prune. — V. T.

Alla-Kora. — Raisin blanc de cuve, du Caucase, dans la région de Zanguezour. — V. T.

Allantermô. — Cépage de la Hongrie, vigoureux ; à grandes grappes compactes et ailées ; grains moyens, sphériques, d'un blanc verdâtre ; donne un bon vin de table ; demande la taille courte. — G. I.

ALLEMAND BLANC (Elbling)............. IV. 163
ALLEMAÔ (Aramon, au Portugal).
ALLEMON (Aramon, au Portugal).

Allemtchakh. — Cépage de cuve, tardif (3ᵉ époque), de la Bessarabie (Russie) ; très vigoureux et à sarments très érigés. Feuilles entières, épaisses ; grappe grande, conique, compacte ; grains subsphériques, à peau épaisse, d'un jaune verdâtre. — T. V.

Allen's Hybrid. — Syn. : *Hybride d'Allen*. — J. F. Allen a le premier croisé une vigne française avec une vigne américaine ; l'hybridation du Chasselas doré et de l'Isabelle lui a donné ce cépage qu'il fit connaître, en 1854, à la Société d'horticulture du Massachussetts ; l'époque de maturité est à peu près celle du Concord ; il est très sujet au Mildiou et au Black-Rot ; les grappes sont grosses et longues, peu serrées ; les grains sur-moyens ou gros, à peau épaisse, d'une couleur blanc ambré ; la pulpe, assez juteuse, est d'un goût musqué foxé.

ALLGEMEINER (Furmint)............... II. 251
ALLIA-KOKI (Iaggoudy)................... D.

Alliana bianca. — Cité par J. de Rovasenda comme cépage de la Lombardie et de la Vénétie (?).

Allianico (Aglianico).

Alligotay (Aligoté)................. II. 51

Alligoté (Aligoté).................. II. 51

Allionza (Alionza)........................ *D*.

Allmann-Billa. — Cépage du Caucase, à grain blanc, allongé, cultivé pour la table. — V. T.

Alloborr. — Cultivé à Térek (Russie) pour la cuve, à raisin noir. — V. T.

Allobrogica. — Citée par Pline l'Ancien, au 1er siècle, et donnée par lui « comme aimant les lieux froids, à grains noirs, mûrissant par la gelée ». — J. R. C.

Allobrogicæ. — Citée par Columelle (1er siècle), rapportée parfois à la Syrah ou à la Mondeuse? — J. R. C.

Allvane. — Raisin rouge, cultivé pour la table, à Matrassa (Russie). — V. T.

Allvani. — Vigne du Turkestan russe, à raisins blancs, de grosseur moyenne, longs, charnus, de 2e époque de maturité, cultivé pour la table. — V. T.

Allvarni. — Cépage de la Bessarabie (Russie), fertile, mais peu vigoureux; à grappe très serrée, à petits grains ronds, juteux, sucrés, d'une coloration rosée; maturation de 2e époque tardive. — V. T.

Ally. — Syn. *Borr-Isioum* (au Don), *Borr-Kara* (à Petrovsk). — Cépage de Térek (Russie), vigoureux et fertile, à raisin noir, cultivé pour la cuve, à grains ellipsoïdes, très pruinés, comme azurés. — V. T.

Alma. — Hybride supposé de Riparia et de Vinifera, semis de Bacchus fécondé par une vigne européenne, obtenu par J. H. Rickett; c'est un cépage vigoureux, assez résistant aux maladies cryptogamiques, à grappe moyenne, compacte, à grains moyens et d'un noir bleuté, pruiné.

Almacega. — Cépage blanc du Portugal (département d'Ourem), à belles grappes donnant un excellent vin dans les terres fortes. — D. O.

Almafago (Arintho)................. V. 136

Almefego (Arintho)..............,...... V. 136

Almafue (Arintho).

Alma-Isioum (Alma-Izume)................. *D*.

Alma-Izume. — Raisin vert, cultivé dans le midi de la Crimée, de 3e époque de maturité.

Alma noir (Pinot noir).

Almaria (Almeria)........................ *D*.

Almeria. — Semis de Robert Moreau, d'Angers, obtenu en 1860, à maturité de 1re époque, à feuille quinquelobée avec sinus assez profonds, glabre sur les deux pages; grappe moyenne, conique, grains de grosseur moyenne, sphériques, peau d'un beau jaune doré.

Almerinsky. — Cépage blanc de 3e époque de maturité, cultivé pour la table à Astrakhan (Russie); serait un semis de l'Ohanès d'Alméria. — V. T.

Alminhaca. — Cépage très cultivé dans les Algarves (Portugal), utilisé pour la table. — D. O.

Almunecar (Moscatel gordo de Malaga)?

Almunecar. — Syn. : *Pasa larga, Largo, Uva de Pasa, Layren, Datilera, Longa.* — Cépage espagnol considéré par certains comme semblable au Muscat d'Alexandrie, bien différent, d'après M. L. Salas y Amat, par ses grains plus incurvés rappelant les Cornichons. Cultivé comme cépage à vin à Sanlucar, Xérès, Paxarete. Raisin à grosse grappe ailée et lâche, irrégulière, à grains olivoïdes, incurvés, d'un jaune doré.

Almunecar (Almunecar)..................... *D*.

Alopecis (Coda di volpe)............. VI. 345

Alphonse. — Semis de V. Labrusca, obtenu par Th. Huber, à grosse grappe ailée, à grains ovales, assez gros, jaune blanchâtre, foxés et pulpeux.

Alphonse Lavallée.................... V. 227

Alp raisin (Morillon).

Alsacien (Elbling).

Alsembergh (Elsinbourgh).

Alsiova (Saint-Pierre doré).......... IV. 367

Altesse............................. II. 110

Altesse blanche (Altesse)............ II. 110

Altesse jaune (Altesse).............. II. 110

Altesse verte (Altesse).............. II. 110

Altesse verte (Prin blanc)........... VI. 139

Althéphias. — Vigne citée au ve siècle, par Athénée. — J. R. C.

Altramare. — Serait, d'après J. de Rovasenda, un cépage bien particulier à la région du Haut-Novarais (Italie).

Altrugo (Barbesino).

Aluk. — Donné par M. F. Richter comme cépage (origine?) à longues grappes lâches, à grains surmoyens, très allongés, rosés; 3e époque de maturité.

Alulu. — Cépage sans origine, cité encore par M. F. Richter, à grappes moyennes, grains assez gros, rosés; 3e époque de maturité.

Alva. — Variété du Portugal de la région de Trazos-Montes, trouvé aussi dans l'Alemtejo et assez cultivé dans le sud. Grappes moyennes, pyramidales; grains plutôt petits, ovales, d'un jaune doré, parfumés. — D. O.

Alvadeirao (Alvadurão).

Alvadorao (Alvadurão).

Alvadurão. — Syn. : *Alvadorão, Alvadeirão.* — Cépage du sud du Portugal, signalé, en 1822, par A. Gyrão, et abandonné, en 1852, à cause de sa grande sensibilité à l'Oïdium; il a été cultivé après les soufrages et a pris une certaine importance, surtout dans le concelho d'Alemquer. Bien résistant aux gelées blanches, préfère les terrains argileux, forts et plutôt frais; sa fructification n'est que bisannuelle. — Souche moyenne de vigueur ; rameaux aplatis, à mérithalles minces et nœuds peu saillants ; feuilles quinquelobées, à sinus ovalaires, sinus basilaire profond ; d'un vert foncé à la face supérieure, lanugineuses en dessous ; fruit à grappes coniques, ailées ; grains subovoïdes, d'un jaune verdâtre, légèrement rosé sur les parties exposées à la lumière ; chair fondante, à saveur douce et aromatique. — D. O.

Alvano (Montuoneco)..................... *D.*

Alvaraça. — Syn. : *Alvaraca.* — En 1790, Lacerda Lobo signalait ce cépage portugais à Anciâes, Murça et Alijó ; il existait encore dans le Douro et dans le Minho ; C. da Costa le donne comme variété secondaire du Minho, de l'Estramadura et de Traz-os-Montes. L'Alvaraça est une variété inférieure, sensible à la pourriture et ne se conservant pas sur souche ; son rendement en jus est très élevé, mais son vin est peu alcoolique, à teinte jaune verdâtre, peu agréable à l'œil. Les grappes sont longues, cylindro-coniques, ailées et ramifiées, à pédoncule long et fort, herbacé, à pédicelles courts ; grains moyens de grosseur, olivoïdes, ombiliqués, à peau épaisse, d'un vert jaunâtre clair et faiblement pruinée, pulpe dure, charnue, peu sucrée et astringente. — D. O.

Alvaraço (Alvaraça). — D.

Alvar branco. — Ancien cépage du Portugal, cultivé sur une grande surface surtout dans la Beira du littoral pour la production de bon vin blanc de table ; grappe petite, cylindro-conique, à grains ronds, d'un vert jaunâtre. — D. O.

Alvardrão branco. — Cépage à raisin blanc de la Bairrada (Portugal), à maturité très tardive. — D. O.

Alvardrão pardo. — Raisin de table très tardif, de la même région que le précédent. — D. O.

Alvareja. — Cépage à raisin blanc, cultivé jadis au Portugal, entièrement abandonné aujourd'hui. — D. O.

Alvarelhão de pé vermelho...........

Alvarinho. — Syn. : *Alvarinha.* — Cépage portugais spécial à la région du Minho et surtout aux concelhos de Caminha, Valença, Monção ; il est assez productif, mais donne un produit dont la qualité laisse beaucoup à désirer. — D. O.

Alvaroco. — Cépage cultivé autrefois à Penafile et à Porto (Portugal), inconnu aujourd'hui. — D. O.

Alvar roxo. — Ancien cépage du Portugal, cultivé encore dans la région du Dão ; grappe petite, cylindrique ; grains petits, ronds, d'un rose vif, très juteux. — D. O.

Alvese bianco. — Variété italienne cultivée dans les Pouilles ; grains ronds, d'un jaune doré, très sucré ; maturité très tardive. — J. R.

Alvey. — Syn. : *Hagar.* — Millardet admet que l'Alvey, introduit d'abord par Dr Harvey, est un hybride quaternaire de Vinifera, Labrusca, Æstivalis, Cinerea ; les caractères de l'Æstivalis sont les plus marqués dans ce cépage, ceux du Vinifera sont assez nettement indiqués. L'Alvey n'a jamais été qu'un cépage de collection, en Amérique aussi bien qu'en France, malgré la belle coloration de son vin qui est d'un goût franc. Il produit peu ; sa résistance phylloxérique est faible, et sa résistance à la chlorose peu élevée ; en outre, son bois tortueux et noueux est mauvais pour le greffage, pour lequel il n'a jamais joué aucun rôle. — Souche de vigueur moyenne, port érigé ; sarments courts, à poils épineux (Labrusca), d'un brun rougeâtre à l'aoûtement, vrilles discontinues ; feuilles presque entières, gaufrées, à sinus pétiolaire profond, souvent fermé, à face inférieure duveteuse et blanchâtre ; fruits à petites grappes, à grains plutôt petits, sphériques, d'un noir foncé, juteux, à jus rougeâtre, à saveur à petite pointe de foxé.

Alvilha. — Cépage à raisins blancs des Algarves (Portugal), peut-être identique à l'Alvilho.

Alvilho. — Variété blanche du Portugal, à maturité précoce, limitée dans le concelho de Miranda du Douro ; ses grappes sont moyennes, coniques, lâches, à pédoncule fort, herbacé ; grains subsphériques, à peau mince, d'un jaune doré foncé, peu pruineux, transparents ; jus sucré, à saveur simple. — D. O.

Alwick Seedling. — Syn. : *Clive House Seedling, John Downie.* — Hybride obtenu, entre variétés de Vinifera, par M. Bell, et connu en Angleterre en 1876 ; maturité tardive, floraison difficile et exigeant la fécondation artificielle ; son mérite principal comme raisin de serre est de se conserver bien sur souche après maturité. Vigne vigoureuse, exigeant la taille longue, très fructifère ; grappes grandes, à aile très développée ; grains gros, subovoïdes, à teinte noir pourpre, très pruinée.

Amabilis (Mascu)........................... *D.*

Amadon. — Nom reproduit par divers auteurs, d'après Bosc (1807), comme s'appliquant à un cépage de la Charente à raisin blancs (Folle?).

Amalia. — Hybride américain obtenu par F. E. L. Rautenberg du croisement du Faith par l'Ive's Seedling ; les grappes moyennes portent des grains de grosseur moyenne, sphériques, d'un noir violacé foncé.

Amanda. — Donné par le « Bushberg Catalogue » comme une variété du Labrusca (?) résistante aux maladies cryptogamiques et vigoureuse ; à raisins noirs, foxés.

Amandoletta (Minnolettina)................ *D.*

Amandorla. — Raisin noir du Piémont, à feuilles quinquelobées, à grappe cylindrique, grains ovales.

Amassia. — Serait un cépage de la Turquie ; à raisins blancs, gros, sucrés. — J. M. G.

Amaral. — Cépage des environs de Porto, trouvé aussi dans divers autres régions du Portugal ; il donne un vin acide et de qualité très ordinaire ; les grappes sont petites, sphériques, serrées ; les grains petits, ovoïdes, d'un noir bleuté, assez pruinés. — D. O.

Amaral branco. — Cette vigne, à raisins blancs, était cultivée, vers 1700, à S. Miquel de Outerio (Portugal) ; elle a disparu. — D. O.

Amarat. — Nom inexact cité dans le Catalogue du Luxembourg, et reproduit ensuite, sans raison, comme bien d'autres noms que nous ne donnons pas, par divers auteurs !

Amar-bou-Amar (Amheur-bou-Amheur).. III. 326

Amaroguscia (Scorzamara)................. *D.*

Amaroï. — Cité, par de Secondat (1785), comme raisin rouge, à grains ronds.

Amarot. — Cité par divers auteurs comme un cépage des Landes (?), à raisin noir de table.

Amaroy (Morillon noir?).

Amatosa. — Vigne italienne, à maturité de 3ᵉ époque d'après Pulliat ; à grappe assez grosse, cylindro-conique, à grains sur-moyens, subsphériques, à peau épaisse, d'un beau noir pruiné.

Ambary. — Vigne d'Erivan (Russie), à raisin blanc de table, 3ᵉ époque de maturité ; grains gros, longs et irréguliers de forme. — V. T.

Amber. — Hybride de Riparia par Labrusca, d'après Munson et d'après Bush et Meissner ; T. V. Munson le considère comme une variété sans valeur tant pour la productivité que pour la qualité ; elle est peu résistante aux froids d'automne et son feuillage est très sensible au Mildiou. C'est un semis d'Elvira obtenu par Rommel ; les grappes, longues et ailées, portent des grains moyens, oblongs, d'une couleur ambrée pâle ou rosée pâle, pulpeux, foxés.

Amber Mouscadine (Chasselas doré)..... II. 6

Amber Queen. — Ce cépage paraît être un semis de Marion croisé par le Black Hamburgh, et, par suite, un hybride de Riparia par Vinifera ; mais comme il a les vrilles continues, il n'est pas douteux que le Labrusca soit intervenu dans sa formation ; les grains sont gros, oblongs, d'une teinte ambrée qui passe à la couleur pourpre à maturité complète, et même pourpre foncé ; foxé et très sensible au Mildiou.

Ambroisie. — V. Pulliat seul donne cette variété comme spéciale au Lot-et-Garonne, où elle serait connue aussi sous le nom de *Malvoisie* ; elle mûrirait à la fin de la 2ᵉ époque ; feuille profondément sinuée et à sinus fermés, duveteuse à la face inférieure ; grappe sur-moyenne, cylindro-conique ; grains plutôt gros, ellipsoïdes, à chair ferme, peau d'un blanc jaunâtre.

Ambrosia. — Semis de Salem obtenu par Alfred Rose, d'après le « Bushberg Catalogue » ; hybride de Labrusca-Vinifera, vigoureux et fertile ; à grains sphériques d'un jaune doré, sur grappe ailée, compacte, moyenne, d'où ils tombent facilement ; goût assez foxé et pulpe charnue.

Ambrosiaca. — Une des vignes citées par Pline l'Ancien (1ᵉʳ siècle). — J. R. C.

Ambrostine. — Serait (?) le Vinifera sauvage ou Lambrusque. — J. R.

Ambrusco. — Lambrusque.

Amella. — (?) Semis de Vibert, d'Angers ; serait, d'après Bouschet, un semis du *Ribier*.

Amellal. — Leroux donne deux variétés d'Amellal comme spéciales à la Kabylie, aux environs de Fort-National ; le *Gros Amellal* et le *Petit Amellal* diffèrent surtout par la grosseur du grain, les feuilles trilobées et duveteuses en dessous ne permettraient pas de les distinguer ; les grains sont oblongs, d'un blanc nacré, pruinés ; la grappe est cylindro-conique dans le Gros, allongée et peu ailée, très ailée et ramifiée dans le Petit. Ce sont deux raisins de table, à maturité tardive, pouvant donner du vin de 10° à 12° d'alcool, et des productions de 35 à 45 hectolitres à l'hectare pour le Gros, de 25 à 35 pour le Petit.

Amenum (Amigne)................. . VI. 47

Amerbonte. — Hybride d'America par Herbemont, créé par T. V. Munson. Grappes grandes, à grains sous-moyens, un peu plus gros que ceux de l'Herbemont, d'un rouge foncé transparent, juteux ; vigne vigoureuse et fertile, mûrissant en même temps que l'Herbemont et plus résistante que ce dernier aux maladies cryptogamiques.

America. — Cépage obtenu par T. V. Munson à la suite du semis du Rupestris-Linceccumii n° 70 de Jæger. Vigne très vigoureuse ; grappes coniques, assez compactes ; grains globuleux, de grosseur moyenne, adhérents, d'un noir violacé foncé, légèrement pruinés; peau mince, élastique et résistante; chair juteuse, sucrée, et à saveur fraîche, non foxée; à maturité précoce, un peu plus tardive que celle du Concord; fertile surtout quand on la féconde artificiellement; résistante aux froids, au Mildiou et au Black-Rot.

AMERICANA (Isabelle).

Amessasse.......................... IV. 337

AMETHUSTON (Inerticula)........ .... D.

Amethyst. — Hybride de Delago et Brilliant, à caractères de Labrusca assez accusés; variété obtenue par T. V. Munson, à grappe moyenne, grains gros, d'un rose clair, à maturité contemporaine de celle du Concord.

AMEUR-BOU-AMEUR (Ahmeur-bou-Ahmeur). III. 326

Amgourrtchall. — Raisin noir de cuve de l'Abkhasie (Caucase), à petits grains ronds, très sucrés. — V. T.

AMI (Jami)............................... D.

Amichvkiatchijich. — Raisin noir, cultivé pour la cuve dans le département de Goudaoutt (Caucase). — V. T.

Amigne........................... VI. 46

AMIGNE (Ugni blanc).

AMIGNE BLANCHE (Amigne)............ VI. 46

Amikhvantchkirr. — Cépage russe (Caucase), à gros grains, d'un rose foncé, cultivé pour la cuve. — V. T.

AMINÉE (Amigne).................... VI. 47

Aminées. — Les Amineæ, Aminæa ou Amminæa, que l'on trouve cités dans tous les auteurs latins, après Caton l'Ancien (233-149 av. J.-C.), étaient la tribu des vignes les plus estimées. Von Gock a supposé que c'étaient nos Chasselas, et le Cte Odart les Pinots. D'après Cels, on comptait cinq sortes : la **Grande Germaine**, la **Petite Germaine**, la **Grande jumelle**, la **Petite jumelle**, la **Lumineuse** (A. lanata, A. caniculata). — Varron (Ier siècle av. J.-C.) cite l'**Aminæa scantiana**. — J. R. C.

Aminia. — Hybride de Roger no 39 dérivé du Labrusca; isolé, dénommé et propagé par Bush et Meissner; grappes moyennes, peu compactes, à grains ronds, de grosseur moyenne, d'un rouge pourpre foncé, presque noir; maturité précoce; très sensible aux maladies cryptogamiques.

Aminn-Chakh. — Vigne de la Bessarabie, à raisin blanc, cultivé pour la table et pour la cuve. — T. V.

AMLACA (Bicane).

Amlakhou rose. — Cépage du Caucase, à raisin rosé, tardif, cultivé pour la cuve et important; sa grappe moyenne, conique, allongée; ses grains ovales, moyens, acidulés, sans arome, d'un violet foncé. — V. T.

Amlakhourr. — Variété blanche du précédent. — V. T.

AMMANTIDDATU (Catarratto).

Ammri. — Variété à raisins blancs du Caucase, cultivée pour la table. — B. T.

Amokrane.... .... III. 324

AMOR BLANCO (Jaën)................... VI. 108

Amorese. — Cépage de l'Italie méridionale, à grosse grappe pyramidale, ailée, compacte; grains ellipsoïdes, gros, bleutés; feuilles grandes, tri ou quinquelobées, pentagonales, allongées; face inférieure cotonneuse. — M. C.

Amoroso bianco, nero. — J. de Rovasenda donne ces deux noms comme s'appliquant à deux vrais cépages de Bénévent (Italie), sans autre indication.

AMOULAS (Moulas).

AMOULASSE (Moulas).

AMOUREUX (Rulander)..................... D.

Amourguiano. — Serait, d'après Drakidés, un raisin de cuve, à gros grains rouges, à jus très coloré, cultivé à Rhodes. — J. M. G.

AMOURSKY VINOGRUD (V. amurensis).

Ampalla. — Raisin noir de cuve du Caucase. — V. T.

Ampeau blanc. — Cité dans le Catalogue du Luxembourg comme cépage du Tarn-et-Garonne (?)

Ampelakiotico. — Cépage à raisin noir, de la Grèce (Thessalie). — X.

AMPELIDACEÆ (Ampélidées)............ I. 6

AMPELIDACÉES (Ampélidées)............ I. 6

AMPELIDEÆ (Ampélidées)............. I. 6

AMPELIDEÆ VERÆ (Ampélidées)......... I. 6

Ampélidées..................... I. 5

Ampélidées fossiles................... I. 400

AMPÉLIDÉES VRAIES (Ampélidées)........ I. 6

Ampelocissus..................... I. 13

Ampelocissus abyssinica Planchon.... I. 15

Ampelocissus acapulensis Planchon..... I. 15

Ampelocissus acetosa Planchon. — Australie.

Ampelocissus aculeata Planchon. — Timor.

Ampelocissus angolensis Planchon. — Basse-Guinée, Angola, Congo.

Ampelocissus arachnoïdea Planchon..... I. 24

Ampelocissus arcuata Planchon. — Guinée, Angola.

AMPELOCISSUS ASARIFOLIA (Ampelocissus Chantinii)....................... I. 31

Ampelocissus Arnothiana Planchon..... I. 14

Ampelocissus artemisiæfolia Planchon. — Chine (Yunnan).

Ampelocissus Bakeri Planchon........ I. 28

Ampelocissus barbata Planchon....... I. 14

Ampelocissus bombycina Planchon. — Guinée, Niger, Afrique centrale.

Ampelocissus botriostachys Planchon. — Iles Philippines.

Ampelocissus carvicaulis Planchon. — Guinée, Gabon.

Ampelocissus Chantinii Planchon....... I. 30

Ampelocissus cinnamochroa Planchon. — Afrique centrale.

Ampelocissus cinnamomea Planchon..... I. 15
Ampelocissus compositifolia Planchon. — Malacca.
Ampelocissus concinna Planchon. — Basse-Guinée, Loanda, Angola.
Ampelocissus cussoniæfolia Planchon. — Niam-Niam, Djur, Bongo.
Ampelocissus dahomeyensis Viala....... I. 32
Ampelocissus dissecta Planchon. — Basse-Guinée, Angola.
AMPELOCISSUS DOMINGENSIS (Ampelocissus Robinsonii)...................... I. 42
Ampelocissus divaricata Planchon. — Himalaya.
Ampelocissus elephantina Planchon..... I. 27
Ampelocissus Erdwenbergii Planchon ... I. 15
Ampelocissus filipes Planchon.......... I. 15
Ampelocissus gracilis Planchon. — Singapore.
Ampelocissus Grantii Planchon......... I. 15
Ampelocissus Harmandi Planchon...... I. 24
Ampelocissus Helferi Planchon. — Iles Andaman.
Ampelocissus heracleifolia Planchon. — Angola.
Ampelocissus imperialis Planchon...... I. 37
AMPELOCISSUS INDICA Planchon (Ampelocissus Arnottiana Pl.).................... D.
Ampelocissus ipomœæfolia Planchon. — Afrique tropicale.
Ampelocissus Kirkiana Planchon. — Zambèze.
Ampelocissus Korthalsii Planchon. — Sumatra.
Ampelocissus latifolia Planchon........ I. 15
Ampelocissus Lecardii Planchon........ I. 32
Ampelocissus Leonensis Planchon...... I. 15
AMPELOCISSUS LÉPRIEURII Planchon (Ampelocissus multistriata)..................... D.
Ampelocissus Lowii Planchon. — Bornéo.
Ampelocissus Martini Planchon........ I. 19
Ampelocissus Mossambicensis Planchon. — Mozambique, Zambèze.
Ampelocissus Mottleyi Planchon. — Bornéo.
Ampelocissus Muelleriana Planchon. — Nouvelle-Guinée.
Ampelocissus multistriata Planchon..... I. 15
Ampelocissus nervosa Planchon. — Himalaya.
Ampelocissus nitida Planchon. — Penang, Siam.
Ampelocissus obtusata Planchon. — Basse-Guinée, Angola, Loanda, Zambèze.
Ampelocissus platanifolia Planchon. — Guinée, Angola.
Ampelocissus polystachya Wallich...... I. 42
Ampelocissus racemifera Planchon. — Malaisie.
Ampelocissus Robinsonii Planchon...... I. 42
Ampelocissus rugosa Planchon. — Guinée, Sierra-Leone.
Ampelocissus salmonea Planchon. — Guinée, Sierra-Leone.
Ampelocissus sarcocephala Planchon. — Afrique centrale.
Ampelocissus Schimperiana Planchon ... I. 15
Ampelocissus sikkimensis Planchon. — Himalaya.

Ampelocissus spicigera Planchon....... I. 35
Ampelocissus thyrsiflora Planchon...... I. 39
Ampelocissus tomentosa Planchon...... I. 26
Ampelocissus urenæfolia Planchon. — Angola.
Ampeloleucen. — Nom de vigne blanche des Grecs citée par Pline l'Ancien (1er siècle). — J. R. C.
Ampelophyllum Lesquereux........... I. 479
Ampelophyllum attenuatum Lesquereux . I. 479
Ampelophyllum ovatum Lesquereux..... I. 479
Ampelopsis...................... I. 68
Ampelopsis aconitifolia Bunge......... I. 71
Ampelopsis ægirophylla Planchon. — Turkestan.
Ampelopsis bipinnata Michaux......... I. 74
AMPELOPSIS BREVIPEDONCULATA Maxim (A. heterophylla)................................ D.
Ampelopsis Cantoniensis Planchon. — Chine, Cochinchine.
Ampelopsis cardiospermoïdes Planchon. — Chine.
Ampelopsis cordata Michaux........... I. 69
AMPELOPSIS CORDIFOLIA Rafinesque (A. cordata)................................. I. 69
Ampelopsis Delavayana Planchon. — Chine, Yunnan.
Ampelopsis denudata Planchon. — Mexique.
AMPELOPSIS DISSECTA Carrière (A. aconitifolia)................................. I. 71
AMPELOPSIS HEDERACEA (Parthenocissus quinquefolia)..................... I. 63
AMPELOPSIS HEPTAPHYLA Buckley (P. quinquefolia)..................... I. 63
Ampelopsis heterophylla Sieb. et Zucc .. I. 68
AMPELOPSIS HIRSUTA Donn. (Parthenocissus quinquefolia).................. I. 63
AMPELOPSIS HUMULIFOLIA Bunge (A. heterophylla)......................... I. 68
AMPELOPSIS INDICA Blume (Ampelocissus arachnoidea)..................... I. 24
AMPELOPSIS LANDUK Miquel (Landukia Landuk)......................... I. 59
Ampelopsis lecoides Planchon. — Japon.
AMPELOPSIS MACROPHYLLA Bl. (Ampelocissus thyrsiflora)..................... .I. 39
AMPELOPSIS NAPÆFORMIS Carrière (A. serjaniæfolia)......................... I. 73
Ampelopsis orientalis Lamark......... I. 68
AMPELOPSIS PALMATILOBA Carrière (A. aconitifolia)........................ I. 71
AMPELOPSIS PUBESCENS Schlecht (Parthenocissus quinquefolia).............. I. 63
AMPELOPSIS QUINQUEFOLIA (Parthenocissus quinquefolia)..................... I. 63
Ampelopsis rubifolia Planchon. — Himalaya.
AMPELOPSIS RUBRICAULIS Carrière (A. aconitifolia)........................ I. 71
Ampelopsis serjaniæfolia Regel......... I. 73
AMPELOPSIS TERNATA De Candolle (Ampelocissus tomentosa)................. I. 26

Ampelopsis tertiaria Lesqueroux........ I. 485

Ampelopsis Texana Buckley (Parthenocissus quinquefolia).............. I. 63

Ampelopsis tomentosa Planchon. . ..... I. 68

Ampelopsis tricuspidata Sieb. et Zucc.
(Parthenocissus tricuspidata)............. D.

Ampelopsis tripartita Carrière (A. aconitifolia)........................ I. 71

Ampelopsis tuberosa Carrière (A. serja-
nicefolia)........................ I. 73

Ampelopsis Veitchii Hort. (Parthenocissus tricuspidata).. ....•......... D.

Ampelopsis vitifolia Planchon......... I. 71

Ampelostaphylo. — Raisin rouge, de cuve, de la
région de Zante (Grèce). — X.

Amphioni. — Raisin rouge de Zante (Grèce). — X.

Ampeau. — Un des noms du Catalogue du Luxembourg, comme *Ampeau*, se rapportant à un cépage,
inconnu d'ailleurs, du Tarn-et-Garonne.

Amri. — Variété à raisins blancs du Caucase.

Amsonica. — Vigne italienne, peut-être identique à
l'Insolia, d'après de Rovasenda ; grandes feuilles
tourmentées et profondément sinuées ; grappe
conique, compacte, grains gros ou surmoyens,
ovoïdes, d'une jaune doré pruineux, croquants, à
saveur sucrée et fraîche ; maturité de 2ᵉ époque.

Amurensis (Vitis amurensis).......... I. 433

Amy. — Semis de Catawba obtenu par E. Hasbrouck
en 1852. Variété à raisins d'un jaune ambré,
pruineux, foxés ; vigne peu vigoureuse.

Anadasaouri. — Syn. : *Anadasauli noir, Andasaouli,
Oktaouri, Anadasaouri blanc*. — Ce cépage,
originaire du Caucase, a été cité par divers ampélographes ; il a été décrit et figuré par V. Pulliat
dans « le Vignoble ». C'est un cépage à raisins
blancs, dont il existerait une variété noire. De
maturité très tardive de 3ᵉ époque, il pourrait
donner des vins de 12° d'alcool ; il exige la
taille longue. — Souche vigoureuse, à sarments
noués court ; feuilles sur-moyennes, très duveteuses à la page inférieure, quinquelobées, mais à
sinus inférieurs peu marqués, sinus pétiolaire
profond et ouvert en V ; grappe sur-moyenne,
ailée, cylindro-conique ; grains ovoïdes, de grosseur moyenne, peau mince et élastique, d'un vert
jaunâtre, juteux et sucré.

Anadasaouri blanc (Anadasaouri)............ D.

Anadasaouri noir (Anadasaouri)............. D.

Anadastouri (Aladastouri).................. D.

Ananas (Isabelle) .... V. 203

Ananaz (Isabelle, dans le Portugal).

Anascetta. — Cépage italien de Cunéo (?)

Anathelicon moschaton (Muscats)...... III. 374

Anatolische. — Syn. : *Anatoliai feher*. — D'après
Gœthe, cépage à raisins blancs, de l'Asie Mineure,
cultivé aussi pour la table en Hongrie.

Ancien noir (Dzwelchavi)................... D.

Andassaouli (Adanassouri)................. D.

Andassaouli femelle (Adanassouri).......... D.

Andassaouli male (Adanassouri) .... D.

A'nijeb (Muscat d'Alexandrie).

Andra (Neretto) .... D.

André (Neretto)......................... D.

Andreouli. — Cépage de la région de Tiflis, à raisins
noirs.

Andreuli (Andreouli)..................... D.

Aneb-Akall. — Syn. : *Haneb-Akall, Raisin noir*. —
Cépage à raisin noir de la région de Mascara,
d'après V. Pulliat.

Aneb dequev .... III. 297

Aneb el attari........................ III. 297

Aneb el dib (Taamalet)............... IV. 338

Aneb el Kadi .... III. 297

Aneb-el-M'gherbi (Ribier ?).

Aneb Turki (Henab)................. III. 297

Anèche. — Cépage de l'Isère, d'après V. Pulliat, à
maturité de 2ᵉ époque ; à grappe forte, conique ;
grains de grosseur moyenne, sphériques, d'un
jaune verdâtre.

Anereau (Blanc Ramé)............... III. 240

Anet (Maclou).................... II. 111

Aneroir (Malbec).

Angela bianca. — Cultivé à Forli (Italie), à grosses
grappes ailées ; grains gros, sphériques, vert jaunâtre, sucrés.

Angelica. — Les viticulteurs californiens désignent
sous ce nom un cépage qui n'a pas encore été
déterminé.

Angelica nera. — Cépage italien répandu dans la
province d'Aquila ; à grains moyens, un peu ovales,
pruineux, rouge noirâtre.

Angelicaut (? Muscadelle)............. II. 55

Angelico (? Muscadelle).............. II. 55

Angelina.......................... IV. 249

Angelino .... IV. 249

Angélique (Mondeuse)................ II. 274

Anger's Frontignan (Muscat noir)..... III. 374

Angers noir hatif (Noir hâtif d'Angers)...... D.

Ange Nicolosi (Catarratto)........... VI. 222

Angiola bianca. — D'après Rovasenda, raisin de
table de Bologne.

Angoniouk-Ouzoum. — Cépage à raisins blancs, à
grains moyens, très sucrés ; cultivé pour la cuve
dans le Daghestan russe. — V. T.

Angourr. -- Il existe dans le Turkestan russe, sous
le nom d'Angourr, des cépages divers trouvés à
1.200 mètres d'altitude sur le mont Khoudaïdack,
par M. Garnitz-Garnitsky. Ils poussent à l'état
sauvage sur des pommiers sauvages aussi et
donnent des grains gros comme les cassis ; cultivées à Britch-Moullah, ces vignes ont produit de
grosses grappes pesant jusqu'à 2 kilog. et 2 k. 500,

à grains assez gros, très sucrés; elles sont très fertiles et ne craignent pas les gelées.

Les principales de ces vignes sont :

Angourr-Bouvaki, à raisins blancs.

Angourr-Daraï, à raisins blancs.

Angourr-Ispetch, à raisins roses.

Angourr-Oko-Danido, à raisins blancs.

Angourr-Pandarr, à raisins rouges.

Angourr-Sapen, à raisins blancs :

Angourr-Sian, à raisins noirs;

Angourr-Sourk, à raisins rouges. — V. T.

Angulato. — Cépage cultivé en Grèce et très estimé dans tout l'Orient, vigoureux, fertile; à grappes très allongées, cylindro-coniques, à grains gros, sphériques, rarement un peu allongés, d'un rose foncé. — J. M. G.

Anguur. — Cᵗᵉ Odart donne une série de raisins (Anguur) spéciaux à la région d'Ispahan, en Perse, dont nous reproduisons la nomenclature et les quelques notes données par cet auteur :

Anguur Ali Derecy. — Variété, d'après Odart, à grappes de 4 à 5 décimètres (!) et à grains gros comme des prunes de Damas, à couleur noire.

Auguur Asji. — Variété à vin rouge, à raisin noir.

Angur Askeri. — A petits grains très doux, à raisin blanc.

Anguur Atabeky. — Variété de valeur pour le vin, à raisin blanc.

Anguur Chahaniy. — Variété à vin de qualité, à raisin noir.

Angur Hallagueh. — Raisin remarquable par la longueur et la grosseur de ses grains, généralement sans pépins.

Angur Maderpetcheh. — A grappes toujours entremêlées de gros et petits grains.

Anguur Rich Baba. — Nom tiré de la forme cylindrique, comprimée au centre, des grains très gros et blancs; existerait (?) sous le même nom en Crimée; raisin sans pépins, très sucré et d'un goût agréable, coloration blanche.

Anguur Samarkandi. — Cépage qui servirait de base (?) à la fabrication du vin de Schiras, à raisin noir.

Anguur Tebrizy. — Grappes à grains souvent sans pépins, cylindriques, de conserve et noirs.

Aniou-Jerra. — Cépage de l'Abkhasie russe, à grains rougeâtres, cultivés pour la cuve. — V. T.

Anisat. — Hardy donne ce nom comme s'appliquant à un cépage de la Lozère (?)

Ankoriss-Khaloss. — Cépage à raisins blancs, sans pépins, de Bortchalo (Caucase); peut-être le Sultanina ou le Corinthe.

Anna. — Semis de Catawba de E. Hasbrouck, mûrissant en même temps que ce cépage, à grains d'un jaune ambré, pruineux, pulpeux et foxés.

Axxerné (Neretto).

Annie. — Variété de Labrusca, semis de hasard obtenu par Dr L. C. Chisolm, de maturité contemporaine de celle du Concord; grappes simples, ovoïdes, mi-ailées, compactes, à grains d'un jaune grisaille, foxés.

Asni bianco (Neretto).

Anroles. — Vigne espagnole de la région du Cuença, d'après Abela y Sainz.

Ansonica. — L'Ansonica bianca est un cépage italien très cultivé dans l'île d'Elbe.

Ansu. — Raisin à vin, à grains noirs et gros, du Caucase, d'après H. Gœthe; maturité de 2ᵉ époque.

Antao Vaz. — Vigne de l'arrondissement d'Evora (Portugal) très peu importante; à gros grains sphériques, peu fermes, d'un jaune doré. — D. O.

Anthedonias. — Vigne citée par Aristote, d'après Athénée (IIᵉ siècle). — J. R. C.

Antibo. — Raisin de table de la région des Saluces, en Italie; à maturité de 2ᵉ époque tardive; grappe lâche, ailée, cassante, à gros grains ellipsoïdes, ferme et juteux, d'un beau noir pruiné.

Antoinette. — Semis de Labrusca (?) de Miner, possédant les caractères du Concord, mais à raisins blancs et un peu plus précoces, goût foxé et chair pulpeuse.

Antom. — Syn. : Raisin d'Antom. — Cépage de cuve très fertile, spécial à la région des Saluces, d'après Rovasenda.

Antournerin blanc. — V. Pulliat considère cette vigne comme un cépage bien spécial de la région de La Tour-du-Pin, dans l'Isère; sa feuille, grande, est presque entière; sa grappe, sous-moyenne, ailée, est un peu compacte et porte des grains sous-moyens, globuleux, d'un jaune roux, à maturité de 2ᵉ époque.

Antournerin noir (Syrah).

Aossega. — Variété italienne du sud, très attaquée par le mildiou; peu cultivée. — M. C.

Aossiige. — Vigne de l'Abkhasie russe, à raisins blancs; grains moyens, sphériques, donnant un bon vin. — V. T.

Aossirrkhvache. — De la même région que le précédent; cépage de cuve, à grains blancs, assez gros. — V. T.

Apaniche. — Raisin blanc de table, tardif, charnu, à peau épaisse, cultivé à Nikita (Russie). — V. T.

Apapniige. — Raisin noir, à gros grains sphériques, charnu, sucrés et astringents, cultivé pour la cuve dans l'Abkhasie russe. — V. T.

Apasulo nero. — Raisin noir des provinces napolitaines (Italie).

Apesorgia (Verjus)................... II. 154

Apian (Muscats)..................... III. 375

Apiana (Muscats).................... III. 375

Apianæ (Muscats)................... III. 374

Apiciæ (Muscats)................... III. 381

Apisorgia bianca (Verjus)........... II. 154

Apographie. — Ce serait, dit H. Gœthe, d'après Schmidt, un cépage de cuve de la Grèce, à raisins d'un noir violacé foncé.

Appley Towers...................... V. 221

Aprafer ou Aprofemer (Balint weisser)....... D.

Apropekete. — V. Pulliat croit que ce nom n'est qu'un synonyme du Pinot noir (?).

Aprostafilos. — Cépage de table de la région de Corfou, d'après V. Pulliat ; à grosse grappe rameuse, lâche ; grains gros, subellipsoïdes, fermes, d'un jaune clair, à maturité de 3ᵉ époque.

Arabaouly. — Raisin noir de cuve du Caucase. — B. T.

Araclinos. — Raisin noir de cuve de la Céphalonie (Grèce). — X.

Aragâo. — Vieux cépage portugais, disparu aujourd'hui de la culture. — D. O.

Aragonais (Grenache)............... VI. 285

Aragonèse (Morrastel).

Araignan (Œillade)................. VI. 329

Araignan (Œillade)................. VI. 329

Araignan blanc (Œillade blanche)..... VI. 330

Aragones nigra. — Nom cité par André Baccius au XVIᵉ siècle. — J. R. C.

Aragonez. — Cépage portugais que l'on croit, d'après son nom, importé d'Espagne ; deux variétés ont été distinguées : **Aragonez de Elvas** assez productive, à grandes grappes peu sucrées, et **Aragonez da Ferra**, un peu différente et moins productive. C'est surtout à Barba que A. Gyrão a observé ce cépage d'ailleurs peu répandu et peu vigoureux ; ses feuilles sont quinquelobées, à lobes superposés ; ses grappes sont compactes, à grains de grosseur moyenne, sphériques, à peau épaisse, d'un rouge violacé. — D. O.

Aragwiss-Tourouli. — Cépage du Caucase, à grains d'un rouge clair, donnant un vin doux, agréable. — V. T.

Arakiss-Pirouli. Vigne de la Kakhétie (Russie), à raisin blanc, de cuve, donnant un vin très inférieur. — V. T.

Aramon .... VI. 293

Aramon à feuilles cotonneuses......... VI. 301

Aramon blanc...................... VI. 301

Aramons-Bouschet. — Ensemble d'hybrides créés par L. et H. Bouschet, au milieu du XIXᵉ siècle, par le croisement, à un ou deux degrés, de l'Aramon et du Teinturier.

Aramon-Bouschet nº 1. — Résultat d'un croisement (1855) entre l'Aramon et le Petit-Bouschet (Aramon² × Teinturier) ; il est inférieur au Petit-Bouschet et ne s'est pas répandu dans la culture, après quelques essais infructueux.

Aramon-Bouschet nº 2. — Variété résultant du croisement du Bouschet, à feuilles lisses, et de l'Aramon, inférieure aussi au Petit-Bouschet et sans valeur culturale.

Aramon-Bouschet nº 3. — Très semblable au Petit-Bouschet et de même nature hybride ; à jus un peu plus coloré, mais moins fructifère.

Aramon-Bouschet nº 5. — Hybride Bouschet, très peu fertile, à petites grappes, très coulardes, à grains plus gros que ceux du Petit-Bouschet.

Aramon-Bouschet nº 6. — Variété restée toujours confinée dans les collections, car elle est peu fructifère, coule beaucoup, et a des grains petits.

Aramon-Bouschet nº 7. — Cépage particulièrement coulard, sans valeur.

Aramon-Bouschet nº 8. — Remarquable par la teinte vineuse de ses feuilles dès l'été ; sans valeur, car il est peu fructifère et coule régulièrement.

Aramon-Bouschet nº 9. — Très semblable au Petit-Bouschet, mais inférieur comme fructification.

Aramon du Nord (Putzscheere)....... III. 199

Aramon du Sud-Ouest (Valdiguié)..... II. 95

Aramonen (Aramon)................ VI. 293

Aramon gris..................... VI. 301

Aramon pignat (Aramon pigue)....... VI. 301

Aramon pigne.................... VI. 301

Aramon rouge (Aramon)............. VI. 301

Aramon × Rupestris Ganzin nº 1...... I. 471

Aramon × Rupestris Ganzin nº 2. — De même origine hybride que le nº 1, mais un peu moins résistant à la chlorose, il constitue un très bon porte-greffe pour les sols peu calcaires, assez compacts ; il est un peu moins résistant au phylloxéra.

Aramon × Rupestris Ganzin nº 9. — Créé aussi par M. Ganzin comme les nᵒˢ 1 et 2 ; il a une assez grande résistance à la chlorose, mais une moindre vigueur et une plus faible résistance au phylloxéra.

Aramon Saint-Joseph.............. VI. 301

Aramon Seibel (hybride de Seibel nº 2044)..... D.

Aramont (Aramon).................. VI. 293

Aramon Teinturier (Petit-Bouschet).... VI. 416

Araneosa (V. æstivalis)............. I. 343

Aranka (Kölner)................... D.

Aranyka. — Cépage de la Hongrie, d'après Gœthe, identique au Goldtraube ; à grains de grosseur moyenne, sub-sphériques, d'un jaune doré.

ARATALAO (Arratalau)..................... *D.*
ARBANE A RAISIN NOIR (Arbane).......... IV. 60
Arbane blanc......................... IV. 59
Arbane noir.......................... IV. 63
Arbane rouge......................... IV. 63
ARBANNE (Arbane blanc)............ ... IV. 59
ARBANNE BLANCHE (Meslier)............. III. 50
ARBANNE BLANCHE (Arbane blanc)....... IV. 59
Arbara. — Cépage du Piémont, d'après J. de Rova-
senda.
ARBARAISSU (Arbixedda).................. *D.*
Arbello. — Ancien cépage portugais disparu aujour-
d'hui. — D. O.
ARBENNE (Arbane blanc).............. IV. 59
ARBENNE BLANC (Arbane blanc)........ IV. 59
ARBESE (Negro amaro).................... *D.*
ARBIN (Roussanne).
Arbixedda. — Cépage à raisin blanc, de la Sardaigne,
à grains ellipsoïdes, de grosseur moyenne.
ARBOIS (Meslier)..................... III. 50
ARBOISIER (Chardonnay).
ARBOISIER (Meslier).................. III. 50
ARBONE (Arbane blanc).............. IV. 59
ARBONNE (Arbane blanc)............. IV. 59
ARBONNE (Meslier).................. III. 50
Arbonné. — Cépage signalé comme particulier au
Beaujolais (?)
ARBOYCE (Chasselas doré).
Arbst. — Cépage à raisins violets, cultivé dans
l'Oberland badois où il contribue, associé au
Pinot, à la production des vins rouges estimés de
Bühl, Altschweier, Affenthal, etc. Confondu
jusqu'ici avec l'Affenthaler du Wurtemberg (VI,
8), il constitue en réalité un cépage bien diffé-
rencié dont les caractères sont intermédiaires
entre ceux des Pinots et des Savagnins. H. Goethe
croit reconnaître en lui le Möreten d'Alsace; il
nous paraît plutôt identique au Petit Pinot noir
de Pagny-sur-Moselle. — A. B.
ARBST (Pinot noir)................. II. 19
AUCA (Emarcum)........................ *D.*
Arcelaca major. — Cité par Columelle.
ARCELLA (Emarcum)...................... *D.*
ARCHERFIELD EARLY MUSCAT (Muscat d'Alexandrie).
Archezostis. — Vigne blanche citée par Pline l'An-
cien (1er siècle) comme cultivée en Grèce. —
J. R. C.
Archina. — Donné par J. de Rovasenda comme cul-
tivé dans le Piémont.
Arciprete bianca. — Donné par J. de Rovasenda
comme cépage des environs de Rome.
ARCOS (Miguel de Arcos)............. VI. 254
ARCOTT (Arrot)......................... *D.*
ARDANY (Jardovany)..................... *D.*
Ardonenc. — Cépage des Basses-Pyrénées (?).
ARDOUNET. — Cépage cité par Olivier de Serres

(XVIIe siècle) comme synonyme de Meurlon; peut-
être synonyme de Melon ou de Chardonnay. —
J. R. C.
ARECH (Mourac)....................... V. 68
Arenone. — Indiqué comme raisin blanc de table
italien par J. de Rovasenda.
Aretina. — Cépage à raisin noir, cultivé pour la
cuve dans la Thessalie (Grèce). — X.
ARETOLAN BIANCO (Arratalau)............... *D.*
ARGAN (Argant)..................... V. 346
Argant........................... V. 346
Argant blanc...................... V. 346
Argant gris........................ V. 346
ARGELEN (Mondeuse).
Argentaux blanc. — Ch. Rouget le donne comme
un cépage ancien du vignoble de Besançon.
ARGENTIN (Sauvignon jaune).
ARGILLET (Mondeuse)................ II. 274
ARGILLIÈRE (Mondeuse).
ARGITIS MINOR (Riesling).............. II. 247
Argossa. — Cépage blanc cultivé jadis aux environs
de Vizella (Portugal); cité par Lacerda Lobo, et
disparu aujourd'hui. — D. O.
ARGUEZ (Arguir)........................ *D.*
Arguir. — Cité par de Villa Maior comme cépage
rouge, cultivé dans le Minho (Portugal).
Argvétouli-Sapéré. — Raisin rouge de cuve du
Caucase. — B. T.
ARHOUYA (Arrouya)................. VI. 172
Ariadne. — Semis de Clinton de Rickett, donc
hybride de Riparia et de Labrusca; à petite
grappe portant de petits grains serrés, d'un noir
violacé foncé, pruinés, foxés.
ARIAVINA (Valteliner rouge)........... IV. 30
Aricara. — Cépage de Corfou. — X.
Aricha. — Cépage tunisien, à grains roses, cultivé
dans la région sud et sur la côte orientale.
ARIDDU DI GADDU (Cornichon blanc)..... VI. 315
ARIEVINA MÄNNLICHE (Valteliner rouge).
ARINTALOU (San Antoni).
ARIN (Maclou).
Arintho........................... V. 136
ARINTHO (Sercial).................... VI. 218
ARINTHO CERCIAL (Arintho)............ V. 136
ARINTHO GROSSO (Arintho).
ARINTHO MIUDO (Arintho).
ARINTHO MORENO (Arintho).
ARINTHO PRETO (Arintho).
ARINTO (Arintho)................... V. 136
ARINTO CERCIAL (Arintho).
Arione. — Cépage du Piémont, d'après J. de Rova-
senda.
ARIZONICA (Vitis arizonica)........... I. 408
Arizonica bestform Munson. — Forme de V. ari-
zonica, isolée par T. V. Munson, et sans
intérêt.

Arizonica glabre Munson. — Forme d'Arizonica, sans valeur culturale.

Arizonica hardiest Munson. — Variété du V. arizonica, peu vigoureuse et sans valeur.

Arizonica Wetmoore Munson. — Forme du V. arizonica, à très faible vigueur.

Arkansas (Cynthiana)............... VI. 275

Arkansaw. — Variété de Labrusca propagée par Jos. Hart; grains plus gros que ceux du Concord et mûrissant huit jours après, d'un rose clair, foxés.

Arlandino. — Cépage de la région italienne d'Alexandrie ; d'après Rovasenda, ses feuilles glabres sont trilobées, à grappe pyramidale, ailée, compacte ; grains d'un noir bleuté, de grosseur moyenne, sphériques.

Arlecchina. — Nom donné, en Italie, comme celui de Bizzarria à des cépages divers présentant des zones différemment colorées sur le même grain (Bicolor, etc.).

Armarie. — Cépage blanc des environs de Grasse, très peu répandu ; excellent pour la table et pour la cuve ; vigoureux ; feuilles grandes, sinus pétiolaire fermé ; face inférieure tomenteuse ; grappes grosses, ailées, cylindro-coniques, à grains ronds, chair juteuse et sucrée, peau fine et résistante, se teintant de rose à la maturité. — L. B. et J. G.

Armas (Grassa)..................... IV. 134

Arminio. — Cité par J. de Rovasenda comme spécial à la province de Rovereto (Italie).

Armuhensis (Valteliner rouge).

Arnaison blanc (Chardonnay)........ IV. 5

Arnasca. — Raisin blanc de la vallée de Suse, en Italie, cité par Rovasenda.

Arnavassa. — Cépage du Piémont, d'après J. de Rovasenda.

Arneis. — Cépage cultivé sur les coteaux de la région de Saluzzo, en Italie ; à grains blancs, assez productif.

Arnito. — Cépage donné comme existant dans le Minho (Portugal), où il est peu ou pas connu ; altération probable de Arintho. — D. O.

Arnito Cerciàl. — Nom altéré de Arinto, car ce cépage est inconnu au Minho (Portugal). — D. O.

Arnoasca (Arnavassa)................. D.

Arnoison (Chardonnay)............ IV. 5

Arnoison blanc (Menu Pinot)........ II. 91

Arnois rouge (Pinot).

Arnold's Hybrid Nº 1 (Othello)........ V. 160

Arnold's Hybrid Nº 2 (Cornucopia)....... D.

Arnold's Hybrid Nº 5 (Autuchon)....... V. 200

Arnold's Hybrid Nº 8 (Brant)........... D.

Arnold's Hybrid Nº 16 (Canada)....... V. 180

Arnopolo. — Syn. : Gralluopolo, Ropola. — Cépage de cuve, à raisin noir, des provinces napolitaines ; grappes de grosseur moyenne, à grains globuleux.

Aromriesling...................... II. 250

Aroyat (Arrouya)................... VI. 172

Arrabaouli. — Raisin noir de cuve, du Caucase. — V. T.

Arramont (Aramon).................. VI. 293

Arrasbéri. — Raisin cité comme cultivé à Ordoubatt (Caucase), pour la table. — V. T.

Arratalau blanc. — Syn. (d'après Rovasenda) : Arratellau, Pelluscens, Trabucente, Aretolau (Pulliat), · Perle blanche (?). — Grappe grosse, ailée, lâche, à grains d'un blanc jaunâtre à la maturité de 4ᵉ époque.

Arratalau noir. — Serait une variété de la précédente, spéciale aussi à la Sardaigne.

Arréfiat blanc (Raffiat)............. II. 342

Arremangiau. — Syn. (d'après Rovasenda) : Arramungiau, Aramangius, Speciosa, Vistosella bianca. — Variété spéciale à la Sardaigne.

Arréñaou (Sans Pareil)................. D.

Arribet (Petit noir)................. III. 243

Arricha. — Cépage tunisien de l'île de Djerba, cultivé exclusivement dans les jardins, en treille dans le patio des maisons ; il acquiert un très grand développement, certains pieds couvrent jusqu'à 25 mètres carrés de surface ; en dessous pendent de nombreuses et magnifiques grappes d'un beau rose foncé, à grains gros et ronds ; les feuilles sont grandes, plus larges que longues, lisses et brillantes, finement dentées. — N. M.

Arridu di gadu (Cornichon blanc).

Arrivet (Petit noir)................. III. 243

Arrobal. — Cépage espagnol de Bornos, à grains moyens, rouges, olivoïdes. — S. R. C.

Arrot. — Syn. : Monticola (par erreur), Arcott. — Vigne américaine, très vigoureuse, issue du Labrusca, propagée un peu dans les collections françaises au début de la reconstitution, peu productive. — Rameaux vigoureux, à vrilles continues ; feuilles grandes, cordiformes, très épaisses, entières ou trilobées, mais à lobes peu accusés ; tomentum blanc assez dense à la face inférieure ; grappe moyenne, cylindro-conique, à court pédoncule ; grains peu serrés, moyens ou sous-moyens, d'un jaune vert doré et très pruinés, peau épaisse, dure, pulpe charnue, à goût foxé très accusé et perceptible à l'odorat.

Arrouya........................... VI. 172

Arrouya (Cabernet franc)............ II. 290

Arrouvat (Arrouya)................. VI. 172

Arroya (Arrouya)................... VI. 172

Arroya noir........................ II. 137

Arruya (Arrouya)................... VI. 172

Arsadera bianca. — Cépage italien de la région de Pavie ; peu cultivé.

Arsadera nera. — Cépage à raisin noir, de la forme précédente.

Arseise. — Variété du Piémont, à grappe conique, à raisins globuleux d'un jaune doré.

ARSEISE BIANCA (Arscise) . . . . *D.*

Artemino nero. — Variété italienne signalée comme spéciale à la région de Modane et de Parme.

Arteni. — Cépage à raisins rouges, cultivé au Caucase, à Choucha, pour la table. — V. T.

ARTICA (Vitis) . . . . I. 491

ARTIMINO BIANCO (Chasselas).

Artivau noir. — Signalé par Rouget comme spécial aux régions jurassiennes, à vin médiocre.

ARTBUYO (Barbesino).

Arunenta. — Cépage du Piémont, peu répandu dans le Haut-Novarais.

ARVILLA (Albillo castellano) . . . . VI. 125

ARVILLAS. — Groupe espagnol de cépages à raisins blancs, cité par Alonso de Herrera, au XVIᵉ siècle.

ARVILLO (Albillo castellano) . . . . VI. 125

ARVINA (Arvine).

Arvine . . . . V. 296

ARVINE BONNE (Arvine) . . . . V. 296

ARVINE BRUNE (Arvine) . . . . V. 298

ARVINE BRUNE (Roussette de Seyssel).

ARVINE GRANDE (Silvaner) . . . . II. 363

ARVINE GRINGE (Arvine) . . . . V. 296

ARVINE GROSSE (Arvine) . . . . V. 296

ARVINE MAUVAISE (Arvine) . . . . V. 296

ARZA (Arzaggia) . . . . *D.*

Arzaggia. — Donné par le *Bulletin ampélographique italien* comme cépage de la région de Gênes.

Arzaki. — Cépage à raisins blancs cultivé pour la cuve en Crimée. — V. T.

Arzioli veronese. — Cité par Acerbi.

Ascalon. — Cité dans le Catalogue Richter comme variété à raisins blancs, à grains moyens et olivoïdes, à grosse grappe allongée, de 2ᵉ époque de maturité ; origine (?)

Ascathari. — Cépage à raisins blancs, cultivé pour la table dans les îles Cyclades (Grèce). — X.

Ascera nera. — Variété italienne de la région de Conegliano. — J. R.

ASCHGRAUE TRAUBE (Hamvas) . . . . *D.*

Ascot Citronelle. — Variété anglaise obtenue par J. Standish en croisant le Chasselas musqué avec la Citronelle, et propagée à partir de 1871 ; cépage précoce, mûrissant trois semaines environ avant le Black Hamburgh, et assez bon pour les cultures en pots dans les forceries. Vigne de vigueur faible ; grappes plutôt petites, cylindriques, serrées ; grains petits, subovoïdes, d'un jaune pâle translucide, à peau mince, chair juteuse, fortement musquée.

Ascot Frontignan. — Croisement du Muscat de Saumur et du Chasselas musqué, obtenu par J. Standish. Variété précoce de valeur pour serre tempérée ; vigoureuse, à feuilles largement lobées, à nervures envinées ; grappes moyennes de gros-

seur, ailées ; grains globuleux et petits, à peau mince, d'un blanc jaunâtre clair, à jus sucré, à saveur musquée accusée.

Asctates. — Ce nom est donné par Odart à des vignes des Basses-Pyrénées (?).

ASERAT (Pinot gris).

ASH GRAPE (Iron clad) . . . . *D.*

ASHY GRAPE (V. cinerea) . . . . I. 348

Asinusca. — Cité par Pline l'Ancien (1ᵉʳ siècle). — J. R. C.

ASINUSCULA (Asinusca) . . . . *D.*

ASJI (Anguur) . . . . *D.*

ASKAAI (Askiari) . . . . *D.*

Askiari. — Cépage de cuve du gouvernement d'Érivan, à grains petits, globuleux, rouge vineux foncé, à grappes de grosseur moyenne. — B. T.

Asli. — Raisin blanc de la Tunisie.

Asma. — Cépage de la Crimée, d'après Potebnia.

ASMANNSHÄUSER ROTHER (Pinot gris).

Aspac. — Nom donné par Hardy à un cépage (inconnu) du Gard.

Aspendios. — Cité comme cépage par Pline l'Ancien (1ᵉʳ siècle).

ASPEROGIA (pour Apesorgia).

ASPIRAN (Aspiran noir) . . . . V. 62

Aspiran blanc . . . . V. 63

Aspiran Bouschet . . . . VI. 447

Aspiran gris . . . . V. 64

Aspiran noir . . . . V. 62

ASPIRAN ROSE (Aspiran Verdal) . . . . V. 66

ASPIRANT (Aspiran noir) . . . . V. 62

Aspiran Teinturier Bouschet . . . . VI. 447

Aspirant sans pépins. — Cité par divers auteurs, et, entre autres, par Oberlin, Müller-Thurgau ; mais resté indéterminé ; ce n'est pas un Aspiran, et il y a peut-être confusion avec le Corinthe rose.

Aspiran verdal . . . . V. 66

ASPIRAN VIOLET (Aspiran gris).

Aspradi. — Cépage à raisins blancs, cultivé pour la table dans les îles Cyclades (Grèce). — X.

ASPRUGNA (Asprino).

Asprino. — Vigne cultivée dans les Pouilles, en Italie ; grappe cylindro-conique, ailée, à grains d'un vert jaunâtre pruiné, juteux et sucrés, maturité de 3ᵉ époque. — C.

Aspro. — Cépage à raisins blancs spécial à l'Ile de Chypre.

Asproadi (Œil-de-chèvre). — Cépage de la Grèce, à raisins blancs.

ASPROKONDOOURA (Roussette).

Aspropotamissa. — Cépage blanc, cultivé, pour la table, dans les îles Cyclades (Grèce). — X.

Asproula. — Cépage à raisin blanc des Cyclades. — X.

Assabea-el-adari. — Cité par Ibn-el-Baïthar, au XIIIᵉ siècle, probablement un cépage analogue aux Cornichons. — J. R. C.

Assario. — Très ancien cépage portugais, signalé déjà en 1712 par Vicencio Alarte, cultivé dans les Algarves et existant aussi dans le Douro et le Traz-os-Montes; les grains sont gros, ovoïdes, d'un jaune ambré. — D. O.

Asschi. — Cépage de la Tunisie.

Asschwable. — Cépage cultivé pour la cuve dans l'Abkhasie russe, à grains noirs, à peau fine, donnant un très beau vin foncé en couleur. — V. T.

Asseli. — L'Asseli ou Raisin de miel est assez abondant dans les vignobles de Sfax, de Kerkenna et de Djerba (Tunisie); il donne un petit raisin, à grains très sucrés, avec peu de pépins. Employé surtout à la fabrication des raisins secs, il donne, dans l'île de Kerkenna, un vin alcoolique (16° à 17°) rappelant le Madère. — N. M.

Assez mou a sarments blancs (Cabernet Sauvignon, au Portugal).

Assil-Kara. — Raisin noir de cuve du Caucase. — Assimiano (Pis-de-chèvre).

Assimio (Assario).......................... *D.*

Asskiari. — Raisin de table, hâtif, cultivé à Chemakha (Russie); débourrement précoce, fertile, à grande grappe rameuse, à petits grains ovoïdes, d'un vert pâle, peu sucré. — V. T.

Assma. — Cépage de la Crimée, à raisin noir rougeâtre, cultivé pour la cuve. — V. T.

Assonit. — Cépage spécial à la région du mont Liban, en Syrie. — At. B.

Assoued-Kere. — Cépage donné par plusieurs auteurs comme originaire de la Palestine; il est productif et donne une belle grappe lâche, à gros grains sphériques ou peu elliptiques, d'une couleur jaunâtre à la maturité, croquants et sucrés. — J. M. G.

Assoued Zeiné. — Variété à raisins roses, à grains allongés, très fertile; origine (?). — F. R.

Assyrai feher (Pis-de-Chèvre blanc).

Assyrische (Pis-de-Chèvre blanc).

Assyrischer weisser (Pis-de-Chèvre blanc).

Astaphis aghia. — Nom de vigne, mais probablement d'une autre plante, cité par Pline l'Ancien.

Asti. — Vigne spéciale (?) à la région de Sfax, en Tunisie.

Astrakhansky. — Cépage blanc, de cuve, de la région du Don (Astrakhan, Russie). — V. T.

Astrakhansky skorospiely. — Ce nom qui signifie Hâtif d'Astrakhan, à grains de raisins incurvés, est hâtif. — V. T.

Aszszony szölő. — Nom de cépage cité par Acerbi.

Ataubi. — Cépage à gros grains verdâtres de la région de Grenade (Espagne), signalé par Rojas Clemente et par Abela y Sainz.

Atchkûka. — Raisin noir de cuve, de l'Abkhasie russe, à demi-sauvage, mais très cultivé et donnant un vin rouge foncé. — V. T.

Athiri. — Cépage grec, à raisins blancs et ronds, cultivé surtout à Rhodes. — J. M. G.

Ath-ouzoume. — Raisin rouge de table, du Caucase. — B. T.

Atinoury. — Très bon raisin blanc de table, du Caucase. — B. T.

Atoka. — Hybride de T. V. Munson, obtenu par le croisement de l'America par le Delaware. Cépage vigoureux et résistant aux maladies cryptogamiques; feuilles moyennes, largement trilobées; grappes grandes, coniques, à aile courte, assez compactes; grains de grosseur moyenne, globuleux, rouge pourpre et pruineux, à goût presque foxé, sucré et frais.

Atpuj. — Raisin noir du Caucase. — B. T.

A the colori (Tressot panaché).

Attasorakva. — Cépage teinturier, à grains ronds, cultivé pour la cuve à Goudaoutt (Russie). — V. T.

Attchabache (Kattchabache)................ *D.*

Attigno bianco. — Raisin des Pouilles, précoce, à grains blancs, croquants. — J. R.

Attchemlije. — Cépage cultivé pour la cuve dans l'Abkhasie russe, à grande grappe, peu serrée, à gros grains ovales, avec peau fine, d'un noir violacé foncé, chair molle, sucrée et un peu acide. — V. T.

Attinouri. — Cépage cultivé pour la cuve et pour la table, à Gouriel (Russie); grains gros, d'un jaune ambré, sucré et aromatique; peu répandu et très sensible à l'oïdium; il est probablement originaire d'Attina, dans l'Asie Mineure. — V. T.

Attirkouje. — Cépage cultivé pour la table, à Goudaoutt (Russie), mais d'origine turque; grain gros, blanc, à peau épaisse. — V. T.

Att-Isioum. — Cultivé pour la cuve et la table, à Elisabetpol (Russie); grain gros, ovoïde, charnu, blanc verdâtre; variété fertile et de conserve, originaire probablement de Chirvan, où elle est cultivée par les Tatars. — V. T.

Att-Mémé. — Raisin noir de table, à gros grain allongé; peau épaisse, peu juteuse; cultivé à Artwine (Russie); n'est peut-être que le Pis-de-Chèvre rouge. — V. T.

Attpije. — Cépage de l'Abkhasie russe, à raisin noir de cuve, très coloré. — V. T.

Attsado. — Cultivé à Nikita (Russie), pour la table; raisin blanc, tardif. — V. T.

Attsirrpâri. — Raisin noir de cuve de l'Abkhasie russe. — V. T.

Attsissje. — Raisin noir de cuve, à petits grains, disséminé dans toute l'Abkhasie russe. — V. T.

Attskhaje. — Raisin de 3ᵉ époque de maturité tardive, à grain noir, petit, parfumé, donnant un vin aromatique, rouge foncé, dans le département de Goudaoutt (Abkhasie russe). — V. T.

Aubas (Lyonnais).......................... *D.*
Aubié (Colombaud)................... III. 282
Aubié. — Cité par Garidel (fin xviie siècle).
Auhier (Colombaud).
Aubier (Aubin)...................... III. 60
Aubin .... III. 60
Aubin blanc (Aubin).................. III. 61
Aubin doré (Aubin)...... .... III. 62
Aubin vert (Aubin)................... III. 61
Aubhay (Colombaud).
Aubun............... .... II. 105
Augebin (Augibi).
Augellina (Angelina).
Augerie (Oseri).......................... *D.*
Aughwick. — Donné comme un semis accidentel de Riparia; il a des analogies avec le Clinton, à grappes un peu plus grosses, à grains d'un noir violacé foncé, un peu foxés et acides.
Augibert blanc (Augibi).
Augibi.............................. IV. 78
Augibi de Muscat (Augibi)........... IV. 78
Augibi Muscat (Augibi).
Augibi noir (Ribier)................. III. 286
Augster blauer. — Syn. : *Ritscheiner blauer* (Babo), *Blaue Olivenlraube, Ranful blauer, Blaue Fin-gerhütter, Goher Kék, Bajor Kék.* — Cépage à raisins d'un bleu violacé, cultivé en Hongrie pour la cuve. — Bourgeonnement blanc ; feuilles grandes, tri ou quinquelobées, à dents allongées, page inférieure feutrée ; grappes grosses, allongées, à grains obovoïdes, de 16 millim. sur 19, portés sur de longs pédicelles. Variété assez rustique et peu sujette aux maladies cryptogamiques, de fertilité à peine moyenne ; maturité de 2e époque tardive ; vin distingué. — A. B.
Augster weisser. — Syn. : *Budaz gohér, Fehér gohér, Weisser Lagler, Cserbajor fehér, Csersz-zölő, Somogyi fehér, Körte szőlő, Kohir, Fehér Bajor, Bajnár, Fruhweiss, Weisser Fingerhut, Weisser Ragusaner, Cascarolo, Runa ranina.* — Ces synonymes que donne H. Gœthe à ce nom correspondent à un cépage improprement dénommé, car il diffère sensiblement de l'Augster bleu (voir *Lœgler weisser in D.*). — A. B.
Augusta. — Semis de Labrusca de Miner. Sous le même nom, T. V. Munson a fait connaître une combinaison entre les Delaware, Gœthe et Brilliant ; ce dernier cépage est tardif, à raisins d'une coloration carminée transparente.
Augustaner (Lignan blanc)........ III. 69
August Canbys (York Madeira).............. *D.*
August Clewner (Pinot).
August Frontignan (Muscat Vibert).......... *D.*
August Giant. — Hybride de Riparia et de Vinifera, ou plus complexe, obtenu entre le Black Hamburgh et le Marion, par B. White ; grappes grosses,

ailées ; grains gros, suboblongs, d'un noir violacé foncé ; maturité précoce.
Augustina. — Hybride américain créé par T. V. Munson, en croisant le Delago par le Brillant ; sensible au mildiou ; grappes larges, cylindriques, à grains sphériques, gros, d'un rose brillant, à peau mince, à pulpe fondante.
August Pioneer. — Semis accidentel de Labrusca, à chair très pulpeuse et goût très foxé, à gros grains d'un bleu violacé foncé.
Augustraube (Pinot).
Augstriesling....................... II. 250
Auliven (Olivette noire).............. II. 327
Aulivetto blanco (Olivette).......... II. 326
Auna (Neretto).
Aurantia (Doradillo)...................... *D.*
Auré (Neretto).
Auretta (Neretto).
Ausoniæ (Vitis Ausoniœ).............. I. 495
Austerra (Vernaccia).
Austin. — Hybride complexe créé par T. V. Munson entre le San Jacinto (hybride de Rotundifolia et de Lincecumii) et le Rubra, à gros grains, d'un jaune bronzé et à grappe moyenne.
Australis. — Forme de Riparia sélectionnée par T. V. Munson.
Anstriaco bianco. — Cité par J. de Rovasenda comme cépage italien spécial à la région de Roveretto.
Autange (Pulsard).
Autarge (Pulsard)
Autaubi (Ataubi).......................... *D.*
Authichien (Portugais bleu).......... II. 136
Authichien (Sylvaner)............... II. 363
Autuchon.......................... V. 200
Autumnalis (Ferrar commun)............... *D.*
Auvenat gris (Pinot gris)........... II. 32
Auvergnat blanc (Chardonnay)....... IV. 5
Auvergnat gris (Meunier)........... II. 383
Auvergne Frontignan (Muscat hâtif du Puy-de-Dôme)..................... IV. 44
Auvernas (Chardonnay).............. IV. 5
Auvernat blanc (Chardonnay)........ IV. 5
Auvernat gris (Meunier)............ III. 383
Auvernat noir (Pinot noir).......... II. 19
Auvernat teint (Teinturier mâle)...... III. 363
Auxeras (Chardonnay).............. IV. 5
Auxerrat (Pinot gris).............. II. 32
Auxerrois (Cot)................... VI. 6
Auxerrois blanc (Chardonnay)....... IV. 5
Auxerrois de Scorailles (Auxerrois-Rupestris). *D.*
Auxerrois du Mans (Cot)............ VI. 6
Auxerrois gris (Pinot gris).......... II. 32
Auxerrois le fin (Cot) .... VI. 6
Auxerrois-Rupestris. — Syn. : *Pardes, Lacoste, Soulages, Jouffreau, Auxerrois de Scorailles.* — Hybride de Vinifera-Rupestris, d'origine incon-

nue, recueilli et multiplié en même temps par plusieurs viticulteurs du Lot qui lui ont donné leur nom. M. de Malafosse ayant supposé que l'Auxerrois, ou Côt, entrait dans la composition de cet hybride, le nom d'Auxerrois-Rupestris a prévalu dans la pratique. — Cépage très vigoureux et très fertile mais coulard ; résistant assez bien au mildiou et au black-rot et plus faiblement au phylloxéra et à l'oïdium. Vin alcoolique et coloré. Rameaux buissonnants ; feuilles sous-moyennes, orbiculaires, un peu tourmentées ; sinus peu marqués ; sinus pétiolaire ouvert en V ; limbe vert clair, mince, presque uni, glabre des deux faces ; grappes, 4 à 5 par rameau, moyennes, ailées, peu serrées ; grains sous-moyens ou petits, ronds, noirs, juteux, de saveur agréable ; maturité de 1ʳᵉ époque tardive. — J. R. C.

Auxerrois vert (Pinot).

Auxois (Pinot gris) . . . . II.   32

Auxois blanc (Chardonnay) . . . . IV.   5

Avana (Troyen) . . . . IV.   51

Avana (Hibou) . . . . VI.   94

Avana de Suze. — Variété spéciale à la région de Suze (Italie) . . . . IV.   54

Avanale de Suze (Avana de Suze) . . . . *D.*

Avanas de Chiomonte (Troyen) . . . . IV.   51

Avané (Avana de Suze) . . . . *D.*

Avara. — Cité par Columelle parmi les Helvenacie du Vivarais. — J. R. C.

Avarena (Croetto).

Avarengo. — Variété italienne importante pour la cuve, surtout aux environs de Pignerol ; maturité de 2ᵉ époque ; feuilles très sinuées, un peu duveteuses à la face inférieure, de dimensions moyennes ; grappe cylindro-conique, sur-moyenne, ailée ; grains sur-moyens, globuleux, d'un bleu violacé foncé, pruineux, à jus sucré.

Avexa (Sciascinoso) . . . . VI.   352

Avena (Avana) . . . . *D.*

Avgolade (Angulato) . . . . *D.*

Avgoulato (Angulato) . . . . *D.*

Avgoustiatis. — Cépage de cuve, à raisin noir, de Zante (Grèce). — X.

Aviasso. — Cépage italien de la région de Saluzzo, à raisin rosé, peu productif.

Avilleran (Marsanne) . . . . II.   76

Avillo (Piquepoul) . . . . II.   357

Avoal branco (Boal).

Avoal verdeal. — Cépage peu répandu dans le sud du Portugal. — D. O.

Awassirr-Kvachije. — Cépage à raisin blanc verdâtre un peu aromatique, cultivé pour la cuve à Goudaoutt (Russie). — V. T.

Awossir-kiva (Awassirr-Kvachije) . . . . *D.*

Awstrusky (Portugais bleu).

Axina a tres bias. — Raisin de table de la Sardaigne (?). — J. R.

Axina de tres bias Jérusalem (Néhelescol).

Axina de tres bortas (Pinot noir précoce).

Axina di Angiulas (Teneron) . . . . II.   195

Axinangelus (Teneron) . . . . II.   195

Aygras (Verjus) . . . . II.   151

Ayio de Liebre (Panse).

Ayre (Petit Verdot).

Azal (Touriga) . . . . V.   14

Azal aberto. — Variété portugaise du Minho, sans valeur. — D. O.

Azal azedo. — Cépage peu cultivé et abandonné dans les vignobles de Porto. — D. O.

Azal branco. — Ancien cépage, à raisins blancs, du Minho (Portugal), important aux environs d'Amarante, à vins blancs légers, à bouquet très spécial, rappelant le Riesling. — D. O.

Azal doce. — Assez répandu dans les vignobles du Minho (Portugal) ; grappes petites, coniques, à petits grains d'un rose violacé. — D. O.

Azal fechado. — Cépage à raisin rouge du Minho, signalé en 1790, disparu. — D. O.

Azal preto. — Le meilleur cépage des vignobles portugais du Minho. Grappes petites, à petits grains presque sphériques, noirâtres à reflets rosés, à peau mince, pulpe juteuse, goût parfumé. — D. O.

Azal tinto (Azal preto) . . . . *D.*

Azareou. — Cépage noir des Alpes-Maritimes (Grasse) ; feuilles grandes, épaisses, peu découpées, tomenteuses à la partie inférieure ; grappes grosses, cylindro-coniques, assez serrées ; grain sur-moyen, ellipso-sphérique, à peau épaisse, chair ferme, juteuse et sucrée, d'un beau noir pruiné à la maturité. — L. B. et J. G.

Azeiteira. — Cépage peu cultivé à Porto (Portugal), à raisins blancs, donnant un vin de consistance un peu huileuse, d'où son nom. — D. O.

Azulatraube blaue. — Syn. : *Grusselle, Modra Azulovka.* — Raisin de table et de cuve de la Croatie, à grains moyens, ronds, d'un noir bleuté foncé ; maturité assez précoce ; moût très doux. — A. B.

Azulovka (Azulatraube) . . . . *D.*

B

Babeasca alba et neagra. — Cépages des vignobles de Técuci et spécialement da Nicoresti (Roumanie) ; la variété noire est la plus répandue ; elles ne diffèrent l'une de l'autre que par la couleur ; ce sont des vignes très vigoureuses, à sarments d'un brun clair, à feuilles moyennes, quinquelobées, à sinus supérieurs profonds ; grappes grandes, très ramifiées, lâches ; grains sous-moyens, un peu discoïdes, fermes, portés par de longs pédicelles. — G. N.

Babillo. — Cépage blanc de cuve du Caucase. — V. T.

Babosa. — Cépage blanc cultivé jadis dans le Douro (Portugal), disparu aujourd'hui. — D. O.

Babosa de Madère. — Variété à raisin blanc, cultivée dans le vignoble de Madère.

Babotraube. — Syn. : *Comerseetraube, Raisin de Côme.* — D'après Trummer, Babo et H. Gœthe, cette variété serait originaire de la Haute-Italie où elle aurait pour synonyme *Bianca maggiore.* Oberlin signale sous ce nom un raisin rouge qu'il juge identique au Veltliner roter ou Malvoisie rouge. Le Babotraube que nous avons reçu du Tyrol est bien à grains blancs, ronds, finement tiquetés et ressemblants à ceux du Veltliner rothweiss, dont ils ont la maturité. Le feuillage, quoique analogue, est moins brillant et offre quelques disparates qui font hésiter à considérer le Babotraube comme un Veltliner blanc. — A. B.

Babovina Crvena (Velteliner rouge précoce).

Baca. — Donné comme cépage de l'Italie centrale, d'après le Catalogue du Luxembourg ?

Bacador (Bakator).

Bacarello. — Cépage de l'Ombrie, d'après J. de Rovasenda.

Baccarina. — D'après J. Frojo serait un cépage particulier à la province de Bologne (Italie) ?

Baccelluto bianco. — Cité par J. de Rovasenda comme vigne de la province de Sienne (Italie).

Bacchera nera. — J. de Rovensada croit ce cépage identique au Baccarina de la province de Bologne ?

Bacchus. — Cépage américain, provenant d'un semis de Clinton, obtenu par H. Ricketts ; très semblable au Clinton par les feuilles et très productif. Il a eu une certaine renommée au début de la reconstitution en France, mais il a été très vite abandonné ; il a des grappes moyennes, compactes, ailées ; grains de grosseur moyenne, sphériques, d'un noir bleuté, un peu foxé ; variété peu vigoureuse, très sensible au black-rot, un peu cultivée autrefois dans la Virginie (États-Unis).

Bacellona. — Cépage de la Toscane, d'après J. de Rovasenda.

Bacheracher, Bacheracher traube. — Noms de cépages cités par Acerbi.

Back-ouzume. — Raisin blanc de table du Caucase. — B. T.

Badagui. — Cépage du Caucase, à raisins noirs, peu cultivé pour la cuve. — V. T.

Badai zold. — Parfois confondu avec l'Aprofeher ou Balint, il est encore connu sous le nom de *Zöld szölö* dans la région du lac Balaton, en Hongrie, où il est cultivé. — Cépage vigoureux, à grosses grappes serrées, à grains gros, allongés, verts, piquetés à la lumière ; maturité moyenne d'époque ; sujet à la pourriture, exige la taille courte ; très productif. — G. I.

Badin. — Cité par Acerbi, pour le Pièmont (?), et par Mendola pour les Hautes-Alpes (?).

Badino (Moreto).

Badischuri. — Nom donné par J. de Rovensada à une vigne du Ca : case (?).

Badxertraube (Portugais bleu).

Bafroux. — Cité par Hardy — qui a altéré quantité de noms de cépages dans leur transcription, — comme cépage blanc des environs de Genève (?)

BAFFA. — Nom cité par Acerbi comme se rapportant à un cépage de la région de Trente, en Italie.

Baga. — Syn. : *Baga de Louro, Poeirinha*. — Cépage portugais très répandu jadis dans la région sud du fleuve Mondego où il donnait des vins rouges; on ne le trouve plus aujourd'hui que dans quelques collections; essayé dans Traz-os-Montes, il a donné un vin rouge d'assez bonne qualité pour la table, mais il est loin d'avoir la valeur vinifère que lui attribuaient les anciens auteurs portugais, et, entre autres, Antonio Aguiar, pour la vinification des grands vins. — Souche très vigoureuse et érigée; rameaux d'un noisette clair, striés de brun à l'aoûtement; feuilles très grandes, trilobées; grappes grosses, cylindro-coniques, ailées; grains gros, ellipsoïdes, d'un noir bleuté. — D. O.

BAGA DE LOURO (Baga)..................... *D.*
BAGALHAL (Bogalhal) .... *D.*
BAGANEDDA (Catarratto)............. VI. 222
BAGASCEDDA (Corinthe blanc).
BAGASCELLA BIANCA (Corinthe blanc).
BAGASCELLA NERA (Corinthe rouge).

Bagazzana nera. — Donné par J. de Rovasenda comme une des vignes à raisins rouges les plus productives de la région de Modène (Italie).

BAGGIALA, BAGGIANA. — Noms cités par Rovasenda, sans aucune indication (?).

BÄGLER (Furmint).

BAGO GROSSO. — Cépage portugais blanc, cité par Ferreiro Lapa comme spécial à la région de l'Alemtejo, où il aurait été encore fréquent en 1874; il n'y existe plus. — D. O.

BAGONAL. — Paraît une altération des noms de Boal ou Bobal.

BAGRÉNA (Bragina ou Bagrina).

Bagrina. — Cette vigne serbe serait différente du cépage de Bulgarie, *Bagrino*, ou de celui de la Roumanie qui portent à peu près le même nom. — C'est une variété à sarments rampants, à feuilles quinquelobées, à grosse grappe allongée et rameuse, très sujette à la coulure; grains ronds, de grosseur moyenne, d'un rose clair, très sucrés et très juteux; très productif. — T.

Bagrino. — C'est aussi un cépage rosé, très cultivé à Belogradjick, en Bulgarie, pour la production des vins blancs; pourrait être identique au Bagrina serbe, à la Bragine de Roumanie.

Bailey. — Hybride de Lincecumii par Triumph, créé par Munson; à gros grains sphériques, d'un violet bleuté foncé, pulpeux et foxés.

Baileyana .... I. 475
Bairone. — Cépage italien (?).
BAJAR FEHER (Augster weisser).............. *D.*
BAJNAR KEK (Augster weisser).............. *D.*

BAJONNER (Teinturier).
BAJOR ou BAJNAR KEK (Augster weisser)....... *D.*
RAKAH (Bakator)..................... IV. 182
Bakator... .... IV. 182
Bakator blanc verdâtre (Bakator)... ... IV. 182
Bakator couleur de poumon (Bakator).. IV. 182
Bakator grenat (Bakator) .... IV. 182
Bakator noir (Bakator)................ IV. 182
Bakator rouge (Bakator)............. IV. 182
Bakator traube (Bakator) .... IV. 182
BAKER (Isabelle).

Bakhla. — Cépage du Caucase, de 2e époque de maturité, cultivé pour la cuve, à grains sous-moyens d'un rose bleuté — V. T.

Bakhla-ousioum. — Cépage russe cultivé pour la table à Artvile; grappes allongées en fuseau; grains longs, cylindriques, charnus, à peau épaisse et d'un noir bleuté. — V. T.

BAXOR (Bakator)..................... IV. 182
BAKRINA (Bagrina)..................... *D.*
BAKSZEMKREK (Jardovan) .... *D.*

Baktiory. — Raisin blanc de Sarmarkande (Russie), cultivé pour la table, de maturité précoce. — B. T.

BALABANK-CHABACHE. — Variété à raisins blancs ou à raisins noirs, cultivée pour la table en Crimée; probablement identique au Chabache. — V. T.

Baladi. — Donné comme cépage espagnol par Abela y Sainz.

Baladi de Syrie. — Cépage à raisins blancs, cultivé dans les montagnes de la Syrie. — At. B.

BALAFANT. — Le Balafant ou Pikolit est un cépage à raisins blancs, de Hongrie, qui paraît identique au *Gros Bourgogne* de la Suisse (voir VI, 56). — A. B.

BALAIE (Plavana)........................ *D.*
BALAXA (Ovisul) .... *D.*

BALANITÆ. — Cépages cités par saint Isidore de Séville, au viie siècle, et donnés comme ayant des grains en forme de gland. — J. R. C.

BALAOU (Balau)......................... *D.*
BALANSÆANA (V. Balansœana).......... I. 442
BALAOU (Balavry).

Balaran grosso et piccolo. — Cépages à raisins noirs, cultivés dans l'arrondissement d'Asti, en Italie; à grappes pyramidales, ailées; grains sphériques. — J. R.

Balatchani. — Cépage à raisins rouges de 3e époque de maturité, cultivé à Chirvan (Russie); grains ellipsoïdes, à peau fine, charnue; conservé souvent par les Tatars. — V. T.

Balatoni. — H. Gœthe le cite comme spécial (?) à la Hongrie, à raisins noirs; c'est peut-être une confusion avec un autre cépage noir des bords du lac Balaton.

Balau. — Raisin de table, cultivé dans la province

de Turin (Italie) ; à grains noirs, donnant un vin très ordinaire ; variété peu productive.

BALAURO (Balau)......................... *D.*

BALAVRI, BALAVRIE, BALAVRIE DU PÔ (Balavry)......................... IV. 254

Balavry......................... IV. 254

BALBANNA. — Cépage italien cité par Acerbi.

BALBIANI (Vitis Balbiani)............ I. 408

Balbut. — Cépage à raisins blancs, donné par H. Gœthe comme cultivé dans la Dalmatie.

Balcheri. — Variété créée dans les pépinières du Piémont ; à grains ronds, verdâtres et transparents ; jamais propagée. — J. R.

Bal di Gaban. — Donné par Mendola et Ottavi comme cépage de la région de Casale-Monferrato (Italie).

BALDOCCHINO (Balocchino)................. *D.*

BALDOEIRA (Rabigato respigueiro)....... III. 161

Baldorão. — Signalé au Portugal par Larcher Marçal et par G. de Barros, dans la Beira, sous le nom de Valdurão. — D. O.

BALDWIN LENOIR (Black July)............... *D.*

BALESTRA (Grignolino).

BALINKA. — Nom de vigne cité par Acerbi.

Balint weisser. Syn. : *Kleinweiss*, *Aprafer*, ou *Apro féher*. — Raisin de cuve, variété des plus blancs qui compte parmi les variétés les plus fines et les plus estimées de la Hongrie où on le rencontre dans la Syrmie et le Banat en mélange avec le Sarfeher. — Végétation vigoureuse qui exige la taille à long bois. Feuilles assez grandes, trilobées, à dents arrondies et page inférieure duveteuse ; fleurs à étamines très courtes ; raisins lâches et rameux, à grains ronds, de 14 millimètres de diamètre, jaunes à maturité, tiquetés, de saveur fraîche, sucrée et relevée. Maturité de 2ᵉ époque ; production assez bonne ; vin distingué. — A. B.

BALKAN ROSE (Sabalkanskoi).

BALLAURO (Balavry).

Ballegatto. — Vigne de la région de Saluces (Italie), à maturité tardive ; raisin de table. — J. R.

BALOCCHINA (Balocchino)................. *D.*

Balocchino. — Cépage italien de Tortonese et d'Astigiano, de maturité moyenne ; grappes sub-cylindriques ; grains peu serrés, ronds, peu colorés (d'après Demaria et Leardi). — G. M.

BALLON DE SUISSE (Tressot).

BAILLOTTONA (Ascera)..................... *D.*

BALOUZAT (Cot)..................... VI. 6

BALSAMEA (Berzamino)................ III. 339

BALSAMERA (Berzamino)............... III. 339

BALSAMICA (Balsamina)................ IV. 76

Balsaminà......................... IV. 76

BALSAMINA CACHERATA (Balsamina)...... IV. 76

BALSAMINA FINA (Balsamina)........... IV. 76

BALSAMINA LEGITTIMA (Balsamina)....... IV. 76

BALSAMINA NERA (Balsamina)........... IV. 76

BALSAMINA VERA (Balsamina).......... IV. 76

BALSAMINO BLANC (Berzamino)......... III. 340

BALSAMIRA (Balsamina)................ IV. 76

BALSAMMA (pour Balsamina).

BALSANERA (Berzamino)............... III. 339

BALSCHINA (Lignan).

BALSEMINE (Balsamina)................ IV. 76

Balsiger's. — Hybride de Norton's Virginia et de Martha, à prédominance d'Æstivalis dans les caractères ; très tardif, a été peu cultivé dans la Virginie et le nord du Texas ; il ressemble beaucoup, par les feuilles, au Cynthiana ; son fruit a une saveur assez agréable.

Balsiger's Concord Seedling n° 2. — Semis de Concord, peu différent de ce cépage, mais mûrisssant plus tard.

BALSTRÉ (Bastré)......................... *D.*

BALTAR (Rabigato respigueiro)........ III. 161

BALUSTRE (probablement la Folle blanche).

BALWIN LENOIR (Black July)................. *D.*

BALZAC (Mourvèdre).................. II. 237

BALZAC BLANC. — Considéré à tort comme une variation du Mourvèdre (?), en Charente ; nom donné indifféremment à divers cépages blancs.

BALZAMINE (Balsamina)................ IV. 67

BALZAR (Mourvèdre).................. II. 237

Balzellona. — Cépage de l'Italie centrale, d'après J. de Rovasenda.

BALZEMINO (Marzemino).

Bambal. — Cépage roumain, très tardif et très inférieur, car il pourrit facilement ; feuille presque entière et tomenteuse ; grains gros, peu serrés, rouge noir. — G. N.

BAMBINO (Bombino).................. VI. 338

BAMBINONE (Bombino)................. VI. 339

BAMBINO PELOSO GENTILE (Bombino)...... VI. 338

BAMBINO TALAMO (Bombino)............ VI. 338

BAMMEHER (Frankenthal).

BAMMINO (Bombino)................. VI. 338

BÁNATI RIZLING (Kriacza)............. *D.*

BANDAGUÉNI (Gorelly)................. *D.*

Bandoga. — Cépage portugais des vignobles de Thomar et de Evora. Vigne vigoureuse, à gros sarments érigés et mérithalles courts ; feuilles orbiculaires, trilobées, peu duveteuses en dessous ; grappes longues, lâches ; grains moyens de grosseur, ovoïdes, d'un jaune doré, peu fermes, quoique à peau épaisse. — D. O.

Bandy. — Raisin blanc de table du Caucase. — B. T.

BANNANICA. — Vigne citée par Pline l'Ancien au 1ᵉʳ siècle. — J. R. C.

Banndeni. — Raisin rouge du Caucase, cultivé pour la cuve. — V. T.

BANSA. — Cité par P. de Crescence comme cépage du Bolonais (Italie). — J. R.

Baoubounenc (Calitor).

Baoubounesse (Calitor).

Baragar. — Nom de vigne (?) des catalogues du Luxembourg.

Barami. — Cépage blanc, de cuve, de la Bessarabie. — V. T.

Baramouli. — Cépage à raisin noir, cultivé pour la table à Tiflis (Russie). — V. T.

Baranti (Culligina) .... D.

Barata Suha. — Vigne (?) des catalogues du Luxembourg, donnée par Bouschet comme étant à raisins blancs, moyens, très serrés ; rapportée par Molnar et par Gœthe au Hamvas. — C. T.

Barat-tzin-Szallo (Bakator).

Baraudo (Balau) .... D.

Barbantal (Teinturier) .... III.   362

Barbantal (Teinturier femelle) .... III.   370

Barbaraffa (pour Barbarossa in Catalogue du Luxembourg).

Barbaran (Balaran) .... D.

Barbarina. — Cépage cité par Acerbi, en Italie. — J. R.

Barbarina bianca. — Cité par D. Lolli, comme cultivé en Lombardie. — J. R.

Barbaron (Pis-de-Chèvre blanc).

Barbarossa (Danugue) .... II.   168

Barbarossa à feuilles découpées. — Séparée par V. Pulliat, Rovasenda et G. Molon du Danugue sous le nom aussi commun de Barbarossa du Piémont ; feuilles grandes, avec un duvet court et roide sur les nervures de la face inférieure ; grappe moyenne, cylindro-conique, lâche ; à grains sub-sphériques, de moyenne grosseur, à peau d'un rouge clair ; maturité de 3e époque ; très cultivée aux environs de Turin pour la table et comme raisin de conserve.

Barbarossa à feuilles cotonneuses. — Pulliat rapproche ce cépage du Chasselas rose, G. Molon le considère comme bien spécial ; le grain sur-moyen est sub-ellipsoïde, à chair ferme et juteuse, à peau d'un beau rose pruiné ; à maturité de 1re époque tardive.

Barbarossa barletta. — Décrit comme spécial aux Pouilles et à Bari. — J. R.

Barbarossa di Corneggliano (Barbarossa à feuilles découpées) .... D.

Barbarossa di Finalborgo (Barbarossa à feuilles cotonneuses) .... D.

Barbarossa di Favara (Danugue).

Barbarossa di Liguria (Barbarossa à feuilles cotonneuses) .... D.

Barbarossa di Lucca (Barbarossa de Toscane) .... D.

Barbarossa du Piémont (Barbarossa à feuilles découpées) .... D.

Barbarossa nera (Barbarossa de Toscane) ..... D.

Barbarossa ovale (Barbarossa à feuilles découpées) .... D.

Barbarossa piemontese rossa (Barbarossa à feuilles découpées) .... D.

Barbarossa savaggia. — Citée par Acerbi comme spéciale à la Sicile et de qualité très inférieure. — J. R.

Barbarossa de Toscane. — G. Molon et J. de Rovasenda estiment que cette Barbarossa diffère des autres par ses grandes grappes, atteignant des dimensions énormes, et ses grains plus colorés.

Barbarossa verdona (Barbarossa à feuilles cotonneuses) .... D.

Barbaroux (Grec rouge) .... III.   277

Barbaroux de l'Héraaut (Grec rouge) .. III.   278

Barbassese. — Cépage du Piémont à raisins noirs, d'après Leardi et H. Gœthe (?).

Barbassese bianco. — H. Gœthe admet avec Demaria et Leardi que ce nom s'applique à un cépage dérivé du précédent et à raisins blancs (?).

Barbe du Sultan (Nocera).

Barbella. — Ancien cépage blanc du Minho (Portugal), indiqué en 1790 par Lacerda Lobo, inconnu aujourd'hui. — D. O.

Barbelinot. — Nom de vigne du Catalogue du Luxembourg (?).

Barbellone (Barbera).

Barbe mouillée (Ptiché grossde) .... D.

Barbental (Teinturier).

Barbentane (Plant rouge de Chaudenay). III.   39

Barbera. — L'on a décrit sous ce nom plusieurs cépages italiens, mais d'après G. Molon il n'en existe réellement qu'un seul, très important comme culture dans la province de Pavie, où il réussit surtout en coteaux, dans les terres argileuses et profondes, et où il donne de grosses productions ; il a une résistance moyenne aux maladies cryptogamiques et produit des vins acides quoique assez riches en alcool ; durs et acides au début, ils s'améliorent assez rapidement ; ils marquent jusqu'à 11,50 d'alcool avec 8,50 d'acidité totale. Feuilles plutôt grandes, d'un vert clair, lavées de rose vineux sur leur pourtour, quinquelobées, couvertes d'un duvet cotonneux à leur face inférieure ; grappes pyramidales, ramifiées ; pédoncule long ; grains ovales, allongés, sur-moyens, d'un noir violacé et pruinés.

Barbera (?) (Sciaccarello) .... IV.   159

Barbera amara (Barbera) .... D.

Barbera bianca (Bertolino) .... D.

Barbera d'Asti (Barbera) .... D.

Barbera dolce (Barbera) .... D.

Barbera du Piémont (?) (Sciaccarello) ... IV.   159

Barbera fina (Barbera) .... D.

Barbera forte (Barbera) .... D.

Barbera grossa (Barbera) .... D.

Barbera mercantile (Barbera).............. *D.*
Barbera nera (Barbera).................... *D.*
Barbera nera a caule verde (Barbera)........ *D.*
Barbera nera a caule rosso (Barbera)........ *D.*
Barbera nostrana (Barbera)..............:... *D.*
Barbera piccola (Barbera)................. *D.*
Barbera riccia (Barbera)................... *D.*
Barbera rossa (Barbera).................... *D.*
Barbera rosta (Barbera).................... *D.*
Barbera vera (Barbera).................... *D.*
Barberina, Barbero. — Noms relevés dans le Catalogue des anciennes collections de vigne du Luxembourg, probablement pour Barbera.
Barberone (Barbera)....................... *D.*
Barberousse (Grec rouge).
Barbesino (Grignolino).................... *D.*
Barbesino bianco. — Cépage italien confondu parfois avec le Grignolino, dont il est bien différent ; feuilles quinquelobées, peu duveteuses à la face inférieure ; grappes sous-moyennes, à grains petits, obovoïdes, d'un jaune grisâtre.
Barbesino di Casteggio (Nebbiolo).
Barbesino nero (Grignolino)................ *D.*
Barbesinone (Grignolino).................... *D.*
Barbessese (Barbassese).................... *D.*
Barbessese bianco (Barbassese bianco)....... *D.*
Barbezina (Grignolino).................... *D.*
Barbezzana bella. — J. de Rovasenda cite ce nom de vigne sans autre indication (?).
Barbian (Barbesino)...................... *D.*
Barbier (Roussanne)................. III. 73
Barbin (Roussanne)................... III. 73
Barbin de Villard d'Héry (Roussanne).
Barbirono (Grec rouge).............. III. 277
Barbisello. — Variété italienne de la région de Grumello del Monte (?) — J. R.
Barbisina (Grignolino)..................... *D.*
Barbisino (Nebbiolo).
Barbisone d'Espagne (Grignolino) .... *D.*
Barbosina (Grignolino)..................... *D.*
Barbosina de Bologne (Grignolino).......... *D.*
Barbsin agglomerato (Barbesino bianco)...... *D.*
Barbsin bianco (Barbesino bianco)............ *D.*
Barbsin dalla mano lunga (Barbesino bianco).
Barbsin rosato. — Cité par Acerbi (?).
Barcelonia. — Cité par Acerbi comme vigne de l'Istrie (?).
Barcello. — Très ancien cépage du Portugal, signalé en 1790 par Lacerda Lobo ; il joue toujours un rôle important dans la Beira Alta et dans la Beira du Littoral ; il forme la base de l'encépagement pour la production des vins blancs dans la région du Dão, réputés par leur belle couleur topaze et leur bouquet distingué. — Vigueur moyenne ; sarments grêles, réguliers ; feuilles moyennes de dimension, épaisses, aussi larges que longues,

trilobées ; sinus pétiolaire en U ; page inférieure laineuse ; pétiole court ; petites grappes à grains lâches, sphériques, petits, d'un jaune doré. — D. O.
Barcelluto, — Donné par Cinelli comme cépage de Sinalunga (Italie) (?).
Bard (Juliette)............................ *D.*
Barclan blanc. — Cépage du Jura (?).
Bardareil blanc et noir. — J. de Rovasenda cite, d'après le catalogue d'Henri Bouschet, ces deux cépages comme spéciaux au Roussillon ; ce nom y est parfois donné au Morrastel.
Barducis. — Semis de Moreau-Robert ; à grosse grappe, cylindro-conique ; à grains gros, obovoïdes, fermes et juteux ; à peau mince, résistante, d'un blanc de cire, un peu pruiné, passant au rose clair à la maturité de 2ᵉ époque hâtive ; inférieur au Chasselas doré (d'après V. Pulliat).
Bargène (Bargine)................. VI. 34
Bargeois blanc. — Variété blanche, faiblement répandue dans l'arrondissement de Château-Thierry. Bon raisin ; nous paraît être un type de Pinot blanc vrai. — A. B.
Barger noir d'Alsace (?) (Elbling)...... IV. 168
Bargilz (Bargine)........ .... VI. 34
Bargine............................ VI. 34
Bargine blanche (Bargine)............. VI. 34
Bariadorgia bianca. — Cépage italien de la Sardaigne, à grains globuleux, de moyenne grosseur, peu fermes, sucrés et juteux ; peau résistante et épaisse, passant du blanc verdâtre au jaune clair ; maturité de 2ᵉ époque tardive (d'après V. Pulliat).
Barillol (Morenillo)...................... *D.*
Barlantine (Olivette).
Barlantis noir (Danugue)............. II. 168
Barmak (Cornichon).
Barmak-Isioum (Cornichon).
Barna muskately (Muscat noir).
Barnay (Meslier)................... III. 50
Barnes........................ I. 456
Barolo (Gros Bourgogne)............. VI. 16
Barolo (Nebbiolo?).
Barone bianca. — Serait spécial à la région du Vésuve, d'après Frojo. — J. R.
Baron Perrier (Riparia Baron Perrier)...... *D.*
Baron Salamon (Chasselas musqué)..... III. 121
Baroque (Cinsaut).
Barra (San Gioveto).
Barrete de Padre. — Serait un cépage de Madère, d'après le Catalogue du Jardin botanique de Coimbre. — D. O.
Barrete de Clerigo rose et noir. — Deux cépages cultivés pour la table au Portugal, l'un à raisins roses, l'autre à raisins noirs ; les grappes sont grosses, les grains côtelés, comme triangulaires (d'où le nom de Barrete), oblongs. — D. O.

BARROLO (?) (Melon)................ II. 45

Barry. — Hybride américain de Rogers (n° 43), dans lequel le Labrusca domine : grappes grosses, ailées ; à gros grains sphériques, noirs, pulpeux et foxés ; maturité précoce.

Barsaglina. — D'après le *Bulletin ampélographique italien* (XV, 1881, p. 87) serait un cépage spécial à la région de Massa-Carrara ; grappe pyramidale ; grains sub-ovoïdes, d'un noir violacé, peu pruineux.

BARSAMINO (Barzamino).

BARSELOGNA (Barcelonia).................... *D.*

BAR-SUR-AUBE BLANC (Chasselas doré).

BARTHAINER (Javor)...................... *D.*

BARTHAINER WEISSER (Javor)................ *D.*

BARTHÄUSER (Negrara)...................... *D.*

BARTH DER ALTEN (Zoltler)................. *D.*

Bartolomesa. — Cépage espagnol de la région de Vizcaya, d'après Abela y Sainz.

BARTTRAUBE (Lasca).

BARTTRAUBE WALSCHE (Lasca).

BARZAMI (Berzamino).

BARZAMINO (Berzamino).

BARZAMINO NERO (Berzamino).

BARZIN (Muscat blanc).

BÄRZSING (Muscat blanc).

BASGAN (Besgano)......................... *D.*

BASGANA NERA (Besgano).................... *D.*

BASGANO (Besgano)........................ *D.*

BASGANO NERO (Besgano)................... *D.*

BASGAR. — Cépage cité par Acerbi (?).

Basicata. — Cépage roumain, à raisins blancs, cultivé pour la table ou pour la cuve dans les départements de Prahova, Buzeu ; très productif et donnant de très bon vin blanc. Feuilles quinquelobées, très duveteuses à la page inférieure ; grappes sur-moyennes ; grains sub-sphériques, de grosseur moyenne, à peau mince, transparente, d'un beau jaune doré, lenticellée. — G. N.

Basicata acra. — Variété roumaine du cépage précédent, plus productive, plus tardive et à raisins moins sucrées. — G. N.

BASILICA (Biturica)...................... *D.*

BASILICA (Coccolobis).................... *D.*

BASILICUM TRAUBE (Muscat-Saint-Laurent). IV. 266

BASSAGA (Vassarga)....................... *D.*

BASSANESE NERA (Berzamino).

BASSARGA (Vassarga).

BASSIRAUBE (Chasselas).............. IV. 102

BASTÃO DO ONTEIRO (Trincadeira).

BASTARD (Bastardo)................. IV. 208

BASTARDAS (Bastardo).............. IV. 208

BASTARDEIRA. — Nom donné dans le Douro, en Portugal, au Cabernet franc.

BASTARDEIRAS (Bastardo)........... IV. 208

BASTARDINHO (Bastardo)............ IV. 208

BASTARDINHO. — Considéré par quelques-uns comme le Pinot, par d'autres comme une simple variation peu importante du Bastardo. — D. O.

Bastardinho mendo. — Variation à petits grains du Bastardinho, rencontrée à Santarem. — D. O.

Bastardo.......................... IV. 208

BASTARDO BRANCO (Gouveio).

BASTARDO CASTIÇO (Castiço)................ *D.*

BASTARDO DA MADEIRA (Chauché)............ *D.*

Bastardo de Castella. — Cépage portugais limité dans la région de Santarem, à raisins rouges, sans grande valeur. — D. O.

BASTARDO DO DOURO (Bastardo)........ IV. 208

BASTARDO DO ONTEIRO (Trincadeira)..... VI. 194

BASTARDO GROSSO (Bastardo).

Bastardo hespanhol. — Variété portugaise, sans aucun rapport ampélographique avec le Bastardo. Raisin de table à très belles grappes, à gros grains noirs, savoureux, précoce et mûrissant en même temps que le Portugais bleu ; assez résistant à l'oïdium et au mildiou ; on ne trouve que quelques individus dans les jardins. Feuilles grandes, trilobées, bullées, presque glabres sur les deux faces ; grappes grandes, serrées, pyramidales ; grains gros, ovoïdes, d'un noir bleuté, pruiné ; chair fondante, parfumée. — D. O.

BASTARDO NEGRINHO. — Cépage signalé au XVIIe siècle par Lacerda Lobo, disparu aujourd'hui. — D. O.

BASTARDO TINTO (Bastardo)......... IV. 208

BASTES. — Autre cépage portugais disparu des vignobles. — D. O.

Bastré. — Donné par divers auteurs italiens comme un raisin noir de cuve et de table cultivé dans le Piémont.

BATAI (Sarfehér)......................... *D.*

BATALHINHA (Borra mosca)................. *D.*

BATÃO DO ONTEIRO (Trincadeira)....... VI. 194

BÂTARD (Bastardo).................. IV. 208

BÂTARD DE SAUTERNES (Hybride Coudere 117-3). *D.*

Bâtard-Dumas. — Cépage inconnu, recueilli par Marius Dumas dans un envoi de plants de Jacquez et de Senasqua. Beau producteur, mais très sensible au phylloxéra et au mildiou. Vin de 10 à 11° d'alcool et 6 gr. d'acidité. Débourrement moyen, blanchâtre, carminé, analogue à celui du Gamay. Rameaux allongés, sinueux, non ramifiés, souvent aplatis, de couleur acajou, striés, nœuds gros et rapprochés ; feuilles moyennes, découpées en 5 lobes, sinus latéraux profonds et arrondis, pétiolaire presque fermé ; limbe assez épais, vert foncé, puis jaunâtre et timbré de rouge à la défoliation qui est précoce ; denture aiguë ; grappes allongées, cylindriques, très courtement aileronnées ; grains moyens, ronds, noirs, à jus blanc, sucrés et de saveur excellente, tout à fait vinifera ; maturité de 2ᵉ époque. — J. R. C.

Batoûta. — Cépage à raisins noirs, cultivé pour la table et pour la cuve en Bessarabie (Russie) ; très vigoureux et très fertile ; grande grappe très serrée, conique ; grains gros, martelés, à peau assez épaisse. On l'a confondu, à tort, avec une forme de Chasselas à grains noirs. — V. T.

BATTISTINA BIANCA (Bermestia ou Verjus ?).

Battskinorr-Bouaki. — Cépage fertile de la région de Tachkent (Russie). — V. T.

Baude. — Cépage de la Drôme, à feuille moyenne, glabre sur les deux faces, lisse et brillante à la page supérieure ; assez profondément sinuée ; grappe sur-moyenne, compacte ; grains gros, ellipsoïdes, peau mince, d'un noir rougeâtre et pruinée à la maturité de 1ʳᵉ époque ; raisin de table confondu par quelques auteurs avec le Cinsaut (d'après V. Pulliat).

BAUNOY (Chardonnay).

BAUSCHLING (Räuschling).

BAUSCHLING PETIT (Räuschling).

Baxter. — Hybride d'Æstivalis et de Labrusca, peu fertile et sans valeur culturale. Souche vigoureuse ; feuilles grandes, tri ou quinquelobées, à sinus profonds et fermés, à duvet blanc jaunâtre assez persistant à la face inférieure ; grappe grande, cylindro-conique, à grains lâches, obovales, pruinés, d'un noir violacé foncé ; jus coloré en rouge, à légère pointe foxée.

Bay-State. — Hybride américain de Black-Hamburg par Marion, sans valeur culturale ; grains rougeâtres, oblongs ; maturité précoce.

Bazzolina. — Cité parmi les vignes italiennes de la région parmesane. — J. R.

Beacon. — Hybride de Lincecumii par Concord, créé par T.-V. Munson ; grains sphériques, noirs, pulpeux ; un peu sensible au black-rot malgré son origine Lincecumii.

BEAU DUR. — Nom du Catalogue du Luxembourg, sans aucune signification ampélographique actuelle.

BEAUGENCY (Teinturier).

BEAUJOLAIS (Gamay).

BEAU MIRACLE (Grec rouge).

BEAUNE (Gamay).

BEAUNIER (Savagnin). ·

BEAUSSET (Mourvèdre).

Beauty. — Hybride complexe de Rommel résultant du croisement du Delaware et du Maxatawney, assez estimé en Amérique ; grains sous-moyens, gris rosé, oblongs, pruinés, assez neutres de goût.

Beauty of Minnesota. — Hybride de Concord et de Delaware, à grains d'un jaune grisâtre, foxés.

Beba. — Cépage espagnol, cultivé à San Lucar, Xerès, Trebugena... ; feuilles quinquelobées, à sinus profonds, plus larges que longues ; grappe cylindrique, compacte, à grains sur-moyens, sphériques, d'un vert jaunâtre, juteux et peu sucrés (d'après Rojas Clemente).

Becaïa. — Cépage des monts du Liban en Palestine. — At. B.

BECCOU (Pinot).

BECHLERI. — Donné par plusieurs auteurs comme un cépage de la Grèce, où ce nom est inconnu.

BECQUET (Persan).

BECUETTE (Persan).

BECUETTE DE CHAUTAGNE (Persan).

Beerheller. — Donné par Gœthe comme un cépage à raisins rouges, gros, sphériques, cultivé en Autriche.

BEERHELLER WEISSER. — Forme de Riesling, d'après Babo, ou de Chardonnay d'après Metzger (?).

BEGLER ASPRO, COHINO, COKINO. — Sous ces noms,
Odart, Bouschet et avec eux J. de Rovasenda
désignent des cépages de Perse ou de Grèce
inconnus des viticulteurs ou des botanistes qui
ont étudié l'ampélographie de ces pays.

BEGU (Persan).

BEGUE (Persan). — Cat. Luxembourg.

BEGUILLETI (De Beguillet)................. *D.*

BÉGUIN (Persan).

Beichté. — Cépage de la Boukharie russe (?).

BEIKIAN (Béclan).

BEILAR CHERASI (Negru Vertos)........ III. 138

Beïleri. — Cépage à raisins blancs de la région de
Smyrne. — At. B.

BEÏLERTZÉ (Beïleri)..................... *D.*

BEINA (Dolcetto)..................... *D.*

BEITIRAN (Béclan)..................... V. 255

BEKIN (Mauzac)..................... II. 143

BEKSZŐLŐ. — Cépage (?) cité par Acerbi.

BELA-BRANICEVK (Kadarka).

BELA DINKA (Muscat blanc)........... III. 373

BELA HAPOVINA (Putzscheer).

BELA KADARKAS (Kadarka).

BELA MIRKOVASCSA (Balint)............. *D.*

BELA MODRINA (Shopatna)............. *D.*

BELANCIANA (Mourisco)............. II. 33

BELA OKRUGLA KANKÁ (Hönigler)............. *D.*

BELA PELESOVNA (Putzscheere).

BELA HANKA (Augster)............. *D.*

BELA SELENICA (Putzscheere).

BELA SKADARKA (Kadarka).

BELA SLANKAMENKA (Slankamenka)........... *D.*

Bela Tamganika. — Cépage serbe, à grappes cylindriques, allongées, compactes, à grains ronds,
d'un jaune brun, musqué. Raisin de table très
estimé. — T.

BELA VUGRIN (Kadarka).

BEL CHIRALIK (Bella winta).

Beldi de Bizerte. — Variété tunisienne répandue
dans tous les jardins de Bizerte, de Raf-raf et de
Porto-Farina. Vigne très vigoureuse, à grandes
feuilles d'un vert mat et glabre sur les deux faces,
quinquelobées et à sinus fermés; grappe grosse,
cylindro-conique, un peu rameuse; grains moyens,
sub-ovoïdes, verdâtres, à chair très croquante et
très sucrée; pépins très petits. — N. M.

Beldi de Djerba. — Cépage à faible rendement de
l'île de Djerba (Tunisie), donnant un excellent
raisin très parfumé et très précoce, mûrissant fin
juin. Feuilles moyennes, quinquelobées, d'un vert
clair et glabre sur les deux faces; grappes assez
longues, cylindriques, lâches, à grains sous-
moyens, ronds, d'un beau jaune doré. — N. M.

Beldi de Tunis. — Ce cépage est très commun dans
tous les vignobles indigènes de la Tunisie et,
quoique un peu tardif, il est cultivé par beaucoup

de colons français qui en obtiennent un vin parfumé. Il est surtout caractérisé par des feuilles
fermes, lisses et très brillantes, quinquelobées,
des grappes très grosses, rameuses, cylindro-
coniques, lâches, à grains moyens, presque ronds,
irréguliers, d'un beau vert doré, parfumés à la
maturité. — N. M.

Belerdjé. — Cépage de la Bessarabie, à gros raisins
blancs, ovales, cultivé pour la cuve. — V. T.

BELETTO NERO (Fuëlla)............. III. 141

BELFORTESE BIANCO (Canaiolo).

BELI BLANC (Shopatna)............. *D.*

BELI JAVOR (Kölner)............. *D.*

BELI KLESCHIZ (Weisser Ortlieber).

BELI KOSIZEK (Pis de chèvre blanc).

BELI KOSJACK-CEZI (Pis de chèvre blanc).

BEZI KOZJAK (Pis de chèvre blanc).

BELI MUSKAT (Muscat blanc)........... III. 373

BELINA DEBELA (Heunisch weisser)........... *D.*

BELINA DROBNA (Heunisch weisser)........... *D.*

BELINA LASKA (Wippacher)............. *D.*

BELINA PREPISANA (Kracher)............. *D.*

Belinda. — Semis de Labrusca obtenu par Miner, à
raisin foxé.

BELINOT. — Un des noms du Catalogue du Luxembourg ne s'appliquant à aucune vigne actuellement connue.

BELI RAMFULAK (Shopatna)............. *D.*

BELI RAMULAK (Shopatna)............. *D.*

Belissas (Belisse bianca)............. *D.*

Belisse bianca. — Cépage italien de la région d'Asti,
très estimé pour la table, de 2e époque de maturité tardive. Grappe grosse, cylindro-conique,
lâche, rameuse; grains moyens, globuleux, d'un
jaune doré.

BELJAK (Kadarka).

Bell. — Hybride de vigne américaine, obtenu par
Munson.

BELLA DEBELA (Bello meko)............. *D.*

BELLA DE SANTAREM. — Ce nom de cépage portugais
n'a été signalé qu'en 1876, par Marquès Loureiro;
c'est un nom local, et probablement un synonyme
d'une autre variété. — D. O.

Bella di Vicenza. — G. Molon considère ce cépage
italien comme bien autonome, par ses feuilles très
duveteuses, ses grappes de dimensions moyennes,
un peu allongées, cylindriques, serrées, à grains
moyens de grosseur, sphériques, d'un jaune verdâtre, doré au soleil, pruinés.

Bella Romanka.............. VI. 414

BELLA ROUMASTINA (Romanka)........... VI. 414

Bella semendra. — Donné comme cépage à raisins
roses, de la région du Danube bulgare.

Bella winta. — Variété à raisins blancs du nord de
la Bulgarie.

Bella yapladja. — Cépage bulgare, cité par divers
auteurs locaux, sans indications.

Belle de Mai. — Beau raisin blanc des Alpes-Maritimes, d'après M. Hughes.

Belledy (pour Beldy ou Beldi, nom commun à plusieurs cépages orientaux).

Belledy. — Cépage égyptien, à grains blancs, sphériques, doux et aromatiques. — J. M. G.

Belletto bianco (Ugni blanc).

Bello bragano, cenciologo. — Noms de cépages italiens, cités par Acerbi, non rapportés aux variétés actuellement existantes.

Bellochin rouge. — V. Pulliat donne, d'après Tochon, ce cépage comme spécial à la Savoie et cultivé aux environs de Chambéry. Grappe moyenne, cylindro-conique, à grains sphéro-ellipsoïdes ou presque globuleux, de moyenne grosseur; peau épaisse, d'un noir rougeâtre, à la maturité de 2ᵉ époque (d'après V. Pulliat).

Bellola nera. — J. de Rovasenda considère ce cépage italien de la région de Chiavenna comme autonome, et s'appuie sur l'autorité de Cerletti, qui ne nous a pas signalé cette vigne.

Bello meko. — Ce cépage bulgare, commun surtout dans la région de Plevna et de Lovetis (où il est plus connu sous le nom de *Lipa*), a une grappe sous-moyenne, à grains serrés, entière, à court pédoncule; grains un peu discoïdes, verdâtres, pruinés, ombiliqués; chair molle et un peu pulpeuse; les feuilles sont profondément incurvées et quinquelobées (d'où le nom de feuilles de tilleul qu'il porte, lipa ou tilleul).

Bellona bianca (Canaiolo).

Bellone (Canaiolo).

Bello romanesco, velletrano. — Deux noms de cépages italiens cités par Acerbi.

Bello sidno. — Sous le nom de Bello sidno ou blanc petit, on trouve disséminé dans les vignobles des Balkans bulgares, un cépage à raisins blancs, à grains très petits; éliminé de la culture.

Bel Mahache (Gamza).

Belonta. — Raisin du district de Côme (Italie), d'après J. de Rovasenda.

Belo oka (Valteliner).

Belossard (Pulsard).

Belsamina (Berzamino).

Belta. — Cépage à raisins blancs, cultivé pour la cuve au Monténégro. Feuilles quinquelobées, duveteuses; grappes de moyenne grandeur, cylindriques, pédoncule ligneux; grains petits, sphériques, verdâtres. — P. P.

Beltramo. — Donné par le *Bulletin ampélographique italien* (t. XI, 1879) comme spécial à la région de Saluces (Italie), à grains noirs, très productif, cultivé en plaine et à vin commun.

Bel vassilikos. — Cépage donné comme appartenant(?) à la Bulgarie centrale.

Belvidere. — Semis de Labrusca créé par Dʳ Lake, d'après Bush et Meissner; il diffère peu par ses caractères de l'Hartford et n'est pas plus méritant; ses raisins sont foxés et il est de maturité précoce.

Belvin. — Semis de vigne américaine créé par T.-V. Munson; sans intérêt.

Bemfeita. — Cépage portugais, cité en 1866 par Antonio Aguiar comme cultivé à Santar. — D. O.

Ben. — Cépage espagnol de la région de Cuença, d'après Abela y Sainz. — C. T.

Benadat, Benadu, Benadut (Mourvèdre).

Bendicho (Aramon, en Espagne, dans la province de Huesca, d'après Abela y Sainz).

Bendoulau. — Ce nom de Dittrich doit s'appliquer à l'Ugni blanc.

Ben-Hur. — Semis de vigne américaine, créé par T.-V. Munson; hybride complexe de Lincecumii × Norton × Lincecumii × Herbemont; vigoureux, grains sous-moyens, noirs, sphériques, juteux, très sucrés.

Beni Carlo. — Donné par Odart et Hardy comme synonyme de Mourvèdre, dans la Dordogne.

Beni Carlo. — Gorria considère ce cépage comme bien spécial à l'Espagne par ses grosses grappes, à grains sur-moyens, se colorant difficilement en rouge violacé à la maturité; ses grains sont très juteux et peu riches en sucre; il est très sensible au mildiou des feuilles et des fruits.

Beni-Misserah. — Leroux indique ce cépage comme spécial à la région du Petit atlas dans les vignes indigènes des Arabes algériens.

Beni-Salem. — Pulliat décrit ce cépage comme spécial aux îles Baléares (Majorque) et Leroux le signale en Algérie. Cépage de 2ᵉ époque tardive comme maturité, il est surtout caractérisé par des grappes sur-moyennes, cylindriques, peu serrées, à grains moyens ou sur-moyens, sub-ellipsoïdes, d'un rose plus ou moins violacé.

Benjamin. — Semis américain de Labrusca, à grappes assez grosses, avec gros grains, d'un noir violacé pruiné, pulpeux et foxés.

Beou (Ugni blanc).

Beouna nera (Pinot, d'après Mendola?).

Bequignaou (Fer).................... VI.   23

Bequignol (Fer).................... VI.   23

Béquin (Mauzac).................... II. 143

Beran (Cot).

Beranetz. — Nom cité par Acerbi (?).

Berant (Cot).

Beranys ocas (Lammerschwanz)............ D.

Béraou (Cot)...................... VI.   6

Beraoula. — Cépage blanc de cuve de l'Imérétie russe, de 1re époque tardive de maturité ; très sujet au mildiou. — V. T.

Béraouli (Beraoula)...................... D.

Berard (Mourvèdre).

Berardi (Mourvèdre).

Berardi noir (Mourvèdre).

Berardy (Morillon, en Vaucluse, d'après Bosc, à la fin du xviiie siècle). — J. R. C.

Beran. — Nom du Catalogue du Luxembourg s'appliquant à un raisin (?) violet de cuve.

Berana. — Inscrit dans le Catalogue du Luxembourg comme cépage originaire d'Algérie (?).

Berau (Cot).

Berbecel. — Cépage blanc important dans les départements de Mehedintzi et Doljiu, en Roumanie ; très vigoureux, à port érigé ; feuilles quinquelobées, peu profondément sinuées, glabres sur les deux faces ; grappe petite, cylindrique, ailée, à grains sphériques, petits, serrés, d'un jaune rougeâtre et doré ; donne les meilleurs vins blancs de Roumanie, mais est assez peu productif et ne dépasse pas 30 hectol. à l'hectare ; il est toujours mélangé dans l'encépagement avec le Braghinà, le Gordan et le Tàtà. — G. N.

Berckmans. — Hybride de Riparia, à caractères très semblables à ceux du Clinton, créé par A.-P. Wylie. Ses fruits rappellent le Delaware, par leur grosseur et leur teinte rosée, et il est inférieur à ces deux cépages américains.

Berdanel. — J. Guyot donne cette vigne comme un cépage de l'Ariège, cultivé aux environs de Pamiers (?).

Berdomenel (Berdanel)...................... D.

Berdoulos. — Un des nombreux noms altérés par Hardy (?).

Berdzoula. — Cépage cultivé à Gouriel (Russie) pour la cuve, à raisins noirs, peut-être importé (?) de la Grèce. — V. T.

Beregi rózsás. — Raisin de table de Hongrie.

Beretignack (Beretinjack)................... D.

Beretinjack. — Cépage de cuve blanc, de la Dalmatie.

Bergamasca bianca (Vernaccia).

Bergamina (Balsamina).

Bergamina di Grumello del monte (Balsamina).

Bergamo bianca. — J. de Rovasenda croirait ce cépage, d'après R. Lawley, comme spécial à la région de Florence (?).

Bergamotto. — Cépage à grappes cylindriques, ailées, à grains presque ronds, distingué par J. de Rovasenda dans une exposition ; ce n'est peut-être pas suffisant comme caractères d'un cépage bien authentique !

Bergan (Olivette unie ?).

Bergana di Enna. — Un des cépages italiens cité par Acerbi pour la région de Vicence.

Bergebac. — Nom du Catalogue du Luxembourg s'appliquant à un cépage de la Dordogne, sans doute, mais lequel, le Grappu (?).

Bergeron (Roussanne)............... II.   73

Bergo bianco (Verdea).

Bergo nero. — Cité par Acerbi parmi les raisins de la Toscane (Italie).

Bergo rosso (Bergo nero)................... D.

Bericinia. — Cépage à raisins blancs de la Dalmatie, d'après H. Gœthe.

Berks. — Semis de Catawba, dont il est très voisin, avec une amélioration dans la grosseur des grains, mais il est encore plus sujet aux maladies cryptogamiques.

Berla d'chava (Persan).

Berlafera. — Hybride créé par T.-V. Munson.

Berlandière (V. Berlandieri)......... I. 365

Berlandieri (V. Berlandieri).......... I. 365

Berlandieri Alazard. — Forme probablement hybride, non utilisée dans la culture, à feuilles plutôt duveteuses.

Berlandieri Bouisset. — Hybride de Berlandieri et de Candicans, isolé par Munson, très vigoureux, mais sans valeur.

Berlandieri Boutin C. — Forme pure de Berlandieri, à feuille un peu en cloche, vigoureuse, non utilisée.

Berlandieri-Candicans.................. I. 377

Berlandieri-Cinerea. — Hybrides naturels peu nombreux à l'état sauvage dans les forêts du Texas où confinent les deux espèces ; inférieures comme porte-greffes aux deux espèces.

Berlandieri-Cordifolia. — Hybrides très rares, sur les bords de la Rivière rouge, au Texas, non utilisés.

Berlandieri Cristal. — Une des meilleures formes de Berlandieri, très semblable au Berlandieri Rességuier nº 2.

Berlandieri Daignère. — Variété très semblable au Berlandieri Rességuier nº 1, s'en distingue par ses feuilles un peu révolutées sur les bords et en dedans.

Berlandieri d'Angeac. — Une des meilleures formes comme résistance au calcaire, mais inférieure comme vigueur au Berlandieri Rességuier nº 2.

Berlandieri de Grasset. — Hybride de Berlandieri-Candicans peu résistant à la chlorose et sans valeur.

Berlandieri des calcaires. — Forme très ordinaire, et sans valeur, de Berlandieri.

Berlandieri École .... I. 383

Berlandieri Fourcaud. — Hybride de Vinifera et de Berlandieri, sans valeur comme porte-greffe.

Berlandieri Munson. — M. T.-V. Munson a isolé plusieurs formes de Berlandieri des terrains crayeux du Texas ; elles ne sont pas supérieures au B. R. n° 2.

Berlandieri glabre .... I. 367

Berlandieri Gourdin. — Hybride où le Berlandieri est à peine indiqué comme caractères ; sans valeur.

Berlandieri Gaillard. — Assez belle forme de Berlandieri fertile, à jeunes feuilles bronzées, à feuilles adultes ternes.

Berlandieri Lafont n° 9 .... I. 382

Berlandieri Las Sorres n° 9. — Belle variété vigoureuse, se rapprochant du B. R. n° 2, sélectionnée à Las Sorres (Hérault).

Berlandieri Léné. — Forme de Berlandieri du groupe des Berlandieri n° 1 de Rességuier, mais inférieure comme vigueur.

Berlandieri-Lincecumii. — Hybrides sauvages du Texas, jamais introduits en France.

Berlandieri Macquin n°ˢ 1, 2, 3, 4, 5. — Formes diverses de Berlandieri, pures pour la plupart, non utilisées dans la culture ; le n° 1 est une des plus belles formes du type des B. R. n° 2.

Berlandieri Malègue n°ˢ 4, 6, 15, 21, 43, 91, 112, 120. — Ces variétés ont été sélectionnées par M. Malègue quant à leur facilité de reprise de bouture ; elles vont, pour certaines, à 40 et 50 °/₀ ; la plupart sont très pures et très vigoureuses.

Berlandieri Mazade .... I. 382

Berlandieri Millardet. — Forme isolée et dénommée par T.-V. Munson, à petites feuilles, peu vigoureuses.

Berlandieri-Monticola (Monticola-Berlandieri) .... I. 378

Berlandieri Pinon n° 5. — Une des belles formes de Berlandieri pur, vigoureuse, à feuilles grandes et lustrées.

Berlandieri Planchon. — Forme hybride de Mustang, vigoureuse, mais inférieure comme résistance à la chlorose.

Berlandieri Rességuier n° 1 .... I. 382

Berlandieri Rességuier n° 2 .... I. 381

Berlandieri Rességuier n°ˢ 3, 4, 5, 6, 7, 8, 9, 13. — Parmi ces formes, toutes inférieures au n° 1 et surtout au n° 2, les n°ˢ 3 et 5 sont seules pratiquement intéressantes.

Berlandieri Richter. — Forme vigoureuse, intermédiaire entre les n°ˢ 1 et 2 de Rességuier, à feuilles bien lustrées.

Berlandieri × Riparia Couderc 157¹¹ .... I. 454

Berlandieri — Riparia École n° 33 ...... I. 453

Berlandieri — Riparia École n° 34 ...... I. 453

Berlandieri × Riparia Millardet et de Grasset 420 A .... I. 452

Berlandieri × Riparia Millardet et de Grasset 420 B et 420 C. — Le 420 B a été peu multiplié, le 420 C s'est montré bien résistant au phylloxéra ; la résistance à la chlorose de ces deux hybrides est un peu inférieure à celle du 420 A, qui leur est préféré.

Berlandieri × Riparia Richter n° 1 — Hybride créé par M. Richter, non encore rentré dans la culture ; paraît vigoureux et à caractères bien marqués de Berlandieri.

Berlandieri × Riparia-Rupestris Malègue n°ˢ 1, 3, 14, 20. — Hybrides ternaires créés par M. V. Malègue ; certains d'entre eux paraissent des porte-greffes intéressants, mais ils sont encore en expérimentation.

Berlandieri-Rupestris .... I. 455

Berlandieri Salomon n°ˢ 1, 3, 5, 6, 7. — Parmi les formes de Berlandieri sélectionnées chez M. E. Salomon, les n°ˢ 1 et 3 sont les plus vigoureuses et les plus pures, mais elles sont inférieures au B. R. n° 2 ; elles ne sont pas répandues dans la culture comme porte-greffes.

Berlandieri Tibbal n°ˢ 1, 2, 3. — Formes de Berlandieri alliées au Candicans, le n° 1 seul est une forme pure du groupe du B. R. n° 1, mais moins vigoureuse.

Berlandieri tomenteux .... I. 367

Berlandieri Vermorel. — Hybride de Candicans et de Berlandieri, vigoureux, mais sans valeur comme porte-greffe.

Berlandieri Viala. — Forme sélectionnée et nommée par T.-V. Munson ; à feuilles très épaisses, reprenant un peu de boutures ; peu vigoureuse et inférieure.

Berlin. — Semis de Concord, obtenu par G. Hosford, à grains d'un blanc grisâtre, pulpeux et foxés.

Bermeja. — Cépage espagnol de la région de Murcie, d'après Abela y Sainz.

Bermestega (Bermestia ou Verjus).

Bermestia bianca (Verjus) .... II. 154

Bermestia nera. — Cépage particulier (?), d'après Mendola, à la région de Modène (Italie).

Bermestia rossa (Olivette ?).

Bermestia violata (Olivette ?).

Bermestica vogherese (Bermestia ou Verjus).

Bernachas. — Le Bernachas ou Tortosa est un cépage espagnol, à raisins noirs, peu important.

Bernade (Agostenga) .... VI. 52

Bernadou. — Ancien cépage à raisins blancs, cultivé, mais peu important, dans le bassin du Lot.

Bernala. — Cépage espagnol cultivé à Miraflores, près San Lucar, voisin du Perruno, mais à grains blanc verdâtres, plus sphériques. — S. R. C.

Bernarde (Agostenga) .... VI. 52

Bernardi. — Cépage à raisin noir, de Corse (?), d'après H. Gœthe, Babo et Trummer; grappe pyramidale; grains gros, ovales, parfumés.

Bernardin. — Cépage observé dans les vignobles la Montagne noire (Aude), à raisins violacés.

BERNARDY. — Nom du Catalogue du Luxembourg se rapportant au Chasselas, d'après H. Bouschet.

BERNAY (Meslier).

Bernès. — Cépage espagnol, d'après Abela y Sainz.

BERNET (Meslier).

BERNHARDTRAUBE (Gamay).

Bernosa. — Cépage espagnol, d'après H. Gorria, cultivé dans les vignobles du Nord.

BERSAMINA (Berzamino).

BERSEGANA (Besgano)..................... D.

BERSEGANO (Besgano)..................... D.

Bertadura. — Serait, d'après H. Gœthe et Demaria, un cépage à raisin noir du Piémont.

BERTINORO. — Cépage italien, signalé à Rimini, par Acerbi.

Bertolino. — Cépage italien, cultivé à Alexandrie, Novare, etc.; grappe sub-conique, petite, à grains serrés, assez gros, sub-ovoïdes, d'un jaune doré, transparents.

Bertrand. — Semis accidentel de Riparia (?) obtenu en Amérique par J. Jones, à grains de grosseur moyenne, sphériques, d'un noir violacé bleuté, pulpe très juteuse; grappe conique, grosse, ailée, lâche; maturité hâtive.

BERZAMI. — Cépage italien de Brescia, d'après Acerbi.

BERZEMIN (Berzamino).

BERZAMINA (Balsamina)................. IV. 76

BERZAMINA (Berzamino)............... III. 339

BERZAMINA MOSCATA. — Donné par Acerbi comme cépage de la région de Vicenze (Italie).

Berzamino.................... III. 339

BERZAMINO BLANC (Berzamino)......... III. 340

BERZAMINO GENTILE (Berzamino)....... III. 340

BERZAMINONE (Berzamino)............. III. 340

BERZEMINA BIANCA DI BREGANZE (Balzamina).

BERZEMINA NERA (Berzamino).

BERZEMINA NERA DI BREGANZE (Berzamino).

BERZEMINA PASSA (Balsamina).

BERZEMINA SEMPLICE (Berzamino).

BERZEMINO DI PIANURA (Berzamino).

BERZEMINO ROSSO DI COLLINA (Berzamino).

Besegana (Besgano)..................... D.

BESGAN (Besgano)..................... D.

Besgano bianco, nero gentile, nero rustico. — Ces trois cépages sont cultivés en Italie comme raisins de table, le blanc surtout, dans la région des Apennins; Gropparello, Castelarquato et Ziano en sont les centres les plus importants d'où l'on exporte ce raisin pour la table; il est un peu disséminé dans le Piémont, la Lombardie et la Vénétie. Les grappes sont grandes, pyramidales,

ailées; grains sur-moyens, ellipsoïdes, arrondis, pruineux, blanc jaunâtre ou noir bleuâtre; maturité de 3e époque; la variété noire est la plus importante. — G. M.

BESOUL-EL-KHADEN (Cornichon).

BESPARO (Muscadelle).

BESPERAL (Colombaud).

BESSARA. — Cépage cité par Acerbi (?).

BES SEME (Sultanina).

BESTANDO (Bastardo)................. IV. 208

Bestassona. — Cépage italien de la région de Gênes.

Besto maduro. — Variété à raisins blancs, à grappe moyenne, ailée; grains moyens, de 2e époque de maturité; origine (?).

Beta. — Hybride de Riparia créé en Amérique par L. Snelter, très résistant (?) au froid, d'après le Catalogue de Bush.

BETTICE DE L'ISÈRE (Teinturier femelle).. III. 370

Bettlertraube. — Syn. : Grossblau, Grosskölner, Cernina velka, Plava Goristjie. — Raisin de cuve de la Styrie, décrit par Trummer, Babo et Gœthe. Ce dernier ne signale entre lui et le Zimmttraube blaue d'autres différences qu'un feuillage moins découpé et des fruits plus gros. Comme nous avons vérifié à Pontailler l'étroite parenté de ce dernier cépage avec le Gänsfüsser ou Argant du Jura, le Bettlertraube ne serait qu'une variété de cette famille, originaire des Alpes orientales. — A. B.

BETTSCHISSER (Heunisch weisser)............ D.

BETTUE DE L'ISÈRE (Teinturier femelle).. III. 370

BETU (Étraire de l'Aduï)............. III. 191

BETUSET NOIR. — Probablement le Teinturier, dans la Marne.

BÉTU DE DIE (Pougayen)............. III. 193

BÉU (Ugni blanc).................... II. 255

BEUNA (Persan).

BEUROT (Pinot gris)................. II. 32

BEVA (Boba)........................... D.

Bevert bianca. — Cépage de la région du Frioul, d'après Mendola.

BEVY (Gamay de Bevy).

Beylerdjé. — Cépage bulgare de la région de Sofia.

BEZ KORITCHKI (Sultanina).

BEZOUL-EL-ADRA (Olivette blanche).

BEZOUL-EL-KHADEN (Olivette rose).

Bezoul el Kelba. — Cépage de la Tunisie, assez commun à Djerba, dans l'oasis de Gabès et un peu partout dans les vignobles indigènes; il est assez productif et donne un beau et bon raisin cylindro-conique, lâche, à grains gros, deux fois plus longs que larges, ellipsoïdes, d'un beau jaune doré, à chair sucrée, croquante, un peu parfumée; avec gros et nombreux pépins. — N. M.

BEXIERTRAUBE (Heunisch).

Bezymianka. — Raisin de table de la région d'Astrakan (Russie); de 2ᵉ époque de maturité, à grande grappe rameuse, pesant jusqu'à 2 kilog., à grains sphériques, d'un noir rougeâtre. — V. T.

Bezzoul el Kelba (Cornichon blanc).... IV. 315

Bi (Douce noire).................... II. 371

Bia............................... VI. 143

Bia blanc (Bia)........ .... VI. 143

Bialagany. — Raisin rouge de table du Caucase. — B. T.

Bian aigre (Mondeuse blanche).

Bianca capella, capello (Agostenga).

Bianca comuni (Catarrato)............ VI. 222

Bianca del Reno (Riesling).

Bianca di Foster (Foster's white Seedling).

Bianca maggiore (Babstraube).............. D.

Biancame (Ugni blanc)............... II. 255

Biancame sinalunga (Albana)............... D.

Bianca ognome (Canaiolo).

Biancara (Pignola).

Biancardo. — Cépage italien de la région de Gênes.

Biancarola bianca. — Nom de cépage italien cité par Acerbi.

Bianca verace (Biancolella).

Biancazita (Falanchina).................... D.

Biancazza. — Nom de cépage cité par Acerbi pour la région italienne du Trentin.

Biancheddu. — D'après Mendola, cépage de la Sardaigne, à grains ronds.

Bianchello (Ugni blanc).

Biancheba. — Nom de cépage italien, cité par Acerbi pour la région de Milan, peut-être le Furmint?

Bianchetta (Biancone)............... V. 311

Bianchetta genovese (Biancone).

Bianchetto. — Cépage italien du Piémont, de 2ᵉ époque tardive; à grandes feuilles profondément sinuées, duveteuses en dessous; grappe moyenne, cylindro-conique, compacte; grains assez gros, sphériques; juteux et peu fermes; d'un jaune verdâtre, doré au soleil.

Bianchetto di Vezuolo (Bianchetto).......... D.

Bianchodda (Bombino).

Bianco d'assano (Bombino).

Bianco de Valdigna (Agostenga).

Bianco di Lassane (Bombino).

Bianco ei palmento (Bombino).

Bianco di alessano (Bombino).

Bianco gentile (Cargajola blanc)....... V. 259

Biango lassame (Bombino).

Biancolella........................ V. 60

Biancolina. — Cépage de la région italienne de Modène (?).

Biancolisano (Bombino).

Biancoma (Ugni blanc).

Biancona (Blaucona).

Biancone........................... V. 311

Biancorello. — J. de Rovensada indique ce cépage comme spécial à la région de Lucques (Italie)(?).

Bianco talamo (Bombino)........... .. VI. 338

Biancuccia (Grec blanc?).

Biancuccio (Grec blanc?).

Biancuva (Ugni blanc).

Biancuzita (Falanchina).................... D.

Biane (pour Bicane).

Bia noir (Bia)...................... VI. 143

Biard (Bia)......................... VI. 143

Biasse kokour (Kokour blanc)......... IV. 149

Biaune (Melon, à la Châtre, dans l'Indre). — J. G.

Biaune (Syrah)..................... II. 70

Biaz-Isioum (Kokour).

Biaz-Ouzoum (Kokour).

Biaz-Tanagoss. — Cépage de la Crimée, à raisin blanc, cultivé pour la table. — V. T.

Bib-el-Hammam. — Nom appliqué en Tunisie à divers cépages à gros grains.

Bibiola............................ III. 153

Biblia (Eileos)........................... D.

Bibou (Hibou)....... .... VI. 91

Bicaine (Bicane)..................... II. 102

Bicainho (Biscainho)...................... D.

Bical. — Nom de cépage portugais, inconnu aujourd'hui, cité par Villa Maior, en 1866, comme cultivé dans l'arrondissement de Louzada. — D. O.

Bicane............................ II. 102

Bicane noire (Gamay).

Bicanine (Cinsaut).

Bicanne (Bicane)..................... II. 102

Bichty (Biguichty)....................... D.

Bicolor. — Nom donné à divers cépages quand ils présentent des grains de raisins panachés (Tressot, Carignane, Terret....).

Bicolor (V. bicolor)................. I. 340

Bicolor-Æstivalis (Æstivalis-Bicolor).. I. 340

Bicolore (pour Bicolor).

Bicolor-Riparia...................... I. 340

Bicolors........................,. I. 183

Bicuet (Persan).

Bid-el-Hammam. — Cépage répandu en Tunisie dans les vignobles de Raf-Raf, et dans beaucoup de jardins, à cause de sa tardivité de maturation et de sa facile conservation. Vigne très vigoureuse; feuilles épaisses, bien résistantes au siroco; grappe très grosse, cylindro-conique, rameuse; grains ovoïdes, allongés, à peau très épaisse, d'un jaune doré et se séparant de la pulpe charnue et à goût astringent. — N. M.

Bideti (de Bidet)....................... D.

Bidona (Ack-kichmische) .....:............. D.

Bidure (Cabernet-Sauvignon)......... II. 286

Biela belina velika (Heunisch weisser)....... D.

Biela disuca grasiva (Riesling)........ II. 247

Biela grasevina bey pecke (Riesling).... II. 247

Biela klevanjika (Chardonnay) .... IV. 5
Biela moscovac (Furmint)............ II. 251
Biela pleminckra pruskava (Chasselas
   doré)........................... II. 6
Biela sladca grasiva (Welschriesling)....... *D.*
Biela srebronina (Elbling)............ IV. 163
Biela zrebnina (Elbling)... .... IV. 163
Bieli kozjak (Pis de chèvre blanc).
Bieli medenac (Honigler)................. *D.*
Bieli moslavac (Fürmint)............. II. 251
Biella (Ezerjó)......................... *D.*
Bielogaïska. — Cépage russe (Artwine), à grains
   peu serrés, de grosseur moyenne, d'une couleur
   verdâtre, sucrés, cultivé pour la cuve et précoce
   (1er époque). — V. T.
Bieloljeska. — Cépage blanc, cultivé pour la cuve
   dans la Dalmatie, d'après H. Gœthe.
Bielovacka (Elbling) .... IV. 163
Bielowaczha (Elbling)................ IV. 163
Biély-Dollguy (Kokour).
Biély-Kichmisch (Kichmisch).
Biely-Kroupny. — Considéré sur les bords du Don
   (Russie) comme le Gamay blanc (?). — V. T.
Biély-Miestny. — Cépage blanc de Maïkopp, au
   Kouban (Russie). — V. T.
Biély-plosko-krougly. — Cépage à raisins blancs,
   discoïdes, de la région d'Astrakan (Russie). —
   V. T.
Biely-prostoy. — Cépage à raisin blanc, cultivé pour
   la cuve par les cosaques de Térek (Russie). —
   V. T.
Biely-Tsimlansky. — Cépage de la région du Don
   (Russie), à raisins blancs, cultivé pour la cuve ;
   peut-être identique au Zante blanc. — V. T.
Bien aigre (Mondeuse blanche).
Bierheller (Walschriesling)................. *D.*
Bifolchetto (Pecorino)..................... *D.*
Bifolco (Pecorino)........................ *D.*
Bifolvo (Pecorino)........................ *D.*
Bigarella bianca. — Cépage blanc de la région de
   Mirandole et de Modène. — J. R.
Bigas Kokour (Kokour blanc).......... IV. 149
Bigasse (Kokour blanc)............... IV. 150
Big Berry. — Forme pure de Lincecumii, isolée par
   T.-V. Munson, à gros grains violacés ; de matu-
   rité tardive, conserve toutes les formes de l'espèce.
Big Extra. — Hybride de Munson, entre le Lince-
   cumii et le Triumph, à gros grains noirs, bien
   résistant aux maladies cryptogamiques.
Big-Hope. — Hybride de Munson, de Lincecumii ×
   Triumph.
Bigia (Grisa)......: .... *D.*
Bignez (Merlot)..................... VI. 16
Bignona (Dolcetto).
Bignonia. — Cépage du Piémont (Italie) différant,
   d'après Leardi, Demaria et Gœthe, du Bignona ;

grappe conique, à grains d'un gris bleuté, un peu
   allongé, utilisé pour la cuve.
Bigolona veronese. — Cité par Acerbi parmi les
   cépages italiens (?).
Bigourdin — Nom d'un cépage vendéen, d'après
   Hardy ; paraît être le Mourvèdre.
Big summer grape (V. Lincecumii)..... I. 335
Biguichty. — Cépage du Turkestan russe, cultivé
   pour la table ; fertile ; grandes feuilles trilobées,
   à sinus peu marqués, à petites dents aiguës,
   glabres ; nervures fines ; grappe grosse, large,
   assez compacte ; grains de grosseur moyenne,
   sphériques, à peau fine, transparente, d'un vert
   clair, avec reflets dorés ; jus sucré. — V. T.
Bihari boros (Furmint).............. II. 251
Bilboner (Pinot gris).
Bilsenkrot (Frankenthal).
Bily Muskatel (Muscat blanc)........ III. 373
Bimammia (Piedirosso)............. VI. 360
Bimarionus. — Cité par P. de Crescence (xive siècle).
   — J. R. C.
Binaouti. — Cépage de l'Égypte, à grains ovales,
   jaune verdâtres et très petits. — J. M. G.
Binbo Dsourou (V. Coignetiæ).
Binbo Kadsoura (V. Coignetiæ).
Binxeilla (Pécoui-Touar)............. IV. 233
Biola (Bibiola)..................... III. 153
Biona. — D'après Demaria, Leardi, H. Gœthe,
   serait un cépage à raisins noirs, cultivé pour la
   cuve dans le Piémont (?).
Biona. — Cépage espagnol de la Novane, d'après
   Abela y Sainz. — C. T.
Bionda bianca. — Cépage des Pouilles (Italie), d'après
   J. de Rovasenda.
Biône (Syrah).
Bionnay (Frankenthal).
Bionnet (Frankenthal).
Bipartita (Zurumi) .... *D.*
Birara. — Cépage italien des provinces de Massa et
   Carrare, cité par Acerbi. — J. R.
Birbigoni. — Cité par P. de Crescence dès le
   xive siècle pour l'Italie centrale.
Bird grape (V. Munsoniana) .... I. 308
Bird grape (V. rubra)............... I. 411
Bird's Egg. — Semis de Catawba, d'après Bush et
   Meissner, très semblable à l'Anna ; grains ovales,
   blanchâtres, pulpeux ; sans valeur.
Biron. — Nom du Catalogue du Luxembourg,
   repris par Hardy pour un cépage du Lot, mais
   lequel ?
Bironetti bianco. — Cépage italien de Coni, peu
   cultivé, à vin blanc léger. — J. R.
Bisacciara. — Syn. : *Visacciara.* — Cépage italien
   cultivé dans la province d'Avellino, dans les vallées ; très productif, d'où son nom ; donne, cultivé
   avec l'Aglianico, un bon vin rouge, qui perd faci-

lement sa couleur; mûrit en octobre. Grappe pyramidale ou conique, peu ailée, peu compacte; grain sphérique, de grosseur moyenne, pruineux, d'un noir bleuté, à peau résistante, tanique; jus sucré, peu acide. — M. C.

Bisaccione (Duraca) .... *D.*

Bisam Chasselas (Chasselas musqué).

Biscainho. — Cépage portugais cultivé dans un district très restreint du Minho, à Alentem; Correa de Barros s'est même demandé si cette variété n'était pas identique au Cainho. Le vin du Biscainho est bon, mais peu coloré. Sarments forts, à longs mérithalles; vrilles très grosses et très longues; feuilles moyennes, plus longues que larges, quinquelobées et à sinus peu profonds, deux séries de dents; limbe mince, un peu pubescent en dessous; grappes petites, lâches, coniques, ailées; grains rouges, petits, violacés, portés par des pédicelles rougeâtres. — D. O.

Biscainho de pé perdiz. — Variation de Biscainho, à grappes moyennes, plus serrées. — D. O.

Biscainho uva de Casta. — Variation de Biscainho, à grappes très lâches, à grains un plus gros que ceux du type. — D. O.

Biscotiella nera. — Indiqué par J. de Rovesenda comme cépage italien, spécial aux régions napolitaines.

Bismark. — Semis américain de Brighton, à prédominance de Labrusca, un peu plus rustique, mais très semblable au type, à grains rosés brunâtres.

Bisser (Hamvas) .... *D.*

Bissulana. — Serait un cépage blanc, cité par Bury et cultivé jadis au jardin des Récollets (Saumur); grappe moyenne, ailée, à grains moyens, presque ronds, de 5e époque de maturité.

Bisterena cernina (Mohrenkönig) .... *D.*
Bistershna (Mohrenkönig) .... *D.*
Bisterschna zhernina (Mohrenkönig) .... *D.*
Bistriska crnina (Mohrenkönig) .... *D.*
Bisulana (Bissulana) .... *D.*
Bisutello (Cornichon blanc).......... IV. 315
Bisutolla (Cornichon blanc).......... IV. 315
Bitchatchi glaza (Ochiu-Boului) .... *D.*
Biternata (Cissus orientalis)................ *D.*
Bitondo. — Raisin de Chieti (Italie), à grains globuleux, gros, d'un rouge brique. — J. R.
Biturica (Cabernet-Sauvignon) .... II. 286
Biturica (Genouillet)................ VI. 147
Biturica minor (Gamay?)
Biturique (Cabernets)................ II. 287
Bizarria (Tressot panaché, etc.).
Bizerti (Muscat d'Alexandrie).
Bizot (Troyen rose)..................... *D.*
Bizzarria variegata. — Raisin à grains panachés, cité par Gallesio.
Bjli muscatel (Muscat blanc).

Black Alicante...................... II. 130
Black Bear. — Hybride créé par T.-V. Munson.
Black Burgundy (Pinot).
Black cape (Isabelle) .... V. 203
Black cluster (Black July)................. *D.*
Black cluster grape (Perrum tinto). .... *D.*
Black Constantia (Muscat noir).
Black Corinth (Corinthe noir)........ IV. 286
Black Damascus. — Semis de Moreau-Robert, obtenu en 1851. Grappe grosse, cylindro-conique, lâche; grain gros, globuleux, ferme, juteux et peu sucré; peau épaisse, résistante, d'un noir bleuâtre, pruinée; maturité de 3e époque (d'après V. Pulliat).
Black Defiance. — Hybride de Labrusca, créé par S. Underhill entre le Concord et le Black St Peters, plus tardif que le Concord; à gros grains noir bleuâtre, très pruinés, foxés.
Black Delaware (Delaware noir) ...... VI. 188
Black Eagle. — Hybride de Labrusca et de Vinifera de Underhill, comme le Black Defiance, plus précoce; très cultivé dans le nord des États-Unis pour la table; grains d'un noir bleuté, pruineux, pulpeux et foxés, gros et ovoïdes.
Black Eagle × Lincecumii. — Hybride de Munson, un peu plus résistant aux maladies cryptogamiques que le Black Eagle, mais sans valeur; à grains assez gros, acerbes; les feuilles sont intermédiaires entre celles du Labrusca et du Lincecumii, dont elles ont conservé un peu la glaucescence à la face inférieure.
Black Frontignan (Muscat noir).... ... III. 374
Black German (York Madeira).............. *D.*
Black Gibraltar (Frankenthal).
Black Hambro (Frankenthal).
Black Hamburgh (Frankenthal)........ II. 127
Black Hamburgh Frogmor. — Variation (?), d'après V. Pulliat, du Frankenthal, à souche moins vigoureuse et grain plus gros.
Black Hawk. — Semis de Concord, à gros grains noirs et à grosse grappe, aussi précoce que le Concord.
Black Herbemont. — Semis d'Herbemont, à raisins noirs, obtenu par T.-V. Munson.
Black Jack........................ I. 362
Black July. — Syn.: *Devereux, Lenoir, Balwin Lenoir, Lincoln, Blue grape, Sherry, Thurmond, Hart, Tuley, Mac Lean, Husson.* — Hybride d'Æstivalis, Cinerea et Vinifera, d'après Millardet; un des meilleurs producteurs directs américains que l'on ait importé en France; fort peu cultivé, aux États-Unis, dans quelques vignobles du Texas; les froids d'hiver ont empêché de le multiplier dans la Virginie et le Missouri. Son vin est bon de goût, et il est assez fertile; sa résistance phylloxérique est assez faible, de même

sa résistance à la chlorose calcaire. — Souche vigoureuse ; sarments longs, d'un rouge violacé à l'aoûtement ; feuilles moyennes, entières, peu tourmentées, rugueuses ; face supérieure d'un vert foncé, inférieure avec bouquets de poils assez abondants et d'un vert pâle ; grappe moyenne, cylindrique ; grains peu serrés, entremêlés de grains verts ; sur-moyens ou petits, d'un noir bleuâtre foncé et pruinés, sphériques, à stigmate persistant, excentrique, ponctués, peau fine, jus incolore, saveur aigrelette.

Black King. — Semis de Labrusca, à grains très foxés.

Black Lisbon (Black Alicante)......... II. 130

Black Lombardy (West S¹ Peter's)........... D.

Black Manukka (Manukka) .... D.

Black Monukka. — D'après A.-F. Barron, le Black Monukka serait un cépage originaire de l'Inde (?) importé en Angleterre à Chiswick, précoce et curieux seulement par la forme de ses fruits ovoïdes, noirs, très minces et très juteux, à grandes grappes (24 à 26 pouces de longueur!) ses grains sont petits, ovales, allongés; certaines grappes péseraient plus de 2 kilog.; fructification irrégulière et peu abondante.

Black Morillon (Pinot).

Black Morocco (Ribier)............... III. 286

Black Muscadel (Ribier)............... III. 286

Black Muscadine (Flowers).. .... D.

Black Muscadine (Chasselas noir ?).

Black Muscat of Alexandria (Muscat de Hamburgh)...................... III. 105

Black Palestine (Black Alicante).

Black Pearl. — Semis de Clinton ou de Taylor, obtenu par Schmidt, d'après Bush et Meissner, à caractères bien marqués de Riparia ; un peu cultivé au Texas, peu fructifère. Souche très vigoureuse ; sarments longs et grêles, brun doré ou brun foncé à l'aoûtement ; feuilles grandes, larges, cordiformes, entières, les lobes indiqués par des dents plus longues ; sinus pétiolaire presque fermé, deux séries de dents acuminées et assez longues ; glabres ; grappe petite, à grains sous-moyens, discoïdes, ou petites et sphériques, d'un noir violacé luisant, veinés de rouge sang à l'intérieur ; jus d'un rose foncé, à saveur un peu foxée.

Black Portugal (Black Alicante)....... II. 130

Black Prince (Frankenthal)............ II. 127

Black Rose. — Hybride de Concord et de Salem, un peu plus tardif que le Concord ; grains gros, noirs, foxés ; sensible au mildiou.

Black Saint-Peters (Black Alicante).... II. 130

Black's Imperial. — Semis de Duchesse, à caractères dominants de Labrusca ; grains moyens, d'un noir bleuté, foxés.

Black Smith's white (Chasselas Gros Coulard).

Black Spanish (Black Alicante)......... II. 130

Black Spanish (Jacquez)............... VI. 374

Black Spanish alabama (Jacquez)....... VI. 374

Black Taylor. — Semis américain de T.-V. Munson, à grains noirs.

Black Tokay (Black Alicante)......... II. 130

Black Tripoli (Frankenthal).......... II. 127

Black Valentia (Grenache).

Blalka. — Cépage de la Dalmatie, cultivé pour la cuve, d'après H. Gœthe ; à grains blancs.

Blamancep. — Synonyme donné par J. de Rovasenda, d'après J. Guyot, pour le Chenin blanc, dans la Vienne (?).

Blamet. — J. de Rovasenda cite ce cépage parmi ceux de la province de Turin (?).

Blanc aigre (Mondeuse blanche)....... II. 284

Blanc aouba (Blanc auba)............. III. 258

Blanca roja (Malvoisie rose ?).

Blanc auba............................ III. 258

Blanc auba (?) (Ugni blanc).......... II. 255

Blanc audet. — Cépage cité par Secondat. — C. T.

Blanc Berdet. — Nom donné par Chaptal, Secondat.... à la Folle blanche.

Blanc brun (Savagnin jaune)......... IV. 301

Blanc Cadillac (Muscadelle).

Blanc Cardon. — Confondu par quelques ampélographes avec le Mauzac blanc, serait, d'après Pulliat, un cépage bien spécial du Lot-et-Garonne ; grande feuille presque orbiculaire, à duvet aranéeux, clair en dessous ; grappe moyenne, serrée, cylindrique ; grain moyen, globuleux, peu ferme, juteux, à saveur sucrée et acidulée ; peau fine, d'un blanc verdâtre ; maturité de 2ᵉ époque ; très productif.

Blanc Claire. — Un des nombreux noms inexacts du Catalogue du Luxembourg, donné à un cépage du Loir-et-Cher (?).

Blanc clairet. — Donné comme cépage du Cher, d'après les collections de Saumur (Catalogue Bury) (?).

Blanc commun (Blanc du Valdigne)..... V. 265

Blanc Copi. — Dans le *Vignoble* V. Pulliat signale ce cépage comme raisin de table du Lot-et-Garonne ; Seillan n'en parle pas, et dans *Mille variétés de vignes* V. Pulliat n'en fait pas à nouveau mention, quoique cet ouvrage soit postérieur au Vignoble (?). Nous n'avons pu retrouver trace de cette variété ; il se peut qu'il y ait une confusion avec un autre cépage de cette région. Le Blanc Copi, d'après V. Pulliat, serait surtout caractérisé par ses feuilles moyennes, bullées, à duvet aranéeux, deux à la face inférieure du limbe ; par ses grappes moyennes, compactes, coniques, allongées, à grains moyens, sub-globuleux, à peau épaisse, d'un beau jaune doré à la maturité de 2ᵉ époque.

Blanc court (Savagnin jaune).......... IV. 301

Blanc d'ambre. — Semis de Moreau-Robert obtenu en 1854; feuille petite, aranéeuse en dessous; grappe moyenne, cylindrique, lâche; grains surmoyens, ellipsoïdes, peu fermes, juteux, sucrés; peau fine, d'un beau jaune ambré; maturité de fin 1re époque.

Blanc Dame...................... II. 344

Blanc d'Anjou (Chenin blanc).......... II. 83

Blanc d'Aune (Chardonnay).

Blanc d'automne. — Nom du Catalogue des anciennes collections de vignes du Luxembourg (?).

Blanc de Beaune (Chasselas, dans la Haute-Loire).

Blanc de Bonnelle (Lignan blanc)...... III. 69

Blanc de bonne nature (Chardonnay).

Blanc de Bovelle (Lignan blanc)....... III. 69

Blanc de Cadillac (?) (Ugni blanc)..... II. 255

Blanc de Calabre (Raisin de Calabre)... IV. 46

Blanc de Canelli (Muscat?).

Blanc de Chablis (Chardonnay).

Blanc de Champagne (Chardonnay)..... IV. 5

Blanc de Courtiller (Chasselas de Courtiller)........................... II. 12

Blanc de Gaillac (Grosse Pélegarie).... VI. 28

Blanc de Gaillac (Petite Pélegarie).... VI. 26

Blanc de Gandjah (Schiradzouli)....... III. 118

Blanc de Grèce (Grec blanc) (?).

Blanc de Kientsheim (Lignan).

Blanc de la Drôme (Roussanne) (?).

Blanc de Lausanne (Chasselas).

Blanc de l'Hermitage (Roussanne ou Marsanne?).

Blanc de Lorraine (Aubin).

Blanc de Lunel (Muscat blanc).

Blanc de Manet (Peurion)............. IV. 97

Blanc de Morgex (Blanc du Valdigne).. V. 265

Blanc de Pagès (Lignan blanc)........ III. 69

Blanc d'Épernay (Chardonnay).

Blanc de Saint-Peray (Marsanne).

Blanc des oiseaux (Feteasca alba)...... IV. 129

Blanc d'Espagne. — Nom donné par Hardy à un cépage espagnol (?) indéterminé (!).

Blanc de Trois-Fontaines............... V. 329

Blanc de Troyes (Aligoté)............. II. 51

Blanc de Varais (Chasselas).

Blanc de Zante. — Cépage originaire de la Grèce, d'après Mas et Pulliat; à grandes feuilles tourmentées, duveteuses en dessous; à grosse grappe cylindrique; grains moyens, globuleux, fermes, sucrés, à peau épaisse, d'un blanc jaunâtre; maturité de 2e époque tardive. — Odart cite une variété à raisins rouges et une variété à raisins noirs (?); la forme à raisins rouges serait peut-être la Malvoisie rose.

Blanc d'Oisalu (Passuriasca alba).

Blanc d'Oporto. — Nom du Catalogue du Luxembourg désignant un cépage blanc de la région de Porto, mais lequel (?).

Blanc-Doux de Lorraine. — Syn.: *Printanier blanc, Juillet blanc, Ischia blanc, Pinot blanc précoce* (de Pulliat). — Variété blanche précoce que nous avons rencontrée en Lorraine dans les vignobles des environs de Toul et de Nancy mélangée aux Aubins et aux Pinots blancs. Elle diffère fortement de ceux-ci pour en être dérivée et nous paraît plutôt provenir d'un semis naturel de Madeleine violette. Elle n'a rien de commun avec le Blanc-Doux du Bordelais ou Muscadelle. Végétation moyenne, à port assez étalé et bois noisette ponctué, à mérithalles de 8 à 10 cent.; nœuds bruns et forts; bourgeonnement vert; feuillage orbiculaire, gaufré, à trois lobes et sinus pétiolaire toujours ouvert; limbe à bords plissés qui se décolore en jaune clair dès la véraison; grappes moyennes, cylindriques, assez serrées, à pédicelles gros, grains des Pinots, d'un diamètre de 15/14, jaunâtres, de saveur simple et non relevée. Petits pépins aigus, à chalaze pyriforme. De fertilité moyenne, le Blanc-Doux devance de 15 jours la maturité des Pinots, mais son moût est de saveur plate et de richesse moindre. — A. B.

Blanc du Pays (Tressallier).......... II. 346

Blanc du Valdigne.................. V. 265

Blanc épais (Bello meko).

Blanc femelle (Blanc du Valdigne)..... V. 266

Blanc Fendant (Chasselas).

Blanc fort (Bello meko).

Blanc fumé (Sauvignon).............. II. 230

Blanc gentil (Savagnin jaune).

Blanc hâtif de Saumur (Chasselas de Courtiller).

Blancheton (Folle blanche).

Blanche (Mondeuse blanche)......... II. 284

Blanche douce (Muscadelle).......... II. 55

Blanche feuille (Meunier)............ III. 383

Blancheyton (Folle blanche).......... III. 52

Blanchette (Chasselas doré).......... II. 6

Blanchette (Mondeuse blanche)....... II. 284

Blanchette de Mercanton. — Variété suisse qui se rattache évidemment à la famille des Fendants, Chasselas cultivés pour la cuve dans toute la Suisse romande. Elle s'en distingue par un bourgeonnement plus pâle, des feuilles coriaces et rugueuses, plus découpées, un bois grêle, à mérithalles courts, de couleur jaune ou gris clair et un raisin plus lâche en raison de la coulure. Elle convient aux sols légers et graveleux où le Fendant roux s'épuise trop vite. On la rencontre particulièrement sur Fully et Mercanton (Vaud). — A. B.

Blanchette de Salquenen. — Cépage blanc du Valais, très différent de la Blanchette du canton de Vaud. On le cultive en treilles dans le district de Sierre. — A. B.

Blanchier........................... VI. 51

Blanchou. — V. Pulliat décrit ce cépage comme cultivé dans l'Ardèche ; 2ᵉ époque de maturité ; feuille moyenne, peu lobée, vert luisant à la page supérieure, presque glabre en dessous ; grain moyen, olivoïde, ferme, juteux et sucré ; peau fine et résistante, d'un blanc jaunâtre plus ou moins doré.

Blanchou petit. — Distingué (?) par V. Pulliat de la forme précédente par sa feuille très sinuée, sa grappe un peu ailée et peu serrée, ses grains ellipsoïdes, d'un blanc jaunâtre ; même époque de maturité.

Blanc Laffite. — Ce cépage, peu répandu en Gironde, dans l'Entre-Deux-Mers, nous paraît bien différent des Mauzacs et des Clairettes avec lequel il est souvent confondu ; il est de maturité moyenne et très sensible au mildiou ; ses feuilles sont petites, trilobées et à lobes arrondis, à duvet aranéeux, léger à la face inférieure ; grappes courtes, serrées ; grains ovoïdes, à peau épaisse, d'un vert translucide, à saveur âpre, très sujets à la pourriture. — G. C. C.

Blanc Limousin (voir Balzac blanc).

Blanc Lizier. — Hardy cite ce nom comme s'appliquant à un cépage blanc de la Vienne (?).

Blanc madame. — Nom cité par Acerbi (?).

Blanc male (Blanc du Valdigne)...... V. 266

Bcanc Massé. — Nom du Catalogue du Luxembourg (!)

Blanc Meunier (Meunier)............. II. 383

Blanc Mignon (Hybride Castel n° 19405)...... D.

Blanc mou. — Nom cité par Secondat (?)

Blanc moulin de Culoz............... IV. 98

Blanco (Listan)........................... D.

Blanc Oberfelder (Argant)............. V. 349

Blanc Ochtenang (Dodrelabi).

Blanco comun del pais. — Cépage blanc du nord de l'Espagne.

Blanco Costellano. — Cépage blanc du nord de l'Espagne, différent du précédent.

Blanco de Valdepeñas (Colgadera)........... D.

Blancoii (V. Blancoii)................ I. 328

Blancona (Blancoone)..................... D.

Blanco's grape (V. Blancoii).......... I. 328

Blancoun (Ugni blanc)............... II. 255

Blancoune. — Cépage blanc de la vallée inférieure du Var, différent de l'Ugni blanc ; feuilles petites, découpées, à dents arrondies ; sinus pétiolaire peu ouvert, duveteuses à la partie inférieure ; grappe ailée, allongée et compacte ; grains moyens, sphériques ; demande la taille longue. — L. B. et J. G.

Blanc pacquant, petit, petit d'Argos, précoce, verdathre. — Noms divers du Catalogue du Luxembourg, non rapportés à des cépages déterminés.

Blanc petit doré (Chardonnay).

Blanc petit doré (Pruéras)........................ D.

Blanc Pinot (Peurion)............... IV. 97

Blanc Potitsch traube (Meunier)...... II. 383

Blanc précoce de Kientsheim (Lignan blanc)............................ III. 69

Blanc précoce de Malingre (Précoce de Malingre)......................... III. 75

Blanc précoce musqué de Courtiller (Muscat de Saumur)................. IV. 268

Blanc Ramé.......................... III. 240

Blanc Sémillon (Petit Sémillon)....... II. 227

Blanc Sémillon cruchllant (Gros Sémillon).................................. II. 221

Blanc Sémillon mol (Petit Sémillon).... II. 227

Blanc Urétault. — Nom cité par Jules Gayot pour un cépage de l'Aisne (?).

Blanc Verdan. — V. Pulliat décrit ce cépage comme spécial (?) à la Savoie, caractérisé par une feuille moyenne, bullée, peu duveteuse en dessous, des grappes moyennes, cylindriques, ailées, peu serrées ; des grains sur-moyens, ellipsoïdes, à chair molle, juteuse, d'un blanc jaunâtre ; maturité de 2ᵉ époque.

Blanc Verdet......................... II. 262

Blanc vert (Gauche)................. IV. 97

Blanc vert (Sacy)..................... IV. 24

Blanc Wardeiner. — Nom cité par Acerbi.

Bland. — Variété américaine, trouvée accidentellement dans l'est de la Virginie, abandonnée aux États-Unis, car elle est sans valeur et de maturité tardive. On la dit originaire du Labrusca (?), mais elle pourrait bien être une simple variation du Rotundifolia ; ses grains ont une couleur gris rosé, ils sont sphériques et assez gros.

Bland's Madeira (Bland)................. D.

Bland's pale red (Bland).................... D.

Bland's Virginia (Bland).................... D.

Blank blauer. — Syn. : *Abendroth, Plagner, Blauer Roszagler, Schilcher, Modrina, Pilesovna, Bleda, Cerna, Piles.* — Variété de cuve de la Styrie. H. Gœthe, qui la décrit d'après Trummer, comme de maturité tardive, à grains ronds différents, toujours mêlés de grains verts, la déconseille malgré sa fertilité en raison de la médiocrité de ses vins. Oberlin (Cat., n° 264) la juge aussi de 3ᵉ qualité. En Carniole existerait, d'après Ogullin, un *Blank weisser* également sans valeur. — A. B.

Blanquecina. — Cépage espagnol décrit par Rojas Clemente comme cultivé dans la région de San Lucar ; il est caractérisé par des feuilles entières, des grains ronds, un peu discoïdes, sur-moyens, blanc verdâtre ; les sarments ont à l'aoûtement une teinte gris clair.

Blanqueirol. — Nom donné à un cépage indéterminé de la région de Nice, peut-être l'Ugni blanc (?)

Blanquet. — Cépage donné comme particulier (?) à la région de Barcelone (Espagne), par Abela y Sainz.

Blanquette (Blanc Laffite) .... *D.*
Blanquette (Clairette) .... V. 55
Blanquette Cibadet (Malvoisie).
Blanquette de Bergerac (Muscadelle).
Blanquette du Fau (Jurançon blanc).
Blancquette du Gard (Bourboulenc).... III. 148
Blanquette grasse (Folle blanche).
Blanquette Malvoisie (Chalosse).
Blanquette sucrée (Mauzac).......... II. 143
Blanquette violette. — Donné par Rovasenda, d'après Vivier, comme cépage des Pyrénées-Orientales (?) ; ce ne peut être qu'un synonyme d'un cépage indéterminé.
Blanqui roja (Malvasia roja) .... VI. 246
Blansi (Farana)..................... II. 265
Blantière (Blanchier)................ VI. 51
Blanzy (Farana)................... II. 265
Blassroter (Chasselas rose).
Blatano dorato. — Cépage italien cité par J. de Rovasenda, d'après Mendola.
Blaterle (Blatterl)....................... *D.*
Blatterl. — Selon H. Gœthe, syn. du *Bianchetto de Verzuolo*, signalé par Pulliat et Cerletti. Nous avons reçu sous ce nom du Tyrol un *Muscat Blatterle* qui paraît une simple variété du Muscat blanc ordinaire. — A. B.
Blattraube, Blatterthraube — Selon H. Gœthe, syn. d'Eparse. Oberlin (Cat., n° 284) signale sous ce nom comme issue des pépinières Baumann une variété à feuilles laineuses et grains ronds bleus, très fertile, mais tardive et médiocre. — A. B.
Blau bodensee thaube (Pinot noir).
Blaue Corinthe (Corinthe).
Blaue Dinka (Dinka voros).............. *D.*
Blaue Fingerhuttraube (Augster)........... *D.*
Blaue Hartwegs traube (Hangling).......... *D.*
Blaue Kadarka (Kadarka)........... IV. 177
Blaue Kläpfer (Grenache).
Blauen Elben (Elbling).............. IV. 168
Blaue Ochsenauge (Drodelabi).
Blaue Oliventhaube (Augster)............ .. *D.*
Blaue potitsch traube (Meunier).
Blauer Affenthaler (Affenthaler)...... VI. 81
Blauer Alicant (Grenache).
Blauer Aubst (Pinot noir).
Blauer Burgunder (Pinot noir).
Blauer Carignan (Carignane).......... VI. 332
Blauer Clävner (Pinot noir).
Blauer Corsicaner (Agostenga).
Blauer Frankenthaler (Frankenthal).
Blauer Frankischer (Limberger)....... II. 137
Blauer Gamet (Gamay Beaujolais)..... III. 6
Blauer Gansfusser (Argant).

Blauer Hainer (Kölner).
Blauer Hangling (Hangling)............... *D.*
Blauer Hartwegstraube. — Cépage cité par Metzer (?)
Blauer Klevner (Pinot noir)......... II. 19
Blauer Limberger (Limberger).
Blauer Marokanner (?) (Pis de chèvre rouge).......................... IV. 88
Blauer Muskateller (Muscat noir)..... III. 374
Blauer Nürnberg (Pinot noir). .... II. 19
Blauer Oporto (Portugais bleu)........ II. 136
Blauer Portugieser (Portugais bleu).... II. 136
Blauer Ranful (Augster)................... *D.*
Blauer Räuschling .... V. 229
Blauer Ritscheiner (Augster) .... *D.*
Blauer Rosszagler (Blank blauer).......... *D.*
Blauer Selenka (Lasca)............... II. 185
Blauer Silvaner (Pinot noir).
Blauer setzwälscher (Cornichon violet).
Blauer Tokayer (Pinot noir).
Blauer Thollinger (Frankenthal)...... II. 127
Blauer Vernatsch (Frankenthal)....... II. 127
Blaue Sopatna (Carignane)........ VI. 332
Blaue Tantovina (Tantovina)..... .... IV. 350
Blaue Ungarische (Kadarka).......... IV. 177
Blaue Zwetschenthaube (Ribier).
Blaufrankische (Limberger).
Blaustangler (Augster).................... *D.*
Blaustiel blauer. — Syn. : *Caillioche, Mangura.* — Raisin de cuve de la Styrie, signalé par Trummer comme très précoce et à moût très coloré. Végétation grêle et petit feuillage aigu, à revers laineux. Raisin moyen et rameux, à baies rondes, d'un bleu sombre. Il en existerait en Croatie une variété blanche sous le nom de *Slascina*. — A. B.
Blaustingl weissen (Pikolit)............... *D.*
Blaustock (Tantovina)............... IV. 350
Blauwälsche (Frankenthal).
Blaver (Blavette)................... V. 237
Blavet (Blavette) .... V. 237
Blavette.......................... V. 237
Blayais (Rochalin).
Bleda Cerna (Blank blauer)................ *D.*
Bleda zerna (Blank blauer)................ *D.*
Blefano. — Cité par le *Bulletin ampélographique* (XVI, 292) comme un cépage bien particulier au nord de l'Italie.
Blesec (Elbling) .... IV. 163
Blesez (Elbling)..................... IV. 163
Bleu de Hongrie (Kadarka)....... IV. 177
Blinica (Argant blanc)............... V. 346
Bliniza (Argant blanc)............... V. 346
Blomburg laura beverly (Creveling)......... *D.*
Biona bianca (Biona bianca).............. *D.*
Blondin. — Hybride complexe de Lincecumii, Æstivalis, Cinerea, Vinifera, créé par T.-V. Munson ;

cépage vigoureux, à grappes moyennes, cylindriques, compactes, ailées ; grain moyen, globuleux ; peau fine et résistante, d'un blanc translucide, juteux ; maturité tardive ; résistant aux maladies cryptogamiques.

Blood's Black. — Semis de Labrusca, à grains d'un noir bleuté, très foxés, de grosseur moyenne, très hâtif de maturité et très fructifère ; confondu à tort avec l'Isabelle, mais peu différent du Mary Ann.

Bloom (Creveling) .... *D.*

Bloomburg Laura Reverly (Creveling) .... *D.*

Blue Dyer. — Hybride de Riparia et de Labrusca, du type du Vialla, mais inférieur comme vigueur. Feuilles cordiformes, allongées, gaufrées, entières, sinus pétiolaire profond en U, origine des nervures rougeâtre ; bouquets de poils cotonneux à la face inférieure. Grappe sur-moyenne, irrégulière, ailée ; grains sous-moyens, petits, avec grains verts avortés, sphériques, d'un noir violacé, pruinés, colorés en rouge à l'intérieur, à peau épaisse, élastique, pulpe un peu foxée ; peu fertile.

Blue Favorite. — Hybride d'Æstivalis, Cinerea, Vinifera, d'après Millardet, compris dans le V. Bourquiniana par T.-V. Munson. Vigne rustique et vigoureuse, résistante au mildiou, sensible aux froids de l'hiver, peu cultivée dans l'est du Texas, restée dans les collections en France. Fruit à vin coloré, comme le Jacquez, neutre de goût ; grains sous-moyens, d'un noir violacé foncé.

Blue French grape (Jacquez) .... VI. 374

Blue grape (V. bicolor) .... I. 340

Blue Imperial. — Semis de Labrusca, assez résistant au mildiou, mais peu fructifère ; grains assez gros, sphériques, d'un noir violacé, foxés et acerbes de goût.

Blussard (Pulsard).

Blussard früher blauer (Pulsard).

Blussard noir (Pulsard).

Bluttraube (Teinturier mâle) .... III. 363

Bluttraube (Teinturier femelle) ...... III. 370

Boâ. — Cépage donné par J. de Rovasenda comme originaire de la région de Gênes (?).

Boadicea. — Hybride américain de Telegraph et de Black Hamburgh, obtenu par S. Copley ; grappes assez grosses ; grains moyens, ovoïdes, foxés.

Boaes (Boals) .... VI. 214

Boal .... VI. 213

Boal (Dona Branca) .... III. 168

Boal (Arintho) .... V. 136

Boal amarello. — Freitas Castelbranco cite seul ce Boal ; on ne peut, d'après sa description, décider si c'est bien une variété distincte. — D. O.

Boal baboso (Boal) .... VI. 213

Boal bagudo (Boal) .... VI. 214

Boal Bonifacio (Boal) .... VI. 214

Boal branco .... VI. 214

Boal cachudo (Boal) .... VI. 213

Boal cachudo (Dona Branca) .... III. 168

Boal cachudo branco (Boal) .... VI. 213

Boal Calhariz (Boal) .... VI. 214

Boal carniceiro. — Ce Boal est spécial à Torres novas ; craint la chaleur et ses grains tombent facilement. — D. O.

Boal carrasquenho (Boal) .... VI. 214

Boal commum (Boal) .... VI. 214

Boal conasouenho .... V. 138

Boal da Figueira (Boal) .... VI. 214

Boal de Alicante (Boal) .... VI. 214

Boal de cheiro (Boal) .... VI. 214

Boal de comer (Maria Gomes) .... *D.*

Boal de José Jorge. — Cépage cultivé jadis à Santarem et disparu. — D. O.

Boal de passa (Boal) .... VI. 214

Boal de praça (Boal) .... VI. 214

Boal preto de Santarem. — Cépage à raisins rouges, cité dans les collections du comte de Villa Maior. — D. O.

Boal desembargador (Boal) .... VI. 214

Boal de Villa Franca (Boal) .... VI. 214

Boal d'Hespanha (Boal) .... VI. 214

Boal doce (Boal) .... VI. 213

Boal d'Oeiras (Boal branco) .... VI. 214

Boal Dona branca. — Cépage cité par Antonio Aguiar comme cultivé à Anadia en 1868 sans autre indication. — D. O.

Boal do prior (Boal) .... VI. 213

Boal esfarrapado (Boal) .... VI. 213

Boal espinho (Boal) .... VI. 214

Boal frio (Boal) .... VI. 214

Boal grosso (Boal) .... VI. 214

Boal liso (Boal) .... VI. 214

Boal miado (Boal) .... VI. 214

Boal mimoso (Boal) .... VI. 214

Boal molle (Boal) .... VI. 214

Boal mosca (Boal) .... VI. 214

Boal natuna (Boal) .... VI. 214

Boal pardo. — Vicencio Alarte en faisait mention en 1712. — D. O.

Boal preto (Boal) .... VI. 214

Boal ramalhete (Boal) .... V. 214

Boal ratinho (Boal) .... VI. 213

Boal rosado. — Variété peu cultivée à Azeitão, d'après Ferreira Lapa. — D. O.

Boal roxo (Boal) .... VI. 214

Boals .... VI. 214

Boal Santarem (Boal) .... VI. 214

Boal tinto (Boal) .... VI. 214

Boana. — Donné par Nasi comme cépage cultivé dans la région de Rivoli (Italie). — J. R.

Boarde. — Cépage qu'on trouve en faibles quantités dans les vignobles secondaires et ceux des parties hautes de la Champagne. A Fleury-la-Rivière, on nous avait présenté sous ce nom le Gouais noir vrai, très rare en ce lieu. Mais M. Couvreur-Périn, collectionneur attentif de Rilly-la-Montagne, nous en a expédié depuis d'autres échantillons de divers vignobles qui nous ont paru identiques au Sacy de l'Yonne ou Tressalier de l'Allier. L'intérêt de cette observation est que parmi eux se trouve un type noir, inconnu dans les vignobles nombreux où cet intéressant cépage est cultivé. — A. B.

Boarde blanc (Gouais)............... IV. 94

Boasseda (Corinthe, en Sardaigne).

Bobal. — Cépage originaire de l'Espagne, un peu répandu dans le vignoble du Midi de la France au début de la reconstitution; il rappelle par ses feuilles et sa végétation la Carignane; sa grappe a des grains plus gros, aussi gros que ceux de l'Aramon; il est très productif, mais d'une fructification très irrégulière. Feuilles grandes, bullées et tourmentées, à bords incurvés, entières, épaisses, très duveteuses en dessous; grappe grande, allongée, compacte; grains gros ou surmoyens, sphériques, d'un noir rougeâtre, plus ou moins foncé, parfois rosé, et pruinés; maturité de 3e époque tardive.

Bocal (Perruno)...................... D.

Boca de mina. — Antonio Gyrão, Villa Maior, de Forrester, distinguent ce cépage portugais de Tinta amarella (?) et le considèrent comme un des meilleurs du Douro. — D. O.

Bocca de mina (Tinta amarella)........ V. 33

Bocalrao. — Cépage cultivé jadis dans l'Algarve portugaise, disparu aujourd'hui. — D. O.

Bochkanatt. — Cépage blanc de cuve, de la Bessarabie (Russie); feuilles triolobées, à profonds sinus; dents aiguës; face inférieure pubescente; grappe lâche, à grains sphériques, d'un blanc verdâtre. — V. T.

Bochsbentel (Frankenthal).

Bocksaugen (Frankenthal).

Bockshoden (Frankenthal).

Bockshorn (Gansfüsser)................... D.

Bockstraube (Frankenthal)................. D.

Bochasca (Gargaunaritza)................. D.

Bodenseetraube (Pinot noir).......... II. 19

Bodocal (Jetubo)......................... D.

Boelli schwarze, uzum, uzun (Pis de Chèvre).

Boerhaave. — J. de Rovasenda cite, d'après les frères Simon, de Metz, ce cépage comme un raisin de semis, à grains noirs, violacés, obovoïdes, et précoce.

Boeriaska alba (Boïeriaska)............... D.

Boeriaska niagra (Boïeriaska)............. D.

Boetta. — Cépage à raisins noirs, de la région d'Alba, cultivé sur les coteaux, à production abondante, mais à vin commun.

Boetzinger (Sylvaner)............... II. 363

Bœzinger (Sylvaner)................ II. 363

Boffera (Croassera)...................... D.

Bogalhal. — Villa Maior indiquait ce cépage portugais comme prédominant, en 1868, à Santo Thyrso; Taveira de Carvalho l'a indiqué dans diverses autres localités; ce serait un cépage très productif, à raisins rouges, très sensibles à la pourriture. — D. O.

Bogalhal verdeal. — Sous ce nom on cultivait, en 1790, un cépage rouge cité par Lacerda Lobo; on ne le retrouve plus actuellement. — D. O.

Bogdanyi Dinka. — Nom de cépage hongrois (?).

Boggione. — Cépage italien de la région de Pise, d'après Caruso.

Boglar. — Cépage de la Transylvanie, d'après H. Gœthe, cultivé pour la cuve; à raisin rouge violacé.

Boglicka. — Cépage rouge de cuve, cultivé en Dalmatie, d'après H. Gœthe.

Bogue's Eureka (Isabelle).

Bogyay (Muscat Halaper).

Böhmischer (Pinot noir).

Boia. — Cépage bulgare assez répandu dans le Rhodope, à Kustendil, à cause de la coloration de son vin; grappe très allongée, régulièrement cylindrique, compacte; grains petits, sphériques, à peau épaisse, avec matière colorante dense et intense en dessous, jus clair; ressemblance ampélographique avec la grappe du Jacquez; feuilles grandes, épaisses, bullées, trilobées; sinus terminal en lyre, sinus pétiolaire en V peu ouvert, très long pétiole.

Boïeriaska alba. — Cépage blanc de cuve de la Bessarabie russe, vigoureux et fertile; feuilles épaisses, quinquelobées, à sinus profonds recouverts sur leurs bords, avec base des sinus ouverts, parfois avec 7 lobes, pubescentes en dessus; sinus pétiolaire fermé; grappe moyenne, lâche, rameuse et conique; grains moyens, sphériques, charnus et sucrés; sujet à la pourriture. — V. T.

Boïeriaska negra. — Cépage noir de cuve de la Bessarabie russe; 2e époque de maturité; grappe moyenne, ailée; grains sub-sphériques, d'un noir violacé foncé, pruinés; feuilles très semblables au cépage précédent. Ces deux cépages considérés parfois, par les caractères des feuilles comme des variétés dégénérées au semis ou des variations du Cabernet-Sauvignon. — V. T.

Bois a trois liards (Savagnin rose)..... IV. 301

Bois de fer (Carignane).............. VI. 332

Bois droit (Pancœruel).......... .... D.

Bois dur (Carignane)................ VI. 332

Bois jaune (Grenache)............. VI. 285

Bois jaune (Pamit)................... VI. 408

Boisnard (Groslot).

Boisselot............................ V. 333

Bojetto. — Cépage de la province de Turin, d'après J. de Rovasenda.

Bokallny. — Cépage russe cultivé à Astrakan, pour la table; 2ᵉ époque de maturité; grappe grosse (800 gr.); grain ellipsoïde, allongé (4 cm.), d'un blanc jaunâtre, se conservant et se transportant bien; cépage d'un grand intérêt pour la table. — V. T.

Bokuta (Fodja)........................... *D.*

Bolana du Piémont. — Cépage italien, cultivé surtout dans la région de Saluces, à grains d'un jaune ambré, moyens de grosseur, ellipsoïdes, chair un peu molle, bien juteuse et sucrée; maturité de 2ᵉ époque; grappe longue, aileronnée, rameuse; feuilles quinquelobées, duveteuses en dessous (d'après V. Pulliat).

Bolanne. — Probablement le Bolana du Piémont importé par la colonie allemande d'Eigenfeld, dans le gouvernement d'Ekaterinodar, en Russie. — V. T.

Boldenasca. — Cité par Acerbi parmi les cépages italiens de la région de Milan.

Bolen. — J. de Rovasenda cite seulement ce nom comme s'appliquant à une vigne de la région de Turin (Italie).

Boleret blanc. — V. Pulliat a seul décrit ce cépage comme appartenant à la région de Montagnieu, dans l'Ain, où il serait surtout cultivé pour faire des raisins à confire. D'après lui, il serait de 2ᵉ époque de maturité; à feuilles moyennes, à duvet lanugineux à la face inférieure; à grappes très grosses, cylindro-coniques, à pulpe molle, sucrées, à peau mince, d'un blanc jaunâtre.

Boletto nero (Fuella)................. III. 141

Bolgar szölö. — Cépage blanc de la Transylvanie, d'après H. Gœthe, cultivé pour la table, à gros grains elliptiques.

Bolgnino .... III. 346

Bolgnino nero (Bolgnino)............. III. 346

Bolgomone nero. — Cépage de la région des Pouilles (Italie), d'après J. de Rovasenda.

Boline. — Cépage de la Bithynie, cité par les Géoponiques du xᵉ siècle. — J. R. C.

Bolldyrr. — Cépage blanc de cuve, à gros grains, cultivé à Astrakan (Russie). — V. T.

Bollo a nœuds courts. — Un des noms inexacts du Catalogue du Luxembourg!

Bolognese bianca. — Cépage italien (de la Sicile), à raisins blancs, cité par Mendola.

Bolond Kadarka (Kadarka).

Bolymio (Nebbiolo).

Bolymino (Nebbiolo).

Bolota. — Cépage portugais signalé, en 1788, par Alvares da Silva, raisin de table et de treille. — D. O.

Bombino .... VI. 338

Bombino bianco (Bombino)............. VI. 338

Bombino blanc (Bombino)............. VI. 338

Bombino nero (Bombino noir)......... VI. 339

Bombino noir....................... VI. 339

Bombino peloso. — Cépage de la région de Montecalvo, dans la province d'Avellino (Italie); c'est une vigne très productive, à grandes grappes atteignant 1 kilog., pyramidales, ailées; grains gros, sphériques, déprimés; feuilles profondément trilobées; page supérieure métallique, face inférieure pubescente. — M. C.

Bommer (Frankenthal).

Bommer blauer (Frankenthal).

Bommerer (Frankenthal).

Bommino (Bombino).................. VI. 338

Bomvedra (Moreto).................. V. 49

Bomvedro (Moreto).................. V. 49

Bonafous (Taggia) .... *D.*

Bona in Ca (Lignan blanc)............ III. 69

Bona in Casa (Lignan blanc)......... III. 69

Bonallabo. — Cépage espagnol de la région de Barcelone, d'après Abela y Sainz.

Bonamico bianco (Buonamico).

Bonamico nero (Buonamico).

Bonarda du Piémont. — Cépage italien cultivé à Monferrato, dans le Piémont, il a été décrit par V. Pulliat et par G. Molon. Il se caractérise surtout par un bourgeonnement duveteux blanchâtre; des feuilles moyennes ou grandes, presque entières, duveteuses à la face inférieure; les grappes sont grosses, cylindro-coniques, rameuses, peu serrées; grain sur-moyen, globuleux, ferme, d'un beau noir pruiné; maturité de 2ᵉ époque.

Bonarda a grandes grappes (Bonarda du Piémont)................................. *D.*

Bonarda de Ghemme (Bonarda di Gattinara).... *D.*

Bonarda de Rovescala (Crovattino).

Bonarda de Chieri (Bonarda du Piémont)..... *D.*

Bonarda di Cavaglia (Balsamea).

Bonarda di Gattinara. — Cultivée surtout dans la province de Novara (Italie) et aussi à Pavie et Turin; feuilles entières, plutôt grandes, tri ou quinquelobées, pubescentes en dessous; grappes grosses; grains sphériques et gros, assez juteux, à goût neutre, à peau mince, pruinée, violacée.

Bonarda nera (Bonarda du Piémont)......... *D.*

Bonarda novarese (Bonarda di Gattinara)..... *D.*

Bonarda piémontese (Bonarda du Piémont)... *D.*

Bonardera (Giridada) .... *D.*

Bonardona (Balsamina).

Bonardone (Bonarda)....................... *D.*

Bonardone d'Acqui. — Constituerait un cépage bien spécial de la région de Monferrato (Piémont), d'après Ottavi.

Bonasia. — Considéré par le *Bulletin ampélographique italien* comme une variété distincte (?), cultivé dans le nord de l'Italie.

Bonaverde. — J. de Rovasenda cite ce cépage pour la région ligurienne de l'Ouest (Italie) (?).

Bonavin (Mourvèdre)................. II. 237

Bon-avis (Mourvèdre) .... II. 237

Bon Bernard (Gamay noir).

Bonberto (Bermestia ?).

Bon blanc (Chardonnay)............. IV. 26

Bon blanc (Chasselas).

Bon blanc (Savagnin jaune) .... IV. 301

Bon blanc des douze chaînées (Gamay).

Bon blanc Fendant (Chasselas).

Bon bourgeois (Elbling)............... IV. 166

Bon cep noir (Gamay, dans le Cher).

Bon chrétien du Lot (Sauvignon).

Bonda (Prié rouge)................... V. 269

Bondet blanc. — Cité par Hardy comme cépage de Gaillac (?).

Bondi. — H. Gœthe donne, d'après Scharrer, ce cépage comme cultivé, au Caucase (?), pour la table, à raisins noirs.

Boneubou (Ugni blanc)............... II. 255

Bonenca (Lignan).

Bonera. — Cité par Acerbi parmi les cépages italiens du Milanais.

Bones Mavors. — Cépage espagnol, d'après H. Gorria.

Bon Gamay (Gamay).

Bongenet. — Cépage du Valais (?), d'après Hardy; inconnu en Suisse.

Bonifacinco (Cargajola)............... V. 259

Bonifazino (Cargajola)............... V. 259

Bonigana. — Cité seulement par J. de Rovasenda comme cépage italien de la région de Lomelline (?).

Boniverga rossa. — Cépage italien de la région de Mariaglio et de Pignerol, cité seulement par J. de Rovasenda et le *Bulletin ampélographique italien* (VIII, 732).

Bonna bella blau. — Raisin originaire des collections Baumann que M. Oberlin signale pour la beauté de ses grappes, à grains de 18/17. Maturation tardive. — A. B.

Bonne blanche (Blanc Ramé)......... III. 240

Bonne Dame. — Donné par Hardy comme cépage du Loiret (?).

Bonnet de retord. — Cépage très curieux par la forme côtelée de ses grains, cultivé par Besson dans ses collections de Marseille.

Bon noir (Pinot noir).

Bon Pendoulot. — Nom appliqué à un cépage de la Loire-Inférieure; lequel (?).

Bon plant (Pinot noir cité par Chaptal).

Bon Savoyan (Mondeuse)............ II. 274

Bontempo. — Non cité par Acerbi pour un cépage de l'Istrie (Italie).

Bon Thessot (Tressot)............... III. 306

Bonvino (Bombino).

Bood bianca. — Variété de la région de Gênes, d'après J. de Rovasenda et Frojo.

Boquinegra (Aboquel).

Borali. — Cépage douteux de la région de Cagliari (d'après le *Bulletin ampélographique italien*).

Borba. — Cépage espagnol de la région de Badajoz, d'après Abela y Sainz.

Bordal. — Cépage espagnol de la région de Murcie, d'après Abela y Sainz.

Bordara. — J. de Rovasenda ne fait que citer ce cépage, d'après Acerbi, pour la région italienne de Bassano.

Bordeaux (Corbeau).

Bordelais (Picard).

Bordelais (Verjus)................... II. 151

Bordelais blanc (Muscadelle).

Bordelais noir (Cabernet).

Borio nero. — Cépage italien, seulement signalé au Jardin botanique de Naples et à celui de Gênes (?).

Borfestö. — Cépage de cuve de la Transylvanie, d'après H. Gœthe, à grosses grappes composées de petits grains sphériques, d'un rouge bleuté; 3ᵉ époque de maturité.

Borgesa nera. — Cépage du Piémont, seulement cité par J. de Rovasenda.

Borgia (Sabalkanskoï)............... III. 285

Borgin (Sabalkanskoï) .... III. 285

Borgione nero (Sangiovetto).

Borgogna (Pinot).

Borgogna bianca (Pinot blanc).

Borgogna nera (Frankenthal).

Borgogna rossa (Pinot gris).

Borgonha (Pinot).

Borguignon blanco (Closier)................ *D*.

Borguignon nigrum (Teinturier mâle).... III. 362

Borjuszemü (Dodrelabi)............... II. 139

Bormene (Mayorquin)............... III. 213

Boromeo (Ribier).

Boromeo grosso blauer (Ribier).

Boros (Vekonyhéju) .... *D*.

Borosbival. — Nom cité par Acerbi (?).

Borosfehér (Vékonyhéju).

Borraçal. — Cépage portugais, cultivé surtout dans la région du Minho, cité, en 1790, par Lacerda Lobo et par Villa Maior en 1866; quoique à produits inférieurs, sa culture est importante dans le Minho à cause de sa grosse production; il est conduit en berceaux soutenus par les arbres. Feuilles grandes, trilobées, pubescentes à la face inférieure; grappe grande, cylindrique, ailée; grains gros, sphériques, mous, d'un rouge violacé, avec grains verts entremêlés. — D. O.

Borraçal Bogalhal. — Cépage à grappes plus longues et moins grosses et à gros grains sphériques, plus réguliers que pour le *Borraçal olho de sapo* avec lequel on pourrait le confondre; cultivé au Minho (Portugal), d'après Rodriguez de Moraes. — D. O.

Borraçal de Basto. — Vicomte de Villa Maior le cite, sans le décrire, comme une variété du Borraçal. — D. O.

Borraçal grosso. — Ancien cépage portugais cultivé à Basto (Minho), cité déjà en 1790 par Lacerda Lobo. — D. O.

Borraçal mindo. — Signalé, comme le précédent, à Basto, par Lacerda Lobo, mais sans aucune indication sur sa valeur et ses caractères. — D. O.

Borraçal olho de sapo. — Variation de Borraçal, cultivée à Moreira dans le Minho portugais; d'après Rodriguez de Moraes il est caractérisé par une grappe grosse et courte, des grains ronds, inégaux, à maturité irrégulière. — D. O.

Borrachón. — Cépage espagnol de Ciudad Real, d'après H. Gorria et Abela y Sainz.

Borral (Burral)...................... IV. 185

Borra di vacca (Schiava).

Borra mosca. — Syn. : *Batalhinha*. — En 1866, Antonio Aguiar signalait ce cépage blanc du Portugal comme cultivé à Torres Novas, et comme très productif; il était surtout répandu à Santarem et dans la Bairrada. Sa maturité est de 2ᵉ époque, d'après M. de Carvalho. — Feuilles assez grandes, cordiformes, en gouttière, minces, quinquélobées, aranéeuses à la face inférieure; sinus bien marqués, sinus pétiolaire presque fermé; grappe moyenne, ailée, lâche, cylindro-conique, pédoncule long et gros; grains assez gros, à peau épaisse, d'un jaune doré, piquetée de brun; saveur sucrée et relevée. — D. O.

Born-Isioum (Ally)......................... *D.*

Born-Kara (Ally) :......................... *D.*

Bortchalo. — Cépage rouge cultivé pour la table à Bortchalo (Russie), à grappe grosse, gros grain d'un rouge violet, charnu et peu agréable; cépage indigène et sauvage. — V. T.

Bortolomeo. — Nom de cépage cité par Acerbi (?).

Borzenauer (Heunisch)..................... *D.*

Boscanata. — Cépage roumain de la Dobroudgea, mal connu. — G. N.

Boscarola. — Nom de cépage cité par Acerbi pour la région de Brescia (Italie).

Boschera bianca (Peverella bianca)........ *D.*

Bosco bianco. — J. de Rovasenda cite ce cépage comme cultivé dans la région de Gênes (Italie), et très productif.

Boskokour (Kokour blanc)........... IV. 149

Boskokwi. — Suivant Bronner et Oberlin, ce cépage à fruits blancs serait originaire de l'île de Zante (Grèce), bien que nous l'ayons reçu du Tyrol.

Végétation moyenne, à port assez étalé; bois jaune brun strié; feuilles moyennes, d'un vert brillant, souples et épaisses, faiblement trilobées et dentelées, souvent plissées en gouttière et couvertes infer d'un duvet gris; grappes cylindriques, allongées et serrées, à 2 ou 3 ailes tombantes; grains gros, ellipsoïdes (19/16), d'un vert pruiné, portés sur des pédicelles grêles à large disque. Cépage assez sain, d'une grande et régulière fertilité à taille longue, débourrant tard et mûrissant en 2ᵉ époque. Bon pour la table et le pressoir dans les régions méridionales. — A. B.

Bosov (Pamit).

Boss-Khanlougg. — Cépage blanc de cuve, cultivé à Bortchalo (Russie). — V. T.

Boss-Marandi (Marandi).................... *D.*

Bossolera nera. — Cité par J. de Rovasenda comme cépage de la région de Voghera (Italie).

Botacciara (Canaiolo).

Botai (Sarféher).

Botanic Garten. — Raisin bleu obtenu de semis par Velten, remarquable par ses grains oblongs de 21/18, mais vigueur et production faibles. Maturité de 3ᵉ époque. — A. B.

Botallal. — Cépage espagnol de la région de Barcelonne, d'après Abela y Sainz.

Botelheira. — Vicomte de Villa Maior disait, en 1875, que ce cépage à raisins blancs était peu estimé dans le Haut-Douro. Il nous a été impossible de le retrouver; on nous a seulement indiqué, sous ce nom, un cépage à raisins rouges très inférieur. — D. O.

Botero (Canaiolo).

Boton de gallo (Cornichon blanc).

Boton de gallo negro (Cornichon noir).

Botria Lour. (Cissus).

Bottaccia (Canaiolo).

Bottaccione (Canaiolo).

Bottacina. — Variété du Haut-Novarais italien, d'après J. de Rovasenda.

Bottaxi bianco (Canaiolo).

Bottanina (Neretto).

Bottao (Pis de chèvre).

Bottara (Canaiolo).

Bottaro (Canaiolo?).

Bottascera (Schiava).

Bottassera (Schiava).

Bottato (Canaiolo).

Bottero (Canaiolo).

Bottirone (Pis de chèvre).

Bottona. — Cépage italien de la région de Bologne, à feuilles entières, planes et très duveteuses à la page inférieure; grappes pyramidales, ailées, longues, de moyenne grosseur; grains gros, sphériques, ombiliqués, à peau translucide d'un blanc nacré, à jus un peu aromatique et sucré;

préfère la taille longue ; cultivé pour la cuve et peu important (d'après le *Bulletin ampélographique italien*, XII, 419).

Bottone (Neretto).

Bottonetto (Neretto).

Bottonino bianco. — V. Pulliat considère ce cépage comme une variété spéciale au Piémont ; quelques auteurs croient que c'est une forme de Canaiolo. D'après Pulliat il se caractérise par des feuilles aranéeuses à la face inférieure, des grappes sur-moyennes, cylindro-coniques, des grains sur-moyens, globuleux, à peau mince, d'un beau blanc ambré à la maturité qui est de 2ᵉ époque tardive ; cultivé surtout pour la table.

Bottonino nero. — Ne différerait de la variété précédente que par la couleur des grains ; quelques auteurs considèrent ce cépage comme une forme du Bermestia.

Bottornione (Canaiolo).

Bottoto (Canaiolo).

Bottsi (Herbemont).................. VI. 256

Bottuna di gaddu (Cornichon blanc).... IV. 315

Bottuna di gattu (Cornichon blanc).... IV. 315

Börzinger (Sylvaner).

Boua (Ugni blanc).................. II. 255

Boüaky. — Cépage du Turkestan russe nommé *Ahakk* et *Obakk* en Boukharie et *Sahzanourr* en Perse (Daralaguèze). Maturité de 1ʳᵉ époque tardive ; cultivé pour la cuve et la table. Vigne vigoureuse, fertile, à grandes feuilles quinqué-lobées et à sinus profonds ; grappe moyenne, conique, compacte, ailée, à pédoncule et pédicelles larges et forts ; grains moyens, sphériques, peu fermes ; peau fine, transparente et laissant percevoir les pépins, d'un vert jaunâtre clair. Comparé par quelques viticulteurs russes au Riesling à cause de son goût aromatique ; un des meilleurs pour la production des vins blancs dans ces régions. — V. T.

Bouan brou (Ugni blanc).............. II. 255

Bouavatz (Kadarka, en Serbie).

Boubet (Cabernet franc) .... II. 290

Boucalon bianca. — Cité par J. de Rovasenda comme un des cépages blancs de la région de Bobbio (Italie).

Boucarès (Côt) .... VI. 6

Bouchalès (Côt) .... VI. 6

Bouchalès (Grappu).................. VI. 29

Boucharès (Côt) .... VI. 6

Boucharès (Grappu).................. VI. 29

Bouché (Cabernet-Sauvignon).

Bouche cendrée noir. — Cité dans le catalogue Bury comme un cépage (ou synonyme) de l'Yonne (?).

Bouchelès (Grappu).................. VI. 29

Bouchereau. — Variété de semis obtenue par Tourres de Macheteau, citée par V. Pulliat et carac-

térisée, d'après lui, par des feuilles sur-moyennes, glabres sur les deux faces, des grappes sur-moyennes, rameuses, un peu serrées, cylindro-coniques ; de gros grains sub-ellipsoïdes, d'un beau rouge pruiné à la maturité de 2ᵉ époque.

Boucherès (Grappu).................. VI. 29

Bouchès (Grappu).................... VI. 29

Bouchet (Cabernet-Sauvignon).

Bouchet (Pinot noir).

Bouci (Pinot noir).

Bouchy (Cabernet franc)............. II. 290

Bouchy (Cabernet-Sauvignon).

Boucles d'oreilles (Cornichon blanc).

Boudalès (Cinsaut).................. VI. 322

Boudalès blanc (Chasselas doré).

Boudalès jaune (Chasselas doré).

Boudalès gros (Prunelas).................. D.

Boudéchouri. — Cépage blanc, cultivé pour la cuve et pour la table dans la Kakétie russe, de 2ᵉ époque tardive de maturité ; feuille glabre sur les deux faces, très sinuée ; grappe cylindro-conique, lâche ; grains gros, allongés, manquant d'acidité ; très sensible à l'oïdium ; vin léger, de mauvaise conservation. — V. T.

Boudet. — Nom du Catalogue des vignes du Luxembourg (?).

Bouerra-Vazi. — Cépage blanc, cultivé pour la cuve et de qualité très inférieure, rare aux environs de Tiflis, dans le Caucase (Russie). — V. T.

Bougkart. — Seul, Rovasenda cite ce nom comme s'appliquant à un cépage du Roussillon et de l'Isère, vigne inconnue dans ces régions !

Bougneton. — Un des nombreux noms sans signification donné par Hardy et par le Catalogue du Luxembourg !

Bouillan clair (Quillard ?).

Bouillan noir. — V. Pulliat considère que ce nom s'applique à un cépage de la Gironde ? Il le caractérise par une feuille moyenne, bullée, aranéeuse en dessous ; par une grappe sur-moyenne, cylindro-conique, aileronée ; grains sur-moyens, faiblement ellipsoïdes, fermes, juteux, sucrés ; peau mince, cassante, d'un noir foncé, peu pruinée à la maturité de 2ᵉ époque : Vin commun.

Bouillant blanc (Gouais).

Bouillard. — Nom du Catalogue du Luxembourg, sans signification.

Bouillenc (Gouais).

Bouillenc clair (Gouais).

Bouillenc du Tarn (Carignane).

Bouillenc hatif (Chasselas ?).

Bouillenc muscat (Muscadelle).

Bouillenc noir (Carignane).

Bouillenc rose (?) (Valteliner rouge).... IV. 32

Bouillenc Vionnier (Viognier).

Bouillon (Folle blanche).............. II. 205

Bouïssalès (Côt).

Bouïssolès (Côt).

Bouksouïok. — Cépage à raisins noirs, cultivé pour la cuve dans la Bessarabie russe ; peut-être le Dodrelabi?. — V. T.

Bou Ksouïok (Occhiu-Bouloui)............... *D.*

Boulany. — Cépage blanc du Don (Russie), de 1ʳᵉ époque tardive comme maturité ; cultivé pour la cuve ; très fertile en terres siliceuses et riches. — V. T.

Boulany (Mauzac noir, en Russie, d'après Klausser). — V. T.

Boulenc (pour Bouillenc, dans le Catalogue du Luxembourg).

Boulevard. — Hybride de Labrusca (Concord par Brighton), obtenu par A. Koeth dans l'état de New-York ; grains d'une coloration blanc grisâtre, faiblement rosés, assez gros ; maturité contemporaine du Concord.

Bounarda (pour Bonarda).................. *D.*

Bouquetier (Brun Fourca)............. III. 310

Bouquetmadeleine. — Cépage créé par Oberlin, précoce.

Bouquetriesling..................... II. 250

Bouquetsylvaner. — Cépage créé par Oberlin, dérivé du Sylvaner.

Bouquettraube. — Variété de semis obtenue à Würzburg, d'après H. Gœthe, qui la dit à grappe de grosseur moyenne, à grains moyens, sphériques, blanc grisâtre, légèrement parfumés.

Bourbon (Corbeau).

Bourbonnais blanc, rose. — Deux noms de catalogues de pépiniéristes, et ne pouvant être rapportés plus spécialement à un cépage.

Bourboulenc...................... III. 148

Bourboulenco (Bourboulenc)......... III. 148

Bourboulenco frappadde (Bourboulenc). III. 148

Bourboulenque (Bourboulenc)........ III. 148

Bourboulenque (Roussette)......... II. 244

Bourboulenque rouge (Braquet).

Bourbouling. — Variété américaine, créée par T.-V. Munson.

Bourbounenco (Bourboulenc)......... III. 148

Bourdalès (Cinsaut)...'.............. VI. 322

Bourdelais rouge (Grec rouge)........ III. 277

Bourdelas (Grec rouge) .... III. 277

Bourdelas (Verjus)................... II. 151

Bourdon (Corbeau).

Bourdoulès noir (Cinsaut).

Bourdxrala. — Cépage à feuilles très tomenteuses, mal connu, de la région d'Adjarie (Russie). — V. T.

Bourecq. — Syn. : *Printiou.* — Cépage peu répandu dans les Basses-Pyrénées, signalé cependant à Saint-Faust, Gan, Monein, Lescar ; raisin de table, à peau d'un jaune blanchâtre, hâtif comme maturité ; peu attaqué par l'oïdium, très sensible au mildiou. — A. Br.

Bouré gris (Terret Bourret).

Bouret blanc (Terret blanc).

Bourgæana (V. Bourgœana).......... I. 327

Bourgelas (Cinsaut).

Bourgelas blanc. — Nom du Catalogue du Luxembourg, sans signification.

Bourgeois (Elbling).................. IV. 163

Bourgeois blanc (Marmot)................ *D.*

Bourgogne (Enfariné)................ II. 392

Bourgogne blanc (Gros Bourgogne)..... VI. 56

Bourgogne blanche (Melon)........... II. 45

Bourgogne Miller's (Meunier)......... II. 383

Bourgogne verte (Melon)............. II. 45

Bourguignon (Gros Bourgogne)........ VI. 56

Bourguignon blanc (Melon).......... II. 45

Bourguignon noir (Côt).............. VI. 6

Bourguignon noir (Gamay Beaujolais).. III. 5

Bourguignon noir (Pinot noir)........ II. 19

Bourguignon précoce (Pinot noir précoce). II. 44

Bourguignon noir (Teinturiers)....... III. 362

Bourguignon noir (Teinturier mâle).... III. 362

Bourguignon noir (Tressot)........... III. 304

Bourguignon tardif (Pinot noir)...... II. 44

Bourmat. — Signalé dans le Catalogue du Luxembourg et dans celui de Bury comme cépage de l'Isère, où il est inconnu !

Bourret (Chasselas doré)............. II. 6

Bourniès (Colombaud).

Bourniès blanc (Colombaud).

Bournot (Chasselas doré) .... II. 6

Bou Rouguia. — Cépage très répandu, en Tunisie, dans les oasis de Tozeur, Nefta, El Oudiane, Gabès. Il a une très puissante végétation et s'étend d'un palmier à l'autre en formant des cordons qui ont souvent plus de 25 mètres de côté, soit 50 à 75 ou 100 mètres de développement suivant le nombre de palmiers auxquels on les a reliés ; certains ceps produisent ainsi jusqu'à 200 et 250 kilog. de raisins. Son raisin, à couleur toute spéciale d'un rouge violet, est très beau, très sucré, très aqueux. — Vigne très vigoureuse, à tronc de 20 cent. de diamètre, à sarments grêles et retombants, à larges mérithalles et vrilles très ramifiées et très puissantes ; feuilles moyennes, allongées, très duveteuses à la face inférieure ; grappe grosse, cylindro-conique, ailée, lâche ; grains moyens, presque ronds, à peau mince et d'une belle couleur violette, légèrement pruinée ; chair croquante, sucrée et aqueuse. — N. M.

Bourret (Terret gris)................. V. 211

Bourriscou (Bourrisquou)............. V. 338

Bourrisquou .... V. 338

Bourrisquou × Rupestris Couderc n° 601 (Hybride Couderc n° 601)............. '............... *D.*

Bourrisquou ✕ Rupestris Couderc n° 603 (Hybride Couderc n° 603).......................... *D.*
Bourru blanc. — Nom erroné donné par Hardy pour un cépage inconnu de l'Yonne.
Bouscalès (Grappu)................. VI. 29
Bouschet (Petit Bouschet)............ VI. 416
Bouschet à feuilles de Malvoisie ; — à feuilles lisses et Aramon n° 9 ; — à feuilles lisses et Aramon n° 3 ; — à feuilles lisses et Aramon n° 5. — Hybrides divers, créés par Henri Bouschet, restés dans quelques collections et sans valeur culturale !
Bouschet précoce. — Hybride très inférieur comme valeur culturale, créé par H. Bouschet ; sans intérêt.
Bouschets (Hybrides Bouschet).
Bouschet Sauvignon (Cabernet-Sauvignon).......................... II. 285
Boussouïck. — Cépage de la Bessarabie (Russie), à raisin blanc, de 3° époque de maturité, cultivé pour la cuve, donnant un bon vin, et bien résistant aux maladies cryptogamiques. — V. T.
Boutazat (Pulsard).
Bouteillan....................... IV. 234
Bouteilland (Colombaud).
Bouteillan gros (Aramon).
Bouteillan noir (Calitor).
Boutelou (Pedro Ximenès).
Bouteloui (de Boutelou)'................ *D.*
Boutezat (Pulsard).
Boutigne. — Nom sans signification du Catalogue des anciennes collections de vignes du Luxembourg.
Boutignon blanc (Malvoisie jaune, d'après V. Pulliat ?).
Boutineaux (Brégin).
Boutiquon (Pardotte)................... *D.*
Boutko. — Cépage noir cultivé pour la cuve à Art-wine (Russie), à petits grains, donnant un assez bon vin, très fertile. — V. T.
Bouton blanc (Moustouzère)............ *D.*
Bouton blanc (Petit Verdot).......... VI. 22
Bouvaki (Angourr-Sapenn)............. *D.*
Bouyssalès (Côt)................. VI. 6
Bouyssalet (Côt).................. VI. 6
Bouziss-Kourdzeny. — Raisin de cuve du Caucase, nommé encore *Sabouzé.* — B. T.
Bovale piccolo. — G. Molon considère ce cépage de Cagliari (Italie) comme une variété bien distincte, caractérisée surtout par de petites feuilles, un peu araneéuses à la face inférieure, quinquélobées, à lobes irréguliers et peu profonds ; grappes coniques, ailées, compactes, petites ; grains petits, sub-sphériques, à peau d'un violet terne, peu pruineuse.
Bovaleddu bianca (Bovale piccolo)........... *D.*
Bovale grosso (Bovale piccolo).
Bovali (Bovale piccolo).................... *D.*

Bovali di Spagna (Bovale piccolo)......... *D.*
Bovali noir (Bovale piccolo)............... *D.*
Bovalimannu (Bovale piccolo)............. *D.*
Bovatis (Bovale piccolo)................. *D.*
Bovery. — Hybride de Candicans et de Berlandieri, sélectionné par T.-V. Munson ; sans valeur culturale, mais très vigoureux.
Bowood Muscat (Muscat d'Alexandrie).
Box hoder (Frankenthal).
Bozef pamit. — Cépage de la Bulgarie balkanique, peu important à cause de sa faible production et de son vin très léger ; disparaît tous les jours de la culture.
Bözniger (Sylvaner).
Bracciola. — Nom de cépage italien cité par Acerbi ?
Bracciula. — Cépage italien, cultivé pour la cuve dans la province de Massa-Carrara, à grappe longue et ailée ; grains lâches, petits, sphériques, d'un blanc clair, à saveur douce et neutre.
Braccivola. — Cité par Soderini, au xiv° siècle, parmi les raisins italiens. — J. R. C.
Brachet (Braquet).................. IV. 237
Brachet blanc (Braquet blanc)........ IV. 239
Brachetto (Braquet)................. IV. 237
Brachetto bianco (Braquet blanc)...... IV. 239
Brachetto d'Alexandrie (Brachetto du Piémont)...................... IV. 238
Brachetto du Piémont................ IV. 238
Brachetto nero (Braquet)............. IV. 237
Braciano (Luglienga).
Brack Flowered vine (pour Black,... V. riparia).
Brandick's seedling Hamburgh (Frankenthal)........................... II. 127
Bragar blanc (Pis de chèvre blanc).
Bragena (Braghina)................. IV. 146
Bragère blanc (Pis de chèvre blanc).
Braghani desa Battuta (Braghina)...... IV. 146
Braghetto bianco (Braquet blanc)...... IV. 240
Braghina........................ IV. 146
Braghina a petits grains (Vulpe)....... IV. 147
Braghina de Dragachan (Braghina).... IV. 146
Braghina neagra (Braghina).......... IV. 146
Braghina rose (Vulpe)............... IV. 147
Braghina rose clair (Braghina)........ IV. 146
Braghina rose rara (Braghina)........ IV. 146
Braida (Wippacher)................... *D.*
Brak lemmer (Pinot noir).
Brambona. — Cépage à raisins noirs du Frioul (?).
Bramestone (Verjus)................ III. 151
Branca esganosa. — Cépage cité par Villa Maior en 1866 comme cultivé au Portugal, à Ponte do Lima, inconnu aujourd'hui. — D. O.
Brançal. — Villa Maior citait aussi ce cépage en 1866, à Monçao (Portugal), comme donnant un excellent vin ; ce nom est peut-être une altération orthographique. — D. O.

Branca molle. — Ancien cépage portugais, disparu aujourd'hui, cultivé jadis, en 1790, d'après Lacerda Lobo dans la région de Lamego. — D. O.

Brancelho. — Syn. : *Varancelha, Varancelho, Verancelha, Vrancelha.* — Cépage portugais connu depuis la fin du XVIII° siècle, signalé en 1790 par Lacerda Lobo comme existant à Villanova da Cerveira (Minho); il occupe encore une place importante à Caminha (Minho), où il donne des vins rosés. Feuille assez grande, allongée, entière ou peu trilobée, creusée en gouttière; grappe longue, conique; grains sur-moyens, sub-sphériques, d'un rouge violacé clair. — D. O.

Brancelho tinto doçal. — Cépage du Minho (Portugal) non sans rapports avec l'Alvarelhão; non étudié. — D. O.

Branco de lama. — Cépage blanc, signalé en 1790 par Lacerda Lobo, dans le Minho (Portugal), à Melgaço; en 1822, Antonio Gyrão l'indique comme cultivé sur les rives du Minho, et comme très productif dans les terres fortes. D'après de Carvalho il existe encore dans cette région, mais il n'y a aucune importance culturale. — D. O.

Branco do lameiro (Molarinha) .... *D.*

Brancone bianco. — Serait (?) un cépage de la Toscane, d'après Frojo, cité par J. de Rovasenda.

Brandam. — Ancien cépage portugais existant encore à Paredes et à Vallongo, inscrit en 1790 dans une liste de vignes de Lacerda Lobo. — D. O.

Brandolesa bianco. — Cité par Acerbi comme un cépage italien de la province de Pavie (?).

Brandolone. — Un nom inexact du catalogue Bury de la collection de vignes de Saumur.

Brangal. — Encore un nom sans signification du Catalogue de vignes du Luxembourg.

Branicevka (Kadarka) .... IV. 177

Branne (Heunisch weisse) .... *D.*

Branquilha. — Cépage blanc signalé seulement par Larcher Marçal, en 1888, comme cultivé à Castello Branco (Portugal). — D. O.

Brant. — Variété américaine, hybride d'Arnold (n° 8), provenant du croisement du Clinton par le Black St Peters; le Riparia domine dans ce cépage qui est bien productif, à goût franc, à grains juteux, de maturité précoce; il est peu résistant au phylloxéra et très sensible au mildiou et au black rot comme le *Canada*, hybride de même composition et dont il diffère fort peu par les caractères ampélographiques; les grains sont plus grisâtres dans leur teinte violacée claire.

Braquet .... III. 237
Braquet blanc .... IV. 239
Braquet des jardins (Braquet) .... IV. 238
Braquet du Piémont .... IV. 238
Braquet noir (Braquet) .... IV. 237

Braquetto (Braquet) .... IV. 237
Brassola (Brassora) .... *D.*

Brassora. — Cépage italien de la région de Turin, cultivé aussi à Saluces; grappe pyramidale, ailée, grosse, à grains sphériques, d'un blanc verdâtre doré au soleil. — J. R.

Brassouria (Brassora) .... *D.*

Brattraube grün. — Raisin de table et de cuve, blanc verdâtre, signalé par Frank et H. Gœthe et reçu par nous du Tyrol. Port grêle, un peu buissonnant, bourgeonnement vert. Feuilles moyennes et épaisses, gaufrées, tri ou quinquélobées, toujours plissées en gouttières, à revers aranéeux. Grappes cylindriques, assez fortes, à grains moyens, franchement ellipsoïdes, de 16/14, non tiquetés, très juteux, jaunissant à maturité, de 2° époque hâtive; cépage bien fertile et assez résistant aux maladies, sauf au botrytis. — A. B.

Braucol (Cabernet).

Braucol noir (Cabernet franc).

Brauner Würnberger (Räuschling) ...... V. 229

Brauner (Savagnin).

Braunes (Savagnin).

Braun grobes (Savagnin).

Braunii (V. Braunii) ....'........ I. 487

Braut fass (Furmint).

Brava cernina (Oberfelder) .... *D.*

Brazolata (Brassora) .... *D.*

Brfal. — Cépage portugais, jadis cultivé dans l'Algarve, vers 1874, disparu aujourd'hui. — D. O.

Brecciano (pour Braciano).

Brefano. — Cépage secondaire et rare en Sicile.

Breggiola (Bregiola) .... *D.*

Brégin .... VI. 37
Brégin (Tressot) .... III. 302
Bregin a gros grains (Gros Brégin) ..... VI. 37
Brégin blanc .... VI. 37
Bregin bleu (Enfariné) .... II. 392
Bregin clair (Brégin) .... VI. 37
Brégin gris .... VI. 37

Bregin noir. — Cépage important du vignoble du Doubs, cultivé surtout aux environs de Besançon, décrit par Mas et V. Pulliat et par Ch. Rouget; d'après ce dernier auteur, ce cépage est exclusivement franc-comtois, signalé déjà par Jean Bauhin sous le nom de *Uvæ Vesuntiæ*; avant 1875, et d'après A. Vaissier, il peuplait les 3°/₀ du vignoble (environ 1.000 à 1.200 hectares); sa place a diminué dans les vignobles reconstitués. Il a d'assez grands rapports avec le Tressot, mais il se caractérise par des feuilles de grandeur moyenne, à bords infléchis, lobées et à sinus profonds, aranéeuses en dessous; grappes grosses, cylindro-coniques, aileronnées; grains gros, légèrement ovoïdes (20 ᵐᵐ sur 18 ᵐᵐ); peau d'un beau noir pruiné; chair un peu pulpeuse, à saveur acre;

maturité de 2ᵉ époque ; très productif même conduit à taille courte. — J. G.

Bregin panaché (Bregin)............... VI. 37

Bregiola. — Cépage italien, cultivé à Gênes, à Novare et dans la Ligurie, plutôt raisin de table, peu important. Feuilles grandes, trilobées, peu sinuées ; à poils courts et roides à la page inférieure ; grappes grandes, cylindriques, peu ailées ; grains sur-moyens, sphériques ; peau d'un noir violacé rougeâtre, pruineuse ; maturité de 3ᵉ époque. — G. M.

Breisgauer Riesling (Kniperlé)........ VI. 72

Breisgauer sussling (Chardonnay)...... IV. 5

Brenk (Hainer grüner)................... D.

Brefon Molinara. — Nom de cépage cité par Acerbi parmi les vignes véronaises, probablement le Molinara. — J. R.

Brefon nero (Molinara)................. D.

Bresana. — Cépage italien de la région de Turin, cité vers 1600 par J.-B. Croce ; G. Molon le considère comme un vrai cépage.

Bresciana. — Nom d'une vigne milanaise, cité par Acerbi ; sous ce nom un cépage italien est cultivé dans le Piémont, à Lodi, à Pavie, etc.

Brescianella (Bresciana)................. D.

Brésilien. — Nom sans signification du Catalogue des vignes du Luxembourg.

Bresparola bianca. — Cépage italien, à raisins blancs, de la région de Vicence, d'après Dʳ Carpené.

Bressana (Bresana)..................... D.

Bressana nera (Bresana)................. D.

Bressanello. — Donné par Rovasenda et par le Bulletin ampélographique italien (XIV) comme cépage italien spécial, cultivé dans la région de Pavie ; peut-être identique au Bresana.

Bressanino (Bressanello).

Bressano (Bressanello).

Bresson (Troyen)..................... IV. 51

Bretagne noira (Pulsart ?).

Bretays. — Deux cépages, blanc et noir, cités par Bosc, en 1867, comme appartenant à la Haute-Savoie. — J. R. C.

Breton (Cabernet franc).............. II. 290

Breton blanc. — Syn. : Cabernet franc blanc. — Cépage obtenu d'un semis de Cabernet franc ou Breton, par M. Moreau, viticulteur à Montsoreau (Maine-et-Loire). Souche de vigueur moyenne ; bois gris clair ; rameaux à bourgeons assez rapprochés, doubles et quelquefois triples ; feuilles quinquélobées, à sinus profonds des Cabernets. Bourgeonnement verdâtre fauve ; grappe sous-moyenne, à grains sous-moyens ronds, blancs, à goût bien caractéristique de Cabernet ; maturité de 2ᵉ époque tardive ; peu fructifère. — C. B.

Bretonneau. — J. Guyot signale ce cépage comme spécial (?) à la Haute-Vienne.

Bretonneria (Teinturier mâle)........ III. 362

Breza. — Syn. : Govedina, Mirizlivka, Bello cedro.
— Cépage bulgare, à raisins blancs, cultivé dans le Rhodope, à Kustendil, surtout pour la table, rarement pour le vin ; les fruits mûrs sont d'un vert intense, veinés et très pruinés, sphériques ; la grappe, par sa forme et sa compacité, et la souche par sa végétation, rappellent le Carignan du Languedoc ; feuilles de dimensions moyennes, allongées, quinquélobées et à sinus très profonds, presque fermés ; bouquets de poils courts sur les nervures de la face inférieure.

Brezin de panpan (Enfariné).......... II. 392

Brezzola (Barbarossa).

Briachiello bianco. — D'après J. de Rovasenda, raisin de cuve cultivé à Barletta.

Briansotto nero. — J. de Rovasenda indique seulement ce cépage comme spécial à la région de Pavie (Italie).

Brianzola. — J. de Rovasenda dit ce cépage cultivé dans la province de Lodi, en Italie, et ne donne pas d'autre indication !

Brianzone nera (Crovera).

Briganesca. — Cépage italien de la région de Gênes, d'après le Bulletin ampélographique italien (XVI).

Brighton. — Vigne américaine, hybride de Labrusca × Vinifera, créée par J. Moore ; un des cépages assez estimés aux États-Unis, vigoureux et fertile, mais foxé ; feuilles presque entières, épaisses, d'un vert foncé ; grappes sous-moyennes, ailées ; grains sous-moyens, globuleux, d'un rose brun à la maturité, parfois presque violacés, très pruinés.

Brigler. — Nom de vigne donné par Acerbi pour la région de Gênes (Italie).

Brillant. — Hybride américain de T.-V. Munson obtenu par le croisement du Lindley et du Delaware. C'est un cépage à raisins rouges, à belle grappe et très productif, assez résistant aux maladies cryptogamiques, à grains de la grosseur de ceux du Concord, sphériques, très pruinés, un peu foxés.

Brindisina. — Cépage à raisin gris rosé de la province de Lecce (Italie), très vigoureux ; feuilles plutôt petites, glabres sur les deux faces, trilobées ; grappe conique, compacte ; grains moyens, subovales, rose terne.

Brindisina bianca. — Cépage à raisins blancs spécial, d'après J. de Rovasenda, à la Terre d'Otrante (Italie).

Britannica (Vitis britannica).......... I. 490

Brizzola (Grec rouge) .... III. 277

Brjavina (Portugais bleu).

Brocal. — Nom du Catalogue du Luxembourg, sans signification.

Brocanico (Ugni blanc).............. II. 255

BROCCOLA. — Nom de cépage, cité par Odart; lequel?

BROCINIAL. — Cépage portugais à raisins rouges, cultivé en 1790, à Moncorvo, d'après Lacerda Lobo; disparu aujourd'hui. — D. O.

BROCOL (Fert).

BROENDLY (Haber's Seedling)................. D.

BROGIONE NERO (Sangiovetto).

BROGNOLA (Bragnola).

BROGNOLERA. — Nom de cépage italien de Brescia, cité par Acerbi.

BROMBESTA (Pinot gris).

BROMES BLANC, NOIR. — Odart, Hardy et J. de Rovasenda citent ces trois noms comme s'appliquant à des vignes de la région de Nice, où ces noms sont inconnus !

BROMESTA. — Nom de vigne, cité par Pierre de Crescence au XIIIe siècle. — J. R. C.

BROMESTE DE NICE (Verjus)............ II.   154

BROMESTINA (Verjus)................. II.   154

BROMESTO (Verjus).................. II.   154

BROMESTONE (Verjus)................ II.   154

BROMET (Colombaud).

BRONEUTUM. — Nom de cépage cité par André Baccius, au XVIe siècle. — J. R. C.

BROMBER (Pinot blanc précoce).

Bronner. — Cépage des plus intéressants pour la production de vins blancs fins dans les régions viticoles de latitude élevée; malheureusement encore très rare, il est dérivé, selon M. Oberlin, d'un semis de Pinot effectué par l'ampélographe Bronner, de Wissloch. Il ne diffère, à première vue, des Pinots que par la glaucescence brillante de son feuillage un peu plus arrondi et plus épais, plus plan et à denture plus fine et plus aiguë. Raisin court, à grains plus gros que ceux du Pinot, 15/14, mais toujours partiellement millerandés, de couleur jaune à maturité. Sa précocité est de trois semaines supérieure à celle du Pinot blanc Chardonnay. Production modeste, mais de qualité supérieure. Le 30 août 1904 son moût accusait, à Pontailler, 18 jours avant la vendange du précédent, 207 gr. de sucre par litre. — A. B.

Bronnerstraube. — Beau raisin rouge de table issu d'un semis de Bronner. Grains ronds, de 16 mm de diamètre, très doux, mais de saveur ordinaire. Production satisfaisante. Maturité moyenne. — A. B.

Brontolona nera. — Cépage italien de la région de Conegliano, cité par J. de Rovasenda.

BROODLAND SVEET BLANCHE (erreur de transcription de J. de Rovasenda pour Buckland svect water).

BROSOLA (Brassora)...................... D.

Brossolai nero. — Cité seulement par le *Bulletin ampélographique italien* comme cépage italien de la région de Cuneo.

BROT (Pinot gris).................... II.   32

BROUGAMAT NOIR. — Un nom inexact de vigne relevé dans le catalogue Bury pour la région de la Lozère !

BROUILLARD (Nevoeira)............... VI.   205

BROÛM (Isabelle).

Broumaria. — Cépage à raisin blanc, cultivé pour la cuve dans la Bessarabie russe. — B. T.

BROUMESTRE (Verjus).

BROUSTIANA ROSE (Abrostine ?).............. D.

BROWN (Frankenthal).

BROWN FRENCH (Herbemont).......... VI.   256

Bru. — M. Marre donne ce cépage comme bien spécial à la région viticole de l'Aveyron.

BRUCANICO (Ugni blanc)............... II.   255

BRUCHET. — Nom de vigne sans signification du Catalogue du Luxembourg.

BRUCHINET (pour Cruchinet ou Côt).

BRUCIANICO (Ugni blanc).

BRUCIANICO BLANC (Ugni blanc).

BRUCIANICO GENTILE (Ugni blanc).

BRUCIANO (Ugni blanc).

BRUGAMET NOIR. — Nom, sans signification, cité par Hardy comme s'appliquant à un cépage de Florac.

BRUGAMOT NOIR. — Même erreur que pour le nom précédent, transcrite par Bury dans son catalogue.

BRUGANICO GENTILE (Ugni blanc).

Brugnara. — Cépage de la région de Parme. — J. R.

BRUGMENTI ROUGE (Brun gentile)............ D.

Brugnola. — Sous ce nom, on désignerait en Italie deux cépages, l'un de la région de Modène, l'autre de Ponte Valtellina. — J. R.

BRUGNONA. — Cité par Rovasenda comme un raisin noté dans une exposition, à gros grain, noirâtres(?)

BRULANT. — Nom de cépage cité par J. Bauhin au XVIe siècle. — J. R. C.

Brûlant. — Ch. Rouget croit que le cépage de Bauhin est celui connu encore sous ce nom dans les vignes de Montbéliard; ce cépage a quelques rapports avec le Melon, mais ses feuilles sont quinquelobées, à poils roides à la face inférieure; il est très rare actuellement.

BRUMEAU (Argant)...................... V.   346

BRUMESTA (Verjus).................... II.   151

BRUMESTE (Verjus)................... II.   151

BRUMESTIA (Verjus)................... II.   151

BRUMESTRA (Verjus).................. II.   151

BRUMIER. — Nom sans signification donné par Hardy à un cépage de la Dordogne !

BRUN (Téoulier)..................... III.   210

BRUN ARGENTÉ. — Cépage du département de Vaucluse, mal spécifié ampélographiquement par rapport à d'autres cépages méridionaux.

BRUN BLANC (Pascal blanc)........... IV.   42

BRUN D'AURIOL (Brun Fourca)......... III.   310

BRUN DE FARNOUS (Brun Fourca)....... III.   310

Brun des Hautes-Alpes. — V. Pulliat signale seul ce cépage comme spécial au département des Hautes-Alpes ; feuilles finement tomenteuses en dessous ; grappe moyenne, cylindro-conique ; grains moyens, globuleux, un peu fermes et juteux, d'un noir foncé pruiné à la maturité, qui est de 2ᵉ époque.

Bruneau. — Cépage du Lot, à raisins noirs, d'après V. Pulliat, assez mal caractérisé par rapport surtout au cépage précédent ; les descriptions données par V. Pulliat sont identiques.

Brunello (San Gioveto)............. III. 333

Brunenta (Fresa).

Brunet (Chichaud)................. VI. 158

Brunetta nera. — Cépage italien, très fertile et rustique des régions de Suse, Rivoli, Pignerol. — J. R.

Brun Farnous (Brun Fourca)........ III. 310

Brun Fourca....................... III. 310

Brun gentile (Barbarossa).

Brungentino (Barbarossa).

Brunier. — J. de Rovasenda, d'après J. Guyot, cite ce nom de cépage (?) pour la Dordogne.

Brünläubler (Pinot noir)........... II. 19

Brunnehi (Vitis Brunneri).......... I. 403

Brunner roth (Heunisch roter)...... D.

Bruno (Brun des Hautes-Alpes)...... D.

Brunol tinto. — Cépage espagnol de la région de Salamanca, d'après Abela y Sainz.

Bruquet (Braquet)................. IV. 237

Bruschetta. — Cépage de la Lomelline (Italie). — J. R.

Bruschina. — Cépage italien de la région de Pavie. J. R.

Brusgiapagia. — Nom de cépage cité par Acerbi.

Brustiana (pour Brustiano).

Brustiano (Calitrano)............. IV. 159

Brustiano. — V. Pulliat considère, d'après J. de Rovasenda, ce cépage comme spécial à la Corse, caractérisé par une grappe lâche, cylindro-conique, ailée, à grains assez gros, sphéro-ellipsoïdes, à peau épaisse, résistante, d'un blanc ambré à la maturité de 2ᵉ époque.

Bruxellois (Frankenthal)........... II. 127

Bruxelloise (Frankenthal).......... II. 127

Bruyère blanc (Pis de chèvre blanc).

Bryonia alba, arctica. — Noms de vignes cités par Pline l'Ancien au Iᵉʳ siècle. — J. R. C.

Bsola. — D'après Gœthe et le *Bulletin ampélographique italien*, le Bsola serait un cépage spécial à la région de Ravenne (Italie), et d'après d'autres, ce serait l'Empibotte identique lui-même au Pis de chèvre blanc ?. .

Bsoul el Khadim (Ribier).

Bual (pour Boal !).

Buan (Ugni blanc).

Buana nera (Uvana)............... D.

Buavac (Zelenika)................. D.

Bubbia. — Cépage italien cultivé pour la table dans la région de Saluces (Piémont), à grosse grappe allongée et ailée, compacte ; grains sub-ellipsoïdes. croquants, d'un beau noir pruiné ; maturité 2ᵉ époque.

Bubbiarasso. — Raisin noir de cuve, très rare dans la région de Saluces (Italie). — J. R.

Bubbiastro (Bubbiarasso)........... D.

Bubiola (pour Bibiola).

Bucium de Poma galbena (Galbena).... D.

Buccleuch........................ VI. 39

Bucconiatis. — Nom de vigne cité par Pline.

Buchard's prince (Aramon).

Buchardt's amber cluster (Lignan).

Buchelin (Räuschling)............. V. 229

Buckland......................... V. 219

Buckland sweet water (Buckland)..... V. 219

Buckut (Persan).

Budai fejér (Ezerjö).............. D.

Budai goher (Lœmmerschwanz)........ D.

Budai zöld (Balint weisser)........ D.

Budaz goher (Augster)............. D.

Budda. — Cépage italien, à raisin rose, signalé pour la région de Modène.

Budolasso. — Cépage italien, signalé par le *Bulletin ampélographique italien* pour la région de Gênes.

Budellona nera. — J. de Rovasenda ne fait que citer ce cépage pour la région de Bologne (Italie).

Budin. — Signalé par H. Gœthe comme raisin rouge de table du Caucase, à gros grains et cité par lui d'après Scharrer.

Budinka. — Un des noms de vigne italienne, cité par Acerbi.

Buegnik (Pécoui-touar).

Buena (Alban real)............... D.

Bueno nero (Bregiola)............. D.

Buenos-Ayres nº 2 (Black July)..... D.

Bufala. — Vigne italienne de la région de Lucques, à grosses grappes, avec grains gros, légèrement oblongs. noirs. — J. R.

Buffera (Negraro).

Bugnolino. — Mendola et Rovasenda indiquent ce c/page pour la Toscane (Italie).

Buiga de rube (Meunier).

Buisserate (Jacquère)............. IV. 122

Bukland (Buckland)................ V. 219

Bukoveczer. — Nom de vigne cité par Scharrer.

Bukowetz blasz. — Nom de vigne cité par Acerbi.

Bull (V. rotundifolia)............ I. 302

Bullace grape (V. rotundifolia).... I. 302

Bullata (Beba)................... D.

Bullet grape (V. rotundifolia)..... I. 302

Bullit (Taylor).................. I. 474

Bulogna nera. — D'après Frojo et J. de Rovasenda, ce serait un cépage de l'île d'Ischia.

Buona. — Cépage espagnol de la région de Malaga, d'après Abela y Sainz.
Bu una in casa (Lignan).
Buranese bianca. — Vigne italienne citée par P. de Crescence, d'après J. de Rovasenda.
Burcherocher. — Nom sans signification du Catalogue de vignes du Luxembourg.
Burger noir. — Babo et Metzer, Pulliat, Trummer donnent ce cépage comme particulier à l'Alsace; il est bien distinct de l'Elbling; grappe petite, serrée, cylindro-conique et ramassée; grains petits, globuleux, fermes et sucrés, d'un noir rougeâtre pruiné; maturité fin de 1re époque.

Burgome. — Cépage de la région de Voghera (Italie), cité seulement par J. de Rovasenda.
Burgunder früher blauer. — Syn. : *Pinot noir précoce, Frühburgunder, Früher Klevner, Jacobstraube, Augusttraube, Augustklevner, Juliustraube, Augustiner blanc, Ischia, Noir printanier* (Lorraine). — Cette variété ne diffère du Spätburgunder, notre Pinot noir, que par sa précocité, plus hâtive de 15 jours à 3 semaines. Elle est souvent confondue en France par ses synonymes de Juillet ou Raisin de Juillet avec la *Madeleine violette*, cépage plus rare et plus précoce qui s'en distingue par ses feuilles tomenteuses infer. et super. et ses grains globuleux, plutôt dis-

coïdes. Le Pinot noir précoce n'est un peu cultivé qu'en Allemagne, dans les parties hautes des vignobles du Rhin moyen où il donne un vin léger et de peu de couleur (Schillerwein). La raison de sa faible extension, malgré sa fertilité relative et les avantages de sa précocité, est dans l'infériorité de son vin qui ne reproduit pas les qualités de ceux du Pinot noir ordinaire. Aucun Pinot noir précoce ne nous a encore donné des moûts d'une richesse saccharine supérieure à celle des plants communs, Gamays et Portugais. Mais comme les Pinots précoces sont encore peu répandus et peu connus, rien ne prouve que par la sélection il soit impossible d'arriver à en découvrir un qui reproduise les qualités œnologiques du type. Au contraire, puisque ce résultat a été atteint avec le Pinot blanc précoce de Bronner (v. *Rev. de vitic.*, 1906-1907), il y aurait donc lieu d'étudier comparativement, à ce point de vue, les divers accidents de précocité qui sont signalés dans tous les lieux où l'on cultive le Pinot. De tous ceux que nous avons observés : Saint-Laurent, Pinot de Juillet français, Frühburgunder, Pinot précoce Pomier (donné à tort par son obtenteur comme un hybride de Malingre × Pinot), Noir de Krau (Pinot précoce de la Suisse) et Pinot noir précoce de Bronner; ces deux derniers nous paraissent les plus fertiles. — A. B.

Burioxa. — Nom inexact du Catalogue des vignes du Luxembourg.

Burlington. — Nom de vigne cité par Acerbi, reproduit encore dans divers catalogues, mais ne pouvant actuellement être rapporté à un cépage.

Burnan (Pinot gris).

Burnet. — Hybride de Labrusca et de Vinifera, créé par P. C. Dempsey; grappe grosse, ailée; grains ovales, gros, d'un noir rougeâtre, musqués mais non foxés, plus précoces que le Concord ; peu productif.

Burot (Pinot gris).................... II. 32

Burral. — Ancien cépage portugais, aujourd'hui disparu, signalé en 1532 par Rui Fernandes. — D. O.

Burrough's. — Forme de Riparia, se rapprochant du Clinton, trouvée dans le Vermont ; à grappe petite, petits grains sphériques, noir, pruiné, à goût acerbe et acide.

Burr's Concord Seedling. — Semis de Concord, créé par J. Burr dans le Kansas, sans valeur aucune même en Amérique.

Burtin nero. — Cépage italien de la région de Rivoli (Italie). — J. R.

Burtino (Burtin)........................... D.

Burton's Early. — Semis de Labrusca, très foxé, très inférieur et jamais propagé même aux États-Unis.

Burzelana. — Cité par Croce, au xvie siècle, parmi les cépages italiens. — J. R.

Busby's golden Hamburg (Lignan blanc).. III. 69

Buscherona. — Cité par Frojo comme cépage italien de la région de Bologne. — J. R.

Bushberg. — Hybride probable de Labrusca et d'Æstivalis ; grains oblongs, noir violacé foncé, moyens de grosseur, non foxés, à caractères surtout d'Æstivalis, précoce comme le Concord.

Bush grape (V. rupestris)............. I. 394

Bussolana (Chasselas).

Buslioca (Muscat).

Butagal. — H. Gœthe signale sous ce nom, et d'après Champin, un cépage français à raisins gris, cépage que nous ne connaissons pas.

Buterovicka. — Cépage de la Dalmatie, d'après H. Gœthe, cultivé pour la cuve, et à raisins blancs.

Butschera (Putzscheere)............. III. 197

Butta palmento (Bombino)........... VI. 339

Buttuna di gaddu (Nehelescol).

Buttuna di gaddu (Cornichon blanc).... IV. 315

Buttuna di gatto (Cornichon blanc).... IV. 315

Buvano nero (Uvana)..................... D.

Buxazzara (Albillo loco).............. VI. 126

Buzyn (Valteliner rouge).............. IV. 30

Buzzolotto bianco. — J. de Rovasenda cite seulement ce cépage pour l'Émilie (Italie).

Byas Kokour (Kokour blanc)......... IV. 149

Bzoul el Khadim (Ribier).

Bucconiatis. — Cité par Pline l'Ancien comme vigne cultivée sur les coteaux de Thurium, au ier siècle. — J. R. C.

C

Cabelhuda. — Cépage portugais signalé seulement pour le Douro, par Pinto de Lemos. — D. O.

Cabernet × Rupestris 33 A¹ et 33 A². — Ces deux hybrides porte-greffes, créés par Millardet et de Grasset, vigoureux et assez résistants au phylloxéra, ne sont pas restés dans la culture.

Cabounet. — Nom de ce cépage cité par Foujas de Saint-Fond au xviiie siècle. — J. R. C.

Cabral. — Cépage obtenu, au Portugal, d'un semis fait par Antonio Cabral, de Porto ; il n'a aucune importance et on ne le cultive guère qu'à titre de curiosité pour la belle couleur rubis de son vin. Rameaux mi-érigés, côtelés, lavés de rouge vineux à l'état herbacé ; nœuds peu marqués, d'un brun vineux à l'aoûtement ; feuilles aussi larges que longues, quinque et même heptalobées, à sinus profonds ; sinus pétiolaire en lyre et couvert ; limbe épais, bullé, lanugineux en dessous ; dents grandes, aiguës ; grappes longues, lâches, pyramidales ; grains petits ou moyens, ovoïdes, d'un noir bleuté, très pruinés ; peau à couche épaisse de matière colorante. Vinifié à Traz-os-Montes, en 1906, il a donné 11,7 alcool et 6,75 acidité tartrique. — D. O.

Cabral. — D'après A.-F. Barron, cette vigne, cultivée dans les serres anglaises, est à maturité de moyenne saison ; peu importante et de valeur ordinaire, elle exige pour prospérer en forçage beaucoup de chaleur. Souche vigoureuse, à sarments d'un jaune clair, pelucheux aux nœuds très marqués ; feuilles grandes, duveteuses ; grappes moyennes, aileronnées ; grains de dimensions moyennes, ovoïdes ou sub-sphériques, d'un jaune pâle.

Cabriel. — D'après S. Rojas Clemente, cépage espagnol cultivé à Madrid et à San Lucar, assez peu important; feuilles entières; grains petits, sub-sphériques, d'un noir violacé foncé.

Cabrieles. — Groupe de cépages espagnols établi par Simon Rojas Clemente, comprenant : Cabriel, Jetubi, Ataubi, etc.

Cabrital (Cabritalho).................... *D.*

Cabritalho. — Cépage portugais très inférieur, déjà signalé au XVIIe siècle par Vicencio Alarte; il existe encore dans les régions du midi du Portugal, à Almeida, Pinhel, Castello Branco, etc. — D. O.

Cabritella (Tinta Castellõa).......... VI. 199

Cabri tella (Tinta Castellõa)......... VI. 198

Cabugueiro........................... IV. 197

Cacacciara (Caccio).................... *D.*

Cacacciarone (Caccio).................... *D.*

Cacagliola (Caccio)..................... *D.*

Cacamosca. — Cépage à raisins blancs des provinces napolitaines (Italie). — J. R.

Cacatoria (Vitis cacatoria Bauhin, ou Gueuche).

Cacchione nero, paonazzo. — Noms de vignes romaines cités par Acerbi. — J. R.

Caccia (Ugni blanc).

Caccia debiti (Ugni blanc).

Caccinella (Canaiolo).

Caccio bianco (Ugni blanc).

Caccio nero. — V. Pulliat, d'après J. de Rovasenda, décrit ce cépage, à raisin noir, comme spécial aux Marches (Italie) et comme très fertile; à grosse grappe lâche et rameuse, à grains moyens ou sur-moyens, globuleux, à peau d'un noir bleuté; maturité de 3e époque.

Cacciola. — Cépage des Abruzzes (Italie). — J. R.

Caccions bianco (Ugni blanc).

Caccionella (Cacciola).................... *D.*

Cacciuma (Ugni blanc).

Cacciume nero (Canaiolo).............. II. 311

Cacciuna nera (Canaiolo) .... II. 311

Caccicolo (Canaiolo bianco).

Cacho gordo. — Nom de cépage portugais, cité au XVIIIe siècle par Lacerda Lobo; vigne inconnue aujourd'hui à S. Miguel do Outeiro où il le signalait. — D. O.

Cachorra (Negra-Moura).................... *D.*

Cachorro (Negra-Moura).................... *D.*

Cachudo (Boal)..................... VI. 213

Cachudo. — Alvares da Silva, en 1788, et Antonio Gyrão, en 1822, citent ce cépage portugais, à raisins noirs, comme abondant producteur dans les terrains riches; les auteurs plus modernes (Lapa, Aguiar) signalent le Cachudo noir dans l'encépagement du Midi. — D. O.

Cachudo de pé preto (Cachudo preto)........ *D.*

Cachudo preto. — Serait un cépage portugais spécial, mais bien rare, dans le Midi (à Azeitão, Portalegre). — D. O.

Cacour blanc (Kokour blanc).......... IV. 149

Cadeleira. — Parmi les cépages blancs cultivés à Lantulhão (Traz-os-Montes, Portugal), Ant. Gyrão signale ce cépage comme précoce, à belles grappes, très sensible à la pourriture; nous ne connaissons pas cette vigne qui existe peut-être encore à Vimioso. — D. O.

Cadet. — Cépage blanc de 2e époque tardive; grande production, faible degré, un peu répandu dans les vignobles secondaires de l'Yonne. Feuille grande, tourmentée, lancéolée, lisse super., garnie face infér. de duvet lanugineux; nervures couvertes de poils courts et raides; pétiole long et fort; grappe sur-moyenne, cylindro-conique, ailée; grains un peu allongés, parsemés de petits points bruns. — T. S.

Cadillac (Ugni blanc)............... II. 255

Cadin. — Un des noms altérés (pour Kadim?) du Catalogue du Luxembourg.

Cadradiu (Duraca)....................... *D.*

Caduneddu. — Raisin blanc de la Sicile, cultivé pour la table ou pour le vin. — J. R.

Caga in braga. — Nom donné par Acerbi!

Caggin braga. — Modification du nom précédent faite par J. de Rovasenda.

Cagna. — Cépage italien spécial à la région de Grumollo del Monte. — V. R.

Cagnara. — Variété italienne, à raisin blanc tardif, donnant un vin fin, spécial à la région de Pizzacornio. — J. R.

Cagnara bianca (Cagnara)................... *D.*

Cagnia (Cagnara)..................... *D.*

Cagnina (Canaiolo).................... II. 311

Cagnine (Canaiolo)................... II. 315

Cagnola. — Nom de cépage cité par Acerbi.

Cagnolone (Catarratto).

Cagnovali (Morrastel).

Cahors (Côt)....................... VI. 6

Cahors (Gouget blanc)............... IV. 364

Cahors (Petit noir)................... III. 243

Caian (Caillan).

Caicadello. — Serait un cépage italien de la région de Modène.

Caillaba (Muscat noir)............... III. 374

Caillaba noir (Muscat noir).......... III. 374

Caillan. — Cépage noir des environs de Menton et de l'arrondissement de Nice, peu répandu; sarments longs, droits, gros, nœuds saillants; feuilles grandes, glabres sur les deux faces; grappe grosse, allongée, ailée, conique, assez serrée; grains gros, sphériques, fermes et croquants, peau mince, d'un noir rougeâtre foncé et pruiné. — L. B. et J. G.

Caillan blanc. — Serait (?) une variété spéciale au nord du département des Alpes-Maritimes. — L. B. et J. G.

Cailjioche (Blaustiel)...................... *D.*

Cainho. — Cépage de la région du Minho, très sujet à la pourriture. — D. O.

Cainho branco. — Cultivé dans le Minho (Portugal), à la fin du xviiie siècle ; il est assez répandu dans les arrondissements de Ponte de Lima, Ponte de Barca et Vianna do Castello. D'après Cincinnato da Costa, les caractères de ce cépage sont : faible vigueur, très productif ; sarments courts ; feuilles petites, un peu plus larges que longues, trilobées, à peine aranéeuses en dessous ; grappes petites, cylindro-coniques ; grains petits, ronds ; peau fine, d'un vert jaunâtre, parfumée ; pulpe très juteuse. — D. O.

Cainho grosso. — Cité seulement par Vte de Villa Maior comme cépage portugais commun, de la région de Monçao (Minho). — D. O.

Cainho mindo. — Autre cépage portugais habitant la même région que le précédent, et signalé aussi comme variété inférieure, par Villa Maior. — D. O.

Cainho de Moreira (Alvarinho)............. *D.*

Cainho preto. — Cépage à raisins rouges du Minho (Portugal), conduit sur hautains, dans les terres fortes et fraîches ; il est cultivé pour la table ou pour la cuve. — D. O.

Caiño. — Cépage espagnol de la région de Pontevedre, cité par Abela y Sainz.

Caioffo bianco. — Cépage italien, à raisins blancs de la région de Lecce ; feuilles entières, trilobées, à sinus profonds ; grappes cylindriques, simples, de moyenne grosseur ; grains sur-moyens, ovales ; peau transparente, jaune blanchâtre, coriace, peu ferme (d'après le *Bull. ampél. ital.*, XV, 1881).

Caioffo nero. — Cépage de la même région ; paraît une variété du précédent, ou inversement.

Caixal. — Cépage espagnol de la région de Barcelone, d'après Abela y Sainz.

Caixal de Llops (Caixal).................. *D.*

Cajoffo (Caioffo)........................ *D.*

Calabazar. — Cité dans le catalogue Bury comme cépage espagnol ; nom probablement reproduit du Catalogue du Luxembourg.

Calabre (Cinsaut)................... VI. 322
Calabre (Raisin blanc de Calabre)...... IV. 46
Calabre blanc (Raisin blanc de Calabre). IV. 46
Calabrese (Canaiolo) .... II. 311
Calabrese (San Gioveto)............. III. 322
Calabrese bianca (Raisin blanc de Calabre). IV. 46
Calabrese d'Avola (Calabrisi d'Avola)........ *D.*

Calabresella nera. — Donné par J. de Rovasenda comme cépage de la région du Vésuve (Italie).

Calabrese nera (San Gioveto).
Calabreser traube (Raisin de Calabre).. IV. 46

Calabreser weisser (Raisin de Calabre). IV. 46
Calabrian raisin (Raisin de Calabre).... IV. 46

Calabrisi d'Avola. — V. Pulliat décrit ce cépage, d'après Mendola, comme une vigne de la Sicile ; à grappe sur-moyenne, cylindrique, peu serrée, à grains sur-moyens, ellipsoïdes, à chair ferme, croquante, bien sucrée ; peau d'un beau noir pruiné, à maturité de 3e époque tardive.

Calagraño........................... VI. 250
Calamaro (Mangiottiello)............... *D.*

Calmazzo. — Cépage américain, semis de Catawba, foxé, sans intérêt ; créé par Dixon.

Calandrino (Barbera).
Calabin (Côt)........................ VI. 6
Calatamburro (Bombino)............. VI. 338
Calatammuro (Bombino) .... VI. 338
Calavin (Côt)........................ VI. 6

Calavrisi niuru. — Sous ce nom, Mendola signale un cépage de Syracuse (Italie).

Calceaboxe (Gamay d'Orléans).

Calcandrie. — Nom inexact du Catalogue du Luxembourg.

Calcaboxe (Gamay d'Orléans).
Calcatella (Biancone)............... V. 311

Calcidi, Calcidi. — Deux noms inexacts cités, d'après le Catalogue du Luxembourg, comme s'appliquant à un cépage des Landes ?

Calcutta bianca. — J. de Rovasenda cite ce cépage à raisins ambrés, comme noté (!) par lui à une exposition.

Caldarese nero. — J. de Rovasenda cite sur ce nom un cépage de la région d'Otrante (Italie).

Caldaruse. — Cépage roumain, à raisins noirs, de la région de la Dobroudgea. — G. N.

Caleb (Grec rouge)................. III. 277
Calebspiros (Grec rouge)............. III. 277
Calebstraube (Grec rouge)........... III. 277

Caleo. — Raisin de cuve de la Sicile, d'après baron Mendola.

Caleura (pour Carola).
Calian (Cornichon blanc).
Caliandri (Cornichon blanc).
California (V. Californica)........... I. 317
Californica (Mission's grape)......... III. 232

Californica-Arizonica. — Groupe d'hybrides sauvages, à caractères marqués surtout de Californica ; sans valeur culturale.

California du Sud................... I. 318

Calig (Morenillo).
Calignan (Carignane)................. VI. 332

Calipuntu maduru. — Cépage de la Sardaigne, à gros grains sub-ovoïdes, d'un jaune doré ; maturité de 3e époque.

Calipuntu minuddu (Calipuntu maduru)........ *D.*
Calitor (Pécoui-Touar)............... IV. 233
Calitor blanc (Pécoui-Touar blanc)..... IV. 235

CALITOR GRIS (Pécoui-Touar gris)........ IV. 235
CALITOR NOIR (Pécoui-Touar).......... IV. 233
CALITOR NOIR MUSQUÉ (Muscat noir).
Calitrano.......................... IV. 159
CALLABESE. — Cépage romain cité par Acerbi.
CALLEBSTRAUBE (Grec rouge).
CALLEU (Callo)..................... *D.*
CALLEURA (Cagnara)...................... *D.*
Callo. — Cité comme cépage italien, à raisins noirs,
de la région de Gênes, par le *Bulletin ampélographique italien* (XVI).
Calloro. — Ce serait, d'après J. de Rovasenda, un
cépage italien de la région de Comacchio.
CALLOSA GRAPE (V. coriacea).......... I. 324
Calona. — Cépage espagnol dénommé par Simon
Rojas Clemente, en 1807, cultivé à San Lucar,
Xérez, Paxarete, à gros grains ronds, peu fermes,
blanc rosés.
Calona negra. — Cépage espagnol de la région de
Xérez, signalé par Simon Rojas Clemente ; grappe
rameuse, lâche, ailée ; grains petits, sphériques,
d'un noir violacé pruiné ; feuilles plus larges que
longues, quinquelobées ; sinus peu profonds et
fermés ; deux séries de dents bien marquées.
Calop blanco, mallorqui, negro. — Cépages espagnols
de la région de Barcelone, d'après Abela y Sainz.
CALORA (Pelaverga)...................... *D.*
Caloria. — Citée parmi les vignes italiennes de la
vallée d'Aoste.
CALORINA (Pelaverga)...................... *D.*
Calypso. — Hybride de Labrusca, créé en Amérique
par C. S. Coppey (Lady par Secretary) ; feuilles très
tomenteuses, entières ; grappes grandes, ailées, à
gros grains sphériques, noir bleuté, juteux, foxés.
CAMARAM. — Cité, en 1712, comme cépage portugais,
à grains blancs, par V. Alarte ; vigne inconnue
aujourd'hui. — D. O.
Camaraou.......................... III. 87
CAMARAOU ROUGE (Camaraou)......... III. 87
CAMARATÃO (Rabigato respigueiro)..... III. 161
CAMARATE (Rabigato respigueiro)...... III. 161
Camarate tinto. — Cépage à raisins rouges, très
cultivé, au XVIIIᵉ siècle, dans le Douro portugais,
où il n'existe plus ; on le trouve encore peu répandu
aux environs de Santarem. — D. O.
Camarate vermelho. — Variation, à raisins plus clairs,
rosés, du cépage précédent.
CAMARAU (Camaraou)............. III. 87
CAMAROS (Camaraou)............... III. 87
ÇAMARRINHO PRETO (Samarrinho preto)......... *D.*
ÇAMARRINHO TINTO (Samarrinho)......... *D.*
CAMASTRARO. — Cépage de la Basilicate italienne (?).
CAMAVÈZE (Mourvèdre).
CAMBLESE (Ugni blanc).
Cambridge. — Semis de Labrusca, à gros grains noir
pruiné, très foxés, un peu plus précoce que le
Concord, dont il a l'ensemble des caractères.

CAMBY'S AUGUST (York Madeira)............. *D.*
Camden. — Variété de Labrusca, à grains d'un gris
blanchâtre.
CAMÈRES DU GARD (?) (Cinsaut).
CAMEROUGE (Fer)..................... VI. 23
Camèze. — Un des noms erronés du Catalogue du
Luxembourg.
CAMINADA (Muscat Caminada)............... *D.*
CAMIROUCH (Mourac)................. V. 68
CAMPAGNON VERONESE. — Nom de cépage italien cité
par Acerbi.
CAMPANELLA BIANCA (Chasselas doré).
CAMPANELLA NERA (Chinco)................... *D.*
Campanello nero. — Raisin noir de cuve de la Sicile.
CAMPANINA NERA (Chinco)................... *D.*
Campanino bianco. — Cépage de la Basilicate italienne, d'après le *Bulletin ampélographique italien.*
CAMPBELL (Early Golden).................... *D.*
Campbell's Early. — Hybride complexe de Labrusca
et de Vinifera, créé par G.-W. Campbell, à gros
grains noirs très pruinés, foxés, musqués, portés
sur une grosse grappe ailée ; Bush et Meissner lui
attribuent une valeur culturale pour la culture
des raisins de table des États-Unis.
CAMPBELL'S SEEDLING Nº 6 (Triumph)..... V. 186
CAMPLESE (Ugni blanc).
Campo del Pozzo. — Cépage de la province de Côme
(Italie). — J. R.
CAMPOLESE (Ugni blanc).
CAMPOLESE CHIUSO (Ugni blanc).
CAMPOLESE DI AVEZZANO (Ugni blanc).
CAMPOLESE FEMMINA (Ugni blanc).
CAMPOLESE SCENCIATO (Ugni blanc).
CAMPOLESE SERRATO (Ugni blanc).
Camponica nera. — Cépage de la région du Vésuve
(Italie). — J. R.
Campotesa bianca. — Raisin de l'île d'Ischia. — J. R.
CANAANTRAUBE (Grec rouge).......... III. 277
Canada............................. V. 180
Canada × Riparia Couderc nᵒˢ 2401, 2402. — Hybrides
porte-greffes créés par Couderc ; non utilisés.
CANADIAN HYBRID (Othello)............. V. 160
CANADIAN HAMBURGH (Othello)......... V. 160
CANAIOLI (Canaiolo)................... II. 315
Canaiolo........................... II. 311
Canaiolo bianco (Canaiolo)............ II. 314
CANAIOLO COLORE (Canaiolo)......... II. 311
CANAIOLO GROSSO (Canaiolo)......... II. 312
CANAIOLO GASCIONE (Canaiolo)......... II. 311
CANAIOLO PICCOLO (Canaiolo).......... II. 312
Canaiolo nero (Canaiolo)........... II. 311
CANAIOLO ROMANO (Buonamico)......... IV. 73
CANAIOLO ROMANO (Canaiolo)......... II. 311
CANAIUOLO (Canaiolo).................. II. 311
CANAIUOLO COLORE (Canaiolo)........... II. 313

Canaxela. — Nom erroné du Catalogue des vignes du Luxembourg.

Canari. — Syn. : *Carcassès*. — V. Pulliat décrit ce cépage comme spécial à l'Ariège et comme caractérisé par une feuille orbiculaire, presque entière, légèrement cotonneuse à la page inférieure, une grappe moyenne et cylindro-conique, des grains gros, globuleux, fermes, croquants, juteux, sucrés, à peau ferme, résistante, assez épaisse, d'un noir pruiné à la maturité, qui est de 3e époque.

Cañarolla. — Cépage espagnol de la région de Ségovie, d'après Abela y Sainz.

Cañarroyo. — Cépage espagnol de la région de Salamana, d'après Abela y Sainz.

Canby's august (York Madeira)............. *D*.

Cancola nera. — Nom du Catalogue du Luxembourg, peut-être le Mourvèdre, d'après H. Bouschet.

Candia. — Décrit par H. Marès comme cépage de la Corse, à raisins rose, petits grains blancs transparents, de 3e époque de maturité ; vin assez fin.

Candicans (V. candicans)............ I. 329
Candicans-Æstivalis (Æstivalis-Candicans)............................ I. 345
Candicans-Berlandieri (Berlandieri-Candicans)............................ I. 377
Candicans-Cinerea (Cinerea-Candicans) . I. 351
Candicans-Cordifolia (Cordifolia-Candicans)............................ I. 361
Candicans-Lincecumii................. I. 332
Candicans-Monticola.................. I. 400
Candicans-Rupestris (Rupestris-Candicans)............................ I. 332
Candicans-Vinifera.................. I. 391
Candive (Syrah)...................... II. 70
Candolle (Grec rouge).

Cane (Chinco).

Canela. — Cépage espagnol de la région de Salamanque, d'après Abela y Sainz.

Canen bianca (Canaiolo).

Cane nera. — Cépage (?) des provinces napolitaines (Italie). — J. R

Canepina bianca, nera. — Deux noms de cépages romains, cités par Acerbi.

Canese. — Nom d'un cépage de la Vénétie, cité par Acerbi.

Canfarone. — Cépage de la région de Lecce (Italie), à raisins blancs ; feuilles quinquélobées ; grappes pyramidales, grosses, à grains gros, ovales, à peau translucide, coriace, jaunâtre.

Canfarone giallo (Canfarone)............. *D*.
Canicula (Canaiolo)................. II. 312
Canina (Canaiolo)................... II. 311
Canina a raspo rosso (Canaiolo)........ II. 315
Canina a raspo verde (Canaiolo)........ II. 315
Canine (Canaiolo)................... II. 315
Canino (Canaiolo)................... II. 314

Cannaiola (Canaiolo)............... II. 311
Cannamela, Cannamiele. — Noms de cépages italiens (Ischia, Vésuve), donnés par Acerbi.

Cannamele. — Cépage peu cultivé actuellement dans la région napolitaine, à grappe moyenne, pulpe moyenne, pulpe très sucrée et parfumée. — M. C.

Canne. — Nom sans signification du Catalogue du Luxembourg.

Cannella nera. — Cépage italien de la région de Lucques ? — J. R.

Cannejlone (Buonamico)............. IV. 73
Canniola (Canaiolo)................. II. 311
Cannon Hall (Muscat Cannon Hall).... III. 112
Cannonaddu nieddu (Grenache).
Cannonau (Grenache).
Cannonao (Grenache).
Cannono (Grenache).
Cannuni (Grenache).
Cannut de Lauzun (Folle noire)........ III. 245
Cañocazo (Mollar branco).................... *D*.
Cañon grape (V. arizonica)........... I. 408
Cañon tardio (Ataubi)...................... *D*.

Canonicus. — Hybride de Labrusca et d'Æstivalis, créé par D.-S. Marwin, aux États-Unis ; croisement de Worden et d'Eumelan ; grappe moyenne ; grains globuleux, sous-moyens, gris clair, pruineux, foxés et pulpeux.

Canosa (Troja).

Canseron (Pécoui-Touar).

Cantomanacu. — Raisin de cuve de la Sicile, d'après baron Mendola, à grains d'un blanc verdâtre.

Canucula. — Vigne citée par P. de Crescence, au XIIIe siècle. — J. R. C.

Canula. — Cépage à raisins blancs, cultivé pour la table à Chamusca (Portugal) et étudié, pour la première fois, par Marquès de Carvalho ; feuilles moyennes, orbiculaires, épaisses, rugueuses, tri ou quinquélobées, faiblement aranéeuses à la face inférieure ; sinus pétiolaire fermé, à lèvres superposés ; grappes grandes, allongées, ailées, compactes ; grains moyens de grosseur, sphériques, à peau mince, élastique, transparente, d'un jaune doré, piqueté de brun. — D. O.

Canut (Folle blanche.)
Canut (Prueras)...................... *D*.
Canut du Lot-et-Garonne. — Considéré à tort par V. Pulliat comme un cépage particulier : c'est bien la Folle blanche !

Canut noir (Folle noire).
Canyon grape (Solonis)............... I. 463
Caorgien. — Nom inexact du Catalogue du Luxembourg, donné (!) par Hardy comme s'appliquant à un cépage (?) de la Nièvre ; est-ce le Cahors ou Côt?

Caouchansky noir. — Cépage de la Bessarabie (Russie), cultivé pour la cuve. — B. T.

Caoubs (Côt).

Cap Breton (Cabernet franc).

Cap de Bonne-Espérance (Muscat ou Teinturier).

Cap de more (Négretto)............... II. 62

Cape (Isabelle)...................... V. 203

Capelasso (Capelletto).................... D.

Capelleto. — Cépage de la région de Gênes, d'après le *Bulletin ampélographique italien* (XVI).

Caperevoi bianco. — Cépage à raisins blancs de la région de Montella, dans les provinces napolitaines. — J. R.

Capital. — Semis de Concord, à raisins blancs.

Capitoa (Gonçalo Pirès)............... II. 306

Capnia. — Vigne citée par Pline l'Ancien au 1er siècle ; vigne grecque, le Capnios de Teophraste. — J. R. C.

Capnios (Capnia)........................ D.

Capo di biscia. — Nom de cépage cité par Acerbi pour la région italienne de Crémone.

Capo di bue (Caperevoi)................... D.

Caporivoi (Caperevoi).................... D.

Cappa (Ugni blanc).

Cappellon, Caprara. — Citées par Acerbi parmi les vignes italiennes.

Capreolaria Planchon (Tetrastigma).

Caprino. — Baron Mendola cite ce cépage comme particulier (?) à la Toscane.

Caprone (Ugni blanc).

Captain. — Hybride de Lincecumii et de Labrusca (America × Beacon), créé par T.-V. Munson, bien résistant (?) au Black-Rot et aux maladies cryptogamiques, très fructifère, si bien pollinisé ; grains gros, sphériques, d'un noir violacé, pruinés, fermes, goût non foxé.

Captraube (Isabelle)................. V. 203

Captraube rother (Catawba)............... D.

Capucina bianca. — Nom donné comme s'appliquant à un cépage italien (?) de Barletta (Italie).

Capulesh (Ugni blanc).

Capuziner kutte (Pinot gris).

Cara (Cornichon blanc)............... IV. 315

Carabackella (Massarda)................... D.

Carabaqueña. — Cépage espagnol de Castril, d'après Abela y Sainz.

Cara de moça (Carão de Moça)............... D.

Cara di vaca (Cornichon blanc)............... IV. 315

Carão de moca. — Cépage spécial à l'île de Madère, étudié et décrit par Palma de Vilhena ; feuilles orbiculaires, tri ou quinquelobées ; grappes petites, cylindro-coniques, lâches ; pédicelles larges et gros ; grains globuleux, fermes, d'un blanc doré. — D. O.

Carason de Carrito (Cornichon blanc).

Carbenet (pour Cabernet)............... IV. 315

Carbesso (Vermentino)................. V. 313

Carbonensis (V. carbonensis)......... I. 493

Carbonera (Negrara)...................... D.

Carbouet (Cabernet franc)............. II. 290

Carbouet (Cabernet-Sauvignon)........ II. 285

Carcagiola (Cargajola).

Carcagnat (Carcagnetto)..................... D.

Carcagnetto. — Cépage du Piémont (Italie), à grains ronds, noirs ; grappe ailée, cylindrique, compacte. — J. R.

Carcairone (Gamay Beaujolais)........ III. 6

Carcairone blanc (Aligoté)............ II. 51

Carcajolo blanc (Cargajola).

Carcajolo noir (Cargajola).

Carcarone (pour Carcairone).

Carcassès (Canari)...................... D.

Carcatiello. — Synonyme mal déterminé de divers cépages italiens.

Carcherone (Gamay).

Carchiotis. — Cépage de la Thessalie, à grappe moyenne ; grains serrés, petits, d'un noir intense. — J. M. G.

Carchuna (Calona)...................... D.

Carciarello. — Cépage (?) de la Romagne (Italie).

Cardeina (Barbarossa)................... D.

Cardellina (Barbarossa)................. D.

Cardenet (pour Chardonnay ?).

Cardino (Barbarossa).................... D.

Cargagiola (Cargajola)............... V. 259

Cargaiola (Cargajola)................ V. 259

Cargajola............................ V. 259

Cargajola blanc........................, V. 259

Cargo-Muou (Pécoui-Touar)........... IV. 233

Carguebas. — Nom du Catalogue du Luxembourg pour un cépage (?) de la Haute-Garonne.

Cari (Pelaverga)........................ D.

Caria l'Aso (Bertolino)................ D.

Carica l'asino (Bertolino).............. D.

Caribæa (V. caribœa)................ I. 322

Cari nero (Pelaverga).................... D.

Caricante (Carricante).

Caricarello. — Cépage italien, cité par Acerbi pour la Romagne.

Carignan (Carignane)............... VI. 332

Carignan Battandier. — Donné comme une variation de la Carignane isolée en Algérie ; est-ce bien une forme définie ?

Carignan-Bouschet................... VI. 451

Carignane.......................... VI. 332

Carignane blanche.................. VI. 337

Carignane grise.................... VI. 356

Carignane mouilla (Carignane)........ VI. 332

Carignane noire (Carignane)......... VI. 332

Carignane rousse (Grenache)........ VI. 285

Carignane violette (Carignane)...... VI. 332

Carigñena (Carignane)............... VI. 332

Cariniana (Carignane).............. VI. 332

Cario (Pelaverga)........................ D.

Cahlebin (Corbeau).

Carlona. — Cépage italien cité par Acerbi, considéré par Carpené comme spécial à la région de Vérone, où il serait cultivé encore, mais sans importance.

Carlooganca (Cramposie) . . . . IV. 143

Carlotta. — Semis de Labrusca, à grains blancs grisâtres, très pruineux, pulpeux et foxés.

Carmal. — Cépage portugais cultivé avant 1830, limité aujourd'hui dans les collections, à cause de la qualité inférieure de son vin ; feuilles grandes, quinquelobées, aussi larges que longues ; sinus profonds et fermés ; grappes volumineuses, très longues, rameuses, lâches ; grains très gros, sphérico-ellipsoïdes, d'un jaune ambré rouillé à la maturité du côté exposé au soleil, pruine légère ; peau épaisse, astringente. — D. O.

Carman. — Hybride d'Æstivalis et de Lincecumii ; (Post-Oak × Herbemont), créé par T.-V. Munson, vigoureux et assez résistant aux maladies cryptogamiques ; grappe grosse, dense, conique ; grains sur-moyens, d'un noir violacé foncé et pruiné, à jus faiblement coloré ; maturité assez tardive.

Carmelin (Verdot).

Carmenelle (Carmenère) . . . . II. 292

Carmenère . . . . II. 292

Carmenet (Cabernet franc) . . . . II. 290

Carmenet blanc (Cabernet franc) . . . . . . II. 290

Carmet. — D'après Ch. Rouget, ce cépage signalé par Dr J. Guyot parmi les vignes du Doubs serait très rare, et probablement identique au Larmet de cette région.

Carnaccia (Vernaccia) . . . . D.

Carnacine (Vernaccia) . . . . D.

Caunaiolo. — Cépage du Haut-Novarais (Italie), d'après J. de Rovasenda.

Carnare. — Cépage de l'Isère et de l'Anjou (?), dit V. Pulliat, très ancien et peu cultivé aujourd'hui ; grappe moyenne, compacte ; grains moyens, à peu près globuleux, d'un noir foncé un peu pruiné, à peau assez fine, résistante ; maturité de 2e époque.

Carnarin (Mondeuse).

Carne bianca, di campo, d'orto, dura, tenera. — Noms de cépages italiens, cités par Acerbi, surtout pour les régions de Côme et de Vérone.

Carnevale. — Cépage italien de la région de Lomelline. — J. R.

Carola (Pelaverga) . . . . D.

Carneira. — Ancien cépage portugais, cité en 1790 par Lacerda Lobo, n'existe plus aujourd'hui dans les vignobles du Portugal. — D. O.

Carneiro. — Variété à raisins blancs, très productive, de l'Estramadura (Portugal). — D. O.

Caroline Bury . . . . VI. 167

Carolon (Pelaverga) . . . . D.

Carolona (Pelaverga) . . . . D.

Carolone (Pelaverga) . . . . D.

Caronega (Clairette blanche).

Caroniga (Clairette blanche).

Carosella nera (Coda di volpe nera) . . . . VI. 345

Carougha. — Variété rouge qui semble avoir disparu de l'Algarve (Portugal), où la signalait, en 1874, le conseiller Ferreira Lapa. — D. O.

Carpin (Meunier).

Carpina rossa. — Nom de vigne italienne, cité par Acerbi pour la région de Rimini.

Carpinet (Meunier) . . . . II. 383

Carrasca (Carrasco) . . . . D.

Carrasco (Mollar).

Carrasco. — Cépage blanc cultivé particulièrement à Moncorvo (Portugal), existant encore à Mirandella ; donne des vins assez fins, couleur topaze. — D. O.

Carrasquenho (Boal) . . . . VI. 214

Carrasquêno. — Serait aussi un cépage espagnol bien particulier, d'après Abela y Sainz.

Carrasquin (Tintillo).

Carrasquinha. — Nom de cépage signalé, dans le Douro (Portugal), par Villa Maior, en 1875 ; probablement une erreur ou une confusion. — D. O.

Carrega. — Cépage de la région de Barcelone, d'après Abela y Sainz.

Carrega nesta (Rabigato respigueiro) . . . III. 161

Carricante . . . . IV. 120

Carricanti (Carricante) . . . . IV. 120

Carricante nero (Nocera) . . . . V. 144

Cartacha. — Cépage espagnol de la région du nord-ouest, d'après Gorria.

Cartarinho. — Cépage portugais de l'Alemtejo, signalé par Larcher Marçal, en 1891, qui n'en donne que l'analyse du moût très sucré. — D. O.

Carten (Isabelle).

Cartiddaro (Catarratto) . . . . VI. 222

Cartiddaru (Catarratto) . . . . VI. 222

Cartiuxa. — Nom inexact du Catalogue du Luxembourg.

Carvalhal. — Syn. : Batôco. — Cépage de la région de Traz-os-Montes (Portugal) donnant des produits d'une certaine valeur. Vigne vigoureuse, à feuilles épaisses, plus larges que longues, quinquelobées, pubescentes en dessous, sinus peu profonds ; grappes grandes, cylindriques, assez compactes ; grains gros, ovoïdes, d'un vert jaunâtre doré, à peau mince et translucide. — D. O.

Carvalhal rovisco. — Ancien cépage de qualité très inférieure de la région de Lamego (Portugal), peu à peu abandonné. — D. O.

Casa (Tressot panaché).

Casalina (Casalingo) . . . . D.

Casalingo. — Cépage italien de Bobbio.

Casca (Morrastel) . . . . III 304

Cascabelona (Perruno).

Cascal. — Cépage blanc cultivé jadis au Minho (Portugal), d'après Lacerda Lobo (1790). Inconnu aujourd'hui. — D. O.

Cascalho. — Cépage rouge portugais du Haut-Douro, cultivé en 1790; disparu. — D. O.

Cascabala (Augster weisser).................. *D.*

Cascabelbo (Augster weisser)............... *D.*

Cascabecul (Augster weisser)............... *D.*

Cascarolo bianco (Augster weisser)......... *D.*

Cascarolo nero. — Cépage rouge du Piémont, trouvé dans toute la Haute-Italie; grains ovales, assez fermes, de peu de conservation. — J. R.

Cascavelletu (Yetubi).

Cascavello. — Cépage à raisins blancs de Spoleto (Italie); grappes ailées, longues; grains gros, à peau translucide d'un jaune clair (*Bulletin ampélographique italien*, XII).

Casco de Tinaja. — Cépage espagnol, à raisins rouges de la région de Motril (Andalousie), peu cultivé; feuilles duveteuses. — S. R. C.

Cascolo (Sciascinoso)................ VI. 352

Cascolone (Sciascinoso)............... VI. 352

Casconil (Morrastel).

Cascudo (Casculho)...................... *D.*

Casculho. — Cépage du Douro (Portugal), disséminé et rare dans les vignobles. Feuilles grandes, quinquelobées, tourmentées; sinus profonds et fermés; limbe bleuté et pelucheux à la page inférieure; grappes grosses, cylindro-coniques, ailées; pédoncule fort et ligneux; grains petits, sub-sphériques, d'un noir bleuté, pruinés, fermes; peau mince, avec peu de matière colorante.

Une autre variété, qui porte ce nom dans le Douro, a les grains gros, ovoïdes, à chair peu juteuse, pépins très nombreux (souvent 8); feuilles quinquelobées, à sinus ouverts. — D. O.

Casculho branco. — Ancien cépage blanc, peu distingué, du Douro (Portugal), disparu au moment de la reconstitution.

Casenes. — Nom inexact (!) du Catalogue du Luxembourg.

Caserno. — Petit raisin blanc de cuve issu d'un semis de Moreau-Robert, en 1856; ne se recommande, suivant Pulliat, que par sa maturité hâtive. — A. B.

Casiles blanca, negra. — Deux cépages de Malaga d'après J. de Rovasenda; inconnu en Espagne.

Casimir, Casin, Casin noir. — Autres noms cités dans divers catalogues, sans signification déterminée.

Casolesr (Casalingo) .... *D.*

Casorico nero. — Cépage à raisins noirs de la région de Gênes. — J. R.

Casper (Rulander)........................ *D.*

Cassady. — Semis de Labrusca, à grains moyens, gris rosé, pulpeux et foxés.

Cassano. — Cépage des régions d'Asti et Casale, en Italie, à raisins rouges, cultivé pour la cuve et la table. — J. R.

Casseu (Croetto).

Cassolo (Croetto).

Casta de Ohanez (Ohanez)............. IV. 356

Casta de Ragol (Angelino)............ IV. 249

Castagnana (Sciascinoso)..........⸱..... VI. 352

Castagnara. — Syn.: *Sarnese, S. Maria.* — Cépage italien cultivé dans la province de Naples et d'Avellino, très productif, mais à vin très médiocre, et sujet à la coulure; grappe pyramidale; grains moyens, globuleux, d'un rouge bleuté et pruineux, feuilles grandes, pentagonales, quinquelobées, face inférieure cotonneuse. — M. C.

Castagnarella (Castagnara)................ *D.*

Castagnass. — Nom donné à divers cépages italiens, et sans signification. — J. R.

Castagnola bianca. — Cépage italien de la région de Pavie. — J. R.

Castelalfieri. — Cépage italien à raisins noirs de Carcile et d'Asti. — J. R.

Castelão (Tinta castellôa)............ VI. 198

Castellã (Ugni blanc).

Castellã (Tinta Castellôa)............ VI. 198

Castellana (Mantuo Castellano)........ VI. 123

Castellana (Tinta Castellôa)........... VI. 198

Castellano (Mantuo Castellano)........ VI. 123

Castellão. — Cépage portugais important dans le Midi, assez productif et précoce. Feuilles allongées, pubescentes même à la page supérieure, trilobées, à sinus peu profonds; grappe cylindrique, assez compacte; grains globuleux, moyens, peau épaisse, d'un noir violacé clair. — D. O.

Castellão (Tinta castellôa) .... VI. 198

Castellão (Mourisco)................ IV. 303

Castellão branco. — Cité déjà en 1712 par Vicencio Alarte, ce cépage portugais était cultivé à Collares; il n'existe que rarement par pieds isolés dans quelques vignobles.

Castellão francez (Castellão)................ *D.*

Castellão mollar. — Cépage des environs de Lisbonne (Portugal); peu important. — D. O.

Castellão portuguez (Trincadeira)... VI. 194

Castellão preto. — Cépage à raisins rouges, très ancien au Portugal, surtout sur les bords du Tage, très peu répandu actuellement. — D. O.

Castellão real. — Cultivé dans le bassin du Sado (Portugal), c'est une simple variation du Castellão. — D. O.

Castellão rei. — Cépage représenté par quelques ceps oubliés dans les vignobles des environs de Lisbonne. — D. O.

Castet (Castets)..................... II. 173

Castets............................. II. 173

Castiço (Trincadeira)................ VI. 194

Catalanesca. — Cépage cultivé pour la table dans la région du Vésuve; de maturité tardive; il est réservé pour les expositions froides pour produire des raisins d'arrière-saison; grappes grandes, pyramidales; grains gros, ellipsoïdes, d'un beau jaune doré, fermes, doux. — M. C.

Catalão. — Nom d'un cépage portugais cité en 1532 par Rui Fernandes. — D. O.

Catalogne. — Sous ce nom on trouve, en Crimée, où il est cultivé pour la table, un beau et bon cépage dont on ignore l'origine et qui n'est pas le Mantuo espagnol comme on le supposait; il a une grosse grappe conique, ailée, à grains peu serrés, surmoyens, sphériques, très sucrés, d'un jaune doré ambré, ou fauve clair; maturité tardive. — V. T.

Catarratto moscato. — Distingué par M. Sannino à cause du goût musqué de ses fruits, bien marqué.

Catharina. — Cépage de qualité très inférieure, cultivé jadis à Ourem (Portugal), d'après Antonio Gyrão. — D. O.

Catorzeno. — Cépage à raisins blancs signalé par Lacerda Lobo, en 1790, à Lamego (Portugal); inconnu actuellement. — D. O.

Caudia. — Cité pra H. Bouschet comme un raisin blanc, à grappe pyramidale; origine?

Caunès. — Nom de vigne cité par Olivier de Serres (XVIe siècle). — J. R. G.

Caussis, Caussit. — Deux noms de cépages des Busses et Hautes-Pyrénées, signalés par Odart; nous n'avons pu les rapporter aux cépages réels de ces régions.

CAVALLACCIO, CAVALLACETTO. — Noms de vignes romaines, cités par Acerbi.

CAVALLINA BIANCA. — J. de Rovasenda donne ce cépage, avec doute, pour la région de Barletta (Italie).

CAVARARA NERA. — Cépage douteux de la région de Padoue (Italie). — J. R.

CAVOUQUEIRO (Cabugueiro)............ IV. 198

CAVRERA NERA. — Cépage douteux de la région d'Asolo (Italie). — J. R.

CAVOUX (Côt).

CAYAU (Pécoui-Touar).

Cayla. — Cépage rouge du bassin du Lot (Aveyron), cité par M. Mørre.

CAYLOR NOIR MUSQUÉ (Muscat noir)....... III. 374

CAY NHO (V. Balansœana)............ I. 442

Cayratia........................... I. 80

Cayuga. — Hybride de Labrusca et d'Æstivalis (Eumelan × Adirondack) ; grains noirs, de grosseur moyenne, très pruinés, foxés.

CAYWOOD'S HYBRIDS (Duchess, Florence, etc.).. D.

Cazalis-Allut. — H. Marès dit que cette vigne est un semis fait par Tourrès. Il la considère comme une des meilleures variétés de table du mois d'août. Elle nous est inconnue. Ses caractères, d'après H. Marès, sont : feuille quinquélobée, glabre sur les deux faces ; grappe cylindrique, longue, à grains oblongs, blanc ambré, doux, assez gros.

Cazzola. — Cépage italien de la région de Côme. — J. R.

CAZZOMARIELLO (Cucciponnelli)............ D.

CEAUS (Chaouch).

CECAMP. — Nom inexact du Catalogue du Luxembourg.

CECILIO GARCIA. — Cépage espagnol !

Cecinese. — Cépage italien cultivé pour la cuve à Fondi, 3e époque de maturité.

CEDIRESKA (Kadarka)................ IV. 177

CEDOTI (Ciuti)...................... D.

CEDROSTIS. — Vigne à raisins blancs, citée par Pline l'Ancien (1er siècle). — J. R. C.

CÉSAR (César)...................... II. 294

CÉELAR (César)..................... II. 294

Ceitã. — Syn. : Aceitã, Ceitão. — Ancien cépage portugais, signalé, en 1532, par Rui Fernandes, disséminé en petit nombre actuellement dans les jardins du Douro ou de Traz-os-Montes, à cause de ses belles grappes. Vigne vigoureuse, à sarments grêles ; feuilles moyennes, tourmentées et bullées, trilobées, à sinus à peine indiqués, limbe mince, glabre sur les deux faces ; grappes irrégulières, rameuses, grosses, lâches ; grains très gros, avec quelques grains sur-moyens, ovales ou olivoïdes, d'une teinte rosée au soleil, ou jaune verdâtre à l'ombre ; pruine légère ; pulpe charnue,

croquante, à jus peu abondant, sans saveur. — D. O.

CÉLAH (César)...................... II. 294

CELERINA (Cenerina)................. D.

CENCIBAL (Carignane).

CENDRURA. — Nom de cépage cité par Acerbi pour le Trentin (Italie).

CENDRIXE (Cenerina)................. D.

Cenerina. — Cépage à raisins rouges, cultivé pour la cuve dans le Piémont (Italie).

CENERIXONE (Cenerina).............. D.

Cenerola bianca. — Raisin de table du Piémont, de 3e époque de maturité, à grosses grappes cylindroconiques, à grains sous-moyens, globuleux, chair un peu ferme ; peau épaisse, résistante, d'un beau jaune doré (d'après V. Pulliat).

Cenerola nera. — Raisin de cuve, cultivé dans le Piémont, à raisins noirs ; cépage fertile, donnant un bon vin bien coloré ; très sensible à l'oïdium.

CENESE (Vernaccia)................. D.

Cenirosas. — Cépage espagnol de la région Cuença, d'après Abela y Sainz.

CENTELLA (Palomino comun).......... VI. 106

Centennial. — Vigne américaine, hybride de Labrusca et d'Æstivalis, créé par Marwin, assez estimée, d'après Bush et Meissner, aux États-Unis, à cause de ses fruits à grains sphériques, moyens, juteux, un peu foxés, d'un rose grisâtre.

Centinella. — Cépage à raisins blancs de la région de Lecce (Italie), à petites feuilles glabres ; grappe pyramidale ; grains sur-moyens, ovales, allongés, fermes, à peau assez épaisse, jaune verdâtre.

CENTROTOLI. — On trouve sous ce nom un cépage mal déterminé dans les vignobles de la Tunisie.

CENTUROTULA. — Cité par Acerbi parmi les cépages italiens de la Sicile.

CEOTI (Ciuti).

Cepa canasta. — Cépage à raisins blancs de la région de Paxarete (Espagne)

Cepa miel. — Vigne blanche de la région de Salamanque (Espagne), d'après Abela y Sainz.

CÉPAN BLANC (Tressallier).......... IV. 167

CÉPAN BLANC (Gouget blanc)........ IV. 364

CEP DE FRANCE (Meslier)........... IV. 60

CEP DOUX (Peurion).

CEP GRIS (Beaunois)............... IV. 64

CEPHALOCISSUS Planchon (Ampelocissus sarcocephala).

CÉPIN BLANC (Tressallier).......... IV. 167

CÉPIN BLANC (Gouget blanc)........ IV. 364

CEP ROUGE. — Nom erroné du Catalogue du Luxembourg.

CERAGIA (Buonamico)............... IV. 73

CERAGINO SPARGOLO. — Cépage de l'Italie centrale (?). — J. R.

CERASA (Chasselas).

Cerasara nera. — Cépage à raisins noirs de l'île d'Ischia. — J. R.

CERASETTA (Chasselas rose).

CERASO (Chasselas violet)............. II. 15

CERASOLA (Aglianico).

CERASUOLO (Zuccherina).

CERAUNIA (Cerauniæ)..................... *D.*

CERAUNIÆ. — Vignes citées par Columelle (1ᵉʳ siècle). — J. R. C.

CERCEAL (Sercial)................... VI. 218

CERCEAL BRANCO (Sercial)............. VI. 218

CERCEAL DE JÃES (Sercial)........... VI. 218

CERCEAL (Pombal)....................... *D.*

CERCEAL DO GRANDAL. — Nom de cépage portugais, cité en 1790 par Lacerda Lobo. — D. O.

CERCEAL PRETO. — Forme de Sercial, à raisins rouges, signalée en 1790 par Lacerda Lobo; elle n'existe plus dans le vignoble portugais. — D. O.

CERCIAL (Sercial).................... VI. 218

CERDENET, CERDONNET (pour Chardonnay).

CÉRENÉ (Cirené de Romans)........... V. 229

CÉRÉNÈSE (Serène de Voreppe)........ V. 235

CERES (Colombaud).

Ceresa. — Sous ce nom V. Pulliat décrit un raisin de table qu'il avait reçu du baron Mendola, et qu'il note comme raisin de la valeur; feuilles duveteuses en dessous, quinquelobées, à sinus pétiolaire fermé; grappe moyenne, cylindro-conique, serrée; grain moyen, globuleux, chair molle, juteuse, à saveur relevée; peau fine, d'un noir rougeâtre; maturité de 2ᵉ époque tardive.

CERÈSE (Chasselas violet)............. II. 15

CERESINA (Ceresa?)..................... *D.*

Cergenac. — Cépage à raisins rouges de la Dalmatie, d'après H. Gœthe.

CERIANÉ. — Donné, par erreur, comme un nom de cépage des Pyrénées.

CÉRIGNÉ (Cirené de Romans).......... V. 231

CERISE (Chasselas violet)............. II. 15

CERLIENAK (Cergenac)................... *D.*

CERNA BELINA (Frankenthal).

CERNA DUGULJOSTO RANKA (Augster)......... *D.*

CERNA KADARKA (Kadarka)............. IV. 177

CERNA KRAJELVINA (Portugais bleu)...... II. 136

CERNA LASKA (Kölner blauer)............... *D.*

CERNA SKADARKA (Kadarka)........... IV. 177

CERNÈZE (pour Serenèze).

CERNIA (Hainer).

CERNI KLESCEC (Zdenczaytraube)............. *D.*

CERNI MUSKAT (Muscat noir).......... III. 374

CERNINA (Argant).................... V. 346

CERNINA, CERNJENAK, CERNI SPANIER (Kölner blauer). *D.*

CERNINA VELKA (Kölner)................... *D.*

CERNY CYNIFAL (Elbling).............. IV. 168

CERNY MANCUJK (Meunier).

Cerrago. — Cépage espagnol de la région de Salamanque, d'après Abela y Sainz.

Cerrigno bianco. — Cépage blanc de la Toscane. — J. R.

CERVAL. — Donné, par erreur, par Ferreira Lapa, en 1878, comme cépage de la région de Traz-os-Montes (Portugal), où ce nom de cépage est inconnu. — D. O.

Cervala. — Cépage à raisin noir, cultivé en petite quantité pour la cuve à Fondi (Italie); feuilles duveteuses en dessous, quinquelobées; grappe grosse; grains de grosseur moyenne, globuleux, d'un noir violacé; maturité de 3ᵉ époque (d'après H. Gœthe).

CERVEGLIEBO (Cervelliera)................. *D.*

CERVELLIERA. — Raisin noir, gros, rond, à grandes grappes, cité par Soderini au XVIᵉ siècle. — J. R. C.

CERVELLIEBO (Cervelliera)................. *D.*

CERVENA DINKA (Muscat rouge de Madère). III. 319

CERVENA RAZIKA (Savagnin).

CERWENÉ ELZASKA (Grec rouge)........ III. 277

CERZOLA (Chinco).

CESANELLO (Cesanese)................... *D.*

Cesanese. — Cépage à raisins noirs, cultivé pour la cuve à Velletri (Italie).

César............................ II. 294

CÉSAR BLANC (Roublot)............... IV. 276

CÉSAR FEMELLE (Roublot)............ IV. 276

CESARESE (Cesanese)................... *D.*

CESARINA (Cesanese)................... *D.*

CESENESE (Cesanese)................... *D.*

CESAVESE (Cesanese)................... *D.*

CESPLIEVNA (Muscat d'Alexandrie).

CESPLIEVNA (Ribier).

CETERESKA (Kadarka).

CETIL. — Nom inexact donné à un cépage portugais inconnu. — D. O.

CEUS ALBA (Colombaud).

CEUTI (Ciuti)........................ *D.*

CHABA (Chabache)..................... *D.*

Chabache. — Cépage à raisins blancs, cultivé pour la table en Crimée; vigueur et fertilité moyennes; feuilles lobées, à sinus profonds, glabres; grappe moyenne, conique, peu serrée, longue; grains ovoïdes, à peau épaisse, blanc jaunâtre, piquetés de brun. Très cultivé à Théodosie, d'où l'on exporte annuellement plus de 800.000 kilog. — V. T.

CHABIA (Tchakhal Bogasse)................. *D.*

CHABLIS (Chardonnay)............. IV. 5

CHABRIER VERT (Colombaud).......... II. 216

CHABRILLON (Agrier)...................... *D.*

CHADYM BARMAK (Cornichon blanc)..... IV. 316

Chaffey. — Cépage du gouvernement d'Érivan (Russie), à raisin blanc, cultivé pour la table; 3ᵉ époque de maturité; grande grappe (35 centim.!), conique, ailée, lâche; grains de grosseurs différentes, mais gros, un peu incurvés, allongés, charnus, peu juteux, à peau épaisse, se conservant bien ; on a eu des grappes de 4 kilog. ! — Il paraît exister une variété rose ; le Chafley est différent du Kokour blanc, avec lequel il a cependant d'assez grandes ressemblances. — V. T.

CHAGANNGUIRR (Challanguirr) .... *D.*

CHAGNOT (Enfariné) .... II. 392

CHAIGNEAU (Enfariné) .... II. 392

CHAILLAN. — Nom synonyme d'un cépage de l'Isère, lequel ?

CHAILLOCHE. — Nom du Catalogue du Luxembourg, pour Chalosse ?

CHAKAR ANGOURR (Chakir angourr) .... *D.*

Chakarr-Birra. — Cépage de 3ᵉ époque de maturité, à raisin blanc, cultivé à Erivan (Russie) pour la cuve ; grappe moyenne, conique, rameuse ; grain moyen, sphérique, d'un jaune verdâtre ; peu fertile. — V. T.

CHAKARR-BOURRA (Chakarr-Baira) .... *D.*

Chakayari. — Cépage de Chirvan (Russie), peu cultivé pour la table ; 2ᵉ époque de maturité ; à grande grappe rameuse ; grain moyen, d'un jaune clair ; très sucré et très juteux. — V. T.

Chakhangull. — Cultivé pour la table à Ordoubatt (Russie), à raisin noir. — V. T.

Chakhani. — Autre cépage à raisins noirs, de la même région russe, cultivé pour la table ; il existe une variété blanche. — V. T.

Chakh-Chaka. — Vigne à raisin noir, cultivé pour la table à Djebraill (Russie). — V. T.

Chakh-engourr. — Cépage d'Erivan (Russie), cultivé pour la table ; à grain moyen, ovale, charnu, à peau mince, jaunâtre, aromatique. — V. T.

CHAKH-OUZOUM (Chak-engourr) .... *D.*

Chakhtatti. — Raisin blanc de table, cultivé dans le gouvernement d'Erivan (Russie). — V. T.

Chakiarr-Kandi. — Raisin noir de table, cultivé au Charrour-Darguélèze, en Perse. — V. T.

Chakirr-Angourr. — Cépage blanc, cultivé pour la cuve et pour la table dans le Turkestan russe ; 2ᵉ époque hâtive de maturité. Vigne vigoureuse et fertile ; feuille de dimensions moyennes, quinquelobée, aranéeuse en dessous ; grappe longue, ailée, lâche ; grain moyen, sub-ovale, peau fine, d'un vert clair, pruinée. — V. T.

CHAKIRR-ANGOULI. (Chakir-angourr) .... *D.*

Chakialary. — Raisin blanc de table du Caucase. — B. T.

CHALIANE (pour ? Chaillan).

Chalili. — Donné par Scharrer comme (?) cépage blanc du Caucase et de la Perse ; de 3ᵉ époque de maturité, à grains longs, d'un jaune doré (d'après H. Gœthe).

Challanguirr. — Cépage à raisin blanc, cultivé pour la table dans le gouvernement d'Erivan (Russie). — V. T.

Challenge. — Hybride de Labrusca, probablement de Concord × Royal Muscadine, créé par Rev-Asher Moore ; cépage précoce et fertile ; grains sur-moyens, sphériques, d'un rose clair, pulpeux et foxés.

CHALOSSE BLANCHE (Blanc Ramé).

CHALOSSE NOIRE (Fer) .... VI. 23

CHALOSSE PETITE NOIRE (Côt).

CHALOSSE DE BORDEAUX (Blanc Ramé)... III. 240

Chalosse meleno (Colombaud).

CHALOSSE NOIRE (Negrette) .... II. 62

CHALOSSES. — Le nom de Chalosse, comme celui de Jurançon, est appliqué dans l'Ouest à quantité de cépages divers ; ce sont plutôt des noms génériques ; comme encore ceux de Malvoisie, Muscat, etc.

CHALOT (Folle blanche) .... II. 205

CHAMBAVE. — Ce nom ou celui de *Muscat de Chambave* ne désigne pas un cépage spécial, comme le pensait Pulliat, c'est la *Juliette du Valais*... *D.*

CHAMBERIEN (Pinot).

CHAMBER, CHAMBERT. — Noms de cépages, cités dans divers catalogues, sans signification.

CHAMBONAT (Gamay Beaujolais) .... III. 9

CHAMBONNAT NOIR (Gamay) .... III. 9

CHAMBONNIN NOIR (Gamay) .... III. 9

CHAMOIS. — Paraît être le Meunier, ainsi nommé dans l'Oise, d'après J. Guyot.

CHAMOISIEN (Gouais) .... IV. 99

CHAMOISIN (Gouais) .... IV. 99

CHAMOISIN BLANC (Gouais) .... IV. 94

CHAMPAGNE D'AI (Pinot).

CHAMPAGNE NOIR (Pinot).

CHAMPAGNER (Pinot gris).

CHAMPAGNER BLAUER (Pinot gris).

CHAMPAGNER FRÜH CLAVNER (Pinot).

Champagner Kurzstiegler. — Cépage médiocre que Bronner a propagé comme originaire de la Champagne (?). Il se distingue du Pinot noir par son raisin plus lâche, à court pédoncule et grains entièrement ronds de 15 ᵐᵐ de diamètre. Sa maturité plus précoce, suivant Bronner, est au contraire plus tardive, suivant Oberlin, et sa saveur trop commune. — A. B.

CHAMPAGNER SCHWARZER (Pinot noir).

Champanel. — Hybride de vignes américaines, créé par T.-V. Munson.

CHAMPANIA (Isabelle) .... V. 203

Champanski-béli. — Ce cépage, ou *Blanc de Champagne*, cultivé pour la cuve, fut importé au pays du Don par les Cosaques, en 1814 ; on ignore son origine ; il ne rappelle aucunement le Chardonnay — B. T.

Champin-Berlandieri .... I. 456

Champins glabres .... I. 467

Champin-Monticola .... I. 457

CHAMPIN-RUPESTRIS (Champins)........ I. 467
Champins........................... I. 467
Champins tomenteux................. I. 468
Champion. — Syn. : *Early Champion*, *Talman's Seedling*, *Beaconsfield*. — Semis de Labrusca, à feuillage résistant au mildiou, d'après les viticulteurs américains ; grandes grappes ailées ; grains plutôt gros, sphériques, d'un rouge bleuté, pruinés, pulpeux, foxés.
CHAMPION DORÉ (Golden Champion).
CHAMPION HAMBOURG (Muscat de Hambourg).
CHAMSKA RAZAKIA (Rosaki, en Bulgarie).
CHANAY (Chardonnay).
Chança. — Cépage portugais, cultivé à Penamacór, dans la Beira Baixa portugaise. — D. O.
CHANDENET (Chardonnay).
Chandler. — Semis de Labrusca, à raisins blancs, très pulpeux et foxés.
CHANDU. — Raisin blanc du Caucase (?), d'après Scharrer, à petits grains allongés.
CHANI (Chôni)........................ D.
CHANTI (Tsitska)..................... D.
CHANY (Chatus).................. III. 212
Chany gris. — Cépage de l'Isère, de 2ᵉ époque de maturité, d'après V. Pulliat ; grappe moyenne, cylindro-conique, aileronnée, un peu serrée ; grain sous-moyen ou petit, globuleux ; peau d'un rouge grisâtre, un peu pruinée.
Chany noir de Brioude. — V. Pulliat décrit ce cépage comme bien autonome, et caractérisé par sa feuille bullée, lanugineuse sur les nervures, lobée, à sinus pétiolaire fermé ; grappe moyenne, cylindro-conique, ailée ; grain sur-moyen, ellipsoïde, ferme, juteux, à saveur de Sauvignon ; peau épaisse, d'un noir rougeâtre, pruiné à la maturité, qui est de 3ᵉ époque.
CHAONI. — Cépage de Perse, cité par Chardon, au XVIIᵉ siècle. — J. R. C.
Chaouch............................. II. 200
CHAOUCH BLANC A GRAIN ROND (Chaouch). II. 201
CHAOUCH BLANC A GRAIN OVALE (Chaouch). II. 201
CHAOUCH MUSQUÉ (Misket Tchavouch)... II. 203
CHAOUCH ROSE (Chaouch)............. II. 201
CHAOUCH ROSE (Tchavouch rose)....... II. 204
CHAOULA (Chaouch)................... II. 200
CHAOULA DU SÉRAIL (Chaouch)......... II. 200
CHAOUS (Chaouch)................... II. 200
CHAPELET ROSE (Chasselas violet).
CHAPOT (Prin blanc)................ VI. 139
Chaptal blanc. — Variété de Chasselas, d'après V. Pulliat, à plus petite feuille et à grain jaune de très bonne heure.
CHAPTALIA APHIFOLIA (de Burger : Chasselas persillé).
CHARAGNOT (Chatus)................ III. 212
CHARAMBUSE. — Nom du Catalogue du Luxembourg.

CHARAMBUSE ROUGE (Aramon, en Lozère).
CHARAMIOT (Chatus).
CHARBONNEAU (Douce noire)........... II. 371
CHARBONNIER (Romorantin).
CHARDENAI (Chardonnay).............. IV. 5
CHARDENAY (Chardonnay)............. IV. 5
CHARDENET (Chardonnay)............. IV. 5
Chardonnay......................... IV. 5
CHARDONNAY MUSQUÉ (Chardonnay)...... IV. 6
CHARDONNERET. — Raisin blanc du vignoble des Riceys (Aube), aujourd'hui disparu, cité en 1852 par Roy et Guénin. — J. G.
CHARDONNET (Chardonnay)............ IV. 5
CHARELO (Jaën)..................... VI. 108
CHARGE MULET (Pécoui-Touar)......... IV. 233
CHARGE MULET GRIS (Pécoui-Touar gris).. IV. 235
CHARISTWALI (Dodrelabi)............. II. 139
Charka de Nikita. — V. Pulliat décrit ce cépage sans en donner l'origine (Nikita, Russie ?) ; feuille lobée, à sinus assez profonds ; grappe grande, ailée ; grains moyens, sphériques, serrés, d'un jaune doré à la maturité de 3ᵉ époque.
CHARLES DOWNING (Downing)........... D.
CHARLOTTE (Diana)................... D.
CHARLSWORTH TOKAY (Muscat d'Alexandrie). III. 208
CHARNET (Mourvèdre).
CHARSSAOUSS (Tchachma-Goussalia)..... D.
Charter Oak. — Variété pure de Labrusca, à grains très foxés.
CHAUVA (Argwetouly-saperé).......... D.
Chase Bros. — Semis de Concord, sans valeur.
CHASRI. — Cité par Scharrer comme cépage du Caucase, pour Charis ou Khari.
Chassaigne nᵒ 1. — Hybride de Gros Noir × Berlandieri ; semis de M. le Dʳ Chassaigne, de Blois. Hybride très rustique, très sain, assez fertile, mais de saveur âpre et mauvaise. Feuilles pleines, orbiculaires, légèrement cordiformes, sinus pétiolaire en V ; limbe assez épais, glabre, vert foncé luisant, bordé de dents remarquablement courtes et obtuses ; grappes petites, arrondies, serrées ; grains sur-moyens, ronds, noirs, à jus rose, pruinés, pulpeux et peu juteux, sucrés, foxés ; maturité de 2ᵉ époque. — J. R. C.
CHASSAIGNOL. — J. de Rovasenda cite ce nom comme s'appliquant à une ancienne vigne (?) de l'Auvergne, de la région de Brioude.
CHASSELARD (Chasselas *in* Catalogue du Luxembourg !).
Chasselas........................... II. 5
CHASSELAS A GROS GRAINS (Chasselas Gros Coulard).
CHASSELAS ALMÉRIA (Ohanez ?).
CHASSELAS AMBRÉ (Muscadelle).
CHASSELAS ANGEVIN (Chasselas doré)..... II. 6
Chasselas × Berlandieri 41 B Millardet et de Grasset....................... I. 457

CHASSELAS MUSQUÉ LE VRAI (Chasselas musqué)........................ III. 121
CHASSELAS MUSQUÉ VRAI (Chasselas musqué)............................ III. 121
CHASSELAS NAPOLÉON (Bicane)......... II. 102
CHASSELAS NÉGREPONT (Chasselas de Négrepont). D.
CHASSELAS NEMORIN. — Serait un semis bien spécial, d'après Bouschet, obtenu par Robert Moreau, d'Angers; paraît bien être un Chasselas doré.
CHASSELAS NOIR (Corbeau).
Chasselas Oberlin. — Type rose obtenu de semis par Oberlin; plus violet que le Falloux, il est encore plus fertile. — A. B.
Chasselas perlé hâtif................. V. 151
CHASSELAS PERRIN (François Ier)........ II. 332
CHASSELAS PERRIER (Chasselas Gros Coulard)............................ II. 10
CHASSELAS PERSILLÉ (Chasselas Cioutat).. II. 8
CHASSELAS PIGEONNET (Chasselas doré)..
CHASSELAS PRÉCOCE (Chasselas doré!).
CHASSELAS PRÉCOCE DE MALINGRE (Précoce de Malingre).
CHASSELAS QUEEN VICTORIA (Chasselas doré). .
CHASSELAS ROSE (Chasselas violet).
Chasselas rose de Falloux.............. II. 16
Chasselas rose Salomon............... V. 331
CHASSELAS ROSE D'ALSACE (Chasselas violet)............................ II. 15
CHASSELAS ROSE DE LA MEURTHE (Chasselas violet)........................... II. 15
CHASSELAS ROSE DE MONTAUBAN (Chasselas violet)..................... II. 15
CHASSELAS ROSE DU PÔ (Chasselas rose de Falloux).......................... II. 16
Chasselas rose royal.................. II. 15
CHASSELAS ROUGE (Chasselas violet)..... II. 15
CHASSELAS ROUGE ROYAL (Chasselas violet).
CHASSELAS × RUPESTRIS MARTIN Nos 901, 2002, 1103 (Hybride Couderc).................... D.
CHASSELAS SAINT-AUBIN (Chasselas doré?).
CHASSELAS SAINT-FIACRE (Muscat Ottonel).
Chasselas Sullivan. — Semis de Vibert, à grains un peu oblongs, abandonné.
Chasselas Tokay des Jardins (Chasselas rose royal).
CHASSELAS TRAMONTANER. — V. Pulliat le croit spécial et caractérisé par sa feuille maculée de rouge, et son grain d'un rose plus foncé que le Chasselas rose royal avec lequel il est souvent confondu.
CHASSELAS VIBERT (Chasselas Gros Coulard). II. 10
Chasselas violet...................... II. 15
CHASSLAUER (Chasselas doré).
Chastelan. — Cépage à raisins noirs des environs de Puget-Théniers, très sensible à l'oïdium; débourrement tardif; sarments très vigoureux, à mérithalles assez courts; feuilles moyennes, glabres sur les deux faces, d'un vert tendre; grappe

cylindro-conique, ailée, assez lâche, à pédoncule court; grains globuleux, peau mince, d'un noir métallique; chair tendre et juteuse. — L. B. et J. G.
CHATAR (Ugni blanc).
CHATELAINE (Tinta castellõa)........... VI. 199
CHATEL BLANC (Mondeuse blanche).
CHATELUS (Chatus).
CHATENAIT (Chardonnay).............. IV. 5
CHATILLE (Péloursin)................. VI. 87
CHATOR (Ugni blanc)................. II. 255
CHATOS (Chatus).................... III. 212
CHATTÉ (Chardonnay).
Chatus..........................: III. 212
Chatus × Cordifolia 66-1 Couderc....... III. 215
Chatus noir de Maure............... III. 214
Chatus rouge..................... III. 214
Chauché gris. — Variété du Poitou signalée par Cte Odart, admise par V. Pulliat; feuille duveteuse, à sinus profonds; grappe moyenne, un peu lâche; grain moyen, de forme ellipsoïde, d'un gris rose, à maturité de 2e époque (d'après V. Pulliat); rapportée parfois au Pinot gris ou au Pinot rougin.
Chauché noir. — Cépage ne différant du précédent que par une feuille plus tourmentée et une peau d'un noir pruiné; maturité même époque. Confondu par quelques auteurs avec le Pinot noir.
CHAUCHETZ. — Vigne citée par Bernard Palissy, au xvie siècle, à raisins noirs et spéciale à la Saintonge; c'est le Chauché noir ci-dessus décrit. — J. R. C.
CHAUDENAY (Chardonnay)............. IV. 5
CHAUDENET (Chardonnay)............. IV. 5
CHAUME BLANC (Chardonnay).
CHAUME NOIR (Pinot noir).
CHAUME NOIR (Meunier).
Chaunand. — V. Pulliat donne ce cépage comme particulier à la région d'Ambérieu, dans l'Ain; feuille grande, très duveteuse en dessous; à sinus profonds, à denture large; grain moyen, presque globuleux; peau épaisse, résistante, d'un noir pruiné à la maturité de 2e époque.
Chaupanel. — Hybride américain créé par T.-V. Munson.
CHAUSSÉ GRIS (Ugni blanc).
CHAUSSET (Cruchinet)................. D.
CHAUSSET (Fer)..................... VI. 23
Chautauqua. — Semis de Concord peu différent du type, à grains d'un noir bleuté et gros, foxés.
CHAVA (Argvétouli-Sapéré)............ D.
CHAYGABITTO (Chaw-Kapito)............ D.
CHAVI-KAMOURI (Kamouri noir)......... D.
Chavi-Kapistoni (Kapistoni noir). .... D.
Chari-Khourdzeni. — Raisin noir de cuve, cultivé à Koutaïs (Russie).
Chavi-Titu. — Cépage à grains noirs, oblongs et allongés, cultivé pour la cuve, à Gori (Russie). — V. T.

10

Chawurgany. — Raisin noir de cuve, assez cultivé pour la cuve aux environs de Samarkande; précoce. — B. T.

Chavoshee (Chaouch).

Chavoust (Chaouch).

Chawusk (Chaouch).

Chavrouani. — Raisin blanc cultivé pour la cuve, à Ratcha (Russie).

Chaw-gobito (Chaw-Kapito)................ *D.*

Chaco-Kapistony (Chaw-Kapito) .... *D.*

Chaw-Kapito. — Cépage de la Kakétie russe, cultivé pour la cuve, peu vigoureux; grande grappe, à gros grain charnu, d'un noir rougeâtre, peu chargé en matière colorante; vin alcoolique. — V. T.

Che fa due volte. — Cépage remontant, signalé par Acerbi pour la région de Vérone (Italie).

Chefka (Sifta)............................. *D.*

Cheignot (Gouais).

Chekiarr (Danadachague)................. *D.*

Chekk. — Cépage de table, à raisins noirs, de Ordoubatt (Russie). — V. T.

Chekk-Roumi. — Raisin blanc de table, de Zanguezour (Russie). — V. T.

Chella. — Cépage espagnol, probablement identique à l'Uva roja de Cuelga, d'après Abela y Sainz.

Chema. — Donné par Scharrer comme cépage de 3e époque de maturité, originaire du Caucase, à raisins noirs (?).

Cheminissa (Chiminissa)................... *D.*

Chenin a grains pointus (Chenin blanc).. II.   87

Chenin ailé de Vouvray (Chenin blanc).   II.   87

Chenin blanc .... II.   83

Chenin de Briollay (Chenin blanc).....   II.   87

Chenin noir...................... II.   113

Chenin de Savennières (Chenin blanc)...   II.   87

Chenin du Saumurois (Chenin blanc).....   II.   87

Chenion (Chenin).

Chenois. — Cité par Jean Bauhin, au xvie siècle, comme cépage de Montbéliard « à raisins à petits grains ».

Chernu (Corbel?).

Cherchali (Bezzoul-el-Kadem Cherchali, d'après Leroux).

Cherchali blanc (Bezzoul-el-Adra).

Cherché (Jacquère)................. IV.   122

Chérès. — Sous ce nom ou celui de Malvoisie de Sitjes, V. Pulliat, d'après le Cte Odart, décrit un cépage originaire de l'Espagne, à grandes feuilles très duveteuses en dessous et à sinus profonds; à grosse grappe rameuse, lâche, à grains sur-moyens, courtement ellipsoïdes, à peau d'un jaune verdâtre; maturité de 3e époque.

Cherokee. — Semis naturel d'Æstivalis, se rapprochant beaucoup du Cynthiana, résistant aux maladies cryptogamiques; grappe assez grosse, serrée;

grains de grosseur moyenne, peu fermes, sucrés, d'un noir violacé foncé, un peu tardif de maturité.

Chester gros, petit. — Forsyth, à la fin du xviiie siècle, cite ces noms comme vignes cultivées en Angleterre; l'une à gros grains, l'autre à petits grains noirs; elles auraient été importées de Lisbonne? — J. R. C.

Chétouan (Mondeuse)................. II.   274

Chétuan (Mondeuse)................. II.   274

Cheur dur (Plassa)....................... *D.*

Chevalier de Rovasenda. — Variété de semis créée par baron Mendola; grappe sur-moyenne, cylinconique; grain sur-moyen, globuleux; à chair ferme, juteuse, sucrée; peau épaisse, d'un noir rougeâtre, à la maturité de 3e époque (d'après V. Pulliat).

Chevalin blanc. — Cépage à raisins blancs signalé par Pulliat, dans le Revermont (Ain). Nous l'avons retrouvé dans la vallée de l'Albarine, aux environs d'Ambérieu, dans les sols marneux blancs du climat des Abbéanches sur Saint-Germain. — Végétation assez vigoureuse, à port érigé. Bourgeonnement vert à pointe blanche; bois gris blanchâtre, à veines rosées et mérithalles fasciés de 5 à 8 mm; feuille insérée perpendiculairement sur long pétiole rosé et floconneux; limbe orbiculaire, à page infer. duveteuse, aranéeuse; sinus pétiolaire étroit, souvent imbriqué, latéraux faibles, les supérieurs en U profonds; grappe cylindrique de 12 à 15 millim., simple, à pédoncule gros et nœud fort; grains moyens, globuleux ou légèrement ovoïdes, à disque épais, peau blanchâtre et fine; chair juteuse, franchement acidulée, à goût acerbe particulier. Ce cépage, plus précoce de 5 à 6 jours que le Mornin ou Fendant, aussi fertile et œnologiquement supérieur, disparaît de plus en plus en raison de son extrême sensibilité à l'oïdium et au mildiou de la grappe. — A. B.

Chevani (Chevergani).

Chevergani. — Cépage de la Boukharie russe, à raisin noir précoce.

Chevka (Sivta)........................... *D.*

Chevrelon. — Nom du Catalogue de vignes du Luxembourg; peut-être pour Chevalin?

Chevrier (Gros Sémillon).............. II.   220

Chiacarella (Sciacarella).

Chiallo (Porcinale)........................ *D.*

Chianti bianco. — Cépage (?) de Pavie (Italie).

Chiantigiano (Sangioveto).

Chiapparolo (Ugni blanc).

Chiapparone (Ugni blanc).

Chiapparulo. — Cépage cultivé à Montecalvo (Italie), à grande grappe ailée, à gros grains blanchâtres, sphériques, pruineux; grandes feuilles cordiformes, trilobées. — M. C.

Chiara. — Donné comme cépage de la région de Modène (Italie).

Chiavenusca (Nebbiolo).

Chibirkhani (Chouwurkhāni)............ *D.*

Chibourgany (Chouwurkhāni)............ *D.*

Chibourkany (Chouwurkhāni)............ *D.*

Chicago. — Semis naturel de Labrusca, à grande aile sur la grappe principale ; grains moyens de grosseur, rougeâtre clair, foxés ; maturité précoce.

Chichaud.......................... VI. 158

Chichwell (Chimwell).................... *D.*

Chicken grape (V. æstivalis).......... I. 343

Chicken grape (V. cordifolia)......... I. 354

Chidester's nos 1, 2, 3. — Semis de Labrusca créés par C.-P. Chidester, en 1885 ; ils ont beaucoup de ressemblances avec le Concord et ne présentent aucun intérêt.

Chidra russ. — Cité par Scharrer comme cépage de la Perse (?).

Chien noir (Tinto cão)................ V. 43

Chien rouge (Tinto cão)............... V. 43

Chikalka (Aïn-el-Kelb, en Bulgarie).

Child of Hall........................ IV. 271

Chiminissa. — Cépage probablement originaire d'Italie, cultivé en Tunisie, non encore spécifié.

Chimonikon. — Variété noire précoce, cultivée pour la cuve dans la région de Corinthe. — X.

Chimwell. — Vigne de Batoum (Russie), jadis très répandue dans le Gouriel. — V. T.

Chinco bianco, nero. — Donné comme cépages de régions napolitaines par J. de Rovasenda, H. Gœthe et le *Bulletin ampélographique italien.*

Chineau (Enfariné).

Chinier. — Nom sans signification du Catalogue du Luxembourg.

Chinot (Gouais).

Chintuan (Mondeuse)................. II. 274

Chioccia bianca. — Cépage (?) de l'Emilie (Italie). — J. R.

Chiovello. — Cépage (?) de la Basilicate (Italie).

Chirai blanc, rouge. — Cépages du Caucase. — B. T.

Chirchira. — Raisin blanc que l'on confit au Caucase. — B. T.

Chiroun-Koura (Chirchira)................ *D.*

Chirvun-Chasky. — Raisin rouge, cultivé pour la cuve au Caucase. — B. T.

Chirrby (Chirai rouge)................. *D.*

Chisakazi (Chirai blanc).................. *D.*

Chitichiti (Corinthe).

Chlora. — Cépage blanc cultivé pour la table dans l'Elide (Grèce). — X.

Chloris. — Nom de vigne, à raisins blancs, cité par les géoponiques, au xe siècle. — J. R. C.

Chironia (Bryonia)...................... *D.*

Chodjarai. — Cépage (?) de la Transcaucasie russe, d'après Dorochovskoj. — J. M. G.

Chodscharasch. — Scharrer donne ce nom comme celui d'un cépage à raisins blancs, à gros grains oblongs, cultivé pour la table au Caucase.

Chokarack. — Magnifique raisin blanc de table de Boukhara. — B. T.

Chokoutoz. — Cépage blanc de cuve de la Bessarabie (Russie), à grappe allongée, serrée, ailée ; grain moyen, rond ; feuille profondément lobée. — V. T.

Chondramigdalo. — Raisin blanc de table, précoce ; cultivé dans l'Étolie (Grèce). — X.

Chondromavronda. — Raisin noir de cuve cultivé en Grèce. — X.

Chondrorogo (Rosaki).................. II. 170

Chondrostafida. — Cépage noir de table, précoce ; cultivé dans la Céphalonie (Grèce). — X.

Chôni. — Cépage russe de la région d'Erivan, à raisin noir, cultivé pour la table. — V. T.

Chopine blanche. — Nom erroné inscrit dans le Catalogue du Luxembourg pour un cépage de l'Aisne !

Chouvoulkhane (Chouvourkhāni)............ *D.*

Chovourkhāni. — Raisin noir de cuve, répandu au Turkestan et surtout à Boukhara et à Samarkande ; petit grain ovale, allongé, d'un violet foncé pruiné, précoce ; on le fait passeriller pour fabriquer un vin de dessert. — V. T.

Chirapka (Chasselas doré)................ II. 6

Chrékéni. — Cépage blanc de cuve, peu sucré ; cultivé à Bortchalo (Russie). — V. T.

Christie's improved Isabella (Isabelle)... V. 203

Christine (Telegraph).

Christkindlestraube (Savagnin rose).... IV. 301

Christone. — Cépage importé en Tunisie de la Sicile, à maturité tardive ; non rapporté encore au cépage italien vrai ; la grappe est grosse, les grains gros, ronds, d'un jaune verdâtre, à chair croquante, se conservant bien. — N. M.

Chirupka (Chasselas doré).

Churriaga. — Cépage espagnol cité par Abela y Sainz.

Chypreïko. — Cépage noir cultivé pour la cuve dans les îles Cyclades. — X.

Ciaccaradore nero. — Baron Mendola cite ce cépage comme spécial à la Sardaigne.

Ciamussol nero. — Cépage (?) du Piémont, de la région de Suse (Italie).

Cianicolosa (Corinthe).

Ciaouss (Chaouch).

Ciapparone (Ugni blanc ou Trebbiano).

Ciapparuto (Ugni blanc).

Ciau. — Nom de cépage italien cité par Acerbi pour le vignoble de Pavie.

Cibele bianca (Bicane).

Cibele blau (Frankenthal).

Cibeben Muskateller (Muscat d'Alexandrie).

Cibele rother (Heunisch)................. *D.*

Cibebe weine (Lignan).

Cibibo (Cornichon blanc).

Cicautad (Chasselas cioutat).

Ciccia di morto (Biancone).

Cichetto nero. — Cépage (?) des régions napolitaines. — J. R.

Cicia passa (Uva passa).

Cicirello. — Cépage de la Sicile, d'après Paulsen.

Cico. — J. Guyot, et après lui J. de Rovasenda, donne ce nom pour un cépage (?) de l'Ardèche.

Ciculo. — Nom inexact du Catalogue des vignes du Luxembourg.

Cicutal, Cicutat (Chasselas Cioutat).

Cidreirinha. — Cépage portugais rouge, peu productif et tardif, sans importance. — D. O.

Cienfuentes. — Cépage espagnol cultivé à Arces et à Paxarète, décrit par Simon Rojas Clemente et par Abela y Sainz ; grappe assez grande, à grains jaunes, très sucrés.

Cieza. — Nom erroné du Catalogue du Luxembourg.

Cigany szolo (Kadarka).

Cigar box grape (Jacquez)............. VI. 374

Ciganera nera, Ciglianese, Ciglieggia violacea, Ciglieggiana rossa, Ciglieggio divers, Cigliese bianca, Cigliola. — Noms divers cités par J. de Rovasenda, mais ne pouvant être considérés comme des noms de cépages, ou ne pouvant être rapportés comme synonymes à leurs vrais cépages !

Cigüentes. — Cépage espagnol de la région de Murcie, d'après Abela y Sainz. Alonso de Herrera citait déjà ce nom de ville espagnole au xvie siècle.

Cihovac. — Cépage de cuve de la Dalmatie, à raisins noirs, d'après H. Gœthe.

Ciliana. — Nom de cépage cité par Acerbi pour la région d'Udine. — J. R.

Ciliegiolo (Canaiolo)................,..... II. 317

Ciliegiana (Ascera)........................ D.

Ciliegiona (Ascera)........................ D.

Cilifantli (Sylvaner)................. II. 363

Cilla. — Odart donne ce nom comme celui d'un cépage des Pyrénées (?).

Cima di giglio bianco, nero. — Deux noms de cépages romains cités par Acerbi.

Cimiciattolo, Cimicitola. — Cépage de la Toscane cité par Acerbi.

Cimiciara (Isabelle).

Cimighierã. — Variété roumaine, répandue surtout à Houchi et dans les vignobles du département de Bacáu, en Moldavie ; feuille entière, duveteuse en dessous, à limbe plan ; sinus pétiolaire fermé ; grappes longues et cylindriques, à gros grains sphériques, d'un jaune blanchâtre, piqueté de points rougeâtres à maturité ; cépage très productif donnant un vin blanc léger de 9° d'alcool. — G. N.

Ciminnisa, Ciminnita. — Noms cités par Acerbi pour la Sicile.

Cinabro rosso. — Nom de vigne cité par Pierre de Crescence. — J. R.

Cinciorlina (Dolcetto).

Cinerascentes........................... I. 301

Cinerea (V. cinerea)...................... I. 348

Cinerea. — Vigne de mauvaise qualité, citée par Pline au Ier siècle. — J. R. C.

Cinerea-Æstivalis (Æstivalis-Cinerea)... I. 350

Cinerea begoniæfolia. — Variété de Cinerea, à feuilles régulièrement gaufrées et bullées (Muséum de Paris).

Cinerea-Candicans..................... I. 332

Cinerea-Canescens. — Forme à feuilles découpées et très duveteuses de Cinerea ; plante de collection (Muséum de Paris).

Cinerea-Cordifolia (Cordifolia-Cinerea).. I. 351

Cinerea-Coriacea....................... I. 475

Cinerea-Lincecumii.................... I. 351

Cinerea-Novo-Mexicana................ I. 351

Cinerea-Riparia........................ I. 350

Cinerea-Rupestris (forme sauvage)...... I. 475

Cinerea-Rupestris Jæger. — Deux hybrides créés par Jæger, très vigoureux, mais non utilisés comme porte-greffes.

Cinereas glabres....................... I. 349

Cinereas tomenteux.................... I. 349

Cinese. — Nom d'un cépage du Trentin (Italie), cité par Acerbi.

Cingolo. — Cépage de l'Italie méridionale, cultivé surtout à Ruoti, province de Potenzo ; grappe très grosse, compacte, ailée, cylindro-conique ; pédoncule fort, lignifié ; grains sphériques, déformés par la pression, assez gros, verdâtres, jamais jaunes ; pulpe acide ; feuilles pentagonales, de dimensions moyennes (15-13) ; lobe supérieur très allongé ; sinus supérieurs très profonds ; face inférieure faiblement aranéeuse. — M. C.

Cinq fois coloré (Teinturier femelle).... III. 370

Cinq kilos (Danugue)................. II. 168

Cinq-Saou (Cinsaut)................. VI. 322

Cinqsaut (Cinsaut)................. VI. 322

Cinquain (Cinquien)................. D.

Cinquien. — Cépage du Jura, d'après V. Pulliat et Ch. Rouget ; grande feuille orbiculaire, peu lobée et à sinus profonds ; grappe moyenne, cylindrique, à pédoncule long et fort ; grain sous-moyen, sub-ellipsoïde, chair ferme, juteuse ; peau épaisse, d'un vert un peu jaunâtre à la maturité de 2e époque (d'après V. Pulliat).

Cinsanet (Cinsaut)................. VI. 322

Cinsaut.....................:...... VI. 322

Cinsaut-Bouschet. — Hybride de Petit-Bouschet et de Cinsaut créé par Henri Bouschet ; précoce, à jus peu coloré, très sensible au mildiou, sans intérêt cultural, et inférieur à un hybride du même groupe, à l'Œillade du 1er août. — Vigne asse vigoureuse, à port étalé, bois de l'année d'un brun rosé clair; feuilles jeunes : peu tomenteuses, nuancées de brun rose clair; adultes : sur-moyennes, aussi larges que longues, quinquelobées; sinus pétiolaire profond, en V presque fermé; face supérieure d'un vert assez clair et un peu luisante; poils roides sur les nervures en dessous; grappe moyenne, lâche, courte et large; grains moyens, sub-ovoïdes, d'un noir violacé foncé, jus d'un rouge vineux intense.

CINZAL. — Vigne portugaise du Minho, donnant des vins très inférieurs, en 1866; supprimé du vignoble à la suite de la crise de l'oïdium. — D. O.

CINZENTA (Nevoeira)................ VI. 205

CIOCCA, CIOCCHELLA, CIOCLARE. — Noms de cépages italiens de la région de Bologne, probablement de simples synonymes d'autres vignes.

CIOLINO BIANCO (Cornichon blanc).

CIOLLONA NERA (Cornichon violet).

CIOMBAG (Chaouch).

Cionica. — Cépage roumain, à raisins blancs, peu productif; grappes grosses et lâches, avec grains assez gros, un peu ovoïdes, d'un jaune clair. — G. N.

CIOSPORONE (Ugni blanc).

CIOTAT, CIOUTAS, CIOUTAT (Chasselas cioutat).

Ciper (Cipro nero).

CIPRINAO (Verjus).

Cipro bianco. — Cépage de l'île de Chypre, à feuilles grandes, glabres sur les deux faces, lobées et à sinus profonds, étroits et fermés; grappe surmoyenne, cylindro-conique; grains assez gros, légèrement ellipsoïdes, d'un blanc jaunâtre à la maturité de 3ᵉ époque (d'après V. Pulliat).

Cipro nero. — Ce serait, d'après V. Pulliat, le raisin qui produirait (?) le vin de la commanderie à l'île de Chypre; variété différente de la précédente, à feuilles duveteuses; grappe moyenne, à grains ellipsoïdes, d'un noir bleuâtre à maturité de 3ᵉ époque.

CIPRO ROSSO (Cipro nero)............. ...... D.

CIRAGUE (Ciréné de Romans).......... V. 229

CIRANÉ (Ciréné de Romans).......... V. 231

Circé. — Raisin de table blanc obtenu de semis par Moreau-Robert. Grains de 15/14; fructification satisfaisante, mais végétation un peu faible; maturité moyenne. — A. B.

Ciréné de Romans .... V. 231

CIRESA VERONESE. — Cépage italien cité par Acerbi.

CIRIEGIVOLO DOLCE. — Cépage italien, à grappes allongées, tomenteux, à gros grains, signalé par Soderini, au XVIᵉ siècle. — J. R. C.

CISSAMPELOS H. D. C. (V. caribæa)..... I. 322

Cissites .... I. 477

Cissites acuminatus Lesquereux .... I. 478

Cissites affinis Lesquereux............ I. 478

Cissites crispus Heer .... I. 479

Cissites cyclophylla Lesquereux........ I. 478

Cissites formosus Heer................ I. 479

Cissites Harkerianus Lesquereux........ I. 478

Cissites Heeri Lesquereux .... I. 478

Cissites ingens...................... I. 479

Cissites insignis Heer................. I. 477

Cissites obtusifolius Heer............. I. 478

Cissites obtusum Lesquereux.......... I. 478

Cissites salisburiæfolius .... I. 479

Cissites sinuosus Heer............... I. 478

Cissus .... I. 80

Cissus acida L...................... I. 81

CISSUS ACIDA Chapmann (Cissus incisa).. I. 93

Cissus acris Planchon. — Cissus de l'Australie, Nouvelles Galles du Sud.

CISSUS ACULEATA Spanoghe (Ampelocissus aculeata). D.

Cissus acuminata A. Gray. — Iles Fidji.

CISSUS ACUTIFOLIA Poir. (Cissus carnosa). I. 98

Cissus adenocaulis Steud .... I. 82

CISSUS ADENANTHA Hocht. (Cissus serjanioïdes)........................... D.

Cissus adenantha Fresen. — Abyssinie.

Cissus adnata Roxb.............. ..... I. 84

CISSUS ÆGIROPHYLLA Bunge (Ampelopsis ægirophylla).

Cissus Agnus Castus Planchon. — Zambèze.

CISSUS ALATA Lamk. (C. rhombifolia) .... D.

Cissus albida Camb. — Brésil.

Cissus alnifolia Schweinf............. I. 82

CISSUS ALTISSIMA Zippel (Tetrastigma papuanum)........................... D,

CISSUS AMBOINENSIS Zippel (Tetrastigma Amboinensis)........................... D.

CISSUS AMPELOPSIS Pen. (Ampelopsis cordata). I. 69

Cissus ampelopsidea Saporta.......... I. 482

Cissus amplexa Planch. — Mozambique.

Cissus andongensis Planch. — Basse-Guinée, Angola.

Cissus Andræana Planch. — Cordillière occidentale de la Nouvelle Grenade.

Cissus anemonifolia Zippel. — Timor.

CISSUS ANGULATA Lamark (Cissus vitiginea). I. 82

CISSUS ANGUSTIFOLIA Benth. (Tetrastigma Gaudichaudianum)........................... D.

CISSUS ANGUSTIFOLIA Roxb. (Tetrastigma angustifolium)........................... D.

CISSUS ANTARCTICA Vent. (Cissus Baudiniana) .. D.

Cissus antartica .... I. 481

CISSUS ARACHNOIDEA Hank (Ampelocissus arachnoidea)........................... I. 24

Cissus aralioïdes Welwitsch. — Basse-Guinée, Angola, Gabon, Soudan oriental.

CISSUS ARBOREA Forsk et espèce de Wild. — Ce n'est pas une Ampélidée, d'après Planchon.

CISSUS ARGENTEA (Cissus sicyoïdes)...... I. 90

Cissus arguta Hook. — Guinée supérieure, région du Niger.

Cissus aristata Blume (Cissus adnata)....... *D.*

Cissus aristolochiæfolia Planch. — Zambèze.

Cissus aristolochioïdes Planch. — Siam.

Cissus articulata Guillem et Perott. — Sénégambie, Zanguebar.

Cissus articulata Korth. (Tetrastigma articulatum)................................. *D.*

Cissus asperifolia Planch. — Brésil.

Cissus atlantica ....,.... I. 483

Cissus auriculata Roxb. — Himalaya, Bengale.

Cissus Bakeriana Planch. — Niger.

Cissus Barterii Planch. — Guinée.

Cissus Baudiniana Planch.............. I. 81

Cissus Bauerleni Planch.............. I. 81

Cissus bifida Sch. et Thon. (Cissus quadrangularis)..................... I. 86

Cissus bigemina Harvey (Cissus Thomsoni).... *D.*

Cissus bignonioïdes Schweinf. (Cissus suberosa). *D.*

Cissus Biternata Baker. — Madagascar.

Cissus Blanchetiana Planch. — Brésil.

Cissus Blumeana Planch. — Java.

Cissus Boivinii Planch. — Madagascar.

Cissus bororensis Klotzsch. — Mozambique.

Cissus brachypetala Hochst. (Cissus cornifolia). *D.*

Cissus brachypoda Planch. — Nouvelle Hollande tropicale.

Cissus bryoniæfolia Regel (Ampelopsis heterophylla).................................. *D.*

Cissus Buchananii Planch. — Zambèze.

Cissus Burchelii Planch. — Brésil.

Cissus cæsia Afzel. — Sierra Leone, Niger.

Cissus campestris Planch. — Brésil.

Cissus canarensis Planch. — Indes.

Cissus canescens Lamark (Cissus sicyoides) .... I. 91

Cissus cantoniensis Hook et Arn. (Ampelopsis cantoniensis)................................ *D.*

Cissus capensis Wild. (Rhoïcissus capensis). I. 77

Cissus capriolata Royle (Tetrastigma serrulatum)............................. ..... *D.*

Cissus carnosa Lamark.......... I. 98

Cissus caustica Tussac. — Antilles.

Cissus celtidifolia....................... I. 483

Cissus cerasiformis Planch. — Java.

Cissus chloroleuca Planch. — Angola.

Cissus chontalensis Planch. — Nicaragua.

Cissus cinerea Lamark (Cissus carnosa).. I. 98

Cissus cirrhiflora Eckl. et Zeyher (Rhoicissus pauciflora)............................... *D.*

Cissus cirrhosa Hort. Kew (Cissus quinata)... *D.*

Cissus cirrhosa Thunb............. .... I. 107

Cissus clematidea Planch. — Australie.

Cissus clematifolia Cav. (Ampelopsis orientalis). *D.*

Cissus clematifolia Spanoghe (Ampelocissus aculeata)................................. *D.*

Cissus coccinea Mart. — Brésil.

Cissus cocciniæfolia Schweinf. (Cissus palmatifida)................................. *D.*

Cissus coccolobifolius Delile herb. (Ampelocissus Chantinii).............................. *D.*

Cissus cochinchinensis Spreng (Cissus pedata)............................. I. 97

Cissus Commersonii Baker (Cissus palmata).... *D.*

Cissus compressicaulis (Cissus sicyoides). I. 90

Cissus congesta Planch. — Mozambique.

Cissus connivens Lamk. — Madagascar, Afrique australe.

Cissus convolvulacea Planch. — Siam.

Cissus cordata Roxb. (Cissus repens)........ *D.*

Cissus cordifolia L. (Cissus sicyoides).. I. 90

Cissus coriacea Bl. (Tetrastigma lanceolarium)................................. *D.*

Cissus corniculata Benth. — Chine, Formose.

Cissus cornifolia Planch. — Afrique tropicale, Abyssinie, sources du Nil.

Cissus corylifolia Planch. — Guinée, Niger.

Cissus crassifolia Planch. — Mozambique, Zambèze.

Cissus crassiuscala Planch. — Lounda, Angola.

Cissus crenata Wahl (Cissus carnosa)... I. 98

Cissus crinita Planch. — Afrique centrale.

Cissus crotalarioïdes Planch. — Afrique centrale, Niger, Zambèze.

Cissus cucumerifolia Planch. — Zambèze.

Cissus cunefolia Eck. et Zey. (Rhoicissus cunefolia)................................. *D.*

Cissus Currori Hooker................ I. 82

Cissus curvipoda Planch. — Guinée, Sénégambie.

Cissus cuspidata Planch.............. I. 81

Cissus cussoniæfolia Schweinf. (Ampelocissus cussoniæfolia)........................... *D.*

Cissus cyanocarpa Miq. (Cissus japonica)..... *D.*

Cissus cymosa Schum. et Thonn. (Cissus digitata)........................... I. 108

Cissus cymosa Wahl (Cissus tenuifolia)....... *D.*

Cissus cyphopetala Fres. — Abyssinie.

Cissus Davidiana Carr. (Ampelopsis heterophylla)................................ *D.*

Cissus debilis Planch. — Guinée, Gabon.

Cissus deficiens Hook (C. striata)........... *D.*

Cissus dendroïdes Schult. — N'est pas une Ampélidée, d'après Planchon.

Cissus denticulata Tur. (Cissus producta).... *D.*

Cissus dichotoma Blume (Tetrastigma dichotomum)................................. *D.*

Cissus diffusiflora Planch. — Afrique tropicale.

Cissus digitata Lamark.............. I. 82

Cissus dimidiata Eckl. et Zeyh. (Rhoicissus sericea)................................ *D.*

Cissus diocea Roxb. (Tetrastigma lanceolarium) *D.*

Cissus discolor Wentenat.............. I. 84

Cissus diversifolia Walp. (Ampelopsis cantoniensis)................................ *D*

Cissus Dregeana Bernh (Rhoicissus capensis)................................ I. 77

Cissus Duarteana Camb. — Brésil.

Cissus Duparquetii Planch. — Zanzibar.

Cissus edulis Dalzell (Cissus quadangularis).
I. 86

Cissus elliptica Schlecht. et Cham. (Cissus sicyoides).
I. 90

Cissus elongata Roxb. — Bengale.

Cissus emanginella Sw. (Cissus obovata)...... D.

Cissus enneaphylla Vellozo. — Brésil.

Cissus epidendrica Vellozo (Cissus erosa). I. 81

Cissus erosa Rich.................... I. 81

Cissus erythroclada Planch. — Inde.

Cissus fagifolia Ett.................... I. 483

Cissus farinosa Planch. — Basse-Guinée.

Cissus feminea Roxb. (Tetrastigma lanceolarium).
D.

Cissus ferruginea D. C. (Rhoicissus capensis).. D.

Cissus ferruginea E. Mey (Rhoicissus Thunbergii)................................. I. 79

Cissus ferruginea Wild. — Ce ne serait pas une
Ampélidée, d'après J.-E. Planchon.

Cissus Figariana Webb. (Cissus adenantha).... D.

Cissus flavicans Planch. — Niger.

Cissus flexuosa Turcz. — Ile de Luçon, mais Ampélidée douteuse, d'après J.-E. Planchon.

Cissus floribanda Planch. — Madagascar.

Cissus Forsteniana Planch. — Inde.

Cissus fragariæfolia Bojer. — Zanzibar.

Cissus fragilis E. Meyer. — Afrique australe.

Cissus fuliginea H. B. K. — Nouvelle Grenade.

Cissus fuliginosa H. B. C. (V. caribæa).. I. 322

Cissus Gardneri Thwaites. — Ceylan.

Cissus gastropus Welw. (Cissus macropus).

Cissus geniculata Blume. — Java, Timor, Tonkin.

Cissus geniculata A. Gray (C. saponaria)..... D.

Cissus Gibertii Planch. — Uruguay.

Cissus gigantea Planch. — Forêts d'Anamallay.

Cissus glaberrima Planch. — Penang.

Cissus glabra E. Meyer (Cissus connivens).... D.

Cissus glabrata Blume (Tetrastigma glabratum). D.

Cissus glandulosa Poir. (Cissus Baudiniana).. D.

Cissus glauca Roxb. (Cissus repens)......... D.

Cissus glaucophylla Hook. — Guinée, Niger.

Cissus glaucoramea Planch. — Nouvelle-Calédo-
nie.

Cissus glyptocarpa Thwaites. — Ceylan.

Cissus gongylodes Burchell............. I. 95

Cissus Goudotii Planch. — Madagascar.

Cissus gracilis Guil. et Perrott.—Sénégambie, Guinée,
Abyssinie, Zambèze.

Cissus granulosa Ruiz et Pav. — Pérou.

Cissus grisea Planch. — Zambèze.

Cissus Grisebachii Planch. — Cuba.

Cissus hœmatantha Miq. (Cissus microcarpa).. D.

Cissus Haguei........................ I. 485

Cissus hastata Planch. — Java, Malacca.

Cissus hebecarpa Hochst. (Cissus cymosa)..... D.

Cissus Heeri........................ I. 483

Cissus hederacea Pers. (Parthenocissus quinquefolia)............................... I. 63

Cissus hederæfolia Planch. — Afrique tropicale.

Cissus heterophylla Poir. (Cissus pedata)..... D.

Cissus heterotoma Turcz. — Java; douteuse comme
Ampélidée, d'après J.-E. Planchon.

Cissus hexangularis Thorel. — Cochinchine.

Cissus Heyneana Planchon. — Indes orientales.

Cissus Heyneana Thwaites (Cissus Thwaitesii). D.

Cissus hibiscinus Dehle (Ampelocissus ipomeæfolia)............................... D.

Cissus himalayana Walpers (Parthenocissus himalayana .... D.

Cissus hirtella Blume. — Java, Birmanie.

Cissus hispida Planch. — Afrique australe.

Cissus Hochstetteri Miquel............ I. 83

Cissus humilis Planch. — Afrique australe.

Cissus hydrophora Gaudichaud (Cissus sicyoides) D.

Cissus hypoglauca A. Gray........... I. 81

Cissus hypoleuca Harvey. — Afrique australe.

Cissus ibuensis Hook. — Afrique, Nil, Guinée,
Congo, Nubie, Madagascar.

Cissus incisa Desmazières............. I. 93

Cissus indica Willd. — Indes orientales.

Cissus insularis Heer................ I. 484

Cissus integrifolia Planch. — Zambèze.

Cissus intermedia Ach. Rich. — Cuba.

Cissus intricata Baker (Cissus ibuensis)...... D.

Cissus inundata Planch. — Brésil.

Cissus involucrata Miq. (Pterisanthes rufula).. D

Cissus involucrata Spreng. (Pterisanthes cissoides)............................... I. 45

Cissus ipomeæfolia Webb. (Ampelocissus ipomeæfolia)............................... D.

Cissus japonica Hook. et Arn. (Cissus corniculata .... D.

Cissus japonica Willd................ I. 81

Cissus jatrophæfolia Man............. I. 483

Cissus jatrophoides Welwitsch........ I. 99

Cissus Javalensis Planch. — Amérique centrale.

Cissus Javan D. C. (Cissus discolor)........ D.

Cissus juncea Webb.................. I. 99

Cissus kirkiana Planch. — Zambèze.

Cissus lacerata Saporta.............. I. 483

Cissus lævigata Lesquereux........... I. 484

Cissus lanceolaria Roxb. (Tetrastigma lanceolarium)............................... D.

Cissus lanceolaria Wallick (Tetrastigma rumicisper-
mum).

Cissus Landuk Hassk. (Landukia Landuk)..... D.

Cissus lanigera Harvey. — Afrique australe.

Cissus latifolia Descourt (Cissus sicyoides)... D.

Cissus latifolia Lamark (Ampelocissus elephantina)............................ I. 27
Cissus latifolia Tausch. — Ubi?
Cissus latifolia Vahl (Cissus adnata)........ D.
Cissus leonensis Hook (Ampelocissus Leonensis). D.
Cissus leucocarpa Miqu. (Cissus japonica)..... D.
Cissus Lindeni André. — Cordillère de la Nouvelle-Grenade.
Cissus lobatocrenata Lesquereux........ I. 485
Cissus lonchiphylla Thwaites. — Ceylan.
Cissus longifolia L. (Cissus sicyoides)....... D.
Cissus lucida Poir. (Cissus erosa)........... D.
Cissus macrobotrys Turcz. — Java, Sumatra.
Cissus macrophylla Jungh. — Java.
Cissus macropus Welwitsch.......... I. 102
Cissus Mannii Planch. — Afrique tropicale.
Cissus Mappia Lamark............... I. 82
Cissus maranhiensis Don. (Cissus sicyoides)... D.
Cissus meliæfolia Planch. — Brésil.
Cissus membranacea Hook. (Cissus gracilis).... D.
Cissus micrantha Poir. (Cissus sicyoides)..... D.
Cissus microcarpa Wahl. — Jamaïque, Mexique.
Cissus microdiptera Planch. — Madagascar.
Cissus microdonta Planch. — Madagascar.
Cissus microphylla Turczan. — ?
Cissus modeccoïdes Planch. — Cochinchine.
Cissus mollis Stend................. I. 99
Cissus mollissima Wahl. — Malacca.
Cissus monticola Herb. Deless. (Cissus Mappia). D.
Cissus morifolia Planch. — Angola.
Cissus Muelleri Planch. — Australie tropicale.
Cissus muricata Kurz. (Tetrastigma lanceolarium). D.
Cissus muricata minor Thwaites (Tetrastigma glycosmoïdes)............................. D.
Cissus mutabilis Blume (Tetrastigma mutabile). D.
Cissus nepaulensis D.C. (Tetrastigma serrulatum) D.
Cissus nervosa Planch. — Nouvelle-Guinée.
Cissus nilagirica Miq. (Tetrastigma lanceolarium)............................. D.
Cissus Nimrodi Ett................... I. 483
Cissus nitida Vellozo (Cissus sicyoides)...... D.
Cissus nivea Hochst. — Abyssinie.
Cissus nodosa Blume. — Java.
Cissus novemfolia Planch. — Singapore.
Cissus Novo-Guineensis Planch. — Nouvelle-Guinée.
Cissus nymphaeifolia Planch. — Basse-Guinée.
Cissus obliqua Ruiz et Pav. (Cissus rhonbifolia). D.
Cissus oblonga Planch. — Australie.
Cissus obovata Wahl. — Antilles.
Cissus obscura D. C. (Cissus erosa)......... D.
Cissus obtecta Wall. (Tetrastigma obtectum).. D.
Cissus obtusata Benth. (C. sicyoides)... I. 90
Cissus obtusifolia Poir. (Cissus carnosa). I. 98
Cissus officinalis Klotzsch (Cissus sicyoides).
                                        I. 90
Cissus oliviformis Planch............. I. 88

Cissus opaca Planch. — Australie.
Cissus oppositifolia Welw. — Zambèze.
Cissus orientalis Harvey (Cissus connivens)... D.
Cissus orientalis Lamk. (Ampelopsis orientalis). D.
Cissus ovata Lamk. (Cissus sicyoïdes).. I. 90
Cissus oxycoccos Unger............... I. 483
Cissus oxyodon Planch. (Cissus sicyoïdes). I. 90
Cissus pallida Planch................. I. 81
Cissus palmata Bojer (C. palmata?)........ D.
Cissus palmata Poir. — Paraguay.
Cissus palmatifida Planch.............. I. 83
Cissus paniculata Planch. — Ile Socotora.
Cissus pannosa Planch. — Brésil.
Cissus papillata Hance. — Ile d'Hainon.
Cissus papillosa Blume (Tetrastigma papillosum)............................. D.
Cissus paraguayensis Planch. — Paraguay.
Cissus Parkeri Planch. — Guyane anglaise.
Cissus parrotiæfolia Lesquereux........ I. 484
Cissus paucidentata Klotzsch. — Mozambique..
Cissus pauciflora Burch (Rhoicissus pauciflora). D.
Cissus pauciflora cirrhiflora Harvey (Rhoicissus pauciflora)............................. D.
Cissus pauciflora tridentata Harvey (Rhoicissus pauciflora)............................. D.
Cissus Pauli Guillelmi Schweinf. — Non une Ampélidée, une Convolvulacée, d'après J.-E. Planchon.
Cissus paullinifolia Vellozo. — Brésil.
Cissus pedata Lamk.................. I. 97
Cissus peltata Turcz. — Java.
Cissus pendula Planch. — Angola.
Cissus penninervis Planch. — Nouvelle-Guinée.
Cissus pentandra Willd. — Non Ampélidée, d'après J.-E. Planchon.
Cissus pentaphylla, hort. Noisette (Cissus hypogleuca)............................. D.
Cissus pergamacea Blume (Tetrastigma pergamaceum)............................. D.
Cissus petiolata Hook. — Niger.
Cissus pimata Russ. (Ampelopsis orientalis)... D.
Cissus pisicarpa Zippel (Tetrastigma pisicarpum). D.
Cissus platanifolia Ettingshausen........ I. 483
Cissus Plumerii Planch. — Brésil.
Cissus podagrariæ Ehrend. (Cissus ibuensis)... D.
Cissus Pohlii Planch. — Brésil.
Cissus Poissonnii Viala............... I. 89
Cissus polydactyla Planch. — Sumatra.
Cissus populnea Guill. et Perrott........ I. 83
Cissus porphyrophyllus Lindl. — Non une Ampélidée, probablement une Piperacée, d'après J.-E. Planchon.
Cissus præcox Schweinf. (Cissus cornifolia).... D.
Cissus primæva Saporta............... I. 483
Cissus primæva apiculata Saporta........ I. 483
Cissus primæva incisa Saporta.......... I. 483
Cissus primæva transversa Saporta...... I. 483

Cissus producta Afzel. — Guinée, Sénégambie.

Cissus pruriens Planch. — Afrique tropicale occidentale.

Cissus psoralifolia Planch. — Australie.

Cissus pubescens H. B. K. — Nouvelle-Grenade.

Cissus PUBINERVIS Miq. (Cissus geniculata)..... *D.*

Cissus pulcherrima Vellozo. — Brésil.

Cissus PUNCTICULOSA L.-C. Bich. (Cissus sicyoïdes).
.... I.   30

Cissus PURPURASCENS Zippel (Cissus rostrata)... *D.*

Cissus quadrangularis L................. l.   86

Cissus QUADRIALATA H. B. K. (Cissus erosa).... *D.*

Cissus quinata Ait. — Cap de Bonne-Espérance.

Cissus QUINQUEFOLIA Schult. (Parthenocis susquinquefolia)............................ I.   63

Cissus QUINQUEFOLIA Solander (Cissus Simsiana). *D.*

Cissus radobogensis Etting............. l. 483

Cissus RAFFLESIÆ Korth (Tetrastigma Rafflesiæ). *D.*

Cissus repanda Wahl. — Indes orientales.

Cissus REPENS Blume (Cissus glaucoramea).... *D.*

Cissus REPENS Korth (Cissus glaucoramea).... *D.*

Cissus repens Lamk................... I.   81

Cissus reticulata Blume. — Java.

Cissus RETICULATA Thwaites (Cissus retivenia). *D.*

Cissus RETICULATA Willd. (Cissus sicyoïdes)... *D.*

Cissus retivenia Planch. — Ceylan.

Cissus rhamnifolia Etting............. l. 483

Cissus rhamnoidea Planch. — Nouvelle-Guinée.

Cissus rheifolia Planch. — Cambodge.

Cissus ROCHEANA Planchon (Cissus incisa).   l.   93

Cissus rhodocarpa Blume. — Java.

Cissus rhombifolia Vahl. — Antilles, Vénézuéla, Equateur.

Cissus RHOMBOIDEA E. Mey (Rhoicissus rhomboidea)................................... *D.*

Cissus rosea Royle. — Himalaya.

Cissus rostrata Korth. — Bornéo.

Cissus ROTUNDIATA Heyne (Cissus Heyneana).. *D.*

Cissus ROTUNDIFOLIA Blume (Cssus Blumeana)... *D.*

Cissus rotundifolia Vakl.............. l.   81

Cissus Roxburghii Planch. — Inde.

Cissus RUBIFOLIUS Planch. (Cissus pruriens).... *D.*

Cissus rubiginosa Planch. — Guinée, Angola.

Cissus rufescens Rich. Guill. et Perrott..   I.   81

Cissus SALUTARIS H. B. K. (Cissus erosa)....... *D.*

Cissus Sandersonii Harvey. — Transvaal, Natal.

Cissus Saponaria Seem. — Australie.

Cissus SARCOCEPHALA Schweinf. (Ampelocissus sarcocephala)............................... *D.*

Cissus scabra Planch. — Brésil.

Cissus scabricaulis Planch. — Brésil.

Cissus SCARIOSA Blume (Tetrastigma scariosun). *D.*

Cissus SCARIOSA Zöllinger (Tetrastigma glabratum)................................... *D.*

Cissus Schimperi Hochst. — Abyssinie.

Cissus Schweinfurthii Planch. — Afrique centrale.

Cissus Sellvana Planch. — Brésil.

Cissus SEMIGLABRA Sonder (Rhocissus Thunbergii).
.... I.   79

Cissus semi-virgata Planch. — Brésil.

Cissus SERICEA Eckl. et Zeyh. (Rhocissus sericea). *D.*

Cissus serjanioides Planch.............. I. 103

Cissus SERPENS Baker (Cissus mollis)....   I,   99

Cissus SERPENS Hochst. (Cissus cymosa)...... *D.*

Cissus SERRULATA Miq. (Tetrastigma glabratum). *D.*

Cissus SERRULATA Roxb., Wall (Tetrastigma glabratum)................................... *D.*

Cissus setosa Roxb. — Inde, Ceylan.

Cissus Siamica Planch. — Siam.

Cissus sicyoides L.................... I.   90

Cissus sicyoides Jacquini Planch........ I.   90

Cissus sicyoides oxyodon Planch........ I.   90

Cissus sicyoides aristalochiæfolia Planch.. I.   90

Cissus sicyoides tinctoria Planch....... I.   90

Cissus sicyoides Balansae Planch........ I.   90

Cissus sicyoides Gardneri Baker......... I.   80

Cissus sicyoides nudifolia Planch....... I.   90

Cissus sycyoides ovata Planch.......... I.   90

Cissus sicyoides ovato-oblonga Planch... I.   90

Cissus sicyoides lobata Baker.......... l.   90

Cissus sicyoides tamoides Planch....... I.   90

Cissus sicyoides floridana Plauch....... l.   90

Cissus sicyoides umbrosa Planch........ l.   90

Cissus sicyoides canescens Planch....... l.   90

Cissus sicyoides compressicaulis Planch.. I.   90

Cissus simsiana Rœm. et Schult. — Brésil.

Cissus SMILACINA H. B. K. (Cissus sicyoides).
.... I.   90

Cissus SMILACINA Willd. (Cissus sicyoides).   I.   90

Cissus Smithiana Planch. — Congo.

Cissus spectabilis Heer................ l. 484

Cissus SPECTABILIS Hochst (Cissus nivea)...... *D.*

Cissus spectabilis Planch. — Himalaya.

Cissus SPICIGERA Griffith. (Ampelocissus spicigera)............................... *D.*

Cissus spinosa Camb.................. l.   94

Cissus STANS Pers. (Ampelopsis bipinnata).   I.   74

Cissus stenoloba Planch. — Guinée, Angola.

Cissus sterculifolia Planch. — Nouvelle-Galles du Sud.

Cissus stipulacea Planch. — Angola.

Cissus stipulata Vellozo. — Brésil.

Cissus stiriacus Etting............... l. 483

Cissus striata Ruiz et Pav. — Chili.

Cissus subaphylla Bayley, Balfour. — Socotra.

Cissus subavenia Planch. — Cuba.

Cissus subciliata Planch. — Zambèze.

Cissus SUBDIAPHANA Steud. (Cissus gracilis).... *D.*

Cissus suberosa Planch. — Guinée.

Cissus subglaucescens Planch. — Zambèze.

Cissus subrhomboidea Planch. — Brésil.

Cissus subtetragona Planch. — Tonkin.

11

Cissus sulcicaulis Planch. — Brésil.
Cissus sylvatica Camb. (Cissus erosa)........ *D.*
Cissus tamoides Camb. (Cissus sicyoïdes).   I.   90
Cissus tenuifolia Heyne............... I.   81
Cissus ternata Gmel. — Arabie.
Cissus ternata Planch. — Brésil.
Cissus tetragona Harvey. — Afrique australe.
Cissus tetraptera Hook. (Cissus quadrangularis).
                                          I.   86
Cissus thalictrifolia Planch. — Madagascar.
Cissus Thomsoni Planch. — Himalaya.
Cissus Thunbergii Eckl. et Zeyh. (Rhoicissus Thun-
bergii).......................... I.   79
Cissus Thunbergii Sieb. et Zucc. (Parthenocissus
tricuspidata)...................... I.   67
Cissus Thwaitesii Planch. — Ceylan.
Cissus thyrsiflora Blume (Ampelocissus thyrsiflora).
                                          I.   39
Cissus tiliacea Hook. (Cissus sicyoïdes).   I.   90
Cissus tiliæfolia Planch. — Afrique tropicale,
Cissus timoriensis DC. (Cissus carnosa).   I.   98
Cissus tinctoria Mart. (Cissus sicyoïdes). I.   90
Cissus tomentosa Lamk. (Rhoicissus capensis).
                                          I.   77
Cissus Trianæ Planch. — Andes de Bogota.
Cissus triandra Schum. et Thom. (Cissus quadrangu-
laris)........................... I.   86
Cissus tricuspidata Heer.............. I.   484
Cissus tricuspis Burck, — Brésil.
Cissus tridentata Eckl. et Zeyh. (Roicissus pauci-
flora)........................... *D.*
Cissus trifoliata Jacq. (Cissus rhombifolia)... *D.*
Cissus trifoliata L. (Cissus rhombifolia)... *D.*
Cissus trifoliata Sw. (Cissus microcarpa).... *D.*
Cissus trifoliata intermedia Griseb. (Cissus rhunbi-
folia)........................... *D.*
Cissus trifoliata obovata Griseb. (Cissus obova-
ta)............................. *D.*
Cissus trilobata Lamark. — Inde.
Cissus truncata Wall. (Cissus tenuifolia)..... *D.*
Cissus tuberculata Blume (Tetrastigma lanceola-
rium).......................... I.   52
Cissus tuberculata Jacq. — Cuba.
Cissus tuberculata Wall. (Tetrastigma rumicisper-
mum)........................... *D.*
Cissus tuberosa DC. (Cissus sicyoïdes)..   I.   90
Cissus Tweedieana Planch. — Amérique australe.
Cissus ulmifolia.................... I.   483
Cissus ulmifolia Planch. — Pérou.
Cissus umbellata Loureiro. — Non une Ampélidée,
d'après J.-E. Planchon.
Cissus umbrosa H.B. K. (Cissus sicyoïdes). I.   90
Cissus Ungeri Etting................ I.   484
Cissus unifoliata Harvey (Rhoicissus unifoliata). *D.*
Cissus uvifera Spray................ I.   84
Cissus velutina Linden (Cissus discolor)..... *D.*

Cissus venatorum Descourt (Cissus sicyoïdes).
                                          I.   90
Cissus viticella Webb. (Cissus adenocaulis).. *D.*
Cissus viticifolia Sieb. et Zucc. (Ampelopsis serjaniæ-
folia)........................... I.   73
Cissus vitiensis A. Gray. — Iles Feeji.
Cissus vitifolia Boissier (Ampelopsis vitifolia).
                                          I.   71
Cissus vitiginea C. D. C. (Cissus adnata)..... I.   90
Cissus vitiginea hort. (Rhoicissus capensis).... *D.*
Cissus vitiginea L................... I.   82
Cissus vitiginea (Lamk) Poir. (Cissus repanda). *D.*
Cissus vitiginea Roxb. (Cissus pallida)........ *D.*
Cissus Vogelii Hook. — Guinée, Angola.
Cissus Voinieriana Viala.............. I.   104
Cissus Wallichiana Turcz. — Non une Ampélidée,
d'après J.-E. Planchon.
Cissus Wellwitschii Planch. — Guinée, Angola.
Cissus Wightii Planch. — Inde orientale.
Cissus Wrightiana Planch. — Cuba.
Cissus Zollingeri Turcz. — Java.
Carman. — Hybride ternaire de T.-V. Munson,
Lincecumii × Triumph, assez productif et assez
résistant aux maladies cryptogamiques; de résis-
tance inférieure au phylloxéra et à la chlorose;
grappe grosse, ailée, à grains sphériques, d'un
noir bleuté, un peu pulpeux, à peau épaisse.
Citina. — Cépage portugais, cultivé, en treille comme
raisin de table, dans la région de l'Algarve, remon-
tant, donnant deux ou trois récoltes dans l'année,
mais assez peu fructifère au total ; grappe grosse;
grains d'un blanc rougeâtre terne, à goût acidulé,
agréable. — D. O.
Citrone (Muscat Jésus, au Piémont).
Citronelle .... V.   153
Citronnelle (Citronelle)............. V.   153
Citronin (Muscat Jésus).
Citronina (Muscat Jésus).
Citronino (Muscat Jésus).
Ciurlese (Ugni blanc).
Ciutat (Chasselas persillé).
Ciuti. — Syn. : *Ceoti, Ceuti, Lanxaron, Cedoti,
Valenci, Palop, Palop dulce.* — Cépage espagnol
de la région de Grenade, Malaga, Motril....., tardif,
et productif ; à grosses grappes lâches, composées
de grains sub-oblongs, amincis à l'ombilic, d'un
jaune verdâtre, de grosseur sur-moyenne, juteux
et d'une saveur peu relevée.
Civinera de Moratella. — Nom inexact du Cata-
logue du Luxembourg.
Cividin bianco. — Cépage blanc spécial à la région
du Frioul et de l'Istrie, d'après Carpené.
Cividino (Cividin)..................... *D.*
Civillina veronese. — Nom de cépage cité par
Acerbi.
Claberieu (Claverie)............... II.   340

CLAIRET BLANC (Clairette).

Clairette .... V. 55

CLAIRETTE A GRAINS RONDS (Ugni blanc).

CLAIRETTE BLANCHE (Blanc Laffite) .... D.

CLAIRETTE BLANCHE (Clairette) .... V. 55

CLAIRETTE BLANCHE OVALE (Clairette).

CLAIRETTE D'ASPIRAN (Clairette)........ V. 55

CLAIRETTE DE CALVISSON (Clairette).

CLAIRETTE DE DIE (Clairette)........... V. 55

CLAIRETTE D'ESPAGNE (Panse jaune).

CLAIRETTE DE L'AGÉ MOUN (Ugni blanc)... II. 255

CLAIRETTE DE LIMOUX (Clairette)........ V. 55

CLAIRETTE DE NITGARD (Clairette).

CLAIRETTE DE SAINT-JEAN (Clairette)..... V. 55

CLAIRETTE DE TRANS (Clairette)......... V. 55

CLAIRETTE DE VENCE (Ugni blanc)....... II. 255

Clairette dorée Ganzin. — Aramon-Rupestris 60 ×
Grosse Clairette, semis de 1886. Plante fertile,
vigoureuse et saine, mais de maturité si tardive
qu'elle n'est guère utilisable pour nous qu'en
Algérie et Tunisie. Son vin a été apprécié ainsi
par M. Bouffard : « Vin frais, parfumé; bouquet
fruité très prononcé, légèrement musqué: belle
couleur jaune d'or très stable. » Débourrement
extrêmement hâtif; rameaux semi-blanc, très
légèrement roussâtre; érigés, droits, peu ramifiés, à mérithalles assez courts ; feuilles moyennes,
aussi larges que longues, à cinq lobes; sinus latéraux en V et pétiolaires en U; limbe lisse, vert
foncé, mat glauque passant au jaune à l'automne ;
denture irrégulière, élargie en deux séries; nervures pileuses. Pétiole très long ; grappes longues,
grosses, pyramidales, à pédoncule rouge et rafle
verte; grains sur-moyens, inégaux, ovoïdes, blancs,
jaune ambré, tiquetés; peau résistante, chair
ferme et juteuse, de saveur franche ; maturité de
3e ou 4e époque. — J. R. C.

CLAIRETTE DU GRAIN ROND (Ugni blanc)... V. 55

CLAIRETTE DU PAYS (Clairette)..... ..... V. 55

Clairette égreneuse .... II. 271

Clairette Mazel...................... V. 253

CLAIRETTE MENUE (Bourboulenc)........ II. 148

Clairette musquée Talabot............. IV. 339

CLAIRETTE NOIRE (Mourvèdre).

CLAIRETTE PICOTÉE (Clairette).......... V. 55

CLAIRETTE POINTUE (Clairette).......... V. 55

CLAIRETTE PONCTUÉE (Clairette)......... V. 55

CLAIRETTE PUNCHUDO (Clairette)........ V. 55

CLAIRETTE RONDE (Ugni blanc)......... II. 55

Clairette rose .... V. 55

CLAIRETTE ROUSSE (Clairette rose)....... V. 55

CLAIRETTE ROUSSE (Roussette).......... II. 244

CLAIRETTE VERDÂTRE (Clairette).

CLAIRETTE VERTE (Clairette)........... V. 57

Clara. — Hybride américain créé par Allen, à
caractères de Vinifera très marqués ; sans valeur

culturale ; grains sous-moyens, sphériques, d'un
jaune grisâtre clair, juteux, non foxés.

Claret. — Semis américain indéterminé de Carpen-
ter ; sans valeur ; à grains moyens, d'un rose
clair.

CLARETA BLANCA (Clairette)............ V. 55

CLARETA HELVEOLA (Clairette).......... V. 55

CLARETA RUBRA (Clairette rose)........ V. 55

CLARETTE (Clairette)................. V. 55

CLARETTO BIANCO (Clairette)........... V. 55

CLARETTO ROSSO DE FRANCE (Clairette).... V. 55

Clarissa. — Semis de Labrusca, à petits grains
blancs, foxés, sans valeur.

CLAUNER ROTH (Pinot).

CLAUWENER (Pinot).

CLAVENSIS Schubler (Pinot).

Claverie........................... II. 340

CLAVERIE (Côt)...................... VI. 6

CLAVERIE BLANC (Claverie)............ II. 340

CLAVERIE NOIRE (Côt)................. VI. 6

CLAVERIE NOIRE (Troyen noir).

CLAVERIE VERT (Claverie)............. II. 340

CLAVIER (Côt)....................... VI. 6

CLAVNER BLAUER (Pinot noir).

CLAVNER ROTHER (Pinot gris).

CLAVNER SPANISCHER (Teinturier mâle).

CLAVNER WEISSGELBER (Chardonnay)..... IV. 5

Clematicissus...................... I. 50

Clematicissus angustissima Planchon.... I. 50

CLEME BLANC. — Donné par J. de Rovasenda comme
un cépage de la Savoie, où ce nom est inconnu !

CLEMENTEA ALBA (Feher szölö).

CLEMENTEA LACINIATA (Agostenga).

CLEMENTEA PRÆCOX (Feher szölö).

CLEMENTE TRAUBE (Tantovina).

Cleopatra. — Hybride américain de Labrusca, très
précoce, à raisins noirs.

CLERETTE (Clairette)................ V. 55

CLEVENER. — Forme d'Æstivalis, isolée en Amérique,
probablement identique au Rulander.

CLEVNER (Pinot).

CLEVNER GRAUER (Pinot gris).

CLEVNER SCHWARZ BLAUER (Pinot).

CLEVNER WEISSGELBER (Chardonnay).

Clifton. — Hybride américain de Labrusca et de
Vinifera (Telegraph × Muscat) ; grains gros, jaune
doré ; sans intérêt cultural et très sensible au
mildiou.

CLIFTON's CONSTANTIA (Alexander)........... D.

CLIFTON's LOMBARDIA (Alexander)........... D.

Clinton............................. I. 474

Clinton Hybride. — Cépage américain décrit par
V. Pulliat dans le Vignoble ; sans intérêt cultural ;
grappe sous-moyenne, ailée, peu serrée, à grains
moyens, sphériques, noirs, pruinés, maturité
précoce.

Clinton rose. — Forme peu différente par la couleur (et probablement identique) au Clinton.

Clinton Vialla (Vialla) . . . . I. 473

Cloanthe (Isabelle).

Cloeta. — Hybride de vignes américaines, créé par T.-V. Munson (America × R. W. Munson), à grains noirs, de maturité moyenne.

Closé noir. — Cité par Hardy comme cépage (?) de la Haute-Vienne.

Closien (Sylvaner) . . . . II. 363

Cloti dulce (Ciuti) . . . . D.

Clover street black, red. — Deux hybrides différant seulement par la couleur des fruits, l'un noir, l'autre gris rosé; créés en Amérique par le croisement du Diana et du Frankenthal; à goût très foxé; maturité précoce.

Clozier (Sylvaner) . . . . II. 363

Clozier (Melon) . . . . , ... II. 45

Clungolo. — Cépage du nord de l'Italie (?).

Cluster blank (Meunier).

Co (Côt) . . . . VI. 6

Coacervata (Meldolino) . . . . D.

Coada Rindunicei (Feteasca neagra) . . . . . IV. 132

Coarna (Pis-de-chèvre).

Coarna alba (Pis-de-chèvre blanc).

Coarna neagra (Pis-de-chèvre rouge).

Coarna rosie (Pis-de-chèvre rouge).

Cocallona bianca (Cornichon blanc).

Cocallona nera (Cornichon violet).

Cocciumella. — Variété des Abruzzes (Italie), d'après J. de Rovasenda.

Cockrina. — Cité par Pierre de Crescence.

Cochee. — Hybride de Labrusca, créé en Amérique, à grains moyens, rougeâtres; maturité précoce, comme le Concord; assez résistant à la pourriture.

Cochinostaphyli (Corinthe rouge).

Cocolobis (Basilica) . . . . D.

Cocolubis (Mauzac?).

Coconitza (Berbecel) . . . . D.

Cocour (Kokour).

Cocozza nera. — Cité par Frojo comme cépage à raisins noirs de la région napolitaine et de l'île d'Ischia.

Coda di Cavallo bianca, nera. — Seraient deux cépages italiens peu répandus dans la province de Naples. D'après Carlucci, la variété blanche, très cultivée à Avellino, est très vigoureuse et productive, à jus très sucré; grappe longue, jusqu'à 25 centim., cylindrique, ailée; grains ronds, moyens, pruinés, d'un jaune doré, rosés au soleil.

Coda di pecora (Coda di volpe) . . . . VI. 345

Coda di vacca (Pis-de-chèvre blanc).

Coda di volpe . . . . VI. 345

Coda di volpe di Castelfranci (Coda di volpe) . . . . VI. 345

Coda di volpe bianca (Coda di volpe) . . . VI. 345

Coda di volpe di Lapio . . . . VI. 345

Coda di volpe de Maddaloni (Coda di volpe) . . . . VI. 345

Coda di volpe nera . . . . VI. 345

Coda di volpe rossa (Coda di volpe nera). VI. 345

Coddu curtu. — Cépage de la Sicile, d'après baron Mendola et V. Pulliat; raisin de table et de cuve, de 3e époque de maturité, à grandes feuilles profondément sinuées, duveteuses en dessous; grappe moyenne, cylindro-conique, ailée, serrée; grains moyens, ellipsoïdes, fermes, à peau un peu épaisse, d'un blanc jaunâtre (d'après V. Pulliat).

Co de France (Meslier).

Codega. — Syn. : *Malvasia grossa*, *Vermentino de Gênes* (?), *Vermentino de Corse*, *Malvoisie à gros grains* (?), *Grosse Malvoisie*. — Cépage portugais à raisins blancs de la région du Haut-Douro, très cultivé avant l'invasion phylloxérique pour la production de vins blancs liquoreux réputés; peu cultivé aujourd'hui où les cépages rouges constituent l'encépagement à peu près exclusif du Haut-Douro. — Souche de vigueur moyenne, à port mi-érigé; sarment d'un noisette clair à l'aoûtement; feuilles moyennes ou sur-moyennes, plus larges que longues, quinquelobées, et à sinus profonds, fermés, tourmentées; limbe peu épais et lanugineux à la face inférieure; grappes nombreuses, grandes, cylindro-coniques, aileronnées; grains très serrés, de grosseur inégale, sur-moyens, sphérico-ellipsoïdes ou sub-ovoïdes, d'un jaune clair ambré, ponctués de roux; chair ferme, croquante, jus abondant, sucré. — D. O.

Codigoro nero. — Cépage italien de la région du Pô, cultivé pour la cuve et fertile; de 1re époque de maturité; à grappe moyenne, rameuse, cylindro-conique, lâche; grains moyens ou sur-moyens, globuleux ou sub-ovoïdes, chair juteuse, sucrée; peau mince, d'un beau noir pruiné. (d'après V. Pulliat).

Codo. — Cépage blanc cultivé jadis à Pinhel (Portugal); inconnu aujourd'hui. — D. O.

Coe. — Variété de Labrusca, à petits grains noirs, très précoce (dix jours avant le Concord), foxés; sans intérêt.

Coe de bacco (Coer de bacco) . . . . V. 264

Coer de bacco . . . . V. 264

Cœur (le) (Ribier).

Cœur de bœuf (Amokrane).

Cœur de coq (Galb-el-Ferradji) . . . . D.

Cœur de poulet (Galb-el-Ferradji) . . . . D.

Cœur d'oiseau (Galb-el-Theïr) . . . . D.

Cogliana (Colana) . . . . D.

Cognac (Folle blanche).

Cognac blanc (Folle blanche).

Cognac-Couderc (Hybride Couderc n° 904) . . . . D.

Cognac jaune (Folle jaune).

Ço gris (Beau noir).................. IV.   64

Cognette (Argant).

Coheginera. — Cépage espagnol de la région de Murcie, d'après Abela y Sainz.

Coignetiæ (Vitis Coignetiæ)........... I.   426

Coines. — Cépage de Malaga, d'après Abela y Sainz.

Coinghios alb. — Cépage roumain de la Dobroudgea, à raisins blancs, cultivé pour la cuve et peu important. — G. N.

Coion de gallo. — Cité par Baccius, au xvɪᵉ siècle.

Coirão. — Cépage portugais, signalé seulement par le vicomte de Villa Maior, en 1866, comme cultivé à Monção pour la production des vins verts ; on ne retrouve plus ce cépage aujourd'hui. — D. O.

Cola campara (Bombino).

Colagiovanni bianca. — Cépage du Vésuve, à raisins blancs, bien différent du Coda di volpe, à grande grappe ailée, à grains moyens, ronds, un peu charnus ; feuille quinquelobée, glabre. — M. C.

Colagiovanni nera. — Cépage italien de la partie orientale de la région viticole du Vésuve ; grappe moyenne, assez serrée ; feuilles à lobe médian, sub-lobé. — M. C.

Colana bianca. — Cépage blanc de la région italienne de Bobbio (Italie), d'après J. de Rovasenda.

Colangelo. — Raisin de table cultivé dans les Pouilles (Italie) et très estimé. — J. R.

Cola tambaro (Bombino).............. VI.   338

Cola tamburo nero (Bombino)......... VI.   339

Cola tammuro (Bombino)............. VI.   338

Colbera (Corvina) .... D.

Colberetta (Corvina)................... D.

Colberina (Corvina)................... D.

Colerain. — Semis de Concord, à raisins blancs, productif et vigoureux, mûrissant huit jours avant le Concord ; grappes ailées, serrées ; grains moyens, d'un gris clair, à peau mince, très pruinée ; goût foxé.

Colgadera. — Syn. : *Ligeri, Blanc de Valdepeñas, Colgadilla blanca*. — Cépage espagnol cultivé à Murcie, Peralta, Logrõno, Reyno, contribuant à la qualité des vins blancs de la Navarre ; variété cependant assez peu productive, à grains blancs, sphériques, sous-moyens, fermes et à jus très sucré.

Colhão de gallo (Dona branca)....... III.   168

Coliandri blanc (Cornichon blanc).

Colitor (Pécoui-Touar).............. IV.   233

Colle (Muscadelle)........... II.   55

Colle-musquette (Muscadelle)......... II.   55

Collotorto. — Cépage italien peu cultivé dans la région d'Ivrée. — M. C.

Colmer (Kniperlé)................. VI.   72

Colmerer (Kniperlé)................. VI.   73

Colognese bleu (Kölner).

Colomba (Colombaud).

Colomba bianca. — Nom inexact du catalogue Bury pour un cépage de la Lozère !

Colombana (Cornichon).

Colombana bianca (Cornichon blanc).

Colombana del Peccioli. — J. de Rovasenda et V. Pulliat donnent cette variété comme un cépage de la Toscane.

Colombaou (Colombaud).............. III.   282

Colombar (Golombard)................ II.   216

Colombard........................ II.   216

Colombat (Colombaud).

Colombaud......................... III.   282

Colombeau-Riparia (Hybrides Couderc)....... D

Colombeau-Rupestris 3103 (Gamay Couderc).. D.

Colombié (Colombard)............... II.   216

Colombier (Colombard) .... II.   216

Colonel Fallet....................... V.   71

Colonel Seibel (Hybride Seibel nᵒ 156)....... D.

Colonel (Muscat de Frontignan).

Colonia (Calona)...................... D.

Colonnella. — Cépage italien de Trente, cité par Acerbi.

Colorada........................ III.   293

Colorado (Brighton)..................... D.

Colorado (Colorada)................. III.   293

Colorado C. — Forme de Riparia-Monticola, citée par Millardet et de Grasset, vigoureux, non utilisée comme porte-greffe.

Colorado Cognac. — Forme de Colorado ou Riparia-Monticola, sans mérite spécial et non propagée.

Colorado Corezon. — Nom de cépage cité par H. Marès, probablement un cépage espagnol.

Colorado c........................ I.   472

Coloredo Jardin. — Forme de Riparia-Monticola, sélectionnée par M. Malègue, non utilisée comme porte-greffe.

Colore (Canaiolo).................... II.   312

Colore canaiuolo (Canaiolo).......... II.   313

Colore canino (Canaiolo)............. II.   311

Colore agro, ambrusco, dolce, forte, gentile, grosso, piccolo nero. — Noms divers de vignes, cités par J. de Rovasenda, d'après plusieurs auteurs ; ce sont des synonymes mal déterminés ou mal appliqués de cépages divers.

Colori canini (Canaiolo).... .... II.   313

Colorino (Jomarello) .... D.

Columbar (Colombard).

Columbeau (Colombaud).

Columbia. — Semis accidentel de Riparia (?) sélectionné en Amérique, à petits grains noirs ; sans valeur.

Columbia county (Creveling) .... D.

Columbian. — Semis accidentel de Labrusca, isolé en Amérique, très semblable à Moore's Early, à grains noirs, foxés ; maturité précoce.

Columbian Imperial. — Semis accidentel, probablement hybride de Riparia (?) et de Labrusca, isolé par J.-S. Mc Kinley, à gros grains d'un rouge bleuté, très pruinés, foxés ; maturité très précoce.

Columbina (Vitis, V. Riparia).

Columbina purpurea (Piedirosso) . . . . VI. 360

Columbina purpurea (Palomino comun) . . VI. 106

Columbas (Colombaud).

Columella Loureiro (Cissus) . . . . D.

Columella pedata Loureiro (Cissus pedata) . . . . D.

Columella parietalis (Kölner).

Columellæ (De Columela) . . . . D.

Coly (Côl) . . . . VI. 6

Combet (Courbet) . . . . III. 223

Combèze (Courbès) . . . . III. 223

Comblesk (Ugni blanc).

Comersee traube (Babotraube) . . . . D.

Cometta. — Cépage de la Romagne (Italie), d'après Frojo et Rovasenda.

Comfort (Chenin blanc).

Comiotico. — Cépage grec à raisin noir, cultivé pour la table en Thessalie. — X.

Commanderie. — Nom appliqué par Gœthe et Rovasenda à un cépage qui serait originaire de l'île de Chypre, mais non défini par eux.

Common Muscadine (Chasselas doré) . . . . II. 6

Compagnon Brignol. — Cépage originaire (?) du Var, d'après V. Pulliat ; il y est à peu près inconnu ; grappe sous-moyenne, cylindro-conique, ailée, serrée ; grains moyens, légèrement ellipsoïdes, fermes, adhérents, d'un noir brillant ; maturité de 3e époque.

Complain. — Cité par J. Guyot comme cépage de l'Oise (?).

Complant. — Cité par J. Guyot comme cépage d'Eure-et-Loir (?).

Completer. — Syn. : *Malanstraube weisse, Zurichersee, Lindauer* ou *Zürirebe.* — Cépage blanc qu'on rencontre çà et là en Suisse dans les vignobles des bords des lacs de Zürich et de Constance. Signalé et décrit par le professeur Kohler dans son ouvrage *der Weinstock und der Wein* comme donnant un des meilleurs vins blancs de la Suisse ; gros raisin pyramidal, à grains moyens, ellipsoïdes ; de maturité un peu tardive. — A. B.

Comte de Kerkowe. — Variété de table de 3e époque de maturité, à grappe assez grosse, serrée ; grains globuleux, blancs.

Comte Odart. — Variété de semis obtenu par V. Pulliat, en 1862, ; il a dit de 2e époque de maturité, bien fertile, à grains moyens, globuleux, d'un noir foncé pruiné ; à grappe sur-moyenne, allongée ; feuilles sur-moyennes, sinuées, mais à sinus peu profonds.

Cocalonna bianca (Cornichon blanc).

Concalonna nera (Cornichon violet).

Concord . . . . VI. 178

Concord × Chasselas. — Hybride de Labrusca créé en Amérique par Campbell, non foxé (?), de maturité précoce, à grains gros, sphériques, d'un jaune ambré et pruiné.

Concord × Cynthiana. — Hybride créé par T.-V. Munson, à caractères de Cynthiana prédominant ; peu intéressant pour la culture.

Concord × Muscat. — Autre hybride créé par Campbell, en Amérique, à grains d'un gris blanchâtre, à goût mi-foxé ; vin musqué ; peu productif.

Concordia. — Semis de Delaware, à caractères dominants d'Æstivalis ; créé en Amérique, et sans intérêt ; grappe grosse, compacte, à grains gros, sphériques, d'un bleu noir ; maturité précoce.

Condaminea (Ampelocissus elephantina) . I. 27

Conèse, Conèze (Counoise) . . . . II. 78

Confrchien (Jacquère) . . . . IV. 122

Confertissima (Mantuo Laeren) . . . . D.

Confidé (Prueras) . . . . D.

Confort (Chenin blanc) . . . . II. 83

Conforogo (Sultanina).

Confitura. — Cépage espagnol de la région de Barcelone, d'après Abela y Sainz.

Coni. — Donné par Secondat (xviiie siècle) comme variété à raisins rouges, à grains ovales. — J. R. C.

Conille de Coq. — Nom inexact du catalogue du Luxembourg.

Conjenak (Blank Blauer).

Connogre (Counoise) . . . . II. 78

Connoise (Counoise) . . . . II. 78

Conqueror. — Hybride de Labrusca, créé en Amérique par A. Moore, et sans valeur culturale ; grains moyens, obovales, d'un noir pruiné ; jus rougeâtre et à saveur un peu foxée.

Consemina (Canaiolo) . . . . II. 312

Consemima. — Cité par Pline.

Constance blaue (Isabelle) . . . . V. 203

Constance rouge (Isabelle) . . . . V. 203

Constantia (Isabelle) . . . . V. 203

Constantia springmill (Isabelle) . . . . V. 203

Contassot no 2 (Hybride Couderc no 71-61) . . . D.

Contesse noir natif. — Nom de cépage (?) du catalogue Leroy.

Conthumtraube. — Nom de cépage cité par Oberlin.

Continental (Centennial) . . . . D.

Cony. — Donné comme cépage de la Haute-Vienne, ou de la Gironde.

Coon grape (V. bicolor) . . . . I. 340

Cooper's Black (Ribier).

Copolona. — Cépage de la Corse, assez semblable au Mourvèdre, à raisins noirs ; en diffère par le port moins érigé, par les feuilles plus entières et moins duveteuses.

Coppa (Ciapparone)........................ D.
Coq rouge (Côt)........................ VI. 6
Cor (Côt)............................ VI. 6
Curacão de gallo (Cornichon).
Corauntz (Corinthe noir)............. IV. 286
Coradella (Canaiolo).
Cobaggia. — Cépage cité par Acerbi pour la région de Vérone (Italie).
Corazon de Carrito (Cornichon blanc). IV. 315
Corazon de gallo (Olivette rose).
Coru (Negru Vertos)................. III. 138
Corba. — Cité par Acerbi parmi les cépages italiens de Novare.
Corbacchione (Verdicchio).
Corbalb (Gordan).................... IV. 140
Corhat (Douce noire)................. II. 371
Corbeau (Douce noire).............. II. 371
Corbeau blanc (Gordan)............. IV. 140
Corbel (Chatus).................... III. 212
Corbelle (Chatus).................. III. 212
Corbel mouret....................... IV. 175
Corbera (Corvina)...................... D.
Corbès (Chatus).................... III. 212
Corbesse (Chatus).................. III. 212
Corbier. — Cépage noir de la région du canton de Villars, dans la vallée moyenne du Var. Raisin rouge foncé, à grains moyens, serrés, à chair très sucrée, également appréciée pour la table et la cuve, donnant un vin fin et alcoolisé. — L. B. et J. G.
Corbina (Corvina)....................... D.
Corbine. — Cité par G. Soderini, probablement le Corvina.
Corbinella, Corbinon, Corbinone, Corbino nero, (Corvina)...................... D.
Corcejon (Aramon, en Espagne).
Corcesco (Pagadebito)................. D.
Corchet (Amokrane)................. III. 324
Corchi (Amokrane)................. III. 324
Corcyréen. — Cépage à raisins blancs, cité par le géoponique Florentinus au IIIᵉ siècle. — J. R. C.
Cordelier gris (Perret gris).
Cordifolia (V. cordifolia)............. I. 361
Cordifolia-Æstivalis................ I. 355
Cordifolia bronzé.................... I. 361
Cordifolia-Candicans................ I. 361
Cordifolia-Cinerea.................. I. 361
Cordifolia-Coriacea................. I. 361
Cordifolia Davin. — Forme de Cordifolia, peut-être hybride de Riparia ; sans valeur culturale ; plante de collection.
Cordifolia de Floride................ I. 355
Cordifoliæ.......................... I. 301
Cordifolia fetida. — Variété de Cordifolia signalée par Engelmann.

Cordifolia Helleri. — Forme de Cordifolia considérée comme une sous-espèce par Bailey.
Cordifolia jaune.................... I. 355
Cordifolia-Labrusca................. I. 361
Cordifolia-Lincecumii.............. I. 361
Cordifolia nº 1 Meismer. — Variété de Cordifolia vigoureuse, sélectionnée à Las Sorres.
Cordifolia nº 9. — Variété de Cordifolia très vigoureuse.
Cordifolia-Riparia.................. I. 361
Cordifolia-Riparia 125-1. M. G. — Forme intéressante de porte-greffe, vigoureuse, créée par Millardet et de Grasset, non propagée.
Cordifolia-Rubra.................... I. 361
Cordifolia-Rupestris................ I. 461
Cordifolia-Rupestris de Grasset nº1...... I. 461
Cordifolia-Rupestris de Grasset nºˢ 2, 3. — Ces deux hybrides sauvages isolés par M. de Grasset sont inférieurs, quoique vigoureux, au nº 1, et n'ont jamais été utilisés comme porte-greffes.
Cordifolia-Rupestris 107×11 Millardet et de Grasset. — Hybride vigoureux et résistant au phylloxera, un peu inférieur au 106-8 des mêmes hybrideurs, et, pour cela, non propagé.
Cordifolia-Rupestris Jæger nº 1, 2, 3, 4, 5, 6, 7, 8, 9..................... I. 461
Cordifolia sempervirens. — Forme pure de Cordifolia, sélectionnée par T.-V. Munson dans les terrains crayeux du Texas ; remarquable par ses feuilles très luisantes, vernissées sur les deux faces ; plante de collection.
Cordoni (Cordovi)...................... D.
Cordifolio-Ripariæ.................. I. 301
Cordonnet. — Nom du Catalogue des vignes du Luxembourg.
Cordovat. — Nom de cépage d'Udine (Italie), cité par Acerbi.
Cordovi. — Cépage de l'Andalousie, cité par Simon Rojas Clemente, à gros grains d'un jaune doré, peu important dans la culture espagnole.
Coriacea (V. coriacea)............... I. 324
Coriaceæ............................ I. 301
Coriandri blanc (Cornichon blanc)..... IV. 316
Cori di Palumma biancu. — Mendola cite ce cépage comme spécial à la Sicile.
Corinthes.......................... IV. 286
Corinthe a pépin (Corinthe)........... IV. 293
Corinthe blanc..................... IV. 286
Corinthe blanc sans pépins (Corinthes).. IV. 293
Corinthe noir...................... IV. 286
Corinthe rose...................... IV. 292
Corinthe rouge (Corinthe rose)........ IV. 292
Corinthe sans pépins (Corinthe noir).. IV. 286
Corinthe violet (Corinthe noir)....... IV. 286
Corinthia (Corinthes)............... IV. 292
Corinthi apro szemüpeheh (Corinthe blanc). IV. 286

Corinthien (Corinthe noir)............. IV. 286
Corinto blanco (Corinthe blanc)....... IV. 286
Corinto nero (Corinthe noir).......... IV. 286
Corintho rosso (Corinthe noir)........ IV. 286
Corinthasi (Corinthe blanc).
Corinto blanco (Corinthe blanc).
Coristano rouge (Corinthe rouge).
Corithi de Corfou. — V. Pulliat décrit ce cépage commme différant du Cornichon blanc dont il se distingue par la forme ovoïde du grain.
Corna (Pis-de-chèvre).
Corna alba (Pis-de-chèvre blanc).
Corna alba capogeanca (Pis-de-chèvre blanc).
Cornacchia nera (Cornichon rouge).
Cornacchiola, Cornacciona nera, Cornagetta, Cornagina, Cornaiola (Neretto)............. D.
Cornajeta nera (Boetta)................... D.
Cornalin. — Cépage de la vallée d'Aoste (?).
Corna niagra (Pis-de-chèvre rouge).
Cornea (Pis-de-chèvre rouge).
Cornea di Cosenza (Pis-de-chèvre rouge).
Corneille. — Raisin blanc, à grains ronds de 18ᵐᵐ, obtenu de semis par Moreau-Robert. Cépage de bonne production; maturité un peu tardive; valeur moyenne pour la table et la cuve. — A. B.
Cornelanche. — Donné par Dʳ Fleurot comme cépage de l'Isère (?).
Cornelkirschentraube (Feher Söm)..... II. 193
Corneolus (Ceraumia)................ IV. 202
Corne pliée (Cornifesto)............. IV. 202
Cornet................................ IV. 224
Cornet (Provareau)................... III. 182
Cornet noir (Cornet)................. IV. 224
Cornetta. — Cépage romain cité par Acerbi.
Cornicciola (Cornichon blanc)....... IV. 315
Cornicchiola di Lipari (Cornichon blanc). IV. 315
Cornicella rossigna (Cornichon violet).
Cornicello (Cornichon blanc).
Cornichesto. — Cépage espagnol de la région de Salamanque, d'après Abela y Sainz.
Cornichidu (Cornichon blanc)........ IV. 315
Cornichiola (Cornichon blanc)....... IV. 315
Cornichon (Cornichon blanc)......... IV. 315
Cornichon a grappe colossale (Cornichon blanc).
                                        IV. 315
Cornichon blanc..................... IV. 315
Cornichon noir (Cornichon violet)...... IV. 320
Cornichon rose. — Variété intermédiaire (et fixée) par la coloration du fruit au Cornichon violet et au Cornichon blanc.
Cornichon violet.................... IV. 320
Corniciattolo (Cornichon blanc)....... IV. 315
Cornicibllo (Cornichon blanc)........ IV. 315
Cornifeito (Cornifesto).............. IV. 202
Cornifesto......................... IV. 202

Cornifresco (Cornifesto)............. IV. 202
Corniola bianca (Cornichon blanc)..... IV. 315
Corniola cetriuola (Cornichon blanc).. IV. 315
Corniola corta bianca (Cornichon blanc). IV. 315
Corniola corta nera (Cornichon violet). IV. 320
Corniola di Pergola (Cornichon blanc). IV. 315
Corniola natalina (Cornichon blanc)... IV. 315
Corniola nera (Cornichon violet)...... IV. 320
Cornita (Cornichon)................. IV. 320
Cornita Rosie (Vulpe)............... IV. 147
Cornitza (Cornichon)................. IV. 320
Corno. — Cépage italien de la région de Gênes.
Cormorata (Pis-de-chèvre).
Cornou negra (Poma cornou negra)......... D.
Cornouille. — Donné par Harly comme cépage (?) blanc de l'Isère.
Cornucopia. — Hybride d'Arnold nº 2, obtenu par le croisement du Clinton et du Grenache, à caractères végétatifs de Riparia prédominants; peu résistant au phylloxera, mais vite abandonné; grappe moyenne ou petite, irrégulière; grains assez serrés, moyens ou petits, sphériques, d'un noir rougeâtre peu foncé, pruinés; pulpe fondante; saveur légèrement foxée.
Corona de Rey (Ferrar blanco)............. D.
Coronega. — Nom inexact du catalogue du Luxembourg pour un cépage du vignoble de Nice.
Coroumbaud (Colombaud)............. III. 282
Corpina. — Cépage italien de la région de Gênes.
Corporal. — Hybride d'Eumelan et de Worden à raisins noirs, foxés, à peau résistante; peu cultivé en Amérique comme raisin de table.
Corridore nera. — Cépage à raisins noirs des régions napolitaines. — J. R.
Cors (Côt)........................ VI. 6
Corsa. — Cépage italien cité par Soderini.
Corsica. — Cépage (?) de la région italienne de Grumello del Monte, d'après J. de Rovasenda.
Corsikaner blauer (Mourvèdre).
Corsique. — Nom de vigne cité par Rabelais dans Pantagruel (xviᵉ siècle). — J. R. C.
Corsin (Péloursin).................. VI. 87
Cortaillod (Pinot noir).
Corteisa (Cortese)...................... D.
Cortese bianca. — Cépage du Piémont à grandes feuilles peu sinuées, duveteuses en dessous; grappe grosse, cylindro-conique, ailée; grain sur-moyen globuleux, serré, ferme; peau assez épaisse, d'un jaune doré à la maturité de 2ᵉ époque (d'après V. Pulliat).
Cortese nera (Dolcetto).
Corthum. — Cépage précoce, à grains bleus de 16ᵐᵐ de diamètre, que Trummer a signalé comme originaire de Zerbst dans le duché d'Anhalt où

l'aurait obtenu le collectionneur Corthum. Oberlin le considère comme méritant pour la table et
la cuve en raison de la beauté de sa grappe et de
sa fertilité convenable. — A. B.

Cortillac (Chasselas de Courtiller).

Cortinese (Paga debito).

Cortisa nista (Dolcetto).

Cortland (Courtland)...................... D.

Cortonese nero (Paga debito)............... D.

Corva (Corvina)........................... D.

Corvia (Corvina).......................... D.

Corvina nera. — Cépage italien, abondant surtout
en Vénétie, à maturité de 3ᵉ époque, donnant un
vin assez aromatique et alcoolique. On pourrait à
la rigueur distinguer plusieurs sous-cépages peu
différents : Corvina commune, Corvina riccia, de la
région montagneuse, Corvina rotunda de la province de Trevise, Corvinone de la province de
Vérone. — Feuilles moyennes, quinquélobées, à
lobes étroits et sinus profonds; dents aiguës;
grappe grosse, conique, à peine ailée; pédicelles
violacés à la maturation; grains gros, ovoïdes, à
saveur astringente. — G. M.

Corvin nero, Corvinella, Corvino farinos dolz,
Corvinona, Corvinone (Corvina nera)...... D.

Coscaro. — Cépage portugais de la région de Lamego,
signalé dès la fin du xviiiᵉ siècle comme cépage
blanc sans valeur; à peu près inconnu aujour-
d'hui. — D. O.

Coscaro preto. — Variation du cépage précédent à
raisins rouges, signalé par Lacerda Lobo en 1790,
inconnu aujourd'hui. — D. O.

Coscoro (Coscaro......................... D.

Cossa, Cossano, Cossetta nera (Cabernet?)

Costa bruciata bianca, Costa bruciata nera, Costa
d'oro bianca, Costa d'oro nera gentile. — Noms
divers de cépages cités par J. de Rovasenda sans
aucune indication.

Costa de vacca. — Cépage portugais inconnu
aujourd'hui. Ferreira Lapa le signalait en 1867
comme un cépage blanc de grande production
cultivé à Azeitão. — D. O.

Costigliola, Costigliano. — Noms de cépages italiens, cités seulement par J. de Rovasenda.

Costinha. — Cépage blanc cultivé jusqu'en 1874 dans
le vignoble portugais de Santarem. — D. O.

Costinha da Moisa. — Sous ce nom, on cultivait
jadis à Torres Novas (Portugal) un cépage blanc
peu important. — D. O.

Costiole (Neiretta).

Cot .... VI.   6

Cot a queue rouge (Cot)................. VI.   6

Cot a queue verte (Cot)............... VI.   6

Cot d'abondance. — Une sélection (?) de Cot obtenue
en Touraine; forme plus régulière de production,
à pédoncule vert.

Cot de Bordeaux (Cot).............. VI.   6

Cot de Cheragas. — Cépage sélectionné en Algérie,
rappelant par ses caractères le Cot; très fertile,
à vin alcoolique.

Cot précoce de Tours. — Sélection de Cot, très productive, et plus précoce, créée par Houdée.

Côte rôtie (Syrah).

Côte rouge (Cot)................... VI.   6

Cot rouge Bidault. — M. Bidault a isolé, en 1878 à
Saumur, un Cot à queue rouge remarquable par sa
fertilité régulière, non coulard. — C. B.

Cotico (Rosaki).

Coti-court (Clairette).

Cot mérillé (Cot vert)............... VI.   14

Cotogna. — Raisin de la région italienne de Modène
(Italie). — J. R.

Cotogna vellutata (Cotogna)............. D.

Cotona (Cotogna)........................ D.

Cotonese nero. — Nom de vigne italienne de Palerme,
cité par Acerbi.

Cotorotta bianca (Cataratto).

Cot rouge mérillé de Buzet (Cot)....... VI.   14

Cots.................................. VI.   5

Cots métissés........................ VI.   15

Cots rouges.......................... VI.   6

Cots verts........................... VI.   14

Cottage. — Semis de Concord, créé par E. V. Bull,
en Amérique; il diffère peu du type, et sans distingue par des raisins d'un noir plus foncé, un peu
plus précoces de maturité.

Cottico (Rosaki)..................... II. 170

Cotticour (Clairette)................ V.   55

Coua d'rat rosso. — Cépage (?) de la région de
Voghera (Italie). — J. R.

Couahor. — Nom inexact donné par Hardy pour un
cépage des Hautes-Pyrénées.

Couâme. — Encore un nom inexact attribué par
Hardy à un cépage de la Vendée.

Coucalomia, Coucaillon. — Noms de cépages italiens
cités par Hardy.

Couceira. — Cépage portugais très cultivé au xviiiᵉ
siècle dans le Haut-Douro; il n'en existe actuellement que quelques rares pieds disséminés dans
les vignes. — D. O.

Couceira (Couceira).................... D.

Couchy (Cabernet franc).

Couchort. — Cité par Secondat au xviiiᵉ siècle, parmi
les raisins blancs à grain ovale de la Guienne.
— J. R. C.

Couçoeira (Nevoeira)................ VI. 205

Coucourdier. — Nom de cépage cité par Garidel.

Couderc (Hybrides Couderc)............. D.

Coudsi................................ V.   77

Coué-fort (Chenin blanc)............ II.   83

Coufe-Chien (Jacquère).

Coufimé (Canut)........................ D.

Couforogo (Sultanina)................ II.   67
Couget. — Cépage rouge de l'Aveyron, d'après Marre.

Cougourdan. — Cépage blanc de la vallée moyenne du Var, également apprécié pour la table et la cuve; sarments moyens, sinueux; mérithalles courts, à nœuds saillants et un peu aplatis; feuilles moyennes, duveteuses à la partie inférieure; grappe grosse cylindro-conique, ailée, lâche, à pédoncule fort; grains gros, ellipsoïdes, à chair ferme et croquante, peau mince, verte à maturité. — L. B. et J. G.

Couilleri (Mondeuse blanche)........ II. 284
Couissé (Côt).
Coulard (Chasselas Gros Coulard).
Coulant (Manseng rouge)............ V. 263
Coulis (Petit Gouais jaune).......... VI.   52
Coulombar (Colombaud).
Coulon gros (Manseng)............. V. 263
Coulon timbré (Manseng rouge)....... V. 263
Couloumdat blanc (Colombaud).
Couloumbeau (Colombaud).
Coumbèze (Courbès).................. III. 223
Counèse (Counoise).................. II.   78
Counoise.......................... II.   78
Counouriso (Counoise).............. II.   78
Couporel. — Cépage de l'Aveyron, d'après Marre.
Courbe (Courbès)................... II. 223
Courbès.......................... II. 223
Courbet (Chatus)................... III. 212
Courbi blanc (Courbu blanc)........ III.   79
Courbin (Pardotte)................. D.
Courbinotte (Pardotte)............. D.
Courbu blanc...................... III.   79
Courbu noir...................... V. 261
Courbut (Courbu blanc)............. III.   79
Courbut blanc (Courbu blanc)....... III.   79
Courcette (Jacquère).
Courchi (Amokrane).
Courtiller (Chasselas de Courtiller).
Courvambaou (Colombaud).
Courvuillade (Morrastel).
Courtaillou rouge (Pinot noir).
Courtanel. — Nom de cépage du Lot-et-Garonne(?) cité par Hardy, Bury et le catalogue du Luxembourg.
Courtiis (Cortese).
Courtiller précoce musqué (Chasselas de Courtiller).
Courtland. — Semis de Labrusca, isolé par E. C. Pierson, à grains noirs, très foxés; précoce, mûrissant 2 semaines avant le Concord; non cultivé même aux États-Unis.
Cousa (Bonarda).
Cousoeira. — Variété très rare si elle existe encore dans le vignoble portugais, où elle était plus fréquente au xviiie siècle; grappes grosses, serrées;

grains moyens, sphériques, charnus, à peau épaisse et noire. — D. O.
Cousin blanc. — Nom de cépage cité par Odart.
Coussa. — Nom de cépage de la région d'Asti (Italie). — J. R.
Coussi (Cot).
Coussitraube (Cot).
Coutaillaud (Pinot).
Couturier. — J. Guyot attribue ce nom à un cépage de la Dordogne.
Covarevo (Gros de Coveretto)........ V. 158
Covera gentile (Corvina)............... D.
Coveretto (Gros de Coveretto)........ V. 158
Covaretto grosso (Gros de Coveretto).. V. 158
Covra di colle. — Cépage de collection, non étudié. — J. R.
Crovara (Corvina)...................... D.
Covrone (Corvina)..................... D.
Corvan. — Variété sans valeur, hybride de Riparia, à raisins noirs, non utilisée aux États-Unis où elle a été créée.
Cozjak beli (Pis-de-Chèvre blanc)...... IV. 91
Cozjak crveni (Pis-de-Chèvre rouge)... IV. 88
Crabas (Colombaud).
Crabutet (Merlot).................... VI. 16
Cracana (Babeasca)................... D.
Cracana (Vulpe)..................... IV. 147
Chacanata (Babeasca)................ D.
Craita. — Cépage à raisins blanc de la Roumanie.
Craitza (Craita)..................... D.
Crakuna. — Cépage donné (?) comme originaire de la Russie.
Cramposie...................... IV. 143
Cramposie mare (Cramposie).......... IV. 143
Cramposie mica (Cramposie).......... IV. 143
Crapaud. — Donné par divers auteurs, à tort, comme cépage du Lot.
Crapputs (Poulsard)................. III. 253
Craput (Grappu)................ .... VI. 29
Craquant (Sciacarello)............... IV. 159
Crato branco. — Cépage limité à la région de l'Algarve (Portugal), considéré comme de qualité, à vin blanc bouqueté, et assez productif. — Feuilles obiculaires, à peine trilobées, à sinus pétiolaire profond et presque fermé, peu duveteuses en dessous; grappe petite, serrée, cylindro-conique, à grains petits, globuleux, d'un jaune ambrée, à peau épaisse. — D. O.
Crato tinto. — Bon cépage noir de l'Algarve (Portugal), très productif, assez cultivé, mais non important. — D. O.
Crava (Fresa).
Cravairo (Craveirou)................. D.
Craveïrou. — Cépage noir, répandu aux environs de Menton; d'une grande résistance aux maladies cryptogamiques et d'une bonne affinité pour les

cépages américains ; taille longue ; sarments assez longs, à mérithalles courts ; feuilles assez grandes, irrégulièrement découpées, glabres, d'un vert foncé, à pétiole très long, teinté de rose à la base ; grappe cylindro-conique, fortement ailée, peu serrée, à pédoncule faible ; grain gros, franchement ovoïde, ferme, à peau fine, d'un noir foncé et brillant ; pulpe abondante ; on en distingue, d'ailleurs, 2 variétés, l'une, à feuilles beaucoup moins découpées que l'autre, qui porte le nom de *Craveirou de Nice*, à rendement plus abondant et plus régulier. — L. B. et J. G.

CRAVEIROU DE NICE (Craveirou)............... *D.*

Crassostaphilo. — Cépage grec à raisins noirs, à feuilles entières, épaisses, à duvet floconneux à la face inférieure ; grappe moyenne, cylindro-conique, dense ; grains moyens, fermes, globuleux, à peau fine, d'un noir foncé et pruinée. — J. M. G.

CRAVETTA NERA. — Cépage de l'arrondissement de Turin. — J. R.

Creata. — Cépage à raisins blancs de la Moldavie roumaine, donnant des produits d'assez grande qualité ; grappes moyennes, irrégulières, peu compactes ; grains sur-moyens, globuleux, d'un jaune doré ; feuilles quinquelobées, à sinus profond. — G. N.

CREATZA (Mustoasa)......................... *D.*
CREATZA (Creata)........................... *D.*
CRÉDINET (Meunier).................. II. 383
CRESSEILLA (Arbane blanc)............. IV. 59
CREMINESE (Buonamico).
CREMONESE. — Cépage italien de la région de Vérone, cité par Acerbi.
CRENATA (Vitis crenata).............. I. 491
CRÈNE (Arbane blanc)................ IV. 59
CRENILLA (Arbane blanc)............. IV. 59

Crépet. — Vieux cépage bourguignon spécial, distinct du Pinot crépet ou rongin. Nous l'avons retrouvé dans le vignoble de Selongey (Côte-d'Or) où il existe encore en petites quantités. Semble un type intermédiaire entre le Pinot et le Gamay, ressemblant au premier par son feuillage plus lisse, au second par son fruit de qualité légèrement supérieure ; fertilité moins régulière et moyenne. — A. B.

CRÉPIN BLANC (Tressallier).
CREPITARIS (Vitis, Räuschling).
CRESCENCII (Jaen negro de Granada).
CRESCENTIA integrifolia (Heunisch).......... *D.*
CRESCENTIA ROTUNDIFOLIA (Savagnin).
CRESTA DI GALLO (Cornichon blanc).
CRÊTE DE COQ BLANCHE (Cornichon blanc).
CRÊTE DE COQ NOIRE (Cornichon violet).
CRETICO. — Nom de cépage de l'Asie mineure, cité par Odart.

Creveling. — Hybride de Labrusca et probablement de Vinifera et d'*Æstivalis*, à caractères de Labrusca dominants par les vrilles continues, le goût foxé des fruits, le tomentum lanugineux de la face inférieure ; grappe petite, irrégulière, à grains moyens, ovales, d'un noir violacé foncé ; cépage peu productif et sans valeur culturale.

CREVNA RUZICA (Savagnin rose).

Cribès. — Cépage espagnol de la région de Salamanque, d'après Abela y Sainz.

CRIGNANE (Carignane)................ VI. 332
CRINANA (Carignane)................. VI. 332
CRIJEND (Blank blauer)................... *D.*

Crista couleur d'ambre. — Cépage grec, à raisins noirs, avec grains de grosseur moyenne, maturité de 3ᵉ époque.

Critic. — Semis américain de Labrusca, créé par J. S. Bruce ; a beaucoup de ressemblance avec le Delaware, dont les grains ont la couleur ; ils sont foxés.

CRJENAK, CRLJENAK, CRNJENAK (Blank Blauer)... *D.*
CRNA FRANKOVKA (Limberger).
CRNA MORAVKA (Limberger).
CROA (Corvina)........................... *D.*
CROAIRORA (Cinsaut).

Croaron. — Cépage de la région de Vérone (Italie) ! — J. R.

Croassa. — Serait, d'après D. Gatta, un cépage de la vallée d'Aoste.

CROASSERA (Avarengo)..................... *D.*
CROATO (Crovattino)...................... *D.*
CROATTINA (Crovattina)................... *D.*

Croc noir. — Cépage de la Mayenne, d'après V. Pulliat, de 1ʳᵉ époque de maturité ; grappe moyenne, peu serrée, cylindro-conique ; grain moyen, globuleux, à peau assez fine, d'un noir foncé pruiné.

CROCE DI RANDAZZO (Cattarratto).
CROCHANTA (Crouchen).................... *D.*
CROCHET (Cornichon blanc)............ IV. 316
CROCHU (Cornichon blanc)...... ·....... IV. 315
CRODAROLO BIANCO. — Cépage italien de la région de Bologne. — J. R.
CROERA (Corvina)......................... *D.*
CROETTO (Gros de Coveretto).......... V. 158
CROETTO (Moreto).................... V. 49
CROETTO (Olivella du Vésuve)......... VI. 354
CROGNOLETTO. — Nom de cépage cité par le *Bulletin ampélographique italien.*

Croisillo. — Cépage espagnol de la région de Castellon, d'après Abela y Sainz.

Cromatella. — Cépage de la Toscane, d'après le baron Mendola.

CROQUANT (Gros Gouet).............. VI. 52
CROQUANT (Gouais blanc).
CROQUANT (Sciacarello).............. IV. 159

Croton. — Hybride de Delaware et de Chasselas, créé en Amérique par S. W. Underhill, peu productif et non résistant au phylloxéra ; grappe longue, très ailée, rameuse, à grains lâches, sous-moyens, sub-obvoïdes, blancs, avec teinte rosée à la lumière ; saveur légèrement musquée ; feuilles quinquelobées, grandes, rugueuses ; sinus profonds, le pétiolaire à lobes superposés, bouquets de poils lanugineux sur les nervures de la face inférieure.

Crouchen. — Cépage à raisins rouges des Basses-Pyrénées, peu répandu à Jurançon, Moncon.

Crouchillon. — Nom d'un cépage de l'Est (?).

Crouchon (Crouchen).......................... *D.*

Croucha (Cornichon blanc)............ IV. 315

Crouque (Cornichon blanc)............ IV. 315

Crova (Corvina).......................... *D.*

Crova (Gros de Coveretto)............ V. 158

Crovaimora (Cinsaut).

Crovaletto (Croetto).

Crova nera (Corvina)...................... *D.*

Crova rossa. — Cépage de la vallée d'Aoste(?).

Crovassa (Croassa)........................ *D.*

Crovassera. — Cépage italien de la région d'Ivrée(?). — J. R.

Crovattina. — Cépage italien cultivé pour la cuve surtout dans la Voghérese, assez résistant aux maladies cryptogamiques ; il est surtout prospère dans les terres riches et argileuses ; son débourrement est tardif. — Feuilles longues, trilobées, de grandeur moyenne, à teinte claire très caractéristique ; grappe allongée, conique ; grains ronds, de grosseur moyenne, à peau d'un noir bleuté. — D. T.

Crovattino (Crovattina).................... *D.*

Crovattone (Crovattina).................... *D.*

Crovera. — Cépage italien (?).

Crovetta (Croetto).

Crovettina (Crovattina).................... *D.*

Crovetto (Gros de Coveretto)........ V. 158

Crovetto (Moreto).................... V. 49

Crovin (Croetto).

Crovina (Olivella du Vésuve).......... VI. 356

Crovino nero (Croetto).

Croxu gussu. — Cépage à raisin noir de table ; cultivé en Sardaigne. — J. R.

Cruaja (Raboso).

Cruara. — Cépage italien de la région de Vicence, d'après D. Carpené. — J. R.

Cruarolo. — Nom de cépage relevé par Cerletti pour la région italienne de Ghemme.

Cruazno. — Cépage espagnol de Malaga, d'après Abela y Sainz.

Cruce (Cruciulita)........................ *D.*

Cruchen (Crouchen)........................ *D.*

Cruchillet (pour Cruchinet ou Côt).

Cruchinet (Côt)...................... VI. 6

Cruchinet (Fer).................... VI. 23

Cruciulita. — Cépage à raisins blancs de la Roumanie, peu cultivé, à grains petits, sphériques, très serrés. — G. N.

Cruina veronese. — Nom de cépage italien, cité par Acerbi.

Cruino. — D. Carpené cite ce cépage italien comme donnant un vin très astringent. — J. R.

Crujidera. — Cépage espagnol, d'après Abela y Sainz.

Cruixeio. — Cépage espagnol de Barcelone, d'après Abela y Sainz.

Cruizen (Crouchen).

Crujidero blanc (Téneron)............ II. 195

Crujillo (Mazuela).................... VI. 238

Crujillon (Teinturier).

Cruscen, Crussen, Crussin (Cinsaut).

Crvena Bakatora (Bakator)............ IV. 182

Crvena Babovina (Valteliner rouge précoce)............................ III. 253

Crvena Klevanyka (Pinot gris)........ II. 32

Crvena plemenika (Chasselas violet).

Crvena ruziva (Savagnin rose).

Crvena Valtelinka (Valteliner rouge)... IV. 30

Crvene Klevanyka (Pinot gris)........ II. 32

Csecses (Túskés púpú).................... *D.*

Cseki (Sarféhér).

Cserbajou felser, Csenzoló (Augster)......... *D.*

Csipkes levelü (Chasselas persillé).

Csmor (Csomorika)........................ *D.*

Csoka szölö (Kadarka)................. IV. 177

Csomor (Csomorika)..................... *D.*

Csomorika. — Cépage hongrois de la région de Baranya ; il ressemble beaucoup au Fehér szölö, mais il est plus fertile et les grappes sont plus ailées ; grappes de grosseur moyenne, serrées ; grains sphériques, d'un blanc verdâtre, ponctués ; donne un vin de table agréable.

Csucsos Bakor (Valteliner rouge)...... IV. 30

Cucciomanielli (Cuccipanelli)................ *D.*

Cuccipanelli. — Cépage italien de la région de Lecce. — J. R.

Cuccolona. — Cépage italien de la région de Modène (?).

Cucumerina (Cornichon blanc).

Cuello de dama (Cabriel)................... *D.*

Cuenta de Hermitani. — Nom inexact du Catalogue de vignes du Luxembourg, peut-être l'Olivette noire, ou le Colorada.

Cuenta de Rosarie. — Nom de cépage espagnol, cité par Abela y Sainz, pour la région de Murcie.

Cugliella. — Donné par Bouschet et par Marès comme un cépage de Corse, à grains ronds et blancs.

Cugliola (Cugliella)........................ *D.*

Cugnèvre (Jacquère)................. IV. 122

Cugnette (Jacquère)................. IV. 122

CUGNIER (Mourvèdre).

CUGNIETTE (Jacquère)................. IV. 122

CUGNY. — Nom inexact du Catalogue du Luxembourg.

CUILLABA (pour Caillaba).

CUJAS (Grappu)..................... VI. 29

CALAVIN (Cot). *

CUL DE POULE (Persan)............... II. 165

CULLIGINU. — Nom de cépage italien de la région de Termini, cité par Acerbi.

Cullot de Sall. — Cépage espagnol de la région de Barcelone, d'après Abela y Sainz.

CULO DE HORZA (Uva de Ragol)............. *D.*

CULOTTE SUISSE (Tressot panaché)....... III. 302

CUNIER (Mourvèdre).

Cunningham....................... VI. 268

CUOR DURO (Bolana)..................... *D.*

CUPANI (Tempranillo)..................... *D.*

CUPREA (Genueser)...................... *D.*

Curago. — Cépage italien de la région de Lecce.

CURANCHE (Pinot noir).

CURANT (Oriou).................... V. 283

CURANT (Oriou voirard)............... V. 292

CURARE (Oriou voirard).............. V. 292

CURICHKETU (Crouchen)................... *D.*

CURIXEN (Crouchen)................... *D.*

Curisti blanc. — Cépage grec, à maturité de 2ᵉ époque, à grappe petite, sphérique, à grains sur-moyens, globuleux, fermes; peau fine et d'un blanc verdâtre, peu pruiné; jus peu sucré; feuilles grandes, quinquelobées, sinus pétiolaire fermé, face inférieure avec quelques poils lanugineux. — J. M. G.

Curnicchia. — Cépage blanc de la région de Termini (Italie).

CURNIOLA (Cornichon blanc).

CURRANT (Corinthe noir)............. IV. 286

CURRANT GRAPE (Corinthe noir)........ IV. 286

CURRIOLA (Cornichon blanc).

CURRUCHEA (Crouchen)................... *D.*

CURUELA. — Nom du Catalogue de vignes du Luxembourg.

Curval. — Cépage important de la région portugaise de Rezende, où il est cultivé en hautains à cause de sa grande vigueur; il donne un vin d'un jaune clair, alcoolique et recherché pour les Portos communs. — D. O.

CURVALHO. — Nom de cépage portugais cité par Lacerda Lobo, en 1790, inconnu et probablement une erreur typographique. — D. O.

CURVIN (Corvina)........................ *D.*

CURVINESSA (Corvina)..................... *D.*

CURVINO (Corvina)....................... *D.*

Cuscusedda. — Cépage de la Sardaigne, d'après baron Mendola, à raisins blancs et à feuilles très sinuées, à cinq lobes.

CUSPIDATA (Vitis cuspidata)........... I. 493

CUSSAN. — Nom inexact donné par Leardi et Demaria pour un cépage de Bourgogne. — J. R.

CUSTUDITI (Kustidini)..................... *D.*

CUTAYAL. — Nom de cépage espagnol (?) de Barcelone.

CUVILLIER (Cinsaut)................... VI. 322

Cuyahoga. — Semis de Labrusca, obtenu en Amérique, dans l'Ohio; maturité de 2ᵉ époque; grappe moyenne, serrée, à grains moyens, sphériques, peau épaisse, d'un jaune ambré; chair ferme et foxée; feuilles tomenteuses.

CYDONITÆ. — Cépages à « raisins en forme de coing », cités par Columelle, au 1ᵉʳ siècle. — J. R. C.

CYNIFAL ZELENGKA (Sylvaner).......... II. 363

CYNOUROTUS VIRIDIS (Sylvaner).

Cynthiana........................ VI. 274

Cynthiana blanc................... VI. 276

Cyperntraube. — Beau raisin de table bleu, à grains longs de 22/16. H. Gœthe le fait venir de l'île de Chypre et Oberlin de l'Allemagne. Nous l'avons reçu sous ce nom du Tyrol et le jugeons identique à la *Luglienga nera* ou Lignan noir de la Haute Italie (t. IV, p. 260). Maturité postérieure de 10 à 15 jours à celle du Lignan blanc; fertilité un peu supérieure. — A. B.

Cyphostemma..................... I. 80

CYPRO NERO (Cyperntraube)............... *D.*

CYRIBOTRUS VIRIDIS (Sylvaner).

CYRIACATRON (Sylvaner).

CZERBAJOR FEHER (Lagler)................. *D.*

CZERNA KADARKAS (Kadarka).

CZERNA RANKA (Pinot).

CZERNA OKROGLA RANKA (Pinot).

CZERNA ZIBELA (Magyar traube frühe)........ *D.*

CZERWENZ TARANT (Grec rouge).

CZÉTÉNYI (Riesling).

CZIGÁNG SZŐLŐ (Kadarka).

CZIKKES MUSIKAT (Muscat blanc).

CZOKA (Kadarka).

Czollner weisser. — Cépage blanc de cuve de la Hongrie, d'après H. Gœthe; grappes grosses, à grains gros, sub-ovoïdes.

D

DACCIOLA, DACCIOLO (Diacciola)............... *D.*

DACHABA. — Scharrer signale sous ce nom un raisin de table, à grains ronds, gros, noirs, du Caucase ; les viticulteurs russes ne connaissaient pas de cépage de ce nom.

DACHTRAUBE (Frankenthal).

DA COMPORTA VERONESE (Susina).............. *D.*

DACTYLI (Cornichon).................. IV. 316

DACTYLIDES (Cornichon).............. IV. 316

DACTYLUS (de Ragol)....................... *D.*

D'AFFRICA BIANCO, GROSSO NERO. — Noms erronés, traduction italienne d'un nom français inexact.

Daga de Madona. — Excellent raisin blanc des environs de Menton, apprécié pour la table à cause de sa bonne conservation ; peu sensible aux maladies ; sarments vigoureux, à nœuds apparents et mérithalles allongés ; feuilles grandes, découpées, épaisses, glabres à la partie supérieure, duveteuses à la partie inférieure ; pétiole fort et long ; grappe grosse, ellipsoïde, ailée, se terminant brusquement en pointe ; grain gros, ellipsosphérique, à peau épaisse, de couleur verte à la maturité ; chair ferme, juteuse et sucrée. — L. B. et J. G.

D'AGLIANO GROSSA NERA (Aglianico).

Dagrène-ouzoum. — Cépage cultivé pour la cuve dans le Daghestan (Russie), à grain moyen, rosé, aromatique. — V. T.

DA GROSSA NERA. — Nom de vigne italienne de la région de Mirandole (?).

DAHLIA. — Nom cité comme appliqué (?) à une vigne de la Kabylie.

DAIKAIA (Néhelescol).

DAILALL (Dzilall)......................... *D.*

Daisy. — Vigne de semis, hybride de Labrusca et de Vinifera, obtenu en Amérique, à grains d'un rouge foncé, et foxés ; sans valeur culturale aux États-Unis.

Daktseouli. — Cépage à raisin noir, cultivé pour la cuve à Litchkhoum (Russie).

DALALOGA. — Nom erroné du Catalogue de vignes du Luxembourg.

DALLBANE (Miscklali) .... *D.*

DALLA MENA BIANCA. — Variété de la région de Trani (Italie (?). — J. R.

DALLI. — Nom de vigne cité dans les manuscrits arabes (n° 580) de la Bibliothèque nationale. — J. R. C.

DALL' OCCHIO BIANCA (Nosiola)............... *D.*

DALLORA NERA. — Nom de cépage donné à une vigne italienne de Mirandole.

DALMATIEN. — Nom erroné du Catalogue du Luxembourg.

DALMATINA. — Nom de vigne italienne du Véronais, cité par Acerbi.

Dalmazia. — Variété à raisin noir de la Marche d'Ancône (Italie). — J. R.

DAL PECOL ROSSO. — Nom de cépage italien de la région de Venise. — J. R.

DAMAR. — J. Guyot cite ce nom de cépage pour le Cher (?).

DAMAHY BLANC (Lamberttraube).

DAMAS (Frankenthal).

DAMAS BLANC (Mayorquin)............. III. 313

DAMASCENER BLAUER (Ribier).

DAMASCENER FRÜHER WEISSER (Bicane).

DAMASCENER MOSCAT WEISSER (Muscat d'Alexandrie).

DAMASCENER SPAT BLAUER (Ribier).

DAMASCENER SPAT WEISSER (Marocain).

DAMASCHINA (Ribier).

DAMASCHINO (Ribier).

DAMARASCUS BLANC. — Nom du catalogue Bury, non rapporté à un cépage.

DAMASCUS NOIR (Ribier, Frankenthal, Côt, Syrah, Mourvèdre !).

DAMAS GROS COULARD BLANC (Chasselas Gros coulard).

DAMAS GROS GRÉSILLE BLANC, GROS GRÉSILLE ROUGE. — Cités par divers catalogues comme deux cépages du Puy-de-Dôme ; ce sont des désignations courantes de divers cépages.

DAMAS NOIR (Counoise)............. II. 78

DAMAS NOIR (Mourvèdre)............. II. 237

DAMAS NOIR DU PUY-DE-DÔME (Syrah).

Damas rouge. — V. Pulliat croit cette variété bien spéciale à l'Auvergne, hâtive et résistante au mildiou.

DAMAS VIOLET (Mourvèdre).

DAMASZENER (Ribier).

DAME (Plant de Dame)................... *D.*

DAME BLANC (Folle blanche).

DAME BLANCHE (Dona branca)......... III. 168

DAME NOIRE (Folle noire)............. III. 245

DAMERET (Meslier)................. III. 50

Dameret blanc (Romorantin).

DAMERET NOIR (Valais noir).

DAMERI (Meslier)................. III. 50

DAMERON (Dameret noir)................... *D.*

Dameron (Valais noir).

Dameron des Vosges (Foirard du Jura).

Daerym (Folle blanche)............... II. 205

Damery de l'Yonne (Chenin blanc).

Damery du Cher (Romorantin).

Damery jaune (Chenin blanc).

Damery vert (Chenin blanc).

Damiana nera. — Cépage à raisins noirs cultivé pour la cuve en Sicile, d'après A. Mendola.

Damiat (Misket de Sliven)................. D.

Damoiseau blanc (Donzellinho branco).. IV. 193

Damoiseau du chateau (Douzellinho do Castello)......................... IV. 185

Damoiseau gallichen (Donzellinho gallego). IV. 190

Damort. — Nom erroné du Catalogue du Luxembourg, et de la liste de Hardy.

Damour (Mansard)........................ D.

Damouret (Romorantin).

Damuni (Damiana)........................ D.

Damuni di vita (Damiana)................. D.

Dana. — Semis de Labrusca, obtenu aux États-Unis, très foxé, à fruits rougeâtres, précoce.

Danachetta. — Variété italienne de la région d'Alba ; raisins blancs, ambrés, sur-moyens ou petits ; grappe conique ; cultivé pour la cuve et pour la table. — J. R.

Danackharouli. — Cépage à raisin blanc cultivé pour la cuve, à Douchett (Russie). — V. T.

Dana Dachagg. — Cépage russe de Kurdamir ; 1re époque tardive de maturité, cultivé pour la table ; gros grain ovoïde, vert jaunâtre. — V. T.

Dana Lachackh. — Cépage blanc de 1re époque de maturité, cultivé pour la table à Bakou (Russie) ; peut-être identique (?) à Dana Dachagg. — V. T.

Dana Tachagui. — Cépage russe cultivé, pour la table, à Choucha ; raisins rouges.

Danery (Petit Danery)............... II. 352

Dannery (Petit Danery)............... II. 352

Dannery (Romorantin)............... IV. 328

Danugue........................... II. 168

Danugue croquant (Danugue)......... II. 168

Danugue noir (Danugue)............. II. 168

Daourin. — Cépage blanc des environs de Menton, assez sensible aux maladies cryptogamiques ; sarments moyens, à mérithalles longs ; feuilles grandes, d'un vert clair, assez découpées, légèrement duveteuses à la partie inférieure ; grappe petite, cylindrique, assez lâche ; grains moyens, globuleux ; peau épaisse et élastique ; chair ferme, juteuse, à saveur sucrée et astringente ; d'un vert doré à la maturité, d'où son nom. — L. B. et J. G.

Daphne. — Hybride américain de Telegraph et de Muscat, créé par Copley, à raisins blancs, musqués ; sans intérêt même aux États-Unis.

Dapsiles (Albillos)........................ D.

Daraï (Doroï)............................ D.

Daralaguèze. — Raisin blanc cultivé pour la table à Erivan (Russie). — V. T.

Daray (Doroï)........................... D.

Darbandi. — Raisin de table de 1re époque tardive, à grains rosés, cultivé pour la table à Derbend (Russie) ; grosse grappe, lâche ; grains un peu ovales, à peau épaisse, pulpe charnue, se conservant longtemps sur souche. — V. T.

Darbane (Arbane blanc)............... IV. 59

Darcaia (Raisin noir de Jérusalem)..... IV. 39

Darianka (Marache).................... D.

Darkaia (Raisin noir de Jérusalem)..... IV. 39

Darkaia blauer (Raisin noir de Jérusalem)............................ IV. 39

Darkaia nebo (Raisin noir de Jérusalem). IV. 39

Darkaia noir (Raisin noir de Jérusalem). IV. 39

Darkaia royer (Raisin noir de Jérusalem). IV. 39

Darmanina. — Nom de vigne piémontaise, cité par Acerbi.

Darócsy muskotály (Muscat d'Alexandrie).

Dartsin (Nifcheftka).................... D.

Darwin. — Hybride américain d'Æstivalis et de Delaware, créé par Dr Stayman ; son feuillage rappelle l'Æstivalis ; grappe ailée, grosse, serrée ; grains rouges, de grosseur moyenne, juteux.

Dascian (Schiava).

Dasmari. — D'après Scharrer, cité par Gœthe, ce nom serait celui d'un cépage de la Perse, à raisin blanc, cultivé pour la table.

D'Astrakan noir (Frankenthal).

Datileña. — Cépage espagnol, d'après Abela y Sainz.

Datilera (Almunecar).

Datilillos (Angelino)................. IV. 249

Datilillos (De Ragol)................... D.

Dattier de Beyrouth................ II. 99

Dattilillo bianco. — Raisin italien de table, à gros grains blancs, acides. — J. R.

Dattola (Cornichon blanc)........... IV. 315

Dauxe (Burgunder weisser)............. D.

Daunerie. — Nom cité par Chaptal pour Dannery.

Dauner lé (Burgunder weisser)............ D.

Davagoss (De Ragol)................... D.

Davagueusy (Davaguezi)................. D.

Davaga-guézi (Davaguézi)............... D.

Davaguézi. — Cépage russe cultivé pour la table à Bortchalo et à Kurdamir ; gros grains ronds, à peau fine, d'un jaune doré. — V. T.

Davana (Avana)...................... D.

Davidii (Vitis Davidii)............... I. 437

D'Ayme (Bicane).

D. Branca (Dona Branca)............ III. 168

De Beguillet. — Cépage espagnol de l'Andalousie.

Debela abiavina (Valteliner).

Debela bielina (Heunisch).

Debela crnina (Heunisch).

Debela Lipovina (Wippacher).

Debeli Javor (Javor) .... D.

Debeli Kleshiz (Plavaz).................... D.

Debeli Rifosk (Dolcetto).

Debeli vervohffiek (Tantovina).

Deben. — Cépage espagnol de la région de Castril, d'après Abela y Sainz.

De Bidet. — Cépage espagnol cultivé dans la région de San Lucar, à grains oblongs, d'un blanc verdâtre.

De Boutelou. — Cépage espagnol cultivé à San Lucar ; grains gros, sub-ovoïdes, d'un jaune doré.

Debrorozne (Chasselas doré).

De Candolle (Grec rouge).

De Candolle voros (Grec rouge).

Decolan. — Jullien cite ce nom de cépage pour la Franche-Comté (?).

Decolor (Biancheddu).................... D.

De Columela. — Cépage de la région de San Lucar, d'après Simon Rojas Clemente, à gros grains sub-sphériques, d'un blanc verdâtre.

Decon's Superb (Sahibee).................. D.

De Constance cuivré. — Nom inexact donné par J. de Rovasenda, d'après certains catalogues, à un Labrusca.

De Constance noire (Isabelle).

Ducrile noir. — Nom inexact donné par Hardy à un soi-disant cépage de l'Isère.

Decsi szagos (Muscat d'Alexandrie).

Dedali Andanaouli (Adanassouri).......... D.

Dedo de Alicante. — Cépage portugais signalé par divers auteurs pour l'arrondissement de Santarem ; inconnu actuellement ou en tous cas peu répandu ; Antonio Aguiar disait, en 1866, qu'il donnait un vin blanc, alcoolique. — D. O.

Dedo de dama branco. — Raisin de table disséminé dans les jardins du Portugal, mais rare ; il aurait une grosse grappe, gros grains oblongs, d'un blanc pruiné ; d'autres disent les grains en forme de doigt ; ce serait alors le Cornichon blanc. — D. O.

Dedo de dama tinto. — Cépage rare ; il existe dans le Douro (Portugal) ; à raisins noirs. — D. O.

Dedopliss-kité. — Cépage à raisins noirs, cultivé pour la cuve dans le Mingrélie russe. — V. T.

Dedos de Dama (Cornichon blanc).

Dedos de Doncella (Cornichon blanc)... IV. 315

Déesse. — Cépage blanc que l'on rencontre quelquefois sur la rive droite du Var, vers son embouchure ; sarments longs, de grosseur moyenne, à mérithalles longs, à nœuds apparents et à bourgeons très gros, coniques et glabres ; feuilles moyennes, irrégulièrement découpées, lisses sur les deux faces ; grappe allongée, de grosseur moyenne, à gros grains irréguliers, peu serrés ;

très résistants, avec une chair ferme, très juteuse et très sucrée. — L. B. et J. G.

Deflouraïre (Tibouren).

De Fuente dueña. — Cépage espagnol (Rioja) dénommé par Simon Rojas Clemente ; petits grains bleuâtres, serrés.

Dehel gras (Köver szöllö).

Dégoutant (Petit noir)............... III. 243

Dettongrie précoce (Madeleine noire).

Deidesheimer (Savagnin).

Deker-el-Aneb. — Cépage observé par Leroux dans les ravins de la Kabylie algérienne, à grains moyens, sub-sphériques, d'un noir foncé.

Deker-el-aneb-es-serir. — Leroux a distingué cette vigne sauvage dans les forêts de l'Algérie et de la Tunisie ; grappe petite ; les grains, sphériques, sont très colorés de rouge ; les feuilles, quinquelobées, ont des sinus très profonds.

De la Casta (Ohanez).

Delago. — Hybride créé par T.-V. Munson en croisant le Delaware par le Gœthe ; à grains ovoïdes, d'un vert foncé, à saveur foxée ; peu productif.

De Laleña. — Vigne espagnole (San Lucar), dénommée par Simon Rojas Clemente, à grains moyens, sub-sphériques, verdâtres.

Delaloa, Delaloya. — Deux noms sans signification du Catalogue des vignes du Luxembourg.

Delambre. — Semis de Moreau-Robert (1864) ; feuilles à peines sinuées, sur-moyennes, peu duveteuses en dessous ; grappes sur-moyennes, cylindroconiques, aileronnées ; grains sur-moyens, ellipsoïdes, peu fermes, à peau assez épaisse, d'un jaune doré ; maturité fin de 1re époque (d'après V. Pulliat).

De la Quassoba (Corbeau).

Delaware........................ VI. 186

Delaware blanc,................... VI. 188

Delaware ✕ Concord (Delaware noir).. VI. 188

Delaware grape (Delaware).......... VI. 186

Delaware gris (Delaware)............ VI. 186

Delaware noir..................... VI. 188

Delaware rose (Delaware)........... VI. 186

Delawba. — Hybride américain de Delaware et de Catawba, créé par L. C. Chisholm ; grappe cylindrique, à grain moyen, d'un violet ambré clair, foxé.

Del Bons. — Nom donné par erreur comme s'appliquant à un cépage de la Catalogne.

D'Elbous. — Hybride de Labrusca produit aux États-Unis par C. S. Coppley, à gros grains noirs, pulpeux et foxés.

Del capo di buona speranza. — Nom de vigne napolitaine, cité par Acerbi.

Del capucino. — Vigne observée par J. de Rovasenda dans des pépinières milanaises.

Delembre (Delambre)..................... *D.*

Del gelso nero. — Nom de vigne de l'Ile d'Ischia. — J. R.

Delicious. — Hybride de vignes américaines, créé par T.-V. Munson.

Della grecia (Chasselas).

Della terra promesa (Nehelescol?).

Delle scepi (Sanginosa).

Dellikaffsar. — Raisin de table rose cultivé à Khod-jendt (Russie). — V. T.

Del monaco nero. — Nom de cépage signalé à Palerme (Italie). — J. R.

De Loxa (Cornichon blanc).

Deloyal (Troyen)................... IV. 51

Del palazzo nero. — Nom de cépage de la région du Vésuve. — J. R.

Del peccioli (Corinthe?).

Del reno gentil bianca (Savagnin).

Del reno gentil nera (Pinot).

Del reno gentil rosa (Savagnin).

Del reyna de lorca (Morrastel).

Del Vasto. — Nom de vigne napolitaine cité par Acerbi.

Dem. — Nom du catalogue du Luxembourg.

De Magra. — Nom de cépage espagnol cité par Abela y Sainz.

Demerdjissiackh. — Raisin noir de cuve de la Bessarabie (Russie), peu vigoureux et peu fertile ; grande feuille trilobée, à sinus ouvert ; grappe courte, serrée, rameuse ; grain ovale, d'un bleu foncé, pruiné ; vin peu alcoolique. — V. T.

Demermetz Isabelle blanche. — Cité par Odart comme semis à raisins blancs ; disparu aujourd'hui.

Demieny. — Donné par le Catalogue du Luxembourg comme vigne hongroise à raisins blancs (?).

Demi-Pineau blanc (Chardonnay).

Demi-plant noir (Pinot).

Demisa. — Nom de vigne italienne (?).

Demjen (Furmint)................... II. 251

Dempsey's Seedling (Burnet)................ *D.*

Demi-Muscat (Poloumouskote)............. *D.*

Dent de chameau (Cornichon blanc)..... IV. 315

Dent de loup (Olivette noire).

Dentesco. — Nom de cépage italien de la région de Gênes.

Dentina nera. — Cité par P. de Crescence comme vigne de l'Emilie (Italie).

Deputé Bury (Pinot teinturier Bury)... VI. 163

De Rabo de Cordero. — Cépage espagnol de la région de Castril, d'après Abela y Sainz.

De Ragol (Angelino)................. IV. 249

Derbentsky biely (Skorospiely)............. *D.*

De Reguillet (pour De Beguillet).

De Reyna. — Cépage espagnol signalé à Puello de San Fabrique par Abela y Sainz.

De Ridet (pour De Bidet).

De Roca (Ohanez).

Derjannka. — Cépage de cuve, à raisins noirs, cultivé par les Bulgares en Bessarabie (Russie). — V. T.

De Spagna. — Nom de vigne véronaise (Italie) cité par Acerbi.

De Soto. — Cépage andalous de San-Lucar (Espagne), nommé par Simon Rejas Clemente ; à petits grains noirs.

De Sylvanie. — Nom de cépage tardif, à raisin blanc, de la région d'Odina (Italie). — J. R.

Détroit. — Variété américaine de Labrusca, semis de Catawba ; grosse grappe, compacte ; grains sphériques, d'un rouge foncé, pruineux et foxés.

Devens. — Nom de cépage du Piémont, cultivé à Suze. — J. R.

Devereux (Herbemont)................ VI. 256

Devereaux (Jacquez).................. VI. 374

Dgoudgouchi. — Raisin noir cultivé pour la cuve dans la Mingrélie russe. — V. T.

Dgwlabé. — Cépage blanc cultivé pour la cuve dans la région de Gouriel (Russie). — V. T.

Dia blanc. — Le cépage qu'on nous a présenté sous ce nom dans le Revermont, notamment à Cuiseaux (Saône-et-Loire), nous paraît la variété blanche véritable du *Gueuche noir* ou *Foirard* du Jura, cépage très différent par tous ses caractères du Gueuche blanc de ce pays, identique au *Gouais blanc*. — A. B.

Diac (Tetrastigma Godefroyanum)..... I. 58

Diacciola (Stiacciola)..................... *D.*

Diagalves..................... VI. 190

Diamant (Chasselas Gros Coulard)..... II. 10

Diamant gutedel (Chasselas Gros Coulard).

Diamant perle (Chasselas Gros Coulard).

Diamant muskat..................... II. 250

Diamant oblong (Diamant traube)....... V. 147

Diamant traube..................... V. 147

Diamant traube (Chasselas Gros Coulard)... II. 10

Diamond (Moore's Diamond)................ *D.*

Diamond Jubilee grape................. III. 286

Diana. — Semis de Catacoba, à caractères de Labrusca ; très ancien cépage (1843) américain, assez répandu dans les vignobles des États-Unis, sans y être important. Feuilles à peine trilobées, à tomentum aranéeux en dessous ; grappe moyenne, cylindrique, ailée ; grains serrés, moyens de grosseur sphériques, roses ; peau épaisse ; jus foxé.

Diana Hamburg. — Hybride de Diana et de Black Hamburg, créé par J. Moore ; grappes moyennes, ailées ; grains sous-moyens sub-ovoïdes, d'un rouge foncé, foxés.

Diana Nauboy. — Nom inexact du Catalogue du Luxembourg.

Di Bacuccio nera. — Nom de cépage de la région du Vésuve. — J. R.

Di Canneta (Vespolino)..................... D.

Dichali. — Raisin noir, cultivé pour la cuve à Kalavryta (Grèce). — X.

Dickbeerige (Elbling).

Dickelbene (Elbling).

Dicker Schwarzer (Frankenthal).

Dickötiler (Frick's traube?).

Di Corinto (Corinthe).

Didd-Mtévana (Mtévandidi)................. D.

Didi Andassaouli (Adanassouri).

Di Diano. — Nom de cépage de la Ligurie (Italie).
— J. R.

Didi Saperavi (Saperavi)............. VI. 233

Didtevano (Mtévandidi)..................... D.

Diego. — Nom de cépage du Catalogue des vignes du
Luxembourg.

Dientelthaube weisse (Feher Som)...... II. 193

Di Fra Rosario. — Nom de vigne cité par Acerbi.

Di Gerusalemme bianca (Nehelescol).

Digitella (Cornichon)................. IV. 316

Digmoûri. — Raisin blanc de cuve de Bortchalo
(Russie), assez important comme culture ; vigoureux et fertile. — V. T.

Digomsky (Digmouri)..................... D.

Dilpergianac. — Raisin rose de la région de
Smyrne.

Dimiat (Misket de Sliven)................. D.

Dimidiata (Vitis, Vitis riparia).

Diminichiu, blanc, rose. — Cépage des vignobles de
la Dobroudgea roumaine ; très fructifères et donnant des vins de qualité ordinaire, roses et blancs,
suivant l'une des deux variétés. — G. N.

Diminitis. — Cépage à raisin très précoce cultivé
pour la cuve dans la Corinthie (Grèce). — X.

Dimnik (Argant gris)................. V. 346

Di Monaco nera. — Nom donné comme un cépage
de la région du Vésuve (Italie). — J. R.

Dindarella veronese. — Nom de vigne cité par
Acerbi.

Dindon noir. — Nom d'un cépage mal déterminé du
Lot-et-Garonne, cité par Mondenard.

Dinjka (Brugnara)....................... D.

Dinka feher (Jardovan)................... D.

Dinka mala (Steinschiller)................. D.

Dinka vörös. — Raisins de table et de cuve décrit
par Trummer et Entz comme originaire de la
Hongrie ; nous l'avons reçu du Tyrol ; il nous a
paru très fertile, mais coulard et trop tardif pour
le climat de la Bourgogne. Maturité entre 2e et
3e époque. — A. B.

Dintentraube (Teinturier mâle)........ III. 363

Dintenwein (Teinturier mâle).......... III. 363

Diogalves (Diagalves)................. VI. 190

Dio'Alves (Diagalves)................. VI. 190

Diogenes (Iron Clad)..................... D.

Diogo Alves (Diagalves).............. VI. 190

Diolle. — Cépage à raisins blancs cultivé en vignes
hautes dans le district de Conthey (Valais). Rustique, mais sujet à la pourriture, il mûrit un peu
plus tard que le Fendant ; son vin est plus dur
mais de bonne garde en raison de son acidité supérieure. Certains Valaisans considèrent ce cépage
comme un hybride naturel de Fendant et de Rèze.
— A. B.

Diollaz (Diolle)........................... D.

Diolo bianca (Diolle)..................... D.

Di Palladino nera. — Nom de vigne italienne du
Vésuve (?).

Directeur Tisserand.................. II. 379

Dirubueno. — Cépage espagnol de la région de Jaen,
d'après Abela y Sainz.

Dishucha (Urbanitraube)............. V. 132

Disuca (Urbanitraube)................. V. 132

Disuca ranina (Urbanitraube)......... V. 132

Ditella (Cornichon blanc)·············· IV. 315

Dito di dama (Cornichon blanc)....... IV. 315

Diversifolia (Garabatona)................. D.

Diviema (Räuschling)................. V. 229

Divicina, Divizhina (Räuschling)....... V. 229

Divliak (Wilsbacher).................... D.

Dix fois coloré (Teinturier mâle)....... III. 363

Dixie. — Hybride curieux de Rotundifolia et d'Euvites, créé par T.-V. Munson, à grains de grosseur
moyenne, rougeâtres.

Dïzmar, Dizmari (Ezañdari)............... D.

Djaballi. — Cépage de la Palestine, cultivé en terrain
rocheux et montagneux ; maturité assez précoce ;
vigoureux. — Grandes feuilles quinquelobées, à
sinus supérieurs profonds ; limbe en gouttière ; face
inférieure cotonneuse, face supérieure à poils pelucheux ; nervures fortes et saillantes ; grosses grappes
serrées, cylindriques, ailées ; grains gros, cylindriques, d'un vert pâle, très pruinés, fermes, à
peau épaisse et cassante. — N.

Djâna-Anouri. — Cépage russe cultivé pour la table
en Kakhélie et à Tiflis. — V. T.

Djani. — Cépage de cuve, à raisin noir, cultivé à
Gouriel (Russie). — Feuille trilobée, grande,
mince, allongée, à sinus peu profonds ; grappe
conique, ailée, lâche ; grain petit, sphérique, d'un
noir foncé, brillant, peau fine ; disparaît de la
culture, malgré qu'il donne un bon vin, à cause
de sa grande sensibilité aux maladies cryptogamiques. — V. T.

Djaouss (Chaouch).

Djedovitza. — Cépage du Monténégro, donnant un
vin commun ; très vigoureux et à puissante végétation des rameaux ; feuilles petites, glabres sur
les deux faces, trilobées, orbiculaires ; grappe assez
grosse sur un pédoncule court et fort ; grains
sphériques, noir clair, peu serrés, à peau épaisse.
— P. P.

Djeguerdinsky. — Raisin blanc de cuve de l'Abkhasie russe, à gros grain aromatique, donnant le meilleur vin du district de Kodor. — V. T.

Djendalli .... V. 80

Djéoutt-Agaday. — Cépage blanc de cuve du Daghestan russe. — V. T.

Djerbi. — Cépage originaire de Djerba (Tunisie), répandu surtout à Gabès et à Sfax ; il est très productif et donne de très petits raisins vendus pour la table, à saveur fine et sucrée ; il est précoce, on en trouve sur le marché de Djerba dès le 15 juin. — Feuilles grandes, plus longues que larges, peu sinuées, à duvet aranéeux abondant la face inférieure ; grappes petites, cylindriques, lâches ; grains petits, ronds, à peau ferme, d'un beau jaune doré, croquants. — N. M.

Djill. — Cépage blanc cultivé pour la table à Ordoubatt (Russie). — V. T.

Djinèche. — Cépage rouge cultivé pour la table à Artevine (Russie). — V. T.

Djixechy (Djinèche) .... D.

Djiourakou. — Variété de Vinifera cultivée au Japon dans la région de ce nom, d'après Degron.

Djiouza-Guézy (Driouza-Guezy) .... D.

Djvozani .... IV. 284

Dlinny. — Cépage d'Ekatérinodar (Russie). — V. T.

Dnestrowski (Danugue).

Doadiana .... I. 466

Doaniana précoce .... I. 466

Doan's grape (Douniana) .... I. 466

Doaniana tardif .... I. 466

Dobela bielina (Javor) .... D.

Dobra. — Cépage bulgare de la région de Kustentil (Rhodope), à raisins blancs, cultivé pour la table ; peu répandu.

Dobraco bielina, grosso, minuto, rosso. — Cépages italiens de l'Istrée, cités par Acerbi.

Donrozone (Chasselas doré) .... II. 6

Doçal (Doçar) .... D.

Doçar. — Cépage portugais cultivé dans la région d'Entre-Douro et Minho ; il est disséminé surtout dans le Minho où il est cultivé en tonnelles, à cause de sa grande expansion végétative. — Feuilles grandes, allongées, trilobées, peu duveteuses en dessous ; grappes moyennes, compactes, ovoïdes et obtuses à leur sommet ; grains sphériques, assez gros, blanchâtres. — D. O.

Doçar borralheiro. — Variété portugaise du Minho à grains gros, violacés, pruinés. — D. O.

Doçar branco. — Variété blanche cultivée à Monçao (Minho, Portugal). — D. O.

Doçar mendo. — Cépage portugais cultivé dans le Minho, à grappes courtes, lâches, à petits grains violacés et pruinés. — D. O.

Doçar preto. — Cépage portugais, du Minho, à longues grappes étroites, serrées ; grains sous-moyens, longs, noirs rougeâtre, très sucrés. — D. O.

Docelto (Dolcetto).

Dr Collier. — Hybride de Lincecumii et de Concord créé par T.-V. Munson, résistant aux maladies cryptogamiques ; grappes grosses, cylindriques ; grains gros, d'un rouge pourpre mat, juteux ; un peu foxés, précoces.

Docteur Hogg (Muscat Dr Hogg) ...... V. 223

Dr Warder. — Semis américain de Labrusca et à caractères de Concord, mais à grains plus sucrés.

Dr Wylie. — Hybride de Delaware et d'Halifax du Dr Wylie, créé aux États-Unis ; à raisins rosés foncés, juteux et un peu foxés.

Dodrelabi .... II. 139

Dodrelabi à feuilles vertes .... II. 140

Dodrelabi à feuilles pourpres .... II. 140

Dog Ridge. — Hybride sauvage de Rupestris-Candicans (Champin), sélectionné par T.-V. Munson ; sans valeur culturale.

Doï. — Cépage bulgare cultivé sur les bords de la mer noire, à Roustchouk et à Varna, recherché surtout à cause de ses grosses grappes qui font jusqu'à 3 et 4 kilog., mais peu répandu. — Vigne très vigoureuse, à longs sarments forts ; feuilles moyennes, orbiculaires, trilobées et à sinus peu profonds ; sinus pétiolaire profond et ouvert ; entièrement glabres sur les deux faces ; grappe très grosse (jusqu'à 30 et 50 centimètres de long), très rameuse et lâche, à rafle grêle, tendre et d'un vert clair ; pédicelles longs ; pédoncule très long, tomenteux à son insertion, et à courte vrille ; grains sphériques, gros, d'un rouge noirâtre plus ou moins foncé, fermes quoique à peau mince, charnus, peu sucrés.

Doigt de déesse (Cornichon blanc) ..... IV. 316

Doigt de donzelle (Cornichon blanc) .... IV. 315

Doigt de la Pélerine (Cornichon blanc). IV. 315

Doigt de la Renégate (Cornichon blanc). IV. 315

Doigt de Madame (Cornichon blanc) .... IV. 316

Doigt de vierge (Cornichon blanc) ...... IV. 316

Doigt de Zeiner (Cornichon blanc) ...... IV. 316

Doi Kataca (Doï) .... D.

Dolcedo grunstieliger (Courbu noir) ... V. 261

Dolce nero (Dolcetto) .... VI. 362

Dolcetto .... VI. 362

Dolcetto d'Acqui (Dolcetto).

Dolcetto grosso (Corbeau).

Dolcetto grosso (Dolcetto).

Dolcetto rothstieliger (Dolcetto).

Dolcetta nera (Dolcetto).

Dolciame (Malfiore) .... D.

Dolcino gentile. — Raisin blanc des Marches (Italie). — J. R.

Dolcino nero (Dolcetto).

Dolciola. — Nom de cépage de la Vénétie (Italie). — J. R.

Dolciolella. — Nom de cépage napolitain cité par Acerbi.

Dolciollo. — Nom de cépage du Catalogue du Luxembourg.

Dolcipoppola. Nom de cépage cité par Acerbi.

Dolciul (Dolciolla)........................ *D.*

Dôle. — Nom appliqué dans la Suisse romande tantôt au Gamay et tantôt au Pinot noir. On distingue une *Petite Dôle* qui est un Pinot et une *Grosse Dôle* qui est le Gamay. Ce cépage n'a certainement pas été introduit du Bordelais, comme le rapporte Lullin, suivant une tradition légendaire, mais bien de la Bourgogne. — A. B.

Dôle petite (Pinot).

Dôle grosse (Gamay).

Dolgui (Kokour).

Dolicola. — Raisin de table rose obtenu par Müller. Cépage à port érigé et bois blanc, à grands mérithalles; feuilles moyennes, orbiculaires, d'un vert pâle, glabres sur les deux faces; grappes moyennes ou fortes, pyramidales, à grains rosés de 16 ᵐᵐ de diamètre. Production bonne et maturité moyenne. — A. B.

Dolzino (Dolcetto).

Dollguy (Kokour).

Dolsin (Dolcetto).

Dolutz nero (Dolcetto).

Dolutz noir (Dolcetto).

Dolziola (Dolciola)........................ *D.*

Domanli (Gamza).................... VI. 393

Domanli kara (Gamza)............... VI. 393

Domasco. — Nom de cépage génois (Italie).

Domenech. — Cépage espagnol de la région de Barcelone, d'après Abela y Sainz.

Domesticum. — Nom de cépage à raisins blancs, cité par André Baccius au xviᵉ siècle. — J. R. C.

Domjen (Furmint).

Dommar. — Raisin blanc de Perse. — B. T.

Dompalla. — Raisin noir du Caucase. — B. T.

Domrobé. — Raisin rose cultivé pour la table à Tachkent (Turkestan); 1ʳᵉ époque de maturité. — B. T.

Don. — Nom inexact du Catalogue des vignes du Luxembourg.

Dona bianca (Dona branca).......... III. 168

Dona branca .... III. 168

Dona Maiorha. — Nom erroné de cépage portugais. — D. O.

Don bueno. — Cépage espagnol de la région de Malaga, à grains sphériques, verdâtres, d'après Abela y Sainz.

Doncagne. — V. Pulliat décrit sous ce nom un cépage spécial au Vaucluse; on n'y connaît cependant aucune vigne sous cette dénomination.

Don Carletto bianco. — Mendola signale sous ce nom un cépage italien de la région de Bari.

Dondgllabi. — Cépage à raisins blancs de la région caucasienne de Charapane (Russie). — V. T.

Dondin. — Nom de cépage cité par erreur par Hardy, et par le Catalogue des vignes du Luxembourg pour la Haute-Garonne.

Dondon. — Cépage du Turkestan russe; mal déterminé. — V. T.

Doney. — Nom de vigne italienne de la région de l'Ivrée. — J. R.

Dongin (Mondeuse blanche).......... II. 284

Don Isayne. — Nom inexact du Catalogue de vignes du Luxembourg.

Donjin (Mondeuse).................. II. 284

Don Juan. — Semis obtenu en Amérique par Rickett, à prédominance de Labrusca et très semblable à l'Iona.

Donkicka. — Cépage de cuve à raisins blancs, à grains sphériques, de la Dalmatie, d'après H. Gœthe.

Donna (Canaiolo).

Donna bianca (Dona branca).......... III. 169

Donne (Pergolese).

Donne (Chasselas).

Donne rousse (Colombard).......... II. 216

Donne verte (Colombard)............ II. 216

Don Ottavio. — Nom de vigne cité par Mendola pour les vignobles du Vésuve.

Donskoy. — Cépage à raisin noir de cuve de la région du Don (Russie), peu répandu et donnant un bon vin rosé. — V. T.

Donzelhino do Castello (Donzellinho do Castello)........................ IV. 185

Donzelhino de Portugal (Donzellinho do Castello)........................ IV. 185

Donzelinho (Donzellinho do Castello).... IV. 185

Donzellas (Donzellinho do Castello).... IV. 185

Donzellinha (Donzellinho do Castello).. IV. 185

Donzellinho (Donzellinho do Castello)... IV. 185

Donzellinho branco .... IV. 193

Donzellinho do Castello.............. IV. 185

Donzellinho gallego .... IV. 190

Donzellinho macho (Donzellinho do Castello)........................... IV. 185

Donzellinho malado .... IV. 184

Donzellinho rosa.................... IV. 185

Donzellinhos........................ IV. 184

Donzellino do Castello (Donzellinho do Castello)........................ IV. 185

Donzelynho (Donzellinho do Castello)... IV. 185

Donzenillo de Castelle (Donzellinho do Castello)........................ IV. 185

Doppelbeere (Chasselas).

Doppelte spanische (Chasselas).

Dorà. — Nom de cépage observé par Rovasenda dans quelques collections italiennes.

Dura (Riesling).

Doraca (Cornichon blanc).

D<small>ORADILLO</small> (Jaën)..................... VI. 108
D<small>ORATELLA</small> (Ugni blanc).
D<small>ORAY</small> (Doroy)......................... *D.*
D<small>ORAY-ROZOVÖY</small> (Doroy).................. *D.*
Dorbli de Darkaïa. — V. Pulliat et J. de Rovasenda signalent ce cépage, à très beau raisin de table, comme originaire de Damas.
D<small>ORCAYA</small> (Raisin noir de Jérusalem).... IV. 39
D<small>ORDÏNA DE BELLA.</small> — Nom de cépage (?) inscrit dans le Catalogue d'Oberlin.
D<small>ORÉE D'ITALIE</small> (Verdea).
D<small>ORÉE D'ITALIE</small> (Verdicchio).
D<small>ORÉ</small> (Pinot noir).
D<small>ORÉ DE CHAMPAGNE</small> (Chardonnay).
D<small>ORÉ DE STOKWOD</small> (Muscat de Stokwood?).
D<small>OREANA</small> (Negrara)...................... *D.*
D<small>ORDOLINA NERA.</small> — Cépage italien cité pour la région de Voghera. — J. R.
D<small>ORELLA.</small> — Cépage italien cité par Acerbi pour la région de Bologne.
D<small>ORILE, DORBILE.</small> — Nom sans signification du Catalogue de vignes du Luxembourg.
Dorollo bianco. — Cépage italien de la région de Cesena. — J. R.
D<small>ORIANER</small> (Chasselas doré).
D<small>ORNERIN.</small> — Nom de cépage cité pour le département de l'Isère (?).
D'<small>ORO</small> (ou Uva d'oro = Dorona)............ *D.*
D'<small>ORO</small> A<small>ROSTANO</small>, D'<small>ORO</small> <small>BIANCA</small>, D'<small>ORO</small> <small>BRITANNICO</small> <small>NERO</small>, D'<small>ORO</small> <small>GENTIL BIANCO.</small> — Noms divers cités par J. de Rovasenda sans qu'on puisse les rapporter à des cépages définis.
Doroï. — Cépage russe cultivé, à Samarkande, pour la table à cause de sa grande précocité (fin juin); grains d'un rose foncé. — B. T.
Dorona veneziana. — Cépage italien de la Vénétie, de 3ᵉ époque de maturité; feuilles grandes, quinquelobées, à lobes aigus, duveteuses sur les nervures en dessous; grappe grande, longue; grains sur-moyens, sphériques; peau d'un vert jaunâtre, piquetée. — G. M.
D'<small>ORO VERONESO</small> (Dorona).
D<small>OROY</small> (Doroï)........................... *D.*
D<small>ORMCCIO</small> (Uva rosa)..................... *D.*
D<small>OSSANELLA.</small> — Nom de cépage de la Ligurie (Italie). — J. R.
Doubrena blanc, noir. — Cépages grecs, précoces, cultivés pour la cuve dans l'Achaïe. — X.
D<small>OUCAGNE</small> (Doncagne)..................... *D.*
D<small>OUCANELLE</small> (Muscadelle).............. II. 55
D<small>OUCBAGNO</small> (Doncagne)..................... *D.*
D<small>OUCEAGNE</small> (Doncagne)..................... *D.*
D<small>OUCE BLANCHE</small> (Sauvignon).
D<small>OUCE JAUNE.</small> — Nom sans signification du Catalogue des vignes du Luxembourg.
Douce noire...................... II. 371

D<small>OUCE NOIRE GRISE</small> (Douce noire)....... II. 371
D<small>OUCET</small> (Chasselas doré)............. II. 6
D<small>OUCET CROUSTILLANT</small> (Colombard)...... II. 216
D<small>OUCET DE SOSPEL</small> (Fuella)............. III. 141
D<small>OUCET NOIR</small> (Fuella)................. III. 141
D<small>OUCETTE</small> (Sauvignon).
D<small>OUCETTE NOIRE</small> (Fuella).
Douchéy. — Cépage russe cultivé pour la table à Bacou; raisins blancs. — V. T.
D<small>OUCHITELL-TAKALA</small> (Tchackhal-Bogann)...... *D.*
D<small>OUCIN BLANC</small> (Muscadelle).
D<small>OUCINELLE.</small> — Nom inexact de cépage cité par Hardy pour le département de Vaucluse.
D<small>OUDANT BLANC</small> (Ondenc blanc)........ IV. 221
Doudoutt. — Cépage du Daghestan russe, à raisins blancs, cultivé pour la cuve. — V. T.
D<small>OUGIN</small> (Mondeuse).
D<small>OUHOWOI</small> (Doukhovoy).................... *D.*
D<small>OUKICHEÏ</small> (Douchey).................... *D.*
D<small>OUKHÉY</small> (Douchey)...................... *D.*
Doukhovöy. — Cépage d'Astrakan (Russie) cultivé pour la cuve; grappe lâche; grain jaunâtre, musqué; 1ʳᵉ époque de maturité. — V. T.
Doukhovöy-anissovöy. — Cépage d'Astrakan et de la région du Don, à raisins blancs, parfumés; cultivé pour la table. — V. T.
D<small>OUKMOVÖY-MOUSKATING</small> (Doukhovoy)........ *D.*
D<small>OULCANELLE</small> (Muscadelle).
D<small>OULCEREIL, DOULCAREL.</small> — Nom inexact de cépage de Roussillon, cité par H. Bouschet.
D<small>OULSANELLE</small> (Muscadelle).
D<small>OUMESTRE</small> (Fuella)................... III. 141
Doumrobé. — Cépage de la Transcaucasie, à petites grappes; grains petits, sphériques et rouges. — J. M. G.
D<small>OUNDENT</small> (Ondenc blanc)............ IV. 221
D<small>OURADA</small> (Dourado)....................... *D.*
Dourado. — Cépage du Minho (Portugal), très fertile en terres riches et en hautains, très sensible au mildiou. — Vigne vigoureuse, à grandes feuilles épaisses, trilobées; grappes moyennes ou grandes, ailées, peu serrées; grains sphériques, d'un blanc doré, piquetés de brun, juteux, un peu musqués. — D. O.
Dourecq. — Cépage peu répandu dans les Basses-Pyrénées, signalé à Saint-Faust, Gan, Monein, Lescar; raisin de table assez productif, peu attaqué par l'oïdium, mais très sensible au mildiou; raisins blancs; variété peut-être identique à l'Ondenc. — A. Br.
D<small>OURLIASSKA</small> (Frankoucha alba)............. *D.*
Dourmann. — Cépage du Don (Russie), à raisin blanc, cultivé pour la cuve. — V. T.
D<small>OUSSAGNE</small> (Doncagne)..................... *D.*
D<small>OUSSEIN</small> (Muscadelle).
D<small>OUSSENC BLANC</small> (Muscadelle).

Dousset de Villard d'Héry. — Nom de vigne de la Savoie, mal déterminée.

Doux blanc (Blanc doux).................... *D.*

Doux jaune. — Nom sans signification du Catalogue de vignes du Luxembourg.

Doux noir (Manseng).

Doux royal. — Nom cité par Odart pour un cépage hongrois (?).

Doux same (Côt)..................... VI.   6

Doux sème (Côt)..................... VI.   6

Douzaly. — Raisin blanc de table cultivé pour la cuve à Nakhitchévane (Russie). — V. T.

Douzanelle (Muscadelle).

Doveana nera (Negrara)................... *D.*

Dovexzana (Negrara)................... *D.*

Downey grape (V. cinerea)........... 1. 348

Downing. — Hybride américain créé par J.-H. Ricketts en hybridant Croton par Black Hamburgh ; grappes grandes, à gros grains noir rougeâtres, sub-ovoïdes, pruinés, musqué-foxé.

Downy grape (V. cinerea).

Doyen noir (Franc noir de l'Yonne)..... V. 114

Dozenilho di Castello (Donzellinho do Castello)................. .... IV. 185

Dozier (Closier)................... *D.*

Dozella. — Nom de vigne italienne ?

Dracontion. — Nom de vigne cité par Columelle.

Dracut amber. — Semis américain de pur Labrusca, créé aux États-Unis par J.-W. Manning ; précoce et fertile ; grande grappe compacte, ailée ; grains gros, sphériques, d'un rose clair, pulpeux et très foxés.

Drebna Koukorko (Koukorko)............... *D.*

Dreimaenner (Savagnin rose)......... IV. 301

Dreipfennigholz (Savagnin rose)........ IV. 301

Dreitsch (Räuschling).

Drenak rouge (Pis-de-chèvre rouge).

Drenak blanc (Pis-de-chèvre blanc).

Dretsch (Räuschling)................ V. 229

Drille de coq (Pulsard).

Driola (Bonarda)........................ *D.*

Driouza-Guezi. — Cépage blanc d'Erivan (Russie) cultivé pour la table. Il existe une variété rouge du même cépage. — V. T.

Drnekura. — Cépage de cuve, à raisins noirs, de la Dalmatie, d'après H. Gœthe.

Drobna cernina (Zimmertraube)............. *D.*

Drobna crnina (Argant)............... V. 346

Drobna lipovina (Wippacher)................. *D.*

Drobni Klesching (Kniperlé).

Drodelabi (Dodrelabi)................ II. 139

Drone. — Nom de cépage cité comme étant cultivé (?) dans l'Ardèche.

Dronkane (Sultanina ?).

Drosallis. — Nom de cépage cité par le géoponique Florentinus, au Iᵉʳ siècle. — J. R. C.

Drouet. — Nom de cépage de l'Ardèche (?).

Droug. — Cépage à raisin noir, tardif, cultivé pour la cuve en Crimée ; rapporté par quelques auteurs au Morrastel. — V. T.

Drouyn de Lhays. — Nom erroné du Catalogue des vignes du Luxembourg.

Drudena. — Nom de vigne italienne de la région de Gênes.

Drufen (Pinot gris).

Drufer (Pinot gris).

Druher (Pinot gris).

Drumin (Savagnin rose)............... IV. 301

Drumin Libora (Savagnin rose)........ IV. 301

Drumon (Jonvin).

Drusen (Pinot gris)................. II.   32

Drutsch (Räuschling).

Duccarino (Dolcetto).

Duc d'Anjou (Ribier).

Duc de Magenta .... II. 191

Duc de Malakoff (Chasselas Gros Coulard)................................ II.   10

Duceddu. — Nom de vigne (?) de la Sicile.

Duchess. — Hybride à raisins blancs, créé par A.-J. Caywood, en hybridant le Concord par le Delaware ; ce cépage a été assez estimé aux États-Unis comme raisin de table ; grappe moyenne, ailée ; grains moyens, sphériques, d'un jaune grisâtre clair, pruinés, juteux, un peu foxés ; mûrit un peu après le Concord.

Duchess of Buccleugh. — Cépage à raisins blancs, musqués, cultivé jadis en serre, surtout en Angleterre où il a été créé par M. Thomson ; abandonné dans les forceries françaises et anglaises ; grappes grosses, coniques, ailées ; grains sur-moyens, ronds, blanc jaunâtre ou blanc grisâtre, peu pruinés, juteux, à saveur musquée.

Ducidda (Duceddu)....................... *D.*

Ducigliola niuba, bianca. — Deux noms de cépages siciliens (?). — J. R.

Ducignola. — Nom de cépage de la Sicile (?), d'après Mendola.

Duk Code (Coda di volpe nera)........ VI. 345

Dufour. — Hybride n° 56, de Jæger, entre le Lincecumii et l'Æstivalis, très tardif, résistant aux maladies cryptogamiques, rappelant l'Herbemont par sa grappe et ses grains ; sans valeur culturale.

Duga ranina (Mehlweiss)................ *D.*

Dugava bianca (Melhweiss)................. *D.*

Dugiolo (Diolle)........................*D.*

Dugomier. — Nom de vigne de divers catalogues de pépiniéristes ; laquelle ?

Duhamel (Chasselas Duhamel)........ IV.   49

Duhamelia mixta (Blank Blauer)............. *D.*

Duhamelii (Mollar)........................ *D.*

Duke of Buccleuch (Buccleuch)........ VI.   39

Dulcissima (Malvoisies).

Dulsiereta de Onda. — Cépage espagnol de Castellon, d'après Abela y Sainz.

Dulzar (Albaraza)........................ *D.*

Dulz nero (Dolcetto).

Dunaris. — Cépage italien (Moncucco); peu connu? — J. R.

Dunlap. — Hybride de Rickett, à raisins rouges.

Dunn. — Semis d'Æstivalis du groupe de l'Herbemont, à raisins plus petits et plus clairs encore de peau que ce dernier, mais très juteux, sucrés et francs de goût.

Dünnschälige (Vekonyheju)................ *D.*

Dunnune, Dunnuni. — Noms de cépages italiens mal connus.

Dupré de Saint-Maur (Folle blanche).

Dura bianco, nero. — Noms de cépages italiens, seulement cités par J. de Rovasenda.

Durac. — Nom de cépage landais (?), cité par J. Guyot.

Duraca. — Cépage sicilien cultivé pour la table, d'après Baron Mendola ; V. Pulliat le dit à grappe grosse, rameuse, cylindro-conique, à gros grains sub-globuleux, fermes, à peau mince, résistante, d'un blanc de cire jaunâtre à la maturité, qui est de 3ᵉ époque tardive.

Durace (Buonamico)................ IV. 73

Duracina (Cinsaut)................ VI. 322

Duracinæ (Jaën)................ VI. 109

Duracinæ uvæ (Duras)................ III. 328

Duracinas. — Nom de vigne cité par Caton l'Ancien, Iᵉʳ siècle avant J.-C. — J. R. C.

Duracines (Duras)................ III. 328

Duracino (Pignolo)........................ *D.*

Duracla. — Nom de cépage du Bolonais (Italie), cité par P. de Crescence.

Duraclan (Duracinæ).

Durade (Duras)................ III. 328

Duragussa nera. — Nom de cépage italien de Voghera. — J. R.

Durançon (Mauzac)................ II. 143

Durante (Coda di volpe)................ VI. 345

Duranthon. — Hybride d'origine inconnue, trouvé dans une pépinière de Rupestris par M. le Cᵗ Duranthon, à Mondouzil, près Toulouse. Très vigoureux et sain ; demande la taille longue. Vin de coupage, alcoolique et coloré ; débourrement tardif ; feuilles allongées, à trois lobes ; sinus latéraux peu profonds, pétiolaire ouvert en V ; limbe vert terne ; denture aiguë ; grappes moyennes, rameuses, éclaircies par la coulure ; grains sous-moyens, ronds, noirs, de saveur neutre. — J. R. C.

Duras................ III. 328

Duras (Morrastel).

Duras du Tarn (Duras)................ III. 329

Durasaine (Raisaine)................ V. 341

Durascia (Duraca).

Durase. — J. de Rovasenda caractérise ce cépage, qu'il a noté à une exposition à Chieti (Italie), par une grosse grappe ailée, à gros grains ovales, d'un rouge brique foncé assez spécial comme couleur ; feuilles quinquelobées. Serait-ce le Terret Bourret ?

Duras femelle (Duras)................ III. 328

Duras gris (Duras)................ III. 328

Duras male (Duras)................ III. 328

Durasena (Nosiola).

Durasgia (Duraca).

Duraso (Duraca).

Duras rouge (Duras)................ III. 328

Durau (Béclan)................ V. 255

Durazaine (Péloursin)................ VI. 87

Durazaine (Raisaine)................ V. 341

Durazau (Duras)................ III. 328

Durazé (Duras)................ III. 328

Duraze de l'Ariège (Duras)................ III. 329

Duraze femelle (Duras)................ III. 328

Duraze male (Duras)................ III. 328

Duraze prim (Duras)................ III. 328

Durbancs (Jühfark)........................ *D.*

Durbec (Noir de Lorraine)................ *D.*

Duré (Dureza)................ VI. 97

Dureau (Béclan)................ V. 255

Durebau (Béclan)................ V. 255

Durebaye (Muscat blanc).

Durella bianca (Nosiola).

Durello (Nosiola).

Dureno. — Cépage du Val d'Aoste, cité par D. Gatta. — J. R.

Durensteimer (Riesling).

Duresto (Pignolo).

Duret (Béclan)................ V. 255

Duret (Dureza)................ VI. 97

Duret (Péloursin)................ VI. 87

Duret (Savagnin rose)................ IV. 301

Duret gentil (Savagnin rose)................ IV. 302

Durtetta nera. — Nom de cépage italien de la région de Bologne (?). — J. R.

Dureza................ VI. 97

Dureza (Péloursin)................ VI. 87

Durezi (Péloursin)................ VI. 87

Durezza (Dureza)................ VI. 97

Durif................ II. 81

Durif (Péloursin)................ VI. 87

Durif blanc. — Serait une variété à raisins blancs du Durif (?).

Durif gris. — Variété à raisins gris (?) du Durif.

Durifle (Durif).

Durillo. — Cépage espagnol de la région de Salamanque, d'après Abela y Sainz.

Durnerin (Morrastel).

Durocoio nero (Morrastel ?).

Durolo, Duron vernose. — Cépages italiens cités par Acerbi.

Durone. — Nom de cépage italien de la région de Bobbio (?). — J. R.

Duros. — Cité par J. Guyot comme cépage du Tarn (?).

Durpino. — Nom de cépage italien de Cumiana.

Duraggine (Duraca).

Dussieux (Mantuo castellano).

Dusuga ranina (Urbanitraube)... ... . V. 132

Dutaillyi (Vitis Dutaillyi)............ I. 486

Dutch Hamburgh (Frankenthal)........ II. 187

Dutch Sweetwater. — Ancien cépage cultivé dans les forceries anglaises, aujourd'hui abandonné ; grappes petites, très millerandés ; grains moyens, sphériques, à peau mince, blanc jaunâtre et transparente.

Dwzaly. — Cépage russe de la région d'Ordoubatt (?).

Dzagly-Artchàma (Digmoûri).............. D.

Dzagly-ara-tchàma (Digmoûri)............ D.

Dzanny. — Cépage du Caucase (?), d'après J. de Rovasenda ; ce nom y est inconnu ou c'est une altération du précédent.

Dzilall. — Cépage blanc, cultivé pour la cuve, à Erivan (Russie). — V. T.

Dzolikoori. — V. Pulliat décrit ce cépage comme originaire du Caucase (?) : il est caractérisé, d'après lui, par de grandes feuilles orbiculaires, à duvet lanugineux à la face inférieure, à sinus profonds ; grappe sur-moyenne, cylindro-conique ; grains moyens, globuleux, fermes, juteux ; peau épaisse, d'un jaune rouilleux ; maturité de 3e époque.

Dzouwani. — Cépage de la Kakétie russe, à raisins blancs, donnant un vin très inférieur. — V. T.

E

Early Amber (Dracut amber)............... D.

Early August. — Semis de Labrusca, à caractères végétatifs de Concord, obtenu en Amérique par J. Charlton ; grappes moyennes, assez serrées ; grains sous-moyens, d'un jaune doré, pruinés et foxés.

Early Auvergne Frontignan (Muscat hâtif du Puy-de-Dôme).................. IV. 44

Early Black (Pinot noir).

Early Daisy. — Semis accidentel de Labrusca, isolé aux États-Unis par John Kready ; grappes moyennes, serrées ; grains noirs, très pruinés, moyens, sphériques, très foxés.

Early Down. — Hybride américain créé par W.-A. Culbert, entre l'Isabelle et le Muscat de Hamburg ; grains moyens, noir bleutés, très pruinés, foxés.

Early Golden. — Hybride à raisins blancs, de teinte claire, juteux, un peu foxés ; à feuilles tomenteuses ; semis de T.-V. Munson.

Early green Madeira (Agostenga)...... III. 64

Early Hudson. — Semis de vigne américaine, à raisins noirs, sphériques, précoces ; beaucoup de grains sans pépins ; sans intérêt.

Early Kienzheim (Luglienga).

Early Malingre (Précoce de Malingre). III. 75

Early Ohio. — Hybride accidentel de Labrusca, isolé par R.-A. Hant ; estimé pour la table par les Américains ; grande grappe ailée, compacte ; grains moyens, noirs, à peau épaisse, pulpeux et foxés.

Early Purple. — Hybride de T.-V. Munson.

Early Saumur Frontignan (Muscat de Saumur)........................ IV. 268

Early Victor. — Semis américain de Labrusca, à raisins noirs, pulpeux et foxés, de 10 jours environ plus précoce que le Concord.

Early Wine. — Hybride de Lincecumii et de Rupestris, créé par T.-V. Munson ; résistant au blackrot ; à petites grappes.

Early white Malvasia (Lignan blanc)... III. 69

Early white Teneriffa (Chasselas doré).

Eaton. — Semis de Concord, vigoureux et fertile ; grappes et grains gros, noirs, pruinés, foxés ; à caractères de Labrusca très marqués dans le feuillage par le tomentum des feuilles.

Eau-douce blanc. — Vigne des forceries anglaises, à gros grains blancs ; signalée par Forsyth, au xviiie siècle. — J. R. C.

Ebaude (Baude).......................... D.

Écafelle (Provareau)................ III. 182

Ecbolas. — Cépage égyptien signalé par Pline l'Ancien, au 1er siècle. — J. R. C.

Echek uzumu. — Cépage bulgare, cultivé pour la table dans la région de Sofia.

Echloni de Vivie. — Nom de vigne américaine, semis probable d'Æstivalis, cité dans divers catalogues.

ÉCLATE TONNEAU (Piquepoul rouge).

Ecole de Saumur. — Cépage obtenu, en 1888, par M. Bidault, d'un semis de Gamay teinturier et qui s'est trouvé être un beau Chasselas, dont il a tous les caractères. — Souche vigoureuse ; bois foncé, à mérithalles courts ; bourgeonnement verdâtre fauve foncé ; jeunes feuilles pourpres ; feuilles quinquelobées de Chasselas sur rameaux souvent pourpres rappelant le type ayant servi à faire le semis ; grappe moyenne de Chasselas, conique, ailée, à grains sur-moyens, non serrés, d'un jaune doré, à maturité de 1ʳᵉ époque, à chair légèrement croquante, finement relevée d'une pointe musquée. Ecole de Saumur est, en somme, un beau Chasselas musqué. — C. B.

ÉCOLIER (Téoulier).

Eclipse. — Hybride américain supposé de Labrusca, semis accidentel fait par John Burr ; grappes à ailes doubles, lâches ; grains très gros, blanchâtres, tiquetés de roux, juteux, mais foxés.

EDELCLAVNER (Pinot gris)............. II. 32

EDEL HAMBOURG TRAUBE (Muscat de Hambourg).

EDEL HANGAR TRAUBE (Kadarka).

EDELKLEVNER (Pinot gris)............. II. 32

EDEL MUSKAT....................... II. 250

EDELSCHON ROTHER (Chasselas rose).

EDELSCHWARZ (Negrara)................ D.

EDELTRAUBE (Savagnin jaune)......... IV. 300

EDELWEIN, EDELWEIS (Chasselas doré).... II. 6

EDELVERNATSCH (Frankenthal).

Eden. — Semis de Scuppernong (Rotundifolia) fait par Dʳ S. Hape ; à gros grains noirs.

EDERA QUINQUEFOLIA CANADENSIS Corn. (Parthenocissus quinquefolia)........ I. 63

EDER KOKORKO (Kodorko)................. D.

EDER POPOLEK (Kokorko)................. D.

EDES BAJOR. — Nom de vigne cité par Acerbi.

EDLE KAUKA (Kauka).

EDLER HARTHÄUTER (Savagnin rose).

EDLER RIESLING (Riesling).

EDLER ROT (Savagnin rose)............. IV. 302

EDLER WEISS (Savagnin jaune).......... IV. 301

EDLER WEISSER (Chardonnay).

EDLER WEISSER (Furmint).............. II. 251

EDLER WEISSER TOKAYER (Furmint)...... II. 251

EDLER UNGARTRAUBE (Kadarka).

Edmeston. — Semis de Concord, sans intérêt.

EDRO BELO (Bello meko)................... D.

Edward. — Semis américain de Labrusca, à grains assez gros, d'un jaune doré, foxés.

EFOIRAN (Pécoui-touar gris)........... IV. 235

Efoireau. — Nom de cépage cité par Olivier de Serres.

Eftakilo. — Cépage précoce, à raisins noirs, cultivé pour la table et disséminé dans la plupart des vignobles grecs. — X.

EGDĀNA. — Nom de cépage du Caucase ; il serait cultivé à Akhal-Tépé. — V. T.

EGITTO NERO (Mauro nero).................. D.

EGITTO ROSSO (Rosso di Egitto).............. D.

EGIZIANO (Teinturier mâle)............ III. 305

Egourdzgouli. — Cépage blanc de cuve, cultivé dans la Basse-Mingrélie (Russie). — V. T.

ÉGRAINEUX. — Nom sans signification du Catalogue des vignes du Luxembourg.

Egyptien féher. — Serait, d'après Gœthe, un cépage cultivé en Égypte (?), caractérisé surtout par des feuilles très lobées et à 5 lobes, duveteuses en dessous ; grappe cylindrique, longue ; grains sur-moyens, ellipsoïdes, d'un jaune doré, fermes, juteux et sucrés.

EGYPTISCHE (Teinturier mâle).

EGYPTUSI FEHER (Teinturier mâle).

EHRLENBACHER TRAUBE (Elben blau).......... D.

EICHELTRAUBE (Cornichon blanc).

EICHELTRAUBE BLAUS (Cornichon violet).

EICHENBLÄTTIGER (Tantovina).

EICKERKUGELTRAUBE (Dodrelabi)........ II. 139

EIDLEBACHER. — Nom de vigne cité par Acerbi.

EIBRTRAUBE (Angulato)................... D.

EILEOS. — Nom de vigne cité par Athénée, au 1ᵉʳ siècle. — J. R. C.

EISBRÖCKLER (Konigl).................... D.

EKCH KARA (Bello meko).................. D.

Elaine. — Semis américain de Salem, à prédominance de Labrusca, obtenu en Amérique par C. Engle ; gros grains, d'un brun marron ; précoce, peu productif.

Elassonitico. — Cépage à raisins noirs, cultivé pour la cuve en Thessalie (Grèce). — X.

ELBAI FEHER (Elbling).

ELBALUR (Erbalus).

ELBE (Elbling)....................... IV. 163

ELBELE (Elbling)..................... IV. 163

ELBEN (Elbling)...................... IV. 163

Elben blau. — Syn. : *Bourgeois bleu, Erlenbacher* (?), *Elbling blau.* — Raisin bleu de la tribu des Elblings, dont il diffère cependant par plusieurs caractères qui semblent indiquer une dérivation par semis. — Bois et feuillage d'un vert bleu clair, sans veines roses sur les nervures très larges ; denture moins aiguë ; grappes grosses et compactes, à grains plus gros, 18 ᵐᵐ de diamètre, ronds ou un peu discoïdes, à ombilic très apparent ; production forte et maturité plus tardive, de 2ᵉ époque. — Cépage faiblement répandu en Suisse, dans les vignobles voisins des lacs de Zurich et de Constance ; plus résistant que l'Elbling à la pourriture en raison de l'épaisseur de sa pellicule ; il est en revanche très sensible au rot brun. — A. B.

ELBENER (Elbling)................... IV. 163

ELBENE-WEISSE (Elbling)............... IV. 163
ELBEN FEHÉR (Elbling)................. IV. 163
ELBENHARTER (Hartalbo).
ELBER (Elbling)....................... IV. 163
ELBER SCHWARZER (Elben blau).............. D.
ELBE SAURER (Heunisch).
ELBE WEISSE (Elbling)................. IV. 163
Elbling.............................. IV. 163
Elbling (Pedro Ximenès)............... VI. 111
ELBLING BLANC (Elbling)............... IV. 168
ELBLING BLAU (Elben blau).................. D.
ELBLINGER (Elbling).................. IV. 163
ELBLING NOIR (Elbling schwarz)............. D.
ELBLING ROSE (Elbling)............... IV. 168
ELBLING ROTH (Elbling).............. IV. 168

Elbling schwarz. — Variation noire très peu répandue qui dériverait des Elblings blancs et roses. H. Gœthe et Oberlin l'assimilent plutôt à une variété précoce des Frankenthals, le *Trollinger blaudaftiger*, qu'on rencontre dans la Bergstrasse (Grand-Duché de Bade). — A. B.

ELBLING WEISS (Elbling)............... IV. 163
ELBNER (Elbling)..................... IV. 163
ELBNIGER (Elbling)................... IV. 163
EL BORDJ AMOD (Olivette blanche).
EL BORDJ AHMOR (Ahmeur-bou-Ahmeur).

Elbriesling. — Semis d'Elbling × Riesling obtenu par M. Oberlin ; raisin blanc de cuve, de maturité et fertilité moyennes. — A. B.

ELCHSENAUGE WEISSE. — D'après Muller, cépage rare dans les vignobles des bords du Rhin.

El Dorado. — Hybride de Concord et d'Allen, créé par Rickett ; grains blancs, gros, sphériques, très foxés.

Eleala. — Hybride de T.-V. Munson, Delago × Brillant, à grains d'un blanc verdâtre.

ELENDER (Furmint).
ELENDER (Putzscheere)................ III. 197
EL GRASZ (Kover szöllö)................. D.
ELISABETH (Santa Isabel)................. D.

Elizabeth. — Semis de Labrusca, à grosses grappes, avec grains gros, sub-ovoïdes, d'un blanc grisâtre ; pulpeux, foxés et acides.

ELIZABETPOLSKY (Gandjoura)............. D.
ELISA HYDES (York Madeira)............. D.
ELKHERIN AGOUROU (Amessasse)........ IV. 337
ELLANICO (Aglianico)................. V. 81

Ellantchy-Gorell. — Sous-variété de Gorell, cultivée à Bortchalo (Russie) ; raisin de table à grains rouges. — V. T.

Ellantchy-Khanlougg. — Sous-variété de Khanlougg, à raisins blancs, cultivé pour la cuve à Bortchalo (Russie). — V. T.

ELLENDER (Furmint).
ELLENICA (Aglianico)................. V. 81
ELLENICO (Aglianico)................. V. 81

EL MELOUKI. — Cépage indigène de la région de Mascara (Algérie), d'après V. Pulliat (?).
ELMENE (Elbling).
EL MILLAH (El milli)..................... D.

El millli. — Leroux signale sous ce nom un cépage indigène de la région de Constantine (Algérie), à belle grappe pourvue de gros grains blancs ovoïdes, charnus, cultivé pour la table.

ELMENE GRÜNER (Sylvaner).
EL OUED ZITOUN. — Nom de cépage algérien (?).
EL PASO (Jacquez).................... VI. 374
EL PASO (Mission's grape)............. III. 232
EL RERBI (Ribier).
EL RERBI-EL-AHMOR (Ribier).
ELSÄSSER (Kniperlé).................. VI. 72
ELSÄSZER FAULER (Elbling).
ELSÄSZER ROTHER (Chasselas rose).
ELSÄSSER ROTHER (Pinot).
ELSENBERGII (Ellsinburgh)............... D.
ELSINBORO (Ellsinburgh)................. D.
ELSINBOROUGH (Elsinburgh)............... D.

Elsinburgh. — Variété d'Æstivalis, plus ou moins hybridée de Cinerea ; maturité assez précoce ; grappes moyennes, ailées ; grains petits, sphériques, d'un noir rougeâtre bleuté ou foncé ; juteux, sucrés ; très sensible au Mildiou ; à matière colorante intense sous la peau.

ELVATOURIGA (Mortagua)............. V. 7
ELVELING (Elbling).

Elvicand. — Hybride de Labrusca, Riparia et Candicans (Elvira × Mustang), créé par T.-V. Munson ; résistant aux maladies cryptogamiques, vigoureux ; raisins rose violacé, pruinés, précoces.

Elvira.............................. V. 191
ELVIRA CANDICANS (Elvicand).............. D.
ELVIRA DE ROMMEL (Elvira).

Elvira n° 100. — Sélection sans valeur spéciale.
ELWIJN (Elbling).
ELZÉ (Kniperlé)..................... VI. 74
ELZÉ HAUSSAR (Elbling).
EMARCA (Helvenaca).................... D.
EMARCUM (Helvenaca).................... D.
EMBRÉSIE — Nom inexact du Catalogue du Luxembourg,
EMBAMMA CAUDIGERUM Griffith (Pterisanthes caudigera)................. I. 44
EMBAMMA CISSOÏDES Griffith (Pterisanthes cissoïdes)......................... I. 45
EMBAMMA HETERATHUM Griffith (Pterisanthes heterantha)............... I. 44
EMBRÉSIE. — Nom inexact du Catalogue des vignes du Luxembourg.
EMBRUNCHE. — Nom local appliqué dans le Centre de la France à la vigne sauvage ou redevenue sauvage.
EMILAN DOUX. — Nom erroné du Catalogue des vignes du Luxembourg.

Emily. — Semis de Labrusca, obtenu en Amérique où il est abandonné comme culture ; feuilles orbiculaires, tomenteuses ; grains globuleux, charnus et très foxés, d'un rose foncé à la maturité de 2ᵉ époque.

Emma. — Semis probable de Labrusca, à grains jaune blanchâtre, moyens, foxés.

Empano bianco. — Raisin blanc de la Toscane. — J. R.

Emperor (Frankenthal).

Empibotte (Cornichon blanc).

Empibotte (Ugni blanc).

Empibotte nero (Aglianico).

Empire State. — Cépage américain, hybride de Labrusca et de Riparia, à raisins blancs, créé par Rickett en hybridant le Hartford par le Clinton ; grappes grosses, à grains sur-moyens subovales, d'un jaune blanchâtre, un peu foxés.

Emtcher Isioum (Cornichon).

Endelel (Lenc dé l'el).

Enfant Trouvé. — Raisin blanc, semis de Velton, à grains de 18/19 ; production insuffisante. — A. B.

Enfourairé (Pecoui-touar).

Engor basta, fina. — Cépages espagnols de la région de Cuença, d'après Abela y Sainz.

Engrégeois (Cinsaut).

English colossal. — Donné par le Catalogue Richter comme une variété spéciale (?), à grappe sur-moyenne, à grains assez gros, ovoïdes, noirs, de 2ᵉ époque de maturité.

Ente bianca, nera. — Deux noms de cépages de l'île d'Ischia (?(.

Entreverde. — Ancien cépage portugais, très tardif ; inconnu aujourd'hui. — D. O.

Eolia. — Semis de Concord, à raisins blancs.

Éperon. — Donné comme un cépage (?) de la vallée d'Aoste.

Épicier (Cabernet Sauvignon).

Épicier (Muscat blanc).

Épicier (Muscat noir).

Épicier (Sauvignon).

Épinette (Chardonnay).

Épinette blanche (Chardonnay).

Épinette de Champagne (Chardonnay).

Épinon (Savagnin).

Épiran (Aspiran noir). — V. G.

Eptahilo, Eptaphilo. — Nom retenu par Odart et Rovasenda pour une vigne de l'Asie Mineure (?) qui aurait des fleurs remontantes.

Etptaktyton. — Raisin noir de la région de Smyrne.

Epula bianca. — Raisin blanc de cuve de la Sicile, d'après Baron Mendola.

Epuroaica. — Cépage à raisins roses, très rare dans le vignoble roumain ; feuilles trilobées, lanugineuses sur les deux faces, comme sur les rameaux ; grappes longues, lâches, grains petits, à peau mince d'un rouge rubis ; très peu productif. — G. N.

Erbadski (Chasselas cioutat).

Erbaluce bianca. — Syn. : *Erbalus, Erbalucente, Repealon, Ambra, Bianco rusti, Vernazza, Bianchera, Blanc rôti*. — Cépage italien, répandu dans le Piémont, surtout dans l'Ivrée ; à production régulière quoique non abondante, donnant des vins blancs assez colorés ; résistance moyenne aux maladies cryptogamiques. — Vigne de vigueur moyenne, à feuilles assez grandes, quinquelobées, orbiculaires, aranéeuses en dessous ; sinus pétiolaire à lèvres superposées au sommet ; sinus supérieurs profonds, les inférieurs bien marqués ; grappe moyenne, cylindrique, compacte ; pédoncule long et fort ; grains de grosseur moyenne ou sous-moyenne, subsphériques, serrés et déformés, peau épaisse, transparente, d'un jaune doré clair, peu pruineux ; maturité de 3ᵉ époque. — G. M.

Erbaluce nera. — Cépage italien sans aucun rapport avec l'Erbaluce bianca ; feuilles trilobées ; grains sphériques d'un bleu terne ; maturité de 2ᵉ époque.

ERBALUS (Erbaluce)........................ D.

ERBALUS NERO (Erbaluce nera).............. D.

Erba posada minudda. — D'après Mendola, cité par V. Pulliat, cépage italien de la Sicile, à grains d'un noir pruiné, moyens, globuleux ; grappe moyenne, cylindro-conique ; maturité de 3ᵉ époque.

ERBCALON BIANCO (Erbaluce)................ D.

ERBELLA. — Nom de cépage italien de la région de Gênes.

ERDBEERTRAUBE (Isabelle).

ERDBCA (Valteliner).

Erdei............................... IV. 181

ERDBLACHER. — Nom inexact de vigne suisse, cité par Hardy.

ERDEZHA (Valteliner).

ERDEZHA RABOLINA (Valteliner).

ERDODER ROTHER (Grec rouge).

Eremocissus........................ I. 14

ERER-JÓ. — Nom de vigne hongroise (?).

ERGOT DE COQ (Cornichon blanc)........ IV. 315

Ericara. — Cépage à raisins noirs de la région de Smyrne.

ÉRICÉ NOIR (Gamay Beaujolais)......... III. 6

ÉRICÉ NOIR (Troyen)................... IV. 51

ÉRICÉ NOIR DE LORRAINE (Gamay de Liverdun).

ÉRICEY (Troyen)...................... IV. 51

ÉRICEY (Chardonnay)............ .... IV. 6

ÉRICEY DE CHATEAU-SALINS (Troyen)..... IV. 51

Ericsson. — Hybride d'America✕R. T.-V. Munson, créé au Texas par T.-V. Munson ; vigne vigoureuse, résistante aux maladies cryptogamiques ; belle grappe conique, ailée ; grains assez gros, sphériques, d'un rouge pourpre foncé.

ERIKKE USJUM (Olivette noire).

ERJAVA TIZHNA (Räuschling).

ERLENBACEHR (Argant)............... V. 346

ERLENBACHER (Elben blau)................. D.

ERMITAGE BLANC, NOIR. — Noms de cépages cités par Acerbi, peut-être la Roussanne et la Syrah (?).

EROSIMI (Furmint).

Erralls. — Cépage espagnol de la région de Barcelone, d'après Abela y Sainz.

Errkiak-Kouyrougui. — Cépage à raisins noirs, cultivé pour la table à Erivan (Russie). — V. T.

ERUBSKI (Chasselas violet).

Erzherzog Johann (Archiduc Jean). — Raisin blanc de cuve à fin bouquet, originaire de la Styrie. Grains de 13/14. Fructification et qualité satisfaisantes, selon Oberlin. — A. B.

ESANO CÃO (Sercial).

Esandary. — Cépage d'Erivan (Russie) ; grosse grappe à raisin noir, à grains sphériques de grosseur moyenne.

Escabellado. — Ancien cépage portugais, rare aujourd'hui dans l'arrondissement de Santarem ; vigne assez vigoureuse ; feuilles grandes, orbiculaires,

presque entières, duveteuses en dessous ; grappe surmoyenne, ailée, lâche ; grains de grosseur moyenne, d'un vert clair moucheté de jaune à la maturité ; fertilité très irrégulière. — D. O.

ESCADRIGOSO, ESCANA BELLA, ESCAVA BELLA, ESCLAFACHARRE, ESCLAFACHERIN. — Noms de vignes espagnoles des régions de Lérida, Murcie et Alicante, d'après Abela y Sainz.

ESCHOLATA SUPERBA (Muscat d'Alexandrie). III. 108

ESCRIBEROU (Petit Manseng)........... III. 82

ESFOUIRAL (Bouteillan).

ESFOUIRAS (Bouteillan).

Esfouíras de Roquemaure. — Donné par V. Pulliat comme cépage spécial (?) au Gard, caractérisé par une grappe moyenne, cylindro-conique, serrée, à grains moyens, sphéro-ellipsoïdes, juteux, à peau fine d'un blanc verdâtre ; maturité de 3ᵉ époque tardive.

ESFOUIROCHIN (Piquepoul blanc).

ESGANA (Sercial)..................... VI. 218

ESGANA CÃO (Arintho)................. V. 136

ESGANA CÃO (Mourvèdre)............. V. 44

ESGANA CÃO (Sercial)................. VI. 218

Esganação bianco. — Déjà signalé en 1712, par Vicencio Alarte, ce cépage portugais est bien différent du Sercial ; on s'est demandé s'il n'était pas l'Étrangle-chien du Midi de la France ; il ne peut en être ainsi puisque le Mourvèdre ou Étrangle-chien est un cépage à raisins rouges. C'est en somme une variété très inférieure du Minho, très rare aujourd'hui. — D. O.

ESGANAÇÃO DO ESCADEADO. — Ancien cépage portugais, disparu aujourd'hui, signalé jadis à Lamego. — D. O.

Esganação preto. — Cultivé jadis dans les provinces de Traz-os-Montes et Douro, au Portugal, comme cépage rouge rare, à vin âpre, abandonné presque partout aujourd'hui, sauf à Morandella, Sabrosa, etc. — Feuilles quinquelobées, orbiculaires ; grappes moyennes, longues ; grains petits, sphériques, d'un noir bleuté. — D. O.

ESCAGANINHO (Sercial)............... VI. 218

ESGANOSA (Sercial).................. VI. 218

ESGANOSO (Sercial).................. VI. 218

Esgenacen. — Cépage espagnol de la région de Pontevedra, d'après Abela y Sainz.

ESGRASSIENNE (Fuella).

ESJANE (Sercial).

ESLINGER (Heunisch).

Esmirna. — Cépage espagnol de la région de Barcelone, d'après Abela y Sainz.

ESPADANA. — Nom de cépage portugais, cité par Villa Maior en 1860, inconnu aujourd'hui. — D. O.

Espadeiro. — Cépage portugais disséminé dans toutes les régions viticoles du Minho, cité déjà, en 1790, par Lacerda Lobo. Sous ce nom se groupent plutôt une tribu de cépages actuels Dans un premier groupe sont les *Espadeiros da tinta*, comprenant toutes les variétés (*Tintas, Vinhões, Souzões...*) qui donnent des vins très colorés; dans un deuxième groupe, on peut réunir les cépages qui produisent des vins peu colorés : *Espadeiro molle, Espadeiro da terra*. Tous ces cépages ont les premiers bourgeons très érigés, le lobe terminal de la feuille allongé dans les *Tintas*, de même le grain sphérique, très coloré et pruineux. — D. O.

ESPADEIRO BASTARDO. — Forme d'Espadeiro signalée par Lacerda Libo en 1790, au Minho ; disparu aujourd'hui. — D. O.

Espadeiro basto. — Le plus productif et le moins riche en sucre de tous les Espadeiros ; cépage vigoureux ; grappes cylindriques, serrées et recourbées ; grains gros, sphériques, d'un rouge violacé, pruinés. — D. O.

Espadeiro de Basto. — Originaire de Basto (Minho) ; très riche en couleur et en sucre dans les baies ; rameaux moins forts et plus longs que l'Espadeiro basto (Espadeiro serré) ; feuilles plus larges, envinées de rouge à la véraison ; grappes plus longues, moins serrées, très ailées ; grains plus juteux, d'un rouge violacé dès la véraison. — D. O.

Espadeiro bianco. — Cultivé en treilles ou sur les arbres au Minho ; grains d'un blanc verdâtre, à saveur douce, neutre ; à peau élastique, très résistante aux pluies. — D. O.

ESPADEIRA DA COSTA. — Signalé en 1822 par Antonio Gyrão, à Ribeiro do Lima (Portugal). — D. O.

ESPADEIRO DOÇAL. — Cultivé jadis à Villa Nova da Cerveira et signalé, en 1790, par Lacerda Lobo ; disparu aujourd'hui. — D. O.

ESPADEIRO MOLLE (Espadeiro da terra).......... *D.*

ESPADEIRO DE MONÇAO (Borraçal).

ESPADEIRO NEGRÃO. — Cultivé jadis au Minho (1790) ; disparu aujourd'hui. — D. O.

ESPADEIRO PRETO. — Signalé par Villa Maior dans sa collection. — D. O.

ESPADEIRO REDONDO (Borraçal)................ *D.*

Espadeiro da terra. — Cépage portugais à vin léger, distingué ; très sensible à l'Oïdium et rejeté, par suite, peu à peu de la culture à Ribeira de Lima, où il était assez cultivé. — Vigne de vigueur moyenne ; feuilles tri ou quinquelobées, creusées en gouttière, très duveteuses sur le revers ; grappes petites, serrées, ailées ; grains sphériques, d'un noir violacé ; peau mince. — D. O.

ESPADEIRO DA TERRA (Espadeiro tinto)........ *D.*

Espadeiro tinto. — Cépage portugais peu productif mais donnant un vin très foncé ; peu vigoureux ; feuilles petites, presque entières ; grappe petite, à grains noirs, très pruinés. — D. O.

ESPAGNEN (Cinsaut)................... II. 322

ESPAGNEN (Mourvèdre)................ II. 237

ESPAGNIN GRIS (Marocain).

ESPAGNIN NOIR (Œillade, Grenache).

ESPAGNEUL, ESPAGNIOU, ESPAGNOL (Danugue).

ESPAGNOL. — Sous ce nom, on cultive dans les Basses-Pyrénées une variété à raisins noirs et une variété à raisins blancs, deux cépages mal déterminés. — A. Br.

ESPAGNOL (Argant).................. V. 346

ESPAGNOL (Prunelas)....................... *D.*

ESPAGNOL A GROS GRAINS (Molinera Gorda). II. 198

ESPAGNOLET (Ugni blanc)............. II. 255

ESPAGNOL NOIR (Danugue)............ II. 168

ESPANA (Nebbiolo).

ESPAR (Bourrisquou)................. V. 338

ESPAR (Courbu noir)................. V. 261

ESPAR (Mourvèdre).................. II. 237

Esparbasque........................ VI. 176

Espar Bouschet. — Hybride Bouschet peu productif et sans valeur culturale ; fruit à grains petits, très colorés.

Esparelle. — Cépage espagnol de la région de Barcelone, d'après Abela y Sainz.

ESPARSE (Olivette blanche).

ESPART (Mourvèdre).

ESPÈCE AGRESTE (Teinturier femelle).

ESPÈCE COMMUNE (Elbling).

ESPÉRIONE (Aspiran).

Espernego. — Cépage portugais cultivé à Castello branco (Beira Baixa), signalé par Larcher Marçal en 1891. — D. O.

ESPIRAN (Aspiran noir)............... V. 62

ESPLEIN VERT. — Nom de cépage à raisins rouges, cité par Bosc à la fin du XVIIIe siècle, pour le département de l'Aisne. — J. R. C.

Espollateiro. — Cépage espagnol de la région de Palencia, d'après Abela y Sainz.

ESPORÃO DE GALLO (Cornichon blanc).

Esquinsa robas. — Cépage espagnol de la région de Barcelone, d'après Abela y Sainz.

ESSANDARI (Ezandari)...................... *D.*

Essex. — Hybride de Roger nº 41, à caractères de Labrusca dominants ; grappe moyenne, grains d'un noir rougeâtre, bleutés par la pruine, pulpeux et foxés.

Esslinger (Heunisch).

Esther. — Hybride supposé de Concord et de Vinifera, créé aux États-Unis par E. W. Bull ; grains blancs, pulpeux, foxés.

ESTRANGEY (Côt)..................... VI. 6

ESTRANGLE CHIEN (Mourvèdre).

ESTRANGLE CAT (Téoulier).

Estrecho. — Cépage espagnol de la région de Salamanque, d'après Abela y Sainz.

ESTREITO (Rabigato respigueiro)...... III. 161

ETAULIER (Côt)..................... VI. 6

Etawa. — Semis accidentel de Labrusca à raisins, bleuâtres, pulpeux et très foxés.

Etchi kara (Doï).......................... *D.*

Etchké memesy (Kokour).

Etesiaca. — Cité par Pline l'Ancien (1ᵉʳ siècle). — J. R. C.

Etraire (Persan)................... II. 165

Etraire blanche (Verdesse)........... III. 187

Etraire de Die (Pougayen).

Etraire de la Dot (Etraire de l'Aduï).. III. 191

Etraire de la Dû (Etraire de l'Aduï).. III. 191

Etraire de l'Aduï.................... III. 191

Etraire de la Dui (Etraire de l'Aduï).. III. 191

Etraire de la Duy (Etraire de l'Aduï).. III. 191

Etraire type (Persan)................ II. 166

Etrange goubdoux. — Nom de cépage cité par Dussieux au xviiiᵉ siècle. — J. R. C.

Etranger (Côt)...................... IV.   6

Etranger petit (Côt)................ VI.   6

Etrangle chien (Colombaud).

Etrangle chien (Mourvèdre).......... II. 237

Etrangle chien (Sercial)............... VI. 218

Etrière (Persan)...................... II. 165

Etris (Persan)....................... II. 165

Etschke mursson. — Forme de Labrusca (?).

Etta. — Semis supposé de Taylor, créé par J. Rommel; a beaucoup de ressemblances avec l'Elvira; à grains blanc mat, très pruinés, pulpeux et foxés.

Ettlinger (Kniperlé)................. VI.   72

Ettz-Mâma. — Raisin blanc cultivé pour la cuve à Erivan (Russie). — V. T.

Euampelocissus .... I.   13

Eucissus........................... I.   80

Eugène Duret. — Cépage obtenu, en 1890, par M. Eugène Duret, viticulteur tourangeau, à la suite de l'hybridation du Côt de Touraine par le Groslot. — Souche vigoureuse; bois acajou clair; bourgeonnement verdâtre fauve clair; feuilles moyennes, à 5 lobes bien accusés, à duvet blanc inférieurement; grappe moyenne, peu ailée, cylindro-conique, à grains moyens, sphériques, d'un noir pruiné à la 2ᵉ époque de maturité; feuilles rougissant jusqu'au pourpre dans l'arrière-saison, comme le Côt; pulpe incolore, vineuse, à goût franc relevé d'une pointe acidulée. — C. B.

Eugeneus geminus. — Cité par Varron.

Eugenia. — Cité par Pline et par Columelle.

Eugenia. — Semis créé par T.-B. Miner aux États-Unis; sans valeur.

Eugeniæ. — Groupe de vignes cité par Varron, 1ᵉʳ siècle avant J.-C. — J. R. C.

Eugenies (Ugni blanc)................ II. 256

Eumedel. — Hybride créé par T.-V. Munson.

Eumelan. — Semis accidentel de vigne américaine à prédominance d'Æstivalis; grappes de grosseur

moyenne, coniques et ailées; grains moyens de grosseur, sphériques, noir violacé, pruineux, juteux et sucrés, assez francs de goût.

Eureka (Isabelle).

Eureka Tolsow's (Isabelle).

Eutonyche (Aetonychi).

Euvitis............................. I. 111

Euxinogradka (Misket de Sliven)........... *D.*

Eva. — Semis de Concord à raisins blancs, pulpeux et foxés.

Evaline. — Semis américain, à prédominance de Labrusca; raisins à grains moyens, blancs, précoces, peu pulpeux et peu foxés.

Even de Yepes (Heben).................. *D.*

Everbearing grape (V. Munsoniana).... I. 308

Excelsior. — Hybride de Iona et de Vinifera, créé par J. H. Rickett; grappes grosses, ailées, assez serrées; grains moyens, subovoïdes, d'un rose clair, assez pulpeux et foxés.

Eximia (De Loxa)...................... *D.*

Expihans (Aspirans).

Exquisita (Calona negra).

Exquisite. — Semis américain de Delaware, obtenu par J. Slayman; vigne peu vigoureuse, à grappe moyenne serrée; à grains petits, noir bleuté, juteux et à peine foxés.

Exsucca (Cornichon).

Extra-fertile Suquet (Nocera).

Ezandari. — Cépage à raisins blancs, de 1ʳᵉ époque de maturité, cultivé pour la table dans le gouvernement d'Erivan (Russie); grappe moyenne, peu serrée; grain moyen, allongé-sphérique, d'un jaune roussâtre. — V. T.

Ezann-Atchk (Bitchatchy-Glaz).

Ezékerdeksiz (Sultanina)............. II.   66

Ezereves magyarovszág. — Nom de cépage de la Hongrie (?).

Ezerjo. — Syn. : *Tausendfachgute* (mille fois bon), *Kolmreifler, Scheinkern, Korpavai, Szatoki, Budaï fehér* (Haute-Hongrie); *Trummertraube, Refosco weiss* (Styrie). — Variété blanche précoce que M. Schmidt, de Gyarmath, dit originaire de Moor, dans la Haute-Hongrie, d'où elle s'est rapidement répandue dans cette région viticole extrême; mais nous l'avons depuis reconnue identique au *Trummertraube* de la Styrie. Introduite et expérimentée concurremment en France pour la première fois par MM. Salomon et A. Berget qui l'ont décrite ensemble dans la *Revue de Viticulture* des 5 décembre 1907 et 9 janvier 1908. — Végétation moyenne, semi-érigée; bois brun clair veiné lie de vin, à mérithalles courts, floconneux; bourgeonnement vert mat, un peu duveteux; feuilles moyennes, orbiculaires, faiblement trilobées, à sinus pétiolaire ouvert et page inférieure à trame aranéeuse grossière; denture assez arrondie; pétiole lie de vin et nervures roses; grappes moyennes, serrées; pédicelles à gros disque verruqueux; grains jaunes, pruinés, ellipsoïdes, de 18/17; chair juteuse, fondante et sucrée qui nous a donné en 1900 un moût de 196 gr. de sucre par litre avec 7 gr. d'acidité sulfurique, soit 11° d'alcool dans le vin fait. La fertilité de l'Ezerjo égale celle des meilleurs Gamays et sa précocité dépasse celle du Portugais bleu. Greffé sur Riparia, il n'a qu'une vigueur moyenne qui semble commander la taille courte; il débourre assez tard et résiste bien à la coulure, moins au Mildiou et à l'Oïdium. Son raisin pourrit facilement quand sa maturité s'accomplit en saison pluvieuse. Sous réserve de ces défauts, ce cépage paraît intéressant à expérimenter pour les vignobles des bassins de la Seine et de la Meuse. — A. B.

Ezidy. — Cépage russe de la région d'Ordoubatt, à raisins noirs; cultivé pour la table.

F

Faiano. — Cépage italien, à raisins blancs, cultivé à Avellino; grappe cylindrique, serrée; grains moyens, ellipsoïdes, d'un jaune doré clair. — M. C.

Faith. — Semis de Taylor fait en Amérique par Rommel, à caractères de Riparia très marqués; grappes petites; grains sous-moyens, d'un blanc doré clair, juteux et non foxés; peu productif et assez résistant aux maladies cryptogamiques.

Falanchina. — Cépage italien assez répandu et estimé dans la province de Naples et dans Terra di Lavoro; de maturité précoce, il sert surtout à faire les vins en moût de Pouzzoles; grappe moyenne, pyramidale, ailée; grains moyens, ellipsoïdes, d'un jaune doré, rosés sur les parties exposées au soleil, pruineux, roux; feuilles plutôt grandes, allongées, trilobées, cotonneuses en dessous. — M. C.

Falandino. — Cépage italien du Haut-Monferrat, à grains noirs, peu fermes; grappe conique. — J. R.

Fanentrauben (Räuschling).

Fantastico. — Cité parmi les raisins romains.

Faphly............................ IV. 345

Faquan. — Variété de Chasselas de la Meurthe, citée par Bosc en 1804. — J. R. C.

Faquet (Valais noir).

Farade (Maline).......................... *D.*

Farana............................ II. 265

Farana Lekhal (Farana noir).......... V. 73

Farana Lekhéal (Farana noir)......... V. 73

Farana noir........................... V. 73

Farana noir de Médéa (Farana noir).... V. 73

Farnese bianca. — Nom de vigne italienne de Bobbio. — J. R.

Faraudin (Falandino)...................... *D.*

Faraudino (Falandino)..................... *D.*

Farbala, Farbelas. — Noms de vignes cités par Acerbi.

Farber (Teinturier femelle).......... III. 370

Farber Kleiner (Teinturier mâle)...... III. 362

Farbfränkische (Limberger)........... III. 206

Farbtraube (Teinturier mâle)......... III. 362

Farbtrubel (Teinturier mâle)......... III. 362

Farbullu, Farcinolá. — Noms du Catalogue des vignes du Luxembourg.

Farhana (Farana)..................... II. 265

Farheira (Nevoeira)................ VI. 205

Farné (Sacy)......................... IV. 24

Farinella, Farinella nera, Farinella umile (Negretta)................................. *D.*

Farinellone nero (Negretta)................ *D.*

Farinello nero (Negretta)................. *D.*

Farinenta (Negretta)...................... *D.*

Farineux (Meunier)................. III. 383

Farineux noir (Meunier)............. III. 383

Fariniata (Nevoeira)................ VI. 205

Farinheira. — Cité jadis comme cépage rouge cultivé dans le Haut-Douro (Portugal); inconnu aujourd'hni. — D. O.

Farinhota (Nevoeira)................ VI. 205

Farinier (Sacy)..................... IV. 24

Farinier blanc (Sacy)............... IV. 24

Farinona, Farinone. — Nom de vigne lombarde (Italie). — J. R.

Farinosa bianca. — Nom de vigne italienne de la région de Trévise. — J. R.

Farnento (Farnento)..................... *D.*

Farnaccina (Farnancina).................. *D.*

Farnaise, Farnese (Meunier).

Farnancina bianca. - Cépage italien de la Sardaigne, très fertile. — J. R.

Farnento. — Probablement (?) la Farnaise ou Meunier; introduit au Portugal au xviie siècle. — D. O.

Farnous (Brun fourca)............... III. 310

Farornina. — Nom de cépage de la Dalmatie (?).

Farrana noir (Farana noir)........... V. 73

Farrapa. — Cépage signalé jadis au Minho (Portugal); inconnu actuellement. — D. O.

Farrell. — Semis accidentel de Labrusca; grosse grappe ailée, assez compacte; grains sur-moyens, blancs, juteux, foxés, précoces.

Farta gosos (Jaën)................... VI. 108

Far West. — Hybride probable de Lincecumii, à grappes moyennes, ailées; grains moyens, noir bleuté, à peau épaisse, très riche en couleur; tardif.

Fasulo nero (Piedirosso)............ VI. 360

Fauler elsäner (Kniperlé).

Fauvet (Pinot gris)................. II. 32

Faux fruher rother kleiner Veltliner (Hans)................................. VI. 60

Faux Liverdun (Troyen).............. IV. 51

Faux muscat blanc (Muscadelle).

Favazella bianca, nera. — Noms de vignes italienne de la Basilicate.

Favorita bianca. — Raisin de table du Piémont, à maturité tardive, se conservant longtemps. — J. R.

Fayole. — Nom du Catalogue des vignes du Luxembourg, pour un cépage à raisins noirs de la Dordogne.

Fayoumi. — Raisin blanc d'Égypte, à grains ronds, légèrement aromatiques. — J. M. G.

F. B. Hayes (Hayes)...................... *D.*

Fecenia. — Nom de vigne cité par Pline l'Ancien, au 1er siècle. — J. R. C.

Fécou. — Raisin blanc, semis de Bronner. Végétation forte, débourrement tardif, maturité moyenne et fructification bonne; grains de 13/14, finement bouquetés; raisin de qualité pour le pressoir. — A. B.

Fedleiner (Valteliner rouge)........... IV. 30

Fedlinger (Valteliner rouge)........... IV. 30

Feger gojer (Augster).

Feher bajor (Augster).

Feher Bakator (Erdei)............... IV. 181

Feher boros (Juhfark)..................... *D.*

Feher budai (Ezerjó).

Feher Burgundi (Pinot).

Feher Dinka (Rakszölö).

Feher frankos (Rakszölö).

Feher goher (Augster).

Feher Jardovan (Jardovan).

Feher Malaga (Bicane).

Feher petrezzelem (Chasselas cioutat).

Feher ropóos Fabian (Chasselas doré)... II. 6

Feher sajgo (Ezerjo).

Feher Som..................... II. 193

Feher szolo (Rakszölö). ●

Feher Roxsa (Erdei)................ IV. 181

Feher Tökös (Jardovan).

Feigentraube (Sauvignon)............. II. 230

Feijão. — Cépage portugais assez répandu dans le Minho ; il est très productif et donne un vin rouge peu coloré. — D. O.

Feijão molle. — Variété plus colorée du Feijão, à vin encore plus inférieur. — D. O.

Feijão do paiz. — Ancienne variété de Caminha (Minho) ; disparue aujourd'hui. — D. O.

Feijão pical. — Cépage vigoureux, cultivé sur hautains, dans le Minho portugais, pour la production des vins paillets ou rosés. — D. O.

Feijõa (Feijão)............................ *D.*

Feinmuskat......................... II. 250

Feinriesling........................ II. 250

Feitlinger (Valteliner rouge).

Fejer bajar (Augster).

Fejer boros (Augster).

Fejer dinka (Rakszőlő).

Fejer erdei, polyphos, romolya, sombajon. — Noms de cépages cités par Acerbi.

Fejer szőllő (Rakszőlő).

Fekete Bajor (Augster).

Fekete budai (Kadarka)............'.. IV. 177

Fekete Chasselas (Chasselas).

Fekete cilifant (Pinot noir).

Fekete czigany (Kadarka)............. IV. 177

Fekete Gohér. — Raisin blanc table de la Hongrie, à gros grains de 17/18. Plants assez vigoureux, à feuillage tomenteux ; production abondante, de bonne qualité. — A. B.

Fekete Kadarkas (Kadarka).......... IV. 177

Fekete torok. — Nom inexact du Catalogue des vignes du Luxembourg.

Fekete szagos csipkes levelű (Harslevelű).

Fekete szagos Kerek levelű (Harslevelű).

Fekete vilagos. — Nom de vigne hongroise (?), cité par Odart.

Feldeiner (Valteliner rouge).......... IV. 30

Feldliner (Valteliner rouge).......... IV. 30

Feldliner rothlichter (Valteliner rouge). IV. 30

Feldlinger (Valteliner rouge précoce)... III. 153

Feldlinger (Valteliner rouge)......... IV. 30

Felgosão (Folgasão)....................... *D.*

Feltiner, Feltliner (Valteliner rouge)... IV. 30

Femelle (Gamay tête de nègre)........ IV. 174

Femme du Châtelain (Tinta Castellôa)... VI. 199

Fena. — Semis américain de Jewel, un peu supérieur à ce dernier par la grosseur des grappes et des grains qui sont noirs, pulpeux et foxés.

Fendants (Chasselas).

Fendant blanc (Chasselas doré)....... II. 6

Fendant de Honorie (Chasselas cioutat).

Fendant rose (Chasselas violet)....... II. 15

Fendant rouge (Poulsard?).

Fendant roux (Chasselas doré)........ II. 6

Fendant vert (Chasselas doré)......... II. 6

Fendant violet (Chasselas violet).

Fendrillant, Fendrijjahts (Poulsard)... III. 353

Fenola phécocc. — Nom de cépage italien de Faënza. — J. R.

Feouna. — Nom d'un cépage (?) de l'Ardèche.

Fer................................. VI. 32

Fer (Cabernet franc.

Fer (Gros Verdot)................... VI. 19

Fer (Mourac)....................... V. 68

Fer (Petit Verdot)..... ....,... VI. 22

Ferana, Feranah (Farana)............. II. 265

Fer Bequignaou (Fer)................ VI. 23

Ferdinand de Lesseps................. IV. 342

Ferandino (Falandino)..................... *D.*

Fer blanc (Cabernet franc).

Ferboulata. — Nom de vigne italienne, cité par Acerbi.

Ferbusano. — Cépage espagnol de la région de Salamanque, d'après Abela y Sainz.

Ferdinandea. — Nom de cépage italien de la région d'Avellino (?).

Fereola. — Nom de vigne cité par Columelle.

Feridac. — Semis de Brommer à raisins bleus ; petits grains de 12^{mm} et production faible malgré quelque qualité pour la cuve. — A. B.

Ferlandina. — Cépage italien de Montecalvo, à grains d'un blanc vineux transparent et très caractéristique. — M. C.

Fermana bianca (Ciapparone ?)

Fermano (Ciapparone).

Ferment. — Nom donné à un cépage de la Californie.

Fern. — Hybride de Lincecumii et de Triumph, créé par T.-V. Munson ; très tardif, à grosses grappes ; grains assez gros, d'un rouge pourpre foncé ; résistant aux maladies cryptogamiques.

Fernaise (Meunier).................. II. 383

Fernand. — Nom de cépage cité par Oberlin (?).

Fernandilla, Fernandina, Fernandino. — Nom de cépage espagnol, cité par Abela y Sainz.

Fernão Pirão (Fernão Pirès)............. *D.*

Fernão Pirès. — Cépage cultivé dans le Midi du Portugal ; très productif et à bons vins blancs, mais manquant un peu de vinosité, et à goût aromatique spécial (menthe ou encens). — Feuilles araneeuses en dessous, grandes, quinquelobées, mais à sinus peu profonds, le plus souvent retournées face inférieure en dessus ; grappes grandes, coniques ; grains sphériques, moyens, d'un jaune doré et clair. — D. O.

Fernão Pirès de Becco. — Sous-variété du précédent assez cultivé dans le Midi du Portugal. — D. O.

Ferné, Fernet, Ferney (Sacy)......... IV. 24

Fern Munson (Fern)..................... *D.*

Ferojan noir (Pavana).

Ferral. — Cépage portugais à maturation tardive, cultivé pour la table, et connu depuis le xive siècle ; Rui Fernandes le signale en 1531 ; il est probablement d'origine espagnole ; on le trouve disséminé dans tous les vignobles portugais ; cépage très vigoureux adapté à la culture en treilles ou en hautains. — Vigne vigoureuse, à gros et nombreux sarments ; feuilles moyennes, inégales, presque entières, acuminées, sinus pétiolaire cordiforme, glabres sur les deux faces ; grappes moyennes, lâches ; pédoncule long ;'grains oblongs, gros, d'un noir rougeâtre. — D. O.

Ferral branco. — Cépage représenté par quelques rares pieds dans le vignoble de table du Portugal. — Feuilles quinquelobées, à peine aranéeuses en dessous ; grappe grande et longue (jusqu'à 44 centim.), conique ; grains ellipsoïdes d'un blanc verdâtre, peau mince, pulpe charnue. — D. O.

Ferral ceitâ. — Ancien cépage, très rare aujourd'hui dans le Portugal. — D. O.

Ferral de dama. — Cépage portugais cultivé dans l'île de Saint-Michel. — D. O.

FERRAL HESPANHOL. — Cépage signalé, en 1760, par Marquès Loureiro ; disparu aujourd'hui. — D. O.

Ferral minudo. — Cépage jadis cultivé à l'île de Saint-Michel, comme raisin de conserve. — D. O.

Ferral roxo. — Parmi les Ferrals, le Ferral rose est le plus commun comme raisin de garde, se conservant jusqu'en mars. — Feuilles quinquelobées, lisses et glabres, avec dents en scie ; grappe grande et longue (40 centim.) ; grains assez lâches, subsphériques, d'un rose foncé, charnus, à peau épaisse. — D. O.

FERRAL DE SANTO ANDRÉ. — Ancien cépage cultivé à Santulhão (Portugal) ; introuvable aujourd'hui. — D. O.

FERRAL TAMARA. — Cépage portugais signalé dans le Minho, en 1884, par Ferreira Lupa ; à raisins blancs ; peu productif ; inconnu aujourd'hui. — D. O.

FERRANDEL (Ferrar).

Ferrandil. — Cépage de la Haute-Garonne, d'après V. Pulliat ; à grappe moyenne, cylindro-conique, un peu serrée ; grains moyens, à peu près globuleux ; chair un peu ferme, juteuse, peau résistante, d'un noir bleuâtre un peu pruiné ; maturité de 3° époque tardive.

Ferrand's Michigan Seedling. — Cépage américain, du même groupe que la Vialla, hybride de Riparia et de Labrusca.

Ferrani. — Cépage peu répandu en Tunisie, cultivé pour la table et d'un facile transport. — Vigne très vigoureuse : feuilles grandes, plus longues que larges, brillantes, aranéeuses en dessous ; quinquelobées, à sinus supérieurs profonds et fermés ; grappe grosse, rameuse, cylindro-conique ; grains gros, peu ovoïdes, d'un vert jaunâtre, peau ferme, chair tendre et sucrée. — N. M.

FERRANTE NERA. — Nom de cépage italien de la région du Vésuve.

FERRÃO. — Cépage blanc cultivé à Monção, en 1866, d'après Villa Maior ; inconnu aujourd'hui. — D. O.

Ferrar blanco. — Cépage espagnol cultivé à Paxarete et à Espera, à grandes grappes composées de gros grains blanchâtres, d'après Simon Rojas Clemente.

Ferrar commun. — Cultivé à San Lucas, Xérez, Espera, Arcos, Malaga. Ce cépage espagnol a de grandes grappes avec grains sub-sphériques, gros, rouge noirâtre, d'après Simon Rojas Clemente.

FERRARES. — Nom générique donné par Simon Rojas Clemente aux Ferrars espagnols.

FERRET (pour Terret).

FERRUGINOSA (V. Labrusca).

FER SERVADOU (Cabernet franc)........ II. 290
FER SERVADOU (Gros Verdot)........... VI. 19
FER SERVADOU (Petit Verdot).......... VI. 22
FERT (Gros Verdot)................... VI. 19
FERTILE DE HARTFORT (Hartfort prolific)...... D.
FESGUI. — Nom de cépage à raisins blancs de la Tunisie (?).
FESLAUERTRAUBE (Portugais bleu).
Fesléyéne uzuma. — Cépage turc à raisins blancs très parfumés. — J. M. G.
FESTECHI, FESTIKI. — Nom de cépage tunisien (?).
Feteasca alba...................... IV. 129
Feteasca neagra.................... IV. 132
FETECCI NERA. — Nom de cépage du Vésuve. — J. R.
FETYISARE (Leányka)................... D.
FEUGGIA. — Nom de cépage italien de Chiavari (?).
FEUILLE DE FIGUIER (Cabagueiro)....... IV. 198
FEUILLE D'OZEROLLE (Savagnin).
FEUILLE RONDE (Synonyme commun aux Mauzac, Savagnin, Melon, Chardonnay).
FEUILLE RONDE (Mauzac)............... II. 143
FEUILLE RONDE (Sylvaner)............. II. 363
FEUILLE DE TILLEUL (Harslevelü)........ IV. 179
FIANA (Fiano)........................ VI. 366
FIANELLO. — Nom de cépage italien de la région de Bari.
Fiano............................ VI. 366
FICIFOLIA (Vitis, V. Thunbergii)....... I. 429
FIDERLJING (Lausannois)................ D.
Fidia blanc, rouge. — Deux cépages précoces de la région de Corfou, cultivés pour la cuve. — X.
FIÉ (Sauvignon)...................... II. 230
FIÉ AUX DAMES (Sauvignon).......... II. 230
FIÉ BLANC, GRIS, JAUNE, ROSE (Sauvignon). II. 230
FIÉS (Sauvignon).................... II. 230
FIESOLANA. — Nom de cépage de la région de Gênes (Italie).
FIGANONA. — Cépage italien de Bassano.

Figanière. — Nom inexact donné pour un cépage de Provence.

Fignole, Figone. — Deux noms de cépages donnés par le *Bulletin ampélographique italien* pour la région de Gênes.

Figou. — Cépage à raisins blancs de l'Aveyron, ainsi nommé parce que le raisin rappelle le goût de la figue, d'après M. Marre.

Fil. d'argent. — Nom de cépage de la Meurthe, cité par Bosc. — J. R. C.

Fileri blanc, rose. — Deux cépages grecs à maturité précoce, cultivés pour la cuve à Zante. — X.

Fille mère de Dieu (Danugue)........ II. 168

Fils de Noé (Hybride Seibel n° 60).......... D.

Filigusano. — Cépage espagnol de la région de Santander, d'après Abela y Sainz.

Fils du Sauveur (Angelino).

Fils du Sauveur (Beni Salem).

Fina. — Cépage espagnol de Santander, d'après Abela y Sainz.

Fin auxerrois (Côt)................. VI. 6

Findendo (Fintendo)................. III. 133

Fine. — Nom du Catalogue des vignes du Luxembourg (?).

Finger grape (Cornichon blanc)...... IV. 315

Fingerhut, Fingerhut traube, Fingerhut weisser (Augster).

Finger traube (Poulsard).

Finnosa. — Nom inexact dans le Catalogue des vignes du Luxembourg.

Fin plant doré (Chardonnay).

Fintendo........................... III. 331

Fiore, Fiore bianca. — Noms de vignes italiennes(?).

Fiore mendillo (Fiano)............... VI. 366

Fiorentina. — Nom de cépage italien cité par Acerbi.

Fiorito (Dolcetto).

Firenze. — Nom de vigne de Vénétie et de Lombardie. — J. R.

Firmano. — Nom de cépage italien de Montonico.

Firmissima (Perruno).................... D.

Firnariesling...................... II. 250

Firou bouri (Cissus quadrangularis).... I. 86

Firtigaia. — Cépage roumain, très rare dans les vignobles de Houchi (Moldavie) ; feuilles grandes, entières, duveteuses en dessous ; grappes grandes, à gros grains serrés, blancs, sucrés et à goût relevé. — G. N.

Firtira (Tartara).

Fischblasentraube (Cornichon blanc)... IV. 315

Fischer kreuzertraube (Frankenthal).

Fischtraube (Harslevelü).

Fischtraube (Putzcheere)............ III. 198

Fissiles (Palomino).

Fissilis (Listan).

Flame colored Tokay (Red Lombardy).

Flara (Perruno).

Flascatia blanc, rouge. — Deux cépages précoces cultivés pour la table dans les Iles Cyclades. — X.

Flava (Perruno).

Flaventes (Perrunos).

Fleisa (Fresa).

Fleisch farb Klewner (Pinot noir).

Fleisch roter Velteliner (Valteliner rouge)............................ IV. 30

Fleischroth (Savagnin rose).......... IV. 301

Fleischrother Traminer (Valteliner rouge) IV. 30

Fleischtraube (Frankenthal).

Fleischtraube (Valteliner rouge)....... IV. 30

Fleischtraube portugiesische (Pis-de-chèvre blanc).

Fleischweiner, Fleischweisser (Savagnin rose)............................ IV. 301

Fleming's prince (Muscat d'Alexandrie).

Flenkisch. — Cépage à raisins blancs de la Bessarabie (Russie), cultivé pour la cuve. — V. T.

Fleugler (Chasselas).

Fleuna (Flona)..................... IV, 113

Fleureau. — Rupestris du Lot × Cabernet Sauvignon ; cépage obtenu par M. Fleureau et signalé par M. Auvray. Feuillage ayant une certaine ressemblance avec celui du Terras 20 ; grappes plus serrées ; vin suffisamment alcoolique, mais peu acide. — J. R. C.

Fleuron (Mourvèdre).

Flexuosa (V. flexuosa)................ I. 431

Flicana. — Nom de cépage cité par Acerbi.

Fliegentraube (Sylvaner)............. II. 363

Floglianella. — Nom de cépage italien cité par le *Bulletin ampélographique* (XII).

Flona............................. IV. 113

Flora. — Semis de Labrusca ; grappe petite, serrée, à grains petits, subovoïdes, d'un rose pourpre, foxés.

Flora de Manosque (Danugue).

Flor callada. — Nom de cépage espagnol, d'après Abela y Sainz.

Flor de Baladre. — Nom du Catalogue de vignes du Luxembourg (?).

Flor de vide. — Nom de cépage blanc du Minho cité par Lacerda Lobo en 1890 ; disparu aujourd'hui. — D. O.

Florence. — Hybride d'Eumelan et d'Union Village, à caractères de Labrusca ; grains noir rougeâtre, bleutés, foxés.

Florence. — Semis de Niagara hybridé par Duchess, à grains blancs foxés.

Florence. — Semis de Labrusca à raisins noirs, précoce, à petits grains noirs, foxés.

Florentia. — Nom de vigne cité par Pline.

Florentina vitis (Aleatico).

Florentissima (Agracera).

Floridana (V. Munsoniana).

FLOR ME VENDES. — Cépage de Pinhel (Portugal) signalé, en 1890, par Lacerda Lobo ; inconnu actuellement. — D. O.

FLOT ROUGE (Hybride Seibel n° 1020)......... *D.*

FLOUA (Flona)....................... IV. 113

FLOURA, FLOURAT (Brun Fourca)........ III. 310

FLOUREN (Roussanne).

FLOURION (Baude).

FLOURON (Mourvèdre).

Flower of Missouri. — Semis de Delaware ; cépage américain très inférieur et jamais propagé aux États-Unis.

Flowers. — Semis de Rotundifolia, à gros grains noirs, sucrés, tardif de maturité et mûrissant après le Scuppernong.

FOCANS. — Nom de vigne cité par Béguillet au XVIIIe siècle. — J. R. C.

Focseneanca. — Cépage roumain, à raisins blancs, très rare et sans importance culturale dans le département de Putna. — G. N.

Fodja. — Cépage de la Crimée, à raisin noir, cultivé pour la cuve. — V. T.

FODORBOROS (Vekonyhéju)................. *D.*

FODSCHA. — Nom de cépage de la Crimée (?) cité par Odart.

FŒCINÆ (Nomentanæ).................... *D.*

FŒCINIA. — Cité par saint Isidore de Séville, au VIe siècle. — J. R. C.

FŒRBER (Teinturier).

FOËX N° 136 (Alicante Bouschet × Rupestris E. 136)..................... *D.*

Foëx 142. — *Petit Bouschet × Riparia.* — Hybride sain, de vigueur et de fructification moyennes ; vin de 12° d'alcool, à goût herbacé et astringent ; bourgeonnement vert pâle, glabre ; rameaux glabres, vert rosé ; feuilles grandes, rappelant le Riparia, à trois lobes longuement acuminés ; sinus pétiolaire très ouvert ; limbe uni, vert foncé timbré de rouge ; denture profonde et aiguë ; nervures rosées en dessus ; grappes longues, lâches ; grains petits, ronds, noirs, à jus rouge, juteux, de saveur un peu âpre. — J. R. C.

FOGGIA, FOGLIA, FOGLIA TONDA, FOGLIACCIA. — Noms de cépages italiens de la région de Gênes (*Bulletin ampélographique italien*, VII, XVI).

FOGLIANELLA, FOGLIANESE. — Noms de cépage italien de Spoleto (*Bulletin ampélographique italien*, XII).

FOIANA, FOIANO (Fiano).............. VI. 366

FOIRAL DU JURA (Gueuche)............. III. 357

FOIRARD NOIR (Gueuche)............. III. 357

FOIRARD (Pécoui-Touar).............. IV. 233

FOIRARD BLANC (Gouais)............. IV. 94

FOIRAULT. — Nom de cépage de Chinon cité par Jullien.

FOL (Folle blanche).................. II. 205

Folgasão. — Cépage portugais cultivé anciennement dans le Douro et la Beira ; il a disparu du Douro ; sa culture est au contraire importante à Guarda où il donne un vin blanc très alcoolique. Feuilles moyennes, quinquelobées et à sinus peu profonds ; grappes lâches, sphériques, aileronnées ; grains moyens, sphériques, d'un jaune doré. — D. O.

Folgasão baboso. — Cépage portugais très récemment signalé dans le district de Portalegre, très important à Castello de Vide, à vin ordinaire. — D. O.

Folgasão de pé curto. — Cépage blanc portugais signalé en 1888 pour la première fois à Portalegre par Larcher Marçal ; les vins ont une certaine valeur. — D. O.

Folgasão preto. — Cépage portugais cultivé à Labugal et Covilha, déjà signalé en 1790 par Lacerda Lobo. — D. O.

Folgasão roxo. — Cépage très ancien à Pinhel (Portugal), donnant un vin peu coloré, agréable, mais faible en alcool ; grappe moyenne, ailée ; grains sous-moyens, ovoïdes, violet clair ; très sensible aux maladies cryptogamiques. — D. O.

FOLGASÃO VERDEAL. — Cépage blanc cultivé jadis à Girarda (Portugal), inconnu aujourd'hui. — D. O.

Folgasão vermelho. — Cépage rouge, jadis important, actuellement très rare à Castello branco, Guarda et Covilha (Portugal). — D. O.

FOLGAZONA (Cabugueiro)............. IV. 198

FOLGOSONA (Cabugueiro)............. IV. 198

FOLGOSÃO (Folgasão)...................... *D.*

Folgasão frade. — Larcher Marçal cite ce cépage blanc comme cultivé à Castello del Vide, district de Portalegre (Portugal) ; il est peu productif. — D. O.

FOLHA DE FIGUEIRA (Cabugueiro)........ IV. 198

FOLHA DE FIGUEIRA MOLLAR. — Jadis cultivé à Pinhel (Portugal), ce cépage y est introuvable actuellement. — D. O.

Folhal. — Ancien cépage cultivé dans la Ribeira do Minho (Portugal), peu à peu abandonné, sauf à Monçao, à cause de sa faible production. — D. O.

FOLLANGHINA. — Nom de cépage italien (?).

FOLLE (Folle blanche)................. II. 205

FOLLE (Fuëlla)....................... III. 141

FOLLE AMERICAINE (Hybride de Castel n° 3540).. *D.*

FOLLE A GRAINS JAUNES (Folle blanche)... II. 205

Folle blanche....................... II. 205

Folle de la Corinthe. — Raisin blanc que le Dr Mach nous a envoyé sous ce nom du Tyrol. Assez différent de la Folle blanche ; se montre tardif et de peu de qualité sous le climat de la Côte-d'Or. — A. B.

FOLLE FRISÉE (Folle blanche).......... II. 208

FOLLE JAUNE (Folle blanche).......... II. 207

FOLLE KADARKA (Kadarka)............. IV. 177
Folle noire........................ III. 245
FOLLE ROUGE (Fer)................... VI.   23
FOLLE VERTE (Folle blanche)........... II. 207
FOLLE VERTE D'OLÉRON (Biancone)....... V. 311
FOLOSINHO. — Cépage portugais cultivé autrefois à Porto, abandonné depuis longtemps; il se pourrait que ce soit le Fauvet ou Pinot gris français. — D. O.
FONDANT BLANC (Diamant traube).
FONDANT DE LA DÔLE (Chasselas doré).
FONDANT ROUGE (Chasselas rose).
FONTANET (Troyen)................... IV.   51
Fonte de cal. — Cépage blanc portugais à raisins blancs, cité en 1790 par Lacerda Lobo, comme cultivé à Pinhel; disséminé, mais rare, dans quelques vignobles. — D. O.
FONTENAY (Troyen)............. .... IV. 51
FOPPIN. — Nom du Catalogue du Luxembourg.
FORARD (pour Foirard, Gueuche).
FORASTERA BLANCA (Mantuo de Pilas).... VI. 121
Forcallá........................... VI. 104
FORCALLÁ NEGRA (Forcallá)............ VI. 104
FORCALLÁ NOIRE (Forcallá)............. VI. 104
FORCALLÁ PRIETA (Forcallá)............ VI. 104
FORCELLA (Albana)..................... D.
FORCELLATA, FORCELLINA, FORCELLATA (Albana).. D.
Forcese. — Cépage italien de la province d'Ancône; grappe cylindrique, serrée, bifurquée au sommet; grains sphériques, moyens, pruineux, d'un blanc verdâtre, faiblement jaune rosé au soleil; 3ᵉ époque de maturité. — G. M.
FORCINA (Albana).................... D.
FORCINIELLO (Albana).................... D.
FORCINOLA (Aglianico).
FORCONESE (Forcese).................... D.
FONDERLING (Folle blanche).
FORENSIS (Gueuche).
FORENSES (Listan).
Forestiera. — Cépage italien de l'île d'Ischia et aussi de Grumello del Monte. — J. R.
FOREST NOIRE (Frankenthal).
FORLONIO BIANCO. — Nom de cépage italien de la Basilicate. — J. R.
FORMENT, FORMENTE, FORMENTEAU, FORMENTIN (Savagnin jaune)................ IV. 301
FORMENTINO (Savagnin)................ IV. 301
FORMENTIN ROUGE (Savagnin rose)....... IV. 301
FORMINEGA BIANCA. — Nom de cépage italien de Bobbio. — J. R.
FORMINT (Savagnin).................... IV. 301
FORMOSA (Diagalves)................. VI. 190
FORMOSA DE EVORA. — Signalé en 1875 comme raisin du Douro (Portugal) par Villa Maior; inconnu aujourd'hui. — D. O.
FORNACIA (Vernaccia).

FORRO NEGRO. — Cépage à raisins rouges disparu depuis longtemps du vignoble portugais de Arruda où le signalait, en 1806, Ferreira Lapa. — D. O.
FORSTER (Savagnin).
FORSYTHIA (Pedro Ximenès).
FORT. — Ancien cépage de la Haute-Loire, disparu aujourd'hui.
Fortana. — Cépage italien de la Lombardie, répandu surtout à Casalmaggiore; grappe grosse et allongée; grains sur-moyens, sphériques, d'un roux mat. — D. T.
FORTANINO, FORTANO (Fortana).............. D.
FORTE DI SPAGNA. — Nom de cépage italien de la Toscane cité par Acerbi.
FORTE CUEUE. — Nom de vigne cité par Hardy pour les Deux-Sèvres (?).
FORT FUMÉ. — Ancien cépage de la Haute-Loire, disparu aujourd'hui.
FORTONESE. — Nom de vigne italienne de Fermo (?). — J. R.
FOUZELINA (Pignolo).
FOSCARA. — Cépage italien de Gênes.
FOSCARA NERA. — Cité par Acerbi pour la Ligurie (Italie).
FOSCHEA (Crovara).
FOSCHIERA. — Cépage de la Lombardie (Italie), cité par Acerbi.
FOSCO PELOSO (Olivette noire).
FOSONA (Mehlweiss)........................ D.
FOSTARELLO BIANCO. — Nom de cépage italien des Marches (?). — J. R.
Foster's White Seedling.............. III. 116
FOTCHA, FOTCHI, FOTCHIA (Olivette noire).
Fou (Folle blanche)................... II. 205
Fou (Pinot noir).
FOUAILLARD (Tressot)................ III. 302
FOUAILLEUX (Tressot)................ III. 302
Fouccine. — Cépage de Boukarie, à raisin rose, mûrissant au début de juillet en France. — P. M.
FOUIRAIRE (Pécoui-Touar)............. IV. 233
FOUIRAL (Pécoui-Touar)............... IV. 233
FOUIRAL BLANC (Pécoui-Touar).......... IV. 233
FOUIRASSAN, FOUIRASSOU (Pécoui-Touar). IV. 233
FOUIROUX (Pécoui-Touar)............. IV. 233
FOUICHOU (Cornichon blanc).......... IV. 316
Fourkiano. — Cépage précoce, à raisins noirs, des îles Cyclades. — X.
Fourma. — Raisin de table de Roustchouk (Bulgarie), à grappe claire, petite; grains gros, allongés, rougeâtre clair; maturité tardive.
FOURMENTÉ (Savagnin).   IV. 301
FOURMENTEAU ROUGE (Savagnin rose)..... IV. 301
FOURMENTEAU (Savagnin jaune)......... IV. 301
Fournié. — Portugais bleu × Riparia-Rupestris, semis de 1887. Hybride obtenu par M. Félix

Fournié, à Château-du-Ha, près d'Agen. Cépage vigoureux en sol fertile et profond, de petite venue dans les autres ; résiste au phylloxéra, au mildiou et au black-rot, mais sensible à l'oïdium et à l'anthracnose. Son raisin foxé donne un vin de coupage grossier et solide, très riche en extrait sec. Débourrement moyen, arrondi et cuivré ; bourgeonnement glabre, bronzé ; rameaux buissonnants, nombreux, à longs mérithalles profondément caniculés et de teinte noisette clair ; feuilles moyennes, tourmentées, pleines, quadrangulaires ; sinus peu visibles, lobes indiqués par dents, sinus pétiolaire fermé ; limbe assez épais, fortement bullé, vert sombre, glabre des deux faces, plié en gouttière ; denture obtuse et arrondie, nettement mucronée ; défoliation tardive, jaune ; pétiole aplati et violacé ; grappes moyennes, cylindriques, épaulées d'un aileron ; grains moyens, ronds, noir bleu, très pruinés, de saveur foxée ; maturité de 1re époque — J. R. C.

FOUSSAÏNÉ (Housseïnn)..................... *D.*

FOX GRAPE (V. Labrusca)............. I. 311

FOX GRAPE DU SUD (V. rotundifolia)..... I. 302

FOZ DÃO (Preto foz Dão)................... *D.*

FRAENKISCH (Savagnin rose)............. IV. 301

FRAENTSCHENTRAUBE (Savagnin rose)..... IV. 301

FRAGA, FRAGANZA (Isabelle).

FRAGÉ BLANC. — Nom du Catalogue du Luxembourg donné pour un cépage du Puy-de-Dôme (?).

FRA GERMANO. — Cité par Demaria comme cépage italien de la région de Turin (?).

FRAGILIS (Heben)......................... *D.*

FRAGOLA, FRAGOLARIA (Isabelle).

FRAGRANTE (Baria dorgia)................. *D.*

FRAJÃO (pour Feijão).

FRAMBOISE (Isabelle).

FRAMBOISE (Troyen).................. IV. 51

FRAMBOISIER (Isabelle).

FRAMBUESA (Isabelle).

FRAMINGHAM (Hartford)...................... *D.*

FRAMPORA. — Raisin algérien (?), d'après J. de Rovasenda, à grain blanc, ovale, moyen ou gros

FRANA (pour Ferana).

Franc. — Rupestris × Vinifera, semis de 1886. Hybride trouvé par M. Franc dans un semis de Rupestris de la pépinière départementale du Cher. On suppose que le Vinifera qui a servi de père est le Cabernet. Cépage vigoureux et fertile, surtout dans son pays d'origine, mais ailleurs sensible au phylloxéra, au black-rot, à l'oïdium et à la mélanose ; assez résistant au mildiou ; craint le soufre. Vin épais, extrêmement coloré, violacé ; rameaux nombreux et grêles, de teinte chamois plus foncée et pruinée aux nœuds ; feuilles moyennes, à 5 lobes bien découpés par des sinus en U, sinus pétiolaire étroit ; limbe mince, ondulé, vert

glauque brillant, timbré de vineux orangé à l'automne, denture brièvement obtuse, bien mucronée ; défoliation tardive ; pétiole glabre, long, grêle et carminé ; grappes moyennes, cylindriques, peu serrées ; grains petits, ronds, noirs, à jus coloré, de saveur neutre et fade ; maturité de 1re époque. — J. R. C.

FRANÇAIS. — Nom de cépage donné par J. Guyot pour le département des Ardennes.

FRANC BLANC. — Nom d'un cépage (?) de l'Yonne.

FRANCÈS. — Nom de cépage de la région de Barcelone (Espagne), d'après Abela y Sainz.

FRANCESE (Brun Fourca).

FRANCEZA, FRANCEZINHA. — Cépages d'origine française (?) signalés jadis, le premier à Traz-os-Montes, le second à Moncorvo, où ils n'existent plus. — D. O.

Franche........................ III. 100

FRANCHE NOIRE. — Nom de cépage de la région de Loches (Touraine), cité par Jullien.

FRANCHENTALLER. — Nom de vigne génoise (?), cité par le *Bulletin ampélographique italien* (XVI).

FRANCHIE (Creata)..................... *D.*

FRANCINA BIANCA. — Nom de vigne italienne de Bobbio. — J. R.

FRANCIS B. HAYES (Hayes)................ *D.*

FRANCISCA. — Ancien cépage blanc de Lamego, disparu du vignoble portugais. — D. O.

FRANCISCA TINTA. — Ancien cépage rouge de Pinhel (Portugal), inconnu actuellement. — D. O.

FRANCKE (Elbling).

FRANCKEN, FRANCKENTRAUBER (Elbling).

FRANCKENTHALER (Frankental).

Franclos perfect. — Raisin italien de Strevi, à gros raisin, cultivé pour la table. — J. R.

FRANC MESLIER (Meslier).............. III. 51

FRANC MOREAU (Côt).................. VI. 7

FRANC MORILLON (Bicane).

FRANC NOIR (Franc noir de l'Yonne)..... V. 414

FRANC NOIR (Teinturier mâle).......... III. 363

FRANC NOIR DE GY (Gougenot)......... V. 121

FRANC NOIR DE JUSSEE (Gougenot)....... V. 121

FRANC NOIR DE LA HAUTE-SAÔNE (Gougenot). V. 121

Franc noir de l'Yonne.............. V. 114

FRANC NOIR DE VÉNÈNE (Gougenot)....... V. 121

FRANC NOIR DU GATINAIS (Franc noir de l'Yonne)........................... V. 114

FRANC NOIRIEN (Pinot noir)........... II. 19

FRANÇOIS (Bachet).................... V. 110

FRANÇOIS BLANC (Chardonnay).

FRANÇOIS BLANC (Meslier).

FRANÇOIS NOIR (Bachet).   V. 110

FRANÇOIS NOIR DE BAR-SUR-AUBE (Bachet). V. 110

François Ier........................ II. 332

FRANCONIKA (Süssroth)................... *D.*

Franconien bleu (Limberger).......... III. 203
Francoucha (Frankoucha)................ D.
Franc Pinot (Pinot noir)............./.. II. 19
Franc rapport. — Semis de Chasselas ?
Francuse, Francusie (Creata)............... D.
Franczier veros Muscatel (Muscat blanc). III. 374
Franke, Frankel, Franken (Elbling).
Frankendale (Frankenthal)........... II. 127
Frankenriesling (Sylvaner)........... II. 363
Frakentaler (Frankenthal)........... II. 127
Frankenthal....................... II. 127
Frankentha a feuilles blanches (Frankenthal)......................... II. 127
Frankenthalianico (Bicane).
Frankenthal blanc (Bicane).
Frankenthal bruxellois (Frankenthal). II. 127
Frankenthaler (Frankenthal)........ II. 127
Frankenthaler blauer (Frankenthal). II. 127
Frankenthal hatif (Elbling).
Frankenthal noir (Frankenthal)....... II. 127
Frankenthal précoce. — Constituerait, d'après V. Pulliat, une sélection plus hâtive d'environ dix ou douze jours ; nous n'avons pu la trouver ni la reconnaître !
Frankentraube (Chasselas rose).
Frankentraube (Sylvaner)........... II. 363
Frankentraube (Räuschling).......... V. 229
Frankisch (Savagnin jaune).
Frankisch (Vekonyhéju).
Frankische traube schwarze (Savagnin rose)..............."............ IV. 301
Frankisch grun (Sylvaner)........... II. 363
Franklin. — Hybride de Riparia et de Labrusca, très semblable au Vialla ; peu multiplié comme porte-greffe au début de la reconstitution, il a été vite abandonné.
Frankoucha alba (Flenkisch)............... D.
Frankoucha néagra. — Raisin noir de cuve de la Bessarabie, de 3ᵉ époque de maturité ; c'est probablement un cépage roumain, la Francusa ou la Poma batuta. — V. T.
Frantschentraube (Savagnin).
Franzose, Franzosen (Ortlieber).
Fraolaro. — Raisin noir de 3ᵉ époque de maturité, cultivé pour la cuve à Pietra Melara (Italie) ; grappe conique ; grains moyens, sub-ovoïdes, d'un rouge violacé bleuté.
Fraoula (Isabelle).
Fraoula de Thessalie. — Raisin noir cultivé pour la cuve en Thessalie, différant de l'Isabelle. — X.
Frappa. — H. Gœthe cite ce nom comme celui d'un cépage grec ?
Frappade (Bourboulenc).............. III. 148
Frappade (Clairette).
Frappato nero. — Cette variété silésienne, à raisins noirs, qu'il ne faut pas confondre avec le Tarpato

à raisins blancs, a été décrite par le baron A. Mendola ; elle serait originaire de Vittoria, dans la province de Syracuse, où elle est très cultivée depuis le xviiᵉ siècle, associée au Catarrato, Albanello, etc. ; elle forme souvent les 90 °/₀ du vignoble, surtout dans les sols sableux. —Feuilles quinquelobées, à sinus étroits, cotonneuses en dessous, assez grandes ; grappe sub-cylindrique, à pointe recourbée ; grains assez gros, sphériques, d'un noir rougeâtre, pruineux, sucrés et donnant 12 à 13° d'alcool. — G. M.
Frappato nero di Vittoria (Frappato)........ D.
Frappato di Vittoria (Frappato)............. D.
Frappatu (Frappato)..................... D.
Frappelao. — Cité par Acerbi comme cépage italien des Cinq-Terres.
Frascoliglio. — Cépage italien, à raisins blancs, de la région d'Avellino ; feuilles trilobées, de dimensions moyennes, lanugineuses en dessous ; grappe moyenne, pyramidale ; grains moyens, ovoïdes, pruineux, serrés.
Frascone (Barbarossa).
Frati, Fratina (Fresa)..................... D.
Frauenfinger (Cornichon blanc).
Frauen tagtraube (Madeleine?).
Frauentraube (Chasselas doré)........ II. 6
Frauentraube (Räuschling).
Frauentraube rother (Chasselas rose).
Fray Gusano. — Cépage à gros grains blancs de Malaga et de San Lucar (Espagne), d'après Simon Rojas Clemente.
Fray gusano de Maina (Fray Gusano)........ D.
Fray gusano de Miraflores (Fray Gusano).... D.
Fréau (Fréaux)......................... III. 42
Fréau violet de Saint-Denis (Fréaux).. III. 42
Fréaux................................ III. 42
Fréaux gris (Fréaux hâtif)........... III. 46
Fréaux hâtif.......................... III. 46
Fréaux Lally (Fréaux hâtif).......... III. 46
Fréaux noir (Fréaux hâtif)........... III. 46
Fréaux violet (Fréaux hâtif)......... III. 46
Fredericton. — Semis de Moreau, caractérisé, d'après V. Pulliat, par une grappe rameuse, grosse, ailée, lâche ; des grains gros, olivoïdes, mous, juteux, d'un noir violacé ; maturité de 2ᵉ époque un peu tardive.
Fregellana. — Nom de vigne cité par Columelle.
Fregiolina, Fregiolino. — Noms de cépages italiens (?) — J. R.
Freglia (Clairette blanche, à Gênes?).
Feijadura. — Nom d'ancien cépage portugais ; inconnu aujourd'hui. — D. O.
Freisa (Fresa)............................. D.
Freisetta de Montalto (Fresia)............. D.
Freisone (Mossano).
Frenkisch (Flenkisch)..................... D.

Frührebe weiss. — Variété blanche précoce, probablement originaire du Vorarlberg et qui nous est venue sous cette dénomination très vague de *Vigne blanche précoce* des collections de l'École de San Michele (Tyrol). Végétation assez vigoureuse et érigée; bois un peu grêle, à mérithalles courts, d'un brun pruiné; bourgeonnement duveteux, à pointe blanche. Feuilles moyennes ou petites, gaufrées et quinquelobées rappelant un peu celle des *Mesliers*, mais d'un vert mat plus clair et à page infer. aranéeuse; denture et lobes grossiers; grappe sur-moyenne, à larges épaules, très serrée, à grains ronds, moyens, pruinés de blanc et finement tiquetés, de couleur jaune translucide à maturité, très juteux, à saveur un peu plate; maturité de l'époque précoce. — Cépage de grande fertilité, pourrait être expérimenté avec intérêt dans la région septentrionale. A Pontailler, il s'est montré assez sensible au mildiou et à la pourriture, moins à l'oïdium. Son vin ne doit pas dépasser l'ordinaire. — A. B.

Frühriesling . . . . II. 250

Frühroter. Früh roter malvasier (Valteliner rouge précoce). . . . . III. 253

Frühschwarz, Frühtraube, Frühtrauben (Madeleine noire).

Früh traube champagner (Pinot précoce).

Früh Turkisch. — Nom donné par Odart pour un cépage hongrois?

Früh weiss (Augster).

Früh weisser (Lignan). . . . . III. 69

Früh weisse Zibele (Lignan blanc). . . . . III. 69

Frumintana. — Nom de cépage italien de Termini, cité par Acerbi.

Fruticosa (Vitis, V. caribæa).

Fruttana nera. — Cépage italien de Lodi et de Voghera, à grains noirs, ovoïdes; feuilles entières, cotonneuses en dessous. — J. R.

Fruttano (Fruttana) . . . . *D.*

Fuela. — Nom du Catalogue des vignes du Luxembourg (pour Fuella?).

Fuchsine . . . . VI. 381

Fuchstraube (Braghina).

Füderling (Folle blanche).

Fuëlla . . . . III. 141

Fuëlla blanche . . . . III. 143

Fuëlla a gros grains (Fuëlla). . . . . III. 142

Fuëlla di Nizza (Fuëlla). . . . . III. 142

Fuëlla noire (Fuëlla). . . . . III. 141

Fuënte dueñæ (De Fuentedueña). . . . . *D.*

Füger (Mézes féher).

Füger sarga (Mézes féher).

Füge szölö (pour Féher szoló).

Fumaria. — Cépage italien, très productif, des régions de Mirandole. — J. R.

Fumas rosso (Fumat). *D.*

Fumat. — Cité par Odart comme cépage du Tarn-et-Garonne (?).

Fumat. — Nom de vigne espagnole de Barcelone, cité par Abela y Sainz.

Fumat du Frioul. — Cépage italien mal connu.

Fumat gris, rossi (Fumat). . . . . *D.*

Fumat du Tarn (Fumat). . . . . *D.*

Fumé (Sauvignon).

Fumein (Fresia).

Fumela (Nebbiolo).

Fumengo. — Cépage italien de la région de Suze (?).

Fumet blanc (Sauvignon).

Fumette (Durif).

Fumette (Péloursin) . . . . VI. 87

Fumin (Fresia). . . . . *D.*

Fumoll. — Cépage espagnol cité par H. Gorria.

Fumosa, Fumisella, Fumusa, Fumusedda, Fumusella, Fumuso, Fumusu (Minnedda). . . . . *D.*

Fünderling (Folle blanche).

Fuola (Fuëlla). . . . . III. 141

Furber (Teinturier mâle). . . . . III. 362

Furbtrauben (Teinturier mâle). . . . . . . III. 362

Fürderling (Folle blanche).

Furmint . . . . II. 251

Furmint (Grassa). . . . . IV. 134

Furmint a grains inégaux (Fumint). . . . . II. 251

Furmint a grains serrés (Furmint). . . . . II. 251

Furmint a petits grains (Furmint). . . . . . II. 251

Furmint rouge (Furmint). . . . . II. 251

Fürstentraube. — Semis de Bronner. Raisin bleu, à gros grains ellipsoïdes de 18/20; maturité tardive et fertilité médiocre. — A. B.

Fürterer (Folle blanche).

Furterer (Kniperlé).

Fusette d'Ambérieux. — V. Pulliat décrit ce cépage pour le département de l'Ain; il est caractérisé par des feuilles bien cotonneuses en dessous, à sinus assez profonds; grappe petite, cylindroconique; grains petits, sphéro-ellipsoïdes, fermes, juteux et sucrés; peau assez épaisse, peu résistante, d'un jaune doré lavé de rose; maturité de 2e époque tardive.

Fusolana. — Cité par Pierre de Crescence pour l'Emilie (Italie).

Futterer moseler (Kniperlé). . . . . VI. 72

Fütterling (Folle blanche).

Fuxolane. — Nom de cépage cité par Pierre de Crescence, au xiiie siècle. — J. R. C.

Fuzette (Fusette). *D.*

Fylledi. — Donné par H. Gœthe, d'après Schmidt, comme cépage de la Grèce (?).

G

Gaamez (Gamay Beaujolais)........... III.   8

Gabacha. — Cépage de la Mingrélie (Russie), à raisin noir, très cultivé pour la cuve, sensible au Mildiou. — V. T.

Gabaig (Cinsaut).

Gabach noir (Cinsaut).

Gabba volpe (Kadarka).

Gab el Theïr (Galb el Ferrendji)........... D.

Gabriel. — Hybride complexe de Rotundifolia, Lincecumii, Æstivalis, etc., à grains moyens, rosés, créé par T.-V. Munson.

Gabriela (Mantuo de Pilas)........... VI. 121

Gabriel noir. — Semis de Bronner, à raisin noir bleuté, de belle apparence ; peu fertile, maturité assez tardive. — A. B.

Gaenfuster (Savagnin).

Gærtner. — Hybride américain de Roger n° 14, croisement de Chasselas et de Labrusca ; grains sous-moyens, d'un brun clair ou rosé, foxés.

Gagliano (Aglianico)................. V.   81

Gaglioffa (Gaglioppa)................... D.

Gaglioppa. — Cépage italien, à raisins blancs, de la région de Fermo. — J. R.

Gaglioppa bianca (Gaglioppa)............... D.

Gaglioppo nero. — Cépage italien de la région de Pouilles, cultivé aussi à Barletta. — J. R.

Gaglioppone (Gaglioppa)................. D.

Gagliuoppo (Gaglioppa)................... D.

Gagmakrouli. — Cépage noir de cuve, cultivé à Douchett (Russie), à grande grappe et à gros grains demi-teinturiers, donnant un vin coloré et alcoolique, agréable de goût. — V. T.

Gagrima. — Cité par Acerbi comme cépage romain.

Gaianese (Janese)................... D.

Gaiappa (Gaglioppa)................... D.

Gaiardo. — Nom de cépage italien de Chiavari (*Bulletin ampélographique italien*, XVI).

Gaïdouria blanc, noir. — Cépage des îles Cyclades, cultivés pour la cuve. — X.

Gaïdouricha (Gaidurcia)..... .... D.

Gaidurcia. — Vigne de Corfou, d'après V. Pulliat ; grande feuille, trilobée, à sinus bien marqués, le pétiolaire fermé, lanugineux en dessous ; grappe grosse, cylindro-conique, simple ; grains moyens, un peu ellipsoïdes, peau épaisse, d'un noir rougeâtre pruiné ; maturité de 3e époque (d'après V. Pulliat).

Gaieiro. — Nom de cépage portugais.

Gaietto (Barbera)....................... D.

Gaïkaour (Chaouch).

Gaillade (Mauzac)................... II. 143

Gaillagués. — Nom de cépage (?) de l'Aveyron, cité par J. Guyot.

Gaillard (Enfariné)................. II. 392

Gaillard noir (Enfariné)............... II. 393

Gaioppa (Gaglioppa)...................... D.

Gaioppo (Gaglioppo)...................... D.

Gaioppone (Gaglioppa)................... D.

Gaipus (Muscadelle).

Gaisdutte blaue. (Cornichon violet.)

Gajanese (Janese)................... D.

Gajetto (Barbera).

Gajoppa (Gaglioppa)....................... D.

Gak. — Cépage de la Serbie, très inférieur et rare dans le vignoble serbe. — T.

Galana. — Cépage espagnol de San Lucar, à grains moyens, sphériques, blanchâtres, d'après Simon Rojas Clemente.

Galandino (Verdicchio).

Galante. — Cépage blanc, cultivé au xviie siècle à Alijo (Traz-os-Montes, Portugal) ; disparu aujourd'hui.

Galata. — Cépage importé en Bulgarie dans la région de Sadova par les Turcs, à gros grains blancs, déprimés et martelés à leur surface.

Galb el Ferreudji. — D'après Leroux, cépage algérien, à feuilles sous-moyennes, lobées, tourmentées ; grappe sous-moyenne, cylindro-conique, à grains assez gros, un peu en croissant, rosés, peau épaisse.

Galb el ser douk (Galb el Fereudji)....... D.

Galb el Theïr. — Serait une variation de Galb-el-Fereudji, d'après Leroux.

Galb el Tsour (Amokrane).

Galbena (Galbina)........................ D.

Galbina. — Cépage de la Roumanie et de la Bessarabie russe, de fertilité moyenne ; grandes feuilles trilobées, à sinus ouverts, aranéeux en dessous ; grappe moyenne, lâche, à raisins jaunes ; 2e époque de maturité ; très sensible à la pourriture. — V. T.

Galbina batuta. — Variation de Galbina cultivée pour la cuve dans la Bessarabie ; grains très serrés, d'un jaune ambré ; moins vigoureux que le Galbina. — V. T.

Galbina rara. — Autre variation de Galbina à grappe très lâche. — V. T.

Galbina remps-ourâta. — Variation de Galbina, à raisins blancs, cultivée aussi pour la cuve dans la Bessarabie. — V. T.

GALBOT (Troyen).................... IV. 51
Galet (Œillade blanche).
GALET NOIR (Œillade).
GALÆTA (Cornichon blanc)............ IV. 315
GALÆTA NERA (Cornichon violet)....... IV. 320
GALÆTTO BIANCO (Cornichon). IV. 315
GALÆTTO NERO (Barbera).
GALINN-BARMAGUI (Cornichon). IV. 315
GALLA (Cornichon). IV. 315
GALLAZONE (Groppello).

Gallega. — Cépage espagnol noté à Tarrifa par Simon Rojas Clemente.

Gallego. — Cépage signalé en 1711 par Vicencio Alarte, peut-être originaire de l'Espagne et de la Gallicie, et très répandu dans le Midi du Portugal ; on le rencontre accidentellement dans le nord, au Minho ; il est surtout très cultivé dans l'Alemtejo. — Feuilles entières ou à peine lobées, à sinus ouverts, faiblement duveteuses en dessous ; grappes nombreuses, moyennes, rameuses, cylindro-coniques ou pyramidales ; grains sous-moyens, ovales (20^{mm} sur 18^{mm}), fermes, d'un jaune ambré ou doré, très sucrés, généralement un seul pépin. — D. O.

Gallego dourado. — Signalé en 1850 par Aguiar Loureiro ; ce cépage portugais est parfois confondu avec Donzellinho ou avec Dona Branca ; il est moins cultivé que jadis et est encore assez répandu dans toute la vallée du Tage (Belem, Cintra, Lisbonne, Setubal...), il a aussi une certaine importance dans l'île de Madère. — Feuilles moyennes, orbiculaires, trilobées et à lobes profonds, duveteuses en dessous ; grappes courtes, serrées ; grains sphériques, peau mince, d'un jaune doré, très sucrés. — D. O.

Gallego dourado tinto. — Cépage jadis prédominant dans la région de Collares (Portugal). — D. O.

GALLEGO DE MONTEMOR (Ferrantez).

Gallera. — Cépage espagnol de la région de Cuença, d'après Abela y Sainz.

GALLET (Œillade blanche)............ VI. 330
GALLETTA (Cornichon)..... .... IV. 315
GALLETTA BIANCA (Cornichon blanc)..... IV. 316
GALLETTA ROSSA (Cornichon rose). IV. 316
GALLETTA ROSSA DI FIRENZE (Cornichon). IV. 315
GALLETTA NERA (Olivette noire).
GALLEZZONE (Groppello).

Gallica. — Nom de vigne cité par Pline et par Columelle.

GALLIOPPA (Cornichon). IV. 315

Gallizia. — Nom de vigne de l'Istrie (Italie), cité par Acerbi.

GALLIZIO (Refosco)..................... D.

Gallizione. — Cépage italien à raisin blanc, cultivé à Lucques. — J. R.

GALLISONBIANCO. — Nom de vigne italienne de Chiavari.

GALLO (Cornichon blanc). IV. 315
GALLO DE SEIXO (Touriga)............. V. 14
GALLOFA (Cornichon). IV. 315
GALLOPPA (Cornichon). IV. 315
GALLOPPO. — Nom de cépage italien de Terni. — J. R.
GALLOUPOLO. — Nom de cépage de provinces napolitaines.
GALOUPPU (Cornichon blanc). IV. 315

Galloway. — Hybride de vigne américaine, sans valeur.

Gallup's seedling. — Hybride américain de Salem, à caractères de Labrusca dominants ; sans aucune valeur.

GALLURA ZENI (Zeni de Damas)............... D.
GALOPIN (Viognier).................. II. 107
GALOPINE (Viognier)................. II. 107
GALOPO (Galloppo)........................ D.
GALPINE (Viognier). II. 107
GALOTIER. — Nom sans signification du Catalogue des vignes du Luxembourg.
GAMACHA TINTORERA, NEGRA. — Cépages espagnols, à jus rouge, peut-être le Teinturier, d'après H. Gorria.

GAMAI ARNOUL (Gamay Beaujolais)..... III. 6
GAMAI BLANC (Gros Bourgogne). VI. 56
GAMAI CHAMBERTIN (Gamay Beaujolais).. III. 6
GAMAI CHATILLON (Gamay Beaujolais)... III. 6
GAMAI COMMUN (Gamay d'Orléans).
GAMAI DE LA DÔLE (Gamay Beaujolais).. III. 6
GAMAI DE MONTAGNE (Gamay Beaujolais). III. 6
GAMAI D'OVOLA (Gamay Beaujolais)..... III. 6
GAMAI DE PERRACHE (Gamay Beaujolais). III. 5
GAMAI DE VARENNES (Gamay Beaujolais). III. 6
GAMAI FIN (Gamay Beaujolais)......... III. 6
GAMAI GROS ROUGE (Gamay Beaujolais).. III. 6
GAMAI HENRYET (Gamay Beaujolais).... III. 6
GAMAI NOIR (Gamay Beaujolais)........ III. 5
GAMAU (Chasselas doré).
GAMAY (Gamay Beaujolais)........... III. 5
Gamay à fleurs doubles............... I. 131
GAMAY A GRAINS RONDS (Gamay d'Orléans) IV. 115
GAMAY A GRAINS RONDS (Troyen)........ IV. 51
Gamay Beaujolais.................... III. 5
GAMAY BEUROT (Gamay gris)........... III. 29
Gamay blanc........................ III. 25
GAMAY BLANC (Aligoté)................ IV. 100
GAMAY BLANC (Chardonnay)........... IV. 6
GAMAY BLANC (Peurion). II. 158
GAMAY BLANC FEUILLES RONDES (Melon)... II. 45
GAMAY BLANC GLORIOD (Gamay blanc).... III. 25
GAMAY BLANC VRAI (voir t. III, 25). — Après plusieurs années d'observation, nous croyons devoir conclure que le cépage signalé par Gloriod n'est pas un Gamay. (V. notre note in Rev. de vitic. du 25 déc. 1902, et D. : Gloriod). Le Gamay blanc

véritab'e reste à découvrir. C'est en vain que Pulliat et maints ampélographes comme nous-même avons passionnément recherché cette précieuse variation, qui permettrait, dans les régions comme le Beaujolais dont le Gamay est le cépage exclusif, d'obtenir des vins blancs sans avoir besoin de décoloration et sans changer de cépage. Le Petit-Blanc de Lorraine *D*, où nous avions cru un moment l'apercevoir, est également un cépage distinct. En revanche, le Gamay gris est bien un dérivé authentique qui n'offre aucune différence morphologique avec le Gamay noir, mais il est extrêmement rare. Sa multiplication préalable semble donc nécessaire pour arriver dans la suite à obtenir la variation blanche. Elle est d'autant plus recommandable que le Gamay gris donne des moûts sensiblement plus sucrés que le Gamay noir. — A. B.

Gamays Marchand. — Variétés de Gamay noir obtenues de semis par le jardinier dijonnais Marchand; elles dériveraient d'une première hybridation de Gamay de Malain par Pinot Saint-Laurent, mais cette dernière influence nous paraît bien peu sensible (V. notre étude de nov. 1900, in *Bull. du Syndicat de la Côte dijonnaise*, et *Roy-Chevrier*, *Vigne américaine* d'oct. 1905). Depuis la mort de leur obtenteur, ces variétés, qui renferment quelques numéros intéressants par leur régulière fertilité et leur facile maturation, ont été recueillies et multipliées par quelques viticulteurs bourguignons qui en sont satisfaits. — A. B.

GAMAY ROND (Troyen).................. IV. 51
GAMAY RONDELET (Gamay Beaujolais). III. 5
GAMAY ROND MOYEN (Gamay Beaujolais). III. 5
GAMAY ROND OLIVE (Gamay Beaujolais). III. 5
GAMAY ROND ORDINAIRE (Gamay Beaujolais) III. 5
GAMAY ROND PETIT (Gamay Beaujolais). III. 5
GAMAY ROND SAUVAGE (Gamay Beaujolais). III. 5
GAMAY ROUGE (Troyen)................. IV. 51
GAMAY SIX PIÈCES (Plant rouge de Chau-
denay)............................ III. 39
Gamay tête de nègre................ IV. 174
Gamays teinturiers..... .... III. 32
GAMAY THOMAS (Gamay Beaujolais)..... III. 6
Gamay Tokay. — Authentique variété de Gamay qui
nous fut signalée par le jardinier Gloriod dans les
vignobles de la Haute-Saône et transmise par lui.
Elle se distingue par l'allongement de ses baies,
ordinairement de 18 mm/15 au lieu de 16mm/15 chez
les Gamays ordinaires. Vigoureuse , exempte
de coulure et remarquablement fertile, cette
variété, encore très rare, nous paraît fort digne
d'être multipliée et répandue. — A. B.
GAMAY VALENTIN (Gamay hâtif des Vosges). II. 322
GAMAY VERT (Troyen)................. IV. 51
Gamay violet...................... III. 14
Gamba di Pernice. — V. Pulliat donne, d'après J. de
Rovasenda, ce cépage italien comme cultivé dans
le Piémont ; il le caractérise par la feuille moyenne,
tomenteuse en dessous, peu sinuée ; grappe
moyenne, cylindro-conique, ailée ; grains moyens,
ellipsoïdes, à pédicelles rougeâtres, très pruinés ;
maturité de 2e époque tardive.
GAMBA ROSSA (Gamba di Pernice)............ D.
GAMBO CORTO. — Nom de cépage italien de Monte-
lupo. — J. R.
GAMBO LONGO. — Nom de cépage italien de Lucques.
— J. R.
GAMBO ROSSO (Columbana ?).
GAMBUGIANA (Négretta ?).
GAMBUJANA (Negrara ?).
Game. — Semis de Labrusca, à grains d'un noir
bleuté, très charnus et foxés ; peu productif.
GAMÉ (Gamay Beaujolais)............. III. 6
GAMEAU (Chasselas).
GAMELIN (Troyen)..................... IV. 51
GAMERY (Troyen)..................... IV. 51
GAMET (Gamay Beaujolais)............ III. 6
GAMET BLANC (Melon)................ III. 25
GAMET NOIR (Gamay Beaujolais)........ III. 6
GAMEY (Gamay Beaujolais)............ III. 6
GAMIAU BLANC (Chasselas doré).
GAMIAU ROUGE (Cinsaut).
GAMMÉ (Gamay Beaujolais).
GAMMERI (Troyen).
GAMOT (Chasselas doré).
GAMSA (Gamza)..................... VI. 393

Gamza.......... .... VI. 393
Ganakharouli. — Cépage à raisins d'un blanc rosé,
moyen, aromatique, cultivé pour la cuve à Dou-
chett (Russie). — V. T.
GANCHE (Gouais).
Gandami. — Donné par H. Gœthe comme cépage du
Caucase, à grains blancs, moyens, un peu allon-
gés ; cultivé pour la cuve.
GANDIE NOIR, ROUGE. — Nom, inexact, donné par
Hardy pour des cépages de la Dordogne.
GAÑDJOULI (Schiradzouli).
GAÑDJOUBA (Schiradzouli).
GAÑDJOURI (Schiradzouli).
GANDOUCHE. — Nom de cépage blanc cité par
J. Guyot pour la Haute-Vienne.
GANDOUL (Taamalet)................. IV. 338
GANDOULENC. — Nom de cépage (?) du jardin de
viticulture de Saumur.
GANDURINA. — Nom de cépage italien des Cinq-
Terres, cité par Acerbi. — J. R.
GANICO (Aglianico)................... V. 81
GÄNSFUSSER BLAU (Argant)............ V. 346
GÄNSFÜSSLER (Argant)............... V. 346
GÄNSFÜSSLER GROSSER HELLROTHER (Grec rouge).
GANZWÄLSCHER (Chasselas cioutat).
GAOU DOURA (Bicane)................. II. 102
Gaouze. — Cépage précoce de Boukharie, à gros
grains d'un rouge clair. — P. M.
GAPAKHAROULI (Ganakharouli).............. D.
Garabatona. — Cépage espagnol de San Lucar à petits
grains noirs sphériques, d'après Rojas Clemente.
Garann Tmak. — Cépage blanc de table peu cultivé
à Erivan (Russie). — V. T.
Garber. — Semis de Labrusca, obtenu aux États-
Unis par J.-B. Garber ; grappe sur-moyenne, ser-
rée ; grains moyens, d'un noir foncé, pulpeux et
foxés ; très précoce.
GARBER'S RED FOX (Isabelle)........... V. 203
GARDELIA BRACHYPUS (Madeleine noire).
GARDINO. — Nom de cépage italien de Roccavione,
mal identifié. — J. R.
GARGANA (Ugni blanc).
GARGANEGA (Ugni blanc).
GARGANEGA BIANCA (Ugni blanc).
GARGANEGA GENTILE (Ugni blanc).
GARGANEGA MAGGIORE (Ugni blanc).
GARGANEGA VERONESE (Ugni blanc).
GARGANIA (Ugni blanc).
GARGANIA BIANCA (Ugni blanc).
GARGANICA (Ugni blanc).
GARGANIQUE. — Cépage italien à grains ronds, cultivé
au XIIIe siècle à Bologne et à Padoue, d'après
Pierre de Crescence. — J. R. C.
GARGANOLA (Ugni blanc).
GARGANON. — Nom de vigne italienne cité par
Acerbi.

Gargâri. — Cépage russe d'Ordoubatt, à raisin noir, cultivé pour la cuve. — V. T.

GARGAUNARITZA (Boïereasca).................. *D.*

GARGOLLÁ. — Nom de cépage espagnol de la région de Barcelone.

GARIDEL (Teinturier mâle).

GARIDELI (Moravita)........................ *D.*

GARIDELIA ACUMINATA (Argant).

GARIDELIA MONOPYRENA (Portugais bleu).

GARIDELIA PHÆCOX (Portugais bleu).

GARIDELTRAUBE FRÜHREIFE (Portugais bleu).

GARIDELITRAUBE SPITZBLATTRIGE (Argant).

GARNACHA (Grenache)................. VI. 285

GARNACHA DEL PAÏS (Beni Carlo)............. *D.*

GARNACHO (Grenache)................ VI. 285

GARNACCIA (Vernaccia).................... *D.*

GARNET. — Hybride créé par T.-V. Munson.

GARNSTON BLACK HAMBURGH (Frankenthal).

Gârny. — Cépage à raisins noirs, peu cultivé pour la cuve et donnant un vin très acide à Erivan (Russie).

GÂRNY-CHIRASSY (Schiradzouli).

GAROFANO (Malvoisie blanche ?).

GAROFOLETTA (Malvoisie blanche ?).

GARRAFAL. — Ancien cépage du Douro (Portugal) ; disparu actuellement. — D. O.

Garrana. — Cépage espagnol de la région d'Alicante, d'après Abela y Sainz.

GARRIDA (Jaen)................... VI. 108

GARRIDO. — Nom de cépage espagnol de Huelva, d'après Abela y Sainz.

GARRIGUA (Pécoui-Touar)............ IV. 233

GARRIGUE (Pécoui-Touar)............ IV. 233

GARRILLA (Jaën)................... VI. 108

Garrio macho. — Cépage espagnol de Mogue, d'après Abela y Sainz.

GARRIQUE (Pécoui-Touar)............. IV. 233

GARROL, GARRUT. — Noms de vignes espagnoles de Barcelone, d'après Abela y Sainz.

GARSTON BLACK HAMBURGH (Frankenthal). II. 127

GARVAN (Mavroud).................. VI. 402

Garzas. — Cépage espagnol de Lerida, d'après Abela y Sainz.

GASCON (Teinturier mâle)............ III. 363

GASCON (Franc noir de l'Yonne).

GASCON (Mondeuse)................. II. 274

GASCON (Muscadelle).

Gaspar. — Syn. : *Grapino.* — Cépage peu répandu dans les Basses-Pyrénées, à Gan et à Gelos ; il est très productif, à vin ordinaire ; raisin d'un rouge clair. — A. B.

Gaston Bazille. — Hybride de Riparia, porte-greffe sans valeur et jamais propagé ; feuilles cordiformes, entières, glabres sur les deux faces ; petite grappe à très petits grains d'un noir pruiné.

Gateta........................... V. 353

GÂTINAIS (Melon).

GATTA. — Nom de cépage italien de la région de Padoue. — J. R.

GATTA ALIONZA (Alionza)................... *D.*

Gattinara. — Cépage italien, à raisins noirs, cultivé à Voghera. — J. R.

GATTINERA (Gattinara)..................... *D.*

GAU (Gouais)........ .... IV. 94

GAUCHE (Gueuche).................. III. 357

GAUCHE (Sacy)...................... IV. 24

GAUCHE BLANC (Aligoté).

GAUCHE VERT (Aligoté).

GAUCHÉ NOIR (Pinot).

GAUDIO, GAUEB. — Noms de cépages du Catalogue des vignes du Luxembourg.

Gaulois. — Vinifera $\times$ Rupestris. Cépage très fertile importé d'Espagne en 1892 et multiplié par M. Jean Esquerré. Sensible aux maladies cryptogamiques, il demande soufrages et sulfatages ; sa résistance au phylloxéra est peu connue. Débourrement moyen et maturité de 2ᵉ époque ; grappes sur-moyennes, très longues, pouvant dépasser 40 cent. ; grains noirs à jus blanc. — J. R. C.

GAUME (Gamay)

GAUMET FRÉAUX (Fréaux).............. III. 42

GAUMBY (Gamay Beaujolais).......... III. 6

GAURANA (Falerna)........................ *D.*

GAURANÆ. — Groupe de vignes citées par Pline.

GAVRAN (Gak)......................... *D.*

Gavrane. — Cépage à raisin noir produisant un vin commun à Bortchalo (Russie). — V. T.

Gayata. — Cépage espagnol cultivé à Murcie, d'après Abela y Sainz.

GAYSSEHIN (Tibouren)................. II. 179

Gazavi. — Cépage de la Palestine, à raisins noirs; feuilles moyennes, peu lobées, à bords incurvés, aranéeuses en dessous ; grappes grosses, serrées, cylindriques ; grains moyens, sub-sphériques, un peu allongés, d'un rouge violacé, très pruinés; originaire de Gaza, il est peu répandu en Syrie. — N.

GAZAOUI (Gazavi)........................ *D.*

Gazelle. — Hybride américain de Rickett, à grande grappe et à raisins blancs, pulpeux, foxés.

GEACUSELTER (Vörös Kek).................. *D.*

GEISSDUTTE BLAUE (Pis-de-chèvre rouge).. IV. 88

GEISSDUTTEN (Pis-de-chèvre blanc)...... IV. 91

GEISSDUTTE MÄCHTER (Augster).

GEISLER (Chasselas doré).

GELBALBEN (Elbling)................. IV. 168

GELB ELBLING (Elbling)................. IV. 168

GELBEDLER (Savagnin jaune)........... IV. 301

GELBER ELBEN (Elbling)............... IV. 168

GELBERFÜTTERER (Kniperlé)........... VI. 72

GELBER MOSELER (Kniperlé)........... VI. 72

GELBER MUSKATELLER (Muscat blanc)..... III. 373

Gelber Sylvaner (Sylvaner).......... II. 363

Gelbe sciden traube (Lignan).

Gelbgrodes (Elbling)................ IV. 168

Gelbhölzer (Blauer Räuschling)....... V. 229

Gelbhölzer blauer. — Syn. *Kläpfer.* — Raisin de cuve signalé par Trummer et Babo. Caractérisé par son bois jaune pâle un peu grêle, des feuilles pentagonales, moyennes, peu découpées ou à 3 lobes, glabres sur les deux faces, d'un vert pâlissant de bonne heure et bordé de rose ; portées sur un pétiole vert un peu court, elles ont un sinus pétiolaire presque toujours ouvert ; denture courte, alterne ; fruits moyens ou petits, peu serrés, à petits grains ronds un peu discoïdes, pruinés de bleu. Nous avons reçu ce cépage du Tyrol ; sa production est chez nous assez faible et réduite par la coulure ; sa maturité est postérieure de 4 à 6 jours à celle des Gamays. — A. B.

Gelb Traminer (Savagnin jaune).

Gelle el their. — Cépage de la Syrie. — Al. B.

Gelsomina. — Nom de cépage du Vésuve. — J. R.

Gemeinès. — Nom de cépage rouge cité par Bosc pour le Haut-Rhin, au xviii° siècle. — J. R. C.

Gemeiner (Furmint)................ II. 251

Gemeiner Gutedel (Chasselas doré)..... II. 6

Gemeines Elbig (Elbling)............. IV. 163

Gemeine traube (Elbling)............. IV. 163

Gemeiner Vernatsch (Schiava)......... III. 337

Gemineum eugenæum. — Nom de cépage cité par Caton l'Ancien au ii° siècle avant J.-C.

Genastrola. — Nom d'ancien cépage italien cité par Gatta. — J. R.

Genat (Chardonnay).

Genat (Gouais).

Gencibel (Palomino).

Genciber de Aragon (Palomino).

Gencibera (Palomino).

Gendarme (Chaouch).

Generbera. — Nom d'un cépage espagnol (?) du Catalogue des vignes du Luxembourg.

Général de La Marmora............... III, 288

Général La Marmora (Général de La Marmora)......................... III. 288

Generoide veronese (Muscat d'Alexandrie).

Generosa (Muscat blanc).

Genet blanc. — Nom de cépage cité par J. Guyot pour Seine-et-Marne.

Genetin (Malvoisie blanche ?).

Geneva. — Hybride américain de Labrusca et de Muscat d'Alexandrie, créé par J. Moore ; grappe moyenne, cylindrique ; gros grains ovales, d'un jaune clair, à peau épaisse et pruinée, pulpeux et foxés.

Genevose (Genovese)................ V. 309

Genneser weisser (Chaouch musqué).

Gennetins. — Vignes citées par La Quintinye au xvii° siècle. — J. R. C.

Genoilleré (Genouillet)................ VI. 147

Genoilleret (Genouillet).............. VI. 147

Genoilllet (Genouillet).............. VI. 147

Genou de Berthe (Calitor noir).

Genouillé (Genouillet)................ VI. 147

Genouilleret (Genouillet)............. VI. 147

Genouillet........................ VI. 147

Genouillet gris...................... VI. 149

Genouillet noir (Genouillet)........... VI. 147

Genouillet rouge du Berry (Genouillet). VI. 147

Genova. — Nom du Catalogue des vignes du Luxembourg, donné pour un cépage espagnol (?).

Genovese .... V. 309

Genovesilla (Genovese).............. V. 309

Genoyère (Genouillet)............... VI. 147

Gentil aromatique (Riesling)......... II. 247

Gentil blanc (Cargajola blanc)........ V. 259

Gentil blanc (Chardonnay).......... IV. 6

Gentil blanc (Savagnin jaune)........ IV. 301

Gentil brun (Riesling).

Gentil duret (Savagnin rose).

Gentil (Ugni blanc).

Gentil gris (Pinot gris).

Gentil noir (Pinot noir).

Gentil rose (Savagnin rose).... ...... IV. 302

Gentil vert (Sylvaner)............... II. 363

Genueser blanc (Genovese)......... V. 309

Genuai feher, Genuai kék, Genuai szagos. — Noms synonymes de cépages hongrois (?).

Gerardina. — Nom de vigne italienne de Vicence, cité par Acerbi.

Gerbe d'or (Hybride Castel n° 1113)......... D.

Gerganja (Gouais blanc).

Gerico. — Nom de cépage de collines d'Albana (?). — J. R

German black (York madeira)............... D.

Germanica præcox (Lignan).

Germann wine (York Madeira).............. D.

Germano (Pelaverga ?).

Geronima dorata (Geronimas)................ D.

Geronimas. — Cépage blanc de Malaga, d'après Abela y Sainz.

Gerosolemitana (Néhelescol).

Gerosolomitana bianca, de Tavara (Muscat d'Alexandrie).

Gerosolomitana nera. — Nom de vigne sicilienne de Syracuse, mal déterminée.

Gersette noire. — Nom de cépage cité par divers auteurs pour la région de l'Ain (?).

Gersolime. — Nom de vigne italienne.

Gerusalem (Nehelescol).

Gerusalemme (Néhelescol).

Gerusalemme bianca (Muscat d'Alexandrie).

Geschlacht Elbling (Elbling).......... IV. 167

GESCHLACHTER BURGER (Elbling)........ IV. 166
GESCHLAFENE (Rossara).................... D.
GESCHLITZBLÄTTRIGER GUTEDEL (Chasselas cioutat).
GESCHLITZTER GUDETEL GRÜN (Chasselas cioutat).
GEVENOSE (Genovese)................. V. 309
Gewürz Riesling (Riesling).
GEWÜRZTRAMINER (Savagnin rose)....... IV. 301
GEWURZTRAMINER PARFUMÉ ROSE (Savagnin) IV. 309
GEWÜRZTRAUBE (Riesling)............. II. 247
GEYSSERIN (Tibouren).
GHASTELVIT VERONESE. — Nom de vigne italienne cité
     par Acerbi.
GHEOGHI-GHIOVREG (Scuturatoare)........... D.
Gherpella. — Cépage italien à raisins noirs de la
     région de Modène. — J. R.
GHERPELLONA NERA. — Nom de vigne italienne de
     Mirandole (Modène). — J. R.
GHERSTARIZZA GROSSA, PICCOLA. — Noms de vignes
     italiennes de l'Istrie, cités par Acerbi.
GHIANA (Piede di Palumbo).
GHIAXARA (Aglianico).................. V. 81
GHIANDA (Aglianico).................. V. 81
GHIANDARA (Aglianico)................ V. 81
GHIARA D'ADDA (Nebbiolo).
GHIARIIA (Zghihara)....................... D.
GHIOTTA (Caccio).
GHIOTTO (Canaiolo).
GHIRIGHICCHIO. — Nom de cépage italien de la région
     de Sienne (Bulletin ampélographique, IX).
Ghyftasprouda. — Cépage blanc cultivé pour la cuve
     à Karpennissi (Grèce). — X.
GIAC (Tetrastigma Godefroyanum)..... I. 58
GIACHIN NERO (Fresa).
GIACOMINO (Buonamico)............... IV. 73
GIALLA (Ugni blanc).
GIALLO (Verdicchio).
GIAMELOT, GIAMELOTTO (Mossano)........... D.
GIANCAROTTA, GIANCAROTTA PADULESCA. — Noms de
     vignes italiennes, citées par Acerbi pour les Cinq-
     Terres.
GIANCASSA, GIANCHETTA (Malvoisie ?).
GIANCHETTO (Bianchetto).
GIANT LEAF (Riesenblatt)................. D.
GIARDINO. — Nom de cépage du Haut-Novarais
     (Italie). — J. R.
GIAUCHE (Heunich).
GIBERT, GIBERTIN. — Deux noms de cépages (?) cités
     pour la Lozère par Hardy.
GIBI (Muscat d'Alexandrie).
GIBIDE MUSCAT (Augibi)................. IV. 78
GIBOU (Hibou).
GIBOUDOT BLANC (Aligoté)............. II. 51
Giboudot noir. — Variation du Pinot, de la Côte cha-
     lonnaise, d'après V. Pulliat ; à grain plus petit,
     plus sucré, et à saveur plus relevée.
GIBOULOT (Giboudot noir)................. D.

GIBRALEÃO — Cépage portugais, inconnu aujour-
     d'hui, cité au XVIIIe siècle, par J. Pacheco. — D. O.
Gibraltar noir. — Raisin obtenu par Strub ; grains
     longs de 26/16 ; cépage vigoureux, mais tardif
     et de faible production. — A. B.
Gierniolat. — Raisin blanc précoce obtenu de semis
     par Rudler. Cultivé par nous à Pontailler, il nous
     a paru assez intéressant, au moins comme raisin
     de table, en raison de sa précocité, supérieure de
     10 à 15 jours à celle du Chasselas, de sa faci-
     lité de transport en raison de l'épaisseur de sa
     pellicule et de la forme originale de ses baies, très
     ovoïdes et croquantes, de 20/17. La grappe n'est
     que moyenne et sa fertilité a besoin d'être stimulée
     par l'allongement de la taille. Ce cépage rappelle
     superficiellement le Chasselas, mais ses feuilles
     jaunissent de bonne heure, sont épaisses et plus
     découpées, à longs pétioles forts, de même que les
     nervures et les pédoncules ; grappes moins serrées
     et plus courtes. La forme particulière de ses baies
     l'en distingue à première vue. — A. B.
GIGANTE. — Nom de cépage de la région de Béné-
     vent (Italie). — J. R.
GIGANTEA (Voir V. Coignetiæ).
Gijona. — Cépage espagnol de Murcie, d'après Abela
     y Sainz.
Gijoso. — Cépage espagnol de Barcelone, d'après
     Aèela y Sainz.
Gill Wylie. — Hybride américain de Concord et de
     Vinifera, sans valeur.
Gilt Edge. — Hybride d'Æstivalis et de Labrusca,
     semis de Delaware ; grains d'un blanc jaunâtre,
     petits.
GIMARESTA. — Raisin de table cité par Pierre de
     Crescence au XIIIe siècle.
GIMRAH. — Nom (?) du Catalogue des vignes du
     Luxembourg.
GINECEY (Troyen)................... IV. 51
Ginestra. — Cépage à raisins blancs des régions
     napolitaines, cité par Acerbi, cultivé encore parmi
     les meilleurs raisins. — J. R.
GINNAREMO. — Nom de vigne cité par Pierre de
     Crescence.
GINOUX D'AGASSE (Pécoui-Touar)........ IV. 233
GIOIA ROSSICIA. — Nom de cépage du Vésuve. — J. R.
GIOLINA (Cornichon blanc).
GIOMELLOTO, GIOMELTATO (Mossano)........... D.
GIONCAROTTA — Nom de cépage de la rivière de
     Gênes.
GIONEA (Fuella).
GIOVANNA, GIOVANNI, GIOVETANA, GIOVETO (Sangioveto).
GIRANSON (Petit noir)................. III. 243
Girdiana.................................. I. 318
GIRD'S GRAPE (Girdiana).............. I. 318
GIRICO BIANCO. — Nom de cépage des Pouilles (Italie).
     — J. R.

Giridada (Nebbiolo).
Giro (Cargajolo).................... V. 259
Giro calaritana (Giro niedda).
Giro commune (Giro niedda).
Girodino (Grignolono).

Girone. — Cépage sicilien, d'après V. Pulliat, caractérisé par ses grandes feuilles, bullées et tourmentées, trilobées et à sinus étroit, le sinus pétiolaire fermé; grappes surmoyennes, rameuses, cylindriques, lâches; grains gros ou très gros, olivâtres, fermes, d'un jaune tacheté de roux; maturité de 3ᵉ époque.

Girone commune (Giro niedda)............... D.
Girone commune rosso (Girone)............... D.
Girone di Spagna (Girone).................. D.
Giro nero (Giro niedda)

Giro niedda. — Cépage de la Sardaigne que V. Pulliat dit caractérisé par des feuilles moyennes, glabres sur les deux faces, quinquelobées et à sinus profonds, sinus pétiolaire ouvert; grappe surmoyenne, rameuse, cylindro-conique; grains surmoyens, un peu ellipsoïdes, fermes, peau épaisse, résistante, d'un rouge foncé; maturité de 3ᵉ époque.

Gitana. — Nom de vigne sicilienne cité par Mendola.
Giuache (Heunisch)

Giugnese. — Vigne italienne de la région napolitaine; vigoureuse, à feuilles grandes, quinquelobées; grappe moyenne, conique, ailée; grains moyens, obovoïdes ou ellipsoïdes, d'un vert jaunâtre, pruineux. — M. C.

Giugnettina (Luglienza).
Giuradada (Nebbiolo).

Giustilisa bianca. — Cépage sicilien de la région de Syracuse, d'après le baron Mendola. V. Pulliat le dit caractérisé par une grappe moyenne, cylindro-conique, compacte; des grains surmoyens, subellipsoïdes, fermes, à peau épaisse d'un beau jaune; maturité de 2ᵉ époque.

Giustilisi. — Cité par Acerbi parmi les cépages italiens de Termini.

Glacier (Glacière).
Glacier blanc (Panse).
Glacière............................ V. 306
Glacier noir (Danugue).
Gland (Pis-de-chèvre).
Gland (Jeloudevi)....................... D.
Glasschwarz (Pinot).
Glavinassa. — Nom de vigne de la Dalmatie.

Glenfield. — Semis accidentel de Labrusca, à gros grains ronds, d'une teinte grisâtre, pruinés, pulpeux et foxés.

Glera bianca, secca. — Noms cités par Acerbi pour Trieste et Udine.

Glianica, Glianico, Glianicone (Aglianico).

Glicère blanc, noir. — Raisins à grains ronds, obtenus de semis par Strub; il en existe une variété

blanche et une noire; médiocre et tardif. — A. B.

Glockauer (Furmint).
Gloire (Riparia Gloire)............... I. 424
Gloire de Touraine (Riparia Martineau).

Gloria. — Nom de cépage cité par Soderini au xivᵉ siècle, caractérisé par une dépression aux deux pôles (discoïde). — J. R.-C.

Gloriod. — Décrit comme Gamay blanc, t. III, p. 25. La multiplication de cette variété, où Pulliat avait cru reconnaître, à Gy (Haute-Saône), en 1895, le Gamay blanc vrai, a révélé sa véritable nature. C'est plutôt un cépage spécial, assez différent des Gamays, et qu'il convient donc de désigner par un nom particulier, celui de l'humble jardinier Gloriod qui le signala le premier aux ampélographes. Bien que son feuillage, plus floconneux, ait la forme de celui des Gamays, mais avec une glaucescence très accentuée, ce cépage en diffère surtout par son bourgeonnement plus blanc, l'aspect rose de son bois et de ses pétioles, et par ses fruits plus petits et plus coulards, à grains blancs ellipsoïdes, très tiquetés et de dimensions plus petites que celles du Gamay, 14/13 en moyenne contre 16/14. — A. B.

Glybari. — H. Gœthe donne ce cépage comme originaire de la Grèce (?).

Glycada. — Cépage grec, à raisins blancs, cultivé pour la table aux îles Cyclades. — X.

Glycère. — Nom de catalogue de pépiniéristes, probablement la Glacière ou le Chasselas Gros Coulard.

Glycostaphyllo. — Cépage originaire de la Turquie, à grandes feuilles presque entières, très duveteuses en dessous; grappe moyenne, cylindro-conique, serrée; grains surmoyens, allongés, cylindriques, d'un rouge très foncé; chair fondante, jus sucré; très sujet à la coulure; différerait du Rosaki. — J. M. G.

Gmaresta (Verjus).

Goccia d'oro. — Cépage tyrolien à raisins blancs cité par Acerbi comme originaire du Tyrol. — J. R.

Godaotoûri. — Cépage russe de la Mingrélie, cultivé pour la cuve et à raisins rouges; feuilles quinquelobées; grappe moyenne, ailée, lâche, peau fine, d'un rouge châtain au soleil, sucré; bon vin rouge alcoolique, bouqueté; le plus réputé de la Mingrélie; peu fertile. — V. T.

Godelho. — Cépage portugais à raisins blancs, cultivé surtout dans l'Alemtejo, où il est très productif et donne un assez bon vin. — D. O.

Godelho escadeado. — Cépage blanc de l'Alemtejo, cultivé surtout à Lamego. — D. O.

Godenho (Agudelho)...................... D.

Godilho. — Cépage portugais de l'Algarve. — D. O.

Godinho duro. — Cépage blanc signalé à Monça

par Lacerda Lobo, en 1790 ; disparu aujourd'hui.
— D. O.

Godinho mollar. — Cépage blanc de l'Alemtejo
(Portugal). — D. O.

Godovatoouri. — Cépage de la Mingrélie (Russie), à
raisin noir, très cultivé pour la cuve dans la vallée
du Tékhour. — V. T.

Goë (Gouais)...., ... IV.   94

Gœrtner. — Hybride américain, n° 14 de Rogers,
obtenu par le croisement du Chasselas et du
Labrusca ; sans valeur.

Goet (Gouais)........................ IV.   94

Gœthe. — Hybride de Rogers n° 1 ; une variété assez
cultivée aux États-Unis ; à gros grains, oblongs,
d'un rose grisâtre, pruinés, pulpeux et foxés ;
grappe de grosseur moyenne.

Gööbary uzüm (Kracher)................... *D.*
Goher (Augster).... .... *D.*
Goher blanc hatif (Augster)............... *D.*
Goher feher (Augster).. .... *D.*
Goher fekete (Augster)................... *D.*
Goher kek (Augster)..................... *D.*
Goher noir (Augster).................... *D.*
Goher szöllö (Augster)................... *D.*
Gohet (Gouais)...................... IV.   94
Goi (Heunisch)........................ *D.*
Goin (Enfariné).... .... II.   392
Goix (Enfariné)...................... II.   392
Goix (Gouais)....................... IV.   94

Golden Berry. — Semis de Hartford, à raisins blancs ;
sans valeur.

Golden Champion.................... III.   114

Golden Clinton. — Variation de Clinton ; sans valeur,
à grains d'un gris blanchâtre.

Golden Concord. — Semis de Concord, à grains
blancs, très inférieur comme cépage.

Golden Coin. — Hybride de Nortons et de Martha,
à caractères dominants d'Æstivalis, créé par
T.-V. Munson ; grains d'un jaune doré.

Golden drop. — Hybride de Labrusca, à petits grains
ronds, juteux, peu foxés.

Golden Gem. — Semis de Delaware, à grains d'un
jaune doré, petits, juteux, un peu parfumés.

Golden Hamburg (Lignan blanc)....... III.   69
Golden Pocklington (Pocklington)........... *D.*

Golden Queen. — Hybride de Black Alicante et de
Ferdinand de Lesseps, créé par Pearson en 1876,
dans les serres anglaises ; tardif, musqué ; grappes
moyennes ; grains surmoyens, ovales, d'un jaune
grisâtre clair ; a été peu propagé dans les forceries.

Goldmuskat......................... II.   250
Goldriesling........................ II.   250
Goldtraube (Honigler).................. *D.*
Gollandski (Golden Champion)........ III.   114
Golograncica (Sopatna).
Goméchy-mâma (Iptsa-Psouk)............. *D.*

Gomié (Romorantin).
Gommet (Romorantin).
Gommier (Romorantin).
Gonçalo Pires........................ II.   306
Gondelho. — Ancien cépage portugais du xviii⁰ siècle ;
disparu du vignoble. — D. O.
Gondoin (Gamay d'Orléans).
Gondran (Péloursin)................. VI.   87
Gondreau (Durif).
Gonet (pour Gouet ou Gouais).
Gonfiabotte (Canaiolo).
Good black grape (Eumelan)............... *D.*
Gorbe szölö feher (Cornichon blanc).... IV.   315
Gordal (Perruno).
Gorda. — Cépage portugais de la collection de
Coïmbre. — D. O.
Gordan......................... IV.   140
Gordan alb (Gordan)................. IV.   140
Gordan-mare (Gordan)............... IV.   140
Gordan mic (Gordan)................. IV.   140
Gordan negru (Negru Vertos).......... III.   138
Gordin (Timpurie).................. III.   135
Gordin Gurguiat (Timpurie).......... III.   135
Gordin marunt (Timpurie)............ III.   135
Gordinal (Timpurie)................ III.   135
Görény (Furmint).................... II.   251
Gorgan (Gordan)................... IV.   140
Gorgoglio, Gorgolasca. — Cépages toscans (?).
Gorgonese. — Cité par Acerbi parmi les cépages
italiens des Cinq-Terres.
Gorgottesco. — Cépage toscan, à raisins noirs. —
J. R.
Goriss-Twala. — Cépage russe du Gouriel, à grappe
moyenne, cylindro-conique ; grain moyen, ellip-
soïde, vert teinté de jaune à la maturité ; très fer-
tile, tardif et à vin médiocre. — V. T.
Goristjic (Kölner).
Goris toilé (Goriss-Twala)................ *D.*
Goricine. — Cépage du Don (Russie), rouge, de
2ᵉ époque de maturité, cultivé pour la cuve ;
grande grappe conique, rameuse, à grain moyen,
très juteux, pourrissant vite. — V. T.
Gornisch, Gornisu (Jardovan).
Gorogranshzha (Sopatna).
Goron (Grec rouge).
Goron rouge (Hibou ?).
Gorosolomitana bianca (Salamanna).... III.   155
Gorotana. — Cépage à raisin noir, cultivé pour la
cuve en Mingrélie (Russie). — V. T.
Goroula. — Cépage du Caucase, à raisin blanc, cul-
tivé pour la cuve à Tiflis ; assez résistant à l'oï-
dium. — V. T.
Gorouly (Goroula)..................... *D.*
Gorró. — Cépage espagnol de la région de Barcelone.
Gorsky-biély (Akk-Isioum)............... *D.*
Gortzanos blanc, noir. — Cépages précoces cultivés

pour la table et pour la cuve en Étolie (Grèce).
— X.

Gorouli (Goroula)....·..................... *D.*

Gorune. — Raisin noir de cuve du Don (Russie). —
B. T.

Gospinsza (Burgunder früher)............... *D.*

Got (Gouais)....................... IV. 94

Got noir (Côt)........................... VI. 6

Got noir (Enfariné)................... II. 392

Gouache (Gouais)................. .... IV. 94

Gouai (Gouais)....................... IV. 94

Gouais........................... IV. 94

Gouais (Gueuche)................... III. 357

Gouais a côte rouge (Enfariné)........ II. 394

Gouais a côte verte (Enfariné)........ II. 394

Gouais a fleur (Enfariné)............ II. 394

Gouais a fleur (Gouais)............... IV. 94

Gouais a fruits ronds (Gouais)........ IV. 99

Gouais a fruits larges (Gouais)....... IV. 99

Gouais blanc (t. IV, p. 94). — Depuis la rédaction de
cette étude, nous avons pu vérifier que le Gouais
blanc avait une aire d'extension beaucoup plus
étendue que nous ne le présumions alors. Nous
l'avons successivement retrouvé, avec de légères
variations dues à la sélection, dans le *plant de
Séchex* et le *Coulis*, qui composent la majeure partie des cultures en hautains ou *crossons* d'Evian et
environs, dans le *Guay jaune* du Valais, répandu à
Sion et environs, le *Gouget* blanc du Cher (IV, 364)
et même le *Wippacher* de la Croatie. Ses variétés
paraissent avoir des aptitudes œnologiques inéga-
lement médiocres, mais malgré sa belle production, ce cépage est néanmoins à rejeter en raison
de sa sensibilité au botrytis et surtout de la fai-
blesse de ses vins, très acides et pourtant fort
sujets à la casse et à la graisse, qui ne constituent
généralement qu'une piquette sans qualités mar-
chandes. — A. B.

Gouais blanc (Pis-de-Chèvre blanc).... IV. 91

Gouais blanc (Elbling)............... IV. 163

Gouais de Mardeuil (Gouais).......... IV. 99

Gouais jaune (Gouais)............... IV. 99

Gouais long blanc (Gouais)............ IV. 99

Gouais long noir (Gouais)............. IV. 99

Gouais long rose (Gouais).......... ... IV. 99

Gouais long violet (Gouais)........... IV. 99

Gouais noir (Enfariné)................ II. 392

Gouais noir (Gouais)................. IV. 99

Gouais noir de l'Aube (Enfariné)....... II. 392

Gouais rond blanc (Gouais)........... IV. 99

Gouais rond noir (Gouais)............ IV. 99

Gouais rond rose (Gouais)............ IV. 99

Gouais rond violet (Gouais)........... IV. 99

Gouais violet (Enfariné)............. II. 392

Gouais violet (Gouais)................ IV. 99

Gouas (Elbling).

Gouas (Gouais)...................... IV. 99

Gouaulx (Gouais).................... IV. 95

Gouault (Chardonnay).

Goubiat (Cinsaut).

Gouche blanche (Guy blanc)........\...... *D.*

Goudrau (Durif).

Goué (Gouais)...................... IV. 94

Goues (Gouais)...................... IV. 95

Gouest (Gouais)..................... IV. 94

Gouest Salviatum (Gouais)........... IV. 99

Gouest Saugé (Gouais)............... IV. 99

Gouet. — Cépage de la Haute-Loire, très différent
des Gouais dont il se distingue à première vue
par sa grande vigueur, ses feuilles quinquelobées
à face inférieure aranéeuse, et ses grappes volumineuses, à gros grains serrés; maturité plus tardive
de 8 à 10 jours. Très fertile à taille longue, ce
cépage ne peut être intéressant que dans la région
méridionale. — A. B.

Gouet (Gouais)..................... IV. 94

Gouet (Enfariné).................... II. 392

Gouet (Ugni blanc).

Gouette (Gouais).................... IV. 96

Gouge (Gouais)..................... IV. 94

Gougean........................... IV. 361

Goujean (Gougean).................. IV. 361

Gouge blanc (Gouget blanc).......... IV. 364

Gouge noir (Gouget noir)............ V. 106

Gougenot........................... IV. 121

Gouget blanc........................ IV. 364

Gouget noir......................... V. 106

Gouhort (Mauzac)................... II. 143

Gouillaud (Gouais).................. IV. 94

Gouïnche. — Cépage de l'Isère, d'après V. Pulliat;
grappe moyenne, serrée; grains surmoyens,
sphéro-ellipsoïdes, fermes, d'un vert blanchâtre;
maturité de 2e époque.

Gouin rouge. — Nom inexact du Catalogue des
vignes du Luxembourg.

Goujean (Meunier)................... II. 383

Goulaff. — Raisin de table de Térek (Russie). — V. T.

Gouliâby. — Cépage russe du gouvernement d'Érivan, à raisin noir, de 2e époque tardive de maturité, cultivé pour la cuve; grosse grappe à gros
grains sphériques, d'un rose rougeâtre foncé,
très sucrés. — V. T.

Gouligny (Troyen).................. IV. 51

Goulu blanc (Colombard)............ II. 216

Goulu blanc (Petit Sémillon)......... II. 227

Goulu noir (Mornen noir)............ II. 173

Goul-wortawack. — Raisin rose, de table et de cuve,
de la Perse. — B. T.

Gouney (Gamay Beaujolais).......... III. 6

Goundoulenc (Gris de Salces).

Gourdaux, Gourdoux (Côt)........... VI. 6

Gousseïny-ack (Houssein)................. *D.*

Goustoulidi. — Cépage blanc cultivé pour la cuve à Zante (Grèce). — X.

Gouveio meleno. — Variation de Gouveio (t. II, p. 308), un peu moins régulier comme production que ce dernier, un peu plus alcoolique, mais moins fin. — Feuilles quinquelobées de dimensions moyennes, épaisses, sinus supérieurs peu profonds, les secondaires à peine indiqués ; sinus pétiolaire en U profond ; face inférieure à duvet aranéeux assez abondant ; les fruits se distinguent de ceux du Gouveio par des grappes un peu plus petites et cylindriques ; les grains sont un peu plus arrondis et les pédicelles plus courts. — D. O.

Gouveio pardo. — Cépage très rare actuellement dans le Douro supérieur (Portugal). — D. O.

Governor Ross. — Semis de Triumph, obtenu par T.-V. Munson ; sans valeur particulière.

Gox noir (Chamoisin).

Goycon (Meunier).

Gôy-Izoum. — Cépage d'Élisabetpol (Russie), à raisin gris rose foncé, cultivé pour la cuve. — V. T.

Grabagina bianca. — Cépage italien à grappe longue, conique, à grains blanc clair, moyens. — J. R.

Gradesca. — Nom de cépage italien de la région de Modène. — J. R.

Græcula. — Cité par Pline.

Gragnan (pour Carignan ?).

Gragnolo (Grignolo).

Graham. — Semis de Labrusca, à raisins d'un rose pourpre mat ; sans intérêt.

Grain d'orge. — Nom de cépage du Jura, cité par Ch. Rouget.

Graisseux. — Nom cité par Odart pour un cépage du Berry (?).

Graisse blanc (Ugni blanc).

Gramet. — Cépage espagnol de Lérida, d'après Abela y Sainz.

Grammler. — Cité comme cépage cultivé dans les collections de Klosterneuburg, à Vienne.

Grana bianca. — Nom de vigne italienne cité par Acerbi.

Granatina. — Nom de cépage des Abruzzes, mal déterminé. — J. R.

Grand Benada noir (Mourvèdre).

Grand Carmenet (Carmenère).

Grand Chatus (Corbel).

Grande Arvine (Sylvaner).

Grand Guillaume (Cornichon).

Grand Mornain blanc (Rauschling).

Grand noir de Lorraine (Pinot Saint-Laurent).

Grand Pinot (Chenin).

Grand Verrot (Tressot).
Granelate. — Cépage signalé par Pierre de Crescence au xiiie siècle. — J. R.-C.

Granella. — Nom de cépage italien de Fermo. — J. R.

Granello. — Nom de cépage italien de Toscane. — J. R.

Graneba. — Nom cité par Acerbi pour un cépage de la Lombardie.

Granfaone. — Nom de cépage florentin (Italie). — J. R.

Grangbal. — Nom de cépage portugais, inconnu actuellement. — D. O.

Grano Alicante. — Nom de cépage italien cité par Acerbi.

Granolata (Clairette blanche)........ V. 55
Granolino nero. — Nom de cépage du Piémont. — J. R.

Granoxa (Grenache).
Grappanous. — Nom de cépage cité par Odart pour le département du Doubs.
Grappe noire (Kadarka).
Grappenoux. — Cépage du Jura, signalé par L. Rouget; mal déterminé.
Grappirosso, Grappoli, Grappolino, Grappolone, Grappolungo, Grapposa. — Divers noms de cépages italiens, mal définis ou non déterminés.
Gras. — Cépage peu important dans les Basses-Pyrénées, à Gan, Capbis...; il produit des grappes énormes, mais les grains sont peu sucrés et fades. — A. Br.

Grasseno. — Cépage noir de la vallée moyenne du Var, donnant un vin excellent, présentant quelque analogie avec le Bourgogne; très résistant aux maladies; demande la taille courte. — Sarments moyens, à nœuds saillants; feuilles larges, épaisses, peu découpées, fortement duveteuses à la face inférieure; pétiole long et garni de poils; grappe moyenne, conique, ailée, dense, à grains assez gros, globuleux, avec une peau mince, de couleur noire, légèrement pruinée. Ce cépage, peu sujet à la pourriture, est régulier de production. — L. B. et J. G.

Grassello, Grassera, Grassetta, Grassino. — Noms de cépages italiens, non déterminés.

Grasson. — Nom de cépage du Catalogue des vignes du Luxembourg.

Grasz (Kövér szölö).
Grattolilla, Grattulidda, Grattulilla. — Nom de vigne sicilienne, de Termini, d'après Mendola.
Grauglafiner. — Nom de cépage du Haut-Rhin, à grains gris (Pinot gris?), cité par Bosc au xviiie siècle. — J. R.-C.

Grau grober (Elbling).

Graubunsch (Heunisch).

Grau Kläfner, Grau Klävner (Pinot gris).

Grautler blauer (Gouais).

Grautokayer (Pinot).
Grayson. — Hybride américain créé par T.-V. Munson.
Grdzell-Mtéviani. — Cépage blanc de cuve, cultivé à Ratcha (Russie). — V. T.

Gré (Grec rouge).

Gre bianco, Gre bigio. — Noms de cépages italiens mal connus. — J. R.

Grec (Perruno).

Grec (Pinot gris).

Greca (Chasselas cioutat).

Greca (Ugni blanc).

Grecade Somma, de Napoli, de Termini (Ugni blanc ou Trebbiano).

Grecagna (Forcinola).

Greca mascolina bianca (Pignolo).

Grecani. — Cépage de la Sicile, à grain surmoyen, subellipsoïde, d'un noir foncé pruiné sur grappe moyenne, un peu serrée; maturité de 3ᵉ époque (d'après V. Pulliat).

GRECANICA BIANCA, NIURA, GRECANICO, GRECA NOSTRALE. — Noms de cépages siciliens, probablement le Grecani.

GRECARI (Nirello ?).

GRECA ROSEA, GRECA ROSSA (Grec rouge). III. 277

Grecau niuru. — Cépage sicilien, cultivé surtout à Riposto, à maturité de 3ᵉ époque, à grains plus petits que ceux du Grecani, noir foncé et pruinés (d'après V. Pulliat).

GREC BLANC (Grec rouge)............... III. 278

GREC DE LIMIDI (Grec rouge).

GRÈCE BLANC. — Donné par H. Marès comme un cépage défini (?).

GRECHETTO. — Nom de vigne italienne de Castelfidardo.

GREC NOIR (Aramon).

Greco bianco. — Syn. : *Greco bianco di Tufo.* — Cépage des régions méridionales de l'Italie, surtout dans la région d'Avellino, très estimé et très cultivé à cause de la qualité relevée de son vin d'un beau jaune doré; c'est probablement l'*Aminæa gemella* des auteurs anciens; c'est lui aussi qui était cultivé, au 1ᵉʳ siècle avant notre ère, sur les flancs du Vésuve; grappe serrée, cylindrique, petite, ailée et à grande aile; grains petits, sphériques, d'un jaune doré, brûlé du côté du soleil. — M. C.

GRECO BIANCANO (Greco bianco).............. D.

Greco bianco di Cosenza. — Cépage différent du précédent par la feuille plus petite, par la grappe conique, non ailée, surmoyenne, par les grains moyens, ellipsoïdes. — M. C.

Greco bianco di Montoro. — Cépage italien, cultivé dans la province d'Avellino (Italie); il se distingue du *Greco bianco di Tufo* par une grappe moyenne ou grande, pyramidale, ailée, mais à aile simple; grains moyens, pruineux, sphériques, blanc jaunâtre. — M. C.

GRECO BIONDELLO (Greco bianco).............. D.

GRECO CASTELLANO (Greco bianco)............. D.

GRECO DEL VESCOVO (Greco bianco)............. D.

GRECO MACERATINO (Greco bianco)............ D.

GRECO MONTECCIO (Greco bianco)............. D.

GRECOLLA (Grec rouge)............... II. 277

Grecone di Tufo. — Cépage italien d'Avellino, différant du Greco par les grappes et les grains un peu plus gros. — M. C.

GRECO NERO (Aleatico).

GRECO NERO (Grec rouge).

Greco nero di Calabria. — Cépage de l'Italie méridionale, très estimé pour la production des vins rouges; grappes grosses, pyramidales, ailées, serrées; grains moyens, ellipsoïdes, pruinés, peau épaisse, d'un bleu noirâtre. — M. C.

Greco nero di Teano. — Cépage cultivé dans la

région de Terra di Lavore; diffère du précédent par les feuilles plus petites, plus cotonneuses à la face inférieure, révolutées et bullées. — M. C.

GRECO VERONESE (Aleatico).

GRECO ROSEA (Grec rouge)............ III. 277

GRECO ROSSO (Grec rouge).............. III. 787

GREC ROSE (Grec rouge)............... III. 277

Grec rouge..................... III. 277

GREDELIN (Ugni blanc)............... II. 255

GREEN CASTLE (Marine's Seedling)........... D.

Green Mountain. — Semis naturel de Labrusca; précoce, à raisins d'un gris blanchâtre, peu foxés.

Green Ulster. — Semis de Concord, créé par J.-B. Moore, à raisins blancs, de grosseur moyenne, pulpeux et foxés.

Greer. — Variété de Doaniana, sélectionnée par T.-V. Munson; porte-greffe vigoureux, mais sans valeur actuelle.

Greffou de Chignin. — Cépage de la Savoie, d'après V. Pulliat; grappe moyenne, un peu serrée; grain moyen, globuleux, ferme, peau épaisse et résistante, d'un jaune doré; maturité de 1ʳᵉ époque; cépage très semblable au Chasselas doré.

GREGAS. — Cépage espagnol de Barcelone, d'après Abela y Sainz.

GRÈGE (Colombaud)................... III. 282

GRÉGEOIS (Verjus).................... II. 151

GREGO (Colombaud)................... III. 282

GRÉGOIR (Grec rouge)................. III. 277

GRÈGUES (Colombaud)............. III. 282

Grekhy. — Raisin noir de cuve, cultivé en coteaux dans la Mingrélie (Russie). — V. T.

Grein's golden. — Hybride de Riparia (nᵒ 2 de N. Grein), à grain d'un jaune doré.

Grein's Seedling nᵒˢ 3, 4, 7. — Autres hybrides de même origine que le précédent, restés dans les collections.

GREINS' EXTRA-EARLY. — C'est le nᵒ 7, à grains d'un gris jaunâtre.

GRENACCIA (Grenache)................. VI. 285

Grenache.......................... VI. 285

Grenache blanc..................... VI. 292

GRENACHE DE CORNERON (Grenache)...... VI. 285

GRENACHE DU BOIS DUR (Carignane)...... VI. 332

GRENACHE GRIS (Grenache rose)........ VI. 292

GRENACHE GROS (Grenache)........... VI. 292

GRENACHE NOIR (Grenache)........... VI. 292

Grenache rose..................... VI. 292

GRENACHE VIOLET (Grenache rose)....... VI. 292

GRENAT. — Nom du Catalogue des vignes du Luxembourg.

GRENHA (Grenho)......................... D.

Grenho. — Cépage blanc cultivé à Portalegre, dans l'Alemtejo (Portugal).

GRENOBLOIS (Corbeau).

GRESIGNA (Ugni blanc).

Gresille (Ugni blanc).

Gresogna (Ugni blanc).

Greutler blauer (Wildbacher später)........ *D.*

Grey (Verjus) .... II. 151

Grgicevica. — Cépage de la Dalmatie, d'après II. Gœthe, à raisins bleu rougeâtre, cultivé pour la cuve.

Ghiante (Pignolone)........ .... *D.*

Gribulot (Pinot noir).

Gricchio di Gallo (Cornichon)........ IV. 315

Griechischer weisser (Bicane).

Griego (Grec blanc).

Griego (Grec rouge)................ III. 277

Griesco rosso (Grec rouge)........... III. 277

Griffarin (Côt)..................... VI. 6

Griffe d'aigle (Cornichon blanc)....... IV. 315

Griffon de Chignin (Chasselas doré).

Grifforin (Côt)..................... VI. 6

Grigia. — Raisin noir cultivé, dans le Piémont, surtout pour la table ; caractérisé par une pruine très abondante sur le grain. — J. R.

Grignolato (Besgano)..................... *D.*

Grignolá (Besgano) .... *D.*

Grignolino. — Cépage du Piémont (Italie); feuilles surmoyennes, lisses et plates à la page supérieure, peu duveteuses sur le revers, quinquelobées et à sinus supérieurs profonds; grappe moyenne, cylindro-conique, aileronnée; grain moyen, globuleux, serré, d'un noir violacé foncé; maturité de 2e époque tardive (d'après V. Pulliat).

Grignolino bianco (Besgano)................ *D.*

Grignolino fino nero, grosso, rosso, rosato (Grignolino) .... *D.*

Grignolo (Besgano) .... *D.*

Grilla. — Cépage cité par Pierre de Crescence parmi ceux de Bologne. — J. R.-C.

Grillah. — Cépage de la Haute-Kabylie (Algérie), d'après Leroux ; grosse grappe ailée ; grains très gros, ovoïdes ou subdiscoïdes, d'un rouge clair, noir à parfaite maturité, pruinés.

Grillo. — Cépage de la Sicile, d'après Paulsen et Mendola.

Grimenesc (Buonamico).

Grimler (Feher szölö).

Gringet.................. .... VI. 132

Gringet coulard (Gringet)............ VI. 133

Gringet gras (Gringet) .... VI. 132

Grinolato bianco, nero. — Nom de vignes piémontaises, mal déterminées.

Gris. — Cité par Bauhin au xve siècle.

Grisa. — Cépage du Piémont, déjà signalé en 1600 par Croce ; beau raisin de table à grosse grappe conique, assez compacte ; grains ovoïdes, gros, très pruinés, d'un noir grisâtre. — J. R.

Grisa nera (Grigia)..................... *D.*

Grisard (Enfariné)..................... II. 392

Gris Bachet (Bachet)................. V. 110

Gris commun, Gris Cordelier, Gris de Dornot (Pinot gris)................... II. 32

Gris de Salces........................ V. 156

Gris de Salses (Gris de Salces)........ V. 156

Griset (Pinot gris)................... II. 32

Griset blanc (Aligoté).....:............ II. 51

Gris Meunier (Meunier)........ ...... II. 383

Grison (Enfariné)..................... II. 392

Grizzly Frontignan (Muscat noir)...... III. 374

Grk. — Cépage blanc cultivé pour la cuve en Dalmatie, d'après H. Gœthe.

Grob (Heunisch)........................... *D.*

Grobalbe (Elbling)................... IV. 168

Grobburger (Elbling)................. IV. 163

Grobe (Heunisch)........................ *D.*

Grob Elbling (Elbling)..... ...... IV. 167

Grober (Elbling)..................... IV. 167

Grober Reifler (Kniperlé)............ VI. 66

Grober Saurer (Heunisch)........ .... *D.*

Grober (Elbling)..................... IV. 167

Grobheunisch (Heunisch).................. *D.*

Grobriesling (Riesling).

Grobrot (Hängling).

Grobschwarz (Kölner blauer)............... *D.*

Grobschwarz (Tauberschwarz)............... *D.*

Grobweisse (Heunisch).................... *D.*

Grobillone (Teneron).

Groia, Groja (Verjus).

Groleau, Grolleau (Groslot)........ .. II. 118

Grollot (Groslot)..................... II. 118

Gromes. — Cépage espagnol de Gerona, d'après Abela y Sainz.

Gromier, Gromier du Cantal (Grec rouge). III. 277

Grommier violet (Grec rouge)......... III. 277

Gonnat (Péloursin)................... VI. 87

Gropel, Gropel cremones. — Noms de vignes lombardes cités par Acerbi.

Gropelo (Groppello).................. III. 344

Gropetone. — Nom de vigne italienne cité par Acerbi pour la région de Côme.

Groppella bianca, bianca moscata, nera, veronese. — Noms de cépages italiens cités par Acerbi.

Groppello......................... III 344

Groppelone (Groppello).............. III. 344

Groppeta (Verdiso)..................... *D.*

Gros Alicante blanc. — Nom inexact donné par Hardy pour un cépage du Gard.

Gros Auvergnat gris. — Nom de cépage cité par Odart (?).

Gros Auxerrois (Côt vert)............ VI. 14

Gros Auxerrois (Melon)............... II. 45

Gros Baclan (Béclan).

Gros Barbaroux (Grec rouge)......... III. 277

Gros bec (Noir de Lorraine)............... *D.*

Gros Béclan (Durif).

Gros Béclan (Péloursin)............. VI.   87
Gros Beldi tardif. — Nom de cépage de la Tunisie.
Gros blanc (Elbling)................. IV. 163
Gros blanc (Gouget blanc)........... IV. 364
Gros blanc (Sacy)................... IV.   24
Gros blanc de Lorraine. — L'appellation vague de Gros blancs est appliquée en Lorraine d'une manière générale aux cépages blancs communs à gros fruits (Gouais, Melon, Bourgeois), par opposition aux Plants fins ou *Petits blancs* (Pinot blanc et Chardonnay, etc.). Mais nous avons pu vérifier sur place qu'elle s'applique le plus souvent à l'Elbling ou Bourgeois d'Alsace (Mouillet dans le Luxembourg), très répandu dans les vieilles vignes du Toulois, concurremment à l'Aubier, plus précoce et plus fin. Il domine aussi dans la côte d'Essey en mélange avec le Petit-Noir ou Noir de Lorraine. — D. A. B.
Gros blanc de Crimée (Chaouch).
Gros blanc de Vézelay (Blanc Ramé)... IV. 279
Gros blanc doux (Colombaud)........ II.   216
Gros blanc kabyle (Amokrane)....... III. 324
Gros blanc sureau (Gouais).
Gros blanc Verdet (Blanc Verdet)..... III. 262
Gros bleu (Frankenthal).
Gros Bordeaux (Gros Bourgogne)...... VI.   56
Gros Bouché (Cabernet franc).
Gros Bouchès (Grappu)............... VI.   29
Gros Bourgogne.................... VI.   56
Gros Bourgogne (Enfariné).......... II.   392
Gros Bourgogne (Kadarka).
Gros Bourgogne (Pikolit).
Gros Bourguignon (Gamay).
Gros Bourguignon (Pinot)............. II.   42
Gros Bouschet..................... VI. 421
Gros Bouschet (Cabernet franc)....... II. 290
Gros Bouteillan (Aramon)........... VI. 293
Gros Boutiquon (Pardotte)............... D.
Grosbrauner Velteliner (Velteliner rouge). IV.   30
Gros Bregin....................... IV.   37
Gros Cabernet (Cabernet franc)....... II. 290
Gros Chanu (Corbel).
Gros Chenin (Chenin blanc).......... II.   83
Gros Chenu (Chatus)................ III. 212
Gros Colman (Dodrelabi)............ II.   139
Gros Colmar (Dodrelabi)............ II.   139
Gros Corinthe (Chasselas).......... IV. 293
Gros côté rouge mérillé (Côt).
Gros Coulon (Manseng rouge)........ V.   263
Gros Damas (Ribier)................ III. 286
Gros de Coveretto.................. V.   158
Gros de Judith (Grappu)............ VI.   29
Gros de Lacaze (Cinsaut)........... VI. 322
Gros d'Espagne (Mantuo).
Gros Doré. — Nom de cépage à grains sphériques cité par le *Bulletin ampélographique italien*.

Sous ce nom, on cultive dans les forceries un cépage blanc, à grains un peu plus gros que ceux du Chasselas précoce ; ce cépage est mal déterminé.
Gros Durif (Péloursin).
Gros Fondant (Räuschling)........... V.   229
Gros Gamai (Gamay Beaujolais)....... III.   6
Gros Gamay (Gamay d'Orléans)........ IV. 115
Gros Gamay (Troyen)................. IV.   51
Gros Glacier (Teneron).
Gros Gouais (Blanchier).... IV.   51
Gros Gouais (Gouais).............. IV.   99
Gros Gouais blanc (Gouais)......... IV.   99
Gros Gouais noir (Gouais).......... IV. 104
Gros Gouet (Blanchier)............. VI.   51
Gros Grappu (Petit noir)........... III. 243
Gros Grenache (Grenache)........... VI. 285
Gros Gringet (Gringet)............. IV. 133
Gros gris (Courbès)................ III. 223
Gros Grommier du Cantal (Grec rouge). III. 277
Gros Guillaume (Danugue)........... II. 168
Gros Guillaume de Nantes (Danugue)... II. 168
Gros Guillaume noir (Danugue)....... II. 168
Gros Hibou (Chasselas doré).
Gros Kölner (Dodrelabi)............ II. 139
Groslot .... II. 118
Groslot a fruits gris (Groslot gris).... II. 125
Groslot de Cinq-Mars (Groslot)....... II. 118
Groslot de la Thibaudière (Groslot gris). II. 125
Groslot de Valère (Groslot)......... II. 118
Groslot gris...................... II. 125
Groslot noir...................... II. 118
Gros Machouquet (Pardotte)......... D.
Gros Mansein (Manseng rouge)........ V. 263
Gros Mansenc (Manseng rouge)....... V. 263
Gros Mansenc (Tannat)............. IV.   80
Gros Margillien (Argant)........... V. 346
Gros Margillin (Argant)............ V. 346
Gros Marocain (Cinsaut)............ VI. 322
Gros Marocain (Marocain gris).
Gros Marty (Grappu)............... VI.   29
Gros Meslier (Blanc Ramé)......... III. 240
Gros Meslier (Elbling)............. IV. 163
Gros Mollar (Molar)............... V. 302
Gros Monsieur (César).............. II. 294
Gros Moret (Genouillet)............ VI. 147
Gros Morrastel Bouschet (Morrastel-Bouschet).................... VI. 438
Gros Moular (Molar)............... V. 302
Gros Mourot (Plant rouge de Chaudenay)............................. III.   39
Gros Mourvèdre (Mourvèdre).
Gros Muchau (Gueuche).
Gros Muscadet (Melon).
Gros muscat violet (Muscat violet).
Gros Nat (Péloursin)............... VI.   87

Grosse Bourgogne (Chardonnay)...... IV. 6
Grosse Burgunder (Pinot noir)......... II. 19
Grosse Chalosse (Folle blanche)....... II. 205
Grosse Clairette (Roussette)......... II. 244
Grosse Dôle (Gamay Beaujolais)...... III. 6
Grosse Etraire (Etraire de l'Aduï)..... III. 191
Grosse Etraire de l'Aduï (Etraire de
l'Aduï)........................... III. 194
Grosse Figue. — Nom sans signification du Catalogue des vignes du Luxembourg.
Grosse fleichstraube (Valteliner rouge). IV. 30
Grosse Glacière (Glacier)............. V. 306
Grosse Jacquère (Jacquère)........... IV. 214
Grosse Kauka (Heunisch).
Grosse Kernlose Korinthe (Aspiran).
Grosse Korinthe (Aspiran).
Grosse Marsanne (Marsanne).
Grosse Merille (Cinsaut).
Grosse Mondeuse (Mondeuse)......... II. 273
Gros Semillon....................... II. 220
Grosse Mondeuse (Mondeuse)......... II. 273
Grosse Mondeuse blanche (Mondeuse)... II. 278
Grosse Muskateller (Muscat blanc).
Grosse Œillade (Œillade).
Grosse Olivette noire (Olivette noire).
Grosse Panse de Provence (Olivette).
Grosse Panse muscade (Augibi).
Grosse Pélegarie.................... VI. 28
Grosse Pelgarie (Grosse Pelegarie)..... VI. 28
Grosse Pelgrie (Grosse Pelegarie)..... VI. 28
Grosse perle blanche (Bicane)........ II. 102
Grosse perle du Jura (Bicane)........ II. 102
Grosse perle noire (Cinsaut).
Grosse Persaigne (Mondeuse)......... II. 273
Grosse Pique. — Nom du Catalogue des vignes du Luxembourg.
Grossera bianca. — Nom d'un cépage italien de Trévise. — J. R.
Grosse race (Gamay Beaujolais)...... III. 6
Grosse Rèze........................ VI. 42
Grosser Hère (Cinsaut).
Grosser Herr (Cinsaut).
Grosser Montpellier (Bicane).
Grosse Rogettaz. — Cépage de la Savoie, d'après V. Pulliat; à grosse grappe cylindro-conique, rameuse et lâche; grains gros, globuleux, ferme, juteux, peau un peu épaisse, d'un noir pruiné à la maturité de 2ᵉ époque.
Grosseron. — Nom inexact du Catalogue des vignes du Luxembourg.
Grosse rote dinka (Chaouch rose).
Grosse Roussanne (Roussanne).
Grosse Roussette (Altesse verte)..... VI. 139
Grosse Roussette (Marsanne)......... II. 76
Grosser Räuschling (Räuschling)..... V. 229
Grosser Schwarzer (Savagnin).

Grosser Spanier (Bicane).
Grosser Tokayer (Putzscheere)....... III. 197
Grosser Traminer (Valteliner rouge)... IV. 30
Grosser Velteliner (Valteliner rouge).. IV. 30
Grosse Sainte-Marie (Melon)......... II. 45
Grosse Serine (Côt)................. VI. 6
Grosse Serine (Syrah).
Grosse Sirrah (Mondeuse)........... II. 274
Grosse spanische traube (Chasselas cioutat).
Grosse Syrah (Mondeuse)............ II. 277
Grosse vache (Frankenthal).
Grosse Verdesse (Verdesse).......... III. 188
Grosse Vidure (Cabernet franc)....... II. 290
Grosse Wälsche (Kölner blauer)....... D.
Gross italianer (Frankenthal).
Gross Kölner (Kölner blauer)............. D.
Gross lampen trauben (Verjus).
Grosslein (Verjus).
Gross manische traube (Augster).
Gross milcher (Kölner).
Grosso Covarevo (Gros de Coveretto).. V. 158
Gross Riesler (Elbling).
Gross roth (Frankenthal).
Grossschwarzer (Frankenthal).
Gross-Silberweiss (Rakszölö).
Gross Steinschiller (Kovidinka).
Gross Vernatsch (Frankenthal).
Gros Taulier (Brun Fourca)......... III. 310
Gros téton de la négresse (Olivette rose).
Gros Tokay (Putzscheere).......... III. 197
Gros Tressot (Tressot)............. III. 302
Gros Tripet (Pardotte)................ D.
Gros Verdot........................ VI. 19
Gros Verjus (Verjus).............. II. 151
Gros véronais (Chenin noir)......... II. 113
Gros vert (Servant)................. IV. 223
Gros vilain (Verdet).
Gros Vionnier (Viognier).
Gros Vredot (Verdot blanc).......... VI. 136
Groubéla. — Cépage blanc, à nuance grisâtre, ou gris violacé, cultivé pour la table à Tiflis. — V. T.
Groumet (Panse).
Grove. — Hybride de Labrusca créé par Th. Grove (Concord par Clinton); grains moyens, blancs, pulpeux et foxés.
Grove and sweet Water (Lignan blanc). III. 69
Groynn. — Variété de Champin (Candicans-Rupestris), porte-greffe sélectionné par T.-V. Munson; sans valeur culturale.
Grübler (Frankenthal).
Grugnetto, Grugnino, Grugnollo. — Noms de cépages italiens de la région de Gênes.
Grumeou (Ribier).
Grumet, Grumet tardif, Grumet vermeil (Panse).
Grumé Sylvaner (Sylvaner).

GRÜN (Sylvaner).

GRUNÄUER (Hainer)......................... D.

GRÜNE (Lignan blanc)................. III. 69

GRÜNEDEL (Sylvaner)................. II. 363

GRÜN ELBLING (Elbling).............. IV. 167

GRÜN ELMENÉ (Sylvaner).

GRÜNER ROSSZAGLER (Hainer)................. D.

GRÜNER REIFLER (Rotgipfler).......... VI. 66

GRÜNER SYLVANER (Sylvaner).......... II. 363

GRÜNER ZIRFAHNDLER (Sylvaner)........ II. 363

GRUNFRAENKISCH (Sylvaner)........... II. 363

GRÜX GROBER (Hainer)..................... D.

GRÜN HEINER (Hainer)..................... D.

GRÜNHYNSCH (Furmint).

GRÜNLER (Hainer)........................ D.

GRÜNLER SYLVANER (Sylvaner).......... II. 365

GRÜNLICKGELBER SYLVANER (Sylvaner).... II. 363

GRÜNLING (Furmint).

GRÜN MANHARD TRAUBE (Grün muskateller)..... D.

Grün muskateller. — Cépage de la Hongrie ; grappe surmoyenne, ailée, serrée ; grain sous-moyen, ellipsoïde, d'un jaune doré ; maturité de 2e époque (d'après V. Pulliat).

GRÜN SEIDENTRAUBE (Luglienga).

GRÜNSTOCK (Hainer).

GRUONE NERA (Neretto).

GRUPELATA, GRUPELLA VERONESE, GRUPELLO NERO (Groppello).

GRUSELLE, GRUSSELLE, GRUSSETTA (Azulatraube). D.

GUADALUPE (Ciuti).

GUADUREA. — Cépage grec, à petits grains sphériques, noirs (?).

GUADURICA. — Cépage de Corfou (?).

GUAJAN (Quagliano).

GUAL (Albillo castellano)............. VI. 125

Gualarido. — Cépage espagnol de la région de Léon, d'après Abela y Sainz.

GUARDINIASCA. — Nom de cépage italien de Pavie, cité par Acerbi.

GUARNACCIA (Perricone)............... VI. 227

GUARNACCIONE (Perricone)............. VI. 227

GUARNASSA (Perricone)............... VI. 227

GUARNAZZA (Perricone)............... VI. 227

GUAI, GUAY (Gouais blanc)................. D.

GUAY JVUNE (Räuschling)............. V. 229

GUÉANGUIRR (Guéantchirr)................. D.

Guéantchirr. — Raisin noir cultivé pour la table à Bakou (Russie).

GUEIPERIM (Tibouren).

Gueierr-Ezandari. — Mauvais cépage à raisins blancs, cultivé pour la table dans le gouvernement d'Érivan (Russie). — V. T.

GUELU EL TSOUR (Chaouch rose).

GUENILLE (Blanc Ramé).

GUÉPIÉ (Muscadelle)................. II. 55

GUERNAZZA. — Nom de cépage italien de Côme.

GUERNIOLA. — Nom inexact donné par le Catalogue des vignes du Luxembourg pour un cépage sarde.

GUESLER ROSE (Chasselas rose).

GUESPEY, GUESPIÉ (Côt).

GUESSERIN (Tibouren).

GUETSCHII-MAMANI (Itza-ptouck).

Guett-Narma. — Cépage à raisin blanc, cultivé pour la cuve dans le Daghestan russe. — V. T.

Gueuche........................... III. 357

GUEUCHE BLANC (Gouais).............. IV. 94

GUEUCHE NOIR (Gueuche)............. III. 357

GUEUCHETTE BLANCHE (Peurion)........ III. 27

GUEYNE (Mondeuse)................. II. 274

GUEYNE BLANCHE (Mondeuse blanche).... II. 284

Guiândzy. — Cépage russe de Chemakha à raisins blancs, cultivé pour la table. — V. T.

Guiârny (Gârny)....................... D.

Guiâzanday. — Cépage blanc, de cuve, cultivé à Derbend (Russie). — V. T.

GUIBOU (Hibou)...................... VI. 94

GUICHE (Gueuche).

Guidawrastt. — Cépage russe, à raisin blanc, cultivé pour la cuve à Zanguezour (Russie). — V. T.

GUILHAN MUSQUÉ (Muscadelle)......... II. 55

GUILLA MUSCAT (Muscadelle).......... II. 55

GUILA MUSCAT (Muscadelle).......... II. 55

GUILAN DOUX (Muscadelle)............ II. 55

GUILHAN MUSCAT (Muscadelle)......... II. 55

GUILLAN (Côt)...................... VI. 6

GUILLANDOUX (Muscadelle)............ II. 55

Guilla-Tokann. — Cépage blanc cultivé pour la table à Élisabetpol (Russie). — V. T.

GUILLAUME NOIR (Danugue).

Guillaume Tell. — Variété de semis précoce, à grains ovales, noirs, créée par les frères Simon, de Metz. — J. R.

GUILLEMOT (Valteliner rouge).......... IV. 30

GUILLEMOT ROSE (Valteliner rouge)...... IV. 32

Guilliâby. — Cépage russe, du Daghestan, cultivé pour la cuve, à grappe surmoyenne ; grains gros, d'un vert rosé. — V. T.

Guilliâmy. — Cépage rose du Turkestan russe, de 1re époque de maturité ; grandes feuilles glabres, lobées et à sinus profonds ; grappe cylindrique, serrée ; gros grain rond, ferme, charnu, rose avec taches plus foncées au soleil. — V. T.

GUILLIÂMY-KICHLARSKY (Guilliâmy).......... D.

Guilliartchy. — Cépage du Zanguezour (Russie), à raisins noir, cultivé pour la cuve. — V. T.

GUINDOLENC GRIS (Gris de Salces).

Guinevra. — Hybride de Labrusca et de Vinifera (semis de Solonis), tardif, à gros grains blancs, pulpeux et foxés.

GUINLAN MUSCAT (Muscadelle).......... II. 55

GUINRINSKY (Tawlinsky)............... D.

Guiouny. — Cépage noir, de table, cultivé à Ordoubatt (Russie). — V. T.

Guiraud. — Petit-Bouschet ✕ Cordifolia-Rupestris de Grasset n° 1. Hybride de M. Ernest Guirand, viticulteur de la Haute-Garonne. Il offre certaines garanties de santé et de vigueur; débourrement tardif; rameaux très longs et grêles; grappes très nombreuses, à grains moyens, ressemblant à ceux du Jacquez, noirs, à jus rouge, très doux et de saveur neutre; maturité de 1re époque. — J. R.-C.

GUIRBDÁ (Kismich).

GUISSERIN (Tibouren).

GULABI. — Donné par Gœthe comme cépage du Caucase (?), à raisin rouge cultivé pour la table; très tardif, 4e époque de maturité; grains sphériques; est-ce une confusion avec le Galioby à raisins blancs?

GULARD. — Nom de cépage (?) de la Haute-Garonne, cité par Hardy.

GULCH GRAPE (V. arizonica)............ I. 408

Guliaby. — Cépage à raisin blanc du Caucase. — B. T.

Guloska. — Cépage dalmate, à raisin noir, d'après H. Gœthe.

GULOZSKA (Guloska)....................... D.

GUMPOLDSKIRCHNER SPÄTROTH (Zierfahndler roter). D.

GUNURAESCA. — Cépage à raisins noirs cité par Pierre de Crescence (xiiie siècle). — J. R.-C.

GURATONUS. — Cité par Pierre de Crescence.

GURGUNA (Creata)........................ D.

GURLOT BLANC. — Nom de cépage (?) cité par divers auteurs pour la Haute-Garonne.

GURNIOLA (pour Corniola).

GUSANA (Sylvaner).

GUT BLANC (Pinot noir)............... II.   19

GUT BLANC (Wildbacher blauer)............. D.

GUT BLAU (Pinot noir).

GUTEDEL (Chasselas doré)............ II.   6

GUTEDEL FRÜHER WEISSER (Chasselas Gros Coulard)......................... II.   10

GUTEDEL GESCHLITZBLATTRIGER (Chasselas cioutat).

GUTEDEL KÖNIGS (Chasselas violet).

GUTEDEL MUSCAT (Chasselas musqué).

GUTEDEL PARISER (Chasselas doré).

GUTEDEL ROTER (Chasselas rose).

GUTEDEL SCHWARZER (Frankenthal).

GUTEDEL WEISSER (Chasselas doré)...... II.   6

GUT ELBLING (Elbling)............... IV. 167

GUT WÄLSCHER (Frankenthal).

Guy blanc. Syn. : *Gouche.* — Cépage de la Savoie, d'après V. Pulliat; grappe sur-moyenne, ailée, cylindro-conique; grain sur-moyen, globuleux, peu ferme, d'un vert jaunâtre; maturité de 2e époque tardive.

Guy noir. — Variété noire de la Gouche blanche, à grain moyen seulement, à peau d'un noir pruiné; 2e époque tardive de maturité (d'après V. Pulliat).

GUYENNE (Mondeuse).

GUZELLE (Persan)..................... II. 165

GUZZETTA. — Nom de cépage italien de la région de Côme (*Bulletin ampélographique italien*, X et XV).

GWOSDITCHNY VINOYARD (Mikaky-Kalogg)...... D.

Gwyn grape........................ I. 400

GYNŒCANTHES. — Vigne à raisin noir cité par Pline l'Ancien (1er siècle). — J. R.-C.

GYÖNGYSZŐLÖ (Bicane).

H

HAANEPOOT (Muscat d'Alexandrie)...... III. 108

HANNEPOOT BLANC (Muscat d'Alexandrie). III. 108

HANNEPOOT ROSE (Muscat d'Alexandrie).. III. 108

Habechi. — Cépage blanc de l'Égypte, à grains jaunes ellipsoïdes, d'après Sickemberger. — J. M. G.

HACHAT LOVELIN (Harslevelü)......... IV. 179

HADLER. — Cité par Acerbi (?).

HÆMATIA (Teinturier mâle)............ III. 363

HÆNAPOP, HÆNOPOP (Teinturier).

Haertling blanc, noir. — Raisin vert à gros fruits

signalé par Frank et H. Gœthe comme originaire des situations élevées du Tyrol, où sa maturité assez précoce le rendrait précieux; il se distingue par un léger goût de muscat à maturité complète. — Il en existerait aussi une variété noire.

HAGAR (Alvey).......................... D.

HAÏDEN (Savagnin rose)............... IV. 302

HAÏDEN BLANC (Savagnin jaune).

HAÏDEN BLANC DU VALAIS (Savagnin jaune).

HAIMEYE (Gamay).

HAINA NEAMTZULUI (Epuroaica).............. D.

Haine. — Nom de cépage du Catalogue des vignes du Luxembourg pour la région de la Moselle (?).

Hainer blauer. — Signalé par Trummer, en Styrie, comme une variété sans grande valeur du gros Hainer vert de cette région. — A. B.

Hainer gelber (Hainer Grüner)............. *D.*

Hainer grosser grüner (Hainer grüner)....... *D.*

Hainer grüner. — Syn. : *Grünhainer, Grünter, Grünauer, Brenk, Grünskock* (Styrie); *Zelenika, Zelenjak, Zelenika debeli, Zerzatna* (Dalmatie); *Kreuzer, Krishovatina, Krishon* (Croatie). — Cépage à raisins verts qui est assez répandu dans les vignobles des Alpes orientales. Caractérisé par un feuillage allongé à cinq lobes, profondément découpé, et un gros raisin pyramidal à baies rondes, de 14 ^{mm}; il passe pour donner, dans ces régions, un vin d'une certaine qualité, assez fortement bouqueté; mais ses raisins pourrissent facilement, son bois gèle et sa fertilité laisse à désirer. Maturité de 2ᵉ époque. Trummer a signalé un **Hainer weisser** qui serait une variété à raisins plus petits, mais plus estimables et plus précoces. — A. B.

Hainer klein grüner (Hainer grüner)......... *D.*

Hainer noir (Kölner).

Hainer rother (Heunisch).

Hajnalfiros (Kovidinka)................... *D.*

Hajnos Kulk (Lägler)..................... *D.*

Hajnos zöld (Lägler)..................... *D.*

Haláper muskatelles (Muscat Haláper).

Halápi muskatály (Muscat Haláper)

Halápi szagos (Muscat Haláper).

Halbgeschlitzer (Chasselas cioutat).

Halb wälscher (Chasselas doré).

Halhólyag ferer (Cornichon blanc).

Halifax seedling (Wylie's Seedling).

Halilj (Hebron)..................... IV. 282

Halilj blanc (Hebron)............... IV. 282

Halisman (Hilisman)..................... *D.*

Hall. — Nom de vigne américaine mal connue.

Hallaguch, Hallagueh. — Nom de cépage de la Perse, d'après Odart (?).

Hamar bou Hamar (Ahmeur-bou-Ahmeur).

Hambourg de Stokwood, Hambourg doré, Hambourg mill hill (Frankenthal).

Hambourg musqué (Muscat de Hamburgh) III. 105

Hambourgh stretford, Hambourg the pope, Hambourg Victoria (Frankenthal).

Hameltraube (Blank blauer)......... ...... *D.*

Hameye, Hamey noir (Gamay).

Hami rami. — Cépage de la région de Mascara, d'après V. Pulliat (?).

Hammami. — Cépage de Djerba et des îles Kerkenna, en Tunisie, presque toujours sans pépins; grandes feuilles trilobées, glabres sur les deux faces; grappe moyenne, conique, rameuse; grains petits, ronds, peau fine et transparente, d'un beau jaune pruiné à la maturité. — N. M.

Hammanet (Hammami)..................... *D.*

Hammelschelle, Hammelschwarz, Hammelsfohlen, Hammelshoden, Hammelsholen (Frankenthal).

Hampton court black Hambourg (Frankenthal).

Hamri (*Rev. de vitic.*, IX, 310).

Hamri. — Cépage tunisien à grains roses, sphériques.

Hamsas szollo (Pinot gris)............ II. 32

Hamvas. Syn. : *Aschgrane, Bisser.* — Cépage hongrois à raisins gris, dans lequel H. Gœthe voit à tort une variété du *Kölner blau*, notre Enfariné. Nous avons reçu ce cépage du Tyrol; il diffère nettement de l'Enfariné par son feuillage moins découpé, d'un vert plus pâle, presque terne; limbe de consistance molle, à page inférieure couverte d'un feutrage de poils courts; les fruits sont plus gros et surtout à baies très différentes, de 14/16, caractérisées par leur forme discoïde et leur couleur gris sale très pruiné qui donne au raisin de cette variété une apparence très originale. Bien fertile, ce cépage est chez nous trop sensible au Mildiou. Il y mûrit en 2ᵉ époque hâtive, avant l'Enfariné et n'a pas l'acidité caractéristique; ses produits paraissent ne pouvoir être chez nous que de qualité très ordinaire. — A. B.

Hamvas grau (Pinot gris).

Hamvas szöllö (Pinot gris).

Handjemu. — Cépage à raisin rouge et précoce de la Perse, d'après Scharrer. — J. M. G.

Haneb akali (Akkacha)................... *D.*

Haneb Turki (Henab)................ III. 297

Hanem Chelvarie (Cornichon blanc).... IV. 316

Hängling blauer. Syn. : *Häusler.* — Raisin de cuve du Würtemberg qu'on retrouverait aussi en Bohême sous le nom de *Karmazyn*, et en Croatie sous celui de *Vicsanka*. Oberlin n'admet pas les assimilations que font de ce cépage Single et Babo, le premier avec Vanberschwarz ou Süssroth, le second avec l'Hartwegstraube. Raisin de dimensions moyennes, à petites baies rondes d'un bleu sombre très pruiné; fertilité médiocre; sa seule qualité notable est sa précocité relative, qui ne nous paraît pas dépasser celle des Pinots. — A. B.

Hängling spänischer. — Raisin bleu, dérivé d'un semis de Bronner; grains ronds de 15 ^{mm}; fertilité assez grande et qualité moyenne. — A. B.

Hänglinglé roter (Pinot gris).

Hängling rother, Hängling schwarzblauer, Hängling schwarzer (Hängling blauer).

Hans .... VI. 60

Hansen (Hans)...................... VI. 60

Hansentraube (Hans)............... VI. 60

Hapsovina bela (Putzscheere).

HARCHLEVELÜ (Harslevelü)............. IV. 179
HARDY BLACK CLUSTER, HARDY PROLIFIC MUSCAT. —
Deux noms de cépages (?) cités par le *Bulletin
ampélographique italien* (VIII).

Harmanliisko. — Cépage bulgare, à grains subsphériques allongés, d'un gris clair.

Harmer. — Hybride de Labrusca et de Riparia, à
raisins noirs, âpres.

Harrell. — Semis de Labrusca, à grains moyens,
blancs, pruinés, pulpeux et foxés.

Harrison. — Semis de Concord, à grains ronds, moins
foxés que ceux du Concord.

HARSCHAT LOVIN, HARSCHAT LÖWELIN (Hars-
levelü .... IV. 179
Harslevelü........................... IV. 179
HARS LEVELÜ (Harslevelü) .... IV. 179
HART (Black July) .... D.
HARTALBE (Elbling)................. IV. 163
HARTALBER, HARTALBEN, HARTER ELBEN
(Elbling) .... IV. 168
HARTEIGST, HARTENISCH (Gamay d'Orléans).
HARTENISCH ROTHER (Valteliner).

Hartford. — Variété de Labrusca très précoce, semis
d'Isabelle, très multiplié dans le nord des États-
Unis pour la table ou pour la cuve ; grandes
grappes ailées, peu compactes, à grains sphériques, surmoyens, noir clair, pulpeux et foxés,
mais assez juteux; vrilles continues ; feuilles
tomenteuses.

HARTFORD PROLIFIC (Hartford)............... D.

Hartford sur Jacquez. — Hybride des deux cépages,
créé par T.-V. Munson, à grains noirs, juteux et
peu foxés.

HARTGEWISCHE SAMENTRAUBE (Grec rouge).
HARTGROBER (Elbling).
HARTHAEUTER (Savagnin rose).......... IV. 302
HARTHEINISCH (Malvoisie rouge du Pô).
HARTHEINSCH (Heunisch).
HARTHENGST (Chenin blanc ?).
HARTHEUNISCH, HARTIINGSCH, HARTHÜNSCH (Heunisch).
HARTLÄUBER, HARTOLBER, HARTOLWER (Olber)... D.
HART TULEY (Black july)................. D.

Hartwegstraube. — Variété noire du Tyrol et qui
se rencontre encore sur divers points en Souabe
et en Styrie ; elle nous paraît dérivée des Pinots,
dont elle diffère un peu par sa végétation plus
faible, son feuillage plus petit et plus découpé,
mais elle montre plus de fertilité et une précocité plus grande de quelques jours; son produit
paraît devoir être assez fin et distingué. C'est à
tort que H. Gœthe l'assimile au Hängling blauer,
plus fertile mais plus grossier. — A. B.

HARTWISS (Kokour blanc).

Harwood. — Hybride du même groupe que l'Herbemont, auquel il ressemble beaucoup par les caractères végétatifs, à grains un peu plus gros, d'un

rose rougeâtre plus foncé, et surtout plus juteux,
la pulpe se réduit presque entièrement en jus;
francs de goût et sucrés ; très sensible aux maladies cryptogamiques.

HAS (Romanka) .... VI. 414

Haskell's seedlings. — Groupe de nombreux hybrides
créés en Amérique par G. Haskell, en croisant
les espèces américaines et les vignes européennes ;
aucun n'est resté dans la culture des États-
Unis.

HASSEROUM (Hasseroum Lekahl)........ V. 308
Hasseroum Lekahl.................... V. 308
HATIF DE FONTENEAU, HATIF DE TENERIFFE (Chasselas
doré).
HATIF VON DER LHAN (Von der Laan traube).

Hattie. — Sous ce nom, d'après Bush et Meissner,
existent trois ou plusieurs variétés aux États-Unis ;
sans valeur.

Hatschabache. — Raisin blanc de table du Caucase.
— B. T.

Hatton. — Hybride de Faith et d'Ives, à grains
moyens, noirs, pulpeux et foxés; caractères de
Labrusca.

HAUBANNE (Roublot)................. IV. 276
HÄUSLER, HÄUSLER SCHWARZ (Hänglin blauer)... D.
HAUSSAR (Elbling).
HAUTE-ÉGYPTE (Teinturier).
HAUTE-PLAINE (Franc noir de l'Yonne).. V. 114
HAVANA (Hibou)..................... VI. 94

Hayes. — Semis de Concord obtenu par J.-B. Moore
aux États-Unis; grappe moyenne, assez compacte ;
grain moyen, globuleux, d'un jaune ambré,
pruiné, peu foxé; mûrit 7 à 8 jours avant le Concord.

Headlight. — Hybride de Moyer par Brillant, créé
par T.-V. Munson, très précoce ; à grappes petites
ou moyennes, ailées, compactes ; grains moyens,
sphériques, d'un rouge brillant clair, pruinés ;
juteux, saveur douce et neutre.

HEATH (Delaware).

Heben. — Cépage espagnol de la région de Paxarete,
à grains globuleux, moyens, d'un jaune rosé au
soleil (d'après Simon Rojas Clemente).

HEBEN (Piedirosso)................... VI. 362
HEBEN NOIR (Piedirosso).............. VI. 362

HEBENES. — Vignes citées par André Baccius au
XVIe siècle, à grains blancs incurvés.— J. R.-C.

Hébron .... IV. 282
HÉBHON BLANC (Hébron)............. IV. 282
HEDERA HYPOGLAUCA QUINQUEFOLIA (Par-
thenocissus quinquefolia........... I. 63
HEDERA QUINQUEFOLIA (Parthenocissus
quinquefolia).................... I. 63
HEILIGENSTEINER KLEBER (Savagnin rose). IV. 302
HEILIGENSTEINER KLEWER (Savagnin rose). IV. 302

HEIME VERTE, HEIMER ROTHER. — Deux noms de

cépages de la Suisse (?), cités par Odart, déjà cités par Bosc au xviiiᵉ siècle.

Heinisch, Heinsch, Heinschen, Heinscher, Hinsch, Hintsch, Hinschen (Heunisch weisser)...... *D.*

Heinsler, Heinszler (Räuschling).

Helena Ortlander rouge. — Semis des frères Simon, de Metz (?).

Hellanica (Aglianico)............... V. 84

Hellanische (Aglianico).............. V. 83

He lien (Vitis Coignetiæ).

Hell roth muscat Traminer (Savagnin rose).

Helhac. — Nom inexact du Catalogue du Luxembourg.

Heljuani. — Nom de cépage de la Perse.

Heluola. — Nom de vigne du Caucase (?), d'après Kolénati.

Helveneca, Helvenuca longa, Helvenacia, Helvenacus. — Noms de vignes citées par Pline et par Columelle.

Helveolus minusculus. — Nom de vigne cité par Varron.

Helvola. — Nom de vigne cité par Pline.

Helvolæ (Mollar).

Helwani. — Cépage de la Syrie, raisin de table à grains sphériques, très gros, d'une couleur rouge clair, d'après Calvassy. — J. M. G.

Henab.................... III. 297

Henab Turqui (Henab)............... III. 297

Henab Turki (Henab)............... III. 297

Hennant, Hennont, Henont. — Noms inexacts, pour un cépage de Seine-et-Marne, du Catalogue du Luxembourg.

Hennequin (Meslier doré).

Hennischtraube (Heunisch).

Hensch, Heinsch (Heunisch weisser)......... *D.*

Heppe (Albillo pardo).................... *D.*

Hepta gennon, Hepta Kil. — Noms de vignes grecques, d'après H. Gœthe (?).

Herald. — Semis de Labrusca, très précoce, à raisins noirs, pulpeux, foxés, peu productif.

Herbasque, Herbasquer (Danugue).

Herbemont...................... VI. 256

Herbemont × Martha, Herbemont × Lincecumii, Herbemont × Northons, Herbemont × Triumph. — Hybrides divers créés par T.-V. Munson, non propagés aux États-Unis.

Herbemont blanc.................... VI. 260

Herbemont d'Aurelles nº 1............. VI. 260

Herbemont d'Aurelles nº 2............. VI. 260

Herbemont Pulliat.................. VI. 259

Herbemont's Madeira (Herbemont)..... VI. 256

Herbemont Touzan.................. VI. 260

Herbert. — Hybride nº 14 de Rogers, un de ses meilleurs hybrides à raisins noirs, d'après Bush et Meismer, mais à caractères de Labrusca dominants; grappe grande, ailée; à gros grain sphérique, noir bleuté, pruiné, assez foxé.

Herbois. — Nom de vigne du Loir-et-Cher, cité par Jullien.

Hercules. — Semis d'un hybride de Rogers, à gros grain noir bleuté, globuleux, très foxé.

Herdolber (Olber).

Hère (Gros Verdot)................. VI. 19

Herera austriaca, ramfoliza, rhœtica, traube, valtelina, valtellina (Valteliner rouge).

Hérissé noir. — Nom de cépage (?) du catalogue Leroux.

Herlani (Raisin noir de Jérusalem).... IV. 39

Hermann. — Semis de Nortons, à caractères d'Æstivalis très marqués; peu productif et à petites grappes; petits grains sphériques, un peu déprimés, d'un rouge noirâtre, pruinés, juteux et sucrés.

Hermann Jæger. — Hybride de T.-V. Munson, croisement d'Herbemont par Lincecumii, tardif, vigoureux, résistant aux maladies cryptogamiques; grosse grappe, serrée, ailée; grain moyen, sphérique, discoïde, d'un noir violacé foncé, pruiné, jus sucré, très coloré.

Hermitage (Marsanne).

Hermitage (Petite Syrah, au Cap de Bonne-Espérance).

Hero. — Semis de Concord, à grains plus gros, mais semblable pour les autres caractères.

Herradilla. — Cépage espagnol cultivé à Santander, d'après Abela y Sainz.

Herrant (Gros Verdot)...... VI. 19

Herrant petit (Gros Verdot)..... .... VI. 22

Herre (Gros Verdot)..... ...... VI. 19

Herreræ (Albillo)........ .... *D.*

Herriales. — Groupe de vignes citées par André Baccius au xviⁱ siècle. — J. R.-C.

Hert (Gros Verdot)................. VI. 19

Hettie (Hattie)...................... *D.*

Heunisch blanc. — Cépage important de la Croatie, cultivé pour la production du vin; feuilles moyennes, peu lobées; grosse grappe; grains sphériques, d'un jaune blanchâtre, ponctués de brun, d'après H. Gœthe.

Heunisch rouge. — Cépage important de la Croatie pour la production des vins rouges; feuilles orbiculaires, trilobées; grappe grosse; grains sphériques d'un rouge violacé, d'après H. Gœthe.

Heunisch blauer (Heunisch rouge).......... *D.*

Heunisch dreifärbiger (Heunisch rouge)...... *D.*

Heunischen grüne (Heunisch rouge)......... *D.*

Heunischer (Heunisch blanc).............. *D.*

Heunisch gelber. — D'après Babo, Stoltz et Burger, serait une variation du Heunisch blanc bien spécifiée.

Heunisch rother (Heunisch rouge)........... *D.*

Heunisch rotgestrikfler (Heunisch rouge).... *D.*

Heunisch siebenfarbiger (Chasselas cioutat).

Heunisch schwarger (Heunisch rouge)....... *D.*

Heunisch weisser (Heunisch blanc).......... *D.*

Heunischtraube (Heunisch weisser).......... *D.*

Heunschander (Furmint).

Heunschen, Heunscher, Heunschler, Heuntschler (Heunisch weisser)..................... *D.*

Hiacinthina (Listan).,..................... *D.*

Hibero negro (Piedirosso)............. VI. 362

Hibou...... .... VI. 94

Hibou blanc. — Cépage de la Savoie, variation du Hibou noir; feuille moyenne, glabre sur les deux faces; grappe surmoyenne; grain plutôt gros, globuleux, mou, juteux, d'un blanc jaunâtre, maturité de 2ᵉ époque.

Hibou noir (Hibou).................. VI. 94

Hibron (Hébron)..................... IV. 282

Hidalgo. — Hybride de T.-V. Munson.

Hierosolimitana blanc (Olivette blanche).

Hierosolimitana noir (Raisin noir de Jérusalem).

Highland. — Hybride de Concord et de Muscat créé par Rickett; grande grappe peu ailée; grains gros, globuleux, noir bleuté, pruine très épaisse, pulpeux et foxé.

Hignin (Syrah)..................... II. 70

Hilisman blanc, noir, rouge. — Nom de cépages (?) de l'Asie Mineure, cités par Odart.

Himschtraube (Heunisch).

Him Kadarka (Kadarka).

Hine. — Semis de Catauba créé par Jason Brown, à grains caractérisés par une teinte d'un rose clair brunâtre.

Hingandi. — Nom de vigne cité par Acerbi.

Hinsch (Heunisch).

Hinsch (Putzscheere)................. III. 198

Hinschen (Heunisch blanc).

Hinschen weisser (Putzscheere)....... III. 198

Heinschtraube (Heunisch blau).

Hintsch (Heunisch blau).

Hintsch roth (Heunisch blau).

Hipponia, Hipponion. — Nom de vigne cité par Pline.

Hirchballen, Hischrollen (Cornichon blanc).

Hirsuta (Cañocazo).

Hispana. — Nom de vigne cité par Pline.

Hitzkirchener. — Raisin blanc assez tardif, signalé par Kohler comme un peu répandu en Suisse dans la région de Zürich; il est remarquable par ses baies allongées de 18/15, mais sa fertilité et sa qualité ne sont que moyennes. — A. B.

Hitzkircher (Hitzkirchener)................ *D.*

Hivernais (Hibou)................... VI. 94

Hivet hinsch (Savagnin).

Hochheimer (Riesling)................ II. 247

Hochweiss (Hoviz)..................... *D.*

Hœmathia (Teinturier mâle).

Hogazuela, Hogomela (Cepa canasta)........ *D.*

Holdertraube (Teinturier mâle)........ III. 363

Hollandsky (Gold Champion).

Holmes. — Hybride accidentel, probablement d'Æstivalis et de Labrusca, à caractères d'Æstivalis dans le feuillage et de Labrusca dans le fruit qui est d'un rose clair, pulpeux et foxé.

Holyagos Furmint (Furmint).......... II. 251

Honey. — Semis de Salem à caractères très marqués de Labrusca, à gros grains blancs, transparents, assez pulpeux et peu foxés.

Honigler. — Syn. : *Honigtraube, Goldtraube, Bela okrugla, Ränka, Zandler, Kruglo petlina, Surga margit, Tantovina précoce, Silberweiss.* — Le cépage blanc de 1ʳᵉ époque précoce répandu, sous ces noms divers, de la Haute-Hongrie à la Croatie et au Tyrol, s'est révélé chez nous identique à la *Tantovina précoce* que nous avions reçue du Tyrol et de l'Alsace, et décrite t. IV, p. 349. D'autre part, nous signalons dans ce Dictionnaire une Tantovina tardive bien différente, reçue depuis de M. Oberlin et qui correspond plus exactement à la description de la Tantovina donnée par Trummer dans son *Étude des variétés de la Styrie*, p. 247. Notre monographie de la Tantovina se rapporterait donc plutôt au Honigler. Ces deux cépages ont été d'autant plus facilement confondus dans les maints vignobles et collections austro-allemands que tous deux ont le feuillage caractéristique que Trummer qualifie *deichenblättrige* (à feuilles de chêne). Celui du Honigler, plus ferme et plus brillant, le mériterait plus encore que celui de la Tantovina, dont la feuille est molle et très révolutée, plus terne et plus duveteuse, plus profondément lobée toutefois que celle du Honigler. Mais les fruits sont très différents. Ceux du Honigler, analogues au Chasselas, sont à grains ronds, discoïdes, de 15ᵐᵐ de diamètre. Ceux de la Tantovina, plus gros et plus rameux, à grains ovoïdes de 18/16 et mûrissent trois semaines plus tard. L'affinité du Honigler avec les porte-greffes américains paraît délicate; il s'affaiblit rapidement chez nous sur Riparia par suite de la formation d'un bourrelet considérable. — A.B.

Honigler traube (Honigler)................ *D.*

Honigtraube (Sylvaner).

Hookeri (Vitis Hookeri).............. I. 490

Hopican. — Hybride d'Eumelan et d'Elvira, à grains moyens, d'un gris clair, pulpeux et foxés.

Hopkins. — Hybride de Cynthiana et de Lincecumii créé par T.-V. Munson.

Hora. — Syn. : *Marinka.* Cépage bulgare cultivé surtout pour la table comme raisin précoce; grappe grande, longue et rameuse; grains de grosseur moyenne, d'un noir bleuté foncé, sphéro-cylindriques, fermes, à peau mince, juteux.

Horconia. — Nom de vigne cité par Pline.

Horevatoshak, Horowatoshak (Augster).

Horojtachak (Laghorhi)................... *D.*

Hoschze (Sylvaner).

Hosforth's Seedling (Ribier).......... III. 286

Hosford. — Semis de Concord, à grosse grappe et gros grains d'un noir bleuté assez foncé, peu foxés ; un peu plus tardif que le Concord.

Hoshza, Hossza czipkaju, Honza fehér (Sylvaner).

Hosszunyelü fehér (Lammerschwanz)........ D.

Hosszu myelü (Lammerschwanz)............ D.

Hotporup. — Hybride de Solonis et de Lincecumii créé par T.-V. Munson.

Houche. — Nom de vigne (?) de l'Yonne citée dans le Catalogue des vignes du Luxembourg.

Houillardon noir. — Nom de cépage (?) du Gers, cité par Jules Guyot.

Houlin. — Nom de cépage cité par Acerbi.

Houmeau noir. — Nom de cépage charentais (?) cité par divers catalogues.

Hourcat (Côt)..................... VI. 6

Houron (Corbel).

Houssang. — Cépage à grains longs, d'un rose clair, originaire du Kachmir, peut-être le Schira dzouli.

Houssein. — Syn. : *Khoussaïng, Toussaïné, Khousseiné, Khoussaïné-Angour-Kalian, Khoussaïné-Liounda, Gousseing, Mala-Goussein, Khoussaïné-Mourtchamione, Khoussaine-rosovoi, Kara-Koussaïné, Koussaïné-Kalim-Barmak.* — Cépage du Turkestan, à raisin blanc, de 2e époque tardive de maturité, cultivé surtout à Bokhara. Cépage très répandu, à vins de table léger, cultivé aussi pour la table comme raisins frais ou comme raisins secs ; dans le loess du Turkestan, cultivé en hautains, il produit jusqu'à 130 kilog. de raisins par cep, avec des sarments de plus de 10 mètres de long. — Souche très vigoureuse et très fertile ; sarments très forts, droits, couleur paille ; feuilles grandes, quinquelobées, sinus pétiolaire presque fermé, duveteuses, blanchâtres en dessous ; grappe grande, conique, longue ; grains ovales, allongés, déprimés aux deux pôles, gros, très sucrés ; peau épaisse, d'un blanc cireux. — V. T.

Houssein rosovoï. — Cépage du Turkestan et de la Crimée, à raisin rose, cultivé pour la table. — V. T.

Houra. — Raisin turc, hâtif, à grains conico-sphériques, d'un rouge clair. — J. M. G.

Hoviz (Rakszőlő)................... D.

Howard. — Hybride de Rotundifolia et de Vitis créé par T.-V. Munson, à gros grains noirs, caducs.

Howell. — Semis de Labrusca, à grains noirs, foxés.

Hrskavac (Kamencarka)................ D.

Hrskawatz (Kamencarka)............... D.

Hrusel, Hrustec, Hrustec, Hruzel (Konigl grüner).................................. D.

Hruzel stretford (Frankenthal).

Huber's Seedling. — Groupe d'hybrides créés par

Th. Huber, tels les *Marguerite Illinois City* et *Braendly* ; non cultivés aux États-Unis.

Hurschi d'Aurongabad. — Donné comme cépage de l'Inde (?) par Hardy.

Huevo. — Nom inexact du Catalogue des vignes du Luxembourg.

Hudler blauer. — Variété allemande à raisins bleus, que H. Gœthe dit semblable au Blank blauer, mais qu'Oberlin distingue du Blank. Le Hudler est un raisin à gros grains ellipsoïdes de 17/16, dont la fertilité est bonne, mais la maturité un peu tardive et la qualité très ordinaire. — A. B.

Hudler mohrendutte (Savagnin).

Hudler weisser (Lagler)................. D.

Hudson. — Semis américain de Rebecca, à caractères de Labrusca ; sans intérêt.

Huevo de gallo. — Nom de cépage espagnol de Cuença, d'après Abela y Sainz.

Huevo de Gato bianco, negro. — Deux noms inexacts donnés par Bury et par Odart pour des cépages espagnols.

Huevo de Golondrina. — Nom de cépage espagnol de la région de Murcie, d'après Abela y Sainz.

Hugues. — Raisin blanc à grains ellipsoïdes de 15/13, obtenu par R. Gœthe qu'Oberlin considère comme estimable pour sa fertilité et son bouquet particulier assez distingué. Maturité de l'époque tardive. — A. B.

Hulpse (Vulpe)..................... IV. 147

Humagne.......................... V. 275

Humaire. — Cépage espagnol d'Almeria, d'après Abela y Sainz.

Humanum (Humagne)................. VI. 47

Humboldt. — Hybride de Riparia, à grains d'une teinte grisâtre rosée ; sans intérêt.

Humière blanca, parda (Humaire)........... D.

Hunischer (Heunisch).

Hungur (Furmint).

Hunkiai Beguendi. — Cépage turc à grains noirs, coniques. — J. M. G.

Hunenntraube, Hunnis, Huns (Heunisch).

Huntingdon. — Hybride de Riparia et de Rupestris ; peu productif, petit grain noir sur petite grappe ; très buissonnant comme le Rupestris.

Hurbino. — Nom de vigne de l'Istrie. — J. R.

Hureau (César).

Husson (Black July)................... D.

Hutchison .... I. 465

Hüttler (Frankenthal).

Hurwein (Rakszőlő)................... D.

Hyacinthina (Listan).

Hyague (Pécoui-touar).

Hybride Azemar. — Hybride de Riparia et d'Æstivalis, sélectionné par Millardet ; à caractères intermédiaires aux deux espèces composantes ; porte-greffe très vigoureux, très sensible à la chlorose ; a été peu utilisé.

Hybrides Bouschet. — Groupe d'hybrides créés par L. et H. Bouschet, en hybridant la plupart des cépages méridionaux par le Petit-Bouschet, résultat lui-même de l'hybridation de l'Aramon et du Teinturier ; ces hybrides sont tous étudiés, dans le Dictionnaire, à leur place alphabétique.

Hybride de Vivie. — Hybride créé en France, à élément d'Æstivalis ; sans valeur.

Caille n° 6. — Syn. : *Gamay-Veyrat*. Débourrement d'époque moyenne, mince, brun terne ; bourgeonnement vert bronzé, glabre. Rameaux allongés et ramifiés, grêles, nombreux, d'aoûtement tardif. Feuilles moyennes, pleines, aussi larges que longues, à 5 lobes avec prépondérance du lobe médian, sinus latéraux peu ouverts, sinus pétiolaire creusé en U ; limbe vert clair un peu jaunâtre, denture obtuse, bordée et mucronée de jaune. Pétiole grêle et pileux. Grappes moyennes, cylindriques, ailées, portées sur pédoncule court et vert ; grains moyens, ronds, noirs, pruinés, à jus coloré et de saveur neutre ; maturité de 2e époque. Vin de 10° d'alcool et 6 gr. d'acidité. — J. R.-C.

Caille n° 30. — Seibel 2 × Couderc 1202. Cépage d'une fertilité exceptionnelle, chaque pampre portant 4 grappes, charge énorme qui nuit à la vigueur de la plante. Débourrement hâtif, arrondi, blanchâtre et tomenteux ; bourgeonnement vert. Pampres verts, lavés de carmin, sarments marron foncé. Feuilles moyennes, à 5 lobes peu saillants, sinus pétiolaire ouvert en U. Pétiole carminé. Grappes courtes, cylindriques, peu serrées ; grains sous-moyens, ronds, noirs, de faible adhérence au pédicelle et de saveur plate ; maturité de 2e époque tardive. — J. R.-C.

Caille n° 46. — Seibel 1 × Aramon-Rupestris. Cépage d'une haute résistance au Mildiou et d'une bonne vigueur. Débourrement moyen, rouge vineux ; bourgeonnement bronzé. Rameaux violacés, allongés et grêles. Feuilles à 5 lobes, sinus supérieurs marqués, inférieurs nuls, pétiolaire ouvert en U et bordé par la nervure, denture subaiguë. Pétiole carminé. Grappes moyennes, peu serrées ; grains sous-moyens, ronds, noirs, de maturité tardive. — J. R.-C.

Caille n° 113. — Couderc 87-115 × 4401, semis plus récent, vert sombre, très sain, assez fertile, 3 jolis raisins par pampre, petits, mais à grains serrés, à

jus incolore. Bon vin de consommation directe. — J. R.-C.

Hybrides Castel............................ D.

Castel n° 115. — Noah × Herbemont d'Aurelle. Cépage blanc, vigoureux, assez sain en général, bien que d'une résistance un peu faible au Mildiou d'automne. Bourgeonnement vert blanchâtre. Rameaux allongés, foncés et bien striés. Feuilles moyennes, à 5 lobes peu accusés, sinus pétiolaire ouvert en lyre ; limbe épais, coriace, un peu bullé, vert foncé passant au jaune vif à l'automne, denture courte et obtuse ; nervures pileuses. Pétiole très fort, long, couvert de poils rigides et espacés. Vrilles nombreuses, puissantes et persistantes. Grappes sur-moyennes, longues, grains moyens, sphériques, blancs, pulpeux et très foxés ; maturité de 2e époque. — J. R.-C.

Castel n° 120. — Syn. : *Agathe*. Même origine. Vigoureux et assez résistant au phylloxéra en bon sol argilo-siliceux, demande à être sulfaté contre le Mildiou, mais craint peu la pourriture ; estimé dans le Bordelais, en Corse et en Sicile. Débourrement d'époque moyenne. Rameaux allongés, irrégulièrement cylindriques, un peu aplatis, marron foncé et violacé aux nœuds. Feuilles sur-moyennes, allongées, découpées en 5 lobes, sinus latéraux arrondis en U, pétiolaire très largement ouvert ; limbe épais, feutré en dessous d'un fin duvet, denture aiguë. Grappes longues, ailées, denses ; grains gros, ronds, blancs, juteux, légèrement foxés ; maturité de 2e époque. — J. R.-C.

Castel n° 132. — Hybride noir de bonne vigueur et de résistance pratique au Mildiou. Rameaux gros, allongés, peu ramifiés, de teinte chamois violacé, pruineux. Feuilles sur-moyennes peu tourmentées, pleines et gaufrées, lobe médian prépondérant, sinus basilaire fermé et recouvert, denture régulière et subaiguë ; défoliation tardive orangé vif. Pétiole gros, long, enviné et contourné à l'insertion. Grappes moyennes, cylindriques, allongées, serrées ; grains sur-moyens, ronds, noirs, très pruinés, juteux, sucrés, de saveur neutre et agréable ; maturité de 1re époque. — J. R.-C.

Castel n° 929. — Rupestris-Othello × Herbemont d'Aurelle. Cépage blanc signalé à tort comme noir par certains expérimentateurs. Vigueur faible et résistance au Mildiou médiocre. Rameaux grêles, sinueux, noués très court, châtain noirâtre. Feuilles sous-moyennes à 3 lobes bien détachés, sinus latéraux étroits, pétiolaire fermé ; limbe vert brillant, un peu bullé ; denture subaiguë et liserée de jaune. Grappes ailées, un peu rameuses et lâches ; grains inégaux, ronds, blanc doré, pulpeux, très faiblement foxés ; maturité de 1re époque. — J. R.-C.

Castel n° 934. — Hybride noir de faible végétation et sensible au Mildiou. Rameaux peu allongés, non ramifiés, châtain strié de noirâtre. Feuilles moyennes, trilobées, sinus latéraux étroits en V, pétiolaire en U ; limbe vert brillant, uni, glabre, avec nervures pileuses, denture arrondie, obtuse, avec mucron proéminent. Grappes moyennes à rafle rouge ; grains petits, ronds, noirs et foxés. — J. R.-C.

Castel n° 1028. — Syn. : *Madame Castel.* Taylor × Terret gris. Beau cépage vigoureux et fertile. Rameaux forts, non ramifiés, droits, parfois aplatis, à mérithalles plutôt longs, de couleur jaune foncé. Feuilles sur-moyennes, à 5 lobes dont les trois supérieurs bien détachés ; sinus latéraux supérieurs ouverts en U, pétiolaire en V ; limbe épais, un peu bullé mais presque uni, faiblement duveteux en dessous ; denture peu profonde et subobtuse ; nervures pileuses. Pétiole long, gros, parfois aplati, pileux et strié de carmin. Grappes sur-moyennes, arrondies, peu serrées ; grains gros, sphériques, blancs, juteux, un peu foxés ; maturité de 3° époque. — J. R.-C.

Castel n° 1113. — Syn. : *Gerbe d'or.* Rupestris-Othello × Herbemont d'Aurelles. Vigueur moyenne ; résistance suffisante au phylloxéra au moins dans les bons sols, faible au mildiou, assez bonne à l'oïdium, au botrytis et au black-rot. Vin trouvé excellent dans le Gers et signalé comme très limpide. Feuilles petites, trilobées, épaisses. Grappes cylindriques, bien garnies de grains gros, ronds, blancs, légèrement foxés ; maturité de 2° époque. — J. R.-C.

Castel n° 1720. — Syn. : *Onyx.* Taylor × Rupestris-Othello. Cépage très vigoureux et d'une haute résistance au mildiou. Rameaux allongés, grêles, de teinte acajou. Feuilles moyennes, planes et cordiformes ; lobes indiqués seulement par l'allongement de la denture qui est brièvement aiguë ; sinus pétiolaire étroit ; limbe épais, coriace, faiblement duveteux en dessous ; nervures et pétiole envinés et pileux. Grappes cylindriques, courtes ; grains moyens, ronds, blanc verdâtre, très foxés. — J. R.-C.

Castel n° 1832. — Syn. : *Topaze.* Noah × Rupestris-Othello. Excellent hybride, vigoureux, fertile et sain ; résiste bien au mildiou. Rameaux allongés, grêles et sinueux, caniculés, de teinte marron foncé. Feuilles moyennes, pleines, orbiculaires, à 3 lobes indiqués par la denture ; sinus pétiolaire ouvert en U ; limbe plan, mince et glabre ; denture aiguë et mucronée. Nervures et pétiole faiblement pileux. Grappes cylindriques, peu serrées ; grains moyens, ronds, blanc doré, pulpeux et de saveur presque neutre, très faiblement musqués à la maturité complète qui est de 2° époque. — J. R.-C.

Castel n° 1919. — Herbemont d'Aurelles × Psalmodi. Hybride rouge, presque rose, signalé par M. Girerd, de Brignais, pour la beauté de sa grappe qui égale en effet celle du Vinifera. Rameaux allongés, à nœuds espacés, de teinte noisette clair. Feuilles moyennes, pleines, orbiculaires, à pans coupés qui la rendent quadrangulaire, à 3 lobes peu saillants ; limbe épais, vert, uni, plan, glabre ; denture forte et subobtuse. Pétiole moyen, vert, faiblement enviné. Grappes grandes, ailées ; grains gros, ronds, rouge clair, sucrés, mais avec un arrière-goût de léger fox ; maturité de 1re époque. — J. R.-C.

Castel n° 1945. — Souche de vigueur moyenne. Bourgeonnement vert faiblement bronzé. Rameaux buissonnants, noués court, d'aoûtement tardif, verdâtres puis châtain strié de bandes espacées. Feuilles moyennes, orbiculaires, à 5 lobes, d'aspect vinifera, sinus latéraux profonds, pétiolaire presque fermé. Pétiole moyen, lavé de carmin. Grappes moyennes, pyramidales, ailées ; grains petits, ronds, blancs, sucrés, de saveur très franche. — J. R.-C.

Castel n° 3540. — Syn. : *Folle américaine.* Rupestris-Othello × Herbemont d'Aurelles. Plante d'une bonne vigueur et très fertile, résistant d'une façon pratique au phylloxéra et aux maladies cryptogamiques. Bourgeonnement vert jaunâtre. Rameaux grêles non ramifiés, noués très court, souvent aplatis, châtain foncé, bien striés. Feuilles moyennes, orbiculaires, pleines ; sinus latéraux peu marqués, pétiolaire fermé et recouvert ; limbe épais, coriace, fortement gaufré, tourmenté, vert brillant et glabre sur les deux faces ; denture courte et obtuse. Pétiole enviné. Grappes courtes, arrondies, très compactes et massives ; grains moyens, sphériques, serrés et comprimés, blanc verdâtre, pruinés, de saveur neutre et franche ; maturité de 2° époque. — J. R.-C.

Castel n° 3543. — Issu du même semis que le précédent. Vin de 10° d'alcool, droit de goût et agréable. Débourrement hâtif. Grappes petites, à grains blancs moyens, d'un goût neutre, couverts d'une pruine caractéristique et réfractaires à la pourriture ; maturité de 3° époque. — J. R.-C.

Castel n° 3917. — Noah × Carignan. Beau raisin de table et de cuve résistant à la pourriture grise. Bon vin, bien constitué, fruité et coloré. Souche vigoureuse à port étalé. Rameaux gros, allongés, châtains. Feuilles grandes, à 5 lobes, sinus supérieurs assez profonds, inférieurs nuls ; pétiolaire fermé ; limbe épais, gaufré, vert foncé, cotonneux en dessous ; denture subaiguë. Grappes ailées, peu serrées ; grains gros, globuleux, noirs, très pruinés, à peau épaisse, sucrés, juteux et de saveur à peu près neutre. — J. R.-C.

Castel n° 4001. — Riparia × Aramon-Rupestris. Résistant au mildiou et de maturité précoce. Souche d'une grande vigueur, à port semi-érigé. Rameaux buissonnants, allongés et cylindriques, vert violacé puis noisette. Feuilles sous-moyennes, un peu plus longues que larges, sinus pétiolaire moyennement ouvert; limbe mince, luisant, uni et glabre, vert foncé; denture subaiguë. Pétiole enviné. Grappes petites, lâches; grains très petits, noués de bonne heure, ronds, noirs, saveur neutre et plate; maturité de 1re époque. — J. R.-C.

Castel n° 4137. — Noah × Aramon. Vigueur et santé un peu faibles, fertilité très bonne. Rameaux gros, noués court et châtain foncé. Feuilles moyennes, assez pleines; sinus à peine indiqués; limbe épais, plan, vert clair passant au jaune pâle à l'automne, légèrement duveteux en dessous; denture grosse et obtuse. Pétiole long, grêle, renflé et tordu à l'insertion. Grappes moyennes, cylindriques, assez serrées; grains gros, ronds, blanc verdâtre, de saveur neutre et sucrée; maturité de 1re époque. — J. R.-C.

Castel n° 4515. — Rupestris × Carignan. Plante vigoureuse, sensible au phylloxéra, à l'oïdium et au botrytis, assez résistante au mildiou. Vin de coupage grossier, de nuance un peu violacée. Rameaux longs et traînants. Feuilles minces, vert foncé uni, découpées par des sinus profonds et une denture aiguë. Grappes ailées, très lâches, sujettes à la coulure; grains petits, ronds, noirs, à jus coloré. — J. R.-C.

Castel n° 5009. — Rupestris × Aramon. Vigoureux et sain, craint peu le mildiou; de petit rendement. Rameaux allongés, un peu grêles, et d'aoûtement lent. Feuilles petites, pleines, à 5 lobes; limbe mince et glabre, tourmenté et plié en gouttière, vert foncé; denture obtuse et mucronée. Pétiole long et enviné. Grappes petites, lâches; grains moyens, ronds, noirs, à jus coloré, pulpeux, pâteux et de saveur sauvage. — J. R.-C.

Castel n° 5409. — Cordifolia × Alicante-Bouschet. Cépage de faible vigueur et assez sensible au mildiou. Rameaux grêles et sinueux, châtain foncé. Feuilles sous-moyennes, pleines; limbe mince, uni, plan, glabre; denture caractéristique très peu profonde, le mucron constituant la dent. Grappes moyennes portées sur pédoncule très long non ligneux; grains moyens, ronds, noirs à jus rouge, peu sucrés et foxés; graines au nombre de 2, très allongées. — J. R.-C.

Castel n° 6011. — Taylor × Muscat Romain. Hybride blanc, fertile et rustique. Bon vin, alcoolique et assez neutre. Débourrement hâtif, blanchâtre. Rameaux cylindriques, à mérithalles moyens, de teinte marron foncé. Feuilles moyennes, pleines, trilobées, sinus latéraux peu profonds, pétiolaire

étroit presque fermé; limbe épais, coriace, un peu tourmenté, vert foncé luisant, blanchâtre et araignéeux en dessous. Pétiole long, gros, vert, presque glabre. Grappes allongées, cylindriques, serrées; grains moyens ronds, blancs, juteux, sucrés et foxés; maturité de 2e époque. — J. R.-C.

Castel n° 6518. — Noah × Ugni blanc. Vigoureux, fructifère et très sain, mais de maturité très tardive; fertile. Vin alcoolique, franc de goût et limpide. Débourrement hâtif et maturité de 3e époque. Grappes grandes; grains moyens, blancs, légèrement foxés et réfractaires à la pourriture des vendanges. — J. R.-C.

Castel n° 7229. — Othello-Rupestris × Carignan. Dans cet hybride complexe, le Labrusca a cédé la place au Vinifera et au Rupestris. Vigne de vigueur moyenne et de fertilité médiocre; maturité très tardive. Vin de coupage, coloré, vineux et frais, mais sujet à la casse bleue. Grappes petites, cylindriques, serrées; grains moyens, ronds, noirs, de saveur neutre. — J. R.-C.

Castel n° 7043. — Syn. : *Madérisé*. Othello-Rupestris × Herbemont d'Aurelles. Cépage de petite végétation mais de maturité précoce. Débourrement vert, glabre, d'époque moyenne. Rameaux grêles et noués court, châtain foncé. Feuilles petites, vert pâle, peu lobées, sinus pétiolaire ouvert. Grappes moyennes, allongées, cylindriques, non ailées; grains petits, blanc doré, rosés, de saveur sucrée et agréable; maturité de 1re époque. — J. R.-C.

Castel n° 11013. — Riparia-Rupestris × Herbemont d'Aurelles. Hybride vigoureux. Rameaux grêles, rosés et pruineux, à mérithalles courts et de maturité lente. Feuilles moyennes, à 3 lobes, sinus latéraux en U, pétiolaire fermé; limbe épais, un peu bullé, plié en gouttière, glabre avec poils fins sur les nervures; denture obtuse. Pétiole grêle et carminé. Grappes moyennes, ailées, serrées; grains petits, ronds, noirs, sucrés et de saveur franche; maturité de 1re époque. — J. R.-C.

Castel n° 11115. — Riparia-Rupestris × Terret noir. Raisin blanc imitant le Chasselas, vigueur faible, et résistance au phylloxéra ainsi qu'au mildiou insuffisante. Débourrement moyen, glabre, vert grisâtre. Rameaux grêles, courts, à nœuds rapprochés et de couleur châtain très foncé. Feuilles moyennes, régulièrement découpées par des sinus en lyre; sinus pétiolaire ouvert en V; limbe mince, uni, glabre, plan; denture bien marquée et obtuse. Pétiole moyen et vert. Grappes cylindriques, allongées, grandes, peu serrées; grains moyens ou sous-moyens, blanc doré, sucrés et de goût agréable; maturité de 1re époque. — J. R.-C.

Castel n° 12331. — Rupestris-Vinifera × Petit-Bouschet. Vigueur faible et résistance douteuse.

Débourrement précoce, allongé, blanc rosé. Rameaux gros, cannelés et violacés. Feuilles sous-moyennes, à 5 lobes très saillants, sinus latéraux creusés en lyre, pétiolaire en V plus ou moins étroit; limbe vert terne avec infer duveteux, se colorant en violacé pâle à l'automne. Pétiole long, rouge. Grappes moyennes, tronconiques, rameuses, à rafle rouge; grains moyens ou sous-moyens, ronds, noirs, à jus rouge, sucrés et de bon goût; maturité de 1re époque. — J. R.-C.

Castel n° 12412. — Aramon-Rupestris × Petit-Bouschet. Vigne de vigueur médiocre et de faible résistance au phylloxéra et aux maladies cryptogamiques. Vin droit de goût, d'un beau rouge brillant, stable à l'air. Grappes moyennes; grains petits, ronds, noirs, à jus peu coloré, fermes, croquants et de saveur neutre. — J. R.-C.

Castel n° 12624. — Rupestris-Vinifera × Alicante-Bouschet. Teinturier très vigoureux, fertile et assez précoce. Se défend facilement du mildiou. Débourrement tardif, arrondi, rose sale; bourgeonnement glabre, vert. Rameaux allongés, à mérithalles très courts, violacé passant au châtain clair. Feuilles moyennes, à 5 lobes très découpés, sinus latéraux profonds creusés en U; pétiolaire très ouvert avec accolade du Rupestris du Lot; limbe vert terne. Pétiole long et veiné de carmin. Grappes allongées, ailées; grains moyens, ronds, noirs, à jus extrêmement coloré, de saveur neutre; maturité de 1re époque. — J. R.-C.

Castel n° 12916. — Aramon-Rupestris × Carignan. Vigne peu vigoureuse et peu résistante au phylloxéra ainsi qu'aux maladies cryptogamiques. Feuilles à 5 lobes découpés par des sinus profonds et larges; denture aiguë. Grappes longues, cylindriques, peu serrées; grains moyens, ronds, noirs, francs de goût et de maturité assez hâtive. — J. R.-C.

Castel n° 13012. — Rupestris-Vinifera × Carignan-Bouschet, assez vigoureux et très fertile. Rameaux allongés, à mérithalles moyens et de teinte noisette, striés. Feuilles sous-moyennes, triangulaires, à 5 lobes peu prononcés, sinus pétiolaire ouvert en U; limbe lisse, mince, uni, vert brillant; denture large, profonde, obtuse. Pétiole grêle, vert, strié de rouge. Grappes grandes, allongées, peu serrées; grains gros, ronds, noirs ou plutôt violets, à jus blanc, sucrés et juteux; maturité de 1re époque. — J. R.-C.

Castel n° 14539. — Chasselas-Rupestris × Chasselas. Cépage vigoureux. Rameaux allongés, peu ramifiés, à mérithalles courts, violacés et pruinés surtout aux nœuds. Feuilles sur-moyennes, orbiculaires, pleines, à sinus pétiolaire étroit; limbe épais, bullé, presque plan; denture profonde et moyennement aiguë; nervures pileuses. Grappes

lâches, rameuses; grains de grosseur inégale, à peu près ronds ou faiblement ellipsoïdes, souvent entremêlés de petits grains verts avortés, noirs, croquants, de saveur neutre et droite. — J. R.-C.

Castel n° 14803. — Superbe raisin blanc, précoce et excellent. Peu vigoureux; très fertile; demande à être protégé contre les maladies cryptogamiques. Bourgeonnement vert jaunâtre, glabre. Rameaux grêles et noués court, marron très foncé. Feuilles moyennes, sinuées et faiblement tourmentées, sinus latéraux et pétiolaire en V; limbe luisant, uni, vert pâle; denture obtuse. Pétiole grêle, court et enviné. Grappes grandes, tronconiques, serrées; grains gros, ronds ou faiblement ellipsoïdes, blancs, de saveur excellente, sujets à éclater; maturité de 1re époque. — J. R.-C.

Castel n° 15428. — Cépage noir, très tardif, d'une vigueur et d'une santé moyennes. Rameaux grêles, à mérithalles longs, peu ramifiés, châtain très foncé. Feuilles pleines en forme de losange, sinus peu marqués et fermés; limbe épais, gaufré, vert sombre passant au jaunâtre à la défoliation. Pétiole long et carminé. Grappes moyennes, cylindriques, serrées; grains ronds, juteux, de maturité de 3e époque. — J. R.-C.

Castel n° 17335. — Rupestris-Vinifera × Pinot Meunier. Vigueur et petites grappes; résistant assez bien au mildiou. Bourgeonnement bronzé. Rameaux allongés, forts, striés en relief, pruinés aux nœuds, de teinte acajou. Feuilles moyennes, pleines, à peu près planes; sinus latéraux, nuls, pétiolaire étroit en V; limbe épais, coriace, bullé, vert foncé et jaune à l'automne; denture assez profonde et subaiguë; nervures rougeâtres à leur naissance. Pétiole gros, long, enviné. Grappes petites, peu serrées; grains petits, ronds, noirs, pruinés, à jus coloré, de saveur neutre. — J. R.-C.

Castel n° 19002. — Syn. : *Madame Lussan*. Alicante-Rupestris × Grec rouge. Raisin de table bon et décoratif. Plante peu vigoureuse et demandant plusieurs sulfatages. Rameaux étalés, à bois très brun. Feuilles à 5 lobes, sinus latéraux supérieurs ovales, pétiolaire en U resserré; limbe vert clair très dentelé. Grappes moyennes, cylindriques, 2 par sarment; grains assez gros, tachetés de rose clair au début de la véraison pour finir en rouge cerise, juteux, sucrés, de saveur agréable; maturité de 2e époque.

Castel n° 19405. — Syn. : *Blanc Mignon*. Couderc 1203 × Alicante blanc. Cépage vigoureux et fertile, de maturité tardive. Résistant au phylloxéra et aux maladies cryptogamiques, il donne un fruit de saveur française très fine rappelant le bouquet du Sémillon; en 1904, son vin a dépassé 13° d'alcool.

Castel n° 20415. — Chasselas-Rupestris × Alicante Bouschet. Vigoureux, bien que d'une résistance assez faible à toutes les maladies. Rameaux allongés. Feuilles pleines, sinus peu profonds et étroits; limbe uni, vert foncé. Grappes courtes, lâches; grains sur-moyens, ronds, noirs, à jus coloré, de saveur neutre. Vin pauvre en alcool et sujet à la casse jaune.

Castel n° 20418. — Syn. : *Rubis.* Rupestris-vinifera×Alicante Bouschet. Souche très vigoureuse, au feuillage sain et de maturité tardive; se plaît dans les sols argilo-calcaires compacts. Grappes grandes; grains gros, ronds, noirs, à jus rouge, chair ferme, de goût franc; maturité de 3ᵉ époque. — J. R.-C.

Hybrides Chazalon......................... *D.*

Chazalon n° 4. — Syn. : *Chazalon.* Jacquez × Berlandieri Davin; maturité de 3ᵉ époque; très fertile; vin de 13° d'alcool, franc de goût et de couleur rouge. — C. C.

Chazalon n° 8. — Syn. : *Fournas.* Frère du précédent, à vin plus fin de 10 à 12° d'alcool, rouge. — C. C.

Chazalon n° I-11. — Syn. : *Chenivesse.* Hybride de Berlandieri ou de Lincecumii et de Vinifera; grosses grappes (1 kilog. et plus), à gros grains ovoïdes, croquants, de goût agréable, d'un rouge violacé mat; raisin de table et de cuve. — C. C.

Chazalon n° I-15. — Syn. : *Des Essarts.* Hybride de Berlandieri ou de Lincecumii et de Vinifera; un peu moins fructifère que les précédents; grains ovoïdes, de saveur noirâtre foncé, à vin très coloré, de 13 à 14° d'alcool. — C. C.

Hybrides Couderc......................... *D.*

Couderc n° 101. — Aramon × Rupestris. Vigoureux, calciphile, assez réfractaire aux maladies aériennes. Débourrement moyen et plutôt précoce. Grappes lâches, de maturité irrégulière; grains moyens, ronds, sujets au millerand, noirs, à jus très rouge, de saveur neutre et plate; maturité de 2ᵉ époque. — J. R.-C.

Couderc n° 201. — Syn. : *Jardin 201.* Riparia-Rupestris × Aramon, semis de 1883. Santé aérienne généralement bonne, sauf vis-à-vis de l'anthracnose. Débourrement moyen, fauve puis vert terne. Rameaux érigés, araneux, vert rayé de violet. Feuilles moyennes à 5 lobes, sinus latéraux arrondis et profonds, limbe bullé, vert foncé luisant, araneux en dessous. Grappes petites, courtes, augmentant un peu de volume avec l'âge; grains moyens, ronds, noirs à jus rose, de saveur neutre; maturité de 2ᵉ époque. — J. R.-C.

Couderc n° 404. — Carignan × Rupestris, semis de 1883. Cépage très vigoureux, calciphile, résistant à la sécheresse, souvent employé comme porte-greffe, mais que sa résistance phylloxérique seulement moyenne semble ramener dans les producteurs directs. Peu sensible au mildiou et à la pourriture grise, il peut donner un vin blanc alcoolique et très agréable. Bourgeonnement duveteux, vert cuivré, brillant. Rameaux verts, rayés de violet. Feuilles grandes, à 5 lobes, sinus latéraux et pétiolaire creusés en U; limbe tourmenté, gaufré, vert foncé brillant, dents irrégulières et subaiguës. Grappes longues, ailées, grains moyens ou sous-moyens, ovoïdes, serrés, roses à jus blanc. — J. R.-C.

Couderc n° 503. — Syn. : *Jardin 503.* Rupestris de Fortworth n° 3 × Petit-Bouschet, semis de 1883. Assez résistant au calcaire, au phylloxéra et à toutes les maladies aériennes sauf la mélanose. Craint le soufre. Bien fertile : vin alcoolique et coloré sentant un goût de cuit; résistant au black-rot. Débourrement tardif; bourgeonnement glabre, vert jaunâtre brillant. Rameaux allongés, érigés, cylindriques, droits, à méritalles très courts, verts, striés de pourpre, pruineux, jaune violacé à l'aoûtement. Feuilles moyennes, tantôt entières, tantôt à 3 et 5 lobes, sinus latéraux peu profonds, sinus pétiolaire ouvert en V, limbe mince et raide, souvent révoluté, presque plan, gaufré, vert glauque, glabre des deux faces, Grappes moyennes, cylindriques, ailées, parfois rameuses, assez serrées; grains de 13 à 14ᵐᵐ, ronds, tiquetés de fortes lenticelles avant maturité, noirs, pruinés, de saveur franche et neutre; maturité de 2ᵉ époque. — J. R.-C.

Couderc n° 504. — Frère du précédent. Résiste à la mélanose mais craint l'anthracnose; demande la taille longue. Se distingue du 503 par un port étalé, un débourrement très vite allongé et grêle, des feuilles moins glauques, un peu plus grandes, moins gaufrées. Grappes petites, cylindriques, massées, non ailées, portées bas sur le sarment, à pédoncule très court; grains un peu plus gros que ceux du 503 et de maturité moins tardive. — J. R.-C.

Couderc n° 601. — Bourrisquou × Rupestris, semis de 1883. Plante vigoureuse, assez résistante au calcaire; très sensible à la mélanose. Vin coloré, neutre, de 8 à 9° d'alcool. Rameaux érigés, jaune violacé, gros, coniques, droits, à méritalles moyens. Feuilles entières, orbiculaires, trilobées, ondulées, à denture large, irrégulière, profonde et peu aiguë; sinus pétiolaire en V aigu. Grappes cylindro-coniques, lâches, de 25 centimètres de longueur; grains sous-moyens, ronds, noirs, pruinés, de maturité tardive. — J. R.-C.

Couderc n° 603. — Même origine. Moins vigoureux mais plus résistant au phylloxéra et plus fertile que le précédent. Débourrement moyen tardif.

Rameaux étalés, courts, sinueux, à petits mérithalles, violacés et pruineux. Feuilles moyennes, plus larges que longues, à 5 lobes, sinus larges ; limbe vert foncé à bords relevés ; dents égales, grandes, subobtuses. Grappes courtes, cylindriques, à ailes grandes, compactes, insérées bas ; grains moyens, ronds, noirs, fortement pruinés, de saveur neutre ; maturité de 3ᵉ époque. — J. R.-C.

Couderc n° 604. — Même origine. Souche de grande vigueur et à port semi-érigé. Rameaux allongés, cylindriques, rouge orangé, à mérithalles longs, souvent fasciés. Feuilles grandes, très découpées, repliées en cornet vers l'ombilic, et à lobe supérieur lancéolé avec dent terminale longue et contournée, sinus latéraux profonds, pétiolaire presque fermé : limbe vert, franc, glabre, lisse, presque luisant. Grappes cylindro-coniques portées très haut sur le sarment ; grains de 13 à 14ᵐᵐⁱ, ovoïdes, noirs, pruinés, juteux, de saveur neutre ; de maturité de 2ᵉ époque tardive. — J. R.-C.

Couderc n° 802. — Othello × Rupestris-Ganzin. Cépage remarquable de vigueur et de santé ; résiste bien au mildiou. Vin extrêmement coloré. Rameaux allongés, grêles, à longs mérithalles, de couleur havane et finement striés. Feuilles moyennes, pleines ; limbe tourmenté, vert brillant ; dents aiguës et profondes, contournées au bout des lobes ; nervures et pétiole pileux. Grappes moyennes, ailées ; grains sous-moyens, globuleux et parfois vaguement ellipsoïdes, noirs, entremêlés de petits grains verts, saveur neutre et plate ; maturité de 1ʳᵉ époque. — J. R.-C.

Couderc n° 901. — Chasselas×Rupestris Martin. Dans son catalogue de 1889-90, M. Couderc annonçait ainsi ce producteur : « Raisins coniques, à grains noirs assez petits, ovoïdes, très sucrés, ne pourrissant pas, maturité très précoce, goût absolument français. Indemne de phylloxéra et de mildiou, petite production régulière. » Quelques années plus tard il le classa parmi les porte-greffes les meilleurs pour reconstituer les Charentes et peu de temps après il le supprima. Le cépage qui n'est pas sans valeur s'est maintenu dans de nombreuses collections. — J. R.-C.

Couderc n° 904. — Syn. : *Cognac-Couderc.* Emily × Yorks, semis de 1880. Cépage vigoureux, mais à racines calcifuges, à feuillage très attaqué par le mildiou et à fruit très foxé. Vin sentant la fumée et se madérisant rapidement, dont l'alcoolicité lui a valu le surnom de *cognac*. Débourrement d'époque moyenne, blanc carminé. Rameaux étalés, gros, sinueux, aplatis vers les nœuds, vert jaunâtre rayé de carmin, puis cannelle.

Feuilles moyennes, 5-lobées, creusées en cornet vers le sinus pétiolaire qui est en V étroit ; limbe épais, coriace, tourmenté, blanchâtre et laineux en dessous, denture obtuse, fortement mucronée. Pétiole gros, long, veiné de rouge, renflé à l'insertion. Grappes moyennes, tronconiques ; grains de 15ᵐᵐ, ronds, blanc verdâtre, pulpeux et foxés ; maturité de 1ʳᵉ époque tardive. — J. R.-C.

Couderc n° 1101. — Syrah×Yorks, semis de 1883. Hybride de Labrusca vigoureux, à port étalé et à feuillage épais, tomenteux. Vin alcoolique et parfumé, âpre et framboisé en sols calcaires, plus neutre en sols siliceux, ayant en moyenne 11° d'alcool. Débourrement très tardif. Rameaux allongés, verts puis marron foncé, à mérithalles moyens et à nœuds gros et pointus. Feuilles moyennes, à 5 lobes découpés par sinus profonds ; limbe vert foncé luisant et gaufré en dessus, laineux en dessous, denture très obtuse. Grappes courtes, arrondies, grains moyens, ronds, verdâtres, fermes et foxés ; maturité de 1ʳᵉ époque tardive. — J. R.-C.

Couderc n° 1103. — Syn. : *Jardin 1103 (A).* Rupestris × Chasselas, semis de 1883. Hybride de vigueur moyenne et assez fertile, mais sensible au mildiou sur la feuille et sur le grain. Rameaux buissonnants, allongés et grêles. Feuilles sous-moyennes, entières, planes, à bords révolutés en dessous ; limbe vert pâle, jaune à la défoliation qui est précoce, denture subaiguë. Pétiole carminé, long et grêle. Grappes arrondies, cylindriques, peu serrées ; grains sous-moyens, ronds, noirs, de saveur foxée et de faible adhérence au pédicelle ; maturité de 1ʳᵉ époque. — J. R.-C.

Couderc n° 1106. — Colombeau ×Yorks, semis de 1881. Plant vigoureux, assez sain et pouvant donner de belles grappes de table, aux grains ovoïdes, croquants et sucrés, de longue garde. Bourgeonnement vert tendre un peu blanchâtre. Rameaux allongés, cylindriques, nombreux, à mérithalles presque longs et striés, de teinte havane plus foncée aux nœuds. Feuilles moyennes, pleines, un peu plus longues que larges, à 3 et 5 lobes peu saillants ; sinus pétiolaire très largement ouvert en V ; limbe vert foncé, luisant super, infer terne, blanchâtre et faiblement duveteux, denture subaiguë fortement mucronée. Grappes moyennes cylindro-coniques, bien garnies ; grains sur-moyens, ovoïdes, blanc verdâtre, croquants, agréables et acidulés ; maturité de 2ᵉ époque. — J. R.-C.

Couderc n° 1202. — Syn. : *Mourvèdre-Rupestris-Couderc.* Hybride de Mourvèdre × Rupestris-Ganzin, semis de 1883. Producteur direct d'une grande fertilité, habituellement employé comme porte-greffe à cause de sa vigueur et de ses aptitudes calciphiles. Il redoute le mildiou sur les feuilles. Ses petits raisins à petits grains donnent en trop faible quantité un vin extrêmement coloré et alcoolique. — J. R.-C.

Couderc n° 1203. — Même origine. Frère du précédent que M. Couderc a signalé, en 1888, en ces termes : « Grappes cylindriques, petites, extrêmement nombreuses, grain de 11 à 12ᵐᵐ, blanc doré, délicieux; vigoureux et très résistant au phylloxéra, craint le mildiou autant qu'une vigne française; maturité précoce. Le nombre de grappes compensant la petitesse des grains, cet hybride pourrait être une sorte de chardonnet résistant. » Prévisions trop optimistes qui n'ont pas été justifiées par la pratique. — J. R.-C.

Couderc n° 1206. — Syn. : *Jardin 1206 (1)*. Rupestris×Inconnu, semis de 1883. Cet hybride dans lequel, d'après M. Couderc, le Riparia serait aussi intervenu, est assez vigoureux et sain; il résiste bien au mildiou. Rameaux buissonnants, verts, puis acajou brillant, striés. Feuilles sous-moyennes, à 5 lobes bien dessinés sans que les sinus soient profonds; sinus pétiolaire ouvert en V; limbe vert lisse et luisant. Pétiole vert et glabre. Grappes courtes et lâches, rameuses; grains sous-moyens, ronds, noirs à jus rose, et de saveur neutre et acide; maturité de 1ʳᵉ époque. — J. R.-C.

Couderc n° 1304. — Yorks-Bourrisquou, semis de 1881. Végétation faible et résistance phylloxérique minime; craint le mildiou. Bourgeonnement blanchâtre et rosé. Rameaux cylindriques, à mérithalles courts, striés de bandes havane espacées et en spirale. Feuilles moyennes, 5-lobées, sinus latéraux supérieurs profonds, inférieurs peu marqués, pétiolaire étroit ou fermé; limbe coriace, bullé. Pétiole court, gros et lanugineux. Grappes cylindriques et courtement ailées; grains moyens, ronds, dorés au soleil, pulpeux et foxés; maturité de 1ʳᵉ époque. — J. R.-C.

Couderc n° 1305. — Pinot × Rupestris, semis de 1883. Plante vigoureuse à facies de Rupestris, mais à racines charnues trop sensibles au phylloxéra pour remplir le rôle de porte-greffe calciphile assigné par son auteur. Bourgeonnement vert clair. Rameaux araneux lavés de rouge. Feuilles moyennes, pleines, sinus pétiolaire en V étroit; limbe bullé vert franc, brillant, glabre, denture courte et obtuse. Grappes longues et claires; grains sous-moyens, ellipsoïdes, blancs, peu serrés, à peau mince et à jus verdâtre, de saveur neutre. — J. R.-C.

Couderc n° 1401. — Oporto×Colombeau, semis de 1882. Hybride vigoureux et relativement fertile à cause de l'ampleur de ses fruits malheureusement trop rares et foxés. Débourrement tardif, blanc

lavé de rose. Bourgeonnement blanc verdâtre, carminé à l'intérieur. Rameaux sinueux, peu ramifiés, à mérithalles longs et canaliculés, de teinte chamois, violacés vers les nœuds. Feuilles grandes, bien lobées; sinus pétiolaire ouvert; limbe mince, vert jaunâtre, couvert en dessous d'un léger coton blanchâtre; denture large, peu profonde et obtuse. Grappes, grandes, cylindriques, parfois ailées; grains gros, ronds, noirs, violacés, pruinés, pulpeux, à saveur labrusquée; maturité de 2ᵉ époque. J. R.-C.

Couderc n° 2001. — Rupestris×Chasselas rose, semis de 1882. Cépage coulard et teinturier au feuillage bronzé, assez résistant au mildiou. Rameaux allongés, roses, passant au violacé vineux, sombre et pruiné, comme le bois du Chasselas violet. Feuilles moyennes, à 5 lobes révolutés dans le genre du chasselas de Fallous; sinus latéraux peu profonds; pétiolaire étroit; denture obtuse. Grappes cylindriques, peu serrées, à pédoncule et rafle rouges; grains moyens, ronds, noirs, à jus très coloré, de saveur sucrée et agréable; maturité de 1ʳᵉ époque. — J. R.-C.

Couderc n° 2102. — Yorks × Étraire de l'Adui, semis de 1882. Peu résistant et très foxé. Feuillage épais, bullé, très sensible au mildiou. Grappes compactes, cylindriques, ailées; grains ovales de 16ᵐᵐ, juteux, sucrés, mais de saveur très labrusquée. — J. R.-C.

Couderc n° 2801. — Emily × Rupestris-Ganzin, semis de 1882. Plante de résistance moyenne et de bouturage difficile. Débourrement très précoce; bourgeonnement vert jaunâtre, glabre. Rameaux allongés, à nœuds espacés, pampres carminés, sarments havane, d'aoûtement lent et incomplet. Feuilles moyennes, pleines, minces, un peu en gouttière, vert pâle jaunâtre; denture profonde, aiguë et allongée aux lobes. Pétiole long, grêle, vert, glabre. Grappes longues, coniques, claires; grains sous-moyens, ronds, noirs, de saveur neutre et plate; maturité de 1ʳᵉ époque. — J. R.-C.

Couderc n° 3103. — Syn. : *Gamay-Couderc*. Colombeau × Rupestris Martin, semis de 1882. Porte-greffe de résistance phylloxérique insuffisante mais assez fertile pour avoir été propagé comme producteur. Vin de 10°, très coloré, tendre et à léger goût de cuit. Bourgeonnement araneux, vert pâle, brillant. Rameaux érigés, gros, presque droits, striés, verts rayés de rouge puis jaune violacé. Feuilles moyennes, pliées en gouttière en Rupestris, souvent pleines; sinus latéraux peu profonds; pétiolaire ouvert en V; limbe gaufré au centre, mince, mat, vert jaunâtre, denture large, inégale, inclinée en avant, mucronée en rose vif. Grappes longues, de 15 à 20 centimètres, cylindroïdes; grains moyens, peu serrés, ovoïdes, noirs, juteux, de saveur fade; maturité de 2ᵉ époque. — — J. R.-C.

Couderc nº 3301. — Canada × Rupestris-Martin, semis de 1882. Cépage de vigueur moyenne, à petites grappes très denses rappelant un peu celles du Pinot. M. Couderc l'a donné, en 1889, pour un « Pineau résistant ». La médiocre qualité de son vin âpre et désagréable a empêché les viticulteurs d'adopter ce qualificatif. Débourrement précoce; bourgeonnement glabre, vert orangé. Rameaux sinueux, longs, traînants, envinés, tiquetés de vert, puis acajou foncé pruineux. Feuilles moyennes, trilobées, sinus pétiolaire en V étroit; limbe vert foncé satiné, plié en gouttière, lisse, glabre; denture irrégulière, large et obtuse. Pétiole assez long, un peu côtelé. Grappes moyennes, cylindriques, massées, serrées, ailées; pédoncule court et ligneux; grains petits, ovoïdes, noirs à jus incolore, fermes et de saveur neutre: maturité de 1ʳᵉ époque. — J. R.-C.

Couderc nº 3303. — Frère du précédent, dont il se distingue par une meilleure résistance au mildiou, des rameaux plus buissonnants, des grappes plus petites et à grains ronds, un feuillage moins luisant et à denture plus régulière et moins profonde, avec limbe plus plan et coloration automnale jaune. Vin analogue à celui du 3301. — J. R.-C.

Couderc 3701. — Bourrisquou × Rupestris. Cépage de valeur, résistant à la sécheresse et à la chlorose dans les craies des Charentes. Grappes de grosseur moyenne, mais nombreuses, à maturation irrégulière; grains noirs, à jus rouge. — J. R.-C.

Couderc nº 3802. — Alicante-Bouschet × Rupestris. Vigoureux, réfractaire au mildiou, sensible à l'oïdium, très fertile et teinturier. Bourgeonnement vert, très faiblement bronzé. Rameaux longs, forts et buissonnants, noués court, cannelés de stries saillantes, de couleur acajou. Feuilles moyennes pleines; sinus pétiolaire ouvert en V; limbe bordé de dents grosses, révoluté. Grappes courtes, arrondies, serrées; grains petits, ronds, noirs, pruinés, à jus d'une coloration extrêmement foncée; maturité de 1ʳᵉ époque. — J. R.-C.

Couderc nº 3904. — Bourrisquou × Rupestris-Æstivalis, semis de 1884. Fertile mais sensible au mildiou et à l'oïdium. Débourrement moyen, roux orangé, puis vert sale. Bourgeonnement très glabre, vite étalé. Rameaux gros, très droits, polygonaux, aplatis à la base, rouge orangé faiblement pruiné. Feuilles moyennes découpées en 5 lobes bien détachés; sinus pétiolaire ouvert en U; limbe hexagonal, mince, rigide et tourmenté, très peu gaufré, glabre, denture irrégulière, grande, triangulaire, inclinée en avant. Grappes

grandes, en cône allongé, ailées, pédoncule court; grains moyens, globuleux, un peu aplatis, peu serrés, noirs, de saveur neutre, entremêlés de grains verts avortés; maturité de 1ʳᵉ époque. — J. R.-C.

Couderc nº 3905. — Frère du précédent, plus vigoureux et plus calciphile, mais un peu moins fertile que lui. Bourgeonnement glabre, bronzé, luisant. Rameaux verts, lavés de carmin. Feuilles 5-lobées, un peu tourmentées, d'un vert franc, brillant, glabres; denture anguleuse et étroite. Grappes de grandeur moyenne, ailées; grains moyens, sphériques, noirs, juteux, de saveur neutre; maturité intermédiaire entre la 1ʳᵉ et la 2ᵉ époque. — J. R.-C.

Couderc nº 3907. — Même origine. Vin commun et coloré. Il se distingue du 3904 par un débourrement plus tardif, des rameaux moins aplatis vers la base et de couleur plus orangé, presque jaune. Son feuillage est bien plus tourmenté, plus gaufré, souvent bombé; le limbe est moins découpé et sa denture plus arrondie. Grappes plus petites, mais plus serrées, cylindriques; pédoncule court et grêle; grains plus petits et plus réguliers de forme; maturité plus tardive, seulement de 2ᵉ époque. — J. R.-C.

Couderc nº 4001. — Aramon × Rupestris. Cépage rustique et résistant, peu connu; fertilité médiocre. — J. R.-C.

Couderc nº 4101. — Bourrisquou × Rupestris Æstivalis, semis de 1884. Cépage peu vigoureux mais très fertile, d'une résistance phylloxérique inférieure à l'Othello, et très sensible au mildiou. Vin grossier, alcoolique et coloré. Débourrement tardif, vert sale avec duvet rose violet. Rameaux droits, gros et forts, cylindriques, d'un rouge violacé vif et pruiné. Feuilles moyennes, rondes, découpées, à 5 et 7 lobes; sinus pétiolaire en V plus ou ou moins ouvert; limbe épais, raide, étalé, à bords révolutés, vert foncé et glabre en dessus, duveteux en dessous et feutré de poils courts. Grappes grandes, cylindro-coniques, avec ailes détachées; grains moyens, ronds, noirs, pruinés, un peu pulpeux, de saveur neutre et plate; maturité de 1ʳᵉ époque. — J. R.-C.

Couderc nº 4306. — Bourrisquou × Rupestris, semis de 1885. Vin de 8 à 10º d'alcool et de 22 à 24 d'extrait sec, assez franc quand il provient de raisins vendangés avant maturité complète. Souche à port étalé, peu vigoureuse, mais bien fertile. Bourgeonnement aranéeux vert pâle bordé de carmin. Rameaux longs, rampants, glabres, d'un vert rougeâtre. Feuilles grandes, orbiculaires, pleines, à sinus étroits; limbe ondulé presque lisse, vert foncé, brillant, glabre des deux faces. Grappes moyennes, éclaircies par un milleranduge fréquent; grains moyens, ronds, noirs, à jus coloré.

Couderc n° 4401. — Chasselas rose × Rupestris, semis de 1884. Un des rares hybrides adoptés en grande culture à cause de sa fertilité, de sa précocité et de sa santé générale. D'une bonne résistance au mildiou et au black-rot, mais assez sensible à l'oïdium et à la pourriture grise, il demande des terres profondes et fertiles pour se maintenir vigoureux en présence du phylloxéra. Son vin, très coloré, est plat et violacé. Débourrement moyen, allongé, grenat sale. Bourgeonnement glabre, vert, à liseré grenat. Rameaux longs, traînants, verts un peu rosé, puis noisette à l'aoûtement qui est rapide et complet. Feuille petite, à 5 lobes; sinus supérieurs bien marqués sans être profonds, sinus inférieurs presque nuls, sinus pétiolaire ouvert en V; limbe uni, vert foncé, brillant, plié en gouttière, glabre, denture anguleuse et large. Grappes assez longues, de 15 à 20 centimètres, cylindriques, ailées, peu serrées; grains sous-moyens, ronds, noirs, juteux, très colorés, de bon goût, mais un peu fades; maturité de 1re époque. — J. R.-C.

Couderc n° 5407. — Bourrisquou × Cordifolia, semis de 1887. Hybride de Cordifolia, raisin noir de 2e époque, à grappes assez grandes, mais à grains fort petits. Son obtenteur le donne comme indemne de black-rot, de mildiou et d'oïdium, ainsi que très riche en sucre et en acide. — J. R.-C.

Couderc n° 6301. — Hybride complexe, semis de 1888. Vigueur et fertilité moyennes. Raisin précoce, de bon goût, passe pour résister en black-rot, mais feuillage sensible au mildiou. Débourrement hâtif. Rameaux allongés, ramifiés, de couleur cachou. Feuilles petites, pleines, triangulaires; sinus latéraux peu profonds, pétiolaire largement ouvert en U; limbe mince, glabre, plat, à bords révolutés, vert foncé timbré de vineux orangé à l'automne; denture peu profonde et aiguë terminée par un fort mucron. Pétiole long, grêle et enviné. Vrilles nombreuses, grêles et persistantes. Grappes courtes, rondes, lâches; grains moyens, ronds, noirs, précoces et de bon goût. — J. R.-C.

Couderc n° 7103. — Lincecumii-Rupestris × Vinifera, semis de 1888. Frère jumeau du Seibel 1, mais moins productif que lui; a été sélectionné par M. Jany. Bourgeonnement vert clair, jeunes feuilles luisantes. Rameaux grêles, verts, envinés, violacés et pruineux à l'aoûtement. Feuilles sous-moyennes, pleines, 5-lobées, allongées; limbe vert terne liseré de jaune, glabre, tourmenté et plié en gouttière. Pétiole rougeâtre. Défoliation tardive vert terne. Grappes moyennes, tronconiques, peu denses; grains moyens, noirs, pruinés, à jus

blanc et de saveur acidulée très franche; maturité de 1re époque tardive. — J. R.-C.

Couderc n° 7104. — Frère du précédent, plus fertile que lui, mais encore plus sensible au phylloxéra. M. Couderc le donne comme très résistant au black-rot et comme le meilleur de tous les hybrides de Lincecumii comme richesse de sucre et couleur. Sa production est assez bonne dans le Gard et le Gers. — J. R.-C.

Couderc n° 7106. — Même origine. Vigoureux et fertile; résistance assez bonne au phylloxéra, au mildiou et à l'oïdium, presque bonne à la pourriture grise. Plus ou moins fertile que le précédent, selon les expérimentateurs, mais en général d'un rendement satisfaisant avec la taille longue. Vin de consommation directe, léger, fruité, et d'une jolie couleur assez fixe. Rameaux gros, reprenant bien de bouture. Feuillage très sensible à la mélanose. Grappes compactes. Grains noirs, juteux, pellicule très colorée. — J. R.-C.

Couderc n° 7120. — Syn.: 71-20 Couderc, Plant verni. Même origine. Cépage analogue aux précédents, mais de maturité beaucoup plus tardive. Débourrement d'époque moyenne; feuillage vernissé; rendement satisfaisant. Grappes dépassant 100 grammes, grains moyens, serrés, noirs, avec quelques rares grains verts. Vin jugé favorablement par M. Bouffard qui lui reconnaît une couleur assez intense (6 a-mons) et un goût plein et droit. — J. R.-C.

Couderc n° 7301. — Hybride complexe, semis de 1888. Vigueur moyenne, rendement insuffisant. Rameaux buissonnants. Feuilles pleines et très gaufrées, assez sensibles au mildiou. Grappes sous-moyennes peu serrées; grains petits, noirs, juteux et de maturité très précoce, mais à saveur de Rupestris fade et plate. — J. R.-C.

Couderc n° 28-112. — Syn.: Bayard. Emily × Rupestris, semis de 1882. Cépage rustique, calciphile et fertile, mais peu vigoureux et produisant un vin grossier. Il se défeuille sous le soufre. Le mauvais aoûtement de ses bois l'affaiblit beaucoup dans les régions septentrionales. Débourrement moyen, mince, gris verdâtre; bourgeonnement vert pâle. Rameaux glabres, vert violacé, grisâtre après l'aoûtement qui est tardif et incomplet. Feuilles petites, pleines; limbe vert clair, ondulé, presque uni, bordé de dents anguleuses. Grappes moyennes, pyramidales, lâches; grains ronds, noirs, pruinés, à jus presque incolore; maturité de 1re époque tardive.

Couderc n° 71-64. — Syn.: Contassot n° 2. Lincecumii × Vinifera, semis de 1888. Frère de 7106, bien plus résistant que lui au phylloxéra d'après M. Ravaz; redoute les sols calcaires. Bourgeonnement duveteux rosé avec jeunes feuilles un peu bronzées. Rameaux aranéeux, vert jaunâtre. Feuilles grandes, aussi larges que longues, à 5 lobes profondément découpés ; limbe vert foncé, brillant, bullé, bordé de dents larges et subaiguës. Grappes moyennes, assez denses, mais courtes ; grains ronds, de 15ᵐᵐ, noirs, juteux, à jus coloré et de saveur agréable. — J. R.-C.

Couderc n° 74-17. — Hybride complexe, semis de 1888. Souche vigoureuse, à conduire à taille longue. Rameaux étalés, nombreux et ramifiés. Grappes sous-moyennes, massées ; grains de 15 à 16ᵐᵐ, blancs, devenant rosés, de saveur agréable ; maturité de 2ᵉ époque. — J. R.-C.

Couderc n° 80-17. — Semis de Jardin 1206 qui rappelle dans son feuillage son ancêtre d'une façon frappante. La grappe est beaucoup plus développée que celle de 1206. Ce serait un véritable producteur si sa résistance phylloxérique n'était pas aussi faible.

Couderc n° 81-22. — 3/4 sang vinifera, semis de 1889. Vigne blanche vigoureuse et fertile, qualifiée par certains auteurs de « Clairette américaine », à cause de la forme de ses grappes et de leurs grains. Vin alcoolique, mais amer. Débourrement moyen, mince, allongé, blanc rosé ; bourgeonnement aranéeux vert pâle. Rameaux courts, peu ramifiés, aranéeux, vert rougeâtre. Feuilles moyennes, assez sinuées et tourmentées ; limbe uni, vert clair, glabre en dessus et légèrement tomenteux en dessous. Grappes moyennes, lâches, tronconiques, ailées ; grains petits, ovoïdes, blancs, tiquetés de roux, sucrés, agréables à manger ; maturité devançant un peu la 1ʳᵉ époque. — J. R.-C.

Couderc n° 82-32. — Même origine. Vigoureux, résistant à la chlorose, mais sensible au mildiou. Beau raisin de table. Vin blanc ordinaire, fort sujet à la casse jaune. Débourrement hâtif, carminé, duveteux, allongé. Rameaux longs, droits, gros, un peu aplatis, vert rougeâtre, puis chamois. Feuilles sur-moyennes, plus longues que larges, à 5 lobes bien découpés ; sinus creusés en lyre ; pétiolaire étroit ; limbe mince, raide, glabre, vert pâle, denture remarquablement profonde, grosse et aiguë. Pétiole long, droit, rosé. Grappes grosses, allongées, tronconiques, pédoncule long, rosé, non ligneux ; grains gros, ovoïdes, blanc doré, peu serrés, croquants et acidulés, de maturité tardive. — J. R.-C.

Couderc n° 84-10. — Vigne signalée à l'École de Montpellier comme étant de vigueur moyenne, à nombreux rameaux plutôt courts. Résistance au mildiou et à l'oïdium médiocre, à la pourriture grise nulle. Grappes cylindriques, ailées à grains ronds sous-moyens, peu serrés, noirs, à jus incolore, de saveur neutre. Vin médiocre et de conservation difficile, d'après M. Bouffard. — J. R.-C.

Couderc n° 84-61. — Couderc 603 × Espare, semis de 1890. Hybride peu vigoureux et coulard, d'une résistance phylloxérique moyenne et d'une extrême sensibilité au mildiou, remarquable par l'ampleur de ses grappes. Bon vin de consommation directe, bien constitué. Bourgeonnement bronzé, brillant. Rameaux courts, grêles, glabres, violacés. Feuilles moyennes à 5 lobes très détachés ; sinus creusés en U ; limbe bullé, vert franc ; denture profonde et aiguë ; nervures rouges en dessus et pubescentes par-dessous. Grappes très longues, jusqu'à 40 centimètres, rameuses et claires ; grains sous-moyens, ronds, noirs à jus rouge, de saveur neutre ; maturité de 2ᵉ époque tardive. — J. R.-C.

Couderc n° 85-1. — Raisin rose donnant dans le Gers un bon vin blanc. Résiste à la chlorose ; est fort sensible au mildiou ; très vigoureux franc de pied, dépérit une fois greffé. Grappes serrées à petits grains. — J. R.-C.

Couderc n° 85-113. — 3/4 sang Vinifera, semis de 1889. Vigoureux et fertile, assez résistant au phylloxéra, sensible au mildiou et surtout à l'oïdium. Vin commun, stable à l'air, mais d'un goût grossier. Bourgeonnement aranéeux, vert jaunâtre. Rameaux allongés, cylindriques, striés, vert rougeâtre. Feuilles assez grandes, orbiculaires, à 5 lobes, sinus supérieurs en U et inférieurs en V, sinus pétiolaire presque fermé ; limbe un peu bullé, vert métallique, glabre, ondulé ; denture irrégulière, profonde et aiguë. Grappes serrées ; grains petits, ronds, noirs, juteux. — J. R.-C.

Couderc n° 87-83. — Bon greffon de fertilité moyenne, assez sensible au mildiou et à l'oïdium. Vin léger, manquant d'acidité et d'un bouquet astringent. Bourgeonnement duveteux bordé de carmin. Rameaux glabres, vert rosé. Feuilles d'aspect vinifera, avec lobe médian allongé ; sinus latéraux peu profonds, pétiolaire fermé ; limbe bullé, vert foncé, brillant. Grappes petites, lâches, cylindroconiques ; grains moyens, ronds, noirs, à jus incolore, de saveur neutre. — J. R.-C.

Couderc n° 87-115. — Aramon-Rupestris × Aramon. Très fertile et vigoureux tant qu'il n'est pas aux prises avec le phylloxéra ; très sensible à toutes les maladies cryptogamiques. Beau raisin de vinifera. Débourrement moyen, allongé, faiblement bronzé. Rameaux gros, allongés, à grands mérithalles, grisâtres et striés. Feuilles assez grandes, orbiculaires, à 5 lobes, sinus latéraux supérieurs assez profonds, inférieurs nuls ; pétiolaire en V étroit ; limbe épais, bullé, glabre super, garni en dessous de poils très fins ; denture inégale, profonde et presque obtuse. Pétiole long, carminé, pileux. Grappes longues et tronconiques, serrées ; grains gros, ronds, noirs, pruinés, juteux et pâteux, peu colorés. — J. R.-C.

Couderc n°⁵ 88-13 et 88-60. — Inférieurs au précédent comme production et pas beaucoup plus sains que lui. Abandonnés aujourd'hui par la plupart de leurs expérimentateurs. — J. R.-C.

Couderc n° 89-23. — Semis de 1889, 3/4 sang vinifera. Donné par M. Couderc comme un Chasselas américain ; son raisin blanc, acidulé, n'est pas désagréable à manger, mais il est loin d'égaler la finesse et la dimension du Chasselas le plus vulgaire. Vigoureux et rustique, sauf vis-à-vis de l'anthracnose. Bourgeonnement glabre, vert, très légèrement bronzé. Rameaux cylindriques, vert lavé de rose et châtain foncé terne à l'aoûtement. Feuilles moyennes, à 5 lobes ; sinus en lyre étroits et assez profonds ; denture obtuse. Pétiole long, vert. Grappes courtes, cylindriques, non ailées, peu serrées ; grains sur-moyens, ronds, blancs, pruinés, croquants, de saveur neutre ; maturité de 2ᵉ époque précoce. — J. R.-C.

Couderc n° 90-2. — Cépage blanc, peu vigoureux, présenté par son auteur comme une Folle américaine ; d'une grande sensibilité au mildiou et au phylloxéra et d'une production insuffisante. Bourgeonnement blanchâtre, glabre. Rameaux noués très court et de teinte acajou. Vrilles nombreuses et persistantes. Grappes courtes, massives ; grains moyens, verdâtres ; de maturité tardive.—J. R.-C.

Couderc n° 90-38. — Hybride blanc très intéressant à cause de sa fertilité considérable et de sa résistance notoire au black-rot. Rameaux courts, à ramifications nombreuses, de teinte noisette à l'aoûtement qui est lent. Feuilles à peine moyennes, pleines, allongées, à 5 lobes peu saillants ; limbe tourmenté, vert sombre luisant et un peu bullé, grisâtre et tomenteux en dessous ; denture assez profonde et bien mucronée ; nervures pileuses. Pétiole glabre et grêle ; défoliation tardive, vert timbré de jaune. Grappes sur-moyennes, lâches rameuses ; rafle verte et fragile ; grains sous-moyens, ronds, verdâtres, d'une saveur sucrée et austère qui rappelle celle du Sémillon ; maturité de 1ʳᵉ époque. — J. R.-C.

Couderc n° 96-32. — Rupestris × Picpoul, semis de 1889. Donné par M. Couderc comme très vigoureux, bon feuillage et résistant au phylloxéra ; raisin noir, massé, à grains ovoïdes ; de maturité de 2ᵉ époque. — J. R.-C.

Couderc n° 98-76. — Cordifolia × Bourrisquou, semis de 1889. Raisin noir de 3ᵉ époque, très résistant à la pourriture grise. — J. R.-C.

Couderc n° 106-46. — Lincecumii-Rupestris × Vinifera, semis de 1893. Débourrement précoce, vert, glabre. Rameaux gros, forts, allongés, à mérithalles courts ou moyens, violacés, puis havane à l'aoûtement. Feuilles grandes, arrondies, tourmentées, à 5 lobes bien détachés ; sinus latéraux profonds ; pétiolaire ouvert en lyre ; limbe épais, charnu, timbré de jaune à l'automne ; nervures saillantes et pileuses. Pétiole gros, pileux, enviné et aplati. Vrilles fortes, rougeâtres, à 3 lacets. Grappes courtes, massées ; grains sur-moyens, ronds, noirs, à jus presque incolore, pulpeux et sucrés ; maturité de 1ʳᵉ époque. — J. R.-C.

Couderc n° 106-51. — Même origine. Bourgeonnement vert jaunâtre. Rameaux allongés, peu ramifiés, verts. Feuilles de vinifera à 5 lobes ; sinus latéraux étroits et profonds ; pétiolaire fermé ; limbe vert gai, luisant dans les jeunes et terne dans les adultes ; denture obtuse. Pétiole moyen et pileux. Grappes cylindriques à gros grains noirs, de saveur un peu herbacée ; maturité de 1ʳᵉ époque. — J. R.-C.

Couderc n° 109-4. — Bourrisquou × Rupestris, semis de 1889. Vigoureux et fertile, mais peu résistant au phylloxéra et aux maladies cryptogamiques. Vin alcoolique, sujet à casser, mais d'un bon goût et d'un bouquet agréable. Débourrement hâtif, glabre, allongé, cuivré. Pampres ramifiés et envinés, d'un violacé pruineux ; sarments noisette et striés. Feuilles moyennes, à 5 lobes, sinus étroits ou fermés, limbe plat, luisant et glabre, timbré de rouge à l'automne ; denture forte, profonde et obtuse. Pétiole grêle et enviné. Grappes ailées ; grains sous-moyens, ronds, noirs, à jus rouge ; maturité de 2ᵉ époque. — J. R.-C.

Couderc n° 117-3. — Syn. : *Bâtard de Sauternes.* Senasqua × Rupestris, semis de 1890. Blanc vigoureux, très précoce, de petite production et sensible à l'oïdium, mais résistant au mildiou. Vin alcoolique et dépourvu d'acide. Débourrement très tardif. Rameaux allongés, gros, cylindriques, irrégulièrement striés, de teinte havane terne et pruinés. Feuilles sous-moyennes, 5-lobées, très incisées, un peu plus longues que larges ; sinus en lyre ; limbe uni, mince, vert foncé brillant, glabre des deux faces ; denture triangulaire presque obtuse. Pétiole moyen et carminé. Vrilles persistantes. Grappes petites, cylindriques, serrées ; grains sous-moyens, ronds, blanc verdâtre passant au rose pâle, fermes, pulpeux et très foxés ; maturité devançant un peu la 1ʳᵉ époque. — J. R.-C.

Couderc n° 117-4. — Même origine. Cépage noir, frère du précédent, présentant à peu près la même santé aérienne que lui, mais une résistance phylloxérique bien moindre. Débourrement tardif, arrondi, cotonneux, fauve ; bourgeonnement glabre, vert pâle ; jeunes feuilles un peu bronzées. Rameaux gros, à mérithalles courts, violacés, pruineux, profondément striés. Feuilles moyennes,

5-lobées, à sinus peu profonds; limbe épais, gaufré, plié en gouttière, vert foncé, brillant. Grappes ailées, cylindriques; grains moyens, ronds, noirs, à jus rouge et violacé, peu serrés, de saveur franche; maturité de 2ᵉ époque. — J. R.-C.

Couderc nº 122-20. — Un des croisements franco× américains le plus intéressants comme exemple de résistance phylloxérique alliée à une fertilité soutenue et à une bonne santé aérienne. La saveur acerbe du fruit où perce le Cordifolia le rend peu utilisable dans la pratique, mais c'est un précieux élément d'hybridation pour l'avenir. Débourrement tardif; bourre grosse, vert terne, liserée de rose, découvrant de suite gros bouquet de raisin orangé. Rameaux forts, allongés, cylindriques, un peu sinueux, de teinte noisette clair, faiblement striés. Feuilles moyennes, orbiculaires, 5-lobées; sinus latéraux étroits en V; pétiolaire fermé; limbe épais, vert foncé, luisant et bullé. Grappes allongées, ailées, cylindriques, bien garnies sans être serrées; grains moyens, ronds ou faiblement ellipsoïdes, noirs, pruinés, acides et âpres, à jus incolore; maturité de 2ᵉ époque. — J. R.-C.

Couderc nº 124-20. — 3/4 sang vinifera, semis de de 1891. Vigoureux, calciphile, résistant assez bien au phylloxéra et à la pourriture grise, faiblement à l'oïdium et au mildiou. Vin frais, acide, de consommation directe. Bourgeonnement aranéeux vert pâle. Rameaux glabres, vert violacé. Feuilles bien découpées en 5 lobes; sinus tous ouverts en U plus ou moins large; limbe ondulé, gaufré, bullé, vert foncé, glabre. Grappes moyennes; grains assez gros et lâches, ronds, noirs, à jus rouge, de saveur neutre. — J. R.-C.

Couderc nº 126-24. — Couderc 601× Gamay, semis de 1890. Hybride bien connu et cité souvent à cause de sa résistance phylloxérique et de sa précocité. L'éclatement de ses grains à la maturité nuit beaucoup à son extension. Sa résistance est assez bonne au mildiou, et faible à l'oïdium et à la pourriture grise. Son vin peu alcoolique est pauvre en extrait sec. Débourrement hâtif; bourgeonnement duveteux, vert blanchâtre; jeunes feuilles aranéeuses vert jaunâtre, brillantes, un peu rosées. Pampres vert rougeâtre; sarments de couleur cannelle, réguliers, à mérithalles moyens ou courts. Grappes moyennes, ailées, tronconiques; grains sous-moyens faiblement ovoïdes, noirs à jus blanc, charnus, croquants, neutres et fades; maturité du Gamay hâtif des Vosges. — J. R.-C.

Couderc nº 126-22. — Frère du précédent, plus fertile que lui, mais beaucoup plus sensible au phylloxéra et au mildiou. Vigueur seulement moyenne. Rameaux sinueux, soudés à chaque

nœud, puis ramifiés, de teinte marron terne. Feuilles de vinifera, moyennes, 5-lobées; sinus pétiolaire fermé; denture subaiguë; nervures pileuses. Pétiole aranéeux. Grappes cylindriques à grains ronds, noirs, à jus légèrement teinté, très fades; maturité de 1ʳᵉ époque. — J. R.-C.

Couderc nº 132-11. — Syn. : *Nouveau Bayard*. Hybride complexe, semis de 1890. Vigne très vigoureuse, très saine, sauf pour l'oïdium, et assez fertile conduite à taille longue, mais de maturité assez tardive. Bourgeonnement glabre, faiblement bronzé. Rameaux gros, gris violacé, striés, à mérithalles moyens. Feuilles moyennes, pleines, 5-lobées, un peu allongées et tourmentées en gouttière; sinus étroits; pétiolaire fermé; limbe uni, vert clair, luisant; denture profonde assez aiguë, surtout aux lobes. Pétiole court et lavé de carmin. Grappes moyennes, courtes, pyramidales, serrées; grains de grosseur inégale, ronds, noirs,à jus peu coloré, pruinés, entremêlés de petits grains verts; maturité de 3ᵉ époque tardive. — J. R.-C.

Couderc nº 136-4. — Hybride complexe, semis de 1890. Donné par son auteur comme un raisin noir très précoce et très fertile, résistant au phylloxéra. — J. R.-C.

Couderc nº 146-51. — Syn. : *Pousse-partout*. Même origine. Blanc, assez productif à cause de la grosseur de ses grains; sensible à l'oïdium et à l'anthracnose. Bourgeonnement glabre, vert. Rameaux gros, allongés, cylindriques, verts, puis noisette à maturité. Feuilles moyennes, pleines, rondes, à cinq lobes peu accentués; sinus pétiolaire fermé; limbe vert foncé, luisant, glabre, épais; denture obtuse, bordée et mucronée de jaune. Grappes allongées, un peu claires; grains sur-moyens, blancs, juteux et de bonne saveur; maturité de 2ᵉ époque. — J. R.-C.

Couderc nº 173-38. — Sorte de Riparia fertile, à fruits blancs, précoces et foxés; vigoureux et productif. Débourrement très hâtif; bourgeonnement glabre, vert tendre, blanchâtre. Rameaux réguliers et grêles, à longs mérithalles, verts, puis marron très foncé. Feuilles moyennes, pleines et cordiformes, à cinq lobes peu sinués; sinus pétiolaire ouvert en U; limbe mince, vert pâle, de défoliation précoce, vert jaunâtre; denture profonde et aiguë; vrilles nombreuses et persistantes. Grappes moyennes, un peu rameuses, claires; grains sous-moyens, ovoïdes, jaunâtres, juteux, sucrés et foxés; maturité de 1ʳᵉ époque. — J. R.-C.

Couderc nº 188-24. — 3/4 sang Vinifera, semis de 1891. Souche de faible vigueur, résistant peu au mildiou et à la pourriture grise, mais assez bien à l'oïdium. Vin de coupage très coloré, peu alcoolique et de goût grossier. Débourrement hâtif; mince, verdâtre, liseré de rose. Rameaux allongés, à mérithalles moyens ou courts, glabres, vert rose; de teinte noisette à maturité. Feuilles sous-moyennes, à 5 lobes très détachés; sinus latéraux et basilaire ouverts en V; limbe mince, vert foncé, un peu bullé, de chute précoce; denture aiguë et allongée. Pétiole grêle et enviné. Grappes fortes, coniques; grains sur-moyens, ronds, noirs, à jus blanc; maturité de 2ᵉ époque. — J. R.-C.

Couderc n° 198-89. — Même origine. Souche vigoureuse. Rameaux allongés, grêles, châtain clair, pruinés et violacés aux nœuds. Feuilles moyennes, à 5 lobes aigus, très profondément incisés par des sinus cordiformes; limbe vert foncé, cassant, timbré de rouge orangé à l'automne; denture aiguë et allongée. Pétiole long, grêle, rougeâtre, couvert de poils courts. Grappes moyennes, courtes et sphériques; grains moyens, ronds, parfois un peu ellipsoïdes, noirs, à jus blanc, entremêlés de grains verts; maturité de 2ᵉ époque. — J. R.-C.

Couderc n° 198-105. — Même origine. Débourrement hâtif, mince, glabre, grisâtre. Souche de vigueur très faible. Rameaux grêles, à mérithalles courts, striés de larges bandes châtain foncé. Feuilles petites, trilobées, dont les sinus se creusent avec l'âge; sinus pétiolaire ouvert en U; limbe vert foncé, luisant, taché de rouge vineux à l'automne; denture large et subaiguë. Grappes lâches et coulardes; grains moyens, obovoïdes, noirs, à jus blanc, neutres et plats. — J. R.-C.

Couderc n° 199-88. — Syn.: *Panache blanc*. Même origine. Cépage de petite allure et de venue lente dans les terrains calcaires; assez vigoureux et très fertile dans les sols siliceux, notamment en Armagnac où il est assez répandu; mauvais greffon sur Rupestris du Lot; résiste au phylloxéra un peu mieux que l'Othello; redoute beaucoup le mildiou; peu sensible au black-rot, à l'oïdium et à la pourriture. Vin blanc vineux, frais, fruité, solide et assez alcoolique. Débourrement précoce, mince, blanchâtre, rosé; bourgeonnement aranéeux, vert pâle. Rameaux gros, noués, assez courts, vert clair et cannelle. Feuilles sous-moyennes, à 3 lobes; sinus latéraux en V étroit et pétiolaire ouvert en U; limbe uni, vert terne, glabre des deux faces; dents anguleuses, larges. Grappes grandes, ailées, un peu rameuses; grains gros, ronds, blancs, à pellicule épaisse, juteuse et de saveur agréable; maturité de 2ᵉ époque. — J. R.-C.

Couderc n° 201-24 et 201-80. — Deux hybrides blancs, ronds, de maturité de 3ᵉ époque. Le second est plus rustique que le premier, mais tous deux ne sont pas supérieurs à d'autres plus connus et plus multipliés. — J. R.-C.

Couderc n° 202-75. — 3/4 sang Vinifera, semis de

1891. Débourrement précoce. Rameaux allongés, gros, à mérithalles plutôt courts, verts, lavés de carmin, chamois clair à l'aoûtement et pruineux. Feuilles moyennes, un peu allongées, assez pleines, à 5 lobes; sinus latéraux peu profonds, sinus pétiolaire creusé en lyre; limbe bullé, vert foncé; nervures pileuses. Pétiole moyen, glabre, enviné. Grappes cylindriques, allongées, serrées; grains moyens, ronds, noirs, à jus incolore, entremêlés de grains verts, de saveur sucrée et neutre; maturité de 1ʳᵉ époque tardive. — J. R.-C.

Couderc n° 202-137. — Même origine. Cépage noir, rustique, à gros grains, de maturité très tardive, 3ᵉ époque; donné par son auteur comme « très fertile avec l'âge et ayant un goût délicieux ». — J. R.-C.

Couderc n° 226-58. — Hybride de Carignan, semis de 1892. Fertile et tardif de maturité; sensible au mildiou. — J. R.-C.

Couderc n° 241-125. — Syn.: *Muscat d'Aubenas*. 3/4 sang Vinifera, semis de 1893. Évidemment hybride de Muscat. La saveur de son raisin et l'aspect de son feuillage très décèlent son origine. Cépage de vigueur et de santé médiocres. Vin blanc, acide, frais, musqué, bien équilibré et sujet néanmoins à la casse jaune. Débourrement moyen, mince, grenat. Rameaux un peu buissonnants, à mérithalles courts, aplatis, de teinte havane claire, striés. Feuilles petites, pleines, orbiculaires; sinus latéraux peu appréciables; pétiolaire fermé; limbe vert foncé, bullé; denture grosse et subaiguë. Pétiole moyen, glabre, faiblement enviné. Grappes cylindriques, serrées; grains moyens, ronds, verdâtres et gris rosé au soleil, à saveur de muscat et non de foxé, très agréables, sujets à fendre; maturité de 1ʳᵉ époque. — J. R.-C.

Couderc n° 252-14. — Hybride complexe, semis de 1893. Plant de grande vigueur, semblant résister au phylloxéra, à l'oïdium et à la pourriture, mais sensible au mildiou. Ses beaux raisins blancs, de maturité très tardive, demeurent verdâtres une fois mûrs. Vin léger et faible en alcool. Rameaux aranéeux, vert pâle, un peu rosés. Feuilles grandes, pleines, orbiculaires; sinus fermés; limbe presque uni, vert foncé, duveteux en dessous. Grappes longues, coniques, assez serrées, ailées; grains assez gros, ronds, blanc verdâtre, juteux, de maturité de 3ᵉ époque. — J. R.-C.

Couderc n° 267-27. — Hybride complexe, semis de 1894. Cépage vigoureux calciphile, à raisin noir, de maturité précoce. — J. R.-C.

Couderc n° 272-60. — Syn.: *Pompon d'or*. Même origine. Cépage blanc de 1ʳᵉ époque, qui passe pour être fertile, vigoureux et sain. Bourgeonnement bronzé, glabre; pampres verts. Feuilles à 5 lobes, entières ; sinus latéraux peu profonds, sinus pétiolaire ouvert en U ; denture obtuse, mucronée de jaune. Pétiole vert. Grappes moyennes, assez serrées ; grains de 13 à 14 ^{mm}, de saveur sucrée et agréable. — J. R.-C.

Couderc n° 283-63. — Hybride complexe de Lincecumii, semis de 1893. Bourgeonnement faiblement bronzé. Rameaux gros, à mérithalles courts, envinés en pointe et chamois clair à l'aoûtement. Feuilles sur-moyennes, à 3 et 5 lobes, le plus souvent 3 ; sinus latéraux assez profonds ; pétiolaire fermé et recouvert ; limbe vert foncé, luisant, timbré de jaune sur les bords, glabre ; denture aiguë et mucronée de jaune ; nervures pileuses. Pétiole moyen légèrement enviné. Grappes cylindriques, assez serrées ; grains moyens, noirs, pruinés, fermes et de saveur à peu près neutre ; maturité de 2ᵉ époque. — J. R.-C.

Couderc n° 283-68. — Même origine. Analogue au précédent, peut-être un peu plus vigoureux et plus sain.

Couderc n° 299-17. — Pedro Ximénès × 603, semis de 1894. Hybride de vigueur moyenne et d'une grande fertilité, redoutant beaucoup le phylloxera et le mildiou, mais très peu la pourriture ; exige le greffage. Vin léger, frais, fruité, un peu maigre. Bourgeonnement duveteux, vert pâle. Rameaux glabres, vert rougeâtre. Feuilles grandes, à 5 lobes ; sinus latéraux assez profonds ; pétiolaire étroit ; limbe uni, vert franc, brillant, glabre des deux faces. Grappes longues, ailées, compactes ; grains ronds ou très faiblement ellipsoïdes, rouge noir, juteux et de bon goût ; maturité de 3ᵉ époque. — J. R.-C.

Couderc n° 302-60. — Hybride complexe, semis de 1894. Vigne vigoureuse, d'une rusticité moyenne, très sensible au mildiou. Vin de qualité médiocre, peu solide, avec vague bouquet de Cabernet. Bourre glabre, fauve et cuivrée. Rameaux aranéeux, vert rougeâtre, puis noisette et finement striés. Feuilles moyennes, pleines, à 5 lobes peu prononcés ; limbe tourmenté, chagriné et luisant, glabre ; denture très grosse et obtuse. Pétiole long, grêle, enviné. Grappes pyramidales, ailées, serrées ; grains inégaux, ronds, noirs, à jus blanc, entremêlés de petits grains verts. — J. R.-C.

Couderc n° 337-50. — Hybride de 3/4 sang Vinifera, donné par son auteur comme cépage à fruits blancs, de 2ᵉ et 3ᵉ époque, des plus fertiles, et se laissant facilement défendre du mildiou. — J. R.-C.

Couderc n° 343-14. — Syn. : L'Avant-garde. Hybride complexe. Cépage blanc donné pour précoce et fertile. Bourgeonnement vert glabre. Rameaux grêles, envinés, violacés et striés à la maturité. Feuilles sous-moyennes, à 5 lobes détachés ; sinus

latéraux supérieurs profonds en V, inférieurs moins marqués ; pétiolaire fermé et recouvert ; limbe vert foncé, un peu tourmenté et plié en gouttière ; denture profonde et presque aiguë, en deux séries. Pétiole de grosseur moyenne et carminé. Grappes cylindriques ; grains moyens et sous-moyens, blancs, juteux, sucrés et de maturité de 1ʳᵉ époque. — J. R.-C.

Hybrides Gaillard . . . . *D.*

Gaillard n° 2. — Othello Rupestris Cordifolia × Noah. — Cépage rustique et vigoureux de fertilité moyenne, de santé remarquable et de maturité précoce. Vin alcoolique, coloré, assez franc de goût. Débourrement tardif, vert terne, mince, avec jeunes grappes pointant en rouge vif. Rameaux allongés, forts, très ramifiés, à mérithalles moyens ou courts, de teinte acajou et striés. Feuilles moyennes ou sous-moyennes, plus longues que larges, à 3 lobes aigus rappelant un peu le Noah, sinus latéraux larges et peu profonds, sinus pétiolaire fermé ou en V très étroit ; limbe épais, vert foncé, luisant et chagriné, glabre ; dentures peu profondes et obtuses, seules les dents terminant les lobes sont aiguës et allongées. Pétiole moyen et enviné ; vrilles longues, fortes et puissantes. Grappes cylindriques, un peu courtes ; grains moyens, sphériques et discoïdes, noir bleuté, très pruiné, pulpeux, sucrés et un peu foxés ; maturité de toute 1ʳᵉ époque. — J. R.-C.

Gaillard n° 21. — Plant de vigueur moyenne, très fertile, résistant assez bien au mildiou, mais sensible à la mélanose et à l'anthracnose. Débourrement précoce, blanchâtre, carminé ; bourgeonnement grisâtre, tomenteux, laineux. Rameaux buissonnants, sinueux, forts, marron très foncé et striés. Feuilles petites, orbiculaires, pleines, sinus pétiolaire fermé ; limbe mince, glabre, un peu plié en gouttière. Pétiole rouge. Grappes petites, allongées ; grains moyens, ronds, noirs, de saveur sauvage et plate. — J. R.-C.

Gaillard n° 157. — Triumph-Eumélan × Seibel 1. Cépage blanc d'une fertilité considérable ; belles et bonnes grappes comparables à celles des Vinifera. Vin de 10 à 11° d'alcool et de 5 gr. d'acidité, jaune ambré. Bourgeonnement glabre, vert clair, gai et luisant. Rameaux grêles, brun clair, strié de violacé, pruineux. Feuilles petites, entières, à 3 lobes acuminés ; sinus pétiolaire en V plus ou moins ouvert ; limbe très finement gaufré, vert mat ; nervures vaguement pileuses ; vrilles d'un rouge sombre vineux. Grappes fortes, coniques et un peu rameuses ; grains sur-moyens, ronds, blanc doré, pruiné, tournant au rose au soleil, juteux, de saveur sucrée et très agréable ; maturité de 1ʳᵉ époque. — J. R.-C.

Gaillard n° 160. — Rupestris-Othello × Auxerrois-

Rupestris. Hybride de vigueur moyenne et d'une santé générale parfaite. Bourgeonnement vert glabre. Rameaux moyennement allongés, verdâtres, légèrement envinés. Feuilles sous-moyennes, pleines, allongées, à 5 lobes ; sinus latéraux simplement indiqués, sinus pétiolaire largement ouvert ; limbe vert pâle, glabre, tourmenté soit en cornet, soit en gouttière ; denture aiguë et mucronée ; nervures peu saillantes. Pétiole grêle et enviné. Grappes moyennes, ailées, lâches ; grains moyens, de grosseur variable, ronds, noirs, entremêlés de petits grains verts, pulpe colorée et de saveur sucrée ; maturité intermédiaire entre la 1re et la 2e époque. — J. R.-C.

Hybrides Grimaldi . . . . *D.*

Grimaldi nº 88. — Calabrese × Rupestris-Ganzin, semis de 1893. Cépage très vigoureux, de port moyennement érigé. Sarments gros, ramifiés, de teinte acajou grisâtre ; feuilles à caractères prédominants de Rupestris ; très fertile, repousses fructifères. Grappe serrée et ailée, de 16 centimètres de long, garnie de grains ronds de 14 mm de diamètre, à peau rouge foncé et à pulpe fondante, à jus blanc et de saveur non foxée. Moût dosant 23 % de sucre et 10 % d'acidité. — J. R.-C.

Grimaldi nº 97. — Calabrese × Rupestris-Ganzin, semis de 1893. Très vigoureux, à port érigé ; sarments ramifiés, brun grisâtre foncé lavé d'acajou. Caractères du feuillage intermédiaires entre le Rupestris et le Vinifera. Floraison et fructification moyennement abondantes à l'état adulte. Grappes de 12 centimètres, ailées et un peu lâches ; grains ronds de 12 mm de diamètre, à peau rouge foncé et à chair douce et neutre ; maturité tardive. — J. R.-C.

Grimaldi nº 317. — Frappato × Rupestris-Ganzin, semis de 1894. Plante de vigueur et d'adaptation calciphile assez haute pour être employée comme porte-greffe. Port érigé ; sarments droits, peu ramifiés et à mérithalles courts, de couleur grisâtre teintée de brun. Feuilles à caractères de Rupestris ; très fertile. Grappes nombreuses, serrées et ailées, de 12 centimètres, gardant à maturité complète quelques grains verts ; grains ronds, de 13 mm, blancs, à chair sucrée et non foxée, de maturité tardive. — J. R.-C.

Grimaldi nº 553. — Frappato × Rupestris-Ganzin, semis de 1894. Vigueur moyenne ; port érigé. Rameaux droits, peu ramifiés, à nœuds saillants et rapprochés, de couleur gris clair. Feuilles à caractères de Rupestris et de Vinifera. Fructification abondante depuis le jeune âge. Grappes compactes et ailées, de 13 centimètres de long ; grains ronds, de 12 mm, rouge vif, peau fortement colorée ; chair sucrée et presque exempte

de fox ; maturité d'époque moyenne. Moût de 23 % de sucre et de 9 % d'acidité. J. R.-C.

Grimaldi nº 854. — Frappato × Rupestris-Ganzin, semis de 1895. Plante de vigueur seulement moyenne et de résistance phylloxérique douteuse en terrains difficiles. Port érigé. Sarments très peu ramifiés, de couleur gris clair. Feuilles d'aspect Vinifera. Fructification très abondante. Grappes cylindriques et compactes, de 10 centimètres de long ; grains blancs, faiblement ellipsoïdes, de 13 mm dans leur plus long diamètre ; peau blanche et très légèrement rosée ; chair fondante et de saveur neutre ; maturité moyenne. Moût de 23 % de sucre et de 9 % d'acidité. — J. R.-C.

Grimaldi nº 929. — Calabrese × Aramon-Rupestris-Ganzin, semis de 1895. Vigueur moyenne, résistance phylloxérique pas très élevée. Souche de port érigé. Sarments peu ramifiés, à mérithalles courts, de couleur gris clair lavé d'acajou. Feuillage rappelant celui des Rupestris. Fructification très abondante. Grappes de 10 centimètres, épaulées d'un aileron et garnies d'une façon compacte de grains ovoïdes de 15 mm dans leur plus grand diamètre, à peau rouge foncé et à jus blanc, de saveur sucrée mais légèrement foxée ; maturité d'époque moyenne. — J. R.-C.

Grimaldi nº 934. — Calabrese × Aramon-Rupestris-Ganzin, semis de 1895. Vigoureux, à port érigé. Sarments peu ramifiés et de couleur gris acajou. Feuillage de Vinifera. Fructification abondante. Grappes serrées, de 13 centimètres de long ; grains ronds de 14 mm, rouge foncé, à chair blanche et de saveur sucrée et très droite ; maturité d'époque moyenne. — J. R.-C.

Grimaldi nº 935. — Calabrese × Aramon-Rupestris-Ganzin, semis de 1895. Très vigoureux, à port érigé, moyennement ramifié. Sarments couleur acajou grisâtre vif. Feuilles à caractères très prédominants de Vinifera. Grappes nombreuses, cylindriques et compactes, de 15 centimètres de longueur ; grains ronds, de 15 mm, à peau rouge foncé, riche en matière colorante, à jus blanc, de saveur neutre et sucrée maturité précoce. — J. R.-C.

Grimaldi nº 940. — Calabrese × Aramon-Rupestris-Ganzin, semis de 1895. Vigoureux, à port érigé ; sarments peu ramifiés, de teinte acajou grisâtre. Feuillage de Vinifera ; très fertile. Grappes nombreuses et volumineuses, de 23 centimètres de long, ailées et bien garnies, sans être serrées, de grains ovoïdes de 16 mm dans leur plus long diamètre, à peau légèrement colorée en rouge, à jus blanc, de saveur très sucrée et neutre ; maturité tardive. — J. R.-C.

Grimaldi nº 953. — Calabrese × Aramon-Rupestris-

Ganzin, semis de 1895. Très vigoureux, à port érigé ; sarments très peu ramifiés, de teinte acajou grisâtre vif peu foncé. Feuilles à caractères de Vinifera. Fructification très abondante. Grappes ailées, très serrées, de 15 centimètres de longueur ; grains ronds, de 15 ^{mm} de diamètre, à peau rouge, faiblement colorée, à jus blanc ; chair ferme, de saveur très droite et sucrée ; maturité précoce. Moût dosant 23 °/₀ de sucre et 9 °/₀₀ d'acidité. — J. R.-C.

Grimaldi n° 1075. — Frappato × Aramon-Rupestris Ganzin, semis de 1895. Vigoureux, port érigé ; sarments droits, longs, de teinte havane claire. Feuillage de Vinifera ; très fertile. Grappes nombreuses, de 15 centimètres de longueur, aileronnées et compactes ; grains obovoïdes de 13 ^{mm} dans leur plus grand diamètre, à peau riche en matière colorante, rouge foncé, chair à jus blanc, à saveur sucrée totalement exempte de fox. Moût dosant 25 °/₀ de sucre et 11 °/₀₀ d'acidité ; maturité précoce. — J. R.-C.

Grimaldi n° 1109. — Calabrese × Gamay-Couderc, semis de 1895. Très vigoureux, à port érigé ; sarments ramifiés, gros, de couleur acajou foncé. Feuilles à caractères de Vinifera. Fertilité moyenne. Grappes de 14 centimètres de longueur, cylindriques, ni denses ni lâches ; grains ovales de 13 ^{mm} dans leur plus long diamètre, blancs, sucrés, non foxés, mais contenant de nombreux pépins ; maturité très hâtive. — J. R.-C.

Grimaldi n° 1132. — Uva di Troja × Rupestris Ganzin, semis de 1896. De grande vigueur, à port érigé. Rameaux gros, ramifiés, de couleur foncé grisâtre et vieux acajou. Feuilles pleines, orbiculaires, avec large pétiolaire. Fertilité seulement moyenne. Grappes de 13 centimètres de longueur, ailées et bien garnies sans être serrées ; grains ronds de 14 ^{mm} de diamètre, à peau très richement colorée en rouge foncé, à chair blanche, veinée de rouge, sucrée, très peu foxée ; maturité d'époque moyenne. — J. R.-C.

Hybrides Jurie . . . . *D.*

Jurie n° 330 B. — Noah × Mondeuse-Rupestris. Cépage de grande vigueur, de santé et de fertilité moyennes. Rameaux allongés, gros, à nœuds espacés, marron foncé et strié. Feuilles sur-moyennes, tourmentées, à 5 lobes et parfois 6, le lobe médian étant double ; sinus latéraux peu profonds, sinus pétiolaire presque fermé ; denture profonde, aiguë, remarquablement allongée à la pointe des lobes. Grappes lâches ; grains moyens, ronds, faiblement ellipsoïdes, blanc verdâtre, de saveur neutre ; maturité de 1ʳᵉ époque. — J. R.-C.

Jurie n° 340 A. — Othello × Mondeuse-Rupestris. Cépage blanc, très fertile, donnant en abondance des grappes sucrées et précoces. Sa vigueur est faible, ses bois s'aoûtent mal et il craint le mildiou sur la feuille et sur le grain. Bourgeonnement vert jaunâtre, glabre. Rameaux grêles et sinueux, à mérithalles courts, enviés, havane à l'aoûtement et striés de larges bandes. Feuilles petites, pleines, orbiculaires, à 5 lobes peu saillants, sinus pétiolaire étroit ou fermé ; denture courte et obtuse. Pétiole lavé de carmin et vaguement aranéeux. Grappes moyennes, cylindriques, épaulées de deux courts ailerons ; grains sous-moyens, ronds, blancs de saveur spéciale, mais non désagréables ; maturité de 1ʳ époque. — J. R.-C.

Jurie n° 340 B. — Noah × Mondeuse-Rupestris. Cépage très vigoureux, peu fertile, assez sain. M. de Bouttes a signalé sa résistance au black-rot. Rameaux cylindriques, allongés, châtain, striés de canicules fines et régulières, à mérithalles moyens ou courts. Feuilles sur-moyennes, tourmentées, ayant beaucoup d'analogie avec celles du 330 B, mais à denture obtuse et à lobes beaucoup moins allongés. Grappes lâches ; grains moyens, presque gros, ronds, blancs, de saveur foxée. — J. R.-C.

Jurie n° 580. — Mondeuse × Rupestris du Lot-Riparia. Cépage extrêmement vigoureux et sain ; résistant au phylloxéra, au mildiou et à la sécheresse ; porte de nombreuses grappes un peu petites, de maturité très tardive et de saveur très acide. Débourrement moyen, presque tardif, roussâtre terne. Rameaux allongés et cylindriques, verdâtres, passant à la teinte noisette clair, finement strié à l'aoûtement qui est lent. Feuilles moyennes, pleines, à 3 lobes plus ou moins saillants ; sinus pétiolaire en V très ouvert ; limbe mince, vert gai luisant, un peu plié en gouttière ; denture subaiguë, finement mucronée. Pétiole moyen, vert, lavé de carmin. Grappes allongées, ailées, lâches et rameuses ; grains moyens, ronds, noirs à jus rose, de goût sauvage et acide ; maturité de 2ᵉ époque tardive. — J. R.-C.

Jurie n° 770. — Othello × Goher-Rupestris. Cépage de vigueur moyenne, peu fertile et assez sensible au mildiou. Bourgeonnement vert blanchâtre, un peu duveteux. Rameaux sinueux, grêles, à mérithalles plutôt courts, rougeâtres et pruinés. Feuilles moyennes, à 5 lobes bien découpés ; sinus latéraux cordiformes, pétiolaire fermé ; limbe coriace, bullé, à denture obtuse et mucronée ; nervures saillantes et pileuses. Pétiole carminé et lanugineux. Grappes lâches portées sur un pédoncule long, enviné et très résistant ; pédicelles verdâtres et verruqueux ; grains moyens, ronds, blanc doré, de saveur plate, peu sucrée et sauvage ; graines, 2, grosses et arrondies. — J. R.-C.

Jurie n° 1230. — Lincecumii × Argant. Cépage assez

sain, de vigueur moyenne, bien fertile. Vin de 11°, très franc et très plein. Bourgeonnement bronzé. Rameaux allongés, cylindriques, noués long, vert pâle, striés de violacé, marron à l'aoûtement. Feuilles moyennes, à 5 lobes, tourmentées un peu en gouttière; sinus étroits en V; limbe vert foncé luisant; denture très obtuse, terminée par un fort mucron; nervures, vrilles et pétiole envinés. Grappes cylindriques, allongées en épi de maïs, épaulées d'un aileron court, serrées; grains moyens, sphériques, noirs, de saveur tanique; maturité de 1re époque.

Jurie n° 1265. — Lincecumii × Pinot-Rupestris × Aramon-Rupestris. Plante de vigueur moyenne et de maturité très tardive. Bourgeonnement bronzé, glabre. Rameaux grêles, cylindriques, noués long très ramifiés, verts, carminés en pointe, puis marron clair à l'aoûtement qui est précoce. Feuilles à 5 lobes acuminés et bien détachés; sinus latéraux en U, sinus pétiolaire en accolade, très ouvert, avec nervure tangente au limbe; limbe épais, glabre, vert gai, souvent piqueté de mélanose; denture aiguë; nervure, vrilles et pétiole envinés à leur naissance. Grappes petites, lâches; grains moyens, sphériques, noirs, de saveur neutre; maturité de 2e époque tardive. — J. R.-C.

Jurie n° 1825. — (Noah × Mondeuse-Rupestris) × (Lincecumii × Pinot-Rupestris). Cépage blanc, de vigueur et de santé moyennes. Bourgeonnement vert, glabre. Rameaux verts, striés, violacés vers les nœuds, puis cannelle à l'aoûtement, qui est précoce. Feuilles moyennes ou sur-moyennes, à 5 lobes; sinus latéraux et pétiolaire creusés en U; limbe vert clair, timbré de jaune à l'automne; denture obtuse et mucronée. Pétiole gros, long, enviné; vrilles caduques. Grappes moyennes ou petites, arrondies, peu compactes; grains moyens, ronds, blancs, bien sucrés. — J. R.-C.

Jurie n° 1975. — (Couderc 4401 × Mondeuse-Rupestris) × (Othello × Champini-Cordifolia). Cépage de grande vigueur, remarquablement résistant à la sécheresse et au botrytis. Bourgeonnement vert glabre. Rameaux grêles, ramifiés, verdâtres, faiblement carminés en pointe. Feuilles moyennes, à 5 lobes saillants, sinus latéraux et pétiolaire ouverts en U; limbe tourmenté, vert sombre, denture obtuse et mucronée de jaune. Pétiole long, glabre, vert. Grappes moyennes, cylindriques, un peu lâches; grains de deux grosseurs, ronds, noirs, entremêlés de grains verts; pulpe colorée, saveur neutre et astringente; maturité de 1re époque. — J. R.-C.

Hybrides Malègue . . . . D.

Lasègue n° 48-18. — Porte-greffe hybride de Berlandiéri × Riparia-Rupestris gigantesque, de valeur pour les sols argilo-calcaires, caillouteux ou non,

bonne reprise au bouturage et au greffage. Bourgeons vert grisâtre, roses à l'extrémité, légèrement duveteux. Feuilles plus larges que longues, trilobées, gaufrées, assez luisantes; face supérieure vert foncé avec de très rares poils duveteux; face inférieure vert clair, poils duveteux sur les nervures; dents inégales, lobe médian bien détaché, avec dent terminale pointue, infléchie sur le revers; pétiole à peine sillonné, renflé à son insertion sur le sarment, poils très courts et quelques rares poils duveteux; sinus pétiolaire bien ouvert. Rameaux longs, rouge vineux à la partie exposée au soleil, à section polyédrique plus marquée à leur sommet qu'à la base. — V. M.

Malègue n° 51-20. — Xérès × Rupestris Cinerea, semis de 1890. Cépage d'une bonne vigueur, résistant assez bien au phylloxéra, à la chlorose calcaire et à l'oïdium, faiblement au mildiou. Feuilles assez grandes, plus larges que longues, à 5 lobes; sinus latéraux supérieurs profonds, inférieurs assez marqués; pétiolaire peu ouvert; limbe épais, gaufré, glabre dessus et duveteux en dessous. Pétiole renflé à sa naissance et coudé à son insertion au limbe. Grappes moyennes ou sur-moyennes, munies de deux ailerons, lâches, portées sur pédoncule court, fort, vert pâle; grains gros, ovoïdes et parfois ellipsoïdes, blancs, fermes, à peau épaisse, chair juteuse de saveur musquée agréable; maturité de 1re époque tardive. — J. R.-C.

Malègue n° 105-12. — Gamay-Couderc × Carignan-Rupestris, 149 M. G., semis de 1891. Vigueur moyenne; résistance bonne au mildiou; trop mûrs, les raisins s'égrènent. Feuilles sous-moyennes ou petites, plus larges que longues, à 5 lobes, lobe médian bien détaché, avec dent terminale très aiguë; sinus latéraux supérieurs profonds; pétiolaire en V très court; limbe lisse, vert clair, un peu luisant, glabre des deux faces, dents aiguës et longues. Pétiole court, grêle et enviné. Grappes moyennes, ailées, lâches, sur pédoncule grêle; grains moyens, sphériques, blancs, à peau mince, à chair fine, fondante et de saveur franche, d'une faible adhérence aux pédicelles très courts; maturité de 2e époque. — J. R.-C.

Malègue n° 148-4. — Couderc 2001 × Saint-Sauveur, semis de 1891. Vigoureux, calciphile et fertile, assez sain; demande à être vendangé rapidement et pressé en blanc. Feuilles grandes, orbiculaires, trilobées; sinus latéraux peu marqués; pétiolaire en V; limbe épais, gaufré, vert foncé, glabre et révoluté à la pointe des lobes. Pétiole fort, strié, teinté de rose foncé. Grappes grandes, coniques, épaulées d'une aile longue portée sur pédoncule très court et lignifié; grains surmoyens, ronds un peu aplatis, rose très foncé, pruiné, pulpeux, à peau épaisse ; chair de saveur sucrée et relevée à la maturité de 1re époque. — J. R.-C.

Malègue n° 150-9. — Hybride de Berlandieri × Aramon Rup. Ganzin n° 1. Porte-greffe pour sols calcaires assez vigoureux, prenant bien la greffe ; un peu lent à se développer, comme le Berlandieri dont il possède les qualités. Reprise au bouturage 60 °/₀ en moyenne. Bourgeons vert bronzé, roses à leur extrémité. Jeunes feuilles légèrement bronzées ; feuilles adultes plus larges que longues, vert foncé, un peu luisantes, trilobées, lobes latéraux peu marqués ; face supérieure glabre, face inférieure avec poils courts et quelques autres duveteux sur les nervures ; sinus pétiolaire assez ouvert. Pétiole long, souvent sillonné, quelquefois arrondi, portant quelques poils duveteux ; rameaux verts à section polyédrique s'atténuant de l'extrémité à la base ; teinte vineuse sur les nœuds. — V. M.

Malègue n° 150-15. — Hybride de Berlandieri × Aramon Rup. Ganzin n° 1. Vigoureux porte-greffe à grande résistance à la chlorose ; reprend bien de bouture, jusqu'à 90 °/₀ en sol arrosable ; un des hybrides de Berlandieri qui se développe le plus rapidement ; il se greffe bien et pousse beaucoup son greffon à la production, même en sol peu profond. Bourgeons grisâtres, pointés de rose, duveteux. Jeunes feuilles bronzées ; feuilles adultes assez grandes, plus larges que longues, arrondies, rappelant beaucoup celles du Berlandieri, légèrement gaufrées ; face supérieure vert assez foncé, luisante avec quelques poils duveteux ; face inférieure vert clair, poils duveteux sur les nervures et poils très courts sur le limbe ; dents obtuses, inégales, dent terminale pointue, infléchie sur le revers ; sinus pétiolaire peu ouvert ; pétiole arrondi avec poils duveteux ; rameaux longs,verts ; à section polyédrique bien marquée à leur sommet, peu à la base. — V. M.

Malègue n° 163-8. — Couderc 3904 × Othello, semis de 1892. Cépage de cuve fertile et sain ; peut se passer de traitements anti-cryptogamiques ; ne craint pas le calcaire et demeure beau à Cognac. Feuilles moyennes, plus larges que longues, à 5 lobes bien détachés, tous les sinus ouverts et bien marqués ; limbe mince, vert foncé un peu luisant. Pétiole moyen, strié et enviné. Grappes moyennes, ailées, assez serrées, portées sur pédoncule très court; grains moyens, ronds, noirs, à peau épaisse, riche en matière colorante, chair juteuse et de saveur neutre; maturité de 2e époque hâtive. — J. R.-C.

Malègue n° 292-1. — Karalakana × Aramon-Rupestris, semis de 1893. Fertile, vigoureux, sain, et au besoin bon greffon, cet hybride produit un vin

assez alcoolique. Bourgeonnement bronzé. Feuilles assez grandes, plus larges que longues. à 5 lobes ; sinus latéraux supérieurs profonds, inférieurs bien marqués ; pétiolaire en lyre ; limbe mince, lisse, vert assez foncé,, un peu luisant. Pétiole long, grêle et carminé. Grappes grandes, ailées, insérées en face des 3e, 4e et 5e nœuds, pédoncule court et pédicelles grêles ; grains sur-moyens, légèrement obovoïdes, blancs, à peau fine, juteux et de saveur agréable ; maturité de 2e époque. — J. R.-C.

Malègue n° 292-7. — Même origine. Un peu inférieur au précédent comme santé générale, il en diffère par sa grappe plus dense de maturité tardive, ses grains ronds à peau épaisse et son feuillage un peu gaufré ; sa maturité est seulement de 3e époque. — J. R.-C.

Malègue n° 294-1. — Alicante-Bouschet × Aramon-Rupestris 1, semis de 1893. Cépage de cuve vigoureux, fertile, qui se recommande par les qualités teinturières de ses petits grains très colorés. Feuilles moyennes, plus larges que longues, trilobées ; sinus latéraux bien marqués; pétiolaire ouvert ; limbe mince, ondulé, vert foncé et glabre ; nervures pileuses. Pétiole long, grêle, teinté de rose aux deux extrémités. Grappes longues, ramifiées, lâches; grains petits, ronds, noirs à jus rouge, peau épaisse juteux et de saveur franche ; maturité de 2e époque. — J. R.-C.

Malègue n° 295-5. — Aramon × Couderc 3701, semis de 1893. Cépage recommandable par sa fertilité de bon aloi. Vigueur et santé sont suffisantes, mais il réclame néanmoins un sulfatage. Feuilles petites, plus larges que longues, trilobées ; sinus latéraux peu profonds ; pétiolaire en V ; limbe assez épais, gaufré, plié en gouttière, vert foncé et glabre à la face supérieure, légèrement duveteux en dessous; denture obtuse et peu saillante. Pétiole moyen vert clair. Grappes moyennes, ailées, assez serrées, portées sur pédoncule court et rose ; grains moyens légèrement obovoïdes, noirs, à peau épaisse, à chair fondante, de saveur franche et neutre; maturité de 2e époque. — J. R.-C.

Malègue n° 309-7. — Couderc 1202 × Aramon, semis de 1893. Peu résistant au phylloxéra, mais donnant un fruit excellent, cet hybride doit être employé comme greffon ; il exige la taille longue. Feuilles moyennes, plus larges que longues, à 3 et 5 lobes ; sinus latéraux bien marqués ; pétiolaire tantôt ouvert et tantôt fermé ; limbe mince, ondulé, glabre à la face supérieure et duveteux en dessous; dents aiguës et longues. Pétiole assez grêle, enviné. Grappes courtes, serrées, portées haut sur le sarment ; grains sur-moyens, ronds, noirs, à peau épaisse, juteux et de saveur simple ; maturité de 2e époque. — J. R.-C.

Malègue n° 460-22. — Couderc: 3103 × Malègue 51-20, semis de 1901. Hybride fort intéressant par sa vigueur et par son fruit résistant à la pourriture et donnant un vin de 13° d'alcool. Feuilles assez grandes, plus larges que longues, à 5 lobes ; sinus latéraux supérieurs profonds ; pétiolaire très ouvert ; limbe assez épais, gaufré, vert foncé et glabre en dessus, légèrement duveteux en dessous. Pétiole court, perpendiculaire au limbe, teinté de rose pâle. Grappes grandes, cylindro-coniques, parfois ramifiées ; grains de 15 sur 17 ᵐᵐ, ellipsoïdes, noirs à jus rose, à peau épaisse, chair fondante et de saveur agréable : maturité de 2ᵉ époque. — J. R.-C.

Hybrides Oberlin.......................... *D.*

Oberlin n° 535. — Riparia × Cunningham. Cépage résistant, très vigoureux et sain, mais d'une fertilité insuffisante. Débourrement précoce, allongé, vert terne, glabre. Rameaux verts et noisette à l'aoûtement. Feuilles sur-moyennes, aiguës, trilobées ; sinus pétiolaire largement ouvert ; limbe glabre, vert sombre luisant ; denture en deux séries obtuses. Vrilles et pétiole envinés. Grappes lâches, très coulardes et dégarnies ; grains petits, sphériques, noirs, pruinés et foxés. — J. R.-C.

Oberlin n° 541. — Même semis. Comme le précédent, vigoureux, sain, résistant et peu fertile. Les rameaux sont plus rouges ; les feuilles à denture aiguë sont mucronées de jaune. Les grappes un peu moins coulées sont à petits grains ronds, noirs, de saveur plus neutre et à jus coloré. — J. R.-C.

Oberlin n° 595. — Riparia × Gamay. Cépage vigoureux, sain et fertile. Vin de 17° d'alcool et 9 gr. d'acidité. Débourrement précoce, mince et glabre, analogue à celui des Riparias. Rameaux verts, grenat foncé en pointe, chamois à l'aoûtement. Feuilles moyennes, à 5 lobes ; sinus supérieurs en V, inférieurs peu prononcés ; pétiolaire fermé en lyre ; limbe vert terne, glabre, et vert jaunâtre en dessous. Grappes [allongées, cylindriques, bien fournies ; grains petits, ronds, noirs à jus très rouge, sucrés et de bon goût ; de maturité très précoce.

Oberlin n° 604. — Riparia × Gamay. Résistant, vigoureux et sain, bien qu'avec un peu de mildiou ; très productif, près d'un kilo par souche ; peut s'employer dans les recours de greffe. Vin de 15° d'alcool et 8 gr. d'acidité. Bourgeonnement vert glabre. Rameaux allongés, aplatis, violacés, puis à l'aoûtement marron et striés. Feuilles sur-moyennes, pleines, à 5 lobes peu saillants ; sinus pétiolaire très ouvert en U avec nervure bordant le limbe ; denture forte. Grappes ailées, peu serrées ; grains moyens, ronds, noirs à jus rose, entremêlés de verts, sucrés et de saveur tanique ; maturité précoce. — J. R.-C.

Oberlin n° 605. — Riparia × Gamay analogue au précédent. Bon et productif ; rendement moyen de 8 à 900 grammes par souche. Vin de 15° 7 d'alcool et 9 gr. d'acidité. Bourgeonnement un peu plus foncé. Rameaux verdâtres et envinés. Feuilles à 5 lobes aigus, pleines ; sinus latéraux peu prononcés et pétiolaire fermé ; limbe épais, glabre, souvent couvert de galles phylloxériques ; nervures, vrilles et pétiole carminés à leur naissance. Grappes nombreuses mais à grains un peu plus petits entremêlés de beaucoup de grains verts ; maturité précoce. — J. R.-C.

Oberlin n° 624. — Riparia × Gamay. Sain et vigoureux, peu fertile, coulard. Vin de 16° d'alcool et 10 gr. d'acidité. Bourgeonnement vert pâle, glabre ; pampres déformés par les galles phylloxériques. Rameaux grêles, allongés, à nœuds espacés, cylindriques, striés, faiblement envinés, de couleur noisette à l'aoûtement. Feuilles moyennes, pleines, aiguës, à sinus peu marqués ; sinus pétiolaire avec nervure rouge bordant le limbe. Pétiole long et grêle. Grappes moyennes, coulardes ; grains peu serrés, ronds, noir bleuté, pruinés, de saveur neutre et acide. — J. R.-C.

Oberlin n° 646. — Pinot × Riparia. Vigueur moyenne ou faible ; santé générale bonne ; rendement minime, 200 grammes par souche. Vin de 12° d'alcool et de 12 gr. d'acidité. Rameaux grêles, vert rosé, puis marron et pruineux aux nœuds. Feuilles petites, pleines, aiguës, à 3 et 5 lobes peu saillants ; sinus pétiolaire en V très étroit ; denture courte, obtuse et mucronée ; défoliation jaune et précoce. Grappes courtes, tronconiques ; grains moyens, ronds, noirs à jus rouge, de saveur un peu astringente. — J. R.-C.

Oberlin n° 651. — Madeleine Royale × Riparia. Résistance faible au phylloxéra et à l'oïdium ; fertilité médiocre. Vin âpre, à goût de feuille de ronce. Débourrement moins précoce et grenat. Rameaux grêles, allongés, vert tendre lavé de carmin, puis havane. Feuilles moyennes, pleines, à 3 lobes peu saillants ; sinus pétiolaire ouvert, limbe luisant et révoluté en dessous ; denture large et aiguë. Grappes petites, lâches ; grains moyens, ronds, noirs, à jus presque incolore et à saveur de Cabernet, sujets à fendre. — J. R.-C.

Oberlin n° 664. — Madeleine Royale × Riparia. Vigoureux, sain et fertile. Vin de 15° d'alcool et 10 gr. d'acidité. Bourgeonnement vert blanchâtre vaguement aranéeux ; pampres couverts de galles. Rameaux gros, forts, marron foncé. Feuilles moyennes, aussi larges que longues, de forme variable, tantôt pleines et tantôt incisées par des sinus larges et arrondis ; sinus pétiolaire ouvert en lyre ; limbe bullé ; denture obtuse. Pétiole grêle et carminé. Grappes moyennes, peu serrées ; grains ronds, souvent millassés, noirs, à jus rouge très sucré et très coloré. — J. R.-C.

Oberlin n° 663. — Madeleine Royale × Riparia. Assez fertile et assez sain, peu vigoureux et craint la sécheresse. Bourgeonnement vert blanchâtre un peu tomenteux. Rameaux allongés, cylindriques, châtain clair, plus foncé à l'ombre et striés. Feuilles moyennes, à 3 lobes saillants; sinus pétiolaire en U presque fermé; limbe vert gai luisant; denture en deux séries moyennement aiguës. Pétiole long, vert, lavé de carmin, renflé à l'insertion. Grappes ailées, serrées; grains moyens, ronds, noirs à jus rose, de saveur un peu sauvage. — J. R.-C.

Oberlin n° 674. — Madeleine Royale × Riparia. Vigueur moyenne, santé générale bonne; plant coulard, foxé et teinturier. Vin agréable, presque neutre, de 14° d'alcool et 9 gr. d'acidité. Bourgeonnement vert jaunâtre. Rameaux allongés, grêles, noués assez court et de teinte noisette. Feuilles moyennes ou sur-moyennes, pleines, bullées et révolutées; dents en deux séries, l'une aiguë, la plus longue, et l'autre obtuse. Pétiole vert, carminé en son milieu. Grappes coulardes; grains ronds, noirs, à jus rouge et foxés. — J. R,-C.

Oberlin n° 675. — Madeleine Royale × Riparia. Vigoureux et sain; très peu fertile, coulard, goût sauvage. Vin de 16° d'alcool sentant la feuille de ronce. Rameaux grêles et buissonnants, à mérithalles courts. Feuilles cordiformes, pleines, vert clair, à 3 lobes; sinus pétiolaire un peu fermé. Pétiole long et grêle. Grappes identiques à celles du précédent. — J. R.-C.

Oberlin n° 701. — Gamay × Riparia. Bon, fertile, sain, mais faiblit un peu; craint la sécheresse. Rendement de 1 kilo par souche; vin de 11° d'alcool et 12 gr. d'acidité. Bourgeonnement vert glabre. Rameaux très grêles, verts, puis marron foncé. Feuilles moyennes ou sous-moyennes, aiguës, à 5 lobes, tantôt pleines et tantôt incisées; sinus pétiolaire très ouvert; limbe vert sombre, bullé; denture aiguë. Nervures et pétiole légèrement pileux. Grappes moyennes, cylindriques, ailées; grains ronds, noirs, à jus presque incolore, de saveur âpre. — J. R.-C.

Oberlin n° 702. — Gamay × Riparia. Vigueur moyenne, santé et fertilité satisfaisantes. Vin de 10° d'alcool et 11 gr. d'acidité. Bourgeonnement vert gai luisant. Rameaux allongés, cylindriques, à nœuds espacés et pruineux, violacés puis havane clair. Feuilles moyennes ou sur-moyennes, pleines, aiguës: sinus pétiolaire très largement ouvert; limbe bullé, vert clair; denture aiguë. Pétiole long, vert, très peu carminé. Grappes longues, claires, ailées; grains moyens, ronds, noirs, de

saveur assez neutre, bien qu'austère, acides et sucrés; maturité devançant la 1re époque. — J. R.-C.

Oberlin n° 705. — Gamay × Riparia. Un peu moins fertile, mais plus vigoureux; assez sain; moins précoce et très teinturier. Vin de 12° d'alcool et 13 gr. d'acidité. Bourgeonnement vert franc, glabre. Rameaux forts, allongés, rayés de grosses stries, rouges en pointe, marron à l'aoûtement. Feuilles moyennes, aussi larges que longues, pleines; lobe médian terminé par une dent allongée et aiguë; sinus pétiolaire ouvert et bordé par la nervure; limbe vert sombre. Grappes moyennes, rameuses; grains ronds, noirs, à jus très rouge, entremêlés de grains verts, de saveur un peu sauvage. — J. R.-C.

Oberlin n° 714. — Gamay × Riparia. Moins fertile et moins vigoureux que les précédents. Bourgeonnement vert jaunâtre. Rameaux allongés, cylindriques et à mérithalles courts, de teinte claire et finement striés. Feuilles sous-moyennes, pleines, à 3 lobes; sinus pétiolaire ouvert en V; limbe bullé; denture obtuse. Pétiole grêle et peu carminé. Grappes courtes; grains inégaux, ronds, noirs, entremêlés de verts, de saveur neutre et plate.

Oberlin n° 716. — Gamay × Riparia. Le meilleur de cette série comme vigueur, santé, fertilité et qualité du produit. Vin très remarquable de constitution, 15° d'alcool et 13 gr. d'acidité. Bourgeonnement glabre, vert blanchâtre. Rameaux forts, allongés, peu ramifiés, châtain pruiné de violet aux nœuds. Feuilles moyennes, pleines, peu aiguës; limbe bullé, vert sombre luisant; denture subobtuse. Pétiole vert. Grappes cylindriques, peu serrées; grains petits, ronds, noirs à jus rouge, de saveur agréable et droite. — J. R.-C.

Oberlin n° 782. — Chasselas Jalabert × Taylor. Cépage blanc de vigueur moyenne, très précoce et assez sensible au mildiou. Rameaux allongés, cylindriques, à mérithalles courts, marron foncé et striés. Feuilles moyennes, à 5 lobes; tous les sinus creusés en V; sinus pétiolaire subaiguë. Pétiole rose et strié. Grappes longues, cylindriques, coulardes; grains sur-moyens, ronds et parfois faiblement ovoïdes, blanc doré, pulpeux et croquants, de saveur agréable; maturité de 1re époque. — J. R.-C.

Oberlin n° 806. — Madeleine Royale × Taylor. Cépage blanc peu fertile mais assez vigoureux et très précoce; demande à être taillé long et sulfaté. Rameaux allongés, grêles, de teinte rose puis châtain pruineux. Feuilles moyennes à 5 lobes; sinus latéraux assez profonds, en V; pétiolaire ouvert en U; limbe légèrement bullé, vert terne; denture presque obtuse. Grappes cylindriques, un peu coulées ; grains moyens, blanc doré, sucrés et de goût très droit. Maturité devançant la 1re époque. J. R.-C.

Oberlin n° 812. — Madeleine Royale × Taylor. Cépage noir, de vigueur et de fertilité seulement moyennes. Vin plat, un peu foxé, de 13° d'alcool et de 5 gr. d'acidité. Rameaux allongés et grêles, verdâtres et violacés aux nœuds, puis de teinte noisette avec des stries fines et peu profondes. Feuilles moyennes et sous-moyennes, à 5 lobes ; sinus latéraux arrondis et bien creusés, sinus pétiolaire fermé ; limbe chagriné, gaufré, vert terne ; denture aiguë. Pétiole long, grêle, faible et enviné. Grappes lâches et coulardes ; grains moyens, ronds, noir bleuté, pruinés, à jus rose et de saveur âpre. — J. R.-C.

Hybrides Rouget .... *D.*

Rouget n° 113. — Pinot gris × Rupestris de Fortworth. Cépage rustique, sain et fertile, résistant au mildiou et au black-rot. Débourrement d'époque moyenne, bourre mince, cuivrée, passant au vert clair. Rameaux allongés, droits, forts, cannelés, à longs mérithalles, de teinte noisette clair. Feuilles petites, entières, à 5 lobes peu saillants ; limbe vert brillant, denture obtuse. Grappes sous-moyennes, cylindriques, serrées ; grains petits, ronds, noirs, à jus incolore, sucrés et de saveur très franche. — J. R.-C.

Rouget n° 428. — Savagnin × Riparia-Rupestris. Cépage blanc d'une vigueur remarquable, mais assez sensible au mildiou. Rameaux gros, sinueux, cannelés, de teinte marron foncé. Feuilles assez grandes, pleines, orbiculaires, à 5 lobes peu prononcés ; sinus pétiolaire presque fermé ; limbe épais, gaufré, vert pâle ; denture obtuse. Nervures et pétiole lavés de carmin et couverts de fins poils très courts. Grappes cylindriques, longues, serrées ; grains moyens, ronds, blancs, de saveur droite ; maturité de 2e époque. — J. R.-C.

Rouget n° 8-14. — Trousseau × Riparia-Rupestris gigantesque. Vigueur et résistance au mildiou satisfaisantes. Débourrement précoce, rougeâtre, puis vert terne. Rameaux gros, allongés et buissonnants. Feuilles moyennes, pleines, orbiculaires ; avec sinus pétiolaire très ouvert ; limbe assez épais, gaufré ; denture en deux séries, mucronées. Pétiole long et enviné. Grappes courtement ailées, un peu lâches ; grains moyens, ronds, noirs, à jus coloré, sucrés et de bonne saveur ; maturité de 1re époque. — J. R.-C.

Rouget n° 22-2. — Melon × Rupestris de Fortworth. Débourrement moyen, mince, allongé et grisâtre. Rameaux courts, très ramifiés et cannelés. Feuilles moyennes, pleines, orbiculaires ; sinus pétiolaire ouvert en V ; limbe mince, chagriné, vert brillant et glabre ; denture obtuse. Pétiole

long et rosé. Grappes petites, cylindriques, serrées ; grains moyens, ronds, noirs, à jus rose, de saveur un peu fade et plate. — J. R.-C.

Rouget n° 24-2. Pinot noir × Rupestris hermaphrodite. Cépage de vigueur moyenne, assez sensible à l'oïdium, mais d'une résistance remarquable au mildiou et au botrytis. Débourrement moyen, allongé, vert terne. Rameaux courts et buissonnants, violacés, pruinés et chamois clair à l'aoûtement. Feuilles petites, tourmentées, pleines, à 5 lobes ; sinus latéraux peu marqués ; sinus pétiolaire ouvert largement en accolade ; limbe mince, vert brillant, glabre des deux faces ; denture peu profonde et moyennement aiguë ; nervures glabres roses au départ dessus et dessous. Pétiole rosé à l'insertion. Grappes moyennes, cylindriques, très denses ; grains petits, ronds, de couleur grise, analogues à ceux du Pinot beurot, sucrés et de goût excellent ; maturité de 1re époque. — J. R.-C.

Rouget n° 24-3. — Même origine. Vigueur et résistance aux maladies assez faible. Bourre mince, vert bronzé. Rameaux buissonnants à mérithalles très courts, de couleur marron foncé. Feuilles petites, tourmentées, à 5 lobes peu distincts ; denture presque aiguë et nettement mucronée. Grappes cylindriques, assez denses ; grains moyens, ronds, noirs, à jus faiblement coloré. — J. R.-C.

Rouget n° 24-4. — Pinot × Rupestris. Petit raisin rose analogue à celui du 24-2, mais à grains plus gros. Vigueur moyenne et résistance au mildiou très bonne. Débourrement précoce verdâtre, un peu fauve. Rameaux très buissonnants, grêles et cylindriques, renflés aux nœuds. Feuilles moyennes, à 5 lobes ; limbe uni, brillant, un peu tourmenté, soit en gouttière, soit révoluté, glabre, vert. Pétiole grêle et enviné. Grappes sous-moyennes, massées ; grains moyens, serrés, ronds, gris rose, de saveur sucrée et succulente ; maturité de 1re époque — J. R.-C.

Hybrides Roy-Chevrier .... *D* — J. R.-C.

Roy-Chevrier n° 1-4. — Syn. : *Péage 1-4*. Chasselas-Rupestris × Aligoté, semis de 1897. Cépage de vigueur moyenne et de bonne fertilité, assez résistant au mildiou d'été et craignant beaucoup celui d'automne ; peu sensible au black-rot et au botrytis. Débourrement moyen, mince et cuivré. Rameaux grêles, buissonnants, marron foncé, pruinés, violacés aux nœuds. Feuilles moyennes, orbiculaires, à 5 lobes peu saillants ; sinus étroits ; limbe mince, uni, luisant, glabre ; denture brièvement obtuse. Pétiole grêle et lavé de rose. Grappes moyennes, arrondies, un peu épaulées, denses ; grains moyens, ronds et faiblement ovales, serrés, blanc doré et rosé, de saveur sucrée et agréable ; maturité de 1re époque. — J. R.-C.

Roy-Chevrier n° 1-18. — Syn. : *Péage 1-18.* Même origine. Cépage de grande vigueur et d'une résistance remarquable au phylloxéra et au mildiou pendant tout le cours de la végétation. Débourrement glabre et bronzé. Rameaux droits, allongés, cylindriques, à mérithalles longs, de teinte chamois clair uni. Feuilles sur-moyennes, tourmentées, un peu plus longues que larges, à 5 lobes ; sinus supérieurs assez profonds, en V étroit, inférieurs nuls; pétiolaire large, en U ; limbe épais ; bullé, glabre des deux faces, vert foncé ; dents irrégulières, assez profondes, obtuses ou arrondies. Pétiole long, fort et enviné. Grappes grandes, ailées, lâches et rameuses; grains moyens, ronds, noirs à jus rouge, fondants, juteux, sucrés et de saveur relevée ; maturité de 1re époque. — J. R.-C.

Roy-Chevrier n° 5-10. — Syn. : *Péage 5-10.* Oporto Colombeau × Gradiska. Plante de vigueur seulement moyenne mais très fertile, ne devenant sensible au mildiou qu'assez tard dans la saison. Débourrement vert tendre liséré de rose. Rameaux forts, peu ramifiés, sinueux, à nœuds renflés et peu espacés, de teinte acajou striée de brun. Feuilles sur-moyennes, à 5 lobes bien dessinés sans être saillants ; sinus pétiolaire ouvert en V ; limbe épais, uni, glabre super et très vaguement tomenteux en dessous, à bords révolutés, vert pâle ; denture peu profonde et à peu près obtuse. Pétiole très long, moyennement gros, renflé à l'insertion et lavé de carmin. Grappes grandes, cylindro-coniques, parfois ailées ; grains sur-moyens, obovoïdes, serrés, rouge violacé pruiné, sucrés et de saveur légèrement labrusquée; maturité de 2e époque. — J. R.-C.

Roy-Chevrier n° 5-17. — Syn. : *Péage 5-17.* Même origine. Hybride blanc, très vigoureux, très fertile et très sain ; demande un sulfatage contre le mildiou ; ses raisins se gardent longtemps sur souche et résistent à toutes les pourritures. Débourrement tardif, gris sale rosé. Rameaux allongés, sinueux, un peu aplatis, peu ramifiés, de teinte chamois luisant et striés. Feuilles moyennes ou sur-moyennes, un peu allongées, découpées par des sinus creusés en U ; limbe épais, charnu, bullé, vert terne, couvert d'un tomentum grisâtre en dessous ; dents peu profondes, grosses et subobtuses ; nervures pileuses. Pétiole renflé à l'insertion, rose au milieu et pileux. Grappes grandes, massives, tronconiques ; grains gros, obovoïdes, serrés, blanc verdâtre, pruinés, acidulés et neutres ; maturité de 2e époque tardive. — J. R.-C.

Roy-Chevrier n° 8-14. — Rupestris-Vinifera × Gradiska. Vigueur et santé générale très bonnes ; fertilité suffisante ; grappes claires mais longues et nombreuses ; raisin de table et de conserve d'un goût excellent. Rameaux gros, un peu aplatis, de teinte chamois clair luisant, strié de bandes plus sombres et espacées, nœuds gros et obtus. Feuilles moyennes, 5-lobées; sinus pétiolaire ouvert en U, avec nervure au bord du limbe ; limbe épais ; denture courtement obtuse. Pétiole long, vert, glabre. Grappes allongées, tronconiques, claires et rameuses ;pédoncule non ligneux ; grains moyens, ronds, un peu aplatis, blanc doré, portés sur pédicelles verdâtres et verruqueux, fondants, acidulés et sucrés; maturité de 2e époque. — J. R.-C.

Roy-Chevrier n° 13-2. — Seibel 1 × Auxerrois-Rupestris. Cépage de petite végétation, mais très sain, résistant bien au mildiou et donnant de belles grappes roses. Bourgeonnement vert clair, glabre. Rameaux grêles, buissonnants, ramifiés, à mérithalles courts, de teinte violacée et acajou. Feuilles sous-moyennes, triangulaires, pleines ; sinus pétiolaire ouvert en U ; limbe mince, vert, glabre ; denture régulière peu profonde et aiguë; nervures pileuses. Pétiole grêle, pileux et enviné. Grappes cylindriques, peu serrées, assez grandes, rafle sur-moyens, ronds, rose pâle, à jus blanc, de saveur très douce et agréable ; maturité de 1re époque. — J. R.-C.

Roy-Chevrier n° 15-9. — Auxerrois-Rupestris × Couderc 90-38. Cépage blanc d'une vigueur et d'une santé parfaites ; très résistant au mildiou et au black-rot. Bourgeonnement vert jaunâtre, faiblement bronzé, glabre. Rameaux à longs mérithalles, sinueux, chamois clair, uni et recouvert d'une pruine violacée. Feuilles moyennes, tourmentées, peu lobées; sinus pétiolaire ouvert en U ; limbe mince et glabre, vert foncé un peu terne ; denture brièvement aiguë, s'allongeant sensiblement aux pointes des lobes. Pétiole moyen et verdâtre. Grappes très nombreuses, assez lâches, aileronnées ; rafle verte et fragile ; grains sur-moyens, ronds, blanc verdâtre, portés sur des pédicelles bleuâtres et verruqueux; chair juteuse, fondante, de saveur agréable et sucrée ; maturité de 1re époque. Graines, 3, cylindriques, assez grosses. — J. R.-C.

Hybrides Seibel . . . . *D.*

Seibel n° 1. — Lincecumii Jæger 70 × Cinsaut, semis de 1886. Croisement opéré par M. Contassot, d'Aubenas, qui en remit les pépins à M. Seibel. Le plus ancien et le plus répandu des hybrides Seibel. Vigueur moyenne ou sous-moyenne, résistance phylloxérique assimilée à celle du Jacquez mais de beaucoup inférieure dans la pratique, à cause de son excès de fertilité. Mauvaise adaptation aux sols calcaires ou humides où il se chlorose, mais bon greffon. Résistance bonne au mildiou, assez bonne à l'oïdium, faible au black-rot et nulle à l'anthracnose. Production élevée même à taille courte; vin bien constitué et agréable toutes les fois qu'il a suffisamment d'alcool. — J. R.-C.

Souche à port semi-érigé. Débourrement presque tardif, arrondi, roussâtre et cotonneux; jeunes feuilles glabres, luisantes et pliées en gouttière. Rameaux allongés, très ramifiés, d'un rouge pruineux rayé de bandes pâles se fonçant à la maturité. Feuilles moyennes, plus larges que longues, vernissées et glabres sur les deux faces, courtement dentées; sinus pétiolaire très ouvert et peu profond. Grappes massées bas, moyennes, cylindriques, parfois ailées, peu serrées; grains ovoïdes de 15 à 17ᵐᵐ de diamètre, d'un rouge foncé très pruiné, peau mince, chair molle et jus à peu près incolore, de saveur sucrée et neutre, à la maturité qui est intermédiaire entre la 1ʳᵉ et la 2ᵉ époque. — J. R.-C.

Seibel n° 2. — Lincecumii × Alicante-Bouschet, semis de 1886. Plus fertile et plus vigoureux que le précédent, il exige néanmoins des sols profonds pour résister au phylloxéra; sauf la mélanose, il craint peu les maladies cryptogamiques. Il demande la taille courte et produit un beau vin de coupage, solide et coloré, de 11° d'alcool et de 30 gr. d'extrait sec. Souche de bonne vigueur. Débourrement plutôt tardif; bourgeonnement duveteux, rose. Rameaux allongés, gros, unis, non ramifiés, de teinte violacée et lie de vin. Feuilles grandes, orbiculaires, entières, étalées ou pliées en cornet; sinus pétiolaire ouvert en lyre; limbe épais, vert foncé, glabre, rougissant à l'automne dans le genre des Bouschet. Grappes grandes, insérées bas, ailées, pyramidales: pédoncule et pédicelles rosés et forts; grains moyens, sphériques, rouge noirâtre, à peau mince, de chair juteuse et colorée, de saveur neutre et acide à la maturité qui est de 2ᵉ époque tardive. — J. R.-C.

Seibel n° 4. — Jæger 70 × Vinifera. Peu propagé bien que fertile, rustique et sain, mais peu résistant au phylloxéra. Souche assez vigoureuse. Bourgeons petits et pointus, rosés. Rameaux d'un vert jaunâtre prenant une teinte cannelle ou lie de vin à la maturité. Feuilles petites, quinquelobées; sinus latéraux ouverts en U; denture allongée et fortement mucronée. Grappes moyennes, cylindriques, serrées; grains moyens, ronds, rouge foncé, peau épaisse, chair pulpeuse à jus coloré et de saveur neutre; maturité de 2ᵉ époque. — J. R.-C.

Seibel n° 14. — Variété très vigoureuse, d'aspect vinifera et de faible résistance phylloxérique, craignant peu l'oïdium et le mildiou. Son beau raisin, plutôt rose que noir, est très sensible à la

pourriture et donne un vin peu coloré. Débourrement hâtif et duveteux. Pampres aranéeux vert violacé. Feuilles grandes, d'un vert foncé brillant, quinquelobées, profondément incisées et rappelant la feuille du figuier. Grappes grosses, 1 ou 2 seulement par rameau, cylindriques; grains moyens, ronds, noirs à jus incolore, francs de goût; de maturité de 1ʳᵉ époque. — J. R.-C.

Seibel n° 29. — Aspect du feuillage et des graines, saveur du fruit et bouquet du vin rappellent d'une façon frappante le V. Lincecumii dont ce numéro est issu. Productif, sain et assez résistant au phylloxéra. Vin alcoolique et coloré pouvant servir de vin de coupage. Débourrement blanc grisâtre tirant sur le roux. Rameaux glabres, vert pâle, à peine violacé, pruineux. Feuilles moyennes ou sur-moyennes, trilobées, peu découpées; limbe bullé et mamelonné. Grappes grandes, cylindro-coniques, ailées; pédoncule très fort, court, se lignifiant à la maturité; grains moyens, ronds, noirs, serrés, pulpeux, à jus coloré et de saveur spéciale très prononcée; pellicule épaisse, riche en pigment colorant, très pruinée; maturité de 2ᵉ époque. — J. R.-C.

Seibel n° 38. — De production irrégulière avec raisins qui rappellent ceux du Seibel 14 et donnent comme eux un vin sans couleur. Peu résistant au phylloxéra et greffon d'affinité difficile; peu sensible au mildiou et à l'oïdium, craint le soufre. Débourrement d'époque moyenne et maturité de 2ᵉ époque. — J. R.-C.

Seibel n° 41. — De vigueur ordinaire et de faible résistance aux maladies; a coulé dans le Jura et l'Isère et s'est montré assez bon dans le Var et les Bouches-du-Rhône; sensible au mildiou et à la mélanose; ne supporte pas le soufre. Feuilles trilobées avec sinus latéraux peu apparents. Grappes cylindriques, à pédoncule ne se lignifiant pas; grains ronds. Son vin est peu alcoolique mais riche en extrait sec et en couleur. — J. R.-C.

Seibel n° 42. — Lincecumii × Aramon-Rupestris 1, semis de 1894. Vigoureux, de fertilité moyenne et de maturité très précoce. Bourgeonnement vert, lavé de rouge. Rameaux allongés, légèrement cannelés, rosés au printemps et rouge vineux à l'automne. Feuilles sur-moyennes, tourmentées, quinquelobées et profondément sinuées. Grappes petites, cylindriques, pas très serrées; grains ronds, noirs à jus blanc, de saveur neutre, sauf à maturité outrepassée où ils rappellent le Lincecumii. — J. R.-C.

Seibel n° 43. — Jæger 70 × Vinifera, semis de 1886. Vigoureux, fertile et de maturité très tardive. Bourgeonnement duveteux, d'un blanc rosé, les jeunes feuilles sont ondulées et tomenteuses, à teinte assez claire. Pampres violacés, sarments cannelle ; vrilles fortes et caduques. Feuilles plutôt petites, entières, un peu plus larges que longues. Grappes longues, cylindriques, peu serrées ; grains un peu petits, ovales, noirs, à jus incolore, chair fondante à goût neutre. — J. R.-C.

Seibel n° 44. — Lincecumii × Aramon-Rupestris 1, semis de 1894. Cépage bien résistant au mildiou et suffisamment productif même à taille courte. Bourgeonnement un peu duveteux, les jeunes feuilles légèrement bronzées comme celles de l'Aramon-Rupestris 1. Rameaux d'un vert jaunâtre, faiblement tomenteux ; ils prennent une teinte violacée en été pour passer au rouge lie de vin en automne. Feuilles moyennes à 5 lobes acuminées, de sinus très ouverts. Grappes cylindriques, parfois ailées, portées par un pédoncule court et gros ; grains moyens, sphériques, serrés, de bonne saveur, pellicule violacée ; maturité de 2° époque tardive. — J. R.-C.

Seibel n° 47. — Beau cépage, dont le principal défaut est d'être trop sensible au mildiou et difficile au bouturage. Débourrement d'époque moyenne et maturité intermédiaire entre la 1re et la 2e époque. Vin très riche en couleur, tanin et extrait sec. Bourgeonnement gris verdâtre lavé de rose. Rameaux allongés et cylindriques. Feuilles très grandes, plus larges que longues, entières ou légèrement trilobées ; limbe épais, vert foncé. Grappes grandes, ailées, lâches ; pédoncule gros et se lignifiant à la maturité ; grains sur-moyens, sphériques, noirs, à jus blanc, de saveur assez franche. Vin de 9 à 10° d'alcool. — J. R.-C.

Seibel n° 48. — Jæger 70 × Vinifera, semis de 1886. Peu vigoureux, mais très fertile, portant de nombreuses grappes aux grains serrés assez réfractaires au botrytis cinerea. Débourrement moyen, mince, allongé, rose sale. Rameaux grêles et allongés. Feuilles petites, orbiculaires, pleines, bullées, un peu tourmentées, d'un vert sombre. Grappes courtes, cylindriques, serrées, 3 ou 4 par rameau, disposées très bas ; grains sous-moyens, sphériques, rendus ellipsoïdes par compression, rouge foncé très pruiné ; maturité de 2e époque.

Seibel n° 57. — Lincecumii × Aramon-Rupestris 1, semis de 1894. Peu vigoureux et sensible à la mélanose, mais très fertile. Feuilles assez grandes, à 5 lobes largement sinués. Grappes cylindriques, munies parfois d'un aileron ; grains moyens, ronds, serrés, noirs, de saveur spéciale sans être désagréable ; maturité de 3e époque. — J. R.-C.

Seibel n° 60. — Syn. : *Noé, Fils de Noé*. Cépage vigoureux, surtout greffé. Peu sensible au mildiou et à l'oïdium, craint le black-rot et le phylloxéra. Sa fertilité de bon aloi et son vin peu coloré mais non dépourvu de finesse l'ont fait multiplier en

grand dans le Sud-Ouest où il est considéré comme un bon greffon. Souche de port semi-érigé. Rameaux longs, cannelés, peu ramifiés et à mérithalles moyens. Feuilles moyennes, entières et glacées. Grappes grandes, ailées, allongées et lâches ; grains gros — le plus gros des Seibel —, ronds, noirs, à jus blanc à peau épaisse ; maturité de 2e époque. — J. R.-C.

Seibel n° 61. — Lincecumii × Aramon-Rupestris 1, semis de 1894. Hybride d'une maturité très précoce, devançant la 1re époque. Rameaux minces et pruineux. Feuilles petites, 5-lobées ; sinus latéraux profonds, sinus pétiolaire fermé. Grappes petites, cylindriques, serrées ; grains ronds, noirs, à jus incolore et de saveur herbacée. — J. R.-C.

Seibel n° 63. — De même origine que 61, mais de maturité beaucoup plus tardive. Santé aérienne et fertilité suffisantes. Son vin de 7 à 8° d'alcool est un peu noirâtre et décèle un léger goût herbacé. Feuilles grandes et pleines. Grappes sous-moyennes, pyramidales, peu serrées, à pédoncule assez long ; grains variables et irréguliers, noirs, pulpe incolore et charnue. — J. R.-C.

Seibel n° 78. — Jæger 70 × Vinifera, semis de 1886. Peu sensible au mildiou, craint l'oïdium. Son vin titre de 7 à 9° d'alcool et 22 gr. d'extrait sec, il possède une intensité colorante moyenne. Bourgeonnement d'un vert très clair ; pampres vert jaunâtre lavé de rose ; sarments marron clair, brillants, à longs mérithalles. Feuilles petites, à 5 lobes ; sinus supérieurs profonds ; limbe tourmenté et bullé. Grappes grandes, ailées ; grains globuleux, noirs, à goût fade. — J. R.-C.

Seibel n° 80. — Même origine. Cépage ayant certaine analogie dans le feuillage avec le Seibel 1. De maturité plus hâtive, mais vin moins bon. Son débourrement est moyen, mince, allongé, vert terne un peu bronzé. Sa résistance aux maladies aériennes est pratique, sauf à l'anthracnose qui lui est parfois fort préjudiciable. — J. R.-C.

Seibel nos 81, 82, 84 et 85. — Tous hybrides de Seibel 2 × Aramon-Rupestris 1, semis de 1894. Cette série a un air de famille qui permet de la grouper ensemble malgré les qualités individuelles de chaque numéro. Dans la feuille pliée en cornet, révolutée en dessous et rougissant à l'automne, on retrouve les caractères du Seibel 2 qui a servi de mère. — Le 81 donne des raisins de petite dimension, mais très nombreux ; de maturité de 3e époque. — Le 82 est vigoureux, bon producteur, également de maturité tardive. — Le 84, plus intéressant encore, est bien rustique. Il débourre tard, produit beaucoup, et sa maturité, synchrone de la Syrah, est de 2e époque. — Le 85, analogue au précédent en moins rustique, demande un sulfatage et plusieurs soufrages, car il est fort sensible à l'oïdium.

Seibel n° 99. — Semis de 1894 encore peu connu et peu multiplié ; exige la taille courte. Feuilles petites ou moyennes, à 3 lobes ; limbe épais et vert clair, couvert en dessous d'un léger duvet floconneux. Grappes grandes, pyramidales, ailées, avec une aile très développée, lâches ; grains moyens, ronds, noirs, à jus légèrement coloré, charnus ; maturité intermédiaire entre la 2ᵉ et la 3ᵉ époque. — J. R.-C.

Seibel nᵒˢ 107, 110, 114 et 117. — Hybrides qui ont été essayés dans le Sud-Ouest où ils ont fait des vins de qualité diverse. Le 110 et le 117 sont assez résistants aux maladies cryptogamiques, mais mauvais greffons. Ils ont cédé la place à d'autres numéros plus recommandables. — J. R.-C.

Seibel n° 118. — Lincecumii × Herbemont, semis de 1894. Fertile, à taille courte et résistant aux maladies cryptogamiques, ce cépage n'est pas sans valeur. Bourgeonnement blanchâtre, avec une teinte carminée rappelant celle de l'Herbemont. L'influence atavique du père se retrouve encore dans les sarments aoûtés de teinte rouge vineux foncé, avec pruine abondante. Feuilles moyennes, à 5 lobes, limbe bullé, d'un vert gai, glabre sur les deux faces. Grappes moyennes, assez serrées, à pédoncule grêle et long ; grains globuleux, d'un roux violacé très pruiné caractéristique ; maturité de 2ᵉ époque. — J. R.-C.

Seibel n° 128. — Syn. : *Pâté noir.* Lincecumii × Vinifera, semis de 1886. Cépage assez vigoureux, mais à racines charnues très attaquées par le phylloxéra. Bon greffon, rustique et productif ; mûrissant en même temps que le Gamay, il se répand beaucoup dans le Centre et l'Est de la France. Son débourrement hâtif l'expose aux gelées printanières mais ses repousses sont fertiles. Son vin, d'une coloration intense et riche en extrait, peut servir aux coupages. Bourre allongée, d'un vert jaunâtre bordé de carmin. Rameaux étalés vert rosé prenant une teinte noisette à la maturité. Feuilles moyennes, trilobées, à sinus pétiolaire très ouvert, pleines, limbe mince, vert tendre et glabre sur les deux faces. Grappes moyennes, tronconiques, épaulées d'un aileron ; grains moyens, noirs, ronds, déformés par la compression tant ils sont serrés, ce qui les expose à pourrir malgré l'épaisseur relative de leur pellicule ; maturité de 1ʳᵉ époque. — J. R.-C.

Seibel n° 134. — Seibel [2 × Aramon-Rupestris 1], semis de 1895. Son aspect général rappelle beaucoup celui du Seibel 2 dont il est une amélioration au point de vue de la résistance phylloxérique. C'est un teinturier puissant. Bourgeons roux foncé ; pampres verts, lavés de rouge ; sarments allongés, grêles, cylindriques, lie de vin et striés. Feuilles moyennes, à 5 lobes, épaisses, vert noirâtre. Grappes pyramidales, ailées, peu serrées ; pédoncule gros et court se lignifiant à la maturité ; grains sphériques, noirs, à jus coloré et de 2ᵉ époque tardive. — J. R.-C.

Seibel n° 138. — Jæger 70 × Vinifera, semis de 1886. Plant vigoureux et rustique qui a donné, en Haute-Garonne, greffé et direct, un rendement assez élevé et un vin très chargé en couleur. Bourgeons petits, très pointus. Rameaux grêles, très allongés, d'un vert pâle nuancé de violet à l'état herbacé et marron clair à l'aoûtement. Feuilles petites, entières ; sinus pétiolaire fermé ; limbe vernissé. Grappes moyennes, cylindriques, parfois ailées ; pédoncule allongé et grêle ; grains moyens, bien ronds, noirs, pulpe juteuse et astringente ; pellicule épaisse, riche en pigment colorant et devenant tête de nègre à la maturité, qui est de 2ᵉ époque. — J. R.-C.

Seibel n° 150. — Même origine. Vigoureux et assez résistant, d'une fertilité inégale qui demande la taille longue. Débourrement hâtif, allongé, gris roussâtre. Bourgeonnement d'un vert fauve, les jeunes feuilles sont trilobées, vert jaunâtre, à peu près glabres sur les deux faces. Rameaux allongés, gros, aplatis vers les nœuds et finement striés. Feuilles sur-moyennes, à 5 lobes aigus et profondément découpés ; sinus pétiolaire fermé. Pétiole court et très gros. Grappes grosses, pyramidales, ailées, serrées ; grains moyens, ronds, noirs, chair fondante, jus incolore, rouge foncé ; maturité de 2 ᵉépoque. — J. R.-C.

Seibel n° 153. — Herbemont-Touzan × Sauvignon, semis de 1893. Cépage blanc intéressant à cause de sa couleur et de sa maturité assez hâtive puisqu'elle précède de huit jours celle du Sauvignon ; il demande une taille demi-longue. Bourgeonnement blanc rosé ou grisâtre, jeunes feuilles trilobées garnies d'un duvet cotonneux roussâtre. Rameaux allongés, à méritalles courts. Feuilles moyennes, à 5 lobes échancrés par des sinus peu profonds ; limbe bullé, vert pâle, cotonneux en dessous. Grappes petites, insérées haut ; pédoncule gros et court ; grains ellipsoïdes, d'un blanc verdâtre se dorant à la maturité et de saveur analogue à celle du Sauvignon. — J. R.-C.

Seibel n° 156. — Syn. : *Petit Duc, Colonel Seibel,* semis de 1886. Variété vigoureuse, à beau feuillage ; résistance phylloxérique assimilée à celle du Jacquez, résistance assez bonne au mildiou et à l'oïdium, très bonne au black-rot et à la pourriture grise. Débourrement tardif et maturité précoce devançant un peu la 1ʳᵉ époque, ce qui le rend précieux pour les régions froides. Rendement moyen, diminué par la coulure mais susceptible aussi d'être augmenté par l'allongement de la taille. Vin de coupage classé en tête des vins de producteurs directs de plusieurs expositions méridionales. Souche très vigoureuse, à port semi-érigé. Débourrement rond, cotonneux, fauve, puis gris verdâtre, avec pointe rouge des raisins, épanouissement assez rapide des jeunes feuilles vert pomme liseré de carmin. Rameaux très allongés, à mérithalles courts. Feuilles entières, avec lobes latéraux supérieurs indiqués par allongement de la denture; sinus pétiolaire ouvert en V; limbe vernissé et glabre. Grappes cylindriques, longues, lâches, rarement ailées, pédoncule fort et lignifié; grains moyens, sphériques, noirs, à jus coloré, pellicule très foncée et d'un noir mat caractéristique, fondants, juteux, de saveur neutre, sucrée et relevée. — J. R.-C.

Seibel n° 175. — Lincecumii × Aramon-Rupestris 1, semis de 1894. Vigoureux et fertile, demande taille longue et mûrit entre la 1ʳᵉ et la 2ᵉ époque. Souche à port étalé. Jeunes feuilles très luisantes et bronzées. Rameaux très allongés et cannelés, d'un vert pâle prenant une teinte noisette à l'aoûtement. Feuilles grandes, planes, à 3 lobes; sinus pétiolaire très ouvert et en accolade comme le Rupestris du Lot; limbe bullé, d'un vert foncé. Grappes grandes, tronconiques, lâches, pédoncule grêle et très long; grains sur-moyens, ronds, rouge très foncé, pulpe charnue et à jus coloré. — J. R.-C.

Seibel n° 181. — Jæger 70 × Vinifera, semis de 1886. De vigueur moyenne, de maturité de 1ʳᵉ époque. Résistance assez bonne au mildiou et à la pourriture grise, médiocre à l'oïdium et au phylloxéra. Vin assez coloré, de 9 à 10° d'alcool, avec 22 gr. d'extrait sec. Débourrement hâtif, glabre, vert pâle. Rameaux assez gros et très allongés, aplatis à la base, d'un vert violacé passant au marron clair brillant à l'aoûtement. Feuilles assez grandes, tourmentées et révolutées sur les bords. Grappes moyennes, cylindriques, serrées; grains moyens, rouge foncé à jus coloré. — J. R.-C.

Seibel n° 182. — Même origine. Plus fertile que le précédent. Résistance au phylloxéra et à l'oïdium assez faible, meilleure au mildiou. Vin de 8 à 9° d'alcool, 25 gr. d'extrait sec, très coloré. Débourrement moyen, mince, glabre, vert terne. Rameaux longs et grêles, vert très pâle, puis vineux et cannelle à la maturité. Feuilles moyennes, entières, un peu plus larges que longues; limbe épais, légèrement bullé, vert foncé brillant. Grappes moyennes, cylindro-coniques, parfois ailées, pédoncule gros, court, non ligneux; grains ronds, noirs, chair ferme, pellicule épaisse; maturité de 1ʳᵉ époque. — J.- R.-C.

Seibel n° 208. — Lincecumii × Aramon-Rupestris 1, semis de 1894. Cépage dont la fertilité est éprouvée par le millerandage et la feuille tachée de mélanose. Souche vigoureuse. Bourgeonnement bronzé. Rameaux longs, cylindriques et à grands mérithalles. Feuilles grandes, à 3 lobes, épaisses, coriaces, vert foncé et glabres; sinus pétiolaire très ouvert. Grappes allongées, cylindro-coniques, ailées, ramifiées, portées par un pédoncule très long; grains assez gros, ronds, noirs, chair juteuse, de saveur neutre et de maturité de 1ʳᵉ époque. — J. R.-C.

Seibel n° 209. — Jæger 70 × Vinifera, semis de 1886. Plante vigoureuse, d'une résistance presque bonne au mildiou, à l'oïdium et au phylloxéra, médiocre à la pourriture grise; mauvais greffon sur Rupestris. Débourrement hâtif, repousses après gelées peu fructifères. A donné un vin excellent dans le Sud-Ouest, notamment à Muret, où en 1902 il pesait 12° d'alcool, avec 7 gr. d'acidité et 37 d'extrait sec. Bourgeonnement aranéeux, rosé; jeunes feuilles à duvet rosé. Rameaux glabres, vert pâle, allongés et peu ramifiés. Feuilles de Vinifera, grandes, larges, à 5 lobes; sinus pétiolaire fermé, Grappes grandes, ailées, pédoncule fort; grains moyens, sphériques, serrés. noirs, à jus incolore et de saveur un peu fade. — J. R.-C.

Seibel nᵒˢ 215 et 216. — Même origine que 209. Ces deux frères ont la même maturité que le Seibel 1 et reproduisent en partie ses qualités et ses défauts. Le 215 a les feuilles trilobées et le 216 quinquelobées, la grappe pyramidale de ce dernier serait plus grande que celle de l'autre. Avec une taille appropriée à leur vigueur respective, leur production est à peu près la même et leur vin identique. — J. R.-C.

Seibel n° 220. — Lincecumii × Aramon-Rupestris 1, semis de 1894. Peu connu et peu multiplié malgré des qualités réelles de vigueur et de fertilité. Bourgeonnement vert tirant sur le violacé; jeunes feuilles pliées en gouttière. Rameaux aplatis et à longs mérithalles, vert pâle lavé de rouge, passant au fauve à la maturité. Feuilles petites, pleines, bullées, vert foncé brillant. Pétiole grêle et rougeâtre. Grappes moyennes, cylindro-coniques, ailées; grains irréguliers, moyens et sur-moyens, ronds, noirs et pruinés, chair ferme et à jus incolore; maturité de 2ᵉ époque. — J. R.-C.

Seibel n° 362. — Seibel 2 × Aramon-Rupestris 1, semis de 1895. Cépage annoncé comme devant être très productif et très résistant. Souche de vigueur moyenne et de port semi-érigé. Bourgeons très proéminents, pointus et rouges. Rameaux longs, colorés en rouge dès leur jeune âge, cylindriques, avec stries régulières et fines. Feuilles moyennes, plus larges que longues, à

5 lobes bien sinués ; limbe bullé et vert foncé, floconneux en dessous. Pétiole et nervures rouges. Grappes grandes, pyramidales, serrées, à pédoncule long ; grains ronds, noirs très pruinés, à jus incolore et de saveur neutre. — J. R.-C.

Seibel n° 405. — Seibel 14 × Aramon-Rupestris 1, semis de 1897. Le pied mère de cet hybride, en sol très phylloxérant, demeure vigoureux et résiste bien au mildiou et à l'oïdium. Vu sa grande vigueur sa place est en coteau. Bon vin de consommation. Rameaux très allongés, de grosseur moyenne, ramifiés en bon sol, à mérithalles longs et de couleur vineuse à l'aoûtement. Bourgeonnement vert bronzé ; jeunes feuilles vite étalées. Feuilles adultes moyennes, à 5 lobes bien sinués. Grappes grandes, serrées, très allongées, cylindriques, parfois ailées, à pédoncule long ; grains moyens, sphériques, noirs, à jus blanc, bon goût ; maturité de 2e époque. — J. R.-C.

Seibel n° 600. — Seibel 209 × Aramon-Rupestris 1, semis de 1897. Hybride résistant au mildiou beaucoup mieux que sa mère. Souche vigoureuse, à port semi-étalé. Rameaux allongés, peu ramifiés, à mérithalles moyens, de couleur noisette à l'aoûtement. Feuilles grandes, à 5 lobes ; sinus latéraux profonds ; pétiolaire ouvert en U ; limbe vert clair. Grappes allongées, ailées, serrées ; grains moyens, sphériques, d'un noir foncé ; maturité de 1re époque. — J. R.-C.

Seibel n° 750. — Seibel 14 × Aramon-Rupestris 1, semis de 1897. Suffisamment fertile et très résistant aux maladies cryptogamiques, d'après son obtenteur. Souche vigoureuse, à port étalé. Rameaux allongés, à mérithalles moyens et de couleur noisette à l'aoûtement. Bourgeonnement vert bronzé. Feuilles grandes, à 5 lobes, d'un vert gai, vernissé ; sinus latéraux très prononcés ; pétiolaire ouvert en U. Grappes sur-moyennes, cylindriques ; grains ronds, rouge vineux, à jus blanc, bon goût ; maturité de 2e époque. — J. R.-C.

Seibel n° 755. — Seibel 38 × Aramon-Rupestris 1, semis de 1897. Ce plant qui est très productif et résistant remarquable à l'oïdium et au mildiou. Rameaux allongés, ramifiés, à mérithalles courts et à nœuds gros, de couleur noisette à l'aoûtement. Bourgeonnement vert bronzé comme son père. Feuilles moyennes, à 3 et 5 lobes ; sinus pétiolaire en lyre ; limbe d'un vert foncé. Grappes fortes, pyramidales, serrées ; pédoncule enviné ; grains moyens, ronds, rouge foncé, à jus blanc, bon goût ; maturité de 2e époque tardive. — J. R.-C.

Seibel n° 1001. — Jæger 70 × Herbemont d'Aurelles 1, semis de 1888. Cépage assez sensible aux maladies aériennes. Débourrement hâtif et maturité de 2e époque. Grappes petites ; grains assez gros, ronds, noirs, à jus rose et de saveur neutre.

Seibel n° 1004. — Lincecumii × Aramon, semis de 1888. Cépage d'une bonne vigueur, avec un feuillage assez rustique, mais sensible à l'anthracnose. Mauvais greffon. Production assez fertile pour vin de coupage. Souche à port étalé. Débourrement tardif, rond, cuivré terne ; bourgeonnement glabre, roussâtre. Feuilles entières avec dents allongées indiquant pointes des lobes ; limbe vert foncé, vernissé. Grappes grandes, cylindriques, très serrées ; grains sphériques ou légèrement ovoïdes, rouge foncé, saveur franche ; maturité de 2e époque. — J. R.-C.

Seibel n° 1007. — Jæger 70 × Grec blanc, semis de 1888. Souche assez vigoureuse, à port étalé. Débourrement moyen, rond, rosé puis grisâtre. Bourgeonnement duveteux, blanc roussâtre ; jeunes feuilles vite étalées et luisantes. Rameaux blanc verdâtre, légèrement cannelés et à mérithalles courts. Feuilles orbiculaires, entières, presque planes ; sinus pétiolaire en V ; limbe avec zones jaunâtres. Grappes sur-moyennes, lâches, pyramidales ; pédoncule très court et fort ; grains assez gros, ronds, rouge foncé, à jus incolore, saveur neutre ; maturité de 2e époque.

Seibel n° 1014. — Même origine. Hybride vigoureux et fertile, résistant bien au mildiou, à l'oïdium et à la pourriture grise, mais sensible au phylloxéra. Débourrement hâtif ; bourgeonnement rouge violet ; jeunes feuilles araneuses, très brillantes. Sarments couleur cannelle. Feuilles grandes, à 5 lobes bien découpés ; dents arrondies, étroites. Grappes très grandes, ailées ; grains moyens, ronds, noirs, peu serrés, juteux, peu colorés, de goût franc ; maturité tardive. — J. R.-C.

Seibel n° 1015. — Même origine. Cépage assez séduisant par sa résistance aux maladies aériennes et sa fertilité de bon aloi. Sujet à la chlorose calcaire et mauvais greffon sur Rupestris. Débourrement tardif. Bourgeonnement araneux rosé. Feuilles trilobées, à sinus peu marqués ; limbe bullé et vert glauque ; denture arrondie et large. Grappes grandes ; grains moyens, ronds, noirs, assez serrés, juteux, de saveur franche et de maturité de 2e époque. — J. R.-C.

Seibel n° 1016. — Même origine. Ce cépage noir, à peau rougeâtre plutôt que rouge, peut se vinifier en blanc ; son feuillage est assez rustique. Souche vigoureuse, à port étalé. Bourgeons petits, saillants, d'un blanc roussâtre ; jeunes feuilles duveteuses sur les deux faces et vert clair. Rameaux allongés et grêles, d'un vert jaunâtre. Feuilles sur-moyennes, plus larges que longues, trilobées, un peu révolutées ; limbe vert foncé timbré de jaune à la défoliation. Pétiole mince et court.

Grappes très grandes, très lâches ; grains gros, ronds, rouges, à jus absolument incolore, chair bien fondante, de saveur neutre et sucrée. — J. R.-C.

Seibel nº 1020. — Syn. : *Flot rouge.* Jæger 70 × Aramon, semis de 1888. Vigne d'une vigueur moyenne mais d'une grande fertilité. Résiste au phylloxéra comme l'Othello ; craint peu le mildiou et un peu plus l'oïdium ; redoute la sécheresse. Vin de 10º d'alcool et de 25 gr. d'extrait sec, assez coloré, mais avec un goût d'herbe. Bourgeonnement tomenteux. Feuilles moyennes, entières, à 3 lobes peu marqués ; limbe vert foncé, brillant et légèrement tomenteux en dessous. Pétiole long et fort. Grappes moyennes, assez serrées, parfois ailées ; grains ronds, noirs, à jus coloré et de saveur un peu spéciale ; maturité de 2º époque. — J. R.-C.

Seibel nº 1021. — Frère du précédent, signalé par le Dʳ Grandclément comme un des meilleurs de la collection. Bourgeonnement duveteux d'un blanc grisâtre tirant sur le roux. Rameaux allongés, gros, aplatis, à mérithalles courts et de teinte vert pâle. Feuilles rappelant un peu celles de l'Aramon, entières, vert pâle, glabres. Grappes grandes, pyramidales, ailées, peu serrées ; grains sur-moyens légèrement ovales, noirs, très pruinés, à chair juteuse et colorée et de saveur bien franche ; maturité de 2º époque. — J. R.-C.

Seibel nº 1025. — Même semis. A beaucoup d'analogie avec le précédent dans le feuillage et le fruit. Résistance aux maladies aériennes bonne. Ses grappes sont grosses mais peu nombreuses ; sa maturité tardive laisse à son vin trop d'acidité. — J. R.-C.

Seibel nº 1070. — Même semis. Ce cépage très fertile paraît avoir un feuillage assez résistant aux maladies cryptogamiques, bien que le pourtour des feuilles se dessèche prématurément. Bourgeonnement duveteux, bourre grosse, jeunes feuilles étalées rapidement. Rameaux peu allongés, étalés, à mérithalles courts, de teinte vert clair. Feuilles entières ou trilobées ; sinus pétiolaire très largement ouvert ; limbe vert pâle. Grappes grandes, lâches, pédoncule assez fort ; grains moyens, sphériques, rouge foncé, peau mince, chair molle de saveur agréable ; maturité de 2º époque tardive. — J. R.-C.

Seibel nº 1077. — Même semis. Hybride de vigueur, d'une résistance phylloxérique analogue à celle du Seibel 1. Greffé, il se comporte mal sur Rupestris du Lot, médiocrement sur 1202 et assez bien sur 3309. Débourrement moyen et maturité de 2º époque précoce. Fructification abondante et vin bien constitué, comparable à celui du 156. Bourgeonnement d'un blanc roussâtre très duve-

teux. Feuilles grandes, à 3 lobes, épaisses et vert foncé. Grappes très grosses, cylindro-coniques, quelquefois ailées, très serrées, à pédoncule fort et court, souvent ligneux ; grains sur-moyens, vaguement ellipsoïdes, noirs, à jus coloré ; maturité intermédiaire entre la 1ʳᵉ et la 2º époque. — J. R.-C.

Seibel nº 2003. — Syn. : *Vivarais.* Lincecumii × Herbemont d'Aurelles, semis de 1891. Sain et assez rustique, cet hybride est très fertile ; ses repousses sont fructifères ; il est mauvais greffon et son vin est médiocre. Débourrement tardif, rond, jaune, faiblement cuivré ; bourgeonnement tomenteux d'un blanc grisâtre. Rameaux allongés, étalés, légèrement cannelés, à mérithalles courts, vert pâle. Feuilles presque entières, assez épaisses ; sinus indiqués ou peu profonds ; limbe vert clair, d'une teinte un peu jaunâtre, glabre. Grappes grandes, pyramidales, avec aile détachée, assez compactes ; grains moyens, sphériques, noirs, pruinés et de saveur neutre. — J. R.-C.

Seibel nᵒˢ 2006 et 2007. — Lincecumii × Aramon, semis de 1893. Ces deux cépages ont beaucoup de rapport entre eux ; généralement on préfère le second qui est plus rustique et plus robuste que le premier. Ce sont des plantes vigoureuses et fertiles, à port semi-érigé, sarments aplatis, noués court, exigeant pour leur aoûtement un sulfatage et l'enlèvement des gourmands ; maturité de 2º époque hâtive. Raisins se conservant bien sur souche et réfractaires à la pourriture. Vin coloré, de 7 à 9º d'alcool et de 25 gr. d'extrait sec.

Seibel nᵒˢ 2010, 2021 et 2033. — Du même semis que les précédents, mais moins rustiques qu'eux. Le 2010 a été baptisé par M. de Malafosse *Sucre et Miel.* Le 2021 demande un soufrage et le 2033 un sulfatage. Leur vin est bon et se ressent de l'influence vinifera qui explique aussi leur insuffisante rusticité aérienne. Leur maturité oscille entre la 1ʳᵉ et la 2º époque. Ils se sont révélés assez bons greffons sur sujets vigoureux. — J. R.-C.

Seibel nᵒˢ 2041 et 2042. — Lincecumii × Aramon-Rupestris 1, semis de 1894. Ce ne sont plus, comme les précédents, des 3/4 sang vinifera, mais des 3/4 sang américain. Leurs qualités de résistance cryptogamique et même phylloxérique s'accusent nettement, mais leur vin devient aussi un peu plus sauvage. Rameaux allongés, étalés, vert pâle strié de violet. Feuilles moyennes, entières, légèrement pliées en gouttières avec nervures plus accusées dans le second que dans le premier. Grappes grandes ; grains moyens, ronds, noirs, à jus blanc, se colorant facilement par la pellicule riche en pigment. — J. R.-C.

Seibel nº 2043. — Même semis. Hybride d'une très grande vigueur, à port étalé. Rameaux allongés, légèrement aplatis, vert clair, un peu striés. Feuilles assez grandes, entières, plus larges que longues ; limbe épais, glabre, vert foncé et vernissé ; dents obtuses et arrondies. Grappes cylindriques, serrées, épaulées de deux ailes ; grains moyens, ronds, noirs, de goût neutre ; maturité de 2ᵉ époque tardive. — J. R.-C.

Seibel n° 2044. — Syn. : *Aramon-Seibel*. Même semis. Vigoureux et très fertile. Résistance phylloxérique encore peu connue ; résistance aux diverses maladies cryptogamiques suffisante. Vin de couleur variable, en général de qualité médiocre, à goût spécial, saveur herbacée de Lincecumii l'indiquant plutôt comme un élément de coupage que comme un vin de consommation directe. Débourrement moyen ; bourgeonnement vert bronzé, jeunes feuilles vite étalées. Rameaux longs, étalés, cylindriques, à nœuds espacés, vert clair puis rouge vineux. Grappes grandes imitant celles de l'Aramon ; grains gros, ronds, noirs, à jus incolore ; maturité de 3ᵉ époque. — J. R.-C.

Seibel nᵒˢ 2052, 2055 et 2056. — Lincecumii × Aramon. Trois hybrides qui se différencient par des caractères secondaires peu importants et qui ont un air de consanguinité évident. Le 2056 serait un peu plus productif que le 2055 et son vin serait de qualité moindre. Tous trois résistent bien aux maladies cryptogamiques et à la pourriture grise. Port semi-érigé. Bourgeonnement grisâtre. Feuilles rappelant celles de l'Aramon, surmoyennes, orbiculaires, à 5 lobes ; sinus peu profonds, sinus pétiolaire ouvert ; limbe glabre, vert pâle un peu jaunâtre. Grappes grandes, pyramidales, ailées ; grains moyens et ovales chez le 2052, gros et ronds chez les deux autres, noirs, de bonne saveur et de maturité de 2ᵉ époque. — J. R.-C.

Hybrides Tacussel. — Deux séries d'hybrides créés les uns par M. Alexandre Tacussel père (ATp), les autres par son fils (AT) ; producteurs directs intéressants surtout comme raisins de table.

Tacussel ATp n° 1. — Le plus remarquable de la série, s'est toujours distingué par son extraordinaire vigueur ; ses grappes de fortes dimensions restent sur souche jusqu'en fin décembre sans pourrir. Grappe très grosse, peu dense, très ramifiée, parfaite comme raisin de table ; en forme de pyramide renversée ; située à partir du 4ᵉ nœud ; grains blancs, pruinés, très gros, quelquefois énormes (25 ᵐᵐ petit axe et de 25 à 28 ᵐᵐ grand axe), sphériques, très légèrement allongés et bien arrondis aux deux pôles. Feuilles quinquelobées, très grandes, un peu plus larges que longues (22/22, 23/25), duveteuses ; nervures carminées sur 3 à 4 centimètres ; pétiole très long, rouge sur toute sa longueur ; maturité fin de 3ᵉ époque. — A. T.

Tacussel ATp n° 2. — Grappe très grosse, allongée, un peu tronconique et serrée ; grain gros, blanc verdâtre, subsphérique (20/20 ᵐᵐ et 22/22). Feuilles quinquelobées, les moyennes 13/13 centimètres, les grandes 22/22, très découpées ; sinus très profonds, les inférieurs portant parfois une dent ; maturité de moyenne époque. —A. T.

Tacussel ATp n° 3. — Souche de faible dimension, sarments grêles ; feuille très découpée ; grappe petite, cylindro-conique, dense ; grains moyens, un peu ovales (14/17ᵐᵐ), blanc doré, sucrés ; maturité précoce. — A. T.

Tacussel AT n° 1. — Semis de Chaouch, a le grain un peu moins gros que celui de sa mère, mais moins sujet à la coulure. Grappe grande, peu rameuse, peu dense, vrai raisin de table, paraissant très résistant à la pourriture ; grain gros, ellipsoïde (17/23 ᵐᵐ pour les gros et 16/20 les moyens), blanc, très doré à maturité ; chair ferme, croquante ; jus très sucré ; saveur très agréable ; maturité 2ᵉ à 3ᵉ époque. — A. T.

Tacussel AT n° 2. — Souche vigoureuse ; tronc fort. Grappe très volumineuse, serrée, de forme irrégulière, plutôt large que longue ; grain petit, rond, 15/15 ᵐᵐ, blanc verdâtre, très juteux et très savoureux ; maturité de moyenne époque. — A. T.

Tacussel AT n° 3. — Souche vigoureuse, sarments longs, écorce finement striée. Feuilles glabres, à sinus profonds ; grappe moyenne ; grain rose, ovoïde ; maturité de moyenne époque. — A. T.

Tacussel AT n° 4. — Souche très vigoureuse ; tronc fort ; écorce rugueuse, se détachant en très larges lanières. Grappe grande, rameuse, à ailes bien détachées, très beau raisin de table ; grain gros, obovoïde, souvent de 18/22 ᵐᵐ ; chair fine ; peau épaisse ; jus très abondant, saveur agréable ; maturité de 3ᵉ époque. — A. T.

Tacussel AT n° 5. — Grappe très grosse, dense ; grain moyen, sphérique, 15/15 ᵐᵐ et 18/18, verdâtre ; jus très abondant ; saveur légèrement acide ; maturité de 4ᵉ époque. — A. T.

Tacussel AT n° 6. — Souche vigoureuse ; tronc fort. Grappe grosse, rameuse, pyramidale, à ailes se détachant bien, se conserve très tard sur souche sans pourrir ; grain moyen ou gros, ovale, quelquefois obovoïde, les moyens mesurant 16/18 ᵐᵐ, les gros 19/23, rouge très pruiné ; chair ferme, croquante ; peau épaisse ; saveur agréable ; maturité 4ᵉ époque. — A. T.

Tacussel AT n° 7. — Grappe moyenne, formée de forts ailerons : grain discoïde ; les moyens mesurant 16 ᵐᵐ de l'ombilic au bourrelet et 18 ᵐᵐ dans l'autre axe, les gros 18/21 ᵐᵐ ; couleur blanc transparent ; chair ferme ; jus abondant ; saveur agréable ; maturité 3ᵉ époque. — A. T.

Tacussel AT n° 8. — Grappe grosse, très dense, mais

aussi très rameuse et dont les ailerons se détachent très bien. Cépage très fertile, pas sujet à la coulure et portant généralement deux très fortes grappes par sarment; grain moyen, presque sphérique, souvent un peu ellipsoïde, 17/17 et 17/19, blanc légèrement ambré; chair fine, jus abondant, saveur très agréable. — A. T.

Tacussel AT n° 9. — Semis de Gros Colman. Souche très vigoureuse; grappe grosse, serrée, bifurquée, rappelant, par cette particularité, le Gros Colman; grain gros, sphérique, 20/20 et au-dessus, les moyens 18/18; noir très pruiné; chair ferme, croquante; jus abondant; saveur très agréable; maturité 3e époque. — A. T.

Tacussel AT n° 10. — Grappe dense, grosse, allongée, conique; grain moyen, presque sphérique, 17/18 mm, rose; pruine abondante; chair ferme, croquante; peau assez épaisse; saveur relevée et très agréable; maturité 3e époque. — A. T.

Tacussel AT n° 11. — Grappe moyenne, ailée; grains gros, légèrement ovale, 19/21 et 20/22, noir, très pruiné; chair ferme, croquante; saveur simple et très agréable; maturité de 3e époque. — A. T.

Tacussel AT n° 12. — Souche de moyenne vigueur; sarments minces; très fructifère. Grappe conique, moyennement grosse et ailée, assez dense; grain légèrement elliptique, gros, noir, très pruiné; les moyens 17/19, les gros 20/22; chair fine quoique croquante; jus abondant; saveur fraîche et très agréable; maturité de moyenne époque. — A. T.

Tacussel AT n° 13. — Souche vigoureuse. Grappe grande, très ailée, lâche, très décorative; grain très allongé, elliptique; les moyens 15/22, les gros 17/24, noir rougeâtre, très pruiné, très ferme; chair épaisse et croquante; saveur simple; maturité de 4e époque. — A. T.

Tacussel AT n° 14. — Appelé aussi *Semis des poiriers* parce qu'il a poussé fortuitement dans un cordon de poiriers. Souche très vigoureuse et très fertile. Grappe grande, rameuse, à ailes se détachant bien; raisin de table; grain gros, très légèrement ovale, 18/20 mm et 21/24, blanc, se dorant légèrement à maturité, assez croquants; pruine abondante; chair fine; jus très abondant; peau fine mais assez résistante; saveur agréable. — A. T.

Hycalès. — Cépage espagnol de l'Andalousie, à feuilles très duveteuses, à grosse grappe ailée, lâche; grains sur-moyens, sphéro-ellipsoïdes, fermes et juteux, d'un jaune transparent, finement pruiné; maturité de 2e époque tardive (d'après V. Pulliat).

Hydes Éliza (York Madeira). . . . . *D.*

Hyntsch (Heunisch weisser). . . . . *D.*

Hyvernais (Hibou).

I

Iacaviello. — Cépage cultivé pour la table à S. Giuseppe vesuviano, dans la province de Naples; gros grains sphériques, blancs. — M. C.

Iæga (Lignan).

Iæger nos 1, 2, 9, 12, 13, 17, 20, 22, 32, 39, 42, 43, 52. — Divers semis de Hermann-Iæger, produits dans le Missouri par le Lincecumii pur, ou rarement hybrides de Lincecumii et de Rupestris; les caractères du Lincecumii se sont accusés dans l'ensemble des caractères végétatifs, la grosseur des grappes, le fondant de la pulpe, l'alcoolicité et la matière colorante; les nos 13 et 43 sont les plus fructifères. Toutes ces formes présentent, comme le Lincecumii, une très grande résistance, par les feuilles et les fruits, aux diverses maladies cryptogamiques et surtout au mildiou et au black-rot; elles ont servi de base d'hybridation pour la plupart des hybrides Seibel, mais n'ont jamais été cultivées en France, car elles reprennent mal de boutures et n'ont aucune résistance à la chlorose.

Iagouddy. — Cépage de Boukhara (Russie), de 1re époque tardive de maturité; variété vigoureuse, fertile, à grandes feuilles lobées et bien sinuées, glabres en dessous; grappe grande, ailée, serrée; grain moyen, peau fine, d'un rouge violacé foncé; jus acidulé, un peu aromatisé; on a fait des raisins secs et des vins de dessert très estimés; les viticulteurs israélites en font leur vin religieux. — V. T.

Ianese. — Cépage de San Severino, dans l'Italie

méridionale ; très productif, à vins communs ;
maturité tardive ; feuilles moyennes, tourmentées,
orbiculaires, trilobées ; grappe grande, pyramidale, ailée, compacte ; grains moyens, subsphériques, noir violacé. — M. C.

Iavor (pour Javor).

Ibardillo. — Cépage espagnol de la région de Santander, d'après Abela y Sainz.

Ibero (Palomino comun)............. VI. 106

Ibrahim-Tsivill-Guimry. — Cépage à raisins roses,
cultivé pour la table à Bakou (Russie). — V. T.

Ida. — Hybride de Labrusca, produit en Amérique
par T.-B. Mines ; foxé, sans valeur et non cultivé
même aux États-Unis.

Ideal. — Semis de Delaware, à caractères d'Æstivalis prédominants ; grains moyens, d'un rouge
clair, juteux, francs de goût.

Iecheky. — Nom de cépage de Chémaka (Russie).
— V. T.

Iepola bianca, nera. — Cépages de la Sicile, d'après
J. de Rovasenda.

Ietubi (pour Jetubi).

Ifonese. — Cépage italien cultivé pour la cuve ; feuilles
quinque et heptalobées ; grappe pyramidale ; grains
sphériques, de grosseur moyenne, d'un bleu violacé ; maturité tardive (d'après H. Gœthe).

Ignan blanc (Altesse).

Ignobilis (Rebazo)...................... D.

Ignota bianca. — Nom de cépage italien, d'après le
Bulletin ampélographique italien (XVI).

Iguékatz. — Cépage à raisin blanc, cultivé pour la
table à Ordoubatt (Russie). — V. T.

Iguia. — Cépage à raisins rouges cultivé pour la
cuve au Caucase. — B. T.

Iiadouk. — Cépage de table cultivé à Bakchalo
(Russie), à gros grains d'un jaune laiteux ambré.
— V. T.

Iiaggoudy (Iagouddy)................... D.

Iiaggoudy (Iagouddy)................... D.

Iiaidjy. — Cépage de 1ʳᵉ époque de maturité, à
raisins blancs, cultivé pour la cuve en Bessarabie
(Russie). Vigueur moyenne ; sarments rougeâtres ;
grappe ailée, lâche ; grains sphériques, d'un jaune
doré ; a été rapporté à tort par Ballas au Chasselas Gros Coulard. — V. T.

Iialantchy-Gouliaby. — Cépage russe de Nakhitchévane, cultivé à raisins blancs ; grappe très longue
(jusqu'à 35 cent.), ailée, lâche ; grain moyen,
allongé, juteux, peu sucré, d'un rouge clair avec
pruine bleuâtre ; vins inférieurs destinés à la
chaudière, — V. F.

Iiamtchik-Isioum. — Cépage à raisins blancs, cultivé
pour la table à Temir-Kan-Choura (Russie). — V.T.

Iiazdy. — Cépage d'Erivan (Russie), à raisins blancs,
composés de gros grains, ronds, charnus, acidulés,
d'un jaune pâle ; cultivé pour la table. — V. T.

Iiokwarna. — Cépage de table de la Bessarabie, à
raisins roses ; variété d'Allvarna, à grains plus
pâles, plus astringents et moins sucrés, moins fertile aussi. — V. T.

Iiordann (Gordan).

Iioumalek. — Cépage russe, de Fergana (Russie), à
raisin rose, cultivé pour la table ; c'est une
variation de Maska. — V. T.

Illinois City. — Semis de Labrusca, à raisins blancs,
pulpeux et très sucrés ; création de T. Huber.

Illvinsky. — Nom de cépage de Stavropol (Russie).
— V. T.

Il nostro (Catarratto)................ VI. 222

Il Pallagrello nero di Pico (Coda di volpe
nera)................................. VI. 345

Il Piede lungo de Cellara (Coda di volpe
nera)................................. VI. 345

Imbrina (Portugais bleu).

Imerovostilidas. — Cépage de table de la Cephalonie
(Grèce), précoce, à raisin blanc. — X.

Impatiens (Abejera)...................... D.

Imperia. — Cité par Acerbi.

Imperial. — Hybride de Iona et de Muscat, créé
par Ricketts, à caractères dominants de Labrusca ;
raisins blancs, pulpeux, très pruinés et très foxés.

Impérial (Bellino).................... IV. 84

Impérial jaune (Bicane).

Impérial noir (Bellino)............... IV. 84

Impérial rebe (Bicane).

Impérial rosso, traube (Bellino).

Impérial weisser (Furmint).

Inæqualis (Sarravesa)................... D.

Inardenc (Saint-Jeannet).

Incaglia. — Cépage italien de la région de Bergame.
— J. R.

Incarcatiello. — Cépage italien cultivé à S. Severino ;
faible vigueur et faible production ; grappe
moyenne, ailée, conique, compacte ; grains sphériques, moyens, pruinés, d'un rouge violacé terne ;
feuilles moyennes, quinquelobées, à lobes profonds, lanugineuses en dessous. — M. C.

Inchon. — Cépage espagnol de la région de Ségovie,
d'après Abela y Sainz.

Incottonato. — Nom de cépage sicilien, d'après
Paulsen.

Indiana bianca. — Nom de cépage italien, d'après
le *Bulletin ampélographique italien* (XVI).

Indjé ali. — Raisin de table de la Bulgarie, très rare.

Inerticula (Iobria)..................... D.

Inby (Broumaria)....................... D.

Infectiva (Tintora).................... D.

Inforko (Putzscheere)................ III. 189

Inganna cane, donne. — Noms de vignes italiennes
(Vérone), cités par Acerbi.

Inganno, Inganno gentile. — Noms de cépages italiens de la région de Lecce.

INGÉNIEUR-DES-CHEMINS-DE-FER. — Serait un semis du jardin de viticulture de Saumur, sans valeur. — E. et R. S.

INGRAM'S HARDY PROLIFIC MUSCAT (Ingram's muscat)............................ III. 129

Ingram's Muscat..................... III. 129

INNIMA. — Nom de cépage du Lot-et-Garonne, d'après de Mondenard.

INOUBOUDOU (V. Labrusca, au Japon).

INOUGEBI (V. Labrusca, au Japon).

INSAGA, INSAGA ROSSA, INSAZA. — Noms de cépages de la Lombardie.

INSOLIA (Inzolia)................... VI. 229

INSOLIA AMALFALINA (Inzolia)........... VI. 229

INSOLIA BIANCA (Inzolia)............. VI. 229

INSOLIA BIANCA (Raisin de Calabre)..... IV. 46

INSOLIA DI CANDIA BIANCA (Inzolia)....... VI. 229

INSOLIA DI VIGNA (Inzolia)............... VI. 229

INSOLIA IMPERIALE (Inzolia)............. VI. 229

IVSOLIA NIURA (Insolia niura).......... VI. 229

Insolia niura........................ VI. 229

INSOLIA PARCHITANA (Inzolia).......... VI. 229

INSOLINA. — Nom de cépage cité par Acerbi pour la région italienne de Termini.

International. — Hybride de Marion et de Muscat, créé aux États-Unis par N.-B. White.

Inzaga. — Cépage italien productif de la région de Bergame, constituant environ le dixième des vignobles de coteaux; vin ordinaire mais coloré; variété très sensible au mildiou; grappe petite et serrée; grains petits, à peau épaisse, d'un noir rougeâtre foncé; feuilles petites, à peine trilobées. — D. T.

Inzolia............................ VI. 229

INZOLIA VRANCA (Teta de vacca branca)........ D.

INZOLIA ROSSA (Duraca)................... D.

Inzuccherata bianca. — Raisin de cuve et de table de la Sicile, d'après Mendola.

INZUCCHERATO (Muscat d'Alexandrie).

Iola. — Hybride de Riparia créé par J. Burr, aux États-Unis; assez résistant aux maladies cryptogamiques; grappes et grains moyens, serrés, blancs; maturité hâtive.

Iona. — Semis de Diana, obtenu par C.-W. Grant, aux États-Unis, à caractères de Labrusca très marqués; variété sans valeur, essayée en France et toujours restée confinée dans les collections; malgré sa sensibilité au mildiou, assez cultivé pour la table aux États-Unis; grains moyens, subovoïdes, d'un rose clair, foncé à maturité complète, foxés.

IONICO. — Synonyme mal déterminé d'un cépage italien des Pouilles.

Iowa-Excelsior. — Hybride de Labrusca, créé aux États-Unis, à gros grains rouge rosés, pulpeux et foxés.

IPAVCINA, IPAVSCINA (Wippacher)............. D.

Iptsa-Ptouk. — Raisin de table, à gros grains violets, de 2ᵉ époque de maturité, cultivé à Erivan (Russie). — V. T.

IRAGNAN, IRAGNON (Carignane).

IRATY (Ssaguiby)......................... D.

IRBIANO (Trebbiano ou Ugni blanc).

IRCIOLA (Irtiola)........................ D.

IRENE. — Cité par Soderini.

IRI-CARA, IRI-KARA, IRIS-KARA (Danugue).

Iris. — Hybride américain de C. Engle, cité seulement par Bush et Meissner.

Ironclad. — Semis américain du colonel Pearson, considéré à tort comme très résistant au mildiou et au black-rot; hybride probable de Labrusca et de Riparia, très productif, à gros grains sphériques, d'un rouge violacé foncé, pruineux et foxés; sans valeur culturale.

IRRATY (Ssaguiby)........................ D.

Irrim-Chava-Karrany. — Cépage de la Crimée, à raisins noirs. — V. T.

Irrty. — Cépage cultivé à Chirvan (Russie) pour la table, à raisins rouges. — V. T.

IRTIOLA. — Nom de vigne d'Ombrie, citée par Columelle. — J. R.-C.

Irtirrk-Iiaprak. — Cépage russe de Akhal-Téké. — V. T.

Irving. — Semis américain d'Underhill (n° 20), hybride de Concord par Muscat blanc; créé en 1866; il produit une belle grappe, à raisins d'un jaune doré, très pruinés, pulpeux et foxés; très cultivé aux États-Unis pour la table.

Irvin's October. — Hybride de Labrusca, très tardif comme maturité, à raisins rosés, pulpeux et foxés.

ISABELLA (Isabelle)..................... V. 203

ISABELLA DI NAPOLI (Isabelle).......... V. 203

ISABELLA REGIA (Pierce)................... D.

Isabelle........................... V. 203

ISABELLE AMÉLIORÉE DE CHRISTIE (Isabelle). V. 203

ISABELLE D'AMÉRIQUE (Isabelle)......... V. 203

ISAKER DAISIKO (Muscat blanc).

ISCHIA (Pinot noir précoce)........... II. 43

ISCHI HAUCH (Dodrelabi).

ISCHKIMAR (Itchkimerr)................... D.

ISERENC. — Nom du Catalogue du Luxembourg.

ISERNENC. — Synonyme de cépage du Tarn-et-Garonne, cité par Jules Guyot.

ISIDORA NOBILIS (Elbling).

ISIDORA VIRENS (Elbling).

ISIDORI (Muscat d'Alexandrie).

ISIDORTRAUBE EDLER (Elbling).

ISLANDICA (Vitis islandica)............ I. 492

ISLAT BLANC. — Nom de cépage cité par Hardy.

Isnardenq. — Raisin blanc de table qu'on rencontre un peu partout dans l'arrondissement de Grasse, en sujets isolés; sarments très forts, indiquant une végétation exubérante ; mérithalles très longs, nœuds apparents et aplatis ; bourgeons gros, coniques, glabres ; feuilles moyennes, découpées, glabres à la partie supérieure, rugueuses et légèrement duveteuses en dessous ; nervures principales accusées ; grappes allongées, renflées à la partie supérieure, lâches, se terminant brusquement en pointe ; grains réguliers, gros, un peu verts, recouverts d'une pruine abondante, résistants, croquants, à peau assez épaisse et à chair juteuse. Ce raisin est d'une longue conservation. — L. B. et J. G.

ISNELLA COTTORROTTA (Catarratto)...... VI. 222

ISPAHAN. — Nom de cépage (?) du Catalogue du Luxembourg.

ISPETCH ROSOVÖY (Angourr-Sapenn)......... D.

Israella. — Semis de Labrusca, du type de l'Isabelle, créé aux États-Unis par C.-W. Grant ; très productif, à grosses grappes ; grains sphériques, noir violacé, pulpeux, pruinés, foxés ; peu cultivé pour la table aux États-Unis.

ISRAMKA. — Nom de vigne (?) cités dans divers catalogues.

ISSOPHYLLA (Turruntès)..................... D.

ISTRIANA. —Nom de cépage de la Styrie (?), cité par J. de Rovasenda.

ITACA NERA. — Cépage grec (?), raisin de table, d'après J. de Rovasenda.

Italia. — Cépage à raisins noirs bien spécial et cultivé au Pérou pour la cuve.

ITALIANA (Machese)........:............... D.

ITALIANISCHE BLUTRAUBE (Farber?).

ITALIANISCHER FRUHER MALVASIER (Valteliner rouge précoce)................. III. 253

ITALIANISCHEN MALVASIER (Valteliner rouge précoce)......................... III. 253

ITALIAN WINE (Delaware).

ITALIENISCHER ROTER MALVASIER (Valteliner rouge précoce)................... III. 253

ITALIENISCH SCHWARZ (Frankenthal).

Itckimerr. — Cépage du Turkestan russe, cultivé pour la table, à raisins roses, sur grosse grappe cylindrique portant jusqu'à 1.500 grains. — V. T.

Ithaca. — Hybride de Chasselas et de Delaware, créé par S.-J. Parker aux États-Unis, à grains d'un gris rosé, juteux, assez neutre de goût, peu productif.

ITRIOLA. — Nom de cépage cité par Pline.

ITTCHKY-IMARR (Itchkimerr)................. D.

ITZA PTOUCK (Pis de chèvre).

IUCUNDA (Verjus).

IUNGFERNTRAUBE (Madeleine).

INGFERNTRAUBE BLAUE (Madeleine noire).

IUNGFERN IVEIN BEER (Heunisch).

IUNKER ROTER (Chasselas rose).

IUNKER WEISSER (Chasselas doré).

IVERNAIS (Hibou).

Ives............................... VI. 183

IVES MADEIRA (Ives)................. VI. 183

IVES' SEEDLING (Ives)................. VI. 183

IVES' SEEDLING MADEIRA (Ives).......... VI. 183

IZABELLA (Isabelle).

IZMIRR. — Nom de cépage de la Crimée, à raisins noirs (?).

IZMIRR-SYA (Izmirr)........................ D.

IZMOROSZ (Broumaria)...................... D.

J

JACINART. — Cité par Bosc pour la Meurthe.

Jacintopal. — Hybride de Rotundifolia et de Lincecumii, créé par T.-V. Munson, à petits grains d'un noir brillant, adhérents à la grappe.

JACK (Jacquez)...................... VI. 374

JACK GRAPE (Jacquez).................. VI. 374

JACMART (Troyen)................... IV. 51

JACOBER (Madeleine noire)............ III. 247

JACOBI FRUHE TRAUBE (Madeleine noire).. III. 247

JACOBIN (Côt)....................... VI. 6

JACOBIN BLAUER (Côt)................. VI. 6

JACOBIN NOIR (Côt)................... VI. 6

JACOBITRAUBE, JACOBSTRAUBE, JACOBSTRAUBE FRUHE (Madeleine noire)............. III. 247

JACOWICS, JACOWICS SZÖLLÖ (Madeleine noire)....................... III. 247

JACQUOU GROS, PETIT. — Cités par Hardy parmi les noms de cépages de la Nièvre.

JACQUEMART (Gamay d'Orléans)........ IV. 115

JACQUEMART (Troyen)................. IV. 51

Jaën verdal. — Cépage espagnol de la région de Huesca, d'après Abela y Sainz.

Jagodovnica. — Cépage à raisins noirs de la Dalmatie, d'après H. Gœthe.

Jaille. — Cépage de l'Isère, d'après Dr Fleurot, à grains ronds, panaché de rouge, de violet et de vert; peut-être le Tressot, ou une variation d'un autre cépage.

Jaja Kokota. — Cépage à raisins blancs, cultivé pour la cuve dans la Dalmatie, d'après H. Gœthe.

Jakobi traube, Jakolske modre, Jakobstraube (Madeleine noire).

Jakovecz (Chasselas doré).

Jalpaydo. — Cépage espagnol de la région de Salamanque, d'après Abela y Sainz.

James. — Semis de Scuppernong (V. rotundifolia), à gros grains noirs, de maturité successive ; créé par J. van Lindley.

Jami. — Cépage espagnol assez répandu à Grenade, Lerida, Madrid, Cuença et Valence ; on le trouve encore à Saragosse, Ségovie, Oviedo et Huesca ; il est surtout cultivé en Andalousie ; variété vigoureuse, à mérithales courts ; feuilles orbiculaires, entières, glabres sur les deux faces ; grappes grandes, cylindriques, compactes, pédoncule court; grains moyens, sphériques, durs et charnus, d'un jaune doré. — R. J.

Jampaulo. — Cépage très cultivé dans le midi du Portugal, à Torres Vedras, où il donne un vin fin de table. Variété vigoureuse, à port étalé ; feuilles quinquelobées, à sinus profonds, pubescentes en dessous ; grappes longues, grosses, compactes ; pédoncule court, ligneux ; grains gros, sphériques, d'un jaune clair taché de marron, jus très sucré et abondant. — D. O.

Jancanes. — Ancien cépage portugais inconnu aujourd'hui. — D. O.

Janese. — Cépage italien, à raisins noirs, des provinces napolitaines. — J. R.

Janesville. — Hybride de Labrusca et de Riparia, à grains noirs, francs de goût, juteux ; peu productif.

Jank szölö. — Cépage de la Hongrie, à maturité de 1re époque, d'après V. Pulliat, qui le caractérise par une feuille sous-moyenne, très lanugineuse en dessous ; une grappe moyenne sur long pédoncule, à grains sur-moyens, globuleux, d'un jaune peu doré.

Jaoumet (Madeleine noire).

Japanische rebe (V. Thunbergii).

Japladja. — Cépage bulgare, très peu important dans la région de Varna ; grosse grappe pyramidale, à grains serrés, blancs, avec fond violacé clair.

Jarcibera (Palomino).

Jardanski Furmint (Furmint).

Jardovan. — Cépage hongrois, à maturité de 2e époque ; feuille moyenne, aranéeuse à la face inférieure, trilobée ; sinus pétiolaire fermé ; grappe moyenne, cylindro-conique, serrée ; grains sur-moyens, sphériques, à courts pédicelles ; peau mince, d'un jaune ambré ; chair ferme et sucrée, un peu parfumée (d'après V. Pulliat).

JARDOVÁNY (Jardovan)..................... *D.*

Jarral. — Cépage espagnol de la région de Salamanque, d'après Abela y Sainz.

JARY KOKIER. — Donné par Hardy comme un cépage de Zante (?).

JARZUNO. — Ancien cépage portugais, signalé en 1712 par Vincencio Alarte ; inconnu actuellement. — D. O.

JATTICA (Lignan).

JAUBERTIN (Joubertin).................. II.   100

JAUCOVEC (Javor weisser).................... *D.*

JAUER (Javor weisser)...................... *D.*

JAUERNIK (Gros Bourgogne).

JAUNE DE CORFOU, JAUNE DE ZANTE. — Noms inexacts de cépage du Catalogue du Luxembourg, probablement le Muscat d'Alexandrie.

JAUNE DE LA DRÔME (Chasselas doré).... II.   8

JAUNE HATIF. — Nom inexact du Catalogue du Luxembourg.

JAUNETA (Peurion).................... IV.   97

JAUNON JAUNE. — Nom inexact d'un synonyme d'un cépage de l'Yonne dans le catalogue Bury.

JAUSHOVEZ, JAUSOVEC (Javor weisser).......... *D.*

JAVER (Tantovina)................... IV.   349

JAVER VEWÖFHER, JAVER VEWOSHER (Tantovina)............................ IV.   349

JAVOR BELI, DEBELI, DROBNI, EDLER, GROSSER WEISSER, MALI, MELWEISSER, MEHLWEISSER, NAGY FEHER, VELKI (Javor weisser)....................... *D.*

JAVOROSTER, JAVOROSTERS (Javor weisser)...... *D.*

JAVORSA LEVELÜ (Javor weisser).............. *D.*

Javor weisser. — Gros raisin blanc de la Styrie, à gros grains ronds, de 15 ^{mm}, très sujets à la pourriture grise. Variété fertile mais un peu tardive et dont le vin est de qualité commune. — A. B.

JATICA (Lignan).

JEAMPAUL (Jampaulo)..................... *D.*

JEAN (Hans)......................... VI.   60

Jean Guttemberg. — Cépage de semis, à grappe rameuse ; grains moyens, sphériques, noirs. — J. R.

JEANPAUL (Jampaulo)..................... *D.*

JEAUPON. — Donné par Lardier comme nom de cépage de la Provence (?).

Jefferson. — Hybride de Labrusca, croisement de Concord et d'Iona ; grosse grappe conique, ailée ; grains sur-moyens, subovoïdes, d'un rouge clair, pulpeux et foxés.

JECIBERA. — D'après Abela y Sainz, nom synonymique d'un cépage espagnol (Chichivera ?) de Teruel.

JEIGENTRAUBE (Cornichon violet).

JEJAGUE. — Cité par Bouschet comme nom de cépage du Roussillon (?).

JELATELLA (Sanginella).

JÉLIBZNY (Djemer dissiackh]).................. *D.*

Jeloudeuvi. — Raisin rouge de table du Don (Russie). — B. T.

Jemina. — Hybride américain d'Elvira et de Riparia, à raisins noirs, très précoce, foxés.

JENAN. — Nom d'un cépage de l'Isère (?), d'après V. Pulliat.

JENCIFEKETE (Kadarka)............ ...... IV.   177

JENEIFERETE (Kadarka)............ ...... IV.   177

Jenny May. — Semis de Concord, très semblable au type.

JENNETIN. — Nom de cépage cité par Merlet (XVIIᵉ siècle) ; paraît être le Meslier. — J. R. C.

JEPOLA, JEPOLA BIANCA, JEPOLA NERA (Jeppula)... *D.*

Jeppula bianca, nera. — Cépages siciliens cultivés dans la province de Messine, d'après Mendola.

JERICHO, JERICO NOIR. — Noms inexacts du Catalogue du Luxembourg pour un cépage du Loiret.

JERUSALEM TRAUBE (Ribier).

JERUSANO. — Cépage portugais cultivé à Azectão, à raisins rouges ; cité seulement par Ferreira Lapa. — D. O.

Jessica. — Variété précoce introduite aux États-Unis, à petits grains jaune doré ; sans valeur.

JEST ELISABETHPOL (Schiradzouli).

JETUBI (Perruno).

Jetubi bueno. — Cépage espagnol, à petits grains noirs, signalé à Arcos et Paxarete par Simon Rojas Clemente.

Jetubi loco. — Cépage espagnol, cultivé à Arcos et Paxarete, à raisins noirs, d'après Simon Rojas Clemente.

JETYISARE. — Nom synonymique de cépage hongrois (?).

JEVEN DEL PLAN (Jaën).

Jervel. — Semis américain de Delaware, à caractères marqués d'Æstivalis ; grains d'un rouge foncé, moyens, juteux, précoce.

JGUIA (Jgya)........................... *D.*

Jgya. — Cépage de la Kahétie russe, à raisins noirs, cultivé pour la cuve ; grappe et grains petits. — V. T.

JIJONA. — Nom inexact du Catalogue du Luxembourg.

JIMÉNEZ (Pedro Ximenès).............. VI.   111

JIMENEZ LOCO (Pedro Ximenès)........ VI.   111

JINOUL. — Nom sans signification du Catalogue du Luxembourg.

JIRRNY (Krestovick).

Jirrny-Slity. — Cépage russe cultivé à Astrakan pour la cuve ; à grains moyens, sucrés, blancs ; maturité de 1ʳᵉ époque. — V. T.

Jirrny-Tchiourny. — Cépage russe cultivé pour la table à Astrakan ; grains gros, noirs, entremêlés de petits grains ; 1ʳᵉ époque de maturité. — V. T.

JOANEN MADALENEN (Lignan).......... III.   69

JOANNENC CHARNU (Lignan blanc)........ III.   69

JOANNENC NOIR MUSQUÉ (Muscat noir).

JOANNÈS D'ALMERIA (Ohanez).

João de Santarem branco. — Cépage portugais assez important pour la production des vins blancs du bassin du Tage ; c'est aussi un excellent raisin de table cultivé à Torres Vedras ; grappes grosses, régulières, ailées, pyramidales ; grains moyens, ovales, d'un jaune ambré. — D. O.

João de Santarem tinto. — Cépage portugais rouge, prédominant dans le Midi, à vin alcoolique, peu coloré ; grains gros, sphériques, à peau épaisse et pruinée. — D. O.

João de Sequeira. — Cépage signalé par Aguiar de Loureiro, à production inférieure et à grains verdâtres. — D. O.

JOÃO DOMINGOS. — Ancien cépage portugais cultivé à Azeitão, d'après Ferreira Lapa. — D. O.

JOÃO MENDES (Castiço)....................... *D.*

JOÃO NOIVO. — Ancien cépage portugais cultivé à Cartaxo. — D. O.

JOÃO PAES (Escabelado)..................... *D.*

João Palinho. — Cépage portugais cultivé à Alemquer ; vigoureux ; feuilles cordiformes, glabres, quinque ou heptalobées et à sinus aigus, lanugineuses en dessous ; nombreuses grappes, moyennes de grosseur ; grains subcylindriques, d'un jaunâtre clair, assez gros. — D. O.

JOÃO PAULO (Jampaulo)..................... *D.*

JOÃO PINTO MENDES (Castiço)................ *D.*

JOHANNIA ALBIFRONS (Elbling).

JOHANNIA PRINCEPS (Furmint).

JOHANNISBERG BLANC (Sylvaner).

JOHANNISTRAUBE VORZUGLICHE (Furmint).

JOHANNISTRAUBE WEISSBLÄTTRIGER (Elbling).

JOLAZ (Diolle)............................ *D.*

Joli blanc. — Cépage de 2ᵉ époque de maturité, création du Dʳ Houbdine, signalé par V. Pulliat ; grappe moyenne ; grains globuleux, d'un jaune clair doré.

JOLICANTE. — Nom inexact du Catalogue du Luxembourg pour un cépage inexistant du Tarn-et-Garonne.

JOLICANTE NOIR (Grenache).

Joloudévoy. — Cépage à grains incurvés, noirs, cultivé pour la table dans les vignobles du Don (Russie). — V. T.

JOLTY KISMISCH (Kichmish)................. *D.*

Jolty rany. — Cépage russe du Don, cultivé pour la table, à raisins blancs, de 1ʳᵉ époque hâtive de maturité ; hybride artificiel de Chasselas et de Précoce de malingre, créé par A.-J. Oulianoff. — V. T.

JOLTY VINAGRAD (Galbina).................. *D.*

Joly. — Forme de Champin (Rupestris-Candicans), isolée par T.-V. Munson au Texas.

JONESIA (Jetubi)........................... *D.*

Jonvin. — Cette variété est un cépage spécial assez différent de la Mondeuse blanche, surtout par la forme très ellipsoïde, la grosseur de ses baies et sa maturité plus précoce de 6 à 8 jours. Elle a été signalée et décrite pour la première fois dans *le Vignoble*, par Pulliat qui l'aurait reçue du vignoble de Seyssel. Nous l'y avons retrouvée en 1902, surtout dans le climat de Poligny. A Pontailler cette variété, qui n'est que de 2ᵉ époque hâtive, mûrit un peu tard pour le climat de la Côte-d'Or. Mais en raison de sa belle et régulière fertilité, de la beauté de ses grappes et de leur grande résistance à la pourriture et de la qualité relative de son vin de faible conservation, ce cépage nous paraît recommandable pour les régions viticoles du Sud-Est et de l'Ouest. — A. B.

JOONEN. — Nom inexact du Catalogue du Luxembourg.

JOVINO. — Nom de cépage cité par le *Bulletin ampélographique italien* (XV).

Jowtesz. — Variété de Galbina rara, à raisins blancs, cultivé pour la cuve en Bessarabie. — V. T.

JUAN DE LETUR. — Nom de cépage (?) de la région de Murcie, cité par Abela y Sainz.

JUANENCHUS (Lignan blanc).

JUANENS NEGRÈS (Madeleine noire).

Jubeliao. — Cépage portugais cultivé à Évora ; variété de table et de cuve, à grandes feuilles glabres ; grappes grandes, composées, pédoncule long ; grains gros, sphériques, d'un noir violacé, fermes, à peau épaisse, très adhérents. — D. O.

JUBI (Augibi).

JUCUNDA (Cornichon violet).

Judge. — Variété de Doaniana, isolée par T.-V. Munson.

JUFARK, JUFARKA, JUFARKER, JUFARKO FEHÉR (Lammerschwanz)......................... *D.*

JUILLET NOIR (Madeleine noire).

JULIEN (Côt).

Juliette. — Variété très précoce de Sion dans le Valais et que Pulliat avait signalée sous le nom de Muscat de *Chambave*. Elle nous paraît un des raisins blancs les plus précoces ; grappes allongées, peu serrées, à grains ovoïdes de belle apparence, de 16/14. Variété à étudier, malheureusement rare et pas encore répandue. — A. B.

JULIO (Juliette)............................ *D.*

JULIUSTRAUBE (Madeleine noire)........ III. 247

JUILLIATIQUE BLANC (Lignan blanc)....... III. 69

JULY GRAPE (Madeleine noire).......... III. 247

Jumbo. — Semis américain de Concord, à très gros grains noirs, pulpeux, pruinés et foxés.

JUNE GRAPE (V. riparia).............. I. 414

JUNGFERNTRAUBE (Madeleine noire).

JUNGFERNWEINBEER (Heunisch).

Jungfernweiss. — Variété blanche de la Hongrie, à grains ellipsoïdes, de 16/15. Bonne fertilité, mais qualité commune et maturité de 2ᵉ époque. — A. B.

JUNKER (Chasselas doré).............. II. 6

Juno. — Hybride américain de Muscat de Hamburg et de Belvidère, sans valeur.

Juno. — Semis de Delaware, à raisins blancs, sans valeur.

JUBA BLACK MUSCAT (Muscat noir)...... III. 374

JURANÇON (Braquet blanc)............... IV. 239

JURANÇON NOIR (Petit noir)............ III. 243

JURANÇON ROUGE (Braquet)............. IV. 237

JÜSSUM (Albourla).

JUSTINE BLANC. — Cité par J. Guyot comme cépage de la Haute-Vienne.

JYA (Jgya)................................. *D.*

K

Kaali. — Cépage constituant de très belles treilles, à maturité très tardive, dans les jardins de Sfax (Tunisie) ; le fruit, à cause de sa peau épaisse, se conserve jusqu'à fin octobre. Variété très vigoureuse, à longs sarments grêles, mérithalles longs ; feuilles grandes, glabres sur les deux faces, presque entières ; grappe très grosse, cylindrique, compacte ; grains gros, ovoïdes, d'un rouge foncé, pruinés, croquants et peu sucrés. — N. M.

KABA MELLO (Bello meko)................... *D.*

KABIKHIDZISS-SAPÉRÉ (Arguétouly-Sapéré)...... *D.*

Kabak Isioum. — Cépage blanc de la Crimée. — V. T.

KABASSIAKH (Poma batuta neagra)........... *D.*

KABASMA (Chasselas doré).

Kabistoni. — Cépage à raisin noir, cultivé pour la cuve à Ratcha (Caucase) ; 2ᵉ époque de maturité ; feuilles quinquelobées, très aranéeuses en dessous ; grappe petite, cylindrique, serrée ; grain rond, petit, noir ; donne un beau vin rouge. — V. T.

KABURKAS. — Nom inexact du Catalogue de vignes du Luxembourg.

KACHTA-KOURGANSKY. — Nom de cépage russe de Tackskentt (Russie). — V. T.

KADAN PARMACK (Cornichon blanc).

KADAR (Kadarka)................... IV. 177

Kadarka........................... IV. 177

KADARKA BLANC (Kadarka)............. IV. 177

KADARKA BLAUER, BLEU (Kadarka)....... IV. 177

KADARKA FEHER, KADARKA FEKETE (Kadarka)........................... IV. 177

KADARKA FEMELLE (Kadarka)........... IV. 177

KADARKA KEK (Kadarka).............. IV. 177

KADARKA MÂLE (Kadarka)............. IV. 177

KADARKA OLAZ, RUGOZ (Kadarka)........ IV. 177

KADARKAS (Kadarka)................. IV. 177

KADARKAS GRUN, MUSQUÉ (Kadarka)...... IV. 177

KADARKAS BLANC, CZERNA, FEHER, FEKETE (Kadarka)........................ IV. 177

KADARKAS NOIR, NOIR DE HONGRIE (Kadarka). IV. 177

KADARKAS ROUGE (Kadarka)........... IV. 177

KADARKA SUCRÉ (Kadarka)............ IV. 177

KADARKA TÖRÖK (Kadarka)............. IV. 177

KADARKA WEISSE (Gros Bourgogne)...... VI. 56

KADCHANAOURI (Madchanaouri)............. *D.*

KADEN PARMAK (Cornichon blanc)....... V. 316

KADIM BARMAK, KADIN BARMAK (Cornichon blanc)........................... V. 316

Kadjidjé. — Cépage russe de l'Abkhasie, cultivé pour la cuve, à raisins noirs, de 3ᵉ époque de maturité ; grappe allongée, lâche ; grains petits, globuleux, noir violacé, jus rosé. — V. T.

KADY KOKOUR (Kokour blanc)........ IV. 149

Kadym Barmak (Cornichon blanc)...... V. 316

Kahabillée. — Nom de cépage de la Perse (?).

Kahli (Kaali)........................... D.

Kakhoura (Rka-Tziteli).............. IV. 226

Kakhouri (Saperavi).

Kako tryghi. — Cépage blanc cultivé pour la cuve à Corfou. — X.

Kakour (Kokour blanc).............. IV. 149

Kakour bigasse (Kokour blanc).... ... IV. 149

Kakour blanc (Kokour blanc)......... IV. 149

Kakour blanc de Crimée (Kokour blanc). IV. 149

Kakour noir (Pis de chèvre rouge)..... IV. 88

Kakour rouge (Pis de chèvre rouge).... IV. 88

Kakour vert (Kokour blanc).......... IV. 149

Kakszöllö (Kokour blanc)............. IV. 149

Kakuba blanc (Kokour blanc)......... IV. 149

Kalali. — Cépage à raisins blancs, cultivé en Perse pour la table, d'après Odart.

Kalamazoo. — Semis de Catawba, à grappe plus grosse ; grains plus gros et plus pruinés, pulpeux.

Kalb-el-Their. — Cépage de l'île de Djerba (Tunisie), peu important ; souche très vigoureuse et d'une grande longévité ; feuilles glabres, entières, bullées ; grappe moyenne, un peu lâche ; grains moyens, ovoïdes, rosés. — N. M.

Kalb Serdouk. — Cépage de table de Djerba et de Bizerte (Tunisie), peu productif, à raisin parfumé ; grappes grosses, à gros grains cordiformes, d'un rouge foncé. — N. M.

Kaldarouche (Neagra rara)................. D.

Kaleo. — Nom de cépage de la Tunisie (?).

Kalikocha. — Cépage à raisin blanc, cultivé pour la cuve dans le gouvernement d'Erivan (Russie). — V. T.

Kalio (Kaleo)........................... D.

Kalista. — Semis de Delaware, à raisins blancs, foxés, ce qui indique une intervention dominante du Labrusca.

Kallian (Lignan).

Kalocissus........................... I. 14

Kaltzakouli. — Cépage à raisin noir, précoce, cultivé dans l'Etolie (Grèce). — X.

Kambadjilar. — Cépage à raisin noir, cultivé pour la cuve dans la Thessalie (Grèce). — X.

Kameels auge (Dodrelabi).

Kamenicabka (Procoupatz)................ D.

Kamenitcharka (Procoupatz)................ D.

Kamour gris. — Cépage de l'Imérétie russe, cultivé pour la cuve ; grappe moyenne, cylindro-conique ; grain sub-ellipsoïde, d'un gris rosé. — V. T.

Kamouri (Kawoori).

Kanami Isiousioum. — Cépage russe cultivé pour la table à Choucha. — V. T.

Kanatchkény (Khardji).

Kandavasta. — Cépage de la Crimée (Russie), à raisin blanc, tardif, cultivé pour la cuve. — V. T.

Kaneb lekal (Mourvèdre).

Kang (V. Labrusca).

Kanigi grüner, weisser (Kanigl grün)........ D.

Kanigl grün. — Syn., d'après Trummer, Babo et Mach : Eisbröckler, Javorosters, Lichtlabler, Khrilovec, Maslovna, Masnek, Hrustec et Hruzel.

— Cépage à raisins verts, d'une bonne vigueur, au feuillage rond et brillant qui rappelle superficiellement le Chardonnay. Sa faible grappe, à petits grains ronds, est encore plus coularde et sensiblement plus tardive. A Pontailler comme en Styrie, au témoignage des auteurs locaux, cette variété nous est apparue comme peu recommandable en raison de sa fertilité insuffisante. — A. B.

Kanonia. — Raisin noir de cuve de la Thessalie (Grèce). — X.

Kaouchansky. — Cépage de la Bessarabie (Russie), à raisin noir, cultivé pour la cuve. — V. T.

Kaouchavisky Krasky (Kaouchansky)........ D.

Kapcina, Kaphzhina, Karzhina, Karzna, Kaveina (Kölner blauer)........................ D.

Kapistoni blanc. — Cépage russe cultivé pour la cuve à Koutaïs, dans le Caucase ; 3e époque de maturité, peu productif ; grappe petite, ailée, compacte ; grains d'un jaune ambré. — V. T.

Kapistoni noir (Kabistoni)................. D.

Kapouttkény. — Raisin noir de table du gouvernement d'Erivan (Russie). — V. T.

Kapuzinerbutten, Kapuzinerkrutten, Kapuziner traube (Pinot gris)............ II. 32

Kapzhina (Kölner blauer)................. D.

Kara (Gamza)....................... VI. 393

Kara-Borr. — Cépage à raisins roses, cultivé pour la cuve à Temir-Kan-Choura (Russie). — V. T.

Karabournou (Rosaki)................. II. 170

Kara-Châani. — Variété de Chirvan (Russie), à raisin noir, utilisé pour la table. — V. T.

Kara-Chiray. — Cépage de Bacou (Russie), à grain moyen, globuleux, d'un violet foncé ; donnant un bon vin. — V. T.

Karadja. — Cépage russe d'Erivan, à raisin noir, cultivé pour la table. — V. T.

Kara-Gdjily. — Cépage originaire de la Perse, cultivé à Astrakan (Russie) pour la cuve, raisin noir. — V. T.

Karacinga de Zara. — Nom de cépage sicilien, cultivé pour la cuve, cité par Mendola.

Kara-Gouliaby. — Cépage du Daghestan russe, à gros grain allongé, rougeâtre, cultivé pour la cuve. — V. T.

Kara Jármak. — Cépage de culture importante pour la cuve à Elisabetpol (Russie), à gros grain sphérique, noirâtres. — V. T.

Kara Isioum. — Cépage russe disséminé en Crimée et au Daghestan, cultivé surtout à Choucha pour la cuve ; raisin noir. — V. T.

Kara-Kalily (Kizill-Kalily)................. *D.*

Karakhenn-Tsivill. — Raisin blanc de table cultivé à Gimry (Russie). — V. T.

Kara-Khousaïné. — Cépage du Turkestan russe, cultivé pour la cuve, de 2ᵉ époque de maturité, à feuilles cotonneuses en dessous, trilobées ; grappe moyenne, lâche ; grain moyen, allongé et incurvé, croquant, juteux, d'un noir pruiné. — V. T.

Kara Kichmische (Chavourgany?).

Kara-maska (Tchâchma-Goussâlia).......... *D.*

Kara-mimise (Kara-djigdjigui)............... *D.*

Kara-naoutscha. — Raisin noir de cuve, cultivé au Caucase. — B. T.

Karapapas (Mavroud).

Karapa-pigi. — Nom de cépage grec (?).

Kara-popas (Mavroud).

Kara-Sarcha. — Cépage à raisin noir, cultivé pour la cuve à Nakitchévane (Russie). — V. T.

Kara-Tchiliaguy (Sourkhak)............... *D.*

Karaviaprok. — Nom de cépage de Smyrne (?).

Karbacher Riesling (Riesling)........ II. 247

Karchiguy (Sourkhak).................... *D.*

Karcina (Kölner blauer)................... *D.*

Karcna (Kölner blauer).................... *D.*

Kardji. — Cépage blanc du gouvernement d'Erivan, en Russie. — B. T.

Karem-el-Abiod. — Cépage de la Kabylie et de la Kroumirie (Algérie), d'après Leroux ; grappe moyenne, cylindro-conique ; grain moyen, sphérique, d'un jaune doré.

Karicza (Kölner blauer).................... *D.*

Karistiana rouge, Karistiana vert (Karistino).

Karistino. — Noms de cépage grec.

Karka (Kauka)........................... *D.*

Karlsbacher (Riesling).

Karmazin (Hängling blauer)............... *D.*

Karmirr-Khanloug. — Cépage de cuve, à grains d'un rouge orangé, cultivé à Bortchalo (Russie). — V. T.

Karoad. — Cépage signalé par V. Pulliat, d'après Dᴿ Houbdine ; grappe rameuse, ailée, à longs pédicelles ; grains sur-moyens, ellipsoïdes, croquants, d'un beau jaune doré ; maturité de 2ᵉ époque.

Karolowska. — Raisin de cuve signalé par M. Oberlin comme originaire de la Bohême et reçu depuis du Tyrol par M. A. Berget. Végétation longue ; feuillage moyen, gaufré, d'un vert mat, à bords relevés, découpé en 3 ou 5 lobes, à page infér. finement aranéeuse et hispide ; raisin moyen, serré, à grains ronds de 14 ᵐᵐ, d'un bleu sombre. Ils pourrissent facilement en raison de la finesse des pellicules ; maturité de 1ʳᵉ époque tardive. — A. B.

Karram labied (Karem-el-Abiod)............ *D.*

Karrchy. — Raisin rouge de Samarcande (Russie). — V. T.

Karrchy (Maska)........................ *D.*

Karrim-Kiandy. — Cépage précoce de 1ʳᵉ époque de maturité, à raisins blancs, peu cultivé pour la table à Erivan (Russie). — V. T.

Karrmrêny. — Cépage de table, à raisin rouge, cultivé à Choucha (Russie). — V. T.

Karstichler burgauer. — Cité par Acerbi.

Kartchêma. — Cépage de table, à raisin noir, peu répandu à Erivan et à Ardakhan (Russie). — V. T.

Kartoûla. — Cépage de table du Caucase (Russie), de 3ᵉ époque de maturité ; grappe grosse, rameuse, lâche ; grains moyens, ellipsoïdes, d'un jaune doré. — V. T.

Kartsotes. — Cépage à raisin noir, précoce, cultivé pour la cuve en Thessalie (Grèce). — X.

Karzhina (Kölner blauer).................. *D.*

Karzuna (Kölner blauer).................. *D.*

Kasbin (Heunisch)....................... *D.*

Kaspoury. — Raisin noir de cuve du Caucase. — B. T.

Kassiana. — Raisin blanc cultivé pour la table aux Iles Cyclades (Grèce). — X.

Kassoufi. — Nom de cépage turc.

Kastelygs. — Nom de cépage cité par Acerbi.

Kastenholz. — Gros Pinot noir sélectionné dans l'Ahrthal et cultivé aux environs de Mayschosz (Prusse rhénane) où se trouve le monastère de Kastenholz. Vin abondant mais naturellement inférieur à celui du Spätburgunder (Pinot noir). — A. B.

Kataça (Doï)............................ *D.*

Katarka (Kadarka).

Katarker schwarzer (Kadarka).

Katawba, Katawba noir, Katawba rose, Katawba troys, Katawba Worlingtonii, Katawbe Whidman red fox (Catawba).

Katchébouré (Muscat blanc).

Katine parmak (Cornichon blanc).

Katsamon. — Cépage à raisin blanc, cultivé pour la cuve aux Iles Cyclades. — X.

Katta-Kourgane. — Cépage cultivé pour la table dans le Turkestan russe ; raisin blanc ; 2ᵉ époque de maturité. — V. T.

Kattchitch (Abkhazouri).................. *D.*

Kattepiss (Muscat blanc).

Kattiveny. — Cépage blanc, de cuve, de Choucha (Russie). — V. T.

Kattoury. — Cépage à grande grappe ; grains aromatiques, rare à Douchett (Russie). — V. T.

Kattwy-Akk (Khardji)................... *D.*

Kattwy-Atschk (Khardji)................. *D.*

Katzendreckler (Muscat blanc).

Katzendrekler grüner (Muscat blanc).

Kauka blaue. — Cépage de la Styrie, à petites feuilles rondes et duveteuses ; raisins petits et serrés, à baies rondes de 14 ᵐᵐ, d'un bleu sombre.

Il donne un vin distingué. Malgré cela on l'abandonne de plus en plus en raison de son peu de fertilité et de sa maturité tardive, de 2ᵉ époque seulement. — A. B.

Kauka edle (Kauka)...................... *D.*

Kauka graublätterrige (Kniperlé).

Kauka kleine (Kauka)...................... *D.*

Kauka weisse (Kniperlé).

Kauka windische (Kölner blauer).

Kaukur (Kokour).

Kavoori (Kawaurie)...................... *D.*

Kavcina (Kölner blauer).

Kavzhina (Kölner blauer).

Kawaurie. — Cépage à raisins roses, olivoïdes, allongés, de la région du Cachemyr.

Kawaury, Kawoori (Kawaurie).

Kay's Seedling (Herbemont).

Kaytaguy. — Cépage du Daghestan russe, à gros grain rosé, cultivé pour la cuve surtout par les israélites, et donnant un vin peu alcoolique et acide. — V. T.

Kazbin. — Nom inexact du Catalogue du Luxembourg.

Kazbinsky-biely. — Cépage de table, à raisin blanc, probablement originaire de la Perse, cultivé à Astrakhan (Russie). — V. T.

Kazbinsky-prodolgovaty. — Cépage russe de 2ᵉ époque de maturité, à raisin blanc, cultivé pour la table à Astrakhan (Russie). — V. T.

Kazbinsky-Tchiorny. — Raisin noir, de 2ᵉ époque de maturité, à grains un peu ellipsoïdes, cultivé à Astrakhan pour la table ; la variation de grosseur des grains a fait distinguer 4 variétés de ce cépage. — V. T.

Kazga-Châmi. — Cépage d'Erivan (Russie), à raisin rouge, cultivé pour la table. — V. T.

Kea. — Cité par H. Gœthe comme cépage grec.

Kechmish (Kechmish ali violet)........ III. 295

Kechmish ali violet.................... III. 295

Kechmish ali violet (Frankenthal)...... II. 127

Kechmish Aly (Kechmish ali violet)..... III. 295

Kechmish blanc (Sultanina)........... II. 67

Kechmish jaune a grains oblongs (Sultanina)............................ II. 67

Kechmish noir (Kechmish ali violet).... III. 295

Kechmich (Corinthe blanc)............. IV. 286

Kecskec (Pis-de-chèvre rouge)........ IV. 88

Kecsesecsu (Pis-de-chèvre blanc)...... IV. 91

Kecskecsecsu (Pis-de-chèvre rouge)..... IV. 88

Kecskecsecsu feher (Pis-de-chèvre blanc). IV. 91

Kecskecsecsü piros (Pis-de-chèvre blanc). IV. 91

Kèdoûra. — Cépage blanc de cuve, cultivé à Letchkoum (Russie). — V. T.

Kefésia (Keffé-Isioum).................. *D.*

Keffé-Isioum. — Cépage de la Crimée, à raisin noir de cuve. — V. T.

Keffé-Siak (Keffé-Isioum).................. *D.*

Keffesiou (Keffé-Isioum)............. .... *D.*

Keist. — Nom sans signification du Catalogue des vignes du Luxembourg.

Kek bajor (Augster).

Kek kahji szölö (Raksszölö).

Kek-Isioum. — Cépage à raisin blanc, cultivé pour la cuve en Crimée. — V. T.

Kek-Kadarka (Kadarka).

Kek mak kszölö (Cornichon violet).

Kekmich ali violet (Kechmish ali violet). III. 295

Kekmish noir (Kechmish ali violet).... III. 295

Keknyalü (Furmint)................. II. 251

Kek nyelli (Pikolit)................ ... *D.*

Kek zölö (Raksszölö).

Kelus (Thyriano)...................... *D.*

Keller's White (Catawba)........... VI. 282

Kelnyelü (Furmint).

Keïmkho. — Cépage peu important, à raisin noir, cultivé pour la cuve au Gourief (Russie). — V. T.

Kempsey Alicante (Ribier)........... III. 286

Kendall. — Semis américain d'Isabelle, très semblable au type.

Kensington. — Hybride américain de Clinton par Buckland, à raisins blancs, ovoïdes.

Kentucky. — Semis américain de Northon's Virginia, à caractères d'Æstivalis assez marqués ; grains moyens, noir violacé, à jus très coloré.

Kopplen blanc. — Cépage à grains ovales, blancs, précoce, cité sur le catalogue Simon (?).

Kerbiger Kleinberger (Elbling)......... IV. 167

Kerbig Elbling (Elbling)............. IV. 167

Kerbiger (Elbling).................. IV. 167

Kérés (pour Xérès, Pedro Ximenès).

Keresztes levelü (Kadarka)........... IV. 177

Kerhlirkobitz (Kracher)...................... *D.*

Kerilikobiz (Kracher)...................... *D.*

Kerkocennina (Oberfelder).

Kerko gradna (Javor)...................... *D.*

Kerko petatz. — Cité par Acerbi.

Kerkosidez (Javor)...................... *D.*

Kerkyra (Kokour blanc)............. IV. 150

Kernlose (Corinthe blanc).

Kernloser (Aspiran blanc).

Keropodia. — Nom de cépage grec.

Kersette. — Nom du Catalogue des vignes du Luxembourg.

Kertöly. — Cépage de la Mingrélie (Russie), à raisin noir, cultivé pour la cuve. — V. T.

Kersatna, Kerzatna (Hainer grüner)........ *D.*

Kertzatna (Hainer grüner).................. *D.*

Kerzovatna (Hainer grüner)............... *D.*

Keserü (Jühfark).

Kesmish (pour Kecsmish).

Kestske tschsve (Pis-de-chèvre blanc).

Ketske tsetsü bejer, feher (Pis-de-chèvre blanc).

Ketcha-Mdjakha (Pis-de-chèvre rouge).

Ketchim-Djaguy. — Cépage russe, cultivé pour la table à Bacou, Chirvan et Erivan ; gros grain rouge transparent ; 2ᵉ époque de maturité. — V. T.

Ketchi-même (Pis-de-chèvre rouge).

Ketchi-memeci, memessi (Pis-de-chèvre rouge).

Ketchy-Amdjaguy. — Cépage blanc, de table, du Daghestan russe). — V. T.

Ketchy-Andglay. — Cépage russe, à raisins blancs, cultivé pour la table à Choucha. — V. T.

Ketchy-mamassi, mémessi (Pis-de-chèvre rouge).

Ketiloury. — Cépage du Gouriel et de la Mingrélie (Russie), à raisin noir, cultivé pour la cuve. — V. T.

Ketsham Dschadschaha (Ketchy-Andjaguy).... D.

Ketschim-djagui (Ketchy-Andjaguy).......... D.

Ketsketsetsu (Pis-de-chèvre blanc)..... IV. 91

Ketsketsetsu blanc (Pis-de-chèvre blanc). IV. 91

Ketsketsetsü feher (Pis-de-chèvre blanc). IV. 91

Ketsketsetsu noir (Pis-de-chèvre rouge).

Keuka (Kauka)......................... D.

Keystone. — Semis américain de Concord, très semblable au type.

Kabakidzisse-Sapéré (Argvétouli-Sapéré)...... D.

Khadim el Barmak (Cornichon blanc)... IV. 315

Khadjy-Akhray. — Cépage précoce de Tachkent (Russie). — V. T.

Khagôouny. — Cépage à raisin blanc, cultivé pour la table à Bacou (Russie). — V. T.

Khaladjy. — Cépage à production de sirop et de raisins secs, à gros grains sphériques, jaunâtre, cultivé à Erivan (Russie). — V. T.

Khalatchy (Khaladjy)................... D.

Khalévorouk. — Cépage de table, à raisin rouge du gouvernement d'Erivan (Russie). — V. T.

Khalili-Iousioum (Kizill-Kalily)............ D.

Khalily. — Cépage russe de Ak-Tépé, à raisin blanc précoce, cultivé pour la cuve. — V. T.

Khalily-Jolty. — Cépage blanc de 1ʳᵉ époque de maturité, à grain petit, ellipsoïde, d'un jaune ambré pruiné, cultivé pour la table à Erivan (Russie). — V. T.

Khalldarr. — Cépage blanc de cuve du Daghestan russe. — V. T.

Khalle. — Cépage précoce de la Boukharie, à raisin rouge. — P. M.

Khalikitch rosovoï. — Raisin rose de table de la Crimée. — T. V.

Khalt. — Nom de cépage tunisien.

Khaltour. — Cépage russe cultivé pour la table à Artwine ; grappe moyenne, lâche ; grains gros, sphériques, charnus, à peau épaisse d'un noir azuré et pruiné. — V. T.

Khan (Ack-Kichmische).................. D.

Khanatch-Khanlougy. — Cépage russe à grain d'un blanc verdâtre laiteux, cultivé à Bortchalo pour la cuve. — V. T.

Khânlougg (Rka-Tzitely).

Khanoun-Barmak (Cornichon).

Khan-Ouzoum. — Cépage à gros grains ovoïdes, d'un rouge foncé, peu sucré, rare à Chirvan (Russie). — V. T.

Khanskoë (Akk-Kichmish)................. D.

Khapouttkény (Kapouttkeny)............... D.

Khardany. — Cépage hâtif de cuve, à raisin rouge, cultivé à Gouriel (Russie) ; variété très vigoureuse, à grande feuille orbiculaire, duveteuse en dessous ; grappe longue, pyramidale ; grains globuleux. — V. T.

Khardji........................... III. 236

Khariss-Twaly. — Cépage de la Kakhétie russe, à raisin blanc, cultivé pour la table. — V. T.

Khariss-vali (Kariss-Twaly)............... D.

Kharistvôla (Kariss-Twaly)............... D.

Kharrassoula. — Cépage blanc cultivé pour la cuve à Letchkhoum (Russie). — V. T.

Karrtt-Agg-Ouzoum. — Cépage de Derbend (Russie), à raisin blanc, peu cultivé pour la table. — V. T.

Khasta-kott. — Cépage à raisin noir de Zanguezour (Russie). — V. T.

Khathmy (Kattmy)..................... D.

Khatim-Barmagui (Cornichon).

Khatoun-Barmagui (Cornichon)............. D.

Khattchabache. — Cépage d'Erivan (Russie), curieux par ses raisins blancs, striés en longueur, d'un vert blanchâtre. — V. T.

Khattmy. — Cépage russe de Derbend, à grappe et grains moyens, serrés, ovoïdes, aromatiques, d'un blanc rosé, cultivé pour la cuve par les Tatars qui en font aussi des conserves. — V. T.

Khattoûn-Barmak (Cornichon).

Khawtouk. — Nom de cépage de Batoum (Russie).

Khazany. — Cépage russe cultivé à Ordoubatt pour la cuve ; raisin noir. — V. T.

Khazary (Kazany)..................... D.

Khazry (Khazany)..................... D.

Khikuva (Mtsvané).

Khikvi (Mtsvané).

Khodja-Akhrary (Khodja-Khroy)........... D.

Khodja-Akrorr (Khodja-Khroy)............ D.

Khodja-Khroy. — Cépage blanc de 3ᵉ époque de maturité, cultivé pour la table dans le Turkestan russe. — V. T.

Khopatoury. — Cépage russe d'Adjarie, à grosse grappe lâche ; grains gros, un peu ellipsoïdes, blancs, juteux et peu sucrés, cultivé pour la table. — V. T.

Khori-Tvôla (Khariss-Twaly)............. D.

Khottévoury. — Cépage russe de Ratcha, précoce, à raisin noir, cultivé pour la cuve. — V. T.

Khounaliff. — Cépage russe de Soukhoum (Russie), à petit grain blanc, cultivé pour la cuve. — V. T.

Khouñky. — Cépage à raisin noir, musqué, cultivé pour la table à Erivan et à Ordoubatt (Russie).

Khountchy blanc (Muscat blanc).

Khountchy noir (Muscat noir).

Khoussaïné (Houssein).................... *D.*

Khoussaïny (Houssein)................... *D.*

Khoussaïné (Houssein)........·.......... *D.*

Khoussaïné-Kilim-Barmak (Houssein)........ *D.*

Khoussaïné-Ltounda (Houssein)............ *D.*

Khoussaïné-Angourr-Kalian (Houssein)....... *D.*

Khoussaïné-Mourtchamien (Houssein)........ *D.*

Khoussaïné rozovoë (Houssein)............ *D.*

Khoutounijé. — Cépage de Goudaoutt (Russie), à raisin blanc de table. — V. T.

Khozokachy. — Cépage d'Erivan (Russie), à raisin noir de table. — V. T.

Khozarr. — Cépage d'Elisabetpol (Russie), à raisin blanc, très répandu dans les jardins tatars. — V. T.

Khralikovec (Konigl grüner)................. *D.*

Kiapokhta. — Cépage de l'Abkhasie russe, à grain ellipsoïde, d'un blanc verdâtre et à mauvais goût. — V. T.

Kiarrim-Kiandy. — Cépage d'Erivan (Russie), précoce, à raisin blanc, peu cultivé. — V. T.

Kichmichy, Kichmisch, Kichmisch d'Achtoraky, Kichmisch d'Elisabetpol, Kichmisch indieisky, Kichmisch jolty, Kichmisch kourdjény, Kichmisch krasny, Kichmisch krougly, Kichmissis kourdzény (Kechmish).

Kichoura. — Cépage blanc cultivé pour la table à Tiflis (Russie). — V. T.

Kich-uzumu (Kechmish).

Kidraouly. — Raisin noir du Caucase. — B. T.

Kientsheim, Kiuntzheim (Lignan).

Kienzheimer fruher (Lignan).

Kienzheimer (Agostenga).

Kiffissé (Keffé-Isioum)...................... *D.*

Kikattcha. — Cépage à raisin noir donnant un assez bon vin dans la Mingrélie russe. — V. T.

Kikattchay. — Cépage du Gouriel et du Lazistan (Russie) donnant un assez bon vin blanc. — V. T.

Kikuppu-kuppu (Pterisanthes cissoïdes).. I. 45

Kilian (Agostenga)................... III. 64

Kilianer (Agostenga)................ III. 64

Kilisman blanc, Kilisman carino, Kilisman' mavro (Kilismanion)........................ *D.*

Kilismanion. — Cépage à raisin noir de la région de Smyrne.

Kilvington. — Cépage américain d'origine inconnue, à petits grains noirs, pruineux, foxés.

King (Clinton).

Kingsessing. — Variété de Labrusca, à grain moyen, sphérique, d'un rouge clair, pulpeux et foxé.

King William. — Semis américain de Labrusca, à raisins blancs, foxés.

Kinzheimer (Agostenga)............... III. 64

Kiocca bianca. — Nom de cépage italien cité par le *Bulletin ampélographique italien* (XVI).

Kioseb (Leani szöllö)....................... *D.*

Kiourdache. — Cépage de table, à raisin noir, rare à Ordoubatt (Russie). — V. T.

Kiourdassitt. — Cépage d'Erivan (Russie), à raisin blanc, cultivé pour la table. — V. T.

Kiowa. — Hybride de Lincecumii (Jæger, n° 43) par Herbemont, créé par T.-V. Munson; vigne vigoureuses, à longues grappes cylindriques; grains un peu plus gros que ceux de l'Herbemont, sphériques, no'rs, juteux, de goût neutre.

Kipperlé (Kniperlé)................... VI. 72

Kiraly. — Cépage hongrois, caractérisé, d'après V. Pulliat, par des feuilles sous-moyennes, lanugineuses en dessous, lobées; grappe plutôt petite, rameuse, peu serrée; grain moyen, globuleux, juteux, peau mince, peu résistante, d'un jaune doré à la maturité de 2e époque.

Kiralyedes (Kiraly)...................... *D.*

Kiraly szölö (Kiraly)...................... *D.*

Kiraly szölö fekete, sarga (Kiraly).......... *D.*

Kirhlih kovez (Konigl grüner).

Kirik Jüsüm (Albourla).

Kirmisinisk Isyum (Albourla).......... IV. 154

Kirmini jüssum (Albourla).............. IV. 154

Kirmizy-Tchilay (Albourla)............ IV. 154

Kirhniziniss-Isioum (Albourla).......... IV. 154

Kirr-Tsitely (Albourla)................ IV. 154

Kirsmisi-Isyum (Albourla)............. IV. 154

Kirsburgundi, Kisburgundi kek (Pinot).

Kischouri, Kischouri (Kichoura)............ *D.*

Kis festöszölö (Teinturier).

Kisil-Jüsüm (Kizil-Isioum)................... *D.*

Kismisch (Kechmish).

Kitchen. — Semis américain de Franklin, à grappe et grains moyens, globuleux, noir violacé.

Kittredge (Ives)...................... VI. 183

Kittrege (Ives)....................... VI. 183

Kizilevoy (Chasselas).

Kizill-Boss. — Cépage russe d'Elisabetpol, cultivé pour la table; feuille profondément sinuée; grain gros, ovale, violet. — V. T.

Kizill-Isioum. — Cépage de 2e époque de maturité, cultivé pour la table à Choucha (Russie); grande feuille entière; grain gros, d'un violet foncé. — V. T.

Kizill-Kalily. — Cépage russe de Bokhara, hâtif, cultivé pour la table; feuille glabre sur les deux faces, trilobée, bullée; grappe conique, rameuse; grain petit, ovale, charnu, d'un rouge cerise foncé. — V. T.

Kizill-Taify. — Autre cépage russe de Bokhara, à grande feuille quinquelobée, aranéeuse en dessous; grande grappe ailée, à grain moyen, ovale, d'un rose foncé, pruiné; cultivé pour la table et de 2ᵉ époque de maturité. — V. T.

Kizilôvy. — Cépage du Don (Russie), probablement le Pinot noir.

Kizliarsky. — Cépage de cuve de Terek (Russie), feuille quinquelobée, très lanugineuse en dessous ; grappe grande, ailée, à ailes aussi développées que la grappe ; grain moyen, sphérique, d'un noir foncé, pruiné, peau épaisse. — V. T.

Klabinger (Savagnin rose)............ IV. 301

Klæffer (Räuschling)................. V. 229

Klammer (Elbling).

Klapfer (Räuschling) .... V. 229

Klardjouly. — Cépage du Gouriel (Russie), à raisin blanc, cultivé pour la table. — V. T.

Klauner (Pinot noir).

Klävner, Klävner blauer, fraher blauer, rother, weisser (Pinot).

Kleber. — Nom de cépage (?) blanc du Rhin.

Klebroth (Savagnin).

Klebroth (Tressot).................... III. 302

Klebrott (Pinot noir).

Kleinbeer (Elbling)................... IV. 163

Kleinbeeriger (Saperavi).............. VI. 233

Kleinberger (Elbling)................. IV. 163

Kleinberger Kerbiger (Elbling) .... IV. 166

Kleinberger saurer (Heunisch)........... D.

Kleinblättrige fingertraube (Poulsard). III. 348

Kleinblauer (Wildbacher)................. D.

Kleinbraun (Savagnin rose)............ IV. 301

Kleinbrauner (Savagnin rose)......... IV. 301

Kleinburger (Elbling).

Kleine Burgunder (Pinot noir)......... II. 19

Kleinedel. — Variété blanche de l'Oberland badois, signalée aussi en Styrie par Trummer et qui paraît être une sous-variété du Klevner weiss ou Gros Pinot blanc vrai. En raison de sa fertilité moins considérable et du moindre volume de ses fruits, elle paraît plus se rapprocher des variétés de Pinots blancs fins que nous avons recueillies dans la Côte-d'Or et la Champagne. — A. B.

Kleine fleischtraube (Savagnin rose).

Kleinelbinger (Elbling).

Kleine Kauka (Kauka)..................... D.

Kleine Räuschling (Kniperlé)......... VI. 72

Kleiner Färber (Teinturier femelle).... III. 370

Kleiner Färber (Teinturier mâle)....... III. 363

Kleiner gelber ortlieber (Kniperlé).... VI. 72

Kleiner Kracher (Konigl)................. D.

Kleiner Mährer (Hans)................. VI. 60

Kleiner methsüssen (Kniperlé)......... VI. 72

Kleiner Räuschling (Kniperlé)........ VI. 72

Kleiner Riesling (Kniperlé)........... VI. 72

Kleiner Traminer (Savagnin rose).

Kleiner Trollinger (Affenthaler)....... VI. 81

Kleiner Veltliner (Hans)............. VI. 60

Kleiner weisser (Elbling).

Kleinkölner (Argant)................. V. 346

Kleinmilcher (Argant)................ V. 346

Kleinräuschling (Kniperlé)............ VI. 72

Kleinriesler (Riesling).............. II. 247

Kleinriesling (Riesling).............. II. 247

Kleinrot, Kleinroth (Pinot noir).

Kleinschwarz (Kleinungar)............... D.

Klein silberweiss (Jardovan).............. D.

Klein Traminer (Savagnin rose)....... IV. 301

Klein tokayer du Rhin (Pinot gris).

Kleinunger. — Syn. : *Csöka, Czigány Szöllö, Osavicica, Kleinsvhwarz*. — Cépage à raisins bleus répandu en Styrie, Hongrie et Croatie. Il se distingue par une grande vigueur, un feuillage allongé à 3 lobes rougissant de bonne heure et à page inférieure duveteuse, des raisins assez gros, à grains ronds de 15ᵐᵐ. Il est assez fertile mais tardif et son vin n'est qu'un ordinaire, mais non dépourvu de bouquet. — A. B.

Kleinvernatsch (Schiava)............. III. 337

Kleinweiss (Balint)...................... D.

Kleinwiener (Savagnin rose)........... IV. 301

Klember (Elbling).................... IV. 163

Klemmer (Elbling)................... IV. 163

Klemmerle (Elbling)................. IV. 163

Klemmer schwarz (Pinot noir).

Klenitze. — Cité par Acerbi.

Klescec (Kniperlé).

Klesces (Kniperlé).

Klevner blau (Pinot noir)............. II. 19

Klevanyka (Pinot noir)............... II. 19

Klevinger (Pinot noir)............... II. 19

Klevner (Pinot noir)................. II. 19

Klevner (Chardonnay)................. IV. 5

Klevner fruher blauer (Madeleine noire).

Klevner weisser (Chardonnay).

Klingelberger (Riesling)............. II. 247

Klingenberger (Riesling)............. II. 247

Klintchaty (Cornichon).

Klömmer (Elbling).

Klöpfer (Räuschling)................. V. 229

Kloevner (divers, pour Klevner).

Knackerle (Kniperlé)................. VI. 72

Knakerling (Kniperlé)................ VI. 72

Knevet's black Hamburgh (Frankenthal). II. 127

Kniperlé........................... VI. 72

Kniperlé noir (Meunier)............... II. 383

Knipperlé (Kniperlé)................. VI. 72

Knottsouma. — Cépage russe, à raisin blanc, cultivé pour la table à Tiflis. — V. T.

Kobeli. — Cité par Acerbi.

Kobou. — Cépage cité par M. F. Richter, à grappe moyenne ; grain sur-moyen, olivoïde, blanc jaunâtre.

Kochinostaphyli (Corinthe rouge).

Ko Cuu (Yeddo)............................ *D*.

Kodegrosse. — Cépage de la Bessarabie (Russie), cultivé pour la production des vins blancs. — V. T.

Kœlner (Kölner).

Koforovo (Cornichon blanc).

Korou (Yeddo)............................ *D*.

Koher, Kohir (Augster weisser)............. *D*.

Kojontegalos. — Cépage à raisin blanc précoce, cultivé pour la table à Corfou (Grèce). — X.

Koja-Swiny (Khozakachy)................. *D*.

Kokinadi. — Cépage à raisins rouges, cultivé pour la cuve dans la Corinthie (Grèce). — X.

Kokinara. — Cépage à raisins rouges, cultivé pour la cuve à Lépante (Grèce). — X.

Kokinorombola. — Cépage à raisins rouges, précoce, cultivé pour la table à Corfou. — X.

Kokinovostitza. — Cépage à raisins rouges, précoce, cultivé pour la cuve à Corfou (Grèce). — X.

Kokjak crni (Pis-de-chèvre rouge)...... IV. 89

Kokox (Kokour).

Kokorko, Kokorko (Ptitchi)................. *D*.

Kokour blanc........................ IV. 149

Kokour dur (Kokour blanc)........... IV. 151

Kokour jaune (Kokour blanc)........... IV. 151

Kokour-isioum (Pis-de-chèvre rouge).... IV. 88

Kokour Melekhowsky (Kokour blanc)... IV. 149

Kokour rouge (Pis-de-chèvre rouge).... IV. 88

Kokours (Kokour blanc)............. IV. 149

Kokour Tchiorny (Pis-de-chèvre rouge).

Kokour vert (Kokour blanc).......... IV. 151

Kokur (Kokour)..................... IV. 151

Kokura de Zante (Kokour blanc)..... IV. 149

Kolbeurhifleu, Koldusszölö kek. — Noms de cépages hongrois, cités par Molnar et Schauer.

Kölinger (Kölner blauer)................. *D*.

Kollinatico. — Raisin rouge de table du Péloponèse (Grèce). — X.

Kolmreifter (Ezerjo)..................... *D*.

Kölner blauer. — Syn. : *Bleu de Cologne, Grobschwarze, Grossblaue, Kölinger, Grossmilcher, Kavcina* ou *Kapcina, Cerna laska, Karcina, Karcina Grosskölner, Grosse Wälsche, Cerlnjinak, Kolonjka, Kosavina, Plava velka, Urink* ou *Cernina, Velka cerna* ou *Velika Sipa*, en Styrie; *Koraï Kek* ou *Kölner Kek*, en Hongrie; *Mogra, Karcina*, en Croatie; *Schaibkürn*, en Basse-Autriche. — Ce cépage sous le nom de ses synonymes montre si répandu dans les vignobles des Alpes-Orientales, particulièrement en Styrie, nous est apparu dans les collections de M. Oberlin complètement identique à l'Enfariné du Jura ou Gouais noir de l'Aube (v. t. II, p. 392). Cette observation se fortifie la concordance des descriptions de Babo et de H. Gœthe avec les caractéristiques de l'Enfariné français, mérite d'être

contrôlée avec soin par les ampélographes compétents. Si elle ne provient pas d'une confusion d'échantillons, elle tendrait à démontrer comme d'autres assimilations établies et vérifiées par nous (ex. Argant et Gänsfüsser, Gueuche ou Gouais blanc et Wippacher) que l'encépagement si original du Jura français résulterait probablement d'importations étrangères. Tout au moins, elle suggère des rapprochements intéressants entre les régions viticoles des massifs subalpins les plus éloignés. Pour la famille indécise des Gouais en particulier, elle pose la question de leurs origines, française ou styrienne ? — A. B.

Kölner gruner (Kölner blauer)............. *D*.

Kölner kek (Kölner blauer)................. *D*.

Kölner noir (Kölner blauer)................. *D*.

Kölner rother (Kölner blauer)............... *D*.

Kölner weisser (Augster).

Kolniger (Kölner blauer)................... *D*.

Kolni kek (Kölner blauer)................... *D*.

Kolochy. — Cépage de la Mingrélie (Russie), à raisin noir, donnant un bon vin rouge surtout au Gouriel. — V. T.

Kolokithato. — Cépage à raisin blanc de cuve de la Thessalie (Grèce). — X.

Kolokitiapi. — Nom de cépage grec.

Kolokythasprouda. — Cépage à raisin blanc de table de Karpenissi (Grèce). — X.

Kolonjka (Kölner blauer)................. *D*.

Kolontar fehér. — Raisin blanc de pressoir, à gros grains longs, très répandu, selon H. Gœthe, dans la région du lac Balaton. Variété très fertile mais de peu de qualité. — A. B.

Komadi. — Cépage à raisin noir de cuve, cultivé à Lépante (Grèce). — X.

Kondovasta (Kokour).

Königlicher Gutedel (Chasselas violet).. II. 15

Königsedel (Chasselas violet)......... II. 15

Königsgutedel (Chasselas violet)....... II. 15

Königs rothe (Portugais bleu)......... II. 136

Königstraube. — Raisin blanc de cuve de la Styrie décrit par Trummer et propagé en Alsace par M. Oberlin. Il rappelle un peu superficiellement le Melon ou Muscadet dont il diffère par un feuillage plus brillant et plus lisse, à denture large plus aiguë et page infér. à duvet floconneux épars ; sa grappe est plus allongée et moins serrée, à grains moins de même grosseur, mais plus pruinés et déprimés à l'ombilic ; saveur un peu acerbe du Meslier avant maturité complète, laquelle est atteinte entre 1re et 2e époques. Ce cépage, très fertile, serait à expérimenter en France. — A. B.

Konrabl (Augster).

Kontegalos. — Raisin de table de l'Étolie (Grèce). — X.

Kontocladi. — Cépage précoce, à raisin blanc, cultivé pour la table à Zante (Grèce). — X.

KONTORI, KONTORI BLAU. — Noms de cépages grecs (?), cités par J. de Rovasenda et H. Gœthe.

KORAI CLÄVNER (Pinot).

KORAI PIROS. — Nom de cépage hongrois.

KORAI KEK (Kölner blauer)................... *D.*

Korakas. — Cépage précoce de Corfou. — X.

KORALLENROTHER MUSKATELLER (Albourla). IV. 154

Kordzala. — Cépage peu répandu au Gouriel (Russie), à raisin noir, cultivé pour la cuve. — V. T.

Korfiatis. — Cépage à raisin noir, précoce, cultivé pour la cuve dans l'Achaïe et la Céphalonie (Grèce). — X.

Koridi. — Cépage à raisin noir de table, cultivé en Thessalie (Grèce). — X.

KORINKA (Corinthe blanc).............. IV. 286

KORINKA ROSE (Corinthe rose).......... IV. 286

KORINTHE KLEINE WEISSE (Corinthe blanc). IV. 286

KORINTHE (Corinthe)................... IV. 286

KORITHI BLANC, ROUGE (Corinthes)...... IV. 286

KORKYRA (Kokour blanc)............... IV. 150

KORNSAMLING (Agostenga).

KORNA (pour Coarna).

Korniss-Tvaly. — Cépage à raisin noir, cultivé pour la cuve à Ratcha (Russie). — V. T.

KORNOU BIELY (Coarna alba).

KORNSÄMLING (Agostenga).

Korona. — Cépage rouge, cultivé pour la table à Corfou (Grèce). — X.

KORPANAI (Ezerjo)........................ *D.*

KORSIKANER BLAUER (Mourvèdre).

KORSIKANER ROTHER (Grec rose).

KORTE SZŐLŐ (Augster).

KORYNTHI (Corinthe)................. IV. 286

KOSAVINA (Kölner blauer)................. *D.*

KOSHOU (Yeddo)........................ *D.*

KOSIAK ZHERNI (Cornichon violet).

KOSIJAK (Augster).

KOSIZIR BELI (Pis-de-chèvre blanc).

KOSJACK BELI (Pis-de-chèvre blanc).

KOSJACK CERNI (Cornichon violet).

KOSJI ZISEK (Pis-de-chèvre blanc).

KOS-JÜSÜM (Cornichon blanc).

KOSKIOU (Yedolo)...................... *D.*

Kosmades. — Cépage de la Thessalie (Grèce), à raisin noir, cultivé pour la cuve. — X.

Kosmas. — Cépage à raisin rouge, cultivé pour la cuve à Karpenissi (Grèce). — X.

KOSOVINA (Argant).................... V. 346

KOSSOROTOVSKY (Œillade blanche).

KOSTENNIK (Tresnitori).................... *D.*

Kostozel. — Raisin de cuve de la Dalmatie, à raisin blanc, d'après H. Gœthe.

KOSSU TITKI (Cornichon blanc)........ IV. 315

KOS-ISIOUM (Cornichon blanc)......... IV. 315

KOTEWOURY (Kawaurie).

KOTGINO. — Nom de cépage grec, d'après H. Gœthe.

Kotselina. — Raisin noir de cuve de l'Acarnanie (Grèce). — X.

Kotsiphali. — Raisin noir de cuve de la Corinthie (Grèce). — X.

KOTTNAR (Cottnarr)...................... *D.*

Kouch Jiouraguy. — Raisin rouge, allongé, cultivé à Bacou (Russie) pour la table. — V. T.

KOUCH OUZOUM (Zante).................. *D.*

KOUDORAOULY (Kidoraouly)................ *D.*

KOUDORAOULY TÉTRA (Kidoraouly)............ *D.*

Koumari. — Raisin noir de cuve, précoce, des Iles Cyclades (Grèce). — X.

KOUMFASSAN, KOUMKASSAH. — Nom de vigne orientale, cité par Odart.

Koumîno. — Cépage à raisins blancs de la Crimée. — V. T.

Koumiotico. — Raisin blanc, précoce, cultivé pour la table à Volo (Grèce). — X.

Koumia. — Cépage à raisins blancs de la Crimée. — V. T.

Koumoucha. — Cépage de cuve, à raisins noirs, du Gouriel (Russie). — V. T.

KOUMSA MSOUANÉ (Mtsvané)................ *D.*

Koumsy. — Cépage blanc de cuve de la Kakhétie (Russie). — V. T.

KOUMZA (Mtsvané).

Koundoura. — Cépage à raisin blanc, précoce, cultivé pour la table dans les Iles Cyclades. — X.

KOUNDZA MSOUANÉ (Mtsvané)................ *D.*

KOUNDZA (Mtsvané).

KOUNDZA SAPERÉ (Saperavi).

Kountsmagary. — Cépage blanc de cuve de Letch-khoum (Russie). — V. T.

KOUPNA BELINA (Smedererka)................ *D.*

KOURDZY-ISIOUM (Pis-de-chèvre rouge).

KOURENTI (Corinthe noir)............. IV. 286

Kourgane machy. — Cépage rouge de Kodjend (Russie). — V. T.

Kourrouklak. — Cépage de cuve, à raisin blanc, de la Bessarabie (Russie), vigoureux et fertile ; grande grappe allongée, à grain moyen, ovale, vert clair, ambré au soleil. — V. T.

Kourroupy. — Cépage à raisins blancs, cultivé pour la table à Bacou (Russie). — V. T.

Kourt-Kougiourouk. — Cépage à raisin noir de la Crimée (Russie). — V. T.

KOUSSAINI. — Nom de vigne de Samarkande.

KOUSSAN. — Nom de vigne turque.

Koutaly. — Cépage à raisins noirs, de cuve, de la Mingrélie (Russie). — V. T.

Koutsoumbeli. — Cépage rouge, précoce, cultivé pour la cuve à Zante (Grèce). — X.

Kountzmagary. — Raisin blanc du Caucase. — B. T.

KOVANLIK (Harmanliisko).................... *D.*

Kovats grœger (Kovácsi fehér).............. *D.*
Kovátsi feher (Kovácsi fehér)............... *D.*
Kövér-szölö. — Cépage hongrois de la Transylvanie, à souche vigoureuse; grappe moyenne, serrée: grains gros, sphériques, d'un jaune clair, maturité précoce; cultivé surtout comme raisin de table et sujet à la pourriture; exige la taille à long bois. — G. I.
Kövis dinka pihos (Steinschiller)............. *D.*
Kövis dinka vörös (Steinschiller)............ *D.*
Kowes. — Nom inexact cité dans divers catalogues.
Koyebi (Vitis flexuosa).
Kozanitis. — Cépage de cuve, à raisin noir, cultivé à Zante (Grèce). — X.
Kozjiges (Cornichon blanc).
Kozsakbeli (Cornichon blanc).
Kozsises cerni (Cornichon violet).
Koztak (Pis-de-chèvre).
Kozy-sissky (Pis-de-chèvre rouge).
Kozy-titka (Pis-de-chèvre blanc).
Krachelnder süssling (Chasselas violet).
Kracher blauer (Wildbacher)............... *D.*
Kracher gelber (Chasselas).
Kracher grüner (Chasselas).
Kracher weisser (Chasselas).
Krachgutedel (Chasselas violet)........ II. 15
Krachlampe (Chasselas violet)......... II. 15
Krachmost (Chasselas violet).......... II. 15
Krachmost roter (Chasselas rose).
Krachmus (Chasselas rose).
Krachouna (Krakhouna)..... .... *D.*
Krahentraube (Argant)................ V. 346
Krahmost (Chasselas rose).
Krakhouna. — Cépage originaire de la Kakétie russe, raisin cultivé surtout à Koutaïs; maturité de 3e époque hâtive; vigueur et fertilité moyennes; feuille ronde, quinquelobée, aranéeuse en dessous; grappe sur-moyenne, ailée, lâche; grains sous-moyens, ronds, juteux, d'un jaune doré; vin blanc capiteux. — V. T.
Kraihntraube (Hudler blauer)............... *D.*
Krakonata (Neagra rara)................ *D.*
Kraljevina (Portugais bleu).
Kralovina, Kralowina, Kralyovine. — Noms de cépages cités par Acerbi.
Kramerl (Chasselas).
Kramer's. — Semis de Concord, à raisin noir, sans valeur.
Krasno-Stopmy. — Cépage de cuve du Don (Russie), de 2e époque de maturité, à vin âpre et acerbe; vigoureux et très fertile; grappe moyenne; grain moyen, d'un noir foncé; rapporté parfois au Portugais bleu (?). — V. T.
Krasnostopp (Krasno-Stopmy)............... *D.*
Krasny Gandjinsky (Schiradzouli).
Krasny Kichmish (Keschmisch).

Kramy Safiane. — Cépage de table, à raisin rouge, cultivé, mais rare, à Astrakhan (Russie). — V. T.
Krassoudi. — Cépage de Karpenissi (Grèce), à raisin noir tardif, cultivé pour la cuve. — X.
Khatkorbceli (Elbling)................. IV. 163
Kratoschija. — Cépage à production de vin rouge le plus estimé dans le Montenegro; feuille quinquelobée, glabre sur les deux faces; grappe moyenne, cylindrique; grains moyens, sphériques, à peau mince, d'un rouge noirâtre. — P. P.
Krause. — Hybride de T.-V. Munson (?).
Krauses (Elbling).
Krdeca (Valteliner rouge)............. IV. 30
Kreck. — Cépage à raisin blanc, cultivé pour la cuve à Elisabetpol (Russie). — V. T.
Kremitscher (Chasselas Cioutat).
Kreska (Valteliner rouge)............. IV. 30
Krestovick. — Cépage peu répandu à Térek (Russie) comme raisin noir de cuve. — V. T.
Kreuzer (Hainer grüner)................... *D.*
Kreuzentraube (Frankenthal).
Kreuzweinbeer (Hainer grüner)............. *D.*
Krestati. — Cépage à raisin rouge de table du Caucase. — B. T.
Krhka crina (Oberfelder).................... *D.*
Krhkopadna (Javor)........................ *D.*
Krhkopetee (Furmint).
Kriacza. — Cépage hongrois des régions de Versec et Fehértemplon; grappes grosses, serrées; grains moyens, sphériques, d'un vert jaunâtre; très productif à la taille courte. — G. I.
Kriechen gross blauer (Urbanitraube)........ *D.*
Kriechen traube (Urbanitraube)........... *D.*
Krimskime (Cornichon).
Krimsky (Pis-de-chèvre rouge).
Krimsky Kroupny ,Pozdny mouskatt. — Le Gros muscat tardif de Crimée est surtout cultivé à Magaratch; c'est un cépage blanc de 3e époque de maturité, à longue conserve; le grain est gros, subsphérique, charnu, à peau épaisse, non musqué, d'une teinte verdâtre. — V. T.
Krishon (Hainer grüner)................... *D.*
Krishovatina, Krishowatina velka (Hainer grüner)................................. *D.*
Kristaller, Kristeller (Elbling)....... IV. 163
Kristoss-Isioum (Krestovick)............... *D.*
Kritico blanc, noir. — Deux cépages de table, à maturité précoce, cultivés pour la table aux Iles Cyclades (Grèce). — X.
Krivaca. — Cépage à raisins blancs, cultivé, pour la cuve, en Dalmatie, d'après H. Gœthe.
Kumrkény (Kizill-Isioum)................. *D.*
Krmziboutko. — Cépage russe cultivé à Artwine pour la table, à raisin blanc. — V. T.
Kronländer. — Nom de vigne autrichienne (?).

Krougly Melekhovsky. — Cépage du Don (Russie), à raisin blanc de cuve. — V. T.

Krougly Tchiorny. — Cépage d'Astrakhan (Russie), à raisin noir, hâtif, cultivé pour la table. — V. T.

Kronkémy. — Cépage blanc, de cuve, cultivé à Elisabetpol (Russie). — V. T.

Krouna. — Cépage à raisins rouges, cultivé pour la cuve en Thessalie. — X.

Kroupna belina (Bragina).................. *D.*

Krpkopetec (Furmint)................ II. 251

Krschass (Sárfehér)...................... *D.*

Krstatscha bijela. — Cépage à raisins blancs, cultivé pour la cuve au Montenegro; grandes feuilles quinquelobées, duveteuses en dessous; grappe grande, longue, ailée, lâche; grains gros, sphériques, d'un jaune ambré, très sucrés. — P. P.

Kruglo petlina (Honigler)................. *D.*

Krupna (Bragina).

Krupna belona (Urbanitraube)........ V. 132

Ktouri. — Raisin noir de cuve des Iles Cyclades (Grèce). — X.

Kudehri. — Cépage de la région de Jérusalem, d'après Niego.

Kuduss (Coudsi)...................... V. 77

Kullukhy. — Raisin blanc de table de Perse. — B. T.

Kummelthaube (Muscat rouge de Madère). III. 319

Eummerlingtraube (Cornichon blanc).

Kundza-Msouané (Misvané).

Kuristi. — Nom de cépage grec. — J. M. G.

Kurstieliger albe (Elbling)........... IV. 163

Kurstieliger Champagner (Heunisch).

Kurstingel, Kurzstingel (Elbling)...... IV. 163

Kustidini. — Nom de cépage grec. — J. M. G.

Kvelaouri (Kvelooury).................... *D.*

Kvélooury. — Raisin de cuve, de 3e époque de maturité, à raisins noirs, cultivé dans le Caucase, à Koutaïs; feuilles quinquelobées, très aranéeuses en dessous; grappe conique, grosse, compacte; grains sous-moyens, subellipsoïdes, à peau épaisse, d'un noir violacé clair. — V. T.

Kwaleby. — Raisin noir de table de la Mingrélie (Russie). — V. T.

Kwapatoury. — Cépage blanc, cultivé pour la cuve à Artwine (Russie). — V. T.

Kwatzakhoury. — Cépage blanc de cuve, peu cultivé en Mingrélie (Russie). — V. T.

Kwiriss-Chavy. — Cépage de l'Ismérélie russe, à raisin noir, cultivé pour la cuve. — V. T.

Kwitkoury. — Cépage à raisins blancs, cultivé pour la cuve dans l'Ismérétie (Russie). — V. T.

Kyprioticon. — Cépage à raisin noir, trouvé accidentellement dans les vignobles russes, probablement d'origine étrangère. — V. T.

Kyzyl-Izioum (Albourla).............. IV. 154

Kzile-ouzoume (Albourla)............., IV. 154

L

Laan hatti (Van der Laan traube)...... III. 126

Laan traube (Van der Laan traube)..... III. 126

Labama. — Hybride de Lincecumii et de Rotundifolia, créé par T.-V. Munson, à gros grains noirs, de maturité successive dans la grappe comme les fruits du Scuppermong.

Labaraliss-tetra. — Cépage blanc de cuve de Ratcha (Russie). — V. T.

Labaturon. — Nom de cépage (?) cité par Hardy pour la Haute-Garonne.

Labe. — Cépage américain d'origine inconnue, cité par Downing; petite grappe à grains moyens, pulpeux, noirs, foxés.

La Bernelle. — Nom de vigne cité par Olivier de Serres (xvie siècle). — J. R.-C.

Laborgeiro. — Nom inexact de cépage portugais, cité par Villa Maior. — D. O.

La Brune noire (Chenin noir)......... II. 113

Labrusca (V. Labrusca)............... I. 311

Labrusca-Æstivalis(Æstivalis-Labrusca). I. 345

Labrusca - Cordifolia (Cordifolia - Labrusca)........................... I. 361

Labruscæ....................'......... I. 301

Labrusco. — Cépage bien spécial au Portugal, à raisins noirs, donnant un assez bon vin rouge, mais peu cultivé dans la région de Paiva (Douro); feuilles quinquelobées, très découpées, lanugigeuses en dessous; grappe longue, serrée, à petits grains sphériques, d'un noir bleuté. — D. O.

Labrusco branco. — Cépage portugais d'origine

italienne, à raisins blancs, à vins ordinaires, peu productif. — D. O.

Labruscoideæ .... I. 301
Labbuska Tokalon (Tokalon) .... D.
Labrusques (Lambrusques) .... D.
La Bruxelloise (Frankenthal).
Lacaia, Lacaja (Alvarelhão).
Lacatamellona. — Nom de vigne italienne de la Basilicate. — J. R.
Lacconargiu biancu. — Nom de vigne italienne de la Sardaigne. — J. R.
Laccrissa (Delaware).
Lacet. — Nom de cépage de la Vienne, cité par Bosc. — J. R.-C.
Lachryma-Christi (Teinturier mâle).... III. 363
Laciniosa (Vitis) (Chasselas Cioutat).
Laciota (Chasselas Cioutat).
La Cocade. — Nom de vigne cité par Hardy pour le Gers (?).
Lacombe 3. — Pinot × Gamay-Couderc, semis de 1892. Gain de M. Lacombe, de Mercurey (Saône-et-Loire). Cépage vigoureux, peu fertile et très sensible au mildiou. Rameaux gros, courts, à mérithalles assez longs, gris rosé. Feuilles moyennes, pleines, allongées à 5 lobes peu saillants, sinus latéraux larges sans être profonds; pétiolaire étroit ou fermé; limbe mince, uni, glabre; denture en 2 séries à peu près obtuses. Pétiole court, glabre, faiblement carminé; vrilles à 2 lacets, longues et persistantes. Grappes petites, cylindriques; grains sous-moyens ellipsoïdes, noirs, de saveur neutre; maturité de 1re époque. — J. R.-C.
Lacoste (Auxerrois-Rupestris) .... D.
Lacrima. — Ce nom de cépage prête aux plus grandes confusions synonymiques en Italie. G. Molon croit devoir distinguer :
Lacrima di Napoli nera, ou dolce, ou gentile, différenciée aussi par V. Pulliat, à grosse grappe pyramidale; grains sous-moyens, noirs, subovales ;
Lacrima forte de la Toscane et des Marches, à grappe de moyennes dimensions, conique, peu ailée, compacte, à grains de grosseur moyenne, sphériques, noirs, pruinés; maturité de 4e époque ;
Lacrima garofolata des Marches ;
Lacrima di Aquila de la région des Abruzzes, à grappes pyramidales, longues, ailées, à grains petits, pruineux, serrés, noirs ;
Lacrima nera di Roma, distingué aussi par V. Pulliat, à grappe moyenne, cylindrique, ailée, compacte; grain moyen, ellipsoïde, ferme; peau épaisse, d'un noir roussâtre; maturité de 3e époque;
Lacrima di Barletta, ou Lacrima di Caltri, à grappe conique, très serrée, à petits grains oblongs, noirs, faiblement parfumés ;
Lacrima di Baia, ou latina, de la province de Lecce,

à grappe moyenne, serrée ; grandes feuilles à 5 lobes, grains d'un noir bleuté, à peau épaisse, à raisins un peu musqués.
Lacrima di Calabria (Muscat d'Alexandrie). III. 108
Lacrima bianca. — Sous ce nom plusieurs cépages à raisins blancs sont cultivés en Italie, et ne sont probablement que des synonymes d'autres cépages.
Lacrima di Maria, Lacrima di Madonna, Lacrima della Madonna, Larmi di Maria, Lachryma di Maria. — G. Molon discute la valeur de ce cépage sans se prononcer; grandes feuilles, glabres sur les deux faces ; grande grappe, cylindro-conique, à peine ailée ; gros grain olivoïde, ferme et croquant, sucré; peau épaisse, d'un jaune doré à la maturité de 3e époque tardive. J. de Rovasenda identifie le Lacrima avec le Rosaki !
Lacrima Christi (Chasselas violet, Aleatico, Rosaki, Dolcetto, Teinturier et divers Lacrima).
Lacrima d'Espagne (Grenache).
Lacrimosa (Llorona) .... D.
Lacrissa. — Semis de Delaware, à raisin blanc, sans valeur et jamais cultivé aux États-Unis.
Lachryma Christi rose (Chasselas violet). II. 15
La Dame (Mondeuse).
Ladanny, Ladonni (Muscat blanc).
Ladrillejo. — Cépage de Malaga, d'après Abela y Sainz.
Ladronasco. — Nom de cépage italien de Gênes.
Lady. — Variété de Labrusca, semis de Concord, à raisins blancs, assez appréciée aux États-Unis, très foxée et très pulpeuse de grains.
Lady Charlotte. — Hybride américain d'Æstivalis et de Labrusca, à grains d'un gris blanchâtre, de grosseur moyenne, sphériques, foxés, mais assez juteux.
Lady Downe's Seedling .... II. 376
Lady Dunlap. — Semis américain de Ricketts, à grain moyen, d'un rose ambré.
Lady Hélène. — Variété américaine, d'origine inconnue, à gros grains blancs, foxés.
Lady Hutt. — Hybride de Gros Colman croisé par Black Alicante, créé dans les serres anglaises par Miles; maturité de 2e époque; feuilles presque entières, grandes; grappes sur-moyennes, à grains de grosseur moyenne, globuleux; peau mince, d'un jaune pâle, juteux et sucrés.
Lady Washington. — Hybride de Ricketts, à caractères de Labrusca, croisement de Concord et d'Allen's hybrid; grandes feuilles entières, tomenteuses; grappes assez grosses, ailées; grains moyens, sphériques, d'un jaune clair ambré, pulpeux et foxés.
Lady Younglove. — Hybride américain de Perkins et de Missouri Riesling, à grains sur-moyens, grisâtres ou rosés à maturité, pulpeux et très foxés.

LAEMMERSCHWARZ (Putzscheere)........ III. 198
LAEREN DE REY (Mantuo Laeren)............. *D.*
LAEREN DU ROI (Listan).
LÆTA. — Nom de cépage sarde?
La France... .... V. 335
LA GAITÉ. — Nom de cépage de l'Isère?
LAGEA. — Nom de vigne cité par Pline l'Ancien. — J. R.-C.
LAGEOS. — Nom de vigne cité par Virgile (1er siècle avant J.-C.). — J. R.-C.
Laghorhi. — Cépage à raisin noir de la région de Smyrne.
LAGIER (Augster weisser)................... *D.*
LAGLER DE RUST (Augster weisser)........... *D.*
LAGLER GRUNER (Tantovina, Agostenga).
LAGLER WEISSER (Augster weisser)........... *D.*
LAGLOTA (Lignan blanc)............... III. 69
Lagomo. — Hybride de T.-V. Munson, croisement de Delago par Brillant, à raisins d'un rose clair, juteux.
LA GOUINCHE. — Nom cité comme se rapportant à un cépage blanc de l'Isère.
LAGRAIN, LAGRAIN BLAUER, LAGREIN. — Noms d'un cépage du Tyrol, d'après H. Gœthe.
LAGRIMA (pour Lacrima).
LAGRINA NERO (Coda di volpe noire)..... VI. 347
LA HAIRE, LA HÈRE. — Noms de cépage du Catalogue de vignes du Luxembourg.
LAHN TRAUBE (Van der Laan traube).... III. 126
LAHNTRAUBE FRÜHE WEISSE (Van der Laan traube)......................... III. 126
Laialy-cackdona. — Cépage à raisin blanc de Samarkande (Russie). — V. T.
LAIREN (Listan).
LAIRENES VERTE (Listan).
LAIRON BLANC. — Cité par Bury comme nom de cépage (?) de la Gironde.
LA JAILLE (Hibou).
LA JOLLAS (Diolle)....................... *D.*
LAKOPADNA (Javor)....................... *D.*
LALLEMAND FRÜH, BRUH (Portugais bleu).
LALENNÆ (De Laleña)..................... *D.*
LALIBEDAN (Gouliaby)..................... *D.*
Lamarie. — Semis américain de L.-C. Chisholm, à raisins d'un rose transparent, assez gros, précoces, un peu foxés.
LAMARMORA (général de La Marmora).... III. 288
LAMBER, LAMBERT, LAMBERTA, LAMBERTO (Frankenthal).
LAMBERTRAUBE KLEINBERGER (Elbling)..
LAMBERTTRAUBE SAURE (Sacy).
LAMBERTTRAUBE WEISSE (Sacy).
LAMBL RANA VLASKA MODRINA (Lasca).
LAMBOURNEUX, LAMBOURNOT, LAMBRENOT (Chasselas violet).
LAMBROSTEGA. — Nom de cépage italien, cité par Acerbi pour la région de Trente.

LAMBRUCS (Lambrusques)................... *D.*
LAMBRUSGA (Gros de Coveretto).
LAMBRUSCA (Moreto).................. V. 49
LAMBRUSCA DAI GRASPI ROSEI, D'ALEXANDRIA, DELLE LANGHRE, DEL TREPIDO, DI ALESSANDRIA, DI MODENA, NERA (Gros de Coveretto).
Lambrusca viola. — V. Pulliat donne, d'après J. de Rovasenda, ce cépage comme spécial à l'Italie; 2e époque de maturité; grappe moyenne, cylindroconique, lâche; grain moyen, globuleux, ferme; peau épaisse, d'un beau noir violacé.
LAMBRUSCHE. — Cité par Pierre de Crescence.
LAMBRUSCHINO, LAMBRUSCHINO NERO, LAMBRUSCO, LAMBRUSCRA VERONESE (Gros de Coveretto).
LAMBRUSCONE, LAMBRUSCONE DI MONTERICCO, LABRUSCO DI RIVALTA, LAMBRUSCO S. CROCE, LAMBRUSCO DI SORBARA, SPHERICO, OLIVA, SALAMINO, LAMBRUSCA TRE-CASE, LAMBRUSCA DEL TIEPIDO, LAMBRUSCA DI SPEZZANO, LAMBRUSCA DELLA BUGADARA, LAMBRUSCA MOSCHATA, LAMBRUSCO NERO DI PIETRAMELARA, LAMBRUSCO BIANCO DI PIETRAMEARA, LAMBRUSCA DI MONTEVECCHIA, LAMBRUSCA PIGNATA. — Noms divers cités par G. Molon et se rapportant indifféremment à grand nombre de cépages mal déterminés en Italie.
LAMBRUSQUE (V. vinifera)............. I. 447
Lambrusquet. — Cépage des Hautes-Pyrénées, à raisins blancs, peu répandu à Gan et à Soliés. — A. Br.
LAMCIRINHA. — Nom de cépage portugais, cultivé en 1790 à Moncorvo, inconnu aujourd'hui. — D. O.
Lämmerschwanz. — Syn. : *Jufarks weisser* (Hongrie), *Musztafer, Schweifler, Oocj rep, bili* (Croatie); *Budai góhér, Tarpai, Fehér boros, Sarga boros, Tokayer langer weisser,* etc. — Cette variété blanche est originaire de la Styrie. Dénommée en raison de son long raisin dit à *queue de mouton,* elle se caractérise ainsi chez nous : bourgeonnement blanc, assez tardif, un bois jaune lavé de rose, à méritalles irréguliers, un peu grêles. Feuillage orbiculaire, peu découpé mais plissé, d'un vert pâle, à sinus pétiolaire largement ouvert et page infér. blanche feutrée. Grappe très allongée et pendante, à long pédoncule fragile, souvent pourvue d'ailerons larges; grains ronds, de 15 mm, d'un blanc jaunâtre, translucides; moût abondant et doux mais non relevé. Cette variété s'est répandue en Allemagne en raison de sa très grande fertilité, mais son vin est des plus communs et sa maturité, de 2e époque un peu tardive, n'est pas suffisante dans l'est de la France. — A. B.
LAMPA. — Nom donné en Italie, à une Malvoisie, dans la région de Cosenza (*Bulletin ampélographique,* XV).
LAMPAR FARDEVANY (Lampor)............... *D.*

Lampartner (Lampor).................... *D.*

Lampereau (Pinot aigret).

Lampert. — Nom inexact du Catalogue des vignes du Luxembourg.

Lampé (Mustos feher).

Lampone (Isabelle).

Lampor. — Syn.: *Kiraly szőllő.* — Raisin blanc de la Hongrie et de la Transylvanie que H. Gœthe considère comme une importation romaine. Belle grappe allongée, à petits grains ronds, mûrissant d'assez bonne heure. Bonne fertilité mais produit de faible qualité. — A. B.

Lampor Jardowany. — Raisin bleu, à grains ellipsoïdes, de 14/13, obtenu de semis par Bronner; n'est remarquable que par son goût de Cabernet, mais son produit est inférieur. — A. B.

Lanata (V. lanata).................... I. 444

Lancellota. — Cépage italien, à petite grappe et à petits grains noirs. — G. M.

Lancianese (Guglioppo).................... *D.*

Landauer (Kniperlé).................... VI. 72

Landawer Haardt (Räuschling).

Landia. — Raisin blanc de table de la Sardaigne, d'après baron Mendola.

Landrin. — Cépage blanc, un peu tardif, de la haute vallée du Var (Alpes-Maritimes), où il est d'ailleurs peu répandu. — L. B. et J. G.

Landstock weisser (Furmint).

Landukia.................... I. 59

Landukia Landuk Planchon.................... I. 59

Langedet (Pinot noir).................... II. 19

Langedet de chien (Pinot noir)......... II. 19

Langer tokayer (Hazslevelü).

Langleya. — Cépage d'origine anglaise, cultivé à Sanlucar (Espagne), d'après Simon Rojas Clemente; à gros grains noirs.

Lang'sche Frahtraube (Rastignier)..... V. 127

Langstängler, Langstiegler (Lammerschwanz). *D.*

Languedoc (Chasselas doré).

Languedocien (Syrah, Cinsaut).

Languedocien (Piquepoul)............. III. 357

Languedoc noir (Cinsaut).

Languedoc weisser (Lignan).

Languedoker (Frankenthal).

Languedoker weisser (Agostenga).

Lanjaron, Lanjaron bianca (Ciuti).

Lanstock weisser (Furmint).

Lanxaron (Ciuti).

Lanzeza, Lanzeza bianca. — Nom de cépage de la région italienne de Ravenne. — J. R.

Laorthi. — Cépage à raisin noir, précoce, cultivé pour la cuve à Corfou (Grèce). — X.

Laosliana (Lignan).

Laouset. — Cépage vigoureux et fertile des Hautes-Pyrénées, à raisins blancs, donnant un vin de qualité; peu cultivé. — A. Br.

Laquin. — Nom de cépage cité par Bosc pour la région de l'Ain. — J. R.-C.

La Quintynie. — Nom de cépage (?) cité par le *Bulletin ampélographique italien* (VIII).

Lardas, Lardat, Lardau (Lardot)...... V. 319

Lardet (Chasselas doré).

Lardeau (Lardot).................... V. 319

Lard de Pouërc (Augibi).

Lardéo (Lardot).................... V. 319

Lardéou (Lardot).................... V. 319

Lardera (Bertolino)................... *D.*

Lardot.................... V. 319

Larem. — Cépage à raisins blancs, peu cultivé à Evora (Portugal), surtout comme raisin de table; grappes moyennes, longues, à grains moyens, subovoïdes, d'un jaune doré, fermes et à peau épaisse. — D. O.

La Reine. — Hybride (America × R. W. Munson) créé par T.-V. Munson; grande grappe conique, grains globuleux, noirs, sur-moyens, peau fine, pulpe fondante.

Larga. — Cépage espagnol de la région de Malaga, d'après Abela y Sainz.

Large German (York Madeira).............. *D.*

Largillet (Mondeuse).................... II. 276

Largo (Almuñecar)...................... *D.*

Lario (Enfariné).................... II. 392

Larmi di Maria (Lacrima nera).............. *D.*

La Salle. — Hybride de Rotundifolia et de Lincecumii créé par T.-V. Munson.

Lasca.................... II. 185

Lasca modra (Lasca).................... II. 185

Lasca modrina (Lasca).................... II. 185

Lashka, Laska (Lasca).................... II. 185

La Souys (Solonis).................... I. 463

La Terrade. — Nom de cépage de semis cité par Odart.

Latifolia (Galloppo).................... *D.*

Latina bianca (Fiano)................ VI. 365

Latina rossa (Fiano).................... VI. 366

Latino bianco (Fiano).................... VI. 366

La Touratte (Vialla).................... I. 473

Latuan (Melon)...................... II. 46

Latrus, Latrut, Latrut des Landes. — Nom de cépage cité par Hardy pour le département des Landes, où il est inconnu.

Latteresca nera. — Nom de cépage de l'île d'Ischia. — J. R.

Laura. — Hybride américain d'Eumelan et de Delaware créé par P. S. Marvin; a beaucoup de ressemblance avec le Delaware, mais il est plus vigoureux; grains un peu plus gros que ceux de Delaware et d'un rose foncé, juteux, neutres au goût.

Laura, Laurana (Uva molle)............... *D.*

Laurent (Madeleine noire).

Laurentius traube (Madeleine noire).

Laurenzana (Uva San Francisco)............ D.

Laurenzitraube, Laurenztraube (Madeleine noire).

Laurese, Laurisa bianco, Laurito. — Nom de cépages cités par le *Bulletin ampélographique italien* (XV, XVI).

Lausanet (Elbling).

Lausannois (Chasselas doré, Chardonnay).

Laussel. — Hybride créé par T.-V. Munson en croisant le Lincecumii n° 2 par le Gold Coin ; vigne très vigoureuse, résistante aux maladies cryptogamiques, de bouturage difficile ; très productive, à grappes de dimensions moyennes, ailées, compactes ; grains sur-moyens, légèrement ovoïdes, d'un rouge pourpre foncé, à peau fine ; pulpe assez ferme, juteuse, jus blanc ; maturité tardive.

La Vache (Mondeuse noire).

L'Avant-garde (Hybride Couderc n° 343-14).. D.

Lavarina. — Nom de cépage italien de Pavie.

Lavelona bianca. — Nom de cépage italien de Bari.

Lavenetsch (Blanchier)............... VI.   51

Lavorese, Lavrisa bianca, Lavrisa nera. — Noms de cépages italiens cités par le *Bulletin ampélographique italien*.

Lavoure. — Nom inexact du Catalogue du Luxembourg.

Lavradio (Bastardo)................. IV.   208

Lavrisa bianca, nera. — Noms de cépages italiens, cités par le *Bulletin ampélographique italien* (XVI).

Laxiertraube (Heunisch).

Laxissima (Verjus).

Layeren (Mantuo Laëren)............ VI.   122

Layerenes (Mantuo Laëren).......... VI.   122

Layerosa, Lagrosa. — Nom de cépage espagnol.

Lavren, Layrenes (Mantuo Laëren)..... V.   122

Lazzola (Manzesu)................... D.

Leader. — Variété de Labrusca, très semblable au Niagara, à raisins blancs, très foxés.

Leanika. — Cépage de la Hongrie, caractérisé, d'après V. Pulliat, par une feuille peu sinuée, pileuse en dessous ; grappe petite, cylindrique ; grains petits, globuleux, peau épaisse, résistante, d'un vert jaunâtre, à maturité de 2ᵉ époque.

Leaniszőllo (Heunisch).

Leani Zolo. — Cépage hongrois, que V. Pulliat caractérise par une feuille tourmentée, trilobée mais à sinus fermés, lanugineuse en dessous ; grappe moyenne, subcylindrique, lâche ; grains d'un jaune ambré ; maturité de 2ᵉ époque.

Leather leaf (V. coriacea)........... I.   324

Leatico (Aleatico)................. V.   91

Leavenworth. — Semis américain de Concord à gros grains, d'un gris blanchâtre, très pulpeux et très foxés.

Le Bouschet (Petit Bouschet)......... VI.   146

Lebrac noir. — Nom du Catalogue du Luxembourg pour un cépage de l'Afrique (?).

Le Cadillac (Ugni blanc).

Le Canut (Œil de Tours).................. D.

Leccese. — Nom de cépage italien (*Bulletin ampélographique*, XVI).

Lecco bianco. — Cépage italien, à raisins blancs, de Bobbio. — J. R.

Le Croc. — Nom de cépage de la Mayenne (?) cité par Hardy.

Le Cœur (Ribier).................... III.   286

Le Commandeur. — Cépage vigoureux et fertile, à grosse grappe ailée ; grain assez gros, sphérique, blanc ambré, de 1ʳᵒ époque de maturité. — E. et R. S.

Leea .... I.   10

Leeacées .... I.   10

Leefborough (Isabelle).

Lee's Isabella (Isabelle).

Lefort (Syrah).

Legitimo. — Nom inexact, pour un cépage espagnol, dn. Catalogue des vignes du Luxembourg.

L'Egiziano (Teinturier).

Le Gland. — Nom de cépage cité par Merlet au xviiᵉ siècle, probablement le Cornichon blanc.

Legler (Hudler)......................... D.

Lehig (Berks).......................... D.

Leinwebberi (Albillo de Grenada)....... IV.   130

Leipzig blanc, Leipsiger, Leipziger (Lignan blanc) ....:................. III.   69

Leipziger früher (Lignan blanc)....... III.   69

Leirá. — Cépage portugais, à raisin blanc, jadis cultivé à Cortaso et à Santarem (1866), inconnu aujourd'hui. — D. O.

Leirem (Mantuo laëren).

Le Joly. — Nom de cépage cité par Chaptal.

Leet szőllő (Furmint).

Lelt szőllő (Putzscheere)............. III.   197

Lekhal (Gros noir des Beni-Abès)...... III.   322

Le Lunel (Muscat blanc).............. III.   377

Le Malafosse (Oiseau rouge)............... D.

Le Mamelon. — Nom de cépage de semis mal déterminé.

Lema skutariner (Kadarka).

Lemba el adja (Cornichon blanc)..... IV.   315

Lemberger (Limberger).............. III.   103

Lembrusquet (Lambrusquet)............:.... D.

Lemersheimer schwarzer (Gelbhölzer)

Le Merveillant. — Nom cité par Acerbi...... D.

Lempor (Lampor Jardovanz)................. D.

Lenc dé l'El .... III.   227

Lendelel (Lenc dè l'el)............. III.   227

Len del el (Lenc dé l'El).......... III.   227

Len dé l'el (Lenc dé l'El)............. III.   227

L'Endelel (Lenc dé l'El).............. III.   227

L'Enfant trouvé blanc. — Semis des frères Simon de Metz (?).

Lenne's birre. — Autre semis des frères Simon (?).

Lenoir (Jacquez).................... VI. 374

Lenoir Bush, Lenoir Laliman (Jacquez).. VI. 374

Leonada (Pis-de-chèvre rose).

Leonado (Pis-de-chèvre).

Leonada negra (Pis-de-chèvre).

Leonfortese. — Nom de cépage sicilien, d'après Paulsen.

Leonza, Leonzia (Alionza)................. D.

Le Pourot (Pinot noir).

Le plus beau des Meuniers. — Obtenu au Jardin de Saumur d'un semis de *Meunier*, par M. Ridault, en 1878. C'est un Meunier amplifié dans toutes ses parties ; plus vigoureux, à feuilles plus grandes, quinquelobées, très duveteuses, blanches inférieurement ; les grappes sont bien plus amples que chez le Meunier, plus grosses, plus nombreuses ; c'est assez dire que la fructification est presque double chez ce semis que chez le type. — C. B.

Leprone. — Nom de cépage italien (?).

Leptoraga. — Nom de vignes cité par Pline l'Ancien (1er siècle). — J. R.-C.

Le Requiem. — Cépage de semis angevin, vigoureux et fertile ; grosse grappe rameuse, ailée ; grains sur-moyens ou gros, sphérico-ellipsoïde, d'un blanc verdâtre ; de 2e époque de maturité. — E. et R. S.

Le Ringris (Pinot gris).

Lessitcha opachka. — Cépage bulgare, à grappe allongée en queue de renard, très vigoureux ; grains d'un rouge clair, olivoïdes, assez gros ; cultivé surtout comme raisin de table à cause de la beauté de son fruit.

Le Sucré. — Semis angevin à petite grappe courte, peu serrée ; grains moyens, subsphériques, d'un blanc jaunâtre ; 2e époque de maturité. — E. et R. S.

Le Tokay gris (Pinot gris).

Le Trouvé (Pinot noir).

Lettarasia, Letteresca (Palummina)........ D.

Leuba el adja (Cornichon blanc)....... IV. 315

Leucobryæ........................ I. 301

Leucophylla (Hudler).................... D.

Leucothrace. — Nom de vigne à raisin blanc, cité par le géoponique Florentinus (xe siècle). — J. R.-C.

Levanta bianca. — Nom de vigne de l'île d'Ischia, d'après Frojo. — J. R.

Leverone (Verdone).

Levraut (Pinot gris).

Lexington. — Semis américain de Miner, non propagé aux États-Unis.

L'Haubanne (Roublot)............... IV. 276

Lhoumeau noir. — Nom du Catalogue du Luxembourg pour un cépage (?) des Charentes.

Liada............................... IV. 336

Liadia (Corinthe blanc).

Liale blanc. — Raisin blanc de table de Boukhara. — B. T.

Liale rose. Raisin de table d'un rose violet, cultivé à Daragueuse (Perse). — B. T.

Lianorogho. — Cépage à raisin noir, cultivé pour la cuve à Corfou (Grèce). — X.

Liatico (Aléatico).................... VI. 91

Liazour. — Nom d'un cépage algérien (?).

Libanios. — Nom de cépage de la Syrie.

Libanios. — Nom de vigne à odeur d'encens (?), cité par Pline l'Ancien. — J. R.-C.

Libano. — Nom de cépage italien de Chiavari.

Libiza (Kniperlé).

Liboha cervana (Savagnin rose).

Libua (Saibro)........................... D.

Libycæ. — Groupe de vignes africaines citées par Columelle (1er siècle).

Lichtenstein. — Semis de vigne américaine, à raisins blancs, créé par G. Foëx, resté dans les collections.

Lichtflabler, Lichtler (Königstraube)....... D.

Licinia (Negra molle)..................... D.

Lidia. — Semis de Labrusca, sans valeur.

Liébault (Tintilla)....................... D.

Liedtalpu (Kadarka).

Liénaise grosse, petite. — Noms inexacts du Catalogue du Luxembourg, pour Lyonnaise ou Gamay.

Lierval's Frontignan (Muscat Lierval).. III. 317

Ligeri (Colgadera)....................... D.

Ligetes Furmint (Furmint)........... II. 251

Ligheresa. — Nom de cépage de la Sardaigne. — J. R.

Lightfoot (Niagara).................... D.

Lignage............................ VI. 153

Lignage noir (Lignage)............... VI. 153

Lignan (Lignan blanc)............... III. 69

Lignan blanc....................... III. 69

Lignenda (Luglienga).

Lignenda neira, rouza (Luglienga).

Lignenga (Lignan blanc)............... III. 69

Ligorenza. — Nom de cépage italien de Bobbio (*Bulletin ampélographique italien*, VIII).

Lilanica (Lignan blanc)............... III. 69

Limançais. — Nom cité par Jules Guyot pour un cépage de l'Isère (?).

Limberger....................... III. 203

Limberger extra-fertile (Limberger).... III. 206

Limberger schwarz (Limberger)....... III. 203

Limberger-Teinturier (Limberger)..... III. 206

Limdi Kanat, Lim-di-Kanat, Limdi Khanat (Grec rouge).

Limian (Lignan blanc)................ III. 69

Limnio. — Cépage à raisins noirs, cultivé pour la cuve en Thessalie (Grèce). — X.

Limonera. — Nom de cépage espagnol cité par Abela y Sainz.

Linatique (Lignan blanc).............. III.   70

Lin Bernard (Gamay d'Orléans).

Lincecumii (V. Lincecumii)............ I.   335

Lincecumii-Æstivalis (Æstivalis-Lincecumii)........................... I.   345

Lincecumii-Candicans (Candicans-Lincecumii)........................... I.   332

Lincecumii-Cinerea (Cinerea-Lincecumii). I.   351

Lincecumii-Cordifolia (Cordifolia-Lincecumii)........................... I.   362

Lincecumii-Rupestris (Rupestris-Lincecumii)........................ I.   400

Lincoln (Jacquez).

Lindauer (Completer)...................... D.

Lin de chou. — Nom de cépage du Jura cité par Ch. Rouget.

Linden. — Semis américain de Miner, à raisins noirs, avec caractères de Labrusca, pulpeux et foxés.

Lindenblättrige, Lindenblättrige traube (Harslevelü).................... IV.   179

Lindenblättrigetraube (Widpacher, Lämmerschwanz)...... .... D.

Lindi Kanah, Lindi Kanat (Grec rouge).

Lindherbe. — Hybride de Lindley par Herbemont, créé par T.-V. Munson ; non propagé aux États-Unis.

Lindley. — Hybride américain de Roger nº 9, croisement de Mammoth par Chasselas doré ; assez cultivé aux États-Unis ; non résistant au phylloxéra. Grappe moyenne, ailéronnée ; grains sur-moyens, sphériques, d'un rouge brique clair et mat, d'une saveur foxée et musquée.

Lindo Castello. — Cépage portugais, cultivé à Santarem comme raisin de cuve, à grande puissance colorante. Feuilles moyennes, épaisses, pubescentes en dessous, presque entières. Grappe moyenne, cylindro-conique, compacte ; grains sur-moyens, ovoïdes, d'un rouge foncé (d'après Marquès de Carvalho). — D. O.

Linherde (Lindherbe)................... .. D.

Lindnera. — Nom de cépage italien de Voghera. — J. R.

Line Oak. — Hybride sauvage de Rupestris et de Candicans (Champin), sélectionné par T.-V. Munson dans le Texas ; non utilisé comme porte-greffe.

Linian (Lignan blanc)................. III.   71

Lining, Lining Agostenga (Agostenga).

Linné............................. V.   321

Linsecumii (V. Lincecumii)............ I.   335

Lionais (Gamay).

Lioneau (Peurion).................... II.   158

Lipa (Bello meko)........................ D.

Liparata, Liporata. — Nom de cépage italien de la région de Messine. — J. R.

Lipava (Sylvaner).

Lipka (Riesling).

Lipna, Lipovcsina, Lipovina, Lipowshina, Lipuska (Wippacher)................. D.

Lipof list (Bello meko)................... D.

Lipoliste (Bello meko)................... D.

Lipoushina (Heunisch).................... D.

Lipovina (Harslevelü).

Lipovina debela (Wippacher)............... D.

Lipovscina zherna (Frankenthal).

Lisant (Chardonnay)................ IV.   6

Lischia. — Nom de cépage italien de Spoleto, rapporté au Montanico (?).

Lisicina (Plovdina)........................ D.

Lissitchina (Plovdina)..................... D.

Lissitchina a gros grains (Plovdina).......... D.

Lissitchina a petits grains (Plovdina)........ D.

Lissitza (Plovdina)....................... D.

Lissora bianca. — Nom de cépage italien de Bobbio. J. R.

Listan. — Cépage de l'Andalousie, étudié par Simon Rojas Clemente, caractérisé d'après V. Pulliat par une feuille moyenne, épaisse, garnie d'un duvet lanugineux, compacte à la face inférieure, à sinus supérieurs profonds ; dents larges, peu profondes, acuminées ; grappe sur-moyenne, cylindro-conique ; grains moyens, subovoïdes, pulpeux, assez sucrés et aromatisés ; peau épaisse, résistante, d'un noir bleuâtre. — Simon Rojas Clemente avait pris le Listan comme base de sa classification des cépages à feuilles tomenteuses.

Listan comun (Listan)................... D.

Listan de Paxarete. — Cépage espagnol cultivé à Paxarete (Andalousie), à petits grains ronds, charnus, sucrés, d'un jaune doré, d'après Simon Rojas Clemente.

Listanes. — Groupe de vignes d'Andalousie créé par Simon Rojas Clemente pour les cépages à feuilles très duveteuses sur la face inférieure.

Listan ladrenado. — Cépage espagnol cultivé à Sanlucar, Xérez, à raisin d'un jaune doré, d'après Simon Rojas Clemente.

Listan laeren (Listan ladrenado)............. D.

Listan morado. — Cépage espagnol de Sanlucar (Andalousie), à raisins d'un rouge clair, d'après Simon Rojas Clemente.

Listan prieto (Mollar de Cadiz)............. D.

Listan violet (Listan morado)............... D.

Listan vermelha (Ceità).................. D.

Listrão. — Cépage de l'île de Madère, à vin peu alcoolique ; longue grappe à grains noirs, ronds ; très sensible à l'oïdium. — D. O.

Liszter fehér (Mehlweiss).................. *D.*
Little mountain grape (V. Berlandieri).. I. 365
Little grape (V. æstivalis)............ I. 343
Livella (Sciascinoso)................ VI. 352
Livelloxe (Sciascinoso)............... VI. 352
Liverdin (Gamay).
Liverdun (Gamay de Liverdun).
Liverdun (Troyen).................... IV. 51
Livernais (Hibou).
Livesa (Trebbiano).
Lividella (Negretto).
Livino (Verdone).
Livornese, Livornese di Carrara, Livornese di Massa.
— Nom de cépages italiens (?), cités par le *Bulletin ampélographique.*
Livoscio (Sciascinoso)................ VI. 352
Liwoba (Savagnin).
Liwora cervena, Libora cervena (Savagnin).
Lixoba (Lissora)........................ *D.*
Ljubidray. — Cépage de cuve de la Dalmatie, à raisins blancs, d'après H. Gœthe.
Lladoner, Lladosber (Grenache)....... VI. 285
Lladounet (Grenache gris).
Llamada culo de Horza (Angelino)...... IV. 249
Llobas. — Nom de cépage espagnol de Barcelone, d'après Abela y Sainz.
Llorona. — Cépage espagnol de Trebugena, à grains oblongs, d'un jaune verdâtre, d'après Simon Rojas Clemente.
Lobal, Loca, Locas. — Noms de cépages espagnols de Cadiz, d'après Abela y Sainz.
Locaja (Alvarelhão)................... II. 300
Loemmer schwarz (Harslevelü).
Logan. — Variété de Labrusca, peu cultivée aux États-Unis; grappes moyennes, ailées, compactes; grains gros, ovoïdes, d'un noir violacé, pulpeux et foxés.
Logler weisser (Augster weisser).
Loin de l'œil (Lenc dé l'Èl)........... III. 227
Loja bianca. — Nom d'un cépage de Malaga, d'après J. de Rovasenda.
Lojra (Bolana)......................... *D.*
Lombard (Enfariné).................... II. 392
Lombard blanc (Gouais)............... IV. 99
Lombarde, Lombarder (Lampor)............ *D.*
Lombardier, Lombardet (Poulsard).
Lombardo (Negrera).
Lombardy. — Cépage cultivé dans les serres anglaises et supposé, d'après A.-F. Barron, d'origine continentale; a peu de valeur pour les forceries; grosses grappes cylindriques, ailées; grains moyens, ronds, d'un rouge clair, juteux, peu sucrés.
Lompo (Chasselas).................... II. 6
Long (Cunningham)................... VI. 268
Long n° 1............................. VI. 269

Long n° 2 (Cunningham)............... VI. 268
Longa (Almuñecar).
Longares. — Nom de vignes cité par André Baccius au xvie siècle. — J. R.-C.
Long's Arkansox (Cunningham).
Long d'Amérique (Cunningham, Solonis).
Longissima (Cornichon blanc).
Long Laliman (Long n° 1)............. VI. 269
Long noir d'Espagne. — Nom cité dans divers catalogues (?).
Long's grape (Solonis)............... I. 463
Longworth's Ohio (Jacquez).......... VI. 371
Lonza (Alionga).
Lorca (Perruno)....................... *D.*
Lordao (Lardot).
Lorenz traube (Pinot Saint-Laurent).... III. 250
Lorisi blanc, noir. — Noms de cépages de la Sicile. — J. R.
Loubal. — V. Pulliat décrit ce cépage comme cultivé dans le Tarn-et-Garonne et caractérisé par des feuilles moyennes, planes, à court duvet à la page inférieure, à sinus supérieurs profonds; grappe moyenne, cylindro-conique, rameuse, ailée; grains moyens, olivoïdes, peu fermes, d'un jaune paille, à maturité de 2e époque tardive.
Lou déflouraine (Tibouren).
Louisa, Louisen, Louisette (Isabelle).
Louisiana (Rulander)...... .... *D.*
Lou Piouran (Roussette)............. II. 244
Lou Pogai (Petit Paugayen)........... IV. 107
Lourdaot, Lourdan, Lourdaut, Lourdot (Lardot)......................... V. 319
Lourdot (Chasselas doré)............ II. 6
Louraira. — Cépage portugais assez répandu dans le Minho, à longues grappes, peu ailées, compactes; grains moyens ou sous-moyens, ovales, d'un jaune doré, fermes, un peu musqués. — D. O.
Lourela (Lourella)................... VI. 209
Lourelo (Lourella).................. VI. 209
Lourella............................. VI. 209
Lou Verdal (Aspiran Verdal).
Lovarina. — Nom de cépage italien cité par le *Bulletin ampélographique italien.*
Lovelady grape...................... I. 378
Lovelo (Harslevelü).
Lowelin (Harslevelü).
Loxa, Loya (Loja)...................... *D.*
Lubcou (Colombaud).
Lubeck, Lubek. — Nom de cépage créé par les frères Simon (?).
Luca Giovanni (Mangiotiello)........... *D.*
Lucane (Saint-Pierre doré)........... IV. 367
Lucane des Deux-Sèvres (Saint-Pierre doré)............................ IV. 367
Lucaniæ. — Nom de vignes cité par Caton l'Ancien (iie siècle avant J.-C.). — J. R.-C.

Lucanien, Lucanum (Aglianico)......... V.   89
Lucarina. — Nom de vigne cité par Varron
(1er siècle av. J.-C.). — J. R.-C.
Lucens, Luckens, Lukesis (Côt)......... VI.   6
Lucky. — Variété de Lincecumii, isolée par T.-V.
Munson; grappe grosse; grains un peu dis-
coïdes, d'un noir violacé mat.
Ludtalpü (Kadarka).................. IV. 177
Ludtalpü Törökszölö (Kadarka)....... IV. 177
Ludvigh (V. Ludvigii)................ I.   487
Lugiadega (Luglienga).
Lugiana bianca (Lignan blanc)......... III. 69
Lugiana nera (Frankenthal).
Lugione (Lignan).
Lugijanca bianca (Lignan blanc)....... III. 69
Lugliatica (Lignan blanc)............. III. 69
Lugliatica bastarda (Lignan).......... III. 69
Lugliatica nera (Frankenthal).
Lugliatica verde (Agostenga).......... III. 64
Lugliatico pazzo (Grignolino).
Lugljenca (Lignan blanc)............. III. 69
Luglienga bianca (Liguan)............. III. 69
Luglienca bianca, ovale, courte, longue,
grosse (Lignan blanc).............. III. 69
Luglienca nera................... IV. 260
Luglieq. — Cépage blanc, très hâtif, peu répandu à
Menton ; raisin de table, qui mûrit dès le commen-
cement d'août ; ressemble un peu au Chasselas,
mais à grains plus petits. — L. B. et J. G.
Lugliesa, Lugliese, Lugliesella. — Cépage italien
très diffusé dans les provinces napolitaines ; matu-
rité précoce ; grappe pyramidale, ailée, de gros-
seur moyenne ; grains gros, ellipsoïdes, charnus,
d'un rouge noirâtre ; feuilles grandes, quinque-
lobées, à sinus peu profonds, glabres. — M. C.
Lugliola, Luglio latica, Lugliole, Lugliota (Li-
gnan).
Lugnes. — Nom de cépage à raisins blancs de
l'Aveyron, d'après Marre.
Lugosan (Kadarka).
Luisant (Chardonnay)................ IV.   9
Luisant (Hibou).................... VI. 94
Luises. — Cépage espagnol de la région de Séville,
d'après Abela y Sainz.
Lujega (Lignan).
Lukens, Lukkens (Côt).
Lukfata. — Hybride américain de Champin par
Moore Early, créé par T.-V. Munson ; grappe
moyenne, très serrée ; grains gros, sphériques,
noir violacé ; peau mince ; goût acerbe.
Lulie. — Variété américaine de Labrusca, assez peu
estimée aux États-Unis ; grappe compacte ; grains
gros, d'un noir foncé, très pulpeux et très foxés.

Lulienga (Lignan blanc).............. III. 69
Lulio (Juliette)..................... D.
Lumaca Lumaccina, Lumana, bianca. — Noms de
cépage italien de la Ligurie. — J. R.
Luna. — Semis américain de Labrusca obtenu par
Marine, à raisins blancs, pulpeux et foxés.
Lunatica nera. — Nom d'un cépage (?) italien ;
raisin de table d'Asti. — J. R.
Lunel (Muscat blanc).
Lu nostru (Catarratto)................ VI. 222.
Lupeccio, Lupecsio bianco. — Nom de cépage italien,
à raisins blancs (Bull. amp. ital., VIII).
Lupina, Lupino. — Nom de cépage italien de la
région de Gaeta (Bull. amp. ital., IX).
Lurio (Enfariné).
Lusanois (Chardonnay).
Lusetta bianca. — Nom de cépage italien de la
région de Saluces.
Lusidia (Molarinha).
Lusthina. — Nom de cépage italien de la Toscane.
— J. R.
Lutie. — Variété américaine de Labrusca, à raisins
d'un rose mat, très pulpeux et très foxés.
Lutkens (Côt)..................... VI.   5
Luttenberger (Furmint)............. II. 251
Luttenberger (Räuschling) .... V. 229
Luttenberger blauer (Kölner)............. D.
Luttenbershna (Elbling, Räuschling).
Luviana, Luviana veronese (Lignan blanc).
Luvora cervena (Savagnin rose)........ IV. 301
Luzannois (Chardonnay).............. IV.   6
Luzannois (Chasselas doré).
Luzidia (Molarinha)................... D.
Luzina. — Nom de cépage cité par Pierre de Cres-
cence au XIIIe siècle. — J. R.-C.
Lydia. — Semis américain d'Isabelle ; gros grains
ovoïdes, d'un gris clair, pulpeux et foxés.
Lyman. — Semis de Riparia (?) ; grains moyens,
sphériques, d'un noir violacé foncé ; sans intérêt.
Lyon. — Hybride américain de Delaware par Con-
cord, à grains d'un rose clair, très peu productif.
Lyon. — Autre hybride américain créé par T.-V.
Munson, à caractère de Riparia ; peu intéres-
sant.
Lyonnais, Lyonnais aubas (Mourvèdre).
Lyonnaise (Gamay Beaujolais)........ III. 6
Lyonnaise blanche (Melon)........... II. 45
Lyonnaise blanche (Petit Dannery)..... II. 352
Lyonnaise blanche (Räuschling)........ V. 229
Lyonnaise commune (Gamay Beaujolais).. III. 6
Lyonnaise du Jonchay (Gamay).
Lyonnaise femelle (Gamay tête de nègre). IV. 174

M

Mabel (Walter)............................ *D.*

Mabra. — Cépage russe, à raisin noir, cultivé pour la cuve dans la Mingrélie. — V. T.

Maça. — Cépage portugais, cultivé en treilles aux environs de Lisbonne et à Azeitão, rare dans le Douro et le Traz-os-Montes. Vigne vigoureuse, à feuilles orbiculaires, quinquelobées, à sinus peu profonds, cotonneuses en dessous, limbe épais; grappes volumineuses, longues, pyramidales, rameuses, peu compactes; grains très gros, ronds ou hémisphériques, d'un jaune ambré mat, à reflets rosés du côté du soleil, pruinés, fermes et croquants. — D. O.

Macabeo (Forcalla)................... VI. 104

Macaben (Forcalla)................... VI. 104

Macaroli. — Cépage cité par divers catalogues comme originaire d'Espagne, à très grosse grappe ailée, à gros grains ronds, noirâtres; de 4ᵉ époque de maturité, d'après F. Richter.

Maccabeo .... VI. 160

Maccabeu (Maccabeo)............... VI. 160

Mac Candlen (Jacquez)............... VI. 374

Maccafero, Maccafero nero (Cabernet franc).

Maccherona nera. — Nom de cépage italien de Bologne. — J. R.

Mac Donalds Ann arbor (Concord).

Macedo. — Cépage portugais déjà signalé en 1790 par Lacerdo Lobo dans la région de Murça (Traz-os-Montes), où il existe par pieds isolés; il était cultivé aussi jadis, sous le nom de *Arintho moreno* dans le Haut-Douro; raisin de cuve très tardif; feuilles petites, quinquelobées, minces, crispées, lanugineuses en dessous; grappes grandes, peu serrées, pyramidales; grains sur-moyens, globuleux, d'un jaune ambré. — D. O.

Macédonius. — Semis américain de Concord; sans valeur.

Macé doux. — Nom de cépage (?) cité par Jullien pour la Touraine.

Maceix doux (Mourvèdre).

Maceratese (Grec blanc).

Maceratino (Grec blanc).

Machareu (Maccabeo)............... VI. 160

Machoupet, Machouquet, Machoutet(Pardotte). *D.*

Maclean (Black July).................. *D.*

Maclin. — Syn.: *Méclin noir*. Cépage de la région de Montagnieu, dans l'Ain, d'après V. Pulliat; feuilles lanugineuses, sinuées; grappe sur-

moyenne, cylindro-conique, assez serrée, peu ailée; grain sur-moyen, ferme, peau épaisse, d'un noir foncé pruiné; maturité de 3ᵉ époque.

Maclon. — Donné par V. Pulliat comme cépage des côtes du Rhône, à feuille duveteuse, trilobée; grappe sur-moyenne, cylindro-conique, ailée; grain sous-moyen, ellipsoïde, peau épaisse d'un vert jaunâtre; maturité de 2ᵉ époque.

Maclou (Maclin)....................... *D.*

Mac Lure, Mac Neil. — Noms de cépages américains sans valeur.

Maconna, Maconnais (Maclon)............... *D.*

Maconnais (Altesse).

Macrobotrys (Casco de Tinaja).............. *D.*

Machocarpa (Vitis, Frankenthal).

Macrophylla (Rabo di vaca)............... *D.*

Maculata (Tinto de Grenada).

Madalinen (Lignan blanc)...... III. 69

Madame Castel (Hybride Castel nº 1028)..... *D.*

Madame Coignet (V. Coignetiæ)....... I. 426

Madame Lussan (Hybride Castel nº 19002)...... *D.*

Madarkas Furmint (Furmint)....... II. 251

Madchanaouri (Dodrelabi)............ II. 139

Mädchen traube (Leanika)............ *D.*

Maddalena angevina (Madeleine angevine).

Maddalena bianca (Lignan blanc).

Madea (Bosco).......................... *D.*

Madeira. — Cépage portugais, sans importance dans le district de Portalegre. — D. O.

Madeira Frontignan (Muscat rouge de Madère)........................... III. 319

Madeira of York (Alexander)............... *D.*

Madeleine angevine................. *D.*

Madeleineau. — Nom inexact du Catalogue du Luxembourg, pour Madeleine noire.

Madeleine blanche (Lignan blanc)...... III. 69

Madeleine blanche de Jacques. — V. Pulliat caractérise ce cépage de 1ʳᵉ époque par une grande feuille tourmentée, duveteuse en dessous, à sinus supérieurs profonds; grappe moyenne, cylindro-conique; grain moyen, sub-ellipsoïde, d'un beau jaune clair; à maturité de 1ʳᵉ époque précoce.

Madeleine blanche de Malingre (Précoce de Malingre)..................... III. 75

Madeleine Céline.................... IV. 35

Madeleine impériale (Madeleine royale). III. 267

Madeleine Juliette (Madeleine noire)... III. 247

Madeleine musquée (Org Tokos)........ IV. 333

MADELEINE MUSQUÉE DE COURTILLER (Muscat de Saumur)................... IV. 268

Madeleine noire................... III. 247

MADELEINE PRÉCOCE DE MALINGRE (Précoce de Malingre).

MADELEINE ROUGE (Madeleine noire).

MADELEINE ROSE (Malvoisie rose du Pô).

Madeleine royale................... III. 267

Madeleine Salomon................... II. 381

MADELEINE VERTE, MADELEINE VERTE DE LA DORÉE (Agostenga)............... III. 64

MADELEINE VIBERT (Chasselas Gros Coulard).

MADELEINE VIOLETTE (Madeleine noire)... III. 247

MADELEINE VIOLETTE DE HONGRIE (Madeleine noire)................... III. 247

Madeline. — Semis américain de Labrusca, à raisins blancs, précoces de maturité, très foxés et très pulpeux.

MADERA BIANCA (Alexander)............... D.

MADÈRE (Grenache gris).

MADÈRE (Muscat violet).

MADÈRE VENDEL (Muscat rouge de Madère)................... III. 319

MADÈRE VERTE (Agostenga).

MADÉRISÉ (Hybride Castel n° 7613)......... D.

MADERPETCHEH (Anguur Maderpetcheh)...... D.

MADIRAN ROUGE (Tannat).

MADJARKA (Slankamanka).

Madon. — Semis du Dr Houbdine, caractérisé, d'après V. Pulliat, par une feuille presque entière, à duvet pileux sur les nervures de la face inférieure ; grappe moyenne, peu serrée ; grains surmoyens, ellipsoïdes, à chair parfumée comme le Sauvignon ; peau fine, d'un jaune doré à la maturité de 2ᵉ époque.

MADONE (Madon)................... D.

MADONI. — Nom de cépage tunisien (?).

MADRAS, MADRAS ROSSO. — Noms de vigne italienne cités par le *Bull. amp. ital.*

Madre. — Hybride de T.-V. Munson (Delago × Brillant), à grains assez gros, d'un rouge foncé.

MADRESFIELD COURT (Muscat Madresfield Court)................... III. 131

Madschtkvatoury. — Cépage russe, à raisin noir, cultivé pour la cuve en Mingrélie. — V. F.

MARISCH, MARISH BLANCHE. — Nom de cépage du duché de Bade (?).

MAFAL, MAFOL. — Noms de cépages du Catalogue des vignes du Luxembourg, comme originaires d'Espagne et d'Algérie (?).

Maganakoury. — Cépage russe peu répandu au Gouriel, à raisin noir, cultivé pour la cuve. — V. T.

MAGELLANA BIANCA. — Nom de cépage italien de la région de Côme. — J. R.

MAGDOLANA KEK (Madeleine noire).

MAGGESE. — Nom du Catalogue du Luxembourg.

MAGHIOCCO NERO (Maglioco nero)............ D.

MAGLARI (Adanassouri)................... D.

Maglioco nero. — Raisin des Calabres (Italie), d'après Mendola, cité par V. Pulliat ; grande feuille glabre sur les deux faces, trilobée ; sinus pétiolaire fermé ; grappe sur-moyenne, cylindro-conique ; grains globuleux, croquants, serrés ; peau épaisse, d'un noir foncé pruiné ; maturité de 3ᵉ époque.

MAGLIOCCOLO (Maglioco)................... D.

MAGLIOLO (Chardonnay, Pignolo).

MAGLIONE. — Nom de cépage piémontais. — J. R.

MAGLIOPPA (Sangioveto).

MAGNACON. — Nom de vigne de l'Istrie, cité par Acerbi.

Magnate. — Hybride américain de Labrusca, à raisins blancs, pulpeux et foxés.

Magnificent. — Cépage américain, hybride de Labrusca, à raisins rouges, pruinés, foxés et pulpeux.

MAGNIFIQUE DE NIKITA (Panse).

MAGRET (Côt)................... VI. 6

MAGROT (Côt)................... VI. 6

Maguire. — Variété américaine, très semblable à l'Hartford, mais très foxée.

MAGYARKA (Slankamenka).

MAGYARTRAUBE (Madeleine noire)....... III. 247

MAGYARTRAUBE FRUHE (Madeleine noire).. III. 247

Magyartraube frühe. — Syn. : *Frühe Ungarische.* — Ce raisin précoce est souvent confondu par les auteurs avec la Madeleine violette ou les Pinots noirs précoces. H. Gœthe, qui le décrit d'après Trummer et Pulliat, le donne comme le plus précoce des raisins bleus. En réalité, le cépage que nous avons reçu sous ce nom du Tyrol nous paraît bien différent. Végétation un peu grêle, bois jaune ; feuillage vert clair, en forme de feuille de lierre, glabre et non découpé, légèrement hispide infer ; raisin moyen, à grains franchement bleus, ronds ou un peu discoïdes, de 15ᵐᵐ de diamètre, mûrissant environ huit jours seulement avant les Pinots. — Mais, M. Oberlin signale sous ce nom une variété différente, à feuillage découpé et tomenteux et raisin à grains ellipsoïdes de 17/16, qui nous a paru présenter de grandes ressemblances avec le Wildbacher. — A. B.

MAGYORKA DU BANAT (Slankamenka)......... D.

Mahallaouri. — Cépage égyptien (?), d'après Sickemberger, à grains noirs sphériques. — J. M. G.

MAHRER, MAHRER ROTER (Valteliner).

MÄHRISCHE (Madeleine noire).

Mahuern. — Cépage noir des environs de Menton, où il est très répandu, donnant un vin estimé ; peu résistant aux maladies cryptogamiques ; demande la taille courte; sarments grêles, à mérithalles moyens; feuilles assez grandes, fortement découpées, à dents très aiguës; grappe longue, cylindrique, ailée, lâche, avec un pédoncule long et fort; grains globuleux, à peau fine, d'un violet foncé, avec une pulpe abondante très sucrée. Ce cépage a quelque analogie avec le Braquet. — L. B. et J. G.

MAINAR (Furmint)..................... II. 251
Maïolet .... V. 272
MAIOLO (Carignane).
MAIOLUS (Carignane).
MAIOLUS (Tempranillo).
MAIOPPA (Gaglioppo)..................... *D.*
MAIRANCHAS. — Nom de cépage espagnol de Ciudad Real, d'après Abela y Sainz.
MAISILIANE NOIRE (Marsigliane)............... *D.*
MAÏSSA (Maïzy)........................... *D.*
MAISS-ABDJOUCHE (Maska)................... *D.*
MAISTER. — Nom de cépage de la Lozère, cité par Bosc.
MAITHE (Poulsard).
MAÎTRE NOIR (Pinot).
MAÏZAKY (Maïzy)........................ *D.*
Maïzy. — Cépage du Turkestan russe, cultivé pour la table; 2ᵉ époque de maturité; feuille moyenne, quinquelobée, fortement sinuée, glabre sur les deux faces; grappe petite, croquante, à gros grains un peu allongés, charnus et grossiers, d'un vert jaunâtre. — V. P.
MAJNACK (Furmint).
MAJOLET (Maïolet)...................... V. 272
MAJOLET BON VIN (Maïolet)............. V. 272
MAJOLETTO (Maïolet)................... V. 272
MAJOLETTO (Corinthe noir).
MAJOLINA. — Nom de cépage de Sicile (*Bull. amp. ital.*, XIX).
MAJOLO (Tempranillo).
MAJOR MORAY's (West's Sᵗ Peters).
MAJORQUEN (Mayorquin)............... III. 313
Makhatoury. — Cépage de Ratcha (Russie), à raisin blanc, cultivé pour la cuve. — V. T.
Makhmoudavy. — Cépage du Kurdamir russe, à grain moyen, juteux, d'un jaune blanchâtre, peu sucré, cultivé pour la table. — V. T.
MAKHMOULY (Makmoudâry).
Makhvately. — Cépage de cuve à raisin noir de la Mingrélie russe. — V. T.
Makoscina. — Cépage à raisins blancs, cultivé pour la cuve en Dalmatie, d'après H. Gœthe.
Makourentchry. — Cépage du Gouriel (Russie), à raisin noir, cultivé pour la cuve. — V. T.
MAKRA. — Nom de cépage cité par Acerbi.
Maksarsi. — Cépage cultivé dans la région des monts du Liban. — At. B.
MALA (Argant)..................... V. 346

MALA DINKA (Savagnin rose).......... IV. 301
MALACA. — Nom de cépage italien de la région de Lecce (*Bull. amp. ital.*, XV).
MALAGA (Grec rouge)................ III. 277
MALAGA (Gros Sémillon)............. II. 220
MALAGA (Muscat d'Alexandrie). ...... III. 108
MALAGA BALOY PAL (Muscat d'Alexandrie).
MALAGA BLANC (Muscat d'Alexandrie)... III. 108
MALAGA BLANC (Sémillon).
MALAGA DE BEINER, MALAGA DE BEN AKNOUD, MALAGA LE GHOS. — Synonymes mal déterminés, probablement le Muscat d'Alexandrie.
MALAGA NERA, MALAGA NERA OVALE, MALAGA NOIR (Ribier).
MALAGA ROSSA, MALAGA ROSSA TONDA (Grec rouge), MALAGA ROUX (Olivette).
Malaga-Tchivrny. — Cépage du Don (Russie), à gros grain ovale, noir, charnu, très bon pour l'expédition; maturité de 2ᵉ époque tardive. — V. T.
MALAGA THAUBE (Pis-de-chèvre blanc)... IV. 91
MALAGHORA (Muscat d'Alexandrie)...... III. 108
MALA-GOUSSINE (Houssein)................. *D.*
MALAGUEÑA. — Nom de cépage espagnol de la région de Barcelone, d'après Abela y Sainz.
Malai. — D'après Scharrer, cépage du Caucase, à grains moyens, sphériques, blancs; cultivé pour la cuve; peut-être le Mallagui.
MALAIN BLANC (Aligoté)........... IV. 100
MALAKOFF ISZUM (Olivette noire)........ II. 327
Malanchot. — Variété de Pinot noir particulière aux vieux vignobles du Haut-Revermont. Se distingue du type par quelques traits de ressemblance avec les Savagnins. — A. B.
MALANS (Malanstraube)................. *D.*
Malanstraube. — Syn. : *Completer, Lindauer, Zürirebe.* — Variété à raisins blancs que Kohler a signalée comme assez répandue dans les vignobles suisses voisins des lacs de Zurich et de Constance, où elle donnerait un des vins les plus riches et les plus parfumés de la Suisse. Nous l'avons reçue du Tyrol. A Pontailler, elle mûrit entre 1ʳᵉ et 2ᵉ époques, mais sa vigueur et sa fertilité ne sont que moyennes; la taille longue serait nécessaire pour accentuer sa production. — Bois rouge; feuillage assez petit et d'un vert pâle, profondément découpé en 5 lobes jaunissant par les bords; page inférieure floconneuse; grand pétiole infléchi; grappes cylindriques, moyennes, à grains ellipsoïdes, de 14/13, portés sur de longs pédicelles, à gros disque, et pourvus d'une pruine grisâtre abondante; le moût présente une légère saveur de Sémillon. — A. B.
MALANSTRAUBE WEISSE (Malanstraube)........ *D.*
MA-LA-RESSÁ (Cornichon).
MALBEC (Côt)..................... VI. 6
MALBECK (Côt)..................... VI. 6

MALBECK AIGRE (Côt)................. VI.   6
MALBECK DOUX (Côt)................... VI.   6
MALDOUX (Mondeuse)................. II.   274
MALEGONE. — Nom de cépage italien, cité par Acerbi.
MALFIORE. — Nom de cépage italien de Sinalunga. — J. R.
MALGONE (Aglianico).
MALICA. — Nom de cépage italien, cité par Acerbi pour la région de Bologne.
Maligia. — Cépage italien de la région de Sassuolo, à raisins blancs. — J. R.
MALI JAVOR (Kniperlé).
MALI KERILHIKOWEZ (Konigstraube).......... D.
MALIN BLANC (Melon)................. II.   45
MALINGRE, MALINGRE PRÉCOCE BLANC, MALINGRE KORAI (Précoce de Malingre).
MALISA. — Nom de cépage italien, cité pour la région de Modène.
MALIVER, MALIVER NOIR. — Noms de cépage (?) cité par Odart pour la région de Nice.
MALIXE, MALIXIA. — Cité par Pierre de Crescence.
MALI ZERNI (Wildbacher)................... D.
MALJAK (Furmint)................... II.   251
MALJIK (Furmint)................... II.   251
Mallagui. — Raisin blanc de cuve et de table de Perse. — B. T.
MALLORQUI. — Nom de cépage espagnol de la région de Barcelone, d'après Abela y Sainz.
MALLORQUIN (Mayorquin).
MALMOAL (Cissus carnosa)............. I.   98
MALMSEY (Chasselas cioutat).
MALMSNY (Furmint)................... II.   251
MALMUR (Poulsard).
MALMURINAUR (Aramon).
MALNIG, MALNIK (Furmint)............ II.   251
MALNOIR (Péloursin)................. VI.   87
MALOZSA ESPAGNOL (Malvoisie?)
MALOZZA TÖRÖK (Agostenga).
MALPÉ, MALPET (Côt).
Malsbouri. — Cépage de la région des monts du Liban (Syrie). — At. B.
MALTERDINGER (Pinot noir)............ II.   19
MALVAGEA, MALVAGIA, MALVAGIA BIANCA DE CALABRE, DE VÉRONE, DE FARARA, D'ALEXANDRIE, D'AREZZO, DE SICILE, D'ASTI, DE MONTEPULCIANO, DE SYRACUSE, DE BARI, DE TOSCANE, DU VÉSUVE, DI CANNA, DI TRANI, DI TRIESTE, BIANCA MOLLE, BIANCA RARA, BIANCA CANDIDA, GRECA, HERRERA, LUNGA, APICCOLA, RARA, ROSAVENDA, TOSTA, VERACE, ROSSICCIA, ROUGE, VERDE. — Le nom de Malvasia, Malvasier, Malvoisie est appliqué à quantité de cépages très divers et les qualificatifs qui suivent ces noms n'ont pour la plupart aucune signification déterminative ; ceux qui, accolés aux noms ci-dessous, désignent un vrai cépage sont indiqués dans la suite ; ceux ci-dessus n'ont pu être rapportés à un vrai cépage

MALVASIA (Malvasia roja)............. VI.   246
MALVASIA (Dona Branca)............. III. 188
MALVASIA BIANCA ROJA (Malvasia roja).... VI.   246
MALVASIA DE LA RIOJA (Malvasia roja)... VI.   246
MALVASIA DE LA CARTAJA (Malvoisie des Chartreux)....................... IV.   252
MALVASIA DE PASSA (Malvasia fina)........... D.
MALVASIA DI VILLALUNGA (Aleatico).
Malvasia fina. — Très ancien cépage portugais, cultivé surtout à Madère, peut-être originaire de l'Italie et non identifié aux autres Malvoisies ; feuilles quinquelobées, orbiculaires ; grappe peu serrée, moyenne ; grains moyens, inégaux, ellipsoïdes, jaune ambré, pruiné. — D. O.
MALVASIA GROSSA (Dona branca)........ III. 168
MALVASIA GROSSA (Vermentino)........ V.   313
MALVASIA NERA (Aleatico).
MALVASIA NERA AGGLOMERATA (Aleatico).
MALVASIA NERA DI BARI (Aleatico).
MALVASIA NERA DI CANDIA (Aleatico).
MALVASIA ODOROSISSIMA (Aleatico).
MALVASIA PARDA (Malvasia fina).
Malvasia roja.................... VI.   246
MALVASIA ROSSA (Valteliner rouge précoce)....................... III. 253
MALVASIER (Frankenthal).
MALVASIER FRÜHER (Lignan).
MALVASIER FRÜHER ROTER (Malvasia roja).
MALVASIER FRÜHER WEISSEN (Agostenga).
MALVASIER GUTEDEL (Chasselas rose).
MALVASIERS. — Même observation que pour Malvasia.
MALVASIETTA, MALVASIONE, MALVATICA, MALVAZIA (pour Malvasia).
MALVAZIA GROSSA (Vermentino).
Malvoisie blanche du Piémont. — Cépage du Piémont retenu comme distinct par V. Pulliat à cause de sa grappe ailée, de son grain sur-moyen, ellipsoïde, d'un jaune verdâtre, à maturité de 2e époque.
MALVOISIE. — Même observation que ci-dessus pour Malvasia, Malvasier...
MALVOISIE (Clairette)........ .... V.   55
MALVOISIE (Pinot gris)............... II.   32
MALVOISIE (Savagnin jaune)........... IV.   301
MALVOISIE (Valteliner rouge précoce)... III. 253
MALVOISIE (Vermentino)............. V.   313
MALVOISIE A GROS GRAINS (Vermentino)... V.   313
MALVOISIE BLANCHE (de diverses origines). — Même observation que pour Malvoisie.
MALVOISIE DE CRIMÉE (Kokour blanc).... IV.   149
Malvoisie de Lipari. — V. Pulliat considère cette Malvoisie comme un cépage distinct, à grain moyen, ellipsoïde, d'un beau rose pruiné, à la maturité de 4e époque.
Malvoisie des Chartreux............. IV.   252
Malvoisie de Sitzes. — Cépage décrit par V. Pul-

liat ; ce serait le *Verdal* des Hautes et Basses-Alpes, originaire d'Espagne, mais différent du Verdal décrit par Simon Rojas Clemente ; V. Pulliat le caractérise par des feuilles quinquelobées, très duveteuses en dessous ; une grappe grosse, courte, lâche, rameuse ; des grains sur-moyens, ellipsoïdes, d'un jaune verdâtre ; maturité de 3ᵉ époque.

Malvoisie des Pyrénées-Orientales. — Encore une Malvoisie décrite par V. Pulliat, à grain à peine moyen, ellipsoïde, juteux, sucré, d'un jaune doré, à maturité de 3ᵉ époque tardive.

Malvoisie de Touraine (Pinot gris).

Malvoisie du Pô (Valteliner rouge précoce).............................. III. 153

Malvoisie du Valais (Pinot gris)....... II. 32

Malvoisien (Pinot gris)............... II. 32

Malvoisie précoce d'Espagne (Vermentino)............................ V. 313

Malvoisie rose du Pô (Valteliner rouge précoce)......................... III. 253

Malvoisie rouge d'Italie (Valteliner rouge précoce).................... III. 253

Malvoisie rousse de Tarn-et-Garonne. — V. Pulliat caractérise cette Malvoisie par son grain sous-moyen, ellipsoïde, sucré, d'un roux veiné de rose, à maturité de 2ᵉ époque tardive.

Malvoisie verte. — Malvoisie à grain globuleux, d'un vert jaunâtre, à maturité de 2ᵉ époque (d'après V. Pulliat).

Malvone (pour Malvasia).................. D.

Mamais Andassaouli (Adanussouri)........... D.

Mamella de Monja. — Nom de cépage espagnol de Barcelone, d'après Abela y Sainz.

Mamelle de femme (Servant).

Mamelle de Religieuse (Servant).

Mamallo. — Nom sans signification du Catalogue du Luxembourg.

Mamelon. — Semis de Moreau-Robert, d'après V. Pulliat. Feuille glabre sur les deux faces, grande, trilobée ; grappe très grosse, à gros grains globuleux, d'un blanc jaunâtre ; maturité de 2ᵉ époque.

Mamillaris (Cornichon blanc).

Mamma figlia. — Nom de cépage italien cité par le *Bulletin ampélographique*.

Mamella di vacca (Pis-de-chèvre).

Manmola asciuta, nera. — Noms de cépages italiens, non déterminés comme synonymes.

Manxolo asciutto, florentino, grosso, minuto, monmolone (Rafajone nero)............. IV. 157

Manmolo nero (Rafajone nero)......... IV. 157

Mammolo pratese, rosso, serrato, tondo, toscano (Rafajone nero)................... IV. 157

Mammoth Catawba (Catawba).......... VI. 282

Mammoth Sage. — Un des hybrides américains de Rogers, sans valeur.

Manarda (Massarda)..................... D.

Mançais (Manseng)................... V. 263

Mancen (Manseng)..................... V. 263

Mancep. — Nom cité par Jules Guyot pour un cépage (?) de la Corrèze.

Manches (Côt)..................... VI. 14

Mancesa. — Nom de cépage espagnol de la région de Barcelone, d'après Abela y Sainz.

Mancin (Côt vert).................. VI. 14

Mancin (Manseng rouge)............. V. 263

Mancxie (Valteliner rouge).

Mandikooury. — Cépage du Gouriel (Russie), à raisin noir, cultivé pour la cuve. — V. T.

Mandolino nero. — Nom de cépage italien du Piémont et de Naples. — J. R.

Mandonico (Somarello).

Mandouse (Mondeuse)............... II. 274

Mandoux, Mandouze (Mondeuse)........ II. 274

Manduonico (Somarello).

Maréchal (Mourvèdre).

Maneschaou (Mourvèdre).

Manferina. — Nom de cépage corse cité par Marès et Bouschet, à raisins blancs ; grains ronds et moyens (?).

Mangiacane nera. — Nom de cépage des régions napolitaines. — J. R.

Mangiaguerra...................... VI. 362

Mangiaguerra (Coda di volpe nera)..... VI. 345

Mangiaguerra (Piedirosso)........... VI. 360

Mangiaguerra di San Martino (Mangiaguerra)...................... VI. 362

Mangiaguerra nera (Mangiaguerra)..... VI. 362

Mangiaguerra di San Severino (Piedirosso).

Mangiaguerra di Valle Candina (Aglianico).

Mangiaguerra rossa (Mangiaguerra).... VI. 362

Mangiaguerrone (Mangiaguerra)...... VI. 362

Mangiarritto (Mangiaguerra)......... VI. 362

Mangiatoria (Mangiaguerra).......... VI. 362

Mangiatoria bianca (Sanginella).

Mangia verde, Mangiaverre (Mangiaguerra)...................... VI. 362

Mangiottello, Mangiottiello (Sanginella).

Mango de asno. — Ancien cépage portugais, à raisins rouges, cultivé à Lamego. — D. O.

Mangura (Blaustiel blauer)............... D.

Manhartraube. — Vigne blanche originaire de la Basse-Autriche et qui se distingue bien des Valteliners auxquels H. Gœthe l'assimile. M. Oberlin l'a propagée en Alsace où elle donne un des moûts les plus riches. Bourgeonnement blanc jaunâtre, duveteux ; bois noisette, ponctué, à mérithalles très courts ; feuille moyenne, souvent trilobée, à lobe terminal allongé et tombant ; page super. d'un vert franc, l'infér à trame aranéeuse, serrée ; pétiole rosé, denture très courte ; grappe cylindro-conique, moyenne, généralement ailée, pédoncule allongé et fort ; grains ellipsoïdes, de 15/14 ᵐᵐ, serrés. Cette variété, assez fertile, donne un bon vin, chaud et finement bouqueté ; mais elle ne mûrit qu'en 2ᵉ époque, huit jours après le Chardonnay. — A. B.

Manhartsrebe (Manharttraube) . . . . *D.*

Manhattan. — Semis américain de Labrusca, foxé, pulpeux, peu productif ; grains d'un gris blanchâtre.

Manicanera. — Cépage italien de la Basilicate, à raisins blancs, contrairement à ce que semble indiquer son nom ; grappe moyenne, longue, conique, ailée ; grains ellipsoïdes, sur-moyens, d'un jaune ambré, pruinés ; feuilles moyennes, quinquelobées-digitées, peu duveteuses en dessous. — M. C.

Manicarola. — Cépage italien de Montecalvo, à grappe moyenne, conique, ailée, peu compacte ; grains moyens, ellipsoïdes, à peau épaisse, blanchâtre ; grandes feuilles quinquelobées, cotonneuses et lanugineuses en dessous. — M. C.

Manicuogne (Piedirosso) . . . . VI.   360

Manito. — Hybride américain créé par T.-V. Munson en croisant l'America par Brillant ; longues grappes cylindriques ; grains moyens, peu ovoïdes, d'un noir pourpre pointillé de clair ; assez précoce.

Manna bianca. — Nom d'un cépage italien de l'Emilie. — J. R.

Mannarola. — Nom d'un cépage italien de la Lombardie et de la Vénétie. — J. R.

Mannatee. — Forme de Simpsoni isolée par T.-V. Munson, peu fertile et sans valeur comme portegreffe ; petits grains noirs, acides, et tardifs de maturité.

Mannliche (Valteliner rouge) . . . . IV.   30
Mannukka (Black Monukka) . . . . *D.*
Manosquen (Téoulier) . . . . III.   210
Manrègue. — Nom cité par Odart pour un cépage noir de l'Ariège (?).
Mansain (Côt vert) . . . . VI.   14
Mansain Tannat (Tannat).
Mansard, Mansard noir (Frankenthal).
Manseing (Manseng rouge) . . . . V.   263
Mansein blanc (Petit Manseng) . . . . III.   82
Manseing (Petit Manseng) . . . . III.   82
Mansein noir (Manseng rouge) . . . . V.   263
Mansein rouge (Manseng rouge) . . . . V.   263
Manseix (Manseng rouge) . . . . V.   263
Mansen (Manseng rouge) . . . . V.   263
Mansenc (Manseng rouge) . . . . V.   263
Mansenc (Petit Manseng) . . . . III.   82
Mansenc blanc (Petit Manseng) . . . . III.   82
Mansenc colon (Petit Manseng) . . . . III.   82
Mansenc gris roux (Petit Manseng) . . . . . III.   82
Mansenc gros rouge (Manseng rouge) . . . V.   263

Mansenc gros roux (Petit Manseng) . . . . III.   82
Mansenc gros roux (Petit Manseng) . . . . . III.   82
Mansenc petit (Petit Manseng) . . . . III.   82
Manseng (Petit Manseng) . . . . III.   82
Manseng rouge . . . . V.   263
Mansengou (Petit Manseng) . . . . III.   82
Mansep, Manset, Mansezu (Manseng rouge) . . . . V.   263

Mansfield. — Hybride américain de Labrusca obtenu par C. G. Pringle, en croisant le Concord par l'Iona ; grains gros, un peu ovoïdes, d'un noir pourpre, pulpeux et foxés.

Mansic (Petit Manseng) . . . . III.   82
Mansin (Petit Manseng) . . . . III.   82
Mansois (Madeleine noire).
Mansois (Servant).

Manson. — Hybride américain, R.-W. Munson croisé par Gold Coin, créé par T.-V. Munson, à grains assez gros, sphériques, d'un blanc jaunâtre.

Manssan. — Nom cité par Hardy pour un cépage de la Haute-Vienne (?).

Manssen (Manseng rouge) . . . . V.   263
Manteca di Novoli (Rafajone noir).
Manteca rossa (Rafajone noir).

Mantegassa. — Nom de cépage italien de la région de Gênes. (*Bull. amp. ital.*, XVI).

Mantellata. — Nom de cépage italien indéterminé. (*Bull. amp. ital.*, XIX).

Mantesa gordo (Muscat d'Alexandrie) . . . III.   108
Manteudo (Manthendo) . . . . *D.*
Manteza gordo (Muscat d'Alexandrie) . . . III.   108

Manthendo. — Cépage portugais de l'Algarve, à raisins blancs, cultivé surtout pour la table, très productif ; grappes grosses, rameuses, lâches ; grains gros, ovales (20/16), peau épaisse, d'un blanc jaunâtre. — D. O.

Manthua (Mantuo de Pilas) . . . . VI.   121

Mantonica bianca, nera. — Deux cépages de cuve, siciliens, à maturité très tardive et inférieurs de qualité. — J. R.

Mantonica niura (Mantonica nera) . . . . *D.*
Mantonico maclugnese (Mantonica bianca) . . . . *D.*

Mantonico nero Inzenga. — Semis du Baron Mentola, d'après J. de Rovasenda.

Mantonicu biancu (Mantonica bianca) . . . . *D.*
Mantonicu niuru (Mantonica nera) . . . . *D.*

Mantonicu reusu. — Cité par Acerbi pour un cépage italien de Termini.

Mantonicu rosso. — Nom de cépage italien de la Toscane.

Mantovana. — Nom de cépage italien cité par Acerbi.

Mantovasso. — Nom de cépage piémontais. — J. R.

Mantuo (Mantuo de Pilas) . . . . V.   121
Mantuo (Mantuo Castellano) . . . . VI.   123

Mantuo bravio (Mantuo sauvage)....... VI. 124

Mantuo Castellano................... VI. 123

Mantuo castillan (Mantuo Castellano).. VI. 123

Mantuo de Castellano (Mantuo Castellano)........................... VI. 123

Mantuo de Jérez (Mantuo Castellano)... VI. 123

Mantuo de Layren (Mantuo Laëren)... VI. 122

Mantuo de Pilas..................... VI. 121

Mantuo de San Lucar (Mantuo Castellano)........................... VI. 123

Mantuo de San Lucar (Mantuo de Pilas). VI. 121

Mantuo Laëren..................... VI. 122

Mantuo lairen (Mantuo Laëren)... .... VI. 122

Mantuo morado. — Cépage espagnol à raisins noirs, rare dans les vignobles de Sanlucar, Xérez, Rota, Arcos (d'après Simon Rojas Clemente).

Mantuonico niuru (Mantonica nera).......... D.

Mantuo Peruno (Mantuo Castellano).... VI. 123

Mantuos. — Groupe des Mantuo établi par Simon Rojas Clemente.

Mantuo sauvage..................... VI. 124

Mantuos de Jerez (Mantuo Castellano).. VI. 123

Mantuo vigiriego (Mantuo Castellano).. VI. 123

Mantuo violet...................... VI. 122

Manzac (Mauzac)................... II. 143

Manzanarez. — Nom cité par J. de Rovasenda pour un cépage (?) espagnol.

Manzanilla. — Cépage espagnol de la région de Murcie, d'après Abela y Sainz.

Manzanilla de San Lucar. — Nom de cépage espagnol de Cadix, d'après Abela y Sainz.

Manzesa (Manzeu)....................... D.

Manzeu. — Cépage à raisins blancs, petits, aigrelets, ronds, de la Sardaigne. — J. R.

Maor, Maorina. — Nom de cépage italien de Pavie. — J. R.

Maouro. — Nom de cépage cité par Jules Guyot pour le Lot-et-Garonne, peut-être le Fer.

Maouron (Fer).................... VI. 23

Maoury. — Cépage à raisin noir, cultivé pour la cuve à Letchkhoum (Russie). — V. T.

Maousac (Mauzac)................... II. 143

Marabia. — Nom du Catalogue du Luxembourg.

Maral. — Cépage portugais de l'arrondissement d'Evora, très productif, raisin blanc de table ou de cuve ; feuilles moyennes, presque entières, lanugineuses en dessous, nombreuses grappes petites, à grains moyens, un peu oblongs, d'un blanc clair, peu fermes. — D. O.

Maral tinto. — Cépage portugais à vin rouge commun, répandu surtout dans les vignobles du Nord ; feuilles trilobées ; grappes petites, lâches ; grains ovoïdes, noirs rougeâtres, fermes, peau épaisse. — D. O.

Marançu (Merançu)........................ D.

Maranda. — Cépage de la Bessarabie (Russie), à raisin rouge, cultivé pour la cuve. — V. T.

Marana. — Nom de vigne à raisin blanc, cité par A. Baccius (xviᵉ siècle). — R. C.

Marantkeiny. — Cépage à raisin noir, à grain moyen, sphérique, cultivé pour la cuve à Elisabetpol. — V. T.

Maraschina. — Nom de cépage (?) de la Dalmatie cité par Odart.

Marasquino. — Cépage observé à Sokra (Tunisie), remarquable par la grosseur de son fruit, mais peu productif ; grandes feuilles entières, lisses, à peine duveteuses en dessous ; grappe grosse, lâche, rameuse, cylindrique ; grains très gros, sphériques, d'un beau vert doré à la maturité, chair croquante, juteuse, à saveur relevée. — N. M.

Marastel (Morrastel).

Marathophiko. — Cépage à gros grains rouges de l'île de Chypre. — J. M. G.

Marava. — Nom de cépage (?) de Crimée à raisin noir. — V. T.

Maraviglia (Néhélescol)............. III. 290

Maraviglia (Olivette).

Maraville (Olivette).

Marbelle, Marbelli, Marbelli bianca, blanc, dorata (Olivette).

Marbois. — Nom du Catalogue du Luxembourg.

Marca (Helveneca)........................ D.

Marca bianca. — Nom de cépage italien de Pavie. — J. R.

Marcellana (Cabernet franc).

Marcellana (Schiava).

Marchesa, Marchesa di Calabrina, Marchesana, Marchisa, Marchisato (Fresia)............ D.

Marchoupet (Cabernet Sauvignon)..... II. 285

Marcigotta bianca. — Nom de cépage italien de Corregliano. — J. R.

Marclou (Altesse).

Marco catabano, Marco catalasso, Marco catalano bianco (Muscat d'Alexandrie).

Marcolonja, Marcoluga grossa, piccola. — Noms de vignes italiennes cités par Acerbi pour l'Istrie.

Marcona bianca. — Nom de cépage italien de la région de Côme. — J. R.

Mardegena. — Nom de vigne cité par Pierre de Crescence.

Mardjany. — Cépage du Daghestan russe, à petit grain rose, sucré, aromatique. — V. T.

Mardjène (Mardjany)..................... D.

Maréchal (Morrastel).

Maréchal Bosquet — Semis de Moreau-Robert d'après V. Pulliat ; à grappe sur-moyenne, cylindroconique, ailée, serrée ; grains sur-moyen, subellipsoïde, peu ferme ; peau fine, résistante, d'un d'un jaune doré ; maturité de 2ᵉ époque.

Mareotica, Mareoticæ, Mareotida, Mareotides,

MARÉOTIQUE, MAREOTIS. — Noms divers de vignes cités par divers agronomes anciens et surtout par Columelle.

Marès .... VI. 259

MARESCOT NERO. — Nom de cépage piémontais ? — J. R.

MARFIÉ, MARFIEGA. — Nom cité par divers catalogues pour un cépage du Gard (?)

MARGANA NERA. — Nom de vigne italienne cité par Acerbi pour Vicence.

MARGAT. — Nom de cépage cité par Bosc pour la Lozère. — J. R. C.

MARGELANA (Schiava) .... III. 337
MARGELIAIN (Béclan) .... V. 255
MARGELLANA (Schiava) .... III. 377
MARGEMINA (Marzemina).

MARGENTINUM. — Nom de vigne cité par Caton l'ancien (IIᵉ siècle av. J.-C.). — J. R. C.

MARGERITH (Huber's Seedling) .... D.

MARGHERITINA. — Nom de cépage à petits grains ronds, violets, cité par J. de Rovasenda.

MARGIGRANA (Schiava) .... III. 337
Margilien .... IV. 263
MARGILIEUX (Mondeuse) .... II. 274
MARGILLIEN (Mondeuse) .... II. 274
MARGILLIN (Argant) .... V. 347
MARGILLIN (Béclan) .... V. 255
MARGILLIN (Mondeuse) .... II. 274
MARGIT (Lignan).

MARGITA. — Nom de cépage cité par Acerbi.

MARGITKA (Lignan).

MARGNAC. — Nom de cépage charentais (?) du Catalogue des vignes du Luxembourg.

MARGOT, MARGOT NOIR. — Nom de cépage du Roussillon (?) inscrit sur le Catalogue des vignes du Luxembourg.

Marguerite. — Semis américain de Labrusca, à grain rouge, très pruiné, foxé et pulpeux.

Marguerite. — Hybride de T.-V. Munson (Lincecumii × Herbemont), à grains plus gros que ceux de l'Herbemont, d'un rouge mat et foncé, très tardif.

MARIA GOMES (Rabigato respigueiro) .... III. 161

MARRICHIONE. — Nom de cépage italien de la région de Lecce.

MARICENA. — Nom de cépage italien de la région de Gênes.

MARIE. — Nom sans signification du Catalogue des vignes de Luxembourg.

Marie-Louise. — Semis américain de Labrusca, à raisins blancs, de la grosseur et forme de ceux du Concord, pulpeux et foxés.

Marienriesling .... II. 250

MARIGNONA. — Nom de vigne de Gênes (Italie).

MARIN (Aramon).

MARINA. — Nom de cépage italien cité par Acerbi pour Mantoue.

MARINE NOIRE (Corinthe noir) .... IV. 286

Marine's Seedling. — Semis divers de Marine, provenant de l'Æstivalis pour la plupart, sans valeur. Ex. : **Nerlaton greencastle**, à raisins noirs, puis : **Luna, Mianna, King William**, à raisins blancs.

MARINGOT. — Nom de cépage de la Moselle (?).

MARINIELLO. — Cépage des Pouilles (Italie), à raisin blanc. — J. R.

MARINKA (Hora) .... D.

MARINOSA. — Nom de cépage de table de la Hongrie (?). — J. R.

Marion. — Hybride américain de Riparia et probablement d'Æstivalis, à petite grappe serrée, grains petits, sphériques, neutres de goût, à matière colorante intense, peu productif.

MARION PORT (York-Madeira) .... D.

MARISANCHO (Albillo Castellano) .... VI. 125

MARLANCHE NOIRE (Mondeuse).

MARLAN (Chasselas).

MARLENCHE (Mondeuse).

MARMANGIANT. — Nom de cépage italien cité par Acerbi pour la région d'Udine.

MARMORI (Kechmisch blanc).

MARMOT (Elbling) .... IV. 163
MARMUT (Gouais).

MARNE (Mondeuse).

MAROC (Ribier) .... III. 286

MAROCAIN BLANC (Œillade).

Marocain gris .... III. 315

MAROCAIN GRIS (Cornichon violet).

MAROCAIN NOIR (Ribier) .... III. 286

MAROCCA, MAROCCA BIANCA (Cornichon blanc).

MAROCCA NERA (Cornichon violet).

MAROCCANA WEISSER (Pis-de-Chèvre blanc).

MAROC LE GROS (Ribier) .... III. 286

MAROKKANER BLAUER (Augster).

MAROKKANER BLAUER (Cornichon violet).

MAROKKANER WEISSER (Pis-de-Chèvre blanc).

MARONZINA. — Nom de cépage italien de Pavie. — J. R.

MAROQUIN (Ribier) .... III. 286

MAROUNVERN (Pécoui-Touar) .... IV. 233

MAROTA (Bomvedro).

Maroto branco. — Cépage portugais assez peu cultivé à l'île de Madère ; petites grappes rondes, grains ovoïdes, blancs. — D. O.

MAROTO PRETO. — Ancien cépage portugais, disparu du vignoble. — D. O.

MARQUESA (Listan).

MARQUEZINHA. — Ancien cépage portugais de la région de Braga où il est aujourd'hui inconnu. — D. O.

MARQUESA (Listan).

Marraouet. — Cépage des Basses-Pyrénées d'après V. Pulliat ; feuilles entières, à duvet floconneux en dessous ; grappe moyenne, cylindro-conique, ailée, serrée ; grains moyens, un peu ellipsoïdes, d'un noir assez foncé ; maturité de 3ᵉ époque.

Marroca bianca. — Cépage napolitain, à grappes allongées; grains ronds, blancs, de maturité tardive. — J. R.

Marroca nera, Marrocco, Marrochesia nera. — Noms de cépages italiens, mal définis, de la région de Naples.

Marroeiro. — Cépage portugais de la région de Gondomar, à vin sans couleur et peu alcoolique; feuilles quinquelobées, aiguës, aranéeuses sur les deux faces; grappes grosses, lâches, presque rondes; grains moyens, elliptiques, d'un rose verdâtre. — D. O.

Marrona bianca. — Nom de l'un des cépages italiens les plus répandus dans la région de Modène. — J. R.

Marruà, Marrucà, Marrugà, Marruquà. — Noms d'un cépage italien de Sienne (?), d'après le Bulletin ampélographique (VII).

Marsala. — Nom de cépage (?) cité par Bush et Meissner comme introduit d'Europe aux États-Unis.

Marsan. — Cépage blanc, très tardif, que l'on rencontre, quelquefois, dans l'arrondissement de Grasse. — L. B. et J. G.

Marseillais (Mourvèdre).

Marseillais, Marseillaise blanche (Muscat d'Alexandrie).

Marsigliana bianca. — Cépage de la Sicile, d'après V. Pulliat; feuilles grandes, lisses, glabres sur les deux faces, trilobées; grappe longue, rameuse, lâche; grain gros et très gros, ellipsoïde, ferme, peu juteux et sucré, d'un jaune paille; maturité de 4e époque.

Marsigliana nera. — Autre cépage sicilien, d'après V. Pulliat; à feuilles grandes, épaisses, glabres sur les deux faces; grappe grosse, courte; grains gros, olivoïdes, fermes, peau mince, d'un noir violacé à la maturité de 4e époque.

Marsigliese. — Nom de cépage italien de Gênes (Bulletin ampélographique, XVI).

Martali-Kabistoni. — Nom inexact pour un cépage du Caucase.

Martellana (Cabernet franc).

Martha. — Semis américain de Concord obtenu par S. Miller; à raisins blancs des plus recherchés pour la table aux États-Unis; grappe moyenne, grains moyens de grosseur, sphériques, d'un blanc grisâtre, très pruinés, pulpeux et foxés.

Marthyr (Melon).

Martim. — Ancien cépage portugais cultivé jadis à Monçào, inconnu actuellement. — D. O.

Martinaccio, Martinazzo (Cornichon blanc).

Martineccia (Cornichon blanc).

Martineccii (Cornichon blanc).

Martinetta. — Nom de cépage italien de Côme.

Martinous. — Nom de cépage de la Guienne, à raisins noirs, à grains ronds, cité par De Secondat (XVIIIe siècle). — J. R.-C.

Martone. — Nom de cépage italien de Spoleto (Bulletin ampélographique, XII).

Martorellas. — Cépage espagnol de la région de Barcelone, d'après Abela y Sainz.

Martzavi. — Cépage de cuve, à raisin noir cultivé à Corfou (Grèce). — X.

Marustel (Morrastel).

Marraccia (pour Malvasia).

Marvany szölö. — Nom de cépage cité par Acerbi.

Marvel. — Hybride de Lincecumii et Rotundifolia obtenu par T.-V. Munson; grains noirs, moyens, persistants sur la grappe.

Mary. — Hybride américain de Labrusca très semblable au Lindley; à grains d'un rose brillant, pulpeux et foxés.

Mary. — Autre vigne américaine, à grains moyens, globuleux, d'un blanc grisâtre, pulpeux, pruinés, foxés.

Mary Ann. — Semis américain de Garber, hybride de Labrusca, à grains moyens, ovales, noir bleutés, pruinés, foxés, très précoce.

Mary Mark. — Semis américain de Delaware, à caractères d'Æstivalis accusés; grain moyen, rouge violacé, chargé en matière colorante.

Mary's Favorite. — Hybride américain indirect de Delaware et d'un hybride de Rogers; grappe petite, ailée; grain moyen, d'un noir bleuté, juteux, sucré.

MARZABINA (Berzamino)................ III.   339

MAZEMINA (Balsamino)................ IV.   76

MARZEMINA (Berzamino)................ III.   339

MARZEMINA BIANCA (Chasselas doré)...... II.   6

MARZEMINA NERA (Berzamino)........... III.   339

MARZEMINA BASTARDA DI PADOVA, GENTILE, GRIGIA, GROSSA, NERA (Berzamino)..... III.   339

MARZEMINO (Berzamino)............... III.   339

MARZEMINO NERO (Berzamino).......... III.   339

MARZIMMER (Savagnin rose)............ IV.   301

MARZEX (Berzamino)................. III.   339

MARZOLINA (Berzamino)............... III.   339

MASCALESE NERA. — Nom de cépage italien (?).

MASCONSTRAUBE (Saint-Pierre doré).

Maska. — Cépage originaire de Samarkande; confondu parfois avec le Chaouch turc; très vigoureux et très fertile. Feuille moyenne, quinquelobée, presque entière; grappe grande, ailée, serrée; grain gros, ovale, à peau épaisse, d'un jaune verdâtre. — V. T.

Maska Djaouss. — Variété de Maska à grain d'un rouge cerise. — V. T.

MASLOVINA, MASLOVNA, MASLOWNA (Konigstraube).   D.

MASNEK, MASNJEK (Konigl grüner)........... D.

Mason. — Semis américain de Concord, à grain d'un blanc grisâtre, pulpeux, foxé, un peu plus juteux que le Concord et cultivé aux États-Unis pour la table.

MASON'S SEEDLING (Mason)................. D.

MASSARDA. — Nom de cépage italien de Porto-Maurizio, d'après le Bulletin ampélographique (XV).

MASSARETA. — Nom de cépage italien de la région de Carrare (Bull. amp. ital. XV).

MASSASARETO. — Nom de cépage italien de la région de Gênes (Bull. amp. ital., XVI).

Massasoit. — Hybride américain de Rogers n° 3, à prédominance de Labrusca; grappe moyenne, ailée; grain sur-moyen, d'un rouge clair roussâtre, assez juteux et peu foxé.

MASSÉ DOUX (Lignage)............... VI.   153

MASSOUGRET, MASSOUQUET, MASSOUTET (Pinot)............................ II.   19

MASSIRART. — Nom de cépage cité par Hardy pour le Tarn-et-Garonne (?).

MASTER. — Nom de cépage (?) du Catalogue des vignes du Luxembourg.

MASTELLET (Provareau)............... III.   182

MASTOUX. — Nom de cépage cité par Hardy pour Nice.

MATANAOURY. — Nom de cépage russe (?).

MATARO (Carignane)................. VI.   332

MATARO (Mourvèdre)................. II.   237

MATARONA (Mourvèdre).............. II.   237

Mata sanos. — Cépage espagnol de la région de Murcie, d'après Abela y Sainz.

Matchless. — Hybride américain de Labrusca, créé

par John Burr, à grosse grappe et gros grains d'un noir bleuté, pulpeux et foxés.

MATELANICO (Grec rouge).

MATEO. — Nom de cépage espagnol de la région de Girone, d'après Abela y Sainz.

MATEROLLE. — Nom de cépage cité par Bosc pour l'Ain. — J. R.-C.

Mathilde. — Semis américain de Delaware, à petits grains d'un rouge sombre, juteux et vineux.

MATINIÉ (Savagnin jaune).

Mat noir hâtif..................... V.   323

MATOCO. — Ancien cépage portugais à raisin blanc, cité en 1790 par Lacerda Lobo pour la région de Lamego où il est actuellement inconnu. — D. O.

MATON (Pinot noir).

MATONZOLO BIANCO. — Nom de cépage italien de l'Emilie.

Matrassinsky. — Cépage russe, cultivé pour la cuve à Derbend (Daghestan), peu répandu, à raisins noirs. — V. T.

MATTA (Schiava).................... III.   337

MATTEROSSO. — Nom de cépage italien de Gênes (Bull. amp. ital., XVI).

MATTONE (Martone).................... D.

MATURACCIO (Rafajone noir).

Maturana....................... VI.   244

MATURANO (Maturana)................ VI.   244

MÁTYÓK (Ezergó)..................... D.

MAUBONENC (Carignane).

MAUDOS, MAUDOUX (Mondeuse)......... II.   274

MAUMBRANT (Aramon).

MAURÉ (Teinturier)................. III.   363

MAURÉ (Teinturier mâle)............. III.   362

MAURILLON BLANC (Chardonnay)........ IV.   6

MAURILLON BLANC (Meslier)........... III.   50

MAURILLON NOIR (Pinot).

MAURILLON TACONÉRÉ (Meunier).

MAURO DAPHNI (pour Mavro, Mavroud).

MAUROL. — Nom de cépage de Gaillac (?), d'après Hardy.

MAURON (Fer)...................... VI.   23

Mauro nero di Egitto. — V. Pulliat décrit ce cépage, d'après J. de Rovasenda, comme bien spécial, sans en donner l'origine ni l'aire de culture; grappe moyenne, ailée, serrée; grain moyen, sphéro-ellipsoïde, juteux, astringent, à peau épaisse, d'un noir bleuâtre; maturité de 3e époque tardive.

MAUSAC (Mauzac).................... II.   143

MAUSAC DUR, ROSE. — Noms du Catalogue du Luxembourg.

MAUSAGUIN (Péloursin).

MAUSAN. — Nom du Catalogue du Luxembourg.

MAUSANO NERO. — Nom de cépage italien (Bull. amp. ital., VIII).

MAUSAT (Côt)...................... VI.   6

MAUSENC BLANC (Petit Manseng)........ III.   82

MAUSERL (Pinot gris).................. II. 32
MAUSERL (Wildbacher)..................... D.
MAUSERL GROSSES (Wildbacher)............. D.
MAUSSEIN (Manseng rouge)............ V. 263
MAUSSIN (Manseng rouge)............. V. 263
MAUVAIS GRAIN (Pinot aigret).......... II. 39
MAUVAIS NOIR (Chatus)............... III. 212
MAUVAIS NOIR (Douce noire)........... II. 371
MAUVAIS NOIR (Péloursin)............. VI. 87
MAUVAIS PLANT (Pinot aigret).......... II. 39
MAUVAIS SEMENS (Poulsard)........... III. 353
MAUVBOUD (Mavroud)................. VI. 402
MAUVROUDION (Mavroud).............. VI. 402
MAUZA (Mauzac)..................... II. 143
Mauzac............................ II. 143
MAUZAC (Cot)...................... VI. 6
MAUZAC JAUNE...................... II. 145
MAUZAC BLANC (Chardonnay).......... IV. 6
MAUZAC BLANC A GRAINS VERTS (Mauzac
blanc).......................... II. 145
MAUZAC BRAMAÏRÉ (Mauzac blanc)....... II. 145
MAUZAC DUR (Mauzac blanc).......... II. 145
MAUZAC GRAND (Mauzac blanc)......... II. 145
MAUZAC JAUNE (Mauzac blanc)......... II. 145
Mauzac noir....................... II. 145
MAUZAC NOIR (Côt).................. VI. 6
Mauzac rose...................... II. 145
MAUZAC ROUGE (Mauzac noir).......... II. 145
MAUZAC ROUGE (Cinsaut).
MAUZAC ROUX (Mauzac blanc).......... II. 145
MAUZAC VERT (Mauzac blanc).......... II. 145
MAUZAIN (Côt vert).................. VI. 14
MAUZAT (Côt)...................... VI. 6
MAUZAT BLANC (Mauzac blanc)......... II. 145
MAVRNICK (Valteliner rouge).......... IV. 30
MAVIONA RANA (Portugais bleu)........ II. 136
MAVRAKI (Mavroud).
MAVRO. — Sous ce nom de *Mavro* ou *noir* beaucoup
de synonymes de cépages orientaux divers et sur-
tout grecs ; la plupart se rapportent au Mavroud
VI. 402
MAVRODAPHNÉ (Mavroud)............. VI. 402
MAVRODIO (Mavroud)................. VI. 402
Mavrokouronna. — Cépage à raisins noirs, précoce,
de Volo (Grèce). — X.
MAVRON (Mavroud)................... VI. 402
MAVRONA (Portugais bleu)............. II. 136
MAVRONA RANA (Portugais bleu)........ II. 136
MAVROPETAMISSA (Mavroud)........... VI. 402
MAVROVNA (Portugais bleu)........... II. 136
MAVROSTAPHYLO (Mavroud)........... VI. 402
MAVROSTIPHA (Mavroud)............. VI. 402
MAVROTRAGHANO (Mavroud).......... VI. 402
Mavroud......................... VI. 402
MAVROUDE (Mavroud)................ VI. 402

MAVROUDI (Mavroud)................. VI. 402
MAVROUDION (Mavroud).............. VI. 402
MAVRUDI (Mavroud)................. VI. 402
Maxatawney. — Semis accidentel de Labrusca, isolé
en 1844 aux États-Unis où il est cultivé comme
raisin de table ; grappe moyenne, cylindrique,
compacte ; grains sur-moyens, oblongs, d'un
jaune pâle, doré au soleil, pulpeux et foxés.
MAYARKA (Slankamenka).............. D.
MAYÉ (Meslier)..................... III. 50
MAYER (Meslier).................... III. 50
MAYOLET (Maïolet).................. V. 272
MAYOLUS (Maïolet).................. V. 272
MAYORCAIN (Mayorquin)............. III. 313
MAYORQUEN (Mayorquin)............. III. 313
MAYORQUEN BLANC (Mayorquin)........ III. 313
Mayorquin........................ III. 313
MAYURKA (Slankamenka).............. D.
Mazuela.......................... VI. 238
MAZUELA (Teinturier).
MAZUELO (Mazuela).................. VI. 238
Mazy-Masguy. — Cépage à raisin blanc, cultivé
pour la table à Erivan (Russie). — V. T.
MAZZAMINO (Bergamino).
MAZZANICO (Verdicchio).
MAZZARI (Mazy-Masguy)................. D.
MAZZESE BIANCO, NERO. — Noms de cépages italiens
de la Toscane (?). — J. R.
MAZZUGA (Marruá)..................... D.
Mbacoura. — Cépage à raisin noir de cuve de l'Etolie
(Grèce). — X.
Mbcova blanc, noir. — Cépages de table, précoces,
l'un à raisin *blanc*, l'autre à raisin *noir*, de la Thes-
salie (Grèce). — X.
Mbechtsiler. — Cépage à raisin noir de cuve de la
Thessalie. — X.
Mc Donald's Ann Arbor. — Semis de Concord, à
grains noirs, très gros, pulpeux et foxés.
Mc KEE (Herbemont)......,......... VI. 256
Mc LURE. — Vigne américaine, semis de Labrusca (?).
Mc NEIL. -- Vigne américaine, semis d'hybride de
Labrusca (?).
Mc PIKE. — Hybride de T.-V. Munson (?).
MEAD'S SEEDLING (Catawba)........... VI. 282
Méanko. — Hybride de Delago × Brilliant, très
semblable à Améthyst, mais à grains plus savou-
reux, dit T.-V. Munson.
MEAUZAC (Mauzac).................. II. 143
MÉCHIN (Colorada)................. III. 293
MÉCHIN D'ALBARETE (Morrastel).
MÉCHIN DE MURCIE (Zucari).
Mécle........................... VI. 102
MÉCLE (Poulsard)................... III. 348
MÉCLE DE BOURGOIN (Mécle)........... VI. 102
MÉCLIN (Mécle)..................... VI. 102

MECLO NERO. — Nom de cépage italien de la Lomelline. — J. R.

MÉCRAN (Amokrane).................. III. 324

MÉDAILLÉ (Pinot noir).

MÉDAILLE D'OR. — Nom de cépage (?) cité par E. et R. Salomon.

MEDDUMOLI NERO. — Nom de raisin sarde. — J. R.

MEDENAC BIELI (Honigler).................. D.

MEDIGIÉ (Chaouch).

MÉDOC (Côt)........................... VI.   6

Medora. — Semis américain de Jacquez, à grains moyens, blancs, sphériques; grappes moyennes; isolé par T.-R. Cocke au Texas.

MEGGYSZIN BAKAR (Bakator).

MEHLBERL (Kauka)... .... D.

MEHLWEINBEER (Wippacher).................. D.

Mehlweiss. — Raisin blanc de pressoir, répandu dans la Styrie et la Haute-Hongrie. Syn.: *Lisztesfeher*, *Belovacka*, *Draga ranina* (Croatie), *Tosoka*, *Topolovina*, *Svana Janka*, *Plavicina*, *Sislovna*, *Sislovek*, *Sislovina*, *Fehér Szöllö*. — Cépage vigoureux, à feuilles rondes, quinquelobées; sinus profonds et page inférieure duveteuse; grappe allongée, cylindrique, peu serrée, à grains ellipsoïdes de 16/14, jaunâtres, très pruinés. Cette variété mûrit tard, se montre très sensible à la coulure et ne donne qu'un vin faible et sans distinction. — A. B.

MEHLWEISS GRÜNER (Heunisch).............. D.

MEHLWEISS ROTEN (Kölner).................. D.

MEIALA (Braghina).................. IV. 146

MEIKKLE (Poulsard).................. III. 348

MEILLÉ (Meslier).

MEINET (Avarengo).

MEINIAL. — Ancien cépage portugais obtenu, en 1790, par Lacerda Lobo, dans la région de Lamego où il est aujourd'hui inconnu. — D. O.

Meirinho. — Cépage portugais peu important de la Beira Alta; feuilles quinquelobées, sinus peu profonds, minces, un peu duveteuses en dessous; grappes petites, lâches, irrégulières; grains moyens, sphériques, d'un noir bleuté. — D. O.

MEIRON. — Nom du Catalogue des vignes du Luxembourg.

MEISLIER (Riesling).

Meismouli. — Cépage à raisin noir, cultivé pour la cuve en Thessalie (Grèce). — V.

Mekentschkhala. — Cépage à raisin blanc du Caucase. — B. T.

MEKICHE (Kadarka).

Mekrentchry. — Cépage à raisin noir, à grande grappe et gros grains peu juteux; peu fertile, cultivé pour la cuve dans l'Adjarie (Russie). — V. T.

MELAJOLA. — Nom de cépage italien de la région de Lucques, d'après Mendola.

MELAN (Chardonnay).................. IV.   6

MELANTONECA (Verdone).

MELAO. — Nom de cépage (?) cité par J. Guyot pour le Lot.

MELAROLO BIANCO. — Nom de cépage italien de Bobbio et Voghera. — J. R.

MELASCA, MELASCA BIANCA, MELASCA COMMUNE (Nebbiolo).

MELASCHETTO (Nebbiolo).

MELASCHIN (Nebbiolo).

MELASCON, MELASCONE (Nebbiolo).

MELASSA (Nebbiolo).

Melassum. — Hybride de Delago×Moore-Early, créé par T.-V. Munson; grappe moyenne, ovoïde, ailée, compacte; grains gros, sphériques, d'un noir violacé bleuté, pulpeux et un peu foxés.

Melcocha. — Cépage espagnol de Grenade à gros grains dorés, un peu ellipsoïdes; feuilles moyennes, lobées, peu duveteuses (d'après Simon Rojas Clemente).

MELDOLINA, MELDOLINO, MELDULINU. — Noms de cépage sarde. — J. R.

MELÉ (Gamay).

MELEGONE (Canaiolo).

MELEGONUS. — Nom de vigne cité par Pierre de Crescence, rapporté parfois au Canaiolo.

MELEKHOVSKY BIELY (Sylvaner).

MELEKHOVSKY RASOVOI (Savagnin).

MELENAS (Gouveio).................. II. 308

Meleori. — Cépage du Caucase, d'après V. Pulliat; à longue grappe cylindro-conique, peu serrée; grain sur-moyen, subellipsoïde, peu ferme, juteux, à peau mince, d'un jaune doré; maturité de 2e époque.

MELERA (Ugni blanc).

MÉLIÉ BLANC (Meslier).................. III.   51

MÉLIÉ NOIR (Meslier).................. III.   51

MÉLIER (Chardonnay).................. IV.   6

MÉLIER (Meslier).................. III.   51

MÉLIER VERT (Meslier).. .... III.   51

MELIKOULY, MELIKY. — Deux noms de cépages russes (?).

Melinet. — Semis de Moreau-Robert, d'après V. Pulliat, qui le caractérise par de longues grappes cylindro-coniques, peu serrées, à grains sur-moyens, subsphériques, un peu allongés, mous, juteux, d'un jaune doré; maturité de 2e époque hâtive.

Melissaki. — Cépage à raisins rouges cultivé pour la cuve à Lépante (Grèce). — X.

Melin-Kouda. — Cépage cultivé pour la table à Astrakan (Russie); grains petits, longs, peau épaisse. — V. T.

MELLA. — Nom de cépage italien de la région de Gênes, d'après Frojo. — J. R.

MELLAL (Amessasse).................. IV. 337

MELLENC (Colombaud)................. III. 182

Mellet (Prueras ?)........................ D.
Mellier (Meslier).
Mellibbum (Meslier).
Mellita (Melcocha)..................... D.
Mellone. — Raisin de table des régions napolitaines. — J. R.
Melon............................. II. 45
Melon (Chardonnay)................. IV. 6
Melona (Cornichon blanc).
Melon a queue de gouri (Chardonnay).. IV. 6
Melon a queue de porc (Chardonnay).. IV. 6
Melon a queue rouge (Chardonnay).... IV. 6
Melon blanc (Chardonnay).......... IV. 6
Melon blanc (Räuschling)............ V. 229
Melon blanc (Valteliner).
Melon carré (Melon)................. IV. 45
Melon d'Arbois (Chardonnay)........ IV. 6
Melon de l'Auxerrois (Savagnin).
Melon du Jura (Chardonnay)......... IV. 6
Melonentraube (Gamay Beaujolais).
Melonera. — Cépage espagnol de San Lucar, Xerez et Grenade, à grains noirs grisâtres, de grosseur moyenne (d'après Simon Rojas Clemente).
Melon gros vert (Chardonnay)........ IV. 6
Melon musqué (Chardonnay).......... IV. 6
Melon queue de gouri (Chardonnay)... IV. 6
Melon queue de porc (Chardonnay).... IV. 6
Meloourv (Meleori)..................... D.
Melothron. — Nom de vigne cité par Columelle. — J. R.-C.
Mémessy-Tachly. — Cépage à raisin blanc cultivé pour la cuve en Crimée. — V. T.
Menareul. — Nom de cépage italien de l'Ivrée. — J. R.
Menaira. — Nom de cépage de la région de Gênes (Bull. amp. ital., XVI).
Mendota. — Semis américain de Labrusca isolé par John Burr, à raisin noir, moyen, très précoce, pulpeux et foxé.
Menekowna (Vogeltraube)............. D.
Menelas (Gouveio).
Meneretto. — Nom de cépage italien de la région de Gênes (Bull. amp. ital., XVI).
Menesi rozsa (Bakator).
Menga (Lignan).
Menié (Petit noir)................... II. 19
Menna di vacca, bianca, nera. — Noms de cépage italien des régions de Benavent et Cosenza.
Menna vacca (Menna di vacca).
Mennolettina. — Nom de cépage sicilien (?).
Mensein (Manseng).
Mentiassa. — Nom de cépage génois (Bull. amp. ital., XVI).
Menu blanc (Chardonnay)............ IV. 6
Menu blanc (Peurion)............... II. 158
Menudo (Muscat blanc).

Menu gouche (Melon).
Menu Pineau........................ II. 91
Menu noir (Pinot).
Menu-roi. — Nom de cépage cité par Jules Guyot pour le Cher.
Meoudjy. — Cépage à raisin blanc, cultivé pour la cuve à Bacou (Russie). — V. T.
Meragus. — Nom de cépage cité par Acerbi pour la Sardaigne.
Meran (Côt)........................ VI. 6
Merançu. — Cépage portugais de la région de Trazos-Montes, à raisins rouges, peu important.—D. O.
Meraneb früh (Rastignier)........... V. 127
Meraou (Côt)....................... VI. 6
Merau (Côt)........................ VI. 6
Merbégue. — Nom du Catalogue du Luxembourg pour un cépage de la Dordogne, probablement le Ribier.
Merceron (Catawba)................. VI. 282
Mercier. — Cépage noir très répandu dans l'Yonne, principalement entre Auxerre et Chablis. Il produit un vin de faible degré et peu coloré. Feuille moyenne, allongée, lisse sup. et inf., terminée en pointe; denture forte, inégale; grappe longue, ailée, grains sphériques; 2e époque tardive. — T. S.
Merdegana (Grilla)...................... D.
Merdolino, Merdulina (pour Meldolino).
Mère avec ses enfants (Van der Laantraube)..................... III. 126
Meredith's Alicante (Black Alicante)... II. 130
Merenzado. — Nom de cépage espagnol, d'après Abela y Sainz.
Merreveilloux (Mourvèdre).
Merera. — Nom de cépage italien de la région de Bergame. — J. R.
Merica. — Nom de vigne cité par Pline et par Columelle.
Mericadel. — Hybride de T.-V. Munson (America × Delaware), à grains moyens, sphériques, d'un noir pourpré, juteux.
Meridulina (Meldolino).
Mérille. — Sous ce nom, on désigne souvent divers cépages à raisins noirs, le Cinsaut, par exemple; mais d'après Pulliat et Tallavignes il existerait, dans l'ouest, un cépage distinct, caractérisé surtout par des feuilles à duvet lanugineux en dessous, presque entières, à peine dentées; par une grappe sur-moyenne, cylindro-conique; grains moyens ou sur-moyens, globuleux, fermes, juteux et assez sucrés, à peau épaisse d'un noir foncé et pruiné; maturité de 3e époque (d'après V. Pulliat).
Mérille daouzeau (Merille).............. D.
Merille grosse (Merille)................ D.
Merlan (Chasselas).
Merlatella. — Nom de vigne italienne cité par Acerbi pour la région de Côme.

Merlau, Merlaud (Merlot)............ VI. 16
Merlé blanc, Merlet blanc. — Nom du Catalogue du Luxembourg pour un cépage des Landes.
Merlé, Merlet b'Espagne (Mourvèdre).
Merlesca. — Nom de cépage roumain (?) d'après Drutzu, à petits grains noirs.
Merleti (Fray Gusano)..................... D.
Merletta. — Nom de cépage italien de Lecce (Bull. amp. ital., XV).
Merling. — Nom de cépage cité par Acerbi.
Merlinot (Chasselas doré).
Merlot........................... VI. 16
Merot (Côt).
Merrimack. — Hybride américain de Rogers n° 19, croisement de Mammoth Sage par Black Hamburgh, à grains noirs sphériques, assez gros, pulpeux et foxés.
Merseguera (Mezeguera)................... D.
Mersites. — Nom de vigne cité par le géoponique Florentinus (xᵉ siècle). — J. R.-C.
Merveillat. — Nom de cépage cité par Hardy pour le Vaucluse (?).
Merveillat. — Cité par Bosc comme nom de cépage à raisins rouges du Jura. — J. R.-C.
Merveille de Vaucluse (Danugue)...... III. 168
Merveille de Vaucluse (Malvoisie de Sitzes)... D.
Mervia blanc (Augibi).
Mervia noir (Danugue)............... III. 168
Mervia rose (Damas) (?)................... D.
Merzamino, Merzamina (Berzamino).
Mesciana. — Nom de cépage italien de la région de Gênes (Bull. amp. ital., XVI).
Mescle (Mècle)..................... VI. 102
Mescle (Poulsard)................... III. 348
Meseguera (Mezeguera)................... D.
Meskié (Maska)........................ D.
Meski, Meski melouhi (Muscat d'Alexandrie)........................ III. 108
Mesky Rhobdi (Muscat d'Alexandrie).... III. 108
Mesi (Meslier)...................... III. 50
Meslier .... III. 50
Meslier (Roublot)................... IV. 276
Meslier blanc (Meslier).............. III. 54
Meslier blanc précoce (Meslier)........ III. 54
Meslier commun (Meslier)............. III. 54
Meslier de Saint-François (Blanc Ramé). III. 240
Meslier de Seine-et-Oise (Blanc Ramé).. III. 240
Meslier doré (Meslier)............... III. 53
Meslier du Gâtinais (Blanc Ramé)...... III. 240
Meslier franc (Meslier).............. III. 50
Meslier hatif (Meslier)............... III. 50
Meslier vert (Meslier)............... III. 50
Meslier noir (Meslier)............... III. 53
Meslier nouveau. — Semis de Meslier obtenu au Jardin de Saumur, par M. Bidault en 1876. Souche vigoureuse ; bois gris cendré ; feuilles quinquelo-

bées, rugueuses, à lobes inférieurs se recouvrant ; grappe moyenne, à grains bien espacés, très légèrement ovoïdes, moyens, d'un jaune cireux ; à maturité de première époque. Le Meslier nouveau donne facilement des grappillons sur les rameaux secondaires. — C. B.
Meslier précoce (Meslier)............ III. 50
Meslier rose (Meslier)·.............. III. 50
Meslier Saint-François (Blanc Ramé)... III. 240
Meslier vert (Folle blanche).
Meslier vert (Meslier)............... III. 50
Meslier vert (Peurion).
Meslier violet (Meslier)............. III. 53
Mestranemi. — Cité par V. Pulliat comme cépage de Mascara (Algérie) (?).
Mesy (Meslier)..................... III. 53
Metché-Memessy. — Cépage à raisin noir de cuve, de la Crimée. — V. T.
Metchentchkhlava. — Cépage à raisin blanc cultivé pour la cuve à Ratcha (Russie). — V. T.
Meteor. — Nom sans signification du Catalogue des vignes du Luxembourg.
Methe, Mèthe du Bugey (Poulsard).... III. 348
Méthie (Poulsard)................... III. 348
Methling (Elbling).
Methsüsser (Kniperlé).
Métie (Poulsard)................... III. 48
Metis. — Semis américain de Salem, à grains d'un rose foncé, un peu foxés, sans valeur aucune.
Metta Kondi (Ampelocissus tomentosa).. I. 26
Metternich. — Hybride américain de Clinton, à grains de grosseur moyenne, d'un rouge clair, pruinés, foxés.
Mettie (Poulsard)....·.............. III. 348
Meulan (Chasselas).
Meulé (Petit noir).
Meunier............................ II. 383
Meunier (Enfariné)................... II. 392
Meurlon (Melon)...................... II. 45
Meurthe Frontignan (Muscat noir).
Meusnier (Meunier).................... II. 383
Meutzer (Chasselas doré).
Mexi (Meslier).
Meximirux (Mondeuse)............... II. 274
Meythe (Poulsard).................. III. 348
Mézédès (Honigler)..................... D.
Mezeguera. — Cépage espagnol de 2ᵉ époque de maturité, décrit par V. Pulliat ; feuille grande, trilobée, tourmentée, à bords incurvés en dessous, à duvet lanugineux, compacte sur la face inférieure ; grappe sur-moyenne, rameuse, serrée ; grains sur-moyens, ellipsoïdes, fermes, d'un jaune doré.
Mezès (Honigler)...................... D.
Mezès blanc (Honigler)................ D
Mezès fehér (Honigler)................. D.
Mezi (Pinot gris).

DICTIONNAIRE AMPÉLOGRAPHIQUE   223

Mezy (Meslier).

Miankoutt. — Cépage à raisin blanc cultivé pour la table dans le Zanguezour (Russie). — V. T.

Mianna (Corinthe noir).

Micco bianco. — Nom de cépage italien du Vésuve. — J. R.

Michelin. — Semis de Besson, de Marseille ; maturité précoce ; grappe moyenne, cylindrique, ailée, un peu compacte ; grain moyen, globuleux, juteux, sucré, d'un jaune doré (d'après V. Pulliat).

Michigan (Catawba).................. VI. 282

Michiotad (Chasselas cioutat).

Midowatza. — Raisin blanc de cuve, signalé aussi sous les synonymes de : *Velika belina, Mirkovac, Radowinka.* Cépage vigoureux et fertile, à grandes feuilles tri ou quinquelobées, d'un vert clair et brillant, duveteuses en dessous ; surtout caractérisé par les dimensions considérables de ses grappes géantes qui atteignent jusqu'à trente centimètres ; grains ronds de 14ᵐᵐ, à maturité de 2ᵉ époque, très sujets à la pourriture. Vin très commun. — A. B.

Mierlitza (Timpurie)................ III. 133

Miguel de Arco...................... VI. 254

Miguel de Arcos (Miguel de Arco)...... VI. 254

Mikhaky-Kalogg. — Cépage à raisins blancs, cultivé pour la table à Bortchalo (Russie). — V. T.

Miklosvolgji pihos. — Nom de cépage hongrois à raisin rouge, d'après Bronner. — J. R.

Milanese, Milanese nera. — Nom de cépage italien du Trentin, cité par Acerbi.

Milcher, Milcher blauer (Kölner)........... *D.*

Milcher weisser (Javor)................... *D.*

Miles. — Semis de Labrusca, à petite grappe ; grains petits, sphériques, d'un noir bleuté, très précoce, sucrés, pulpeux et assez foxés.

Milgranet (Mondeuse).

Milhau (Cinsaut).................... VI. 322

Milhaud, Milhaud blanc (OEillade blanche)............................ VI. 330

Milhaud du Pradel (Cinsaut).......... VI. 322

Milhaud masqué (Cinsaut)............. VI. 322

Milhaune (OEillade blanche).......... VI. 330

Milieiro preto. — Nom de cépage portugais, à raisins rouges ; mauvais producteur, d'après Virencio Alarte, (1712) ; disparu depuis longtemps. —D. O.

Mili (El milli)....................... *D.*

Millah (El milli)..................... *D.*

Millegranet (Mondeuse).

Millenc (Prueras)................... *D.*

Miller (Frankenthal).

Milleran (Savagnin jaune)............. IV. 301

Miller grape (Meunier).............. II. 383

Milleri (Verdal)..................... *D.*

Miller's Burgundy (Meunier)........... II. 383

Mill-Hill-Hamburgh (Frankenthal)..... II. 128

Milliod (OEillade).

Mills. — Hybride américain de Muscat de Hamburg et de Creveling, à caractères marqués de Labrusca ; grosse grappe, serrée, ailée ; gros grain rond, noir bleuté et fleuri, pulpeux et foxé.

Milton............................. IV. 256

Mi-musqué. — Nom sans signification du Catalogue des vignes du Luxembourg.

Minaholo (Melarolo)................... *D.*

Mindeza (Arintho)................... V. 136

Mineoda (Olivette blanche).

Minella (Olivette blanche).

Mineola. — Hybride américain de Telegraph et de Chasselas musqué ; grappes moyennes, cylindriques ; grains moyens, ovales, d'un jaune clair, d'une saveur foxée ou plutôt musquée.

Miner's Seedling. — Hybrides américains de T.-B. Miner, la plupart à raisins blancs ; peu multipliés ; ils sont étudiés à leur place alphabétique.

Minestra (Frankenthal).

Mingo. — Cépage américain, à raisins noirs, signalé par Husmann.

Mingrelaouri. — Nom de cépage russe (?).

Minimivaci. — Nom de cépage sicilien (?).

Ministra, Ministrel (Morrastel).

Minna di vacca (probablement le Cornichon ou l'Olivette, en Sicile).

Minna vacchina (Minna di vacca)............ *D.*

Minnedda bianca (Olivette blanche).

Minnehada. — Hybride américain de Muscat d'Alexandrie par Massasoit.

Minnella (Olivette blanche)................ *D.*

Minnesota mammoth. — Nom d'hybride américain, jamais propagé aux États-Unis.

Minnolettina (Olivette blanche).

Mino bianco. — Nom de cépage italien des Pouilles. — J. R.

Minor's Seedling (Venango)................. *D.*

Minuteddu Cannudu. — Cépage sicilien que V. Pulliat caractérise par une feuille très duveteuse, trilobée ; grappe moyenne, lâche, cylindro-conique ; grains au plus moyens, ellipsoïdes, fermes, juteux et sucrés, d'un beau noir pruiné, maturité de 3ᵉ époque.

Minutidda (Olivette blanche).

Minutola (Fiano).................... VI. 366

Miot (Petit Manseng)................ III. 82

Miousat. — Cépage peu répandu dans les Basses-Pyrénées, surtout à Monein, Jurançon..., à raisin d'un blanc jaunâtre. — A. Br.

Miracle. — Raisin noir bleuté, obtenu de semis par les frères Baumann, de Bollwiller. Assez fertile, à grains petits, 13/12, mûrissant tard ; il n'a d'autre intérêt que de présenter un goût de Cabernet assez accentué. — A. B.

MIRACLE (Grec rouge).

MIRADELLA. — Nom de cépage italien du Haut-Novarais. — J. R.

MIRASOLE. — Nom de cépage italien de Modène. — J. R.

MIREVAUX. — Nom de cépage cité par Rabelais (XVIe siècle).

Miriam. — Semis américain de Lady Washington, à grande grappe ailée, compacte ; grains gros, noir bleuté, pulpeux et foxés.

MIRIZLIVKA (Breza) . . . . *D.*

MIRKOVAC, MIRKOVACA, MIRKOVACSA (Mirkowackssa) . . . . *D.*

Mirkowackssa. — Cépage hongrois (?), d'après V. Pulliat, à grains gros, globuleux, d'un jaune clair ; maturité de 2e époque.

MISER, MISERA (Furmint).

MISCHET (pour Muscat),

MISCKET TCHAOUCH (Chaouch).

MISELLA. — Nom de cépage cité par Varron (Ier siècle av. J.-C.) — J. R.-C.

Mish. — Variété de Rotundifolia, semis de Scuppernong.

MISIKA (Sylvaner) . . . . II. 363

MISHWICK (Heunisch) . . . . *D.*

MISHZA (Sylvaner) . . . . II. 363

MISKA (Sylvaner) . . . . II. 363

MISILNERIS (Albillo loco) . . . . VI. 126

MISKAOUHI (Kawoori).

MISKET (pour Muscat).

Misket de Sliven. — Cépage bulgare assez répandu sur les bords de la mer Noire où il donne des vins blancs caractérisés par une couleur jaune verdâtre, fort belle ; très productif et assez précoce ; grappe moyenne, ailée, conique, assez lâche ; grains sphériques, moyens de grosseur, pruinés, d'un vert rosé clair, très sucrés, assez fermes, juteux ; feuilles quinquelobées, à sinus profonds et tangents par leurs lèvres ; sinus pétiolaire profond et fermé, à poils en brosse nombreux sur la face inférieure.

Misket Tchavouch . . . . II. 203

MISKKA (Sylvaner) . . . . II. 363

MISKULÉ (Miskhaly) . . . . *D.*

Miskhaly. — Cépage à raisins blancs, cultivé au Caucase pour la table et pour la cuve. — B. T.

MISSETHÄTER (Folle blanche).

MISSION (Mission's grape) . . . . III. 232

MISSION (Rupestris Mission).

Mission's grape . . . . III. 232

MISSION TRAUBE (Bicano).

MISSIROLI. — Nom de cépage italien de Voghera (*Bulletin ampélographique italien*, XIV).

Missoagrion. — Cépage à raisin noir, de cuve, de la Thessalie (Grèce). — X.

MISSOURI. — Ancien cépage américain, à raisins noirs, abandonné depuis longtemps.

Missouri Riesling. — Hybride de Grein no 1, à raisin d'un blanc grisâtre, précoce, pruiné, pulpeux et foxé ; a beaucoup de rapports avec Elvira.

MISSOURI'S BIRD'S EYE (Elsinburgh) . . . . *D.*

MISTRESS MC LURE (Mc Lure) . . . . *D.*

MISTRESS MUNSON. — Hybride de T.-V. Munson.

MITTEL BLAUE (Wildbacher) . . . . *D.*

MJOANI (Mtsvani).

MOALE (Mustoasa).

Mobazoury. — Cépage à raisins blancs, de cuve, de Ratcha (Russie). — V. T.

Mobeetie . . . . I. 466

MOCARINHO. — Ancien cépage portugais cité en 1790 par Lacerda Lobo ; inconnu aujourd'hui. — D. O.

Modena. — Cépage américain, à petits grains noirs bleutés.

MODENESE. — Nom de cépage italien de Gênes (*Bull. amp. ital.*, XVI).

MODRA (Argant) . . . . V. 346

MODRAAZULOWKA (Azulatraube) . . . . *D.*

MODRA HLAPZOVINA (Kölner) . . . . *D.*

MODRA KADARKA (Kadarka) . . . . IV. 177

MODRA KAVCINA (Kölner) . . . . *D.*

MODRA KLEVANYKA (Pinot noir) . . . . II. 19

MODRA KRAJELVINA (Portugais bleu) . : . . . II. 136

MODRICA (Blank Blauer) . . . . *D.*

MODRI KOZJAK (Cornichon violet).

MODRINA (Argant) . . . . V. 346

MODRIXA KOJAKZEGI (Augster).

MODRISIA (Kadarka) . . . . IV. 177

MODRISIA GROSSA, PICCOLA. — Noms de cépages italiens cités par Acerbi pour l'Istrie.

MODRI TISOLAN (Frankenthal).

MODRU KADARKA (Kadarka) . . . . IV. 177

MONU (Harslevelü).

MOERCHEN (Pinot noir) . . . . II. 19

MOERHLEIN (Pinot noir) . . . . II. 19

MOERICA. — Nom de vigne cité par Pline l'Ancien. — J. R.-C.

MOERISCH. — Nom de vigne badoise (?). cité par Odart.

MOGISAN NERO. — Nom de cépage italien (*Bull. amp. ital.*, VIII).

MOGLIA. — Nom de cépage italien cité par Acerbi.

MOGLIENTINO. — Nom de cépage italien de Fermo (*Bull. amp. ital.*, XV et XVI).

MOGRA KAVCINA (Kölner bleuer) . . . . *D.*

MOHÁCSI (Lamerschwanz) . . . . *D.*

MOHRCHEN BLAUER (Pinot noir) . . . . II. 19

MOHRCHEN FRUHE (Madeleine noire) . . . . . . II. 19

MOHRCHEN SPATES (Pinot noir).

MOHRENDUTTE (Pis-de-chèvre rouge) . . . . . IV. 88

Mohrenkönig blauer. — Syn. : *Bisteréna cernina*,

Bitriška črina. Cépage à raisins bleus, moyens, originaire de Styrie ou du Haut-Tyrol, d'où nous l'avons reçu en 1898. Il donne un moût assez doux et savoureux, mais sa fertilité est assez modérée et son intérêt douteux. — A. B.

Mohrou König (Pinot tête de nègre)..... II. 36

Moirieu (Teinturier mâle)............ III. 362

Moisac (Mauzac)..................... II. 143

Moisang nero, Moisano nero (Mossano)....... *D.*

Moisi (Meslier)..................... III. 50

Moissac (Mauzac).................... II. 143

Moissan (Mossano).................... *D.*

Moisy (Meslier)..................... III. 50

Moje (Arnopolo)........................ *D.*

Mokatoury. — Cépage à raisin noir, de cuve, de Ratcha (Russie). — V. T.

Mok de Gallo (Cornichon)............ IV. 315

Mokhvantchkily. — Cépage de l'Abkhasie russe, à raisin noir, cultivé pour la cuve. — V. T.

Mokri-mrada (Ptiché grossde)............... *D.*

Molar............................ V. 302

Molard (Molar)..................... V. 302

Molarinha. — Cépage portugais, très productif, assez cultivé à Arcos de Val-de-Vez; feuilles orbiculaires, trilobées, très duveteuses en dessous; grappes moyennes, aileronnées; grains petits, d'un blanc clair. — D. O.

Molarinho branco. — Ancien cépage portugais de Lamego, inconnu actuellement. — D. O.

Molaron. — Cépage noir de la vallée de Tinée (Alpes-Maritimes), peu vigoureux et peu productif, mais donnant un vin très coloré, très corsé; assez sensible à l'oïdium; il est à grappe petite et à grains globuleux, petits et serrés, d'un noir foncé à la maturité. — L. B. et J. G.

Molasse (Moulas)....................... *D.*

Moldavsky bicly (Pis-de-chèvre blanc)....... *D.*

Moldavsky tchiarny (Pis-de-chèvre rouge).... *D.*

Moleiro. — Ancien cépage blanc de Santarem (Portugal), d'où il a disparu depuis 1877. — D. O.

Moleron gros. — Nom du Catalogue du Luxembourg.

Molette....................... VI. 156

Molette blanche (Molette)........... VI. 156

Molette blanche (Mondeuse blanche)... II. 284

Molette noire (Mondeuse)............ II. 274

Molica. — J. de Rovasenda donne ce cépage italien comme authentique (?) et de la région de Sciolze; longue grappe pyramidale, ailée, à grains ronds, juteux.

Molinaja bianca, rossa. — Noms de cépages italiens de Pavie et de Voghera. — J. R.

Molinar (Meunier)................. II. 383

Molinara. — Nom de cépage italien cité par Acerbi pour Vérone.

Molinera (Molinera gorda)............ II. 198

Molinera gorda........................ II. 198

Molla Akhmedy. — Cépage russe d'Erivan (Russie), cultivé pour la table; gros grain allongé, charnu, très sucré et un peu aromatique, d'un jaune pâle rosé au soleil. — V. T.

Mollah (pour Molla).

Molla-Khoussein Tsiwill. — Cépage russe de la Crimée, à raisins blancs, cultivé pour la table. — V. T.

Mollana nera. — Nom de cépage italien de Cunéo.

Mollar (Cabernet Sauvignon)........ II. 285

Mollar (Molar)..................... V. 302

Mollar blanco (Molar).............. V. 302

Mollar branco (Molar).............. V. 302

Mollar cano. — Forme à raisins panachés du Molar commun.

Mollarão (Molar)................... V. 302

Mollard (Molar).................... V. 302

Mollar de Cadiz (Listan).............. *D.*

Mollar de Granada (Mollar cano).......... *D.*

Mollar de vara branca (Cabernet Sauvignon)................... II. 285

Mollar do Chorincas. — Cépage portugais de Santarem, à raisins rouges, très sucrés. — D. O.

Mollardon. — Nom de cépage (?) cité par Rendu.

Mollarès (Cabernet Sauvignon)........ II. 285

Mollar negro (Cabernet Sauvignon).... II. 285

Mollar preto (Molar)............... V. 302

Mollar sevillano (Mollar cano)............. *D.*

Mollar tinto (Molar)............... V. 302

Mollar zucari (Mollar cano)............. *D.*

Molle. — Ancien cépage portugais du Minho, inconnu aujourd'hui. — D. O.

Mollette............. ...... VI. 156

Mollesco, Molletto. — Noms de cépages italiens (*Bull amp. ital.*, XVI).

Mollian. — Nom de cépage (?) cité par Jullien pour l'Ain.

Mollim. — Cépage à raisins blancs, précoce, productif, cultivé à Santarem (Portugal). — D. O.

Mollinha. — Cépage à raisins blancs, peu répandu dans le sud du Portugal, surtout à Santarem; feuilles cordiformes, heptalobées, sinus profonds, peu ouverts, lanugineuses en dessous; grains moyens, ellipsoïdes, d'un jaune clair. — D. O.

Mollinho. — Cépage à raisins rouges, cultivé en 1790 à Melgaço (Portugal), où il est inconnu actuellement. — D. O.

Mollis (Mollar cano)..................... *D.*

Mollissima (Mollar cano).................. *D.*

Molnar szolo kek (Meunier)........... II. 383

Molnar teke kek (Meunier)........... II. 383

Molnar toke kek (Meunier)........... II. 383

Moltke. — Semis américain de Salem, à grain d'un rose roux, pulpeux et foxé.

Moltonach. — Nom de cépage espagnol, d'après Gorria.

Molverde. — Cépage espagnol de la région de Ségovie, d'après Abela y Sainz.

Monaca (Monica).................... .... *D.*

Monachella, Minachella des Abruzzes (Monachelle)............................ .... *D.*

Monachelle. — V. Pulliat, d'après baron Mendola, décrit ce cépage italien et le caractérise par des feuilles grandes, à poils en brosse en dessous, trilobées; grappe moyenne, cylindro-conique, serrée; grains moyens, sphéro-ellipsoïdes, d'un noir rougeâtre, juteux, sucrés, astringents; maturité de 3ᵉ époque.

Monaco bianco (Chardonnay).......... IV.   5

Monarca bianca, nera (Duraca).............. *D.*

Monarda (Bonarda)....................... *D.*

Monastel (Morrastel)................ III. 384

Monasteou (Morrastel)............... III. 384

Monaster (Morrastel)................ III. 384

Monastrel, Monastrell (Morrastel).... III. 384

Monastrell menudo (Morrastel)........ III. 384

Monastrell verdareo (Morrastel)....... III. 384

Moncia (Monica)......................... *D.*

Moncin (Manseng rouge).............. V. 263

Mondeuse........................... II. 273

Mondeuse (Genouillet)............... VI. 147

Mondeuse a bourgeonnement violet clair (Mondeuse)...................... II. 273

Mondeuse blanche................... II. 284

Mondeuse blanche de Savoie (Molette)... VI. 156

Mondeuse blanche de Chignin (Jonvin).

Mondeuse couларде (Mondeuse)........ II. 273

Mondeuse de la Haute-Savoie (Mondeuse). II. 273

Mondeuse du Bugey (Mondeuse)....... II. 273

Mondeuse grise..................... II. 284

Mondeuse panachée (Mondeuse)........ II. 273

Mondeuse précoce de Gy (Mondeuse).... II. 273

Mondeuse rouge..................... II. 273

Mondeuse noire (Mondeuse)........... II. 273

Mondic. — Nom de cépage blanc de l'Aveyron, d'après Marre.

Mondonico (Somarello).................... *D.*

Mondouse (Mondeuse)................ II. 274

Mondovi. — Raisin bleu, de maturité tardive, obtenu de semis par Strub. Peu fertile, il n'offre d'autre intérêt que les dimensions de ses baies de 19/17. — A. B.

Mondwein (Tressot panaché).......... III. 302

Monestel (Carignan)................ VI. 332

Monestel (Morrastel)............... III. 384

Money's Sᵗ Peters (West's Sᵗ Peters).

Monferina, Monferrato, Monferrina, Monferina (Fresia).......................... *D.*

Monfra (Fresia)......................... *D.*

Monglun (Merille)...................... *D.*

Monica (Canaiolo)................... II. 311

Monissang (Mossano).................... *D.*

Monosquen (Téoulier)................ III. 210

Monovassia. — Cépage à raisins blancs, cultivé pour la table dans les Iles Cyclades (Grèce). — X.

Monroë. — Hybride américain de Delaware et de Concord, à gros grains, noirs bleutés, très pruinés, pulpeux et foxés.

Monstrueux de De Candolle (Grec rouge). III. 277

Montagnina (Montanera).................... *D.*

Montagnola. — Nom de cépage italien de Voghera (*Bull. amp. ital.*, XIV).

Montalvana. — Nom de cépage espagnol, d'après Abela y Sainz.

Montanaccio (Sciaccarello)............ IV. 159

Montana nera (Montanera)................... *D.*

Montanara, Montanarino, Montanaro (Montanera)................................... *D.*

Montanchega. — Nom de cépage espagnol, d'après Abela y Sainz.

Montanera. — Cépage italien du Piémont, à grande feuille tourmentée, glabre sur les deux faces; grande grappe cylindro-conique, ailée; grains sur-moyens ou gros, globuleux, d'un noir rougeâtre, peu pruinés à la maturité de 2ᵉ époque (d'après V. Pulliat).

Montanese. — Nom de cépage italien de la Terre d'Otrante. — J. R.

Montanica, Montanico (Montanicu)........... *D.*

Montanicu niuru. — Cépage italien de la région de Catane, à grande feuille tourmentée et bullée, trilobée, à duvet aranéeux en dessous; grappe moyenne; grain sur-moyen, un peu ellipsoïde, d'un beau jaune doré à maturité de 3ᵉ époque (d'après V. Pulliat).

Montanina, Montanino bianco, perugino (Ugni blanc).

Montardier, Mont Blanc. — Noms inexacts du Catalogue du Luxembourg.

Monté. — Nom de cépage (?) du Lot, cité par Jules Guyot.

Montecaccia. — Nom de cépage italien du Haut-Novarais. — J. R.

Montecalvo (Falanchina)................... *D.*

Montecchiano (Ugni blanc)........... II. 255

Montecchiese (Grec)............... III. 277

Montecchiese (Ugni blanc)........... II. 255

Montecchiese (Verdicchio)................ *D.*

Montefiore. — Semis américain de Taylor (nᵒ 14) de Rommel, à petits grains globuleux, noir rougeâtre, pruinés, juteux, neutre de goût, peu cultivé aux États-Unis.

Montelaure. — Syn. *Roussette blanche de Montagnieu.* — Cépage de l'Ain, à grappe plutôt petite, cylindro-conique, ailée, assez serrée; grain sur-moyen, globuleux, ferme, d'un jaune doré; maturité de 2ᵉ époque tardive (d'après V. Pulliat).

Montelima, Montelimart (Douce noire).. II. 371

Montellese (Falanchina).................. *D.*

Monte-moro, Montenara (Montanera)......... *D.*

Montenach. — Cépage espagnol de la région de Barcelone, d'après Abela y Sainz.

Monte Olivete (Mantuo de Pilas)....... VI. 121

Montepulciano (Sangioveto).......... III. 333

Montepulciano cordisco (Sangioveto)... III. 334

Montepulciano di collina (Sangioveto)... III. 333

Montepulciano di pianura, nero, rosso (Sangioveto)...................... III. 333

Monterobbio. — Nom de cépage italien de Bobbio. — J. R.

Montesanese. — Nom de cépage italien de Bobbio (*Bull. amp. ital.*, XV).

Monteuse (Douce noire)............... II. 371

Montevuovolo. — Nom de cépage italien (?).

Montferrant (Gamay)................. III. 14

Montgomery. — Nom de cépage américain sans intérêt.

Montheith (York Madeira).................. *D.*

Monticola (V. Monticola)............ I. 384

Monticola (Rupestris du Lot)........ I. 404

Monticola-Berlandieri................. I. 390

Monticola Foexeana. — Forme de V. Monticola à faible végétation ; feuilles grandes, épaisses, vert sombre, bullées ; sinus pétiolaire presque fermé ; dents larges et rondes ; sarments d'un rouge pourpre.

Monticola Munson n° 1............... I. 393

Monticola Munson n° 2............... I. 393

Monticola Munson n° 3............... I. 393

Monticola-Riparia. — Hybrides artificiels des deux espèces, peu utilisés.

Monticola-Rupestris. — Hybrides naturels mal établis comme origine.

Monticola Salomon................... I. 393

Monticola Texana. — Forme de V. Monticola, à feuilles petites, d'un vert clair, parcheminées, presque planes ; dents aiguës ; sinus pétiolaire ouvert.

Montil, Montils (Blanc Ramé)........ III. 240

Montmélian (Douce noire)............ II. 371

Montona. — Cépage des îles Baléares, d'après Abela y Sainz.

Montoncella, Montoncello (Montonico)....... *D.*

Montone (Montonico)...................... *D.*

Montonega, Montonego. — Nom de cépage italien de Bologne cité par Acerbi.

Montonico. — Le Montonico de S. Martino (Italie) constitue une variété bien particulière, à grandes feuilles orbiculaires, bullées, à grappes longues, cylindriques, à gros grains sphériques, pruinés, noirs, croquants, doux. — M. C.

Montonoco bianco, di San Nicandro, pinto (Montonico)................................ *D.*

Montonicu (Montonico)..................... *D.*

Montorese Piedirosso)............... VI. 360

Montorfana, Montorfano (Schiava)..... III. 337

Montouse (Mondeuse)................. II. 274

Montrachet (Chardonnay)............. IV. 5

Montrès. — Nom inexact du Catalogue des vignes du Luxembourg.

Montro Castellano. — Raisin blanc obtenu de semis par König, remarquable par la dimension de ses grappes et de ses baies très allongées, de 21/16, mais cette variété est très coularde ; ses étamines sont plus courtes que le pistil. — A. B.

Montu (Montonico)...................... *D.*

Montuno (Montonico)................... *D.*

Montuo castellano (Mantuo castellano). VI. 123

Montuo castillan (Mantuo castellano)... VI. 123

Montuoco nero. — Nom de cépage italien de Barletta.

Montuo de Jerez, de Xerès (Mantuo castellano)................................ VI. 123

Montuo perruno (Pedro Ximenès)....... VI. 111

Montuo verde (Mantuo castellano)...... VI. 123

Montuo viriego (Mantuo castellano)... VI. 123

Montuplica. — Nom de cépage italien de Voghera (*Bull. amp. ital.*, XIV).

Monturano. — Nom de cépage italien de la région d'Ancône (*Bull. amp. ital.*, XIV).

Monukka (Black Monukka)................. *D.*

Monvedro. — Cépage rouge de l'Algarve (Portugal), peu important. — D. O.

Moorendutte (Frankenthal).............. II. 127

Moore's Diamond. — Hybride américain de Concord et d'Iona créé par J. Moore, à belle grappe ailée, à grains sur-moyens, d'un blanc grisâtre, pulpeux et foxés ; estimé pour la table aux États-Unis.

Moore's Early. — Semis de Concord, créé par J. Moore, à grains plus gros que ceux du Concord et un peu plus précoces.

Moostona bianca. — Nom de cépage de Nice cité par Acerbi.

Moquinel. — Nom sans signification du Catalogue des vignes du Luxembourg.

Mora (Canaiolo)..................... II. 311

Moradella. — Cépage peu important, à raisins rouges de la région de Pavie (Italie), cultivé pour la cuve ; feuille assez grande, trilobée, duveteuse en dessous ; grappe conique, allongée ; grains sphériques, maturité tardive ; peu alcoolique. — D. T.

Moradella. — Cité par Acerbi comme cépage de la Lombardie.

Moradella : a due grappoli, a nodo corte, a occhio bianco, a occhio rosso, a raspo rosso, a raspo verde, del Monfià, grossa, piccola (Moradella)................................... *D.*

Moradello, Moradellone (Moradella)........ *D.*

Morajola, Morajuola (Canaiolo)............ *D.*

Morajola maggiore, minore (Bovale)......... *D.*

Moranet (Gradiska)................. II. 133

Moranka (Sylvaner)................. II. 363

Mornera bianca. — Nom de cépage italien de la Province de Côme. — J. R.

Mornerain (Mornen noir)............ III. 173

Moro bianco d'Acqui. — Cépage italien du Piémont, d'après V. Pulliat, à grappe rameuse, sur-moyenne ; grain plutôt gros, ellipsoïde, d'un jaune roux ; maturité de 1re époque.

Morocco (Ribier)..................... III. 286

Morocco Prince. — Hybride de Vinifera créé dans les forceries anglaises, à feuilles avec nervures veinées de rouge ; grappe moyenne, ailée, longue ; grains de grosseur moyenne, ovales, d'un rouge violacé pruiné ; de peu de valeur.

Moro Cohejin, Moro di Narana, Moro di Spagna, Moro di Toscana, Moro fiorentino. — Noms divers sans signification pour des cépages indéterminés.

Morol. — Nom du Catalogue du Luxembourg.

Morona (Vernaccia)..................... D.

Moroncina (Madeleine noire).......... III. 247

Morone (Meunier)................... II. 383

Morossa bianca. — Nom de cépage piémontais, d'après Frojo. — J. R.

Morrâo (Murrâo)....................... D.

Morrastel......................... III. 384

Morrastel-Bouschet.................. VI. 438

Morrastel-Bouschet a gros grains (Morrastel-Bouschet)........................ VI. 438

Morrastel-Bouschet à sarments érigés. — Hybride de Petit Bouschet et de Morrastel, précoce de maturité, assez sensible au mildiou ; très productif et de valeur culturale ; grappe serrée, cylindrique, moyenne ; grains moyens, serrés, d'un violet noir mat et pruiné ; jus rouge.

Morrastel-Bouschet nos 1, 2, 3, 4, 5, 6, 7. — Autres hybrides de Petit Bouschet et de Morrastel, créés par H. Bouschet, sans valeur culturale actuelle ; inférieur tous au Morrastel Bouschet à gros grains ; le n° 4 est vigoureux et bien fructifère, à grappe sur-moyenne, conique, à grains moyens, jus abondant et fortement coloré ; le n° 5, jus productif, a le jus le plus coloré de tous ses congénères.

Morrastel-Bouschet à feuilles lasciniées. — Hybride de Morrastel et de Petit Bouschet, peu productif, sans valeur.

Morrastel-Bouschet à feuilles lisses. — Hybride de Bouschet à feuilles lisses et de Morrastel ; à feuilles vernissées et fortement envinées ; sans intérêt cultural.

Morrastel-Bouschet à petits grains. — Autre hybride de même nature d'Henri Bouschet ; sans valeur à cause de sa faible production et de ses petits grains à jus rouge.

Morrastel fleuri Bouschet. — Hybride d'Henri Bouschet resté toujours dans les collections ; sans valeur.

Morrastell (Morrastel).............. III. 384

Morrillon (Douce noire)............. II. 371

Morrokin barbakon (Frankenthal)...... II. 127

Morrut. — Cépage espagnol de la province de Barcelone, d'après Abela y Sainz.

Morsano di Caraglio (Nebbiolo)............. D.

Morshina (Javor)......................... D.

Morsi. — Cépage espagnol d'Alicante, d'après Abela y Sainz.

Morsina (Javor)......................... D.

Mortagua (Mourisco)................. II. 303

Mortagua (Ramisco)................. V. 5

Mortarella. — Nom de cépage italien de Vérone. — J. R.

Mortarino. — Nom de cépage italien de Voghera. — J. R.

Morteira (Bomvedro)..................... D.

Morteirelle (Cinsaut)................. VI. 322

Morterille (Cinsaut)................. VI. 322

Morterille noire (Cinsaut)........... VI. 322

Mortesille (Cinsaut)................. VI. 322

Mortoso (Canaiolo)................. II. 311

Morvède (Mourvèdre)................. II. 237

Morvègue, Morvès, Morvèse, Morvèze (Mourvèdre)....................... II. 237

Morvilla. — Nom cité par Odart pour un cépage des Pyrénées (?).

Morvosio violet. — Raisin bleu obtenu de semis par Bronner. Grains ronds de 16mm. Assez bonne qualité pour la table ou la cuve, maturité entre 1re et 2e époques, mais fertilité un peu faible. — A. B.

Mory. — Cépage russe d'Erivan à petits grains noirs. — V. T.

Mosac (Mauzac).................... II. 145

Mosaguin (Péloursin)................. VI. 37

Moscadella (Muscat blanc).......... III. 373

Moscadella bastarda. — Nom cité par Acerbi.

Moscadella bianca (Muscat blanc)...... III. 373

Moscadella nera (Muscat noir)........ III. 374

Moscadella rossa (Aleatico rosso)........... D.

Moscadelle (Muscats divers).

Moscadello, Moscadellone, Moscarella, Moscardella, Moscado, Moscato, Moscatea. — Noms divers pour Muscat, dans leurs divers qualificatifs italiens.

Moscado rosso (Muscat rouge de Madère). III. 319

Moscarella, Moscarellone, Moscat, Muscatalo (Muscats)........................ III. 319

Moscata bianca (Muscat blanc)....... III. 333

Moscatea, Moscateddu (Muscat blanc).. III. 373

Moscatel (Muscats)................. III. 374

Moscatel (Muscat d'Alexandrie)....... III. 108

Moscatel bianco (Muscat blanc)....... III. 373

Moscatel bravo (Rabigato)........... III. 161

Moscatel castellano (Muscat blanc).... III. 375

Moscatel commun (Muscat blanc)....... III. 375

Moscatel de Flandes (Muscat blanc)... III. 375

Moscatel fino (Muscat blanc)......... III. 375

MOSCATEL FLAMENCO (Muscat d'Alexandrie). III. 108

MOSCATEL GORDO BLANCO (Muscat d'Alexandrie)............................. III. 108

MOSCATEL GORDO MORADO (Muscat violet)....... D.

MOSCATEL GORRON (Muscat d'Alexandrie). III. 108

MOSCATELLA BIANCA, NERA (Muscat blanc, Muscat noir).

MOSCATELLE LIVATICHE (Aleatico).

MOSCATELLINA. — Nom de cépage italien de la région de Modène. — J. R.

MOSCATELLO BIANCO, NERO (Muscats blanc, noir)........................... III. 373

MOSCATELLONE (Muscat d'Alexandrie).... III. 108

MOSCATELLONE (Salamanna)........... III. 155

Moscatellone nero. — Muscat à gros grains noirs, sphériques, de la région de Gigenti, d'après V. Pulliat ; maturité de 3e époque.

MOSCATELLONE ENCARMADO (Muscat violet)...... D.

MOSCATETLONE PARE DELLA SARDEGNA (Muscat d'Alexandrie).............. III. 108

MOSCATELLO NERO (Muscat noir)....... .. III. 374

MOSCATELLO ROMANO (Salamanna)....... III. 155

MOSCATEL MENUDO BRANCO (Muscat blanc). III. 373

MOSCATEL MENUDO MORADO (Muscat violet)...... III. D.

MOSCATEL MORISCO (Muscat blanc)...... III. 373

MOSCATELÓ (Muscat d'Alexandrie)...... III. 108

MOSCATELON (Muscat d'Alexandrie) .... III. 108

MOSCATEL REAL (Muscat d'Alexandrie)... III. 108

MOSCATEL ROIXO (Muscat rouge de Madère). III. 319

MOSCATEL ROMANO (Muscat d'Alexandrie). III. 108

MOSCATEL ROMANO MORADO (Muscat violet).

MOSCATELES (Muscats).

MOSCATEO (Muscat violet)................... D.

Moscato (Muscats divers avec qualificatifs d'origine, de forme ou de milieu tels : MOSCATO A FLOR D'ARANCIO, D'ALESSANDRINO, BIANCO, BIANCO COMMUNE, D'ASTI, DI CANDIA, DI CIAMBARA, DI FRONTIGNAN, DI SIRACUSA, DI STRAVI, GRANATO, GENOVESE, GRECO, NERO, NOSTRAMO, NERO ROSATO ; presque toujours le *Muscat blanc* ou le *Muscat noir*).

MOSCATO DELL ARCIDUCA GIOVANNI. — Nom de cépage italien (?) cité par V. Pulliat, d'après Mendola.

MOSCATO DE CORFOU (Muscat d'Alexandrie)..................... .... III. 108

MOSCATO DI CALABRIA (Muscat d'Alexandrie) .... III. 108

MOSCATON, MOSCATONE (Muscat d'Alexandrie) .... III. 108

MOSCATO ROSSO (Muscat rouge de Madère). III. 319

MOSCHATA (Muscat violet). .... D.

MOSCHATO DI CALABRIA (Raisin de Calabre). IV. 46

MOSCHATO MOSCHOUDI (Muscat blanc).... III. 373

MOSCHATULA (Muscats).... .... III. 375

MOSCHIROLA BIANCA. — Cité par J. de Rovasenda comme nom de cépage italien de Côme.

Moscho papadia. — Cépage de cuve à raisin noir, de Corfou (Grèce). — X.

MOSCIANINO (Dolcino)....................... D.

MOSCIOLINO (Dolcetto)...................... D.

MOSCIALO BIANCO. — Nom de cépage italien de Pesaro. J. R.

MOSCODELLONE (Muscat blanc)......... III. 394

MOSCOVITZA. — Nom de cépage grec, non identifié.

MOSEAVINA (Valteliner)................ IV. 30

MOSEL, MOSELER (Furmint)............. II. 251

MOSHATON MAVRON (Muscat noir)....... III. 374

MOSKATELLINER NOIR (Muscat noir)...... III. 374

MOSKATON (Muscat blanc).............. III. 373

MOSKOVEC (Furmint)................... II. 251

MOSLES, MOSLER GELBER (Furmint)...... II. 251

MOSLER TRAUBE (Furmint)........... .. II. 251

MOSLOVEC, MOSLOVEZ (Furmint)......... II. 251

MOSLAVINA (Furmint)................. II. 251

MOSLER WEISSER (Furmint)............. II. 251

MOSSANA NERA (Mossano).................... D.

MOSSANETTO NERO (Mossano)................ D.

MOSSANIA (Mossano)...................... D.

MOSSANO DI CARAGLIO (Mossano)...........•.. D.

Mossano nero. — Cépage italien cultivé surtout à Asti, à produits très inférieurs ; feuilles grandes, quinquelobées, épaisses, à peine duveteuses en dessous ; grappe grosse, irrégulière ; grains serrés d'un rouge violacé clair. — G. M.

MOST (Chasselas doré).............. II. 6

MOSTAA. — Nom de cépage italien d'Asti.

MOSTACOLO. — Nom de cépage de provinces napolitaines. — J. R.

MOSTAIO, MOSTAIA, MOSTAIOLO, MOSTAIOLLO (Verdicchio).

MORTAIOLO NERO (Albana)................... D.

MOSTAJA, MOSTAJA NERA (Canaiolo)........... D.

MOSTARDA. — Nom de cépage toscan. — J. R.

MOSTARELLO (Pecorino).

MOSTARINO, MOSTARINO BIANCO, MOSTARINO ROSSO (Ugni blanc).

Mostaiola. — Cépage à raisins blancs de Padoue (Italie).

MOSTER (Chasselas doré).............. II. 6

MOSTERCE (Avarengo)...................... D.

MOSTERA IVREA (Avarengo)................... D.

MOSTERA NERA (Avarengo)................... D.

MOSTER GELER (Furmint)...........:...... II. 251

MOSTER GRIGIO (Furmint)... .... II. 251

MOSTERO, MOSTERO NERO, ROSSO (Avarengo)..... D.

MOSTER ROTHER (Chasselas rose)........ II. 16

MOSTO, MOSTONA, MOSTOSA, MOSTOSO, MOSTOSON (Avarengo)............................. D.

MOST REBE, MOST TRAUBE (Chasselas doré). VI. 6

MOSTROUS NOIR. — Cité par Jules Guyot comme nom de cépage des Landes (?).

MOTEUSHE (Douce noire)................... II. 371

Motley. — Variété de Doaniana sélectionnée par T.-V. Munson, sans valeur comme porte-greffe.

Mottled. — Semis américain de Catawba, très précoce, à grains petits, d'un rose roux.

Mouchère. — Nom donné par Harly pour un cépage de la Côte-d'Or (?).

Mouchtouri. — Cépage de Lepante (Grèce), à raisin noir, cultivé pour la cuve. — X.

Moudastel (Morrastel)................. III. 374

Moudeuse (Mondeuse)................. II. 273

Moudjourétouly (Kabistoni)................. D.

Mouenc (Mourvaison)................. IV. 243

Mouhards rebe (Valteliner)............. IV. 30

Mouilet (Heunisch)................. D.

Mouilla (Colombaud)................. III. 282

Mouillan (Chasselas doré)............. II. 6

Mouillax de Saint-Amour (Chasselas doré). II. 6

Mouillan (Pecoui-Touar)............. IV. 233

Mouillen, Mouillin (Chasselas doré)..... II. 6

Mouillon (Chardonnay)................. IV. 5

Mouillet (Elbling)................. IV. 163

Mouissagués (Pinot ?).

Mouissan (Mossano)................. D.

Moujourétouly (Kabistoni)................. D.

Moukha-Mtwané (Mtsvani).

Moukhichkha. — Cépage de cuve du Gouriel (Russie), à raisin noir. — V. T.

Moulan (Brun Fourca)............. III. 310

Moulan (Chardonnay)................. IV. 6

Moular (Cabernet Sauvignon)......... II. 285

Moulard (Brun Fourca)............. III. 310

Moulas (Blavette)................. V. 237

Moullan (Brun Fourca)............. III. 310

Moumada. — Cépage à raisin blanc, cultivé pour la cuve dans l'Imérétie russe. — V. T.

Mounid. — Nom de cépage algérien.

Mouned0. — Donné par divers auteurs comme nom de cépage de l'Ariège (?).

Mounestéou (Carignan)............. VI. 337

Mounestéou (Morrastel)............. III. 384

Mou noir. — Nom de cépage cité par Secondat.

Mountain grape (V. Berlandieri)....... I. 365

Mountain grape (V. Rupestris)........ I. 394

Mount Lebanon. — Semis ou hybride de Labrusca à grains globuleux, rougeâtre, pulpeux et foxés, sans valeur même aux États-Unis.

Mounzac (Mauzac).... .... II. 145

Mourac................. V. 68

Mourac noir (Mourac)................. V. 68

Mourache (Carignan)................. VI. 332

Mouramie (Côt)................. VI. 6

Mourane (Côt)................. VI. 6

Mourào. — Ancien cépage portugais de l'Algarve, à raisin noir donnant un vin très inférieur ; on le retrouve encore dans le Beira Alba. — D. O.

Mouras, Mourassé, Mourast (Mourac). V. 68

Mourastel (Morrastel)................. III. 384

Mourrastel fleurie (Brun Fourca)..... III. 310

Mourastel floura (Brun Fourca)...... III. 310

Mourrastel flourat (Brun Fourca).... III. 310

Mourastel Morville. — Nom de cépage (?) cité par Odart.

Mouraud (Brun Fourca)............... III. 310

Mouraud (Rouge de Bouze)........... II. 35

Mouré (Pinot noir)................. II. 19

Mouré (Teinturier)................. III. 362

Moureau (Brun-Fourca)................. III. 310

Moureau (Rouge de Bouze).......... III. 35

Mourelet (Négrette)................. II. 62

Moure noir (Pinot noir)............... II. 19

Mourgeon (Brun Fourca)............. III. 310

Mouret (Chatus)................. III. 212

Mouret noir (Chatus)................. III. 212

Mourillon (Beaunoir)................. IV. 64

Mourisco................. II. 303

Mourisco arsello. — Cépage blanc, rare à Evora (Portugal) ; feuilles trilobées, de forme irrégulière, à peine duveteuses en dessous ; grappes longues ; grains gros, ovoïdes, d'un blanc clair. — D. O.

Mourisco branco. — L'un des plus anciens cépages du Portugal, connu dès 1712, très différent du Mourisco rouge ; très répandu dans tous les vignobles portugais et surtout dans la région du Douro ; feuilles grandes, quinquelobées, cotonneuses blanchâtres en dessous ; grappes grosses ou très grosses, cylindro-coniques ou cylindriques ; grains gros, inégaux, subsphériques ou subvoïdes, d'un beau jaune bronzé, croquants, juteux, à saveur relevée et sucrée. — D. O.

Mourisco de semente (Albino de Souza)....... D.

Mourisco preto (Mourisco)............. II. 303

Mourisco rouge (Mourisco).......... II. 303

Mourisco tinto (Mourisco)............. II. 303

Mourlan, Mourlans (Chasselas doré).... II. 6

Mourlon (Melon)................. II. 45

Mourlot (Groslot)................. II. 118

Mournera. — Nom de cépage italien de Pavie (Bull. amp. ital., XVIII).

Mouristel (Morrastel)................. III. 384

Mourot (Rouge de Bouze)... .... III. 35

Mourot de Rusilly (Rouge de Bouze)... III. 35

Mourot six pièces (Rouge de Bouze).... III. 35

Mourrà. — Ancien cépage portugais signalé, en 1790, par Lacerda Lobo, dans le Minho, où il est inconnu aujourd'hui. — D. O.

Mourradella (Moro bianco)................. D.

Mourrastel fleuri (Brun Fourca)...... III. 310

Mourrastel floura, Mourrastel flourat (Brun Fourca)................. III. 310

Mourre (Pinot noir)................. II. 19

Mourrelet (Négrette)................. II. 62

Mourtaou. — Nom de cépage de l'Entre-Deux-mers (Gironde).

Mourtès. — Nom de cépage (?) du Tarn-et-Garonne.

MOURTON (Sylvaner).................. II. 363
Mourvaison......................... IV. 243
MOURVÈDE (Mourvèdre)............... II. 237
MOURVÈDE HᴬTIF DE NIKITA (Mourvèdre de Nikita).................................... *D.*
MOURVÉDON (Mourvèdre).............. II. 240
Mourvèdre.......................... II. 237
MOURVÈDRE COULOUR DE NOR (Piquepoul gris). II. 357
Mourvèdre de Nikita. — Hybride de Pinot et de Mourvèdre créé par Hartwin ; cépage de collection, à grandes feuilles quinquelobées, aranéeuses en dessous ; grappe petite, irrégulière ; grains petits, sphériques d'un bleu foncé, pruiné, précoce.—V. T.
Mourvèdre Hichlé. — Hybride de Cabernet Sauvignon et de Mourvèdre, cité par Hartwin entre 1827 et 1860, serait plus fertile et plus précoce que le Mourvèdre ; feuille quinquelobée, à sinus étroits et profonds, à duvet rugueux et court en dessous ; grappe surmoyenne, compacte, conique, allongée ; grain moyen, sphérique, d'un violet bleuté foncé et pruineux, astringent. — V. T.
MOURVÈDRE RANNY NIKITSKY (Mourvèdre de Nikita)............................... *D.*
Mourvèdre×Rupestris n° 1202 Couderc.. I. 471
MOURVÈGUE (Mourvèdre).............. II. 237
MOURVÈS (Mourvèdre)................ II. 237
MOURVESON (Mourvaison)............. IV. 243
MOURVEZÈ (Mourvèdre).............. II. 237
MOURVEZON (Mourvaison)............ IV. 243
Mouzouly. — Cépage à raisins noirs, de cuve, de la Crimée. — V. T.
MOUSAT (Teinturier)................. III. 370
MOUSCATELLA, MOUSCATELL (Muscats).
MOUSKATT ASTRAKHANSKY (Muscat d'Alexandrie)......................... III. 108
MOUSKATT ASTRAKHANSKY POZDNY (Muscat d'Alexandrie)..................... III. 108
MOUSKATT VENGUERSKY (Muscat blanc).... III. 373
MOUSQUETTE (Muscadelle)............. II. 55
MOUSSAC (Côt)...................... VI. 6
MOUSSIN (Côt)...................... VI. 6
MOUSTAOUR (Chasselas doré).......... II. 6
MOUSTARDÉ (Mourvèdre)............. II. 237
MOUSTARDIÉ (Counnoise)............. II. 78
MOUSTARDIER (Cinsaut)............... VI. 322
MOUSTARDIER (Mourvèdre)............ II. 237
MOUSTER (Avarengo)................. *D.*
MOUSTÈRE (Côt)..................... VI. 6
MOUSTON BLANC (Chasselas doré)...... II. 6
MOUSTOSS-ALBA (Chasselas doré)....... II. 6
MOUSTOUA (Chasselas doré).......... II. 6
MOUSTOUS (Chasselas doré).......... II. 6
Moustouzère. — Cépage à raisins rouges de la Gironde ; feuille cordiforme ; quinquelobée et à sinus profonds, fermés comme ceux du Cabernet-Sauvignon ; grappes petites, à grains moyens,

légèrement ovoïdes, croquants ; à peine connu aujourd'hui en Gironde. — G. C. C.
MOUSTRAGE. — Nom de cépage cité par Secondat.
MOUSTRON (Tannat).................. IV. 80
MOUSTRON (Tannat).................. IV. 80
MOUTARDIER, MOUTARDIER NOIR (Cinsaut). VI. 322
MOUTEUSE (Mondeuse),............... II. 274
MOUTON NEGRO (Teinturier)........... III. 370
MOUVEDNO (Mourvèdre).............. II. 237
MOUVA (Côt)........................ VI. 6
MOUYSSAGUÈS (Cabernet franc)........ II. 290
MOUZAT (Côt)....................... VI. 6
MOVAVACK (Sylvaner)................ II. 363
MOXAC (Côt)........................ VI. 6
Moyer. — Hybride américain de Delaware à raisins rouges, juteux ; très peu fertile.
MOYNET. — Nom du Catalogue des vignes du Luxembourg.
MOYSAC (Mauzac)................... II. 143
MOZA (Côt)......................... VI. 6
MOZAC (Mauzac).................... II. 143
Mraga. — Cépage de table, à raisins blancs, de Chirvan (Russie). — V. T.
Mrs. Mc. Lure. — Hybride du Dr Wylie (Clinton × Peter Wylie), à raisins blancs, très semblable par ses caractères au Clinton.
Mrs. Pearson. — Hybride de Black Alicante et de Ferdinand de Lesseps créé en Angleterre par Pearson, cépage de forçage pour serres chaudes ; a peu réussi ; grappes sur-moyennes à grains ronds, jaunâtres, un peu musqués.
MRS. PINCE (Pince's Black)........... IV. 258
MRS. PINCE'S BLACK MUSCAT (Pince's Black)............................. IV. 258
Mrs. Stayman. — Semis américain de Delaware à grains sur-moyens, rougeâtres, juteux, un peu foxés.
Mskhaly. — Cépage blanc très cultivé pour la distillerie à Erivan (Russie) ; grappe moyenne, conique, ailée, peu serrée ; grain gros, sphérique, juteux, d'un vert jaunâtre tiqueté de jaune : maturité 2ᵉ époque tardive. — V. T.
Mskhwill-Tvâla. — Cépage à raisin blanc, de cuve, très fertile, mais à vin ordinaire, cultivé à Tiflis (Russie). — V. T.
MSKHWILL-TVALIN (Mskwill-tvàla)............ *D.*
MSOUANÉ (Mtsvané).................. VI. 236
MTCHKNÀRA (Mtsvané)................ VI. 236
Mtévane-Didi. — Cépage de cuve et de table à raisin noir, du Gouriel (Russie) ; grande grappe ailée, rameuse ; grain un peu allongé, assez gros. —V. T.
Mtrédiss Pékhy. — Cépage à raisins rouges du Gouriel (Russie), très fertile. — V. T.
Mtrédiss-Péra. — Cépage à raisins blancs de cuve de l'Imérétie russe. — V. T.
MTSIVANÉ (Mtsvani).................. VI. 236

Mtvsvané (Mtsvani)................. VI. 236
Mtsvani...................... VI. 236
Mtsvanoura (Mtsvani)............... VI. 236
Mtsvinaha (Mtsvani)................ VI. 236
Mtsvivané (Mtsvana)............... VI. 236
Mtsvivani (Mtsvani)............... VI. 236
Mtzvané (Mtsvani)................. VI. 236
Muagur. — Nom de cépage sarde. — J. R.
Muccadine diamant (Diamant traube).... V. 147
Mucciarda Vermentino (Vermentino).... V. 313
Mucosa bianca. — Nom de cépage du Frioul (Italie).
Mudacchina. — Nom de cépage de Favara (Italie),
  d'après Mendola.
Muench. — Hybride de Lincecumii et d'Herbemont
  créé au Texas par T.-V. Munson, bien résistant aux
  maladies cryptogamiques ; grappes assez grosses,
  cylindro-coniques, serrées, à grains moyens, d'un
  noir violacé foncé, peau mince, juteux.
Mujoù. — Cépage noir des environs de Puget-Théniers (Alpes-Maritimes), assez précoce ; sarments
  et mérithalles moyens, avec des bourgeons très
  gros un peu cotonneux ; feuilles assez grandes,
  presque entières, glabres à la partie supérieure,
  duveteuses en dessous ; grappe allongée, conique,
  à grains moyens, franchement sphériques, d'un
  noir pruiné, avec une chair ferme et juteuse. —
  L. B. et J. C.
Muffosa. — Nom de cépage de Catane (*Bull. amp.
  ital.*, XLX).
Muhaykz (Konigstraube)............... *D.*
Mula. — Nom de cépage espagnol de Murcie, d'après
  Abela y Sainz.
Mulata. — Ancien cépage portugais cultivé (1869)
  à Thomar, introuvable actuellement. — D. O.
Mulet. — Nom de cépage du Lot (?) d'après le
  Catalogue du Luxembourg.
Muller (Meunier)................... II. 383
Mullerrbe (Meunier)................ II. 383
Mullererr frühe (Meunier)........... II. 383
Muller ruben (Meunier)............. II. 383
Muller's Burgundy (Meunier).......... II. 383
Mullersweib (Meunier)............... II. 383
Muller traube (Meunier)............. II. 383
Mulnera (Molinera)................ VI. 156
Multonacu. — Nom de cépage espagnol de la
  Catalogne.
Mundusa bianca (Mondeuse blanche).
Muñeca. — Cépage espagnol de Cadiz, d'après Abela
  y Sainz.
Munedo (Mounedo).................. *D.*
Muneguerra. — Nom de cépage italien (?).
Munica niedda (Canaiolo)............ II. 314
Munier, Munier grape (Meunier)...... II. 383
Munson. — Hybride de Lincecumii par Rupestris,
  créé par H. Jæger (n° 70), à grappes assez déve-
  loppées, grains moyens, très ailées ; très résistant

aux maladies cryptogamiques ; caractères végéta-
tifs intermédiaires aux deux espèces.
Munsoniana (V. Munsoniana)......... I. 308
Munson R. W. — Hybride de Lincecumii × Triumph,
  créé par T.-V. Munson ; grappes moyennes, cylin-
  driques ; grains gros, sphériques, noirs.
Mura. — Nom du Catalogue du Luxembourg.
Murajulo, Marajola (Grec blanc).
Murchenat. — Nom du Catalogue des vignes du
  Luxembourg.
Mureau (Enfariné).................. II. 392
Murete (Moreto)................... V. 49
Muret noir (Moreto)............... V. 49
Mureto (Moreto)................... V. 49
Murga (Negru mole)................ *D.*
Murcentin (Barbarossa)............. *D.*
Murgentina (Barbarossa)............ *D.*
Murgentina, Murgentinus (Barbarossa)....... *D.*
Muristella, Muristellu, Muristellu niuru
  (Morrastell)................... III. 384
Muristelu (Morrastell)............. III. 384
Murleau (Mourvèdre)............... II. 237
Muro. — Nom de cépage espagnol de la Catalogne,
  d'après Gorria.
Murrão. — Cépage blanc, portugais, de la région
  de Porto ; grappes courtes, coniques, ailées ; grains
  moyens, ronds, d'un jaune clair. — D. O.
Mursanne (Marsanne).
Mursbina (Urbanitraube)............ V. 132
Murthma (Bomvedro)............... *D.*
Murviedro (Mourvèdre)............. II. 237
Murzina (Urbanitraube)............ V. 132
Musca (Sylvaner).................. II. 363
Muscade (Muscatelle).............. II. 55
Muscade (Pinot gris).............. II. 32
Muscadeaux (Muscats)............. III. 374
Muscadeddu biancu, nieddu, rosso (Muscats). III. 374
Muscadel (Muscat d'Alexandrie)....... III. 108
Muscadelle...................... II. 55
Muscadelle (Verdesse).............. III. 187
Muscadelle du Cap (Muscat blanc)..... III. 376
Muscadet (Chasselas doré).......... II. 6
Muscadet (Melon)................. II. 45
Muscadet (Ugni blanc)............. III. 221
Muscadet aigre (Ugni blanc)........ III. 255
Muscadet doux (Muscadelle).......... II. 55
Muscadet roux (Muscadelle).......... II. 55
Muscadez (Muscats)................ III. 378
Muscadin Diamant (Diamant traube).... V. 147
Muscadine (Chasselas doré).......... II. 6
Muscadine (Melon)................. II. 45
Muscadine (V. Rotundifolia)......... I. 302
Muscadinia...................... I. 300
Muscadin royal d'Ahoyce (Chasselas)... II. 6
Muscadins (Chasselas).............. II. 6
Muscaly (Muscat blanc)............. III. 373

Muscane (Muscat blanc).............. III. 373

Muscardella, Muscasdellone, Muscardellucia, Muscata (Muscats)................ III. 378

Muscat (Muscat blanc)............. III. 373

Muscat admirable (Muscat d'Alexandrie). III. 108

Muscat a fleur d'oranger (Muscat de Jésus)... D.

Muscat a gros grains (Muscat d'Alexandrie)........................... III.. 108

Muscat Alberdient's (Muscat de Hamburgh)......................... III. 105

Muscat Aufidus. — Muscat obtenu à Angers, à petites grappes, grain sur-moyen, rond, d'un blanc ambré; maturité de 1re et 2e époque. — E. et R. S.

Muscat Augibi (Augibi).............. IV. 78

Muscat Augibi (Muscat d'Alexandrie)... III. 108

Muscat beli (Muscat blanc).......... III. 373

Muscat Bidault. — Obtenu au jardin de Saumur d'un semis de Chalosse en 1875. Feuilles sous-moyennes, à sinus inférieur se recouvrant; grappe cylindrique, très allongée, peu ailée, à grains blancs, petits, très légèrement obovoïdes, à goût fin, relevé, exquis, se dorant à la maturité. Le muscat Bidault est une des meilleures obtentions du jardin de Saumur; à maturité précoce et bonne fructification. — C. B.

Muscat bifer. — Muscat à grappe moyenne, assez serrée, cylindrique; grain sur-moyen, globuleux, d'un jaune un peu doré; maturité de 2e époque tardive (d'après V. Pulliat).

Muscat blanc...................... III. 373

Muscat blanc commun (Muscat blanc)... III. 373

Muscat blanc d'Alexandrie (Muscat d'Alexandrie)..................... III. 108

Muscat blanc de Berkheim. — Semis de Muscat obtenu en Crimée, sans valeur réelle comme raisin de table.

Muscat blanc de Frontignan (Muscat blanc)...................... III. 373

Muscat blanc de Grèce (Muscat d'Alexandrie).

Muscat blanc de Smyrne (Muscat d'Alexandrie).

Muscat blanc d'Espagne (Muscat d'Alexandrie).

Muscat blanc de Stokwood (Muscat d'Alexandrie).

Muscat blanc du Cantal (Muscat hâtif du Puy-de-Dôme).

Muscat blanc du Jura (Muscat blanc).

Muscat blanc Laserelle. — Muscat de 1re époque de maturité; à grappe moyenne, courte, serrée, grain moyen, sphérique, d'un blanc verdâtre, peu musqué. — E. et R. S.

Muscat blanc Ottonel (Muscat Ottonel)...... D.

Muscat Bonod (Muscat d'Alexandrie)... III. 108

Muscat Bouschet. — Hybride de Muscat noir et de Petit-Bouschet, créé en 1857, à jus coloré, et très musqué, à grains moyens, noir foncé, musqués.

Muscat Bowood (Muscat d'Alexandrie). III. 108

Muscat brun (Muscat rouge de Madère). III. 319

Muscat Caillaba (Muscat noir)........ III. 374

Muscat Caminada (Muscat d'Alexandrie!). III. 108

Muscat Cannon Hall................... III. 112

Muscat Champion. — Muscat obtenu par Melville en Angleterre, à la suite de l'hybridation du Cannon Hall; à beaux et gros grains ronds, fermes, d'un noir grisâtre, très musqués, peu estimé dans les forceries.

Muscat Cibeben (Muscat d'Alexandrie). III. 108

Muscat citronelle (Muscat de Jésus)......... D.

Muscat Courtiller. — Obtenu par l'ancien directeur du Jardin de Saumur. Est remarquble par sa grande finesse en tant que Muscat; vigoureux et assez fructifère; ses grains, sur-moyens, bien détachés de la grappe, ont malheureusement une pellicule tendre, facilement attaquable par la pourriture. — C. B.

Muscat croquant (Raisin de Calabre).

Muscat d'Alexandrie................. III. 108

Muscat de Berkheim (Muscat d'Alexandrie).................... III. 108

Muscat de Bizerte (Muscat d'Alexandrie). III. 108

Muscat de cassis (Muscat blanc)....... III. 376

Muscat Decazes. — Donné comme semis de Muscat de la Crimée?

Muscat de Chambave. — Muscat de la région d'Aoste (Italie), mal déterminé.

Muscat de Chypre (Muscat d'Alexandrie). III. 108

Muscat de corail (Muscat rouge de Madère)...................... III. 319

Muscat de Damas (Muscat d'Alexandrie). III. 108

Muscat de Frontignan (Muscat blanc)... III. 373

Muscat de Hambourg (Muscat de Hamburgh)....................... III. 105

Muscat de Hamburgh................. III. 105

Muscat d'Eisenstadt (Muscat noir)...... III. 374

Muscat de Jérusalem (Muscat d'Alexandrie)............................ III. 108

Muscat de Jésus. — Cépage à grappe moyenne, compacte, cylindrique; grain sur-moyen, globuleux, ferme, à parfum musqué fleur d'oranger, d'un jaune verdâtre un peu doré; maturité 2e époque (d'après V. Pulliat).

Muscat de l'archiduc Jean (Muscat d'Alexandrie).................... III. 108

Muscat de Lierval (Muscat Lierval).... III. 317

Muscat de Lunel (Muscat blanc)....... III. 373

Muscat de Lunel blanc (Muscat blanc).. III. 377

Muscat de Madère (Muscat rouge de Madère)....................... III. 319

Muscat de Maraussan (Muscat blanc)... III. 373

Muscat de Marsala (Muscat d'Alexandrie)............................. III. 108

Muscat de merle (Muscat noir)........ III. 373

Muscat de Panse (Muscat d'Alexandrie). III. 108

Muscat de Pantellaria (Muscat d'Alexandrie)............................ III. 108

Muscat de Raf-Raf (Muscat d'Alexan-
drie)............ .... III. 108
Muscat de Ribesatte (Muscat blanc).... III. 377
Muscat de Ribezalte (Muscat blanc).... III. 377
Muscat de Rivesaltes (Muscat blanc)... III. 377
Muscat de Rome (Muscat d'A'exandrie). III. 108
Muscat de Saint-Mesmin (Meslier)...... III. 50
Muscat de Sarbelle. — Donné par Bury comme un
Muscat spécial (?).
Muscat de Saumur.................... IV. 268
Muscat des dames (Muscat blanc)....... III. 377
Muscat de Seine et-Marne (Muscat blanc). III. 377
Muscat de Sliven (Misket de Sliven)......... D.
Muscat de Smyrne (Muscat d'Alexandrie). III. 108
Muscat d'Espagne (Muscat d'Alexandrie). III. 108
Muscat d'Essas (Muscat blanc)........ . III. 377
Muscat de Stokwood (Muscat d'Alexan-
drie)............. .... III. 108
Muscat de Tarn-et-Garonne (Muscat blanc).
Muscat de Troweren (Muscat Troweren).
Muscat de Varna (Misket de Sliven)......... D.
Muscat d'Hambourg (Muscat de Ham-
burgh)............................ III. 105
Muscat Dr Hogg.................... V. 223
Muscat doux (Muscadelle)............. II. 55
Muscat Duchesse de Buccleugh (Duchesse de Buc-
cleugh).............................. D.
Muscat du Jura (Muscat noir)........ III. 374
Muscat du Luxembourg (Muscat blanc).. III. 377
Muscat du Puy-de-Dôme (Muscat hâtif du Puy-de-
Dôme).
Muscat durebaic (Raisin de Calabre).... IV. 46
Muscat du Tarn (Muscat blanc)........ III. 377
Muscattedini, Muscateddu, Muscateglio (pour
Muscat)........................... III. 373
Muscateis (Muscat)................. III. 374
Muscatel (Muscat) .... III. 374
Muscatel (Muscat blanc)............. III. 373
Muscatela (pour Muscat)............. III. 373
Muscatel branco (Muscat blanc)...... III. 373
Muscatellæ (Muscats)............... III. 375
Muscatel bravo (Rabigato respigueiro).. III. 161
Muscatel do Douro (Muscat blanc)..... III. 373
Muscatelle (Muscadelle)............. II. 55
Muscatelle, Muscatella (pour Muscats). III. 373
Muscateller (pour Muscats).......... III. 373
Muscateller rother (Valteliner)....... IV. 30
Muscatellier (pour Muscat).......... III. 373
Muscatellier noir. — Sous ce nom, V. Pulliat dis-
tingue un cépage à petite feuille glabre sur les
deux faces, à grappe moyenne, cylindro-conique,
à grain sur-moyen, sphéro-ellipsoïde, d'un rouge
noirâtre ; 2e époque de maturité.
Muscatellier noir (Muscat noir)....... III. 374
Muscatel roxo (Muscat rouge de Madère). III. 319
Muscat Escholata (Muscat d'Alexandrie). III. 108

Muscat Eugenien (Muscat hâtif du Puy-
de-Dôme)......................... IV. 44
Muscat Eugénie Courtillier (Muscat
Courtiller)............................ D.
Muscat fleur d'orange (Muscat de Jésus)...... D.
Muscat fou (Muscadelle).............. II. 55
Muscat fumé (Melon).
Muscat grec (Muscat d'Alexandrie).... III. 108
Muscat Grégoire. — Superbe semis, obtenu par le
métropolite Grégoire, à Roustchouk (Bulgarie) ;
feuilles très grandes (15 sur 20 centim.), trilobées,
à lobe terminal en lance très allongée, à poils
courts, en brosse, en dessous, épaisse, à bords
incurvés ; grappes moyennes, cylindriques, ailées
(20 centim. de long) ; grains moyens, sphériqués,
lâches, d'un jaune doré, un peu rosé au soleil,
fermes, très sucrés et légèrement musqués.
Muscat gris (Muscat noir)........... III. 374
Muscat gris (Muscat rouge de Madère). III. 319
Muscat gris du Comte Odart (Muscat
blanc)............... .... III. 377
Muscat gris de la Calmette. — Semis obtenu par
H. Bouschet ; petite grappe ; grain sous-moyen,
rond, d'un rouge clair grisâtre ; maturité de
1re époque (d'après V. Pulliat).
Muscat gros tardif de Crimée. — Cépage russe, à
grains jaunâtres, dorés au soleil.
Muscat gros noir hatif (Muscat noir
hâtif)............................. V. 323
Muscat Gutedel (Muscat de Jésus)..... III. 122
Muscat Haláper (Muscat Hálaper).......... D.
Muscat Hambourg (Muscat de Hamburgh). III. 105
Muscat hâtif du Puy-de-Dôme.......... IV. 44
Muscat Henri Marès. — Semis du baron Mendola, à
feuille très aranéeuse en dessous ; grappe sur-
moyenne, lâche ; grain moyen, globuleux ; très
adhérent, ferme, juteux, d'un jaune roussâtre,
musqué ; maturité de 3e époque (d'après V. Pulliat).
Muscat hongrois (Muskattraube Hálaper).
Muscat Houbdine. — Semis du Dr Houbdine ; feuille
glabre sur les deux faces ; grappe petite ; grain
sous-moyen, globuleux, d'un beau jaune doré,
peu musqué ; maturité de 1re époque (d'après
V. Pulliat).
Muscat hybride d'Espagne (Muscat noir). III. 374
Muscatidduni (pour Muscat)........... III. 373
Muscatidduni de Sicile. — Muscat à raisins noirs, de
3e époque ; grappe moyenne ; grain ellipsoïde,
peu musqué (d'après V. Pulliat).
Muscat jaune tardif d'Astrakan (Muscat d'Alexan-
drie)............................. III. 108
Muscatilly (pour Muscat)............. III. 373
Muscatin (pour Muscat).............. III. 373
Muscat incarnat. — Cité par F. Richter comme
Muscat rose, à grains moyens, ronds, de 2e époque
de maturité.

Muscat Ingranis (Ingram's Muscat)..... III. 129
Muscat Jésus (Muscat de Jésus)............. D.
Muscat Lierval....................... III. 317
Muscat Leenhardt. — Muscat à raisins blancs, à grains moyens, globuleux, très parfumés, d'après F. Richter.
Muscat long (Muscat d'Alexandrie).. .. III. 108
Muscat long pale (Muscat d'Alexandrie). III. 108
Muscat long violet (Muscat rouge de Madère)........................... III, 319
Muscat Madresfield Court.............. III. 131
Muscat Malaga (Muscat d'Alexandrie).. III. 108
Muscat negrès (Muscat noir)........... III. 374
Muscat noir........................... III. 374
Muscat noir allemand (Muscat noir).... III. 374
Muscat noir Caillaba (Muscat noir).... III. 374
Muscat noir d'Angers (Muscat noir).... III. 374
Muscat noir de Constance (Muscat rouge de Madère)........................ III. 319
Muscat noir d'Eisenstadt (Muscat noir).. III 374
Muscat noir de Lierval (Muscat Lierval). III. 317
Muscat noir de Madère (Muscat rouge de Madère).
Muscat noir des Pyrénées (Muscat noir). III. 374
Muscat noir du Jura (Muscat noir)..... III. 374
Muscat noir du Lot, du Pô (Muscat noir). III. 374
Muscat noir hatif (Mat noir hâtif)..... V. 323
Muscat noir ordinaire (Muscat noir).... III. 374
Muscat non feuillu (Muscat Lierval).... III. 317
Muscat of Alexandria, or Jérusalem (Muscat d'Alexandrie)..................... III. 108
Muscat of Hungary. — Très probablement le Muscat d'Alexandrie, connu sous ce nom en Angleterre, malgré le dire contraire de A. Barron.
Muscat orange (Muscat de Jésus)............ D.
Muscat Ottonel. — Semis de Moreau-Robert; petite feuille, à duvet pileux en dessous; grappe petite, serrée; grain sous-moyen, globuleux, d'un jaune doré, peu musqué; maturité de 1re époque (d'après V. Pulliat).
Muscat Pearson .... V. 225
Muscat Piémont (Muscat rouge de Madère).......................... III. 319
Muscat précoce d'Auvergne (Muscat hâtif du Puy-de-Dôme)................. IV. 44
Muscat précoce de Saumur (Muscat de Saumur)........................ IV. 268
Muscat Primavis (Muscat de Jésus).......... D.
Muscat quadrat (Muscat Régnier)...... V. 149
Muscat quarelli (Muscat noir).
Muscat queen Victoria (Muscat de Jésus)..... D.
Muscat Régnier .... V. 149
Muscat romain (Muscat d'Alexandrie)... III. 108
Muscat rond (Muscat de Jésus)............. D.
Muscat rose (Muscat rouge de Madère). III. 319
Muscat rouge (Muscat noir).......... III. 374
Muscat rouge (Muscat rose de Madère). III. 319

Muscat rouge corail (Albourla)........ IV. 154
Muscat rouge de Madère.............. III. 319
Muscat Saint-Laurent................. IV. 266
Muscat Salomon (Muscat blanc)........ III. 377
Muscat Storkwood (Muscat d'Alexandrie). III. 108
Muscatsylvaner. — H. Gœthe assimile cette variété autrichienne au Sauvignon, mais Oberlin la considère comme un cépage nettement différencié, surtout par son feuillage laineux et ses grains longs de 17/14. Végétation et production assez faibles; maturité de 2e époque. Goût ordinaire, sans bouquet, de Muscat bien caractérisé. — A. B.
Muscat Talabot (Clairette musquée Talabot)........................ IV. 339
Muskattraube Halaper. — Syn. : Bogay blauer. Variété originaire des bords du lac Balaton, en Hongrie. Nous l'avons reçu du Tyrol. Malgré quelques disparates dans le feuillage, qui se décolore en jaune taché de rouge, elle paraît bien appartenir à la famille des Muscats, dont elle possède le goût très accentué. Son originalité est dans la couleur des grains d'un jaune rougeâtre, sans aller jusqu'au rose franc. Cette variété est assez fertile, mais pourrisseuse, et sa maturité n'est, à Pontailler, que de 2e époque. — A. B.
Muscat Troweren. — Semis de Moreau-Robert; grandes feuilles tourmentées, avec quelques poils roides sur les nervures en dessous; grappe grosse, cylindro-conique, ailée; grains gros, globuleux, jaune doré, musqué; maturité de 3e époque (d'après V. Pulliat).
Muscat violet (Muscat rouge de Madère). III. 319
Muscat violet commun (Muscat rouge de Madère)........................ III. 319
Muscat violet de Madère (Muscat rouge de Madère)........................ III. 319
Muscat Zuti (Muscat blanc)........... III. 373
Muschatella (Muscat blanc).......... III. 373
Muschza (Sylvaner)................. II. 363
Muscia. — Nom de cépage italien des provinces napolitaines. — J. R.
Musciagno nero. — Nom de cépage de Turin (Bull. amp. ital., VIII).
Muscogee (Herbemont).............. VI. 256
Muscotum (Muscat)................. III. 373
Museau rouge. — Nom de cépage du Val d'Aoste (Bull. amp. ital., VIII).
Museguera (Muneguera).............. D.
Museto preto (Portugais bleu)........ II. 136
Mushka (Sylvaner).................. II. 363
Mushza (Sylvaner).................. II. 363
Muska (Sylvaner).................. II. 363
Muskata (Muscat).................. III. 373
Muskat Alexandriner (Muscat d'Alexandrie)............................ III. 108
Muscatally (Muscat)................ III. 373

Muskat-Riesling. — M. Oberlin a obtenu dans sa série d'hybridations du Riesling par le Muscat Saint-Laurent une dizaine de variétés qu'il a classées sous ce nom parce qu'elles reproduisent plus le bouquet du Muscat que celui du Riesling. Elles sont cultivées à l'Institut de Colmar; la plupart ont une maturité moyenne. Les plus fertiles sont **Muskat bouquet**, **Goldmuskat** et **Kaisersmuscat**; les plus fines **Edelmuskat**, **Muskatduft** et **Feinmuskat**; la plus recommandable par son ensemble de qualités est peut-être **Diamantmuskat.** — A. B.

Mustaret. — Nom de cépage italien de Voghera. — J. R.

Mustoasa. — Cépage roumain, à pulpe très juteuse, à grains moyens, sphériques, d'un jaune doré; il donne les vins blancs ordinaires de la Moldavie. — G. N.

Mutal, Mutan, Mutan blanc. — Donné par divers auteurs comme nom de cépage de Vaucluse (?).

Mutet. — Nom du Catalogue du Luxembourg (?).

Mutler mit den Kindern (Van der Laan traube).

Mydali. — Cépage à raisins blancs, précoce, cultivé pour la cuve dans l'Etolie (Grèce). — X.

Mylitta. — Hybride de T.-V. Munson.

Mzchala. — Nom de cépage à raisins blancs du Caucase (?), d'après Scharrer.

N

Naccarella, Naccarello, Naccurella. — Nom de cépage de la Sicile, d'après Mendola.
Nagouttvnéouly. — Cépage à raisin noir, de cuve cultivé à Letchkhoum (Russie); 2ᵉ époque de maturité. — V. T.
Naimenska slaska. — Nom de cépage croate, d'après H. Gœthe.

Nakhchaby. — Cépage russe (d'Ordoubatt), de 2ᵉ époque de maturité, à gros grains sphériques, d'un jaune ambré, cultivé pour la table. — V. T.

NAKHITCHÉVANE. — Variation du précédent ... *D.*

NAMEN CRVENA PLEMENIKA (Chasselas rose).   II.   16

Nandi laria. — Cépage à raisin noir, précoce, cultivé pour la cuve aux Iles Cyclades (Grèce). — X.

NANOT (Petit noir).................   III.   243

Naomi. — Hybride américain de Ricketts (Clinton × Muscat) ; grande grappe ailée, à grains moyens, subsphériques, d'un gris clair un peu rosé au soleil, un peu musqué.

Naoucoumati. — Cépage de cuve, à raisin noir, cultivé dans la Corinthie (Grèce). — X.

NAPOLITANA (Chasselas rose)..........   II.   16

NARANCSZÖLLŐ (Furmint)..............   II.   251

NARANKAS (Furmint)..................   II.   251

NARASSO BIANCO. — Nom de cépage italien du Piémont. — J. R.

NARBONICA. — Nom de vigne cité par Pline.

NARBONNAIS (Carignane)...............   VI.   332

NARBONNE (Chasselas).................   II.   6

NARDIN (Servant)....................   IV.   323

NARET (Neretto)......................   *D.*

NARGOUET (Gouais)...................   IV.   94

Narma Jolty. — Cépage de cuve du Daghestan (Russie), vigoureux, très fertile, à gros grain jaunâtre, peau épaisse ; vin faible et sans bouquet. — V. T.

NASCETTE, NASCO, NASCU. — Nom de cépage sarde (?).

NASSLINGER (Elbling).................   IV.   169

Nattsura. — Cépage de Kouban (Russie), à raisin blanc, donnant des vins très alcooliques, jusqu'à 14°. — V. T.

NATURÉ, NATURÉ BLANC, NATURÉ JAUNE, ROSE, NATURÉ VERT, NATUREL (Savagnin jaune)......   IV.   301

NAVARIEN, NAVARIEZ (Côt)............   VI.   6

NAVARRE (Côt)......................   VI.   6

NAVARRO, NAVARRO BLAU, NAVARRO NOIR (Cinsaut)........................   VI.   322

Navdack. — Cépage à raisins rouges du Turkestan russe. — B. T.

Nave. — Cépage cultivé par les Siciliens en Tunisie ; beau raisin de table donnant un vin blanc sec ; productif et bien résistant au siroco ; feuilles un peu lasciniées, glabres sur les deux faces ; à sinus profonds et fermés ; grappe grosse, cylindro-conique, rameuse, assez compacte ; grains moyens, presque ronds ; peau épaisse, verdâtre ou jaune doré au soleil. — N. M.

NAVÈS (Calagraño)..................   V.   250

NAVEZA (Calagraño).................   VI.   250

NAVI. — Nom de cépage de la Sicile. — J. R.

NAVOEIRA (Nevoeira)................   VI.   205

Navichy. — Cépage du Turkestan russe, de 1ʳᵉ époque de maturité ; petite feuille profondément quinquelobée ; grappe grosse (jusqu'à

3 kilog.) ; grain moyen, sphérique, juteux, peau fine, jaunâtre ; raisin de table. — V. T.

NAXIENNE. — Nom de vigne cité par Athénée (IIIᵉ siècle). — J. R.-C.

NAZAFAFALI. — Cité par Odart comme nom de cépage de Perse (?)

NAZIN BLANC. — Nom du Catalogue des vignes du Luxembourg pour un cépage (?) de la Nièvre.

NAZARENO. — Nom de cépage espagnol de Murcie, d'après Abela y Sainz.

Neagra batuta mustoss. — Cépage russe, de cuve, de 3ᵉ époque de maturité, cultivé en Bessarabie ; grappe moyenne, serrée ; grains plutôt petits, ronds, juteux, d'un noir pruiné, très acide. — V. T.

Neagra rara. — Cépage de la Bessarabie, de 3ᵉ époque, très cultivé pour la cuve ; feuille mince, quinquelobée, glabre ; grande grappe ailée ; grain moyen, sphérique, peau fine, d'un bleu foncé pruiné. — V. T.

Neagra rara glabra. — Variation à feuilles lisses et glabres du Neagra rara. — V. T.

Neagra rara tomentosa. — Variation à feuilles un peu duveteuses en dessous du Neagra rara. — V. T.

NEAL (Herbemont)...................   VI.   256

NEAL GRAPE (Herbemont)..............   VI.   256

NEAM REA (Scuturatoare)..............   *D.*

NEBBIEUL GROSSO, MASCHIO (Bolgnino)....   III.   346

NEBBIOLANO (Bolgnino)...............   III.   346

NEBBIOLETTO (Bolgnino)..............   III.   346

NEBBIOLIN, NEBBIOLIN MANTA (Bolgnino)..   III.   346

NEBBIOLO (Bolgnino)................   III.   346

NEBBIOLO (Dolcetto)..................   *D.*

NEBBIOLO BELTRAMO (Bolgnino)........   III.   346

NEBBIOLO D'ALBA, D'ASTI, DI BAROLO (Nebbiolo du Piémont)..........................   *D.*

NEBBIOLO DE DROMERO, DE DRONERO (Bolgnino)...........................   III.   346

NEBCIOLO DI BELTRAM (Bolgnino).......   III.   346

NEBBIOLO DI BRICHERASIO (Nebbiolo du Piémont)..........................   *D.*

NEBBIOLO DI CARAGLIO (Bolgnino)......   III.   346

NEBBIOLO DI GATTINARA (Bonarda)............   *D.*

NEBBIOLO D'IVREA, DI LORENZE, DI MASIO, DI MONCRIVELLO, DI MONSORDO, DI NIZZA (Nebbiolo du Piémont)..........................   *D.*

Nebbiolo du Piémont. — Cépage italien des plus estimés du Piémont pour la cuve ; feuilles de dimensions moyennes, plus longues que larges, quinquelobées ou trilobées, lanugineuses blanchâtres en dessous ; sinus grands et profonds ; grappe moyenne ou grande, pyramidale, ailée ; grains subsphériques, un peu ovales, de grosseur moyenne, d'un rouge violacé bleuté ; maturité de 4ᵉ époque. — G. M.

Nebbiolo di Sciolze, fino, gentile, grosso, maschio (Nebbiolo du Piémont).................. *D.*

Nebbiolone (Dolcetto)..................... *D.*

Nebbiolo nero (Nebbiolo du Piémont)........ *D.*

Nebbiolo milane. — Cité par Croce, au XVII⁰ siècle.

Nebbiolo Pairoulé (Bolgnino)......... III. 346

Nebbiolo piémontaise (Nebbiolo du Piémont)... *D.*

Nebbiolo pignolata (Nebbiolo du Piémont).... *D.*

Nebbiolo rosato (Grignolino)............... *D.*

Néhériozé (Bicane)................. II. 102

Néblou (Prié rouge)................. V. 269

Nectar (Delaware noir).............. VI. 188

Nectarea (Canaiolo)................. II. 314

Neff. — Variété américaine de Labrusca, à grains moyens, d'un rouge cuivré, pulpeux et foxés.

Negefabac. — Nom du Catalogue du Luxembourg.

Negra. — Nom de cépage espagnol, d'après Abela y Sainz.

Negra. — Nom de cépage italien de San Remo. — J. R.

Negra corrienté. — Nom de cépage du Pérou, d'après Chabert.

Negra gentile (Œillade)............. VI. 329

Negrainha. — Ancien cépage portugais, signalé en 1712 par Vicencio Alarte; inconnu aujourd'hui. — D. O.

Negraja. — Nom de vigne italienne de la région parmesane. — J. R.

Negral. — Ancien cépage rouge du Portugal; inconnu aujourd'hui. — D. O.

Negral. — Cépage de Cuença (Espagne), d'après Abela y Sainz.

Negral commun, Negral de Curtilla, Negralezo. — Cépages de Salamanque (Espagne), d'après Abela y Sainz.

Negralet (Négrette)..... .... II. 62

Negramole, Negramolle (Molar)....... V. 302

Negra morte (Pis-de-chèvre).......... V. 302

Negra moura. — Cépage portugais de la Beira alta, à grande grappe; grains gros, serrés, noirs, donnant des vins assez fins. — D. O.

Negrão (Teinturier)................. III. 362

Negrão francez (Teinturier).......... III. 362

Negraou. — Cépage noir de l'arrondissement de Grasse (Alpes-Maritimes) où il n'est pas très répandu; sarments longs, assez forts; mérithalles moyens, nœuds saillants; bourgeons très gros et glabres; feuilles de grandeur moyenne, presque entières, un peu allongées en pointe, glabres à la partie supérieure, duveteuses à la page inférieure, attachées par un pétiole assez fort; grappe courte, large à la base, ailée, dense; grains réguliers, moyens, subsphériques, à peau assez épaisse et résistante, d'un noir bleu et pruiné, avec une chair juteuse et astringente. — L. B. et J. G.

Negrara. — Syn. : *Edelschwarz, Negrara di Gattinara, Carbonera.* — Cépage à raisins noirs répandu dans le Tyrol, de Trente à San Michel, et peut-être aussi en Piémont. Végétation vigoureuse, à feuilles d'un vert sombre, profondément découpées, duveteuses infer; gros raisin pyramidal, irrégulièrement serré, porté par un court pédoncule; grains ronds de 16ᵐᵐ, d'un bleu sombre, peu pruiné; maturité voisine de la 2⁰ époque. Variété très fertile, un peu sujette à l'oïdium. Quelques-uns de ses caractères suggèrent des analogies avec le *Corbeau* (Douce noire de la Savoie et du Jura); comme lui, la Negrara donne un ordinaire de 2⁰ qualité. — A. B.

Negrara bastarda, di Gattinara, nera, spinarda (Negrara)............................. *D.*

Negrarola (Negrara)...................... *D.*

Negras (Negrum)........................ *D.*

Negratejo (Morrastel)................. III. 384

Négrau (Mourvaison)................. IV. 243

Nègré (Mourvèdre)................... II. 237

Négré de San Jaoumet (Madeleine noire). III. 247

Negreda (Tinta negreda)................... *D.*

Negreda preta (Tinta negreda)....... ...... *D.*

Negredo (Molar)................... VI. 6

Negredon (Côt).................... VI. 6

Nègre doux (Côt)................... VI. 6

Negrella, Negrello (Mourvèdre).. .... II. 237

Negremol (Teinturier)...... ...... III. 362

Nègre Préchac (Côt)................ VI. 6

Nègre Préchat (Côt)................. VI. 6

Negrera (Negrara)...................... *D.*

Negrera de Bologne (Negrara)............. *D.*

Négret (Négrette)................... II. 62

Négret de Cadillac (Négrette)........ II. 62

Négret dei Lombardi (Berzamino)... .. III. 339

Négret du Tarn (Négrette)........... II. 62

Nègre thincuiera (Mourvèdre)........ II. 237

Negretta (Berzamino)............... III. 339

Négrette...................... II. 62

Négrette (Mourvèdre)............... II. 237

Négrette de Longages (Négrette)...... II. 62

Négrette de Villemur (Négrette)....... II. 62

Negrettino (Neretto)................... *D.*

Negretto (Canaiolo)................. II. 314

Négretto (Neretto).................. *D.*

Negria (Mavroud)................... VI. 402

Négrier (Frankenthal)............... II. 127

Négrier (Grenache).................. VI. 215

Négriet (César).................... II. 294

Negrilla del Plan (Mourvèdre)..........II. 294

Négrillo. — Nom de cépage espagnol (?) de Barcelone, d'après Abela y Sainz.

Négrillon (Cabernet franc)........... II. 290

Négrin (Teinturier mâle)............. III. 362

Negrina, Negrino (Teinturier mâle)..... III. 362

Negrinha. — Cépage de l'Ile de Madère, à petites grappes, grain petit, noir. — D. O.

NEGRINHO (Negrinha)...................... D.

NEGRIBOLA (Negrara)..... .... D.

NEGRISOLO. — Nom de cépage italien de Modène. — J. R.

Negrito. — Cépage d'Alemguer, peu productif et rare ; feuilles quinquelobées, duveteuses en dessus ; grappe moyenne, lâche ; grains petits, ovoïdes, d'un noir pruiné. — D. O.

Negro amaro. — Cépage italien très répandu dans la province de Lecce ; feuilles quinquelobées, à sinus supérieurs très profonds, très duveteuses en dessous ; grappe moyenne, conique ; grains moyens, ellipsoïdes, serrés, d'un noir mat. — G. M.

NEGROCANE (Poulsard)................ III. 348

NEGRO CRUSIDERO (Tressot panaché)..... III. 302

NEGRO DOLCE (Negro amaro)................ D.

Negro de Toro. — Cépage espagnol de la région de Leon, d'après Abela y Sainz.

NEGRON (Negrara)....................,..... D.

NEGRONE (Frankenthal).

NEGRENZZA RIZZU, VERONESE (Negrara)......... D.

NEGROT (Grenache).................. VI. 285

NEGROT (Panea)...................... IV. 241

NEGROUN (Mourvaison)................ IV. 243

NEGROUN (Panea)...................... IV. 241

NEGRO VALENTE. — Nom de cépage italien de Caltanisetta (*Bull. amp. it.*, XVI).

NEGRU BATUT (Negru Vertos).......... III. 138

NEGRU BULGAR, NEGRU BULGARESE (Negru Vertos)................................ III. 138

Negru mole. — Cépage roumain, à grappes ailées, grains sphériques, d'un noir foncé ; peu adhérent aux pédicelles, sujets à la pourriture, tardifs. — G. N.

NEGRU TARE (Negru Vertos).......... III. 138

NEGRU VERDOS (Negru Vertos)......... III. 138

Negru Vertos................... III. 138

NEGRUZZI (Ascera)........................ D.

Nehelescol .... III. 290

NEIGHIER (Grenache)................. VI. 256

NEIL GRAPE (Herbemont)............. VI. 256

NEIRANO, NEIRANO FRÉ, NEIRANO GROSSO, NEIRANO NERO, NEIRANO PICCOLO (Tadone).......... D.

NEIRASSO (Tadone)..................... D.

Neir d'ala. — Variété noire signalée par Gatti dans le Val d'Aoste. Sa culture n'y a plus aujourd'hui d'importance. — A. B.

NEIRET (Bolgnino)............... III. 346

NEIRET NERO (Neretto).............. .. .. D.

Neiretta. — V. Pulliat, d'après J.. de Rovasenda, décrit deux cépages sous ce nom, d'après la teinte du bois (?) ; le Neiretta est un cépage piémontais à raisins rouges, moyens, globuleux, de 3e époque de maturité.

NEIRETTO (Neiretta)........................ D.

NEIRETTONE (Neiretta)..................... D.

NEIR FRÉ. — J. de Rovasenda considère ce cépage d'Asti comme bien particulier et caractérisé surtout par une énorme grappe composée (?)

NEMEK KADARKA (Kadarka)............. IV. 177

Nemorin. — Semis de Moreau-Robert, à grosse grappe, grains gros, globuleux, d'un beau jaune (d'après V. Pulliat).

Neosho. — Sélection de V. Linceecumii faite par H. Jæger, à caractère de l'espèce, et à belle grappe serrée, tardive.

NERA (Pinot noir)..................... II. 19

NERA DELLA LORENA (Negro amaro).......... D.

NERA DI GARAVAIA (Mondeuse)........ II. 273

NERA DOLCE (Dolcetto) .... D.

NERA EXCELLENTE (Brun Fourca)........ III. 310

NERA GENTILE (Berzamino)............. III. 339

NERA GROSSA (Côt).................... VI. 5

NERA TARDIVA (Côt, OEillade, Cinsaut ?).

NERANO, NERANO DURO, NERANO FINO (Tadone).. D.

NERASSO (Tadone)........................... D.

NÉRAUT (Teinturier).................... III. 362

NÉRAUT (Teinturier mâle).............. III. 362

NERA VERACE (Tadone).................... D.

NER D'ALA (Neir d'ala)................. .... D.

NÈRE (Pinot noir)..................... II. 19

NÈRE (Tressot)........................ III. 302

NERELLA, NERELLI, NERELLO (Neretto).

NÈRE NOIRE (Tressot).................. III. 302

NERET (Neretto)........................... D.

NERET DE DORFAN, DE MONFRA, DUR, GROS, SERRÉ, PICCOLO, RARE. — Noms divers donnés pour des cépages de la Vallée d'Aoste, non définis comme synonymes.

NERETTA, NERETTE (Neretto)................ D.

Neretto. — Cépage italien de la province d'Alexandrie ; feuilles moyennes, quinquelobées, sinus ouverts ; face inférieure peu duveteuse ; grappe grande, conique allongée, ailée ; grains moyens, sphériques, d'un noir bleuté, très pruiné ; maturité de 3e époque. — G. M.

NERETTO (Bolgnino).................. III. 346

NERETTO D'ALESSANDRIA, DE CUMIANA, DE MARENGO, DI VERZUOLO, DI PIEMONTE, DI SALTO, DI SAN GIORGIO, GENTILE, GROSSO, NERO, PIEMONTE, SALTO, SALTO NERO. (Neretto)............ .... D.

NERIEN (Tressot)..................... III. 302

NERIEN DES RICEYS (Tressot).. .... III. 302

NÉRIN (Durif)....................... II. 81

NERINO (San Gioveto)................ III. 332

NERO (pour *negro* et adjectifs divers).

NERO AMARO (Negro amaro).................. D.

NERON, NEROU. — Nom inexact du Catalogue du Luxembourg pour un cépage du Puy-de-Dôme.

NERONE (Teinturier mâle)............. III. 362

Nerre (Enfariné)..................... II. 392

Nerre (Tressot)...................... III. 302

Nerret (Neretto)..................... *D.*

Nerrun (Douce noire).................. II. 371

Neru (pour *Nero* et divers).

Nerrien. — Nom de cépage cité par Acerbi pour l'Aube (?). — J. R.

Nespolana, Nespolano, Nespolino (Vespolino). *D.*

Nessmélyor (Bálint)..................... *D.*

Neu gerwächs (Riesling)............... II. 247

Netella. — Cépage à raisin blanc, de cuve, de l'Imérétie russe. — V. T.

Neufchatel (Pinot)................... II. 19

Neurat (Teinturier mâle)............. III. 362

Neva Munson. — Hybride américain créé par T. V. Munson (Neosho × Herbemont).

Nevoeira.............................. VI. 205

Nevoeiro (Nevoeira).................. VI. 205

Newark. — Hybride américain de Clinton et de Vinifera, à grappe assez grosse, longue ; grains d'un noir mat foncé, jutenx.

Newburgh. — Hybride de Rickett, resté dans les collections aux États-Unis.

New Haven. — Semis américain de Concord, sans valeur.

Newmann. — Hybride de T.-V. Munson (Lincecumii par Triumph).

Newport. — Semis américain d'Æstivalis, très semblable à l'Herbemont, et inférieur comme productivité.

Neyran (Pinot noir)................... II. 19

Neyron (Mourvèdre)................... II. 237

Neyron (Panea)....................... IV. 240

Neyrou, Neyrou petit (Pinot noir)...... II. 119

Nho (Ampeloccissus arachnoïdea)...... I. 24

Niagara. — Hybride américain de Labrusca (Concord × Cassady), très réputé aux États-Unis, à un moment, comme raisin de table à cause de sa productivité ; grappes assez grosses, compactes ; grains surmoyens, sphériques, d'un vert jaunâtre, très pruinés, très pulpeux et très foxés.

Niagra (Neagra batuta).................. *D.*

Niagra rara (Neagra rara).............. *D.*

Niaja rossicia. — Nom de cépage hongrois, d'après Bronner (?). — J. R.

Niareddie (Perricone)................. VI. 227

Nibbiolo (pour Nebbiolo).

Nicarina Vitis (Folle blanche)......... II. 205

Nicera (Nocera)...................... V. 144

Nicheftka. — Cépage bulgare de la région du Rhodope ; feuilles moyennes, quinquelobées, à sinus supérieur en lyre ; à bouquets de poils aranéeux à la page supérieure ; très duveteuses et blanchâtres en dessous ; grappe conique, serrée, moyenne, ailée, grains moyens, d'un noir bleuté foncé, très pruiné, lenticellés.

Nichevka (Nicheftka)...................... *D.*

Nicot (Muscats)...................... III. 381

Nicolas (Gamay)...................... III. 14

Nicostrate. — Nom de vigne cité par Athénée (IIIᵉ siècle). — J. R.-C.

Nicouleau (Castels)................... II 173

Nieddara novi, Niedda lighera, Niedda manna, vera, Niedplera noir, Nieddu moddi. — Noms divers de cépages de la Sardaigne cités par J. de Rovasenda qui n'en établit pas la synonymie ; peut-être synonyme des variétés suivantes.

Niedda salua. — Cépage de Sardaigne ; grandes feuilles à sinus fermés, lanugineuses en dessous ; grappe grosse, cylindro-conique ; grain gros, sub-ellipsoïde, ferme, sucré, d'un noir pruiné ; maturité de 3ᵉ époque tardive (d'après V. Pulliat).

Niedda guzzaghe. — Autre cépage de la Sardaigne, d'après V. Pulliat ; à grappe moyenne, conique, ailée ; grain moyen, peu ellipsoïde ; peau épaisse d'un jaune doré ; maturité de 2ᵉ époque.

Niedda manu. — Cépage sarde, d'après V. Pulliat et Baron Mendola ; à grappe surmoyenne, lâche, rameuse, ailée ; grain surmoyen, olivoïde, d'un noir violacé, pruiné ; maturité de 3ᵉ époque.

Nieddera (Perricone)................. VI. 227

Nieddi, Nieddlera. Nieddu (pour Niedda).

Niederländer (Riesling).............. II. 247

Nielluccio........................ V. 317

Nievasea. — Cépage espagnol de Grenade, à gros grains oblongs rosés (d'après Simon Rojas Clemente).

Nigra fragellana. — Nom de vigne cité par Pline l'Ancien. — J. R.-C.

Nigrella, Nigriello (Nirello)............. *D.*

Nigrier (Teinturier)................. III. 362

Nigrier (Teinturier mâle)............. III. 362

Nigrisolo. — Nom de cépage de Crémone (Italie), cité par Acerbi.

Nihato. — Cépage à raisins blancs de la région de Smyrne.

Nikitanertraube (Pinot).

Ninon............................... I. 361

Ninguissa. — Nom de cépage dalmate (?). — J. R.

Nipoliss. — Raisin de table de la Bulgarie.

Nireddie, Nireddu. — Noms de cépages siciliens et sardes, peut-être pour Niedda. — J. R.

Nirello. — Cépage italien des Calabres, d'après V. Pulliat ; grappe moyenne, lâche ; grains moyens, globuleux ; peau fine, d'un noir violacé, pruiné ; maturité de 3ᵉ époque.

Nirello calabrisi, di Sant'Anna, Santamaro (Nirello)................................... *D.*

Nirellone (Nirello)................... *D.*

Niureddu. — Cépage de la Sicile, d'après V. Pulliat et Baron Mendola ; feuille quinquelobée, à sinus supérieur profonds, glabre sur les deux faces ; grappe

surmoyenne, cylindro-conique, ailée, serrée ; grain
moyen, subellipsoïde, ferme, juteux, sucré ; peau
épaisse, résistante, d'un rouge noirâtre foncé,
pruiné ; maturité de 3ᵉ époque.

Noé. — Obtenu au Jardin de Saumur par M. Bidault,
d'un semis après hybridation entre la Chalosse et
le Lignan en 1875 ; précoce, grappe petite ;
grains assez grosses, moyens, d'un jaune cireux,
très juteux, à goût relevé, très fructifère et très
vineux. — C. B.

Noir de Conflans. — Cépage de la Savoie, d'après
V. Pulliat ; à grande feuille bullée, épaisse, à duvet

aranéeux sur la page inférieure, à peine lobée ;
grappe moyenne ; grain moyen, sub-ellipsoïde,
juteux et sucré, d'un noir violacé, pruiné ; maturité de 2ᵉ époque.

Noir de Genève. — Cépage du territoire de Vevey
(Suisse), d'après V. Pulliat ; feuille grande, trilobée, à duvet floconneux en dessous ; grappe sur-
moyenne ; grain assez gros, globuleux, noirâtre,
pruiné ; maturité de 2ᵉ époque.

Noir de Lorraine. — Cépage de l'Est, d'après V. Pulliat ; à petite grappe ailée ; grain sous-moyen, peu
ferme, d'un rouge foncé pruiné ; maturité de
2ᵉ époque hâtive.

Noir Glady....................... V. 134
Noir hâtif de Marseille.............. IV. 247

Noir menu (Pinot noir)................ II. 19
Noirot (Teinturier).................. III. 352
Noir précoce de Gênes (Madeleine noire). III. 247
Noir précoce de Gênes (Pinot noir précoce)........................... II. 43
Noir précoce de Hongrie (Madeleine noire).III. 247
Noir printanier (Madeleine noire). III. 247
Noir rond, tardif, tendre. — Noms du Catalogue du Luxembourg.
Noir serré (Negru vertos)............. III. 138
Noirun (Pinot noir)................. II. 19
Nokoudi. — Nom de cépage de Perse cité par Odart.
Nomentana (Teinturier mâle)........... III. 363
Nonantum (Isabelle)................. V. 203
Noxay tardif (Servant)............... IV. 323
Nonto. — Ancien cépage portugais de Lamego, inconnu aujourd'hui. — D. O.
Nora. — Nom du Catalogue du Luxembourg.
Norese. — Nom de cépage italien cité par Acerbi.
Norfolk. — Semis américain de Labrusca, assez semblable au Catawba, peu multiplié aux États-Unis.
North America. — Semis américain de Labrusca, à grain noir, très foxé.
North Carolina. — Semis américain de Labrusca, très semblable à l'Isabelle, à gros grains sphériques, d'un violet foncé, pruinés, pulpeux et foxés.
Northern Æstivalis (V. bicolor)....... I. 340
Northern fox grape (V. Labrusca)..... I. 311
Northern muscadine (V. Labrusca)..... I. 311
Northern Summer grape (V. bicolor).... I. 340
Nothocissus .... I. 13
Norton, Nortoni (Cynthiana)......... VI. 271
Nortons Virginia Seedling (Cynthiana).. VI. 271
Norwood. — Hybride américain de Labrusca et de Black Hamburgh, d'un rose clair comme grain, foxé et pulpeux.
Noschamps (Petit-noir)............... III. 243
Nosella, Nosilla (Nosiola)................ D.
Nosiola. — Raisin blanc de pressoir cultivé dans le Tyrol italien et jusqu'à Trente. Végétation vigoureuse ; feuilles moyennes et rondes, d'un vert brillant, à sinus pétiolaire ouvert et limbe, glabre sur les deux faces ; grappes moyennes ou petites à grains ronds de 13ᵐᵐ, verts puis d'un jaune translucide à maturité, saveur douce et assez relevée. — Dans nos collections de Pontailler, cette variété qui présente des analogies superficielles avec le Chardonnay paraît pouvoir donner un vin d'assez grande qualité ; mais sa fertilité est médiocre malgré sa très grande vigueur; elle se montre très coularde et ne mûrit qu'en 2ᵉ époque. — A. B.
Nosteny Kadanak (Kadarka).......... IV. 177
Notar Domenico. — Nom de cépage italien des Pouilles. — J. R.

Nöthals (Rauschling)................ V. 229
Notre Dame (Bicane)................. II. 102
Notre Dame (Chasselas doré)......... II. 6
Notrio. — Cépage à raisins blancs, cultivé pour la cuve à Ratcha (Russie). — V. T.
Noubi................................ V. 70
Nougaret (Frankenthal)............... II. 127
Nouveau-Bayard(Hybride de Couderc n° 132-11). D.
Novarese, Novarina (Vespolino)........... D.
Novo-Mexicana...................... I. 465
Novo-Mexicana n° 43, Novo-Mexicana D, Novo-Mexicana n° 56, Novo-Mexicana microsperma. — Formes diverses de Novo-Mexicana, isolées, comme portegreffes, par T.-V. Munson, non utilisées en France et en Amérique.
Novo-Mexicana × Cinerea (Cinerea — Novo Mexicana.... .... I. 351
Novraste — Cépage d'Ordoubatt (Russie), à grains moyen, ovale, charnu, blanc, raisin de table de 1ᵉʳ époque de maturité. — V. T.
Naza Valentiana — Donné par F. Richter comme cépage de table et d'ornement, à belle grappe surmoyenne, serrée ; grains ovoïdes, gros, blanchâtres, de 3ᵉ époque de maturité.
Nozedo (Rabigato)..................... D.
Nubiola (Nebbiolo).................... D.
Nubiolon. — Nom de vigne à raisins rouges cité par Pierre de Crescence. — J. R.-C.
Nuccidara, Nuccidaru, Nucciddaricu, Nuccinariccu (Nocera)............. V. 144
Nucera (Nocera)..................... V. 144
Nugarus (Nuragus).................... D.
Numéros. — Ne sont indiqués ici que les cépages qui sont les plus connus par leurs numéros, devenus d'un usage courant soit dans les écrits, soit dans les conversations de viticulteurs. La liste des numéros de tous les cépages qui portent, en même temps qu'un nom simple ou d'hybride, un numéro d'ordre ou d'hybridation eût été une superfétation. Ces cépages sont indiqués à leur place dans le Dictionnaire, d'après leur nom, les noms des éléments d'hybridation et surtout d'après les noms des Hybrideurs. (Voir au mot Hybrides, p. 154 à 183).
N° 1 (Berlandieri n° 1)............... I. 382
N° 2 (Berlandieri n° 2).. .... I. 381
N° 9 (Berlandieri Lafont n° 9)......... I. 382
N° 33 E (Berlandieri-Riparia n° 33 École). I. 453
N° 34 E (Berlandieri-Riparia n° 34 École). I. 453
N° 41 B (Chasselas × Berlandieri n° 41 B Millardet et de Grasset)........... I. 457
N° 101-14 (Riparia × Rupestris n° 101-14 Millardet et de Grasset)......... I. 460
N° 106-8 (Riparia × Cordifolia — Rupestris n° 106-8 Millardet et de Grasset). I. 462
N° 157-11 (Berlandieri × Riparia n° 157-

O

Occelino nero. — Cité par Odart comme nom de cépage du Piémont (?)

Ochiava rosso (Schiava)............... III. 337

Ochio di pernice bianca. — Cépage de la Toscane, d'après V. Pulliat ; feuilles moyennes, glabres sur les deux faces, révolutées sur les bords, entières ; grappe grosse, cylindro-conique, ailée, lâche ; grain sur-moyen, sphérique, d'un jaune doré, roussi au soleil ; maturité de 3e époque.

Ochivi (Bicane)..................... II. 102

Ochiu-boului. — Cépage russe de 2e époque tardive de maturité, cultivé pour la table en Bessarabie ; à grande feuille ronde, entière, pileuse en dessous ; grosse grappe rameuse, pyramidale, lâche ; à grains gros et très gros, ovales, charnus et croquants ; peau épaisse, d'un jaune blanc et transparent, taché de pourpre au soleil. — V. T.

Ochsenauge (Dodrelabi)............... II. 139

Ochsenauge blaue (Dodrelabi)......... II. 139

Ochsenauge weisse. — Cité par Muller, probablement le Bicane.

Ocku-boouloui (Ochiu-boului)............... D.

Ocru di bos nero. Cépage de la Sardaigne, d'après V. Pulliat et Baron Mendola ; à grains olivoïdes, d'un noir violacé ; 4e époque de maturité.

Ocu boouloni (Ochiu-boului)................ D.

Odessa (Isabelle)..................... V. 203

Odjalèche. — Cépage russe assez important pour la cuve dans la Mingrélie russe ; raisins noirs ; 3e époque de maturité. — V. T.

Odoratissima (Vitis, V. Riparia).

Odorosella. — Nom de vigne napolitaine, cité par Acerbi.

Œil-de-bœuf (Ochiu-boului)................ D.

Œil-de-chacal (Aïn-el-Kebb).......... II. 267

Œil-de-chien (Aïn-el-Kebb)........... II. 267

Œil-de-chouette (Aïn-el-Couma)........... D.

Œil-de-crapaud (Olho de Sapo)............. D.

Œil-de-perdrix (Colombard).......... II. 216

Œil-de-tourd. — Nom de vigne cité par Olivier de Serres.

Œil-de-Tours (Folle blanche)........ II. 205

Œillade............................ VI. 329

Œillade blanche..................... VI. 329

Œillade noire (Œillade)...... ...... VI. 329

Œillade Bouschet nos 1, 2, 4. — Hybrides de Petit Bouschet et de Passerille noire (?) créés par H. Bouschet, sans intérêt actuel ; le no 2, à grains moyens, oblongs et à jus bien coloré, serait le plus intéressant ; le no 4 a les grains petits ; le no 1, à grains moyens et ronds, est sans valeur.

Œillade du 1er août. — Hybride de même origine que les précédents, intéressant par sa précocité seulement, et par son jus coloré en rouge vineux foncé, peu productif ; feuilles quinquelobées, à sinus profonds et arrondis, à bouquets de poils aranéeux

en dessous ; grappes sur-moyennes, coniques ; à grains presque gros, ovoïdes, peu pruinés, d'un noir violacé foncé.

Œillat (Œillade).................. VI. 329

Œil-de-lièvre (Ptichi)........ .... D.

Œil-Olive (Aïne-Zitoun)................... D.

Œnanthe-Labrusca Lob. (V. vinifera).. I. 447

Œsterreicher (Sylvaner)........ ..... II. 363

Œsterreicher rother (Sylvaner)...... II. 363

Œstreicher, Œstreicher rother, schwarzer, weisser (Sylvaner)...... ... II. 336

Œuf-de-pigeon (Dattier de Beyrouth).... II. 99

Ofener Riesling (Balint)................... D.

Offenbourgeois, Offenburger (Räuschling)............................. V. 229

Offenburg reben (Chasselas doré)....... II. 6

Ofner. — Cépage à raisins blancs que nous avons reçu du Tyrol. Feuillage moyen et rond, à page inférieure blanche ; raisins ronds à grains verts de 16mm ; 3e époque de maturité. — Oberlin signale un **Ofner blanc** à grains plus petits qu'il donne comme un semis de Velten ; c'est sans doute une autre variété, plus précoce, mais également plus intéressante. — A. B.

Ogghirana bianca. — Nom de cépage de la Sardaigne, d'après Mendola.

Ogliancie (Aglianico)................ V. 84

Oglianica (Grec rouge)............... III. 277

Ogliatico (Aleatico)...................... D.

Ogno (Grec)...................... III. 277

Ognone (Chiapparone) .... D.

Ogone (Grenache).................. VI. 285

Ohanex (Ohanez)................... IV. 356

Ohanez........................... IV. 356

Ohainer grüner (Königstraube)............. D.

Oheimer (Kracher)...................... D.

Ohio (Jacquez).................... VI. 374

O'ioun-el-bakar. — Nom de vigne maresque cité par Ibn-el-Baïthar, au xiie siècle. — J. R.-C.

Oiseau Bleu. — Auxerrois-Rupestris × Côt à queue rouge. Semis de M. Lacoste et multiplié par M. de Fournas. Vigoureux, fertile et sain ; craint le soufre et la mélanose ; vin alcoolique et coloré. Rameaux semi-érigés, droits, noués court, verts striés de pourpre et jaune violacé à l'aoûtement. Feuilles moyennes, à limbe mince et raide, gaufré, de couleur vert glauque. Grappes moyennes, cylindriques, ailées, serrées ; grains ronds, tiquetés de fortes lenticelles avant maturité, noirs, pruinés, de saveur franche et neutre ; maturité de 2e époque. — J. R.-C.

Oiseau Rouge. — Syn. : Le Malafosse. Auxerrois-Rupestris × Côt à queue verte. — Cépage très sain, fertile et précoce, signalé par M. de Malafosse et multiplié par M. de Fournas. Vin de coupage très coloré mais manquant d'acidité. Rameaux longs, traînants, vert rosé puis noisette à l'aoûtement. Feuilles petites à 5 lobes, sinus supérieurs bien marqués, pétiolaire ouvert en V ; limbe uni, vert foncé, brillant, plié en gouttière, glabre, denture anguleuse, large, liserée de jaune. Grappes assez longues, cylindriques, ailées, peu serrées ; grains sous-moyens, ronds, noirs, juteux, très colorés, de bon goût mais un peu fades ; maturité de 1er époque. — J. R.-C.

Ojo de buei (Perruno)...................... *D.*

Ojo de gallo. — Nom de cépage espagnol à raisin noir de Murcie, d'après Abela y Sainz.

Ojo de gallo blanco. — Nom de cépage espagnol de Salamanque, d'après Abela y Sainz, peut-être le Cornichon blanc.

Ojo de lierre (Listan).................... *D.*

Okiouss-Gelz. — Cépage russe cultivé pour la table à Artwine ; grande grappe, serrée ; gros grains allongés sphériques, charnus, peau épaisse, d'un blanc verdâtre. — V. T.

Okk-Dony (Augourr-sapenn)............... *D.*

Oko-boôulouy (Ochiu-boulouï).............. *D.*

Ökörszemii (Dodrelabi)................. II. 139

Ökörszem kék (Aramon)............... VI. 293

Ökörszemüs szoello (Dodrelabi)........ II. 139

Okribsky-Msvané. — Cépage à raisin blanc, cultivé pour la cuve à Letchkhoum (Russie). — V. T.

Oktaouri. — Cépage de cuve de l'Imérétie russe; feuille très mince et très duveteuse en dessous; grappe moyenne, cylindrique, grain moyen, ellipsoïde, blanc. — V. T.

Olasrizling........................ IV. 181

Olasriczling (Riesling)............... II. 247

Olber : Syn. *Hartoheer, Oliver, Grosolber. Feuille dure,* de la Hte-Alsace, étudié par Stolz. Nous la possédons depuis longtemps, sans l'avoir propagée, car elle mûrit trop tard pour la Bourgogne. — Bourgeonnement duveteux; bois brun à gros nœuds blanchâtres, vigoureux, à méritalles courts; feuille moyenne et épaisse, quinquelobée, à sinus profonds, souvent plissée en gouttière, à face infér. pileuse et grossièrement duveteuse; grande grappe serrée et cylindrique, à épaules irrégulières; grains mi-longs, de 17/15, à peau ferme et épaisse, à saveur acide. Maturité de 2e époque. Ce cépage donne en grande abondance un vin commun mais de bonne conservation qui passe pour avoir des propriétés diurétiques très accentuées contre la gravelle. En raison de la fertilité et de la rusticité de ce cépage, il pourrait peut-être rendre des services dans les régions plus chaudes que la Bourgogne, celles qui s'accommodent de la Folle blanche et du Chenin. — A. B.

Olber Oberländer (Olber)................ *D.*

Olber weisser (Olber)................... *D.*

Oldaker's St Peters (Black Alicante)... II. 130

Oldaker's West St Peters (West St Peters)... *D.*

Oleagina (Sciacinoso)................. VI. 353

Oleagina (Olivette)................... II. 330

Oleagina (Tiburtina)................... *D.*

Oleagina (Cabrieles)................. *D.*

Olhio branco (Preto Foz Dão)............... *D.*

Olho de boi (Dodrelabi)............... II. 139

Olho de chede. — Ancien cépage blanc du Douro, inconnu aujourd'hui. — D. O.

Olho de cobra. — Cépage portugais de Portalegre, à raisins blancs, productif ; produit très inférieur. — D. O.

Olho de coco. — Ancien cépage de table d'Azeitão (Portugal), inconnu maintenant. — D. O.

Olho de gallo. — Ancien cépage portugais signalé, en 1734, à Cellorico de Barto où il est maintenant inconnu. — D. O.

Olho de lebre (Trincadeira).......... VI. 194

Olho de lebre branco. — Cépage portugais assez répandu dans le Midi ; très productif; feuilles orbiculaires, entières, à petit duvet caduc en dessous; grappes moyennes, irrégulières, rameuses; grains sur-moyens, ronds, d'un jaune doré. — D. O.

Olho de lebre tinto (Trincadeira)...... VI. 194

Olho de pargo (Pargo).................... *D.*

Olho de sapo. — Cépage portugais à raisin blanc, de la région de Murça ; feuilles quinquelobées, crispées, minces, glabres sur les deux faces; grappes moyennes, cylindro-coniques ; grains moyens, ellipsoïdes, d'un jaune bronzé, fermes. — D. O.

Olho de rei (Mourisco)............... II. 303

Olicina. — Nom de cépage italien des Romagnes. — J. R.

Oliorpa (Coda di volpe nera)......... VI. 345

Oliva. — Hybride de T.-V. Munson (?).

Olivastra nera (Chinco)................. *D.*

Olivastrone. — Cépage à raisin noir de l'Italie méridionale (Avellino) ; peu répandu. — M. C.

Olivella (Sciascinoso)............... VI. 352

Olivella della canonica. — Cépage italien de l'Italie méridionale, très productif; grande grappe allongée, compacte, pyramidale ; gros grains ovoïdes, pruinés, noirs. — M. C.

Olivella bastarda (Sciascinoso)........ VI. 352

Olivella de S. Cosmo (Aglianico femminile)........................... V. 82

Olivella di Carbonara................. VI. 353

Olivella di Montecalvo. — Cépage italien d'Avellino ; grappe pyramidale, ailée ; grains moyens, allongés, olivoïdes, d'un noir foncé; feuille quinquelobée, glabre sur les deux faces. — M. C.

Olivella du Vésuve................... VI. 353

Olivella grande (Sciascinoso)........ VI. 352

Oneida. — Semis américain de Merrimack, à petits
grains d'un rose sombre, un peu foxés.

Onci nero, verde. — Noms de cépages italiens de
l'Ivrée. — J. R.

Onondaga. — Hybride américain de Diana et de
Delaware, très semblable au Diana par ses qualités culturales et ses fruits.

Opal. — Semis américain de Lindley, créé par T.-V.
Munson; sans valeur.

Operau. — Nom inexact du Catalogue des vignes
du Luxembourg.

Ophiostaphylon. — Nom de vigne à raisins blancs
cité par Pline l'ancien (1er siècle). — J. R.-C.

Opooüra. — Cépage russe, à raisin noir, peu cultivé
pour la cuve dans le Gouriel. — V. T.

Opopi. — Cépage à raisin blanc de cuve de la Mingrélie russe. — V. T.

Oporto. — Hybride américain de Riparia, du groupe
du Clinton et inférieur à celui-ci ; petits grains
noirs, assez neutres de goût ; peu fertile.

Oporto-Krimsky. — L'Oporto de Crimée est à raisins
blancs, de maturité de 2e époque; à grains moyens
d'un blanc jaunâtre, un peu ovoïdes; c'est probablement une importation étrangère non identifiée.
— V. T.

Orala Nikita. — Nom inexact du Catalogue des
vignes du Luxembourg.

Orangetraube. — Beaucoup confondent ce cépage
blanc d'origine allemande avec le Muscat fleur
d'orange ou Vanilletraube ; il s'en distingue à
première vue par son petit feuillage arrondi et
brillant, glabre sur les deux faces, et ses petits
fruits, à grains ronds, de 14mm, d'un vert jaunâtre. Il
rappelle plutôt le Kniperlé sans pouvoir être confondu avec lui ; moins fertile et plus fin, il ne
mûrit qu'en 2e époque ; c'est alors que se développe le léger parfum de fleur d'orange qui caractérise ce cépage. Oberlin, qui donne ce cépage
comme un semis de Bronner bien que Trummer
semble l'avoir antérieurement signalé, classe son
vin en 1re catégorie. L'Orangetraube n'a pas
montré chez lui la fertilité annoncée et sa maturité nous parait un peu tardive pour la Bourgogne.
— A. B.

ORBOIS (Blanc Ramé)................ III. 240
ORCHIDEA (Cornichon blanc).......... IV. 315
ORCIRIL-BOULUI (Gargaunaritza)............. *D.*
ORCOFKA (Bello meko).................... *D.*
ORDINÄRE GEISDUTTE(Pis-de-chèvre blanc). IV. 91
ORDINÄRE ROTHER (Pinot noir).......... II. 19
ORDINÄRE SCHWARZER (Frankenthal)..... . II. 127
Ordjoukouli blanc, noir. — Cépage cultivé pour la table à Artwnie (Russie) ; à grande grappe allongée, lâche, grain moyen, allongé, charnu, peau épaisse d'un jaune ambré, peu juteux et peu sucré ; vin médiocre ; il existe une variété à grains noirs, sans aucun pépin. — V. T.
Ordonbatt. — Cépage à raisin blanc, cultivé pour la table à Erivan (Russie). — V. T.
Ordoutzy. — Cépage à raisin blanc, cultivé pour la table dans le gouvernement d'Erivan (Russie). — V. T.
Ordoutzy rouge. — Cépage de table à raisin rouge cultivé à Vagarchapatt (Russie). — V. T.
ORDUBADISCHER ROTHER.'— Nom de cépage arménien, d'après H. Gœthe.
OREG KADARKA (Kadarka) .... IV. 177
ORFÉE (Chardonnay)................. IV. 5
ORGASUELA, ORGASUELLA, ORGAZUELLA (Listan)... *D.*
Org Tokos...................... IV. 333
ORIANA NERA. — Nom de cépage italien de la Lombardie et de la Vénétie. — J. R.
ORIANELLA (Bonarda di Gattinara)........... *D.*
Oriental. — Hybride américain de Labrusca et de Black Hamburgh, à grain d'un rouge sombre, pulpeux et foxés.
ORIOLA (Bonarda di Gattinara) .... *D.*
Oriole. — Hybride americain de Lincecumii et d'Æstivalis, créé par T.-V. Munson, résistant au Black Rot, assez productif, à grains moyens, rouge violacé, pruiné, très tardif.
ORIONE. — Nom de cépage italien du Haut-Novarais. — J. R.
Orion........................... V. 283
ORIOU CURANT (Oriou Voisard)........ V. 283
ORIOU CUBARE (Oriou)................ V. 283
Oriou gris...................... V. 293
ORIOU GRIS (Oriou).................. V. 283
ORIOU LOMBARD (Oriou).............. V. 283
ORIOU PICCIOU, PICCIOROUZO (Oriou gris).. V. 293
Orious.......................... V. 283
ORIOU SAINT-VINCENT (Oriou)......... V. 283
Oriou Voisard.. .... V. 292
ORISI BIANCA. — Nom de cépage italien de Randazzo, d'après Mendola.
Orjelechi. — Cépage du Caucase, d'après V. Pulliat ; à feuilles orbiculaires, entières, à duvet blanc compacte en dessous ; grappe moyenne, rameuse, ailée ; grain moyen, globuleux, ferme, d'un noir foncé, pruiné ; maturité de 3ᵉ époque.

Orkhouli. — Cépage russe, à raisin blanc, cultivé pour la cuve à Ratcha. — V. T.
ORLANISCH, ORLÄNZCH (Orleaner)............. *D.*
ORLEANAIS, ORLEANDER, ORLÉANGE (Orleaner).... *D.*
Orleaner. — Cépage du Rhingau décrit par V. Pulliat ; feuille moyenne, à duvet court sur les nervures de la face inférieure ; trilobées ; grappes moyennes cylindro-coniques, serrées ; grains assez gros, subovoïdes, fermes, sucrés, d'un jaune doré ; maturité de 2ᵉ époque tardive.
ORLÉANS (Pinot noir)................ II. 19
ORLEANS FRUHER, GELBER, GRUNER (Orleaner).... *D.*
ORLEANS TRAUBE, ORLEANS WEISSER (Orleaner)... *D.*
ORLENDER (Orleaner)....................... *D.*
ORINCASCA (Dolcetto)....................... *D.*
OMPHACIUM (Verjus).................. II. 151
ORNA FRANKOVKA (Limberger)......... III. 203
ORNA MORAVKA (Limberger)............ III. 203
Oröna. — Cépage du Gouriel russe, à grain d'un gris rougeâtre, cultivé pour la cuve et pour la production de son vin très alcoolique. — V. T.
ORÓN DE SAN JUAN. — Nom de cépage espagnol d'après Abela y Sainz.
ORPEGGIO. — Nom de cépage italien méridional. — J. R.
ORPINA (Olivella)........................ *D.*
ORPINO. — Nom de cépage sarde.
ORSINA, ORSINA NERA (Olivella).............. *D.*
ORTANELLA, ORTANELLA NERA. — Nom de cépage italien de la Valteline. — M. C.
ORTESE (Orzese)......................... *D.*
ORTHAMPELOS. — Nom de vigne cité par Pline.
ORTLIBII (Vitis, Kniperlé) .... VI. 72
ORTLIEB (Kniperlé)................ VI. 72
ORTLIBBER (Kniperlé)................ VI. 72
ORTLIEBER BLAUER (Ortlieber noir)........... *D.*
ORTLIEBER GELBER, GRÜNER, KLEINER, KLEINER GELBER (Kniperlé) .... VI. 72
ORTLIEBER JAUNE (Räuschling).......... V. 229
Ortlieber noir. — Cépage de la Styrie décrit par V. Pulliat ; feuille entière, à duvet lanugineux compacte en dessous ; grappe glabre, petite, ailée, peu serrée ; grain globuleux d'un noir rougeâtre pruiné ; maturité de 2ᵉ époque tardive.
ORTLIEBER REB (Kniperlé)............ VI. 72
ORTLIEBER WASSER (Kniperlé).......... VI. 72
ORTLIBI SARGA (Kniperlé)............ VI. 72
ORTLIEBISCHE (Kniperlé)............ VI. 72
ORTLIEBOSTRAUBE (Kniperlé)............ VI. 72
ORTLIERES (Kniperlé)................ VI. 72
ORTJINGER (Kniperlé)................ VI. 72
ORTLIERSIHER. — Nom de cépage cité par Acerbi.
ORTOLANA BIANCA. — Nom de cépage italien de Conregliano. — J. R.
ORVIAS WHITE, ORWIGLIS BURGLI, ORWISBURGH. — Noms cités par Hardy et J. de Rovasenda sans rapports possibles avec un cépage.

Orzèse, Orzèse commune, Orzèse nero, Orzèse piccolo. — Nom de cépage de la Toscane (?). — J. R.

Osage. — Semis américain de Concord, créé par John Burr ; grande grappe ailée ; grain un peu plus gros que celui du Concord, noir, pruiné, pulpeux et foxé ; un peu plus précoce que le Concord.

Osanlougué (Rka-Tzïteli) .... IV. 226

Osavicica (Kadarka) .... IV. 177

Osaviziza (Kadarka) .... IV. 177

Osee. — Hybride ancien de Riparia et de Labrusca, très fructifère, à grains assez gros, blanc jaunâtre, pulpeux et foxés.

Osceola. — Semis américain de Labrusca, à grains assez gros, blanc jaunâtre, pulpeux et foxés.

Osciriolo bianco. — Nom de cépage italien des Marches. — J. R.

Osela. — Cépage italien, fréquent surtout dans la Vénétie ; feuilles entières, duveteuses en dessous ; grappe cylindrique, aileronnée, compacte ; grains sphériques, d'un noir bleuté. — J. R.

Oselletta nera (Osela) .... D.

Oselin (Viognier) .... II. 107

Osella (Osela) .... D.

Oseri. — Cépage du Tarn décrit par V. Pulliat, feuilles moyennes, à duvet court sur les nervures de la page inférieure, quinquelobées et à sinus profonds et fermés ; grappe moyenne, cylindro-conique, lâche ; grains moyens, sphéro-ellipsoïdes, peu fermes ; peau épaisse, d'un jaune doré ; maturité de 2ᵉ époque.

Oserietto. — Cépage tardif à raisin blanc de la région d'Alba (Italie).

Osery (Oseri) .... D.

Osipani shipon (Augster) .... D.

Osirvanka. — Cépage bulgare, de la région des Balkan à raisin blanc.

Oskaloosa. — Semis américain de Delaware, à gros grains rouge foncé ; maturité tardive.

Osmond. — Semis américain de Franklin ; à petit grain noir, juteux.

Ossarino. — Nom de cépage italien de Voghera (Bull. amp. ital., XIV).

Osseïny biely. — Cépage russe cultivé pour la table à Astrakhan ; maturité de 2ᵉ époque tardive ; grappe moyenne, serrée ; grain moyen, sphérique, blanc mat, aromatique, peu sucré. — V. T.

Osseïny tchiorny. — Cépage de table, à raisin noir, de 2ᵉ époque tardive, cultivé à Astrakhan (Russie). — V. T.

Ossma. — Cépage russe, à raisin blanc, de Kouban (Russie). — V. T.

Ostenya. — Nom de cépage italien de Chiavari (Bull. amp. ital., XVI).

Osterreicher (Sylvaner) .... II. 363

Österreichschwein (Sylvaner) .... II. 363

Osterreiches habamothe (Pascal noir) .... D.

Oswego. — Semis américain de Labrusca, à grosse grappe et gros grains, d'un noir bleuté foncé, pulpeux et foxés.

Otarsky. — Cépage de l'Abkhasie russe, tardif, à gros grain rose foncé, aromatique, cultivé pour la cuve. — V. T.

Otchi (Aïn-Kelb) .... II. 267

Othello .... V. 160

Othello à gros grains .... V. 160

Otskhanouri-Sapéré. — Cépage de l'Imérétie russe, à raisin noir, cultivé pour la cuve ; à vin très alcoolique ; petite grappe, grain petit, rond. — V. T.

Ottonel (Muscat Ottonel) .... D.

Otto botoli. — Nom de cépage italien de Trapani, d'après Mendola.

Otzkhanouri sapere (Otskhanouri sapéré) ...... D.

Oubal blanc (Loubal) .... D.

Ouche cendrée (Pinot gris) .... II. 32

Oudenc, Oudent (Ondenc) .... IV. 222

Oudinot. — Nom du Catalogue des vignes du Luxembourg.

Oudoussy. — Nom de cépage de la région d'Erivan (Russie). — V. T.

Ouillade (Œillade) .... VI. 329

Oukana. — Nom de cépage de Gori (Russie). — V. T.

Oukhêna. — Cépage à raisin blanc cultivé pour la cuve à Letchkhoum. — V. T.

Oul Bouzgueur. — Nom de cépage kabyle.

Oú lieñ mei (V. Coignetiæ) .... I. 426

Ouliade (Œillade) .... VI. 330

Oulivau (Olivette noir) .... II. 327

Ouliven (Olivette noire) .... II. 327

Oundenc (Ondenc blanc) .... IV. 221

Oundenq (Ondenc blanc) .... IV. 221

Oú ren mai (V. Coignetiæ) .... I. 426

Ouriou (pour Oriou).

Ourza. — Cépage de cuve, à raisin noir, assez répandu dans le gouvernement d'Erivan (Russie).

Oussak helaoury (Oussakhelooury) .... D.

Oussakelo (Oussakeloory) .... D.

Oussakelooury. — Cépage de Ratcha (Russie), à raisin blanc de cuve ; 3ᵉ époque de maturité. — V. T.

Ousta-Mémed Karassy. — Cépage de la Crimée, à raisin noir, utilisé pour la cuve. — V. T.

Oustenc. — Cépage noir des Alpes-Maritimes, peu répandu, mais très apprécié ; feuilles grandes, épaisses, presque entières, un peu duveteuses en dessous ; grappes et grains rappelant beaucoup le Pinot. — L. B. & J. G.

Outange (Poulsard) .... III. 348

Outsméty. — Cépage à raisin blanc, cultivé pour la cuve à Ratcha (Russie). — V. T.

Outtskhvéty. — Cépage russe cultivé pour la cuve à Letchkhoum et à Ratcha ; grappe assez grosse, cylindro-conique, ailée ; grain d'un vert jaunâtre.

OVADA. — Nom de cépage italien de Montello (*Bull. amp. ital.*, XIV).

OVAL. — Nom de cépage portugais de Castello Branco. — D. O.

OVATA (Arrobal)........................ *D.*

OVATA BIANCA (Bertolino)................. *D.*

OVI DE GALLINA (Cornichon blanc)....... IV. 315

OVI DE GAL VERONESE (Cornichon blanc).. IV. 315

OVIERES. — Nom de cépage italien (*Bull. amp. ital.*, XI).

OVIS (Ovisul)........................... *D.*

Ovisul. — Cépage roumain, très productif, à vin blanc très commun ; grappe moyenne ; grains sphériques, blancs. — G. N.

OVNIVI (Aïn-Kelb).................... II. 267

OVNOVI OTCHI (Bello meko)........................ *D.*

OVO DI GALLO (Cornichon blanc)........ IV. 315

OVO DE MILHEIRO. — Ancien cépage portugais de S. Miguel, où il n'existe plus. — D. O.

OVO DI PERNICE (OEillade)............. VI. 329

OVOTTO. — Nom de cépage italien (*Bull. amp. ital.*, XI).

Orvasso. — Semis américain de Catawba ; d'un jaune mat foncé comme grain, pulpeux et un peu foxé.

ORVOSSO (Orvasso)...................... *D.*

OVSSIANSKOVOU. — Nom de cépage russe de Kouban. — V. T.

OXICARPÆ (Agracera).................... *D.*

OYO DE REV DE MORADA (Ribier)........ III. 282

OY TOKOS (Org Tokos)................ IV. 333

Ozark. — Hybride américain d'Æstivalis, à grain moyen, d'un noir violacé foncé.

P

PABSTRAUBE (Papa szollo).................. *D.*

PACCERESE. — Nom de cépage de Vaucluse (?).

Pachâny. — Cépage à raisin blanc, de cuve, de Nakhitchévano (Russie). — V. T.

PACCHIONE (Cornichon blanc)........... IV. 315

PADDEUZ (Wippacher).................... *D.*

PADEIRA (Nevoeira)................. VI. 205

PADEIRO BRAVO (Rabo de ovelha tinto)........ *D.*

PADEIRO MOLLE (Espadeiro da terra)........... *D.*

Padre............................... I. 136

PADULESCA DI MASSA. — Nom de cépage italien (*Bull. amp. ital.*, XV).

PADERINGA. — Nom de cépage cité par Pierre de Crescence. — J. R.-C.

PAERINA. — Nom du Catalogue des vignes du Luxembourg.

PAESANO. — Nom de cépage italien de la région des Pouilles. — J. R.

PAFAGNA. — Donné par J. de Rovasenda comme cépage de table de l'île de Zante.

PAGADEBITI (Canaiolo)................. II. 311

PAGADEBITI (Carricante)............., IV. 120

PAGADEBITI GIALLO (Ugni blanc)......... II. 255

PAGADEBITO (Ugni blanc)............. II. 255

Pagadebito nero. — Cépage des Pouilles, d'après V. Pulliat ; grappe moyenne ; grain plutôt petit, globuleux, d'un noir foncé ; maturité de 3ᵉ époque.

PAGADEBITO DI NISOLI (Pagadebito noir)........ *D.*

PAGADEBITO GENTILE (Ugni blanc)........ II. 255

PAGADEBITO ROSSO (Cornichon violet)..... IV. 320

PAGADEBITO SELVATICO (Cornichon blanc). IV. 315

PAGADEBITO VERDONE (Cornichon blanc)... IV. 315

Pagadividas. — Cépage portugais bien différent du Pagadebito noir d'Italie ; grandes grappes à ailes très développées ; grains moyens, elliptiques, rougeâtres ou noir rougeâtre ; très tardif. — D. O.

PAGANA NERA (Pagadebito noir)............. *D.*

PAGANONA, PAGANONE, PAGANONE ROSSA. — Noms de vignes italiennes cités par Acerbi pour la région de Côme.

PAGA PADRONE (Canaiolo)............. II. 311

PAGNUCCII (V. Pagnuccii)............ I. 439

PAGUIERRE (Manseng rouge)........... V. 263

PAÏEN (Savagnin)................... IV. 301

PAIGN'S ISABELLA (Isabelle)........... V. 203

PAILLAU, PAILLOT (Gamay d'Orléans)..... IV. 114

PAILLOUR. — Nom de cépage cité par Jules Guyot pour le Tarn-et-Garonne.

Pajarera. — Cépage espagnol cultivé à Valladolid, d'après Abela y Sainz.

PAJARETE. — Nom de cépage espagnol de Barcelone, d'après Abela y Sainz.

PAJARIEGA. — Nom de cépage espagnol de Ségovie, d'après Abela y Sainz.

PALAGRELLA. — Nom de cépage du Piémont, d'après H. Gœthe.

PALAIRES (Piquepoul noir).............. II. 357

PALARUSA. — Nom de cépage de la Dalmatie, d'après H. Gœthe.

PALERMITANA. — Nom de cépage sicilien, d'après baron Mendola.

Palermon. — Hybride de Delago × Brilliant, créé par T.-V. Munson, très semblable à Caramel, mais plus tardif de maturité.

PALESTINA LUNGA (Olivette blanche)...... II. 330

Palestina Oberlin. — Série d'hybrides à gros raisins noirs pour la table, créés par M. Oberlin en hybridant le Mayorquin avec le Pinot noir précoce dans le but d'obtenir de beaux fruits précoces. De ces hybrides, quatre sont à raisins blancs, le plus précoce est le n° 1, les 3 autres ne sont que de maturité moyenne. Deux types sont à raisins noirs et tous deux à belles grappes précoces, de goût agréable, surtout le n° 6, très fertile. Variétés recommandables pour l'espalier dans les régions viticoles septentrionales. — A. B.

PALESTINE (Néhelescol)............... III. 290

PALLADII (Ciuti)........................... D.

PALLAGRELLO BIANCO (Coda di volpe)..... VI. 345

PALLAGRELLO NERO (Coda di volpe nera).. VI. 345

PALLAS. — Nom de cépage italien (Bull. amp. ital., XI).

PALLAVERGA (Pelaverga)........ .... D.

PALLE DI GATTO. — Nom de cépage italien de Saluces. — J. R.

PALLINA NERA. — Nom de cépage de Naples. — J. R.

PALLONA NERA. — Nom de cépage italien de Coneglian. — J. R.

PALLOTTA (Caccio)....................... D.

PALMATA (Vitis riparia).

PALMER. — Nom de cépage américain (?).

PALOFRAIS (Hibou)................. VI. 94

PALOMBANA. — Nom de cépage sicilien de Cattane, d'après H. Gœthe.

PALOMBINA NERA (Piedirosso).......... VI. 360

PALOMBINA NIGRA (Palomino comun)..... VI. 106

PALOMBINO NERO (Piedirosso).......... VI. 360

PALOMILLA (Listan).

PALOMILLA (Palomino comun)......... .. VI. 106

PALOMILLO (Listan).... .... D.

PALOMINA BLANCA (Listan)................. D.

PALOMINA NERA (Piedirosso) . . .. VI. 360

PALOMINO (Listan)........................ D.

PALOMINO (Palomino comun). .... VI. 106

PALOMINO BRAIRO (Palomino comun)..... VI. 106

Palomino comun .... VI. 106

PALOMINO NEGRO (Palomino comun)...... VI. 106

PALOMINO PRIETO (Palomino comun)..... VI. 106

PALOMINOS (Listan) .... D.

PALOP ASPRE (Ataubi)... .... D.

PALOP DULCE (Ciuti)....................... D.

PALOPPU (Teneron)..................... II. 195

PALOT (Almuñecar)....................... D.

PALOUCHOYOSSA (Creata).................. . D.

PALUMBA. — Nom de cépage blanc des Pouilles (Italie). — J. R.

PALUMBARA NERA. — Nom de cépage napolitain. — J. R.

PALUMBINA (Piedirosso)............... VI. 360

PALUMBO. — Nom de cépage italien de Barletta (Bull. amp. ital., I).

PALUMBOSELLO NERO. — Nom de cépage italien de la Terre d'Otrante. — J. R.

PALUMMARA (Palumbara)............... D.

PALUMMINA NERA (Piedirosso).......... VI. 360

PALVANZ, PALVANZ BLAUER. — Noms de cépage cités par H. Gœthe.

Pamala. — Cépage de la Sardaigne, décrit par V. Pulliat; grande feuille bullée, quinquelobée, à duvet lanugineux en dessous; grappe grosse, cylindro-conique, rameuse; grain sur-moyen, ellipsoïde, ferme, d'un jaune doré; maturité de 3° époque.

PAMETTA. — Nom de cépage italien de la Lombardie (?).

PAMIDIÉ (Pamit)...................... VI. 408

Pamit............................... VI. 408

PAMIT DE KUSTENDIL (Pamit)........... VI. 408

PAMIT ROUGE (Pamit)................. VI. 408

PAMPAL, PAMPAL GIRA, PAMPALS. — Noms de cépage espagnol (?) cité par Odart.

PAMPALOMO (Grenache)............... VI. 285

PAMPALO TONDO (Grenache).. .... VI. 285

PAMPANAL. — Cité par Jules Guyot comme nom de cépage du Roussillon.

PAMPANATO BIANCO, NERO. — Noms de cépages siciliens de la région de Bari, d'après Mendola.

PAMPANINO. — Nom de cépage italien de la Toscane. — J. R.

PAMPANONE. — Nom de cépage italien d'Ancone et des Marches. — J. R.

PAMPANOSA. — Nom de cépage napolitain. — J. R.

PAMPÉGA. — Nom de cépage (?) des Pyrénées cité par Odart.

PAMPÉGAT, PAMPLÉGAT — Noms donnés par divers auteurs pour un cépage du Midi; lequel?

PAMPINO (Chasselas cioutat)........... II. 8

PAMPOLAT, PAMPOLET (Pécoui-touar)..... IV. 233
PAMPOL RODAT. — Nom de cépage espagnol des îles Baléares, d'après Abela y Sainz.
PAMPOUL (Pécoui-touar)............... IV. 233
PAMPULGIRAT. — Nom sans signification du Catalogue des vignes du Luxembourg.
PANACHÉ. — Nom du Catalogue du Luxembourg pouvant s'appliquer à divers cépages à grains panachés.
PANACHE BLANC (Hybride Couderc nᵒˢ 199-88).. D.
PANCIONE (Cornichon blanc)........... IV. 315
PANDARR-ANGOURR (Angourr-Sappen)......... D.
Pandass. — Cépage de la Crimée, à raisin blanc de cuve. — V. T.
PANDOULEAU (Poulsard)............... III. 350
PANE. — Nom cité par Acerbi pour un cépage des provinces napolitaines.
Panea............................ IV. 241
PANEA NERO (Panea)................. IV. 241
Panechy. — Cépage de la Mingrélie russe, à raisin noir, cultivé pour la table, peu sucré. — V. T.
PANE NERO (Sanginella)................... D.
Panereuilh. — Cépage rouge de la Gironde, et surtout de l'Entre-Deux-Mers ; feuille moyenne, plus large que longue, presque entière, avec léger duvet aranéeux en dessous; grappe petite, cylindro-conique, aileronnée; grains assez serrés, un peu ovoïdes, moyens de grosseur, juteux, peau épaisse, d'un noir foncé ; goût âpre et maturité tardive. — G. C.-C.
PANEUREUIL (Panereuilh).................... D.
PANNUFINU. — Nom de cépage de la Sicile, d'après Mendola.
PANSA (Panses)...................... III. 300
PANSA DE ESCALADA. — Nom de cépage espagnol de Barcelone, d'après Abela y Sainz.
PANSA DI SERVANTA (Servant)......... IV. 323
PANSA ENCARNADA. — Nom de cépage espagnol de Barcelone, d'après Abela y Sainz.
PANSAL. — Nom de cépage espagnol de Barcelone, d'après Abela y Sainz.
PANSA MOSCATELLANA, REDONA, ROJA, TENEBRE, VALENCIANA. — Noms divers de Panses dans la région de Barcelone, d'après Abela y Sainz.
Panse............................. III. 300
PANSE BLANCHE (Panse)................ III. 300
PANSE COMMUNE (Panse)................ III. 300
PANSE COMMUNE (Muscat d'Alexandrie)... III. 108
PANSE DE CONSTANTINOPLE (Chaouch)..... II. 200
PANSE DE ROQUEVAIRE (Panse)........... III. 300
PANSE JAUNE (Bicane)................. II. 102
PANSE JAUNE (Panse)................. III. 300
PANSE MUSCAT (Muscat d'Alexandrie).... III. 108
PANSE MUSQUÉE (Muscat d'Alexandrie)... III. 108
PANSE NOIRE (Danugue)................ II. 168
PANSE NOIRE (Olivette noire)........... II. 327

Panse précoce........................ V. 103
PANSE PRÉCOCE (Sicilien)............... II. 185
PANSE PRÉCOCE MUSQUÉE (Panse précoce).. II. 185
PANSE ROSE (Olivette)................. II. 327
PANTA DI MULA (Danugue)......... .... II. 168
PANTALON DE MADAME (Cornichon blanc). IV. 316
PANTINER (Nebbiolo)................... D.
PANTONICU (Mantonica)................... D.
PANZALE BIANCA, PANZALI BIANCA, PANZALI DI CAGLIARI. — Noms de cépage sarde, d'après baron Mendola.
PANZONE (Cornichon blanc)........... IV. 316
PAOLINA. — Nom de cépage italien cité par Acerbi pour Trente.
Papadiko. — Cépage précoce, à raisin noir, cultivé pour la cuve dans la Céphalonie (Grèce). — X.
PAPADOU, PAPADOUX (Cinsaut)...... VI. 322
PAPALE. — Nom de cépage du midi de l'Italie (Spolato). — J. R.
PAPA MALOVSÁ (Papa szöllö)................. D.
PAPAONA. — Nom du Catalogue du Luxembourg pour un cépage (?) espagnol.
PAPARINA. — Nom de cépage italien de Naples. — J. R.
PAPASKA (Mavroud).................·.... VI. 402
PAPASKARE (Mavroud)................. VI. 402
Papa szöllö. — Cépage de table de la Hongrie, à raisins blancs, d'après H. Gœthe.
PAPOUCHOICA ALBA (Frankoucha alba).. .... D.
PAPOUCHOINE ALBA (Frankoucha alba)......... D.
Papoas — Cépage à raisin noir, de cuve, de la Thessalie (Grèce). — X.
Pappinivatchy. — Cépage à gros grain noir, cultivé pour la cuve dans l'Abkhasie russe. — V. T.
PAPPOLA, PAPPOLINA DI CARTA, DI ZANTE, PICCOLA, PAPPOLINO PICCOLO. — Noms de cépages italiens mal déterminés. — J. R.
PAPPOU CHOISSA (Frankoucha alba)............ D.
PAPRIKA (Muscat noir)............... III. 374
Paquier noir. — Semis de M. Paquier-Desvignes, créé dans le Rhône et décrit par V. Pulliat; feuille moyenne, à duvet aranéeux en dessous, trilobées et à sinus profonds, fermés; grappe sur-moyenne, cylindro-conique, ailée, serrée; grains sur-moyens, un peu ellipsoïdes, fermes, sucrés; peau épaisse, d'un rouge noirâtre, pruinée; maturité de 2ᵉ époque.
PARADILLA. — Nom sans signification du Catalogue des vignes du Luxembourg.
PARADISA (Verdea)........................, D.
PARADISIOTTO (Verdea)................... D.
PARADISO. — Nom de cépage italien de Gênes (Bull. amp. ital., XVI).
PARADISA DI BOLOGNE, PARADIZIA (Verdea)...... D.
Paradox. — Hybride américain de Hartford × Iona, créé par W.-D. Barnes ; grappes moyennes, com-

pactes, ailées ; grains moyens, d'un rouge pourpre foncé, pruinés, foxés et pulpeux.

Paragon. — Semis américain de Labrusca, isolé par John Burr ; à gros grains noirâtres, foxés.

Paragon. — Autre cépage américain, hybride de Telegraph et de Black Hamburgh ; à gros grains noirs, pulpeux et foxés.

Parallos. — Nom de cépage espagnol de Valence.

Paranese. — Nom de cépage italien de Gênes (*Bull. amp. ital.*, XVI).

Parc de Versailles (Chaouch)........ II.   200
Parcense (Mondeuse)................ II.   274
Parchitana (Raisin de Calabre)....... IV.   46

Parciu. — Cépage roumain, à feuilles entières, très duveteuses en dessous ; grappes à grains un peu ovoïdes, jaunes ; peu productif. — G. N.

Parda. — Ancien cépage blanc du Portugal, actuellement inconnu. — D. O.

Pardal. — Ancien cépage du Minho (Portugal), abandonné depuis 1874. — D. O.

Parde (Côt)........................ VI.   6
Parde noire, Parde petite (Côt)......... VI.   6
Pardes (Auxerrois-Rupestris).............. *D.*
Pardilla (Paradilla)...................... *D.*
Pardillo (Albillo)................... VI.   125

Pardinho. — Ancien cépage portugais, à raisin blanc, inconnu depuis 1790. — D. O.

Pardo. — Ancien cépage portugais de Pinhel où il n'existe plus. — D. O.

Pardo redondo. — Autre cépage portugais de Pinhel, cité en 1790 par Lacerda Lobo. — D. O.

Pardotte. — Cépage de la Gironde, à feuilles petites, orbiculaires, à 5 lobes aigus et profonds, bullées, avec fin duvet aranéeux en dessous ; grappes petites, cylindriques, compactes ; grains petits, légèrement ovoïdes ; pulpe fondante ; peau épaisse, d'un noir pruiné, peu sucrés et plats. — G. C.-C.

Pardo verdelho. — Cité par Lacerda Lobo en 1790 comme cépage gris, à maturité tardive pour la région de Pinhel (Portugal). — D. O.

Parellada blanc. — Nom de cépage espagnol de la Catalogne.

Pargo. — Cépage portugais de l'Algarve, raisin de table précoce ; feuilles moyennes, quinquelobées, à peine trilobées, minces, glabres sur les deux faces ; grappes volumineuses, compactes, pyramidales ; grains très gros, mélangés à de plus petits, olivoïdes, souvent martelés, d'un rouge grisâtre clair, à goût un peu herbacé. — D. O.

Pareux noir (Durif)................... II.   81

Parghiano. — Cépage à raisin noir, de cuve, de l'Étolie (Grèce). — X.

Parguerie blanche (Pélegarie).......... VI.   26

Paria. — Nom de vigne cité par Pline.

Parina. — Nom du Catalogue des vignes du Luxembourg.

Pariser gutedel (Chasselas doré)....... II.   6
Parisien (Meslier).................... III.   50
Parisien jaune (Meslier).............. III.   50

Parkensky. — Nom de cépage (?) du Turkestan russe. — V. T.

Parlos. — Cépage à raisin blanc, précoce, cultivé pour la cuve à Zante (Grèce). — X.

Parlosette (Péloursin)............... VI.   87
Parlouseau (Péloursin)............... VI.   87
Parlousseau (Péloursin).............. VI.   87
Parma (Bresciana).................... *D.*
Parmigiana (Bresciana)................ *D.*
Parmesana (Bresciana)................. *D.*

Parona. — Nom de cépage à raisin noir de la province de Pavie. — J. R.

Parpeuri. — Cépage du Piémont, d'après V. Pulliat, à feuilles trilobées, glabres sur les deux faces ; grappe moyenne, serrée ; grain moyen, globuleux, aplati à l'ombilic ; jus coloré ; peau d'un noir foncé pruiné ; maturité de 1re époque.

Parporio (Parpeuri).................. *D.*
Parpouri (Parpeuri).................. *D.*

Parpuca. — Nom inexact du Catalogue du Luxembourg.

Parpueri (Parpeuri).................. *D.*
Parpuri (Parpeuri)................... *D.*
Parra (V. caribæa)................... I.   322

Parreira-Mathias. — Cépage portugais peu répandu dans la région de Torres-Vedras ; à gros grains ronds, d'un noir bleuté vernissé. — D. O.

Parrel, Parrell, Parrella, Parrellada (Morrastel).
Parrilha (Parreira-Mathias).............. *D.*
Parriza (Garabatona)................... *D.*

Parroll, Parron garrio. — Noms de cépages espagnols de Barcelone, d'après Abela y Sainz.

Parruell noir (Morrastel)........... III.   384
Partala (Digmouri)................... *D.*

Partatner. — Cépage à raisins blancs et feuilles glabres de semis créé par Velten ; grains ellipsoïdes, de 17/15 et fertilité convenable, mais la maturité n'est que de 2e époque et le vin commun. — A. B.

Parthenocissus...................... I.   62
Parthenocissus anamallayana Planchon. — Région du Gange.

Parthenocissus cuspidifera Planch...... I.   62
Parthenocissus himalayana Planch...... I.   62
Parthenocissus neilgherriensis Planch. — Inde et Himalaya.

Parthenocissus quinquefolia Planch...... I.   62
Parthenocissus semi-cordata Wall. — Himalaya.
Parthenocissus Thomsoni Lawson. — Inde.
Parthenocissus tricuspidata Planch...... I.   67

Partkala. — Cépage russe cultivé pour la cuve à Douchett ; à gros grain noir. — V. T.

Paruda. — Cépage du Caucase, d'après Scharrer, cultivé pour la cuve et à grains blancs.

PARVEREAU, PARVERAUT, PARVERO, PARVEYRAUD (Provareau) .... III. 182

PASA DE CUTILLAS (Morrastel) .... III. 384

PASA DE LORCA. — Nom de cépage espagnol (?), d'après divers auteurs ou catalogues.

PASA DE MALAGA (Muscat d'Alexandrie). III. 108

PASA DE MORATELLA. — Nom du Catalogue du Luxembourg.

PASA LARGA (Almañecar) .... D.

PASAREASCA ALBA (Feteasca alba) .... IV. 129

Pasareasca neagra. — Cépage peu répandu dans la Moldavie (Roumanie), très coulard et presque abandonné, précoce. — G. N.

PASCAL (Pascal blanc) .... IV. 42

Pascal blanc .... IV. 42

PASCAL DE CAGLIARI, PASCALI COMUNE, PASCALI COMUNE NERO, PASCALI SARDO, PASCHALI, PASQUALI. — Noms de cépages sardes, d'après Mendola.

PASCAL MUSQUÉ (Muscat de Jésus) .... D.

Pascal noir. — Cépage de la Provence, d'après A. Pellicot ; feuille peu lobée, à duvet aranéeux en dessous, tourmentée, sur-moyenne ; grappe moyenne, rameuse, peu serrée, cylindro-conique ; grain moyen ou sur-moyen, globuleux ; peau épaisse, d'un noir foncé, pruiné ; maturité de 2ᵉ époque tardive (d'après V. Pulliat).

PASCAOU, PASCAOU BLANC, PASCAU (Pascal blanc) .... IV. 42

PASEE. — Nom de cépage cité par Acerbi pour la région de Milan.

PASERA BLANCA. — Nom de cépage espagnol d'Albaceto, d'après Abela y Sainz.

PASERA VERDE. — Nom de cépage espagnol de Cuença, d'après Abela y Sainz.

PASQUA. — Nom de cépage italien de Casteggio (*Bull. amp. ital.*, XIV).

PASSA (Corinthe noir) .... IV. 286

PASSA BIANCA (Ugni blanc) .... II. 255

PASSADILLE (Muscat d'Alexandrie) .... III. 108

PASSALE BIANCO. — Nom de cépage sarde, d'après Mendola.

PASSALORO BIANCO. — Nom de cépage italien de Novoli, d'après Mendola.

PASSA MINOR (Corinthe noir) .... IV. 286

PASSARETTA BIANCA (Corinthe blanc) ..... IV. 286

PASSARETTA NERA (Corinthe noir) .... IV. 286

PASSARETTA ROSATA (Corinthe blanc) ..... IV. 286

PASSARIASKA ALBA (Corinthe noir) ...... IV. 286

PASSARIASKA NIAGRA (Corinthe noir) .... IV. 286

PASSARILLA (Corinthe noir) .... IV. 286

PASSARILLE (Muscat d'Alexandrie) ...... III. 108

PASSARINHO BRANCO (Cornichon blanc) ... IV. 286

PASSARINHO BRAVO, PASSARINHO MAMO. — Anciens cépages portugais du Minho, signalés, en 1822,

par Antonio Gyrão, disparus depuis. — D. O.

PASSAROLA. — Nom de cépage italien d'Atina (*Bull. amp ital.*, IX).

PASSA TUTTI, PASSA TUTTI MOSCATO (Chasselas musqué) .... III. 121

PASSE (Corinthe blanc) .... IV. 286

PASSE LONGUE MUSQUÉE (Muscat d'Alexandrie) .... III. 108

PASSE MUSQUÉE, PASSE MUSQUETTE (Muscat d'Alexandrie) .... III. 108

PASSERA (Corinthe blanc) .... IV. 286

PASSERA (Corinthe noir) .... IV. 286

PASSERESCA ALBA, NEAGRA (Corinthe) .... IV. 286

PASSERETTA BIANCA (Corinthe blanc) .... IV. 286

PASSERETTA NERA (Corinthe noir) .... IV. 286

PASSERETTA ROSSA (Corinthe noir) ...... IV. 286

PASSERETTA SENZA VINACCIOLI (Corinthe noir) .... IV. 286

PASSERILLE, PASSERILLE BLANCHE (Cinsaut, Chasselas, Corinthe, Muscat d'Alexandrie).

PASSERILLE NOIRE (Œillade noire) .... VI. 329

PASSERINA, PASSERINA NERA (Corinthe noir) .... IV. 286

PASSERINA NERA (Neretto) .... D.

PASSOLARA (Inzolia) .... VI. 229

PASSOLARO, PASSOLARO BIANCO (Raisin blanc de Calabre) .... IV. 46

PASSOLINA (Corinthe noir) .... IV. 286

PASSOLINA MINUTIDA (Corinthe noir) .... IV. 286

PASSOLONA (Raisin blanc de Calabre) .... IV. 46

PASSULA DE CORINTHE (Corinthe noir) ... IV. 286

PASSULARO (Inzolia) .... VI. 229

PASTENO NERO. — Nom de cépage italien de Naples. — J. R.

PASTORA BIANCA, NERA. — Noms de cépages italiens (?).

PATAKI. — Nom cité par Hardy (?).

PATARA ANDASSAOULI (Adanassouri) ...... D.

PATARA SAPÉRÉ (Saperavi) .... VI. 233

PATARA SAPERAVI (Saperavi) .... VI. 233

Patchkhata. — Cépage russe à raisins blancs de 3ᵉ époque de maturité, cultivé en hautains pour la cuve à Letchkhoum (Russie). — V. T.

PATCHKHRATA (Patchkhata) .... D.

PATÉ NOIR (Hybride Seibel nº 128) .... D.

PATERNIGA NERA. — Cité par Pierre de Crescence comme nom de cépage italien de Bologne.

Patiniotico. — Cépage précoce, à raisins blancs, cultivé pour la table aux Iles Cyclades. — X.

PATLASSA, PATLASSO BIANCO, PATLASSO NERO, PATHASSO. — Noms de cépages du Piémont. — J. R.

Patorra. — Cépage portugais, très rare dans le Haut-Douro ; feuilles plutôt petites, quinquelobées, à sinus fermés, minces, glabres sur les deux faces ; grappe longue, irrégulière et lâche ; grains petits, ellipsoïdes, d'un noir bleuté, peu pruinés. — D. O.

PATOUJA, PATUJA, PATTUJA (Fresia)............ *D.*
PATRAS CURANT ZANTE (Corinthe noir)... IV.   286
PATRIARCA (Schiava)................. III.   337
Patrino. — Cépage précoce à raisin noir, cultivé pour la table et pour la cuve dans la Céphalonie (Grèce). — X.
PATTAREASCA NERA. — Nom de cépage italien de Padoue. — J. R.
PATTE DE MOUCHE. — Cité par Odart et par Jullien, comme nom de cépage de la Moselle (?).
PATTE D'OIE (Argant)..... .. .. V.   348
PATTNIA BIANCA, NERA. — Noms de cépages italiens (*Bull. amp. ital.*, VIII).
Pau ferro. — Cépage de l'Algarve (Portugal), important comme culture à cause de l'alcoolicité et de la couleur foncée de son vin ; grappe moyenne, à petits grains, d'un noir bleuté. — D. O.
PAUGAYEN (Pougayen). .... *D.*
PAULA. — Nom du Catalogue des vignes du Luxembourg.
Pauline. — Hybride ternaire du groupe du Jacquez à caractères dominants d'Æstivalis ; petites grappes à grains moyens, serrés, d'un rouge viol.cé, pruinés ; feuilles entières, orbiculaires, tourmentées par des productions lenticellées (anthracnose déformante) et subéreuses sur les nervures de la face inférieure.
PAULLINIA JAPONICA Thunberg (Ampelopsis serjaniæfolia).................... I.   73
PAUPERRIMA (Listan)....................... *D.*
PAUSAL. — Nom de cépage espagnol du nord, d'après H. Gorria.
PAVANA (Barbera)......................... *D.*
PAVANA (Berzamino)................. III.   339
PAVEZERA BIANCA. — Nom de cépage italien de la Vénétie. — J. R.
Pawnee. — Semis américain du même groupe que l'Ozark, à gros raisins noirs, foxés, sans valeur.
Paxton. — Semis de Concord, fort peu différent du type.
PAYAN. — Nom de cépage cité par Orblieb à la fin du xviiᵉ siècle. — J. R.-C.
PAYNE's EARLY (Isabelle).............. V.   203
PAYNE's ISABELLA (Isabelle)............. V.   203
Pchrast Saliany. — Cépage russe de 1ʳᵉ époque de maturité ; cultivé pour la table à Bacou et à Chirvan. — V. T.
Peabody. — Semis américain de Clinton, obtenu par J.-H. Ricketts ; petits grains noirs, juteux, un peu foxés.
PÉAGE 1-4 (Hybride Roy-Chevrier nᵒ 1-4)..... *D.*
PÉAGE 1-8 (Hybride Roy-Chevrier nᵒ 1-8)..... *D.*
PÉAGE 5-10 (Hybride Roy-Chevrier nᵒ 5-10)... *D.*
PÉAGE 5-17 (Hybride Roy-Chevrier nᵒ 5-17)... *D.*
Pé agudo. — Cépage du Haut-Douro (Portugal), d'où

il disparaît depuis la reconstitution ; raisins noirs, grains moyens. — D. O.
Pearl. — Semis de Taylor fait par Rommel (nᵒ 10) à grains moyens, globuleux, d'un jaune clair, juteux, mais un peu foxés.
PEARL DROPS (Chasselas doré).......... VI.   6
PEARSLEY LEAR GRAPE (Chasselas cioutat).   II.   8
PEARSON GOLDEN QUEEN (Muscat Pearson).   V.   225
PEARSON's IRONDAD (Irondad)........ .... *D.*
PEARSON's MUSCAT (Muscat Pearson)....   V.   235
PEAU DURE (Olivette blanche)..........   II.   330
PE BIANCO (Alvarelhao)...............   II.   30
Peca. — Cépage espagnol de Soria, d'après Abela y Sainz.
PECER (Elbling).....................   IV.   163
PECHEM (Pechim)..........................   *D.*
Pechim. — Cépage portugais peu important à Almoster ; raisins rouges, productif et de maturation tardive. — D. O.
PECHO DE PERDRIX (Pied de Perdrix).....   IV.   83
PECHO DE PERDRIX (Muscat d'Alexandrie).   III.   108
PECORELLA, PECORELLO, PECORI, PECORINA (Pecorino)..................................   II.   30
Pecorino. — Cépage italien des régions des Marches, Abruzzes, Ombrie ; feuilles moyennes, quinquelobées et à sinus peu profonds, bullées, lanugineuses en dessous sur les nervures ; grappe conique, allongée ; grains moyens, sphériques, d'un jaune verdâtre ; maturité de 4ᵉ époque. — G. M.
PECORINO NERO (Vernaccio)...........   *D.*
PECOT ROUGE (Douce noire)...........   II.   371
Pecoui-Touar......................   V.   233
PÉCOUI-TOUAR BLANC (Pécoui-touar)......   IV.   235
PÉCOUI-TOUAR GRIS (Pécoui-touar).......   IV.   235
PECZI SZAGOS (Muscat d'Alexandrie).....   III.   108
PEDAL DURO (Verdicchio)....................   *D.*
PE DE PALUMBO (Piede di Colombo)......   VI.   362
PE DE PERDIZ BRANCO. — Ancien cépage portugais du Douro, d'où il a disparu. — D. O.
PE DE PERDIZ TINTO (Alvarelhão)........   II.   30
PEDERNA. — Ancien cépage portugais du Minho, où il n'existe plus. — D. O.
PE DE POMBA. — Nom de cépage espagnol de Pontevedra, d'après Abela y Sainz.
PEDICELLATA (Vitis pedicellata)..........   I.   446
PEDICINUTA. — Nom de cépage italien de Terlizzi (*Bull. amp. ital.*, I).
PEDI DI SCIOCCA. — Nom de cépage sicilien d'après Mendola.
PÉDONCULE ROUGE (Douce noire).........   II.   371
PÉDOUILLE. — Nom de cépage (?) de la Gironde, cité par Odart.
PEDRA. — Nom de cépage italien de Pavie. — J. R.
PEDRAL. — Ancien cépage rouge du Minho (Portugal), signalé en 1790, inconnu depuis. — D. O.

PEDRAL. — Nom de cépage espagnol de Pontevedra, d'après Abela y Sainz.

PEDRO. — Nom du Catalogue des vignes du Luxembourg.

PEDRO GODAL (Ferrar).......................... *D.*

PEDRO JIMÉNEZ (Pedro Ximenès)........ VI. 111

PEDRO JIMENEZ ZUMBON (Pedro Ximenès).. VI. 120

Pedro Luis. — Cépage espagnol de Moguer, d'après Abela y Sainz.

PEDRONI (Gaston Bazille)................... *D.*

PEDRO XIMEN (Pedro Ximenès).......... VI. 111

PEDROXIMENES (Pedro Ximenès)........ VI. 111

Pedro Ximenès...................... VI. 111

PEDRO XIMENEZ (Pedro Ximenès)........ VI. 111

PEGOLASSA BIANCA. — Nom de cépage italien de San Remo. — J. R.

PEGOLLO TENERO. — Nom de cépage italien de Gênes (*Bull. amp. ital.*, XVI).

PEGUDO (Pe agudo)........................ *D.*

PEHLIVAN (Bello meko).................... *D.*

PEIGOLLO ROSSO. — Nom de cépage italien de Chiavari (*Bull. amp. ital.*, XVI).

PEILAVERGA (Pelaverga)................... *D.*

PEILLOUS, PEILLOUX (Tibouren).......... II. 179

PEINELY. — Nom de cépage russe (?).

Péjac. — Cépage rare en Gironde, considéré comme un croisement de Côt et d'un autre cépage girondin ; feuilles cordiformes, très allongées, glabres et d'un vert mat en dessous ; grappes cylindriques, à grains sphériques, noirs, pruinés, d'un goût âpre et amer. — G. C.-C.

PELAOUILLE (Penouille)................... *D.*

PELARA VERONESE. — Nom de cépage italien cité par Acerbi.

PELASINA, PELASSA. — Noms de cépages italiens du Piémont et de Pignerol. — J. R.

Pelaverga. — Cépage du Piémont, décrit par V. Pulliat ; feuille grande, trilobée, à duvet cotonneux en dessous ; grappe assez grosse, conique, ailée, assez compacte ; grain gros, subglobuleux, ferme, d'un noir bleuâtre pruiné ; maturité de 3ᵉ époque.

PELEF, PELEFSONA GROSSA, BELLA (Blank blauer). *D.*

Pélegarie........................... VI. 26

PELES (Blank blauer)..................... *D.*

PELESOVNA (Blank blauer)... .... *D.*

PELGARIE (Pélegarie)................... VI. 26

PELGRIE (Pélegarie).................... VI. 26

PELIZZONA. — Nom de cépage italien de Parme. — J. R.

PELLADA (Pelara)......................... *D.*

PELLARIN (Péloursin)................... VI. 87

PELLASSA (Plassa)........................ *D.*

PELLA VERDA (Pelaverga).................. *D.*

PELLAVERGA (Pelaverga)................... *D.*

PELLEGARÉE BLANC (Folle blanche).

PELLEGRINA. — Nom de cépage italien de Mirandole. — J. R.

PELLORCIN (Péloursin)............... VI. 87

PELLOSSARD (Péloursin)............... VI. 87

PELLOURCIN (Péloursin)............... VI. 87

PELLUCENS (Arratalau).................... *D.*

PELLUCIDA (Arratalau).................... *D.*

PELLUCIDA (Cordovi)...................... *D.*

PELLUSCENS (Arratalau)................... *D.*

PELORSIN (Péloursin)................... VI. 87

PELOSELLA. — Cité par Acerbi comme nom de cépage italien de San Remo.

PELOSETTA. — Nom de cépage italien de Roveredo cité par Acerbi.

PELOSI. — Nom de cépage italien de Lucques. — J. R.

Pelosina bianca. — Cépage italien de la région d'Asti, décrit par V. Pulliat ; grappe moyenne, serrée ; grains globuleux, d'un jaune doré ; maturité de 2ᵉ époque tardive.

PELOSO (Verdicchio).

PELOSSARD (Poulsard)................. III. 348

PÉLOSSARD D'AMBÉRIEU, DE L'AIN, DE BETTANT, DE SEYSSEL, ROUGE, NOIR (Poulsard)............................ III. 348

PÉLOUILLE (Penouille) .... *D.*

Péloursin......................... VI. 87

Péloursin gris.................... VI. 90

PÉLOURSIN NOIR (Péloursin)............ VI. 87

PELOUSE (Moro bianco) (?)................ *D.*

PELOUSSARD (Poulsard)............... III. 348

Pelsiot. — Cépage noir autrefois répandu dans les vignobles de l'Yonne et de la Nièvre, mais qui a presque entièrement disparu. De grande vigueur, il produisait beaucoup, mais un vin de peu valeur ; à maturité complète, les grains se détachaient. — T. S.

PELUSCENS (Arratalau)................... *D.*

PELUSSIN (Péloursin)................. III. 348

PEMMINGTON HALL HAMBURGH (Danugue). II. 168

PENAMACOR (Riffete) .... *D.*

PENAOUILLE (Penouille).................. *D.*

PENASSER (Savagnin).

PENDELAT, PENDOULAT (Tressot)........ III. 302

PENDOULAU. — Nom de cépage cité par Garidel et par Chaptal.

PENDOULOT (Poulsard)................ III. 348

PENDRILLART BLANC (Gouais) .... IV. 94

PENDULA (Hängling) (?)................... *D.*

Penouille. — Cépage très rare en Gironde ; à maturité tardive ; vin plat, sans sève ni vinosité ; feuilles très cotonneuses ; grain très gros, noirâtre. — G. C.-C.

PENSILES (Mantuo)................ VI. 122

PENSILIS (Mantuo de Pilas)............ VI. 122

Peola. — Semis américain de Labrusca, obtenu par

John Burr; à grappe moyenne, serrée; grain moyen, noirâtre, assez juteux, foxé.

Pepe. — Nom de cépage de table des provinces napolitaines. — J. R.

Pé Perdix (Côt).......................... VI. 6

Peperty. — Nom de cépage à raisins rouges de l'Aveyron, d'après Marre.

Pephtalmo. — Syn. : Pophtalma. Cépage de l'île de Chypre, à feuilles quinquelobées, très duveteuses en dessous; grappes sur-moyennes, ailées; grains moyens, ronds, sucrés, d'un noir bleuté très foncé; maturité 3ᵉ époque. — P. M

Pepin de Schiras blanc (Schiradzouli).

Pepin d'Espagne, d'Ischia, d'Ispahan. — Noms sans signification relevés dans des catalogues de cépages.   •

Pepltraube (Sylvaner)................. II. 363

Pe preto (Alvarelhão)............. .... II. 30

Pera (Chenin blanc)................... II. 83

Perachoritico. — Cépage grec de Kalavryta, à raisin blanc, cultivé pour la cuve. — X.

Perady. — Cépage cultivé à Douchett (Russie) pour la cuve, à raisin noir. — V. T.

Perambla (Cornichon)................ IV. 317

Peraou (Côt)........................ VI. 6

Peravise. — Nom de cépage cité par Acerbi.

Perchingo bianco. — Nom de cépage italien de la région des Pouilles. — J. R.

Percoccia (Melsocha)................... D.

Perdonet blanc. — Semis de Moreau-Robert, à beau grain globuleux, d'un blanc jaunâtre; maturité de 3ᵉ époque (d'après V. Pulliat).

Peregrina (Vitis, Räuschling)......... V. 229

Perelntraube (Bicane)............... II. 102

Prepalummo (Piedirosso)............ VI. 360

Pererusso (Piedirosso)............... VI. 360

Perfection. — Semis de Delaware; grappe ailée, longue, serrée; grain moyen, rougeâtre, juteux, un peu foxé.

Pergarie (Pélegarie)................. VI. 26

Pergola, Pergola bianca, rossa (Verjus). II. 151

Pergole (Verjus)...................... II. 151

Pergolese (Cornichon noir)........... IV. 320

Pergolese bianca (Verjus)............. II. 151

Pergolese du Pergola (Verjus)........ II. 327

Pergoleze (Olivette noire)............ II. 327

Pergolone. — Nom de cépage italien, d'après Mendola.

Pergolo nero (Olivette noire)......... III. 327

Pergulana (Verjus).................. II. 151

Pergulanæ (Ferrares)................. D.

Perribañez (Morrastel)............... III. 384

Perigord (Côt)....................... VI. 6

Perinetvo. — Nom de cépage italien de l'Ivrée. — J. R.

Peringo. — Cépage portugais de l'île de Madère : à

vin blanc, peu alcoolique; feuilles quinquelobées, pubescentes en dessous; grandes grappes simples, serrées; grains gros, peu fermes, jaunâtres. — D. O.

Periquita (Trincadeira)............... VI. 194

Peristeropodia. — Cépage à raisins blancs, cultivé pour la table à Karpenissi (Grèce). — X.

Perkins. — Un des cépages américains, semis de Labrusca, à raisins ayant le goût foxé le plus prononcé, se traduisant par l'odeur à distance; grappe moyenne, ailée; grains moyens, oblongs, d'un gris rosé clair, pulpeux et très foxés.

Perknadi. — Nom de cépage de la Thessalie, à raisins blancs, petits de grains.

Perla bianca (Œillade blanche)........ VI. 330

Perla nera (Œillade noire)............ VI. 329

Perla rosa (Olivette rose)............. II. 329

Perle blanche (Chasselas Gros Coulard). II. 10

Perle de Nikita (Diamanttraube)....... V. 147

Perle du Juba (Poulsar.l)............. III. 348

Perle d'or (Chasselas doré)............ II. 6

Perle impériale (Bicane)............. II. 102

Perle noire (Black Pearl)............... D.

Perle noire (Frankenthal)............ II. 127

Perle rose (Olivette rose)............ II. 329

Perle traub (Diamanttraube)........ V. 147

Perlim. — Cépage portugais de l'Alemtejo, signalé seulement par Larcher Marçal.

Perloçin (Péloursin).................. VI. 87

Perlonette. — Cité comme nom de cépage bourguignon par Dʳ Fleurot.

Perlosette. — Nom de cépage de la Drôme cité par Bosc. — J. R.-C.

Perltraube (Agostenga)............... III. 64

Perltraube (Chasselas Gros Coulard).... II. 10

Perltraube (Diamanttraube)......... V. 147

Perltraube (V. Æstivalis)............. I. 343

Perltraube rothe (Grec rouge)........ III. 277

Pernan, Pernau (Pinot)............. II. 19

Pernica da Mensa, Pernice nera, Pernicone, Pernicione. — Noms de cépages italiens de Naples. — J. R.

Perniciosa nera. — Nom de cépage italien du Vésuve. — J. R.

Pernon. — Nom de cépage bourguignon (?) cité par Acerbi.

Perola (Bicane)..................... II. 102

Peron (Mauzac)..................... II. 143

Péroué. — Cépage blanc, assez peu répandu dans l'arrondissement de Grasse, rappelant un peu la Folle blanche; sarments longs et forts; mérithalles courts, nœuds saillants; bourgeons gros, un peu cotonneux; feuilles grandes, irrégulièrement découpées, à sinus arrondis, glabres à la partie supérieure, duveteuses en dessous; nervures principales bien accusées et lavées de rose ; grappe allongée, presque cylindrique, peu serrée, ailée ; grains réguliers, subsphériques, moyens, à peau fine et à chair juteuse, d'une saveur rappelant le goût du vert ; les grains montrent quelques ponctuations brunes et restent verts. — L. B. et J. G.

Perovăny. — Cépage russe à raisins noirs, cultivé pour la cuve à Ratcha et en Mingrélie, entre l'Ingour et le Tékour. — V. T.

Pero Ximen (Pedro Ximenès).......... VI. 111

Perpignan (Morrastel)................ III. 381

Perpignan blanc musqué (Chasselas musqué)........................ III. 121

Perrel. — Cépage espagnol, à raisin noir, de Saragosse, d'après Abela y Sainz.

Perrelillo de baculo (Perrel)............... D.

Perrera (Perruno)....................... D.

Perret (Mourvèdre)................. II. 237

Perrevil. — Ancien cépage portugais, à raisin blanc, cultivé jadis à Santarem où il n'existe plus. — D.O.

Perricone .... VI. 227

Perricone noir (Perricone).......... .. VI. 227

Perrier noir. — Cépage de la Savoie, décrit par V. Pulliat ; feuille moyenne, trilobée, mince, glabre sur les deux faces ; grappe assez grosse, rameuse ; grains gros, ellipsoïdes, fermes, d'un noir violacé pruiné ; maturité de 1re époque.

Perrizone (Niureddu)..................... D.

Perrond (Mauzac)................... II. 443

Perrone nera. — Nom de raisin de cuve italien de San Nicandro. — J. R.

Perrum (Perrum branco)................... D.

Perrum branco. — Cépage portugais de l'Alemtejo et de l'Algarve, peut-être le Perruno espagnol.

Perrum tinto (Perruno negro)................ D.

Perruno comun. — Cépage espagnol de San Lucar, Xérez, Rota, Paxarète, Trebugena ; feuilles moyennes, entières, duveteuses en dessous ; grappes moyennes, à grains moyens, globuleux, d'un vert jaunâtre, rosé au soleil (d'après Simon Rojas Clemente).

Perruno de la Sierra (Perruno duro)......... D.

Perruno duro. — Cépage espagnol de Paxarète, Espera et Arcos ; feuilles duveteuses ; à grain assez gros, sphérique, blanchâtre (d'après Simon Rojas Clemente).

Perruno negro. — Cépage espagnol des mêmes régions que le Perruno comun ; à grains d'un noir rougeâtre (d'après Simon Rojas Clemente).

Perrunos. — Nom générique donné par Simon Rojas Clemente aux cépages Perruno.

Perruno tierno (Perruno comun)........... D.

Perry. — Hybride de T.-V. Munson, sans valeur.

Persagne (Mondeuse)................. II. 274

Persagne claire (Mondeuse)........... II. 273

Persagne droite (Mondeuse).......... II. 273

Persagne-Gamay (Chatus)............. III. 212

Persagne serrée (Mondeuse)......... II. 273

Persagnot (Mondeuse)................ II. 273

Persaigne (Mondeuse)................ II. 274

Persan............................ II. 164

Persana (Persan)................... II. 164

Persance (Mondeuse)................. IJ. 273

Persanne (Mondeuse)................ II. 273

Persant (Persan).................... II. 164

Persegana, Persegano (Besgano)............. D.

Persène (Mondeuse)................. II. 273

Persia (Raisin noir de Jérusalem)...... IV. 39

Persicagna (Nosiola) (?)................ D.

Persiche Kernlose (Corinthe blanc)..... IV. 293

Persillade (Chasselas Ciout)........ II. 8

Persillé (Chasselas Ciout).......... II. 8

Persillière (Chasselas Ciout)........ II. 8

Persolette (Blattraube)................ D.

Perticara. — Nom de cépage italien de Gênes (Bull. amp. ital., XVI).

Perugino (Ugni blanc)................ II. 255

Perusella (Massarda)..................... D.

Perusina. — Nom de cépage italien de Chiavari (Bull. amp. ital., XVI).

Perveiral bianco, nero. — Noms de cépages italiens de Pignerol. — J. R.

Pesano (Albana).

Pesken (Elbling).

Petaire (Cinsaut).................'.. VI. 322

Petarcou (Cinsaut)................ VI. 322

Petazzola. — Nom de cépage italien de Voghera (Bull. amp. ital., XIV).

Petersilientraube (Chasselas Ciout)... II. 8

Petersilyem szöllö, Pertersilien weinstock (Chasselas Ciout)........... II. 8

Petersilka, Petersiltraube (Chasselas Ciout)......................... II. 8

Peter Wylie. — Hybride de Labrusca du Dr Wylie, à petits grains foxés, rougeâtres.

Petit Andassaouli (Adanassouri)............. D.

Petit Baclan, Petit Béclan (Béclan)... V. 255

Petit Becquet (Persan).............. II. 165

Petit Blanc (Clairette)............... V. 55

Petit blanc d'Aubenas (Clairette)....... V. 55

Petit blanc de Lorraine. — Cette variété que nous avons rencontrée un peu partout dans les vignobles blancs de la Lorraine en mélange avec le Blanc-Doux et le Chardonnay, présente par son feuillage des analogies avec le Gamay, par ses fruits avec les Pinots. Aussi avons-nous songé tour à tour à l'assimiler à un Gamay blanc véritable et aux Pinots blancs vrais. C'est de ces derniers qu'elle se rapproche le plus, mais son feuillage est plus arrondi et plus pâle, sous un jaunissement caractéristique qui débute de bonne heure entre les nervures ; le grain est aussi moins ellipsoïde et la grappe plus serrée. C'est évidemment un cépage spécial qui paraît apte à donner un vin blanc fin et qui devrait être pour cela cultivé à part au lieu d'être confondu avec le Chardonnay et plus fâcheusement avec l'Elbling, très différent par son feuillage bullé et à duvet grossier, tandis que celui du Petit-blanc est lisse et glabre sur ses deux faces. Du Chardonnay, ce cépage se distingue par son sinus pétiolaire qui ne présente pas le signe caractéristique de celui-ci, par le jaunissement partiel de son feuillage et par ses fruits plus serrés et plus précoces de six à huit jours. En un mot, le Petit-blanc est une variété locale bien adaptée qui paraît recommandable pour produire en Lorraine des vins blancs distingués. — A. B.

Pexeranda. — Nom de vigne italienne de Bassano cité par Acerbi.

Peyrah. — Nom de cépage provençal (?) cité par Lardier et par Bouschet.

Peytbes selimes (Chasselas cioutat)..... II. 8

Pezhek (Elbling)..................... IV. 169

Pezzé (Gros de Coveretto)............ V. 158

Pfaffenmütze (Muscat)............... III. 373

Pfaffentraube (Rauschling)........... V. 229

Pfaffling (Rauschling)............... V. 229

Pfefferl (Riesling)................... II. 247

Pfeffertraube (Riesling).............. II. 247

Prœlzer (Riesling)................... II. 247

Pfundtraube (Frankenthal)........... II. 127

Pgnoo (Pignolo).......................... D.

Phinikôte (Cornichon rouge)........... IV. 329

Phokiano (Ericara)....................... D.

Phraoula. — Raisin grec, peut-être l'Isabelle.

Phrinkoto (Cornichon rouge)..... ... IV. 329

Piachitina nera. — Nom de cépage italien de Voghera. — J. R.

Pianella bianca.— Nom de cépage italien de Bologne. — J. R.

Piatta bianca. — Nom de cépage italien de Bobbio. — J. R.

Piazha (Heunisch)....................... D.

Piazmer (Heunisch)....................... D.

Picalpolho branco (Piquepoul blanc)... II. 357

Picalpolho tinto (Piquepoul noir)...... II. 357

Picapol (Abbillo castellano)... .... VI. 125

Picapoli (Clairette)................... V. 55

Picapoll (Piquepoul)................. II. 357

Picapolla, Picapula (Piquepoul)....... II. 357

Picapouia (Piquepoul)................ II. 357

Picapoule (Piquepoul)............... II. 357

Picapouya (Piquepoul)............... II. 357

Picapulla (Piquepoul)............... II. 357

Pic Abagnan (Bourboulenc).......... III. 148

Picard (Merille)........................ D.

Picardan (Cinsant)................. VI. 322

Picardan (Clairette)........ .... V. 155

Picardan (Mauzac)................. II. 143

Picardan (Œillade blanche).......... VI. 330

Picardan noir (Cinsaut)............. VI. 322

Picardino, Picardon. — Noms du Catalogue des vignes du Luxembourg.

Picargnol (César)................... II. 294

Picargniot (César)................. II. 194

Picarniau, Picarnian, Picarniot (César). II. 194

Picat, Picata (Mondeuse)............ II. 273

Picardon (Sauvignon)............... II. 230

Picciol rosso (Raisin de Calabre)...... IV. 46

Picciona, Piccione. — Nom de cépage italien de la Toscane. — J. R.

Picciorougo, Picciorouzo (Oriou)....... V. 283

Piccion (Orion)........................ V. 283

Piccion rouge (Oriou)................, ... V. 283

Piccion rouzo (Oriou)................. V. 283

Picciucola, Picciuolo (Caccio)............... D.

Picco del Nebbio. — Nom de cépage italien des Pouilles. — J. R.

Piccoletta, Piccoleto (Pikolit)............. D.

Pichem (Pechim)........................ D.

Pichik-Ktsy (Kardji)................. III. 236

Piccolet (Pikolit)....................... D.

Picco maschio nero, Picco piculo nero, Pico tenero, femmeria nero. — Nom de cépage italien (Bulletin ampélographique italien, VIII).

Picé. — Nom du Catalogue des vignes du Luxembourg.

Picena (Teinturier)................. III. 362

Pichaous. — Nom de cépage (?) du Roussillon, d'après Bouschet.

Piciou (Oriou)...................... V. 283

Picorniot (César)................... II. 294

Picot (Douce noire)................. II. 371

Picotender, Picotendre (Nebbiolo)........ D.

Picotenero, Picotenero grande, grosso, piccolo (Nebbiolo).

Picot gris noir (Douce noire)......... II. 371

Picotin blanc (Roussane)............. II. 73

Picot tener (Nebbiolo)...............' ...... D.

Picot rouge (Douce noire)........... II. 371

Picoutendro maschio, femmina (Nebbiolo)...... D.

Picoutener (Nebbiolo)................... D.

Picpouille (Piquepoul)............... II. 357

Picpouille blanc (Folle blanche)........ II. 205

Picpouille grise (Piquepoul).......... II. 357

Picpouille noire (Piquepoul)........... II. 357

Picpouille sorbier (Braquet)......... IV. 239

Picpoule (Piquepoul)............... II. 357

Picpoul (Piquepoul)............... II. 357

Picpoule sorbier (Braquet).......... IV. 239

Picpout (Folle blanche)............. II. 205

Picpouille (Folle blanche)........... II. 205

Picta (Muscat d'Alexandrie).......... III. 108

Picullarona. — Nom de cépage piémontais (Italie). — J. R.

Pieg (Gros Verdot)................. VI. 19

Pieda di Palumbo (Piedirosso)........ VI. 301

Pied blanc (Alvarelhão)............. VI. 300

Pied de gourde. — Nom du Catalogue du Luxembourg.

Pied de Perdrix..................... IV. 83

Pied de Perdrix (Alvarelhão)........ II. 302

Pied de Perdrix (Côt)............... VI. 6

Pied de Perdrix rouge (Côt).......... VI. 6

Pied doux (Côt)................... VI. 6

Piede Colombo (Piedirosso).......... VI. 360

Piede di Colombo gentile.......... VI. 362

Piede di Columbo nera (Aglianico)..... V. 84

Piede di Polumbo (Piedirosso)......... VI. 360

Piede di pernice (Côt)................. VI. 6

Piedepalumbo (Piedirosso)............ VI. 360

Pie di Colombo (Piedirosso)........... VI. 36U

Piedepalumbo selvatico................ VI. 362

Pie di Cocola, Pie di Cocola bianca. — Noms de cépages italiens des Pouilles. — J. R.

Piedirosso........................ VI. 360

Pied noir (Côt).................... VI. 6

Pied rond (Mauzac)................'.. II. 143

Pied rouge (Côt)................... VI. 6

Pied rouget (Côt)................. VI. 6

Pied sain. — Nom de cépage cité par Bosc pour la Mayenne. — J. R.-C.

Pied vert (Alvarelhâo).............. II. 300

Pied violet (Alvarelhâo) .... II. 300

Piemontais (Mourvèdre)............. II. 237

Pienc (Gros Verdot)................. VI. 19

Pienc (Petit Verdot)................. VI. 22

Pierce. — Semis américain d'Isabelle, à caractères très semblables, à grains noirâtres plus gros, pulpeux et foxés.

Pier Domenico. — Nom de cépage italien de Lecce (Bulletin ampélographique italien, XV).

Pierguerie blanche (Pelegarie)....... VI. 26

Pierre Baptiste. — Nom du Catalogue du Luxembourg.

Pierre Ximenès (Pedro Ximenèz)...... VI. 111

Pierrot (Tressot panaché)........... III. 302

Piet (Gros Verdot)................. VI. 19

Pietrina bianca, Pietrino. — Noms de cépages italiens de Lucques. — J. R.

Pietro Parisi (Asprino).................... D.

Piga. — Nom de cépage italien de la région de Gênes (Bulletin ampélographique italien, XVI).

Pigeon grape (V. Æstivalis)........... I. 343

Pigeonnet. — Raisin gris obtenu de semis par Strut. Variété de table assez fertile, à grains 16/15, mûrissant fin 1re époque. — A. B.

Pignal. — Nom du Catalogue du Luxembourg.

Pignarou (Pignerlo)..................... D.

Pignatura.—Nom de cépage sicilien, d'après Mendola.

Pignateddu (Perricone)............... VI. 217

Pignatella, Pignatello (Niureddu).......... D.

Pigneiron bianco. — Nom de vigne cité par Acerbi.

Pignerol. — Cépage blanc des coteaux de Bellet, aux environs de Nice; feuilles grandes, assez découpées, assez duveteuses à la partie inférieure; sinus pétiolaire peu ouvert, dents arrondies; grappe allongée à grains moyens, sphériques. — L. B. et J. G.

Pignet nero. — Nom de cépage italien de Carenna (Bulletin ampélographique italien, VIII).

Pigneul, Pigneula bianca (Clairette blanche)........................ V. 55

Pignol grosso, piccolo. — Noms cités par Acerbi pour l'Istrie.

Pignoassa. — Nom de cépage italien (?) (Bulletin ampélographique italien, XVI).

Pignoca (Pignolo)........................ D.

Pignola nera (Groppello)................. D.

Pignola piccola, Ponte Vatellina, rossa, veronese, nebiola, di San Colombano. — Noms divers de cépages italiens indéterminés.

Pignolata, Pignolata delle Torre. — Noms de cépages napolitains cités par Acerbi.

Pignolata nera. — Cépage italien de la région du Vésuve, cultivé pour le vin; grappe cylindrique moyenne; grains petits, ellipsoïdes, d'un noir rougeâtre transparent, un peu aromatiques. — M. C.

Pignolet (Pinot noir)................. II. 19

Pignoletta bianca. — Nom de cépage italien de Padoue, d'après Carpené.

Pignolo (Mourvèdre)................. II. 237

Pignolo (Pinot).................... II. 19

Pignolo (San Giovetto).............. III. 332

Pignolo bianco, canavesano, d'Asti, di collina, di Sant Albano, fitto, di San Colombano, rosso, lasso — Noms divers qu'on ne peut rapporter à aucun cépage italien défini.

Pignolo dell'occhio, melasca (Pignolo spano).. D.

Pignolone (Bresciana)...................: D.

Pignolo nero (Pignolo spano)............. D.

Pignolo spano. — Cépage italien de Gattinara, feuilles trilobées ou quinquelobées; grappes petites, courtes, compactes; grains plutôt petits, subsphériques, mous, d'un noir mat. — G. M.

Pignolz. — Nom de cépage cité par Pierre de Crescence. — J. R.-C.

Pignon (Petit noir)..................: D.

Pignul, Pignuola, Pignuolo (Pignolo)......... D.

Pikolit. — Syn. : Balafant (Styrie), Blaustingl weiss, Kiknyelü, Weisser Ranful, Picolit ou Piccoletto (Frioul). Ce cépage de l'Illyrie et de la Hongrie, à grands rendements et de maturité facile, nous paraît, d'après les observations nouvelles, le même que nous avons retrouvé en Suisse et décrit sous le nom de Gros Bourgogne (alors à abandonner en raison de la fausse origine qu'il laisserait présumer). — A. B.

Pikolit (Putzscheere)................. III. 198

Pilan. — Cépage de la Haute-Loire, décrit par V. Pulliat; à grappe ailée, serrée; grain moyen, noir foncé; maturité de 3e époque.

Pillota. — Nom de cépage italien, à raisins blancs, de Modène. — J. R.

Pilusu niuru (Mantonica).................. D.

Pimbart (Pinot noir)................. II. 19

Piment..................... IV. 326

Pimiciara bianca (Grec blanc)......... III. 278

Pimmiciaro (Grec blanc).............. III. 278

Pirideny. — Cépage à raisin noir, cultivé pour la

cuve à Choucha (Russie). — V. T.

Pinella bianca. — Nom de cépage italien de la
région de Padoue, d'après Carpené.

Pinhal. — Ancien cépage portugais de la région de
Felgueiras, inconnu aujourd'hui. — D. O.

Pinjela. — Cépage à raisins blancs de pressoir,
signalé par Trummer comme originaire de la
Carniole. De vigueur moyenne, mais très fertile,
à feuilles rondes, trilobées et duveteuses, à
grains légèrement ellipsoïdes ; il rappellerait les
Pinots, Malvoisie ou Burgunder par ses feuilles et
ses fruits, aussi précoce mais plus pourrisseux.
Variété à comparer pour la production d'un bon
vin. — A. B.

Pinó bianco. — Nom de cépage italien de Rivoli.
— J. R.

Pinots blancs vrais. — Depuis la publication du
tome I de l'Ampélographie, M. A. Berget a déterminé et étudié plusieurs variétés de cet intéressant
cépage (V. Bronner et Petit-blanc, D et Rev. de
vitic.) Le Klevner weiss d'Alsace qu'il considère
comme type du Gros Pinot blanc vrai, distinct
par sa grande fertilité et le volume de ses grappes
un peu denses du Petit Pinot blanc fin recueilli
dans la Côte-d'Or et en Champagne, est aujour-
d'hui la variété qui paraît devoir se répandre le
plus rapidement. Toutes ces variétés sont entièrement distinctes du Chardonnay qui avait été
considéré jusqu'alors et indûment comme une
variation blanche du Pinot noir. — A. B.

Pinot de Beauvoir. — Variété de Pinot noir reçue
par nous sous ce nom de l'Allier. Elle ne nous
paraît pas assez distincte du Pinot franc ordinaire,
dont elle ne dépasse guère la précocité, pour être
différenciée. — A. B.

Pinot Longuet. — Nom de Pinot (?) cité par Odart.

Pinot Mongeard. — Variété authentique sélectionnée

par M. Mongeard, de Moray (Côte-d'Or). C'est le vrai type du Pinot rose caractérisé par la couleur un peu sombre de son grain et de son feuillage qui se décolore en rouge et non en jaune comme celui des Pinots gris et blancs. — A. B.

Pinot moure (Pinot tête de nègre).......	II.	36
Pinot noir...........................	II.	19
Pinot noir bâtard (Pinot Crepet).......	II.	40
Pinot noir luisant (Pinot tête de nègre).	II.	36
Pinot noir précoce....................	II.	43
Pinot noir type......................	II.	18
Pinot Pansiot........................	II.	40
Pinot Pommier.......................	II.	44
Pinot Renevey	II.	39
Pinot rose...........................	II.	31
Pinot rouge (Dameret)....................		D.
Pinot rougin (Pinot violet)...........	II.	35
Pinots...............................	II.	18
Pinot Saint-Laurent....	III.	250
Pinot Jourdeau (Pinot de Coulanges)....	II.	37
Pinot teinturier.....................	II.	37
Pinot teinturier Bury.................	VI.	163
Pinot teinturier a tacher (Teinturier)...	II.	372

Pinots teinturiers. — M. A. Berget a distingué deux types nouveaux qui sont des hybrides naturels de Teinturier du Cher et de Pinot noir : 1° Pinot teinturier de la Côte-d'Or au feuillage le plus sombre, dont les baies plus ellipsoïdes que celles du Teinturier du Cher prennent la teinte bronze dès l'origine et mûrissent 10 jours auparavant donnant un moût très noir et plus riche ; 2° le Pinot teinturier du Jura, répandu également en Champagne et en Lorraine, très ressemblant au premier mais qui en diffère en ce que ses fruits et son feuillage ne prennent la teinte bronze qu'à partir de la véraison. Moût moins coloré. Depuis, M. Oberlin a obtenu de nouveaux croisements du Teinturier du Cher et de Pinot gris qui ressemblent plus à ce dernier. — A. B.

Pinot tête de nègre..................	II.	36
Pinot vert doré d'Aÿ.................	II.	41
Pinot violet.......	II.	35
Pinquant paul (Cornichon blanc).......	IV.	315
Pinquant paul (Piquepoul).............	II.	357

Pintadilla. — Cépage espagnol, cultivé dans la région d'Albacète, d'après Abela y Sainz.

Pinta femea (Tinta femea).................. D.

Pintaillo. — Nom de cépage espagnol de Cuença, d'après Abela y Sainz.

Pinto. — Nom de cépage espagnol de la région de Salamanque, d'après Abela y Sainz.

Pintolillo bianco. — Nom de cépage sicilien, d'après Mendola.

Piñuela, Pinuelo (Sultanina)............ II. 67

Piombino. — Nom de vigne italienne de Vérone, cité par Acerbi.

Piona, Piona rossa. — Nom de cépage italien de Brianza. — J. R.

Pionier (Hartford, Isabelle).

Pionosta nera. — Nom de cépage italien des Pouilles. — J. R.

Piouran (Roussette)................. II. 244

Piperiona. — Cépage à raisin noir de table, précoce, de l'Achaïe (Grèce). — X.

Pipette. — Cépage noir, très fertile, qu'on rencontre quelquefois dans l'arrondissement de Grasse ; sarments de longueur et de grosseur moyennes ; mérithalles très allongés ; feuilles assez grandes, irrégulièrement découpées, minces, longuement pétiolées, glabres à la partie supérieure, légèrement duveteuses à la partie inférieure ; grappe longue, assez grosse, peu serrée, à grains réguliers, gros, ellipsoïdes, résistants, à chair peu juteuse, à peau d'un beau noir pruiné. — L. B. et J. G.

Pipione, Pipona. — Noms de cépages de l'Istrie (Italie), cités par Acerbi.

Piquant-paul (Piquepoul)............	II.	357
Piquardan (Œillade blanche).........	VI.	330

Piquat. — Nom de cépage (?) de la Corrèze et du Lot, cité par Odart.

Pique (Penouille) .... D.

Piqueboule noir (Pinot noir)........... II. 19

Pique de fer. — Nom inexact du Catalogue de Luxembourg.

Piquerette noir. — Nom de cépage de la Haute-Garonne, d'après le Catalogue du Luxembourg.

Piquepont (Folle blanche)...........	II.	205
Piquepouille (Folle blanche).........	VI.	205
Piquepoul Bouschet..................	VI.	443
Piquepoul (Folle blanche)...........	II.	205
Piquepoul blanc....................	II.	358
Piquepoul crochu (Pécoui-tour).......	IV.	233
Piquepoul de la Creuse (Piquepoul).....	II.	358
Piquepoule d'Uzès (Cinsaut)..........	VI.	322
Piquepoule (Piquepoul)..............	II.	357
Piquepoul gris.....................	II.	358
Piquepoul rose.....................	II.	358
Piquepouls........................	II.	357
Piquepoul Sorbier (Pécoui-tour).......	IV.	233
Piquepont (Folle blanche)..........	II.	205
Piran (Aspiran noir).................	V.	62

Piricone. — Nom de cépage sicilien, d'après Mendola.

Piros Bakator (Bakator).............	IV.	182
Piros Bakor (Bakator)..............	IV.	182
Piros dinka (Valteliner).............	IV.	30
Piros váczi (Bakator)................	IV.	182

Pirriconi nero. — Nom de cépage italien de Palerme, cité par Acerbi.

Pirr Isioum. — Cépage russe, cultivé à Elisabetpol pour le vin ; grain sphérique, verdâtre, tacheté de gris. — V. T.

PISANA, PISANO. — Noms de cépage italien de Gênes (*Bull. amp. ital.*, XVI).

PISANELLA. — Nom de cépage italien de Lucques, d'après Mendola.

PISCACCHIA (Cascarello).................... *D.*

PISCIA CUNIGGHIN. — Nom de cépage italien (*Bull. amp. ital.*, X).

PISCIA DI GUAGLIA. — Nom de cépage des provinces napolitaine, d'après Acerbi.

PISCIANCIO (Cascarello).................... *D.*

PISCIANELLO (Pecorrino).................... *D.*

PISCIANINO (Pecorrino).................... *D.*

PISCIARA. — Nom de vigne italienne (Cinq Terres), cité par Acerbi.

PISCIARETTA, PISCIOSA. — Deux noms de cépages italiens (?).

Pis-de-chèvre blanc.................. IV. 91

PIS-DE-CHÈVRE DE LA CRIMÉE (Pis-de-chèvre rouge)........................... IV. 88

PIS-DE-CHÈVRE ROSE (Pis-de-chèvre rouge). IV. 88

Pis-de-chèvre rouge.................. IV. 88

PIS-DE-CHÈVRE VIOLET (Pis-de-chèvre rouge)........................... IV. 88

PISOLOTO. — Nom de vigne de l'Istrie (Italie), cité par Acerbi.

PISSADELLA NERA. — Nom de cépage italien de Voghera. — J. R.

PISSEUX (Cinsaut).................... VI. 322

PISSE-VIN (Aramon).................... VI. 293

PISSOTA (Pellegrina).................... *D.*

PISSUTELLE (Cornichon blanc)......... . IV. 315

PISTAMATTA (Niureddu).................... *D.*

PISTOLESE, PISTOLETTO, PISTOLINO (Neretto)...... *D.*

Piston. — Cépage italien de Sciolze, à grappe pyramidale; grain sphérique, rougeâtre; tardif. — J. R.

PISTRUTZUICA (Eparaoica).................... *D.*

PISUTELLE, PISUTELLI, PISUTELLO (Cornichon blanc)........................ IV. 315

PITMASTON WHITE CLUSTER (probablement le Foster's).

PITOMA CRINA (Tantovina)............... IV. 350

Pitrisi. — Cépage à raisins blancs, cultivé pour la cuve en Sicile, d'après Mendola.

PITRISI NIURU (Tempranillo)............ VI. 242

PITRUSA FRANCA (Listan).................... *D.*

PITRUSA NIURA (Tempranillo)........... VI. 242

PITRUSEDDU (Corinthe)............... IV. 293

PITRUSU (Tempranillo)............ VI. 242

PITTABONA. — Nom de cépage italien de la région de Gênes (*Bull. amp. ital.*, XII).

PIVOINE (Sacy)..................... IV. 95

PIZUTELLI (Cornichon)............... IV. 315

PIZZADELLA (Pissadella).................... *D.*

PIZZA MOSCA. — Nom de cépage italien de la région de Gênes (*Bull. amp. ital.*, XVI).

Pizzaro. — Semis américain de Clinton, obtenu par Rickett, à grains moyens, noirâtres, peu foxés.

PIZZELLUTE (Cornichon)............... IV. 315

PIZZINCULO. — Nom de cépage italien de Macerata (*Bull. amp. ital.*, VI).

PIZZUTELLA (Cornichon blanc)......... IV. 315

PIZZUTELLA DE SICILE, DE PORTICI, DE TOSCANE, DE ROMAGNE (Cornichon)...... IV. 315

PIZZUTELLETTO (Cornichon)............. IV. 315

PIZZUTELLO BIANCO (Cornichon blanc).... IV. 315

PIZZUTELLO DI ROMA (Cornichon blanc).. . IV. 315

PIZZUTELLO NERO (Cornichon violet)..... IV. 320

PIZZUTIELLO, PIZZUTILLO (Cornichon)..... IV. 315

PIZZUTO NERO (Cornichon violet)........ IV. 320

PLACE (Praça)...................... III. 165

PLAGNES (Blank blauer).................... *D.*

PLAKOUNE (Piavana)..................... *D.*

Planchon. — Hybride sauvage de Berlandieri et de Candicans, isolé par T.-V. Munson.

Planchon blanc. — Semis d'Elvira obtenu par G. Foëx; à grappe allongée, lâche; grains moyens, sphériques, blancs et ambrés au soleil; sans valeur.

PLAN COLAY. — Cité par Acerbi pour un cépage de Gênes (?).

PLAN D'ARLES (Cinsaut)............... VI. 322

Planet. — Hybride de Concord et de Muscat d'Alexandrie obtenu par Rickett.

PLANKA MONKA BIANCA. — Nom de cépage hongrois (?).

PLANTA (Carignane).................... VI. 322

PLANTA BONA. — Nom de cépage espagnol de Barcelone, d'après Abela y Sainz.

PLANT A BON VIN (Pinot noir)........... II. 19

PLANT ABOURIOU (Abourion)........... IV. 273

PLANTA DE MULA (Danugue)........... II. 168

PLANTA DE REY. — Nom de cépage espagnol, d'après Abela y Sainz.

PLANT A FEUILLES ÉCAILLÉES (Pinot aigret). II. 39

PLANT A LA BARRE (Danugue)......... II. 168

PLANTA TARDERA. — Nom de vigne cité par André Baccius au XVIᵉ siècle. — J. R.-C.

PLANT BLANCHET, PLANT BLANCHETTE (Chasselas doré)...................... II. 6

PLANT BOISNARD (Groslot).............. II. 118

PLANT BRETON (Cabernet franc)........ II. 290

PLANT BOURGEOIS (Elbling)............ IV. 166

PLANT CALABIN (Douce noire)......... II. 375

PLANT CHARMETON (Gamay Beaujolais). . III. 5

PLANT CHATAIGNET (Gamay Beaujolais).. III. 5

PLANT CHATILLON (Gamay Beaujolais) ... III. 5

PLANT CENDRÉ (Gamay)............... III. 5

PLANT COMMUN (Folle blanche)......... II. 205

PLANT CONFURON (Pinot violet)........ II. 35

PLANT D'ABAS (Péloursin)............. VI. 87

PLANT D'ABONDANCE (Gamay)........... II. 5

PLANT D'ABRAHAM (Pinot de Pernant) ... II. 41

PLANT D'AFRIQUE (Mourvèdre)......... II. 237

PLANT D'AIX (Joubertin)............. II. 400

PLANT D'ALICOC. — Cité comme nom de cépage suisse (?).

PLANT D'ALTESSE (Altesse)............ II. 110

PLANT D'ANJOU (Chenin blanc)........ II. 83

PLANT D'ANJOU NOIR (Gueuche)........ III. 357

PLANT D'ANTIBOUL (Tibouren)......... II. 179

PLANT D'AOSTE (Maïolet)............. V. 272

PLANT D'AOSTE (Oriou).............. V. 283

PLANT D'ARBOIS (Poulsard)........... III. 348

PLANT D'ARCENANT (Gamay d'Arcenant).. III. 15

PLANT D'ARLAY (Gueuche)............ III. 357

PLANT D'ARLES (Cinsaut)............. VI. 322

PLANT D'AUXIS (Chenin noir).......... II. 103

PLANT DE BADIN (Pinot noir).......... II. 19

PLANT DE BANYULS (Grenache)......... VI. 285

PLANT DE BARD (Juliette)............. D.

PLANT DE BÉRAOU (Côt)............. VI. 6

PLANT DE BÉVY (Gamay de Bévy). III. 17

PLANT DE BORDEAUX (Brun-Fourca)..... III. 310

PLANT DE BOURRISQUE (Bourrisquou)..... V. 338

PLANT DE BOURGOGNE (Pinot noir). II. 19

PLANT DE BOUZE (Rouge de Bouze)...... III. 35

PLANT DE BOUZY (Pinot de Bouzy)....... II. 42

PLANT DE BREZÉ (Chenin blanc)........ II. 83

Plant de Briant. — Semis de Lusard trouvé à Briant (Saône-et-Loire), d'après V. Pulliat qui le caractérise par une feuille moyenne, boursouflée, à duvet floconneux en dessous, quinquelobée; grappe sur-moyenne, cylindro-conique, ailée; grain globuleux, peu sucré, astringent, d'un jaune clair; maturité de 3ᵉ époque hâtive.

PLANT DE BRIE (Meunier)............ II. 383

PLANT DE CALERIN (Douce noire)....... II. 371

PLANT DE CHAMELET (Verdat blanc)..... VI. 136

PLANT DE CHAPAREILLAN (Douce noire) .. II. 371

PLANT DE CLAIR DE LUNE (Chenin blanc).. II. 83

PLANT DE CLAYE (Joubertin).......... II. 400

PLANT DE COUCHEY (Rouge de Bouze).... III. 37

PLANT DE CUMIÈRES (Pinot noir).. .... II. 19

PLANT D'ÉCUREUIL (Pinot d'Ervelon).... II. 42

PLANT DE DAME (Folle blanche)........ II. 205

Plant de Dellys. — Cépage algérien décrit par V. Pulliat; feuille grande, quinquelobée, lanugineuse en dessous; grosse grappe, large et rameuse; grains gros, ellipsoïdes, fermes, d'un jaune clair; maturité de 3ᵉ époque; se rapproche du Mayorquin.

PLANT DE GAILLAC (Mauzac).......... II. 145

PLANT DE GIBERT (Cinsaut)........... VI. 322

PLANT DE GRÈCE (Folle blanche)....... II. 205

PLANT DE HARCHANT (Persan)......... II. 165

PLANT DE HONGRIE (Bargine). . ... VI. 34

PLANT DE JUILLET (Madeleine noire)..... III. 247

PLANT DE LA BARRE ROUGE (Danugue).... II. 168

PLANT DE LA BIAUNE (Syrah).......... II. 71

PLANT DE LA BRONDE (Gamay)........ III. 5

PLANT DE LA DÔLE (Pinot)........... II. 19

PLANT DE LANGUEDOC (Aspiran verdal)... V. 66

PLANT DE LA ROXO (Valdiguier)........ II. 95

PLANT DE LA SALLE (Blanc de Valdigne).. V. 265

PLANT DE LA TREILLE (Gamay Beaujolais). III. 5

PLANT DE LEDENON (Carignane)........ VI. 332

PLANT DE LEDENON (Morrastel)......... III. 384

PLANT DE LIMAGNE (Gamay Beaujolais)... III. 6

PLANT DELMAS (Tannat)............. IV. 80

PLANT DE LONS-LE-SAULNIER (Melon)..... II. 45

PLANT DE LUNE. — Nom de cépage cité par Bosc pour les environs de Paris. — J. R.-C.

PLANT DE LYON (Gamay)............. III. 5

PLANT DE MADAME (Folle blanche)... ... II. 205

PLANT DE MADONE (Folle blanche)....... II. 205

PLANT DE MAGNY (Gamay Beaujolais)..... III. 5

PLANT DE MAILLÉ (Chenin blanc)........ II. 83

PLANT DE MALIN (Gamay)............ III. 5

PLANT DE MANOSQUE (Téoulier)........ III. 210

PLANT DE MANCILLE (Mayorquin)........ III. 313

PLANT DE MAYET (Chenin noir)........ II. 113

PLANT DE MÉRAN (Rastignier)......... V. 127

PLANT DE MÉRAOU (Côt)............. VI. 6

PLANT DE MICHEL (Saint-Jeannet tardif).. II. 335

PLANT DE MOIRANS (Douce noire)....... II. 371

PLANT DE MONTAGNY (Gamay Beaujolais). III. 5

PLANT DE MONTALEMBERT (Gamay Beaujolais)..................... III. 5

PLANT DE MONTMÉLIAN (Douce noire).... II. 371

PLANT DE MONTMÉLIAN (Mondeuse)...... II. 273

PLANT DE MORET (Franc noir de l'Yonne). V. 114

PLANT DE NUS (Vien de Nus).......... V. 294

PLANT DE PALUS (Verdot)............ VI. 19

PLANT DE PARIS (Frankenthal)......... II. 127

PLANT DE PARIS (Pélour-in)........... VI. 87

PLANT DE PÉRAOU (Côt)............. VI. 6

PLANT DE PERNAND (Pinot de Pernand)... II. 41

PLANT DE PERRACHE (Gamay Beaujolais). III. 5

PLANT DE PORTO (Portugais bleu)....... II. 136

PLANT DE PORTO (Téoulier)........... III. 210

PLANT DE POUGALE. — Nom du Catalogue des vignes du Luxembourg.

PLANT DE PROVENCE (Douce noire)....... II. 371

PLANT DE RAGUSE. — Nom de cépage cité par Odart.

Plant de Retor. — Variétés à grains côtelés et panachés des collections Besson.

PLANT DE RIQUEWIHR (Kniperlé)........ VI. 73

PLANT DE ROY (Côt)................ VI. 6

PLANT D'ERVELON (Pinot d'Ervelon)...... II. 42

PLANT DES ABYMES DE MIANS (Jacquère).. IV. 122

PLANT DE SACY (Sacy).............. IV. 24

PLANT DE SAINTE-MARIE (Melon)........ II. 45

PLANT DE SAINT-ÉMILION (Chauché)....... D.

PLANT DE SAINT-GILLES (Mourvèdre)..... II. 237

PLANT DE SAINT-JULLIEN. — Nom de cépage de la région de Metz (?), cité par Acerbi.

PLANT DE SOREQ. — Nom de vigne des Hébreux, cité par Isaïe (VIIIᵉ siècle av. J.-C.). — J. R.-C.

Plant d'Estressin. — Reçu en 1880, par M. Meynier, dans un paquet d'Américains, sous le nom d'hybride de Clinton. Se rapproche sensiblement du *Viennois*; provient probablement du même semis dont les auteurs et les facteurs sont demeurés inconnus. — J. R.-C.

PLANT D'ESTAMPES. — Nom de cépage de l'Aveyron cité par E. Marre.

Plant du Saint-Père. — Cépage du Jura décrit par V. Pulliat; grande feuille, glabre sur les deux faces, trilobée; grappe grosse, un peu rameuse; grains gros, olivoïdes, d'un jaune roussâtre; maturité de 2ᵉ époque, ce qui le distingue de l'Olivette.

Plant Lajarre. — Serait un hybride de Vinifera × Californica naturel, sans valeur culturale; son origine ne peut être qu'erronée, l'hybridation du Vinifera et du Californica n'ayant pu se produire dans les forêts californiennes.

Plant Mal. — Nom de cépage cité par E. Marre pour l'Aveyron.

PLANT Modo (Mondeuse)............ II.   274
PLANT Modoi. (Mondeuse)............ II.   274
PLANT Monternier (Gamay Beaujolais).. III.   5
PLANT Nicolas (Gamay)............ III.   5
PLANT noble (Pinot noir)........ II.   19
PLANT noir (Douce noire)............ II.   371
PLANT noir (Mondeuse)............ II.   274
PLANT païen (Savagnin rose)........ IV.   302
PLANT Pascal (Pascal blanc)........ IV.   42
PLANT Paule (Roublot)............ IV.   276
PLANT Payen (Savagnin rose)........ IV.   302
PLANT Picard (Gamay Beaujolais)..... III.   5
PLANT Pouzin (Clinton)............ I.   474
PLANT Quillat (Petit noir).... III.   243
PLANT qui tache (Teinturier femelle)... III.   370
PLANT raide (Carignane)............ VI.   332
PLANT Renevey (Pinot Renevey)... II.   39
PLANT riche (Aramon)............ VI.   293
PLANT rouge (Côt)............ VI.   6
PLANT rouge (Plant rouge de Chaudenay) III.   39
PLANT rouge d'Antioche (Grec rouge)... III.   277
Plant rouge de Chaudenay.......... III.   39
PLANT rouge de Chaudenay (Rouge de
    Bouze).......................... III.   35
PLANT rouge de Couchey (Plant rouge de
    Chaudenay)...................... III.   39
PLANT Tachon (Gamay Beaujolais)..... III.   5
PLANT tondu (Gamay Beaujolais)...... III.   5
PLANT Touzan (Grappu)............ VI.   29
PLANT Verdet (Roussette).... II.   244
PLANT verni (Hybride Couderc n° 7120)...... D.
PLANT vert (Pinot)............ II.   42
PLANT vert (Servant)............ IV.   323
PLANT volé (Chenin blanc)............ II.   83
PLANT vrillé (Gouget noir)... V.   106
Platania. — Cépage à raisins blancs de cuve, des
    Iles Cyclades (Grèce).
PLATEADO, PLATEADILLO (Jaën).......... VI.   108
PLATTERLE (Muscat blanc)............ III.   373
PLAVAIA, PLAVAIE (Plavana).......... D.
PLAVACE (Plavana)............ D.
Plavana. — Cépage roumain cultivé dans la Mol-
    davie et aussi en Bessarabie russe; très important
    en Moldavie (Roumanie); feuilles très grandes,
    trilobées, très duveteuses en dessous; grappes
    assez grosses, pyramidales, assez serrées; grains
    moyens, globuleux, d'un jaune clair, très pruinés.
    — G. N.
PLAVA VELKA (Kölner)............ D.
PLAVAY (Plavana)............ D.
PLAVEC, PLAVEZ, PLAVICINA, PLAVI KLESCEC
    (Mehlweiss)...................... D.
PLEMENIKA (Chasselas)............ II.   6
PLESNOVA (Argant)............ V.   346
PLESCINA (Argant)............ V.   346
PLAUSART (Poulsard)............ III.   348

PLINIABA (Jetubi)............ D.
PLINIANA (Muscat blanc)............ III.   373
PLINIA piperella (Riesling)............ II.   247
PLINIA rhenana (Riesling)............ II.   247
PLINIA rubbivena (Rothgipfler)........ VI.   66
PLINIA submoscata (Riesling).......... II.   247
PLINIUSTRAUBE Œsterreichische (Muscat
    blanc).......................... III.   373
PLOP, PLOPA (Scuturatoare)............ D.
PLOQUÉ. — Nom de cépage cité par Merlet au
    XVIIe siècle. — J. R.-C.
PLOUSSARD (Poulsard)............ III.   348
PLOVDIGNÉ (Plovdina)............ D.
Plovdina. — Cépage serbe, disséminé dans tout le
    vignoble, surtout dans le Sud, où il domine
    comme cépage à vin; feuilles grandes, quinque-
    lobées, duveteuses en dessous; grappe grosse,
    longue, ailée, peu serrée; grains gros, un peu
    allongés, ovoïdes, juteux, d'un rose violacé clair;
    maturité de 3e époque. — T.
PLOVDINE (Plovdina)............ D.
PLOVDISKA (Pamit)............ VI.   408
PLUSSARD, PLUSSART (Poulsard)...... III.   348
Pluto. — Cépage précoce à raisin blanc de cuve de
    l'île de Corfou (Grèce). — X.
POAMA alba (Puruioasa)............ D.
POAMA Galbena (Galbina)............ D.
POAMA feter alba (Feteasca alba)...... IV.   129
POAMA musti (Mustoasa)............ D.
POAMA pasareusca (Feteasca alba)...... IV.   129
POCCIA d'Otino (Gaglioppa)............ D.
Pocklington. — Semis américain de Concord, à
    grosses grappes; grains gros, d'un jaune grisaille
    clair, très pruiné, pulpeux et foxés.
POCRINA bianca. — Nom de cépage (?) italien.
POC NERO, POC tener. — Nom de cépage italien cité
    par le Bulletin ampélographique italien (VIII).
PODBEL, PODBELEC, PODBEUZ (Wippacher)..... D.
PODSABHOSKY (Augster)............ D.
PODVEUZ (Wippacher)............ D.
POEIRINHA (Baga)............ D.
Poète Matabon. — Cépage de table à grosse grappe
    ailée; grains très gros, sphériques, roses, d'après
    F. Richter.
POGAÏ (Petit Paugayen)............ IV.   107
POGAYEN (Petit Paugayen)............ IV.   107
POGAZ. — Nom de cépage de la Drôme, d'après
    Couderc, Paugayen (?)
Pointu............................ IV.   69
Pointu de Vimines. — Cépage de la Savoie, d'après
    V. Pulliat; à grappe moyenne, grain moyen, ellip-
    soïde, d'un blanc jaunâtre, maturité de 2e
    époque.
POIREAU (Péloursin)............ VI.   87
POISIN bianco, POISINO (Bertolino)............ D.
POIVRIER (Muscat noir)............ III.   374

Pokeepsie red. — Semis américain de Walter, créé par A.-J. Caywood.

Pokovec, Pokovez (Sopatna)................. *D.*

Polasnitze. — Nom de cépage cité par Acerbi.

Polichese. — Nom de cépage italien cité par le *Bulletin ampélographique italien* (XV).

Polikaouri. — Cépage de la Transcaucasie russe, à petite grappe, grains moyens, sphériques, d'un jaune verdâtre. — J. M.-G.

Politana (Regina)......................... *D.*

Pollana, Pollaba, Pollone. — Noms de vignes cités par Demaria. — C. T.

Pollasecca (Grignolino)................... *D.*

Pollock. — Semis américain de Labrusca à gros grains d'un rouge pourpre foncé, pulpeux et foxés.

Pollpuscha. — Nom de cépage grec (?).

Polofrais, Polofray (Hibou)........... VI. 94

Polognaz. — Nom inexact de cépage cité par Hardy pour le canton de Vaud (Suisse).

Polombit. — Nom de cépage italien cité par Acerbi, pour Udine.

Polopdule (Ciuti)'..................... *D.*

Polou Astrakhanzky Mouskatt (Muscat d'Alexandrie)..................... III. 108

Polou Mouskatt (Muscat d'Alexandrie). III. 108

Polozard (Poulsard)................. III. 350

Polyti. — Cépage à raisin rose cultivé pour la cuve à Lépante (Grèce). — X.

Poma balae (Plavana).................... *D.*

Poma batuta neagra (Feteasca neagra).. IV. 132

Poma briazdy (Valteliner)............ IV. 30

Poma dulce (Muscat d'Alexandrie)..... III. 108

Poma doltcha (Muscat d'Alexandrie)... III. 108

Poma corna (Pis-de-chèvre)........... IV. 91

Poma creta (Pis-de-chèvre)........... IV. 91

Poma fetei neagra (Feteasca neagra).... IV. 132

Poma fruga (Isabelle)................ IV. 203

Poma -Francoucha. — Nom de cépage (?) de la Bessarabie.

Poma galbine (Galbina)....:............. *D.*

Poma grassa (Grassa)................ IV. 134

Poma mare (Tirlva)....................... *D.*

Poma moustos (Mustoasa)................. *D.*

Poma negrara (Feteasca neagra)....... IV. 132

Poma neagra batouta (Feteasca neagra). IV. 132

Poma oxiou Bouloui, Poma Passiaraska, Poma plava. — Noms de synonymes de cépages de la Bessarabie, d'après Seydel.

Poma rara batouta (Feteasca neagra)... IV. 132

Poma rara neagra (Feteasca neagra)... IV. 132

Poma rosa (Chasselas rose)........... II. 16

Poma roza (Braghina)............·...... IV. 46

Poma seina (Pis-de-chèvre).......... IV. 91

Poma sgigarda, Poma tivila, Poma tistira. — Synonymes de cépages slaves mal déterminés.

Pomata. — Nom de cépage italien de Calvignano (*Bulletin ampélographique italien*, XIV).

Poma tsitsa capri (Pis-de-chèvre blanc). IV. 91

Poma varatica (Varatica)..................... *D.*

Poma verde. — Cépage de la Bessarabie (Russie), à petits grains sphériques, verdâtres — V. T.

Poma vulpe (Braghina)............. IV. 146

Poma zosaneasca (Zghihara)................ *D.*

Pombal (Sercial).................... VI. 218

Pombalinho branco (Sercial).......... VI. 218

Pombalinho tinto. — Nom d'ancien cépage portugais sans signification .... *D.*

Pomestra (Verjus)................... II. 154

Pomestra bianca (Verjus)............ II. 154

Pomètre (Hibou).................... VI. 94

Pommereu (Frankenthal)............. II. 127

Pomoria. — Nom de cépage italien de Bologne.

Pompadour. — Nom de cépage (?) cité par Hardy pour la Nièvre.

Pompeiana, Pompeianæ (Barbarossa)......... *D.*

Pompon d'or (Hybride Couderc, n° 272-60).... *D.*

Pomula. — Nom de cépage cité par Pline.

Ponchou (Merille)....................... *D.*

Pontac tintem (Côt)................. VI. 6

Pontack (Teinturier mâle)........... III. 363

Ponza. — Nom de cépage italien de Montalto (*Bulletin ampélographique italien*, XIV).

Poonah (Wert's St-Peters)................. *D.*

Pope Hamburgh (Frankenthal)......... II. 127

Popaska (Mavroud)................. VI. 402

Popès (Frankenthal)................. II. 127

Pophtalmo. — Cépage à raisin noir de l'île de Chypre, très semblable au Morrastel. — P. M.

Popolek (Ptiché grosse)................. *D.*

Populifolii (Vitis, V. Rupestris)......... I. 394

Porcellaza. — Nom de cépage de Montecalvo (Italie méridionale), identique à Sangioveto. — M. C.

Porcina. — Noms de vigne cité par Pierre de Crescence. — J. R.-C.

Porcinule (Porcinola).................... *D.*

Porcino (Croetto)....................... *D.*

Porcinola. — Cépage du Vésuve (Italie), peu répandu, productif; grappe conique, ailée, serrée; grains petits ou moyens, d'un noir velouté, pruiné; feuilles quinquelobées. — M. C.

Porcinola d'Avellino. — Autre cépage italien à gros grains olivoïdes, d'un rouge violacé; à feuilles heptalobées, cotonneuses en dessous. — M. C.

Porienal, Porienat, Porientat (Altesse). II. 110

Porporino. — Nom de cépage italien de Gênes (*Bulletin ampélographique italien*, XVI).

Port (York Madeira)..................... *D.*

Porterie blanche. — Nom de cépage (?) des collections de Saumur.

Portugais blanc. — *Portugieser weisser*, comme le Portugais rose, variété de dérivation douteuse, plus voisine de la Königstraube que du Portugais bleu. Bourgeonnement plus duveteux que chez celui-ci ; bois brunâtre strié, à mérithalles courts ; feuilles plus petites d'un vert plus clair et brillant, à face inférieure, pileuse et nervures blanches ; grappe plus courte et plus serrée, à grains ronds plus petits ; fertilité moindre et maturité *plus tardive* d'une quinzaine de jours. — A. B.

Portugais blanc (Van der Laan traube). III. 126
Portugais bleu........................... II. 136
Portugais Leroux (Limberger)........ III. 203
Portugais rose (Portugieser rother). — Syn. d'après Trummer : *Ariavina*, *Sobnina*, *Sarjavina*, *Imbrina*, *Mavrona*, *Bziijavina*, *Zrarnia*, *Krajilvina* (Syrie et Croatie). — Cette variété que nous avons reçue du Tyrol nous paraît présenter avec le Portugais bleu des disparates trop accentués pour qu'on puisse la considérer comme une simple variation ; les plus apparents sont : port plus étalé, bois plus trapu, largement veiné de rose ainsi que les nervures ; feuilles plus plates, plus entières et plus épaisses, d'un vert plus sombre, à dentures plus courtes et pileuses tout le long des nervures sur la page inférieure ; grappe moins allongée, à grains ronds plus petits et plus discoïdes, à chair croquante et peau plus épaisse ; leur coloration qui ne débute qu'au moment de la maturité du Portugais bleu est d'un rose un peu foncé qui va rarement jusqu'au ronge clair ; surtout cette variété un peu moins fertile est *plus tardive* de 12 à 15 jours. — A. B.

Portugais rouge (Limberger)........ III. 203
Portugal (Teinturier)................ III. 363
Portugal (Teinturier mâle)........... III. 363
Portugalika (Portugais bleu)........ II. 136
Portugais noir (Portugais bleu)....... II. 136
Portugieser Leroux (Limberger)...... III. 204
Portugiesische fleichstraube (Pis-dechèvre blanc)....................... IV. 91
Portugieser roth (Limberger)........ III. 204
Portugiezi (Portugais bleu)........... II. 136
Porzhin (Römer)....................... D.
Poschür (Furmint)................... II. 251
Poshipon (Furmint)................. II. 251
Posip (Furmint)...................... II. 251
Posipon (Furmint)................... II. 251
Possomgrape (Baileyana).............. I. 475
Postitschtraube (Meunier)........... II. 383
Postoak grape (V. Lincecumii)........ I. 335
Postoak nos 1, 2, 3. — Variétés de V. Lincecumii isolée par T.-V. Munson.

Pontamissi blanc, noir. — Cépages des Iles Cyclades (Grèce), cultivés pour la cuve. — X.

Potanevola. — Nom de cépage italien de Forli (*Bulletin ampélographique italien*, X).

Potter. — Semis américain de Labrusca, précoce, à gros grains noirâtres, pulpeux et foxés.

Pouchon, Pouchou (Merille)............... D.

Pouda. — Cépage de table, à grains blancs, peu répandu à Chypre. — P. M.

Pouget. — Nom de cépage de l'Aveyron cité par Marre.

Poughkeepsie red. — Hybride américain d'Iona et de pollens mélangés de Delaware et Walter, créé par A.-F. Caywood; grappes moyennes, grains petits, d'un rouge mat et foncé, juteux.

Pougnet............................... V. 344

Pouilli. — Nom de cépage cité par Chaptal.

Poukhliakovsky biely. — Cépage de table et de cuve de la région du Don (Russie), à gros grain ovale allongé, ferme et charnu, peut-être le Pis-dechèvre blanc. — V. T.

Poulsard............................. III. 348
Poulsard blanc (Poulsard)........... III. 351
Poulsard gris (Poulsard)............ III. 351
Poulsard musqué (Poulsard)......... III. 351
Poulsard noir (Poulsard)............ III. 351
Poulsare rosé (Poulsard)............ III. 351
Poulsare (Poulsard)................. III. 351
Poumestré (Verjus)................. II. 154

Poumpoula. — Cépage tardif de la Mingrélie (Russie), peu fertile, cultivé pour la cuve ; feuille quinquelobée, à sinus profonds ; grappe serrée, cylindrique; grains petits, sphériques; peau épaisse, d'un noir luisant. — V.-T.

Poumpoulachy (Poumpoula).............. D.

Pouchu. — Cépage noir de Puget-Théniers (Alpes-Maritimes), très résistant aux maladies cryptogamiques ; sarments gros, mérithalles courts; feuilles moyennes, aranéeuses à la face inférieure; grappe moyenne, conique, ailée, assez dense; grains globuleux, à peau mince et à chair ferme, juteuse et sucrée. — L. B. et J. G.

Pounhete. — Nom de cépage cité par Olivier de Serres. — J. R.-C.

Poupe de crabe, Poupo saumo, Poupe saumés (Cinsaut).......................... VI. 322
Pouquet (Pougnet).................... V. 344
Pourmestra (Verjus)................. II. 151
Pourmestre (Verjus)................ II. 151

Pouroy. — Variété de Doaniana, isolée au Texas par T.-V. Munson.

Pourret (Péloursin).................. VI. 87
Pourria (Peurion).................... IV. 97
Pourriette (Peurion)................ II. 158
Pourrisseux (Melon)................. II. 45
Pourrisseux (Peurion................ II. 158
Pourrot (Péloursin)................. VI. 87
Pourvareau (Provareau)............. III. 182
Pousse debout (Petit noir).......... III. 243
Pousse de chèvre (Persan)........... II. 465

Praca dura. — Cépage portugais de la région de Traz-os-Montes où il est peu répandu; grappes grosses, compactes, ailées, cylindro-coniques, serrées; grains moyens, ronds; peau mince, d'un jaune doré; maturité tardive. — D. O.

Prameirenc. — Cépage noir de Puget-Théniers (Alpes-Maritimes), où il est, d'ailleurs, peu répandu; assez résistant aux maladies cryptogamiques; débourrement précoce; sarments vigoureux, à mérithalles moyens; feuilles moyennes, glabres sur les deux faces; grappe moyenne, cylindrique, ailée, pédoncule court; grain globuleux, à peau mince et à chair tendre et juteuse. — L. B. et J. G.

Prassino. — Cépage blanc de cuve de l'Etolie (Grèce).

Précoce Delaville. — Semis de Besson, fait en 1865, d'après V. Pulliat; à maturité très précoce; feuille plutôt petite, glabre; grappe moyenne, lâche, ailée; grain moyen, ellipsoïde, ferme, jaune doré.

Précoce Houdbine. — Semis du Dr Houbdine, décrit par V. Pulliat; petite feuille quinquelobée, peu duveteuse en dessous; grappe petite, arrondie, un peu serrée; grain sur-moyen, sphéro-ellipsoïde, d'un jaune ambré; maturité de 1re époque.

Précoce Pulliat. — Cépage à raisins noirs que nous avons découvert en 1897 parmi les Saint-Laurent dans les collections de Pulliat, d'où le nom que nous lui avons donné faute d'indications sur sa véritable origine; bien différent du Saint-Laurent par sa feuille tri ou quinquelobée et ses grappes plus grandes et volumineuses; fertilité extraordinaire, qui commande la taille courte; il mûrit un peu irrégulièrement, en moyenne avec le Portugais bleu et paraît devoir donner un bon ordinaire, mais il a le défaut de ne pas aoûter assez régulièrement ses bois dans les climats septentrionaux. — A. B.

Prekiadi. — Cépage blanc de cuve, de la Thessalie (Grèce). — X.

Prentariello. — Cépage très productif du nord de l'Italie; grain d'un rouge foncé mat. — M. C.

Prentiss. — Semis américain d'Isabelle obtenu par J.-W. Prentiss, à grandes feuilles tomenteuses; grappes moyennes, serrées; grains moyens, subovales, d'un blanc grisâtre, pulpeux, foxés.

Président Gaston Chandon. — Semis de Chasselas Gros Coulard.

Presly. — Hybride d'Elvira × Clinton, créé par T.-V. Munson; à petites grappes ailées, compactes; grains sur-moyens, sphériques, d'un rouge clair, très précoce.

Pretinho. — Ancien cépage portugais des environs de Porto et de Penafil, où il est actuellement inconnu. — D. O.

Preto castico. — Cépage portugais de Alemquer, Cartaxo, Torres, Vedras; grappes asymétriques, grains ovales, d'un noir foncé. — D. O.

Preto ferreiro. — Cépage portugais à vin commun, et à raisin noir de Castello de Vide. — D. O.

Preto foz dão. — Cépage portugais du Dão, productif, à vin assez fin ; petites grappes cylindro-coniques, serrées, à petits grains sphériques, noirs. — D. O.

Preto martinho. — Cépage portugais de la région d'Alemquer, à feuilles à cinq lobes aigus, faiblement lanugineuses en dessous ; grappes grosses, coniques, très serrées ; grains moyens, sphériques, noirs. — D. O.

Prevaira. — Cépage noir des environs de Menton (Alpes-Maritimes), d'une grande résistance aux maladies cryptogamiques. — L. B. et J. G.

Prié rouge........................... V. 269

PRIETA, PRIETOPICUDO. — Noms de cépages à raisins noirs de Leon (Espagne), d'après Abela y Sainz.

Primate. — Semis ou hybride américain de Labrusca, à grains sur-moyens, d'un rouge clair, pulpeux et foxés.

PRIMETTA. — Nom de cépage italien d'Aoste.

PRINASSA, PRINASSIA. — Noms de cépages italiens d'Asti.

Prin blanc........................ VI. 139

PRINCE NOIR. — Nom de cépage cité par Forsyth, au XVIII⁰ siècle. — J. R.-C.

PRINCIPE. — Nom de cépage italien de la région d'Avellino.

PROCACCIO. — Nom de cépage italien de Gênes.

Procoupatz. — Cépage serbe, abondant surtout dans le centre et le sud, à vin rouge assez âpre ; feuilles moyennes, entières, épaisses, à duvet assez abondant en dessous ; grappe cylindrique allongée, moyenne ; grain moyen, rond, ferme, peau épaisse, tanique, d'un noir bleuté, très pruineuse. — T.

Professeur Planchon. — Hybride de Riparia et de Labrusca, à petite grappe et petits grains semblables, sans valeur vinifère ou de porte-greffe.

Progress. — Hybride américain de Labrusca, à grain moyen d'un rouge foncé, pulpeux et foxé.

Proïmadi. — Cépage à raisin noir de table, cultivé à Karpinissi (Grèce). — X.

Prolifère de Varna. — Variété de Vinifera sauvage, très fructifère, mais sans valeur vinifère, cultivée en Bulgarie.

Prolific. — Hybride américain de Labrusca, à gros grains noirs, pulpeux et foxés.

Promara. — Cépage cultivé à Chypre pour la table ; à grains moyens, blancs. — P. M.

PROSSECO BIANCO, PROSSECO TONDU. — Noms de cépages italiens de l'Istrie.

Provareau......................... III. 182

Pruéras. — Cépage blanc peu répandu en Gironde, à petites grappes cylindriques ; grains ovoïdes, moyens de grosseur, peu fermes, peau épaisse, jaune, acides à maturité et peu adhérents, très sujets à la pourriture. — G. C.-C.

PRUGNOLO, PRUGNOLO GENTILE (San Gio-
veto)............................... III. 332
PRUINÉ (Nebbiolo)....................... *D.*
PRUMESTRA (Verjus)................. II. 151
PRUNA (San Gioveto)................... III. 332
PRUNALEY (Cinsaut).................... VI. 322
PRUNE DE CAZOULS. — Serait (?) un cépage de l'Hé-
rault, à gros grain ovoïde, noir, d'après F. Rich-
ter.
PRUNESTRA (Verjus)................... II. 151
PRUNELAS (Cinsaut).................... VI. 322
PRUNELAGE ROUGE, PRUNELAS ROUGE (César). II. 294
PRUNELAT, PRUNELAY (Pruéras)............... *D.*
PRUNELLA (Cinsaut)................... VI. 322
PRUNELLAS NOIR (Cinsaut).............. VI. 322
PRUNENT (Nebbiolo)....................... *D.*
PRUNESCA (Verjus)..................... II. 151
PRUNENTA (Fresia)......................... *D.*
PRUNESTA (Verjus).................... II. 151
PRUN GENTILE (Barbarossa)... .... *D.*
PRUNIÉRAL, PRUNEYRAL (Côt)........... VI. 6
PRUSINIA. — Nom de vigne cité par Pline l'Ancien.
Psalmodi. — Cépage très vigoureux, à petits grains
rougeâtres, trouvé en Camargue ; jamais cultivé.
Psarossyrikon. — Cépage de table, à raisin noir,
précoce, des îles Cyclades. — X.
PSCHIN-JUSSUM. — Nom de cépage (?) du Caucase,
d'après Scharrer.
PSEUDO APIANA (Muscat d'Alexandrie).... III. 108
PSILOBOGHON (Sultanina).............. II. 67
PSILOTHRON. — Nom de vigne cité par Pline l'Ancien.
— J. R.-C.
PSITHIA. — Nom de vigne cité par Virgile. — J.
R.-C.
PSITHIA, PSITHIOS (Corinthes).......... IV. 286
Pterisanthes......................... I. 44
Pterisanthes Beccarina Planchon. — Bornéo.
Pterisanthes caudigera Griffith........ I. 44
Pterisanthes cissoides Blume........... I. 45
PTERISANTHES CISSOIDEÆ (?) Blume (Pteri-
santhes cissoïdes).................. I. 45
PTERISANTHES CISSIOIDIS Miguel (Pterisan-
thes cissoïdes)................... I. 45
Pterisanthes eriopoda Miguel........... I. 44
Pterisanthes Dalhousiæ Planchon. — Indes orien-
tales.
Pterisanthes heterantha Griffith........ I. 44
Pterisanthes Miquelii Planchon........ I. 44
Pterisanthes polita Miquel............ I. 44
Pterisanthes pedata Lawson. — Malacca.
Pterisanthes rufula Planchon. — Sumatra.
Pterisanthes tæniata Planchon. — Bornéo.
PTICNIK CRNI (Wildbacher)................ *D.*
Ptitché grossde. — Cépage bulgare à petites grappes
cylindriques, serrées ; grains petits, ronds, blan-
châtres.

PTITCHY SERDTZE (Kouch Jiouraguy).......... *D.*
PTITCHY VINOYARD (Corinthe).......... IV. 286
PTICJAK (Vogeltraube).................... *D.*
PTICNIK CRNI (Wildbacher).................. *D.*
PUCANJE (Wildbacher)..................... *D.*
PUCIARELLA (Muscat d'Alexandrie)...... III. 108
PUGLIESE ROSE (Valteliner rouge)........ IV. 30
Pugnillo. — Cépage italien de la Basilicate ; feuilles
grandes, quinquelobées, à sinus peu profonds,
glabres sur les deux faces ; grappes sous-moyennes,
coniques, serrées ; grains moyens, subsphériques,
d'un blanc jaunâtre. — M. C.
PUGNONELLO (Pugnillo). .... *D.*
PUINÉCHOU (Sauvignon)............... II. 230
Pukwana. — Hybride de Rupestris et de Monticola,
isolé par T.-V. Munson.
Pulasky. — Semis américain de John Burr, hybride
de Riparia et de Labrusca, à grappes et grains
moyens, noirs, assez juteux, un peu foxés.
PULCE (Grec)...................... III. 277
PULCEAU (Poulsard)............... III. 350
PULCHINO BIANCO, NERO, PULCINA BIANCA. — Noms de
cépages italiens (*Bull. amp. ital.*, XVI).
PULCINCULO, PULCINCULO ROSSO. — Noms de cépages
italiens de Fermo (*Bull. amp. ital.*, XI).
PULEDRO. — Nom de cépage italien de la région de
Casale (?), d'après H. Gœthe.
PULGARIE (Pelegarie)................ VI. 26
PULICHESA (Polichese).................... *D.*
PULLIANA (Pollana)...................... *D.*
PULITANA. — Nom de vigne italienne cité par
Acerbi.
Pulliat. — Semis de Lincecumii obtenu par G. Foëx,
à maturité tardive, avec grappe conique à grains
un peu discoïdes, d'un noir bleuté, pruiné ; à
caractères assez nets de Lincecumii ; vin neutre et
alcoolique ; bien résistant aux maladies cryptoga-
miques.
Pulpless. — Semis de Salem, à grappe assez grosse,
allongée ; grains gros, ovales, noirs, pulpeux et
foxés.
PULSARD (Poulsard)................. III. 348
PULSARE (Poulsard)............... III. 350
PULSART BLANC (Lignan blanc).......... III. 69
PULSART BLANC PRÉCOCE (Lignan blanc)... III. 69
PULVERULENTA (Vitis, Meunier)......... II. 383
PUMESTRA (Verjus)................... II. 151
PUMORIA. — Nom de vigne italienne cité par Acerbi.
PUMULA. — Nom de vigne cité par Pline.
PUNCHIO-GROS. — Nom de cépage espagnol, d'après
H. Gorria.
PUNCTICULARIS (Muscadinia)........... I. 300
PUNÉCHIOT, PUNECHOU (Sauvignon)...... II. 230
PURCHINOK, PURCSIN, PURCZINOK (Römer)........ *D.*
PURGARIE (Pélegarie)................ VI. 26
PURION (Peurion)................... II. 158

Puritain. — Nom de cépage (?) cité par G. de Ist-
wantfy.

Purity. — Hybride de Delaware, créé par G.-W.
Campbell, à grains d'un gris jaunâtre, juteux.

Purple bloom. — Hybride de Delaware et de Vinifera, à grains moyens ou sur-moyens, ronds, pruinés, jaunâtres.

Purple Constantia. — Raisin blanc obtenu de semis
par Englerth. Feuillage glabre, raisins à grains
ronds de 19/16 ; maturité de 1re époque tardive ;
fertilité médiocre. — A. B.

Purple Frontignan (Muscat violet).

Purple Favorite..................... VI. 269

Purpurea. — Nom de vigne cité par Pline.

Purpurea. — Hybride de Delago ✕ Brillant, créé
par T.-V. Munson.

Purpureæ. — Nom de vigne cité par Virgile.

Purioasa. — Cépage roumain, très peu répandu, et
très peu fructifère, à raisins blancs. — G. N.

Pusilla (Vitis, Riesling).............. II. 247

Putnam. — Hybride de Delaware et de Concord de
Rickett resté dans les collections américaines.

Putzcheere (Putzscheere)............. III. 197

Putzscheere........................ III. 197

Putzscheere bleu (Putzscheere)....... III. 199

Putzscheere noir (Putzscheere)........ III. 199

Putzscheere rouge (Putzscheere)....... III. 199

Pynos.............................. II. 20

Q

Quadrat musqué (Chasselas musqué).... III. 121

Quadruneddu. — Nom de cépage de la Sicile, d'après
Mendola.

Quadler, Quadtler (Heunisch)............. D.

Quagliana (Quagliano).................... D.

Quagghiana. — Nom de cépage sicilien cité par
Acerbi.

Quagliano. — Cépage du Piémont, d'après V. Pulliat ;
feuilles quinquelobées, duveteuses en dessous ;
grappe grosse, cylindro-conique, rameuse, peu
serrée ; grain plutôt gros, sphéro-ellipsoïde, ferme,
d'un rouge noirâtre ; maturité de 3e époque.

Quagliara nera. — Nom de cépage italien de Barletta. — J. R.

Quaian, Quajan (Quagliano)................. D.

Quajara (Pelara)......................... D.

Qualiano (Quagliano).................... D.

Qualitor (Pécoui-touar)............. IV. 233

Quassaick. — Hybride américain de Clinton et de
Muscat de Hamburgh, de Ricketts ; à grains
moyens, ovales, noirs, pruinés, pulpeux et un peu
foxés.

Quassoba (Douce noire).............. II. 371

Quebrantatinajas (Pis-de-chèvre)....... IV. 88

Queen Victoria (Chasselas doré)........ II. 6

Qué-fort (Chenin blanc)............. II. 83

Quennoise (Counoise)................ II. 78

Querci (Côt)....................... II. 6

Quercia nera. — Nom de cépage italien de Naples.
— J. R.

Querciola bianca. — Nom de cépage italien cité par
Acerbi pour la région de Bologne.

Quercy (Côt)....................... VI. 6

Querzola (Querciola)..................... D.

Queschling gelber (Kniperlé).......... VI. 72

Quetschentraube (Cornichon violet).... IV. 320

Queue de brebis (Rabigato)........... III. 168

Queue de chat (Rabigato respigueiro)... III. 162.

Queue de chat a grapillons (Rabigato
respigueiro)....................... III. 162

Queue de renard (Ugni blanc)......... II. 255

Queue de vache (Coer de bacco)....... V. 264

Queue d'hirondelle (Feteasca neagra).... IV. 132

Queue fort (Mauzac)................. II. 143

Queue roide (Mauzac)................ II. 143

Queue rouge (Côt)................... VI. 6

Queue rouge (Meslier)................ III. 50

Queue tendre (Colombard)............ II. 216

Queue tord (Colombard).............. II. 216

Quienquien (Cinquien).................... D.

Quijal de Gos (Cornichon blanc)....... IV. 135

Quillard (Braquet blanc)............ IV. 239

Quillard (Petit noir)................ III. 243

Quillat (Braquet blanc)............. IV. 239

Quille de coq (Côt)................. VI. 6

Quille de coq (Poulsard)............. III. 348

R

Raabe. — Hybride américain, créé par P. Raabe,
probablement d'Æstivalis et de Labrusca ; petite
grappe compacte ; grains plutôt petits, sphériques,
d'un rouge foncé, pruinés, foxés.

RABALAÏRE (Aramon)................. VI. 293

RABBIOSA. — Nom de cépage italien cité par Acerbi
pour Trévise).

RABIER (Saint-Rabier)................... D.

RABIGATO (Rabigato respigueiro)....... III. 161

RABIGATO BRAVO (Rabigato nozedo)........ .. D.

RABIGATO FRANCEZ (Rabigato rosa)........... D.

RABIGATO NOSEDO (Rabigato respigueiro). III. 162

Rabigato nozedo. — Cépage ancien dans les vignobles
de Traz-os-Montes (Portugal), probablement
variété de semis du Rabigato type ou respigueiro,
dont il a le fruit et dont il ne diffère que par le
feuillage, par une grande vigueur, et une plus
faible productivité. — D. O.

RABIGATO PELLUDO (Rabigato respigueiro). III. 162

Rabigato respigueiro................ III. 161

RABIGATO RESPIGUEIRO (Arintho)........ V. 139

RABIGATO RESPINGUEIRO (Rabigato respigueiro)........................... III. 161

Rabigato rosa. — Variété, d'origine inconnue, à
raisins roses et à caractères de Rabigato, propagé
depuis quelques années dans les vignobles de
Traz-os-Montes (Portugal) ; c'est probablement
un cépage d'importation étrangère, non identifié.
— D. O.

RABIGATO VERMELHO (Rabigato rosa).......... D.

RABO DE BACA (pour Rabo de vaca).......... D.

RABO DE GATO (Rabigato respigueiro)... III. 162

RABO DE LOBO PRETO (Rabigato respigueiro). III. 162

RABO DE OVELHA (Rabigato respigueiro).. III. 161

Rabo de porco. — Cépage portugais cité pour les
environs de Lisbonne, en 1850, par Aguiar
de Loureiro ; grappe et grains petits, serrés,

d'un rouge foncé, à vin très coloré. — D. O.

Rabo de vaca. — Cépage espagnol cultivé surtout à
Xérès ; feuilles orbiculaires, entières, duveteuses
en dessus ; grains moyens, sphériques, d'un
jaune rosé (d'après Simon Rojas Clemente).

RABO DI ASNO (Rabigato respigueiro).... III. 161

RABOLA ROSE (Valteliner rouge)......... IV. 30

RABOLINA (Valteliner rouge)............ IV. 30

RABOSINA (Raboso)....................... D.

RABOSA (Raboso)......................... D.

Raboso. — Cépage italien de la région de Conegliano
et de Pavie ; feuilles entières, duveteuses en
dessous, assez grandes ; grappe conique, ailée,
serrée, moyenne ; grains moyens, ronds, d'un
jaune roussâtre, pruinés. — G. M.

RABOSO DE CONEGLIANO (Raboso).............. D.

RABOSO DE PIAVE (Raboso).................. D.

RABOSO FRIULARA, NOSTRATO, NOSTRATO NENO (Raboso)................................... D.

RABOSO VERONESE (Raboso)................. D.

RABUSCULA. — Nom de cépage cité par Pline.

RACCIA POLLONE (Albana)................... D.

RACCIOPOLLONE BIANCO (Ugni blanc)...... II. 255

RACCIOPOLUTA (Ugni blanc)............ II. 255

RACEMOSISSIMA (Albillo castellano)...... VI. 125

RACINA DI LUGLIO (Chasselas cioutat). ... II. 8

Racine. — Variété de Lincecumii, assez productive ;
à grains noirs foncés, un peu discoïdes, très
pruinés, petits, peu juteux ; résistante aux maladies cryptogamiques.

RACINELLA, RACINELLO, RACINO. — Noms de cépage
italien de la région de Messine.

RACONDIN, RACONDINO. — Nom de cépage italien de
la région de Udine. — J. R.

RACOON GRAPE (V. cordifolia)........ I. 361

RADAGLIEDDU NIEDDU. — Nom de cépage sarde, d'après
Mendola.

RADOVINKA (Mirkoroackssa)................. *D.*
RAFAJONE DE VENACO (Rafajone noir).... IV.   157
Rafajone noir...................... IV.   157
RAFEUX. — Nom de cépage (?) cité par divers au-
teurs.
RAFFAJONE NERO (Rafajone noir)........ IV.   157
RAFFAONCELLO, RAFFAONCINO. — Noms de cépages
italiens de la Toscane cités par Acerbi.
RAFFAONE, RAFFAONE GROSSO, RAFFAONE NERO, RAF-
FAONE ROSSE (Rafajone nero)........ IV.   157
RAFFI (Petit Gouais jaune)............ VI.   52
RAFFIAC (Raffiat)..................... II.   342
Raffiat.............................. II.   342
RAFFONE. — Nom de cépage italien de Forli (*Bull.
amp. ital.*, X).
RAFIAC (Raffiat)..................... II.   342
RAFINESQUE (Isabelle)................. V.   203
RAFLER (Sylvaner).................... II.   363
Ragan. — Hybride de Lincecumii × Triumph, créé
par T.-V. Munson.
Ragland. — Hybride de Lincecumii et Rotundifolia
de T.-V. Munson, à grains noirs, assez persistants
sur la grappe grosse.
RAGOL (Angelino)................... IV.   249
RAGONNEAU (Black Alicante).......... II.   130
RAGUSANER (Lagler)................... *D.*
RAGUSANO (Asprino)................... *D.*
Rahalbani. — Cépage de la Syrie. — At. B.
RAIALONE. — Nom de cépage italien des environs
d'Asti. — J. R.
RAIFLER, REIFLER, REIFLER WEISSER (Zierfandler). *D.*
RAIRON, RAIRONE. — Nom de cépage italien de
Voghero. — J. R.
Raisaine........................... V.   341
RAISIN A FEUILLES DE PERSIL (Chasselas
cioutat)........................... II.   8
RAISIN BELLE FLEUR (Danugue).......... II.   168
RAISIN BLANC DE FETESA (Feteasca alba).. IV.   129
RAISIN BLANC DE JÉRUSALEM (Néhelescol).. III.   290
RAISIN BLANC DE LAUSANNE (Chardonnay). IV.   5
RAISIN BLANC DES ALLEMANDS (Elbling)... IV.   165
RAISIN BLANC DOUX (Chasselas)........ II.   6
RAISIN BLANC DU LANGUEDOC (Ugni blanc). II.   255
RAISIN BLANC DU PÔ. — Nom de cépage italien cité
par Acerbi.
RAISIN BLANC DE SAINT-ALBAN (Muscat de Jésus). *D.*
RAISIN BLEU DE FRANKENTHAL(Frankenthal). II.   127
RAISIN BOISSELOT (Boisselot)......... V.   333
RAISIN BORGIA (Sabalkanskoï)........ III.   285
RAISIN BRIQUE. — Nom de cépage cité par Forsyth,
au XVIIIᵉ siècle. — J. R.-C.
RAISIN CERISE (Hibou)................ VI.   94
RAISIN CINQ KILOS (Danugue).......... II.   169
RAISIN CIRE (Côt).................... VI.   6
RAISIN CORNICHON (Cornichon)........ IV.   315
RAISIN CHAPAUD (Grec)................ III.   277

RAISIN D'ABRICOT. — Nom de cépage cité par Merlet
au XVIIᵉ siècle. — J. R.-C.
RAISIN D'ACQUI (Dolcetto)............'... VI.   362
RAISIN DACTYLÉ (Cornichon)........... IV.   316
RAISIN D'AFRIQUE (Ribier)............ III.   286
RAISIN D'AFRIQUE (Cornichon, Marocain, Pis-de-
chèvre).
RAISIN D'ALEP (Madeleine noire)...... III.   247
RAISIN D'ARBOIS (Poulsard)........... III.   348
RAISIN D'AUTOMNE (V. Berlandieri)...... I.   365
RAISIN D'AUTRICHE (Chasselas cioutat)... II.   8
RAISIN D'AUTRICHE (Sylvaner)......... II.   363
RAISIN D'AVIGNON (Servant)........... IV.   323
RAISIN DE BESANÇON (Brégin).......... VI.   37
RAISIN DE BŒUF. — Nom de cépage maure cité par
Ibn-el-Baïthar au XIIIᵉ siècle. — J. R.-C.
RAISIN DE BOURGOGNE (Pinot)......... II.   19
RAISIN DE CABOUL. — Cité par H. Bouschet comme
semis créé par un pépiniériste de Vaucluse.
RAISIN DE CAÏFFA (Muscat d'Alexandrie). III.   108
RAISIN DE CAISSE (Chasselas).......... II.   6
Raisin de Calabre.................. IV.   46
RAISIN DE CALABRE NOIR (Ribier)...... III.   282
RAISIN DE CALCÉDOINE (Chaouch)...... II.   200
RAISIN DE CANA (Néhelescol)......... III.   290
RAISIN DE CANADA (Chasselas cioutat)... II.   8
RAISIN DE CANDOLLE (Danugue)........ II.   168
RAISIN DE CANDOLLE.(Grec rouge)...... III.   277
RAISIN DE CASSIS (Isabelle).......... V.   203
RAISIN DE CHACAL (Aïn-Kelb)......... II.   267
RAISIN DE CHACAL (Taamalet).......... IV.   338
RAISIN DE CHATS. — Nom de cépage cité par Forsyth
au XVIIᵉ siècle. — J. R.-C.
RAISIN DE CHIEN (Rafajone noir)........ IV.   157
RAISIN DE CHYPRE (Cretico)........... *D.*
RAISIN DE CO (Côt)................... VI.   6
RAISIN DE CONSTANCE (Muscat)......... III.   373
RAISIN DE CONSTANTINOPLE (Dattier de
Beyrouth)........................ II.   99
RAISIN DE COHANGE OF THE ROMANS (Co-
rinthe noir)...................... IV.   286
RAISIN DE CORÉE BLANC (Corinthe blanc).. IV.   286
RAISIN DE CORINTHE (Corinthe noir).... II.   286
RAISIN DE CORINTHE BLANC (Corinthe blanc). IV.   286
RAISIN DE CRAPAUD, RAISIN DE CRAPEAU
(Grec rouge)...................... III.   277
RAISIN DE CUBA (West Sᵗ Peters)........ *D.*
RAISIN DE DINDON (V. Lincecumii)...... I.   335
RAISIN DE DIRECTEUR DES NOMS (Muscat
d'Alexandrie)..................... III.   108
RAISIN DE FRANCE (Savagnin rose)...... IV.   308
RAISIN DE GALAM (Cissus quadrangularis). I.   86
RAISIN DE GANDJA (Sabalkanskoï)...... III.   352
RAISIN DE GRAVE (Petit Danezy)....... III.   352
RAISIN DE HONGRIE (Furmint)......... II.   251

Raisin de Jérusalem (Raisin noir de Jéru-
salem)............................ IV. 39
Raisin de Jésus (Muscat d'Alexandrie)... III. 108
Raisin de Juillet (Lignan blanc)....... III. 69
Raisin de Juillet (Madeleine noire)..... III. 247
Raisin de Juin (V. Riparia)............ I. 414
Raisin de Kabylie. — Cépage algérien décrit par
V. Pulliat; feuilles grandes, quinquelobées, à
duvet court et roide sur les nervures de la page
inférieure; grappe moyenne, lâche; grain gros,
olivoïde, ferme, peu juteux et sucré; peau d'un
blanc ivoirin; maturité de 4ᵉ époque.
Raisin de Kosmou (Chasselas rose)...... II. 16
Raisin de la Croix de Malte (Cornichon). IV. 315
Raisin de la Madeleine (Madeleine noire). III. 247
Raisin de la Mission (Mission's grape).. III. 232
Raisin de Languedoc (Frankenthal).... II. 127
Raisin de la Palestine (Néhélescol).... III. 290
Raisin de la Quassoba (Morrastel)...... III. 384
Raisin de la Rhétie (Valteliner rouge
précoce)......................... III. 253
Raisin de la Saint-Jean (Madeleine noire). III. 247
Raisin de la Terre promise' (Néhélescol). III. 290
Raisin de la Valteline (Valteliner rouge
précoce).......................... III. 253
Raisin de l'Hôpital, Raisin de l'Hospital
(Chasselas)....................... II. 6
Raisin de Lindau (Luglienga)......... IV. 260
Raisin de Limdi Kanath (Grec rouge)... III. 277
Raisin de Lombardie (Frankenthal)..... II. 127
Raisin de Lombardie (Grenache)....... VI. 285
Raisin de l'Ouest (Ribier)............ III. 282
Raisin de Malaga (Muscat d'Alexandrie). III. 108
Raisin de Malte (Cornichon blanc)..... IV. 315
Raisin de Maroc (Marocain)........... III. 315
Raisin de Mascara (Raisin de Kabylie)........ D.
Raisin de Michel (Saint-Jeannet)....... II. 335
Raisin de miel (Muscat blanc)......... III. 373
Raisin de montagne (V. Rupestris)...... I. 394
Raisin de Montpellier (Bicane)......... II. 102
Raisin de Montpellier (Ribier)......... III. 182
Raisin de myrte. — Nom de vigne cité par le géo-
ponique latin Tarentinus au xᵉ siècle. — J. R.-C.
Raisin de Natal (Savagnin rose)....... IV. 308
Raisin de Negofabad (Cornichon rose).. IV. 320
Raisin de Nikita. — Cépage décrit par V. Pulliat; à
feuilles sur-moyennes, trilobées, glabres sur les
deux faces; grappe sur-moyenne, allongée, assez
serrée; grain sous-moyen, globuleux, d'un beau
blanc doré; maturité de 3ᵉ époque hâtive.
Raisin de Noël. — Cépage (?) cité par J. Richter; à
grappe moyenne, courte par grain moyen,
oblong, noirâtre, de 3ᵉ époque de maturité; très
fertile.
Raisin de Notre-Dame (Bicane)........ II. 102
Raisin de Palestine (Néhélescol)....... III. 290

Raisin de Passe (Corinthe noir)....... IV. 286
Raisin de poche blanc (Néhélescol)..... III. 290
Raisin de Port-Royal (Mantuo de Pilas). VI. 121
Raisin de Provence. — Nom cité par Acerbi pour
un cépage de Genève. — J. R.
Raisin de Rhétie (Valteliner)......... IV. 30
Raisin des Abymes (Jacquère)........ .. IV. 122
Raisin de Saint-Jacques (Grec rouge)... III. 277
Raisin de Saint-Jean (Madeleine noire). III. 247
Raisin de Saint-Jeannet (Saint-Jeannet
tardif)........................... II. 335
Raisin de Saint-Pierre (Lignan)........ III. 69
Raisin de Saint-Valentin (Valteliner
rouge)............................ IV. 30
Raisin des Balkans (Sabalkanskoï)..... III. 285
Raisin des bois (Cissus vitiginea)....... I. 82
Raisin des Carmes (West-Sᵗ Peters).... ... D.
Raisin de Scutari (Sultanina)......... II. 67
Raisin des Dames (Bicane)........... II. 102
Raisin de Serve (Grec rouge)......... III. 277
Raisin des gelées (V. cordifolia)........ I. 361
Raisin des Maures (Mourvaison). ..... IV. 143
Raisin des mouches (Pinot noir)........ II. 19
Raisin des oiseaux (Feteasca alba)...... IV. 129
Raisin d'Espagne (Douce noire)....... II. 37
Raisin des pigeons (V. æstivalis)....... I. 343
Raisin des poulets (V. æstivalis)....... I. 343
Raisin des roses (Portugais bleu)....... II. 136
Raisin des sables (V. rupestris) .... I. 394
Raisin d'été (V. æstivalis)............. I. 343
Raisin de Vilmorin (Lignan blanc)..... III. 69
Raisin de Virginie (Olivette).......... II. 327
Raisin de Vorlington (York Madeira)........ D.
Raisin de Warner (Frankenthal)....... II. 127
Raisin d'hiver (V. Berlandieri)......... I. 365
Raisin d'hiver (V. bicolor)............. I. 340
Raisin d'hiver (V. cordifolia).......... I. 361
Raisin d'Ischia (Madeleine noire)...... III. 247
Raisin d'officier (Chasselas doré)....... II. 6
Raisin doré de Stockwood. — Cité par Bouschet
comme vigne de semis, à gros grains oblongs,
d'un jaune doré, parfumés (?).
Raisin d'Orléans (Teinturier mâle)..... III. 362
Raisin du berger (Schobani)........... V. 79
Raisin du Cap (Isabelle).............. V. 203
Raisin du Maroc (Marocain).......... III. 315
Raisin du pauvre (Grec rouge)........ III. 277
Raisin du Port-Royal (Mantuo de Pilas). VI. 121
Raisin du Renard (Achéria)........... VI. 174
Raisin du Rhin (Riesling)............ II. 247
Raisin du Roi (Mantuo de Pilas)........ VI. 121
Raisin du Saint-Père. — Cépage cité par F. Richter,
à grappe grosse, ailée; grains gros, presque ronds,
d'un blanc jaunâtre; 2ᵉ époque de maturité.
Raisin fondant (Chasselas) .... II. 6
Raisin figue (Sauvignon).............. II. 230

d'après Mendola ; grappe moyenne, ailée ; grain moyen, ellipsoïde, ferme, sucré, d'un jaune doré ; maturité 3ᵉ époque.

RAPPENNOLO (Ugni blanc)............. II. 255

RARA (Bonarda)....................... D.

RARA NEGRA MOLDARSKY (Neagra rara)........ D.

Raritan. — Hybride de Concord et de Delaware, nᵒ 1 de Ricketts ; grappe moyenne, grain globuleux, noir.

RÀSÀ, RASÀLÀ. — Noms sanscrits du raisin.

RASAKI (Rosaki).................... II. 170

RASÀKIA (Rosaki)................,.... II. 170

Rasbitnoy Tchiorny. — Cépage russe à raisin noir, cultivé pour la table à Astrakan. — V. T.

RASOLA. — Nom de cépage italien de Côme, cité par Acerbi.

RASPIROSSO. — Nom de cépage italien de Pise, d'après Mendola.

RASPO BIANCO, ROSSO. — Noms de cépages toscans (?).

RASSAKI (Rosaki).................... II. 170

RASSEGUI, RASSEGUI DE RAY-RAF (Rosaki). II. 170

Rastignier........................ V. 127

Rastoropowski. — Cépage à raisins rouges cultivé dans le Don (Russie). — B. T.

RASTREPPA (Neagra rara).................. D.

RASTRERA BIANCA. — Nom de cépage espagnol de Burgos, d'après Abela y Sainz.

RAT (Crovattina)......................... D.

RATINHA (Ratinho)...................... D.

Ratinho. — Cépage portugais cultivé dans l'Estremadura et l'Alemtejo, mais sur une faible étendue. — D. O.

RATTALIAU, RATTAGLIAU, RATTAGIADA (Mayorquin, d'après J. de Rovasenda).

RAUCHER (Argant gris).............. V. 346

RAUCHFARBIGER (Argant gris).......... V. 346

RAUCJ (Madeleine noire).............. III. 247

RAUCY, RAUCY VELKR (Pinot noir)....... II. 19

RAU ELBE, RAU ELBEN, RAU ELBENE (Elbling). IV. 167

RAUH ELBLING (Elbling).............. IV. 167

ROULÄNDER (Pinot gris).............. II. 32

Räuschling........................ V. 229

RÄUSCHLING BLANC (Räuschling)....... V. 229

RAUSCHLING NOIR (Räuschling)......... V. 229

RÄUSCHLINGER (Kniperlé)............ III. 247

RÄUSCHLINGER WEISSER (Räuschling)..... V. 229

RÄUSCHLING GROSSER (Räuschling)....... V. 229

RÄUSCHLING KLEINER (Kniperlé)........ VI. 72

RÄUSCHLING PETIT (Kniperlé).......... VI. 72

RÄUSCHLING SCHWARZER (Räuschling)..... V. 229

RÄUSCHLING WEISSER (Räuschling)....... V. 229

RAVA DE CIRDA. — Nom inexact du Catalogue des vignes du Luxembourg.

RAVANELLINO (Dolcetto).................... D.

RAVERUSTO, RAVERUSTO DOLCE, RAVERUSTO NERO. —

Noms de cépages italiens de la Toscane, cités par Acerbi.

RAVINENTA. — Nom de cépage italien du Haut-Novarais. — J. R.

RAY'S VICTORIA (Victoria)................... D.

RAZACHA BEJBAZ (Rosaki)........ ..;.. II. 171

RAZACHA CARMAZ (Rosaki)............. II. 171

RAZACHIB (Rosaki).................... II. 171

RAZAKIA (Rosaki)..... .... II. 170

RAZAKI, RAZAKI JAUNE (Rosaki)........ II. 170

RAZAKI BLANC, RAZAKI BLAUER, RAZAKI ROTHER, RAZAKI SARI (Rosaki)......... II. 171

RAZAKI ZOLO, SZOLLO (Rosaki).. .... II. 170

RAZBATNOI. — Nom du Catalogue des vignes du Luxembourg.

RAZGAI (Taïfy)........................... D.

RAZIN NERO. — Nom de cépage italien de Saluces. — J. R.

RAZZA. — Nom de cépage italien du Vésuve. — J. R.

RAZZESE, RAZZESE DI MARSA. — Noms de cépages italiens cités par Soderini.

RAZZOLA BIANCA. — Nom de cépage sarde (?).

RCA-TZITELI (Rka-tziteli).............. IV. 226

Real. — Cépage espagnol de la région de Murcie, d'après Abela y Sainz.

Réaumur blanc. — Semis des frères Simon, à grosse grappe, lâche, grains globuleux, d'un blanc doré ; maturité précoce. — J. R.

REBALINA (Valteliner rouge)............ IV. 30

REBALLAÏNE (Aramon)................ VI. 293

REBASO (Rebazo)....................... D.

REBAUCHE (Folle blanche)............. II. 205

Rebazo. — Cépage espagnol rare à San Lucar ; à feuilles duveteuses ; à grains moyens, globuleux (d'après Simon Rojas Clemente).

Rebecca. — Semis américain de Labrusca ; grappe moyenne, compacte ; grains moyens, ovoïdes, d'un vert pâle ambré, juteux, pruinés, foxés.

REBOLLA. — Nom de cépage du Frioul. — J. R.

REBOLOT (Roussanne)................ II. 73

REBRIKA (Argant).................. V. 346

REBRIKA (Zimmettraube)................... D.

REBY (Ribier)........................ III. 282

RECALDINA NERA. — Nom de cépage italien de Trévise. — J. R.

Rechiella. — Cépage rouge du Portugal, rare à Ribeira de Seixo et à Villarinho da Castanheira et surtout dans les terrains fertiles de Villariça ; grappes longues, à grains ronds, feuilles quinquelobées, duveteuses en dessous. — D. O.

RECIGNOLO BIANCO. — Nom de cépage italien (?). (Bull. amp. ital., XVI).

RED CHASSELAS (Chasselas violet)....... II. 15

RED BLAND (Bland)....................... D.

RED CONSTANTINE (Muscat)............. III. 374

Redeca, Redeja, Redega, Redeja belina, Redezha, Redezka, Redezsha ljporeshina (Heunisch).. *D.*
Red Élben (Rulander)...................... *D.*
Red fox (Bland).......................... *D.*
Red Frontignan (Muscat noir).......... III. 374
Red grape (V. riparia)................. I. 414
Red Hamburgh (Frankenthal)......... II. 127
Redin (Jacquère)..................... IV. 122
Red Lenoir (Herbemont)............. VI. 256
Red Lenoir (Pauline)..................... *D.*
Red Muncy (Catawba)............... VI. 282
Red Muscadine (Chasselas violet)....... II. 15
Red Muscat of Alexandria (Muscat de Hamburgh)........................ III. 105
Redonal. — Nom de cépage cité par Acerbi.
Redonda, Redondal (Grenache)........ VI. 285
Redoul el benat. — Cépage de la Syrie. — At. B.
Red River (Cynthiana)................ VI. 274
Refasco (Refosco)...................... *D.*
Refay (Chardonnay)................. IV. 6
Refay (Gueche)..................... III. 357
Reffiat (Rafflat)................... II. 342
Refosca (Refosco)..................... *D.*
Refoschino (Refosco)...................... *D.*
Refosco. — Raisin bleu de cuve cultivé à Refosco, en mélange et souvent confondu avec le Dolcetto nero ; la description de Trummer et de H. Gœthe laisse des doutes sur la réalité de leur distinction. — A. B.
Refosco bianco, blauer, minuto, nero, veronese, weisser, Refoscone, Refoscone nero. — Noms divers du Refosco, ou de cépages italiens mal déterminés.
Refork, Refork debeli, Refork male (Dolcetto). *D.*
Regalis (Uva de rey).................... *D.*
Regallaïre (Aramon)................. VI. 293
Regaloboué (Grec rouge)............. III. 277
Regina bianca. — Cépage italien de Florence, d'après V. Pulliat ; à gros grains olivoïdes, d'un blanc de cire, un peu pruiné ; maturité de 3e époque.
Regina bianca de la Sardaigne (Verjus). II. 151
Regina della Malvasia (Verjus)....... II. 151
Regina nera (Verjus)............... II. 151
Regina rossa (Barbarossa)................ *D.*
Regulesa bianca. — Nom de cépage sarde, d'après Mendola).
Rehfal (Pinot gris).................. II. 32
Reichenweiherer, Reichenweihersche, Reichenweyrer (Kniperlé).......... VI. 72
Reichfränkische (Limberger)......... III. 206
Reifler (Heunisch)...................... *D.*
Rein. — Nom de cépage espagnol de Barcelone, d'après Abela y Sainz.
Reinetta. — Nom de cépage italien de Gênes.
Reino. — Nom de cépage espagnol de Murcie, d'après Abela y Sainz.
Reischlinger (Kniperlé)............. VI. 72

Reischlinger (Rauschling)............ V. 229
Reichriesling (Riesling)............. II. 250
Reinecke. — Semis américain de Labrusca, pulpeux et très foxé, à petits grains.
Reliance. — Cépage américain, très semblable au Delaware.
Remollon. — Donné par Hardy et Dr Fleuriot comme nom de cépage (?) de l'Isère.
Remangiau (Arremangiau).... .... *D.*
Remoulette (Roussanne)............. II. 73
Remuant (Voltoline)...................... *D.*
Renacciola (Vernacciola).................. *D.*
Renani. — Nom de cépage (?) tunisien.
Renard (Achéria)................... VI. 174
Renard (Troyen)................... IV. 51
Renouveillar. — Nom inexact du Catalogue du Luxembourg pour un cépage de l'Ardèche.
Rentz. — Semis américain, probablement de Labrusca ; grosse grappe compacte ; grain gros, sphérique, noir, pulpeux, très foxé ; introduit en France au début de la reconstitution, est toujours resté dans les collections.
Requa. — Hybride américain de Roger n° 28 ; grappe grosse, ailée ; grain moyen, globuleux, foxé, d'un rouge mat.
Requette. — Nom de cépage (?) de l'Isère cité par Hardy.
Resaki (Rosaki)...................... II. 170
Resi (Rèze)...................... VI. 41
Reslinder (Riesling)............... II. 247
Ressasi. — Cépage tunisien cultivé en treille dans les jardins de Bizerte ; beau raisin dur, de conserve et de maturité tardive ; feuilles moyennes, glabres sur les deux faces, bullées, épaisses ; sinus à peine indiqués ; grappe très grosse, conique, rameuse, lâche ; grains moyens, légèrement ovoïdes, à peau épaisse d'un beau rose, croquants, très sucrés. — N. M.
Resseau (Meunier)................. II. 385
Ressertraube (Koverszőlő)................ *D.*
Restajola (Bonarda)...................... *D.*
Restella (Corinthe)................. IV. 286
Restrocina, Restrosina (Heunisch)....... *D.*
Rether. — Nom du Catalogue des vignes du Luxembourg.
Retica (Lignan)................... III. 69
Retkotschlana. — Cépage à raisins blancs du Montenegro. — P. P.
Retina. — Cépage de cuve, à raisin noir, de la Thessalie. — X.
Retordi (V. Retordi).................. I. 441
Retzer (Heunisch)...................... *D.*
Reuchsling, Reuschling (Rauschling).... V. 229
Revalaïré (Aramon)................. VI. 293
Revier d'Anjou (Counoise)............ II. 78
Revier d'Anjou (Petit Ribier)......... VI. 92

Revier d'Isère (Sauvignon)............ II. 236
Revollat (Roussanne)................ II. 73
Revoulat (Altesse)................... II. 110
Rever side grape (V. riparia)........... I. 114
Rey. — Nom du Catalogue du Luxembourg.
Rezaky (Rosaki)..................... II. 170
Rèze................................ VI. 41
Rèze jaune (Rèze).................... VI. 42
Rèze noire.......................... VI. 42
Rèze rose........................... VI. 42
Rèze verte (Rèze)................. ..... VI. 42
Rezium (Rèze)....................... VI. 41
Rhætica (Vitis, Valteliner)............ IV. 30
Rhamy. — Hybride de Rotundifolia et de Linceccumii, créé par T.-V. Munson; à gros grains noirâtres.
Rhalt. — Cépage tunisien à grains très irréguliers, d'où son nom de rhalt (mélange), irrégularité due à un constant millerandage; cultivé surtout dans les oasis de Gabès; grosse grappe rameuse, peu serrée; grains petits, ovoïdes, d'un noir clair.
Rhatzitelo (Rka-Tziteli)............ IV. 226
Rheinelbe (Elbling)................ .... IV. 163
Rheinelber (Sylvaner)............... II. 363
Rheingauer (Riesling)............... II. 247
Rheingrau (Pinot gris)............... II. 32
Rheinische Pliniustraube (Riesling)..... II. 247
Rhein-Hinsch. — Nom du Catalogue des vignes du Luxembourg.
Rheinriesling (Riesling).............. II. 247
Rheintraube (Pinot gris)............. II. 32
Rheinwelsch (Kohrtraube)................ D.
Rheinwein blauer (Frankenthal)........ II. 127
Rhin (Sylvaner)..................... II. 363
Rhin blanco. — Nom de cépage espagnol d'alicante, d'après Abela y Sainz.
Rhin elbe (Elbling)................. IV. 169
Rhin negro (Nom de cépage espagnol d'après Abela y Sainz.
Rhodia. — Nom de vigne cité par Pline, Virgile, Athénée.
Rhoicissus......................... I. 76
Rhoicissus cuneifolia Planchon. — Afrique centrale.
Rhoicissus capensis Willd............. I. 77
Rhoicissus erytrhodes Planchon........ I. 78
Rhoicissus jemensis Schweinfurt....... I. 77
Rhoicissus pauciflora Burchell......... I. 77
Rhoicissus Revoilii Planchon.......... I. 77
Rhoicissus rhomboidea Mey. — Port-Natal.
Rhoicussus sericea Eckl. et Zeyh. — Afrique australe.
Rhoicissus Thunbergii Planchon........ I. 77
Rhoicissus unifoliata Harvey. — Afrique australe.
Rhosaki (Rosaki).................... II. 170
Rhoditi (Rhodités)..................... D.
Rhus digitatum Thunberg (Rhoicissus Thuntagii) .... I. 79

Ria neghara rura. — Nom de cépage italien cité par Acerbi pour la Vénétie.
Riassouy (Taïfy) .... D.
Riazanday. — Cépage à raisin blanc, cultivé pour la cuve dans le Daghestan russe. — V. T.
Ribeirinha. — Ancien cépage blanc portugais, inconnu actuellement. — D. O.
Ribeirinho. —Ancien cépage blanc portugais, cultivé à Pinhel en 1790, inconnu depuis longtemps. — D. O.
Ribairenc (Aspiran noir).............. V. 62
Ribbo. — Nom de cépage italien de la région de Gênes (Bull. amp. ital., XVI).
Ribeyrenc (Aspiran noir).............. V. 62
Ribeyrenc gris (Aspiran gris)......... V. 64
Ribier................................ III. 286
Ribier (Counoise)................... II. 87
Ribier (Petit Ribier)................... VI. 92
Ribier du Maroc (Ribier).............. III. 286
Ribière (Counoise).................... II. 78
Ribola, Ribolla (Pignolo)................. D.
Ribona (Albana)......................... D.
Ribot. — Cépage espagnol de Lérida, d'après Abela y Sainz.
Ribote. — Nom de cépage espagnol de Huesca, d'après Abela y Sainz.
Ribula mancnkk, Ribula, weissroiziger (Valteliner rouge).................. IV. 30
Ricanica. — Nom de cépage sicilien, d'après Paulsen.
Ricanico. — Nom de cépage napolitain (Bull. amp. ital., XVI).
Ricari. — Nom de cépage tunisien.
Ricey de Bourgogne (Troyen).......... IV. 51
Richbuba (Pis-de-chèvre)............. IV. 88
Richmond (V. rotundifolia).... .... I. 302
Richetta. — Nom de cépage niçois cité par Acerbi et par J. de Rosavanda.
Rickett's hybrids. — Hybrides de diverses vignes américaines créés par Rickett's et cités à leur place alphabétique.
Richi baba (Pis-de-chèvre)........... IV. 88
Richkiriata (Neagra rara)................ D.
Riclaux (Baude)......................... D.
Ricobura. — Nom de cépage italien (?).
Rico pobre (Diagalves)............... VI. 190
Ricote. — Nom de cépage espagnol d'Alicante, d'après Abela y Sainz.
Ridagliaddu nieddu. — Nom de cépage de la Sardaigne. — J. R.
Riédkym (Neagra rara)................... D.
Riegensburger rothköffel (Valteliner rouge).......................... IV. 30
Riesenblatt. — Semis américain d'Æstivalis.
Riesentraube, Riesentraube hellrothe, rothe (Grec rouge) .... III. 277

Riesentraube weisse (Riesling)......... II. 247
Riesenweiss (Chasselas).............. II. 6
Riesler, Riesler grüner (Riesling)..... II. 247
Riesling............................. II. 248
Riesling (Pedro Ximénès)............. VI. 111
Riesling à pédicelles rougeâtres (Riesling) II. 248
Riesling blanc (Riesling)............. II. 247
Riesling blanc sans pépins (Riesling).... II. 247
Riesling bleu (Riesling).............. II. 248
Riesling brauner (Riesling)........... II. 248
Riesling breisgauer (Kniperlé)........ VI. 72
Rieslinger (Riesling)................. II. 247
Riesling gelber (Riesling)............ II. 247
Riesling grauer (Pinot gris).....:.... II. 32
Riesling grobe (Heunisch)............. D.
Riesling grosser (Riesling)........... II. 248
Riesling gruner (Riesling)............ II. 248
Riesling gruner (Sylvaner)............ II. 363
Riesling heiligenstein (Riesling)...... II. 248
Riesling heilrother (Riesling)......... II. 248
Riesling kleiner (Riesling)............ II. 248
Riesling kleiner weisser (Riesling).... II. 248
Riesling-muscat Saint-Laurent (Firmries-
    ling)................................ II. 250
Riesling noir (Meunier).............. II. 383
Riesling noir (Riesling).............. II. 248
Riesling olasz (Riesling)............. II. 248
Riesling olasz (Wälschriesling)......... D.
Riesling rothstieliger (Riesling)....... II. 248
Riesling rouge (Riesling)............. II. 248
Riesling rouge Courtiller (Arom Ries-
    ling)............................... II. 250
Riesling schütterbeeriger (Riesling).... II. 248
Riesling schwarzer (Meunier)........ II. 383
Riesling vert (Riesling).............. II. 248
Riesling weisser (Riesling).......... II. 248
Riesling wilde (Riesling)............ II. 248
Riessler (Riesling).................. II. 248
Riessling (Riesling)................. II. 248
Riessling banati feher (Riesling)..... II. 248
Riffete. — Cépage portugais à culture importante dans la Beira Baixa pour la production de vins rouges assez alcooliques et bouquetés. Vigne vigoureuse, à feuilles épaisses, tri ou quinquelobées et à sinus profonds, lanugineuses en dessous ; grappes moyennes, compactes, presque sphériques ; grains moyens, d'un rouge violacé foncé, globuleux. — D. O.
Rifola. — Raisin blanc de grande production à petits grains ronds de 11$^{m/m}$ et maturité de 2e époque. Vin inférieur. — A. B.
Rifosco (Refosco)....................... D.
Rifoshk debeli (Refosco)................. D.
Rigalico (Monica)....................... D.
Rigotbouillé. — Nom de cépage tunisien.
Riley. — Semis de Bleak July obtenu par G. Foex ;

grosse grappe conique, tassée : grains moyens, ovoïdes, d'un blanc ambré un peu rosé, saveur fraîche.
Rimènes (Elbling)..................... IV. 169
Riminese........................... V. 315
Rinaldesca, Rinaldessa, Rinardesca, Rinardese (Vajano)....................... D.
Rinau, Rinaut (Pinot noir)........... II. 19
Rin Brun (Brun-Fourca).. .... III. 310
Rin de Panso, Rin gris. — Noms de cépages cité par Garidel (xviie siècle). — J. R.-C.
Riodascone, Riondesca, Riontasca (Vajano)... D.
Rindsourata (Neagra rara)................ D.
Riotenero (Côt)....................... VI. 5
Ripalone. — Nom de cépage de l'Île d'Ischia. –J. R.
Riparia (V. Riparia).................. I. 414
Riparia à bois violet.................. I. 417
Riparia à bourgeons bronzés.......... I. 417
Riparia-Æstivalis (Æstivalis-Riparia)... I. 345
Riparia à lobes convergents Despetis. — Variété de Riparia sauvage isolé par Despetis, non utilisée comme porte-greffe.
Riparia × Aramon Rupestris 4010 Castel (Hybrides Castel)............................ D.
Riparia Baron Perrier................ I. 417
Riparia-Berlandieri.................. I. 421
Riparia × Berlandieri 420 A, 420 B, 420 C Millardet (Berlandieri × Riparia)..... I. 452
Riparia×Berlandieri Castel 7501, 7605 (Hybrides Castel)............................ D.
Riparia-Bicolor (Bicolor-Riparia)...... I. 340
Riparia bois rouge Fitz-James. — Variété de Riparia sauvage, sans valeur.
Riparia bourgeons bronzés Davin. — Variété de Riparia sauvage, non utilisée.
Riparia-Candicans.................... I. 469
Riparia-Cinerea (Cinerea-Riparia)...... I. 350
Riparia-Cordifolia (Cordifolia-Riparia). I. 361
Riparia-Cordifolia 125-1, 125-2, 125-4 Millardet de Grasset. — Hybrides non utilisés.
Riparia-Cordifolia-Rupestris........... I. 361
Riparia × Cordifolia-Rupestris 106-8 Millardet et de Grasset........................ I. 462
Riparia de Beaupré (Riparia géant).......... D.
Riparia de Las Sorres sélectionné. — Belle variété de Riparia, à grandes feuilles, très vigoureuse ; un des meilleurs porte-greffes de Riparia, à très gros tronc, et glabre.
Riparia Denis Despetis. — Variété de Riparia sauvage, sans valeur.
Riparia duc de Palban. — Belle variété de Riparia sauvage, à caractères analogues à ceux du Riparia Gloire.
Riparia du Kansas Jæger. — Forme de Riparia, probablement hybride de Rupestris, vigoureux, mais sans valeur comme porte-greffe.

ROANOKE (Scuppernong)...................... *D.*

ROBE. — Nom de cépage cité par la Maison rustique du XVIIIᵉ siècle.

ROBESON'S SEEDLING (Black-Joly)............. *D.*

ROBINET (Jacquère)..................... IV. 122

ROBIN NOIR (Serène)................... V. 234

ROBIN NOIR (Syrah)................... II. 71

ROBLOT (Roublot)..................... IV. 276

ROBOLLA GIALLA, VERDE, ROBUELA BIANCA, GIALLA. — Noms de cépages italiens cités par Acerbi pour la région d'Udine.

Robur. — Rupestris × Vinifera. Variété sélectionnée par M. Leygues et résistant assez bien aux maladies cryptogamiques ; feuilles moyennes à 5 lobes, sinus latéraux supérieurs assez profonds, inférieurs nuls, pétiolaire étroit; grappes moyennes, assez denses; grains sphériques, noirs, de saveur franche et neutre, mais plate. — J. R.-C.

ROBUSTA (Albu mannu).................... *D.*

ROCA DE ITALIA. — Nom de cépage espagnol de Barcelone, d'après Abela y Sainz.

ROCCALINA. — Nom de cépage italien (?).

ROCH, ROCHAL (Perruno)................... *D.*

Rochalin. — Cépage à raisins blancs, rare dans le Blayais, assez analogue au Sauvignon, à feuilles plus longues, moins savoureux et mûrissant plus lentement. — G. C.-C.

ROCHE BLANCHE (Folle blanche)........ V. 116

ROCHEFORT (Folle blanche)............ V. 116

ROCHELLE (Franc noir de l'Yonne)...... V. 114

ROCHELLE BLANCHE (Chenin blanc)....... V. 116

ROCHELLE BLANCHE (Folle blanche)....... V. 116

ROCHELLE BLONDE (Kniperlé)........... VI. 72

ROCHELLE MENUE. — Nom de cépage cité par la Maison rustique du XVIIIᵉ siècle. — J. R.-C.

ROCHELLE NOIRE (Franc noir de l'Yonne). V. 114

ROCHELLERTRAUBE WEISSE (Folle blanche). V. 116

ROCHELLE VERTE (Folle blanche)....... V. 116

ROCHELOIS (Grec rouge).............. III. 277

ROCHE NOIRE (Franc noir de l'Yonne)... V. 114

Rochester. — Semis américain de Labrusca à grande grappe ailée, compacte, grains sous-moyens, sphériques, d'un violacé clair, pruinés, foxés.

ROCK GRAPE (V. Rupestris)............. I. 394

Rockwood. — Semis américain de Concord, à raisins noirs.

Rockland Favorite. — Semis américain de Concord, à raisins noirs.

Rodelis blanc, rose. — Cépages précoces à raisins blancs ou roses disséminés dans toute la Grèce. — X.

Rodi. — Cépage, à raisins roses cultivé pour la cuve dans l'Achaïe (Grèce). — X.

RODITÉS (Roditis)........................ *D.*

Roditis. — Cépage à raisins roses, de cuve, de l'Attique et de l'Eubée (Grèce). — X.

RODRIGO AFFONSO (Rabigato respigueiro). III. 161

Roemer schwarz. — Syn. *Römer süsser, Porzhin, Römer blauer, Purchinok.* Cépage d'origine obscure (Würtemberg, Hongrie, Valachie). Végétation faible, petites feuilles glabres, assez découpées ; petit raisin noir à baies ellipsoïdes de 15/14 mûrissant fin 2ᵉépoque hâtive; moût assez riche et doux et production médiocre. — A. B.

Roemer weisser. — Variété blanche, un peu différente du schwarz par le feuillage bien que ses fruits soient de même taille, plus précoce, également peu fertile et de médiocre intérêt (Allemagne). — A. B.

Roenbeck. — Hybrides américain, accidentel, de Labrusca; grappe longue, ailée; grains moyens de grosseur, d'un vert pâle, juteux.

Roger's Hybrides nᵒˢ 2, 5, 8, 30. — Hybrides américains divers créés par Roger, mais non propagés.

ROGERS HYBRID nᵒ 1 (Gœthe).............. *D.*

ROGERS HYBRID nᵒ 3 (Massassoit)............. *D.*

ROGERS HYBRID nᵒ 4 (Wilder)................ *D.*

ROGERS HYBRID nᵒ 9 (Lindley)............... *D.*

ROGERS HYBRID nᵒ 14 (Gaertner).............. *D.*

ROGERS HYBRID nᵒ 15 (Agawam).............. *D.*

ROGERS HYBRID nᵒ 19 (Merrimac)............ *D.*

ROGERS HYBRID nᵒ 28 (Requa)............... *D.*

ROGERS HYBRID nᵒ 39 (Aminia)............... *D.*

ROGERS HYBRID nᵒ 41 (Essex)................ *D.*

ROGERS HYBRID nᵒ 43 (Barry)................ *D.*

ROGERS HYBRID nᵒ 44 (Herbert).............. *D.*

ROGERS HYBRID nᵒ 53 (Salem)............... *D.*

Rogettaz. — Cépage de la Tarentaise décrit par V. Pulliat; grosse grappe, rameuse, grain surmoyen, d'un rouge foncé pruiné; maturité 2ᵉ époque.

Rogin. — Cépage de la Savoie, à grappe lâche, rameuse, allongée, assez grosse; grain sous-moyen, globuleux, d'un rose foncé verdâtre; maturité 2ᵉ époque tardive (d'après V. Pulliat).

ROGNON (Poulsard)................... III. 348

ROGNON DE COQ. — Nom de cépage cité par Merlet au XVIIᵉ siècle. — J. R.-C.

ROGNOSA (Pignolo)..................... *D.*

ROGOSNIZZA. — Nom de cépage de la Dalmatie. — J. R.

ROHAVITZA (Pamit).................... VI. 408

ROHER HEUNISCH (Heunisch)................. *D.*

ROHLÄNDER, ROHLENDER (Pinot gris)...... II. 32

ROHRKLAVNER (Pinot teinturier)......... II. 37

Rohrtraube. — Syn. : *Rhimwcloch, Zottchwälsche* et *Wüllewälsch.* — Cépage à raisins noirs (Würtemberg), intéressant par sa bonne et régulière fertilité bien qu'il ne donne qu'un vin ordinaire; végétation vigoureuse. Feuilles grandes, profondément découpées en 5 lobes, à denture allongée et page inférieure pileuse ; grande grappe conique, à long pédoncule et grains ronds de 15ᵐᵐ, déprimés à l'ombilic ; maturité de 1ʳᵉ époque tardive. — A. B.

Roia. — Nom de cépage italien d'Avellino et de Bénévent (*Bull. amp. ital.*, XIX).

Roig, Roig de San Pedro. — Noms de cépage espagnol de Barcelone, d'après Abela y Sainz.

Roi des raisins (Mourisco)............ II. 303

Roisselet. — Nom de cépage italien du Piémont. — J. R.

Rojal (Jami)........................... D.

Rolånder (Pinot gris)................. II. 32

Rolånder weisser (Chardonnay)....... IV. 5

Rolånder weisser (Kniperlé)......... VI. 72

Rollander (Pinot gris)............... II. 32

Rolle. — Cépage blanc, répandu beaucoup dans l'arrondissement de Grasse et l'ancien Comté de Nice ; donnant un raisin également apprécié pour la table et pour la cuve (vin de 12° à 13°) ; sarments gros, à mérithalles moyens et nœuds saillants ; débourrement précoce ; feuilles grandes, vert tendre, fortement duveteuses à la partie inférieure, quinquelobées, à dents aiguës ; sinus supérieur profond et sinus pétiolaire légèrement fermé ; grappe assez grosse, cylindrique, serrée ; grains gros et globuleux, à peau assez épaisse, peu résistante, passant franchement au jaune doré à la maturité. Ce cépage a la plus grande analogie avec le *Valentin*. — L. B. et J. G.

Roller (Wildbacher)..................... D.

Rollo. — Nom de cépage italien de la région de Gênes. — J. R.

Roloender (Pinot gris)............... II. 32

Romain (César)..................... II. 294

Romana (Muscat d'Alexandrie)........ III. 108

Romana nera. — Cépage italien de la région des Pouilles, tardif, à grosses grappes ; raisin de cuve. — J. R.

Romanet (Bourrisquou).............. V. 338

Romaneti (V. Romaneti)............. I. 435

Romanin. — Nom de cépage (?) de Vaucluse.

Romanina nera. — Nom de cépage italien de Bologne. — J. R.

Romanka...... .... VI. 414

Romanka blanc (Bella Romanka)....... VI. 414

Romanka rose (Romanka)............. VI. 415

Romanchtina (Romanka).............. VI. 414

Romanskina (Romanka)............... VI. 414

Romanskina rose (Romanka).......... VI. 414

Romans noir (Œillade noire)......... VI. 329

Romanstina (Romanka)............... VI. 414

Rombola blanc, rose. — Cépage de cuve de la Céphalonie et de Corfou (Grèce). — X.

Romé, Romé de motril, Romé noir (Teinturier mâle)..................... III. 362

Römer, Römer blanc, Römer blauer, Römer noir,

Römer rotholziger, Römer saurer, Römer susser) (Roemer)............................... D.

Roméré, Romeret (Chardonnay)....... IV. 6

Romieu (Côt)..................... VI. 6

Romischer (Pinot noir).............. II. 19

Rommel's nᵒ 1 (Elvira)............... V. 191

Rommel's Seedlings nᵒˢ 3, 4, 5, 6, 8, 16, 18. — En dehors d'importantes variétés cultivées aux États-Unis (Elvira, Beauty, Montefiore), J. Rommel a créé, par semis, d'autres cépages peu répandus : le nᵒ 9 (semis de Taylor) à raisins noirs ; le nᵒ 19, autre semis de Taylor, à raisins ambrés ; le nᵒ 16 à raisins ivoire ; le nᵒ 5, semis d'Elvira, à raisins, de couleur paille ; les nᵒˢ 6 et 8, autre semis d'Elvira, à grains jaune rose ; les nᵒˢ 3 et 4, semis de Delaware, à raisins d'un gris noir foncé ; ces cépages ne se sont jamais répandus en Amérique.

Romorantin...................... IV. 328

Ronçais (César).................... II. 294

Ronchalin. — Nom de cépage cité par de Secondat au xviiiᵉ siècle. — J. R.-C.

Ronczi (Pinot)..................... II. 19

Rondasca (Avarengo)............... D.

Rondelet (Gamay)................. III. 114

Ronfoliza (Sylvaner)............... II. 363

Ronsard (Chasselas Le Ronsard)..... II. 14

Ropola, Ropoliza (Arnopolo)......... D.

Roriz (Tinta Roriz)................. V. 38

Ros. — Cépage espagnol d'Alicante, d'après Abela y Sainz.

Rosa (Duraca).......................... D.

Rosa bastarda, bianca, di Jerico (Duraca)...... D.

Rosaki............................ II. 170

Rosakia (Rosaki)............ ..... II. 170

Rosaki a grain rose (Rosaki)......... II. 171

Rosaki aspro (Rosaki)............... II. 170

Rosaki d'Anatolie (Rosaki)........... II. 170

Rosaki jaune (Dattier de Beyrouth).... II. 99

Rosaki zold (Rosaki)................ II. 170

Rosakis (Rosaki)................... II. 170

Rosalia. — Nom de cépage italien (?).

Rosalin blanc. — Cépage décrit par V. Pulliat et observé par lui au jardin botanique de Dijon ; grappe sur-moyenne, ailée ; grain moyen, ellipsoïde, peu serré, mou, juteux ; peau épaisse, d'un jaune doré ; maturité de 2ᵉ époque hâtive.

Rosan (Ugni blanc)................. II. 255

Rosa nera. — Nom de cépage cité par Acerbi pour la région de Naples.

Rosanne. — Nom de cépage blanc cité par Faujas de Saint-Fond au xviiiᵉ siècle. — J. R.-C.

Rosa niedda. — Cépage de la Sardaigne décrit par V. Pulliat ; feuille sur-moyenne, bullée, glabre sur les deux faces, quinquelobée et à sinus profonds et fermés ; grappe grosse, rameuse, un peu lâche, un peu serrée ; grains gros, ellipsoïdes, fermes; peau épaisse, d'un rouge violacé, très pruiné; maturité de 4ᵉ époque.

Rosa Revelliotti (Alma-izum).............. *D.*

Rosario rosso. — Nom de cépage italien de Bénévent (*Bull. amp. ital.*, X).

Rosa rubella (Rosa niedda)................ *D.*

Rosas szollo. — Nom de cépage hongrois (?) cité par Odart.

Rosate, Rosato (Muscat noir).......... III. 374

Rose, Rose de Gandjah, Rose du Roussillon. — Noms divers, sans signification, du Catalogue des vignes du Luxembourg.

Rose de Kintz. — Nom cité par Odart pour un cépage (?) de la Moselle.

Rosella. — Nom de cépage italien de Grumello del Monte. — J. R.

Roseli. bermell. — Nom de cépage espagnol de Barcelone cité par Abela y Sainz.

Rosellina (Rossella)..................... *D.*

Rose monstre (Grec rouge)............. III. 277

Rosena. — Nom de cépage italien de la région de Gênes (*Bull. amp. ital.*, XVI).

Rosenkrang (Heunisch)................... *D.*

Rosentraube (Steinschiller)............... *D.*

Rose de Pérou (Frankenthal)........ II. 127

Rose Salomon (Chasselas Rose Salomon). V. 329

Rose Perltraube (Grec rouge)........ III. 277

Rosette basse. — Nom du Catalogue des vignes du Luxembourg.

Rosine, Rosinentraube, Rosine portugiesische gelbe, Rosine sicklersblau, Rosine sevillische, Rosine sicklers, Rosine spanische gelbe (Cornichon blanc ou violet)..................... IV. 315

Rosinella. — Nom de cépage italien cité par Acerbi pour Mantoue.

Rosinlein (Cornichon)................ IV. 315

Rosioara (Vulpe)................... IV. 147

Rosmarinentraube (Chasselas doré)..... II. 6

Rossa, Rossa bianca, Rossa da scianco, Rossa di Bitonto, Rossa di Nizza, Rossa di Savoia, Rossa gentile. — Noms divers de cépages italiens, ou de Corse, mal déterminés, peut-être le Trebbiano ou Ugni blanc................. II. 255

Rossana, Rossana di Nizza (Ugni blanc). II. 255

Rossana matta (Schiava).............. III. 337

Rossanella (Aleatico)................ *D.*

Rossanico. — Nom de cépage italien du Haut-Novarais. — J. R.

Rossano, Rossano rosso. — Noms de cépages toscans (Italie). — J. R.

Rossara. — Cépage italien très répandu pour la production du vin avec le Schiava et le Berzamino; grandes feuilles, entières, orbiculaires, bullées; grosses grappes, coniques; grains moyens, rosés, d'un noir rougeâtre, vineux. — D. T.

Rossara, durasa, maggiore, minore (Rossara).. *D.*

Rossarina, Rossarino, Rossarola, Rossarone. — Noms de cépages italiens de Bobbio (*Bull. amp. ital.*, XIV).

Rossancianco. — Nom de cépage italien de la Ligurie. — J. R.

Rossastra (Rossara)..................... *D.*

Rossa verde. — Nom de cépage italien de Porto-Maurizio (*Bull. amp. ital.*, XV).

Rossea (Grec rouge)................. III. 277

Rossena (Grec rouge)............... III. 277

Rosseis (Rossese)..................... *D.*

Rossella. — Cépage italien de Modène et de Mirandole. — J. R.

Rossera, Rossera de Valteline, Rossera rossa, Rossera spessa, Rossera tonda, Rossero (Rossara)................... *D.*

Rossese. — Cépage italien de la Ligurie; à feuilles sous-moyennes, tourmentées, trilobées, glabres sur les deux faces; grappe moyenne, lâche; grains moyens, globuleux, juteux, sucrés; peau épaisse, d'un jaune rosé (d'après V. Pulliat).

Rossese bianca, Rossese d'albenga, Rossese di Dolceacqua, Rossese rossa (Rossese).......... *D.*

Rossetta (Grignolino)..................... *D.*

Rossette (Jacquère)................. IV. 122

Rossettin (Jacquère)................ IV. 122

Rossetto (Grignolino).................... *D.*

Rossetto di Francia. — Nom de cépage florentin cité par Acerbi.

Rossezza de Nice, de Quargnento. — Noms de cépages notés par J. de Rovasenda.

Rossignuola. — Nom de cépage italien cité par Acerbi.

Rossino. — Nom de cépage de la région de Naples (Ariano). — J. R.

Rossiola, Rossiola bianca. — Nom de cépage italien de Bologne (*Bull. amp. ital.*, XII).

Rössling (Riesling)................... II. 247

Rosslinger (Riesling)................. II. 247

Rosso (Bombino).................... VI. 330

Rossola (Rossolo)...................... *D.*

Rossola brandinea (Rossolo)........... III. 342

Rossola rossa. — Nom de cépage de la vallée d'Aoste. — J. R.

Rossolella. — Cépage italien du sud, productif et à vin médiocre; feuilles quinquelobées; grains gros, ronds, noirâtre. — M. C.

Rossolello nero (Rossolella).............. *D.*

Rossoletta. — Nom de cépage italien du Haut-Novarais. — J. R.

Rossolo........................... III. 342

Rossoly (Grec rouge).............. III. 277

Rossona (Rossone)..................... *D.*

Rossone. — Cépage italien de Brolio; feuilles quinquelobées, à sinus profonds et arrondis, duveteuses en dessus; grandes grappes coniques, rameuses; grains subsphériques, noirs. — J. R.

Rossone nero, Rossone Tenerone (Rossone).... *D.*

Rosschweif (Hainer grüner)................ *D.*

Rosszagler (Hainer grüner)................ *D.*

Rostopiska (Neagra rara).................. *D.*

Rostopoveska (Neagra rara)................ *D.*

Rosthata (Vitis, Cornichon blanc)..... IV. 315

Rosuberger. — Nom de cépage italien de la Toscane. — J. R.

Rosul. — Nom de vigne italienne de Brescia, cité par Acerbi.

Rosza szölö, Roszas rouge (Vékonyhéju)..... *D.*

Roszling (Riesling)................... II. 247

Rote Babo traube (Valteliner rouge précoce)........................... III. 253

Rotedel (Savagnin rose).............. IV. 302

Rote fleisch traube (Valteliner rouge).. IV. 30

Rot elben, Rot elber, Rot elbling, Rot elmener (Elbling)................. IV. 168

Roter Assmannshäuser (Pinot noir)..... II. 19

Roter Burgunder (Pinot noir)........ II. 19

Roter Clewner (Pinot gris)........... II. 32

Roter edelschon (Chasselas rose)....... II. 16

Roter gewürztraminer (Savagnin rose).. IV. 308

Roter Harteinisch (Valteliner rouge précoce)........................... III. 253

Rote Riesentraube (Grec rouge)...... III. 277

Roter Klevner (Pinot gris)........... II. 32

Roter muskateller (Valteliner rouge)... IV. 30

Roter Riesling (Valteliner rouge).... IV. 30

Roter Velteliner (Valteliner rouge).... IV. 30

Roter Vernatsch (Schiava)..... ...... III. 337

Rotgipfler........................... VI. 66

Rotgipfler blanc (Rotgipfler)......... VI. 66

Rothclauser (Savagnin rose)......... IV. 308

Roth clävler, Roth clävner, Roth cloevner (Savagnin rose)................ IV. 308

Roth de Zurich (Chasselas rose)....... II. 16

Rothe (Sylvaner).................... II. 363

Rothe Babotraube (Malvoisie rouge du Pô)... *D.*

Rothe calebstraube (Grec rouge)....... III. 277

Roth edel, Roth edler (Savagnin rose).. IV. 302

Rothelben, Rothelbener, Rothelbling (Elbling)........................ IV. 168

Roth elder (Savagnin rose)........... IV. 302

Roth elmener (Elbling).............. IV. 168

Rothe fleischtraube (Valteliner rouge).. IV. 30

Rothe frauentraube (Chasselas rose).... II. 16

Rothe Frankentraube (Frankenthal).... II. 127

Rothe Perltraube (Grec rouge)........ III. 277

Rothe Riesentraube (Grec rouge)...... III. 277

Rother (Pinot noir)................. II. 19

Rother (Valteliner)................. IV. 30

Rother albe (Elbling)............... IV. 168

Rother assmannshäuser (Pinot noir)..... II. 19

Rother clävner (Pinot gris)........... II. 32

Rother edelschön (Chasselas rose)...... II. 16

Rother elsässer (Chasselas rose)....... II. 16

Rother erdoler (Grec rouge)......... III. 277

Rother Frontignan (Muscat noir)...... III. 374

Rother grauer (Pinot noir)........... II. 19

Rother Gutedel (Chasselas rose)....... II. 16

Rother Junker (Chasselas rose)....... II. 16

Rother Hansen (Hans)............... VI. 60

Rother Heunisch (Heunisch)........... *D.*

Rother Krachmost (Chasselas rose)..... II. 16

Rother mährer (Hans)............... VI. 60

Rother malvasier (Grec rouge)........ III. 277

Rother moster (Chasselas rose)........ II. 16

Rother muscateller (Valteliner)........ IV. 30

Rother ordinärer (Pinot noir)......... II. 19

Rother Portugieser (Limberger)....... III. 203

Rother Reifler (Valteliner)........... IV. 30

Rother riesling (Valteliner).......... IV. 30

Rother Schönedel (Chasselas rose)..... II. 16

Rother Silberling, spanier, spanisches Gutedel, sussling, susstraube, Tokayer (Chasselas rose). II. 16

Rother Trollinger (Grec rouge)....... III. 277

Rother franke (Valteliner)............ IV. 30

Rother Vernatsch (Schiava).......... III. 337

Rother Verwandler (Chasselas violet).. II. 15

Rothes (Savagnin rose)............... IV. 301

Rothe susstraube (Chasselas rose)..... II. 16

Rothe ungarische (Frankenthal)....... II. 127

Rothe franke (Savagnin rose)......... IV. 301

Roth franschen (Savagnin rose)....... IV. 301

Roth frankisch (Savagnin rose)....... IV. 301

Rothe geisler (Chasselas rose)........ II. 16

Roth gewürztraminer (Savagnin rose).. IV. 301

Rothgipfler (Rotgipfler)............. VI. 66

Rothgipfler blanc (Heunisch)......... *D.*

Roth goron (Grec rouge)............. III. 277

Roth heiligenstein, Roth heimer (Savagnin rose).

Roth hensch, Roth Hinsch, Rothhinschen (Zierfandler)..................... *D.*

Roth Kläber, Roth Klausen, Roth Klavner, Roth Kloerwner, Rothlicher, Roth lichter, Rothlichter feldelmer (Savagnin rose)..... IV. 302

Roth mehlweisser (Valteliner)......... IV. 30

Roth most (Chasselas rose).......... II. 16

Rothölzer (Rka-tziteli).............. IV. 226

Roth reifler (Zierfandler)............ *D.*

Rota rock (Alexander).............. *D.*

Rothsaftiger Färber (Teinturier mâle). III. 363

Roth sand Traminer (Savagnin rose).... IV. 301

Roth silberweiss (Elbling)........... IV. 169

Roth silvaner (Sylvaner)............. II. 363

Roth sussling (Chasselas rose)........ II. 16

Roth sylvaner (Sylvaner)............. II. 363

Roth Traminer (Savagnin rose)........ IV. 301

Rothunger (Elbling)................. IV. 169

Rothurben (Grec rouge)............. III. 277

Rousse blanche. — Nom de cépage (?) cité par J. Guyot pour la Haute-Vienne.

Rousselin jaune. — Nom de cépage (?) cité par J. Guyot pour la Corrèze.

Rousselle. — Nom du Catalogue des vignes du Luxembourg.

Rousset Nebiccio. — Nom de cépage italien de Voghera. — J. R.

Rousseze. — Cépage noir, précoce, de la vallée du Paillon, dans l'ancien comté de Nice, ayant, peut-être, pour synonyme le Mahuern (et, peut-être, aussi le Braquet); sarments courts, droits, grêles, à mérithalles moyens, bourgeons assez gros, un peu cotonneux; feuilles assez grandes, divisées en cinq lobes profondément découpés, fortement duveteuses en dessous; sinus pétiolaire en U, ouvert, sinus supérieurs à peine fermés et sinus inférieurs ouverts; dents aiguës, profondes; pétiole long teinté de rose; grappe très longue, très lâche, à grains sphériques, peu résistants; peau fine, d'un violet foncé; chair abondante, saveur très sucrée; donnant un vin clair, peu alcoolisé. — L. B. et J. G.

Roussia. — Cépage à raisin rouge, de cuve et de table, des îles Cyclades (Grèce). — X.

Roussiko. — Cépage à raisins roses, précoce, cultivés pour la cuve aux îles Cyclades (Grèce). — X.

Roussin. — Nom de cépage du Val d'Aoste. — J. R.

Rouvier, Rouvier de Privas (Ribier).

Rouvillac. — Cépage du jardin botanique de Dijon décrit par V. Pulliat; grain moyen, globuleux, mou, juteux, sucré; peau mince, peu résistante, d'un jaune un peu doré; maturité 2e époque hâtive.

Rovecesso. — Nom de cépage italien de Gênes (Bull. amp. ital., XVI).

Rovello. — Nom de cépage italien de Naples (Bull. amp. ital., III).

Rovere. — Nom de cépage italien de Voghera. — J.R.

Roverone. — Nom de cépage italien de Robbio (Bull. amp. ital., XVIII).

Royal Ascot. — Cépage créé dans les forceries anglaises par le croisement de Bowood Muscat et Muscat Troveren, utilisé surtout pour la culture en pot; grappes petites, ailées, courtes; grains gros, subovales, d'un pourpre noirâtre (d'après A.-F. Barron).

Royal del plant. — Cépage décrit par V. Pulliat comme cépage espagnol (?); caractérisé d'après lui par une grosse grappe, un peu rameuse et un peu lâche; grain sur-moyen, globuleux, d'un rouge foncé, très pruiné; maturité de 3e époque.

Royal Vineyard.

Rozacia. — Nom de cépage espagnol de Alméria.

Rozovato biely. — Cépage du Don (Russie), à raisin blanc rosé, cultivé pour la cuve. — V. T.

Rozovoé. — Cépage à raisin rose de Kouban (Russie). — V. T.

Rozovoé alakhy. — Cépage à raisin rose, cultivé pour la table à Erivan; c'est la vigne qui a les plus gros grains dans cette région; ils sont aussi gros qu'une prune. — V. T.

Rozovoé prodolgovaty. — Cépage d'Astrakan (Russie), à raisin rose allongé, cultivé pour la table. — V. T.

Rozzese (Razzese)......................... *D.*

Rskavaty (Procoupatz).................... *D.*

Rtskhila. — Cépage très répandu en Mingrélie et à Ratcha (Russie), à raisin noir, cultivé pour la cuve. — V. T.

Rtskilad-Oubâni. — Cépage de cuve, à raisin noir de l'Imétérie (Russie) ; vigoureux, à fertilité moyenne ; feuille de dimensions moyennes, allongée, trilobée, duveteuse en dessous ; grappe moyenne, conique, assez serrée ; grain moyen, sphérique, à peau mince, juteux, sucré, à matière colorante d'un rouge violacé foncé et très abondante. — V. T.

Rtskilatorani (Rtskilad-Oubani)............. *D.*

Rual. — Cépage portugais peu important, à raisins rouges, cultivé à Alemquer, pour la table et pour la cuve ; vigne à port étalé ; feuilles moyennes ; quinquelobées, à sinus ouvert ; grappe moyenne, cylindro-conique, pédoncule long et herbacé ; grains gros, sphériques, d'un rouge violacé, fermes et charnues. — D. O.

Rual ferreira (Rual)...................... *D.*

Rual pardo. — Serait la variété à raisins blancs du Rual, inconnue aujourd'hui. — D. O.

Rubbia, Rubbo. — Noms de cépages italiens (?).

Rubeljana (Teinturier mâle).......... III. 363

Rubella. — Nom de cépage sarde. — J. R.

Rubellæ (Mantuo morado)................. *D.*

Rubellæ (Teinturier mâle).......... III. 363

Rubellianæ (Teinturier mâle)........... III. 363

Rubial. — Nom de cépage espagnol de Murcie, d'après Abela y Sainz.

Rubial d'Itellin (Morrastel).......... III. 384

Rubine (Sylvaner).................... II. 363

Rubino. — Nom de cépage italien de la région de Gênes (*Bull. amp. ital.,* XVI).

Rubino di spagna. — Nom de cépage italien cité par Acerbi pour Vérone. — J. R.

Rubiola (Schiava).... .... III. 337

Rumis (Hybride Castel n° 204-18).... ...... *D.*

Rubra (V. rubra)...................... I. 411

Rubra (Cabriel)........................ *D.*

Rubra (Vitis, Chasselas rose)........... II. 16

Rubra-Cordifolia (Cordifolia-Rubra).. . I. 361

Ruby. — Hybride américain de Labrusca, à grains d'un rose transparent, pulpeux et foxés.

Ruchelin (Elbling).............. IV. 169

Ruchelin (Kniperlé).................. VI. 72

Ruchelin (Räuschling)............ V. 229

Rucial blanca, Rucial tinta. — Deux noms de cépages espagnols de Cuença, d'après Abela y Sainz.

Rudeca (Valteliner rouge)............. V. 30

Rudeca belina (Heunisch)................. *D.*

Rudeca rabolina (Valteliner rouge)..... IV. 30

Rudesheimer bergtraube (Kniperlé)..... VI. 72

Rudesheimer grosser (Grec rouge)... III. 277

Rudia (Listan)................. .... *D.*

Rueral. — Cépage espagnol de Murcie, d'après Abela y Sainz.

Rufete, Ruffete (Riffete).................. *D.*

Rufeta tinta. — Nom de cépage espagnol de Salamanque, d'après Abela y Sainz.

Ruffiac, Ruffiac femelle (Raffiat)...... II. 342

Ruffiac male (Raffiat)... .... II. 342

Rufiac (Raffiat)............... ...... II. 342

Rufola. — Nom du Catalogue des vignes du Luxembourg.

Rugia, Ruggia rossa. — Nom de cépage italien de Messine.

Rugos Kadarka (Kadarka)............ IV. 177

Ruhländer (Pinot noir)................ II. 19

Ruin nera. — Nom de vigne italienne des Cinq Terres, cité par Acerbi.

Ruizia. — Cépage espagnol peu important à Paxarete, à petits grains noirs (d'après Simon Rojas Clemente).

Rujnai-Rizling (Riesling)............. II. 247

Rulander. — Cépage américain, hybride ternaire du groupe des Herbemont, etc., mais à prédominance plus accentuée de Vinifera ; assez peu résistant au phylloxéra ; feuille entière, tourmentée et boursouflée, à bouquets de poils sur les nervures de la face inférieure ; grappe moyenne, conique, serrée ; grains sous-moyens, sphériques, déprimés aux pôles, d'un noir violacé clair et pruinés, juteux à matière de goût.

Rulander (Pinot gris)................ II. 32

Rulander (Kniperlé)................. VI. 72

Rulander weisser (Chardonnay)........ IV. 5

Rullade (Œillade)................. VI. 329

Rulliasca. — Nom de vigne italienne cité par Acerbi.

Rumannellas (Lignan blanc).......... III. 69

Rumenina. — Nom de cépage italien cité par Acerbi pour l'Istrie.

Rummaria. — Nom cité par J. de Rovasenda, d'après Leroy.

Rumonya de Transylvanie (Dodrelabi).. III. 139

Rumunya piros (Rosaki)............... II. 170

Rumpel (Mehlweiss).................... *D.*

Runa ranina (Augster)................... *D.*

Rundbeerige cibebe (Lignan)........... III. 69

Rundblatt (Sylvaner).............. II. 363

Rungauer (Kniperlé)................ VI. 72

Ruopolo (Aglianico).............. V. 84

Rupestres .... I. 301

Rupestris (V. rupestris)................ I. 394

Rupestris-Æstivalis de Lezignan. — Hybride étudié par Millardet ; vigoureux, mais à résistance insuffisante à la chlorose et au phylloxéra ; abandonné comme porte-greffe.

Rupestris-Æstivalis × Riparia n° 227-11-29 Millardet et de Grasset. — Hybride ternaire, porte-greffe sans résistance à la chlorose, inférieur à beaucoup d'autres pour les sols non calcaires.

Rupestris à pousses violettes Couderc. — Variété de Rupestris sauvage, très inférieure au Rupestris Martin et au Rupestris du Lot.
Rupestris-Arizonica n° 262 Millardet et de Grasset. — Forme intéressante par son origine, mais sans valeur culturale.
Rupestris-Arkansas Jæger. — Variété de Rupestris sauvage, à grande feuille sélectionnée par Jæger, du même type que le Martin.
Rupestris × Berlandieri. — Divers autres hybrides de ces deux espèces ont été créés par Millardet et de Grasset (**301-42-152, 301-37-152**), mais ils sont inférieurs aux deux précédents et ne sont pas restés dans la culture comme porte-greffes.
Rupestris-Cinerea de Grasset. — Hybride naturel sélectionné par de Grasset, à feuilles ternes, très Cinerea.
Rupestris-Cordifolia Jardin Malègue. — Hybride vigoureux, mais porte-greffe de qualité secondaire.
Rupestris de Cleburne. — Forme sauvage de Rupestris, peu vigoureux, obtenu dans les régions à calcaire dur.
Rupestris de Fortworth n° 1 de Grasset, **Rupestris de Fortworth n° 2** de Grasset, **Rupestris de Fortworth n° 3** de Grasset, **Rupestris de Fortworth n° 1** Richter, **Rupestris de Fortworth n° 3** Richter. — Diverses formes de Rupestris vigoureux, du type du Rupestris du Lot, mais inférieures à ce dernier.
Rupestris du Lot femelle. — Forme de Rupestris très semblable au Rupestris du Lot, fertile, mais peu vigoureuse, sans valeur et disparue même des collections.
Rupestris du Texas Jæger. — Forme de Rupestris sauvage, isolée par Jæger, à grandes feuilles, du type du Rupestris Martin, auquel il est inférieur.
Rupestris École. — Semis de Rupestris sauvage, à petites feuilles entières, vigueur moyenne.

Rupestris Gaillard. — Forme de Rupestris, probablement hybride, vigoureux, mais inférieur au Martin ou au Lot.
Rupestris Taylor. — Variété sélectionnée par H. Marès, probablement hybride de Rupestris, sans valeur comme porte-greffe.
Rupestris-Vinifera (voir Hybrides Couderc, Millardet, École Montpellier, Castel)............ *D.*
Rupestris violet Richter. — Forme vigoureuse de Rupestris, mais inférieure au Rupestris du Lot.
Rupestris α, γ. — Formes de Rupestris, sans valeur.
Ruspara. — Nom de cépage italien cité par Acerbi pour les Cinq Terres.
Russeau. — Nom de cépage cité par Olivier de Serres (1er siècle). — J. R.-C.
Rutigliano. — Nom de cépage italien de la région de Lecce (*Bull. amp. ital.*, XV).
Rutland. — Hybride d'Eumelan et d'Adirondac, à grain moyen, d'un bleu violacé, pulpeux, foxé.
Ruzolotto. — Nom de cépage italien cité par Acerbi pour Bologne.
Ry-Bobac. — Nom du Catalogue des vignes du Luxembourg.

S

Saaby. — Cépage d'origine persane, cultivé pour la table dans la Kakhétie russe ; 2ᵉ époque de maturité ; feuille entière, glabre et luisante ; grappe grosse, irrégulière, assez compacte, pesant de 1 kilog. à 2 kilog. 500 ; grain gros, allongé, ovoïde ; peau épaisse, d'un rose pâle, pruineux ; charnu, sucré, aromatique. — V. T.

Sabalkanskoï. . . . . III. 205

Sᴀʙᴀʟᴋᴀɴsᴋᴏï ᴅᴇ Cʀɪᴍᴇᴇ (Sabalkanskoï). . III. 185

Sabatès. — Cépage originaire de la Grèce, à grappe longue, irrégulière, lâche ; grains moyens, sphériques ; peau épaisse, d'un blanc jaunâtre. — J. M.-G.

Sᴀʙᴀᴛᴏ̂ɴᴏ (Digmoûri) . . . . D.

Sᴀʙɴɪɴᴀ (Portugais bleu) . . . . II. 136

Sᴀʙᴏᴜᴢᴇ́ (Bouziss-Kourdzény) . . . . D.

Sᴀʙʀᴀ (Saibrol) . . . . D.

Sᴀʙʀᴀ ᴍᴏʟʟᴇ (Tinta molle) . . . . D.

Sabugal. — Cépage portugais, peu répandu dans la Beira Alta. — D. O.

Sᴀʙᴢᴀɴᴏᴜʀʀ (Bouâky) . . . . D.

Saccal. — Cépage portugais cultivé, en faible proportion, à Castello Branco (Beira Baixa) et à Covilhâ. — D. O.

Sᴀᴄᴄᴀʀᴏʟᴀ. — Nom de cépage italien de l'Ivrée. — J. R.

Sᴀᴄᴄʜᴀʀᴀᴛᴀ (Morrastel) . . . . III. 384

Sᴀᴄᴄʜᴀʀᴀᴛᴀ (Zucari) . . . . D.

Saccharina. — Hybride de Delaware, à grains blancs.

Sᴄʜᴀʙᴀʀᴇᴋɪ. — Nom de cépage (?) du Caucase.

Sachovbé. — Cépage de la Transcaucasie russe, à grosse grappe ailée ; grains ovoïdes, gros et rouges. — J. M.-G.

Sᴀᴄʜsɪ (Vigiriega de Motril) . . . . D.

Sᴀᴄɪ, Sᴀᴄɪɴᴀᴋ. — Noms de cépages serbes.

Sᴀᴄᴋ. — Nom de cépage américain.

Sᴀᴄʀᴀ, Sᴀᴄʀᴀ ʙɪᴀɴᴄᴀ. — Nom de cépage italien de Bénévent (*Bull. amp. ital.*, X).

Sacra nera. — Cépage italien de la région de Bari, d'après V. Pulliat ; feuille grande, plane, à peine trilobée ; grappe sur-moyenne, lâche ; grain plutôt gros, ellipsoïde, ferme, d'un noir rougeâtre ; maturité de 3ᵉ époque.

Sacy. . . . . IV. 24

Sadadêgo. — Cépage blanc, de cuve, de l'Imérétie russe. — V. T.

Saddy. — Cépage à raisins roses cultivé pour la cuve à Astrakhan (Russie). — V. T.

Sᴀᴅᴅʏ-ᴏᴜᴢᴏᴜᴍᴇ (Saddy) . . . . D.

Sᴀᴅᴏᴜʟᴇ ʙᴏᴜᴠɪᴇʀ (pour Saoûle Bouvier) . . . . D.

Saffianovoy. — Cépage de table d'Astrakhan (Russie) ; 1ʳᵉ époque de maturité ; grosse grappe de 2 kilog. à 2 kilog. 500, à gros grain ellipsoïde, rosé, charnu et de conserve. — V. T.

Saffora. — Cépage à raisin noir, cultivé pour la cuve à Nakhitchévane (Russie). — V. T.

Sᴀɢᴀʀᴇsᴇ. — Nom de cépage italien des Pouilles. — J. R.

Sageret. — Ancien semis de Moreau-Robert, à grosse grappe cylindro-conique, rameuse, lâche ; grain sur-moyen, globuleux, ferme, d'un blanc jaunâtre ; maturité de 2ᵉ époque (d'après V. Pulliat).

Sᴀɢᴏʀsᴋɪᴘᴏsɪᴘʜᴏɴ, Sᴀɢᴏʀsᴋɪ sɪᴘʜᴏɴ (Sopatna) . . . D.

Sᴀɢʀᴀ, Sᴀɢʀᴀ ɴᴇʀᴀ (Sacra nera) . . . . D.

Sᴀɢʜᴀɴᴛɪɴᴏ. — Nom de cépage italien de Foligno (*Bull. amp. ital.*, XII).

Saguy. — Cépage russe du Daghestan, à raisin noir de cuve. — V. T.

Sᴀʜᴀʙɪ (Saabi) . . . . D.

Sᴀʜɪʙᴇᴇ. — Nom de cépage cité par Chorlton.

Saibro. — Cépage portugais, cultivé à Evora et dans tout l'Algarve ; feuilles orbiculaires, quinquelobées, en gouttière, cotonneuses en dessous ; grappes irrégulières, ailées, lâches ; grains moyens, sphériques, sucrés, juteux, à saveur sucrée et parfumée, peau mince, d'un rouge clair ; raisin de table. — D. O.

Saibro de lago. — Cépage portugais, à raisin d'un jaune doré clair, de qualité inférieure pour la table, à grappes petites ; grains petits, sphériques.

Saïna. — Cépage de cuve de la Bessarabie (Russie), à grappe plutôt petite, allongée ; grains petits, sphériques, fermes, presque noirs.

Sᴀɪɴᴛ-Aʟʙᴀɴ ᴅᴇ Jᴏsʟʏɴ (Triumph) . . . . . . V. 186

Sᴀɪɴᴛ-Aɴᴛᴏɪɴᴇ (San Antoni) . . . . D.

Sᴀɪɴᴛ-Bᴇʀɴᴀʀᴅ (Agostenga) . . . . III. 64

Sᴀɪɴᴛ-Cʟᴀɪʀ, Sᴀɪɴᴛ-Cᴏ̂ᴍᴇ. — Noms de cépages (?) de l'Aveyron.

Sainte-Catherine. — Semis américain de Labrusca, à grande grappe assez compacte ; gros grains, d'un brun violacé mat, pulpeux et très foxés.

Sᴀɪɴᴛᴇ-Fᴏɪx (Gamay) . . . . III. 14

Sᴀɪɴᴛᴇ-Gᴇɴᴇᴠɪᴇ̀ᴠᴇ (Rulander) . . . . D.

Sᴀɪɴᴛᴇ-Hᴇ́ʟᴇ̀ɴᴇ (Isabelle) . . . . V. 203

Sᴀɪɴᴛᴇ-Mᴀʀɪᴇ (Chardonnay) . . . . IV. 5

Sainte-Marie (Melon)................. II. 45
Sainte-Marie d'Alcantara (Black Alicante). II. 130
Sainte-Marie de Vimines. — Cépage de la Savoie, d'après V. Pulliat ; feuille moyenne, plus longue que large, à duvet court sur les nervures, quinquelobées ; sinus profonds et étroits ; grappe moyenne, conique, assez serrée ; grain sur-moyen, globuleux, noir, juteux, un peu astringent ; peau épaisse, d'un jaune clair ; maturité de 2ᵉ époque.
Saint-Emilion (Gros Sémillon).......... II. 220
Saint-Emilion (Ugni blanc)............. II. 255
Saint-Emilion noir (Côt)............... VI. 6
Saint-François (Blanc Ramé).......... III. 240
Saint-Hilaire (Côt).................. VI. 6
Saint-Jacques. — Cépage décrit par V. Pulliat, d'après le Comte Odart ; feuille moyenne, révolutée sur les bords, très lanugineuse en dessous ; trilobée et à sinus peu profonds ; grappe petite, peu serrée ; grains petits, globuleux, fermes, juteux et sucrés, d'un noir foncé pruiné ; maturité de 1ʳᵉ époque.
Saint-Jaume, Saint-Jean blanc. Saint-Joseph. — Noms du Catalogue des vignes du Luxembourg.
Saint-Jeannet tardif................. II. 335
Saint-John's (Lignan blanc)............ III. 69
Saint-Laurent (Muscat Saint-Laurent) .. IV. 266
Saint-Laurent musqué (Muscat Saint-Laurent)............................. IV. 266
Saint-Laurent (Pinot Saint-Laurent).... III. 250
Saint-Laurent de Saumur (Muscat Saint-Laurent)............................. IV. 266
Saint-Laurent noir (Pinot Saint-Laurent). III. 250
Saint-Louis. — Semis de Moreau-Robert, d'après V. Pulliat, simple variation de Chasselas, inférieure au type et un peu plus tardif.
Saint-Macaire (Moustouzère)........... D.
Saint-Martin (Enfariné)............... II. 392
Saint-Nicolas (Negru vertos)........... D.
Saintongeois (Petit noir)............. III. 243
Saint-Paul. — Cépage de la région de Nice (?), d'après V. Pulliat, qui le caractérise par des feuilles quinquelobées, à épais duvet floconneux en dessous ; grappe moyenne, un peu serrée ; grain sur-moyen, olivoïde, ferme, juteux, bien sucré ; peau épaisse, d'un beau noir pruiné ; maturité de 3ᵉ époque ; V. Pulliat n'est pas loin de croire que c'est la variété noire de la Clairette (?).
Saint-Peray blanc (Roussanne)........ II. 210
Saint-Peray de Manosque (Téoulier).... III. 210
Saint-Peray noir (Téoulier)........... III. 210
Saint-Pierre (Saint-Pierre doré)....... IV. 367
Saint-Pierre de l'Allier (Saint-Pierre doré)............................. IV. 367
Saint-Pierre des Charentes (Colombaud). II. 216
Saint-Pierre doré.................. IV. 367

Saint-Pierre vert (Saint-Pierre doré)... IV. 367
Saint-Quint (Chasselas cioutat)........ II. 8
Saint-Rabier (Mérille).................. D.
Saint-Remy (Gueuche).............. III. 357
Saint-Romain (César)................. II. 294
Saint-Sauveur...................... VI. 382
Saint-Tronc. — Semis angevin, raisin de table, à grosse grappe, à grains gros ellipsoïdes, d'un blanc ambré ; 2ᵉ époque de maturité. — E. et R. S.
Saint-Ulrichstraube (Muscat Lierval)......... D.
Saint-Urbain (Grec rouge)........... III. 277
Saint-Valentin rose (Valteliner rouge).. IV. 30
Saint-Venin. — Nom du Catalogue des vignes du Luxembourg.
Saïrmoula. — Cépage à raisin noir du Caucase. — B. T.
Saïssaissine. — Nom de cépage de l'Isère cité par J. de Rovasenda.
Sakasli. — Cépage assez répandu dans l'île de Djerba (Tunisie) ; serait originaire de Chio (?) ; excellent raisin de table à peau épaisse, favorable à l'exportation ; grosse grappe rameuse, grains gros et un peu ovales, d'un rouge foncé pruiné ; feuilles quinquelobées, à sinus fermés, moyens, orbiculaires, lisses, avec un léger duvet floconneux sur les nervures de face inférieure. — N. M.
Sakastli (Sakasli)..................... D.
Sakhiby (Ssaguiby)................... D.
Sakhvirttchkhrila. — Cépage russe, à raisin noir, cultivé pour la cuve dans le Gouriel. — V. T.
Sakmévôla. — Cépage de cuve du Gouriel, à petit grain ovale, d'un jaune ambré, à goût musqué. — V. T.
Sakoudschala, Sakoudschala, Sakoudrekala (Dodrealabi)........................... II. 139
Sakovby (Ssaguiby)................... D.
Saksiby (Ssaguiby)................... D.
Sala bianca. — Nom de cépage italien (?) (Bull. amp. ital., XVI).
Salagnin (Servanin)................. VI. 100
Salais. — Nom de cépage (?) cité par Jullien pour la région de Loches.
Salamançais, Salamances, Salamancep. — Nom de cépage cité par J. Guyot pour la Lozère, peut-être le Piquepoul ou Folle blanche.
Salamanna....................... III. 155
Salamanna (Muscat d'Alexandrie)...... III. 108
Salamanna rossa (Muscat d'Alexandrie). III. 108
Salamanna nera (Corinthe noir)........ III. 292
Salamina, Salamino (Corinthe noir)..... IV. 292
Salamitana (Muscat d'Alexandrie)..... III. 208
Salanaise (Mondeuse)................. II. 274
Salarina (Cenerina)................... D.
Salaverd nero. — Nom de cépage italien du Piémont. — J. R.
Salceño (Miguel de Arco)................. D.

SALCEÑO BLANCO. — Nom de cépage espagnol de Salamanque, d'après Abela y Sainz.

SALCES GRIS (Gris de Salces)........... V. 156

SALÈ. — Nom de cépage cité par Garidel.

Salem. — Hybride américain de Rogers, n° 53, assez propagé aux États-Unis ; croisement de Mammoth et de Black Hamburg ; grappe grande, compacte ; grain assez gros, d'un rose mat clair ; un peu pulpeux et foxé.

SALEMITANA BIANCA (Muscat d'Alexandrie). III. 108

SALEMITANA NERA (Gerosolomitana nera)....... D.

SALER (Peloursin)..................... VI. 87

SALERNA NERA (Œillade)............... VI. 329

SALERNE (Cinsaut).................... VI. 322

SALERNE BLANC (Braquet blanc)......... IV. 239

SALET (Durif)........................ II. 81

SALET (Péloursin).... .... VI. 87

SALGES (Gris de Salces).............. V. 156

Salgues 51. — Terras × Couderc 1202. Obtenu par M. Salgues dans le Lot. Par l'aspect de son feuillage et de son fruit se rapproche beaucoup du Terras ; s'en différencie par une résistance phylloxérique plus grande, un aoûtement meilleur des sarments, et un raisin moins sensible à la pourriture. — J. R.-C.

Salgues 175. — Aigrié × Couderc 4401. Cépage intéressant, vigoureux, résistant au mildiou et fertile malgré son feuillage très incisé ; a hérité du 4401 une certaine sensibilité à l'oïdium. Bourgeonnement glabre, bronzé ; rameaux allongés, droits, buissonnants, noués court, châtain foncé et striés ; feuilles petites, lasciniées, à 5 lobes aigus ; sinus étroits et profonds en V ; limbe glabre, vert terne passant à l'automne à une décoloration vineuse avec révolutement des lobes ; défoliation tardive ; nervures pileuses ; pétiole grêle et rose ; grappes moyennes, cylindriques, massives, très serrées ; grains moyens un peu allongés par la compression, noirs, à jus coloré, très pruinés, fondants et de saveur neutre ; maturité de 1re époque. — J. R.-C.

Salicette. — Semis de Moreau-Robert, d'après V. Pulliat ; feuille moyenne, quinquelobée, glabre sur les deux faces ; grappe grosse, assez serrée ; grain moyen, globuleux, mou, sucré ; peau épaisse, d'un blanc jaunâtre ; maturité de 1re époque.

Saliklévy. — Cépage cultivé pour la cuve à Artwine (Russie) ; grande grappe lâche, à petits grains sphériques, d'un noir violacé, juteux et à peau mince. — V. T.

SALIS (Péloursin).................... VI. 87

SALISBURY VIOLET (Frankenthal)......... II. 127

SALLOCHE (Saloche)................... D.

SALLUNARDU NERU. — Nom de cépage italien (Bull. amp. ital., XVI).

Salmatrese nero. — Cité par J. Rovasenda comme cépage connu à Lucques, à petits grains oblongs, sur grappe rameuse.

SALMENTINA BIANCA. — Nom de cépage italien blanc de Piscara, d'après Mendola.

SALMIGGIATA. — Nom de cépage italien de Pavie. — J. R.

Saloche. — Cépage décrit par V. Pulliat comme variété du Sud-Ouest, peut-être le Blanc Ramé ; feuille orbiculaire, presque entière, sous-moyenne, à duvet lanugineux en dessous ; grappe moyenne, assez serrée, cylindro-conique ; grain moyen, subsphérique, jaune clair, transparent ; maturité de 2e époque tardive.

SALOMINO (Palomino)................. VI. 106

SALONA, SALONO, SALONIKO (Salonikio)........ D.

Salonikio. — Cépage de la Thessalie (Grèce), à feuilles orbiculaires, profondément quinquelobées ; grappe volumineuse, à grains gros d'un rose violacé (d'après F. Gos). — J. M.-G.

SALOPS. — Nom de cépage espagnol de Barcelone, d'après Abela y Sainz.

SALSA (Chasselas cioutat)............. II. 8

SALSES GRIS (Gris de Salses)........... V. 156

SALSENCH. — Nom de cépage espagnol de Lérida, d'après Abela y Sainz.

Salt creek. — Variété de Douniana sauvage, sélectionnée par T.-V. Munson, porte-greffe non utilisé.

SALUMER. — Nom de cépage du Haut-Rhin (?). — J. R.

SALVAGNIN (Pinot noir)................ II. 19

SALVAGNIN (Savagnin jaune)........... IV. 301

SALVAGNIN BLANC (Savagnin jaune)...... IV 301

SALVAGNIN NOIR (Pinot noir)........... II. 19

SALVANER, SALVANIER (Sylvaner)........ II. 363

SALVATA. — Nom de cépage espagnol de Barcelone, d'après Abela y Sainz.

SALVATICO. — Nom de cépage italien de la Toscane. — J. R.

SALVATOR, SALVATORE. — Nom de cépage italien de Rome. — J. R.

SALVENER, SALVENIER, SALVINER (Sylvaner). II. 363

SALYORUM (Vitis)...,................. I. 489

SAMAGET. — Nom de cépage (?) de Nice cité par Hardy.

Samakhy. — Cépage russe de table, à raisins blancs, peu répandu au Gouriel. — V. T.

SAMANTCHRO (Samatchkré)................ D.

Samarrinho preto. — Cépage portugais de la région du Haut-Douro, peu important ; donnant un vin rouge foxé et alcoolique ; feuilles trilobées, à lobe terminal allongé en lance ; grappes grandes, serrées ; grains moyens, ronds, d'un noir rougeâtre foncé ; très productif. — D. O.

Samatchkré. — Cépage à raisin noir, de 1re époque tardive de maturité, cultivé pour la cuve dans l'Imérétie (Russie). — V. T.

Samattchskhy. — Cépage à raisins blancs, cultivé pour la table au Gouriel (Russie), originaire de Luzistan. — V. T.

Sampiera. — Nom de cépage italien cité par Acerbi pour Bologne.

Sampietro. — Nom de cépage italien de la région de Lecce (*Bull. amp. ital.*, XV).

Sampo. — Nom de cépage italien de Gênes.

Samtchatcha. — Cépage de l'Imérétie (Russie), à raisin noir, cultivé pour la cuve. — V. T.

Samttcha-Danesy. — Cépage à raisins blancs cultivé pour la cuve en Crimée. — V. T.

Samttchkhravera. —Cépage à raisin noir de cuve du Gouriel (Russie). — V. T.

San Antolino. — Cépage blanc de la région napolitaine, à grande grappe très longue (30 à 35 centim.), grains petits, un peu ellipsoïdes, d'un jaune verdâtre, acides. — M. C.

San Antoni. — Cépage des Pyrénées-Orientales décrit par V. Pulliat; feuille sous-moyenne, glabre sur les deux faces et quinquelobées, à sinus fermé; grappe sous-moyenne; conique, compacte; grains gros ou très gros, ellipsoïdes, croquants, peau épaisse, d'un noir bleuâtre; maturité de 2e époque.

Sanford grape...................... I. 400

Sangamon. — Hybride de Labrusca, à gros grains d'un jaune blanchâtre, pulpeux et foxés.

Sanginella di Salerno. — Raisin de table assez précoce de la région napolitaine, se conservant bien; grappe grande, ailée; grains gros, ellipsoïdes, d'un beau jaune doré, croquants; grande feuille orbiculaire, quinquelobée, à sinus profonds et ouverts, bullées, révolutées sur les bords, quelques poils sur les nervures inférieures. — M. C.

San Gioveto........................ III. 332

San Jacinto. — Hybride de Rotuntifolia et de Lincecumii créé par T.-V. Munson, peut-être aussi hybride terroire de Rubiera de ces deux espèces; cet hybride a été ensuite hybridé avec d'autres cépages américains par T.-V. Munson.

San Jaume. — Nom de cépage de la région de Barcelone, d'après Abela y Sainz.

San Juan. — Cépage espagnol de la région de Barcelone, d'après H. Gorria.

San Marco bianco. — Nom de cépage italien de la Lombardie et de la Vénétie. — J. R.

San Martino bianco. — Nom de cépage italien de Mantoue cité par Acerbi.

SAN MATTEO NERO. — Nom de cépage italien de la région de Naples. — J. R.

SAN MICHELE. — Nom de cépage italien de Gênes (*Bull. amp. ital.*, XVI).

SANMOIREAU (Pinot noir)............... II. 19

San Nicola. — Cépage blanc très productif de la péninsule sorrentine (Italie méridionale); grappe longue, pyramidale, très grosse, ailée; grains moyens, subsphériques, blanc jaunâtre; feuilles moyennes, trilobées, cotonneuses en dessous. — M. C.

SAN NICOLO (Canaiolo)............. ... II. 314
SANOUYET (Mondeuse)................ II. 274

SANPELGRINA. — Nom de cépage italien, à raisin blanc, de la région de Modène. — J. R.

SAINT PERAY (Roussane)............... II. 73

SAN PETRONIO VERONESE, SAN PIETRO. — Noms de cépages italiens cités par Acerbi.

SAN PIETRO NERO. — Nom de cépage italien de la Terre d'Otrante. — J. R.

SAN ROCCO, SAN MORILLO, SANSOGNA. — Noms divers de cépages italiens mal déterminés.

SANS PAREIL (Grenache)............... VI. 285
SANS PÉPINS (Sultanina)............... II. 67

SANTA CATERINA BIANCA. — Nom de cépage italien de Milazzo, d'après Mendola.

SANTA GHIARA (Dolcino)................ D.
SANT' AGOSTINO (Cascarollo).. .... D.
SANTA ISABEL, SANTA IZABEL (Listan)........... D.
SANT ALBANO (Muscat de Jésus)........... D.

SANTA MARGHERITA. — Nom de cépage italien de Mantoue cité par Acerbi.

SANTA MARIA (Lacrima di Maria)............ D.
SANTA MARIA NERA (Aglianico)......... V. 84
Santa Morena.................. .... V. 326

SANT'ANNA NERA. — Nom de cépage italien du Haut-Novarais. — J. R.

SANTA PAULA (Cornichon blanc)........ IV. 315
SANTA PAULA BIANCA (Cornichon blanc).. IV. 315
SANTA PAULA DE GRENADA (Cornichon blanc)........................... IV. 315

Santa Paula de Xerez. — Cépage rare dans les vignobles espagnols de Xerez, à gros grain rougeâtre (d'après Simon Rojas Clemente).

SANTA SOFIA (Fiano)................. VI. 366
SANTIAGO (San Antoni).................... D.
SANTO ESTEVÃO (Dona Branca)........ III. 168
SANTO NICOLA (San Nicola)................ D.
SANTORO (Ugni blanc)............... II. 255
SANTORRO PASSERINO (Ugni blanc)........ II. 255
SANVICETRO (San Gioveto)............. III. 332
SANZOVETO (San Gioveto)............. III. 332
SÃO JOÃO (Uva do São joão)............... D.
SAOUBADÉ (Mourac)................. V. 68
SAOUBIGNOUN (Sauvignon)............. II. 230
SAOÛLE-BOUVIER (Pécoui-touar gris).... IV. 235

SAOUMANCÉS (Pinot noir). .... II. 19

Saoussa. — Cépage noir des environs de Puget-Théniers (Alpes-Maritimes); sarments moyens, à mérithalles courts, bourgeons gros un peu cotonneux; feuilles, moyennes, presque entières, assez minces, glabres en dessus, et légèrement duveteuses en dessous; grappe au-dessus de la moyenne, presque aussi large que longue; grains assez gros, sphériques, fermes, à peau fine d'un noir brillant, avec une chair assez ferme, juteuse et sucrée; précoce, très sujet aux maladies. — L. B. et J. G.

SAPA. — Nom de cépage italien de la Toscane, d'après Mendola.

SAPAJO COMMUN, SAPAJO GROSSO (Sapa)........ D.
SAPARANICA PRÆCOX (Teinturier)........ III. 362
SAPARAVI (Saperavi).................. VI. 233
SAPÊLI (Saperavi).................... VI. 233
SAPÉRAIBI (Saperavi)................. VI. 233
Sapéravi. .... VI. 233

Sapéravi-Bouléchouri. — Cépage russe de Tiflis, différant du Saperavi par les grains coniques et les grappes serrées. — V.-T.

SAPÉRAVI DE KAKHÉTIE (Saperavi)....... VI. 233
SAPÉRAVI KRIKLINA (Saperavi).......... VI. 233
SAPERAVI-TAOKÉRI (Saperavi).......... VI. 233
SAPÉVI (Saperavi)................... VI. 233
SAPILIER (Nehelescol)............... III. 290
SAPINAY (Meunier)................... II. 383
SAPIRAMICA MAJOR (Saperavi)........... VI. 233
SAPOROBY (Ssaguiby)..................... D.
SAPPERAVY (Sapéravi)................. VI. 233

SARABNI. — Cépage de la Syrie. — At. B.

Saracina. — Cépage de cuve des régions napolitaines, à culture importante. — J. R.

SARAGIOLO. — Noms de cépage italien de la région de Sienne. — J. R.

SARATCHOBOUK (Pamit)............... VI. 408
SARATOGA (Catawba)................. VI. 282

SARBELLE FRONTIGNAN (Muscat de Sarbelle (?)). D.
SARBOROS (Jûhfark).................... D.
SARBONTON (Isabelle)................. V. 203
SARCIAL (Sercial)................... VI. 218
SARCINOSA (Sciascinoso)............. VI. 352

SARCOULON. — Cépage à raisin noir de cuve de la Thessalie (Grèce). — X.

SARCULA (Maligia).................... D.
SARDA BIANCA (Chasselas violet)........ II. 15

SARDEGNA. — Nom de cépage italien de Bobbio (*Bull. amp. ital.*, XIV).

Sardoal. — Cépage portugais peu important dans l'encépagement de l'Alemtejo. — D. O.

SARDOVARY (Jardovan)..................... D.

Sarok. — Cépage russe de Artwine, cultivé pour la table; grappe moyenne, conique, serrée; grains gros, allongé, charnu, à peau épaisse, peu sucré. — V. T.

Sarfehér. — Syn. *Alföldietraube, Szagos, Batai, Szige, Spirlin* (Croatie). — Cépage très répandu dans la moyenne Hongrie. Végétation très forte; bourgeonnement blanchâtre, souvent lavé de rose; bois jaune à mérithalles moyens; feuilles rondes, ou grandes allongées, entières ou légèrement trilobées, à page inférieure légèrement pileuse, la supérieure d'un vert brillant, limbe souvent révoluté; grappe |cylindro-conique allongée, à grains ronds de 15 $^m/_m$, d'un beau jaune translucide pruiné de blanc; chair un peu croquante, sucrée, faiblement relevée. Maturité moyenne. Ce cépage d'une très bonne fertilité donne un bon vin blanc de grand ordinaire, des plus estimés en Hongrie. Il est chez nous plus sujet à la pourriture que dans son pays d'origine; néanmoins il paraît d'importation intéressante. — A. B.

SAR FÉJER SZOLLO (Pinot gris)......... II. 32
SAR FEHER SZAGOS (Bakalor)...... ..... IV. 182
SARFEHER SZÖLLÖ (Sarfeher)............... *D.*
SARFEHER WEISSE (Bakator)............ IV. 182

Sarfekéte. — Raisin noir de cuve de la Hongrie; grappe moyenne, grain moyen, sphérique, peu allongé; feuilles petites, quinquelobées, d'après H. Gœthe.

SARGA BOROS (Lämmerschwanz).............. *D.*
SARGA DINKA (Honigler)................... *D.*
SARGA MARGIT (Honigler)................... *D.*
SARGA MUSKATELY (Muscat de Frontignan).
SARGIA NERA. — Nom de cépage (?) de la Sardaigne.
SARGA SZOLO (Honigler)................... *D.*

Sariangouche. — Cépage de 2e époque de maturité, cultivé pour la table dans le Turkestan russe; peu fertile et de vigueur moyenne, rameaux à mérithalles courts; feuille moyenne, trilobée, aranéeuse en dessous; grappe moyenne, allongée, peu serrée; grain moyen, long, charnu, peau épaisse, d'un rose clair. — V. T.

Sari-Guila. — Raisin rouge cultivé pour la table à Chirvan (Russie). — V. T.

Sari-tchibouk. — Cépage bulgare de cuve et de table, à grandes feuilles quinquelobées, raisins rougeâtres; grappe cylindrique sur long pétiole; grains gros, serrés, ronds, d'un rouge clair.

SARJAVINA. — Nom de cépage (?) cité par Trummer.

Sarmay. — Cépage de table, à raisin blanc, de Chemakha (Russie). — V.-T.

SARMEGA BIANCO (Sarmeggiato)............... *D.*

Sarmeggiato bianco. — Cépage italien de la région de Bobbio (Italie), à raisins blancs; cultivé pour la cuve, d'après J. de Rovasenda.

Sarmezzana. — Cépage italien, peu connu, à grappe conique, compacte et à raisins noirs, originaire (?)

de la province d'Alexandrie, d'après J. de Rovasenda.

SARMEZZATO (Sarmeggiato).................. *D.*
SARMENTACÆÆ (Ampélidées)........... I. 6
SARMENTACÉES (Ampélidées)............ I. 6
SARMENT ROUGE (Rka-Tziteli).......... IV. 227
SARMINIEN. — Nom de cépage cité par Olivier de Serres. — J. R.-C.

SARMSÁ. — Nom de cépage italien (*Bulletin ampélographique italien*, XIV).

SARNBORTON (Isabelle)................ V. 203
SARNO NERA. — Nom de cépage italien de la région de Salerne.

SARPIN, SARPINAY, SARPINET (Meunier)... II. 383
SARRANTE ECKLISIA, SARRANTE ECKLISIA BLANCHE. — Nom de cépage grec, d'après Schmidt.

SARRATE BLANC. — Nom du catalogue des vignes du Luxembourg.

Sarravesa. — Cépage sarde, à grains ronds, blancs, produisant un vin commun, d'après J. de Rovasenda.

SARS SZUM (Galbina)..................... *D.*
SARVAGNIN (Savagnin)................. IV. 98
SARVAGNIN BLANC D'ALBERTVILLE (Savagnin)............................ IV. 98
SARVAGNIN NOIR. — Nom de cépage du Jura (?), cité par Hardy.

SARVAGNIN PETIT (Pinot noir).......... II. 19
SARVANT BLANC (Servant).............. IV. 323
SARVA-SATCHAG (Digmouri?)................ *D.*
SARVINIEN CENDRÉ (Savagnin).......... IV. 98
SARVOIGNY. — Nom de cépage du Catalogue des vignes du Luxembourg.

SARVOISIEN. — Autre nom inexact du Catalogue des vignes du Luxembourg.

SARY EZANDARI (Ezandari)................. *D.*
SARY KOKOUR (Kokour blanc).......... IV. 149
SASCA (Ovisul)........................ *D.*

Sassala. — Cépage à raisin blanc, précoce, cultivé pour la table aux Iles Cyclades. — X.

SASSLER (Neagra rara)................... *D.*
SATA NERA. — Nom de cépage italien de Roveredo.
SATIBA. — Nom de cépage de l'Imérétie russe. — V. T.

SATINÉ HATIF, SATINÉ JAUNE. — Donné par plusieurs auteurs comme cépage du Maine-et-Loire, à grains moyens, jaunes, de 2e époque (?).

SATSCHINAK, SATSCHINAK BLAU (Sacy)..... IV. 25
SATTA, SATTARINO. — Nom de cépage italien de Roveredo.

Sattsoury. — Cépage de l'Adjarie russe, à grappe moyenne, peu serrée, grains de grosseur moyenne, allongé, rougeâtre; cultivé pour la cuve. — V. T.

Saturne. — C'est une Panse noire, obtenue de semis par M. Bidault, en 1876, au Jardin de Saumur. Souche très vigoureuse; bois jaunâtre clair; bourgeonnement, vert, roux clair; feuilles grandes, quinquelobées, glabres, d'un vert clair; grappe cylindrique, peu ailée, moyenne, à grains ronds, gros, serrés ; chair à goût simple. Le Saturne est très fructifère et s'accommode bien de la taille longue; ses grappes serrées le rendent quelque peu sujet à la pourriture; maturité 1re époque tardive. — C. B.

SATZOURY (Sattsoury)..................... *D.*
SAUERKLEINBERGER (Heunisch).............. *D.*
SAUERLAMPER (Putzscheere)............ III. 197
SAÜERLICHER BURGUNDER (Affenthaler).... VI. 81
SAUERSCHWARZ (Heunisch)................... *D.*
SAUGÉ. — Nom de cépage cité par André Baccius au xvie siècle. — J. R.-C.
SAULT NOIR (Béclan)...... .... V. 255
SAUMANSOIS (Manseng)............... V. 263
SAUMOIREAU (Pinot noir)............... II. 19
SAUMOLL (Sultanina)................, II. 67
SAUMORILLE (Gamay Beaujolais)........ III. 9
SAUNOIR (Béclan)..................... V. 255
SAURE (Pécoui-Touar)............... IV. 233
SAURER KLEINBERGER (Hans)................ *D.*
Sauterne blanc. — Hybride de Sémillon et de Sauvignon créé par Numa Naugé; à grains ronds, moyens de grosseur, d'un jaune doré; saveur de Saurignon; maturité de 1re époque.
SAUTERNE WEISSER (Pis-de-chèvre blanc). IV. 91
SAUT NOIR (Béclan)................... V. 255
SAUVAGE. — Nom sans signification du Catalogue des vignes du Luxembourg.
Sauvaget. — Cépage blanc des Alpes-Maritimes où il est peu répandu; de bonne production, donnant un vin assez estimé ; résistant aux maladies cryptogamiques et à la chlorose; demande la taille courte. Bourgeons gros et glabres; feuilles vert foncé, légèrement duveteuses à la partie supérieure et fortement velues à la partie inférieure, à nervures nettement accusées, et lavées de rose ; les sinus supérieurs peu marqués et le sinus pétiolaire en U; grappe allongée, cylindro-conique, ailée, à grains moyens, avec une peau peu épaisse et peu résistante, de couleur vert doré à la maturité; pédoncule court et fort. — L. B. et J. G.
SAUVAGNEUX (Savagnin jaune)........ IV. 301
SAUVAGNIEN (Savagnin jaune)......... IV. 301
SAUVAGNIN (Savagnin jaune)........... IV. 301
SAUVAGNON (Argant)................. V. 346
SAUVANON (Savagnin jaune)......... IV. 301
Sauvignon.......................... II. 230
SAUVIGNON A GROS GRAINS (Sauvignonasse). II. 236
Sauvignonasse........................ II. 236
SAÜVIGNON BLANC (Sauvignon).......... II. 230
SAUVIGNON DE LA CORRÈZE (Sauvignonasse). II. 236
SAUVIGNON DE QUINCY (Sauvignon)........ II. 230
SAUVIGNON FUMÉ (Sauvignon)........... . II. 230

SAUVIGNON GRIS (Sauvignon)........... II. 230
SAUVIGNON JAUNE (Sauvignon).......... II. 230
SAUVIGNON NOIR (Pardotte).............. *D.*
SAUVIGNON PICCOLO (Sémillon).......... II. 227
Sauvignon rose..................... II. 236
Sauvignons........................ II. 230
SAUVIGNON VERT (Gros Sauvignon)...... II. 235
Sauvignon violet..................... II. 236
SAUVOIGNIN (Savagnin jaune)........... IV. 301
SAVAGIN BLANC (Savagnin jaune)........ IV. 301
Savagnin jaune..................... IV. 301
SAVAGNIN MUSQUÉ (Savagnin)........... IV. 309
SAVAGNIN NOIR (Pinot noir)............ II. 19
SAVAGNIN NOIR (Savagnin)............. IV. 309
Savagnin rose....................... IV. 301
Savagnins........................... IV. 301
SAVAGNIN VERT (Savagnin jaune)........ IV. 301
SAVAGNIN VERT A QUEUE COURTE (Savagnin jaune)............................. IV. 301
SAVANIEN (Savagnin jaune)............ IV. 301
Savatiano. — Cépage à raisins blancs, précoce, des îles Cyclades. — X.
Saveur d'Isabelle. — Cépage signalé dans l'Anjou, à caractères du Chasselas doré, avec goût de cassis dans les fruits. — E. et R.-S.
SAVIGNAIN (Savagnin jaune)........... IV. 301
SAVIGNIEN NOIR (Meunier)............. II. 383
SAVIGNIET (Savagnin jaune)........... IV. 301
SAVIGNON (Chardonnay)............... IV. 5
SAVIGNON NATURÉ (Chardonnay). ...... IV. 5
SAVÈTE (Mondeuse).................. II. 274
SAVOÉ (Mondeuse)................... II. 274
Savogeat. — Nom de cépage cité par Acerbi pour le vignoble de Lausanne.
SAVOIGNIN (Savagnin)................ IV. 301
SAVOISETTE (Mondeuse blanche)........ II. 286
SAVON DE FIGO, SAVOU DE FIGO (Muscadelle). II. 55
SAVOUETTE (Mondeuse)............... II. 274
SAVOUETTE (Mondeuse blanche)........ II. 284
SAVOURET (San Antoni)............... *D.*
SAVOYAN, SAVOYANCE (Mondeuse). ..... II. 274
SAVOYANCHE (Mondeuse)............. II. 274
SAVOYANGE (Mondeuse).............. II. 274
SAVOYANNE (Mondeuse).............. II. 274
SAVOYARD (Douce noire)............. II. 371
SAVOYEN (Mondeuse)................ II. 274
SAVOYET (Mondeuse)................ II. 274
SAVOYETTE (Mondeuse blanche)....... II. 284
Sayrmoula. — Cépage à raisins noirs, cultivé pour la cuve à Letchkhoum (Russie). — V. T.
SBA-EL-EULJAT (Cornichon blanc)...... IV. 315
Sbizolla. — Nom de cépage italien cité par le *Bull. amp. ital.*, XIX.
Sbulzina. — Nom de cépage italien cité par Acerbi pour la région d'Udine.
SCAABI (Saaby)...................... *D.*

Scacanio. — Nom de cépage italien (?) (*Bull. amp. ital.*, XVI).

Scaccia dépiti (Ugni blanc)............ II. 255

Scacco. — Nom de cépage italien (?) (*Bull. amp. ital.*, X).

Scafatta. — Nom de cépage italien de la région de Vérone.

Scala bianca, Scalidda bianca. — Noms de cépages italiens d'après Mendola.

Scaliger. — Raisin gris à gros grains ellipsoïdes de 18/17, obtenu de semis par Strub. Bonne production, mais un peu tardif et vin très ordinaire. — A. B.

Scalloto. — Cépage de l'Italie méridionale; grappe moyenne, ailée, conique; grains moyens, ellipsoïdes, pruinés, noir bleuâtre, tanniques; feuilles grandes, entières ou peu lobées. — M. C.

Scantiana (Amminea)..................... D.

Scaperavi (Saperavi)................. VI. 233

Scarcit (Gros Verdot)................. VI. 20

Scarica lasino. — Nom de cépage italien de la région de Gênes (*Bull. amp. ital.*, XVI).

Scarlatino. — Nom de cépage italien de la région de Suse et de Pignerol, d'après J. de Rovasenda.

Scassacaretta nera (Castagnara)........... D.

Scattiscente. — Nom de cépage italien de la Basilicate, d'après J. de Rovasenda.

Scavuzza bianca. — Nom de cépage sicilien, d'après Mendola.

Scenciata bianca, Scenciatella, Scenciatello, Sceni, catella, Scentatella (Ugni blanc ou Trebbiano).

Scented grape (V. Riparia)............ I. 414

Schaaffttraube blaue. — Nom de cépage (?) cité par Dittrich, Balo, etc.

Schaawaner rother (Sylvaner)......... II. 363

Schabsk. — Nom de cépage hongrois cité par Hardy (?).

Scacham-Gari. — Nom de cépage du Caucase, d'après Scharrer.

Schaffausen (Gros Bourgogne)......... VI. 56

Schaibkürn (Kölner)................... D.

Schakari-bura, Schakari-bura blanc. — Noms de cépages russes d'Erivan, d'après Scharrer.

Schalleschvabze (Saperavi)............ VI. 233

Schaouka (Cornichon)................ IV. 315

Scharger's Henling. — Cépage de forcerie, cité par Chorlton; à longues grappes serrées; grains petits, ovales, d'un noir foncé.

Schari Kamouri, Schari Kabistori (Kawoori).. D.

Scharvaner (Sylvaner)............... II. 363

Schauffäuser rother. — Nom de cépage (?) donné par Hardy pour la Suisse.

Scheckigetraube. — Nom de cépage hongrois cité par Dittrich.

Schehen traube. — Nom inexact du Catalogue des vignes du Luxembourg.

Scheibkörner (Kölner)..................... D.

Scheiktrauben (Gouais)............... IV. 94

Schein Kern (Ezerjó)..................... D.

Schfisch trauben (Gouais)............ IV. 94

Scheuchner. — Variété à raisins noirs que nous avons reçue du Tyrol; elle n'est pas le Kölner comme le suppose H. Gœthe : Bourgeonnement rose duveté; bois blanchâtre noué court; feuilles moyennes tri ou quinquelobées, très légèrement duveteuses en dessous, à sinus pétiolaire ouvert en V; grande grappe aileronnée et à pédoncule vert très fort et pédicelles trapus à large disque; grains ellipsoïdes de 16/15 sujets à l'oïdium; maturité de 1re époque tardive; production moyenne; vin ordinaire. — A. B.

Schiancapalmento (Bombino).......... VI. 330

Schiava............................. III. 337

Schiava blanche (Schiava)........... III. 337

Schiava gentile (Schiava)............ III. 337

Schiava nera, Schiava veronese. — Noms de cépages italiens cités par Acerbi pour la Lombardie.

Schiava rouge (Schiava)............. III. 337

Schiavetta. — Nom de cépage italien cité par Acerbi pour la région de Trente.

Schiavo (Schiava)................... III. 337

Schiavoltiello (Apasulo).................... D.

Schiavoltiello nero (Apasulo)............... D.

Schiavona bianca, Schiavona de Bologne. — Noms de cépages italiens de Modène et de Bologne.

Schiavone (Frankenthal)............. II. 127

Schiavonia, Schiavorna. — Nom de cépage italien de Lecce (*Bulletin ampélographique italien*, XV).

Schidzouly (Schiradzouli)............ III. 118

Schiettarola (Pignolo)................... D.

Schilcherthaube (Wildbacher).............. D.

Schilder (Wildbacher)................... D.

Schiller. — Semis américain de Rulander, à caractères d'Æstivalis; grains moyens, d'un rouge violacé, juteux.

Schindauer rother (Kölner)................ D.

Schioccoio. — Nom de cépage italien à raisins noirs de la région de Gênes (*Bull. amp. ital.*, XVI).

Schioppanella, Schioppetta bianca (Malvoisie?).

Schippu (Furmint)................. II. 151

Schiradzouli....................... III. 118

Schiradzouli blanc (Schiradzouli)...... III. 118

Schiradzouli rose (Schiradzouli)....... III. 118

Schiradzouli rouge (Schiradzouli)...... III. 118

Schira-isioum. — Nom de cépage de la Crimée (?) cité par Odart.

Schiras (Syrah)..................... II. 70

Schiras noir. — Semis du Dr Houbdine, d'après V. Pulliat, qui le caractérise par une grande feuille bullée, quinquelobée, aranéeuse en

Sciava (Schiava).................... III. 337
Sciava nera, Sciava veronese (Schiava).. III. 337
Scigliess, Sciocchera, Schiocchera bianca, Scioc-
chera nera. — Noms divers de cépages italiens de
la région de Bobbio.
Sciocchera nera (Fuella)............. III. 141
Sciocona. — Nom de cépage italien de la Lombardie.
— J. R.
S'cioparula, S'cioparula fina. — Noms de cépages
italiens cités par Acerbi.
Scioperello. — Nom de cépage italien de la région
de Chiavari (Bull. amp. ital., XVI).
Scircula, Scircitula (Numisianæ)........... D.
Scirpula (Muscats).................. III. 381
Sclavo (Schiava)................... III. 337
Sclenzihzh (Sylvaner)................ III. 363
Scochera nera (Fuella)............... III. 141
Scopeletico. — Cépage grec des îles sporades;
grappe petite, irrégulière; grains sous-moyens,
sphériques, fermes, d'un blanc doré. — J. M.-G.
Scoperavi (Sapéravi)................. VI. 233
Scorticone nero. — Nom de cépage italien de la
région de Bologne.
Scorzamara. — Cépage italien de la région de
Parme, à grains noirs ovoïdes. — J. R.
Scotch wite cluster (Van der Laan
traube)........................ III. 126
Scott grape (Ironclad)................ D.
Scrocchiarello (Montanicu)............. D.
Scrocco. — Nom de cépage italien de la Toscane.
Scros, Scros nero, Scrossera, Scrussorela,
Scrouss, Scrus. — Noms d'un cépage italien de la
province d'Alexandrie.
Scupernon du Jardin d'Acclimatation. — Forme de
Riparia à feuilles petites et luisantes, peu vigoureux.
Scuppernong. — Variété de V. rotundifolia très
cultivée sur les bords de l'Atlantique et du golfe du
Mexique aux États-Unis; elle forme la base de
tous les vignobles de ces régions humides et
chaudes (Carolines, Alabama, Géorgie, Mississipi,
Louisiane); les caractères du Scuppernong sont
ceux qui nous sont donnés pour le Rotundifolia.
Scutaeiner blauer (Kadarka).......... IV. 177
Scuturatoare. — Cépage à raisin noir disséminé
dans tous les vignobles de la Roumanie, mais sans
importance culturale, peu vigoureux. — G. N.
Scybellides, Scycibellites (Cornichon).. III. 315
Seacliffe Black (Danugue)............ II. 168
Seau de France (Meslier)............. III. 50
Seau gris (Beaunoir)................ IV. 64
Séaut noir (Béclan)................. V. 255
Sebastiano. — Nom inexact attribué par divers
auteurs soit à un cépage corse, soit à un cépage
turc.
Sébastopol. — Cépage décrit et signalé seulement
par V. Pulliat, à grosse grappe rameuse, grains

gros, subsphériques, d'un beau jaune; maturité
de 2e époque.
Seber. — Nom de cépage cité par Acerbi.
Sécal blanc. — Nom de cépage (?)cité par J. Guyot
pour le Tarn.
Seccajola, Seccajone (Canaiolo)....... II. 314
Séchette (Gouais)................... IV. 98
Seco............................. IV. 212
Secohal. — Nom inexact du Catalogue des vignes
du Luxembourg.
Secretary. — Hybride américain de Riparia et de
Vinifera, créé par H. Ricketts; sans résistance
phylloxérique, peu vigoureux, mais bien fructifère;
grappe assez grosse, serrée, conique, grains
moyens, sphériques, d'un noir violacé, pruiné, à
saveur un peu musquée.
Sedmogradka zelana (Elbling)........ IV. 169
Sedouro (Sé d'Ouro)..................... D.
Sé d'Ouro. — Cépage portugais à raisins blancs dis-
séminé encore dans la région du Minho, d'où il
disparait de plus en plus. — D. O.
Seelamber (Furmint)................ II. 251
Seedling ingram (Ingram's Muscat)..... III. 129
Speraffli piros. — Nom de cépage cité par Molnar
pour la région de Presbourg.
Seestock, See Stock (Furmint)........ II. 251
Seeweinbere (Furmint)............... II. 251
Sefta (Zelenika)..................... D.
Segah box grape (Jacquez)........... VI. 374
Seghone bianco. — Nom de cépage italien de la
région de Barletta.
Seidentraube (Agostenga)............ III. 64
Seidentraube (Lignan blanc)........... III. 69
Seidentraube gelbe (Lignan)........... III. 69
Seimra (Vulpe)..................... IV. 147
Seina (Creata)...................... D.
Seina (Negru mole).................. D.
Seina (Ovisul)...................... D.
Seins de la Vierge (Olivette blanche)... II. 330
Selena grüne (Furmint).............. II. 251
Seleniak, Selenika (Hainer).......... D.
Selenzhic, Selenzhis (Sylvaner)........ II. 363
Sella (Peloursin)................... VI. 87
Sellerina, Sellero (Cenerina).......... D.
Selvaggia (Saracina)................ D.
Selvatica, Selvatico dell' Ordinata. — Noms de
cépages italiens de la région napolitaine. — J. R.
Sème (Côt)........................ VI. 6
Sémillon, Séméléon (Semillon)....... II. 227
Semendria, Semendriai feher, Semendrianer
(Romanka)...................... VI. 414
Semendrianer weisse (Plovdina)........ D.
Semendrienne blanche (Plovdina)....... D.
Semendru (Bambal).................. D.
Sementina. — Nom de cépage italien de la région
du Chiavari (Bull. amp. ital., XVI).

Semidanu blanc. — Cépage italien de la Sardaigne d'après V. Pulliat; à grosse grappe, rameuse et ailée, un peu lâche; grain plutôt sur-moyen, subsphérique, ferme, d'un jaune doré; maturité de 3ᵉ époque.

Semidana noir (Læta)........................ D.
Sémillon (Gros Sémillon).............. II. 220
Sémillon (Petit Sémillon)............. II. 227
Sémillon à bois noir................ II. 229
Sémillon blanc (Petit Sémillon)........ II. 227
Sémillon crucillant (Gros Sémillon)... II. 220
Sémillon Muscat (Gros Sémillon) ..... II. 220
Sémillon persillé (Sémillon à bois noir). II. 229
Sémillon rouge (Merlot).............. VI. 16
Sémillon roux (Gros Sémillon).. .... II. 220
Sémillons........................ II. 220
Semis de Clinton (Vialla)............. I. 473
Semis de Goës (Frankenthal)........... II. 127
Semis de Schraidt (Black Pearl)............. D.

Sempre verde. — Ancien cépage portugais du Douro, à maturité très tardive; inconnu actuellement.

Seña. — Cépage espagnol, à raisins noirs, de la région de Vizcaya, d'après Abela y Sainz.

Senasqua. — Hybride américain de Concord et de Black Prince créé par Underhill; il ne paraît exister aux États-Unis que dans les collections ou les pépinières; grappe et grain sur-moyens, serrés, d'un noir violacé foncé, très pruinés; goût un peu foxé cuit.

Seneca. — Semis américain de Labrusca, isolé par J. Burr; grosse grappe, compacte; grain gros, rougeâtre, foxé.

Senerederca (Plovdina)................... D.
Senese (Piedirosso)................... VI. 360
Senese rosso (Piedirosso)............. VI. 360

Senger. — Nom de cépage (?) cité par Trummer.

Senica del Cherzo (Berzamino)........ III. 339
Senza grana, Senza seme (Corinthe)..... IV. 292
Seouvan (Servant).................... IV. 323
Sepelina (Pis-de-chèvre blanc)........ IV. 91
Septembro (Chasselas violet).......... II. 15
Sequanensis (V. sequanensis).......... I. 488
Seracino (Palummina)..................... D.
Sera la manna (Muscat d'Alexandrie)... III. 108

Serasina. — Nom de cépage italien de la région de Gênes (Bull. amp. ital., XVI).

Serceal (Sercial)................ .. VI. 218
Sercial.................... .... VI. 218
Sercial du Jura (Chasselas doré)....... II. 6
Sercial preto (Cerceal preto)............... D.
Sereine (Syrah)...................... II. 71

Sérèni. — Nom de cépage blanc de la Syrie?

Sérené (Ciréné de Romans)........... V. 229
Sérène (Dureza)..................... VI. 97
Serené (Serène de Voreppe)......... V. 234
Séréné (Serène de Voreppe)......... V. 235

Sérène (Syrah)..................... II. 70
Serène de Voreppe................. V. 234
Serenèze (Argant)................,..... V. 346
Sérenèze (Ciréné de Romans)......... V. 229
Sérenèze (Serène de Voreppe)......... V. 235
Sérenèze de Calvat (Ciréné de Romans). V. 232
Sérenèze de la Tronche (Ciréné de Romans)............................ V. 231

Serfiotikon. — Cépage à raisins roses, précoce, cultivé pour la table dans les îles Cyclades (Grèce). — X.

Sergolese nero. — Nom de cépage italien cité par Acerbi pour les Romagnes.

Seria. — Ancien cépage blanc portugais, de Traz-os-Montes, cultivé aujourd'hui dans les collections. — D. O.

Seriki. — Cépage à raisins noirs, précoce, cultivé pour la table dans la Corinthie (Grèce). — X.

Serine (Dureza)..................... VI. 97
Serine (Serène de Voreppe)........... V. 235
Sérine (Syrah)...................... II. 70

Sermione. — Nom de cépage italien de la région de Voghera (Bull. amp. ital., XIV).

Serodina bianca (Ténéron)............ II. 195
Serodino nero (Chatus).............. III. 212
Serofegno (Lacrima nera)................... D.
Serotina (Ténéron).................. II. 195

Serpe, Serpenta, Serpentara. — Noms de cépages italiens des régions napolitaines. — J. R.

Serra. — Nom de cépage italien cité par Acerbi pour San Remo.

Serravillano (Servavillano)................. D.
Servadou (Gros Verdot).............. VI. 20
Servagin (Servanin) .... VI. 100
Servagneun (Servanin)............... VI. 100
Servagnie (Servanin)............... VI. 100
Servagnin (Servanin)................. VI. 100

Servagnin blanc de Seyssel. — Cépage de la Savoie et de l'Ain, d'après P. Tochon; feuille presque glabre, moyenne, trilobée; grappe moyenne, peu serrée, conique; grain sur-moyen, un peu ellipsoïde, ferme, juteux, un peu astringent, blanc jaunâtre; maturité de 2ᵉ époque hâtive.

Servagnin noir de Seyssel (Pinot noir).. II. 19

Servan isioum. — Nom de cépage (?) cité par Odart.

Servan (Servant)................... IV. 323
Servan blanc (Saint-Jeannet tardif)..... II. 335
Servan blanc (Servant).............. IV. 323
Servangien, Servanier (Pinot noir)..... II. 19
Servanin...................... VI. 100
Servanit (Servanin)................. VI. 100
Servant...................... VI. 323
Servant de l'Hérault (Servant)........ IV. 323

Servat. — Nom inexact du Catalogue des vignes du Luxembourg (pour Servant?).

Servavillano nero. — Cépage italien cultivé dans le Piémont pour la cuve, à grosse grappe et grains sur-moyens, d'un noir foncé. — J. R.

Servignin, Servinien, Servinien blanc

Servinien cendré (Meslier)........... III. 51

Servoignier (Savagnin jaune).......... IV. 301

Servoyen blanc (Savagnin jaune)....... IV. 301

Servoyen rose (Sauvagnin rose)........ IV. 301

Sesão de correr. — Cépage à grande expansion du Minho (Portugal) ; feuilles allongées, de grandeur moyenne, épaisses, quinquelobées, d'un vert foncé, pubescentes en dessous ; grappes moyennes, cylindro-coniques, à aile courte ; grains sphériques, un peu allongés, moyens, d'un rouge violacé foncé. — D. O.

Sesão forte de basto (Sesão de correr)........ D.

Sesek cerni (Pis-de-chèvre)............ IV. 91

Settara, Settora. — Nom de cépage italien cité par Acerbi.

Sévigné (Savagnin).................. IV. 308

Sévigné de l'Aube (Savagnin).......... IV. 308

Sévigné rouge (Savagnin)... .... IV. 308

Sete espigas. — Ancien cépage de l'Algarve (Portugal) ; disparu actuellement. — D. O.

Settembrina. — Nom de cépage piémontais, d'après Cerletti.

Seuba el adja (Cornichon blanc)........ IV. 315

Sévigné vert (Savagnin)............... IV. 308

Sezannensis (V. Sezannensis)........... I. 486

Sfasciabotte, Sfasciacanale, Sfondabotte (Ugni blanc ou Trebbiano)........... II. 255

Sforiella, Sforcellina (Albana)............. D.

Sgnanetta, Sgavetta. — Noms de cépages italiens de la région de Modène. — J. R.

Sgharia alba. — Nom de cépage roumain.

Sgigarda alba (Sguidarda)................ D.

Sgorbera (Corvina)....................... D.

Sgranarella, Sgranarone. — Nom de cépage italien de la région de Bologne. — J. R.

Sgrignolotto bianco. — Nom de cépage italien de la région de Novare. — J. R.

Sguabnazza (Perricone)................ VI. 227

Sguidardá. — Raisin blanc, de cuve, de 3e époque de maturité, assez cultivé en Bessarabie (Russie) ; feuille grande, à peine trilobée, à bords révolutés, très lanugineuse en dessous ; grappe grande, conique, rameuse ; grain moyen, sphérique, d'un jaune verdâtre. — V. T.

Sguidarda alba (Sguidardá)................ D.

Sguidarda neagru (Feteasca neagra).... IV. 132

Sguidarde (Sguidardá)..................... D.

Sguizzera. — Nom de cépage italien de la région de Bologne.

Shaker (Isabelle)..................... V. 203

Shaker (Union Village)................... D.

Shala. — Hybride de America × R.-W. Munson,

créé par T.-V. Munson au Texas ; très semblable à Cloeta.

Sharon (Cayuga)........................... D.

Shmislovna. — Nom de cépage cité par Trummer.

Shelby. — Hybride américain de Riparia et de Labrusca, créé par S. Marwin, à caractères de Labrusca dominants ; grain moyen, blanchâtre, pulpeux et foxé.

Shernah. — Hybride de T.-V. Munson, de même origine que le Shala et très semblable.

Sherman (Lyman)........................ D.

Sherry (Black July)......................... D.

Shipo, Shipon, Shiponski (Furmint).

Shipon debeli, drobni, mali, osipani, sagorski, zherni. — Noms de cépages (Furmint, etc.) cités par Trummer.

Shiradzouli (Schiradzouli)............. III. 118

Shittavi. — Cépage égyptien, à grain blanc, ovale, d'après Sickemberger. — J. M.-G.

Shiupo (Furmint)..................... II. 251

Shlahtnina (Chasselas doré)............ II. 6

Shopatna, Shopatna traube blaue (Valteliner rouge)...................... IV. 30

Shopatna erdezila, weisse. — Noms de cépages cités par Trummer.

Shore grape (Vitis riparia)............. I. 414

Shota (Wildbacher)........................ D.

Shulta belina (Heunisch)................... D.

Siaccarello nero (Sciaccarello)........ IV. 159

Siacquaniello nero (Sciaccarello)....... IV. 159

Siangourr (Angourt-Sapenn)............... D.

Sibaden (Clairette)................... V. 55

Sibadet (Clairette)................... V. 55

Sibadi Malvoisie. — Nom de cépage (?) cité, pour le Lot-et-Garonne, par J. Guyot.

Sibirkovsky (Vermentino)............. V. 313

Sibiza (Kniperlé)..................... VI. 72

Sicilia bianca, Sicilia nera, Sicilia rossa da mensa. — Noms de cépages italiens de Salerne ou de Naples. — J. R.

Sicilien................... II. 188

Sicilien précoce (Sicilien)............. II. 188

Siderites. — Cépage grec, à grappe large, ailée ; grains assez gros, subsphériques, d'un vert rose, saveur agréable. — J. M.-G.

Sidéritis (Siderites)..................... D.

Sieboldi (Vitis Thunbergii)............. I. 429

Siebon burger. — Nom inexact du Catalogue de Luxembourg.

Siempre sana. — Nom de cépage espagnol de la région de Barcelone, d'après Abela y Sainz.

Sifta (Nicheftka)......................... D.

Sifty-Dourmaz. — Cépage à gros grains noirs, cultivé pour la cuve à Elisabethpol (Russie). — V. T.

Signora (Acitana)......................... D.

Signorina. — Nom de vigne italienne cité par Acerbi pour la région de Trente.

Sigotier, Sigoyer (Pécoui-touar)....... IV. 233

Sikh. — Raisin noir de table de Chirvan (Russie). — V. T.

Siklers' Rosine. — Sous ce nom, Oberlin signale une variété à raisins blancs obtenue de semis par Bronner, uniquement remarquable par ses grappes lâches, à gros grains allongés de 18/15, mais très peu fertile. Mais nous avons reçu sous ce nom de M. le Dr Mach une variété tyrolienne qui nous paraît apparentée aux Chasselas Gros Coulard. Bourgeonnement vert à port étalé ; le feuillage est plus voisin des Chasselas, d'un vert franc qui se décolore de bonne heure en jaune doré ; pétioles rouges ; grappes ailées à long pédoncule tombant, toujours un peu coulardes, à gros grains discoïdes de 17/15, d'abord blancs puis qui deviennent roux à maturité complète, de 1re époque. Quoique moins précoce que le Gros Coulard, cette variété, à peau ferme et de bonne conservation, pourrait être intéressante en espalier, peut-être avec l'incision annulaire. — A. B.

Siksari. — Cépage à raisins blancs de la région de Smyrne.

Silberling (Chasselas doré)........... II.   6
Silberling rother (Chasselas rose)...... II.   16
Silber Räuschling, Silber hüssling (Räuschling)............................ V.   229
Silberweiss (Räuschling)............... V.   229
Silberweissling (Chasselas doré)...... II.   6
Silenzhizh (Sylvaner)................. II.   363
Silinger (Furmint)................... II.   251
Silla blanc (Grenache blanc)......... VI.   292
Silla rose (Grenache rose)........... VI.   292
Silosder (Malvoisie?).

Silvain. — Variété de Doaniana, sélectionnée par T.-V. Munson ; porte-greffe non multiplié.

Silvain (Sylvaner)................... II.   363
Silvain vert (Sylvaner).............. II.   363
Silvaner (Sylvaner)................. II.   363
Silváni zöld (Sylvaner).............. II.   363
Silvatica (Mantuo bravo)................. D.

Silver-Dawn. — Hybride américain d'Israella pollinisé par Muscat de Hamburg, à raisins blancs assez parfumés.

Simoa (Gonçalo Pires)............... II.   306
Simonstraube frulszeitige (Sylvaner).... II.   363
Simorot (Noir de Lorraine)............... D.
Simors (Noir de Lorraine)................ D.
Simpsoni............................ I.   475
Simpsoni-Cordifolia.................. I.   476
Simrane-Narma (Narma).................. D.
Simzana grossa, piccola. — Noms de cépages italiens (?).
Sinalunga (Albana)..................... D.

Sinary. — Raisin blanc de table du Zanguezour (Russie). — V. T.

Singleton (Catawba)................. VI.   282
Sintai. — Nom de cépage hongrois (?).
Sinzal (Cinzal)........................ D.
Siomeaga (Feteasca alba)............. IV.   129
Siora (Rossara)........................ D.
Siora colorata (Rossara)................. D.
Sipa (Zimmertraube)..................... D.
Sipely (Furmint)...................... II.   251
Sipia (Argant)...................... V.   346
Sipo (Furmint)...................... II.   251
Sipon (Furmint)..................... II.   251
Siponski, Siposski (Furmint)......... II.   251
Siprina (Sopatna)....................... D.

Siptkény. — Cépage russe d'Elisabethpol, à gros grains, d'un jaune blanchâtre, assez cultivé pour la cuve. — V. T.

Sipulina (Pis de chèvre blanc)........ IV.   91

Sirabel. — Nom de cépage italien cité par Acerbi pour la région de Brescia.

Sirac (Syrah)....................... II.   70

Siracusa. — Nom de cépage italien cité par Acerbi pour la région de Naples.

Sirah (Syrah)....................... II.   70
Siramuse............................ IV.   111
Sirane franche (Syrah).............. II.   70
Siranèze pointue (Persan)........... II.   165
Siraniè (Ciréné de Romans).......... V.   231
Siranin (Syrah)..................... II.   70
Siranne (Syrah)..................... II.   70

Sircitula. — Nom de vigne cité par Columelle.

Sirha (Syrah)....................... II.   70
Sircula (Venicula)...................... D.
Sirène (Sirène de Voreppe).......... V.   235
Sirih Sultani (Sultanina)........... II.   67

Sirkei. — Cépage à raisin rose du Caucase. — B. T.

Sirkoi. — Cépage à raisin noir du Turkestan russe. — B. T.

Sirodino. — Raisin bleu obtenu de semis par Bronner. Grains ellipsoïdes de 17/15 mûrissant en 2e époque. Peu intéressant en raison de sa fertilité médiocre ; qualité ordinaire. — A. B.

Sirrah (Syrah)...................... II.   70

Sislovez, Sislovina, Sislovna (Mehlweiss)..... D.

Sissak. — Cépage de cuve du Daghestan russe, à grappe moyenne, grain sur-moyen, sphérique, peau mince, d'un noir foncé. — V. T.

Sitna belina. — Cépage serbe servant de complément pour la production des vins blancs ; grappe moyenne, allongée, serrée ; grains rond, petit, d'un vert jaunâtre acide. — T.

Sitrudad, Sitrudat (Chasselas cioutat)... II.   8
Sittkakhssiakh (Feteasca neagra)....... IV.   132

Sivana. — Cépage à raisins blancs, cultivé pour la cuve à Ratcha (Russie). — V. T.

Sivina (Gamza)..................... VI. 393

Siviza (Gamza)..................... VI. 293

Sivta (Nicheftka)..................... *D.*

Siziga (Schiava)..................... III. 377

Sizlva Szöllo. — Nom de cépage (?) cité dans divers catalogues.

Sjerovina. — Cépage du Monténégro; feuilles grandes, trilobées, et à lobes profonds, peu duveteuses en dessous; grappe lâche, à gros grains, d'un rouge mat et clair; vins ordinaires. — P. P.

Skadar, Skador, Skarka (Kadarka)..... IV. 177

Skorospiély. — Cépage russe de 1ʳᵉ époque de maturité, cultivé pour la table à Astrakhan (Russie). — V. T.

Skadarka, Skadarka lema (Kadarka).... IV. 177

Skadurka (Kadarka).................. IV. 177

Skakar (Kadarka)................... IV. 177

Skhilatobany. — Cépage de cuve, à raisins noirs, du Caucase (Russie). — B. T.

Skladopoulo. — Raisin blanc de cuve, précoce, cultivé pour la table à Zante (Grèce). —X.

Skopelitikon. — Cépage grec de Corfou, à raisin noir, précoce, cultivé pour la cuve. — X.

Skitatiian. — Noms sans signification du Catalogue des vignes du Luxembourg.

Skutariner schwarger (Kadarka)....... IV. 177

Skyloclima. — Raisin blanc, précoce, cultivé pour la cuve à Zante (Grèce). — X.

Skylopnichtis. — Cépage grec de l'Etolie, à raisin rougeâtre, cultivé pour la cuve. — X.

Slacina. — Cépage à raisin blanc de cuve de la Styrie, d'après H. Gœthe.

Sladki Zelenac (Rotgipfler)............ VI. 66

Slakamouka (Slankamenka)................. *D.*

Slankamenka. — Cépage cultivé en Serbie et en Hongrie pour la production des vins blancs, à maturité de 3ᵉ époque; grandes feuilles quinquelobées, peu cotonneuses sur les nervures; grappes sur-moyennes, coniques, ailées, serrées; grains moyens, ellipsoïdes, d'un vert jaunâtre.

Slabina agglomerata, rara. — Noms de cépages italiens cités par Acerbi.

Slarina, Slarina rara (Cenerina)........... *D.*

Slascina (Slacina)...................... *D.*

Slathina eichenblattrige. — Nom de cépage (Chasselas cioutat?) cité par Müller.

Slatki (Rotgipfler)..................... VI. 66

Slavita (Slavitza)...................... *D.*

Slavitza. — Cépage roumain très estimé pour la cuve et la table dans la région de Dragachani; feuilles trilobées, très duveteuses en dessous, gaufrées; grappes grosses, cylindro-coniques, ailées, lâches, grains gros, sphériques, d'un jaune ambré, très doré au soleil; débourrement très tardif. — G. N.

Slazhina (Slathina).................... *D.*

Slerina (Cenerina)........................ *D.*

Slick leaved gulch grape (Trelesci)........... *D.*

Slittivy (Kechmish)................... III. 295

Slittotchny (Kechmish)............... III. 295

Slivovo grossde (Olivette noire)....... II. 327

Small german (York Madeira)............... *D.*

Smart's Elsinburg (Elsinburgh)............. *D.*

Smarzirola veronese. — Nom de cépage italien cité par Acerbi.

Smeckender (Muscat blanc)............. III. 374

Smeckende Weihrauch (Muscat blanc)... III. 373

Smedererka, Smederevka, Smederevka (Plovdina)............................. *D.*

Smerdioutchime (Isabelle)............... V. 203

Smetderka (Kadarka)................. IV. 177

Smiger (Furmint).................... II. 251

Smyrnai muskardy, szagos (Muscat d'Alexandric)...................... III. 108

Sneriola, Sneriolo (Neretto)..............·...... *D.*

Snow's muscat Hamburgh (Muscat de Hamburgh)............................ III. 105

Snowfloke. — Semis américain de Labrusca à gros grains blancs, pulpeux et foxés.

Sobnina (Portugais bleu).............. II. 136

Sobrainiia, Sobrainho (Moreto)......... V. 49

Sobria. — Nom de vigne cité par les auteurs latins........................ *D.*

Socco (Teinturier mâle)............... III. 363

Sœlanthus (Cissus)..................... *D.*

Sœlanthus digitatus Forsk. (Cissus digitata)... *D.*

Sœlanthus rotundifolius Forsk. (Cissus rotundifolia)................................ *D.*

Sœlanthus ternatus Forsk (Cissus ternata)... *D.*

Soerina. — Nom inexact de vigne italienne cité par Hardy.

Soffelère (Sylvaner).................. II. 333

Sogres (Beaunoir)..................... IV. 64

Sogris (Beaunoir)..................... IV. 64

Soi, Soi nero. — Nom de cépage italien de la région de Gênes (*Bulletin ampélographique italien*, XVI).

Soïari. — Nom de cépage (?) de la Transcaucasie (Russie).

Sokhiby. — Cépage russe le plus estimé pour la table à Samarkande; à raisin d'un rose foncé. — B. T.

Sokol 3. — Hybride complexe, blanc, dû à M. de Sokolnicki, viticulteur bordelais. Bourgeonnement bronzé; feuilles entières, orbiculaires, à 3 et 5 lobes à peine indiqués, sinus pétiolaire fermé, limbe bullé, vert foncé; vrilles très nombreuses, caractéristiques, anormalement insérées sur le mérithalle; grappes longues, ailées; grains moyens, blancs, très sucrés. — J. R.-C.

Solanka (Lignan)................... III. 69

Sole (Folle blanche)................. II. 205

38

Soler (Péloursin).................... IV. 87

Solferino. — Semis de Moreau-Robert que V. Pulliat caractérise par une grappe moyenne, lâche; des grains moyens, ellipsoïdes, d'un beau jaune; maturité de 2e époque.

Solincrup. — Hybride de Solonis et de Lincecumii créé par T.-V. Munson.

Solognia, Solognina verde. — Noms de cépages italiens de Verguno, d'après Cerletti.

Solonis............................. I. 463

Solonis à feuilles lobées. — Semis de Solonis à feuilles plus lasciniées que celles du type; sans valeur.

Solonis × Berlandieri Foex. — Hybride créé à l'École d'agriculture de Montpellier; paraît s'annoncer comme bon porte-greffe pour les terrains assez calcaires et frais.

Solonis × Cordifolia Rupestris n° 202-4 Millardet et de Grasset. — Hybride à caractères dominants de Rupestris; a assez de valeur pour les terrains secs mais est inférieur au 106-8.

Solonis Feytel. — Semis de Solonis, à feuilles bien découpées, vigoureux; abandonné comme porte-greffe.

Solonis microsperma. — Variation de Solonis, sélectionnée par T.-V. Munson, inférieure comme vigueur.

Solonis × Riparia 1616 Couderc........ I. 465

Solonis × Rupestris du Lot 215-1, 216-3, 227-1 Castel. — Série de porte-greffes très vigoureux, mais assez peu résistants au calcaire, contrairement à ce qu'on avait pensé.

Som (Furmint)...................... II. 251

Somagyi fehér (Lagler).................. D.

Somarello. — Cépage italien répandu à Bari et à Otrante; feuilles moyennes, quinquelobées, à lobes irréguliers, avec rares poils courts à la face inférieure; grappe cylindrique, ailée, longue et grosse; grains moyens, sphériques, assez charnus, d'un noir violacé mat; saveur sucrée et un peu astringente. — G. M.

Somarello nero (Somarello)................. D.

Somarello rosso (San Nicola)................ D.

Somariello (Somarello)................... D.

Somirots. — Nom de cépages cités par Béguillet au xviiie siècle. — J. R.-C.

Somlauer (Tihang ?).................... D.

Somogyi (Augster)..................... D.

Somoireau. — Nom de cépage cité par Claude Mollet au xviie siècle. — J. R.-C.

Somszőlő Badacsonyi (Fehér Som)...... II. 193

Somszőlő Fehér (Feher Som)......... II. 193

Somtraube (Furmint)................. II. 251

Songala (Cissus quadrangularis)....... I. 86

So Nicola. — Nom de cépage italien de la région de Lecce (San Nicola?).

Sonsuvera. — Nom de cépage (?) espagnol de la région d'Alicante.

Sopatna. — Nom appliqué à divers cépages de l'Allemagne, de l'Autriche et de la Hongrie.

Sopatna (Carignane)................. VI. 332

Sopatna blaue (Carignane)........... VI. 332

Sophortiæ. — Nom de vigne cité par Columelle.

Soplona (Pedro Ximenez)............ IV. 111

Sopressata nera. — Nom de cépage italien de la région de Salerne. — J. R.

Soploubry-Tita (Cornichon).......... IV. 315

Sora nera. — Nom de cépage italien de la région de Conegliano. — J. R.

Sorguek. — Nom de cépage de la Perse (?), à raisins d'un rouge clair, cité par Odart.

Soria (Barbarossa)..................... D.

Soricella bianca, Soricella nera. — Noms de cépages (?) italiens notés dans les collections du jardin botanique de Naples. — J. R.

Sorita (Barbarossa)..................... D.

Sorlegna nera. — Nom de cépage des provinces napolitaines. — J. R.

Sorvegna nera. — Nom de cépage de l'île d'Ischia. — J. R.

Sorvegna bianca. — Cépage italien de la région d'Avellino, peu important; feuille moyenne, tri ou quinquelobée, à sinus profonds et ouverts; grappe assez lâche, cylindrique; grains ellipsoïdes, pruinés, d'un jaune doré, à saveur douce et légèrement aromatique; peau épaisse et très tanique. — M. C.

Sorvigno (Verdone).................... D.

Sorvigno bianco (Sorvegna bianca).......... D.

Sorvigno nero (Sorvegna nera)............. D.

Soti (De Soto)........................ D.

Souaba-el-Hadja (Cornichon blanc).... IV. 315

Souaba-el-Lalgiah (Cornichon)........ IV. 315

Soubignou. — Nom de cépage (?) des Pyrénées.

Souche (Sacy)....................... IV. 24

Soudagk. — Nom inexact d'un cépage de Crimée cité par H. Bouschet.

Sou de France (Meslier)............. III. 50

Souflar. — Raisin noir de cuve de la Thessalie (Grèce). — X.

Soufrette (Chasselas doré)........... II. 6

Souharse.— Nom de cépage (?) des Basses-Pyrénées.

Soukoute (V. flexuosa)............... I. 431

Soulages (Auxerrois-Rupestris)............ D.

Soul bouvier (pour Saoule Bouvier)......... D.

Soultanieh (Sultanina)............... II. 67

Soultaniesch d'Eski Baba (Sultanina)... II. 67

Soultany (Sultanina)................. II. 67

Soumansigne (Côt)................... VI. 6

Soumansigne (Manseng rouge)......... V. 263

Souramouly. — Cépage à raisin blanc, utilisé pour la cuve à Ratcha (Russie). — V. T.

Sourkhak. — Cépage cultivé à Samarkande (Russie) pour la table, hâtif; feuille moyenne, orbiculaire, quinquelobée et à sinus profonds, épaisse, chagrinée, glabre sur les deux faces et luisante; grappe moyenne, rameuse, serrée; grain surmoyen, à peau épaisse, charnu, d'un rouge clair, avec pruine grisâtre. — V. T.

Sourva-Isioum. — Raisin de la Crimée (Russie), à raisin blanc, cultivé pour la table. — V. T.

Sour winter grape (V. Cordifolia)...... I. 361

Sous terre. — Nom de cépage cité par Olivier de Serres (xvıᵉ siècle). — J. R.-C.

Southern Æstivalis (V. æstivalis)...... I. 343

Southern Muscadine (V. rotundifolia)... I. 302

South Western Æstivalis (V. Lincecumii)........................... I. 335

Souvagnon, Souvagnou Ribayre (Brumeau?)... D.

Souvenir du Congrès.................. IV. 67

Sours (Solonis)....................... I. 463

Souzà (Souzão)....................... V. 23

Souzam (Souzão)...................... V. 23

Souzão....... .... V. 23

Souzão correr (Souzão).............. V. 26

Souzão de Basto (Souzão)............. V. 23

Souzão forte (Souzão)................ V. 26

Souzin. — Cépage noir qu'on trouve quelquefois dans la haute vallée du Var; sarments droits, à mérithalles courts et à bourgeons coniques et cotonneux; feuilles moyennes, d'un vert gai, glabres en dessus, hérissées de poils en dessous, moins sur le limbe que sur les nervures, celles-ci franchement parallèles et tranchant par leur couleur blanchâtre sur le vert du limbe; grappe allongée, petite, cylindrique, très lâche et un peu ailée, soutenue par un pédoncule long et très faible; grains sphériques, moyens, d'un noir foncé, à peau mince et à chair molle très juteuse et sucrée. — L. B. et J. G.

Souzin blanc. — Cépage vigoureux, à grappes pesant de 1 à 2 kilog., avec des grains ronds et une chair très sucrée; c'est le raisin le plus apprécié dans la vallée moyenne du Var; non seulement, en effet, il est peu sensible aux maladies cryptogamiques, mais il donne, avec la quantité, la qualité, et est recherché autant comme raisin de table que comme raisin de cuve. — L. B. et J. G.

Souzi noir (Souzin)........................ D.

Sovravillano bianco, nero (pour Servavillano). D.

Spaccabotti. — Nom de cépage italien cité par Acerbi pour la région d'Udine.

Spagna (Muscat noir)................ III. 374

Spagna (Nebbiolo)...................... D.

Spagna bianca. — Nom de cépage italien de la région de Brianza. — J. R.

Spagnal bleu (Danugue)............. II. 168

Spagnol blanc (Souzin blanc)............... D.

Spampanato (Ugni blanc)............. II. 255

Spampignolo (Pignolo)..................... D.

Spana, Spana commune, pignolo, grossa, piccola, monferrina (Nebbiolo)................... D.

Spanarolo. — Nom de cépage italien cité par Acerbi pour la région de Côme.

Spanello. — Nom de cépage du Haut-Novarais (Italie). — J. R.

Spania, Spania zherma. — Noms de cépages cités par Trummer.

Spanier (Muscat d'Alexandrie)........ III. 108

Spanier grosser (Chasselas doré)....... II. 6

Spanier weisser (Muscat d'Alexandrie). III. 108

Spanischer (Chasselas cioutat).

Spanischer Clævner (Teinturier mâle)... III. 363

Spanina (Fresia)........................... D.

Spanischer Gutedel (Chasselas cioutat).. II. 8

Spanish (Jacquez)................... VI. 374

Spanjska (Chasselas cioutat).......... II. 8

Spanna, Spanna commune, di Gattinara Spanna grossa (Nebbiolo)........................... D.

Spanna monferrina (Fresia)................. D.

Spanna piccola (Nebbiolo)................. D.

Spanna pignolo (Nebbiolo)................. D.

Spannina (Fresia)......................... D.

Spano, Spanno, (pour Spanna)............... D.

Spanpignolo (Pignolo)..................... D.

Spar (Mourvèdre)..................... II. 237

Spargele (Nosiola)........................ D.

Spargola. — Nom de cépage italien de la Toscane. — J. R.

Spargoletta bianca. — Nom de cépage italien de Modène. — J. R.

Sparse grosse (Nehelescol)........... III. 290

Sparse merine. — Nom de cépage de Vaucluse (?) cité par Acerbi.

Spartin (Péloursin).................. VI. 87

Spätblaue (Zimmerttraube)................. D.

Späte blaue (Wildbacher)................. D.

Später blauer Damaszener (Ribier)..... III. 282

Später Burgunder (Melon)........... II. 45

Später weisser Burgunder (Chardonnay). IV. 6

Später weisser Burgunder (Melon)..... II. 45

Spätes Morchen (Pinot noir)......... II. 19

Spat Malvasier. — V. Pulliat décrit ce cépage d'après Odart; grappe grosse, rameuse, un peu lâche; grain sur-moyen, ellipsoïde, d'un jaune un peu doré à la maturité de 3ᵉ époque.

Spätrot, Spätroth (Portugais bleu)..... II. 136

Speciosa (Ferrar blanco).................. D.

Spreckley's Alicante (Black Alicante).. II. 130

Speierer, Speiermer (Pinot gris)........ II. 32

Spennazola. — Cépage de l'Italie méridionale; grosse grappe, ailée; grains sphériques, moyens, pruinés, noirâtres; feuille très allongée, quinquelobée. — M. C.

SPERGOLA (Canaiolo).................... II. 314

SPERIGLIA (Floglianella)..................... D.

SPERLIN (Bakator)........................ D.

SPERON DI GALLO (Cornichon blanc)...... IV. 315

SPETACINA. — Nom de cépage italien de Lodi. — J. R.

SPEYEREN, SPEYERER, SPEYERMER (Pinot gris)............................ II. 32

SPILÆROCARPA (Alban real).................. D.

Sphinx.—Syn.:*Grand noir du jardin d'acclimatation.*
— Cépage indéterminé, à caractères ampélographiques très particuliers; petites feuilles entières, aussi larges que longues, asymétriques, pentagonales, à sinus pétiolaire droit, épaisses, gaufrées; à duvet feutré à la face inférieure; à peine dentées; grappe petite, globuleuse ; grains petits, sphériques, d'un vert clair et très pruiné.

SPHONDYLANTHA APHYLLA Presl. (Cissus sicyoïdes)......................... I. 90

SPIELER (Pinot gris)................. I. 32

SPILLICHEN TRAUBE (Bicane)............. II. 102

SPINAROLO BIANCO. — Nom de cépage italien du Trentin. — J. R.

SPINEA (Spionia)......................... D.

SPINOLOVITO. — Nom de cépage italien (*Bull. amp. ital.*, XV).

SPINOVITIS DAVIDII Carrière (V. Davidii). I. 437

SPINOVITIS DAVIDII Carrière (V. Romaneti)........................... I. 435

SPINOVITIS DAVIDII Romanet du Caillaud (V. Davidii)...................... I. 437

SPIONIA. — Nom de vigne cité par Pline. — J. R.-C.

SPIRAN (Aspiran noir)............... V. 62

SPIRAN BLANC (Aspiran blanc)........... V. 65

SPIRAN GRIS (Aspiran gris)............ V. 63

Spitak-kalogg. — Raisin blanc de table du Zanguezour (Russie). — V. T.

SPITZELBLING (Elbling)................. IV. 169

SPITZKLEINBERGER (Elbling)............ IV. 169

SPITZWÄLSCHER, SPITZWALSCHER BLAUER (Cornichon violet)..................... IV. 320

SPOFFORD SEEDLING (To Kalon)............. D.

SPOLETINO (Ugni blanc)................. II. 255

SPOLLECARELLA NERA. — Nom de cépage italien du Vésuve. — J. R.

SPRÄTBLAUE (Argant)................. V. 346

SPRIEMA (Aglianico).................. V. 84

Springfield. — Semis américain de Labrusca ; grappe assez grosse, compacte ; grain gros, d'un brun noirâtre, pulpeux et foxés.

SPRING MILL CONSTANTIA (Alexander). .... D.

SPRINO (Asprino)...................... D.

SQUACCIANESE (Asprino)................ D.

SQUACQUERO (Scacco)................. .. D.

SQUARCIAFOGLIA BIANCA. — Nom de cépage italien de la région de Modène. — J. R.

SRAINII TRAUBE (Frankenthal)......... II., 127

SRANA JANKA (Raksszolo).................... D.

SRENONINA (Elbling weisser)........... IV. 43

SSACHIBY (Ssaguiby)...................... D.

Ssaguiby. — Cépage cultivé pour la table dans tout le Turkestan ; vigoureux et fertile ; feuille grande, trilobée et à sinus peu profonds, blanchâtre et duveteuse en dessous ; grappe grande, conique, très serrée ; grain gros, ovale, peau mince, d'un rose foncé. — V. T.

STACULA (Numisianæ)..................... D.

STACULA (Uva venuncula)................. D.

STACULA (Venicula)..................... D.

STAFISS AMPELOS (Corinthe noir)........ IV. 292

Stamatiano. — Raisin blanc de cuve, cultivé à Lépante (Grèce). — X.

Stamboul ouzoum. — Cépage de table, à grande grappe ; gros grain, sphérique, charnu, cultivé à Artwine (Russie). — V. T.

Standard. — Semis américain de Delaware, créé par John Burr ; grappe grosse, ailée, assez serrée ; grain gros, noirâtre, juteux et sucré, peu foxé.

STANWICH WILDERIK (Chasselas)......... 6

STAPHILI-MAVRO. — Nom de cépage, à raisins noirs, de l'île de Chypre (?).

STAPHIS (Corinthe noir).............. IV. 286

STAT KIZELEMAC (Rothgipfler)............. D.

Stavrostaphylo. — Cépage à raisin rouge, précoce, cultivé pour la cuve en Thessalie (Grèce). — X.

STAZHINA (Vogeltraube)................. D.

STEENDRUYF. — Nom de cépage du Cap de Bonne-Espérance cité par Odart, importé du Rhin ; peut-être le Riesling, d'après J. de Rovasenda.

STÉKLANKY (Kechmish).............. III. 295

Steinschiller. — Syn. *Rusica, Kövi dinka, Dinka mala, Wirschäzer roth* ou *Rosentraube.* — Cépage de la Hongrie, à raisins rouges, très employé pour la grosse production de vins ordinaires. Feuilles moyennes, quinquelobées, d'un vert sombre, à revers duveteux, rappelant un peu celles des Savagnins ou Traminers ; raisin moyen à petits grains ronds de 11ᵐⁱˡˡ, d'un rouge clair, résistants à la pourriture. Ce cépage, rustique et très fertile, convient aux bons sols argileux ; mais il mûrit trop tard pour le climat du Centre, passé 2ᵉ époque, et son vin, assez commun, est peu coloré. — A. B.

Stelton. — Cépage américain d'origine indéterminée, à raisins blancs; peu connu.

STEPENAZ. — Cépage de l'Istrie cité par Acerbi.

STEPHANI (Jaen noir).................. VI. 309

STEPHANITA, STEPHANITÆ, STEPHANITIDE, STEPHANITIS. — Nom de vigne cité par Columelle et par Pline.

STETTFELDEN (Cornichon).............. IV. 315

STIACCIOLA NERA, STIACCIOLA ROSSA (Diacciola).. D.

STICHA (Muscats).................. III. 374

STICULA. — Nom de vigne cité par Columelle.

STIOCCHETTO. — Nom de cépage italien de la Toscane. — J. R.

Stiritis. — Cépage à raisin noir de cuve des Iles Cyclades (Grèce). — X.

STOCK DEUTSCHER (Heunisch)............... *D.*

STOCK LUTTENBERGER. — Nom de cépage cité par Trammer.

STOPPET. — Nom de cépage cité par Acerbi pour la région de Mantoue (Italie).

STORM KING (Concord)............... VI. 178

STRABBIA (Ugni blanc)............... II. 255

STRADESE BIANCA. — Nom de cépage italien de Lucques. — J. R.

STRAIHNTRAUBE (Frankenthal)........... II. 127

STRANGOLABECCO BIANCA. — Nom de cépage italien de La Spezzia. — J. R.

STRASBURGO. — Nom de cépage italien de la région de Brolio, d'après Mendola.

STRASCERA, STRASCIERA. — Noms de cépages italiens cités par le *Bulletin ampélographique italien*, XV.

STRASCINATOLO (Sciascinoso).......... VI. 352

STRACINUSO (Sciascinoso).............. VI. 352

STRASSBURGER (Kniperlé)............... VI. 72

STRASSERA (Bonarda)..................... *D.*

STRAWBERRY GRAPE (Isabelle)........... IV. 342

Streppalunga di Lauro. — Cépage de l'Italie méridionale, à très longues grappes sur longs pédoncules, lâches, à grains sphériques inégaux. — M. C.

STREPPAROSSA (Piedirosso)............ VI. 360

STREPTOS. — Nom de vigne cité par Pline l'Ancien.

STRICABELLA (Pecorino).................... *D.*

STRIEGLER (Heunisch)..................... *D.*

Striphiliatiko. — Cépage à raisin noir, précoce, cultivé pour la cuve aux Iles Cyclades (Grèce). — X.

STROPPAIONA. — Nom de cépage italien, d'après le *Bull. amp. ital.*, XIV.

STROZZO DI CANI NIURA, STROZZA RETE BIANCA, STROZZA RETE GENTIL. — Noms de cépages italiens (?) cités par J. de Rovasenda.

STROZZINO, STRUNZU (Pecornio)............... *D.*

STRUCKENS. — Nom de cépage (?) cité dans le Catalogue Simon.

STRUGURI ALBI (Alb mare)................. *D.*

STULOCZI (Ezerjó)......................... *D.*

STUSSLINGER (Elbling)............... IV. 169

SUARDA BIANCA. — Nom de cépage italien de Grumello del Monte. — J. R.

SUAVIS (Gironiedda)..................... *D.*

SUBCOMPRESSA (Cienfuentes)................ *D.*

SUBINTEGRA (Vitis)................... I. 489

Success. — Hybride de Lincecumii par Triumph, créé par T.-V. Munson ; grappe grosse, compacte, cylindrique; grains moyens, sphériques, noirs, peau épaisse.

SUCCOSSA (Abillo)..................... VI. 125

SUCCHIOLA BIANCA. — Nom de cépage corse (?), d'après J. de Rovasenda.

SUCRÉ, SUCRÉ BLANC (Agostenga)........ III. 64

Sucré de Marseille. — Cépage de table, à grappe moyenne, cylindrique, lâche, grains moyens, elliptiques, rosés, de 2ᵉ époque de maturité, d'après F. Richter.

SUCRE ET MIEL (Hybride Seibel nᵒ 2010)....... *D.*

SUCHIN (Côt)......................... VI. 5

SUCHIN (Lignage).................... VI. 153

SUCHIN (Sauvignon).................. II. 230

SUDUNAIS BLANC (Œillade blanche)....... VI. 330

SUFFIANOL. — Nom inexact du Catalogue des vignes du Luxembourg.

SUGAR GRAPE (V. Berlandieri).......... I. 365

SUGAR GRAPE (V. Rupestris).......... I. 394

SUGHERINO. — Nom de cépage italien de la Toscane, d'après Mendola.

SUINA BIANCA (Raboso)..................... *D.*

SUISSE. — Nom (?) du Catalogue des vignes du Luxembourg.

SUISSE A TROIS COULEURS. — Nom de cépage cité par Acerbi.

SUIZAT. — Nom de cépage (?) du Catalogue des vignes du Luxembourg.

SULCATA (Pis-de-chèvre)............. IV. 88

Sulivan blanc. — Semis de Moreau-Robert, d'après V. Pulliat, à grosse grappe, cylindrique allongée, peu serrée ; grains sur-moyens, sphéro-ellipsoïdes, tendres, juteux, sucrés ; peau mince, un peu translucide, d'un jaune foncé ; maturité de 2ᵉ époque hâtive.

SULIVAN HATIF (Sulivan blanc)............... *D.*

SULTAN (Mayorquin)................. III. 313

SULTAN, SULTANE (Sultanina)........... II. 67

SULTANI (Sultanina)................... II. 67

SULTANIÉ DE LA CARABOURNOU (Kechmish). III. 295

SULTANIEH (Kechmish).............. III. 295

SULTANIECH (Sultanina)............... II. 67

SULTANIECH D'ESKIBABA (Kechmish)...... III. 295

Sultanina............................ II. 67

SULTANIKA BLANC (Sultanina)........... II. 67

Sultanina rose....................... II. 69

SULTANY (Sultanina).................. II. 67

SULTANIZOLO (Sultanina)............... II. 67

Sulzenthaler blauer. — Syn. *Grossblaue.* — Cépage à gros raisins bleus signalé par Trammer et que nous avons reçu du Tyrol ; végétation vigoureuse. Bois noisette fascié, noué court, à port étalé ; larges feuilles cordiformes, plissées, peu découpées, à sinus fermés et imbriqués, lisse super, infer glabre, mais hispide sur les nervures, tachées de rouge sur les bords ; grande grappe serrée, à gros grains ronds ou un peu discoïdes, aplatis à l'ombilic, d'un bleu sombre, juteux

mais acides, mûrissant au début de la 2ᵉ
époque. Cette variété ne nous paraît intéressante
que par sa grande et régulière fertilité ; elle doit
donner un vin très commun. — A. B.

Sumali (Sultanina)................... II. 67
Sumali (Sunier)........................... D.
Sumoll (Sultanina)................... II. 67
Summer grape (V. Æstivalis)........... I. 343
Sumo y negro. — Nom de cépage espagnol d'après
H. Gorria.
Sumoll (Sumier)......................... D.
Sumoll (Sultanina)................... II. 67
Sumpter (Black july)................... D.
Sundgauer (Kniperlé)................. VI. 72
Sunier. — Cépage espagnol de la région de Barce-
lone, d'après Abela y Sainz.
Superb. — Semis américain d'Eumelan, à grosse
grappe pourvue de grains moyens, d'un noir
bleuté, très pruinés, pulpeux et foxé.
Superbe de Candolle (Grec rouge)...... III. 277
Superior. — Hybride de Labrusca créé de semis du
Jewel par J. Burr; grappe moyenne, serrée;
grains moyens, noir rougeâtre, pulpeux et foxés ;
cépage à caractères de Labrusca presque purs.
Supreme. — Autre semis américain de John Burr,
semis possible de Delaware, mais à caractères de
Labrusca ; grains moyens d'un noir très foncés
violacé, mat, pulpeux et foxés.
Surcitula (Uva venuncula)................. D.
Surin (Gros Sauvignon)............... II. 235
Surin (Sauvignon)................... II. 230
Surinaz crosso, Surinaz piccolo. — Noms de cépages
italiens cités par Acerbi pour l'Istrie.
Susina italiana. — Nom du cépage italien de la
région de Vérone. — J. R.
Susoleca nera (Inzolia)........... .... VI. 229
Susomariello nero (Canaiolo).......... II. 314
Susquehannah. — Nom de cépage américain (?).
Susschwarzer (Pinot noir)............. II. 19
Sussedel (Pinot noir)................. II. 19
Sussgrobes (Elbling).............. IV. 163
Sussling (Chasselas doré)............. II. 6
Sussling breisgauer (Chardonnay)...... IV. 5
Sussling rother (Chasselas rose)....... II. 16
Sussling schwarzer (Pinot noir)........ II. 19
Sussling weisser (Kniperlé)........... VI. 72
Sussrot (Pinot noir)................. II. 19
Süssroth. — Suivant H. Gœthe, identique à l'*Hün-
gling blauer*, D. Mais Oberlin (Cat., n° 306) le
considère comme un cépage spécial, à feuilles
glabres et grains ronds, de 15ᵐᵐ, bleus, mûrissant
en moyenne époque; fertilité et qualité assez
bonnes. — A. B.
Süssroth weiss (Kniperlé)............. VI. 17
Sussschwarze (Sussroth)................. D.
Susstraube (Chasselas doré)........... II. 6

Susstrauben (Kniperlé)................ VI. 72
Suszling (Chasselas doré).............. II. 6
Svana Janka (Mehlweiss)....... .... D.
Svanoury (Odjalèche)..................... D.
Svénié (Savagnin jaune)............... IV. 301
Svénié (Savagnin rose)................. IV. 302
Svilanka (Lignan)..................... III. 69
Swamp grape (V. Labrusca)........... I. 311
Sweet Mountain (V. Berlandieri)....... I. 365
Sweet mountain grape (V. Berlandieri).. I. 365
Sweet scented grape (V. riparia)....... I. 414
Sweet winter grape (V. cinerea)........ I. 348
Syia-Ouzoum. — Nom de cépage russe du Gouriel.
— V. T.
Sykioti. — Raisin noir de cuve de la Thessalie
(Grèce). — X.
Sykhte. — Raisin blanc de cuve de Derbend
(Russie). — V. T.
Syling. — Nom inexact pour un cépage américain.
Sylla. — Nom de cépage (?) cité dans divers Cata-
logues français.
Sylvain vert (Sylvaner).............. II. 363
Sylvaner .... II. 363
Sylvaner blauer, bleu (Sylvaner)...... II. 364
Sylvaner gelbler, grün, grüner, grundlichgelber
(Sylvaner)..................... II. 364
Sylvaner muscat (Sauvignon)........ II. 230
Sylvaner noir (Sylvaner)............. II. 364
Sylvaner rouge (Sylvaner).......... .. II. 364
Sylvaner rouge bleu (Sylvaner)....... II. 364
Sylvanertraube (Sylvaner)............. II. 363
Sylvaner schwarzer (Sylvaner)........ II. 363
Sylvaner vert (Sylvaner)............. II. 363
Sylvaner weisser (Elbling)........... IV. 169
Sylvani zöld (Sylvaner).............. II. 363
Syorothiu. — Nom sans signification du Catalogue
des vignes du Luxembourg.
Sypta-medza-chila-katchaku (Guilla Tokann)... D.
Syra (Syrah)........................ II. 70
Syrac (Syrah)........ .... II. 70
Syrah .... II. 70
Syrah fourchue (Durif)............. II. 81
Syramuse (Siramuse)................ IV. 111
Syriaca (Amminées)................... D.
Syrian. — Cépage d'origine anglaise, à grosse
grappe conique, aileronnée, un peu serrée; grains
gros, ovoïdes, d'un blanc verdâtre; maturité de
3ᵉ époque. — E. et R. S.
Syridie. — Nom de cépage (?) cité par Gœthe pour
la Grèce.
Syrkây. — Cépage du Turkestan russe, à grande
grappe rameuse, grain gros, sphérique, blan-
châtre ; cultivé pour la table. — V. T.
Syrkey (Syrkay)........................ D.
Syrvath-Isioum. — Nom de cépage (?) de la Crimée.
— V. T.

T

Tabacco. — Cépage blanc des environs de Menton (Alpes-Maritimes), assez peu répandu ; sarments de grosseur moyenne, à mérithalles longs et à bourgeons très prononcés ; feuilles grandes, vert foncé, presque entières, glabres à la partie supérieure, duveteuses à la partie inférieure ; grappe grosse, cylindro-conique, fortement ailée, assez lâche, pédoncule allongé ; grain globuleux, à peau fine et résistante, avec une pulpe juteuse. — L. B. et J. G.

Tababkante-el-Echcheurk, Tabarkante kabyle. — Noms de cépages kabyles (?) cités par Leroux.

Tabarza. — Raisin de table, tardif, du gouvernement d'Erivan (Russie). — V. T.

Tabersa (Tabarza)........................ D.
Tabersa rouge. — Nom de cépage de la Perse, d'après Scharrer.

Tachant (Teinturier femelle).......... III. 370
Tachant (Teinturier mâle)............. III. 363
Tachard (Teinturier mâle)............. III. 363
Tachat (Teinturier).................. III. 363
Tachat (Teinturier femelle)........... III. 370
Tachat du Jura (Teinturier femelle).... III. 370
Tachi, Tachlick (Tachly)................. D.
Tachly. — Cépage cultivé pour la cuve en Crimée

(Russie), très vigoureux et très fertile, même dans les terrains rocailleux ; feuille moyenne, quinque ou heptalobée, à sinus assez profonds, très lanugineuse en dessous ; grappe assez grosse, ailée, conique, serrée ; grain ovale, à peau épaisse, un peu musqué, blanchâtre ; maturité tardive. — V. T.

Tachly-Isioum, Tachly-Izume (Tachly)........ D.
Tachly-myskett (Tachly)................... D.
Tachoir (Teinturier femelle).......... III. 370
Tachoir (Teinturier mâle)............. III. 363
Tadon bianco. — Cépage de la région de Saluce (Italie), à raisin blanc, très inférieur. — J. R.
Tadone (Tadone nerano)................... D.
Tadone nerano. — Cépage très estimé pour le vin dans le Piémont, que V. Pulliat caractérise par une grande feuille trilobée, duveteuse en dessous ; grappe grosse, rameuse, serrée, ailée ; grain surmoyen, ferme et juteux ; peau un peu épaisse et résistante, d'un noir foncé pruiné ; maturité de 2e époque tardive.
Tadon nero, Tadon noir (Tadone nerano)...... D.
Taffei weisse. — Nom de cépage de la Transcaucasie, d'après Scharrer.
Taggia. — Cépage italien à raisins blancs et grosses grappes, de maturité tardive. — J. R.

Tagg-Ouzoum. — Nom de cépage à raisin noir, de la région de Tachkent (Russie). — V. T.

Tagovbé (Tagy-Ouzoum).................... *D.*

Tagyonyi. — Nom de cépage cité par Acerbi.

Taïfy. — Cépage russe (Érivan), de 3ᵉ époque hâtive de maturité, à raisin blanc, cultivé pour la table; vigoureux et fertile; feuille grande, trilobée, glabre sur les deux faces; grappe grosse, longue, conique, rameuse, assez serrée; grain ovale, allongé et pointu, ferme, charnu, d'un vert légèrement rosé et pruiné.

Taige. — Nom de cépage cité par Rabelais dans Pantagruel (xvıᵉ siècle). — J. R.-C.

Taïpi. — Nom de cépage de la Boukharie, à raisins blancs, d'après P. Mouillefert.

Taixon. — Cépage espagnol de la région de Pontevedra, d'après Abela y Sainz.

Takiak. — Nom de cépage de la Perse cité par Odart.

Takweri, Takweri rothblau (Tavaveri)....... *D.*

Talache (Folle blanche)............... II. 205

Talarde (Molar)..................... V. 302

Tala their. — Nom de cépage algérien (?), d'après V. Pulliat (peut-être l'Aïn-Kelb).

Talia. — Cépage portugais de l'île de Saint-Michel et d'Alemquer; feuilles grandes, quinquelobées, à sinus cordiformes, peu profonds, duveteuses, blanchâtres à la page inférieure; grappes grosses, irrégulières, ailées; grains moyens, sphériques, d'un rose clair (rose cerise), juteux, sucrés et aromatiques; un seul pépin. — D. O.

Talianzha shipnina (Urbanitraube)...... V. 132

Taljanska grasevina (Wälschriesling)........ *D.*

Taljanska sipnina (Urbanitraube)...... V. 132

Tallardier (Molar)................... V. 302

Tallopo bianco (Olivette blanche)...... II. 330

Talman (Champion)..................... *D.*

Taloche, Taloge (Folle blanche)........ II. 205

Talos, Talosse (Folle blanche)........ II. 205

Talpana, Talpona. — Noms de vigne cités par Pline.

Tamaiata, Tamaiosa, Tamaissa (Muscat). III. 373

Tamakha-Tsivill. — Cépage de table du Daghestan russe, à raisins blancs. — V. T.

Tamansky. — Nom de cépage du Kouban (Russie). — V. T.

Tamara. — Groupe de raisins de table très anciens au Portugal. — D. O.

Tamara bianca. — Cépage portugais du groupe des Tamara ou Dattes, à feuilles quinquelobées et à lobes peu profonds, lanugineuses et blanchâtres en dessous; grosses grappes (jusqu'à 40 centim. de long); grains gros, allongés, charnus, peau épaisse, d'un blanc doré. — D. O.

Tamara roxa. — Grappes encore plus longues que le cépage portugais précédant (jusqu'à 0ᵐ 55); grains ovoïdes, peu serrés, d'un rose foncé, très charnus. — D. O.

Tamara vermelha. — Cépage de table portugais, à longues grappes (0ᵐ 35); grains serrés, ovoïdes, d'un rouge rosé, charnus, peau mince; cultivé toujours en treille avec les deux autres Tamaras. — D. O.

Tamarez. — Un des plus anciens cépages portugais, signalé dès 1712 par Vicencio Alarte, très répandu dans le Midi pour la vinification et pour l'eau-de-vie; feuilles moyennes, inéquilatérales et sub-orbiculaires, trilobées et à sinus fermés, lanugineuses en dessous; grappes petites et lâches; grains petits, ronds, d'un blanc doré, juteux et très sucrés. — D. O.

Tambéky. — Raisin noir, de cuve, de Nakhitchévane. — D. O.

Tambély (Tambéky)..................... *D.*

Tamianka (Misket de Sliven)............... *D.*

Tamiarello, Tamiarello bianco. — Nom de cépage italien de la région de Lecce (*Bull. amp. it.*, I, XV).

Tamiello (Tamiarello)..................... *D.*

Tamiyanka (Misket de Sliven).............. *D.*

Tamorlana (Uva de Rey)................. *D.*

Tanagoss. — Cépage de cuve, à raisin rouge, de la Crimée (Russie). — V. T.

Tana-saphidock (Khalily)................... *D.*

Tanat (Tannat)..................... IV. 80

Tanetto. — Nom de cépage italien de la région de Turin (*Bull. amp. ital.*, VIII).

Tanlo. — Cépage à raisin noir, de cuve, cultivé à Tiflis (Russie). — V. T.

Tannat-Safidoff. — Cépage du Turkestan, hâtif, cultivé pour la table; feuille ronde, trilobée; grappe moyenne, serrée, conique, rameuse; grains petits, ovales, charnus, d'un blanc pruiné. — V. T.

Tannat............................. IV. 80

Tannat gros Mansenc (Manseng)....... V. 263

Tannat noir femelle (Tannat).......... IV. 80

Tannat noir mâle (Tannat)........... IV. 80

Tansendfachgute (Ezerjo)................. *D.*

Tantovina............................ IV. 349

Tantovina eichenblättrige (Tantovina).. IV. 349

Tantovina de Styrie. — La variété précoce reçue et décrite par nous sous ce nom (t. IV, p. 349) paraît être le *Honigler* de la Haute-Hongrie, *D.* La Tantovina vraie de la Styrie n'est qu'un cépage de 2ᵉ époque de maturité, caractérisée par un raisin blanc, à port étalé; ses grandes feuilles molles, profondément quinquelobées, évoquent le souvenir de celles du chêne, d'un vert mat super et très tomenteuses infér; grosses grappes rameuses, à grains ellipsoïdes, de 18/16, d'un blanc terne, mûrissant trop tard pour la Bourgogne; très grosse production de vin commun, mais ce cépage est très sensible au mildiou et à l'oïdium. C'est à lui qu'il faut rapporter la synonymie donnée pour la Tantovina. — A. B.

TARABASSIÉ. — Nom de cépage, à raisins rouges, de l'Aveyron, d'après Marre.

TARANTINO NERO. — Nom de cépage italien de la région du Vésuve. — J. R.

TARENTINA. — Nom de vigne cité par Pline.

TARRAGONA, TARRAGONAIS. — Noms sans signification du Catalogue des vignes du Luxembourg.

TARRUPIA. — Nom de vigne cité par Pline.

Tartara. — Cépage roumain, très rare en Moldavie ; très millerandé et éliminé peu à peu du vignoble ; grappe longue, très lâche ; grains inégaux, blanchâtres. — G. N.

Tattlé-Kara-Isioum. — Cépage de cuve, à raisin rouge, de la Crimée (Russie). — V. T.

TAURASO. — Nom de cépage italien de la région de Foggia. — J. R.

Taveira de carvalho. — Hybride portugais d'Herbemont × Trincadeira ; sans valeur. — D. O.

Tavkvéry. — Cépage de cuve, de la Kakhétie

(Russie), à grande grappe conique, très dense ; grain gros, sphérique, d'un rouge violacé foncé. — V. T.

Tavlinsby. — Syn. : *Guimrinsky*. — Cépage de 2ᵉ époque de maturité, cultivé pour la cuve à Terek (Russie), vigoureux, rustique et fertile ; feuille moyenne, à peine sinuée, épaisse, très pileuse en dessous ; grappe moyenne, conique, ailée, serrée ; grain moyen sphérique, juteux, peau épaisse, jus rosé, d'un noir pruiné. — V. T.

Tavrize. — Cépage à raisin blanc, cultivé pour la table à Elisabetpol (Russie) ; grain gros, allongé, jaunâtre ; très répandu ; originaire de Perse. — V. T.

Tav-Tsitéli. — Cépage de cuve, 3ᵉ époque de maturité, cultivé surtout dans l'Imérétie russe ; très productif ; feuille sur-moyenne, trilobée, à sinus à peine marqués, aranéeuses en dessous ; grappe sur-moyenne (300 gr.), cylindro-conique, peu serrée ; grains moyens, ellipsoïdes, à peau épaisse, d'un vert jaunâtre. — V. T.

Taza-Kara-Ouzoum. — Raisin noir, de cuve, du Daghestan (Russie). — V. T.

TAZZALENGHE NERA. — Nom de cépage du Frioul, d'après Dᵣ Carpene. — J. R.

TBILOULY. — Nom de cépage russe de Ratcha. — V. T.

TCHABINE-SIYA. — Nom de cépage russe de la Crimée (Russie). — V. T.

Tchaïnak Galbine. — Raisin blanc, de cuve, de la Bessarabie (Russie) ; à grande grappe conique, peu serrée, ailée ; gros grain ellipsoïde, jaunâtre ; feuille cordiforme, entière, allongée, à très grandes dents aiguës. — V. T.

Tchakhkal-Bogane. — Cépage de cuve de Bortchalo (Russie) ; à petit grain, avec peau épaisse, d'un gris jaunâtre ; a beaucoup de ressemblance avec le Mtsvani. — V. T.

Tchakvinaoury. — Cépage à raisin blanc, de cuve, de Ratcha (Russie). — V. T.

TCHÀLY. — Nom de cépage russe d'Ekaterinodar. — V. T.

Tchankilaouri. — Cépage de cuve, de 1ʳᵉ époque de

39

maturité, cultivé surtout en Mingrélie (Russie);
grappe sur-moyenne, serrée; petits grains noirs.
— V. T.

Tchaouch (Chaouch)................. II. 200

Tchaouch blanc a baies oblongues
(Chaouch)....................... II. 201

Tchaouch blanc a grosses baies rondes
(Chaouch)....................... II. 201

Tchaouchka (Chaouch)................ II. 201

Tchaouch rouge a baies allongées
(Chaouch)....................... II. 201

Tchaouch rouge a baies petites (Chaouch). II. 201

Tchaouss, Tchaoussi (Chaouch)........ II. 201

Tchara-Kouniou Tsivill. — Raisin noir de table du
Daghestan russe. — V. T.

Tcharass. — Cépage de 2ᵉ époque de maturité,
cultivé pour la cuve et la table à Samarkande
(Russie); grande feuille arrondie, à sinus à peine
marqués, glabre sur les deux faces; grappe grande,
ailée, serrée, millerandée; grains gros, ovales,
peau épaisse, très chargée en matière colorante,
d'un noir pruiné, jus rosé, acidulé. — V. T.

Tcharymtchgaré (Katta-Kourgane)......... D.

Tchatchilaoury. — Nom de cépage, de cuve, à vin
doux, de l'Imérétie (Russie).

Tchavouch musqué (Chaouch)......... II. 201

Tchavouch rose...................... II. 204

Tchavouchpàry (Chaouch)............. II. 204

Tchavouch usermu (Chaouch).......... II. 200

Tchèche. — Raisin blanc, de cuve, de l'Abkhasie
(Russie). — V. T.

Tchéchy (Tchèche)....................... D.

Tchéguirid-Tsivill. — Raisin noir, de table, de
Guimry (Russie). — V. T.

Tchékivdeksiz (Sultanina)............. II. 67

Tché-Kolochy. — Cépage blanc, de cuve, de la Mingrélie (Russie). — V. T.

Tcheliaky blanc, noir. — Deux cépages russes cultivés
pour la table à Kodjend. — V. T.

Tchenghéné pamiti (Bozef pamit)............ D.

Tcher chivalik (Tcherna winta)............. D.

Tcheren tchaouch (Chaouch).......... II. 200

Tchergvaly. — Cépage de la Mingrélie, à raisin
blanc, cultivé pour la cuve sur les coteaux. —
V. T.

Tchernata guija (Gamza).............. VI. 293

Tcherna winta. — Cépage de la Bulgarie du nord,
assez tardif; à grain d'un noir rougeâtre.

Tchernobore. — Cépage de cuve, à raisin noir, peu
répandu à Térek (Russie). — V. T.

Tcherno Dartsin (Nifchetka)............... D.

Tcherno dur (Nifchetka)................... D.

Tcherno kisselo (Bello meko)............. D.

Tcherno meko (Gamza)............... VI. 393

Tcherno tverdo (Nifchetka)............... D.

Tchervena Romanka (Romanka)........ VI. 414

Tcherven Misket (Muscat noir)........ III. 374

Tchétchamtchatcha. — Raisin noir, cultivé pour la
table à Gouriel (Russie). — V. T.

Tchetchibéchy. — Cépage hâtif, à grain ellipsoïde,
blanc, cultivé pour la cuve en Mingrélie (Russie).
— V. T.

Tchetchky-Tchitkhitdjy. — Cépage blanc, de cuve,
de la Mingrélie (Russie). — V. T.

Tchétérechka (Kadarka).............. IV. 177

Tchikerdeshis. — Nom sans signification du Catalogue du Luxembourg.

Tchikh-Isioum. — Cépage peu fertile, à grain moyen,
ovale, rougeâtre, cultivé pour la table par les
Tatars de Chirvan (Russie). — V. T.

Tchilall (Dzilall)........................ D.

Tchill-Guiliaby. — Raisin blanc, de cuve, du Daghestan russe. — V. T.

Tchinoury. — Cépage à raisins blancs, très sucrés,
cultivé pour la cuve à Gori (Russie). — V. T.

Tchiorny bytym (Feteasca neagra)...... IV. 132

Tchiorny-Guibrimsky (Tchara-Koumiak-Tsiwill). D.

Tchiorny-indiëïsky (Kechmish)........ III. 296

Tchiorny Kaouchansky (Negrara).......... D.

Tchiorny Kichmisch (Kechmish)........ III. 296

Tchiorny-Krimsky (Pis-de-chèvre)...... IV. 91

Tchiorny-Osseiny (Osseiny)............... D.

Tchiorny-riedkim (Neagra rara).............. D.

Tchiorny Tsimlansky (Tsimlansky)........... D.

Tchitachy. — Cépage de cuve de la Mingrélie
(Russie), à raisin noir. — V. T.

Tchitchibé. — Cépage de cuve d'Adjarie (Russie), à
petite grappe conique; grain moyen, sphérique,
peau fine, jaunâtre, très sucré. — V. T.

Tchitilouri (Tschlinoury)................. D.

Tchkapinta. — Nom de cépage russe de Bortchalo.
— V. T.

Tchkhaberdzouli. — Cépage à raisin noir, assez
cultivé pour la cuve au Gouriel (Russie). — V. T.

Tchkhavéri. — Cépage à raisins roses, tardifs, cultivé
pour la cuve au Gouriel (Russie); grosse grappe
cylindrique, serrée; grain petit, sphérique; assez
estimé pour vins mousseux. — V. T.

Tchkhenguilsoury (Tchankilaouri)........... D.

Tchkhoroukhouny. — Raisin noir de cuve de la
Mingrélie. — V. T.

Tchkhravéri (Tchkhavéri)................. D.

Tchkhravéri blanc. — Cépage tardif, de cuve, cultivé
à Koutaïs (Russie); grandes feuilles épaisses, très
lanugineuses en dessous; grappe sur-moyenne,
cylindrique, très serrée; grains moyens, sphériques, peau épaisse, d'un jaune doré. — V. T.

Tchmtchény. — Raisin blanc cultivé pour la cuve à
Elisabetpol (Russie). — V. T.

Tchoban doïran (Bello meko)............... D.

Tchoby (Tchody)........................ D.

Tchody. — Cépage russe cultivé pour la cuve dans

la Haute-Adjarie ; petite grappe avec petits grains noirs, juteux. — V. T.

Tcholl-Tsivill. — Raisin noir de cuve du Daghestan russe. — V. T.

Tchoumouta. — Cépage de table et de cuve du Gouriel (Russie) ; grappe moyenne, serrée ; grain petit, sphérique ; peau épaisse, d'un noir foncé ; juteux et astringent. — V. T.

Tchoupèche (Sapéravi)................. VI. 233

Tchravéri blanc (Tchkhaveri).............. D.

Tchrotchina. — Raisin blanc, de cuve, de Ratcha (Russie). — V. T.

Tchrouchy. — Nom de cépage de l'Abkhasie russe. — V. T.

Tchvitiloury.— Cépage de cuve de la Mingrélie (Russie) ; grappe sur-moyenne , cylindrique , compacte , ailée ; grain ellipsoïde, d'un jaune pâle, transparent, peu sucré et âpre. — V. T.

Tchvitilooury. — Cépage de cuve, à raisin blanc, de l'Abkhasie russe. — V. T.

Tecmusch. — Hybride ternaire de Lincecumii, Rubra et Rotundifolia ; à grains moyens, d'un rouge bronzé ; créé par T.-V. Munson.

Tecoma (Catawba)................... VI. 282

Tedesca nera, Tedesca rossa. — Noms de cépages italiens de Vicence, cités par Acerbi.

Teinse (Teinturier mâle).............. III. 362

Teint (Teinturier femelle)............. III. 370

Teint (Teinturier mâle)............... III. 362

Teint de vin (Teinturier)............... III. 363

Teinteau (Teinturier)................. III. 363

Teinteau (Teinturier femelle)......... III. 370

Teinteau (Teinturier mâle)........... III. 362

Teintevin (Teinturier)................ III. 363

Teintevin (Teinturier mâle)........... III. 362

Teint noir (Teinturier)................ III. 363

Teinturier (Côt)..................... VI.   6

Teinturier (Teinturier mâle).......... III. 362

Teinturier a bois rouge (Teinturier mâle). III. 363

Teinturier abondant (Teinturier femelle). III. 370

Teinturier Castille................... III. 48

Teinturier d'Argvety (Argvetouli-Sapéré)..... D.

Teinturier de Chaudenay (Plant rouge de Chaudenay)..................... III. 39

Teinturier de Couchey (Fréaux)....... III. 42

Teinturier de Genève (Teinturier femelle). III. 370

Teinturier d'Égypte (Teinturier femelle). III. 370

Teinturier de Larrey................. III. 49

Teinturier du Cher (Teinturier femelle). III. 370

Teinturier du Cher (Teinturier mâle)... III. 363

Teinturier du Jura (Teinturier femelle). III. 370

Teinturier femelle................... III. 370

Teinturier Fréaux (Fréaux).......... III. 42

Teinturier gros noir mâle (Teinturier).. III. 362

Teinturier le Roy (Fréaux)........... III. 42

Teinturier mâle.................... III. 362

Teinturier plant rouge de Bouze (Rouge de Bouze)....................... III. 35

Teinturier Roussot (Fréaux hâtif)...... III. 46

Teinturier supérieur (Fréaux)......... III. 42

Teinturier supérieur de Couchey (Fréaux). III. 42

Teinturier Téoulier (Téoulier)........ III. 210

Teinturin (Côt)..................... VI.   6

Teinturin (Teinturier)................ III. 363

Teinturin (Teinturier mâle)........... III. 362

Teint-vin (Teinturier mâle)........... III. 363

Tekfourdughi. — Raisin turc (?), à grains pointus, blancs. — J. M.-G.

Tekomah (Catawba)................. VI. 282

Telegraph. — Semis américain de Labrusca, précoce. grappe moyenne, très serrée, ailée ; grain moyen, subovale, noir violacé foncé, pruiné, pulpeux et très foxé.

Telki koirou (Lessitcha opachka)............ D.

Tellbandt. — Raisin blanc, de table, d'Erivan (Russie). — V. T.

Tellgoumek (Terr-gulmeck)................ D.

Telo. — Ancien cépage portugais de Lamego, où Lacerda Lobo le signalait en 1790 ; inconnu aujourd'hui. — D. O.

Temenouga. — Nom de cépage bulgare (?).

Temosa. — Nom de cépage italien de la région de Gênes (Bull. amp. ital., XVI).

Tempestiva nera. — Nom de cépage italien des régions napolitaines. — J. R.

Temprana (Listan)...................... D.

Tempranas, Tempranas blancos (Listan)....... D.

Tempranas negras (Listan moralo).......... D.

Tempranilla (Listan)..................... D.

Tempranillo .... VI. 242

Tempranillo de Navarra (Carignane).... VI. 332

Tempranillo de Peralta (Tempranillo). VI. 242

Tempranillo de Rioja (Tempranillo)..... VI. 242

Temprano (Listan)...................... D.

Temy (Manseng rouge)............... V. 263

Temy coulant (Manseng rouge)......... V. 263

Tendent blaue. — Nom de cépage cité par Trummer.

Tenderpulp. — Variété de V. rotundifolia, à raisins noirs, semis de Scuppernong.

Tendre fleur (Pinot aigret)........... II. 38

Tendretta nera. — Nom de cépage italien cité par Dr Carpené. — J. A.

Tendrier. — Nom de cépage de la région de Loches (Indre-et-Loire), cité par Jullien.

Tendrise. — Nom de cépage italien cité par Acerbi, pour Vicence.

Tenera (Cornichon)................. IV. 315

Tenerello nero. — Nom de cépage italien de la Toscane, d'après Mendola.

Teneretta (Bossolera)................... D.

Teneretta nera. — Nom de cépage italien de la région de Conegliano. — J. R.

Terbache. — Cépage d'origine persane, à raisin blanc, cultivé pour la cuve à Akh-Tépé (Russie). — V. T.

Terlaner weiss. — Cépage de grande végétation que nous avons reçu du Tyrol, mais qui après huit années de culture et les tailles les plus diverses nous apparaît toujours absolument infertile, bien que H. Gœthe lui attribue un bon vin blanc, riche en bouquet; feuillage d'un vert brillant, à page infer et peu duveteuse. — A. B.

Terminisa. — Nom de cépage italien, de table, cité par Mendola pour la région de Trapani.

Noms divers de cépages italiens cités par Acerbi pour les régions de Vérone et de Trente.
Terran, Terran bianco, grosso. — Noms de cépages italiens cités par Acerbi pour l'Istrie.
Terran Mezzano, Terran minutissimo. — Noms de cépages italiens cités par Acerbi pour l'Istrie.
Terran piccolo. — Nom de cépage italien cité par Acerbi pour l'Istrie.
Terrantez. — Cépage portugais signalé déjà en 1531 par Rui Fernandez comme très cultivé à Lamego; paraît bien différent du Turrentes espagnol; feuilles grandes, trilobées, mais à sinus peu profonds, orbiculaires, épaisses et gaufrées, coton-

neuses en dessous; grappes grandes, longues, coniques, à très gros grains ellipsoïdes, d'un jaune opaque, moucheté de roux. — D. O.

Terra promessa nera. — Nom inexact de cépage cité par Acerbi.
Terrasench. — Nom de cépage espagnol d'après H. Gorria.
Terret Barry, Bernardy. — Noms sans signification du Catalogue des vignes du Luxembourg.
Terret-bassin. — Nom de cépage de l'Aveyron, d'après Marre.
Terret Bouschet. — Hybride de Terret noir et de Petit-Bouschet, créé par Henri Bouschet, très productif, mais se rabougrissant vite, très sensible à l'anthracnose et au mildiou, et abandonné à cause de ces défauts; ses caractères se rapprochent plutôt de ceux du Petit-Bouschet; feuilles moyennes, cordiformes, peu trilobées; duvet aranéeux à la face inférieure, limbe replié sur les bords; grappes grosses, coniques, ailées; grains sur-moyens, subglobuleux, d'un noir violacé foncé, peu intense, fermes, jus d'un rouge vineux, assez peu intense.

Terret escalan. — Nom de Terret (?) cité par Mercier.
Terret noir à grains ellipsoïdes. — Cépage assez spécial, à caractère végétatif de Terret, isolé par M. Bary dans l'Aude; grappe serrée; grains ellipsoïdes, d'un noir violacé mat,
Terr Gulmeck. — Syn. *Plakoune, Treskoume, Tellgoulmek.* — Cépage de la Crimée et de la Bessarabie (Russie) cultivé pour la cuve et pour la table; feuilles grandes, tourmentées, à bords révolutés, quinquelobées, à sinus assez profonds, très lanugineuses en dessous; grappe moyenne, cylindrique, assez compacte; grain ovale, juteux, d'un blanc tacheté de jaune. — V. T.

Terrinque. — Ancien cépage portugais; actuellement inconnu, des vignobles de Mimão. — D. O.

Terrizuolo. — Nom de cépage italien de la région des Pouilles. — J. R.

Tétricha. — Cépage de cuve du Gouriel (Russie); à petite grappe cylindrique, compacte; grains petits, croquants, très sucrés, d'un blanc ambré. — V. T.

Tetry Kourdzeny. — Raisin blanc de cuve de l'Imérétie russe. — V. T.

Teutrau bianco. — Nom de cépage cité par Acerbi pour la région de Nice.

Thalburger. — N'est pas synonyme du Furmint ou Tokayer weisser, comme le dit H. Gœthe. C'est un vieux cépage alsacien décrit par Stolz et Oberlin. Comme nous avons pu l'observer, il est devenu rare en Alsace. Bourgeonnement hâtif, duveteux et rosé; végétation grêle, bois noisette, noué court; feuille moyenne presque entière, à denture aiguë, gaufrée, à page infér. pileuse; grappe moyenne, pyramidale à grains ronds de 16mm; maturité au voisinage de la 2e époque, fertilité à peine passable et vin très commun. — A. B.

Thasia, Thaslæ, Thasias, Thasien. — Noms de vignes cités par Pline.

Thebouli. — Nom de cépage algérien cité par V. Pulliat.

Theodosia. — Semis américain accidentel, à raisins noirs, à peu près inconnu aux États-Unis.

Theophile. — Semis américain de Labrusca, à grains jaune doré, pulpeux et foxés.

Theriaca, Thériaque. — Nom de vigne cité par Pline l'Ancien.

Thiako. — Cépage à raisins blancs, de cuve, de l'Etolie (Grèce). — X.

Thibault. — Semis ou sélection de Black-Defiance, multiplié par M. Joseph Thibault, de Bellegrade (Gard). Souche vigoureuse à port demi-érigé;

feuilles épaisses et à revers tomenteux blanchâtre ; fruit noir, tardif et foxé. — J. R.-C.

Thomas. — Semis américain de Scuppermong (V. rotundifolia), à grains d'un rouge noirâtre.

THOMPSON'S SEEDLESS. — Nom de cépage signalé en Australie.

THOMSON'S GOLDEN CHAMPION GRAPE (Golden Champion)......................... III. 114

THOUINA (Verdeja)......................... *D.*

THOUINIA Commerson (Cissus).......... I. 80

THOUINIA MADAGASCARIENSIS (Commerson) (Cissus quadrangularis)............ I. 86

Thrapsa. — Raisins noirs, de cuve, précoce, de la Corinthie (Grèce). — X.

THULLIER NOIR, PETIT. — Nom de cépage du Catalogue des vignes du Luxembourg pour les Basses-Alpes (?).

THULI PRIOS. — Nom de cépage cité par Acerbi.

THUNBERGII (V. Thunbergii).......... I. 429

THUNERREBE (Räuschling)............. V. 229

THURMOND (Herbemont)............... VI. 256

THYON (York-Madeira)................ *D.*

Thyriano. — Cépage à raisins noirs de la région de Smyrne.

TIANO (Fiano)........................ VI. 366

TIRIDRAGO GROSSO, PICCOLO. — Noms de cépages italiens cités par Acerbi pour l'Istrie.

TIBOULEN, TIBOULIN (Tibouren)......... II. 179

Tibouren............................ II. 179

TIBOURIN (Tibouren).................. II. 179

TIBURTES. — Nom de cépage cité par Pline.

TIBURTINA (Cabriel)................... *D.*

TICENSKA (Zimmettraube)................ *D.*

TICHENI (Pis-de-chèvre).............. IV. 91

TICINA RUJAVA (Putzscheere)........ III. 198

Tidva. — Cépage roumain peu répandu à cause de la qualité inférieure de ses vins ; grosse grappe à gros grains, d'un jaune ambré, tachetés de roux ; peau épaisse et pulpe charnue.

TIEFTRAGENDE (Allantermö)............ *D.*

Tiganca. — Cépage roumain à petits grains, subovoïdes, d'un noir brillant ; peu répandu.

TIGNOLO (Pignolo)...................... *D.*

Tguiz-ag-Ouzoum. — Raisin blanc de table, à grosse grappe et gros grains, de Derbend (Russie). — V. T.

TIGVOSA (Tidva)...................... *D.*

TIHANG FEHER, WEISS. — Nom de cépage de la Hongrie, d'après H. Gœthe.

TILLEUL (Bello meko)................. *D.*

Tillky-Karassy. — Cépage de cuve, à raisin rouge, de la Crimée (Russie). — V. T.

TILLKY KOUROUK (Pedro Ximénès ?, en Bessarabie).

Tillky-Kouyrouguy. — Cépage russe à raisins blancs, cultivé pour la cuve à Erivan. — V. T.

TIMORAZZA, TIMORASSO (Timorosso)........... *D.*

Timorosso. — Cépage italien de Bobbio et d'Alexan-

drie, à grains gros, sphériques, blancs. — J. R.

Timpurie.......................... III. 135

TINCTOR, TINCTORIA, TINCTORIA VITIS (Teinturier)............................ III. 363

TINDILLORO (Canaiolo)................ II. 311

TIN-EL-KELB (Angelino)............... IV. 249

TINGENTE. — Nom de cépage sarde. — J. R.

TINGITORA (Sciascinoso).............. VI. 352

TINTA (Grenache).................... VI. 285

TINTA (Mourvèdre)................... II. 237

TINTA (Souzão)...................... V. 23

Tinta amarella.................... V. 33

TINTA ARAGONEZA (Grenache).......... VI. 285

TINTA BABOSA. — Cépage portugais cultivé jadis à Lamego, où il n'est plus connu. — D. O.

TINTA BASTARDEIRA (Cabernet franc)..... V. 16

TINTA BASTARDEIRA (Cornifesto)......... IV. 202

TINTA BORRAÇAL (Albino de Souza)........... *D.*

TINTA CACHUDA (Cachudo)................... *D.*

TINTA CAIADA (Nevoeira)............. VI. 205

TINTA CAM (Tinto cão)................ V. 44

TINTA CÃO (Tinto cão)................ V. 43

Tinta carvalha de Traz-os-Montes....... V. 243

Tinta carvalha du Douro............. V. 239

TINTA CASTELAN (Tinta Castellõa)....... VI. 198

TINTA CASTELLÃ (Tinta Castellõa)....... VI. 198

TINTA CASTELLAN (Tinta Castellõa)...... VI. 198

TINTA CASTELLANA (Palomino)........... VI. 106

TINTA CASTELLÃO (Tinta Castellõa)...... VI. 198

Tinta Castellõa.................... VI. 198

TINTA CINZENTA (Cousoeira)............ *D.*

TINTA COUSOEIRA (Cousoeira)........... *D.*

TINTA DE BOCCA. — Ancien cépage portugais ; disparu de la région de Lamego. — D. O.

TINTA DA FOZ. — Ancien cépage portugais abandonné à Castello Branco. — D. O.

TINTA DA FRANÇA (Tinta francisca)..... V. 245

TINTA DA LAMEIRA (Tinta lameira)....... III. 158

TINTA DA MINA. — Ancien cépage portugais signalé encore dans les catalogues en 1878 ; inconnu aujourd'hui. — D. O.

TINTA DA MINHA. — Nom donné par Odart et par Rovasenda à un cépage portugais ; inconnu des viticulteurs de ce pays. — D. O.

TINTA DE CASTELLA (Tinta Castellõa)..... VI. 198

TINTA DE DOMINGOS PIRES. — Ancien cépage portugais, disparu de la région d'Anciães. — D. O.

TINTA DE ESCADEA. — Ancien cépage portugais du Douro ; disparu. — D. O.

TINTA DE FEMEA. — Ancien cépage portugais, signalé en 1790 par Lacerda Lobo à Melgaço ; inconnu actuellement. — D. O.

Tinta de Lisboa. — Cépage portugais de cuve, cultivé à l'île de Madère ; à petites grappes serrées ; grains noirs, gros, mous. — D. O.

Tinta de Manuel Pereira (Tinta Pereira)...... D.

Tinta de pé curto. — Ancien cépage portugais cultivé jadis à Cartaxo, où il est inconnu. — D. O.

Tinta de Sapatairo. — Ancien cépage portugais d'Anciães, signalé en 1790 par Lacerda Lobo ; inconnu aujourd'hui. — D. O.

Tinta do elo. — Cépage portugais du district de Santarem, d'après Marquès de Carvalho ; feuilles moyennes, orbiculaires, épaisses, pentalobées, pubescentes en dessus et très duveteuses à la face inférieure, sinus profonds ; grappe grosse, ailée, serrée, cylindro-conique ; grains assez gros, à peau fine, d'un noir violacé. — D. O.

Tinta do Lameiro (Tinta lameira). ..... III. 158

Tinta do Minho (Souzão)............ V. 23

Tinta do padre Antonio (Teinturier).... III. 362

Tinta do Peral. — Ancien cépage portugais de Cartaxo, abandonné depuis 1866. — D. O.

Tinta dos Pobres (Nevoeira).......... VI. 205

Tinta do Valle. — Ancien cépage rouge de Lamego (Portugal), cité par Lacerda Lobo en 1790. — D. O.

Tinta fina. — Cépage portugais signalé surtout comme spécial à Evora ; à feuilles moyennes, quinquelobées, inéquilatérales, d'un vert métallique à la face supérieure, [peu aranéeuses en dessous ; grappes petites, serrées ; grains moyens, sphériques, rougeâtres, peu fermes, très doux. — D. O.

Tinta Franceza (Tinta francisca)....... V. 245

Tinta francisca....................... V. 245

Tinta francisca (Teinturier mâle)...... III. 362

Tinta Gallega. — Cépage portugais de Portalegre ; peu connu. — D. O.

Tinta geral. — Autre cépage portugais, peu connu et cultivé encore à Cartaxo. — D. O.

Tinta gorda. — Ancien cépage portugais, à vins très inférieurs, et abandonné à Castello Branco. — D. O.

Tinta grossa. — Cépage portugais cultivé à Torres Vedras ; à grosses grappes ; grains moyens, ronds, peau épaisse, d'un noir pruiné. — D. O.

Tinta lameira..................... III. 158

Tinta menda (Teinturier).............. III. 362

Tinta menuda (Grenache)............ VI. 285

Tinta merançã. — Cépage du nord du Portugal, cultivé surtout à Bragança et Miranda ; grappes moyennes, ailées, peu serrées ; grains de maturation irrégulière, moyens, ellipsoïdes, d'un noir foncé et très pruinés. — D. O.

Tinta mollar. — Cépage portugais, à raisins noirs ; rare dans l'Alemtejo. — D. O.

Tinta molle. — Cépage portugais de l'Estremadoure ; grappes moyennes, compactes ; grains sphériques, à peau mince, non rougeâtre ; vins peu alcooliques. — D. O.

Tinta monteira (Tinta Roriz).......... V. 38

Tinta morella. — Cépage portugais du Douro supérieur, peu connu ; grande grappe cylindrique, ailée, à gros grains ovoïdes, d'un rouge clair, sucrés et âpres. — D. O.

Tinta murteira (Moreto).............. VI. 49

Tinta musquenta. — Cultivé anciennement dans le Douro (Portugal) ; peut-être la Madeleine noire, d'autres disent le Meunier (?). — D. O.

Tinta negrada. — Cépage portugais limité aux régions de Bragance et Mirandella, à vins très inférieurs, peu alcooliques ; grappes moyennes, rameuses, ailées ; grains gros, ellipsoïdes, peau fine, sujette à la pourriture, d'un noir rougeâtre. — D. O.

Tinta Nevoeira (Nevoeira)............ VI. 205

Tinta parda (Mourisco).............. II. 303

Tinta Patorra (Patorra).................... D.

Tinta pelluda. — Cépage du Douro portugais, où il est rare et délaissé à cause des qualités inférieures de son vin ; grandes feuilles crispées, quinquelobées, sinus profonds, aranéeuses sur les deux faces ; grappes assez grosses, très compactes, cylindro-coniques, recourbées en croissant ; grains moyens, inégaux, sphérico-elliptiques, d'un noir bleuté. — D. O.

Tinta Pereira. — Cépage portugais du Douro, créé par semis, inférieur comme qualité de vin, mais peu exigeant sur le terrain ; feuilles grandes, minces, crispées, quinquelobées, peu lanugineuses en dessous ; grappes longues, cylindriques, grosses, compactes ; grains subovoïdes, comprimés, moyens, peau épaisse, dure, d'un noir rougeâtre. — D. O.

Tinta Pinheira (Pinot aigret).......... II. 38

Tinta P'keira (Tinta Pereira).............. D.

Tinta ratinha. — Cépage portugais, à raisins rouges, signalé par Larcher Marçal à Portalegre et Castello Branco. — D. O.

Tinta redonda. — Nom de cépage portugais de Lamego. — D. O.

Tintarello (Meunier)................ II. 383

Tinta Roriz....................... V. 38

Tintarroma (Teinturier)............: III. 362

Tinta Sobreirinha (Tinta molle)........... D.

Tinta vigaria. — Cépage signalé dans le Douro supérieur par Villa Maior ; il y est maintenant inconnu. — D. O.

Tinta violet (Blue Favorite)........... D.

Tinteau (Teinturier)................... III. 363

Tintella (Teinturier)................. VI. 285

Tintello (Teinturier femelle)........... III. 370

Tintentraube (Teinturier femelle)...... III. 370

Tintenwein (Teinturier mâle)......... III. 363

Tintiglia di Spugna (Teinturier)........ III. 363

Tintilla (Grenache)................... VI. 225

Tokai précoce (Madeleine noire)...... III. 247

Tokai rose (Pinot gris)............... II. 32

Tokai noir (Pinot noir)............... II. 19

Tokaier weisser (Chardonnay)......... IV. 5

To-Kalon. — Semis américain de Labrusca, à fruits très sensibles au mildiou et au black-rot ; grappe assez grosse, ailée, compacte ; grains ovoïdes, d'un noir foncé, pruinés, pulpeux et foxés.

Tokauer (Putzscheere)............... III. 197

Tokay (Catawba).................... VI. 282

Tokay (Furmint).................... II. 251

Tokay (Pinot gris).................. II. 32

Tokay blanc (Furmint)............... III. 124

Tokay blanc (Putzscheere)........... III. 197

Tokay de Sardine (Kizilovi)................. D.

Tokayer (Furmint).................. II. 251

Tokayer edler (Harslevelu)........... IV. 179

Tokayer grauer (Pinot gris).......... II. 32

Tokayer langer (Harslevelu)......... IV. 179

Tokay musqué (Muscat de Jésus)....,........ D.

Tokayer rother (Zierfandler)........... D.

Tokayer schwarzer (Pinot noir)....... II. 19

Tokayer traube (Räuschling).......... V. 229

Tokayer weisser (Chardonnay)........ IV. 5

Tokay Teneriff (Valteliner) .... IV. 30

Tokmaki. — Cépage, à raisin noir, de la région de Smyrne.

Tokos. — Nom de cépage (?) des catalogues Leroy et Salomon.

Tökös feher (Kadarka)............... IV. 177

Tökös prios (Rothgipfler)................. D.

Tök szöllö (Silberweiss).................... D.

Tolman (Champion)...................... D.

Tolstokojy (Tolstokorny) .... D.

Tolstokorny. — Cépage de table, de 1re époque de maturité, cultivé à Astrakhan (Russie) ; grande grappe, à gros grains olivoïdes, blancs. — V. T.

Tolstokorny (Chasselas)............... II. 6

Tolaios. — Nom de cépage roumain (?).

Tomalény. — Cépage russe, à raisins rouges, cultivé pour la table à Djébraïl (Russie). — V. T.

Tomentosa. — Nom du Catalogue des vignes du Luxembourg, probablement le Labrusca ou le Candicans.

Tommasa, Toncara. — Noms de cépages italiens de Voghera. — J. R.

Tongin (Mondeuse blanche).......... II. 284

Tonkawa. — Delago × Brillant, hybride de T.-V. Munson, à beau raisin rouge, précoce.

Toomalet (Taamalet)................ IV. 338

Topaze (Hybride Castel n° 1832)............. D.

Topol (Honigler)........................ D.

Topolina, Topolina velka, Topolovina, (Mehlweiss)............................... D.

Toppia (Moradella)....................... D.

Toquet (Gamay).................... III. 14

Torbat bianca. — Nom de cépage de la Sardaigne, d'après Mendola.

Torbiana (Ugni blanc)................ II. 255

Torbiano, Torbianone (Ugni blanc)..... II. 255

Tordella nera. — Nom de cépage italien de Vicence cité par Acerbi.

Torino (Douce noire)................ II. 371

Tobinay (Roussanne)................ II. 73

Tornabin (Mondeuse)................ II. 273

Török bajor (Kadarka).............. IV. 177

Török buza szölö (Kadarka).......... IV. 177

Török dinka (Dinka)................ D.

Torok goher, Torok goher fekete, Torok goher noir (Augster).......................... D.

Torokoutschtkhy. — Raisin noir de cuve de l'Abkharie russe. — V. T.

Törökszolo (Kadarka)............... IV. 177

Törökszollo (Madeleine noire)........ III. 247

Torok szöllö noir (Kadarka).......... IV. 177

Torpot (Grappenoux)................... D.

Tonquet (Gamay)................... III. 5

Torralba, Torralbo (Cabriel)............... D.

Torralbo negro (Cabriel).................. D.

Torrentes (Morrastel)............. III. 384

Torrontès (Turruntes).................... D.

Tortarello (Dolcetto).............. VI. 362

Tortejuna bianca, negra. — Noms de cépages espagnols de Cuença cités par Abela y Sainz.

Tosca commune, gentile. — Noms de cépages italiens de Sassuolo (Modène). — J. R.

Tos la bianca (Bombino).............. VI. 338

Tosta nera, da passi. — Noms de cépages italiens des provinces napolitaines. — J. R.

Tostarello, Tostarelta (Dolcetto)..... VI. 362

Tostola bianca, nera. — Noms de cépages italiens cités par Acerbi.

Tostole majornie, minorine. — Noms de vignes cités par J.-B. Porta au xvie siècle. — J. R.-C.

Tostolella (Cinsaut)............... VI. 322

Tostolo. — Nom de cépage italien de la région de Lecce (Bull. amp. ital., XV).

Tosz ouzoum. — Raisin blanc de table, à gros grains, sans qualité, du Daghestan russe. — V. T.

Tótszölö (Mehlweiss)..................... D.

Tottenham Park muscat (Muscat d'Alexandrie)............................. III. 108

Tott ouzoum (Tosz'ouzoum)............... D.

Touar (Pécoui-Touar)............... IV. 233

Touia-Ptechy (Touia Tchy)................ D.

Touia-tchy. — Raisin blanc de table et de cuve, 1re époque de maturité, cultivé à Bokhara et à Samarkande (Russie) ; feuille assez grande, trilobée, à sinus peu profonds, glabre sur les deux faces ; grappe grande, longue, conique, mince ; grains gros, longs, coniques un peu incurvés, d'un blanc cireux. — V. T.

Touillot (Argant)................... V. 346
Toulki-Kouirougny (Tilky-Kouirouguy)....... D.
Tounsi. — Cépage de l'extrême sud de la Tunisie (Djerba, Sfax) ; feuilles moyennes, aussi larges que longues, d'un beau vert clair, glabre sur les deux faces ; quinquelobées, les sinus supérieurs profonds et fermés ; grappe moyenne, lâche, cylindrique, peu ailée ; grains sur-moyens, ronds, d'un beau jaune transparent. — N. M.
Tourbat (Ugni blanc)................ II. 255
Tourbat (Maccabeo)................ VI. 160
Tourbat (Mauzac)................... II. 145
Tourcha-Ouzoum (Muscat)............. III. 373
Touriga....... .... V. 14
Touriga femea (Touriga)............. V. 14
Touriga fina (Touriga)............... V. 14
Touriga macho (Tourigão)................. D.
Tourigão. — Variation de couleur des Touriga, à fleurs coulardes, à pédoncules verts et non rouges comme ceux de Touriga. — D. O.
Tourigo (Mortagua)................. V. 7
Tourigo (Touriga).................. V. 14
Touriva (Touriga).................. V. 14
Tourkmâny. — Raisin blanc de table, de 2ᵉ époque de maturité, peu cultivé à Samarkande (Russie) ; feuilles moyennes, trilobées, à sinus assez profonds, aranéeux en dessous ; grappe grande, ailée, compacte ; grains moyens, sphériques, à peau mince, transparente, d'un blanc verdâtre. — V. T.
Tourkopoula. — Raisin de table, à raisins roses, précoce, cultivé dans l'Elie et l'Achaïe (Grèce). — X.
Tournemire. — Nom de cépage de l'Aveyron, d'après Marre.
Tournerin (Mondeuse)............... III. 274
Tourtourr. — Raisin rouge, de cuve, de la Crimée (Russie). — V. T.
Tourvandt. — Nom de cépage (?) de la Crimée. — V. T.
Toussaïné (Houssein)....................... D.
Toussan. — Cépage du Lot-et-Garonne, décrit par V. Pulliat ; feuille grande, à duvet peu aranéeux en dessous ; quinquelobée, à sinus peu profonds ; grappe grosse, ailée, assez compacte ; grains moyens, globuleux, peau mince et résistante, d'un noir pruiné ; maturité de 3ᵉ époque.
Toussot (Trousseau)................ II. 366
Toustain. — Nom de cépage algérien (?) cité par Leroux.
Toutachy. — Raisin noir de cuve de la Mingrélie (Russie). — V. T.
Touvake. — Raisin rouge de cuve de la Crimée. — V. T.
Touvany. — Cépage à raisin noir, cultivé, pour la cuve, à Abacha et sur le Khopy, dans la Mingrélie russe. — V. T.

Touzan (Grappu).................... VI. 29
Towbridge. — Nom de cépage américain (?).
Tozzola (Bombino).................. VI. 338
Trainez rouge. — Nom de cépage cité par Acerbi pour Lausanne.
Tragani. — Raisin rouge de table, cultivé à Karpenissi (Grèce). — X.
Tralcio rosso. — Nom de cépage italien de Sinalunga. — J. R.
Tralucenta bianca (Arratalau)............., D.
Tramarina rossa (Corinthe noir)........ IV. 286
Tramin aromatique (Savagnin rose)...... IV. 305
Tramin épicé (Savagnin rose)........... IV. 305
Traminer (Savagnin)................ IV. 305
Traminer grosser (Valteliner)......... IV. 30
Traminer grun (Savagnin)............. IV. 305
Traminer Kleiner (Pinot gris)......... II. 32
Traminer musqué (Savagnin).......... IV. 305
Traminer parfumé (Savagnin).......... IV. 305
Traminer rotes, rother (Savagnin rose). IV. 301
Traminer weisser (Savagnin jaune)..... IV. 301
Tramini piros (Savagnin rose)......... IV. 301
Tramini légitime (Savagnin rose)...... IV. 30
Tramin rose (Savagnin rose).......... IV. 30
Tramin rouge des sables (Savagnin rose). IV. 30
Tramins. — Nom de cépage cité par Jean Bauhin (xvıᵉ siècle). — J. R.-C.
Tramontaner (Chasselas rose)........ II. 16
Tramündler (Chasselas rose).......... II. 16
Thanese (Perricone)..... .... VI. 227
Transparent. — Semis américain de Taylor, fait par J. Rommel ; petites grappes compactes et ailées ; petits grains, sphériques, d'un gris jaunâtre, clair, translucide, juteux.
Trapat. — Nom de cépage espagnol (?) cité par Hardy dans le Catalogue des collections du Luxembourg.
Trappler. — Nom de cépage (?) cité par Babo.
Trask. — Semis accidentel obtenu en Amérique, probablement un Vinifera, d'après Bush et Meissner ; grandes grappes ailées, à grains assez gros, d'un noir bleuté mat, juteux, pruiné et vineux, assez précoce.
Trasnitoare (Scuturatoare)................ D.
Traube fränkische, lindeblättrige, spanische. — Noms de cépages cités par Trummer.
Traube weisse (Heunisch)................ D.
Travagliana, Travaglina. — Nom de cépage italien de Pavia. — J. R.
Traverons. — Nom de cépage espagnol d'après Abela y Sainz.
Trayen. — Nom sans signification du Catalogue des vignes du Luxembourg.
Trebbiana (Ugni blanc)............... II. 258
Trebbianello (Ugni blanc)............ II. 258
Trebbiana (Albarola)................ IV. 154

TRIBIAN LABINSKI. — Nom de cépage italien cité par Acerbi pour l'Istrie.

TRIBOTI, TRIBOTU BIANCU, TRIBOTU NOSTRU (Verjus)........................... II.   151

TRICARPO (Verjus)..................... II.   151

TRICHÓN. — Nom de cépage espagnol de la région de Murcie, cité par Abela y Sainz.

TRICOGNA NERA, TRICOGNA ROSSA. — Noms de cépages italiens cités seulement par J. de Rovasenda.

TRIENSKA (Argant)................... V.   346

TRIFARELLA (Malvoisie blanche).............. D.

TRIFERA (Verjus)..................... II.   151

TRIFÈRE DU JAPON. — Nom de cépage (?) cité dans divers catalogues.

TRIFFAUT (Trousseau)................ II.   366

Triga bianca. — Cépage sarde décrit par V. Pulliat, qui le tenait de Mendola ; feuille sur-moyenne, tourmentée, glabre sur les deux faces, trilobée, à sinus profonds et fermés ; grappe grosse, rameuse, un peu lâche ; grain gros ou très gros, olivoïde, déprimé au pédicelle, ferme, juteux, assez sucré ; peau fine, résistante, d'un jaune doré ; maturité de 4e époque.

TRIGA ROSSA (Triga bianca)................ D.

TRIGIA (Grignolino)....................... D.

TRIGIA BIANCA. — Nom de cépage italien de la région de Sassari (*Bull. amp. ital.*, XVII).

TRIGLIA (Grignolino)....................... D.

TRIGNA NERA. — Nom de cépage italien cité par J. de Rovasenda.

TRIGNABELLO, TRIGNABULO (Aglianico).... V.   81

TRIGNON. — Nom de cépage de la Corrèze (?) cité par Jules Guyot.

Trincadeira....................... VI.   194

Trincadeira branca. — Cépage blanc du midi du Portugal. — D. O.

Trincadeira pé de perdix. — Cépage portugais, à raisin rouge, de la région d'Evora, à nombreuses fleurs, très coulardes. — D. O.

TRINCADEIRA PRETA (Trincadeira)........ VI.   194

Trincadeira Rei. — Cépage portugais de l'île de Saint-Michel, à raisin rouge, très peu juteux. — D. O.

TRINCADEIRA TINTA (Trincadeira).... .... VI.   194

TRINCADEIRO (Trincadeira)............ VI.   194

Trincadente. — Cépage des plus importants et des plus estimés jadis pour la production des grands vins de Porto du Douro (Portugal). Déjà signalé en 1531 par Rui Fernandes, il a été abandonné en partie à cause de sa faible production ; feuilles épaisses, petites, quinquelobées, légèrement aranéeuses en dessous ; sinus supérieurs profonds et presque fermés ; grappes sous-moyennes, plutôt lâches, cylindro-coniques, aileronnées ; grains ellipsoïdes, inégaux, d'un jaune ambré très transparent, maculé de jaune plus foncé ou de rose

brun à la lumière ; peau dure, chair ferme, peu juteuse et très sucrée ; vins blancs de grande qualité et très alcooliques. — D. O.

TRINCADEYRA (Trincadeira)............ VI.   194

TRINCA DE PAU, TRINCAL MOLLE, TRINCAL RIJO. — Anciens cépages rouges de Caminha (Portugal), où ils n'existent plus. — D. O.

TRINCHIERA, TRINCHIÉRA, TRINCHIÈRE (Mourvèdre)........................... II.   237

TRINGLER (Sarfekete)....................... D.

Trinquier. — Rupestris du Lot × Gamay d'Auvergne, semis de 1889 ; bourgeonnement aranéeux, vert pâle, brillant ; rameaux verts, rayés de rouge ; feuilles moyennes, lisses, vert clair et en gouttière ; grappes moyennes, coniques, souvent coulées ; grains moyens, ovoïdes, noirs, de saveur fade et plate ; maturité de 2e époque. — J. R.-C.

Triomphe de Jérusalem. — D'après F. Richter, variation de Servant, à grappe conique, serrée ; grains ovoïdes, jaune verdâtre ; 3e époque de maturité.

Triomphe de l'exposition. — D'après F. Richter, cépage à grappe moyenne, conique ; grains moyens, elliptiques, d'un beau rose clair ; 2e époque de maturité.

TRION (York-Madeira)..................... D.

Tripas. — Cépage noir, très fertile, qu'on rencontre quelquefois dans le nord de l'arrondissement de Grasse ; sarments de longueur et de grosseur surmoyennes, à mérithalles courts et à nœuds apparents ; bourgeons gros, coniques, glabres ; feuilles assez grandes, minces et régulièrement découpées, lisses, avec un pétiole assez long et faible ; grappe assez grosse, conique, ailée, se terminant brusquement en pointe ; grains réguliers, gros, franchement ovoïdes, assez fermes, peau d'un noir brillant. — L. B et J. G.

TRIPEDANEA, TRIPEDANEÆ. — Noms de vignes cités par Pline et par Columelle.

TRIPET (Pardotte)....................... D.

TRIPIANU (Tiro)........ .... VI.   231

TRIPIER, TRIPIERA, TRIPIERA NOIR (Calitor noir, Pecoui-touar)................. IV.   233

TRIPOLI VICTORIA HAMBURGH (Frankenthal). II.   127

Trippa di bo bianca. — Cépage italien de la région d'Asti, d'après V. Pulliat qui l'a caractérisé par des feuilles orbiculaires, trilobées, à peine duveteuses en dessous ; par une grappe grosse, rameuse ; des grains gros, ellipsoïdes, fermes, peau épaisse, d'un blanc mat, jaunâtre à la maturité de 4e époque.

Trippa di bo nera. — Cépage italien d'Asti, ne différant du précédent que par la couleur noire du fruit.

Trippa di bo rossica. — Variation à fruits roses des deux précédents.

Tsekerdeksy (Sultanina)............... II. 67

Tsimlansky blanc. — Cépage du Don (Russie), de 2ᵉ époque de maturité ; grande grappe serrée ; grain moyen, sphérique, blanc, très sucré ; vin très alcoolique. — V. T.

Tsimlansky noir (Portugais bleu)....... II. 136

Tsintsao (Chichaud)................. VI. 158

Tsirighoticon. — Nom de cépage de Smyrne, d'introduction étrangère.

Tsirigotiko. — Nom de cépage (?) de la Corinthie (Grèce). — X.

Tsistka. — Cépage de cuve du Caucase (Russie) ; 3ᵉ époque de maturité ; feuille grande, quinquelobée et à sinus profonds, vert jaunâtre, aranéeuse à la page inférieure ; grappe sur-moyenne, ailée, cylindro-conique, peu serrée ; grains moyens, ellipsoïdes, d'un jaune doré. — V. T.

Tsita-Toutouly. — Raisin noir, de cuve, de Tiflis (Russie). — V. T.

Tsitlany. — Raisin rouge, de cuve, du Gouriel (Russie). — V. T.

Tsitsa-capra-alba (Pis-de-chèvre blanc). IV. 91

Tsitsa - capra - neagra (Pis - de - chèvre rouge)............................ IV. 88

Tsitsa capri (Pis-de-chèvre blanc)..... IV. 91

Tsitska (Tsistka)...................... D.

Tsgnou. — Raisin noir, de table, d'Ordoubatt (Russie). — V. T.

Tskény, Tskhéniss-Dzoudzou (Pis-de-chèvre blanc)..................... IV. 91

Tskhéra. — Raisin blanc, de cuve, de Letchkhoum (Russie). — V. T.

Tsobenoury. — Raisin blanc, de cuve, de la Kakhétie (Russie) ; à grande grappe ; gros grain, donnant des vins blancs très inférieurs. — V. T.

Tsolikaouri (Tsolikoouri)................. D.

Tsolikoouri. — Cépage de cuve du Caucase, de 3ᵉ époque tardive de maturité ; feuille grande, orbiculaire, trilobée, et à sinus peu profonds, finement lanugineuse en dessous ; grains sous-moyenne, ailée et rameuse ; grains sous-moyens, un peu ovoïdes, fermes, d'un jaune peu doré ; bon vin neutre. — V. T.

Tsoti. — Nom de cépage de Grèce (?), à raisins noirs, cité par divers auteurs.

Tsreni Drenak (Pis-de-chèvre rouge)... IV. 88

Tstistsiliany. — Raisin blanc, de cuve, de Ratcha (Russie). — V. T.

Tsty-khagass. — Raisin noir, de table, de Nakhitchevane (Russie). — V. T.

Tsvité. — Raisin blanc, de cuve, de l'Adjarie (Russie) ; petite grappe allongée, rameuse ; grain petit, sphérique, juteux et très acide. — V. T.

Tsvivany (Mtsvani)................. VI. 236

Tuamens negrès (Madeleine noire)...... III. 247

Tubiana bianca, niura. — Noms de cépages italiens cités par Acerbi pour la Sicile.

Tuccarinu niuru. — Nom de cépage italien, d'après Mendola.

Tudernis. — Nom de vigne cité par Pline.

Tudone bianco (Tadone bianco)............. D.

Tudone nero (Tadone nero)................. D.

Tufo. — Nom de cépage italien de la Toscane cité par Acerbi.

Tuia-tiche, Tuja-Tschi. — Noms de cépages (?) du Caucase (Russie).

Tuillier (Téoulier).................. III. 210

Tuley (Black July)........................ D.

Tulopeccio. — Nom de cépage italien de l'Ombrie. — J. R.

Tunis blanc. — Cépage de la Sardaigne, d'après Mendola, décrit par V. Pulliat; feuille à duvet compacte, blanchâtre, quinquelobée ; grappe moyenne, rameuse, un peu lâche; grain moyen, un peu ellipsoïde, ferme, juteux, d'un blanc jaunâtre; maturité de 3ᵉ époque tardive.

Turbat (Torbat)........................ D.

Turbiana (Trebbiano)................ II. 258

Turca bianca. — Nom de cépage italien de Trani cité par J. de Rovasenda, d'après Mendola.

Turccasca (Chaouch)................ II. 200

Turchesca bianca (Chaouch)........... II. 200

Turchetto (Chaouch)................ II. 200

Turcklenner, Turcklenna gewächs (Kniperlé)........................ VI. 72

Turc noir, Turc blanc. — Noms de cépages cités par Mercier.

Turfanto mavro. — Nom de cépage de Smyrne (?) cité par Odart.

Turin (Douce noire)................. II. 371

Turineau, Turineau de Salins (Douce noire)............................ II. 371

Turino (Douce noire)................. II. 371

Turkey grape (V. Lincecumii)........ I. 335

Türkheimer (Kniperlé)................ VI. 72

Türkheimer gewächs (Kniperlé)....... VI. 73

Turki. — Syn. : *Medina*. Cépage tunisien répandu dans les oasis, surtout à Gabès, très productif ; feuilles moyennes, lisses, glabres sur les deux faces, sinus supérieurs profonds; grappes grosses, très rameuses ; grains ronds, sous-moyens, croquants, peu sucrés, d'un rose pruiné. — N. M.

Turkische weisse-cibebe (Pis-de-chèvre blanc)......................... IV. 91

Turner (Räuschling)................ V. 229

Turresca (Chaouch)................ II. 200

Turruntès........................ VI. 248

Turruntès de la Rioja (Turruntès)..... VI. 248

Turtsin. — Nom de cépage cité par Acerbi.

Tusca nera. — Nom de cépage cité par Pierre de Crescence.

U

Ulliade cinq-saou (Cinsaut)........... VI. 322
Ulliade musquée (Cinsaut)............ VI. 322
Ulliade noire, Ulliade rose, Ulliade rouge
(Œillade)........................ VI. 329
Ulliaou (Cinsaut).......... .... VI. 322
Ulster. — Semis américain de Catawba, créé par
J. Caywood; grappe et grains moyens, d'un rose
grisâtre, peu pulpeux et peu foxés.
Ulster prolific (Ulster)..................... D.
Ultra fertile (Fréaux hâtif).......... III. 46
Umlbierer (Savagnin)............... IV. 308
Una. — Semis américain de Concord, à raisins
blancs; petits grains, très foxés.
Uncialis (Unciariæ)..................... D.
Unciariæ. — Nom de vignes cité par Columelle.
Underhill. — Semis de Labrusca, à grappe assez
grosse; grains sur-moyens, sphériques, d'un
rouge grisâtre foncé et mat, pulpeux et foxés.
Underhill's celestial, seedling (Underhill)..... D.
Undine. — Concord × Clinton, hybride américain de
J.-H. Ricketts, à grains assez gros, d'un gris clair
jaunâtre, juteux, à peine foxés.
Ungar (Putzscheere)................. III. 197
Ungarisch blau (Madeleine noire). .... III. 247
Ungarische Edeltraube (Kadarka)...... IV. 177
Ungarische (Furmint)................ II. 251
Ungarische (Madeleine noire)......... III. 247
Ungarische poschipon (Javor)............... D.
Ungarische rothe (Frankenthal)........ II.· 127
Ungaritche traube (Kadarka)......... IV. 177
Ungarstock (Dinka)..................... D.
Ungerlein (Chasselas)............... II. 6
Ungherese nera. — Nom de cépage italien (?) cité
par J. de Rovasenda.
Ungeschichte. — Nom de cépage cité par Trummer.
Unie blanc (Ugni blanc)............... II. 255
Unik (Kölner)........................... D.
Unin blanc (Savagnin)............... IV. 308
Uni négré (Aramon)................. VI. 293
Uni noir (Aramon)................... VI. 293
Union Village. — Syn. : *Shaker, Ontario.* — Semis
américain de Labrusca, peut-être l'Isabelle; grande
grappe compacte, ailée; grains gros, oblongs,
noirs, bleutés, pulpeux et foxés.
Uni perlé. — Nom de cépage du Bas-Rhin, d'après
J. de Rovasenda.
Unis rougés, Unis rougés de Partus. — Noms de
cépages cités par Garidel (xviie siècle).
Uno (Juno)............................... D.
Uovo di gallo (Cornichon blanc)....... IV. 315
U. Palladii (Grec rouge)............. II. 277
Uprino, Uracœi. — Noms de cépages italiens cités
par le *Bull. amp. ital.*, XV et XVI.
Urbajscnak veli (Urbanitraube)....... V. 132
Urban. — Nom de cépage cité par Meyer.
Urbana. — Semis américain de Labrusca, à grains

moyens, d'un blanc jaunâtre, pulpeux, acides et
foxés (d'après Downing).
Urbanas. — Cépage espagnol de Madrid, d'après
Abela y Sainz.
Urbancic, Urbancic velki (Urbanitraube). V. 132
Urbanerstock (Urbanitraube)........... V. 132
Urhani blanc musqué (Urbanitraube).... V. 132
Urbanitraube........................ V. 132
Urbanitraube klein, Urbanitraube weisse (Urbani-
traube)........................... V. 132
Urben (Frankenthal)........ .... II. 127
Urben blauer, rother (Frankenthal).... II. 127
Urbize (Oriou)....................... VI. 283
Urèze (Oriou)........................ VI. 283
Uriel. — Hybride de T.-V. Munson (Dr Collier ×
Brilliant); vigoureux, fertile; grappe grosse,
compacte, ailée; grains moyens, sphériques, d'un
blanc jaunâtre; sensible au mildiou.
Urius. — Cépage à grains blancs et ronds, de 14me;
de semis par Kürssner; peu fertile et sans intérêt
suffisant. — A. B.
Urize (Oriou)........................ V. 283
Urnaccia, Urnaccia nera (Vernaccia)........ D.
Urnik (Kölner)........................... D.
Urzes. — Ancien cépage blanc du Douro (Portugal),
inconnu aujourd'hui, signalé par Antonio Gyrão
en 1822. — D. O.
Usela, Uselin, Uselin bianco, monferrato, nero. —
Noms divers de synonymes de cépages italiens
mal déterminés.
Usolia bianca, Usolia nera. — Noms de cépages
italiens de Palerme cités par Acerbi.
Ussereul (Inzolia).................... VI. 229
Ussulara nera (Berzamino)........... III. 339
Uva Abbostine nera, Uva Affricognolo dolce. —
Noms de cépages italiens de la Toscane. —J. R.
Uva a cannellino (Buonamico)........ IV. 73
Uva acera. — Nom de cépage italien (*Bull. amp.
ital.*, XVI).
Uva Africana (Chasselas cioutat)...... II. 16
Uva Agherusti, Averrusti. — Noms d'anciens
cépages italiens de la Toscane. — J. R.
Uva Agostenga (Agostenga)........... III. 64
Uva alba (Canaiolo).................. II. 311
Uva Albarola (Biancone)............. V. 311
Uva americana (Isabelle)............. V. 203
Uva ananas (Isabelle)............... V. 203
Uva aneli (Ugni blanc)............... II. 255
Uva angela, angelica, Uva anginella (Verdic-
chio).............................. D.
Uva apiana (Muscats)............... III. 375
Uva apiana (Muscat)................ II. 55
Uva arbosiana (Poulsard)............ III. 348
Uva arciprete, Uva Baggiana, Uva Balzellona
nera. — Noms de synonymes de cépages italiens
mal déterminés.

Uva barbarossa (Grec rouge).......... III. 277
Uva bianca (Ugni blanc).............. II. 255
Uva bianca carnosa. — Nom de cépage italien des Pouilles cité par Acerbi.
Uva bianca di Stoppo (Gouais)......... IV. 941
Uva bianca Romanesca, bigia. — Noms de cépages italiens (?) cités par J. de Rovasenda.
Uva blanca (Ohanez)................ IV. 356
Uva Bosco. — Nom de cépage italien de la région de Gênes. — J. R.
Uva bothella (Botelheira).................. D.
Uva Bottara bianca (Caccio)................ D.
Uva branca. — Nom de cépage blanc portugais signalé par Villa Maior à Azeitão, où il est inconnu. — D. O.
Uva Brugnona (Brugnola).................. D.
Uva bumammia (Cornichon blanc)....... IV. 315
Uva caccabella (Verjus).............. II. 151
Uva Caccio (Caccio)....................... D.
Uva calabrese (Balsamina)........... IV. 77
Uva Canaiola (Canaiolo).............. II. 311
Uva canaiola rossa (Canaiolo)........ II. 312
Uva cane, cani (Neretto).................. D.
Uva canina (Rafajone noir).......... .. IV. 157
Uva canavera (Tadone).................. D.
Uva Carne. — Nom de cépage italien de Mantoue, cité par Acerbi.
Uva Carola, Uva Carola grossa. — Noms de cépages italiens du Piémont, cités par Acerbi.
Uva Castagnola. — Nom de cépage italien de Naples. — J. R.
Uva Castellana (Trebbiano)... .... II. 255
Uva castellaneta (Aglianico)......... V. 93
Uva castellona (Trebbiano).......... II. 255
Uva Castigliana. — Nom de cépage italien cité par Soderini.
Uva Catalanesca (Sanginella)............. D.
Uva Catona nera. — Nom de cépage italien de la Toscane.
Uva Cavalla (Barbarossa).................. D.
Uva Cenerenta, cenerenti, cenerinte (Frankenthal)........................... II. 127
Uva Cerasa, ceraso, cerusa. — Noms inexacts du Catalogue des vignes du Luxembourg.
Uva Cerasola.— Nom de cépage italien de la Sicile, d'après Mendola.
Uva Ceresuola. — Nom de cépage italien de Naples. — J. R.
Uva Cerza. — Cépage italien de l'Italie méridionale; grappe moyenne, conique, compacte, grains gros, olivoïdes, pruineux, jaunâtres; feuille rappelant celles du Riparia, trilobées, luisante à la face supérieure, avec quelques poils aranéeux aux angles des nervures de la face inférieure. — M. C.
Uva Chiarello. — Nom de cépage italien de Naples. — J. R.

Uva Chiusa (Ugni blanc).............. II. 255
Uva Cimice (Isabelle)................ V. 203
Uva coloro canaiolo (Canaiolo)........ II. 312
Uva coradella (Verjus).............. II. 151
Uva corna, cornea (Cornichon blanc).. IV. 315
Uva cornetta (Cornichon blanc)....... IV. 315
Uva cornicella, corniola (Cornichon blanc)........................... IV. 315
Uva Cotogna. — Nom de cépage italien de Montepulciano, cité par Acerbi.
Uva Coussa (Pelaverga).................... D.
Uva da Abelha (Abelhal).................. D.
Uva da botelha (Botelheira).............. D.
Uva da cane, da cani (Neretto)............. D.
Uva d'Aceto (Barbarossa)................. D.
Uva d'acqui (Dolcetto)..................... D.
Uva d'Agliano grossa, Uva d'Agliano piccolo (Aglianico)........................... V. 84
Uva d'Agosto (Agostenga)............. III. 64
Uva da Lage (Cabugueiro)........... IV. 198
Uva d'Aleppo. — Nom de cépage cité par Acerbi.
Uva dall'occhio (Ugni blanc)......... II. 255
Uva dall'occhio (Pecorino)................ D.
Uva damascena (Ribier).............. III. 282
Uva da meusa (Uva Roica)................ D.
Uva d'Amoss (Neretto).................... D.
Uva d'Antom (Nebbiolo).................. D.
Uva da Promissão (Nehelescol)......... III. 290
Uva de Africa (Cornichon blanc)....... IV. 315
Uva de Cão. — Cépage portugais, rare dans la Beira alta ; à petits grains sphériques, blancs, très juteux et peu sucrés. — D. O.
Uva de Cheiro (Muscat blanc)........ III. 373
Uva de Constanza (Muscat rouge de Madère)....................... III. 319
Uva de Covado (Nehelescol).......... III. 290.
Uva d'Egitto (Chasselas cioutat)....... II. 16
Uva de Embarco (Ohanez)............ IV. 356
Uva degli Angeli. — Nom de cépage italien de Sassari (Bull. amp. ital., XXII).
Uva degli Apostoli (Pignolo)............... D.
Uva degli osti (Pecorino).................. D.
Uva dei cani (Aglianico)............. V. 81
Uva dei cani (Canaiolo).............. II. 311
Uva dei galli. — Nom de cépage italien de Pesaro — J. R.
Uva de la Cruz de Molta (Cornichon blanc)........................... IV. 315
Uva del beuse. — Nom de cépage italien de la région de Gênes (Bull. amp. ital., XVI).
Uva del cuerno. — Nom de cépage espagnol cité par Abela y Sainz.
Uva del Fattore (Ugni blanc)......... II. 255
Uva del fico. — Nom de cépage italien de Mantoue, cité par Acerbi.

Uva della Caristina rossa. — Nom du Catalogue de Luxembourg.

Uva della lambrusca selvatica. — Nom de cépage cité par Soderini.

Uva della Maddalena bianca (Agostenga). III.   64

Uva della Madonna (Verjus, Pecorino, etc.)...   D.

Uva della marina (Uva di Troja).............   D.

Uva della nebbia. — Nom de cépage italien de Forli (Bulletin ampélographique italien, X).

Uva della Pergola (Dolcetto)..............   D.

Uva della Regina. — Nom de cépage napolitain (Bull. amp. ital., XIX).

Uva della Rovere nera. — Nom de cépage italien d'Alexandrie. — J. R.

Uva della terra promessa (Néhélescol). III.   290

Uva delle done (Pecorino).................   D.

Uva delle Pascene (Dolcetto)...............   D.

Uva delle passere. — Nom de cépage italien de Pesaro. — J. R.

Uva delle Pecore (Pecorino)...............   D.

Uva del leone (Pelaverga).................   D.

Uva dell' occhio (Pignolo).................   D.

Uva dell' Occhio piccola (Pecorino)..........   D.

Uva del Maso. — Nom de cépage italien de Vicence, cité par Acerbi.

Uva del Merlo (Falandino).................   D.

Uva del Monferrato (Dolcetto).............   D.

Uva de Loja, Uva de Loxa (De Loxa)........   D.

Uva del piccolino. — Nom de cépage italien de Lodi. — J. R.

Uva del rey (Mantuo de Pilas)........   VI.   121

Uva del Raf nera, del Romilo, del Vasto, del Vaticano. — Divers noms synonymiques non déterminés de cépages italiens.

Uva de Malaga (Muscat d'Alexandrie).. III.   108

Uva de malta (Cornichon blanc).......   IV.   315

Uva de Monferrato (Dolcetto)..............   D.

Uva de Pasa (Almuñécar).................   D.

Uva de Puerto real (Mantuo de Pilas).   VI.   121

Uva de Ragol (Angelino)............   IV.   249

Uva de Rey (Mantuo de Pilas)........   VI.   121

Uva de Sao Francisco. — Ancien cépage portugais de Numão, signalé en 1790 par Lacerda Lobo; disparu actuellement. — D. O.

Uva de São João (Madeleine noire)..... III.   247

Uva de Vaca (Cornichon blanc)........   IV.   315

Uva detta Brucanico gentile (Ugni blanc). II.   255

Uva detta di Bertinoro (Rossolo)............   D.

Uva di Acqui (Dolcetto).................   D.

Uva di Avellino (Sciacinoso).........   VI.   352

Uva di Belaghio bislunga, Uva di Belagio rotonda. — Noms de cépages italiens de Come, cités par Acerbi.

Uva di Bertinoro (Rossolo).................   D.

Uva di Bitonto, Uva di Bitonto rossa (Bombino)......................   VI.   338

Uvadica bianca. — Nom de cépage italien de la Lombardie et de la Vénétie. — J. R.

Uva di Calabria (Raisin de Calabre)....   IV.   46

Uva di Candia rossa (Corinthe noir)....   IV.   286

Uva di cani (Grec rouge)............   III.   277

Uva di canneto (Vespolino).................   D.

Uva di Canosa (Uva di Troja)..............   D.

Uva di Cassolo (Ughetta)..................   D.

Uva di Castellalfieri (Castelalfieri)........ ..   D.

Uva di Castellanela (Aglianico)........   V.   81

Uva di Cipro (Cipro nero).................   D.

Uva di Dama (Néhélescol)...........   III.   290

Uva di Damasco (Ribier)............   III.   286

Uva di donne bianca. — Nom synonymique de cépage italien employé dans diverses régions, d'après J. de Rovasenda.

Uva di Gerusalemme (Néhélescol).......   III.   290

Uva digitella (Cornichon)...........   IV.   316

Uva di Lione (Pelaverga)..................   D.

Uva di Mendrisio, Uva d'Incisa (Neretto).

Uva di Palaia (Buonamico)..........   IV.   73

Uva di Milano, Uva di Napoli, Uva di Natalia, di Palermo, di Po. — Synonymes de divers cépages italiens donnés d'après leurs lieux de culture et sans signification.

Uva di Monferrato (Dolcetto)..............   D.

Uva di Pergola (Olivette noire).......   II.   327

Uva di Pontone de Fondi (Coda di volpe nera)...........................   VI.   345

Uva di regno (Ugni blanc)...........   II.   255

Uva di San Giovani. — Nom de cépage sarde d'après Mendola.

Uva di San Marino (Trebbiano)........   II.   255

Uva di San Pietro. — Cépage italien de table, de la Toscane et du Piémont, décrit par V. Pulliat; feuille moyenne, tourmentée, glabre sur les deux faces, quinquelobées, à sinus latéraux inférieurs bien marqués; grappe sur-moyenne, ailée, cylindro-conique; grain gros, subellipsoïde; chair ferme, juteuse, sucrée; peau épaisse, d'un blanc jaunâtre; maturité de 3ᵉ époque.

Uva di Sant'Anna (Lignan)..........   III.   60

Uva di Savoia. — Nom de cépage italien de la Toscane, cité par Acerbi.

Uva di Savona. — Nom de cépage italien de la région de Gênes (Bulletin ampélographique italien, XVI).

Uva di ser Alamanno (Salamanna)......   III.   155

Uva di Spagna (Grenache)............   VI.   285

Uva di tri volte (Pinot noir précoce)...   II.   43

Uva di Troja (Uva di Troja)...............   D.

Uva di Troja. — Cépage italien de la région de Foggia, très diffus dans les Pouilles, très productif et à vin très coloré, type des Barletta; feuilles moyennes, quinquelobées, à sinus ouverts, bullées, très duveteuses en dessous; grappes moyennes, serrées, à pédoncule court et ligneux, d'un noir rougeâtre, foncé, pruineux; maturité de 3ᵉ époque.

Uva di vaca (Cornichon blanc)......... IV. 315

Uva di Venezzia (Verdea)................... D.

Uva di Viarigi. — J. de Revasenda considère ce cépage comme bien spécial et particulier à la région italienne d'Alba; c'est un raisin blanc de table, de maturité tardive et de longue conservation.

Uva di Zipro (Piombino)................... D.

Uva di Zita. — Nom de cépage italien de Barletta. — J. R.

Uva d'Odone (Nebbiolo)................... D.

Uva do inferno. — Ancien cépage portugais, à raisin blanc, signalé en 1822 par Antonio Gyrão pour la région de Basto, où on le connaît plus. — — D. O.

Uva dolce (Corinthe)................. IV. 292

Uva donna (Canaiolo)................. II. 311

Uva dora (Uva d'Oro).........'........... D.

Uva d'oro: — Cépage italien très fructifère, répandu surtout dans la région de Milan et à Mantoue; grandes feuilles moyennes, quinquelobées, duveteuses et blanchâtres en dessous; grappe pyramidale allongée, ailée, assez grosse; grains moyens, ovales, d'un noir violacé, pruiné. — D. T.

Uva d'oro bianco (Trebbiano)......... II. 255

Uva d'oro veronese (Uva d'oro)............. D.

Uva dura. — Nom de cépage italien cité par Acerbi.

Uvæ albæ enfarins nuncupatæ (Sacy)... IV. 24

Uvæ corniculatæ (Cornichon)........ IV. 315

Uvæ Rusticæ (Valteliner rouge précoce). III. 253

Uva esganosa (Sercial)............ VI. 218

Uvæ Vesuntiæ (Bregin).............. VI. 37

Uva Fallachina nera (Falanchina).......... D.

Uva Fermana (Trebbiano)............ II. 255

Uva Fiore. — Nom de cépage de la Toscane.

Uva Forcola. — Nom de cépage italien de Pesaro (*Bulletin ampélographique italien*, II).

Uva fosca (Canaiolo)............... II. 311

Uva fragola (Isabelle)............... V. 203

Uva Franeese (Barbarossa)..... .... D.

Uva Fraola ou Fravola nera (Isabelle).. V. 203

Uva Fratina (Fresia)................... D.

Uva fresa. — Nom de cépage espagnol, d'après Abela y Sainz.

Uva Frati rossa. — Nom de cépage italien de la région de Pavie. — J. R.

Uva gaira rossa. — Donné par V. Pulliat, d'après Mendola, comme un cépage italien à grains gros ellipsoïdes, croquants, d'un blanc rouge pruiné; maturité de 3ᵉ époque.

Uva Galetta (Cornichon)............ IV. 315

Uva garofolosa, garofolata (Muscat blanc)............................ III. 373

Uva gatta. — Nom de cépage italien du Frioul (*Bull. amp. ital.*, X).

Uva gentile nera. — Cépage napolitain décrit par V. Pulliat; grains sur-moyens, ellipsoïdes, d'un noir pruiné; maturité de 3° époque.

Uva Gerusalemme (Néhélescol)........ III. 290

Uva Gerusalemme nera. — Nom de cépage italien de la région de Lecce.

Uva gialla grossa (Ugni blanc)........ II. 255

Uva Gioconda bianca (San Colombano)...... D.

Uva Giolina bianca (Cornichon blanc).. IV. 315

Uva Giolina nera (Cornichon violet).... IV. 315

Uva Giovanni. — Cépage italien de l'Italie méridionale (Nola, Lauro...), peu vigoureux, peu productif; petite grappe cylindrique, grains ellipsoïdes, petits ou sous-moyens, noir pruiné. — M. C.

Uva Gloria di Napoli. — Nom de vigne italienne cité par Soderini.

Uva gola. — Nom de cépage italien de Bergame. — J. R.

Uva gran di gallo (Cornichon)........ IV. 315

Uva Granodindia (Uva di Troja)........... D.

Uva grassa, Uva grassa bianca, Uva grassa rossa.
Uva Grigia, Grigia nera, rossa, grisa (Pelaverga).

Uva Groia (Verjus)................. II. 151

Uva grossa (Boal)................ VI. 214

Uva grossa (Caccio)................... D.

Uva grossa (Verjus)............. II. 151

Uva grossa (Canaiolo)............. II. 311

Uva gru (Rovere)................... D.

Uva intradaqua (Albana)................. D.

Uva isabella (Isabelle)............. V. 203

Uva lacciona nera. — Nom de cépage italien de la Toscane. — J. R.

Uva lacrima (Negro amaro)................ D.

Uva larga (Almunecar)................. D.

Uva latina (Fiano)............. VI. 366

Uva Leonzia. — Nom de cépage de la région de Madère (?) — J. R.

Uva liatica (Aleatico)................ D.

Uva lin, Uva lino nero (Neretto)............. D.

Uva lividella. — Nom de cépage italien de la région de Pise. — J. R.

Uva lalone, Uva lalone nero (Bonarda)........... D.

Uva longa (Uva pane)................... D.

Uva luce (Agostenga)............ III. 64

Uva lugliatica (Lignan blanc)........ III. 69

Uva lugliola. — Nom de cépage italien de la Toscane cité par Acerbi.

Uva lunga bianca, Uva lunga nera. — Noms de cépages italiens de Novoli, d'après Mendola.

Uva maçà (Maçà)....................... D.

Uva madonna (Verjus)............. II. 151

Uva maceratina (Pecorino)............... D.

Uva Malvales (Malvoisies)................. D.

Uva mammola asciutta (Rafajone)...... IV. 157

Uva MANICARELLA (Cornichon blanc)..... IV. 315
Uva MAHANA (Verdicchio)................... D.
Uva NARCHIGIANA (Canaiolo).......... II. 311
Uva Marocca. — Cépage italien, peu répandu dans
l'Italie méridionale ; à petites grappes ; grains
moyens, ovales, doux, blanchâtres. — M. C.
Uva masto. — Cépage rare sur les flancs du Vésuve,
peu productif, mais à bon vin ; grosse grappe,
serrée, ailée ; grains ronds, gros, sucrés, noirâtres.
— M. C.
Uva MELA, Uva MELELLA (Canaiolo)..... II. 311
Uva MENNAVACA. — Nom de vigne cité par J.-B. Porta
(XVIᵉ siècle). — J. R.-C.
Uva MERLA (Canaiolo)................. II. 311
Uva MESCOLINO (Cimiciatollo).............. D.
Uva Michele. — Cépage italien d'Avellino, à grains
noirs. — M. C.
Uva MINA, MINNA (Rossara)................. D.
Uva MOLLE (Altesse)................. II. 110
Uva MOLLE, Uva MOLLE NERA. — Nom de cépage
italien des provinces napolitaines. — J. R.
Uva MONTUMO, Uva MONTUMO BIANCA. — Nom de
cépage italien de Bologne, d'après Mendola.
Uva MORA. — Nom de cépage italien du Piémont,
cité par Acerbi.
Uva MORBIDELLA (Ugni blanc).......... II. 255
Uva MORCHIGIANA (Canaiolo)........... II. 311
Uva MORO DI NAVARRA (Moro)............... D.
Uva MORONE NERA. — Nom de cépage italien de la
Toscane. — J. R.
Uva MOSCARELLA, Uva MOSCARELLONA. — Noms de
cépages italiens de Naples. — J. R.
Uva MOSCATELLO (Muscat blanc)........ III. 373
Uva MOSTOSA (Verjus)................. II. 151
Uva MUSCATELLA (Muscats)............. III. 375
Uvana. — Cépage de cuve, italien, d'Avigliana ; à
grappe ailée ; grains ovales, rougeâtres. — J. R.
Uvana NERA (Uvana)....................... D.
Uva NERA (Aglianico)...... .... V. 81
Uva NERA (Moreto)................... V. 49
Uva NERA (Rastignier) .... V. 127
Uva NERA (Zuzomaniello)................. D.
Uva NERA D'AMBURGO (Frankenthal)..... II. 127
Uva NERA DI WARNER (Frankenthal)..... II. 127
Uva NERA GENTILE. — Nom de cépage napolitain.
— J. R.
Uva NERA PASSERA DI CORENTO (Corinthe
noir)........................... IV. 292
Uva nocella. — Cépage napolitain, à grappe moyenne,
cylindrique ; grains subsphériques, sur-moyens,
d'un rouge roussâtre, pruinés ; feuilles orbicu-
laires, entières, duveteuses en dessous. — M. C.
Uva NONNA NERA. — Nom de cépage italien de Fermo.
— J. R.
Uva OLIVELLA (Olivette)............. II. 330
Uva OLIVELLA (Sciascinoso).......... VI. 352

Uva OVATA (Ribier).................. III. 282
Uva ORNICASCA (Dolcetto)................... D.
Uva PACCA (Pagadebito nero)............... D.
Uva PALLOCCA, PALLOTTA (Gaglioppa)......... D.
Uva PALOMBINA NERA (Piedirosso)...... VI. 360
Uva PALOMINA (Palomino comun)....... VI. 106
Uva pane. — Raisin de table de l'Italie méridionale ;
grappe moyenne, longue, lâche ; gros grains sphé-
riques, d'un rouge violacé, pruiné. — M. C.
Uva PANE NERA (Uva pane).................. D.
Uva PANE ROSSA (Sciascinoso) .... VI. 352
Uva PAPA. — Nom de cépage italien de Modène. —
— J. R.
Uva PARADISA (Muscat blanc)......... III. 373
Uva Parese. — Cépage italien des Abruzzes, carac-
térisé par V. Pulliat, d'après Mendola ; grains
sous-moyens, un peu ellipsoïdes, peau épaisse,
d'un jaune doré ; maturité de 3ᵉ époque.
Uva PASA (Almunecar)..................... D.
Uva PASSA MINIMA (Corinthe noir)....... IV. 286
Uva PASSERA, Uva PASSERINA (Corinthe
noir)............................ IV. 286
Uva PASSOLA (Trebbiano)............. II. 255
Uva PASSOLINA NERA (Corinthe noir)..... IV. 286
Uva PASTICCIA. — Nom de cépage italien de Modène.
— J. R.
Uva PASTORA (Luglienga)............. IV. 260
Uva PATRIARCA DE BELAGIO (Besgano)........ D.
Uva PATRIARCALE (Schiava) .... III. 337
Uva PAYA DEBITO (Ugni blanc)......... II. 255
Uva PAZZA (Verjus)................. II. 151
Uva PEDRO XIMENEZ (Pedro-Ximenez)..... VI. 111
Uva PERGOLESE (Uva Roia)................ D.
Uva pernice. — Cépage de l'Italie méridionale, peu
répandu, donnant un bon vin ; grande grappe
serrée ; grain gros, rond, noir ; feuille orbiculaire,
quinquelobée, glabre sur les deux faces. —
M. C.
Uva PERO XIMEN (Pedro Ximenès)...... VI. 111
Uva PERO XIMENÈS (Pedro Ximenès).... VI. 111
Uva PIEDE DI PALUMBO (Dolcetto)........... D.
Uva PIGNOLA (Sangioveto)............ III. 332
Uva PLANDRA (Cortese).................. D.
Uva POCE (Grec).................. III. 277
Uva PONCICOLA (Corinthe)........... IV. 286
Uva PREZZEMOLO (Chasselas cioutat)...... II. 16
Uva pricchia. — Cépage italien de la région orien-
tale du Vésuve ; grappe moyenne, conique, serrée ;
grain ellipsoïde, noirâtre. — M. C.
Uva PRINCIPE. — Nom de cépage italien de Voghera,
cité par Acerbi.
Uva PROPRIO. — Nom de cépage italien de l'Ombrie.
— J. R.
Uva Prugna. — Cépage de table, italien, de la Basi-
licate, décrit par V. Pulliat ; feuille moyenne,
trilobée, glabre sur les deux faces ; grappe sur-

moyenne, peu serrée ; grain gros, un peu ellipsoïde, d'un jaune pruiné, à maturité de 2ᵉ époque.

Uva Pruna (Chasselas rose)............ II. 18
Uva pruno (Uncialis)...................... *D.*
Uva pasilla, pussilla (Riesling)....... II. 247
Uva rampina. — Nom de cépage italien de la Toscane (?). — J. R.
Uva rara (Bonarda)...................... *D.*
Uva ratinha. — Nom de cépage portugais signalé à Thomar par Antonio Aguiar (1867). — D. O.
Uva Raverusto dolce. — Nom de cépage toscan. — J. R.
Uva Regina (Chasselas rose).......... II. 18
Uva Regina (Rosaki)................ II. 170
Uva Regina bianca (Rosaki).......... II. 170
Uva Regina rossa. — Nom de cépage sarde. — J. R.
Uva rei (Mourisco)................. II. 303
Uvarella (Pecorino)..................... *D.*
Uva retica (Grabagina)................. *D.*
Uva riccia (Agostenga).............. III. 64
Uvarina (Pecorino)..................... *D.*
Uva Rinaldesca (Vajano)............... *D.*
Uvarino (Pecorino)..................... *D.*
Uva rocca (Sangioveto)............. III. 332

Uva roia. — Raisin de table, tardif, de longue durée, et très recherché sur les marchés de Rome d'octobre à janvier, produit surtout dans la province de Naples et en Calabre ; grappe pyramidale, ailée, moyenne ; grains gros, subsphériques, d'un roux violacé, pruineux ; feuilles orbiculaires, moyennes, trilobées, à peu près glabres à la face inférieure. — M. C.

Uva roia di Lapio (Cornichon)........ IV. 315
Uva Roja (Uva roia)..................... *D.*
Uva romana (Trebbiano).............. II. 255
Uva rosa (Buonamico)............... IV. 73

Uva rosa bianca. — Raisin de table de la province de Naples, à grande grappe, pyramidale, peu serrée ; grains gros, ellipsoïdes (20/18 ᵐᵐ), d'une belle couleur jaune doré, compactes, aromatisés. — M. C.

Uva rosada. — Nom de cépage cultivé et spécial au Pérou.

Uva rosa nera. — Cépage à raisin de table napolitain, à grain d'une couleur violacée, peu différent de Uva rosa bianca. — M. C.

Uva rossa. — Nom cité pour des cépages de l'Ivrée, Dalmatie, Toscane, Barletta.
Uva Rossera (Rossara).................. *D.*
Uva roya de Cuelga (Chella)............... *D.*
Uva sabato (Coda di volpe).......... VI. 345
Uva sacra. — Nom de cépage italien de la région de Barletta (Bull. amp. ital., I et XII).
Uva sacra bianca da tavola (Uva santa)....... *D.*
Uva Salamanna (Salammana)......... III. 155

Uva Sancti Martini (Albillo castellano). VI. 125
Uva San Francisco (Vernaccia)............. *D.*
Uva San Giogheto (Saugioveto)........ III. 332
Uva San Marino. — Nom de cépage italien de Pesaro. — J. R.
Uva Sanseverino (Sciascinoso)......... VI. 352
Uva Santa. — Cépage de la Sardaigne, décrit par V. Pulliat ; feuille trilobée, moyenne, glabre sur les deux faces ; grappe grosse, lâche ; grain gros, ellipsoïde, croquant, peau épaisse, d'un noir pruiné ; maturité de 3ᵉ époque.
Uva Santa Maria. — Nom appliqué à divers cépages italiens dans diverses régions.
Uva Santa Sofia. — V. Pulliat distingue ce cépage italien par un grain moyen et globuleux, d'un noir violacé, à maturité de 3ᵉ époque.
Uva Santoro. — Nom de cépage italien de la Toscane. — J. R.
Uva Sapa. — Nom de cépage italien de la Toscane, cité par Acerbi.
Uva Sapaja (Mostarda).................... *D.*
Uvas Arintas (Arintho).............. V. 136
Uva schiava (Schiava)............... III. 337
Uva secca, Uva seccajuola (Canaiolo, Sangioveto).
Uva Seralamanna (Salammana)...... .. III. 155
Uva signora. — Nom de cépage italien de Bologne. — J. R.
Uvas Layrenes (Layrenes)................. *D.*
Uva spagnuola (Uva di San Pietro).......... *D.*
Uvas prietas (Mantuo Castellano)...... VI. 123
Uva stica (Muscats)................ III. 375
Uva Svizzera (Tressot panaché)....... III. 302
Uva taminia (Isabelle)............... V. 203
Uva Tarantina. — Nom de cépage italien des Pouilles. — J. R.
Uva Tedesca (Berzamino)............ III. 339
Uva tenera. — Nom de cépage blanc de Modène (Italie). — J. R.
Uva tinta (Teinturier mâle).......... III. 362
Uva tomatica nera. — Nom de cépage italien du Piémont, d'après Mendola.
Uva toppia. — Nom de cépage italien de Voghera, cité par Acerbi.
Uva tosca (San Gioveto)............. III. 332
Uva tosta. — Cépage de l'Italie méridionale, à grandes feuilles allongées, le lobe terminal très développé, trilobées, avec quelques rares poils aranéeux en dessous ; grappe grosse, pyramidale, longue, ailée, rameuse ; grains surmoyens, sphériques, violacés, pruinés. — M. C.
Uva tostolella. — Cépage de l'Italie méridionale, à petite grappe ; grains moyens, d'un jaune doré ; feuille quinquelobée, profondément sinuée. — M. C.
Uva tranese, Uva tranese nera (Perricone)..................... VI. 227

V

VALDURÃO (Baldorão)...................... *D.*

VALENASCA. — Nom de cépage italien du Haut Novarais. — J. R.

VALENCI (Ciuti)........................... *D.*

VALENCI (Zurumi)......................... *D.*

VALENCIA (Ténéron).................. II. 195

VALENCIANA, VALENCIANO (Mourisco)..... II. 303

Valencienne. — Cépage noir de l'arrondissement de Grasse (Alpes-Maritimes), où il est peu répandu ; sarments assez forts ; à mérithalles moyennement longs avec des nœuds apparents, aplatis ; bourgeons moyens, coniques, un peu aranéeux ; feuilles moyennes, d'un vert pâle, assez régulièrement découpées, à sinus arrondis, glabres à la partie supérieure, duveteuses en dessous ; grappe allongée, grosse, très serrée, conique, ailée, très forte à la base ; grains sub-moyens, d'un noir brillant à la maturité, à peau épaisse, résistante et à chair juteuse. Ce cépage, d'une grande fertilité, est connu depuis un temps immémorial. — L. B. et J. G.

VALENCIN (Valencienne).................. *D.*

VALENCI REAL BLANC (Cinti)................. *D.*

VALENCI REAL CRUGIDERO (Teneron)....... II. 195

VALENCY (Zurumi)......................... *D.*

VALENCYN CRUJIDERO (Ténéron)........ II. 195

VALENCY REAL CRUJIDERO (Ténéron)...... II. 195

VALENCY SUPERIOR DE ALHAMA (Panse).... III. 300

VALENSI (Panse)...................... III. 300

Valentin............................ III. 146

VALENTIN (Valteliner rouge)........... IV. 30

VALENTIN BLANC (Valentin)............. III. 146

VALENTINO (Arratalau)................... *D.*

VALENTINO BIANCO, NERO. — Noms de cépages italiens de Trévise et de Saluces. — J. R.

VALENZA, VALENZANA, VALENZASCA, VALENZIANA (Barbarossa)................................. *D.*

VALET, VALET BLANC (Chasselas doré).... II. 6

VALET D'ARBOIS (Valais noir)................ *D.*

VALET NOIR (Madeleine noire)......... III. 247

VALET NOIR (Valais noir)................... *D.*

Valhallah. — Elvicand×Brillant, hybride de T.-V. Munson ; grappes moyennes, ailées, compactes, grains assez gros, sphériques, d'un rouge foncé, transparent.

VALIDA (Albillo)..................... VI. 125

VALINSY (Ciuti)......................... *D.*

VALINSY D'ALMERIA (Ohanez)........... VI. 356

VALINSY RÉAL (Ohanez)............... VI. 356

VALLE DE BARREIROS. — Ancien cépage portugais de l'Algarve, où il n'existe plus ; signalé en 1874 par Ferreira Lapa. — D. O.

VALMASIA (pour Malvasia).

VALMUNICA NERA, VALMUNIGA. — Noms de cépages italiens cités par Pierre de Crescence.

Valmy n°3, n° 6 Barry. — Semis de V. monticola ;

hybrides probables de cette espèce de Berlandieri et de Vinifera ; porte-greffes sans valeur.

VALNEZ REAL. — Nom de cépage espagnol (?). — J. R.

VALPOLICELLA. — Nom de cépage italien de Bobbio. — J. R.

VALTELIN BLANC (Valteliner vert)...... IV. 31

VALTELIN NOIR (Valteliner rouge)........ IV. 30

VALTELIN ROUGE (Valteliner rouge)...... IV. 30

VALTELIN ROUGE HATIF (Valteliner rouge précoce)........................... III. 253

VALTELINER FLEISCHROTHER (Valteliner rouge)............................ IV. 30

VALTELINER FRÜHER (Valteliner rouge précoce)........................... III. 253

VALTELINER FRUHROTH (Valteliner rouge précoce.... .... III. 253

VALTELINER FRUROTHER (Valteliner rouge précoce)............................ III. 253

VALTELINER GRÜNER (Valteliner rouge). IV. 30

VALTELINER (Hans).................... VI. 60

VELTELINER KLEIN (Valteliner rouge précoce)............................. III. 253

VALTELINER PRÉCOCE (Valteliner rouge précoce)........................... III. 253

VALTELINER ROTHER (Valteliner rouge). IV. 30

Valteliner rouge................... IV. 30

Valteliner rouge précoce.............. III. 253

VALLELINER TARDIF (Valteliner rouge).... IV. 30

Valteliner vert...................... IV. 31

VALTELINER WEISSER (Heunisch)............. *D.*

VALTELINKA (Valteliner rouge).......... IV. 30

VALTELLINA (Valteliner rouge).......... IV. 30

VALTELLINA WEISSER (Heunisch)............. *D.*

VANCE JAUNE (Frankenthal)........... II. 127

VAN DER LAAN FEHÉR (Van der Laan traube) III. 126

Van der Laan traube............... III. 126

VANILLE, VANILLE RAISIN, VANILLE TRAUBE, VANILLE TRAUBE WEISSE (Muscat de Jésus)........... *D.*

VANREK (Zimmertraube)................... *D.*

Vava. — Vigne sauvage à petits grains noirs oblongs, citée par Simon Rojas Clemente.

VARACISSE PRÉCOCE (Agostenga)....... III. 64

VARANA ELENTINA. — Nom de vigne cité par Pierre de Crescence.

VARANCELHA, VARANCELHO (Brancelho)........ *D.*

VARANO (Caccio nero)..................... *D.*

VARATICA (Boiereasca)................... *D.*

VARATICK, VARATICK NIAGRA, VARATIÉ (Corinthe noir).................... IV. 286

VARDEA (Verdea)........................ *D.*

VARENCA. — Nom de cépage italien du Haut-Navarais, d'après Cerletti.

VARENGA, VARENGO. — Noms de cépage italien de Biella. — J. R.

VARENNA, VARENNE (Varenne blanche)........ *D.*

Varenne blanche. — Cépage de la région de Nice que V. Pulliat caractérise par une grande feuille plane, trilobée et à sinus profonds, à duvet pileux sur les nervures de la face inférieure ; grappe grosse, rameuse, assez serrée ; grains gros, globuleux, fermes, juteux, assez serrés ; feuille un peu épaisse, assez résistante, d'un jaune verdâtre ; maturité de 3ᵉ époque.

VARENNE NOIR (Gamay d'Orléans)....... IV. 115

VARENNE NOIR (Troyen).............. IV. 51

VARETTA BIANCA, VARETTA NERA, VARETTA ROSSA VERDE. — Noms de cépages italiens de la province d'Alexandrie. — J. R.

Variais. — Raisin blanc de table des Iles Cyclades (Grèce). — X.

VARIÆ, VARIANA, VARIANÆ. — Noms de vigne cités par Pline et Columelle, identiques aux Helvolæ.

VARIANTI BIANCA. — Nom de cépage italien de Messine, d'après Mendola.

Variatica. — Cépage de cuve de 1ʳᵉ époque de maturité, cultivé en Bessarabie (Russie) ; feuille moyenne, mince, quinquelobée, sinus assez profonds, longs et ouverts, glabre sur les deux faces ; grappe moyenne, cylindrique, rameuse, peu serrée ; grains moyens, sphériques, peau mince, blanc jaunâtre ; peut-être une variation de Chasselas. — V. T.

VARIATICA NÉAGRA (Corinthe noir)...... IV. 286

VARIOLA GRIGIA. — Nom de cépage italien de Tanaro. — J. R.

VARJA SZŐLŐ. — Nom de cépage cité par Acerbi.

VARIUNI NERA. — Nom de cépage de la Sicile. —J.R.

VARLENTIN, VARLENTIN BLANC (Valentin). III. 146

VARLENTIN NOIR (Valentino)........... III. 146

VARMENKA (Gamza)................. VI. 393

VARNACCIA (Vernaccia)................. D.

VAROVO. — Nom de cépage italien cité par Acerbi pour la région de Trente.

VARRESANA BIANCA (Vermentino)...... V. 313

VARRONI. — Nom de cépage italien de Vicence cité par Acerbi.

VARRONIA CELEBRIS (Kauka)................ D.

VARRONIS (Jaen)................... VI. 108

VARROSTRAUBE AROMATISCHE, VARROTRAUBE VORZÜGLICHE (Kauka).......................... D.

Vartaami. — Cépage grec cultivé un peu dans toutes les régions pour la cuve, à raisin noir, précoce. — X.

Varvuvussu. — Cépage italien de la région de Pétralia, d'après Mendola.

VASAGGA (Vassarga)................. D.

VASCO DE GAMA. — Semis (?) de Moreau-Robert.

VASCORROY. — Nom de cépage espagnol d'après Abela y Sainz.

VASPERA. — Nom de cépage italien de la région d'Alexandrie.

VASSAPGA (Vassarga)................. D.

Vassarga. — Cépage cultivé pour la table et la cuve dans le Turkestan, de 2ᵉ époque de maturité ; originaire de Boukharie ; feuille orbiculaire, quinquelobée, chagrinée, aranéeuse à la page inférieure ; grappe moyenne, ailée, serrée ; grains gros, sphériques, charnus, peau mince d'un vert blanchâtre, pruiné ; serait un des meilleurs cépages du Turkestan. — V. T.

VATZI. — Nom de cépage cité par Acerbi.

VAUBONENC (Carignane)............... VI. 332

VECCHIA. — Nom de cépage italien d'Avellino (Bull. amp. ital., III).

VECCIACCO (Pampanone)................. D.

VECIA VERONESE (Mori)................. D.

VÉGA (Mourvèdre)................. II. 237

VEGGUÉ. — Nom du Catalogue des vignes du Luxembourg.

VEGIGA DE PEZ (Cornichon blanc)....... IV. 315

VEILCHENBLAU GEISSE DUTT (Pis-de-chèvre rouge)........................ IV. 88

VEKONYHÉJU. — Nom de cépage hongrois, d'après Gy de Istwanffi.

Velasko. — Cépage espagnol de la région de Tolède, d'après Abela y Sainz.

VELDELINE. — Nom de cépage cité par Jullien pour les vignobles du Rhin.

VELIKA, VELIKA BELINA (Mirkowackssa)....... D.

VELIKA SIPA (Kölner)....................... D.

VELKA CERNA (Kölner)... .... D.

VELKA MOVRINA (Kölner).................. D.

VELKA SIPA (Kölner)....................... D.

VELKA ZHERNA (Kölner)................... D.

VELKI VERVOR FHEK (Tantovina)........ IV. 349

VELONNA BIANCA. — Nom de cépage italien de Barletta. — J. R.

VELTAPLE (Teinturier)................ III. 362

VELTELINER FRUHROTER (Valteliner rouge précoce)......................... III. 253

VELTELINER GRAUER (Valteliner vert)..... II. 31

VELTELINER MAHRER ROTER (Valteliner rouge précoce)......................... III. 253

VELTELINER ROTER, VELTELINER ROTHER (Valteliner rouge)......................... IV. 30

VELTELINI PIROS (Valteliner rouge)...... II. 30

VELTELINI ZÖLD (Muscat blanc)........ III. 373

Venango. — Semis américain et accidentel de Labrusca ; à grains moyens, ronds, serrés, d'un rose pâle, pulpeux et foxés.

VENASCA. — Nom de cépage italien du Haut-Novarais. — J. R.

VENÓTORUM (Palomino)............... VI. 106

VENDRELL. — Nom de cépage espagnol de Barcelone, d'après Abela y Sainz.

VENETIANISCHE TRAUBE (Madeleine noire). III. 247

Venetianer. — Raisin blanc obtenu de semis par

Velten. Feuillage glabre, beau fruit à gros grains ellipsoïdes de 17/15. Grosse production; maturité moyenne; vin ordinaire. — A. B.

Venguersky-biély. — Raisin blanc de cuve de 1re époque, à petit grain peu sucré, cultivé en petite proportion à Astrakhan (Russie). — V. T.

Venguersky tschiorny. — Raisin noir de table et de cuve d'Astrakhan (Russie); 1re époque de maturité; grains moyens sphériques; bon vin. — V. T.

Venicula (Venuculæ).

Venizhona (Vogeltraube).................. D.

Vennentino (Vermentino)............. V. 313

Venn's Seedling black Muscat (Muscat de Hamburgh)........................... III. 105

Ventricil. — Nom de cépage cité dans divers catalogues.

Venturiez. — Cépage de Nice d'après V. Pulliat; feuille grande, tourmentée et bullée; quinquelobée; grappe grosse, rameuse, un peu lâche; grain gros, olivoïde, ferme, peau épaisse, jaunâtre; maturité de 3e époque tardive.

Venturiez blanc, Venturiez de Nice (Venturiez). D.

Venunculæ (Venuculæ).................... D.

Venuculæ. — Noms de vignes cités par Pline et par Columelle. — J. R.-C.

Verano. — Nom de cépage italien cité par Acerbi pour Cesena.

Vratica d'été (Corinthe noir)........ IV. 286

Veraunois (Gamay)................. III. 14

Verbainshak veli, moli. — Noms de cépages cités par Trummer.

Verbesino (Grignolino).................... D.

Verbesino branco (Trebbiano)......... II. 255

Verbica, Verbika (Konigstraube)............. D.

Verbosbr (Tantovina)................ IV. 349

Verbouz (Tantovina)................ IV. 349

Verbouscubgg (Tantovina)........... IV. 349

Verbové (Tantovina)................ IV. 349

Verbové (Tantovina)................. IV. 349

Verbovsk (Tantovina)................ IV. 349

Verbu russu. — Nom de cépage sicilien, d'après Mendola.

Verdaccia bianca (Vernaccia).............. D.

Verdache (Verdesse)................. III. 187

Verdaguilla (Abillo Peco)........... VI. 126

Verdagu. — Nom de cépage espagnol, d'après Abela y Sainz.

Verdaï (Aspiran noir)............... V. 62

Verdal (Aspiran Verdal)............. V. 66

Verdal (Forcallá)................. VI. 104

Verdal (Servant).................. IV. 323

Verdal blanc (Malvoisie de Sitjes).......... D.

Verdalbaba. — Nom de cépage italien cité par Acerbi pour Trente.

Verdal gris (Aspiran gris)........... V. 64

Verdalejo (Forcalla)................ VI. 104

Verdalla (Forcallá).................. VI. 104

Verdal noir (Aspiran noir)........... V. 62

Verdanel. — Nom de cépage (?) cité par Hardy pour le vignoble de Gaillac.

Verdanne (Rousse).................. III. 178

Verdaou (Servant).................. IV. 323

Verdaro (Verdicchio)..................... D.

Verdasco (Verdelho de Madère) ...... III. 88

Verdasse (Verdesse)................ III. 187

Verdat (Verdat blanc)............... VI. 136

Verdat blanc....................... VI. 136

Verdau (Servant)................... IV. 323

Verdazzo. — Nom de cépage italien (?).

Verd-boss. — Nom de cépage italien de la région de Pavie. — J. R.

Verde (Scuturatoare)..................... D.

Verdea. — Raisin blanc de pressoir du Piémont, cultivé dans la province d'Alexandrie; grandes feuilles quinquelobées, duveteuses et rugueuses infer.; grand raisin cylindrique, à baies ellipsoïdes, mûrissant tard; goût agréable. — A. B.

Verdea bianca (Verdea).................... D.

Verdea de Roumanie. — Cépage à raisin blanc, cultivé surtout en Moldavie où il est disséminé; feuilles quinquelobées; grappe cylindrique, ailée, moyenne; grains sphériques, serrés, petits, d'un rose blanchâtre; qualité ordinaire pour les vins. — G. N.

Verdéal (Gonçalo Pires)............. II. 306

Verdea matta bianca. — Nom de cépage italien de Voghera. — J. R.

Verde albana bianca. — Nom de cépage italien cité par Acerbi pour Vicence.

Verdea de Sinalunga (Vernaccia)........... D.

Verdeal do Pombo. — Nom de cépage portugais cité seulement en 1790 par Lacerda Lobo pour le vignoble de S. Miguel de Onteiro. — D. O.

Verdeal tinto. — Cépage portugais du Douro, peut-être le même que celui du Minho; feuilles coniques, trilobées, allongées; grappe grosse, longue, serrée, aileronnée; grains moyens, ovoïdes, d'un noir bleuté, peau mince, jus acide. — D. O.

Verdea spargola, Verdea zeppa. — Noms de cépages italiens du Trentin.

Verdeca (Verdicchio)....................... D.

Verdecania. — Nom de cépage italien, à raisins blancs, de la région de Gênes (*Bull. amp. ital.*, XVI).

Verdecchia (Verdicchio)......... .... D.

Verdecchia bianca (Verdicchio)............. D.

Verdecchio (Verdicchio).................... D.

Verdèche (Verdesse)................ III. 187

Verdehoja (Forcallá)............... VI. 104

Verdeianera (Verdecania).................. D.

Verdeilio (Verdelho)................ III. 88

VERDEILLO (Verdelho)................. III.   88
VERDEIS, VERDEIS BIANCA (Verdesse)..... III.   187
VERDEJA (Thouina)........................ D.
VERDEJO (Mantuo castellano)........... VI.   123
VERDEJO NEGRO (Cornichon violet)...... IV.   320
VERDELET. — Nom d'ancien cépage du centre, d'après
    Hardy.
VERDELHO (Verdelho de Madère)........ III.   88
VERDELHO BLANC (Verdelho de Madère).. III.   92
VERDELHO BRANCO (Gouveio)........... II.   308
VERDELHO DA INDIA. — Nom de cépage portugais cité
    seulement par Lacerda Lobo en 1790. — D. O.
VERDELHO DA MADEIRA (Verdelho de Ma-
    dère)............................... III.   88
Verdelho de Madère.................. III.   88
VERDELHO DOCE, ESTIMADO. — Villa Maior aurait
    signalé ces cépages portugais en 1866. — D. O.
Verdelho feijão. — Cépage portugais du Minho.
    cultivé surtout à Ponte do Lima, Monção, etc. ;
    varité tardive; grappes grandes, pyramidales,
    ramifiées, compactes ; à raisin d'un noir rougeâtre
    luisant, moyens, ovales. — D. O.
VERDELHO PELLUDO. — Ancien cépage blanc de
    Numão, cité par Lacerda Lobo en 1790. — D. O.
VERDELHO PRETO (Verdelho tinto)............. D.
VERDELHO ROXO. — Ancien cépage portugais de
    Lafões ; inconnu aujourd'hui. — D. O.
Verdelho tinto. — Cépage portugais de l'Entre-
    Douro et Minho, cultivé surtout en treilles ; très
    productif; feuilles presque entières, orbiculaires,
    minces ; grains ellipsoïdes, d'un noir violacé, avec
    goût caractéristique. — D. O.
VERDELHO VALENTE. — Nom de cépage portugais des
    îles de Fayal et Pico, cité en 1822 par Antonio
    Gyrão. — D. O.
VERDELLA. — Nom de cépage italien de la région de
    Gênes (Bull. amp. ital., XVI).
VERDELLINO, VERDELLO. — Noms de cépages italiens
    de la région de Sienne. — J. R.
VERDEPAOLA, VERDEPAPOLA, VERDEPOLLA. — Noms cités
    par Odart pour un cépage (?) génois.
VERDERA. — Nom de cépage italien du Haut-Nova-
    rais. — J. R.
VERDERBARA. — Nom de cépage du Tyrol.
VERDESA. — Nom de cépage italien de Côme. — J. R.
VERDESCA BIANCA. — Nom de cépage italien du
    Vésuve. — J. R.
VERDESCANIA (Verdecania)................... D.
VERDESCANIO. — Nom de cépage italien cité par
    Acerbi pour Naples.
VERDESI, VERDESE VERTE (Verdesse)..... III.   187
Verdesse.......................... III.   187
VERDESSE MUSCADE (Verdesse).......... III.   187
VERDESSE MUSQUÉE (Verdesse)......... III.   187
VERDET (Blanc Verdet)............... III.   262
VERDÉT (Genouillet) .... VI.   147

VERDET (Verdat blanc)............... VI.   136
VERDET CHALOSSE. — Cépage du Lot-et-Garonne,
    d'après V. Pulliat; ne paraît être qu'une variation
    de la Folle blanche.
VERDETTE. — Ancien cépage portugais de Castello
    Branco, où il n'existe plus. — D. O.
VERDETTE, VERDETTE BLANCHE, VERDETTE DE L'ISÈRE
    (Verdesse)......................... III.   187
VERDETTENERO. — Nom de cépage italien de Gênes
    (Bull. amp. ital., XVI).
VERDETTO, VERDETTO DI RIMINI (Verdicchio).... D.
VERD GRIS (Frankenthal)............... II.   127
Verdi batuta. — Raisin blanc, de cuve, de la Bessa-
    rabie. — V. T.
Verdicchio. — Cépage italien cultivé surtout dans
    les Marches et les Abruzzes; on le trouve aussi
    dans les autres provinces;important pour la cuve;
    feuilles moyennes, quinquelobées, à sinus assez
    peu profonds ; face inférieure avec quelques poils
    aux angles des nervures; grappe conique, allon-
    gée, ailée ; grains de moyenne grosseur, presque
    sphériques, d'un blanc pruiné. — G. M.
VERDICCHIO BIANCO, GIALLO, MARINO, NURO, PELOSO, SEL-
    VATICO, SCROCCARELLO, STRATIATTO, STRETTO, TIVOLESE,
    VERDE, VERO, VERZARO, VERZELLO (Verdicchio). D.
VERDICCHIO NERO (Uva d'oro)............... D.
VERDICCHIO SCHIOLESE NERO. — Nom de cépage ita-
    lien de Macerata. — J. R.
VERDIGA, VERDIGA BIANCA. — Noms de cépages ita-
    liens de Bologne cités par Pierre de Crescence.
VERDIGER (Verdiso)........................ D.
VERDIGIANO. — Nom du Catalogue des vignes du
    Luxembourg.
VERDIN BLANC (Elbling)............... IV.   163
VERDIONAS. — Nom de cépage espagnol d'Alicante (?)
    cité par Odart.
VERDIONE BIANCO (Verdicchio)............... D.
VERDISA NERA, VERDISCANIA. — Noms de cépages
    napolitains. — J. R.
VERDISCO BIANCO (Verdicchio)............... D.
VERDISE (Verdiso)........................ D.
Verdiso. — Cépage italien de cuve de la Vénétie;
    feuille sur-moyenne, presque glabre sur les deux
    faces, presque entière ; grappe sur-moyenne ;
    grains plutôt gros, sub-ovoïdes, fermes, juteux,
    astringents et sucrés, peu aromatisés, d'un jaune
    clair ; maturité de 2ᵉ époque tardive (d'après
    V. Pulliat).
VERDOI (Aspiran verdal)............. V.   66
VERDOLILLO, VERDOLINO (Verdicchio)......... D.
VERDONA (Verdone)........................ D.
Verdone. — Cépage italien de la province de Bari ;
    feuilles moyennes, quinquelobées, duveteuses,
    blanchâtres en dessous; grappes grosses, longues,
    pyramidales, ailées ; grains sur-moyens, ronds
    d'un vert jaunâtre transparent. — G. M.

VERDONE DI BARI, DI SIENA (Verdone).......... D.
VERDONE BIANCO (Verdone).................... D.
VERDONE NERO (Asprino)..................... D.
VERDONNA (Verdone)........................ D.
VERDONNE (Verdone)........................ D.
VERDONNE (Verdesse).................. III. 187
VERDOSO (Verdicchio)....................... D.
VERDOT (Genouillet).................. VI. 147
VERDOT BLANC (Blanc Verdet).......... III. 262
VERDOT BLANC (Gros Verdot).......... VI. 19
VERDOT BOULON BLANC (Verdot)........ VI. 19
VERDOT COLON (Gros Verdot).......... VI. 19
VERDOT DE MONTLUÇON (Verdurant)...... V. 108
VERDOT DE PALUS (Gros Verdot)........ VI. 19
VERDOT ROUGE (Petit Verdot).......... VI. 22
Verdots............................ VI. 19
VERDUCCIO. — Nom de cépage italien de la région de Gênes (Bull. amp. ital., XVI).
VERDUN (Heunisch)......................... D.
VERDUNOIS (Gamay noir).............. IV. 52
Verdurant......................... V. 108
VERDUSCA, VERDUZ. — Noms de cépages génois cités par Acerbi.
VERDUSCHIA (Verdicchio)................... D.
VERDUZZO BIANCO, VERDUZZO FOLTO, VERDUZZO GENTILE (Verdicchio).............................. D.
VEREAU (Tressot).................... III. 302
VERENA. — Nom de cépage espagnol de la région de Valence.
VEREY GALAMB. — Nom du Catalogue des vignes du Luxembourg.
VERES BETYKE, VERESKOI, VERESKOI FEJER, VERESKOI PIHOR. — Noms de cépages cités par Acerbi.
VERGA (Mourvèdre).................. II. 237
VERGARA. — Nom de cépage italien du Haut-Novarais. — J. R.
Vergennes. — Semis américain de Labrusca ; grappes moyennes, aileronnées ; grains assez gros, ronds, d'un jaune clair un peu ambré, pulpeux et foxés.
VERGNÉ, VERGNIER. — Nom de cépage de Seine-et-Oise (?).
VERGOLEUSE. — Nom de cépage italien cité par Acerbi pour Naples.
VERGONESE (Ughetta)...................... D.
VERGUÉ (Vergné)......................... D.
VERICO, VERIKO. — Nom de cépage de l'île de Chypre.
VERIN (Taggia)........................... D.
Varioticon. — Raisin rouge de cuve de l'Etolie (Grèce). — X.
Verjus............................. II. 151
VERJUS BLANC (Verjus)............... II. 154
VERJUS (Drodelabi)................. II. 139
VERJUS BORDELAIS AGYRAS. — Nom de cépage cité par Acerbi.
VERJUS COMMUN (Verjus)............. II. 151

VERJUS HATIF. — Nom de cépage du Catalogue des vignes du Luxembourg.
VERJUS NOIR (Verjus)................ III. 154
Verjus petit. — Cépage bien différent du Gros Verjus, dont nous avons donné la monographie. On le rencontre partiellement dans les petits vignobles de la Côte-d'Or, au nord de Dijon (à Norges, Vieil-Chatel, Is-sur-Tille), où on le cultivait surtout en raison de son abondance pour vendre en verjus aux fabricants de moutarde. Cette variété nous paraît appartenir au groupe des Folles et se rapproche particulièrement du cépage, fort improprement dénommé Jurançon blanc, qu'on trouve dans l'Entre-deux-Mers, d'où il a peut-être été importé en Bourgogne au XIXe siècle. — A. B.
VERJUS ROUGE (Verjus)............... II. 154
VERJUTIES (Verjus)................... II. 154
VERLANTIN (Valentin)............... III. 146
VERMAI (Valentin).................. III. 146
VERMEGLIA. — Nom de cépage italien cité par Acerbi.
VERMEI NERA. — Nom de cépage italien de Voghera. — J. R.
VERMELL. — Nom de cépage espagnol de la région de Valence, d'après Abela y Sainz.
VERMENGA (Vernaccia).................... D.
VERMENTINI (Vermentino)............. V. 313
Vermentino........................ V. 313
VERMENTINO BIANCO, DI ROLLO, PIGATO (Vermentino)..................... V. 313
VERMENTINO PORTUGAIS (Codega)............. D.
VERMETA. — Nom de cépage espagnol d'Alicante.
VERMIETTA, VERMIETTO (Vermiglio).......... D.
Vermiglio. — Cépage piémontais cultivé surtout aux environs de Voghera ; feuille moyenne, tourmentée, quinquelobée, à duvet court sur la face inférieure ; grappe moyenne, peu serrée ; grain moyen, ellipsoïde, ferme, juteux et sucré, peau fine, d'un rouge violacé bleuâtre ; maturité de 2e époque tardive (d'après V. Pulliat).
VERMIGLIO GENTILE (Vermiglio)............. D.
VERMIGLIONE (Vermiglio).................. D.
VERMILIO (Vermiglio).................... D.
VERMILIO (Crovattina).................... D.
VERMILLON (Pinot gris)............. II. 32
VERMIONE (Vermiglio).................... D.
Vermisel. — Cépage portugais cultivé dans le district de Portalegre (Portugal) ; peu productif et à vin très inférieur. — D. O.
Vermorel. — Forme de Berlandieri-Candicans, sélectionnée au Texas par T.-V. Munson ; porte-greffe très vigoureux, mais non utilisé.
VERMOROSSA, VERMUSO. — Noms de cépages italiens (Bull. amp. ital., XI).
VERNACCE, VERNACCETTA (Vernaccia)......... D.
Vernaccia. — Cépage italien cultivé pour la cuve en

Sardaigne; feuille moyenne, quinquelobée, peu duveteuse en dessous; grappe sur-moyenne, peu serrée, aileronnée; grain moyen ou sous-moyen, globuleux ou légèrement ellipsoïde, ferme, juteux et sucré, d'un jaune doré; maturité de 2ᵉ époque (d'après V. Pulliat).

Vᴇʀɴᴀᴄᴄɪᴀ ʙɪᴀɴᴄᴀ (Vernaccia)................ *D.*

Vᴇʀɴᴀᴄᴄɪᴀ ᴅɪ ᴄᴏʟʟᴏɴᴀ, ᴄᴇɴᴇsᴇ, ɢʀᴏssᴀ, ʀᴏssᴀ, ᴛᴏsᴄᴀɴᴀ (Vernaccia)........................... *D.*

Vernaccia nera. — Syn. : *Uva Salerno, Uva principe.* — Raisin de table cultivé dans quelques communes de la province méridionale d'Avellino (Italie); feuilles grandes, presque orbiculaires, quinquelobées, épaisses, parcheminées avec quelques poils aux angles des nervures de la face inférieure; grappe sur-moyenne, pyramidale, ailée; grains gros, obovoïdes, d'un violet noirâtre pruiné, doux et un peu acides. — M. C.

Vᴇʀɴᴀᴄᴄɪᴇs. — Nom de cépage cité par A. Galle (xvıᵉ siècle). — J. R.-C.

Vᴇʀɴᴀᴄᴄɪɴᴀ ɴᴇʀᴀ (Balsamina)......... IV.   76

Vᴇʀɴᴀᴄᴄɪɴᴏ (Vernaccia bianca)............... *D.*

Vᴇʀɴᴀᴄᴄɪᴏʟᴀ. — Nom de cépage italien de Bénévent. — J. R.

Vᴇʀɴᴀᴄᴄɪᴏɴᴇ (Vernaccia).................... *D.*

Vᴇʀɴᴀɢɢɪᴏ ᴇᴅʟᴇʀ. — Nom de cépage cité par Christ.

Vᴇʀɴᴀɪᴇᴛᴛᴀ (Vermiglio)................... *D.*

Vᴇʀɴᴀɪᴏʟᴏ, Vᴇʀɴᴀɪᴏʟᴏ ᴠᴇʀᴏɴᴇsᴇ (Aleatico)..... *D.*

Vᴇʀɴᴀɪʀ (Péloursin)................ VI.   87

Vᴇʀɴᴀɪʀᴇ (Péloursin)................ VI.   87

Vernakhy. — Raisin noir de cuve de la Mingrélie (Russie). — V. T.

Vᴇʀɴᴀʟsᴄʜ ɢʀᴀᴜᴇʀ. — Nom de cépage du Tyrol, cité par H. Gœthe.

Vᴇʀɴᴀsᴇɪʀᴀ. — Nom de cépage (?) de la région de Turin (Italie). — J. R.

Vᴇʀɴᴀsᴇᴛᴛᴀ ʙɪᴀɴᴄᴀ (Vajano)................ *D.*

Vᴇʀɴᴀsɪɴᴏ ʙɪᴀɴᴄᴏ (Barbesino)................ *D.*

Vᴇʀɴᴀssᴀ. — Nom de cépage italien cité par Acerbi pour la région de Suse.

Vᴇʀɴᴀssɪᴏɴᴇ ʙɪᴀɴᴄᴏ (Barbesino)............... *D.*

Vernatsch weiss. — Nous avons reçu, sous ce nom, du Tyrol différents cépages. Le *Gross Vernatsch* ne nous paraît pas différent du Trollinger, Tirolinger ou Frankenthal. Vernatsch roth n'est probablement lui aussi qu'une variété à plus petits grains de ce type connu. Mais le *Vernatsch weiss* nous paraît un cépage spécial; très vigoureux; feuille plus grande et plus lisse à grand pétiole rouge et sinus couvert; page inférieure très pileuse; grappe à gros grains blancs pruinés, ellipsoïdes, 16/14, acides et tardifs; bonne fertilité. — A. B.

Vernay noir. — Cépage de l'Isère; grappe moyenne; grain moyen un peu ellipsoïde, d'un noir foncé; maturité de 2ᵉ époque (d'après V. Pulliat).

Vᴇʀɴᴀᴢᴜ, Vᴇʀɴᴀᴢᴢᴀ, Vᴇʀɴᴀᴢᴢᴀ ʙɪᴀɴᴄᴀ (Vernaccia). *D.*

Vᴇʀɴᴀᴢᴢᴀ ᴅᴇ Gᴀᴛᴛɪɴᴀʀᴀ (Erbaleuce)......... *D.*

Vᴇʀɴᴀᴢᴢᴀ ꜰɪɴᴀ, Vᴇʀɴᴀᴢᴢᴀ ɢᴇɴᴛɪʟᴇ, Vᴇʀɴᴀᴢᴢᴀ ʀᴏssᴀ. — Noms de cépages italiens cités par Acerbi pour Brescia, pour Trente et pour Milan.

Vᴇʀɴᴀᴢᴢᴀ ᴠᴇʀᴏɴᴇsᴇ ʙɪᴀɴᴄᴀ (Vernaccia)......... *D.*

Vᴇʀɴᴀᴢᴢᴀ ᴠᴇʀᴏɴᴇsᴇ ɴᴇʀᴀ (Vernaccia nera)...... *D.*

Vᴇʀɴᴀᴢᴢᴏɴᴇ. — Nom de cépage italien cité par Acerbi pour Mantoue.

Vᴇʀɴᴇ́ (Péloursin).................. VI.   87

Vᴇʀɴᴇɴᴛɪɴᴏ (Codega).................... *D.*

Vᴇʀɴɪsᴇʟ (Vermisel)....................... *D.*

Vᴇʀɴᴏ (Mondeuse).................... II.   274

Vᴇʀᴏᴄᴄɪᴀ ʙɪᴀɴᴄᴀ. — Nom de cépage italien de Bologne. — J. R.

Vᴇ́ʀᴏɴ (Cabernet franc).............. II.   290

Vᴇ́ʀᴏɴᴀɪs (Cabernet franc)............ II.   290

Vᴇ́ʀᴏᴛ (Tressot)................. III.   302

Vᴇ́ʀᴏᴛ ɢʀᴏs, Vᴇ́ʀᴏᴛ ᴘᴇᴛɪᴛ (Tressot)..... III.   302

Vᴇʀᴘᴏʟᴊᴀ, Vᴇʀᴘᴏʟᴊᴋᴀ (Obelfelder)........... *D.*

Verret. — Cépage blanc tardif qu'on retrouve çà et là dans le Valais. Par la forme singulière de ses grandes feuilles, il paraît appartenir à la famille du Cornichon blanc. — A. B.

Vᴇʀʀᴏᴛ (Tressot).................... III.   302

Vᴇʀʀᴏᴛ ᴀ ᴘᴇᴛɪᴛs ɢʀᴀɪɴs (Tressot)...... III.   302

Vᴇʀʀᴏᴛ ʙʟᴀɴᴄ (Tressot)............... III.   302

Vᴇʀʀᴏᴛ ᴅᴇ Cᴏᴜʟᴀɴɢᴇs (Tressot)....... III.   302

Vᴇʀʀᴏᴛ ɴᴀɪʟʟᴇ́ (Tressot)............... III.   302

Vᴇʀʀᴏᴛ ᴍᴏᴜssᴜ (Tressot)............. III.   302

Vᴇʀsᴀ ʙʟᴀɴᴄ. — Nom du Catalogue des vignes du Luxembourg.

Vᴇʀsᴄʜᴇᴛᴢᴇʀ ʀᴏᴛʜ (Steinschiller)............. *D.*

Vᴇʀsɪᴄᴏʟᴏʀ (Molar)................. V.   302

Vᴇʀsᴛᴀɴ. — Nom du Catalogue des vignes du Luxembourg.

Vᴇʀᴛ ʙʟᴀɴᴄ (Aligoté).................. II.   51

Vᴇʀᴛ ᴄʜᴀɴᴜ, ᴄʜᴇɴᴜ (Chatus).......... III.   212

Vᴇʀᴛ ᴅᴇ Mᴀᴅᴇ̀ʀᴇ (Agostenga)......... III.   64

Vᴇʀᴛ ᴅᴏʀᴇ́ (Pinot noir)............... II.   19

Vᴇʀᴛ ᴅᴏᴜx (Elbling).................. IV.   163

Vᴇʀᴛ ᴅᴏᴜx (Van der Laan traube)...... III.   126

Vᴇʀᴛᴇᴄᴄʜɪᴀ ʙɪᴀɴᴄᴀ (Verdeccia)............. *D.*

Vᴇʀᴛᴇᴄᴄʜɪᴏ (Verdicchio)................. *D.*

Vᴇʀᴛ Fᴏᴜᴄʜɪᴇʀ ɴᴏɪʀ (Gamay)........... III.   14

Vᴇʀᴛ ɴᴏɪʀ (Péloursin)................ VI.   87

Vᴇʀᴛ ᴘʟᴀɴᴛ (Troyen)................. IV.   51

Vᴇʀᴛ ᴘʟᴀɴᴛ ᴊᴀᴜɴᴇ (Troyen)........... IV.   55

Vᴇʀᴛ ᴘʟᴀɴᴛ ʀᴏᴜɢᴇ (Troyen)............ IV.   55

Vᴇʀᴛ ᴘʟᴀɴᴛ ᴠᴇʀᴛ (Troyen)............. IV.   55

Vᴇʀᴛ ᴘʀᴇ́ᴄᴏᴄᴇ ᴅᴇ Mᴀᴅᴇ̀ʀᴇ (Agostenga).. III.   64

Vert rouge. — Cépage de la Savoie, décrit par V. Pulliat; feuille moyenne, tourmentée, bullée, à bords infléchis, à duvet lanugineux en dessous; grappe moyenne, rameuse; grains moyens, globuleux, fermes, sucrés; peau assez épaisse, d'un beau noir pruiné; maturité de 2ᵉ époque tardive.

VERVANDLER, VERWANDLER ROTHER (Chasselas violet).

VERVOSEK, VERVOSCHEK (Tantovina)..... IV. 349

VERVOSHEK DEBELLI (Tantovina)........ IV. 349

VERVOUFEKK, VERVOUFEK DEBELLI, DROUNI, MALI, VELKI, VERVOŸZ, VERVOVEZ. — Noms cités par Trummer, probablement synonymes de Tantovina.

VERZARO (Verdicchio)...................... *D.*

VERZELLO BERDE (Verdicchio)................ *D.*

VERZICCHIO (Verdicchio)..................... *D.*

VERZOLINA (Bariadorgia)..................... *D.*

VESENTINA (Barbera)...................... .. *D.*

VESENTINELLA (Pelosina)..................... *D.*

VESENTINON (Barbera)...................... *D.*

VESLAVEN (Portugais bleu)............... II. 136

VESPAIA, VESPAJA BIANCA (Oseri)............. *D.*

VERPAIOLO, VESPAJUOLA (Dolcino)............. *D.*

VESPALORA. — Nom de cépage sicilien. — J. R.

VESPARO (Cot)...................... VI. 6

VESPAROLA (Vespalora)..................... *D.*

VESPARO NOIR (Négrette)............... II. 62

VESPEI. — Nom de cépage cité par de Secundat (XVIIIe siècle). — J. R. C.

VESPERINO (Dolcino)..................... *D.*

VESPOLINA (Vespolino)..................... *D.*

Vespolino. — Cépage du Piémont ; feuille moyenne, quinquelobée et à sinus supérieurs profonds, à duvet blanchâtre en dessous ; grappe sur-moyenne, peu serrée ; grain moyen, ellipsoïde, sucré, peau fine, résistante, d'un noir bleuâtre ; maturité de 2e époque (d'après V. Pulliat).

VESPOLONE. — Nom de cépage italien de Novare. — J. R.

VESPRINA, VESPRINO (Dolcetto)........ VI. 362

VESSIE DE POISSON (Cornichon blanc).... IV. 315

Vesta. — Hybride américain de Labrusca et de Vinifera (Hybride de Roger n° 53), à grains d'un blanc transparent, foxés.

VESTE DI MONACA, DI MONICA (Portugais bleu)..................... II. 136

Vetrangone nero. — Cépage disséminé sur le flanc oriental du Vésuve, produisant un vin médiocre ; très sensible au mildiou ; feuille quinquelobée, plus longue que large, glabre sur les deux faces ; grappe très longue, cylindrique, sur très long pédoncule ; grains moyens, ellipsoïdes, avec nombreux petits grains, noirâtres, pruinés. — M. C.

VETRAUCONE NERO (Vetrangone nero)........ *D.*

VEVAY (Alexander)........................ *D.*

VEXISTRAUBE. — Nom de cépage cité par Trummer.

VEYRET (Verret)...................... *D.*

Vialla....................... I. 473

VIANELA. — Nom d'un ancien cépage portugais de la région des vignobles du Douro, disparu depuis la reconstitution de ce vignoble. — D. O.

VIANNE ROUGE (Provareau)............ III. 182

VIARESCA ROUGE, VIARESCA NERA. — Nom de cépage

italien de la région de Bologne. — J. R.

VICAINE (Bicane).................... II. 102

VICAIRE. — Nom de cépage du Jura, d'après Ch. Rouget.

VICANE NOIRE (Gamay).............. III. 14

VICANNE (Bicane).................... II. 102

VICENTINA. — Nom de cépage italien cité par Acerbi pour Mantoue.

Vichita....................... I. 350

VICLAIR (Poulsard)................... III. 351

VICLAIR (Savagnin jaune)............. IV. 301

VICOME. — Nom donné par Acerbi pour un cépage (?) de la Charente.

VICOMTE D'OLIVETTE. — Nom de cépage (?) du Catalogue des vignes du Luxembourg.

VICTOR (Early Victor)..................... *D.*

Victoria. — Semis de Concord, à raisins blancs, pulpeux et foxé.

VICTORIA HAMBURGH (Frankenthal)...... II. 127

Victoria Ray's. — Cépage issu du Labrusca et isolé en Amérique par M. Samuels ; grains moyens, ronds, d'un blanc ambré clair, très pulpeux et foxés.

VIDADICO (Aramon).................... VI. 293

Vidamene. — Cépage espagnol de la région de Lerida, d'après Abela y Sainz.

VIDOGNE (Chasselas).................... II. 6

Vidonho. — Cépage portugais de la Beira Baixa, très répandu à l'île de Madère, d'après certains auteurs identiques à Vidogne ou Chasselas, différent d'après d'autres et bien spécial.— D. O.

VIDRIELL. — Nom de cépage espagnol de la région de Valence.

VIDUNO (Vidonho)..................... *D.*

VIDURE (Cabernet Sauvignon)........ II. 285

VIDURE SAUVIGNON (Cabernet Sauvignon).. II. 285

VIEL GROSSBEERIGER (Elbling)......... IV. 169

VIRLOVACZHA (Rakszölö).................... *D.*

Vien de Nus....................... V. 294

VIEN DE NUS (Oriou).................. V. 283

VIENNE. — Nom de cépage cité par Jullien.

Viennois. — Syn. : *Plant de Vienne* (Vinifera × Rupestris). — Trouvé en 1880 par M. Raynaud dans un envoi de plants américains provenant de semis, puis multiplié par M. Manuel, de Monseveroux (Isère). Cépage de vigueur et de fertilité moyennes, assez sain et assez résistant ; vin un peu dur, tanique, rappelant le vin de Corbeau. Débourrement hâtif et blanchâtre ; rameaux allongés, peu ramifiés, châtain foncé, à mérithalles moyens ou courts ; feuilles moyennes ou surmoyennes à 5 lobes, sinus supérieurs accusés, inférieurs nuls, pétiolaire ouvert en U ; limbe assez épais, sans être coriace, tourmenté, vert terne ; denture franchement aiguë ; défoliation tardive et orangée ; pétiole enviné ; grappes grandes, ailées, serrées; grains moyens à peu près ronds, très faiblement ellipsoïdes, noirs, à jus rose, de bonne saveur, sucrée et franche; maturité de 1re époque tardive. — J. R.-C.

Vierron. — Nom de cépage rapporté par A. Berget au Cabernet franc.

Vierträgler. — Cépage à raisins bleus que nous avons reçu du Tyrol; bourgeonnement blanchâtre; bois acajou à gros nœuds lanugineux; feuille moyenne, orbiculaire, entière ou trilobée, à denture courte, duveteuse; grappe grande, cylindrique, à pédoncule grêle; grains rouge clair, serrés, ellipsoïdes et irréguliers, tantôt de 17/16 ou de 14/13; variété très fertile, mais qui ne mûrit qu'en 2e époque; vin ordinaire, pas assez coloré. — A. B.

Viesanka (Hüngling)..................... D.

Viestitza. — Cépage de l'île de Corfou décrit par V. Pulliat; feuille sur-moyenne, bullée, trilobée, aranéeux et compacte en dessous; grappe surmoyenne, serrée; grain moyen, sphéro-ellipsoïde, ferme, juteux, serré, d'un jaune doré; maturité de 2e époque hâtive.

Vierthügler (Vierträgler)................. D.

Viganne (Franc noir de l'Yonne)....... V. 114

Vigi regio (Vigiriega)................. D.

Vigiriega bianca (Vigiriega commun)........ D.

Vigiriega comun. — Cépage assez répandu dans l'Andalousie, surtout à Sanlucar, Xérez, Malaga, Paxarète; à feuilles moyennes, presque entières; grappes moyennes; grains moyens, subsphériques, d'un blanc verdâtre d'après Simon Rojas Clemente.

Vigiriega de Motril. — Cépage espagnol de Madrid; à petits grains subsphériques, d'un blanc verdâtre (d'après Simon Rojas Clemente).

Vigiriega gordal (Vigiriega comun)........ D.

Vigiriega negra. — Cépage espagnol cultivé à Xérès et aussi à San Lucar; forme à raisins noirs du Vigiriega comun (d'après Simon Rojas Clemente).

Vigiriego (Vigiriega comun)................. D.

Vigiriegos. — Groupe de cépages (tribu IX) établi par Simon Rojas Clemente.

Vignar. — Nom de cépage (?) de la Sarthe, cité par Jullien.

Vigne a feuille de clématite (Chasselas cioutat)........................ II. 16

Vigne aspirante (Verjus)............. II. 154

Vigne circulaire (Bregin)............ VI. 37

Vigne blanche (Savagnin)..... ...... IV. 301

Vigne blanche Lécard (Ampelocissus Lecardii)........................ I. 32

Vigne bleue (V. bicolor)............ I. 340

Vigne Caplat (V. Coignetiœ).......... I. 426

Vigne cendrée (V. cinerea)........... I. 348

Vigne cochinchinoise (Ampelocissus Martini)............................ I. 19

Vigne d'Ascalon (Zeni de Damas)........... D.

Vigne d'Aymé. — Nom de cépage (?) cité par Hardy.

Vigne de Barrière (Saint-Jeannet tardif). II. 335

Vigne de Béthléem (Néhelescol)....... III. 290

Vigne de Candolle (Grec rouge)........ III. 277

Vigne de Chat (V. rupestris).......... I. 394

Vigne de Cochinchine (Ampelocissus Martini)........................... I. 19

Vigne de Corinthe (Corinthe noir)..... IV. 286

Vigne de Karabournou (Rosaki)........ II. 170

Vigne de la Chine (V. Thunbergii)..... I. 429

Vigne de l'Atlas. — Nom de cépage algérien, synonyme d'une autre vigne, cité par F. Richter.

Vigne de Limdi Konat (Grec rouge)... III. 277

Vigne de Mantoue (Lignan blanc)...... III. 69

Vigne de Michel (Saint-Jeannet tardif).. II. 335

Vigne de montagne (V. Berlandieri)..... I. 365

Vigne de montagne (V. Coignetiœ)....... I. 426

Vigne de Potès. — Nom de cépage espagnol (?) cité par le Catalogue des vignes du Luxembourg.

Vigne des Battures (V. riparia)........ I. 414

Vigne de Sézanne (V. Sezannensis)..... I. 486

Vigne des rivières (V. riparia)... ...... I. 414

Vigne de Wood. — Cépage observé par V. Pulliat au Jardin botanique de Lyon et qu'il caractérise par des feuilles plutôt petites, tourmentées, glabres sur les deux faces; grappe grosse, serrée; grains surmoyens, globuleux, mous, sucrés, d'un noir pruiné; maturité de 3e époque.

Vigne de Yeddo (Yeddo)................... D.

Vigne de Zoula. — Semis du Dr Houbdine, d'après V. Pulliat; à grappe sur-moyenne, ramassée; grains moyens, globuleux, fermes, d'un noir pruiné; maturité de 3e époque.

Vigne d'Ischia (Pinoit noir précoce).... II. 43

Vigne du cap Karabournou (Rosaki)..... II. 170

Vigne dure (Cabernet Sauvignon)....... II. 285

Vigne duveteuse (V. cinerea)........... I. 348

Vigne du Soudan (Ampelocissus Chantinii). I. 30

Vigne éléphante (Ampelocissus elephantina)........................ I. 27

Vigne éléphantine (Ampelocissus elephantina)........................ I. 27

Vigne épineuse (V. Davidii)........... I. 437

Vigne grecque (Grec rouge)........... III. 277

Vigne grecque (Verjus)............... II. 151

Vigne Madame Victor Caplat (V. Romaneti)............................ I. 435

Vigne malgache (Ampelocissus elephantina)........................ I. 27

Vigne Maxienne (Corinthe)............ IV. 288

Vigne odorante (V. riparia)........... I. 414

Vigne rouillée (V. æstivalis).......... I. 343

Vigne sans pépins (Corinthe noir)....... IV. 286

Vigne sucrée (V. Berlandieri).......... I. 365

Vignes fossiles...................... I. 486

Vigne sucrée d'hiver (V. cinerea)....... I. 348

Vigne vierge (Parthocissus quinquefolia). I. 62

Vignerolles. — Nom de cépage (?) du Roussillon cité par Hardy.

Vilagos (Raskszölö)...................... D.

Vildeline (Valteliner)................. IV. 30

Vilder (Wilder)........................... D.

Vilemot. — Nom du Catalogue des vignes du Luxembourg.

Viliboner (Pinot gris)................. II. 32

Villadrid, Villadrix, Villandric blanc. — Noms de divers catalogues pour un cépage de Montauban (?).

Villarbasse bianca. — Nom de cépage italien du Piémont. — J. R.

Villemur (Négrette).................. II. 62

Villiboner (Pinot gris),.............. II. 32

Villodri (Villadrid)...................... D.

Vilmorin. — Nom de cépage (?) cité par H. Marès.

Vimenka (Romanka)................... VI. 414

Vinabita. — Nom de cépage espagnol cité par Abela y Sainz.

Vinaciola. — Nom de vigne cité par Pline.

Vinase, Vinasze (Vekonyhéju).............. D.

Vinceller. — Nom de cépage (?) hongrois cité par Molnar.

Vinenka (Romanka).................. VI. 414

Vinhão (Souzão).................... V. 23

Vinhão tinto (Souzão)................ V. 23

Vinhozello (Vinisello).................... D.

Vinifera (V. vinifera)................. I. 447

Vinifera × Berlandieri H. N. 19-62, 19-20, 19-52, 18-40, 18-50. — Hybrides porte-greffes divers créés par Millardet et de Grasset, dont certains paraissent avoir de la valeur comme résistance à la chlorose et au phylloxera, mais leurs aptitudes, la phylloxérique surtout, sont encore mal précisées.

Vinifera-Candicans (Candicans-Vinifera). I. 391

Viniferæ (Ampélidées)................. I. 6

Vinifera × Rupestris................. I. 470

Viniférées (Ampélidées).............. I. 6

Vinisello. — Cépage à raisins blancs d'Evora (Portugal); feuilles moyennes, inégales, orbiculaires ou à peine trilobées, un peu lanugineuses et blanchâtres en dessous; grappes très petites, serrées; grains petits, ronds, d'un jaune doré, très sucrés. — D. O.

Vinita. — Hybride de Lincecumii par Herbemont, créé par T.-V. Munson.

Vinizello (Vinisello)...................... D.

Vinni, Vinni tscherni, Vinny tschiarny (Tsimlansky),................................. D.

Vinoasa (Mustoasa)...................... D.

Vino rosso. — Nom du Catalogue des vignes du Luxembourg dressé par Hardy.

Vinoso. — Nom de cépage italien cité par Soderini.

Vino tinto (Teinturier mâle).......... III. 363

Vino verde (Verdicchio).................. D.

Vinta (Gamza)...................... VI. 393

Vint-tint (Teinturier mâle)........... III. 363

Vinum humanum (Humagne)........... V. 275

Vinumdat Morisse. — Hybride obtenu par M. Morisse, de Montfort (Gers). Il a été remarqué et noté avec faveur en Haute-Garonne et dans le concours des vins d'hybrides de Toulouse. Vin de petite couleur, mais droit, agréable, se rapprochant des vins français ordinaires; souche saine et vigoureuse, assez fertile, à allure générale de Riparia; grappes moyennes, serrées, à grains sous-moyens, noirs, de maturité de 2ᵉ époque. — J. R.-C.

Viogné (Viognier).................... II. 107

Viognier....................... II. 107

Viognier jaune (Viognier)............ II. 108

Viognier vert (Viognier)............. II. 108

Viola. — Nom de cépage italien de Gênes (Bull. amp. ital., XVI).

Violaszinu muskately (Muscat d'Alexandrie)................................. III. 108

Violet de Frontignan (Muscat violet).

Violet de Saint-Denis (Fréaux)........ III. 42

Violet d'Espagne (Muscat rouge de Madère)......................... III. 319

Violet Muscat (Muscat rouge de Madère). III. 319

Violette (Carignane)................. VI. 332

Violetter Muskateller (Muscat rouge de Madère)........................... III. 319

Vionnier (Viognier).................. II. 107

Vionnier blanc, jaune (Altesse)........ II. 110

Viosinho. — Cépage blanc portugais de Traz-os-Montes, cultivé surtout à Murça; peu productif, mais à vins de qualité; rapporté par certains au Viognier, par d'autres à l'Altesse; feuilles petites, quinquelobées, à sinus profonds et peu ouverts, nervures pubescentes à la face inférieure; grappes petites, cylindriques, lâches, ailées; grains petits, inégaux, obovoïdes, d'un jaune verdâtre doré au soleil, pruine légère, très juteux et à goût un peu aromatisé, très sucrés. — D. O.

Virard (Gamay d'Orléans)........... IV. 115

Virdisi. — Cépage italien de la région de l'Etna; à grappe grosse, serrée; grain moyen, sphérique ou sphéro-ellipsoïde, d'un jaune doré; maturité de 3ᵉ époque (d'après V. Pulliat).

Virdisi (De Laleña)...................... D.

Virdisi bianca, Virdisi grossu (Virdisi)....... D.

Virdulidda, Virdulidu, Virdulillu (Verdicchio) D.

Virdusa (De Laleña)...................... D.

Viróny. — Cépage russe de Choucha, à raisins rouges, cultivé pour la cuve. — V. T.

Viret. — Nom de cépage, cité par Jullien pour la région de Loches.

Virgilia austriaca (Heunisch)............... *D.*

Virgilia globifera (Barthanier)............. *D.*

Virgilia grata, hybrida (Chasselas doré). II. 6

Virgilia laciniata (Chasselas cioutat)..... II. 16

Virgiliana. — Cépage espagnol de San Lucar, à grains obovoïdes, serrés, dénommé par Simon Rojas Clemente.

Virgilia serotina (Konigstraube)........... *D.*

Virgilius traube geschlitzblättrige.(Chasselas cioutat)............................... II. 16

Virgilius traube osterreichische (Heunisch).

Virgilius traube Wohlschmeckende (Chasselas doré)..................... ... II. 6

Virginia Norton (Nortons-Virginia)......... *D.*

Viririega (Vigiriega)...................... *D.*

Viroulat. — Nom cité par H. Bouschet pour un cépage du Roussillon (?).

Visanello (Pecorino)...................... .*D.*

Visentina (Vicentina)..................... *D.*

Visitator (Folle blanche)............ .. II. 205

Visontai. — Nom de cépage (?) cité par Hardy pour pour la Hongrie.

Vispalora, Vispara bianca (Visparu)......... *D.*

Visparu. — Cépage italien de la Sicile, décrit par V. Pulliat ; feuille petite, quinquelobée, glabre sur les deux faces ; grappe sur-moyenne, un peu rameuse ; grains gros, courtement ellipsoïdes, d'un noir peu pruiné, juteux et finement musqués ; maturité de 3ᵉ époque.

Vissinho (Viosinho) .... *D.*

Vissutelli (Cornichon blanc).......... IV. 315

Vistosella bianca (Arremangiau)....... *D.*

Visula. — Nom de vigne cité par Pline l'Ancien.

Vita alba (Scuturatoare).................. *D.*

Vitaceæ (Ampélidées).............. I. 6

Vitacées (Ampélidées)............ I. 6

Vitazzo del vecchio. — Nom de cépage italien (*Bull. amp. ital.*, VIII).

Vite Besgano (Besgano).................. *D.*

Vite bifera. — Nom de cépage cité par Acerbi.

Vite d'Acqui (Dolcetto)............... VI. 362

Vite dell' uva d'oro (Uva d'oro)............ *D.*

Vite di Damasco (Ribier)............. III. 286

Vite Firenze. — Nom de cépage italien du Milanais, cité par Acerbi.

Vite Moradella. — Nom de cépage italien de Lombardie, cité par Acerbi.

Vite orcellina (Frankenthal)........ II. 127

Vite San Lorenzo (Madeleine noire).... III. 247

Vites veræ (Euvites)................ I. 111

Vite Vignelli. — Nom de cépage italien de Mantoue, cité par Acerbi.

Vitigineæ (Ampélidées)............... I. 6

Vitiginées (Ampélidées).............. I. 6

Vitigno di Canossa (Uva di Troia)........... *D.*

Vitigno di Luca. — Nom de cépage italien de Barletta. — J. R.

Vitiphyllum Fontaine .... I. 480

Vitiphyllum crassifolium Fontaine....... I. 480

Vitiphyllum multifidum Fontaine........ I. 480

Vitiphyllum passifolium Fontaine....... I. 480

Vitis............................... I. 109

Vitis abyssinica Hochstetter (Ampelocissus abyssinica)..................... I. 15

Vitis acapulensis H. B. K. (Ampelocissus acapulensis) .... *D.*

Vitis acerba Dierbach (Wildbacher)........ *D.*

Vitis acerifolia Rafinesque) (V. riparia).. I. 414

Vitis acerifolia Rafinesque (V. rotundifolia)............................ I. 302

Vitis acida Chapmann (Cissus acida)........ *D.*

Vitis aconitifolia Hance (Ampelopsis aconitifolia)............................ *D.*

Vitis acris Maell. (Cissus acris)............ *D.*

Vitis aculeata Miq. (Ampelocissus aculeata).. *D.*

Vitis acuminata Oersted (V. caribœa)...... I. 322

Vitis adenantha Baker (Cissus serjaniæfolia).. *D.*

Vitis adnata Wall. (Cissus adnata)......... *D.*

Vitis adstricta Hance (V. Thunbergii).. I. 429

Vitis æstivalis Michaux............... I. 343

Vitis æstivalis Durlington (V. bicolor). I. 340

Vitis æstivalis Elliott (V. bicolor)..... I. 340

Vitis æstivalis A. Gray (V. Berlandieri). I. 365

Vitis æstivalis E. Palmer (V. cinerea).. I. 348

Vitis æstivalis, var. cinerea Engelmann (V. cinerea)...................... I. 348

Vitis æstivalis, var. monticola Engelmann V. Berlandieri)...................... I. 365

Vitis æstivalis, var. tomento albo A. Gray (V. cinerea) .... I. 348

Vitis æstivalis Wright (V. arizonica)... I. 408

Vitis africana (D. (Marocain).......... III. 315

Vitis Arzeli Baker (Cissus adnata)......... *D.*

Vitis Alaskana Heer .... I. 491

Vitis albida Baker (Cissus albida)......... *D.*

Vitis albulis D. (Elbling)............ IV. 463

Vitis alexandrina D. (Muscat d'Alexandrie). .... III. 108

Vitis Alsembergh. — Nom sans signification du Catalogue des vignes du Luxembourg.

Vitis amara Rafinesque (V. cordifolia).. I. 361

Vitis amara Rafinesque (V. riparia)..... I. 414

Vitis Amboinensis Miquel (Tetrastigma Amboinense).......................... *D.*

Vitis americana Bert. (V. æstivalis).... I. 343

Vitis aminea D. (Chasselas doré)....... II. 6

Vitis aminæa Gœthe (Savagnin rose)... IV. 301

Vitis aminæum (Amigne)............... VI. 46

Vitis Warmingii Baker (Cissun campestris).... *D.*
Vitis Welwitschii Baker (Cissus Welwitschii). *D.*
Vitis xantholithensis Ward............. I. 493
Vitis xanthocarpa Dierbach (Kniperlé). VI. 72
Vitis xanthoxylon Dierbach (Rüuschling). VI. 229
Vitraille (Merlot)..................... VI. 16
Vittata (Melonera)...................... *D.*
Vitterer (Folle blanche)............. II. 205
Vivarais (Hybride Seibel n° 2003)........ .. *D.*
Viuna (Viura)....................... VI. 252
Viura............................. VI. 252
Viusinho (Viosinho)...................... *D.*
Viuva (Viura)........................ VI. 252
Vivax (Jami)........................... *D.*
Vivcarceja. — Nom de cépage espagnol, d'après Abela y Sainz.
Vivie's Hybrids (Hybrides de Vivie)......... *D.*
Vjou de Vinsenso. — Nom de cépage italien des Cinq-Terres cité par Acerbi. — J. R.
Vlachonicolis. — Cépage noir de cuve de la Thessalie (Grèce). — X.
Vlacos. — Cépage grec de l'île de Corfou ; grappe grande, allongée, lâche, entière ; grain sur-moyen, un peu ovoïde, d'un rouge clair, un peu pruiné ; maturité de 4e époque (d'après V. Pulliat).
Vlanir. — Raisin gris obtenu de semis par Bronner ; feuillage laineux ; grains ellipsoïdes de 15/14 à goût et maturité du Cabernet ; variété fertile dont le vin n'est qu'ordinaire. — A. B.
Voaccaccio (Catalanesca nera)............... *D.*
Voal Cachuda (Dona Branca)......... III. 163
Voal esparrapado (Dona Branca)...... III. 168
Voalobaka. — Cépage malgache appartenant au V. vinifera, à feuille très duveteuse, recueilli à Madagascar et très anciennement importé dans l'île.
Vogels, Vogelschnabel (Cornichon blanc)........................... IV. 315
Vogeltraube Leanika..................... *D.*
Vogel traube blauer (Wildbacher)......... *D.*
Vogeltraube weisser (Wildbacher)......... *D.*
Vogelweinberre (Wildbacher)............. *D.*
Voïculeasca (Alba verde)............'..... *D.*
Voïdomati. — Raisin rouge précoce de l'Etolie (Grèce). — X.
Voïnka (Romanka).................... VI. 414
Voirard d'Aoste (Oriou)............... V. 283
Voirard d'Aoste (Oriou voirard)....... V. 292
Vojas Dinka. — Nom du Catalogue des vignes du Luxembourg.
Volioticon. — Raisin noir de cuve de la Thessalie (Grèce). — X.
Volitza. — Raisin blanc de table cultivé à Kalavigta (Grèce). — X.
Volovina, Vollovina grossa, Vollovina minuta, Volovina. — Noms de cépages italiens cités par Acerbi pour l'Istrie.

Volovjak (Dodrelabi)................ II. 139
Volovna (Urbanitraube).................. *D.*
Volovooko (Dodrelabi)................ II. 139
Volovska, volovska oko, Volovskaoka (Dodrelabi)..................... II. 139
Volpe (Trebbiano)................... II. 255
Volpera, Volpicella. — Noms de cépages italiens (*Bull. amp. ital.*, XIV et XV).
Volpin, Volpina (Neretto)................. *D.*
Volpino nero. — Nom de cépage italien de la région de Gênes (*Bull. amp. ital.*, VIII).
Volpola bianca (Cuniciatollo)............. *D.*
Volpolo, Volpolino. — Nom de cépage italien de la région de Lucques. — J. R.
Volpone, Volpone bianco (Cornichon blanc)........................... IV. 315
Voltoline. — Nom de cépage italien cité par Soderini.
Voluina. — Cépage à vin très ordinaire du Monténégro ; à maturité très tardive, mais très fertile ; grandes feuilles lisses, à duvet araneéux à la face inférieure, orbiculaires, quinquelobées ; grappes grosses, presque sphériques, compactes ; grains gros et ronds, d'un brun noirâtre mat. — P. P.
Volurma. — Nom du Catalogue des vignes du Luxembourg.
Von der Lahn traube (Van der Laan traube).......................... III. 126
Vophtalmo. — Nom de cépage de l'île de Chypre.
Vorace. — Cépage blanc à gros grains obovoïdes très tardifs qui nous paraît le même que le Gros Gouet du canton de Vaud. Son nom valaisan vient de ce qu'il ruine les variétés voisines en accaparant le terrain. Raisin sans doute importé du royaume de Naples par des mercenaires retournant dans leur pays. — A. B.
Vorlington (York Madeira)................. *D.*
Vorôna (Orôna)........................... *D.*
Vörös Dinka. — Cépage de Hongrie et Serbie, d'une famille qui renferme des types de raisins blancs, rouges et noirs. La variété rouge que nous avons reçue du Tyrol est vigoureuse, à feuilles longues, tri ou quinquelobées d'un vert sombre, à page infer très tomenteuses ; grandes grappes très allongées et rameuses mais assez coulardes ; à petits grains ronds espacés mûrissant en 2e époque ; cépage peu intéressant sous le climat de la Côte-d'Or. — A. B.
Vörös Fabian (Chasselas rose)......... II. 16
Voros Ketskeetsetsu (Pis-de-chèvre rouge). IV. 88
Voros zöllö (Voros vallas Kek)............. *D.*
Vörös vallas Kek. — Cépage de la Hongrie d'après H. Gœthe, cultivé pour la cuve, à raisins noirs.
Vorthington (Clinton)................ I. 474
Vörös vari (Vörös vallos Kek)............. *D.*
Vauslauer traube (Portugais bleu)..... II. 136

Vossos. — Cépage précoce, de cuve, à raisins blancs, cultivé en Etolie et à Zante (Grèce). — X.

Vostilidi. — Raisin blanc de cuve, précoce de la Céphalonie (Grèce). — X.

Vostitzaniko blanc, rose. — Cépages du Péloponèse (Grèce), précoces, cultivés pour la table. — X.

Voudominato blanc, rouge. — Cépages des îles Cyclades (Grèce) cultivés pour la table et pour la cuve. — X.

Vougeot (Pinot noir).................. II. 16

Voyoko (Dodrelabi).................. II. 139

Vradinia. — Raisin noir de cuve de la Thessalie (Grèce). — X.

Vrai chasselas musqué (Chasselas musqué)........................ III. 121

Vrai chasselas musqué du baron Salamon (Chasselas musqué)........................ III. 121

Vranatz-Krstatch. — Cépage du Montenegro, producteur faible mais à bon vin; c'est aussi un bon raisin de table; feuilles grandes, quinquelobées, glabres sur les deux faces; grappes grosses, longues; grains gros, subsphériques, fermes, d'un noir mat foncé. — P. P.

Vranek (Argant).................. V. 346

Vranek. — Raisin bleu de pressoir signalé par Trummer; variété vigoureuse à feuilles trilobées et laineuses; grappe moyenne, allongée, à grains ronds moyens d'un bleu duveté; paraît fort analogue au Zimmerttraube.

Vranik (Vranek)........................ D.

Vraptsa (Bello meko)...................... D.

Vraptso (Bello meko)...................... D.

Vredot (Verdot blanc)............... VI. 136

Vresanka (Hängling blauer)................ D.

Vugava della Drazza (Besgano)............. D.

Vuidure (Carmenère)................. II. 292

Vuidure Sauvignonne (Cabernet Sauvignon)........................... II. 285

Vuillaume (Grec rouge)............... III. 277

Vuina. — Nom de cépage italien cité par Acerbi pour la Sicile.

Vuiva. — Nom de cépage espagnol, d'après Zuñiga.

Vulpe............................ IV. 147

Vulpe Batuta (Braghina)............. IV. 148

Vulpe neagra (Braghina)............. IV. 148

Vulpina (V. rotundifolia).............. I. 302

Vulpoaica (Vulpe).................. IV. 147

W

WACHTELE!, WACHTELEITRAUBE, WACHLELEIERTRAUBE. — Noms de cépages (?) cités par Muller, Trummer et Molnar.

Waghartraube (Magyartraube fruhe)....... D.

Wälische (Chasselas doré)............ II. 6

Walmer. — Nom de cépage cité par J. Bauhin.

Wälsche (Chasselas cioutat).......... II. 16

Wälsche (Chasselas doré)............. II. 6

Wälsche (Elbling)................... IV. 163

Wälsche (Muscat blanc).............. III. 373

Wälsche Barttraube (Lasca).......... II. 185

Wälsche blaue (Portugais bleu)........ II. 136

Wälsche grosse (Kölner).................. D.

Wälscher (Chasselas doré)........... II. 6

Wälscher (Lasca).................... II. 185

Wälscher früher blauer (Lasca)....... II. 185

Wälscher schwarzer (Frankenthal)..... II. 127

Wälscher weisser (Kniperlé)......... VI. 72

Wälschriesling. — Raisin blanc de cuve de la Styrie, d'après H. Gœthe; feuilles moyennes, allongées, quinquelobées; grappes de grosseur moyenne grains petits, sphériques, d'un blanc jaunâtre, ponctué de roux.

Wälschriesling weisser (Wälschriesling)..... D.

Wälschriesling (Aligoté)............. II. 51

Wälschriesling (Meslier)............. III. 50

Wälschriesling beerhelle, beerheller (Wälschriesling).......................... D.

Wälschriesling blauer. — Nom de cépage (?) cité par Trummer et par Babo.

Wälschriesling weisser (Wälschriesling)..... D.

Wälschriessling (Wälschriesling)........... D.

Walter. — Hybride américain de Delaware et de Diana, créé par A. J. Caywood; grappe et grain de grosseur moyenne, peau épaisse d'un rose mat foncé, un peu pulpeux et foxés.

Waltham Cross. — Cépage de semis obtenu en Angleterre, peu cultivé dans les forceries; grosses grappes allongées; grains gros, ovales allongés, d'un jaune pâle, sucrés, mais sans saveur spéciale, ce qui le distingue du Muscat d'Alexandrie auquel il ressemble (d'après A.-F. Barron).

Wapanuka. — Rommel × Brillant, hybride de T.-V. Munson; grappes assez grosses, cylindriques, ailées; grains gros, sphériques, d'un blanc jaunâtre.

Ward. — Autre hybride de T.-V. Munson.

Watertown. — Hybride américain, d'origine inconnue; grains moyens oblongs, blancs.

Wawerley. — Semis américain de Clinton de Ricketts; grappe moyenne, longue, ailée, serrée; grain sur-moyen, ovoïde, noir bleuté, pruiné; assez pulpeux et un peu foxé.

Weehawken. — Semis américain de Vinifera, obtenu par Dr Siedhof du pépin d'une vigne de Crimée, d'après Bush. et Meissner.

WEISS BERRELER. — Nom inexact du Catalogue des vignes du Luxembourg.

Welcome. — Hybride de Vinifera créé par J.-H. Ricketts, à grande grappe; grain gros, ovale, noir, pruiné, juteux, aromatique (d'après Bush et Meissner).

Wertschina blaue. — Raisin blanc, de cuve, obtenu par Bronner; petits grains ronds de 12 mm, noirâtres; médiocrement fertile et peu intéressant. — A. B.

West S¹ Peters. — Cépage anglais, cultivé dans les forceries, à grosse grappe cylindro-conique, ailée; grain sur-moyen, peu ellipsoïde, d'un noir violacé pruiné; 4ᵉ époque de maturité. — E. et R. S.

Wetumka. — Hybride de T.-V. Munson (Elvira × Humboldt × Goldcoin); grappe moyenne, compacte; grains gros, globuleux, blancs, un peu foxés.

Weyrauch, Weyrauch weisser (Muscat blanc)........................... III. 273
Weyker (Muscat blanc)............. III. 273

Wheaton. — Semis américain de Delaware, à raisins blancs.

White Ann Arbor (Concord)......... VI. 178
White Beauty. — Semis américain de Duchess, à grains moyens, charnus, blancs, foxés.
White cape (Alexander)............. D.
White Catawba (Catawba)........... VI. 282
White cloud. — Nom de cépage américain.
White Corinth (Corinthe blanc)...... IV. 286
White Cucumber grape (Cornichon blanc). IV. 315
White Delaware. — Semis américain de Delaware obtenu par G.-W Campbell; grappes et grains (blancs) plus petits que ceux de Delaware.
White Frankenthal. — Cépage douteux, peut-être synonyme d'une autre variété; A.-T. Barron dit qu'il fut reçu en Angleterre des pépinières Leroy, et il le caractérise par une grappe sous-moyenne, ailée; des grains moyens, ronds, à peau mince, d'un blanc grisâtre, transparent.
White Frontignan (Muscat blanc)..... III. 373
White gascoine. — Nom de cépage cité par Chorlton.
Whitehall. — Semis américain de Labrusca; assez grosse grappe, à grains moyens, noirâtres, précoce.
White Hamburgh (White Lisbon)........ D.
White Imperial. — Semis américain de Duchess, à grosse grappe; grain moyen, blanc, juteux, foxé.
White Jewel. — Semis américain d'Elvira, à grappe serrée; grain moyen, blanc jaunâtre, foxé, précoce.
White Lady Downe's Seedling (Lady Downe's)........................ II. 376
White Lisbon. — Cépage rare dans les forceries anglaises, très productif, mais ordinaire pour la table; grappe grosse, longue; grains gros, ovoïdes, d'un blanc grisâtre, peu juteux et peu sucrés (d'après A.-F. Barron).
White muscadine (Chasselas doré)...... II. 6
White muscadine (Scuppernong)........ D.
White Muscat (Muscat d'Alexandrie)... III. 108
White Muscat of Alexandrie (Muscat d'Alexandrie)................... III. 108
White Muscat of Newburg. — Hybride américain d'Hartford par Iona; grappe et grains assez gros, blanchâtres, un peu foxés.
White Nice. — Très ancien cépage cultivé dans les forceries anglaises, assez tardif; grosses grappes ailées et allongées; grains moyens, sphériques, d'un blanc grisâtre clair (d'après A.-F. Barron).

WHITE NORTON (Cynthiana blanc)...... VI. 276
WHITE PORTUGAL (White Lisbon)............ D.
WHITE ROMAIN (Muscat d'Alexandrie)... III. 108
WHITE SCHIRAZ (Ugni blanc)............ II. 255
WHITE'S HYBRIDS. — Hybrides américains divers créés par N.-B. White, tels les August Giant, Occidental, Amber Queen, etc.
White Tokay .... III. 124
White Ulster. — Semis américain d'Ulster, croisé par Concord, créé par A.-J. Caywood, à raisins blancs, pulpeux et foxés.
WHITE VIRGINIA SEEDLING. — Nom donné à divers hybrides américains.
WHITE SWEET WATER (Mollar branco).......... D.
WICHITA (V. cinerea)................ 1. 348
WIESENTAITER, WIESENTHRIDER, WIESETEIDER (Folle blanche)...................... II. 205
WILDBACHER BLAUER (Wildbacher frühblauer)... D.
Wildbacher frühblauer. — Ne serait, suivant H. Gœthe, qu'une variation précoce du Wildbacher tardif de la Styrie. Mais la variété que nous avons rencontrée sous ce nom en Suisse avait une belle et grande grappe, à grains très ellipsoïdes, de maturité contemporaine du Portugais bleu. Cette assimilation nous parait donc à vérifier. — A. B.
WILDBACHER KLEINER BLAUER (Wildbacher)..... D.
WILDBACHER ROTBLÄTTRIGE, WILDBACHER SCHLEHENBLAUER (Wildbacher frühblauer)............ D.
Wildbacher später. — Raisin bleu de cuve, assez répandu en Autriche (Styrie) sous les syn. de Mauserl, Guthlaue, Kleinblaue, blauer Kracher, Greutler ou Gräubler, Plienik erni, Divljak et Schilchertraube. Très vigoureux, à feuilles moyennes, rondes, peu découpées et tomenteuses; petites grappes, à petits grains ronds de 12 mm, d'un bleu sombre très pruiné; originaire du cercle de Wildbach, cette variété est très estimée en raison de sa très grande et régulière fertilité, en tous terrains, même sur vieux bois; assez rustique; débourre tard et pourrit difficilement; donne un bon vin ordinaire de belle robe, avec une acidité prononcée et caractéristique, qui demande à vieillir mais se conserve bien. Il existe plusieurs variétés de ce cépage qui ne mûrit habituellement qu'en 2ᵉ époque. — A. B.
WILDBACHI KEK (Wildbacher frühblauer)...... D.
WILDBLAUE (Wildbacher frühblauer).......... D.
Wilder. — Hybride américain obtenu par Roger (nᵒ 4), à grande grappe ailée; grain gros, globuleux, d'un rouge pourpre foncé, peu pruiné, peu pulpeux et assez foxé.
Wilding. — Semis américain de Rommel, hybride de Labrusca et de Riparia; grappe petite, lâche, ailée; grain moyen, juteux, sphérique, d'un blanc transparent.

WILDTHAUBE (Teinturier mâle)......... III. 362
WILHELMSTRAUBE WEISSE. — Nom de cépage cité par H. Gœthe.
WILLIBONER (Pinot gris)............... II. 32
Willie. — Semis américain de Labrusca; grande grappe ailée; grains sur-moyens, d'un noir violacé foncé, pulpeux et foxés.
Willis. — Semis américain de Delaware obtenu par W.-J. Jones; grappes assez grosses, serrées, ailées; grains moyens, ronds, d'un jaune ambré.
Wilmington. — Cépage américain, à grandes grappes lâches, grains gros, subovoïdes, jaunâtres (d'après Downing).
Wilmington red. — Semis américain de Labrusca, à petit grain d'un rouge brillant, foxé.
WILMOTT'S HAMBURG, WILMOTT'S Nᵒ 16. — Noms de cépages cités par Chorlton.
WINCHELL (Green Mountain)............... D.
Wine King. — Winona × America, hybride de T.-V. Munson; grappes moyennes, cylindriques, allongées; grains sur-moyens, sphériques, d'un noir violacé foncé, juteux et vineux.
WINGERTSHÄUSER BLAUER (Frankenthal).. II. 127
WINNE (Alexander)........................ D.
Winona. — Semis de Nortons créé par T.-V. Munson, à raisins rouges, très juteux et très colorés.
Winslow. — Semis américain très semblable au Clinton, à petite grappe, à petits grains noirâtres.
WINTER GRAPE (V. Berlandieri)......... I. 365
WINTER GRAPE (V. bicolor)............ I. 340
WINTER GRAPE (V. cordifolia)........... I. 348
Wippacher. — Syn. (suivant Trummer et H. Gœthe): Braida, Ipavscina, Mehlweinbeer, Lipovsina, Tantona Lipusna, Lipna, Drobna lipovina. — Cette variété blanche nous est apparue complètement identique au Gouais blanc. Comme nous avons déjà rencontré ce cépage sous divers noms dans le Chablais, où il compose la majeure partie des crosses d'Evian et dans le Valais, son aire d'extension apparaît plus considérable que nous ne le présumions. Il a pénétré dans les vallées alpestres jusqu'en Carniole où il est particulièrement cultivé dans le Wippacherthal, sans doute en raison de sa résistance au froid et de sa très grande et régulière fertilité; mais ses produits sont partout acides et médiocres, et greffé ce cépage devient de plus en plus pourrisseux. — A. B.
WIPPACHER AHORNBLÄTTERIGER (Wippacher).... D.
WIPPACHER TRAUBE ROTHER (Heunisch)......... D.
WIPPACHER WEISSER (Wippacher)............. D.
WISELLERTRAUBE (Balafant).................. D.
Witt. — Semis de Concord à raisins blancs, très pulpeux et très foxés.
Woford's winter grape .... I. 476
WOLFE (York Madeira)..................... D.

Wolfgestraube, Wolfgestraube elveling (Elbling).......................... IV. 169

Wolovooko (Dodrelabi).............. II. 139

Woodbury. — Semis américain de Delaware, à raisins gris blanchâtre.

Woodruff. — Semis de Labrusca presque pur; grappe grosse; grains moyens, sphériques, d'un rose mat assez foncé, très pulpeux et très foxés.

Woodruff's red (Woodraff)............... D.

Woodward (Isabelle)................ V. 203

Worden. — Semis américain de Concord, un peu plus précoce que celui-ci; grosse grappe ailée; grains gros, noirs, foxé; plus résistant au Black-Rot que le Concord.

Worden's Seedling (Worden).............. D.

Worouzow. — Nom de cépage (?) de la Crimée.

Worthington, Wortington (Clinton).... I. 474

Wrdack. — Raisin blanc, à grains ronds de 14 mm, obtenu de semis par Bronner; maturité moyenne; intérêt médiocre. — A. B.

Wright's Isabella (Isabelle).......... V. 203

Wüllkwälsch (Wippacher)................. D.

Wurmbrand traube. — Nom de cépage cité par Trummer, et attribué à tort au Sémillon.

Wurzburger. — Nom inexact du Catalogue des vignes du Luxembourg.

Wylie's Berckmans (Berckmans).......... . D.

Wylie's Hybrids. — Hybrides américains divers créés par Dr Wylie, tels : Peters Wylie, Berckmans, Mrs Mc. Clare.

Wyman (Isabelle)................... V. 203

Wyoming (Wilmington).................... D.

Wyoming red (Wilmington red).............. D.

X

Xanthocarpa (Vitis, Kniperlé)........ VI. 72

Xantholithensis (Vitis)............... I. 493

Xanthoxylon (Vitis, Räuschling)...... VI. 229

Xara. — Nom de cépage portugais, d'après Cincinnato da Costa.

Xarello. — Cépage espagnol à raisins blancs, de la région de Barcelone, d'après H. Gorria.

Xarello negro. — Cépage à raisins noirs de la région de Barcelone, d'après Abela y Sainz.

Xarito. — Nom de cépage espagnol, d'après H. Gorria.

Xenia. — Delago × Triumph, hybride de T.-V. Munson; grappes moyennes, cylindriques, compactes; grains gros, subovoïdes, blancs, transparents, un peu foxés.

Xerello (Xarello)........................ D.

Xerelló negro (Xarello negro)............. D.

Xeris (Augibi)...................... IV. 78

Xerès (Malvoisie de Sitzes).................. D.

Xerès (White Nice)....................... D.

Xerès blanc. — Nom de cépage cité par Acerbi.

Xerez. — Variété portugaise limitée à l'Estremadure; à grappes rameuses, grosses, allongées; grains sur-moyens, ronds, d'un noir bleuté. — D. O.

Xerez do Pral (Teinturier)............ III. 362

Xerichi blanc, noir. — Deux cépages précoces de table de la Céphalonie et de Corfou (Grèce). — X.

Xeriki (Xerichi)........................... D.

Xirih. — Nom de cépage cité par Odart pour l'Arabie (?), à gros raisins oblongs, d'un rouge violet clair.

Xeropodia. — Raisin blanc précoce, cultivé pour la cuve et pour la table dans la Céphalonie (Grèce). — X.

Ximenecia (Pedro Ximenès)........... VI. 111

Ximenès (Elbling)..................... IV. 169

Ximenès (Pedro Ximenès)............. VI. 111

Ximenesia acidula (Chasselas)......... II. 6

Ximenesia burgundica (Chardonnay).... IV. 5

Ximenesia cynobrotis (Sylvaner)........ II. 363

Ximenesia fuliginosa. — Nom de cépage cité par Trummer.

Ximenesia michophyla (Savagnin)....... IV. 301

Ximenès loco (Pedro-Ximenès)........ VI. 111

Ximenès traube (Sylvaner)............ II. 363

Ximenès traube burgundische (Chardonnay).IV. 5

Ximenès traube Kleinblätterige (Savagnin).IV. 301

Ximenès Zubon (Ximenes Zumbron).... VI. 120

Ximenès Zumbron.................... VI. 120

Ximeneizoïdes (Ximenez Zumbron)...... VI. 120

Ximenezoïdes (Ximenès Zumbron)...... VI. 120

Ximenez Zumbon (Ximenès Zumbron).... VI. 120
Ximenez Zumbron (Ximenés Zumbron)... VI. 120
Ximoll. — Nom de cépage espagnol d'après Abela y Sainz.
Xinoul d'agaco. — Nom de cépage (?) du Tarn cité par Hardy.
Xluta. — America×R. W. Munson; hybride de T.-V. Munson, à longues grappes cylindriques, ailées et à aile aussi grosse que la grappe, compacte ; grains gros, sphériques, noirâtre mat, non pruinés.

Xorrera (Perruno)........................ D.
Xynisteri. — Cépage blanc très cultivé dans l'île de Chypre, à grandes feuilles quinquelobées, pubescentes-floconneuses en dessous ; grappe assez grande, simple ou aileronnée; grains moyens, ovoïdes ou ellipsoïdes, d'un vert jaunâtre et translucide; différant du Zante blanc; sert surtout de base aux vins de la Commanderie associé à un Muscat. — P. M.

Y

Yaga, Yagne, Yagne blanc, Yague, Ysagues. — Noms inexacts d'un cépage du Roussillon cité par Hardy dans le Catalogue des collections de vignes du Luxembourg.
Yama-Bouto (V. Thunbergii)........... I. 429
Yama boudaou (V. Labrusca)........... I. 311
Yamai (V. Thunbergii)................. I. 429
Yamanasiii. — Nom de vigne japonaise, probablement le V. Thunbergii.
Yankee. — Semis américain de Concord, à raisins blancs, pulpeux et foxés.
Ycalés (Hycales)........................ D.
Yebi tsourou (V. Labrusca?).. .... I. 311
Yechyl Kokour (Kokour blanc)....... IV. 149
Yeddo. — Vigne japonaise, appartenant au V. vinifera, à rameaux un peu épineux, à grains gros, oblongs, d'un violet clair avec pruine bleutée.
Ybi ir (V. Labrusca ?)................ I. 311
Yellow mosler (Furmint)............. II. 251
Yellow muscadine (Scuppernong)............ D.
Yen yo (V. Labrusca ?)............... I. 311
Yerli beyaz. — Nom de raisin turc, à grains moyens, ronds, blanc. — J. M.-G.
Yerugo. — Nom du Catalogue des vignes du Luxembourg.
Yetivereni de Smyrne (Éptakyton)........... D.
Yeux epars (Lignan blanc)........... II. 69

Ygia (Jgia)............................. D.
Ying yo (V. Labrusca)................ I. 311
Yoakum (Herbemont)................. VI. 256
Yolet blanc. — Nom de cépage cité par Acerbi.
Yonker's Honey Dew (Hartford)............. D.
York Clairet (Clinton)................ I. 474
York Lisbon (Alexander)................ D.
York's clairet (Clinton)............... I. 474
York's Clara. — Cépage américain à grappe moyenne, grain moyen, rond, d'un rose foncé pruiné; maturité 2e époque.
York Madeira. — L'un des plus anciens cépages américains introduit en Europe avec l'Isabelle; hybride de Labrusca, très peu vigoureux et d'une certaine résistance au phylloxéra; abandonné en France, et à peine connu aux États-Unis; feuille moyenne, orbiculaire, finement gaufrée et épaisse, tomenteuse à la face inférieure, entière; grappe petite, à grains petits, globuleux, fermes, d'un noir foncé pruiné; maturité de 1re époque.
York's rouge (York Madeira)................ D.
Young america. — Semis américain de Concord, à raisins rougeâtres foncés, très semblable au type.
Yulard. — Nom de cépage italien de Florence. — J. R.
Yverdon. — Nom de cépage cité par Trummer.
Yves Seedling (Ives Seedling)......... VI. 183

Z

Zabalkanskï (Sabalkamkoï)............ III. 285
Zabalkanskoi (Sabalkanskoi).......... III. 285
Zaccarese, Zagarese, Zagarésé nero. — Noms de cépages italiens de Bari, Lecce, Barletta, d'après J. de Rovasenda.
Zacinak (Zatcinak)....................... D.
Zadrinka. — Cépage du Montenegro; feuilles quinquelobées, presque glabres; grappe ovale, ailée, peu serrée; grains gros, globuleux, noirâtres, très sucrés. — P. P.
Zaginani. — Nom de cépage de la Syrie, à raisins noirs, d'après Calvassy. — J. M.-G.
Zaini. — Cépage de table de la région des monts du Liban (Syrie). — At. B.
Zakkelweiss (Kriacza)..................... D.
Zaluf. — Nom de cépage turc, à raisins noirs. — J. M.-G.
Zalenjak (Hainer)........................ D.
Zalovitico blanc, noir. — Cépages précoces cultivés pour la cuve dans la Thessalie (Grèce). — X.
Zamblau. — Nom de cépage italien de la région de Bobbio (Bull. amp. ital., XIV).
Zambotta. — Nom de cépage italien cité par Acerbi pour la Vénétie.
Zambrainhio (Zibreirinho)............... D.
Zampina nera. — Nom de cépage italien de la région de Bologne. — J. R.
Zanc zöllö. — Nom de cépage à raisins blancs de la Hongrie.
Zandler (Honigler)....................... D.
Zané (Bolgnino)..................... III. 346
Zanello (Bolgnino)................. III. 346
Zanetta bianca (Verdesse)........... III. 387
Zanetto (Bolgnino)....................... D.
Zanis rebe, Zanis rebe rothsaflige (Solonis). I. 463
Zante (Blanc de Zante)................... D.
Zante bianca (Blanc de Zante)............... D.
Zante blanc (Blanc de Zante)............... D.
Zante bianca calkisch, cotonneux, gaucha, gelber, rossone Tokai, jaune, noir, bon plant, noir gros. — Noms divers sans signification donnés par Hardy dans le Catalogue des vignes du Luxembourg.
Zante noir. — Cépage de l'île de Zante, d'après V. Pulliat; à grappe sur-moyenne, peu serrée; grain moyen sub-ellipsoïde, mou, juteux et sucré, d'un noir foncé pruiné; maturité 3e époque.
Zante rouge. — Autre cépage de l'île de Zante,

d'après V. Pulliat, signalé comme le précédent par Odart; grappe moyenne, grain gros d'un rouge clair.
Zantel gelber (Furmint)............... II. 251
Zanto rossone Tokai (Furmint)........ II. 251
Zanzighello. — Nom de cépage italien cité par Acerbi pour Mantoue.
Zapfete (Furmint).................... II. 251
Zapfner, Zapfner traube (Furmint)..... II. 251
Zapner de rust (Furmint)............. II. 251
Zappato (Canaiolo)................... II. 311
Zappolino (Zeppolino)..................... D.
Zapponara nera. — Nom de cépage italien de Barletta. — J. R.
Zapponaria bianca (Bombino).......... VI. 339
Zapponeta thifera. — Nom de cépage italien cité par J. de Rovasenda.
Zatchinak. — Cépage de la Serbie, important comme culture pour la cuve; feuille plutôt petite, entière, duveteuse blanchâtre à la face inférieure; grappe allongée, plutôt petite; grain petit, rond, d'un noir bleuâtre, foncé. — T.
Zatchink (Zatchinak).................... D.
Zatchinka (Zatchinak)................... D.
Zdencajtraube (Zatchinak)................ D.
Zee (Molar)........................ V. 302
Zebalkanski (Sabalkanskoï)........... III. 285
Zebibe, Zebibo (Muscat d'Alexandrie)... III. 108
Zebraino (Zibrerinho)..................... D.
Zedik, Zedik rose (Corinthe)......... IV. 292
Zeiten zeiten (Chasselas)............. II. 6
Zekroula Kapistoni. — Variété blanche de Kapistoni, de 2e époque de maturité, cultivé pour la cuve en Imérétie (Russie). — V. T.
Zeitouni. — Nom de cépage noir de la Syrie, d'après Calvassy. — J. M.-G.
Zelena, Zelena gamsa, Zelena sefta (Gamsa).VI. 393
Zelena Krhkopadna (Javor)............... D.
Zelena sedmogrudka (Sylvaner)........ II. 363
Zelencic (Sylvaner)................... II. 363
Zelenika (Hainer)....................... D.
Zelenika bianca (Sylvaner)........... II. 363
Zelenika debeli (Hainer)................. D.
Zeleni Klesec, Zeleni Kleshez (Sylvaner). II. 363
Zelenjak (Hainer)....................... D.
Zelenka (Hainer)........................ D.
Zeleny (Sylvaner)................... II. 363
Zelia. — Semis américain, hybride de Labrusca, à

grosse grappe, grains gros, noirâtres et pruinés, pulpeux et foxés ; précoce.

Zelina. — Nom de cépage italien du Conegliano. — J. R.

Zelinelz (Kadarka)................... IV. 177

Zeliony guiliaby. — Raisin blanc de cuve, peu sucré, du Daghestan russe. — V. T.

Zeliony vinayard (Poma verde).............. *D.*

Zello. — Cépage portugais de la Beria Baixa, très peu important. — D. O.

Zelodowna bela (Cornichon blanc)..... IV. 315

Zelodowna cerna (Cornichon violet).... IV. 315

Zeludina (Cornichon)................ IV. 315

Zenatoury. — Cépage russe de Gouriel, cultivé pour la cuve, à raisin rose et à petits grains. — V. T.

Zeni. — Cépage de la région de Damas, très tardif (maturité postérieure de deux ou trois mois à celle du Cabernet Sauvignon), très grosse grappe et très gros raisins blancs, un peu ovoïdes.

Zenin. — Nom de cépage de l'Isère, cité par Odart.

Zenzillosa (Morrastel).............. III. 384

Zenzola. — Cépage italien de la région du Vésuve, bon producteur de vin ; grappe de grosseur moyenne ; grains moyens, ronds, d'un rouge noirâtre clair, très sucrés. — M. C.

Zeppolino, Zeppolino bianco, imperiale, rosso (Berzamino)......................... III. 339

Zerdagui (Zerdaky)..................... *D.*

Zerdaky. — Raisin blanc de cuve de la Mingrélie (Russie). — V. T.

Zerjavina (Sylvaner)................ III. 363

Zerni selenjiak (Walschriesling)........... III.

Zerone noir. — Cépage de l'Isère d'après V. Pulliat ; grappe moyenne ; grain moyen, globuleux, ferme et juteux, d'un rouge noirâtre ; maturité de 3ᵉ époque.

Zerpoluso nero. — Nom de cépage italien de la région de Naples. — J. R.

Zerva. — Cépage de cuve de la Crimée, de 2ᵉ époque tardive de maturité ; feuilles quinquelobées, à sinus très profonds, lanugineuses en dessous ; grappe rameuse ; grain sphérique verdâtre. — V. T.

Zervei de Gatto. — Nom de cépage italien cité par Acerbi pour Verone.

Zeutern (Cornichon blanc)........... IV. 315

Zeynel. — Nom de cépage bulgare.

Zghihara. — Groupe de cépages roumains, cultivés surtout à Sassy. — G. N.

Zghihara alba batuta. — Forme de Zghihara, à raisins blancs, à grandes feuilles entières ; grappes cylindriques, assez grosses, entières ; grains sphériques, assez peu riches en sucre. — G. N.

Zghihara galbena. — Forme de Zghihara, à raisins blancs, à feuilles moyennes, à peine trilobées, un

peu duveteuses en dessous ; grappe rameuse ; grains gros, blancs, à peau mince, mouchetée de roux à la maturité, peu sucrés. — G. N.

Zghihara neagra. — Forme de Zghihara, à feuilles quinquelobées, sinus profonds, de dimensions moyennes ; grappes grandes et longues, ailées ; grains ronds, noirs. — G. N.

Zghihara verde bătută. — Forme à grandes feuilles entières ; grappes grosses, cylindriques ; à grains gros, sphériques, serrés, d'un blanc verdâtre. — G. N.

Zguigarada (Zghihara)................... *D.*

Zherna laska (Kölner)................ *D.*

Zherna mushza (Madeleine noire)....... III. 247

Zherna moslavez (Augster)................. *D.*

Zherna spania (Kölner)................. *D.*

Zhernila (Kölner)....................... *D.*

Zhernina (Kölner)....................... *D.*

Zhernina debela, drobna, posna, restueshena, velka. — Noms divers cités par Trummer.

Zherni seleniak, spanier (Kölner)........... *D.*

Zherny zizek (Kölner)..................... *D.*

Zibebe (Muscat d'Alexandrie)......... III. 108

Zibebe turkische (Pis-de-chèvre blanc).. IV. 91

Zibebe blaue, damascenische, ungarische. — Noms divers cités par Trummer.

Zibebe weisse (Lignan)............... III. 69

Zibebo, Zibibbo. — Noms cités par Acerbi.

Zibellon bianco (Muscat d'Alexandrie).. III. 108

Zibetta (Muscat d'Alexandrie)........ III. 108

Zibibi (Muscat d'Alexandrie)......... III. 108

Zibibbo, Zibibbo bianco, giallo (Salamanna)............................. III. 155

Zibibbo del giglio (Jzolia)................. *D.*

Zibibbo di Marcellinara (Salamanna)... III. 155

Zibibbo di Pantellaria, Zibibbo moscato, oblungo (Muscat d'Alexandrie)............. III. 108

Zibibbo nero (Olivette noire).......... II. 327

Zibibbo nostrale (Muscat d'Alexandrie). III. 108

Zibibbo rosso (Olivette rose).......... II. 329

Zibibbo rotondo (Olivette)............. II. 330

Zibibbo veronese blanc, rouge. — Noms de cépages cités par Acerbi.

Zibibbo toscano (Muscat d'Alexandrie).. III. 108

Zibibu (Muscat d'Alexandrie)......... III. 108

Zibibbu masculine (Muscat d'Alexandrie). III. 108

Zibirra bianca. — Nom de cépage italien de la région du Vésuve. — J. R.

Zibrainho (Zibreirinho).................... *D.*

Zibreinho (Zibreirinho)................... *D.*

Zibreirinho. — Cépage portugais de Torres Vedras et Alemquer ; feuilles moyennes, orbiculaires, quinquelobées ; grappes petites ; grains petits, sphériques, d'un noir foncé et pruinés. — D. O.

Zichtfodi (Sylvaner)................ II. 363

Ziegelroth (Valteliner)............... IV. 30

PRINCIPAUX CÉPAGES

CLASSÉS PAR

ÉPOQUES DE MATURITÉ

Les époques de maturité adoptées sont celles généralement suivies aujourd'hui et qui ont été établies par V. Pulliat ; elles sont basées sur l'époque de maturité du *Chasselas*, cépage répandu dans la majorité des vignobles du Monde et pouvant servir partout de point de comparaison.

Nous rappellerons que les époques de maturité de V. Pulliat sont ordonnées de 15 en 15 jours environ les unes par rapport aux autres. La *première époque* de maturité comprend les cépages qui mûrissent en même temps que le Chasselas, ou quelques jours avant ou quelques jours après (5 environ). Les *raisins précoces* arrivent à maturité une quinzaine de jours avant le Chasselas. Les cépages de *deuxième époque* mûrissent leurs fruits 15 jours environ après le Chasselas et 1 mois après les raisins précoces. La maturité des cépages de *troisième époque* suit de 15 jours environ celle des vignes de deuxième époque, de 1 mois celle de 1re époque, et de 45 jours celle des raisins précoces. Dans la *quatrième époque* sont compris les raisins tardifs qui arrivent à maturité 15 jours environ après ceux de 3e époque, 1 mois environ après ceux de 2e époque, 45 jours après ceux de 1re époque, 2 mois après les raisins précoces.

Ces époques de maturation, ordonnées ainsi de 15 jours en 15 jours, n'ont évidemment pas une précision absolue, elles ne fixent que la maturation comparée des divers cépages. La période de 15 jours qu'elles comprennent n'a aussi qu'une valeur très relative ; les différences de maturité d'un cépage à un autre cépage, classés cependant dans deux époques voisines, pouvant être seulement de deux ou trois jours ; le tableau exact de la maturité de tous les cépages serait continu et non par tranches nettement distancées. La période de 10 à 15 jours embrasse, pour chaque époque, des cépages dont les uns mûrissent au début et les autres à la fin, parfois à 10 ou 15 jours d'intervalle ; deux cépages, un de fin 1re époque l'autre de début 2e époque, ont une maturité plus synchrone, avec 2 ou 3 jours seulement de différence, que deux cépages de 2ᵉ époque qui peuvent présenter une distance de 10 à 15 jours dans leur maturité ; on désigne parfois par *hâtive* ou *tardive* l'époque de maturité à laquelle appartient un cépage qui mûrit dans les premiers jours de la période ou à la fin de cette période, environ 10 à 15 jours après. Pour ne pas étendre les tableaux des époques de maturité, nous n'avons pas utilisé cette dernière indication.

Nous rappellerons que les différences des époques de maturité sont d'autant plus accentuées que la vigne est cultivée plus au nord de son aire de culture, d'autant moins étendues que le climat est plus chaud ou que l'été est plus chaud sous un même climat.

Pour ne pas compliquer les tableaux des époques de maturité, les cépages ont été désignés seulement par leur nom principal, sans mention du pays d'origine ou de culture, ni sans indication de la couleur ou de la valeur du fruit ; il suffira pour avoir tous renseignements culturaux de se reporter aux noms du Dictionnaire.

CÉPAGES PRÉCOCES

(Ex. : *Madeleine.*)

Abouriou.
Achard.
Ack-Kalily.
Agostenga.
Albino de Soùza.
Alençonnaise.
Aletha.
Alicante-Bouschet précoce
ou n° 5.
America.
Aminia.
Ascot citronelle.
Ascot Frontignan.
Augustriesling.
Azulatraube.

Barry.
Beldi de Djerba.
Belvidere.
Boerhaave.
Boisselot.
Burgunder früher blauer.

Chasselas de Courtiller.
Chevergani.
Chondrostafida.
Cleopatra.
Clinton Hybride.
Clover street.
Cochee.
Coe.
Columbian.
Columbian impérial.
Comte Odart.
Concordia.
Côt précoce de Tours.
Cyperntraube.

Djerbi.
Dʳ Collier.
Doroï.
Doubrena blanc, noir.

Ezerjo.

Falanchina.
Farell.
Florence.
Fouccine.
Fourkiano.
Fruhrcbe weiss.
Frühriesling.

Gamay hâtif des Vosges.
Gortzanos blanc, noir.

Handjemu.
Hora.

Jervel.
Juliette.

Kaltzakouli.
Khadjy-Akhray.
Khalily.
Korfiatis.
Koumari.
Koumiotico.
Koundoura.
Koutsoumbeli.
Kövér-szölö.
Kritico blanc, noir.

La France.
Lamarie.
Laorthi.
Lasca.
Lignan blanc.

Madeleine angevine.
Madeleine Céline.
Madeleine royale.
Madeleine Salomon.
Maïolet.
Mary Ann.
Mavrokouronna.
Mendota.
Meslier.
Miles.
Mollim.

Mottled.
Mourvèdre de Nikita.
Muscat Bidault.
Muscat de Saumur.
Muscat Lierval.
Muscat Saint-Laurent.
Mydali.

Nandi laria.
Noir hâtif de Marseille.

Pasareasca neagra.
Patiniotico.
Perricone.
Portugais bleu.
Précoce Caplat.
Précoce Delaville.

Rastignier.
Rodelis blanc, rose.
Rousseze.
Roussiko.

Saoussa.
Sassala.
Seriki.
Solonis.
Stavrostaphylo.
Striphiliatiko.

Tempranillo.
Thrapsa.
Tourkopoula.

Vartzami.
Voïdomati.
Vostilidi.

Xerichi blanc.
Xerichi noir.

Zaovitico blanc.
Zalovitico noir.
Zelia.

PREMIÈRE ÉPOQUE

(Ex. : *Chasselas doré.*)

Aborietraube.
Ack-Kichmische.
Adirondac.
Affenthaler.
Aga-Guermass.
Agg-Chaani.
Agg-Thiraï.
Agudelho.
Ahumat.
Aï-Ouzoum.
Akk-Isioume.
Akk-Ouzoume.
Alicante Terras n° 20.
Aligoté.
Almeria.
Alphonse Lavallée.
Alvey.
Aspiran Bouschet.
Asskiari.
Aubin blanc.
Aubin vert
Autuchon.
Auxerrois-Rupestris.

Bachet.
Balavry.
Barbarossa à feuilles cotonneuses.
Bastardo.
Baude.
Bellino.
Beraoula.
Bibiola.
Bielogaïska.
Blanc d'ambre.
Blanc-Doux de Lorraine.
Blanc du Valdigue.
Blanc Ramé.
Blood's Black.
Boüaky.
Boulany.
Bourecq.
Braghina.
Bronner.
Buccleuch.
Buckland.
Burger noir.

Cambridge.
Canada.

Chardonnay.
Chasselas Bulbery.
Chasselas cioutat.
Chasselas de Meyrin.
Chasselas de Negrepont.
Chasselas de Winzel.
Chasselas D' Bury.
Chasselas doré.
Chasselas Duhamel.
Chasselas Gros Coulard.
Chasselas Guillet.
Chasselas le Ronsard.
Chasselas mamelon.
Chasselas musqué.
Chasselas Oberlin.
Chasselas perlé hâtif.
Chasselas rose de Falloux.
Chasselas rose Salomon.
Chasselas rose royal.
Chasselas Sullivan.
Chasselas Tramontaner.
Chasselas violet.
Chatus.
Chatus noir de Maure.
Chatus rouge.
Clairette musquée Talabot.
Claverie.
Clinton.
Codigoro nero.
Corinthe blanc.
Corinthe noir.
Corinthe rose.
Cornet.
Côt.
Côts métissés.
Côts rouges.
Côts verts.
Cottage.
Courbès.
Courtland.
Croc-noir.

Damas rouge.
Dana Tachagui.
Darbandi.
Delambre.
Delaware.
Delaware blanc.
Djaballi.
Domrobé.

Doukhovöy.

Ecole de Saumur.
Elbling.
Elvira.

Feteasca alba.
Feteasca neagra.
Foster's White Seedling.
François I er.
Franklin.
Fruhgipfler I.
Fruhgipfler II.
Fréaux.
Fréaux hâtif.

Gamay Beaujolais.
Gamay d'Arcenant.
Gamay de Bévy.
Gamay de Malain.
Gamay des trois-ceps.
Gamay d'Evelles.
Gamay d'Orléans.
Gamay Geoffray.
Gamay gris.
Gamay Labronde.
Gamay Picard.
Gamay tête de nègre.
Gamay violet.
Gateta.
Gelbhölzer blauer.
Genovese.
Gordan.
Gougean.
Gougenot.
Gouget blanc.
Gouveio.
Grassa.
Greffou de Chignin.
Gros Bourgogne.
Gros Bouschet.
Gros Pamit.
Guilliâmy.
Guiraud.

Hüngling blauer.
Hartford.
Honigler.
Houra.
Hybride Seibel n° 14.

Hybride Seibel n° 128.
Hybride Seibel n° 182.
Hybride Seibel n° 208.
Hybride Seibel n° 600.

Iiaidjy.
Iola.

Jacquot.
Jirrny-Slity.
Jirrny-Tchiourny.
Jolty rany.
Joubertin.

Karolowska.
Karrim-Kiandy.
Khalily-Jolty.
Kizill-Kalily.
Krougly Tchiorny.

Lardot.
Le Commandeur.
Lignage.
Limberger.
Linné.
Lourella.

Madeleine blanche de Jacques.
Madeleine noire.
Malvasia roja.
Mât noir hâtif.
Meslier nouveau.
Meunier.
Milton.
Misket de Sliven.
Moore's Early.
Moreto.
Mornen noir.
Moro bianco d'Acqui.
Morrastel-Bouschet.
Muscat blanc Laserelle.
Muscat gris de la Calmette.
Muscat Houbdine.
Muscat noir.
Muscat Ottonel.
Muscat rouge de Madère.

Navichy.
Noah.

Noir Glady.
Novraste.

Org Tokos.

Pamit.
Parpeuri.
Pchrast Saliany.
Perrier noir.
Petit-Bouschet.
Petit Dannezy.
Petit Gamay rond.
Peurion.
Pied de perdrix.
Pigeonnet.
Pinot aigret.
Pinot blanc.
Pinot Carnot.
Pinot Crépet.
Pinot de Bouzy.
Pinot de Coulanges.
Pinot de Pernand.
Pinot d'Ervelon.
Pinot double.
Pinot Geoffroy.
Pinot Giboudot.
Pinot gris.
Pinot Liébault.
Pinot maltais.
Pinot noir.
Pinot noir précoce.
Pinot noir type.
Pinot Pansiot.
Pinot Pommier.
Pinot Renevey.
Pinot rose.
Pinot Saint-Laurent.
Pinot teinturier.
Pinot teinturier Bury.
Pinot tête de nègre.
Pinot vert doré d'Ay.
Pinot violet.
Pis-de-chèvre.
Plant rouge de Chaudenay.
Portugais rose.
Précoce de Malingre.
Précoce Houbdine.
Précoce Pulliat.
Prié rouge.
Pulpe Constantia.

Raffiat.
Roemer weisser.
Rohrtraube.
Romorantin.
Rouge de Bouze.

Sacy.
Saffianovoy.
Saint-Jacques.
Saint-Sauveur.
Salicette.
Sauterne blanc.
Scheuchner.
Sicilien.
Siklers' Rosine.
Skorospiély.
Sourkhak.

Tantovina.
Taylor.
Tchankilaouri.
Tchetchibéchy.
Teinturier Castille.
Teinturier de Larrey.
Teinturier femelle.
Teinturier mâle.
Timpurie.
Tinta amarella.
Tinta castellõa.
Tolstokorny.
Touia-tchy.
Trask.
Troyen.
Tsaregradsky.
Tsarsky.

Valteliner rouge précoce.
Van der Laan traube.
Variatica.
Venguersky-biély.
Verdat blanc.
Vialla.
Viennois.
Vitis Labrusca.

Wildbacher frühblauer.

York madeira.

DEUXIÈME ÉPOQUE

(Ex. : *Sauvignon.*)

Abbadia bianca.
Abbuoto.
Acsai.
Aff-Pari.
Agadaï.
Agudet noir. .
Alabar.
Albourla.
Alep Bicolor.
Alicante-Bouschet.
Alicante-Bouschet extra fertile.
Alicante-Bouschet n° 1.
Alice.
Allen's Hybrid.
Allvarni.
Altesse.
Alvarelhão.
Alvarelhão.
Alvarelhão de pé Branco.
Alvarelhão de pé vermelho.
Ambroisie.
Amessasse.
Amethyst.
Amsonica.
Anèche.
Annic.
Ansu.
Antibo.
Antournerin blanc.
Arbane blanc.
Arbane noir.
Argant.
Aromriesling.
Arvine.
Ascalon.
Aspiran Teinturier Bouschet.
Augster blauer
Avarengo.

Bacchus Bidault.
Bakhla.
Balint weisser.
Balsamina.
Barducis.
Bargine.
Bariadorgia bianca.
Bâtard-Dumas.
Beaunoir.

Béclan.
Belisse bianca.
Bella Romanka.
Bellochin rouge.
Beni-Salem.
Berzamino.
Besto maduro.
Bezymianka.
Bia.
Bianchetto.
Biancolella.
Biancone.
Bicane.
Black Hawk.
Black July.
Blanc Cardon.
Blanc Copi.
Blanc de Zante.
Blanchier.
Blanchou.
Blanchou petit.
Blanc Verdan.
Blauer Rauschling.
Boal.
Boiëriaska negra.
Bokaliny.
Bolana du Piémont.
Boleret blanc.
Bonarda du Piémont.
Borra mosca.
Boskokwi.
Bottonino bianco.
Bouchereau.
Boudéchouri.
Bouillan noir.
Brattraube grün.
Brégin.
Brégin blanc.
Brégin gris.
Brégin noir.
Breton blanc.
Brun des Hautes-Alpes.
Bruneau.
Brun-Fourca.
Brustiano.
Bubbia.

Cabernet franc.
Cabernet-Sauvignon.
Cabugueiro.

Cadet.
Canari.
Carignan-Bouschet.
Carmenère.
Castets.
Catawba.
Ceresa.
César.
Chakayari.
Chakirr-Angourr.
Chany gris.
Chaouch.
Chauché gris.
Chauché noir.
Chaunand.
Chenin blanc.
Chenin noir.
Chevalin blanc.
Chichaud.
Cinquien.
Cinsaut.
Ciréné de Romans.
Citronelle.
Clairette égreneuse.
Clairette Mazel.
Colombard.
Colonel Fallet.
Concord.
Cornifesto.
Cortese bianca.
Curisti blanc.
Cuyahoga.

Diagalves.
Diamant muskat.
Diamant traube.
Djendalli.
Djvozani.
Dona branca.
Donzellinho branco.
Donzellinho do Castello.
Donzellinho gallego.
Douce noir.
Duc de Magenta.
Duchess.
Duras.
Durif.

Elben blau.
Elbling schwarz.

Emily.
Enfariné.
English colossal.
Erbaluce nera.
Esparbasque.
Etraire de l'Aduï.
Eugène Duret.

Farana.
Farana noir.
Feher som.
Fer.
Ferdinand de Lesseps.
Fintendo.
Firnsriesling.
Flona.
Folle blanche.
Folle noire.
Franche.
Franc noir de l'Yonne.
Frankenthal.
Fredericton.
Furmint.
Fusette d'Ambérieux.

Galbina.
Gamay blanc.
Gamba di Pernice.
Gamza.
Gaulois.
Général de la Marmora.
Genouillet.
Genouillet gris.
Giustilisa bianca.
Goldriesling.
Goricine.
Gouais blanc.
Gouget noir.
Gouinche.
Goulïâby.
Graciano.
Gradiska.
Grand noir de la Calmette.
Grec rouge.
Grignolino.
Gringet.
Gris de Salces.
Groppello.
Gros Bregin.
Gros de Coveretto.
Groslot.
Groslot gris.
Gros noir.
Gros noir de La Tour-du-Pin.
Gros Paugayen.
Gros Saperavi.
Gros Sauvignon.
Gros Semillon.
Grosse Rèze.
Grosse Rogettaz.
Grün muskateller.

Guy blanc.
Guy noir.

Hainer grüner.
Hamvas.
Hans.
Hayes.
Hébron.
Hibou.
Hibou blanc.
Houssein.
Humagne.
Hybrides de Riesling.
Hycalès.

Iptsa-Ptouk.
Isabelle.
Ives.

Jacquère.
Jacquez.
Jacquez à gros grains.
Jacquez Azaïs.
Jacquez blanc.
Jardovan.
Joli blanc.
Jonvin.
Jordana.
Jungfernweiss.

Kabistoni.
Kadarka.
Kara-Khousaïné.
Karoad.
Katta-Kourgane.
Kauka blaue.
Kazbinsky-prodolgovaty.
Kazbinsky-Tchiorny.
Kechmish ali violet.
Ketchim-Djaguy.
Kiraly.
Kizill-Isioum.
Kizill-Taïfy.
Kniperlé.
Königstraube.
Krasno-Stopmy.

Lady Downe's Seedling.
Lady Hutt.
Lambrusca viola.
Lammerschwanz.
Laussel.
Leanika.
Leani zolo.
Lenc dé l'El.
Le Requiem.
Le Sucré.
Liada.
Listan.
Loubal.
Luglienca nera.

Maclon.
Madon.
Maïzy.
Malaga-Tchiyrny.
Malanstraube.
Malvasia roja.
Malvoisie blanche du Piémont.
Malvoisie des Chartreux.
Malvoisie rousse de Tarn-et-Garonne.
Malvoisie verte.
Mamelon.
Manhartraube.
Maréchal Bosquet.
Margilien.
Maturana.
Mauzac.
Mauzac noir.
Mauzac rose.
Mazuela.
Mécle.
Meleori.
Melinet.
Melon.
Mercier.
Merlot.
Mezeguera.
Midowatza.
Miguel de Arco.
Mirkowackssa.
Misket Tchavouch.
Molar.
Molette.
Mondeuse.
Mondeuse blanche.
Mondeuse grise.
Montanera.
Montelaure.
Morvosio violet.
Mourac.
Mourisco.
Mourvèdre Hichlé.
Mskhaly.
Mtsvani.
Muscadelle.
Muscat Aufidus.
Muscat bifer.
Muscat blanc.
Muscat de Hamburgh.
Muscat de Jésus.
Muscat Dr Hogg.
Muscatellier noir.
Muscat hâtif du Puy-de-Dôme.
Muscat incarnat.
Muscat Madresfield Court.
Muscat Régnier.
Muscatsylvaner.
Muskattraube Halaper.
Muskat-Riesling.

Nagouttynéouly.
Nakhchaby.
Negrara.
Negru vertos.
Nevoeira.
Niedda guzzaghe.
Noir de Conflans.
Noir de Genève.
Noir de Lorraine.
Nosiola.
Noubi.

Ochiu-boului.
OEillade blanche.
Oiseau bleu.
Olber.
Olivier de Serres.
Ondenc blanc.
Oporto-Krimsky.
Orangetraube.
Oriou.
Oriou Voirard.
Orleaner.
Ortlieber noir.
Osage.
Oseri.
Osseïny biely.
Osseïny tchiorny.
Othello.

Palomino comun.
Panse précoce.
Paquier noir.
Partatner.
Pascal noir.
Pauline.
Pedro Ximenès.
Pelosina bianca.
Persan.
Petit Brégin.
Petit épicier.
Petite Rèze.
Petit Gouais jaune.
Petit Pamit blanc.
Petit Pamit gris.
Petit Paugayen.
Petit Ribier.
Petit Saperavi.
Petit Sémillon.
Plant du Saint-Père.
Pointu.
Pointu de Vimines.
Pougnet.
Poulsard.
Praça.
Président.
Prin blanc.

Putzscheere.

Raisaine.
Raisin de Calabre.
Raisin du Saint-Père.
Räuschling.
Rèze.
Riesling.
Rifola.
Rka-Tziteli.
Roemer Schwarz.
Rogin.
Romanka.
Rosalin blanc.
Rossese.
Rossolo.
Rotgipfler.
Roublot.
Rouenbenc.
Rougeard.
Rouge mâle d'Avriers.
Roussanne.
Rousse.
Roussette.
Rouvillac.
Rulander.

Sageret.
Sainte-Marie-de-Vimines.
Saint-Louis.
Saint-Pierre doré.
Saint-Tronc.
Saloche.
San Antoni.
Saperavi.
Sariangouche.
Sauvignon.
Sauvignonasse.
Sauvignon rose.
Sauvignon violet.
Savagnin jaune.
Savagnin rose.
Schiras noir.
Sciaccarello.
Sébastopol.
Sémillon à bois noir.
Serène de Voreppe.
Servagnin blanc.
Servanin.
Siramuse.
Solferino.
Souzao.
Steinschiller.
Sucré de Marseille.
Sulivan blanc.
Sylvaner.
Syrah.

Taamalet.
Tadon nerano.
Tcharass.
Tchavouch rose.
Téoulier.
Thalburger.
Tinto carvalha de Traz-os-
    Montes.
Tinta carvalho du Douro.
Tinta francisca.
Tinta lameira.
Tinta Roriz.
Tiro.
Touriga.
Tourkmâny.
Tressalier.
Tressot.
Trincadeira.
Trinquier.
Triomphe de l'exposition.
Trousseau.
Tsimlansky.
Turruntès.

Uva Prugna.

Valteliner rouge.
Valteliner vert.
Vassarga.
Verdelho de Madère.
Verdesse.
Verdiso.
Vermiglio.
Vernaccia nera.
Vernay noir.
Vert rouge.
Vespolino.
Vien de Nus.
Viertragler.
Viestitza.
Vinundat Morisse.
Viognier.
Vitis amurensis.
Vitis riparia.
Vitis Romaneti.
Vitis rupestris.
Viura.
Voros Dinka.

Wildbacher später.

York's Clara.

Zekroula.
Zerva.

TROISIÈME ÉPOQUE

(Ex. : *Aramon.*)

Abrusco.
Accesetone.
Achéria.
Æstivalis.
Agapanthe.
Aglianico.
Aglianico S. Severino.
Aglianico zerpuloso.
Agon mastos.
Ahmeur-bou-Ahmeur.
Aïn-Beugra.
Aïn-Kelb.
Ajaki-odia.
A la reine.
Alba moustose.
Albana.
Albillo castellano.
Albillo de Grenade.
Alicante-Bouschet tardif ou
n° 6.
Alionza.
Almerinsky.
Aluk.
Alulu.
Amatosa.
Ambary.
Amerbonte.
Amigne.
Amokrane.
Anadassouri.
Angelino.
Aprostafilos.
Aramon.
Aramon à feuilles coton-
neuses.
Aramon blanc.
Aramon gris.
Aramon pignat.
Arintho.
Arrouya.
Aspiran blanc.
Aspiran gris.
Aspiran noir.
Aspiran verdal.
Asprino.
Attskhaje.
Aubun.
Augibi.

Bakator.

Barbarossa à feuilles décou-
pées.
Besgano bianco, nero gen-
tile, nero rustico.
Black Damascus.
Blanc auba.
Blanc des Trois-Fontaines.
Blanc Verdet.
Blavette.
Bobal.
Bolgnino.
Bombino.
Bombino noir.
Borfesto.
Botanic Garten.
Bourboulenc.
Boussouïck.
Bouteillan.
Brachetto du Piémont.
Braquet.
Braquet blanc.
Bregiola.
Buonamico.

Caccio nero.
Calabrisi d'Avola.
Calagraño.
Calipuntu maduru.
Camaraou.
Canaiolo.
Canaiolo bianco.
Canaiolo nero.
Canari.
Candia.
Cargajola.
Carignane.
Carignane blanche.
Carignane grise.
Caroline Bury.
Carricante.
Catarratto.
Catarratto bianco comune.
Catarratto latinu.
Catarratto lucido.
Catarratto reusu.
Cecinese.
Cenerola bianca.
Cervala.
Chaffey.
Chakarr-Birra.

Chalibi.
Chany noir de Brioude.
Charka de Nikika.
Chérès.
Chevalier de Rovasenda.
Cipro bianco.
Cipro nero.
Clairette.
Clairette rose.
Coda di volpe.
Coda di volpe nera.
Coddu curtu.
Coer de bacco.
Colombaud.
Compagnon Brignol.
Comte de Kerkowe.
Corvina nera.
Coudsi.
Counoise.
Courbu blanc.
Courbu noir.
Crista couleur d'ambre.
Cynthiania.

Dinka vörös.
Directeur Tisserand.
Dodrelabi.
Dorona veneziana.
Duraca.
Dureza.
Dzolikoori.

Erbaluce bianca.
Erba posada minudda.
Erdei.
Esfouiras de Roquemaure.

Ferrandil.
Fiano.
Forcese.
Fuëlla.
Fuëlla blanche.

Gaidureia.
Girone.
Giro niedda.
Gœthe.
Gonçalo Pires.
Gouet.
Grappu.

Grecani.
Grenache.
Gros rouge vert.
Grosse Pélegarie.
Gros Verdot.
Gueuche.

Harslevelii.
Hasseroum Lekahl.
Henob.
Herbemont.
Herbemont blanc.
Herbemont d'Aurelles n° 1.
Herbemont d'Aurelles n° 2.
Herbemont Pulliat.
Herbemont Touzan.
Hermann.
Hybride Seibel n° 37.

Ingram's Muscat.
Inzolia.

Jaën.

Kadjidjé.
Kapistoni blanc.
Kartoûla.
Khodja-Khroy.
Kokour blanc.
Kratkhouna.
Krimsky Kroupny Pozdny mouskatt.
Kvélooury.

Lacrima nera di Roma.
Lacrima di Maria.

Maccabeo.
Maclin.
Maglioco nero.
Malvoisie de Sitzes.
Malvoisie des Pyrénées-Orientales.
Manseng rouge.
Marraouet.
Marravi.
Marsanne.
Mauro nero di Egitto.
Mavroud.
Mayorquin.
Mérille.
Minuteddu Cannudu.
Mission's grape.
Monachelle.
Montanicu niuru.
Morrastel.
Moscatellone nero.
Mourvaison.
Mourvèdre.
Muscat Henri Marès.
Muscatidduni de Sicile.

Muscat Troweren.

Nador.
Neagra nera.
Negretté.
Nehelescol.
Neiretta.
Neretto.
Niedda salua.
Niedda manu.
Nielluccio.
Nirello.
Niureddu.
Nocera.
Noza Valentiana.

Ochio di pernice bianca.
Odjalèche.
Ofner.
Olivette Barthelet.
Olivette blanche.
Olivette noire.
Olivette rose.
Orjelchi.
Oussakelooury.

Pagadebito nero.
Pamala.
Panea.
Panse.
Pascal blanc.
Patchkhata.
Pecoui-Touar.
Pelaverga.
Pélegarie.
Péloursin.
Péloursin gris.
Pephtalmo.
Perdonet blanc.
Petite Pelegarie.
Petit Manseng.
Petit Verdot.
Piedirosso.
Pilan.
Piquepoul blanc.
Piquepoul Bouschet.
Piquepoul gris.
Piquepoul rose.
Pis-de-chèvre blanc.
Plant de Briant.
Plant de Dellys.
Plovdina.
Provareau.

Quagliano.

Robigato respigueiro.
Rafajone noir.
Raisin de Nikita.
Raisin de Noël.
Raisin noir de Jérusalem.

Raisin rouge musqué de Corfou.
Ramisco.
Rappatedda.
Régina bianca.
Ribier.
Rosaki.
Rouge de Zante.
Rouge du Valais.
Roussée.
Royal del plant.
Royal Vineyard.

Sacra nera.
Saint-Paul.
Santa Morena.
Schiradzouli.
Schobani.
Sciascinoso.
Semidanu blanc.
Sercial.
Servant.
Sguidardâ.
Spat Malvasier.
Sultanina.
Sultanina rose.
Syrian.

Taïfy.
Tannat.
Tav-Tsitéli.
Ténéron.
Terret blanc.
Terret gris.
Terret noir.
Tibouren.
Toussan.
Trebbiano.
Triomphe de Jérusalem.
Triumph.
Trouchet.
Tsiska.
Tsolikoouri.
Tunis blànc.

Ugni blanc.
Urbanitraube.
Uva di San Pietro.
Uva gaira rossa.
Uva gentile nera.
Uva Parese.
Uva santa.
Uva Santa Sofia.

Valdigué.
Valentin.
Varenne blanche.
Venturiez.
Verdot.
Verdurant.
Vermintino.

Vigne de Wood.
Vigne de Zoula.
Virdisi.
Visparu.
Vitis æstivalis.
Vitis arizonica.
Vitis bicolor.

Vitis californica.
Vitis Coignetiæ.
Vitis Davidii.
Vitis Monticola.
Vitis Pagnuccii.
Vitis rubra.
Vitis Thunbergii.

White Tokay.

Zante noir.
Zerone.

QUATRIÈME ÉPOQUE

(**Ex.** : *Muscat d'Alexandrie.*)

Abeidi.
Abrunhal.
Achiassche.
Adanassouri.
Ahbec.
Aïbatly.
Aïn-el-Couma.
Akhal Meguergueb.
Akkacha.
Albania.
Albino.
Alfrocheiro.
Alicante branco.
Alvarhelão branco.
Alvarhelão pardo.
Alwick Seedling.
Amellal.
Appley Towers.
Arratalau blanc.
Augusta.

Beldi de Tunis.
Bissulona.
Black Alicante.
Blattraube.
Blondin.
Bonna bella blau.
Bourrisquou.

Cagnara.
Cherokee.
Child of Hall.
Ciuti.
Clairette doré Ganzin.
Colorada.
Completer.
Corneille.
Cornichon blanc.
Cornichon violet.
Cunningham.

Danugue.
Dattier de Beyrouth.

Faphly.
Far West.
Ferral.
Flowers.
Forcalla.

Fourma.
Fürstentraube.

Gabriel noir.
Gibraltar noir.
Glacière.
Grenache blanc.
Grenache rose.
Gros noir des Beni-Abbès.
Guinevra.

Hugues.
Hybride Couderc n° 601.

Ifonese.

Kaali Kardji.
Kandavasta.
Kardji.
Kleinunger.
Krassoudi.

Lacrima forte.

Macaroli.
Malvoisie de Lipari.
Mantuo Castellano.
Mantuo de Pilas.
Mantuo Laëren.
Mantuo sauvage.
Mantuo violet.
Marguerite.
Marocain gris.
Marsigliana bianca.
Marsigliana nera.
Molinera gorda.
Moratello rose.
Muscat Cannon Hall.
Muscat d'Alexandrie.
Muscat Pearson.

Nebbiolo du Piémont.
Nuragus.

Ocru di boe nero.
Ohanez.
Olivella di Carbonaru.
Olivella du Vésuve.
Oriole.

Oscrietto.
Oskaloosa.

Pancreuilh.
Pecorino.
Peverella.
Piment.
Pince's Black.
Pulliat.

Raisin de Kabylie.
Rosa niedda.

Sabalkanskoï.
Saint-Jeannet tardif.
Salamanna.
Scaliger.
Scuppernong.

Tachly.
Tcherna winta.
Tchkhavéri.
Tchkhaveri blanc.
Triga bianca.
Trippa di bo bianca.

Uva di Viarigi.
Uva roia.

Verdelho feigão.
Verjus.
Vernatsh.
Verret ou Veyret.
Vitis Berlandieri.
Vitis candicans.
Vitis caribæa.
Vitis cinerea.
Vitis cordifolia.
Vitis coriacea.
Vitis Lincecumii.
Vitis Munsoniana.
Vitis rotundifolia.
Vlacos.

West Sᵗ Peters.
White Nice.

Zeni.

BIBLIOGRAPHIE

AMPÉLOGRAPHIQUE

AARGAU. Erfahrungen über den weinbau. Aarau, 1871.

ABEL (Charles). Étude sur la vigne dans la Moselle. Metz, imp. de Blanc, 1863, in-8. (Mémoires de l'Académie de Metz, année 1861-1862.)

ABELA Y SAINZ DE ANDINO (Eduardo). El libro del viti-cultor... Producéon y comercio vinicola... Sma-nincia de las vides. Madrid, tipografia Manuel G. Hernandez, 1885, in-8.

ABELER (don Eduardo). Las viñas en rastra, segun el sistema de Chissay. Método práctico é importante de poner y explotar los viñedos en muchas regiones de España... Madrid, tipografia de Manuel G. Hernandez, 1883, in-8.

ABERCROMBIE (John). The British Fruit-Gardener and art of pruning. London, Davis, 1779. — The hot House Gardener on the general culture of the pine-apple, and methods of forcing early grapes, peaches and nectarines. London, Stockdale, 1789.

ABOU-ZACARIA-JAHIA. Culture dela vigne au XIIᵉ siècle, Iʳᵉ partie. Plantation de la vigne (traduit par Ch. Héricourt de Thury). Voy. la Bourgogne, rev. œnol. et vitic., 1860, p. 641.

Abrégé des Géoponiques fait sur l'édition de J.-N. Nicolas (Leipzig, 1781), par un amateur. Voy. Mém. de la Société d'agric. de la Seine, t. XIII, 1810, p. 372.

ACERBI (Joseph). Essai d'une classification géopo-nique des variétés de la vigne, pour servir de base à la description de toutes les variétés tant ita-liennes qu'étrangères. Voy. Bibliotéca italiana. — Vite italiane. Milano, Silvestri, 1825.

ACKERMANN (J.-J.). Neue verfertige Rechnungen zum gemeinnützigen Gebrauche der weinsticher, wein and Frücht händler. Colmar, Willig, 1772, in-8.

ADLUM (John). Memoir on the cultivation of the vine in America. Washington, 1828.

AELIANUS (Claudius). De natura animalium. Varia historia (IIᵉ s. av. J.-C.).

AFFRE (J.). Liste des cépages exposés à Bordeaux (sept. 1869), par Julien Affre, de Narbonne. J. de vit. prat., V, 1809, p. 16.

AFRICO CLEMENTE. Trattato dell' agricoltura. Venetin, 1572.

AGAZZOTTI. Catalogo descrittivo di vitigni. Modena, 1867.

Agenda de la province de Don pour 1898. Novo-tscherkask, 1898.

AGGAZZOTTI (Fr.). Catalogo descrittivo delle princi-pali varieta di uve coltivate presso il cav. aw. Francesco Aggazzotti. Modena, 1867.

AGOSTINETTI (Jacopo). Cento dieci Ricordi che for-mano il buon Fattor di Villa. 1679.

AGOULT (Comte d'). Rapport sur l'exposition de cépages. Grenoble, 1874.

AGRICOLA (A.). Versuch der universal vermehrung alle Bäume, stauden und Blumen Gewächse. Leipzig, Regenspurg, 1716. — L'agriculture par-faite, ou Nouvelle découverte touchant la culture et la multiplication des arbres, des arbustes et des fleurs, traduction française, 2 vol. Amsterdam, de Coup, 1720.

AGRICOLTORE (L') giorn. del consorzio agr. trentino. 1872.

AGRICULTEUR (L') praticien (Journal). Paris, Goin, 1853.

Agricultura de viñas. Madrid, Barco, 1801.

AGRONOMO (El). Diccionario del agricultor. Barce-lona, 1849.

AGUILLON (Henri). De l'emploi comme porte-greffe

N. B. — Cette Bibliographie a été établie par M. Paulin Teste, Conservateur-adjoint à la Bibliothèque nationale, et par Ch. Tallavignes; j'en ai fait seulement la revision pour éliminer les mémoires qui n'avaient pas un rapport immédiat avec l'Ampélographie. Cette Bibliographie ne comprend pas la plupart des mémoires et des ouvrages signalés dans les bibliographies spéciales des tomes I, II, III, IV, V, VI. — P. V.

des vignes à reprise difficile. Voy. La Vigne américaine, 1879, n° 9, p. 210.

AGUSTIN. Libros de los scrutos de agricoltura, casa de campo, y pastoril. Perpiñan, 1617 ; 2° édit., Perpiñan, 1626.

AGUYAR [(Antonio). Visitor ás principaes regiões vinhateiras de centro do reino no anno de 1867, in Archivo rural. 1869, vol. XII.

ALARTE (Vicencio). Agriculture das vinhas estudo que lhe pertence. Lisboa, 1712.

ALBERTI (Dott. Giuseppe). Quali vitigni dobbiano scegliere e coltivare nel veronese. Verona, 1896, in Mem. acc. agr. di Verona, t. LXXII, 1896. — Sulla scelta dei vitigni. Verona, 1868. — Pochissime varietà di vitigni e separate. Verona, s. d.

Album ampélographique photographique des raisins de la province de Trévise.

Album pyrénéen, Revue béarnaise... Pau, imp. E. Vignancour, 1840, in-8.

ALDENÜ (Andrea). Descrizione delle principali varieta di viti. Milano, tip. Lampart, 1820.

ALDROVRANDI (U.). Dendrologiæ naturalis scilicet arborum historiæ. Bononiæ, Ferronii, 1668.

ALESSANDRI (E.-P.). Sulla maturazione dei frutti. Prato, 1881.

ALFROY (Ch.-Th.). Catalogue des arbres et arbustes élevés par Ch.-Th. Alfroy. Sans lieu, 1784, in-8, pièce. Paris, Didot, 1790.

ALLIEN (Justin). Les plants américains à Saint-Georges. Montpellier, imp. Boehm, 1882, in-8.

ALIBERT (C.). Des vignes du Médoc, Livre de la Ferme. Paris, 1864.

ALLEN (J.-F.). Practical Treatise on the culture of the grape. New-York, 1858, 1re éd. Boston, 1849.

ALLÈON-DULAC (J.-L.). Mémoires pour servir à l'histoire naturelle des dép. du Rhône et de la Loire. Paris, Francart, 1795, 2 vol. in-8.

ALLIONI (Carlo). Flora Pedemontana Augustæ Taurinorum. Briolus, 1785, 3 vol. in-fol.

Almanach bourguignon, 1856-1859. — Almanach de la vigne pour 1860... Paris, rue de Seine, 18, 1859, in-16.

Almanach de Jean Raisin, joyeux et viticole, pour 1854... Paris, Bry, 1854, in-16.

Almanach de la vigne. Paris, Beaune, 1re année, 1858.

Almanach des cultivateurs et des vignerons, pour 1871. Dijon, Rabutot, in-16.

Almanach du bon vigneron pour l'année 1851. La Rochelle, Dausse, 1850, in-12 ; 1851, La Rochelle, Dausse, in-12.

Almanach du cultivateur et du vigneron pour la Touraine. Paris, imp. Bray et Retam, 1878, in-16.

Almanach Manceau. Le Mans, C. Monoyer, 1861.

ALMEIDA (E. d'). BRITO. La Vigne d'Amérique en Portugal. Voy. La Vigne américaine, 1884, n° 12, p. 367.

ALOI. Della vite. Nozioni elementari teorico pratiche sulla coltivazione e malattie. Torino, Parovia, 1895.

ALTOMARE. De vinaceorum facultate et usu. Neapoli, 1562.

AMALBERT. Description du plant de Psalmodi ou de Saint-Laurent, Prog. agr. et vit. Montpellier, XV, 1891.

AMBLARD (Désiré). La culture de la vigne. Nancy, Réau, 1876, in-8. (Extrait des Mémoires de l'Ac. de Metz.)

AMBODIK (Maximovitsch). Novum Dictionnarium botanicum latino-germano-rossicum. Petropoli, 1804, in-4.

AMBROSINI (Giacinto). Hortus studiosorum sive cataloguo arborum, fruticum... quæ hoc anno 1657, in... horto publico Bonon. coluntur. Bononiæ, Ferronij, 1657.

AMEILHON. Recherches sur l'agriculture et l'économie rurale des anciens. Mém. de la Soc. d'agr. du dép. de la Seine, an X.

American (The) cultivator. 1839.

American manual of the wines. Philadelphia, 1830.

Ami (L') des champs, Journal agricole... Bordeaux, Saget, 1821, in-8 ; Bordeaux, A. Lavertujon, in-8.

Amico (L') dei campi. Periodico della. Soc. agr. in Trieste, 1865.

AMMANN (A.). Der Rheingau und seine weine. Cöln, 1899.

Ampelografia italiana. Ministero di agricoltura, 1884.

Ampelografia italiana publicata del ministero d'agricoltura et commercio, per apera del comiteto centrale... e delto commissioni provinciali. Torino, fratelli Poyen, 1879, gr. in-8 (texte et planches).

Ampelographische Berichte, 1881.

AMSLER (Dr). Der Thurganische Rebbau. Aarau, 1861.

DE ANDRADE CORVO (João). Memorias sobre as ilhas de Madeira e Porto Santo. Lisboa, 1854.

ANDRÉ (E.). La Vigne géante de Montecito. Voy. L'Illustration horticole, 1878, p. 35-36.

ANDREA A LACUNA 1541 ex commentariis géoponicis sive de re rustica, olim divo constantino cæsari adscriptis octo ultimi libri... Andrea a Lacuna, socobiensi philiatro interprete... in civitate Metensi, 1541.

ANDRIEUX. L'olivier, le figuier, la vigne et le buisson, fable de Joatham, tirée de la Bible, au livre des Juges, chap. IX, vers. 8. Voy. Mém. de l'Institut nat. des sc. et arts, vendémiaire an XI, t. VI, p. 438.

ANGER. Traité pratique sur plusieurs objets de l'économie rurale et domestique par un observateur. Paris, Demonville, 1817.

ANGRAN DE RUENEUVE. Observation sur l'agriculture et le jardinage, 2 vol. in-12. Paris, Prudhomme, 1712.

ANGUELLIER (B^{on}). Rapport sur un mémoire du Cte Odart relatif à la culture de la vigne. Voy. Ann. de la Soc. d'agr. de la Charente, 1836, t. XVIII, p. 124.

Anleitung für die Landwirthe über den Weinbau... ausden...: an die natuforschende Gesellschaft in Zurich eingekommenen Preischriften. Zurich, 1800, in-8.

Annalen der Œnologie. Wissenschaftliche Zeitschrift für Weinbau, Weinbehandung und Weinverwerthung (Dr A. Beaukenhorn, Dr Rössler). Heidelberg, C. Winter, 1870; in-f°. I Band, 1870; II Band, 1872; III Band, 1873; IV Band, 1874; V Band, 1876.

Annales agricoles de la Dordogne. Paris, Dupont, 1840, in-8.

Annales de la Société d'agriculture... de la Charente. Angoulême, imp. Broquine, 1819, in-8.

Annales de la Société d'agriculture de la Gironde. Bordeaux, Lafargue ; Paris, Huzard, 1846, in-8.

Annales de la Société horticole, vigneronne et forestière... Troyes, Dufour-Bouquet, 1866... in-8.

Annales de la Société royale d'Orléans. Orléans, Veuve Huet-Perdoux, 1823, in-8.

Annali di agricoltura. Turin, 1863...

Annexe au « Traité sommaire sur la culture de la vigne... » Neuchâtel, Imp. James Attinger, 1847, in-12.

Annuaris generale (Circolo Enofilo italiano) perla viticoltura e l'enologia. Anno I, 1892 ; Roma, 1892.

ANTHON (E. Friedr.). Ueber den Einfluss der Weinsteinsäure und des Weinsteins auf die vergährung des Traubensaftes und reiner zuckerlösungen. Dinglev. Polyt. Journ. CLIV, 1859, pp. 283-227. — Ueber die Löslichkeit des reinen Traubensuckers in weingeist. Dingler, Polyt. Journ., CLV, 1860, pp. 386-388. — Ueber die Löslichkeit des Stärkegummis in weingeist. Dingler, Polyt., Journ., CLV, 1860, pp. 458-460. — Zur chemischen und technischen Kenntniss des Traubenzuckers. Dingler. Polytechn. Journ., CLI, 1859, pp. 213-223. Journal de Charnoie, XXXV, 1859, pp. 398-399.

ANTON (Donat) et ALTÖMARI de vinaceorum facultate et usu. Neapoli, 1562 ; Venetiæ, 1563 ; Lyon, 1566 ; Neapoli, 1573.

ANTON RAMIREZ. Dicionario de bibliografia agronomica y de toda clase de escritos relacionados con la agricultura. Madrid, Rivadeneyra, 1865, gr. in-8. — Estudio sobre la exposition vinicola nacional de 1877. Madrid, 1878-79, in-fol.

ANTONIOTTI. L'industria viticola ed enologica nel Piemonte, 2e édit. Biella, 1884.

APOLLODORE D'ATHÈNES. Bibliothéca (2e s., av. J.-C.).

APULÉE. Œuvres complètes. Trad. par Vict. Bétolaud. Nouv. éd. Paris, Garnier frères, 1861, 2 vol., in-12. Voy. t. II, Les Florides.

AQUINO (Carolo). Nomenclator agriculture. Roma, 1836, in-4.

ARAGÓ (Buenaventura). Tradato completo sobre el cultivo de la vid. 1871.

ARAGO (François). Sur la prétendue détérioration du climat de l'Europe. Ann. de chimie, VIII, 1818, pp. 292-303.

ARANJO (Tomas de). Memoria sobre la confeccion y elaboracion de los vinos con respecto a los diversos climas y viduaños de España. Madrid, 1819.

ARBAUMONT (J. d'). Evolution des faisceaux dans la tige, la feuille et les bourgeons de quelques plantes de la famille des ampélidées. Voy. Bull. de la Soc. bot. de France, 1882, p. 30. — Ramification des ampélidées, vrilles et inflorescences. Voy. Bull. de la Soc. bot. de France, 1882, p. xxvi. — La Tige des Ampélidées. Ann. sc. nat., 6 sér., t. XI (tirage à part). Bull. de la Soc. bot. de France, 1881, p. [175].

ARCA (Rocco). Della vite e del vino nel mandamento di cinquefronde. Palmi, 1888.

ARCÈRE (L.-E.). L'État de l'agriculture des Romains depuis le commencement de la République jusqu'au siècle de Jules César... Paris, Lottin aîné, 1777, in-8.

ARCHONTOPOULOS (E.). La viticulture en Asie mineure. Rev. de vit., XII, 1899.

ARCONA (Cesare d'). Gli antenati della vite vinifera in Atti geografici, t. XIII. Firenze, 1890.

ARCURI et CASORIA. Contributo agli studi dell' Ampelografia dell'Italia meridionale in Agricoltura meridionale, anno VI, fasc. 24, 1883.

ARDELET (d'). Exposition des raisins de M. Laure Marcelin de Belgencier (Var). J. de vit. prat., V, 1870, p. 237.

ARGENSON (V.). Le Parfait vigneron. Lyon, Vingtrinier, 1871.

ARMAILHACQ (A. d'). De la Carmenère ou Cabernelle J. de vit. prat., 1867-68, p. 300. — La culture des vignes, la vinification et les vins dans le Médoc, avec un état des vignobles d'après leur réputation... Bordeaux, Chaumas, 1855, in-8; 2e édit., Bordeaux, Chaumas, 1857, in-8; 3e éd., Bordeaux, Chaumas, 1867, in-8. — Le Malbec, Le Cabernet du Médoc, Le Cabernet Sauvignon. Journal de viticulture pratique, t. II, 1867. — Sur les pépinières de vignes. J. de vit. prat., t. III, 1869. — De la synonymie des vignes et de leur classification. Bordeaux, Coderc, 1863, s. 35856.

(Extrait du Congrès scientifique de France, 28ᵉ session, t. IV).

ARNOBIUS. Adversus gentes (300 apr. J.-C.).

ARNOLDI (Dʳ). Dellmann und der Weinbau, 1867, in-8.

ARPPE (A. E.). Die Anilidverbindungen der Brezweinsäure. Erdm. Journ. prak. Chemie, LXIII, 1854, 83, 86; Ann. de chimie, XLIV, 1855.

Arrêt du conseil, mai 1731 (Louis XV). Défense de faire de nouvelles plantations et de rétablir sans permission du roi les vignes qui avaient été deux ans sans être cultivées.

ARRIANUS (2ᵉ s. après J.-C.).

ARTHAUD (le Dʳ). De la vigne et de ses produits. Bordeaux, H. Muller, 1858. Paris, V. Bouchard-Huzard, 1858, in-8.

ASSI (Arturo). Elenco delle principali viti coltivate nelle vigne e nel vivaio del podere della nobil casa arese in Osnago. Cernusco Lambordone, 1901.

ASSIS (Alex.). Légendes, curiosités de la Champagne et de la Brie (p. 19). Histoire du premier cep de la Bourgogne. Paris, Aubry, 1860, in-8.

AUBERT DE LA CHESNAY-DES-BOIS. Dictionnaire universel d'agriculture et de jardinage. Paris, David, 1751, 2 vol. in-4.

AUBERTIN et DANGUY. Les Grands vins de Bourgogne, Dijon, Armand, 1892.

AUDIBERT. Catalogue des végétaux de tous genres cultivées dans les pépinières du sieur Audibert aîné, à Tonnelle près Tarascon, Tarascon, 1848, in-4. 60 variétés dont une vingtaine d'Amérique dans le Catal. de 1813.

AUDISIO. Le raisin blanc de Sansevero, art. du Coltivatore di Casale, VA. 1897.

AUDOUARD (E.). Le raisin dit Blanc des Barrettes. V. A., 1885.

AUDOUARD (Louis-Victor). Ueber die alkoholgewimung aus den Weintrestern ohne anwendung von Feuer. Dingler. Polyt. Journal, LXX, 1838, pp. 206-208.

AUDORO. Culture de la vigne dans le Brabant. Bibl. phys. écon., 1817, t. II.

AUDOIN et BORY DE SAINT-VINCENT. Dictionnaire classique d'histoire naturelle. Art. vigne, t. XVI, Paris, 1830.

AUDOUIX. Histoire des insectes nuisibles de la vigne et particulièrement de la pyrale. Paris, 1842.

AUDOUIN DE GÉRONVAL. Lettres sur la Champagne, Paris, B. Mondor, 1823, in-8.

AUSSEL (Docteur). Collection de cépages en France. J. de vit. prat., II, 1867, p. 105. — Les Écoles de viticulture en Allemagne. J. de vit. prat., III, 1867-.68, p. 298. — La Gironde à vol d'oiseau, ses grands vins et ses châteaux. Paris, Dentu, 1865, in-8, Bordeaux, Féret.

AVERKINE (P.). Description ampélographique de quelques cépages de Kakhétie in Westnick Vinodelia (Messager vinicole), 1902.

BABO (Baron August von) et KÜMPLER. Kultur und Beschreibung der amerikanischen weintrauben. Berlin, Parey, 1885. — Der Weinstock und seine varietaten. Beschreibung und synonymik der vorzuglichsten in Deutschland cultivirten Wein und tafeltrauben. Neue Aufl. Francfurt-à-Mein. L.-H. Brönner, 1857, in-8. — Hanbuch des Weinbaues und der Kellerwirthschaft. Berlin, Paul Parey, 1883, in-8. — Babo (A.-V.), Mach (E.), Handbuch... 1885, 2 vol. in-8.

BABO (A.-W.). Illustrirter Weinbau Kalender, redigirt von Dʳ A. Zuchriston. Wien, A. Hölder, 1872, in-8, 1873; Wien, Faesy und Frick, 1875, 1876, 1877.

BABO (A. von). Lands-Wirthschaftliche Taflen. II Weinbau. III Kellerwirthschaft. Wien, A. Hartinzer and Sohn, 1869, in-8.

BABO (L. v.). Die Erzeugung und Behandlung des Traubenweins. Neue Ausg. Frankfurt. a. M. L. Brönner, 1851, in-12.

BABO (L.-V.), METZGER (J.). Die Wein- und Tafeltrauben der deutschen Weinberge und Gärten. Stuttgart, F. Kohler, 1850, in-8. Atlas, 72 tafeln Mannheim. H. Hoff, in-folio. 2ᵗ ausgabe. Ibid., 1853, in-12, 1ʳᵉ éd., 1836, Mannheim.

BABO (L. de). Mémoire sur la vigne envoyé au Congrès de Dijon. Voy. Bull. Hérault, 1849, p. 232.

BABO et MACH. Handbuch des Weinbaues und des Kellerwirthschaft, 2 vol. 1ʳᵉ éd., Berlin, 1880; 2ᵉ éd., Berlin, 1893.

BACCHETTI. La viticoltura a Rionero in Vulture, in Revista di vitic. e enologia. Conegliano, 1882.

BACCI (Andrea). De naturali vinorum historiar, de vinis Italiæ et de conviviis antiquorum, libri septem. Romæ, Mutü, 1596.

BACHELET (Luis). Guia del vinicultur chileno o el arte de cultivar la viña en Chile. Santiago, in casa del autor, 1876, in-8.

BACHER (J.-W.). Neue Weinbaulehre. Augsbourg, 1850, in-12, 127 p., 4 pl.

BADE (Josse). Commentarii Virgilii georgica. Rothomagi, s. d., in-4 (Rés. p. Yc. 1606).

BAER (K.-E. von). Beiträge zur Kenntnisse des russichen Reiches uu der angränzen den Ländern Asiens. Saint-Pétersbourg, Mém. de l'Ac. des Sc., 1839.

BALBIS. Flore lyonnaise ou Description des plantes qui croissent dans les environs de Lyon et sur le mont Pilat. Lyon, 1827-28, 3 vol. in-8.

BALDESCHI (G.). I vitigni ed i vini dell' Umbria (Annuario generale per la viticoltura e la enologia, anno II. Roma, 1893).

BALLAS (Michel). La Viticulture en Russie, t. I, VI. Saint-Pétersbourg, 1895-1903.

BALTET (Ch.). De l'action du froid sur les végétaux pendant l'hiver 1879-80 (ch. XII). Effets de la gelées sur les vignes. Voy. Mém. de la Soc. d'agr. de la Seine, 1881, p. 457. — Arboriculture fruitière et viticulture. Paris, Lacroix, 1868, in-8. (Étude sur l'exposition de 1867.) — L'art de greffer, 3ᵉ éd. Paris, G. Masson, 1882, in-12. — Compte rendu de l'exposition d'horticulture tenue à Erfurt (Prusse), en septembre 1865. Raisins. J. de la Soc. d'hor. de l'Aube, 1866, p. 171-178. — Culture de la vigne dans le Johannisberg. Rev. hort., 1864, p. 204. — Le raisin Orléander. J. de vit. prat., II, 1867, p. 62. — Les vignes asiatiques et le phylloxera. Rev. hort., 1879, p. 96.

BANQUERI. Ibn Al awam (Abou Zakariya Yahy a ibn Mohammed ibn Ahmed). Libro de agricoltura. Madrid, 1802, 2 vol. in-fol.

BARATZ (L.). Les Vignes du Gers. J. de vit. pr., IV, 1868-69, p. 559.

BARBUT. La vigne et le vin dans l'Aude. Plus. années, 1900-1908. Carcassonne, 1908.

BARD (J.). Du vigneron de la Haute-Bourgogne. L'Auxonnais, 24 février 1856.

BARDI (Filippo dé). Storia della letteratura Araba. Firenze, 1846.

BARDOU. Culture de la vigne dans le canton de Coulanges-la-Vineuse. La Bourgogne, rev. œnol. et vitic., 1860, p. 3, 545.

BAREAU. Essais de greffe de la vigne sur l'Ampelopsis. Bull. des séances de la Soc. centr. d'agr., 1880, t. XL, p. 438.

BARON. Flore des départements méridionaux de la France et principalement de celui de Tarn-et-Garonne. Montauban, 1823, in-8.

BARRAL (J.-A.). La Viticulture dans la Moselle. Journ. d'agr. prat., 1863, t. II, p. 505.

BARRON (Archibald). Vines and vine culture. London, 1883.

BARROS E CUNHA. Congresso viticola nacional de 1895. Lisboa, t. I, 1896. — Visita ao Douro e estado das vinhas n'aquella regiao. Lisboa, 1877, in-8.

BARRY (P.). Fruit Garden. New-York, 1855.

BARRY (Sir Edward). Observations historical, critical and medical on the wines of the anciens and the analogy betwen them and modern wines. London, Cadell, 1775, in-4.

BARTHOLIN (G.). Vignes de l'Orléanois, de l'Alsace (1673).

BASILE (G.). Anàlisi chimica dei mosti della Provincia di Catania (1880).

BASOLA et ROCCA-CŒN. Dell' Agricoltura pressi gli antichi Ebrei, monog. Venezia, 1891.

BASSI et Louis CARANEUVE. Indicateur statistique viticole des départements de l'Aude, de l'Hérault et des Pyrénées-Orientales..., 1ʳᵉ éd. Toulouse, imp. de Savy, 1863, in-12.

BATALHA REIS (A.). A vinha e o vinho en 1872. Lisboa, 1873.

BATILLAT (Pierre). Traité sur les vins de France. Journ. de Pharmacie, XIV, 1848, p. 107-117.

BATTANCHON. Le Mouillant de Saint-Amour. V. A., 1897. Le Plant de Sacy. V. A., 1897.

BAUDET-LAFARGE. La viticulture dans le département du Puy-de-Dôme (Soc. cent. d'agr. du Puy-de-Dôme). Bourgogne, V, 1863, p. 251.

BAUHIN (J.). Historia plantarum universalis, t. II, lib. XV. Ebroduni, 1651.

BAUMGÄRTNER (Joh.). Anleitung zum einträglichsten Betrieben des Weinbaues in Oesterreich, gegründet auf mehr als 40 Jährige Erfahrung. Wien, L.-W. Seidel, 1856, in-8. — Aperçu sur la culture de la vigne dans l'empire d'Autriche (traduit de l'allemand par M. S***). Voy. la Bourgogne, rev. œnol. et vitic., 1859, p. 282.

BAVARD. Notice sur le vignoble et le vin de Volnay, par l'abbé B... Dijon, Rabutot, 1870, in-8.

BAZAROW (A.). Description de quelques cépages de la collection de Magaratch au Jardin impérial de Nikita, in Messager viticole. Odessa, 1892.

BAZILLE (Gaston). A propos du Clinton et du Concord. Vigne américaine, 1878, nᵒ 7, p. 147. — Le Congrès viticole de Montpellier. Programme. J. de vit. prat., V, 1870, p. 465. — Discours sur les plantations de vignes américaines. Bull. Hérault, 1881. — Exposé de la question du phylloxéra faite à Paris... à la section de vit. de la Soc. des agr. de France en 1878. Vigne améric. — Exposé sur la reconstitution des vignobles du Midi par le sulfure de carbone ou la plantation des cépages américains. Montpellier, Grollier, 1878. — Note sur la culture du Teinturier. Bull. Hérault, 1866, 53ᵉ année, p. 403. — Note sur le Teinturier. Bull. Hérault, 1867, 54ᵉ année, p. 437. — Le phylloxéra à Manguio. J. d'agr. de Barral, 1871, II, p. 101. — Étude sur le phylloxéra. J. d'agr. de Barral, 1871, II, p. 190. — Le semis de vignes. J. d'agr. prat., 1882, t. II, p. 736.

BAZILLE (Louis). Traduction du Catalogue illustré et descriptif des vignes américaines de Bush et Meissner, 1885.

BEAUCHAMP-PLANTAGENET, in Description of the Province of New-Albion. London, 1648.

BEAURREDON (abbé). La culture de la vigne dans l'antiquité. Dax, 1888.

BEAUREPAIRE (Ch. de). Notes et documents concernant l'état des campagnes de la Haute-Normandie dans les derniers temps du moyen-âge. Évreux-Rouen, 1865, in-8, p. 105-116. (Vignes des Normands.)

BECK (M.). Dissertatio de Uva magna cananaca. Iéna, 1679.

BECK (O.). Der Weinbau an der Mosel und Saar. Trier, F. Lintz, 1869, in-8.

BECQUEREL. Recherche d'un cépage hâtif. Bull. Soc. nat. agr., 1859-60, p. 34. — Culture de la vigne dans les Gaules. Bull. de la Soc. cent. d'agr,, 1872, 3e sér., t. VIII, p. 649. — Observations sur un cépage du Jura (le Poulsard, Plussard, Ploussard), 1859. Bull. des séan. de la Soc. cent. d'agr. Paris, t. XV, 1859.

BEGUILLET (Edme). Œnologie ou Discours sur la meilleure méthode de faire le vin et de cultiver la vigne. Dijon, Capel, 1770, in-12.

BELLA. Difficulté des études ampélographiques. J. de la Soc. cent. d'agr. de la Savoie, 1878, p. 134.

BELLEMER. Notes sur le Pineau noir. J. de vit. prat., I, 1866-67, p. 60.

BELLET (Abbé). Catalogue des différentes espèces de raisins qu'on cultive à Saintefoix, en Périgord, en Languedoc, à Cadillac et aux environs de Bordeaux, in Mém. de l'Académie de Bordeaux, 1736. — Cépages de la Guyenne, manuscrit. Cat. gén., XXIII, p. 458, Bibl. de Bordeaux, 828 (XVIII).

BELLEVAL (Ch. de). Nomenclature botanique languedocienne, in Bull. Soc. cent. agr. Hérault: Montpellier de 1832 à 1836.

BENDER (E.) et VERMOREL. Le Vigneron moderne. Montpellier, 1890.

BENEDETTI (Abbé Felice). Ampelografia generale della provincia di Treviso, promosso dal Comizio Agrario di Conegliano e compilata della Commissione governativa, per ordine e provvedimento del R. ministero d'Agricoltura... del Regno d'Italia. Conegliano, 1870. (Manuscrit fᵒⁱⁿ Bibliotheca del' ministero d'Agricoltura).

BENIGNO (Fulvio). Annotationes statuta nobilis artis agriculturæ urbis. Romæ, 1627, in-4 (F. 14474).

BENOIT DES PLACES (Laurent). Histoire de l'agriculture ancienne extraite de Pline. Paris, 1761.

BERCKMANS (P.-J.). Catalogue des cépages américains. Bull. de la Soc. d'agr. de l'Hérault, 1874.

BERETTA (Luigi). La Viticoltura et l'enologia in Liguria. Genova, tip. del. istituto Sordo-Muti, 1844, in-16. — Introdionione all' ampelografia italiana di L. Oudart. Genova, instituto Sordo-Muti, 1873, in-8.

BERG (John). Untersuchungen über Obst und Weintraubenarten Wurttembergs und die richtige Leitung der Gährung ihres Mostes. Tübingen, 1827.

BERGET (Adrien). Le Gamay blanc Gloriod. Rev. de vit., X, 1898. — Les cépages de l'Est. R. de vit., X, 1898. — Le Saint-Laurent noir. In Bull. du Synd. de la côte dijonnaise, 1897. — Mondeuse précoce. R. de vit., IX, 1898. — Pinot blanc et Chardonnay. R. de vit., 1898. — A propos du Lasca. R. de vit., IX, 1898. — La viticulture nouvelle. La reconstitution des vignobles, plantation et culture des vignes françaises... Paris, P. Alcan, 1896, in-16. (Bibliothèque utile). — Les vignobles de la Belgique. Rev. de vit., XII, 1899. — Rapport sur les travaux de la commission d'études ampélographiques du Congrès de Lyon, 1898, in Congrès vit. de Lyon. Montpellier, 1898. — Sur le Gamay blanc vrai. V. A., 1896. — Sur quelques vignes blanches peu répandues. V. A., 1897. — Une excursion viticole aux pays des Gamays blancs et des Mesliers. V. A., 1897. — Contribution à l'étude des noms de cépages. Recherche historique sur le Pinot de Bourgogne. V. A., 1898. — Notes d'ampélog. pinophile. V. A., 1899. — Mémoire sur les vignobles des côtes du Rhône et du Dauphiné. V. A., 1899.

BERGIER (A.). La Syrac ou Petite Syrah de l'Hermitage. J. de vit. prat., I, 1866-67, p. 256 (description). — Observations ampélographiques (Syrah). J. de vit. prat., V, 1870, p. 473.

BERGIS (Léonce). Amélioration de la viticulture dans la Haute-Garonne. Bourgogne, rev. œnol. et vitic., 1863, p. 83.

BERGMAN (Ernest). Raisin noir tardif. Alwick-Seedling. Rev. hort., 1880, p. 106.

BERGMANNS. Beschreibung des Ungarn. Frankfurt, 1686, in-8.

BERNUSSET (Paul). Les cépages vauclusiens. Prog. agr. et vitic., III, 1885, Montpellier.

BERTALL. La Vigne. Voyage autour des vins de France. Étude physiologique, anecdotique, historique, humoristique et même scientifique. Paris, E. Pilon, 1877-1878, in-4.

BERTELOT DU PATY. Mémoire sur la nature et les qualités des vins d'Anjou, in Comm. Acad. Andegav., 1746.

BERTHOLON (Abbé). De la taille de la vigne. Montpellier, 1789.

BERTOLI (Comte Ludovico). La vite ed il vino di Borgogna in Friuli. Venezia, Recurti, 1747, in-8.

BERTRAND (Julien). Algérie. La viticulture et la vinification. Alger, 1900.

BERTRANDON-DOURDOUILLE. Notice sur la culture de la vigne dans l'arrondissement de Clermont-Ferrand. Clermont-Ferrand, imp. Mont-Louis, 1878, in-8.

BERZÉLIUS (J.-J.). — Ueber die zusammensetzung der Weinsäure und Traubensäure. Poggend. Annal. XX, 1830, p. 335-335.

Beschreibung einzelner Rebsorten. Brugg, 1868. Jahrbuch der aarganischen Weinbau Gesellschaft.

BESNIER. Éd. Léger. La Nouvelle maison rustique, 2 vol. Paris, 1721 ; Paris, 1743 (5e édit.), 1749, 1755, 1762, 1768 (9e édit.).

Beyse (J.). Lehre vom Weinbau, 1864.

Beysson (Léonce). Notice sur quelques cépages algériens cultivés au Hamma. Messager agricole, 1878, Montpellier.

Bianchi (Giov.). I vitigni e i vini di Basilicata. Monografia in Annuario generale per la vite la enologia, II. Roma, 1893.

Bianchi (Luigi). Relazione sulla mostra d'uve tenuta in Como nell' ottobre, 1880 per cura della commissione ampelografia provinciale. Como, 1880.

Bianconcini-Persiani (Ch.). Rapport sur le 5e congrès ampélographique international (à Florence) de M. Hermann Gœthe. Voy. J. de la Soc. centr. d'agr. de la Savoie, 1878, p. 200.

Biarnez (P.). Les Grands vins de Bordeaux, poème, 1re édit., 1850; 2e édit., Bordeaux, Féret, 1870.

Bible. Genève, IX, X; P. s. CXXVIII, 3; Isaïe, V; Jean, XV, 1-6; Cantique des Cantiques, VII, 12.

Bibliotheca historico-naturalis... Uebersecht der in Deutschland und dem Auslande... neu erschienenen Bücher, herausgegeben von Ernst-Cl. Zuchold. Funfzchnter Jahrgang, 1865. Göttingen, Vandenhoeck und Ruprecht, in-8.

Bibliothèque physico-économique. Paris, rue et hôtel Serpente, 1783-1831, 85 vol. in-12. Vignes.

Biblische Weinlehre. Für und nichtgeistliche Freunde des Traubensafte. Vacha, 1839, in-8.

Bicchi (Cesare). Atti della 1ª Esposizione delle uve e frutta, aperta vel Giardino botanico di Lucca dal 10 al 15 settenbre 1864. Lucca, 1864.

Bidet (Nicolas). Traité sur la culture des vignes, sur la façon du vin et sur la manière de la gouverner. Paris, Savoye, 1752, in-8. — Traité sur la nature et sur la culture de la vigne, sur le vin, la façon de le faire et la manière de le bien gouverner. Revue par Duhamel du Monceau. Paris, Savoye, 1759, 2 vol. in-12.

Biondo Theophraste. Dell' Historia delle piante libre III. Vinegia, 1549, in-8.

Blackford (Dominique de). Traduit E: Keberg (Carl. Gust.): Précis historique de l'Economic rurale des Chinois. Milan, 1771, in-12.

Blanc Montbrun (A.). Extrait de la Notice historique concernant le vignoble de la Rolière autrement dit Clos de la Rolière, situé sur les côtes du Rhône (Drôme). Vienne, 1861.

Blanchard. Collection de vignes de Mettray. Bull. Soc. nat. agr., 1859-60, p. 579.

Blanchet. Notice sur les différents plants de vigne cultivés dans le canton de Vaud. Lausanne, imp. Corbaz et Robellaz, 1852.

Blancho (A.-M.). La vigne dans la province d'Oran. Journ. d'agr. prat., 1859, t. II, p. 230.

Blankenhorn (A.). Ueber das an den Weinstöcken im Kanton Waadt üppig wachseude Moos und die den Weinbau durch Belassen desselben grohenden Gefahren. Heidelberg, C. Winter, 1878, in-8.

Annalen der œnologie Heidelberg, 1870-1879, 8 vol.

Blasis (De). Sull' utilita di un' ampelografia italiana e sul modo di farla. Anuali di vit. ed. enol., 1872, t. I. — La esposizione ampelografica, marchigiana, Abruzzes... in Ancona. Ancona, 1872.

Blätter promologische Monatschrift für Pomologie, Wein... Prag, Rzivnatz, 1873..., in-8.

Blauberg. La viticulture russe. Moscou, 1894.

Bloch (Camille). La viticulture languedocienne avant 1789. Toulouse, Privat, 1896. (Extrait de la Revue des Pyrénées, t. VII.)

Blondeau-Dejussieu. Considérations d'importance première pour qui veut planter le cépage de la Côte-d'Or et du Beaujolais. Paris, Librairie agricole, 1860, in-8. — Renseignements sur les cépages cultivés dans chaque vignoble. Questionnaire. Bourgogne, 1861, III, p. 78.

Bocchio (G.). Vino e vigneti della Riviera Bresciana del Lago di Garda. Brescia, 1898.

Bockkoltz (F. D. I.). Verhandlungen der Versammlung deutscher Wein und Olst produzenten zu Trier vom 6 bis 9 oct. 1843. Trier (Trèves), 1844, in-8, 146 p.

Bock (von J.). Der Weinbau Russlands in Russische Revue, 7ter Jahrg. 1879, heft 8.

Bodenkultur (Die) des deubschen Reichs Atlas der landwirthschaftlichen Bodenbenutzung nebst Darstellung der Forstfläche, nach der Aufnahme im Jahre 1878, mit Tabellen und erläuterden Text, herausgegeben von Kraiserlichen statjstischen Amt.. Berlin, Julius Moser, 1881, in-fol.

Boecler (Johann.), Jung (J.-Ph.). Dissertatio physica de vino. Argentorati, 1716, in-4 (Sp. 12608).

Boht (Fidel). Anleitung zur Rebcultur, 1845. Cité par Dochnal.

Böhm (L.). Topographisch-önologische Skisse. An-Weisskirchens. Weisskircher, 1867.

Boinette (A.), 1889. Parasites de la vigne; les cépages cultivés dans la Meuse; les meilleurs fruits. Bar-le-Duc, 1889.

Boisselot (Aug.). Variations des vignes à raisins de table. Rev. hort., 1805, p. 46. — Variations sur les vignes soit par la greffe, soit par les semis. Rev. hort., 1877, p. 371.

Bolle (Carl.). Der Weinstock in der Mark verwildert gefunden. Voy. Verhandlungen des botanischen Vereins fur die Provinz Brandenburg und Lander. Berlin, 1860, XXII, p. 153-156.

Bolletino ampolografico. Roma, 1877..., in-8.

Bollettino del com. agr. del circond. di Mantova, 1872.

Bollettino del com. agr. Monzese, 1875.

Bollettino del com. agr. di Vicenza, 1868.

BOLLIGER. Beschreibung einzelner Rebsorten. Baden, 1871 (Jahrbuch der aar. W. Gesells.).

BONCAGLIA (Carlo). Classificazione delle qualitá principali di uve cultivate nel Reggiano e territori Cispenneini degli stati Estensi. Modena, 1850.

BONGRAS-GAILLARD. Nomenclature vulgaire des variétés de raisins cultivées dans les vignobles des coteaux et de la plaine qui longent la rive gauche du Tarn, au-dessus de Montauban, in Rec. agr. du Tarn-et Garonne. Montauban, 1839.

BONNARD (E.). Séances du Congrès viticole international ouvert à Montpellier le 26 octobre 1874. Montpellier, 1874.

BONNECHOSE (de). Recherches historiques sur les progrès de l'horticulture et de l'étude de la botanique dans le Benin. Voy. Mémoires de la Soc. d'agr... de Baqun, 1844, p. 197-24. (Vignoble normand.)

BONNEFONS (N. de). Le Jardinier françois. Paris, Des Hayes, 1651, in-12, 374 p.

BONNET (Dr). Des cépages cultivés dans la circonscription de Nantua. J. de vit. prat., juin 1870, p. 500.

BOXNET (A.). La Mondeuse grise. Prog. agr. et vit. Montpellier, t. XXXII, 1899. Monographie des cépages cultivés en Provence (Progrès agricole et viticole, 1900).

Boos. Der Weingärtner. Cöln, 1802.

BORDES. Études sur la culture de la vigne. Bourgogne, rev. œnol. et vitic., 1860, p. 21, 59.

BORGHERS. Observations sur la fécondité de la vigne d'Ischia ; preuve que cette variété est exotique et qu'elle n'a d'autres rapports avec le raisin Madeleine que celui de la précocité. Bibl. physico. econ., t. XIX, 1826, p. 32.

BORIT (Eugène). Viticulture de l'Anjou, arrondissement de Saumur. Paris, E. Lacroix, 1877, in-16.

BOSC. Article vigne, in Nouveau dictionnaire d'histoire naturelle, 1804. — Article vigue, in t. VII de l'Encyclopédie méthodique de Panckoucke. Paris, 1821. — Article vigne, in Nouveau cours complet d'agriculture théorique et pratique. Ou' ge rédigé sur le plan de celui de feu l'abbé Rozier par les membres de la section d'agriculture de l'Institut de France. Paris, 1809. — Culture de la vigne en Bourgogne. Voy. Ann. de l'agr. franç., 2e série, 1825, t. XXIX, p. 78. — Exposition faite à la Soc. d'agr... de la Seine du plan de travail adopté par M. Bosc... pour étudier et classer les diverses variétés de vignes cultivées dans les pépinières du Luxembourg. Voy. Ann. de l'agr., 1807, t. XXXII, p. 100; 1811, t. XLV, p. 182. — Note sur le raisin de Tokai. Voy. Ann. de l'agr. franç., 2e série, 1822, t. XVIII, p. 316. — Notes à l'occasion d'une lettre de M. Van Mons sur les semis de raisin. Voy. Ann. de l'agr. franç.,

t. XLIII, p. 249. — Sur la vigne de la Camargue. Voy. Ann. de l'agr. franç., 2e série, 1826, t. XXXIV, p. 135. — Sur les variétés de vignes, voy. Ann. de l'agr. franç., 2e série, 1819, t. V, p. 398.

BOSIO (de). Descrizione e sinonimia dei vitigni principali delle Marche ed Abbruzzi. Rome.

Botanique biblique ou courtes notices sur les végétaux mentionnés dans les Saintes Écritures. Genève, 1862, in-8.

BOTTONI. Monografia della vite sul logo di Garda. Voy. Commentari dell' Ateneo di Brescia. Brescia, 1879.

BOUCHANON (Rob.). Culture of the grape and wine making. Cincinnati. 1855, in-12, 8e éd. Analyse de la 7e éd. par M. Charles Desmoulins, dans Actes de la Soc. linnéenne de Bordeaux, t. XXIV, 2e livr., année 1862, et dans Vit. boré.-améric., de E. Durand.

BOUCHARD (A.). Essai sur l'histoire de la culture de la vigne dans le Maine-et-Loire... Angers, imp. P. Lachère, Belleuvre et Dalbeau, 1876, in-8.

BOUCHARD (A.). Histoire générale de la culture de la vigne dans le Maine-et-Loire (Bulletin des agriculteurs de France, 1888). — Ampélographie rétrospective sur les cépages de la généralité de Dijon par Dupré de Saint-Maur (Bulletin des viticulteurs de France, 1898).

BOUCHARDAT. Cépages cultivés. Bull. Soc. nat. agr., 1847-48, p. 710. — Cépages du jardin botanique de Dijon. Voy. Bull. des séances de la Soc. centr. d'agr., 1850. 2e série, t. VI, p. 518. — Coloration d'un raisin dans le cépage dit Tresseau. Bull. des séanc. de la Soc. centr. d'agr., 1848. 2e série, t. IV, p. 920. — De la dégénérescence et du perfectionnement des cépages cultivés. Mém. de la Soc. d'agr. de la Seine, 1848-1849, t. II, p. 612 ; Ann. de l'agr. franç., 1848, p. 388. Paris, Mme Bouchard-Huzard, 1849, in-8. Mém. de la Soc. centr. d'agr., et Rev. s., 1847, 1850, Paris, Mme Bouchard-Huzard, in-8. — Études sur les cépages de la Bourgogne et d'autres contrées viticoles. C. R. de l'Acad. de sc., 1847, t. XXIV, p. 423 ; 1849, t. XXVIII, p. 376 ; 1849, t. XXIX, p. 241, 355. — Étude sur les produits des principaux cépages de la Basse-Bourgogne. C. R. de l'Ac. des sc., 1846, t. XXIII, p. 145. — Introduction de nouveaux cépages dans un vignoble. Bourgogne, rev. œnol. et vitic., 1862, p. 57. — Mémoire sur les principaux cépages du Midi de la France. Bull. des séanc. de la Soc. cent. d'agr., 2e série, t. V, 1849, p. 144. — Monographie de pineaux. Mém. de la Soc. d'agr. de la Seine, 1848-1849, t. I, p. 293 ; Bull. des séanc. de la Soc. centr. d'agr., 1848, 2e série, t. IV, p. 843. — Monographie des Tresseaux ou

Verreaux. Mém. de la Soc. d'agr. de la Seine, 1851, p. 77; C. R. de l'Ac. des sc., 1851, t. XXXII, p. 547. Paris, imp. Mme Bouchard-Huzard, 1851, in-8. — Note sur les Pineaux de la Romance et d'autres vignobles. Bull. des séanc. de la Soc. centr. d'agr., 1848, 2e série, t. IV, p. 921. — Principales variétés de cépages considérés sous le rapport de leur résistance à l'invasion de l'oïdium. C. R. de l'Acad. des sc., 1851, t. XXXIII, p. 599. — Principaux cépages du Midi de la France (Ribaïrens, Mourvedrs et Picpouilles). Mém. de la Soc. d'agr. de la Seine, 1848-1849, p. 337. — Rapport présenté au nom de la section des cultures spéciales sur les semis de vignes. Paris, 1852. Nom. Soc. nat. et cent. d'agr. Détails p. 105, cartet 3. — Rapport sur la collection du Luxembourg. Bull. des séanc., 1859, t. XV, p. 582 (Oïdium). — Rapport sur les semis de vignes. Vibert. Mém. de la Soc. d'agr. de la Seine, 1852, p. 73. — Des semis de vignes. J. d'agr. de la Côte-d'Or, 1855, t. XVIII, p. 237.

Boucherbau. Catalogue de la collection de vignes du château de Carbonnieux. Bordeaux, 1843. — Rapport sur les vignes du Nord de l'Amérique (Mémoire Durand, de Philadelphie). Ann. de la Soc. d'agr. de la Gironde, 18e année, 1863, p. 127. — Raisins de table adoptés par le Congrès pomologique dans sa session de 1859. Mess. agr., III, 1862-63, p. 308.

Bouffard (A.). Étude analytique des vins américains. Montpellier, 1885.

Bouilly. Beschreibung des Weinstockes. Hanau, 1596.

Boulay (Jacob). Manière de bien cultiver la vigne, de faire la vendange et le vin dans le vignoble d'Orléans. 2e édit., Orléans, Borde, 1712; 3e édit., Orléans, Nouzeau, 1783.

Bouley (L.). La vigne et ses ennemis au Kashmyr. Voy. Rev. hort., 1883, p. 260.

Bourgade (G.). Vignes américaines et climatologie comparée de la France méridionale et des États-Unis d'Amérique. Montpellier, 1884.

Bourgeois (Commandant). Liste des cépages salinois, 1836.

Bourgogne (La). Revue œnologique et viticole, par C. Ladrey, professeur de chimie à la Faculté des sciences de Dijon. Dijon, 1859 à 1864; à partir de 1862, titre modifié.

Bouscaren (Alfred). Les vignes américaines à la campagne du Terral, près Montpellier. La Vigne américaine. 1880, p. 275. — Résultats de greffes de cépages américains. Bull., Hérault, 1874 (61e année), p. 395.

Bouscaren (J.). Culture de la vigne. Montpellier, 1848. Bull. Soc. cent. Hérault, p. 302. — Note sur la vigne. Id., 1831, p. 37, 40, 48.

Bouschet. Hybridation de la vigne. Bull. de la Soc. bot. de France, t. XXV, 1878, p. 172 (Séance). — Production, à l'aide de la fécondation croisée, d'une série de cépages à suc coloré. C. R. de l'Ac. des sc., 1865, t. LX, p. 229.

Bouschet (H.). Ampélographie méridionale, 1re partie. Raisins de table. Bull. de la Soc. d'agr. de l'Hérault, 1865, 52e année, p. 262, 364. — Collection de vignes à suc rouge, obtenues par le semis, après le croisement des cépages méridionaux avec le Teinturier, in Bull. de la Soc. cent. agr. Hérault, 1865. — Des effets de l'atavisme et de la fécondation sur la variation des raisins. Montpellier, imp. Grollier, 1865, in-8. Bull. de la Soc. d'agr. de l'Hérault, 1864, p. 355. — Le Petit Bouschet, vigne à jus coloré, obtenu en 1829 de l'Aramon et du Teinturier, Bull. Hérault, 1865, 52e ann., p. 373. — Les Raisins du verger ou choix des... raisins de table... dans le Midi de la France. 1er livr. Les raisins de juillet et d'août. Montpellier, C. Coulet, 1870, in-8. Paris, libr. de la Maison rustique, 1872, in-8. Le Vigneron du Midi, 1870. — Trois Muscats nouveaux obtenus par la fécondation croisée et le semis, déc. 1871. Mess. agr., XII, 1871-72, p. 405. — Observations sur quelques espèces de raisins, Soc. cent. agr. Hérault, 1829, p. 15.

Boussingault. Influences météorologiques sur la culture de la vigne. Ac. des sc., 6 mars 1837.

Boutelou (Don Esteban). Memoria sobre el cultivo de la vid en San Lucar de Barrameda y Jerez de la Frontera. In-4, Madrid, 1807.

Boutet (aîné). Nature des [cépages et vendange dans les vignobles de l'Anjou. Paris, 1837.

Boutin (aîné). Études d'analyses comparatives sur diverses variétés de cépages américains résistants et non résistants. Compt. rend. de l'Ac. des sc., 16 et 23 octobre. Paris, 1876, t. LXXXIII.

Bouton (Ernest). Le vignoble de Valenciennes. Extrait des Mémoires historiques, publié par la Soc. d'agriculture... de Valenciennes. Valenciennes, imp. de E. Prignet, 1868, in-8.

Bouttes (J. de). Les nouveaux hybrides de production diverse (Lavaur, 1897).

Bovillon. Eigentliche Beschreibung des Weinstockes. Hanau, 1696.

Bovis (H. de). Du choix des cépages. Bull. du comice agr. d'Apt, 1870-71, t. XIII, p. 217.

Boyer. Notes sur le Pineau noir. J. de vit. prat., I, 1866-67, p. 60.

Brameri (Giulio). Risposte ai quesiti della Società di Milano intorno alla coltivazione delle viti per l'anno 1788, 1788.

Branca (A.). Relazione sulla 2a circonscrizione. Potenza, Cosenza, Catanzaro, Reggio, in Atti delle Giunta per l'inchiesta agraria, vol. IX. Roma, 1883.

BRAUN (A.). Ueber die Weinreben der nördlichen gemassigten zone. Sitzungsbericht der Gesell. schaft natur. Fr. zu Berlin, 21 October 1873.

BRAUN(Karl). Der Weinbau im Rheingau. Berlin, 1869.

BRAVY. Culture de la vigne. Rev. hort., 1847, 3ᵉ sér., t. I, p. 410.

BREUCHEL. Beschreibung des edler Weinstock. Frankfurt, 1781.

BRIOSI. Sul lavoro della clorafilla nella vite. Palermo, 1878.

BRISSON, État des vignes de Millery, Grigny et des environs de Lyon, 1768, in-8. Biblioth. de la Soc. d'agr. de Lyon. (Mss.)

BRONNER. Description des vignes sauvages de la vallée du' Rhin (traduit de l'allemand par C. Ladrey). La Bourgogne, rev. œnol. et vitic., 1859, p. 97.

BRONNER (Carl.). Classification der Traubenvarietäten. Heidelberg, C. Winter, 1878, in-8.

BRONNER (J.-Ph.). Anveisung zur nutzlichsten Anpflanzung der Tafeltrauben und anderer Traubensorten... Heidelberg, Winter, 1835, gr. in-8. — Der Weinbau in Frankreich und in französischen Schweiz. Heidelberg, 1840. — Der Weinbau im Königreich Würtemberg, 2 vol. Heidelberg, Winter, 1837.

BRUNEL (F.). Le Muscat d'Espagne ou d'Alexandrie. La Vigne américaine, 1870, n° 7, p. 216.

[BUCHANAN] (R.). A Treatise on grape culture in vineyards in the vicinity of Cincinnati by a member of the Cincinnati horticultural Society. Cincinnati, 1850.

Bulletin de la Société d'œnologie... Paris, Mᵐᵉ veuve Huzard, 1835-1837, in-8.

Bulletin de la Société de viticulture... de Reims, 1877, 1ʳᵉ année. Reims, imp. J. Justinart, in-8.

Bulletin de la Société régionale de viticulture de Lyon, 1ʳᵉ année, t. I, 1870. Lyon, imp. Pitrat, in-8.

BURCHARDT (Th.-H.-O.). In der Verhandlungen des Vereins zur Beförderung des Gartenbares in den K. preuss. staaten. Berlin, 1833.

BURGER (Goh.). Systematische classification und Beschreibung der in den österreichischen Weingärten vorkommenden Traubenarten mit itzen Wissenschaftlichen und ortsublichen Bencennungen. Wien, C. Gerold, 1837, in-8.

BURY (J.-E.). Catalogue des cépages du Jardin de viticulture de Saumur. Saumur, imp. Roland, 1880, in-4.

BUSBY (J.). « Visit in... vineyards of Spain and France » (With a catalogue of the... varieties of grape...), 1834.

BUSH AND SON AND MEISSNER. Illustrated descriptive catalogue of american grape vines. Saint-Louis (Missouri), 1883.

BUSCHEN (de). Culture de la vigne en Russie. J. de vit. prat., VI, 1872, p. 277.

BUSTAMENTE (Nicolas de). Arte de hacer vinos, o manual téorico practico escogido de cuanto pertenece al arte de cultivar las viñas de España. In-8. Barcelona, 1840.

CABRAL (Affonso). Relatorio geral do congresso viticola national de 1895 em Lisboa. Lisboa, 1896.

CADORET (A.). Les vignobles des côtes du Rhône, Prog. agr. et vit. Montpellier, t. XXV, XXVI, XXVII, 1896-1897 ; XXVIII, XXIX, 1896-98.

CAFARELLI. Abrégé des Géoponiques par un amateur. Mém. Soc. nat. agr., t. XIII, 1810.

CAHUSSAC (père). Mémoire sur la culture de la vigne et sur ses amendements... Lectoure, imp. de Devillechenne, 1855, in-8.

CALDENBACH. Dissertatio de vite. Tübingen, 1683.

CALDENBACHIUS (Christophorus). De vite dissertatio. Tubingæ, 1685, in-4.

Calendrier (Le) du cultivateur provençal. Toulon, Morige, 1847, in-8.

CALENUS (Fred.). De vite ac viticulturæ arte. Iena, 1679, in-4.

CALVEL. Notice historique sur la pépinière nationale des Chartreux au Luxembourg, in-12. Paris, 1804. — Principes pratiques de la plantation et de la culture du Chasselas et autres vignes précoces, principalement sous la latitude des environs de Paris. Paris, 1811, in-8, 80 p.

CAMBRY. Notices sur l'agriculture des Celtes et des Gaulois. Paris, 1806, in-8.

CAMERARIUS. De re rustica opuscula nonnulla. Noribergæ, 1577.

CAMPOS (Jita-Raphaël). Cultivo de la vid y elaboracion de vinos en Jerez de la Frontera. Jerez, 1903.

CAMUZET (E.). Notes d'ampélographie pinophile. V. A., 1899.

CANDOLLE (Alph. de). Géographie botanique raisonnée, I, II, 1855.

CANFIELD PASCALIS (Miss Francesca). (Traduit de Thiébault de Berneaud.) The vine dressers théorical and pratical mannual, from the second french édition, by the miss Francesca Canfield Pascalis. New-York, 1829, in-8.

CANOLLE (S.). Art de cultiver la vigne et de faire le vin dans le département du Var, etc. Chap. : du Choix des plants de la vigne, in Annales provençales. Marseille, 1835.

CANSTEIN (S. von). Uber das Thränen oder Blaten der Weinstocke im Fruhjahr. Heidelberg, C. Winter, 1875, in-8. Annual. der Œnologia, t. IV, 1874, p. 517-528.

CANUT (Osazile). Culture de la vigne à Xérès. Journ. d'agr. prat., 1862, t. II, p. 127.

Cappelli (Federico). Il ministero d'agricoltura e le commisioni ampelografiche. Catanzaro, 1882.

Capitulaire du cloître de Bebenhausen du xvᵉ siècle. Külb, 1554.

Carega di Murice. Ampelografia-conferenza pubblica tenuta al comizio agrario di Bologna. Rocca San Casciano, 1877.

Carlowitz (von). Verzeichniss der in Rebschule zu Dresden Friedrichsstadt befindlichen weinreben sorten.(In Verhandlungen des Vereins zür Beförderung des Gartenbaug inden K. preuss. staaten). Berlin, 1844. — Versuch einer Culturgeschichte des Weinbaues, von der Urzeit bis unsere zeiten, mit besonderer Rüchsicht auf das Königreich Sachsen zusammengestellt. Leipzig, Engelmann, 1846, in-8.

Carnandet. Histoire de la vigne au moyen âge. Bourgogne, II, 1860, p. 39.

Carouge (de). Discours sur les vignes. In-12. Dijon, 1756.

Carpene (A.). La vite ed il vino nella provinzia di Treviso.

Carpentieri (F.); Les cépages de Piazza armerina. Agricoltore calabro-siculo, 1904.

Carrière. Chasselas panaché, 1863. — Fixation d'une nouvelle variété de raisin. Rev. hort., 39ᵉ année, 1867, p. 67. — Le raisin prunella. Rev. hort., 1863, p. 450; 1864, p. 23.

Carré (A.). Le Valdiguier, monographie. Prog. agr. et vit. de Montpellier, t. XIX, 1893. — Production et fixation des variétés dans les végétaux. Paris, 1865. — Deux nouvelles vignes chinoises. Rev. hort., 1881, p. 239 ; J. d'agr. prat., 1881, t. I, p. 619. — La vigne du Soudan. Rev. hort., 1880, p. 465. — Les ambrunches ou vignes sauvages du Cher. J. d'agr. prat., 1882, t. II, p. 180. — Les vignes du Soudan. Rev. hort., 1881, p. 352, 413, 454 ; J. d'agr. prat., 1881, t. II, p. 121, 264, 335. — Les vignes sauvages de Kastmyr. Rev. hort., 1882, p. 484 ; J. d'agr. prat., 1882, t. II, p. 410. — Les vignes tuberculeuses de la Cochinchine. J. d'agr. prat., 1882, t. I, p. 240. — Le Chasselas Charlery. Rev. hort., 1875, p. 430. — Vigne japonaise Yama-Bouto. Rev. hort., 1880, p. 210, 279. — Vigne tuberculeuse de la Cochinchine, à tiges annuelles. Rev. hort., 1883, p. 438 ; J. d'agr. prat., 1883, t. I, p. 415.

Carte viticole indiquant les nouveaux crus de la France, la distribution géographique de la culture de la vigne par provinces et par départements. Paris, Logerot, 1877.

Caruel (T.). La vrille de la vigne. Bull. de la Soc. bot., 1868, p. 28.

Caruso (G.) et Ferrari (P.). Ricerche sulla maturazione di alcua varieta di uve cultivate nella pianura pisana. Firenze, 1884.

Caruso (Girolamo). Trattato di viticoltura a vinificazione... Italia meridionale... Palermo, Lauriel, 1869, in-8.

Carvalho (de). Étude ampélographique du concelho de Chamusca en Portugal. (Manuscrit, in Bull. Soc. vit. de France.) Paris, 1900.

Carvalho (João de). Subsedios para o estudo das uvas de algumas videiras cultivadas em Portugal, in Archivo rural, 1896.

Casato (Giuseppe). Memoria sulle viti del Lombardo. Veneto, in Collettore dell' Adige, 1864.

Caserta (Fr.-A.). Tr. de natura et usu vinorum. Neapolis, 1623-1629.

Castagnon (J.). Le Tanat. Prog. agr. et vitic. Montpellier, t. XL, 1903.

Castel (P.). L'Hybridation de la vigne. Prog. agr. et vit. Montpellier, t. XXIX, 1898. — Essai sur l'hybridation de la vigne (Revue de vitic., V, 1896).

Castellet (B.). Le Mantuo, Gros d'Espagne. J. de vit. prat., V, 1870, p. 323.

Castillon Saint-Victor (le Cᵗᵉ de). La vigne du Soudan. Journ. d'agr. du Midi (Haute-Garonne, etc.), 1881, p. 461. — Quelques notes sur les vignes asiatiques. Rev. hort., 1879, p. 186.

Castro (Luiz Filippe de). Le Portugal au point de vue agricole. Lisbonne, 1900, in-4, 965 p.

Carlucci (M.). Il vino Aglianico (Giornale di vit. e enolog. di Avellino). Avellino, 1896, p. 8.

Catalogo dei vitigni attualmente coltivati nella provincia di Torino. Roma, eresti Botta, 1877, in-8.

Catalogue de l'École des vignes de la pépinière du Luxembourg, 1842, in-4 ; nouvelle éd., 1844 in-4.

Catalogue de la vigne, collection du Tarn-et-Garonne à Saint-Martial, 67 cépages. Rec. ag. Tarn-et-Garonne, 1841.

Catalogue des vignes de l'ancienne collection du Luxembourg, actuellement cultivées au Jardin d'acclimatation du Bois de Boulogne. Paris, imp. Martinet, 1869, in-8.

Cato, Varro, Columella, Palladius. Auctores de rei rusticæ. Venise, Nic. Genson, 1472.

Caton. Économie rurale, traduction Antoine. Paris, 1844.

Caumels (M.-L.-C. de). (Traduit de Simon Rojas Clemente. Essai sur les variétés de la vigne en Andalousie. Paris, imp. Poulet, 1814-(1815), in-8, avec fig. — Tables synoptiques des caractères distinctifs de la vigne. Toulouse, 1816, in-8.

Caumont-Bréon (P.). Les vignes de la côte et de l'arrière-côte de Nuits. Livre de la Ferme.

Cauvet (D.). Sur la vrille des Ampélidées. Bull. de la Soc. bot. de France, 1864, p. 251.

Cavazza (D.). Negrettino (Annales de l'office provincial d'agriculture de Bologne, 1903). V. A., 1904. — Études ampélographiques Le Montu. V. A., 1905. — Le trésor de Monte-Christo (pépinière de vignes américaines). Vigne américaine, 1881, n° 9, p. 261.

CAVOLEAU (M.). Œnologie française, ou statistique de tous les vignobles et de toutes les boissons vineuses de la France, 1827.

CAZALIS(F.). De la maladie de la vigne. Montpellier, imp. Grollier, 1854, in-8. — Synonymie des cépages les plus répandus dans l'Hérault. La Bourgogne, rev. œnol. et vitic., 1861, p. 204.

CAZALIS-ALLUT. Classification des plants de vignes en fins et communs, son inexactitude pour le Midi. Bull. Hérault, 1841, p. 303. — Comment se créent les variétés de raisins à fruits gris ou roses et à fruits blancs. Épuisement : (Bull. de la Soc. d'agr. de l'Hérault, année 1852, p. 283.) Montpellier, imp. de P. Grollier, 1833, in-8. — De la dégénération des vignes. Bull. Hérault. 1841, p. 78. — De la dégénérescence des vignes, moyen de régénérer les plants par le choix des boutures. Bull. Hérault, 1861, p. 198. — Description du plant de Tokai cultivé dans l'Hérault. Bull. Hérault, 1837, 23. — École de vignes, collection de divers cépages. Bull. Hérault, 1842, 68. — Fait important à constater par les semis des vignes. Soc. cent. agr. Hérault, 1841, p. 78. Œuvres agricoles, Paris, 1865, in-8. — Influence du mélange des cépages. Bourgogne, rev. œnol. et vitic., 1859, p. 26. — Mélanges de viticulture et d'œnologie. Montpellier, imp. de Grollier, 1859, in-8. — Note sur le teinturier et le corbeau. Mess. agr., III, 1862-63, p. 219. — Notes sur divers cépages nouvellement cultivés à Aresquiès, canton - de Frontignan. Bull. Hérault, 1840, p. 334. — Quelques mots sur les collections de vignes. Bull. Hérault, 1840, p. 300. — Sur la clairette, le Lourdeau de la Drôme et quelques autres cépages à raisins blancs. Messager agricole, I, 1860.

CAZEAUX (A.). Description des principales variétés de vignes américaines françaises ou de l'ancien monde. La Réole, 1891, 3° édit.

CAZEAUX-CAZALET (G.). Le Sauvignon. Revue de vitic., XII, 1899.

CAZELLES (Jean). Les cépages fins dans le Delta du Rhône. R. de vit., XI, 1899.

CAZENAVE (A.). Manuel pratique de la culture de la vigne dans la Gironde. Paris-Bordeaux, 1878, 2° édition, 1889.

CELS. Catalogue des arbres cultivés dans l'établissement de Cels frères, barrière du Maine à Paris, Paris,1826.

CERLETTI (G. B.). La viticoltura e la œnologia nella Stiria. Milano, 1873, in-8.

CETTOLINI (Sante). I vitigni ed i vini sardi. Annuario generale per la viticoltura e l'enologia, anno II. Roma, 1893 ; Cagliari, 1893.

CHABAS. Les vignes arabes. Rev. hort., 1883, p. 287.

CHAMBRON. Cépages du Bourbonnais. Rev. de vit., V, 1896.

CHAMPIN (A.). Les Hybrides américains. Vigne américaine ; 1883, n° 1, p. 11 ; n° 2, p. 52. — Les semis de vignes américaines. J. de l'agr., 1879, t. I, p. 102. — Catalogue descriptif. Traité théorique et pratique du greffage de la vigne. Paris, G. Masson, 1880, in-8.

CHANTRIER. De la culture des vignes fines de la côte de Beaune, in Le Vigneron des Deux Bourgognes, Journal de vit. et d'œnologie, n° 1. Beaune, 1848.

CHAPELLE (Dr). (Œuvre posthume). Ampélographie charentaise. J. de vit. prat., VI, 1871, pp. 32, 60, 89, 108, 139, 165; id., VI, 1872, p. 231, 253, 278.

CHAPTAL (J. A.). Abhandlung uber den Bau, die Bereitung und aufbewvahrung der Weine, aus dem Französchen übersetzt... Von C. W. Böckmann. Carlsruhe. Machlot, 1801, in-8.

CHAPTAL. Traité théorique et pratique sur la culture de la vigne. Paris, 1801.

CHARDIN. Voyage en Perse et autres lieux de l'Orient. Amsterdam, 1711. (Vigne et vin d'Asie.)

CHARDIN (Jean). Voyages en Perse et autres lieux de l'Orient. Amsterdam, 1711, 10 vol. Neue Ausg., 1811.

CHARLEMAGNE. (Production des vignes, années 798, 800, 802).

CHARLES IX. Contre la plantation de la vigne, 4 février 1567.

CHARMEUX (Rose). — Culture du Chasselas à Thornery (1850).

Chateau Carbonieux. Catalogue de la collection des vignes du château Carbonieux. Bordeaux, 1843.

CHAURAND. Exposition de raisins à Lyon du 15 au 20 septembre 1869. J. agr. Barral, 1869, III. p. 753.

CHAVERONDIER. Choix des cépages et taille de la vigne. Lettre du Dr Guyot. Bourgogne, rev. œnol. et vitic., 1861, p. 243.

CHEFDEBIEN (Vicomte de). Notice sur les cépages de l'arrondissement de Narbonne. (Comice agricole de Narbonne, 1862.) Bourgogne, V, 1863, p. 30.

CHEVALIER (François-Félix). Œnologie ou Discours sur le vignoble et les vins de Poligny, 1774, mémoire publié par la Société d'agriculture en 1873. Poligny. Mareschal, 1873.

CHEVALIER (l'abbé). La vigne, les jardins et les vers à soie à Chenonceau au xvie siècle. Tours, imp. Ladevère, 1861, in-8.

CHEVREUL. Rapport sur l'ouvrage intitulé : l'Ampélographie... par M. le comte Odart. Mém.

de la Soc. d'agr. de la Seine, t. II, 1846, p. 265. Paris, imp. Mme Bouchard-Huzard, 1846, in-8.

Charbonnte (Tom.). Ricerche analitiche sulle uve delle prov. di Foggia, Bari e Lecce. Estratto dalle stazioni agrarie italiane, vol. XXIII, fasc. V. Asti, 1892.

Chorlton (William). The american grape-grower's guide, intended especially for the american climate... New-York, 1856, in-8.

Christ (J.-L.). Von Weinbau. Frankfort, 1800.

Christ (P.). Vollständige Pomologie, 2 vol. 1809-1812.

Caumont-Bréon (P.). Des vignes de la côte et l'arrière-côte de Nuits. Liv. de la Ferme. Paris, 1864.

Cincle (Christian). Abbildungen der Traubensorten Württembergs. Stuttgart, 1860, in-4.

Cinelli (Or.). Ampélographie del comune di Sinalunga. Piacenza, Marchesotti e Cie, 1873, in-fol.

Clarner (Fr.). Americanischen Garten-Buch... Zum Gennüse... Weinbau... Schmitt der Weinreben... Philadelphia, Schaefer und Koradi, 1874, in-8.

Classement des vignes fines de la Côte-d'Or. Journ. d'agr. de la Côte-d'Or, 1860, t. XXII, p. 103, 136, 137, 167, 168, 192, 211, 242.

Claudre (Gabriel). Sur un bâton de bouleau desséché, qui servait à soutenir un cep de vigne nouvellement planté et poussa du milieu de son trou un petit rameau de vigne. Collect. acad., 1757, t. IV. Observation, 170, p. 163.

Clemente (Don Simon de Rojas). Ensayo sobre las variedades de la vid commun que vegetan en Andalucia (1807, et Madrid, 1879).

Clerc. Les bons et mauvais cépages du Jura. V. A., 1895.

Cochard (?). Ampuis, vignoble de la Côte-Rôtie... Canton de Condrien. (Notice extraite de M. Cochard, etc., etc.). Paris, imp. H. Plon, 1865, in-8.

Cochet. Les anciens vignobles de la Normandie. Revue de la Normandie, 1866.

Cocks et Féret. Bordeaux et ses vins (Bordeaux, diverses éditions, la dernière 1906).

Concon (Edmond). Recherches sur la vrille des Ampélidées. Paris, Alphonse Dérem, 1882, in-8. Thèse à l'Éc. sup. de Pharm.

Cole (S. W.). American fruit book. Boston, 1849.

Colse. OEconomia ruralis et domestica. Wittemberg, 1593.

Columelle (Lucien Junius Moderatus) (1er s. apr. J.-C.). De re rustica, I, 1, 6; III, 1, 2, 3, 4, 15, 20, 21; IV, 19, 24; V, 16; XI, 2, 23; XII, 20, etc.

Combettes (C.). Un carignan gris. Prog. agr. et vit. Montpellier, t. XXXIII, 1900.

Comité central de viticulture des Deux-Charentes. Cognac, Bull. n° 1-3 janvier 1869. — Cognac, imp. Durosier, 1869, in-8.

Comizio agrario di Varese. Ampelografia del circondario di Varese, anno II, 1882. Varese, 1883.

Confaloneries (J.-C.). De vini natura ejusque alendi ac medendi facultate Disquisitio. Venetia, Nicolinis, 1535; Basileæ, Bebelium, 1535.

Congrès ampélographique. Genève, 1878; Geisenhein, 1880. Chalon-sur-Saône, 1896. — Avignon, 1899.

Congrès de Beaune, 8-10 nov. 1869. Propos. Pulliat, de Tarrieu, Menudier pour nécessité de revoir synonymie. J. d'agr. Barral, 1869, IV, p. 664.

Congrès de Colmar. Quels sont les nouveaux cépages à introduire en Alsace? Voy. XVII, 1847.

Congrès des vignerons à Angers, 1842; à Bordeaux, 1843.

Congrès intern. de Rome, 1903. Ampel. Revue de vit., XIX, 1903, p. 573.

Copet. Faits pour servir à l'histoire de la vigne sous le Gouvernement du Caucase, 1860.

Copper (Walter-William). Anatomie de la vigne, 1832.

Corme (M.). Expériences pour la production de variétés nouvelles de vigne. Bull. de la Soc. bot. de France, t. XXV, 1878, p. 172-173.

Cornarius (Janus). Théologiæ vitis viniferæ, lib. III, editi studio abr. sculteti. Heidelberg. Lancelottus, 1614.

Cornu. Le Phylloxera vastatrix. Paris, imp. nat., 1878.

Corra (Dr Giuseppe). Intorno alla composizione di alcune uve di Puglia. Roma, 1899.

Costa (Cincinnato da). Le Portugal vinicole, 1900.

Cotereau. Les Douze livres de Lucius Junius moderatus Columella. Des choses rustiques, traduicts en françois par feu maistre Claude Cotereau, chanoine de Paris. La traduction duquel ha esté soingneusement reveüe et en la pluspart corrigée et illustrée de doctes annotations par Maistre Jean Thierry de Beauvoisis. Paris, Jacques Kerner, libraire juré demourant rue Saint-Jaques aus deus cochets, 1556.

Couanon (G.). Établissement d'une ampélographie universelle. Congrès intern. de viticulture. Paris, 1900, p. 303.

Couderc (G.). Étude sur l'hybridation artificielle de la vigne (Montpellier, 1887). — Description d'hybrides. (Progrès agricole et viticole, Montpellier, 1890, 1891, 1892, 1893, 1896).

Couhé. Description du Bouillenc noir in Rev. agr. du Tarn-et-Garonne, 1839. Montauban.

Court (Benoît). Hortorum libri XXX. Lugduni, 1560.

Courtépée et Béguillet. Division topographique et géographique de la Bourgogne. 1859, I, 21.

Couverchel. Traité des fruits tant indigènes qu'exotiques ou Dictionnaire Carpologique. Paris, 1839. (S. 25 547).

Coxe. View of the cultivation of fruit trees. Philadelphia, 1817.

Crescentiis (Petrus de). Le livre des prouffits cham-
pestres et ruraux... translaté... en français. Paris,
Anth. Verard, 1486, in-fol. — Lyon, Pierre de
Saincte-Lucie, di le Prince, 1539, in-4.

Crescentiis (de). Opus ruralium commodorum, 1471.
Ed. Schuzler.

Croce (Gio. Bat.). Della excellenza e diversita de
i vini in Torino. Torino, 1606.

Cuboni (G.). Appunti sulla anatomia e fisiologia
delle foglie della vite. Conegliano, Grava-Cagnani,
1883.

Cultivador (El). Periódico de agricultura, etc.,
de D. Jaime Llansó. Barcelona, 1848-1851, in t.
IV : Vid y su cultivo; — in t. II : Viticultura y
vinificaccion.

Cupani. Hortus catholicus. Naples, 1695.

Curtel (G.). De l'influence de la greffe sur la composition du raisin. Prog. agr. et vit. de Montpellier, 2.42. 1904. — La vigne et les vins chez les
Romains. Paris, Naud, 1903.

Curtius. Hortorum libri XXX. Lugduni in-fº, 1560.

Danflou (A.). 1860. Les grands crus bordelais.
Monographies des vignobles.

Darnfeld. Weinbauschule. Heilbronn, 1800.

Daurel (Joseph). Les raisins de cuve de la Gironde
et du sud-ouest de la France. 16 pl. col. 5 photy.
Bordeaux, 1892.

Daurel, de Malafosse et de Mondenard. Synonymie
et Ampélographie du Sud-Ouest. Bordeaux, 1898.
· — Exposition de sarments de vigne avec feuilles
et raisins pour servir à l'étude de la synonymie
des cépages du sud-ouest. Agen, 1898.

Davanzati (Bern.). Cultivazione toscana delle viti...
Firenze, 1600, in-4. Firenze i Giunti, 1621-1622.
— Firenze, Giunti, 1638, in-4º. Padoua, Gius
Camino, 1727.

David (D. G.). Bericht über die verhandlungen der
Section für Weinbau der Praduzenten des süd-
westlichen Deutschlands in Trier... Heidelberg,
C. Winter, 1875, in-8.

Davin (Dr). Les Riparia. La vigne américaine,
1879, nº 1, p. 7; nº 2, p. 28. — Petit manuel de
viticulture américaine... (Var) Draguignan, imp.
de C. et A. Latil, 1880, in-16.

Debonnaire de Gif. Notice sur les cultures du raisin
Chasselas à Thomeny. (Annales de la Soc.
d'hort. de Paris, t. XVIII, 1835).

Degron (H.). Les vignes japonaises. Lyon, imp.
Waltener et Cie (1884), in-8. Extrait de la Vigne
américaine (sept. et oct. 1884).

Degrully (L.). Plants américains en sols calcaires
(Montpellier-Couder, 1895).

Degrully et P. Viala. Les vignes américaines à
l'école d'agriculture de Montpellier. Montpellier,
1884.

Dehn-Rothfelser (Ern-Abrech). Einschön Weinbau-
Buch, vie man die Weinberge erbaven soll... von
Meissen un Dresden biss nach Pirma. Leipzig,
Joh. Alb. Mintzel, 1629, in-8.

Dei (Apelle). Studi ampelografici nel circondario
di Siena, ossia enumerazione e descrizione delle
varietà di viti più generalmente coltivate nel
circondario suddetto. Siena, 1869.

Dejernon (R.). Étude monographique viticole dans
les Basses-Pyrénées. J. de vit. prat., VI, 1872,
pp. 395, 410, 437, 462. — La vigne et les vins de
l'Algérie. Paris, libr. agr. de la Maison rustique,
1883, in-8. — Nomenclature et synonymie des
cépages. J. agr. Barral, 1869, 1. p. 740.

Delabergerie. Histoire de l'agriculture française...
précédée d'une notice sur l'agriculture des
anciens... Paris, imp. Quatish, 1815, in-8.

Del Noce (Giov.). Notizie sugli antichi vitigni
romani e greci. Ital. enol., XI, 1897.

Delisle (Léopold). Cartulaire normand de Philippe-
Auguste. Louis VIII, Saint Louis et Philippe le
Hardi... (Extrait du t. XVI des Mémoires des
antiquaires de la Société de Normandie). — Caen,
A. Nardel, 1852, in-4.

Delitzch. Die Bibel und der Wein, 1885. In Ac.
Leipsic. Institution judaïcum. Schriften.

Demaria (P. P.), Leardi (C.). Ampelographia della
provinzia d'Alessandria. Torino, A. F. Negro,
1875, in-8.

Demernety. Essai d'une étude viticole de la Côte-
d'Or. Dijon, 1852.

Denman (Gas. L.). The vine and its fruits (production
of vine, the grape, its culture, etc.). With a brief
disc. on Wine. London, Trübner, 1864, in-8.

Des Etangs (S.). La culture de la vigne en Angleterre dans les temps anciens. Bull. de la Soc. de
bot. de France, 1872, p. xc, lxii, lxxxv.

Desmoulins (Charles). Analyse de « culture of the
grap. and wine making » de Buchanan. Actes de
la Soc. linnéenne de Bordeaux, t. XXIV, 2e livr..
1862.

Despetis (Dr). Observätions sur la pubescence des
vignes américaines. La Vigne américaine, 1878,
nº 3, p. 58. — Sur les plants américains envisa-
gés comme porte-greffes. Bull. de la Soc. d'agr.
de l'Ardèche, 1878, p. 14. — Observations sur le
Solonis. La Vigne américaine, 1877, nº 4, p. 85.

Des Places. Histoire de l'agriculture ancienne. Paris,
Laporte, in-12, 1781.

Deutéronome (Voir ch. XXII, v. 9).

Deutsche Wein Zeitung. Zeitschrift für Weinbau
und Weinhandel. Mainz, J. Stenz, in-fol., 1870-
1871.

Deyrolle (Théophile). Voyage dans le Laristan et l'Arménie. (La viticulture dans la Transcaucasie.) Tour du monde, XXX, 1875, 2e semestre.

Dickson (Adam). De l'agriculture des anciens, 1802.

Dierbach. Versuch einer systematischen anordnung der vorzuglichsten in den Rheingegenden cultwirten varietüten des Weinstocks. Linneæ, 1828, III vol. p. 142.

Dietu (F. A.). Taschenbuch zur Namensbestimmung sammtlicher im Kromlande Steiermark cultivirten Rebensorten... Wien, C. Gerolt, 1850, in-8.

Dimensions de quelques vignes. Voy. Bull. de la Soc. botan. de France, 1854, t. I, p. 264.

Diodore de Sicile (sous Auguste). Hist., IX, 8.

Dion Cassius (155-230, ap. J. C.). Hist. rom., XLVI, 324, etc.

Dionysio (Antonio). Bacchus et Pales. Veronæ, 1596.

Dittrich (J. 'G.). Systematisches Handbuch der Obstkunde. Iena, 1837, 3 vol., 1841.

Doat. Cépages de la vigne expérimentable de la Soc. du Gers, à Bazin. Bourgogne, rev. œnol. et vitic., 1861, p. 299.

Dochnal (F. I.). Die Allgemeine central Obstbaum schule ihre zwecke und Einrichtung von F. J. Dochnal. Iéna, 1848.

Dodonœus. Historia vitis vinique et Hirpium nommultarum aliarum. Coloniæ, Maternus cholinus, 1580, in-12, Anvers, 1580, in-8.

Dornfeld (J.). Der rationelle Weinbau und die Weinbereisunglehre. — Ueber den Einflussder Klimatischen. Verhältnisse auf den Weinbau. 2te aufl. Heilbronn, A. Scheurle, 1864, in-8.

Downing (Ch.). Fruits and fruit trees of America. New-York, 1881.

Drouet. — Note sur la culture de la vigne aux Açores. Bourgogne, rev. œnol. et vitic., 1862, p. 78.

Duarte d'Oliveira (J.). Jornal horticolo-agricola (1890-1900).

Dubalen. Le baroque. R. de vit., XII, 1899.

Dubois (J.-B.). Mémoire sur les vins de la côte du Rhône situés dans le département du Gard ; renfermant des détails sur la culture de la vigne et le choix des plants dans ces contrées et terminé par des observations sur la manière de choisir les plants en général. In Annal. de l'Agr. franç de Tessier et Bayot. Paris, t. XXV, 1806, p. 175.

Dubor (G. de). Le chasselas Saint-Bernard. Prog. agr. et vit., Montpellier, XVI, 1891.

Duboul. La viticulture et la vinification à Malaga. Journ. d'agr. du Midi, 1880, p. 505.

Dubreuil. Culture des Chasselas de Fontainebleau à Montauban. J. de l'agr., 1877, t. III, p. 493. — Époque relative du bourgeonnement des principaux cépages français. Journ. de l'agr., 1889, t. II, p. 53.

Duchartre (P.). Sur le Chasselas panaché, 1865. Expér. sur le développement individuel des bourgeons dans les vignes, 1865. Paris, imp. E. Donnaud, 1865, in-8. J. de la Soc. impériale et cent. d'hor., XI, 1865, p. 597-611. Bull. de la Soc. botan. de France, 1865, p. 333. — Soudure de deux rameaux de vigne. Bull. de la Soc. bot. de France, 1856, p. 44. — Sur la fécondation croisée de la vigne, 1865.

Ducos (J.). Notes sur la Counoise, Prog. agr. et vit. Montpellier. XIII, 1890.

Dufour. Mémoire sur divers plants de vigne de la Savoie. J. de la Soc. centr. d'agr. de la Savoie, 12e année, 1868, p. 185.

Dufour (J.-J.). The american vinedresser's guide... Cincinnati, 1826, in-12.

Duhamel de Monceau. Voyet Bidet : Traité sur la nature et la culture de la vigne, sur le vin, 1759. — Traité des arbres fruitiers. Paris, 1768.

Dujardin (J.). Recherches rétrospectives sur la culture de la vigne à Paris. Paris, 1902.

Dumek (I.). Handbuch des Weinbaues. Olmütz, 1876.

Du Montet (Baron). Description des principales espèces de vignes et de raisins cultivées dans le vignoble de Tokai. Bull. Soc. œnologie. Paris, 1837, t. III.

Dumont (Dr). Ampélographie et œnologie du vignoble d'Arbois, 1845.

Dumortier (E.). La Vigne en Amérique. Lyon, imp. Pitrat aîné, 1868, in-8.

Dunkelberg. Der Nassauische Weinbau. Wiesbaden, 1867.

Dupont (Marcel). Recherches sur quelques raisins de cuve cultivés au clos Sainte-Sophie à Montgueux (Aube). Troyes, 1885.

Dupont-Delporte. Cépages donnant de la fermeté aux vins. J. de vit. prat., V, 1870, p. 231. — Des cépages appropriés au climat de Seine-et-Marne. J. de vit. prat., V, oct. 1869, p. 63. — Le Pinot gris Beuret. J. de vit. prat., V, 1869, p. 90. — Le Plant Mercier (Yonne). J. de vit. prat., t. II, 1867. — Mérite et avenir du Noirien de Pernand et du Meunier. J. de vit. prat., III, 1867-68, p. 417. — Observation sur le Melon blanc des environs d'Auxerre. J. de vit. prat., IV, 1868-69. — Un dernier mot sur le Melon blanc, p. 135. — Observations sur le Savagnin du Jura. J. de vit. prat., I, 1866-67, p. 212.

Dupuits de Maconex. Culture de la vigne. Bull. de la Soc. d'agr. du Haut-Rhin, septembre 1847, p. 23. — De la dégénérescence des cépages. Cong. scientifique de Bordeaux, 1861, t. IV. — Essai d'ampélographie. Paris, E. Lacroix, 1865, in-8.

Durand (E.). Des quantités de chaleur nécessaires à la vigne. V. A., 1897. — Les zones de croissance. V. A., 1897. — Le Plant de Sacy. V. A., 1897. — Floraison-Fécondation. V. A., 1897. — L'exposition ampélographique au concours régional de Lyon. Prog. agr. et vit. Montpellier, t. XXX, 1898. — Les vrilles de la vigne. Prog. agr. et vit. Montpellier, t. XXXVI, 1901. Note sur les variations de couleur des raisins dans un même cépage. Prog. agr. et vit. Montpellier, t. XXIX, 1898. — Note sur les cépages blancs de la Bourgogne et de la Franche-Comté. Prog. agr. et vit. Montpellier, t. XXVII, 1897.

Durand (Élias). Les vignes et les vins des États-Unis. Monographie des vignes spontanées de l'Amérique septentrionale. La Bourgogne, rev. œnol. et vitic., 1863, p. 8.

Durand de Corbiac. Cépages et fabrication des vins de Bergerac (Ann. d'agr. de la Dordogne). Périgueux, 1840, in-8.

Duret (E.). Le cépage connu sous le nom de parisienne. Ann. de la Soc. d'agr. d'Indre-et-Loire, LIV, 1875, p. 149.

Durieu de Maisonneuve. Transformation d'un grain de raisin en rameau, 1868.

Durand (E.) et Guichard (J.). Culture de la vigne en Côte-d'Or. Lyon-Dijon, 1907. — Description botanique du Pinot fin de la Côte-d'Or. Dijon, 1895.

Dutailly (M.-G.). De la signification morphologique de la vrille des Ampélidées. Paris, imp. E. Martinet, 1874, in-8.

Eberhard. Weingärtnerey schule, Darmstadt, 1697, in-12.

Ehrenhaus (Fr. Ernst). Meine Erfahrungen über den Weinbau... etc. Leipzig, 1827, in-8, 79 pages.

Eisen (Gustav). On varieties of grapes tried in Fresno (The San Francisco Merchant, 1883, vol. 10, p. 435.)

Elliot (F. R.). Fruit book. New-York, 1854. — Western fruit book. New-York, 1859.

Elphinstone (R.). Treatise on the cultivation of the vine in pots. London, 1853, in-18.

Engelmann in Catalogue de Bush et Meissner : Classification des véritables vignes des États-Unis. — Les vraies vignes des États-Unis. Lus et M., p. 45. — The tree grape vines of the United States in Riley sixth annual report. Saint-Louis, 1874, p. 70-76. — Vitis candicans, in Ann. bot. syst., p. 616. Vitis arizonica in American naturalist, août 1868. Vitis cinerea in Gray Manual, 679.

Ernst (I.). Bericht vom Weinbau Schmalkaden, 1585.

Entz (Dr Franz). Bovászati Füretok, 1872.

Erskine. Culture de la vigne et commerce des vins aux États-Unis. (Traduit par E. des Hours-Farel). Bourgogne, rev. œnol. et vitic., 1860, p. 593.

Eutrope (ive siècle apr. J.-C.). Breviarium histo riæ romanæ. Parisiis, Mérigot, 1746, in-12.

Fabre. Sur un cépage américain non attaqué par le phylloxéra. Compt. rend. de l'Acad. d. sc. Paris, 1877, t. LXXXV, n° 18, p. 780.

Fabre (P.). Régénération des arbres fruitiers et de la vigne. Cavaillon. L. Grivot-Prozet, 1876, in-8.

Faust (Mich.). Der Weinbau im Rheingau. Rudesheim, 1874; in-8.

Fayssous. Expériences d'acclimatation de divers cépages dans le Lot-et-Garonne. Journ. d'agr. prat., 1879, t. II, p. 464.

Feuvre-Trouvé. Culture de la vigne. Choix des cépages. J. d'agr. de la Côte-d'Or, 1862, t. XXIV, p. 37. — Sur les différentes variétés de Gamay cultivées dans nos vignobles. La Bourgogne, rev. œnol. et vitic., 1859, p. 583.

Fehr (Jean-Mich.). De Uva versicolore. cum icone (du 1669). Voy. Misc. Ac. Nat. cus., an. I, obs. IV.

Ferlet. Raisins examinés par le Congrès pomologique de Lyon en 1859. Rev. hort., 1860, p. 437.

Ferreira da Silva Beirão (Caetano Maria). Algumas consideraçoes aierca da molestía das vinhas em Portugal, etc. Lisboa, 1853, in-8.

Ferreira Lapa. Segunda memoria sobre processos de vinificaças, 1868. — Technologia rural. Lisboa, 1874. Vinicultura portugueza in Jornal de Horticultura pratica, vol. VI, 1875.

Fessenden (G.). New american Gardener. Boston, 1818.

Filhol et Timbal-Lagrave. Études sur quelques cépages dans le département de la Haute-Garonne et du Tarn-et-Garonne. J. d'agr. pratique du Midi de la France, mai 1862. Toulouse, imp. Douladoure, 1862, in-8.

Fischer (H. und A.). Œkon Abh. vom einträglichen Weinbergbau. Dresden, 1765.

Fischer (Jh. Karl. II). Der fränkische Weinbau und die daraus entstehenden Producte. Augaben, v. 1782, 1787, 1791.

Flagg (Won J.). Three Seasons in European Vineyards-Treating of vine culture; vine disease and its cure; New-York, Harper, etc. Bros. 1869, in-12.

Fleurot. Culture de la vigne chez les Romains d'après Columelle. Bourgogne, rev. œnol. et vitic., 1860, p. 173, 488. Col. de Re rustica, liv. III, chap. I, II, III. — Notes ampélographiques in la Bourgogne, 1861, p. 675, 736; 1862, p. 67, 163. — Note sur le quatrième livre du Rustican de

Pierre Crescenzi. Bourgogne, rev. œnol. vitic., 1863, p. 324. — Notice sur les divers plants de vigne cultivés dans le département de la Côte-d'Or. J. d'agr. de la Côte-d'Or, 1841, t. V, p. 253. — Observations gleucométriques faites sur quelques variétés de vigne en 1861. Bourgogne, IV, 1862, p. 306; id. 1862, p. 508. — Sur les fleurs de la vigne. Bourgogne, rev. œnol. et vitic., 1859, p. 170.

FLEURY-LACOSTE. Guide pratique du vigneron. Paris, 1882. — Qualités fructifères d'un cépage. Voy. 5, et 6e Bull, annuel de la Soc. centr. d'agr. de la Savoie, 6e et 7e années; 1863, p. 36.

FLOIRAC (E. de). Amélioration des cépages et réponse de J. Guyot. J. d'agr. prat., II, 1859, p. 281.

FOCK (W. O.). Ist Vitis vinifera eine Art oder eine « Bastart ». Voy. Oester, bot. Zeitschrift, 1876.

FOEX (G.). Catalogue des vignes américaines et asiatiques et des ampelopsis cultivées à l'école d'agr. de Montpellier en 1880-1881, Montpellier, 1881, in-8. — Cépages nouveaux obtenus de semis. La Vigne américaine, 1884, no 10, p. 296, 1873. Conférence sur l'histoire et la géographie de la vigne. — Cours complet de viticulture. Montpellier, C. Coulet, 1886, in-8. — Etablissement d'un catalogue des richesses ampélographiques de la France. Congr. des vit. de France, 1898. — Les Hybrides de Vinifera par Vitis rupestris. Vigne américaine, 1882, no 12, p. 19. — Note relative aux origines de l'Elvira. Vigne américaine, 1879, no 6, p. 124. — Rapports sur les expériences de viticulture faites à l'école d'agriculture de Montpellier. Montpellier, 1879, in-4. — (VIALA et P.) : Ampélographie américaine (1 vol. in-folio, avec 80 planches photypiques, 1833). — Recherches relatives au diamètre réciproque du sujet et du greffon. Vigne américaine, 1885.

FONSECA. I vitigni della Puglia in Annuario generale per la viticoltura e l'enologia, anno II, 1893.

FREGE (Chr. Aug.). Versuch einer Classification der Weinsorten nach ihzen Beeren. Meissen, C. F. W. Erbstein, 1804, in-8.

FRIES (Mart.). Der Weinbau und die Must-umd Weinbereitung. Stuttgart, P. Noff, 1871, in-8.

FRISCH (Friedrich.). Beschreibung der Traubensorten Würtembergs... Mit Abbildungen. Stuttgart. Ebner und Seubert, 1861, in-8; 1882, Stuttgart, E. Ulmer.

FRISCHLINUS (N.). Oratio de vita rustica. Tubinga, 1530, in-8.

FROJO. Ampelographie des Pouilles (Bolletino ampelografico).

FULLER (Andrew). The grape culturist, a treatise o,

the cultivation of the native grape. New-York, 1867, in-12.

FUMANELLUS (Ant.). Bacchi sylva de vitium uva, vinique facultatibus. Collect. operum. Tuguri, Andr. Gesnerus, 1557, in-fol.

FUSCONI (Lorenzo). Dissertazione sopra le uve e leviti del Territorio Ravennate, in Sagi della Societa letteraria Ravenate. Cesena, in-8, 1771.

GABARRET. Note sur un cépage blanc (Grèce blanche). Rev. de vit., I, 1894. — De la gréffe en écusson de la vigne (Rev. de vit.).

GAGNAIRE. Les cépages cultivés en Périgord. J. d'agr. Barral, 1869, I, p. 810. — Les cépages cultivés dans la Dordogne. J. d'agr. prat. 1872, t. I, p. 171, 277, 675. — Les cépages Mauzac noir et Folle noire. J. d'agr. prat., 1880, t. II, p. 642.

GAILLARD (F.). Raisin Mornen noir. Rev. hort., 1870, p. 190.

GALLESIO. Pomona italiana. Pisa, 1817.

GALLESIO (Conte Giorgio). Sulle viti in Toscana. Mem. in Atti Georgici, t. XVII, p. 136-148, 1839.

GANDI. Descrizione di uve nel circondario di Cesena. Annali di viticoltura ed enologia italiana, vol. V, p. 34.

GANIDO (Antonio). De agricultura. Lisboâ, in-4, 1750.

GANZIN (V.). A propos du principe d'hérédité dans les vignes américaines. Vigne américaine, 1878, no 3, p. 57. — Notes d'un viticulteur, V. Les Hybrides. L'Oporto. Vigne américaine, 1879, no 12, p. 279. — Les premiers hybrides d'Aramon par V. Rupestris. Vigne américaine, 1882, no 3, p. 78. — Le Vitis cordifolia. Vigne américaine, 1878, no 11, p. 241. — Le Vitis Rupestris. Vigne américaine, 1879, no 1, p. 3. — De l'hybridation artificielle et des semis que l'on peut en attendre pour l'avenir de la viticulture (Revue scientifique, juillet 1881). — Les Aramon×Rupestris (Vigne américaine, 1887). — La clairette dorée (Revue de viticulture, 1, 1894). — L'Aramon×Rupestris Ganzin no 9 (Progrès de viticulture, XIV, 1900). — L'Alicante-Ganzin (Progrès agricole, t. 23, 1895).

GARCIA DE LA PUERTA (Don Augustin). Tractado práctico général del cultivo de la vid, etc. Valladolid, 2 vol. in-4, 1836-1842.

GARD. Études anatomiques sur les vignes et leurs hybrides artificiels. Bordeaux, 1903. — Sur les variations de la structure anatomique considérées dans la série des entrenœuds d'un rameau d'un an. Soc. linn. de Bordeaux, 1900.

GARIDEL. Histoire des plantes qui naissent aux environs d'Aix et dans plusieurs autres endroits de la Provence. Aix, 1715; Paris, 1723, in-fol.

GARNIER (Charles). Théorie pour l'amélioration de la culture de la vigne, d'après les meilleures pratiques usitées dans le département de la Côte-d'Or, avec une notice sur les maladies qui surviennent à la vigne ainsi que les insectes qui lui sont nuisibles. Lyon, 1858.

GARRIGUE. Culture du Pinot de Bourgogne dans le Toulousain. J. d'agr. du Midi, 1875, p. 370.

GASPARIN (De). Observations sur la végétation de la vigne. Voy. Cours d'agriculture, IV, 607 et suiv.

GASPARRINI (G.). Su le viti e le vigne del distretto di Napoli, in Annali civili del Regno di Napoli, LXIX, 1864.

GATTA (Dr). Descrizione dei vitigni del circondario di Ivrea. Valle d'Aosta (Repertorio d'agricoltura).

GAUDRY (Albert). Caractère du raisin de Corinthe. Bull. des séanc. de la Soc. centr. d'agr., 1856, 2e sér., t. XII, p. 216. — Les vignobles de Syrie, de l'Asie Mineure et des îles Ioniennes Journal de viticulture pratique, 1870.)

GAUPPEN (G.-F.). Verbosserter Weinbau. Stuttgart, 1776.

GENRET-PERROTTE. Rapport sur la culture de la vigne et la vinification dans la Côte-d'Or, présenté le 2 octobre 1853 au comité central d'agriculture. Journ. d'agr. de la Côte-d'Or, 16e année, 1851, p. 190.

GERVAIS (P.). Berlandieri × Riparia n° 157-11 Couderc. R. de vit., XVI, 1901. — Congrès international de viticulture d'Angers. Paris, 1907. — Mourvèdre-Rupestris n° 1202. R. de vit., XVII, 1902. — Riparia × Rupestris n° 3309. R. de vit., XVIII, 1902. — Le rôle de l'hybridation dans la reconstitution des vignobles. R. de vit., XVI, 1901. — Adaptation et restitution en terrains calcaires (Montpellier, 1896). — Les porte-greffes (Revue de viticuture, X, 1898).

GILABERT (Francisco). Agricultura pratica. Barcelona, 1626. Comellas, in-8, 91 p.

GIRÃO (A.). Tratado théorico e pratico da agricultura das vinhas..., etc., 1882.

GIRARD (A.) et LINDET. Recherches sur la composition des raisins des principaux cépages de France. 1895.

GIRAUD (J.). Ampélographie (Clairette de Die). J. de vit. prat., V, 1870, p. 411.

GIRERD (F.). Nouvelle étude de viticulture et nomenclature des hybrides producteurs directs. Brignais-Lyon, 1900. — Les vignes hybrides à production directe. Brignais, 1902. — Vignes américaines. Nouvelle étude de viticulture. Lyon, l'auteur, 1896, in-8. — Les Producteurs directs (Lyon, 1890).

GIROU DE BUZAREINGUES (Ch.). Le vignoble de Marcillac. Voy. Ann. de l'agr. franç., 1833, p. 201.

GIULIETTI (Carlo). Diziqnario ampel-énologico-Voghera, 1879.

GLADY. Fabrication des vins. Choix des cépages, 1876. — Le raisin Prunella, les cépages persans. Rev. hort., 1864, p. 66. — Sur les Raisins : raisin Prunella noir et Prunella gris du Lot-et-Garonne. Rev. hort., 1865, p. 13, 91, 103. — Visite à la collection de vignes du comte Odart. Rev. hort., 1857, 4e sér., t. VI, p. 573.

GLAIZE (Paul). La vigne et le vin chez les Sémites et les Ariens primitifs... Montpellier, imp. Gras, 1870, in-8.

GLEIZES. Plantation de la vigne et mélange des cépages. La Bourgogne, rev. œnol. et vitic., 1861, p. 330. — Sur la plantation de la vigne. J. d'agr. prat. et écon. rurale de Toulouse, 1861. Bourgogne, 1861, III, p. 330.

GLORIOD (E.). Le Gamay blanc. Bulletin de la Société pomologique de France, 1895. — Notes ampélographiques sur quelques cépages franc-comtois, in Rapport du Congrès de Chalon-sur-Saône, 1896.

GMELIN. F.-G. Gmelin's Grundsätze der richtigen Behandlung der Trauben bei der Bereitung der Weine in Wurttemberg. Tübingen, 1822.

GOCK (G.-F.). Notizen über den rheinländischen Weinbau, 1826. Stuttgart und Tubingen, 1827, in-8. — Die Weinrebe mit ihren arten und Abarten, oder Baiträge zur Kenntniss der Eigenschaften and zur Classification der cultivirten Weinreben-Arten. Stuttgart, H. Mäntler, 1829, in-8. — Die Weinrebe und ihre Früchte, der Beschreitung der für den Weinbau weintigeren Weinreben-Arten. Atlas 30 abbildung. von Fr. Seubert. Stuttgart, G. Ebner, 1836, in-fol.

GODRON (D.-A.). Signification morphologique des différents axes de végétation de la vigne. Nancy, Raybois, 1866, in-8. (Voy. Mém. de l'Ac. de Stanislas pour 1866.)

GŒTHE (Hermann). Handbuch der Ampelographie. Gratz, 1878. — Ampelographisches Wörterbuch. Wien, 1876. — (H. und R.). Atlas der für der Weinbau Deutschlands und œsterreichs werthwollsten Traubensorten. Wien, 1876. — Rapport sur le 5e Congrès ampélographique international. J. de la Soc. cent. d'agr. de la Savoie, 1878, p. 200. — Der Weingarten, Anleitung zur cultur der Reben. Wien, C. Gerold's, Sohn, 1873, in-8.

GŒTHE (R. et H.). Ampelographische Berichte Geisenheim. Rhein. — Handbuch der Tafeltrauben kultur. Berlin, 1895.

GÖRIZ (K.). Der Kleine Riesling, ein Beitrag zur Kenntni's des Weinbaues... etc. auf Württemberg (in Journal des rheinb. Weinbaues, IV haft 1827). Stuttgart, 1828, in-8, 48 p.

GOTTHARDT (J.-C.). Der theoretisch und praktisch

unterrichtete Wein und Keller meister, oder vollständiger unterricht in der Cultur des Weinstockes und der Behandlung des Weines; ein Handbuch für Weinbauer, etc. In-8. Erfurt, 1806, 1808, 2 vol.

GOULCHAMBAROFF (S.). La vigne et le vin au Caucase. Journ. d'agr. prat., 1882, t. II, p. 344.

GOUTAY (Ed.). Les cépages français à introduire dans le vignoble du Puy-de-Dôme. Ext. du Bull. de la Soc. d'hort. et de vit. du Puy-de-Dôme, Clermont-Ferrand, 1849. — Manuel de viticulture pour la région froide et la région tempérée. Montpellier, 1903.

GRANDVOINNET (J.). Les cépages américains pour la reconstitution du vignoble français. Paris, 1900.

GRANT (C.-W.). Manual of the vine illustrated Catalogue. Iona, 1884.

GRAY (Asa). Manual of the botany of the northern United States. N.-Y., 1856.

GREC (J.). Culture des raisins de table tardifs. Rev. de vit., XIII, 1900. — Culture et industrie des raisins de table dans le département des Alpes-Maritimes. Rev. de vit., t. III, 1895.

GROS (le jeune). Mémoire sur la culture de la vigne et la vinification, couronné par l'Acad. d'Aix-Marseille, Feissat, 1829, in-8.

GROSJEAN (H.). La viticulture en Californie. Journ. d'agr. prat., 1883, t. I, p. 279.

GUERNSIUS (Christ). Vita historia. Hale, 1848, in-12.

GUÉRIN (Alex.) et RAY (Alex.). Culture de la vigne dans le vignoble des Riceys. Bourgogne, 1859, I, p. 228-269, — Documents pour servir à l'histoire de la vigne aux Riceys. Bourgogne, rev. œnol. et vitic., 1859, p. 663.

GUERNER (Chr.). Discorso historico analytico o estabelecimento da Companhia dos vinhos do Alto Douro. Lisboa, 1814, in-8, 2e ediçao, Coimbra, 1821.

GUICHARD (J.). Les cépages du canton de Châteauvillain, in Revue agricole de la Haute-Marne, 1900. — Genouillet. Revue agricole de l'Aube, 1903, p. 318.

GUILLON (J. M.). L'Aramon-Rupestris-Ganzin n° 1, R. de vit., XVII, 1903. — Le Berlandieri et ses hybrides. Rev. de vit., XIV, 1900. — Les époques de la végétation de la vigne. Rev. de vit., XIV, 1900. — Les Franco-Berlandieri. R. de vit., XVII, 1902. — Les cépages orientaux. Paris, 1895. — Étude générale de la vigne. Paris, Masson, 1905.

GUILLORY (aîné). Études théoriques et pratiques sur les vignes et les vins blancs d'Anjou. J. de vit. prat., II, 1867, p. 57, 76, 99, 127, 164.

GUIRAUD (Léonce). Notes sur les cépages américains plantés à Villary (Var). La Vigne américaine, 1879, n° II, p. 279 ; 1880, n° 8, p. 242.

GUMPRECHT (Dr). La culture de la vigne aux États-Unis. Bourgogne, rev. œnol. et vitic., 1863, p. 161. (Traduit de l'allem. par Nusbauer).

GUNTHER (Joh. Jac.). Anweisung für den Weinbauer. In-8. Heidelberg, 1806.

GUYOT (Jules). Les cépages. J. d'agr. prat., 1858, II, p. 473. — Le cépage et le génie du vin. J. agr. Barral, 1866, I, p. 181. — Culture de la vigne et vinification, 2e éd., 1861, in-18 ; 1862, in-18 ; 3e éd., 1864, in-18 ; 4e éd., 1868, in-18 ; 5e éd., 1869, in-18 ; Mesnil, imp. Firmin Didot, in-18 (Paris, libr. agr. de la Maison rustique). Paris, libr. agr., 1860, in-12. — Étude des vignobles de France pour servir à l'enseignement mutuel de la viticulture et de la vinification françaises. Paris, Masson, 1868. — Travaux viticoles et agricoles de M. Jules Guyot. Paris, imp. Martinet, 1866, in-8. — Valeur et appropriation des cépages. — J. d'agr. prat., nouvelle période, 1858, t. II, p. 473.

GYRÃO (Antonio). Tratado theorico e pratico da agricultura das vinhas, 1822.

HAAS. Das Reifen der Trauben, 1878.

HARASZTHY (A.). Grape culture, Wine, and Winemaking. New-York, Harper, 1869, in-8.

HARDY. Catalogue de l'école des vignes de la pépinière du Luxembourg..., 1er juin 1841. Paris, imp. Crapelet, 1844, in-4. — Mémoire sur la production comparative de 184 variétés de vigne. Bull. de la Soc. d'agr. d'Alger, 1871, p. 52.

HARN (P.-D.). Viticulture of the colony of Good Hope. Official Handbook. History, productions and ressources of the Cape of Good Hope (by John Noble). Cape Town, 1886, in-8, p. 263.

HÉBRARD (E.). Étude ampélographique sur des cépages étrangers à notre région, comparés au point de vue du rendement, de la qualité du vin aux cépages les plus recommandables du pays. J. d'agr. du Midi, 1880, p. 107. Toulouse.

HECKLER. De la vigne et du vin en Hongrie (spécialement aux environs de Tokai). Traduit de l'allemand par M. Neubauer. Bourgogne, rev. œnol. et vitic., 1859, p. 151.

HEINRICH (Conrad). Die kultur der Weinrebe in nord deutschen Klima. Berlin, Paul Parey, 1885, in-8.

HELBLING (Sébastien). Beschreibung der in der Wiener gegend gemeinen Weintrauben arten. Prag, 1777.

HÉLIE (A.). La vigne dans l'Avallonnais. J. de vit. prat., I, 1866-67, p. 54.

HÉRARD. Culture de la vigne en Champagne. Épernay, 1835.

HERBERT (Ch.-Jacq.). Discours sur les vignes. Dijon et Paris, Fissot, 1756, in-12.

Hérincq (F.). Raisin Gromier du Cantal. Rev. hort., 1850, 3e sér., t. IV, p. 21.

Herpin. Culture de la vigne et vinification dans le département de la Moselle, juin 1837. Bull. Soc. d'œnolog., t. II.

Hertzog (A.). Zur Geschichte elsässischen Weinbaues. Bericht der Weinbau-Congresses zu Colmar, 1900, p. 12.

Hervy (Michel-Christophe). Catalogue méthodique de tous les arbres, arbustes et vignes formant l'École du Luxembourg, 1809.

Heuzé (Gustave). La vigne chez les anciens. Journ. d'agr. prat., 1868, t. II, p. 524.

Heynemann. Weinstock an der Elbe. Meissen, 1685.

Heynemann (A.). Der Edlen weinstocks Anbau, versuchrung und darzu erforderte Arbest. Dresden, 1712.

Hidalgo Tablada. Tratado del cultivo de la vid en España. Madrid, 1870.

Hildebrand. Weinbau Katechismus. Leipzig, 1777.

Hinkert. Systematisches Handbuch der Pomologie der Kern und Steinobstsorten. München, 1836.

Hirsch. Die Weintrauben Kultur, 1843.

Hirzel (abbé). Bericht uber verbesserung des Weinbaues..., in Kanton Thurgau. St-Gallen et Beru, 1831.

Hitt (Thomas). A Treatise of fruit trees, 2e éd., London, 1757.

Hlûbek. Untersuchungen und Betrachtung über der Weinbau auf einen 1841 vorgenomenen Reise durch Untersteiermark. Gratz, 1843. — Versuch eines neuen Charakteristik und Classification der Rebensorten... in Herzogth. Steiermark vorkommenden. Gratz, 1841.

Hoare (Clément). Treatise on the grape vine. New-York, 1850.

Hohberg (W. H.). Vom Weingarten. Nürnberg, 1701.

Holzener. Uber die Rhaphiden in den Blättern des Weinstockes, 1866.

Hooïbrenck (D.). Neues verfehren zur Cultur des Weinstockes, 1859.

Horn. Hierampelos. Schmalkalden, 1585.

Hornn (Fr.-Aug.). Kurze Ubersicht vom Weinbau... besonders in Sachsen... Dresden, 1801, in-8, 54 p.

Hörter (J.). Die besten Setzreben im Bezug auf nöthige Reduktion der in Deutschland angebauten Tranbensorten. Coblenz, 1831.

Horvàth (G.). Rapport annuel de la station phylloxérique hongroise, 1re année. Budapest, 1882.

Houdaille et Mazade. Le Rupestris du Lot en terrain calcaire. Revue de viticulture, 1894.

Hussmann (George). The cultivation of the native grape and manufacture of american Wines... (Missouri). New-York, G.-C. Woodward (après 1866), in-12.

Hyat (J.-Hart.). Hanbook of grape culture... San Francisco. London, Trübner, 1868, in-8.

Imbert (d'). Observations sur le Malbeck. J. de vit. prat., II, 1867, pp. 151, 225.

Imbert (Auguste). Des raisins de France et de leurs qualités. Critiques d'Odart. Bull. Soc. d'œnologie, t. III, Paris, 1838.

Incisa (Léopoldo). Catalogo descrittivo e ragionato della coltivazione dei vitigni italiani e stranieri posseduti dal Marches e Leopoldo Incisa. Asti, 1869.

Isidore de Séville. Origines ou Etymologies. Liv. XVII, ch. V, des vignes.

Iseghem (Henri Van). Viticulture. Introduction de nouveaux cépages dans la Loire-Inférieure. Gamay Magny... Nantes, Mlle Meuret, 1874, in-8.

Istvanffi (Gy de). Annales de l'Institut central ampélographique royal hongrois. Budapest, 1900.

Itier (Jules). Note sur la culture de la vigne et la production du vin à Zérès de la Frontera (Andalousie). Bull. Hérault, 1850, p. 20.

Ivaldi (Domenico). Delle vite, dell'uva e del vino di Dolcetto. Acqui, 1868.

Jaboulet (A.). La Syrah. Prog. agr. et vit., XXIII, 1895.

Jacobi (L.). Das slesische Weinland, oder der Wein- und Obstbau im Kreise Grüneberg und dessen schlesischer Nachbarschaft. Brenau, E. Trewendt, 1866, in-8.

Jacques. De la viticulture dans le Tarn-et-Garonne. Montauban, imp. Forestii, 1868, in-8.

Jacquillat-Despréaux. Culture de la vigne dans le canton de Tonnerre et de Cernay (Yonne), 1860.

Jaeger (Hermann). Le Vitis rupestris comme portegreffe. Vigne américaine, 1881, n° 11, p. 339.

Jamain, Bellair et Moreau. La vigne et le vin, 1901.

Jamin. Chasselas hâtif de Montauban; R. hort. 1867, p. 92. Raisin précoce de Saumur. R. hort. 1867, p. 211. Raisin vert de Madère, R. hort., 291.

Jaques et Hérincq. Manuel général des plantes, arbres et arbustes. Paris, Audot, Dusacq, 1845-1850, in-8. Libr. agr., 1845-1862, 4 vol. in-12. Le 4e vol. est de Duchartre.

Jatta (Antonio). Notizie sommarie delle varietà di viti coltivate in Puglia, in Annuario della R. Cantina sperimentale di Barletta per l'anno 1887. Barletta, 1889.

Jenoudet. L'Aïn Beugra. Bull. agr. de l'Algérie, 1895.

Johanet (H.). Le vignoble et les vins de Poligny. J. d'agr. prat., 1874, t. II, p. 814.

Johnson (S. W.). The culture of the vine. New-Brunswick, 1806.

Joigneaux. Journal de viticulture et d'œnologie. Bordeaux, 1847....

Joigneaux (P.). Culture des raisins de table. J. d'agr. de l'Ain, 1866, p. 76. — Des vignes de l'Ermitage, des vignes de la Champagne, des vignes de l'Alsace, in Livre de la Ferme. Paris, 1864. — Le livre de la Ferme et des maisons de campagne. Paris, 2 vol. in-8, 1864. — Toujours les semis de vigne. J. d'agr. prat., 1874, t. II, p. 771; 1875, t. II, p. 470.

Joly (Ch.). Note sur la vigne en Californie. Paris, imp. de G. Rougier et Cie, 1885, in-8.

Joubert (P.-Ch.). De l'importance de l'ampélographie en viticulture (rapport de Tochon). J. de vit. prat., V, 1869, p. 142.

Journaux. Revue de viticulture, dirigée par P. Viala (Paris, 1894-1909). — Progrès agricole et viticole, dirigé par L. Degrully, Montpellier, (1883-1909). — Vigne américaine, fondée par J.-E. Planchon, V. Pulliat et Robin (Mâcon, 1877-1909). — Journal d'agriculture pratique (1909). — Journal de l'agriculture (1908). — Journal de viticulture pratique de Lesourd (1866). — Revista di viticultura ed enologia italiana. Congliano (Italie).

Julien. Topographie de tous les vignobles connus. Paris, Huzard, 1822.

Jurie (A.). — Variation chez les Hybrides (Revue de viticulture, XII, 1895). — Note sur les hybridations de la vigne (Revue de viticulture, IX, 1898).

Kalb (R. Ludwig Heinrich). Der Weinbau nach theoretischen und praktischen Kenntnissen von R. Ludwig Heinrich Kalb. Stuttgart, 1810, in-8, 268 p.

Kecht's (J. S.). Verbesseter praktischer Weinbau in Gärten und auf Weinbergen. Berlin, Nauck, 1868.

Kendrick (W.). New american Orchardist. Boston, 1848.

Kesler (Meinrad). Der Weinbau in Obern-Thurgau. Zurich, 1816, in-18.

Kesner (J. J.). Atlas viticole. Stuttgart, 1796.

Ketner. Le raisin. Les espèces et variétés, dessinées et coloriées d'après nature. — Stuttgart et Veinnheims, 1803-1815, in-fol.

Kirchmaierus (G. C.). De arte propagandi vitis apud Francos imitata. — Vittebergae, 1697, in-4.

Knoll (J. Paul). Unterricht des Weinbaues nebst einem offenherzigen Weinarzte. Dresden, 1711, in-8.

Knolle (Paul). Klein viticultur Büchlein. Dresden, 1663, in-8.

Kohler (J. M.). Der Weinstock und der Wein Aarau, 1869, in-8. — Erprobungen einiger Rebsorten für den Weinberg. Zurich, 1875 (in der zürcherbauer, VI). — Ueber die in der Schweiz vorkommenden Kläfner sorten. Solothurn, 1877 (Schw. land. Zeitschrift, t. V).

Kolenati. In Bull. soc. imp. nat. de Moscou, 1846, p. 279.

Kováts (Joseph). Cépages hongrois.

Kræmer. Der Weinsetz bohrer mit seinem Gehülfen, Heidelberg, 1837.

Krauer-Widmer. Erfahrungen bein Anbau neuer Traubensorten. Zurich, 1878 (in der Zürcher Bauer, IX).

Kvariani (S.). La viticulture et la vinification du Caucase. Montpellier, 1899.

La Bretonnerie. École du Jardin fruitier. Paris, 1784, in-8.

Lachaume. Le raisin Sultanieh. Rev. hort., 1864, p. 26.

Lacherard. Raisin précoce Malingre. Rev. hort., 1849, 3e sér., t. II, p. 444.

Lacoste. Notes sur le Pineau noir. J. de vit. prat., I, 1866, p. 60.

Lacrouzette-Bellonnet. Note sur le Muscat de Frontignan. Montpellier, impr. Gros, 1866, in-8. (Extrait du Messager agricole.)

Ladrey. Culture de la vigne chez les Romains, d'après Columelle. Col. de re rustica, Liv. III, chap. iv à xi. Bourgogne, rev. œnol. et vitic., 1860, p. 35. — Étude sur les cépages, in Bourgogne, 1863, p. 105. — La vigne en Amérique au xe siècle. Bourgogne, 1859, p. 484. — La viticulture et l'œnologie aux concours régionaux de 1859. Bourgogne, 1859, t. 1, p. 354. — Sur les entraves apportées à différentes époques à la culture de la vigne. Bourgogne, 1859, p. 646. — Traité de viticulture et d'œnologie, 1857. Paris, Savy, 2e édit., refondue, 1873.

Lafitte-Lajoannenque. Influence des cépages sur la qualité du vin. Agen, 1866. — Cépages fins dans le Lot-et-Garonne, 1868.

Laherard. Raisin précoce. Malingre. R. hort., 1849, 471.

Lakanal. Notice sur des essais faits pour introduire aux États-Unis la culture de la vigne et celle de l'olivier. C. R. de l'Ac. des Sc., 1836, t. II, p. 471.

Laliman. Immunité de certaines vignes exotiques. Ann. de la Soc. d'agr. de la Gironde, 26e année, 1871, p. 15. — Le Waren. J. de vit. prat., IV, 1868-69, p. 417. — Lettre sur le choix des plants américains. Bull. Hérault, 1873, 60e année, p. 769. — Nouvelle maladie de la vigne (Phylloxéra). J. de vit. pr., IV, 1868-69, p. 466.

— Greffe de la vigne par approche, 1861 et 1879.

— Rapport sur la régénérescence de la vigne par le semis, lu à la Société d'agriculture de la Gironde. Bordeaux, im. Crupy, 1878, in-8 (Soc. d'agr. de la Gironde, séance le 6 février 1878).

LALOY. Sur la floraison de la vigne. J. agr. Barral, 1868, III, p. 353.

LA LOZÈRE (le Cte de). Mémoire sur les modifications apportées dans la culture de la vigne à Savigny-sous-Beaune. Rev. viticole, 1862, p. 188.

LA MARCA (Dr). Le printemps hâtif et les cépages qui débourrent tard. R. de vit., XV, 1901.

LAMARRE (C.). De vitibus atque vinis apud Romanos. (Thèse, faculté des lettres de Dijon.) Paris, 1863, in-8, 106 p.

LANNES,in Recueil agronomique du Tarn-et-Garonne. 1839. Cat. et syn. des raisins connus et cultivés dans l'arrondissement de Moissac, par Prosper Lannes.

LANGSDORFF (von). Bericht über die Verhandlungen der Internationale Weinbau Congresses. Colmar, 1875.

LANGUE (Alf.). Sur le choix des cépages. J. d'agr. prat., 1856, I, p. 108.

LAPEYROUSE (P. de). Notes ampélographiques. Toulouse, 1895.

LARCHER-MARÇAL (Ramiro). Relatorio geral da sexta região agronomica do anno de 1888, in Boletim da direcção geral de agricultura, 1891.

LARDIER. Les vignes provençales, in Agriculture du Midi.

LA TRÉHONNAIS (F. R.). La vigne en Algérie, 1871.

LAUCHE (Wilhelm). Deutsche Pomologie Abbildung. Beschreibung und Kultur Anweisung der empfethlenswerthesten Sorten... Weintrauben. 6 vol. Berlin, 1879-83.

LAUJOULET. Sur les fins cépages et taille tardive. J. de vit. prat., III, 1867-68, p. 129. — Influence des cépages sur la qualité du vin. Bull. du comice agr. d'Apt. 1874, t. XVI, p. 97. — Les vignes et les vins de la Haute-Garonne. Bourgogne, rev. œnol. et vitic., 1861, p. 257. — Notes sur le Pineau noir. J. de vit. prat., I, 1866-67, p. 60. — La Morterille noire, id., p. 202. — Une visite à ma vigne. Causerie (Sirah, Cabernet, etc.). J. de vit. prat., III, 1867-68, p. 54.

LAUMOND (A.). Vignobles et vins de la Gironde, 1866.

LAURENS (E.). Le Malbec. J. de vit. prat., II, 1867, p. 279.

LAURENTIUS. Polymathia. Vicent., 1631.

LAUSSEL (Dr). Les Riparia à Cournonterral (Hérault). Vigne américaine, 1882, no 8, 243.

LAVALLE. Catalogue des plantes cultivées au Jardin botanique de Dijon. Dijon, 1854. — Histoire et statistique de la vigne et des grands vins de la Côte-d'Or, avec le concours de MM. Joseph Gar-nier,... Delarue... Paris, Dusacq, 1855, gr. in-8.

LAVALLÉE. Les vignes américaines du Soudan. Bull. Soc. centr. d'agr., 1881, t. XLI, p. 31.

LAVIT (Jules). L'Aramou-Teinturier Bouschet. Pr. agr. et vit., Montpellier, 1884. — Le Portugais bleu. Pr. agr. et vit., Montpellier, V. 1886, p. 116.

LAWLEY (Comm.). Della diversa altitudine di talune delle varieta di viti nostrali in rapporte al diverso modo di cultivazione. Firenze, 1886-1870. Manuale del vignaiuolo italiano, 1870.

LEARDI ET DEMARIA. Ampelografia della provinzia di Alessandria, 1876.

LE BLANC (Paul). Les vignes du Puy. Notes historiques. Le Puy, imp. M. Marcheroux, 1869, in-8.

LE CANU (L. R.). Étude sur les raisins, leurs produits et la vinification. Mém. d'agr. de la Seine, 1868-1869, p. 205. — Nouvelles études sur les raisins dans le pays basque. J. de vit. prat., t. VI, 1872.

LECARD (Th.). Sur l'existence, au Soudan, de vignes sauvages à tige herbacée, à racines vivaces et à fruits comestibles. Compt. rend. de l'Acad. des Sciences de Paris, 1880, t. XCI, no 11, p. 502-503. Le Moniteur scientifique, Quesneville, t. XXIV, p. 1134.

LECLERC (Louis). La vigne et le vin du Johannisberg..., 1848. Journ. d'agr. prat., 1848. 2e sér., t. V, p. 462. Paris, impr. Mme Bouchard-Huzard, 1848, in-8.

LECLERC-THOUIN. — Sur l'influence des feuilles de la vigne sur le développement et la maturation du raisin. C. R. de l'Ac. des Sc., 1843, t. XVI, p. 1082. Voy. 1843, t. XVII, p. 198, 306, 477, 1146 et 1155.

LECONTE. American grape vines of the Atlantic States in Proceedings of the Philadelphie Academy of natural sciences, 1853.

LECOQ. De la fécondation naturelle et artificielle des végétaux et de l'hybridation. Clermont-Ferrand, imp. Perol ; Paris, Audot, 1845, in-12.

LEENHARDT (J.). Les meilleurs raisins de table et de cuve dans le midi. Rev. de vit., VII, 1897.

LEENHARDT-CAZALIS. Culture du raisin de table. J. de vit. prat., V, 1869, p. 75.

LEMOINE (Victor). — La vigne en Champagne pendant les temps géologiques. Châlons-sur-Marne. imp. F. Thouille, 1884, in-8.

LEROUX (S.). Ampélographie des cépages indigènes de l'Afrique française du Nord. Blida, 1895.

LE ROY. Espèces de raisins cultivés à Bouzy (Champagne). Bull. de la Soc. d'œnologie, t. II, Paris, 1836.

LEROY (André). Dictionnaire de Pomologie, 2 vol. Angers, 1869.

LE SOURD. Congrès viticole de Bourgogne. J. de vit. prat., 1869, p. 111.

LESPINASSE DE SAUNE. Le mélange des cépages dans

la plantation des vignes. Voy. la Bourgogne, rev. œnol. et vitic., 1861, p. 321.

LESTIBOUDOIS. Note sur la vrille dans les genres Vitis et Cissus. Voy. Mém. de l'Ac. des Sc., 1857, t. XLV, p. 153; Bull. de la Soc. bot. de France, t. IV, 1859, p. 809.

LESTIBOUDOIS. Sur la vrille des Ampélidées. Mém. de l'Ac. des Sc., 1865, t. LXI, p. 889. — Vrilles des genres Vitis et Cissus. Bull. de la Soc. bot. de France, 1857, p. 809.

LEVY-ZIVI. Sur le Lasca. Rev. de vit., IX, 1898.

LIAUTAUD. Cépages cultivés en Algérie. Bourgogne, rev. œnol. et vitic., 1862, p. 401. — Culture de la vigne dans le département du Var dont le climat se rapproche de celui de l'Algérie. Soc. d'agr. d'Alger, 1861, p. 111, 255; 1862, p. 42.

LIBLIN (J.). Le vignoble du Haut-Rhin. Bull. d'agr. du Haut-Rhin, juillet, 1862, p. 3. Strasbourg, imp. Silbermann, 1863, in-16; 1863, Colmar, Barth, in-32 (français-allemand).

LICHTENSTEIN (J.). Les cépages américains classés et annotés d'après les auteurs des États-Unis. Montpellier, imp. Ricateau, Hamelin et Cⁱᵉ, 1874, in-8.

LICOPOLI (F.). Sul frutto dell' uva e sulle principali sostanze in esso contenute... in Atti Napoli, 1878, vol. VII, n° 4, p. 4-9.

LIEGEL (Georg.). Systematische Anleitung zur Kenntniss, der vorzüglichsten sorten des Kern, Slein Schalen und Beerenobstes. Passau, 1825.

LIPPINCOTT (JAMES S.). Climatology of american grapes. Geography of plants, in Un. Sta. agr. Reports, 1862 et 1863.

LISSONE. Sul sexto congresso ampelografico intern. tenutosi, in Ginevra, 1878.

LOCKE (J.). Observations upon the growth und culture of vines. London, 1766, in London Magazine.

LOISELEUR-DESLONGCHAMPS. Culture des vignes à raisins précoces, 1848. — Culture des vignes à raisins précoces. Rev. hort., 1848, 3ᵉ sér., t. II, p. 188. — Culture du Morillon tardif en treilles élevées. Voy. Rev. hort., 1849, 3ᵉ sér., III, p. 13, 48.

LOISELEUR-DESLONGCHAMPS et ÉTIENNE MICHEL, t. VII du Nouveau Duhamel. Paris, 1819. — Traité des arbres et arbustes que l'on cultive en France, avec des figures d'après les dessins de MM. P.-J. Redouté et Bessa.

LONGUEUIL (Baron de). La viticulture au Caucase. J. de vit. prat., V, juillet 1870, p. 525.

LONGUERUE (de). Étude des cépages de la Gironde (Soc. agr. de la Gironde, sept. 1879). J. agr. Barral, 1870, I, p. 218.

LOPES DE CARVALHO (Antonio Maximo). Subsidios para a Ampelografia portugueza in A vinhe portugueza, 1885.

LOUIS DES HOURS. Les vignes américaines du domaine de Mezouls. Vigne américaine, 1880, n° 4, p. 122.

LOUREIRO (Marques). Supplemento ao catalogo geral e discriptivo das plantas cultivadas no real Estabelecimento de Horticultura, 1879-1880.

LOWE (Richard-Thomas). Observations sur les vignes et les vins de Madère (Trad. par Ladrey). Bourgogne, rev. œnol. et vitic., 1859, p. 208.

LUCOTTE (A.). Vignobles du Tonnerrois. Tonnerre, 1885.

LUMARET (Léon de). Vignes japonaises. Le Cochu (cochiou) et le Yama-Bouto. Rev. hort., 1880, p. 65.

LUPPÉ (de). Introduction des Pineaux de Bourgogne dans l'Ariège. Bourgogne. rev. œnol. et vitic., 1861, p. 170.

MACAGNO. Fonctions physiologiques des feuilles de vigne. Ann. agron., 1878, p. 471.

MACH. Reifestudien bei Trauben und Früchten. Annalen der œnologie, 1877, Bd. VI, 409-432.

MACHARD. Note sur les raisins qui produisent les vins blancs du Jura et du Doubs. Bourgogne, 1860, II, p. 552, in Traité pratique sur les vins.

MALAFOSSE (de), DAUREL et DE MONDENARD. Essai d'ampélographie et étude sur la synonymie des cépages de vigne dans la région du Sud-Ouest. Agen, 1898.

MALAFOSSE (de). Étude sur quelques cépages du Toulousain, de l'Albigeois, du Gers et de l'Agenais. Bull. de la Soc. fr. de vit. et d'ampélog., 2ᵉ année, n° 4, 1898.

MALÈGUE (V.). Le Cunningham. Vigne américaine, 1882, n° 3, p. 81.

MALNOURY. Cat. de cép. de choix tant noirs que blancs. J. d'agr. de la Côte-d'Or, 1860, t. XXII, p. 89. — Nouveau cépage noir appelé Suc hâtif. J. d'agr. de la Côte-d'Or, 1861, t. XXIII, p. 230.

MALOT (Félix). Culture du Chasselas en treilles. Ann. de la Soc. d'agr. de la Charente, 1847, t. XXX, p. 13.

MANGOLDT. Ueber den Wienbau in dem Oberamtsbezirk Oehringen. C.-F. Erbe's Wwe (Ph. Baumann), 1846, in-8.

Manuel du Chasselas, sa culture à Fontainebleau, par un vigneron des environs. Paris, Roret, 1843, in-18.

MANZI (Luigi). La viticolture e l'enologia presso i Romani... Ann. di Agr., 1883. (Min. di agr. ind. et comm.)

MARCH INCISA. Catalogo descrittivo e ragionato dei vitigni, 1869.

MARCHAND (de Bram). Notices sur les Gamais. Besançon, Jacquin, 1856, in-8.

MARECK (B. et F.). Der rationelle Weinbau oder die

Lehre von den Organen, der Ernährung und dem Wachstume des Weinstockes, mit der Eintheilung und Charakteristik der Rebensorten, mit Atlas. Weimar, 1870.

MARÈS (Henri). Ampélographie. Bull. Hérault, 1873, 60ᵉ année, p. 86. — Catalogue d'une collection de cépages, classés systématiquement par M. de Carlowitz, à Dresde (traduction). Bull. Hérault, 1846, p. 168, 229 et 254. — La coulure de la vigne (extr. du Livre de la Ferme). Rev. vit. de Ladrey, VI, 1864, p. 226. — Description des cépages principaux de la région méditerranéenne de la France. Montpellier, 1890. — Étude sur la floraison de la vigne. J. agr. Barral, 1868, II, p. 593. — Le Muscat Hambourg. J. agr. Barral, 1868, III, p. 521. — Note sur la richesse alcoolique des vins du département de l'Hérault. Mess. agr., 1860, I, p. 238. — Rapport sur l'ampélographie. C. R. des tr. Soc. agr. de France, 1873, p. 365. — La végétation de la vigne dans... l'Hérault, en 1859. La Bourgogne, rev. œnol. et vitic., 1860, p. 203. — Des vignes du Midi de la France. Livre de la Ferme. Paris, 1865.

MARÈS et PLANCHON. Sur la floraison et la fructification de la vigne. Compt. rend. de l'Acad. des sciences, 1867, t. LXIV, p. 254..

MARIA (Pietro Paolo di). I gran tresori nascoti nelle vigne ritrovati con la singolare direzione di coltura che si usa in Sicilia. Palermo, 1675, in-4 ; seconde éd., id., 1754, in-8.

MARRE (E.). Monographie des vignobles de l'Aveyron. Paris, 1894 (Rev. de vit.).

MARTIN. Vignes de la Cochinchine. Bull. des séanc. de la Soc. centr. d'agr., 1882, t. XLII, p. 174.

MARTIN (Ch.). Le Sultanieh. R. hort., 1863, p. 290.

MARTIN (J.-B.). Les vignes tuberculeuses à Saïgon. Rev. hort., 1883, p. 182.

MARTINET. Notes sur les variétés de raisins ou cépages connus dans les vignobles de Vaux et de Saint-Romain. Annales de l'agr. française, t. XLV. Paris, 1811.

MAS. Rapport sur l'exposition des raisins et des cépages de l'Ain tenue à Bourg en 1866, in Chronique de l'Ain, 1866.

MAS et PULLIAT. Le Vignoble, ou histoire culturale et description, avec planches coloriées, des vignes à raisins de table et à raisins de cuve les plus généralement connues, par MM. Mas et Pulliat. Paris, G. Masson, 1874 à 1879, in-4, t. I-III.

MASSARELLOS (Barão de). Memoria sobre a decadencia da agricultura das vinhas do Alto Douro e do commercio dos vinhos do Porto, etc. Porto, 1859, in-8.

MASSON-FOUR. De la vigne trifère. J. d'agr. prat., 1838, t. II, p. 116.

MASSY (André). Lettre sur l'Étraire de l'Aduï, in Sud-Est, 1863.

MATHIEU (Abbé H.). Notes ampélographiques sur les vignes du département de l'Allier. V. A., 1896. — A propos du Meslier, notes et documents. V. A., 1897.

MAWE and ABERCROMBIE. The universal gardener and botanist. London, Robinson, 1778, in-4.

MAYER (K.). Der Rheinische. Weinbau, 1827.

MAZADE. Guide pour faciliter la reconnaissance de quelques cépages. Paris, Masson, 1898.

MEADE (P.-B.). Elementary treatise on american grape culture and wine making. New-York. London, Trubner, 1867, in-8.

MEISSNER et BUSH. Les vignes américaines. Catalogue. — Les vignes américaines en France et aux États-Unis. La Vigne américaine, 1878, n° 1, p. 8 ; n° 3, p. 49 ; n° 4, p. 86. — Les vignes Cordifolia et Riparia. La Vigne américaine, 1878, n° 11, p. 243. — Les Vitis Riparia Cordifolia et Cinerea. La Vigne américaine, 1879, n° 10, p. 217.

MEISTER. Schutz der Weingärten gegen Frostschaden. Mittheilungen der mährisch schlesischen Gesellschaft für Ackerbau, in Illustr. Monatshefte fur Obst- und Weinbau, 1874, n° 10, p. 300.

MÉLICOCQ (Baron de). Culture de la vigne dans le Nord de la France aux xvᵉ et xviiᵉ siècles. Bull. de la Soc. bot. de France, 1858, p. 23 ; 1859, p. 448.

MÉLINE. Origine de la vigne, in Vigneron des Deux-Bourgognes, n° 1. Beaune, 1848.

MELLET (Eug. de). Abbaye des vignerons de Vevey, son origine, ses règlements, son développement, ses fêtes... Vevey, Loertscher, 1881, in-8.

MENDOLA (Baron). Estratto del catalogo generale della collezione di viti italiane e straniere radunate in Favara. (Il coltivatore.) Favara, 1868.

MERCIER. Mémoire des différentes natures et qualités de raisins de notre terroir, envoyé à M. l'Intendant de Bordeaux (octobre 1782) par M. Mercier, advocat de Nîmes, publié avec un avant-propos, par le Dʳ Cambassédès. Montpellier, Paris, 1879.

MEREJKOVSKY. Les meilleurs cépages de cuve et de table en Crimée. Odessa, 1894.

Messager agricole. Montpellier, depuis 1860.

MESSEMÉ (Cᵗᵉ de). Introduction des fins cépages. J. de vit. prat., IV, 1868-69, p. 345, 351.

METZGER (Joh.). Der Rheinische Weinbau in theoretischer und praktischer Beziehung bearbeitet von Joh. Metzger universitäts gärtner in Heidelberg. Heidelberg, 1827.

METZGER et V. BABO. Wein und Tafeltrauben der deutschen Weinberge und Garten. Mannheim, 1836.

MICHAUX. Flora boreali-americana, 2 vol. Parisiis et Argentorati, anno XI, 1803. — The north american sylva or a description of the forest trees, 2 vol., in-8. Paris, 1819.

MICHEL (Léon). L'Origine de la culture de la vigne dans les Gaules. Bull. du Comice agr. d'Apt, 1862, t. V, p. 89.

MICHELI (Marc). Description et synonymie des cépages cultivés dans le canton de Genève et note sur quelques cépages valaisans. Genève, 1878. Bull. de la class. d'agr., IIe série, vol. VI.

MIÉDAN (C.). Notes ampélographiques sur les Gamays teinturiers de la Bourgogne. Congrès de Chalon, 1896.

MILCENT. Éléments d'agronomie et Traité de la vigne et de la fabrication des vins, 1823.

MILLARD (A.). A propos du Vitis Solonis. La Vigne américaine, 1878, n° 4, p. 90.

MILLARDET (A.). Histoire des principales variétés et espèces de vignes d'origine américaine (Paris, 1985). — Notes sur les vignes américaines, série I (Paris, 1801), série II (Paris, 1807), série III (Paris, 1888). — Étude sur les vignes d'origine américaine qui résistent au phylloxéra (Mém. Académie des sciences, Paris, Imp. nat., 1876). — Note sur l'hybridation sans croisement ou fausse hybridation. (Bordeaux, 1894). — Divers in Revue de viticulture. — Cordifolia ou Riparia. Vigne américaine, 1878, n° 10, p. 222. — Graines de vignes américaines. J. d'agr. prat., 1880, t. II, p. 241. — De l'hybridation entre les diverses espèces de vignes américaines à l'état sauvage. J. d'agr. prat., 1882, t. II, p. 470. — Multiplication des vignes sauvages par les semis. J. d'agr. prat., 43e année, 1879, t. I, p. 228. — Notes sur les vignes américaines. J. d'agr. prat., 1881, t. I, p. 400. — Note sur les vignes américaines. Adaptation au climat et au sol. J. d'agr. prat., 1881, t. I, p. 531. — Notes sur les vignes américaines et opuscules divers, sur le même sujet. Bordeaux, Féret et fils, 1881, in-8. — Notes sur les vignes américaines, le passé, le présent et l'avenir de la question des vignes américaines. J. d'agr. prat., 1881, t. II, p. 80, 148. — De quelques synonymies. Importance de la question d'hérédité dans les vignes américaines. Vigne américaine, 1877, n° 11, p. 241. — La question des vignes américaines au point de vue théorique et pratique. Bordeaux, Féret et fils, 1877, in-8. — Sur quelques hybrides des Vitis vinifera, V. labrusca, V. æstivalis et V. riparia. Congrès de botanique et d'horticulture. Paris, 1878. Rev. scient., 8e année, 1er sem. 1878, p. 262.

MILLOT (L.). Le Gamay hâtif des Vosges. Prog. agr. et vit. Montpellier, XVII, 1892.

Ministero di agricultura. Bolletino ampelografico,

1874-1884. Roma, 18 fascicules. — Notizie studi intorno ai vini ed alle uve d'Italia. Roma, 1896.

MIRBEL. Semis de bourgeons. Dictionnaire des semis naturels. Levrault, 1817.

MOHL. Pflanzung, Schutt- und Behandlung des Weinstockes in Norddeutscher Klime, 1884.

MOHR (Jos.). Handbuch für Weinpflänzer zur Verbesserung des Weinbaues am Bodensee und in den Rheingegenden, in-4. Freiburg, 1834.

MOLLET (Claude). Théâtre des jardinages (Paris, 1652).

MOLNÁR ISTVÁN. A szölö mü velés és Borárszat Rézikönyve, 1879.

MONÀ ANDREA. Descrizione delle principali varietà di viti. Milano, 1820 (Annali universali, t. IX).

MONTALBANI (Ovidio). Geoscopia ampelite owero speculazione terrestre circa le viti. Bologna, 1635,

MONTESQUIEU (baron de Secondat de). Mémoire sur la culture de la vigne de Guyenne, in Mémoires sur l'hist. nat. du chêne, 1785.

MONTFORT (de). Vins et vignes de la Californie (extrait d'un rapport sur ce pays). J. de vit. prat., III, 1867-68, p. 547.

MORAES SOARES (Rodrigo de). Mémoire sur les vins de Portugal, rédigé à l'occasion de l'Exp. univ. de 1878.

MORARD (A.). Notes sur le Savagnin vert. J. de vit. prat., I, 1866-67, p. 257.

MOREAU-ROBERT. Catalogue de Robert Moreau d'Angers.

MORELET (A.). Culture de la vigne aux Açores. La Bourgogne œnol. et vitic., 1866, p. 513.

MORELOT (Dr). Statistique de la vigne dans le département de la Côte-d'Or. Dijon, Lagier, 1835, in-8.

MORIN DE SAINTE-COLOMBE. Mémoire de M. Stoltz sur diverses variétés de vignes. Bull. séan. Soc. nat. agr., 1841-42, p. 412.

MOROGUES (Baron de). Observations générales sur l'influence de la latitude, de l'élévation, de l'exposition et de la nature du sol des vignobles, avec quelques explications particulières à ceux de l'arrondissement d'Orléans et à la répartition de l'impôt sur les vignes. Orléans, Huet-Perdoux, 1823, in-8, 34 p.

MORTILLET (de). La vigne dans l'Isère. J. de vit. prat., t. VI, 1872.

MOUCHOT. Notes sur le Pinot noir. J. de vit. prat. I, 1866-67, p. 60.

MOULADE (P.). La séparation des cépages dans la plantation des vignobles. J. d'agr. prat., 1876, t. II, p. 881 ; 1877, t. I, p. 438.

MOUILLEFERT (P.). Les vignobles et les vins de France et de l'étranger. Montpellier, 1891. — La viticulture à Chypre. Prog. agr. et vit. Montpellier, t. XIX, 1893.

MUHL (F.). Der Weinbau an der Saar und Mosel,

so weit diese der Krone Preussens angehören, im Vergleich mit dem Betrieb dieses culturzweiges in anderen Ländern. Trier, C. Troschel, 1845, in-8.

MÜLLER. Sur les cépages précoces. Rev. de vit., IX, 1898.

MÜLLER (J.-C.-F.). Teutschlands Weinbau nach Gründen oder Anweisunden Bau der vaterländischen Weine zu veredlen und einträglicher zu machen. Leipzig, 1803, in-8, 222 p.

MULLER-THURGAU. Structure et physiologie de la feuille de la vigne, in Ampelographische Berichte, 1881, anno III.

MÜNCH (Friedrich). Amerikanische Weinbauschule. Saint-Louis, C. Witter, 1864, in-8..., und Weinbereitungslehre. Saint-Louis, Conrad Witter. 1869.

MUNSON (T.-V.). Address on native grapes of the United States. Indianapolis, 1885. — Classification and generic synopsis of the wild grapes of North America. Washington, Government printing office, 1890. — Investigation and improvement of American grapes, in Bull. n° 56 Texas agricultural experiment station. Austin, 1900. — Les portegreffes des terrains crayeux secs. Rev. de vit., III, 1895, — Les variations asexuelles. R. de vit., XVIII, 1902. — Les vignes américaines en Amérique. Rev. de vit., IV, 1895. — Sur une nouvelle classification des vignes des États-Unis d'Amérique, 20 janvier, 1885 (traduction Bourgade). Montpellier, Grollier, 1885.

MURAIRE. Mémoire sur les espèces de raisins de Provence. Aix, 1881.

NAST (Conrad). Vollständige Abhandlung des Gesammanten Weinbaues. Frankfurt und Leipzig (Metzler). 1er tome, 1766 ; 2e tome, 1767.

NAUDIN. De la vigne Isabelle. Rev. hort., 2e sér., t. V, p. 327. — Vignes algériennes. Rev. hort., 1854, 4e sér., t. III, p. 17.

NAVAÁ (Numa). Deux nouveaux cépages précoces, Abouriou et Sauterne blancs. Rev. de vit., IX, 1898. — Les cépages précoces. R. de vit., XV, 1901.

NEUBAUER (C.). Beittträge zur Analyse des im Fruhjahr aus den Reben ausfliessenden Saftes, 1875. — Untersuch. ub. das Reifen der Trauben.

NEUBAUER et Bon CANSTEIN. Recherches sur les pleurs de la vigne. Ann. agron., 1876, t. II, p. 202.

NICOLEANO (G.). Introduction à l'Ampélographie romaine (Bucarest, 1900).

NICOLOSI GALLO (Angelo). Trenta varietà di vitign siciliani. (Giornale industriale italiano). Forli, 1869, et in Journ. la Vite e il vino. Milano, 1870.

NIÈVA (Don José Maria de). Manual del Consechero de vinos. 4e édit. Madrid, 1854 ;. 1re édit., sans nom d'auteur, 1833.

NOGALT (M.-J.-François). Culture da la vigne dans le Calvados et autres pays qui ne sont pas trop froids... Falaise. Brée, 1836, in-8.

NOISETTE (Louis). Le jardin fruitier, 3 vol. Paris, 1813-1821, Paris, 1832-39.

NOTARI (G.). I vitigni siciliani in Annuario generale per la viticoltura e la enologia del circolo enofilo italiano. Roma, 1892.

OBERDIECK, FEHLEISEN et LUCAS. Illustrirte Monatshefte für Obst- und Weinbau, Organ des deutschen Pomologenvereins. Ravensburg, 1865, in-8.

OBERLIN Gemischtes Pfahl- und Drahtsystem fur Weinberge. Oesterreichisches Landwirtt chaftliches Wochenblatt, t. V, p. 305. — Le vignoble de l'Alsace-Lorraine in Festgabe des Deutschen apothequer-vereins. Strasbourg, 1897. —. Les vignes américaines en Alsace-Lorraine et en Allemagne. La Vigne américaine, 1877, n° 8, p. 175; n° 9, p. 206; n° 10, p. 234. — Rapport au Congrès viticole de Colmar, 1886. — Systematisches Verzeichniss und synoptische Beschreibung der Trauben varietäten. Colmar, 1900. — Direkttragende Hybriden. Colmar, 1900.

ODART (le Comte). Ampélographie ou traité des cépages les plus estimés dans tous les vignobles de quelque renom... Paris, imp. de Duverger, 1845, in-8. — 2e éd., Paris, Dusacq 1849, in-8. —Ampélographie, 3e éd. Paris, Mme Huzard,1854, in-8. — Ampélographie universelle, ou traité des cépages les plus estimés dans tous les vignobles de quelque renom. 4e éd. Paris, lib. agr. 1859, in-8. (1re éd. (anonyme) en 1841 sous le titre « Essai d'ampélographie », par l'auteur de « l'exposé des divers modes de culture de la vigne »). — Appendice à la cinquième édition de l'Ampélographie universelle... Tours, imp. Ludevèze, 1866, in-8. — Lettre à Bouchereau, 13 août 1836. Bull. de la Soc. d'œnologie fr. et étr. Paris, 1836. — Manuel du vigneron, 3e édit. Paris, 1861. — Art. Vigne in Maison Rustique du xixe siècle de Bixio, t. II. Paris, 1837. Cépages de la Dorée. Soc. d'agr. d'Indre-et-Loire, 1840, p. 173. — Demande au ministre d'un vigneron pour entretenir les collections de cépages de la Dorée. Soc. d'agr. d'Indre-et-Loire, 1838, p. 79. — Discussion avec M. Cazalis-Allut sur les collections de vignobles d'Indre-et-Loire, 1841, p. 28. — Essai d'ampélographie. Soc. d'agr. d'Indre-et-Loire, 1838, p. 147. — Lettre sur la formation et la suppression des pépins dans le raisin de Corinthe ou passoline. Bull. des séances de la Soc. centr. d'agr., 1856, 2e sér., t. XII, p. 373. — Naturalisation des cépages étrangers les plus renommés. Soc. d'agr. d'Indre-et-Loire, 1832, p. 186. —

Nouvel essai d'ampélographie. Soc. d'agr. d'Indre-et-Loire, 1841, p. 28, 84; 1843, p. 5. — Réponse de l'Essai d'ampélographie. Soc. d'agr. d'Indre-et-Loire, 1839, p. 115. — Relation de son voyage en Allemagne et en Hongrie. Soc. d'agr. d'Indre-et-Loire, 1840, p. 7.

Ogerien (le frère). Histoire naturelle du Jura et des départements voisins. Paris, V. Masson. 1867.

Olivier de Serres. — Le théâtre de l'agriculture, ou ménage des champs. Du devoir du ménager, ou l'art de bien connaître et choisir les terres. Nouvelle édition. Paris, Sagnier, 1873, in-8. (1re éd., 1600).

Oncieu de la Batie (d'). La Mondeuse. Rev. de vit., t. VIII, 1897.

Ortlieb. (J.-M.). Plan d'instructions fondées sur l'expérience pour l'amélioration et l'augmentation des biens de la terre, spécialement des vignobles, dédié aux États généraux, in-8. Strasbourg, 1789.

Ossenfelder (H. A.). Von Weinbau in der chursächsigen Ländern. Dresden-Gerlacho, 1771.

Ottavi (O.). Giornale vinicolo italiano, depuis 1874. — Viticoltura theorico pratica. Casale, 1885.

Ounous (Leo d'). Raisin de table trop peu cultivés. Rev. hort., 1864, p. 289, 439.

Pacottet (P.). Argant et Brumeau. R. de vit., XX. 1903. — Le pinot beurot. Rev. de vit., XIII, 1900. — Viticulture (Encyclopédie agricole). Baillère, 1908.

Paglia (Enrico). Note ampélographiche sur la des. crizione dei vitigni mantovani. Mantovæ, tip. Mondovi, 1874, in-8.

Paguierre. Classification et description des vins de Bordeaux et des cépages particuliers au département de la Gironde. Bordeaux, 1829.

Pailhe et Bonhomme. Promenade dans les vignes du canton de Cloyes (Eure-et-Loir). Le Gondouin. J. de vit. prat., p. 404, t. VI, 1872.

Palladius (ive siècle ap. J.-C.). De re rustica, I, 3; III, 9, 28; IV, 28, 31, etc.

Pallas. Voyage dans la Russie méridionale, chap. : Vignes de la Tauride.

Le Parfait vigneron. Almanach du Moniteur vinicole, 3e année, 1864, in-16, 162 p. Paris, 1863.

Parmain (A.). Notes ampelographiques pratiques. Prog. agr. et vit. Montpellier, t. XXX, 1898.

Pasqui (Tito). Relazione sulla uve esposte alla mostra ampelografica di Forli. Forli, 1877.

Passet. Conseils aux viticulteurs de Nérac sur le choix entre les vignes rouges et les vignes blanches. La Bourgogne, rev. œnol. et vitic., 1861, p. 183. — Choix de cépages (Nérac), in Revue d'Economie rurale, 7 fév. 1861.

Patrigeon (Dr). Le Morillon noir de l'Indre. V. A., 1888.

Pauli (Simon) et Bartholin (G.). Vignes de l'Orléanais, de l'Alsace, 1673. Collection acad., 1757, t. IV, observation 43, p. 244.

Péan (Alonso). Origine du Pineau. An. Soc. agr. Indre-et-Loire, 1872, p. 203. — Raisins blancs et noirs sur le même pied de vigne. Rev. hort., 1877, p. 461.

Pearson (J.-R.). Vine culture under Glass. Nottingham, 1885.

Pellicot. A propos d'un catalogue de vignes. Mess. agr., X, 1869-70, p. 48. — Cépages des environs de Toulon. Mess. agr., V. 1864-65, pp. 43, 131, 334 et 417; VI, 1865-66, pp. 37, 84, 208. — Du Clinton et du Taylor. La Vigne américaine, 1879, no 9, p. 201. — La clairette verte, avec pl. coloriée. J. de vit. prat., V, 1870, p. 390. Le Cinsaut, id. loc., p. 461. — Le Fourca noir ou Brun fourca (mon). J. de vit. prat., t. VI, 1871. Le Colombaud, t. VI, 1872. — Le Grenache. J. de vit. prat., III, 1867-68, p. 207. — Le Mourvèdre. J. de vit. prat., III, 1867-68, p. 110. — Le Tibouren. J. de vit. prat., IV, 1868-69, p. 253; l'Ugni blanc, p. 464. — Tendance des cépages à subir ou à repousser l'oïdium. Journ. d'agr. prat., 1860, t. II, p. 107. La vigneron provençal, cépages provençaux...culture et vinification. Montpellier, imp. Gros, 1866, in-8.

Penzig (Otto). Anatomia e morphologia della vite (vitis vinifera). Milano, 1881.

Pépin. Rapport sur la collection de vignes de M. Malingre. Bull. des séanc. de la Soc. centr. d'agr., 2e sér., t. V, 1849, p. 80.

Pereira Rumão (F. J.). O Vinhateiro, obra em que se trata da cultura da vinha e da fabricão de vinho, 1844.

Perelli-Minetti. Sur les vignes des Pouilles, in Ann. de vit. ed enologia italiana, vol. V, p. 34, 1874.

Perraud (J.). Cépages de la vallée du Graisivaudan. Progrès agricole et viticole, 1890. — Ampélographie des cépages de l'Isère à propos de l'exposition viticole de Grenoble. Prog. agr. et vit., t. XXVIII, 1897.

Perrier de la Batnie. Les vignobles et les vins du département de la Savoie. Montpellier, 1901. — Sur le cépage Avana. V. A., 1902.

Petit (Th.). Essai d'acclimatation des cépages de la Bourgogne et du Médoc dans le Sud-Ouest. J. d'agr. prat., 1879, t. II, p. 360.

Petit-Lafitte. Notice sur les vignes de Cap-Breton. (Vignes dans les sables des dunes). Bourgogne, I, 1859, p. 420. — La vigne dans le Bordelais. Paris, J. Rothschild, 1868, in-8.

Philipot (Th.). La viticulture de l'île de Ré. J. de vit. prat., t. III, 1868.

PIAZ DAL ANTONIO. Die Weinbereitung und Keller-wirthschaft. Wien, 1878.

PIÉRARD (Comte). Les vignes cultivées à Verdun-sur-Meuse. J. agr. de la Meuse, 1847.

PIERRE (Maurice de la). Catalogue des différentes variétés de raisins exposés au concours de Lucerne. Sion, 1881. — Notes sur quelques cépages valaisans. Addition aux Rapports de Marc Micheli sur l'exposition ampélographique de Genève, 1878.

PIERRE-PONCE. Cépages cultivés dans le département de la Gironde. J. de vit. prat., V, 1869, p. 94.

PIGHARD (M. A.). Descriptions et synonymies des variétés de vignes cultivées dans la collection. Bergerac, impr. A. Rooy, 1872, in-8.

PLACIDO DE SALVO. I nuovi ibridi produttori diretti. Giarre, 1903.

PLANCHENAULT (M. N.). Notice historique et pratique sur la culture de la vigne, spécialement en Anjou. (Extrait des Mémoires de la Soc. acad. d'Angers, t. XIX. Angers, imp. P. Lachèse, Belleuvre et Dolbeau, 1866, in-8.)

PLANCHON (J.-E.). Les vignes américaines et leur avenir en Europe. Revue des Deux-Mondes, 1873 à 1877. — Marès : Sur la floraison et la fructification la vigne, 1867. — Sur les vignes asiatiques et la vigne africaine. Bull. Hérault, 1881, 68e année, p. 691. — 1. Encore les vignes du Soudan. 2. Lo Vitis monticola Buckley et le vitis Berlandieri Planch. Vigne américaine. Lyon, 1881, in-8. — Fleurs anormales de la vigne cultivée. Ann. des Sc. nat. Bot., 1866, sér. 5, t. VI, p. 228. — Identité du Vitis riparia de M. Fabre avec le Vitis cordifolia de Bush (forme glabre). Vigne américaine, 1879, n° 8, p. 171. La Vigne américaine. Paris, 1875. — La Vigne Champin. Vigne américaine, 1882, n° 1, p. 22. La vigne de Berlandieri (américain). J. de l'agr., 1880, t. III, p. 415. — La vigne de Nigritie de M. Roche. Le Cissus quadrangulaire L. Les vignes chinoises de l'abbé A. David. Vigne américaine, 1881, n° 5, p. 132. — Le Taylor au point de vue de la résistance et de l'adaptation. Vigne américaine, 1879, n° 9, p. 303. — Le Vitis Berlandieri, nouvelle espèce de vigne américaine. Comptes rendus de l'Acad. de Paris, 1880, t. XCI, n° 9, p. 425-428. — Le Vitis palmata Vahl et le Vitis Rubra Michaud. Vigne américaine, 1884, n° 1, p. 15. — Les vignes américaines, leur culture, leur résistance au phylloxéra, leur avenir en Europe. Paris, Delahaye, 1875. Montpellier, Coulet, 1875. — Les vignes Cordifolia et Riparia sauvages et leur véritable introduction dans la culture. Vigne américaine, 1888, n° 10, p. 217. — Les vignes de la Cochinchine. Vigne américaine, 1882, n° 4, p. 106. — Les vignes des tropiques du genre Ampelocissus considérées au point de vue pra-

tique. Paris, imp. Waltener, 1885, in-8. (Extrait du journal la Vigne américaine.) — Les vignes sauvages des États-Unis de l'Amérique du Nord. Bull. de la Soc. bot. de France, t. XXI, p. 107, 112, avril 1874, et Bull. de la Soc. hort. de l'Hérault, n° 2, année 1874. — Rapport adressé à M. le Ministre de l'agr. et du commerce, au sujet du Congrès phylloxérique international de Lausanne. Montpellier, imp. Grollier, 1878, in-8. — Rapport au ministre de l'agr. sur une mission aux États-Unis (pour y étudier le phylloxéra). Bull. du comice agr. d'Apt, 1873, t. XV, p. 265. — Sur l'origine prétendue caucasienne du Vitis Salonis. Vigne américaine, 1878, n° 2, p. 30. — Sur les principaux types (espèce, ou variétés) de vigne américaine. Assoc. franç. pour l'avancement des sciences. Congrès de Montpellier, 1879, et Paris, 1880, in-8. — Les vignes japonaises de M. H. Degron. Vigne américaine, 1884, n° 9, p. 280; n° 10, p. 302. — Ampelideæ (suites au Prodromus systematis naturalis regni vegetabilis de A. et C. de Candolle, t. V, 1887, Paris, Masson). — Les vignes des tropiques du genre Ampelocissus, considérées au point de vue pratique (Vigne américaine, 1884 et 1885).

PLANCHON (G.). Sur l'Introduction des vignes américaines dans le midi de la France. Journ. de pharmacie et de chimie, 4e série, t. XXVII, 1878, p. 52-58.

PLINE (77 apr. J.-C.). Historia naturalis, III, XII, XIV, XVII, XVIII, XXII, XXIII.

POHNDORFF (F.). Les vignes sauvages de la Californie et de l'Arizona. Vigne américaine, 1882, n° 2, p. 63; n° 3, p. 92; n° 5, p. 156.

POITEAU (A.). Pomologie française. Recueil des plus beaux fruits cultivés en France. Paris, 1845, 2 vol.

POLLACCI (Egidio). La Teoria e la Pratica della viticoltura e della Enologia. Milano, 1872. Plusieurs éditions. 4e éd. Milan, 1896.

PORTA (J.-B.). Francoforti, 1592.

PORTELE. Reifestudien bei Trauben und Fruchten, 1878. Untersuch. ul. das Reifen der Weintrauben, 1879. — Studien uber die Entwicklung der Traubenbeere un den Einfluss des lichtes auf die Reife der Trauben, 1883.

POUY (M.). Sur un plant nouveau appelé Talou. Progr. agr. et vit., Montpellier, XIII, 1890.

PRESSEY (A.). La Vigne école de Tarn-et-Garonne. Le Cultiv. de la Champ., XXVIIIe année, janvier 1876, p. 5.

PRIEUR (Clément). Projet d'une ampélographie française. J. de vit. prat., t. IV, 1869.

PRILLIEUX (E.). Considérations sur la nature des vrilles de la vigne... (Bull. de la Soc. bot. de France, t. III, 1856, p. 645). Paris, imp. Marti-

net, 1857, in-8. — La matière colorante des raisins noirs, 1866.

PRINCE (W. R.). A Treatise on the vine. History
culture and management of vineyards, 1830.

PRIVAT (Gustave). Petit dictionnaire ampélographique, 1892.

Progrès (Le) agricole et viticole (L. Degrully).
Journal d'agriculture méridionale. Montpellier,
imp. Grollier et fils, 1ʳᵉ année, 1884 (1884-1909).

PROST (B.). Documents pour servir à l'histoire de
la viticulture en Franche-Comté. Lons-le-Saulnier,
imp. Damelet, 1876, in-12.

PULLIAT et MAS. Le Vignoble, ou histoire, culture et
description, avec planches coloriées, des vignes à
raisins de table et à raisins de cuve, par MM. Mas
et Pulliat... Paris, J. Masson, 1874 à 1879, in-4.

PULLIAT (V.). Ampélographie. J. de vit. prat., V, 1869,
p. 159, p. 171. — Ampélographie (Serine et
Syrah). Juillet. J. de vit. prat., V, 1870, p. 507. —
Cépages et vins du Beaujolais, 1866. — Chasselas
doré, V.A., 1891. — Les Gamays à jus coloré, V.A.,
1892. — Cours de viticulture et d'ampélographie,
1898. — Damas noir. Gamay teinturier. J. de vit.
prat., t. III, 1768; la Mondeuse, t. III, 1869; le
Sauvignon blanc, t. III, 1869; le Viognier, 1869;
Blanc Sémillon, t. III, 1869. — Descriptions et
synonymies des variétés de vignes cultivées dans
la collection de M. V. Pulliat à Chiroubles, 1868
(406 cépages). — Des variations de couleur sur la
grappe du raisin, V. A., 1893. — Deux vignes de
la vallée de la Saône (Pineau et Gamay). Rev.
de vit., V, 1896. — L'Ampélographie par les
vignerons français. J. de vit. prat., V, juillet
1870, p. 521. — J.'Épinette, avec pl. coloriée,
p. 548. — Le Grappu de la Dordogne. V. A.,
1888. — La Mondeuse. J. de vit. prat., III, 1867-
68, p. 254; le Sauvignon blanc, id., p. 396;
le Viognier, p. 448 ; le Merlot, p. 493. — Blanc
Sémillon, p. 538. — Le Corinthe blanc avec
pl. col. J. de vit. prat., VI, 1871, p. 79 ;
le Chasselas musqué, id. loc., p. 180; le
Sabalkanskoi, id., 1872, p. 220. — Les raisins précoces pour le vin et la table. Montpellier,
1897. — Lettre sur l'Ampélographie. J. de vit.
prat., IV, 1868-69, p. 428; l'Arrouya, p. 511,
avec pl. coloriée ; le Corbeau, p. 571, avec pl.
colorée. — Rapport sur l'exposition des raisins
faite à Lyon en 1869. J. de vit. prat., VI, 1871, p.
51. — Descriptions et synonymies des variétés de
vignes cultivées dans la collection de M. V. Pulliat
à Chiroubles (Rhône), par Romanèche (Saône-et-
Loire). Lyon, imp. Bellon, 1868, in-8. — Rapport
sur les études ampélographiques faites en 1872
par la Société régionale de viticulture de Lyon.
Nancy, imp. Berger-Levrault, 1874, in-8. (Compte
rendu journal de la librairie, 1874.) — A propos des

embrunches ou vignes sauvages du Cher. J. d'agr.
prat., 1882, t. II, p. 851. — Henab Turki, raisin
turc. Rev. hort., 1882, p. 360. — Le Chaouch.
Vigne américaine, 1880, n° 6, p. 190. — Le Gamay
à fleurs doubles, 1875. — Le Melon ou Morillon
blanc. La Ferme, 1867, p. 80. — Les vignobles du
haut Rhône et du Valais. Paris, imp. de la Soc.
de typographie, 1885, in-8. (Soc. des agric. de
France. — Raisin Lignan blanc. Rev. hort., 1876,
p. 405. — Raisin Barbarossa à feuilles cotonneuses. Rev. hort., 1882, p. 264.

PUVIS. (M.-A.). Semis de la vigne. Bull. Soc. nat. agr.
47, p. 153. — Visite au vignoble de l'Hermitage. J. d'agr. de l'Ain, 1846, p. 298. — J. d'agr.
prat., 1847, 2ᵉ sér., t. IV, p. 297. Bourg, imp.
Milliet-Bottier, 1846, in-8.

QUETIER. Note sur la fécondation artificielle de la
vigne. Annales de la Soc. d'horticulture de Meaux,
n° 19, année 1865, p. 91.

QUIHOU (Antoine). Catalogue des vignes cultivées au
Jardin zoologique d'acclimation du Bois de Boulogne. Paris, 1876.

RAFINESQUE (C.-S.). American Manual of grapes
vines. Philadelphie, 1830.

RAMAT. Catalogue viticole du Jardin d'acclimatation de Paris. J. de vit. prat., VI, 1872, p. 192. —
Causerie viticole (classification). J. de vit. prat.,
I, 1866-67, p. 198. — De la nécessité de créer
des vignobles-écoles, p. 268.

RAMOND (A.). Culture de la vigne aux environs du
Havre. Bull. de la Soc. bot. de France, 1862,
p. 262.

RASCH. Weinbuch. Wien, 1588.

RATHAY (E.). De la sexualité des vignes et de son
influence sur la viticulture. Wien, 1888-1889. —
Die Geschlechtsverhältnisse der Reben und ihre
Bedeutung für den Weinbau. Wien, 1888-
1889. V. A., 1888 et 89.

RAVAZ (L.). Principaux cépages italiens (traduction
de l'Ampelografia italiana). Prog. agr. et vit., III,
1885 ; IV, 1885 ; Montpellier, V, 1886. — Vignes
américaines. Choix des porte-greffes, par L. Ravaz.
Extrait de la Revue de viticulture. Bordeaux,
Féret et fils, 1896, gr. in-8. — Porte-greffes et producteurs directs. Coulet, Montpellier, 1902.

RAVAZ (L.) et VIVIER (A.). — Le pays du Cognac
(Cognac), 1900.

RAY (L.). Liste des cépages cultivés dans le
canton des Riceys, in Mémoires de la Société
académique de l'Aube. Troyes, 1852.

REBELLO DA FONSECA. Mémoire sur la culture de la
vigne (Lisbonne, 1791).

Reemelin (C.). Vine Dresser's Manual. New-York, 1856.

Regel (E.). Conspectus specierum generis Vitis regionis Americæ borealis, Chinæ borealis et Japoniæ habitantum. Travaux du Jardin botanique impérial de Saint-Pétersbourg. Saint-Pétersbourg, 1873, t. II, 1er fasc., p. 389. Gartenflora, 1881.

Regner (Alfr. von). Der Weinbau in seinem Ganzen Unfang... Wien, 1876.

Reich. Le bourgeonnement et la maturité des vignes américaines. Vigne américaine, 1882, n° 5, p. 150. — Les vignes américaines en Camargue. Vigne américaine, 1877, n° 2, p. 40; 1879, n° 11, p. 252.

Renaud (P.). La vigne (1882).

Rendella (Prosper). Tractatus de vinea in quo, quæ ad vineæ tutelam et culturam, vindemiæ opus, vinitoris documenta pertinent, explicantur et vini genera proponuntur. Venetiæ, ex. Juntas, 1579 et 1629.

Rendu (Victor). Ampélographie française, ou Traité de la vigne, comprenant la statistique, la description des meilleurs cépages, l'analyse chimique du sol et les procédés de culture et de vinification des principaux vignobles de France. Paris, 1857, 1 vol. de texte in-fol. et 1 atlas de 70 planches coloriées. 2 vol.

Reneaume. Larmes de la vigne. Mém. de l'Acad. des sc., 1707, p. 285.

Renevey (A.). L'Aligoté fertile. R. de vit., XX, 1903. — Le Gamay rond. R. de vit., XVII, 1902. — Le Gamay Teinturier supérieur et les différentes variétés de Gamay teinturier cultivées en Bourgogne. Rev. de vit., XIX, 1903. — Le Gros Pinot blanc hâtif. R. de vit., XIX, 1903. — Le Pinot blanc sucré. R. de vit., XVII, 1902. — Le Pinot Renevey amélioré. R. de vit., XIX, 1903.

Rivista di viticoltura ed enol. italiana, 1877.

Revue viticole. Dijon, imp. Rabutot; Paris, Savy, 1859...

Revue de viticulture de P. Viala, 1894-1909.

Rey. Monographie viticole du coteau de l'Ermitage et des vignobles qui l'avoisinent. Grenoble, Prud'homme, 1861, in-8. — Synonymie ampélographique (Syra). J. de vit. prat., V, 1870, p. 495.

Ricard (Marcel). Sur les variations de greffes. R. de vit., XXI, 1904.

Riley. The Pylloxera and american grapes (Journal The Sun, New-York, 21 mai 1879).

Riondet (A.). L'agriculture de la France méridionale.

Rivers (T.). Catalogue (Sawbridgeworth-Sussex).

Rivort (Alex.). Album de Pomologie (1809-1887). Bruxelles, 1847-51. T. I, Chasselas Napoléon; t. II, Palestine; t. II, Malvoisie Van Puyvelde, t. III, Schiras (Léon Seiler); t. IV, Fintindo.

Roaldès (François). Discours sur la vigne (xvie siècle, publié par P. Tamizey de Laroque, 1886).

Robin (J.-E.). Une vigne réfractaire au phylloxéra : le Vitis Solonis. Vigne américaine, 1877, n° 1, p. 12.

Robin (J.-E.) et Pulliat (V.). La Vigne américaine, sa culture, son avenir en Europe.

Rocques (X.). Les vins de Madère. R. de vit., XIX, 1903. — Le vin de Marsala. R. de vit., XVIII, 1902. — Les vins de Porto. La région viticole du Douro. Les cépages. R. de vit., XVIII. 1902. — Le vin de Tokay. R. de vit., XIX, 1903.

Roehler (Fr.). Untersuchungen über Most und Weintrauben arten Württembergs und die richtige Leitung der Gährung des Mostes. Tübingen, 1826, in-8, 26 p. (inaugural Dissertation sous la présidence de G. Schübler).

Rojas-Clemente y Rubio (Don Simon de). Ensayo sobre las variedades de la vid comun. Madrid, 1879.

Romanet du Caillaud. Spinovitis Davidi et Vitis Romaneti. J. d'agr. prat., 1882, t. 1, p. 891.

Romieral (Manuel). Arte de cultivar la vid. Madrid, 1844, in-8, 220 p.

Roos (L.). Sur la végétation de la vigne, particulièrement du cépage Aramon. Prog. agr. et vit. de Montpellier, t. XVIII, 1892.

Rose Charmeux. Culture du Chasselas à Thomery. Paris, Masson, 1863.

Rossi (Ferdinando). Contributo allo studio delle uve della provincia di Napoli, in Agricoltura meridionale, anno XII. Portici, 1889.

Roth (Emil). Der Rheingauer Weinbau. Frankfurt, 1876.

Rouget (Ch.). Ampélographie salinoise. Description des cépages de Salins, 1872. — Essai d'ampélographie franc-comtoise. Le Poulsard. V. A., 1881. — Encore un mot sur le ou les Mesliers. V. A., 1897. — Note sur les Savagnins ou Naturés. J. de vit. prat., 1807, p. 67. — Le Plussard noir. J. de vit. prat., III, 1867-68, p. 348. — De la synonymie des cépages du Jura et en particulier du canton de Salins, in Bull. Soc. agr. Poligny. Poligny, 1873. — Les vignobles du Jura et de la Franche-Comté (Poligny, Lyon, 1897).

Rougier. Etraire de l'Aduï. Prog. agr. et vit. Montpellier, 1888, p. 812. — Notes sur quelques cépages greffons de la région moyenne de la vigne. Prog. agr. et vit. Montpellier, t. XXIV, 1895. — Sur les variations par bourgeons, XI, 1889. — Les Hybrides Seibel (Progrès agricole, 1895, 1901, 1902, 1904, 1905).

Rougier de la Bergerie (Baron). Histoire de l'agriculture ancienne des Grecs, depuis Homère jusqu'à Théocrite ; avec un appendice sur l'état de l'agriculture dans la Grèce actuelle... Paris, Dentu, 1829, in-8.

Rousseau (J.). Notice sur la viticulture en Egypte (1873).

Rovasenda (Comte Joseph). Essai d'une ampélographie universelle, traduit de l'italien par F. Cazalis. G. Foëx et P. Viala. Montpellier, 2ᵉ édition, 1887. — Le Nebbiolo (monogr.). Le Luglienga bianca. J. de vit. prat., t. VI, 1872. — Le Pelaverga. J. de vit. prat., V, 1870, p. 280.

Roy. Culture de la vigne dans les cantons de Cruzy et de Tonnerre, 1838.

Roy-Chevrier (J.). Congrès de Chalon-sur-Saône, 17-20 septembre 1896. Chalon-sur-Saône, Cartier, 1896. — Le Saint-Jeannet tardif. Rev. de vit., VII, 1897. — La question du Meslier. V. A., 1897. — A la recherche du Gamay blanc. V. A., 1898. — Pinot blanc. Agric. nouvelle, 1904, et V. A., 1904. — Pinot ou Pineau. V. A., 1898. — Les hybrides Oberlin. V. A., 1901. — Ampélographie rétrospective (Montpellier, Couder, 1900). — Mustimétrie ampélographique (Revue de viticulture, XXI, 1904). — Les Producteurs directs (Revue de vitic., X, 1898; XIV, 1900).

Rozier (Abbé). Cours complet d'agriculture. Paris, hôtel Serpente, 1781-1805. — Lettre sur l'arboriculture et la viticulture (manuscrit). Cat. gén., XXIII, 473; Bibl. de Bordeaux, 828-10.

Rubião. O vinhateiro, 1852.

Rui (Fernandes). Descripção do terreno em roda da cidade de Lamego duas leguas, 1531. Colleção de ineditos de Historia portugueza, vol. V.

Sachs (Jacobus-Philippon). ΑΜΠΕΛΟΓΡΑΦΙΑ. Seve vitis viniferæ ejusque patium consideratio physico-philologico-historico-médico-chymica, in quatam de vitis in genere quam in specie... locupletata à Philippo. Jacobo Sachs. Leipzig, 1661, in-8.

Sagat (P.). Sur une vigne sauvage à fleurs polygames croissant en abondance dans les bois autour de Belley (Ain). Paris, imp. Martinet. 1879, in-8. Ann. de bot. 1878 (?), n° 196; et Ann. des sc. naturelles, Bot. (Decaisne), t. VII. Paris, 1878, imp. en 1879, p. 164-172.

Sagerret. Mémoire sur l'agriculture d'une partie du département du Loiret et sur quelques tentatives d'amélioration, in Mém. de la Soc. d'agr. du dép. de la Seine, t. XX. Paris, 1808.

Sainsevain. Culture de la vigne en Californie. La Bourgogne, rev. œnol. et vitic., 1859, p. 63.

Saint-Amans. Flore agenaise, in-8. Agen, 1821.

Saint-Pierre et Magnien (L.). Recherches expérimentales sur la maturation du raisin. Annales agron., n° 14-1.

Salomon. — Études sur les vignes de Tlemcen. L'Algérie agr. et comm., 1860, t. II, p. 33, 98, 121, 169.

Salomon (E.). Catalogue descriptif.

Sampaio (Alberto). O agricultor del Norte de Portugal, 1877-78.

Sahut (Félix). L'ampélographie et les origines de nos cépages, in Congrès viticole et Ampél. de Bordeaux, 1895.

Sannino (J.-A.). Note ampelografiche. Aglianico, in Italia œnologica, Roma, 1891.

Santini (Salvatore). Ampelografia del circondario di Macerata. Macerata, 1877.

Saporta (G. de). Origine paléontologique des arbres cultivés ou utilisés par l'homme. Paris, 1888.

Sarrau de Boynet. — Mémoire sommaire sur le projet de faire arracher les vignes dans la Guyenne. Manuscrit. Cat. g., XXIII, 457. Bibl. de Bordeaux, 828. — Observations météorologiques de 1740 à 1743 par rapport à la vigne. Temps de la fleur de la vigne de 1740 à 1754. Manuscrit. Cat. gén., XXIII, p. 457. Bibl. de Bordeaux, 828 (XVI).

Sattler (Adolphe). Cépages cultivés à Riquewihr J. de l'agr., 1868, t. II, p. 340.

Saussure (N. de). Articles vignes, raisins et vins, in Encyclopédie de Diderot et d'Alembert, 1778.

Sauzeau (Alix). Culture de la vigne dans le Poitou et la Saintonge. Bull. Soc. nat. agr., 1862-63, p. 456.

Savignon. Les vignes sauvages de Californie. Compt. rend. de l'Acad. des sc., t. XCII, p. 203, 1881.

Schams (F.). Zeitschrift fur Weinbau und Weinbereitung in Ungarn... Pest, Heckenast, 1836... in-8.

Schattenmann (Ch. H.). Mémoire sur la culture de la vigne dans les départements du Haut-Rhin et Bas-Rhin et la Bavière rhénane, 2ᵉ éd., in-8, 36 p. Strasbourg, 1864.

Schayes. Histoire de la culture de la vigne en Belgique. Le Moniteur belge, 24 octobre 1831.

Schmidt (D. A.). Ueber den böhmischen Weinbau. Prag, 1869.

Schneyder (J.). Ueber den Wein- und Obstbau der Alten Römer. Rastadt, W. Mayer, 1846, in-8.

Schröer (Robert). Der Weinbau und die Weine œsterreich-Ungarns. Wien, Hitschmann, 1889.

Schweinfurth (G.). Sur les derniers travaux botaniques dans les tombeaux de l'ancienne Égypte. Bulletin de l'Institut égyptien. Paris, 1887.

Seabra Silva e Telles. Memoria sobre a cultura das videiras e manufactura dos vinhos. Memorias de agricultura de Academie real das sciencias de Lisboa, 1790.

Secondat de Montesquieu. — Mémoire sur la culture de la vigne (1782).

Seillan (Jules). Synonymie du Gers (1862).

Seillan (J.). L'Armagnac et ses produits. Paris, imp. C. Lahure, 1868, in-8. (Extrait du J. de l'agr., n° du 5 mai 1868.) — Topographie des vignobles du Gers et de l'Armagnac. Auch, 1872.

SELLETTI (Pietro). Nuovo trattato teorico-pratico di viticoltura e vinificazione. Milano, Messaggi, 1877.

SEMMOLA (V.). Delle varietà di vittigni del Vesuvi e del Somma, delle quali si ragiona di terreni, della coltivazione della vite e dell' enologia vesuviana. Napoli, 1848, in-4.

SERVIÈRE (Joseph). Die Getränke-Kunde. Frankfurt, 1824.

SESTINI (abbate). Della coltura delle vigne lungo le coste del canal del mar nero o sia di Constantinopoli, con la descrizione del littorale del medesimo. Siena, 1784.

SIAU. Notice sur les vignobles du Roussillon. Mess. agr., 1861-62, II, p. 140, et Bourgogne, III, 1861, p. 355.

SICKLER (J.). Der Deutsche Obstgärtner, 1794, 1808.

SILHOL (Dʳ). Sur le cépage appelé Romanet ou Bourriscou, in Prog. agr. et vitic. Montpellier, VII, 1887.

SIMON (L.). Le Noble rose. J. de vit. prat., 1807, p. 101. — Le Noble vert. J. de vit. prat., III, 1867-68, p. 63.

SIMPSON (J.). The grape vine. Robinson, W., 1883.

SINGLE (Christian). Abbildungen der Traubensorten Württembergs. Ravensburg, 1860.

SOARES (Francisco). Diccionario de agricultura. Lisboa, 1806.

Société des viticulteurs de France. Congrès international de viticulture, juin 1900. Paris, 1900.

Société régionale de viticulture du Rhône, constitué le 2 avril 1870.

SODERINI (Giov. Vittorio). Trattato delle coltivazione delle viti. La coltivazione toscana delle viti e di alcuni arbori, 1600.

SONNENFELS. Von Verhältniss des Weinbaues. Leipzig, 1765.

SOURDEVAL (Ch. de). Les collections de vignes. J. d'agr. prat., 1863, t. I, 438.

SOUSA FIGUEIREDO (de). Manual de arboricultura. Lisboa, 1875.

SPEECHLY (W.). Treatise on the culture of the wine and the formation of vineyards. London, 1790; id., 1821.

SPOONER (Alden). The cultivation of American grape vines. Brooklyn, 1846.

SPRENGER. Praxis des Weinbaus in Schwaben. Frankfurt, 1766.

STOLTZ (J.-L.). Du choix des cépages. Rev. d'Alsace, 1853, t. IV, p. 472, et 1854, t. V, p. 230. — Ampelographie rhénane, ou Description des cépages les plus estimés. Paris, Mulhouse, 1852.

STRONG (W. C.). Culture of the grape. Boston, 1887.

STRUCCHI (Ar.). Monografia dei principali vitigni piemontesi. Torino, 1891.

STRUCCHI (Ar.) et ZECCHINI (M.). Il moscato di Caneili. Monografia. Torino, 1896.

SWALLOW (G.-C.). Culture de la vigne au Missouri. (Traduit par C. Ladrey.) Bourgogne, rev. œnol. et vitic., 1859, p. 31.

TABLADA (Hidalgo). Tratado del cultivo de la vid en España. Madrid, 1870.

TACUSSEL et ZACHAREWICZ. Ampélographie des raisins de luxe, 1896-1908.

TAÏROFF (B.). Journal viticole. Westnik Vinodélia, fondé en 1891. — Note sur la culture de la vigne et les vins de Caucase. Progr. agr. et vit. Montpellier, p. 261, VIII, 1887.

TAMARO (D.). Uve da Tavola. Milan, Hoepli, 1897.

TAMARO (D.). et CUZZONI (E.). Descrizione ed illustrazione di cinque vitigni lombardi. Plaisance (Piacenza), 1898.

TAVEIRA DE CARVALHO. Estudo de Ampelographia portugueza. Lisboa, 1895.

TERREL DES CHÊNES (E.). La viticulture et l'Ampélographie. J. de vit. prat., I, 1866-67, 10, 99.

THIEBAUD DE BERNEAUD. Manuel du vigneron français, ou l'art de cultiver la vigne, de faire le vin, les eaux-de-vie et vinaigres. Paris, 1823.

THOMAS (J.-J.). Fruit culturist, Buffalo, 1847.

THUDICUM (J.-L.) and A. DUPRÉ. A Treatise on the origine nature and varieties of vine. London.

TIMBAL-LAGRAVE (E.)., FILHOL (E.). Études sur quelques cépages cultivés dans les départements Haute-Garonne et de Tarn-et-Garonne. Bourgogne, rev. œnol. et vitic., 1862, p. 215.

TOCHON (P.). Rapport sur l'importance des études ampélographiques. C. R. des tr. de la Soc. des agr. de France, 1869, p. 292. — Les vignes de la Bourgogne (culture). J. de vit. prat., V, 1870, p. 220. — La Jacquère. J. de vit. prat., IV, 1868-69, p. 308. — Le Fendant-Roux (cépages). J. de la Soc. centr. d'agr. de la Savoie, 1870, p. 54.

TOURIN. Dates de l'ouverture des vendanges à Salins (Jura), de 1508-1850. La Bourgogne, rev. œnol. et vitic., 1859, p. 330. — De l'Étude du climat au point de vue de la culture de la vigne, p. 237. — Sur les cépages cultivés dans les vignobles du Jura à la fin du dernier siècle, p. 243. — Des vendanges à Lons-le-Saunier de 1649 à 1850, p. 488. Bourgogne, I, 1859.

TRABUT (Dʳ). Le gros Mourvèdre de Cheragas, monographie. Rev. de vit., XIII, 1900. — La Clairette égreneuse en Kabylie (Tizourine bon afrarat), monographie. R. de vit., XII, 1899.

TRINCI (Cosimo). L'agricoltore sperimentale. Lucca, 1738.

TRIPIER (Dʳ). L'Ampélographie à la Société des agriculteurs de France : rapport au sujet d'une communication de M. Pulliat. J. de vit. prat., V, 1870, p. 254.

Trouard-Riolle. — Le Meslier du Gâtinais. Prog. agr. et vit., Montpellier, t. XXVII, 1897.

Trouillot (Louis). Les bons et les mauvais cépages du Jura. V. A., 1894.

Trummer (F. N.). Systematische Classification und Beschreibung der in Herzathum Steyermark vorkommenden Rebensorten. Gratz, 1841, in-8, 1855, in-8.

Vacher. Histoire d'un cep de vigne monstrueux. Acad. des sc., 1737, p. 73.

Valin. — Le raisin Corbeau dans le Lyonnais. J. d'agr. de Barral, 1868, IV, p. 459.

Valin (Pierre). La Persaigue ou Mondeuse. J. d'agr. Barral, t. II, p. 59, 1870.

Vannucini (V.). Importance des caractères de la graine de raisins dans les déterminations ampélographiques. R. de vit., XIV, 1900.

Vannucini et Rosetti. Les racines aériennes de la vigne. Rev. de vit., X, 1898.

Vasconcellos Maya (Cœlho de). Portugal ; noticias àcerca dos seus vinhos, 1866.

Vasco Jardim et Cabral Paes. Le vignoble de Collares (Portugal). Rev. de vit., XXII, 1904.

Vergnette-Lamote (Le Vicomte de). Mémoire sur la physiologie de la vigne et plus spécialement du pinot cultivé dans la Côte-d'Or. Bull. de la Soc. d'encouragement pour l'industrie, 1849, p. 391, 468 et 573. — Sur les cépages des vignes fines de la Côte-d'Or. Revue viticole, 1864, p. 355. — Des vignes fines et de la vinification dans la Côted'Or. Extrait du Livre de la ferme et des maisons de campagne, publié sous la direction de M. P. Joigneaux. Paris, V. Masson et F. Tandon, 1864, gr. in-8.

Verlot (B.). La vigne à fleurs monstrueuses. Rev. hort., 39ᵉ année, 1867, p. 70. — Observation sur les cépages cultivés au Jardin des plantes de Grenoble. Bourgogne, 1860, II, p. 215.

Verneuil (A.). et Guillon. Sur les variations de la Folle blanche. R. de vit., XV, 1901.

Viala (P.). Ampélographie. (Grande Encyclopédie, t. II). — Mission viticole en Amérique (1889). — Les maladies de la vigne (1893). — Les Hybrides Bouschet, essai d'une monographie des vignes à jus rouge (Montpellier, 1886). — Mission viticole en Bulgarie (1896). — Missions viticoles pour la reconstitution des vignobles de Maine-et-Loire (1890), de la Bourgogne (1891), de la Loire-Inférieure (1891), de l'Allier (1892), du Puy-de-Dôme (1893). — Le Vitis Monticola (Revue de viticulture, 1900). — L'Alicante Ganzin (Revue de viticulture, 1895). — Le Rupestris Mission (Revue de

viticulture (1895). — Champ d'expériences du Mas de las Sorres, insecticide et vignes américaines. Extrait de la Revue de viticulture. Paris, Revue de viticulture, 1896, in-8. — Les Maladies de la vigne. Paris, 1893. — Les Hybrides Bouschet, essai d'une monographie des vignes à jus rouges. Montpellier. C. Coulet, 1886, in-8. — Viala (P.) et Rabault (G.). Ecimage de la vigne. — Viala (P.) et Mazade (M.). Bouturage du Berlandieri (Revue de viticulture, 1895). — Viala (P.) et Foëx (G.). Ampélographie américaine (1ʳᵉ édition in-folio avec planche ; 2ᵉ édition in-8). — Viala (P.) et Ravaz (L.). Les vignes américaines, adaptation (1892).

Vianello (A.) et Carpené (A.). La Vite ed il vino nella Provincia di Treviso. Torino, Lœscher, 1874.

Vibert. Catalogue des rosiers et raisins de table cultivés par M. Vibert, horticulteur à Angers. Angers, 1846. — Couture de la vigne en 1843. Journ. d'agr. prat., 1843, 2ᵉ série, t. I, p. 287.

Villa Maior. (Vicomte). Douro illustrado, 1876. — Escole ampelographica do Jardin Botanico de Coimbra, 1877. — Le Mourisco tincto ou mourisco preto (mon.). J. de vitic. prat., t. VI, 1872 ; la Touriga, t. IV, 1868. — Le Touriga. J. de vit. prat., IV, 1868-69, p. 107. — Manuel de viticultura pratica. Porto, 1881. — Preliminares da ampelographia e œnologia do paiz vinhateiro do Douro. Lisboa, 1865 e 1869, in-4.

Villifranchi (Giov. Cos.). Œnologia toscana. Firenze, 1773.

Vilmorin (L.). Choix des cépages. J. d'agr. prat., n. p., 1859, t. I, p. 155.

Vivien. Cours complet d'agriculture du nouveau Dictionnaire d'agriculture, par MM. le Baron de Morogues, Mirbel, Payen, etc., sous la direction de M. Vivien. Paris, 1836.

Vorster (K. von). Rheingauer Weinbau. Frankfurt, 1765.

Wagenmann (E.). Bericht über die Verhandlungen der I. Versammlung der internationalen Ampelographischen commission in Wiesloch. September 1874. Heidelberg, 1875.

Wait (F. U.). Wines and vines of California. San-Francisco, 1889, in-8.

Weigelt (C.). Untersuchung von Elsässen Traubensorten, in Landw. Zeit. f. Elsass-Lothingen, 1878, p. 69.

Weinbau (Der). Organ des deutschen Weinbauvereins und der internationalen ampelographischen Commission (Dʳ A. Blankenhorn, Dʳ J. Moritz); I Jahrg. 1875.

Weinlaube. Zeitschrift fur Weinbau und Kellerwirthschaft... Wien, Faesy und Frick, 1868...

Wein Zeitung. Deutsche Central-organ für den Weinbau und den Weinhandel... Mainz, Diemer, 1875.

WERK (A.). Sulle varietà di uve nella Stiria (Relazione intorno alle discussioni del primo congresso... a Marbugo). Graz, 1877.

Westnick Vinodélia (Messager vinicole). Journal vinicole publié sous la direction de M. Basile Taïroff, conseiller au ministère de l'Agriculture et des Domaines à Odessa, de 1892 à 1909.

WETMORE (C. A.). Ampelography of California. San-Francisco, 1884.

WINCKLER (Theodore). Revue synoptique des principaux vignobles de l'Univers, 1863.

WORLIDGE (Jo). Vinetum britannicum. London, 1678, 1691.

YSABEAU (A.). Régénération de la vigne par le semis et Mataro ou Mourvèdre. J. de vit. prat., IV, 1868-69, p. 20.

YSARN DE CAPDEVILLE. Recherches sur la synonymie des raisins, in Rev. agron. du Tarn-et-Garonne, 1839 et 1840. Montauban.

ZACHAREWICZ. 1900. Le vignoble vauclusien et ses cépages. Avignon, 1900.

ZACHAREWICZ et TACUSSEL. Ampélographie des raisins de luxe. Progr. agr. et vit., Montpellier, 1895-1908.

FIN

MACON, PROTAT FRÈRES, IMPRIMEURS.

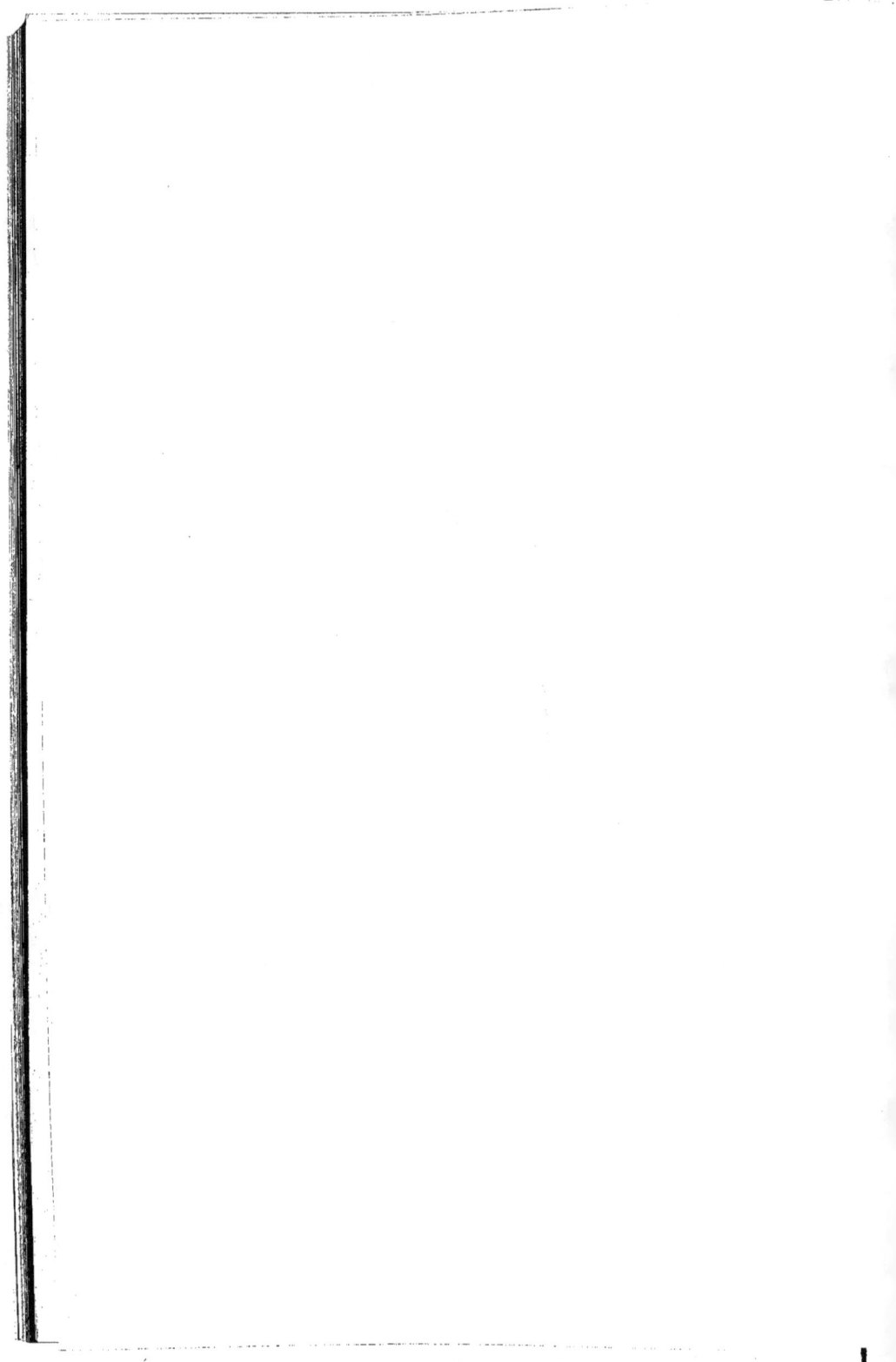

LA

OREL

RAPHIE

VII

09

MACON, PROTAT FRÈRES, IMPRIMEURS.